Marketingpläne

Marketingpläne

Eine Einführung für die praktische Anwendung

Malcolm McDonald

6. Auflage

Deutsche Übersetzung herausgegeben von
Hans H. Bauer und Maik Hammerschmidt

Übersetzt von
Ines Bergfort, Maria Bühler, Heike Reissig und Ralf Vogel

Spektrum
AKADEMISCHER VERLAG

Titel der englischen Originalausgabe:
Marketing Plans. How to prepare them, how to use them
6th edition. Butterworth Heineman (an imprint of Elsevier Ltd.)

Wichtiger Hinweis für den Benutzer

Der Verlag, der Herausgeber und die Autoren haben alle Sorgfalt walten lassen, um vollständige und akkurate Informationen in diesem Buch zu publizieren. Der Verlag übernimmt weder Garantie noch die juristische Verantwortung oder irgendeine Haftung für die Nutzung dieser Informationen, für deren Wirtschaftlichkeit oder fehlerfreie Funktion für einen bestimmten Zweck. Der Verlag übernimmt keine Gewähr dafür, dass die beschriebenen Verfahren, Programme usw. frei von Schutzrechten Dritter sind. Die Wiedergabe von Gebrauchsnamen, Handelsnamen, Warenbezeichnungen usw. in diesem Buch berechtigt auch ohne besondere Kennzeichnung nicht zu der Annahme, dass solche Namen im Sinne der Warenzeichen- und Markenschutz-Gesetzgebung als frei zu betrachten wären und daher von jedermann benutzt werden düften. Der Verlag hat sich bemüht, sämtliche Rechteinhaber von Abbildungen zu ermitteln. Sollte dem Verlag gegenüber dennoch der Nachweis der Rechtsinhaberschaft geführt werden, wird das branchenübliche Honorar gezahlt.

Bibliografische Information der Deutschen Nationalbibliothek

Die Deutsche Nationalbibliothek verzeichnet diese Publikation in der Deutschen Nationalbibliografie; detaillierte bibliografische Daten sind im Internet über http://dnb.d-nb.de abrufbar.

Springer ist ein Unternehmen von Springer Science+Business Media

6. Auflage 2008

Spektrum Akademischer Verlag ist ein Imprint von Springer

08 09 10 11 12 5 4 3 2 1

Planung und Lektorat: Katharina Neuser-von Oettingen, Bettina Saglio
Copy-Editing: Regine Zimmerschied
Herstellung: Katrin Frohberg
Umschlaggestaltung: SpieszDesign, Neu-Ulm
Satz: Mitterweger & Partner GmbH, Plankstadt
Druck und Bindung: Krips b.v., Meppel

Printed in The Netherlands

ISBN 978-3-8274-1849-4

Vorwort

Der *McDonald*, „die Bibel für Marketingplanung" ist in der englischen Ausgabe für viele Marketing-Kurse Pflichtlektüre, auch an deutschen Hochschulen und insbesondere in Mannheim, wo dieser Lehrbuchklassiker seit Jahren Grundlage der Vorlesung zur Marketingplanung ist. Auch für viele Manager ist der *McDonald* für die tägliche Arbeit wie auch für die Weiterbildung unentbehrlich. Für Praxis und Studium gilt längst: „Wer Marketingplanung sagt, muss auch *McDonald* sagen". Weltweit wurden weit über 200 000 Exemplare der englischen Ausgabe verkauft. Daher war die Anfrage des Spektrum Akademischer Verlag, die deutsche Ausgabe dieses Buches herauszugeben, eine große Ehre und großer Druck zugleich. Für uns stellte sich anfangs die Frage, ob man ein solch etabliertes Standardwerk aus der internationalen Wirtschafts- und Wissenschaftssprache überhaupt ins Deutsche übersetzen sollte und wenn ja, inwieweit man dann verändernd „eingreifen" darf und muss.

Trotz zunehmender Kursangebote in englischer Sprache auch bei den BWL-Studiengängen in Deutschland sind wir zu der Überzeugung gekommen, dass die deutsche Ausgabe des *McDonald* für Studenten und Dozenten nützlich und lange überfällig ist. Denn das Studium wird ja gerade deshalb bilingual aufgebaut, weil die Grundbegriffe wichtiger Themenbereiche der BWL und speziell des Marketing in deutscher *und* englischer Fachsprache beherrscht werden müssen, um für die globalisierte Unternehmenskultur als Betriebswirt fit zu sein. Die Bedeutung der Muttersprache für ein Lernen ohne Sprachbarrieren spricht überdies für eine deutsche Fassung internationaler Lehrbücher. Schließlich werden Studenten überwiegend in der Muttersprache ihr Wissen austauschen und mit ihren Dozenten diskutieren. Beruflich sind in global agierenden Unternehmen kommunikative Fähigkeiten in beiden Sprachen unerlässlich, um Mitarbeiter und Kunden kompetent führen und überzeugen und zu können – und um sie auch sprachlich mitzunehmen.

Wir haben uns schnell entschlossen, in der Übersetzung nicht ängstlich am englischen Originaltext zu „kleben", sondern – wenn didaktisch sinnvoll – auch „einschneidende" Änderungen vorzunehmen. Ziel war, die deutsche Ausgabe an den Bedarf deutscher Studiengänge anzupassen und so ein eigenständiges Marketingplanungs-Buch zu schaffen.

Folgende Eingriffe haben wir vorgenommen:

i. Die Struktur des Buches wurde verändert und der in deutschen Lehrbüchern üblichen Didaktik angepasst. So werden jetzt die Prozessschritte bzw. Teilbereiche der Marketingplanung in jeweils einem Kapitel vollständig abgehandelt. Es erfolgt keine Unterteilung in Überblickskapitel, in denen ein Bereich „vorn" nur zusammenfassend dargestellt wird, und zugehörige Detailkapitel, die in Form von Anhängen nach „hinten" gestellt sind. Dies ist in der englischen Ausgabe bei den vier Kapiteln zu den operativen Plänen bzgl. der 4 Ps der Fall, was ein ständiges Vor- und Zurückblättern erfordert. Auch wird nun in den Wiederholungsabschnitten und Übungen am Ende eines jeden Kapitels kein neuer Stoff mehr präsentiert; dieser wurde nach vorn gezogen.

i.i. In terminologischer Hinsicht sind wir der Übersetzungsstrategie der „funktionalen Äquivalenz" gefolgt. Es ging also darum, Begriffe zu nutzen, die in Bedeutung, Normung und Verwendungszusammenhang der Fachsprache der deutschen Marketing- und Controllingverantwortlichen entsprechen. Eine solche Strategie erfordert, auf eine Äquivalenz auf Wort- oder Satzebene, einheitliche Übersetzungen für ein englisches Wort und die Beibehaltung der Satzgrammatik zu verzichten. So verbirgt sich hinter einer „directional policy matrix" keine „Politikausrichtungsmatrix" sondern schlicht eine Portfolio-Matrix. Und beim „market mapping" geht es nicht um die Erstellung von Marktlandkarten, sondern um Marktraummodellierung. Ohne solche Freiheiten der Herausgeber ist es kaum möglich, die überwiegend im englischen bzw. amerikanischen Kulturraum entstandenen Konzepte leicht verständlich, einprägsam und flüssig zu präsentieren. Diese Strategie impliziert auch, nicht für jeden englischen Begriff zwingend einen deutschen Ersatzbegriff zu verwenden. So bleiben die Leser unseres Buches von Begriffen wie Aktionärswert (für Shareholder Value), Mittelfluss (für Cashflow) oder bestpraktizierende Unternehmen (für Best Practice) verschont. Dort, wo englische Fachbegriffe sich als klar definierte Terminologie durchgesetzt haben, haben wir sie übernommen und in deutscher Sprache definiert. Dort, wo sich englische Umgangssprache und Fachbegriffe mischen, haben wir kontextabhängig die deutsche fachsprachliche Übertragung gewählt. Die Verschränkung der Teminologie zeigt sich im Index an dem hohen Anteil eingewanderter englischer Terminologie, die international bedeutungsgleich verwendet werden und sich im Deutschen selten ohne Sinnverschiebung übersetzen lassen.

i.i.i. Trotz aller Praxisnähe und Umsetzungsorientierung des Buches haben wir uns dem Prinzip der Originalversion, auf Fundierung durch wissenschaftliche Literatur komplett zu verzichten, widersetzt. So untermauern wir alle wichtigen Konzepte und Modelle, aber auch wichtige Aussagen bzw. Behauptungen mit Literaturquellen. Hierbei haben wir darauf geachtet, zum einen State of the Art-Studien aus hochkarätigen Fachzeitschriften zu integrieren, die als Vertiefung für den wissenschaftlich interessierten Leser dienen. Zum anderen verweisen wir auch auf eher managementorientierte Bücher und Artikel, die dem praktisch orientierten Leser als weiterführende Literatur dienen sollen. Dabei haben wir uns bemüht, auch die einschlägigen Veröffentlichungen aus dem deutschsprachigen Raum angemessen zu widerzuspiegeln. Auch inhaltlich – v. a. in Bezug auf innovative Ansätze und Methoden – wurden an vielen Stellen Überarbeitungen und Erweiterungen vorgenommen.

Diese Ergänzungen waren auch erforderlich, um das Buch an die Anforderungen von Studiengängen an deutschen Hochschulen anzupassen und somit die Nutzbarkeit als Begleitlektüre für entsprechende Vorlesungen und als Basisliteratur für Diplom- und Seminararbeiten zu steigern. Für die Forschung im Bereich der Marketingplanung und -kontrolle ist das Buch dadurch ein hilfreiches Kompendium.

iv. Um eine Adaption an den deutschsprachigen Kultur- und Wirtschaftsraum zu gewährleisten, wurden einige zu stark auf Großbritannien zugeschnittene Fallbeispiele, institutionelle Bezeichnungen, Informationsquellen etc. durch deutsche ersetzt. Allerdings wurde die Verwendung deutscher Praxisbeispiele sparsam gehandhabt, um den Charakter einer „internationalen Dokumentation" zu belassen.

v. Das intensive Durcharbeiten und „Durchdenken" der gesamten Übersetzung im Zuge dreier intensiver Überarbeitungsrunden hat dazu geführt, dass zahlreiche Druckfehler, inhaltliche Fehler (v. a. in Abbildungen und Tabellen sowie den Übungen) sowie Inkonsistenzen und Redundanzen in der Originalversion ausgemerzt werden konnten. Die Verantwortung für verbliebene Fehler bzw. im Zuge der Übersetzung neu entstandene Fehler liegt bei den Herausgebern.

Das vorliegende Buch bietet eine ganzheitliche Darstellung des operativen und strategischen Planungsprozesses sowie zahlreiche Fall- und Zahlenbeispiele, Übungsaufgaben, Formblätter, Checklisten und einen Schritt-für-Schritt-Leitfaden zur Erstellung eines Marketingplans. Die klaren, umsetzungsorientierten Empfehlungen des Buches ermöglichen die Erstellung von Plänen, die nicht als lästige Pflichtübungen in Schubladen landen, sondern implementierbar sind und den Unternehmenserfolg steigern. Wir sind überzeugt, dass die Lektüre dieses Buches für Verantwortliche im Bereich der Marketingplanung und -kontrolle eine wertsteigernde Unterstützung bietet. Das Buch ist dabei für Unternehmen aus dem B2C- und B2B-Bereich gleichermaßen geeignet. So sind die für die einzelnen Prozessschritte vorgestellten Regeln und Rahmenkonzepte universell gültig. Deren konkrete Ausgestaltung und Umsetzung, die selbstverständlich branchenabhängig ist, wird dann jeweils kontextspezifisch behandelt.

Abschließend danken wir Malcolm McDonald, der uns darin bestärkt hat, die deutsche Ausgabe im Aufbau und in vielen Details didaktisch anzupassen, sowie dem Spektrum Akademischer Verlag und insbesondere Frau Katharina Neuser-von Oettingen und Frau Bettina Saglio für die inspirierende und produktive Zusammenarbeit und für ihre Geduld. Wir haben gemerkt, dass die Herausgabe der Übersetzung einer solchen „Bibel" auch einen Kraftakt von fast „biblischem Ausmaß" erfordert. Wir sind überzeugt, dass sich der Aufwand gelohnt hat und würden uns freuen, wenn etwas von unserer Begeisterung für die *Marketingplanung* auch auf die Leser überspringt.

Mannheim, im Juli 2008

Prof. Dr. Hans H. Bauer Dr. Maik Hammerschmidt

Vorwort und Danksagungen

Die Forschungsarbeit, auf der dieses Buch basiert, nahm 1975 ihren Ursprung und wurde seitdem fortlaufend aktualisiert – nicht nur durch Untersuchungen des Autors selbst, sondern auch durch Arbeiten anderer Forscher aus aller Welt.

Dies ist die sechste Auflage eines Buches, das seit seiner Erstveröffentlichung 1984 Hunderttausende von Praktikern bei der schwierigen Aufgabe der Marketingplanung unterstützt und motiviert hat. Viele von ihnen waren so freundlich, mir zu schreiben und mir für die sachliche und praxisorientierte Annäherung an das Thema zu danken. Dies hat mich dazu ermutigt, das Buch erneut zu aktualisieren und die Ergebnisse meiner jüngsten Untersuchungen und meine Erfahrungen zu diesem schwierigen Bereich des Marketing zu integrieren. Das positive Feedback hat mich zudem dazu bewegt, das Buch durch ein weiteres Kapitel zu ergänzen, welches einen Schritt-für-Schritt-Leitfaden für die Erstellung von Marketingplänen enthält. Das Resultat ist ein Buch, das den Leser eingehend durch den Prozess der Marketingplanung führt und zugleich detailliert Instrumente zur Umsetzung aller vorgestellten Konzepte und Methodologien bereitstellt. Ich habe mich dazu entschieden, weil sich bei meiner Zusammenarbeit mit Unternehmen, zu denen sowohl Weltmarktführer wie auch national operierende Kleinunternehmen zählten, wiederholt zeigte, dass noch immer viel Verwirrung in Bezug auf den *Prozess* und die *Methoden* der Marketingplanung und den sich aus diesem Prozess ergebenden *Outputs* herrscht. Mit anderen Worten: Die Unterscheidung zwischen strategischem und operativ-taktischem Marketingplan erweist sich weiterhin als unklar. Ich hoffe, dass diese Erweiterung des Buches für Sie von hohem Wert sein wird.

Bei der Überarbeitung des Buches habe ich zudem die neuesten Denkansätze im Bereich Marketing mit einfließen lassen, jedoch ohne dabei zu versuchen, daraus ein Fachbuch über spezielle Aspekte des Managements zu machen. Wenngleich das Buch auch Passagen über Kundenbeziehungsmanagement (CRM), Database-Marketing, integriertes Marketing und Multikanal-Management, Wettbewerbsstrategien und Marketingforschung enthält, wird dem Leser empfohlen, für detaillierte Methoden zu diesen Themen auf Fachbücher zurückzugreifen.

Der Zweck dieses Buches besteht ganz einfach darin, zu erklären und zu zeigen, wie ein Marketingplan erstellt und genutzt wird. Das Buch eignet sich gleichermaßen für Konsumgüter-, Dienstleistungs- und Industriegüterunternehmen, da es sich um einen universellen Prozess handelt, auch wenn ich die CIM-Reihe inzwischen durch Fachbücher über Marketingplanung für

Einzelhandelsunternehmen sowie für Dienstleistungsunternehmen ergänzt habe. Das vorliegende Buch wird jedoch all diesen unterschiedlichen Anforderungen gerecht.

Es basiert auf meinen Untersuchungen über die Praktiken der Marketingplanung bei Industrie-, Dienstleistungs- und Einzelhandelsunternehmen. Sie haben gezeigt, dass die Marketingplanung häufig große Schwächen aufweist. Fast ohne Ausnahme befassten sich Unternehmen, die glaubten, Planung zu betreiben, nur mit Prognosen und Budgetierung. Sie gerieten infolgedessen in gravierende unternehmerische Schwierigkeiten. Das Problem, dem die Unternehmen heutzutage gegenüber stehen, liegt nicht in einer fehlenden Akzeptanz der Marketing*philosophie*, sondern vielmehr darin, dass die meisten Unternehmen – insbesondere Industriegüterunternehmen und viele Dienstleistungsorganisationen – Schwierigkeiten dabei haben, diese Philosophie praktisch umzusetzen.

Die Gründe dafür liegen vor allem darin, dass die Unternehmen oft nicht wissen, wie sie bei der Planung ihrer Marketingaktivitäten konkret vorgehen sollen, zumal die vorhandene Literatur nur wenig Hilfe bietet. Oft stellt sich heraus, dass sich Bücher oder Artikel vor allem mit dem Management der einzelnen Elemente des Marketing-Mix befassen und nicht mit dem Management des Prozesses, diese so miteinander zu kombinieren, dass sich aus ihnen ein schlüssiger Plan ergibt. Andere betrachten die Marketingplanung sehr allgemein, was jedoch kaum Orientierungshilfen für die operative Umsetzung bietet. Daneben gibt es natürlich noch viele herausragende Beiträge zu einzelnen Aspekten des Marketingplanungsprozesses.

Der eigentliche *Prozess* der Marketingplanung lässt sich im Grunde einfach umreißen. Jedes Buch wird ihn in folgende Komponenten unterteilen: Situationsanalyse, Annahmen, Ziele, Strategien, Maßnahmen sowie Kontrolle und Erfolgsmessung. Diese Bücher sagen jedoch nichts zu den situationsspezifischen Besonderheiten, die zu beachten sind und die die Marketingplanung zu einem der komplexesten aller Managementprobleme machen.

Hier sind einige dieser Fragen:

- *Wann* sollte die Marketingplanung durchgeführt werden, *wie oft*, durch *wen* und *wie*?
- Gibt es Unterschiede in *großen* und *kleinen* Unternehmen?
- Gibt es Unterschiede in *diversifizierten* und *nicht diversifizierten* Unternehmen?
- Gibt es Unterschiede in *internationalen* und *nationalen* Unternehmen?
- Was ist die Rolle der *Geschäftsführung*?
- Was ist die Rolle der *Planungsabteilung*?
- Sollte Marketingplanung *von oben nach unten* oder *von unten nach oben* durchgeführt werden?
- Welche Beziehung besteht zwischen *operativer* (einjähriger) und *strategischer* (längerfristiger) Planung?

Effektive Marketingplanung stellt das Herzstück der wertschaffenden Aktivitäten eines Unternehmens dar. Daher überrascht es nicht, dass großer Bedarf nach einem Leitfaden herrscht, der die Unklarheiten und Geheimnisse bezüglich dieses Themas beseitigt und den Unternehmen hilft, Marketingplanung auf praktische und sachliche Art zu bewältigen.

Dieses Buch erklärt, was Marketing ist, wie der Prozess der Marketingplanung funktioniert, wie ein Marketing-Audit durchgeführt wird, wie Marketingziele und -strategien festlegt werden, wie die Zeitplanung und Kostenkalkulation für die zum Erreichen der Ziele erforderlichen Maßnahmen durchgeführt werden und wie sich ein einfaches Marketingplanungssystem konzipieren und implementieren lässt.

Der Ansatz ist zugleich logisch und praxisnah. Diese Ansicht wird durch die zuvor erwähnten zahlreichen Briefe, die mich erreichten, untermauert und auch durch die Tatsache, dass dieses Buch inzwischen weltweit nicht nur an vielen Hochschulen in Marketingseminaren, sondern auch bei unternehmensinternen Schulungsprogrammen als Standardwerk genutzt wird.

Dieses Buch enthält:

- Anwendungsfragen zur individuellen Vertiefung des Erlernten
- Übungen am Ende eines jeden Kapitels, die Managern die Umsetzung der Theorie in die Praxis ermöglichen
- Mini-Fallstudien zur Verdeutlichung der dargestellten Punkte
- Ein Schritt-für-Schritt-Leitfaden mit Übungsblättern zur Erstellung von Marketingplänen.

Anwendungssoftware, Videos, Fragebögen zur Selbsteinschätzung und computergestützte Übungssoftware sind auf Anfrage ebenfalls bei Butterworth-Heinemann erhältlich.

Außerdem steht denjenigen in der Lehre ein umfangreicher Dozentenleitfaden zur Verfügung. Dieser Dozentenleitfaden enthält Lehrpläne, PowerPoint-Folienvorlagen, Fallstudien, Diskussionsthemen und weitere Aufgaben, die von Lehrenden genutzt werden können.

Beim Schreiben des Buches haben wir uns bemüht, jegliche Form von Diskriminierung zu vermeiden. Soweit es möglich war, haben wir geschlechtsneutrale Formulierungen verwendet. Falls im Text, etwa bei Beispielen, nur die männliche oder weibliche Form gewählt wurde, geschah dies, um einen zu komplizierten Sprachstil zu vermeiden. Wir möchten den Leserinnen und Lesern an dieser Stelle versichern, dass keine bewusste Diskriminierung beabsichtigt wurde und dass sämtliche im Text genannten Fälle und Beispiele gleichermaßen auf Frauen und Männer anwendbar sind.

Ich möchte meinen Freunden und Kollegen für ihre Ratschläge bei der Entstehung dieses Buches danken. Den nachfolgenden Personen schulde ich besonderen Dank: Professor Martin Christopher, John Leppard, Gastprofessor Simon Majaro und Professor Adrian Payne. John Leppard danke ich sehr für seine Kreativität und seinen innovativen Marketingansatz, aber auch meinen ehemaligen Studenten Professor Hugh Wilson und Dr. Brian Smith bin ich aufgrund ihrer originellen Denkweise zu großem Dank verpflichtet – ohne sie wäre dieses Buch nicht das, was es ist. Ihnen werde ich ewig dankbar sein. Ohne die Kritik, die Vorschläge und das Material all dieser Freunde und Kollegen hätte sich dieses Buch seit seiner Erstveröffentlichung im Jahre 1984 nicht zu einem Bestseller entwickelt.

Schließlich möchte ich meiner Schwiegertochter Anne McDonald für die Bearbeitung des Manuskripts, ihre Geduld mit mir und ihre gute Laune während des gesamten Entstehungsprozesses danken.

Malcolm McDonald
Cranfield University School of Management
Februar 2007

Hinweis: Einzelheiten über die Dissertationen, auf die sich dieses Buch stützt, sind erhältlich über m.mcdonald@cranfield.ac.uk

Wichtige Hinweise für den Leser

– RECHTE SPUR –
FÜR ALLE, DIE ES GANZ GENAU WISSEN WOLLEN

Das Erstellen eines effektiven Marketingplans, der Ihrem Unternehmen einen Wettbewerbsvorteil verschafft, ist keine leichte Aufgabe. Sie erfordert Wissen, Fähigkeiten, Intellekt, Kreativität und vor allem Zeit.

Alles, was Sie zum Erfolg brauchen, steht in diesem Buch, doch Sie müssen bereit sein, Zeit in die Lektüre zu investieren. Dieses Buch ist definitiv keine schnelle Lektüre!

– ÜBERHOLSPUR –
FÜR BESONDERS UNGEDULDIGE

Für diejenigen, die für die Erstellung eines Marketingplans sofortige Hilfe benötigen, ist Kapitel 13 von Nutzen. Seien Sie aber vorsichtig!

„Ein bisschen Lernen ist ein schlechter Appell; trink' viel oder nichts vom Pierischen Quell."

(Alexander Pope)

– MITTELSPUR –
FÜR DIEJENIGEN MIT BESTIMMTEN AMBITIONEN

Leserinnen und Leser, die hauptsächlich an der Erstellung eines strategischen Marketingplans interessiert sind, können die Kapitel 7-10 überspringen, da diese viele Details enthalten, die sich vor allem für die Erstellung eines operativen Einjahresplans eignen. Doch seien Sie auch hier vorsichtig und verzichten Sie nur dann auf die Lektüre dieser Kapitel, wenn Sie davon überzeugt sind, bereits genug über Werbung, Preissetzung, Vertrieb und Kundenservice zu wissen, um angemessene Strategien in Ihrem strategischen Marketingplan entwerfen zu können. Zudem werden speziell in den Kapiteln 8 und 10 einige neue und äußerst bedeutsame technologische Entwicklungen im Bereich E-Marketing im Detail erläutert, die tiefgreifende Auswirkungen auf die Gestalt des Marketings haben.

Ein wichtiger Test – Auf welcher Spur Sie fahren sollten

Wir empfehlen Ihnen sehr, den hier im Anschluss folgenden Fragebogen auszufüllen, bevor Sie mit der Lektüre von Kapitel 1 beginnen. Dieser Test wurde vom Autoren für den Vorstandsvorsitzenden eines internationalen IT-Konzerns entwickelt, der wissen wollte, was man von einem exzellenten strategischen Marketingplan erwarten sollte.

Auswertung

Nach unserer Erfahrung werden bei vielen dieser Fragen nur wenige Leserinnen und Leser einen höheren Wert als 5 erreichen. Darum geht es aber auch nicht. Zweck des Tests ist es, Ihre Aufmerksamkeit zu Beginn des Buches darauf zu richten, welche wesentlichen Punkte ein Marketingplan enthalten sollte. Wenn Sie dieses Buch aufmerksam durcharbeiten und das erworbene Wissen in Ihrem Unternehmen anwenden, werden Sie sich bzw. Ihrem Unternehmen in allen Feldern hohe Wertungen geben können. Hohe Wertungen sprechen für ein wirklich marktorientiertes Unternehmen!

Außerdem möchten wir den Leserinnen und Lesern empfehlen, auch noch den allerletzten Fragebogen am Ende von Kapitel 13 auszufüllen. Die Beantwortung beider Fragebögen wird Ihnen Klarheit darüber verschaffen, auf welche Inhalte dieses Buches Sie sich besonders konzentrieren sollten.

Professor Malcolm McDonald

Enthält Ihr strategischer Marketingplan die folgenden wesentlichen Punkte?

Marktstruktur und Segmentierung	**Punktzahl zwischen 1 und 10**
■ Ist der Markt, den Sie bearbeiten wollen, klar und eindeutig definiert?	
■ Ist diese Definition klar formuliert und gibt sie Aufschluss über Produkte, Gesamtvolumen/Gesamtwert, Ihre Anteile daran sowie entscheidende Schlussfolgerungen für Ihr Unternehmen?	
■ Wurden die Segmente quantifiziert und klar beschrieben? Es müssen Kundengruppen mit den gleichen oder ähnlichen Bedürfnissen sein, keine Branchen.	
■ Wurden die tatsächlichen Bedürfnisse dieser Segmente korrekt quantifiziert, bei klarer Bestimmung der relativen Wichtigkeit dieser Bedürfnisse?	
Differenzierung	
■ Gibt es eine klare und quantitative Analyse darüber, wie gut Ihr Unternehmen diese Bedürfnisse im Vergleich zu Wettbewerbern befriedigt?	
■ Wurden Chancen und Risiken für jedes Segment klar bestimmt?	
Umfang	
■ Wurden alle Segmente abhängig von ihrem relativen Gewinnwachstumspotenzial in den nächsten drei Jahren und von der jeweiligen Wettbewerbsposition klassifiziert?	
■ Stehen die Ziele für die Segmente im Einklang mit deren Position im Portfolio (Volumen, Wert, Marktanteil, Gewinn)?	
■ Entsprechen die Strategien (einschließlich Produkt, Preis, Distribution und Service) diesen Zielen?	
■ Wurden die wichtigsten Maßnahmenaspekte für alle Abteilungen klar als solche dargestellt?	
Wertsteigerung	
■ Entsprechen die Ziele und Strategien in der Gesamtheit den Gewinnzielen, die Ihr Unternehmen verfolgt?	
■ Ergibt sich das Budget als logische Folge aus allen zuvor genannten Punkten, oder ist es nur ein Zusatzpunkt am Ende des Plans?	
Gesamtpunktzahl	

Inhaltsverzeichnis

1 | Den Marketingprozess verstehen

Zusammenfassung

- Was ist Marketing?
- Wie kann Marketing zur Wertsteigerung beitragen?
- Die Verknüpfung zwischen Unternehmensumwelt, den Kunden des Unternehmens, deren Bedürfnissen und dem Marketing-Mix
- Klärung der Rolle des Marketing im Unternehmen
- Was wollen Kunden von den Anbietern?
- Unterschiede und Übereinstimmungen zwischen Konsumgüter-(B2C-)-, Industriegüter-(B2B-)- und Dienstleistungsmarketing
- Ist eine Marketingabteilung notwendig?
- Übungen zur Umsetzung der Theorie in die Praxis
- Leser, die mit der Rolle des Marketing im Unternehmen bereits vertraut sind, können direkt zu Kapitel 2 übergehen, das einen Einstieg in den Marketingplanungsprozess bietet.

Die Marketingkonzeption

Als Adam Smith im Jahre 1776 die These aufstellte, dass der Konsum der eigentliche Sinn und Zweck der Produktion sei, beschrieb er im Kern das, was heute unter *Marketingkonzeption* verstanden wird.

Definition
Unter Marketingkonzeption versteht man, im Gegensatz zur Marketingfunktion, die Ausrichtung aller Aktivitäten des Unternehmens an den Bedürfnissen der Kunden.

> Die zentrale Idee des Marketing besteht darin, eine Übereinstimmung zwischen den Ressourcen und Fähigkeiten eines Unternehmens und den Bedürfnissen des Kunden herzustellen, um die Ziele beider Seiten zu erreichen.

An dieser Stelle ist es wichtig, den Unterschied zwischen der Marketingkonzeption und der Marketingfunktion, die sich vor allem auf das Management des Marketing-Mix bezieht, zu verstehen. Der Marketing-Mix umfasst die verschiedenen Marketinginstrumente und -techniken, die dem Manager zur Verfügung stehen, um die Marketingkonzeption umzusetzen.

Der Einfachheit halber werden sie häufig entsprechend der englischen Begriffe Product[1] (Produkt), Price (Preis), Place (Distribution) und Promotion

[1] Der Leser sei darauf hingewiesen, dass im Verlauf des Buches der Begriff „Produkt“ synonym auch für Dienstleistungen, öffentliche Güter, Investitionsgüter und Gebrauchtwaren genutzt wird. Der Text bezieht sich auf diese Begriffe gleichermaßen.

(Kommunikation) auch die „vier P's"genannt. In vielen aktuellen Lehrbüchern werden noch weitere „P's" aufgeführt, wie zum Beispiel People (Personal) und Process (Prozesse).

Vor einer ausführlicheren Betrachtung des Managements der Marketingfunktion ist es elementar, ein umfassendes Verständnis für den Begriff „Marketing" (Marketingkonzeption) zu entwickeln. Dies soll Gegenstand der grundlegenden Betrachtungen in diesem Kapitel sein.

Die Marketingfunktion

Es gibt zahlreiche Definitionen des Begriffs „Marketing". Die folgenden Elemente finden sich in ähnlicher Form jedoch in den meisten Definitionen wieder (vgl. exemplarisch Homburg/Krohmer 2007; Meffert 2007). Dementsprechend ist Marketing ein Prozess, mit dem

- sich Märkte definieren lassen,
- die Bedürfnisse bestimmter Kundensegmente innerhalb dieser Märkte identifiziert werden können,
- Nutzenversprechen (Value Propositions) eines Unternehmens in Bezug auf diese Bedürfnisse bestimmt werden können,
- diese Nutzenversprechen allen Mitarbeitern verständlich gemacht werden können, die dafür verantwortlich sind, diese zu erfüllen, und mit dem Mitarbeiter bewegt werden können, sich mit dieser Aufgabe zu identifizieren,
- sich diese Nutzenversprechen angemessen vermitteln lassen (in der Regel durch Kommunikation),
- sich der tatsächlich generierte Nutzen (Customer Value) messen lässt.

Damit dieser Prozess effektiv sein kann, muss das Unternehmen konsequent konsumenten- und kundenorientiert sein.

Diese Definition wird als „Prozess-Modell" in *Abbildung 1.1* dargestellt.

Oben beginnend und weiterführend im Uhrzeigersinn soll veranschaulicht werden, dass die ersten beiden Kästen marktbezogene *Strategien* enthalten, während sich der untere Kasten und der Kasten links auf die Implementierung

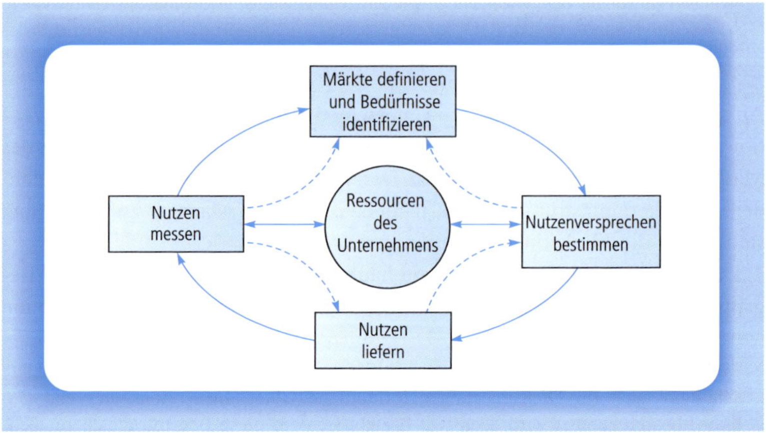

Abbildung 1.1
Das Marketingprozess-Modell.

der zuvor formulierten Strategien beziehen. Der grundsätzliche Unterschied zwischen Strategie und Taktik wird in Kapitel 2 behandelt.

Die Ressourcen des Unternehmens

Es wurde festgestellt, dass Marketing darauf abzielt, eine Übereinstimmung zwischen den Ressourcen eines Unternehmens und den Bedürfnissen der Kunden herzustellen. Im Verlauf von Kapitel 4 wird näher darauf eingegangen, was unter Kundenbedürfnissen zu verstehen ist. Zunächst jedoch geht es darum, was mit Ressourcen eines Unternehmens gemeint ist. Um ein besseres Verständnis dieser Thematik zu erreichen, stelle man sich Folgendes vor: Der Arbeitsplatz eines Mitarbeiters ist „wegrationalisiert" worden und dieser hat sich entschlossen, sich selbstständig zu machen.

Als Erstes müsste er nun entscheiden, welche Tätigkeit er in Zukunft ausüben will. Man erkennt sehr schnell, dass sein vorhandenes Wissen und seine Fähigkeiten ihn einschränken und auf einen ganz bestimmten Bereich festlegen. So wäre es zum Beispiel für einen früheren Vertriebsmanager sehr schwierig, sich als Immobilienmakler zu positionieren, und ein früherer Immobilienmakler würde sich schwertun, eine Unternehmensberatung mit dem Schwerpunkt Marketing aufzubauen – es sei denn, sie hätten beide die Fähigkeiten und das Wissen, die in diesem Bereich erforderlich sind. Es ist unschwer zu erkennen, dass genau das Gleiche auch auf ein Unternehmen zutrifft.

Viele Unternehmen scheitern, weil sie sich bei der Ausweitung ihrer Angebote und Unternehmensbereiche im Rahmen einer *Diversifikation* auf Aktivitäten einlassen, für die sie keine ausreichenden Fähigkeiten besitzen.

Ein solcher Fall ist eine Firma, die für den militärischen Bereich und für die Luftfahrt Verbindungsstecker produzierte. Als die traditionell belieferten Branchen in die Krise gerieten, entschloss sich das Unternehmen, seine Aktivitäten auf zahlreiche andere Branchen auszuweiten und seine Produkte auch im Konsumgüterbereich, in der Automobilbranche etc. anzubieten. Allerdings hatten diese Märkte völlig andere Strukturen, sodass das Unternehmen sehr schnell Verluste machte. Während die Stecker, die das Unternehmen zuvor hergestellt hatte, ein ausgereiftes Produkt waren, das auf die Anforderungen einiger weniger Hightechkunden zugeschnitten war, mussten nun einfache Teile in Massenfertigung hergestellt werden. Das ließ die Lagerbestände steigen und machte ein Auslieferungslager erforderlich. Darüber hinaus geriet das Unternehmen unter einen massiven Preisdruck. Die Vertriebsmitarbeiter waren mit den Anforderungen der neuen Branchen überfordert. Sie waren es gewohnt, ein bis zwei Anrufe pro Tag zu tätigen und mit ihren Kunden ausführliche Verkaufsgespräche über technische Details zu führen. Nun wurden von ihnen acht bis zehn Anrufe pro Tag erwartet, mit denen sie sich zudem gegen zahlreiche Konkurrenten durchsetzen mussten. Außerdem verfügte das Unternehmen nicht über das richtige Image, um in diesem Markt zu bestehen. All das führte schließlich zu massiven finanziellen Einbrüchen.

Die Botschaft lautet, dass alle Unternehmen über einzigartige Ressourcen in Form von Know-how und Managementqualitäten verfügen, die nicht zwangsläufig geeignet sind, *alle* Chancen aufzugreifen und ebenso gewinnbringend zu nutzen wie andere Unternehmen. Zusammenfassend ist zu betonen, dass der Prozess, durch den eine Übereinstimmung („Fit“) zwischen den Ressourcen des Unternehmens und den Ansprüchen der Kunden erreicht werden soll, von entscheidender Bedeutung für den Unternehmenserfolg ist. Dass dies der Fall ist, wird umso deutlicher sichtbar werden, je klarer Bedeutung und Wesen des Marketing werden.

Die Bedeutung des Marketing für den Unternehmenserfolg

Für einen nachhaltigen Erfolg, gemessen durch ein kontinuierliches Wachstum des Shareholder-Value und der Marktkapitalisierung, haben Studien vier Einflussfaktoren ermittelt (Chartered Institute of Marketing 1994; Wong/Saunders 1993), die in *Abbildung 1.2* dargestellt sind.

1. Ein herausragendes Produkt und die damit verbundene Forschungs- und Entwicklungsarbeit. Auf diese Prozesse hat das Marketing eines Unternehmens einen massiven Einfluss. Es zeigt sich, dass Unternehmen mit durchschnittlichen Produkten auch nur durchschnittliche Erfolge erzielen.
2. Exzellente, dem State of the Art entsprechende operative Prozesse. Dies bedeutet, dass Ineffizienz heute mit großer Wahrscheinlichkeit bestraft wird. Marketing sollte dabei sicherstellen, dass die Effizienz operativer Abläufe anhand der Kundenzufriedenheit definiert wird. Mit einer Unternehmenskultur, die dies verhindert, bedeutet Qualität häufig nichts weiter als eine formelle *ISO*-Norm.

Definition
ISO ist eine Reihe internationaler Qualitätsstandards.

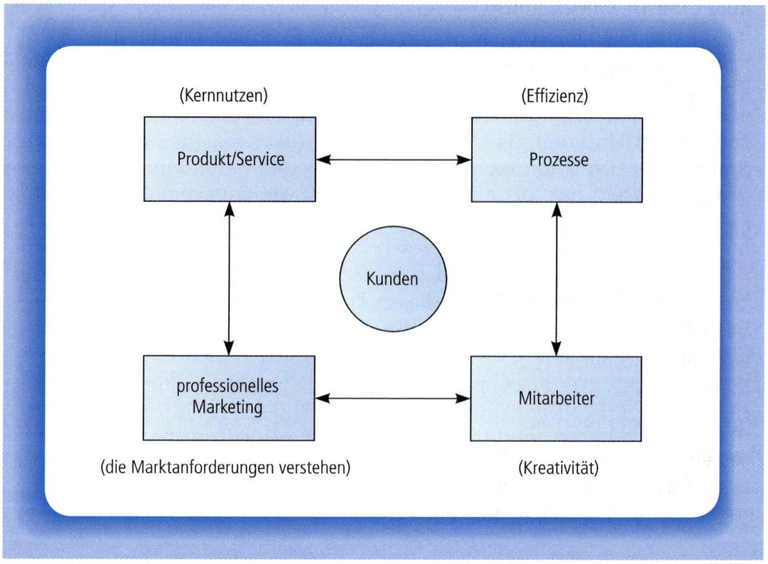

Abbildung 1.2
Einflussfaktoren des Unternehmenserfolgs.

3. Eine Unternehmenskultur, die eine Infrastruktur fördert, in der Mitarbeiter innerhalb der vorgegebenen Organisationsstrukturen kreativ und unternehmerisch tätig sein können. Gelangweilte und langweilige Mitarbeiter, für die Unterordnung und „Dienst nach Vorschrift“ die Norm sind, zeigen nur durchschnittliche oder sogar unterdurchschnittliche Leistungen.
4. Eine professionelle Marketingabteilung mit qualifizierten Mitarbeitern (nicht solchen, die in anderen Funktionen gescheitert sind). Unternehmen, die qualifizierte Marketingfachleute mit einer angemessenen Berufserfahrung einstellen, haben wesentlich größere Erfolgsaussichten als Unternehmen, in deren Marketingabteilungen selbst ernannte „Marketingexperten“ arbeiten.

Bei Vorliegen dieser Voraussetzungen und vor allem mit einer Unternehmenskultur, die nicht (aufgrund der Unternehmensgeschichte) produktions- oder finanzorientiert ist, leistet das Marketing als Funktion einen wichtigen Beitrag für das Erreichen der Unternehmensziele. Dabei zeichnet sich das Marketing vor allem dadurch aus, die Nutzenanforderungen der Kundengruppen so zu formulieren, dass jeder im Unternehmen versteht, welchen Beitrag er oder sie zu leisten hat, um diese Anforderungen zu erfüllen.

Die Marketingumwelt

Die zuvor beschriebenen Abläufe vollziehen sich innerhalb eines bestimmten Rahmens, der als *Marketingumwelt* bezeichnet wird. Es ist der Kontext, in dem ein Unternehmen agiert. Ein besonders bedeutsamer Teil der Marketingumwelt sind in der Regel die Wettbewerber, da sich ihr Handeln nachhaltig auf das Verhalten des jeweiligen Unternehmens auswirkt.

Falls das Handeln der Wettbewerber die Entscheidungen eines Unternehmens maßgeblich beeinflusst, ist es notwendig, eine Analyse dieses und anderer Bereiche der Umwelt in die Entscheidungsfindungsprozesse zu integrieren. In Kapitel 11 wird veranschaulicht, wie das funktionieren kann.

Die *politischen*, *steuerlichen*, *wirtschaftlichen*, *sozialen* und *rechtlichen* Rahmenbedingungen der Länder, in denen ein Unternehmen tätig ist, bestimmen dessen Handeln. So reduziert beispielsweise die Inflation die reale Kaufkraft der Verbraucher. Dies kann in letzter Konsequenz zu einem Schrumpfen von Märkten führen. Gesetzliche Vorgaben, die beispielsweise die Auszeichnung der Ware, die Verpackung, die Werbung oder die Umweltpolitik betreffen, haben ebenfalls Auswirkungen auf die Unternehmensführung und den Inhalt von Plänen.

Angesichts der zunehmenden *Technologiedynamik* kann nicht mehr davon ausgegangen werden, dass die derzeitige Produktpalette auch in Zukunft den Kundenanforderungen entspricht. So hatte beispielsweise die Einführung nichttropfender Farbe tief greifende Auswirkungen auf einen bis zu diesem Zeitpunkt sehr stabilen Markt. Die Verbraucher erkannten, dass sie ihre Wände ohne größere Unannehmlichkeiten und Vorbereitungen selbst streichen konnten. Im Laufe der Zeit wurde das neue Produkt daher auch in neuen Vertriebskanälen, zum Beispiel in Supermärkten, nachgefragt. Dies führte zu einer konsequenten Veränderung der Preisgestaltung sowie der verkaufsfördernden

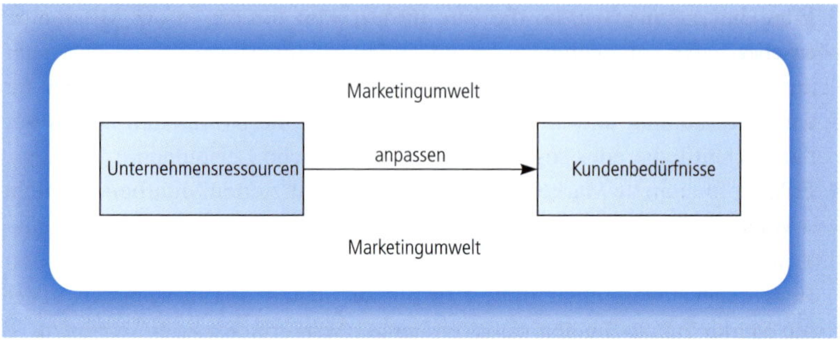

Abbildung 1.3
Abstimmung von Unternehmensressourcen und Kundenanforderungen.

Maßnahmen und der Vertriebspolitik. Entsprechend hoch war der Wettbewerbsdruck auf jene Farbenhersteller, die weiterhin nur ihre hergebrachten Produkte über den traditionellen Fachhandel verkauften.

Auf ähnliche Weise hat die Entwicklung des Mikroprozessors die Computerbranche revolutioniert. Die Auswirkungen auf Unternehmen (wie IBM), die an der Mainframetechnologie festhielten, waren bekanntermaßen verheerend. Interessant ist hier die Tatsache, dass IBM inzwischen vor allem ein Dienstleistungsanbieter und kaum noch im Hardwaregeschäft aktiv ist.

Die Kommunikationstechnologien haben auch traditionelle Wirtschaftsbereiche wie die Telekommunikation, das Druckerei- und Verlagswesen oder IT revolutioniert.

Festzuhalten ist, dass Unternehmen in einer außerordentlich dynamischen Umwelt agieren, welche kaum beeinflusst und kontrolliert werden kann. Daher muss die Marketingumwelt kontinuierlich beobachtet und analysiert werden, um Ressourcen und Prozesse an den Markterfordernissen auszurichten. Die folgenden Kapitel sollen helfen, diesen Erfordernissen gerecht zu werden.

Bislang wurden drei wesentliche Bausteine des Prozesses der Abstimmung von Ressourcen und Kundenbedürfnissen betrachtet:

1. die Ressourcen und Potenziale eines Unternehmens,
2. die Erwartungen und Bedürfnisse der Kunden und
3. die Marketingumwelt.

Dies ist in *Abbildung 1.3* veranschaulicht.

Die Kundenanforderungen

Auch wenn sich erst Kapitel 4 ausführlich mit diesem Phänomen beschäftigt, soll hier schon kurz der Begriff der „Kundenanforderungen" angesprochen werden, um zu verstehen, was Marketing eigentlich ist.

Die Analyse der Kundenwünsche ist sicherlich der Aufgabenbereich, der im Marketing immer wieder für die größten Missverständnisse sorgt. Unternehmen wird immer wieder vorgeworfen, unwissende Konsumenten zu manipulieren, indem sie Begehrlichkeiten nach Dingen wecken, die diese tatsächlich gar nicht benötigen.

Wäre dies so, würde kaum ein Großteil aller Produktinnovationen scheitern. Menschen haben und hatten immer schon Bedürfnisse und Wünsche, zum Beispiel nach unterschiedlichsten Formen des Home-Entertainments. Einzig die Art und Weise, wie sie dieses Bedürfnis befriedigen, veränderte sich im Laufe der Zeit. Das Fernsehen zum Beispiel konnte nur kommerziell erfolgreich sein, weil Menschen grundsätzlich den Wunsch nach Unterhaltung in ihren eigenen vier Wänden hatten und sich ihnen mit dem Fernsehen eine weitere Möglichkeit eröffnete, diesen Wunsch zu erfüllen.

Es ist also zu betonen, dass letztlich immer der Kunde die Kaufentscheidung trifft. Es gibt zahlreiche Möglichkeiten, den jeweiligen Kundenwünschen und -bedürfnissen zu entsprechen. Bei entsprechenden Wahlmöglichkeiten werden Kunden sich für das Produkt entscheiden, das ihnen, ausgehend von einer bestimmten Preiszahlungsbereitschaft, den größten Nutzen (Benefit) stiftet.

Da alle Unternehmen Investitionen tätigen müssen, um Produkte auf den Markt zu bringen, ist der Gewinn, der letztlich durch zufriedene Kunden entsteht, der einzig sinnvolle Maßstab für den Wert eines Unternehmens (Gruca/Rego 2005).

Ein günstiger Preis, Wirtschaftlichkeit, Qualität (im Sinne internationaler Standards wie zum Beispiel ISO) oder jedes andere Merkmal stellen keine hinreichenden Erfolgskriterien dar, solange die günstigen, wirtschaftlichen oder hochwertigen Angebote von Kunden nicht gewünscht und nicht gekauft werden.

Da die Herstellung von Produkten mit Kosten verbunden ist, ist es notwendig, Kunden zu finden, die diese Produkte zu einem angemessenen Preis und in ausreichender Menge kaufen, damit das Unternehmen profitabel agieren kann. Dies ist eine Voraussetzung für den Fortbestand eines Unternehmens und bedeutet im Kern, dass Kunden ein Nutzen gestiftet werden muss, der den Preis übersteigt.

Forschungsergebnisse belegen, dass für privatwirtschaftliche Unternehmen ein direkter Zusammenhang zwischen langfristiger Rentabilität und der Fähigkeit eines Unternehmens besteht, die Bedürfnisse seiner Kunden zu verstehen und für diese Wert zu stiften (Buzzell/Gale 1987; Aaker/Jacobson 1994). Selbst in Branchen wie der Luftfahrt oder der Telekommunikation, die sich erst seit einigen Jahren dem freien Wettbewerb stellen müssen, wissen viele inzwischen, dass nachhaltiger Erfolg langfristig nur mit dauerhaft zufriedenen Kunden möglich ist.

Im öffentlichen (Non-Profit-)Sektor wird Kundenzufriedenheit oftmals im Sinne eines Substituts für Rentabilität herangezogen. Dieses wichtige Thema wird in Kapitel 4 im Abschnitt zur Marktsegmentierung weiter vertieft.

Zusammenfassend ist somit zu betonen: Unternehmen, die in langfristig stagnierenden Märkten operieren, sind in ihrer Existenz gefährdet, wenn sie sich nicht an den Markterfordernissen ausrichten und somit *marktorientiert* handeln (Kirca/Jayachandran/Bearden 2005). Dementsprechend ist es für einen Konzern – und ebenso den Staat – wenig sinnvoll, eine Geschäftseinheit zu subventionieren, die am Markt vorbei und daher unwirtschaftlich produziert, vor allem wenn Nachfrager das, was ihren Wünschen mehr entspricht, auch im Ausland erwerben können.

Genau diese Argumentation richtet sich auch an all diejenigen, die Produktivitätssteigerungen als Allheilmittel für die wirtschaftlichen Probleme propagieren. Jede zusätzliche Produktion wird nur im Lager enden, wenn diese nicht von Kunden nachgefragt wird.

Andere Voraussetzungen wären bei (zumindest vorübergehend) konstanter Nachfrage gegeben, was jedoch nur selten der Fall ist. Da Märkte dynamisch sind, müssen sich Unternehmen kontinuierlich anpassen, um mit den Veränderungen ihrer Märkte Schritt zu halten.

Bei der Analyse der Kundenbedürfnisse steht die Erkenntnis im Mittelpunkt, dass es so etwas wie einen „Markt“ eigentlich nicht gibt. Es sind immer Kunden, die Produkte kaufen, und nicht Märkte. Ein Markt ist lediglich eine Zusammenfassung von Kunden, die ähnliche Bedürfnisse aufweisen und Produkte oder Angebote suchen, die diesen Bedürfnissen bestmöglich gerecht werden. In der Realität setzen sich die meisten Märkte aus mehreren Teilmärkten zusammen (Bauer 1989). Der Markt, den Fluggesellschaften bedienen, setzt sich zum Beispiel aus dem Frachtgeschäft und der Personenbeförderung zusammen. Das Segment der Personenbeförderung lässt sich wiederum in die Bereiche Privatreisen, Pauschalreisen und Geschäftsreisen unterteilen. Versäumt man es, die Bedürfnisse dieser sehr unterschiedlichen Kundengruppen zu analysieren, können kaum geeignete Angebote zu einem akzeptablen Preis entwickelt werden.

Selbstverständlich geht die Thematik weit über dieses Beispiel hinaus. Das gesamte Kapitel 4 ist darum dem besonders wichtigen Aspekt der Marktsegmentierung gewidmet. An dieser Stelle aber reicht es aus zu wissen, dass die Fähigkeit, bestimmte Kundenwünsche zu erkennen und diese mittels der spezifischen Ressourcen des Unternehmens profitabel zu erfüllen, die zentralen Erfolgsfaktoren für das Marketingmanagement sind.

Der Marketing-Mix

Wie bereits erwähnt, erfordert ein effektives Management des Marketing-Mix die Anwendung der Techniken und Instrumente des Marketing. Um einen adäquaten Prozess entwickeln zu können, werden *Informationen* benötigt. Die interne und externe Informationsbeschaffung (Marketingforschung) und das Database-Management werden in Kapitel 11 vertieft.

Sind die Wünsche und Bedürfnisse der Kunden identifiziert, besteht die Aufgabe, Produkte zu entwickeln, die diesen Wünschen und Bedürfnissen entsprechen. Dieser Vorgang wird mit dem Begriff „Produktmanagement“ bezeichnet und wird Gegenstand von Kapitel 5 sein. Weiterhin muss ein Preis für das Produkt festgelegt werden, was in Kapitel 9 thematisiert wird.

Ebenso müssen Kunden über die Produkte informiert werden, um die Nachfrage zu steuern. Dabei sind alle Formen der Kommunikation in Betracht zu ziehen: Werbung und persönlicher Verkauf ebenso wie die Verkaufsförderung. Auf diese Themen wird in Kapitel 7 und 8 eingegangen.

Schließlich ist sicherzustellen, dass die Produkte zu den Kunden gelangen. Es ist dafür zu sorgen, dass die Produkte zum richtigen Zeitpunkt am richtigen Ort sind. Distribution und Kundenservice werden in Kapitel 10 genauer unter die Lupe genommen.

Schließlich ist dieses gesammelte Wissen in einem Marketingplan zu bündeln. Dieses Thema ist so wichtig, dass die folgenden beiden Kapitel der Entwicklung eines Marketingplanes gewidmet sind.

Was ist Marketing – Blenderei oder Substanz?

Trotz einer fast 50-jährigen wissenschaftlichen Tradition herrscht noch immer Unklarheit, wenn es um die Definition des Marketing geht.

Eine Marketingfunktion (oder -abteilung) wird in Unternehmen, die traditionell technologie-, produktions- oder finanzorientiert sind, niemals effektiv arbeiten. Dennoch haben auch solche Unternehmen das Marketingvokabular schon seit langem übernommen und oftmals daraus ein „Blendwerk der Marketingterminologie“ entwickelt.

EINBLICKE

Viele renommierte Großbanken tätigen beachtliche Investitionen, um Marketingexperten, oft aus der Konsumgüterbranche (Fast-Moving Consumer Goods, FMCG), abzuwerben. Es werden aufwendige TV-Werbespots produziert und eine Vielzahl von Produkten, Verkaufsprospekten und Werbezetteln entwickelt. Trotzdem gelingt es den Kunden kaum, die wichtigen Anbieter auseinanderzuhalten und zu erkennen, worin der tatsächliche Wettbewerbsvorteil besteht.

Oftmals handelt es sich hier nicht um eine Form des Marketing, bei der es darum geht, die Bedürfnisse der Kunden genau zu erkennen und diesen Bedürfnissen besser zu entsprechen als die Wettbewerber im Markt. Stattdessen handelt es sich meist um das herkömmliche Hard Selling unter einem neuen Namen, bei dem es darum geht, den Kunden das zu verkaufen, was man ihnen verkaufen will, und zwar wie, wann und wo *das Unternehmen* es will.

> In der Computerbranche sind die Beispiele vielleicht noch augenfälliger. Seit Jahren wird dort das Wort Marketing pauschal benutzt, um die Kunden davon zu überzeugen, die immer komplexeren technologischen Innovationen zu kaufen. Große Hardwarehersteller benennen ihre Verkaufsmanager zu „Marketingmanagern“ um, um zu suggerieren, dass die lokalen Verkaufsniederlassungen die Kundenwünsche verstehen und auf diese reagieren. Angeschlagen durch die Rezession und große Verluste sind in dieser Branche viele der „Platzhirsche“ oder „Big Players“ entweder gescheitert oder haben ihr Geschäftsmodell grundlegend verändert.

Die wichtigsten Bereiche, zu denen der Begriff des Marketing nicht klar abgegrenzt ist, sind:

1. *Vertrieb:* Zu Beginn von Vertriebsseminaren proklamieren Geschäftsführer oftmals aggressiv: „Solange sich die Umsätze nicht verbessern, ist in meinem Unternehmen kein Platz für Marketing!“ Diese Verwechslung des Marketing mit dem Vertrieb ist immer noch eine der größten Barrieren.
2. *Produktmanagement:* Die Annahme, dass es für den Erfolg eines Unternehmens ausreicht, ein gutes Produkt herzustellen, ist immer noch weit verbreitet. Und weder die Concorde, der C5 von Sinclair, der EMI-Scanner oder Tausende andere hervorragende Produkte, die ihre Erfinder oder Investoren während der vergangenen 30 Jahre in den Ruin getrieben haben, können die Menschen vom Gegenteil überzeugen.
3. *Werbung:* Auch hier ist die Gefahr von Missverständnissen groß, und die Wirtschaftsannalen sind voller Beispiele wie dem von British Airways. Die Airline gewann Preise für ihre ausgezeichneten Werbekampagnen, scheiterte jedoch daran, die Werbeversprechen auch einzulösen. Das Schalten groß angelegter Werbekampagnen ist immer noch ein sehr beliebtes Mittel, um Marketingprobleme „zu lösen“, ohne die eigentlichen Ursachen zu bekämpfen.
4. *Kundenservice:* Das „You are Welcome“-Syndrom, ursprünglich von Peters/Waterman (1982) in dem Buch *Auf der Suche nach Spitzenleistungen* propagiert, nimmt in vielen Ländern der Welt nahezu epidemische Ausmaße an. Viele Unternehmen haben jedoch inzwischen erkannt, dass ein Training der Mitarbeiter zum freundlichen Umgang mit den Kunden kaum Erfolg verspricht, wenn das zugrunde liegende Produktangebot unzulänglich ist. Als Beispiel hierfür sollen zahlreiche Eisenbahngesellschaften überall auf der Welt dienen. Selbstverständlich sind freundliche Mitarbeiter kein Nachteil, doch viel wichtiger sind pünktliche Züge. „Nerven Sie mich nicht mit Ihren Weihnachtskarten, gehen Sie lieber ans Telefon, wenn ich anrufe!“ – auch mit dieser Aussage stimmen viele Kunden überein.

Es sollte inzwischen klar sein, dass jene Unternehmen, die sich im Marketing ausschließlich auf die „Kundenfront“ – also den unmittelbaren Kontakt zwischen Käufer und Verkäufer – beschränken, auf dem falschen Weg sind.

Das „Verkaufen“ stellt nur einen Aspekt der Kommunikation mit den Kunden dar. Zu behaupten, es sei das einzig relevante Instrument, heißt die Bedeutung von Produktmanagement, Preisgestaltung, Vertrieb und anderer Formen der Kommunikation für die Umsatzgenerierung zu ignorieren. Der Verkauf ist nur der Teil des Prozesses, in dem das Geschäft zum Abschluss gebracht wird. Er ist also das Ergebnis des Marketingprozesses. Ein erfolgreicher Abschluss ist nur dann möglich, wenn vorher alle Bestandteile des Marketing-Mix richtig angewendet wurden. Man verkauft ja auch kein Pferd, das nicht vier Beine hat! Je mehr Unternehmen sich darauf konzentrieren herauszufinden, was die Kunden tatsächlich wünschen, und je mehr sie die Aufmerksamkeit darauf richten, adäquate Produkte zu entwickeln, die Preise so zu gestalten, dass sie dem Nutzen der Produkte auch tatsächlich entsprechen und die Kommunikation mit den Zielgruppen effektiv zu gestalten, desto wahrscheinlicher ist es, dass Geschäfte in einem persönlichen Kontakt zwischen Verkäufer und Käufer zustande kommen.

Ebenso naiv ist es anzunehmen, dass Marketing ausschließlich Werbung bedeutet. Es ist inzwischen bekannt, dass Werbung nur ein Aspekt der Kommunikation eines Unternehmens darstellt. Immer wieder verschwenden Unternehmen ihre Werbeetats, weil sie ihren Zielmarkt nicht eindeutig identifiziert haben.

> Ein Busunternehmen in den USA investierte eine halbe Million Euro, um herauszustellen, wie zuverlässig sein Service ist. Die Fahrgastzahlen sanken allerdings, weil das Transportmittel Bus mit einem niedrigen sozialen Status assoziiert wurde. Ein klassischer Fall des Irrglaubens, dass Werbung, unabhängig von der Botschaft, die Umsätze steigen lässt. Hätte dieses Unternehmen nachhaltige Marktforschung betrieben, hätte entschieden werden können, in welchem Umfang und wie man diesem verbreiteten Vorurteil mithilfe von gezielter Werbung hätte entgegenwirken können. So investierte das Unternehmen ein halbes Vermögen, um den Menschen etwas weitgehend Überflüssiges zu vermitteln!

In guten Zeiten, das ist bekannt, sind Unternehmen eher bereit, in Werbung zu investieren als in schlechten Zeiten. Die Kürzung des Werbeetats ist oft ein einfacher Weg, die Gewinne zu verbessern, wenn ein Unternehmen hinter den Gewinnerwartungen zurückbleibt. Ein solches Verhalten wird auch dadurch gefördert, dass keine unmittelbaren negativen Auswirkungen auf die Umsätze zu erwarten sind. Darin liegt ein weiteres klassisches auf das Marketing und hier im Speziellen auf die Rolle der Werbung bezogenes Missverständnis. Es wird fälschlich angenommen, dass Umsätze erst Werbung möglich machen! Und es ist naiv anzunehmen, dass die Effizienz von Werbung an den Umsatzzahlen abgelesen werden kann, wenn Werbung nur ein Bestandteil der gesamten Marketingmaßnahmen ist.

Was die Kunden wünschen

Unternehmen müssen sich bewusst machen, was die Aussage „Marketing heißt herauszufinden, was die Kunden wollen", die den meisten Marketingdefinitionen zugrunde liegt, bedeutet. Dennoch gilt, dass in der Realität ein großer Teil von Zufriedenheitszuwächsen technologiegetrieben ist. Die bahnbrechenden technologischen Innovationen, die etwa aus den Raumfahrtprogrammen der NASA entstehen, bieten Tausende Möglichkeiten für eine kommerzielle Verwertung. Die Aufgabe des Marketing ist es in diesem Zusammenhang, kommerzielle Anwendungen für diese Technologien zu finden.

Daraus ergeben sich zwei unterschiedliche Formen von Forschung und Entwicklung:

1. die technologiebasierte und
2. die marktbasierte.

Aus technologischen Projekten, die in Technologieparks und Forschungseinrichtungen überall durchgeführt werden, ergeben sich zahlreiche Möglichkeiten für eine kommerzielle Verwertung.

EINBLICKE Marktbasierte Forschungs- und Entwicklungsprogramme, die von den meisten Unternehmen betrieben werden, führen oft nur zu inkrementalen und diskontinuierlichen Produktverbesserungen. Beide Aktivitäten haben ihre Berechtigung. Paradebeispiele sind Unternehmen wie 3M, die für sich in Anspruch nehmen, eine offene, ungerichtete Forschung zu unterstützen und zu institutionalisieren. Dies führte zu zahlreichen neuen Geschäftsfeldern und Produkteinführungen. Post-it mag hier als bekanntestes Beispiel dienen.

Der wichtigste Punkt ist hierbei, dass Kunden meist nicht wirklich wissen, was sie wollen! Es geht ihnen vor allem darum, einen Weg zu finden, ihre Probleme besser zu lösen. Darum ist es eine der vorrangigen Aufgaben des Marketing, die Kunden und ihre Probleme umfassend zu verstehen und Unternehmen somit in die Lage zu versetzen, kontinuierlich an Problemlösungen zu arbeiten, die das Leben der Kunden angenehmer gestalten. Ob sich dies nun aus reinem Glück oder konsequenter Forschungs- und Entwicklungsarbeit ergibt, ist weniger bedeutsam als das Ergebnis (Zheng Zhou/Yim/Tse 2005).

Unterscheiden sich B2C-, B2B- oder Dienstleistungsmarketing grundlegend voneinander?

Im Kern ist Marketing universal angelegt. Es macht keinen Unterschied, ob Hochöfen, Versicherungspolicen oder Margarine Gegenstand der Marketingaktivitäten sind. Dennoch ergeben sich manchmal Probleme, wenn es darum geht, Marketingideen in Unternehmen der Dienstleistungs- oder Investitionsgüterbranche umzusetzen.

Eine Dienstleistung ist nicht zwangsläufig genauso charakterisiert wie ein Produkt, da sie nicht über dieselben messbaren und reproduzierbaren physischen Eigenschaften verfügt. Daher ist bei Dienstleistungen das Vertrauen auf Seiten des Käufers ein wesentlicher Bestandteil der Geschäftsbeziehung, da er Qualität und Leistung immer erst beurteilen kann, nachdem die Dienstleistung vollständig erbracht wurde. Vor allem aus diesem Grund ist der Verkäufer immer auch ein *Teil* des Dienstleistungsangebots, der als Qualitätssignal zur Beurteilung des Potenzials eines Dienstleisters herangezogen wird. Hinzu kommt, dass eine Dienstleistung nicht im Voraus produziert und für einen späteren Verkauf gelagert werden kann. Dennoch gelten, unabhängig von einigen Unterschieden in der Gewichtung, die Grundsätze des Marketing auch für den Dienstleistungsbereich (Falk 2007).

Investitionsgüter (Synonym: Industriegüter) bezeichnen Güter, die ausschließlich an andere gewerbliche Abnehmer sowie Institutionen oder Behörden verkauft werden. Sie ergänzen entweder als Teile die angebotenen Produkte des betreffenden Unternehmens, werden wiederverkauft oder kommen innerhalb des jeweiligen Unternehmens zum Einsatz. Typische Industriegüter sind vor allem Rohstoffe, Bauteile und Anlagen sowie Wartungs-, Instandhaltungs- und Reparaturgüter sowie Betriebsausstattung. Ebenso wie produzierende Unternehmen verkaufen auch Dienstleistungsanbieter im B2B-Segment ihre Angebote unmittelbar an gewerbliche Kunden und nicht direkt an den Endverbraucher (Backhaus/Voeth 2007).

Die Tatschache, dass der Anteil einiger produzierender Volkswirtschaften am Welthandel in den letzten 50 Jahren so drastisch gesunken ist, ist nicht ausschließlich darauf zurückzuführen, dass die dort hergestellten Produkte von schlechterer Qualität waren als in anderen Ländern. Die Probleme erwuchsen vor allem dort, wo die veränderten Umstände weder erkannt noch verstanden wurden und unbeirrt an dem festgehalten wurde, was in der Vergangenheit funktioniert hatte. Erfolgreiche Unternehmen hingegen waren bereit, wenn nötig, die Produktion in Länder mit niedrigeren Produktionskosten zu verlagern.

Viele der betroffenen Industriegüterunternehmen glauben, dass es immer noch ausschließlich darum geht, hervorragende Produkte zu entwickeln und zu fertigen, und dass – entgegen zahlreicher Belege – überwiegend andere Faktoren die Kaufentscheidung bestimmen. Wird trotz der Wichtigkeit anderer Faktoren wie Marktanteil, Servicequalität oder Unternehmensimage die Bedeutung der Marktsegmentierung nicht erkannt (siehe Kapitel 4), so ist das die häufigste Ursache für die mangelnde Wettbewerbsfähigkeit solcher Unternehmen. Auf dem Weltmarkt reicht es nicht (mehr) aus, gute Produkte herzustellen und diese dann mithilfe des Vertriebs an den Kunden zu bringen.

Wird die Bedeutung der Marktsegmentierung nicht richtig eingeschätzt, ist das der Hauptgrund für eine unzureichende Wettbewerbsfähigkeit auf dem Weltmarkt.

Abgesehen von der Tatsache, dass es eine Frage des Status zu sein scheint, im technischen Bereich eines Unternehmens zu arbeiten, was die Marketingorientierung immer wieder behindert, ist es ebenso eine Tatsache, dass Marketinginhalte im B2B-Bereich schwerer umzusetzen sind. Darum ist es gerade hier so wichtig, dass Manager erkennen, in welchem Zusammenhang ihr Handeln steht. Die Nachfrage auf dem Investitionsgütermarkt leitet sich aus der Nachfrage auf dem Konsumgütermarkt ab, was wiederum die Unwägbarkeiten in den Entscheidungsprozessen erhöht und Prognosen ungemein erschwert.

Abbildung 1.4 lässt erkennen: Je weiter ein Unternehmen vom Endkunden entfernt ist, desto weniger Kontrolle hat es über die Nachfrage. Als Beispiel mögen hier Brauereien dienen. Eine Brauerei kann direkt mit ihren Kunden kommunizieren. Demgegenüber ist das Unternehmen, das die Anlagen fertigt,

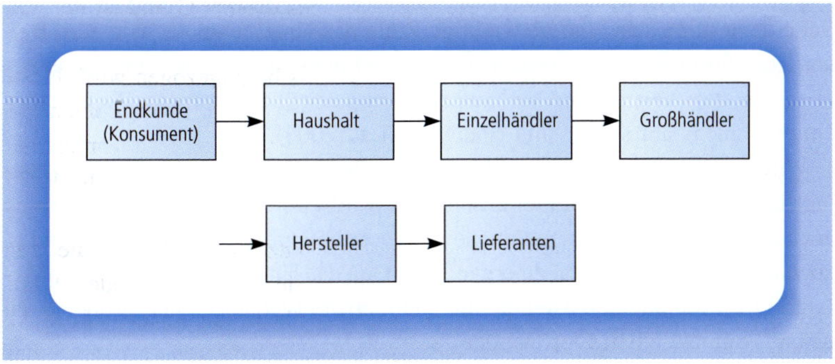

Abbildung 1.4
Die Kette vom Unternehmen zum Endkunden.

und wiederum dessen Zulieferer in letzter Konsequenz vom Endkunden der Brauerei abhängig, auf deren Verhalten sie jedoch kaum Einfluss nehmen können.

Informationen sind daher in B2B-Märkten nicht so leicht verfügbar wie üblicherweise in Konsumgütermärkten, was es problematischer macht, Veränderungen der Marktstellung eines Unternehmens zu erfassen. Darüber hinaus existieren andere Schwierigkeiten, die einem konsequenten Marketing im B2B-Bereich entgegenstehen.

In vielen Unternehmen wird versucht, dieses Problem durch Schaffung *eines* Marketingverantwortlichen zu lösen, der für alle marketingrelevanten Probleme zuständig ist. Inzwischen sollte jedoch klar sein, dass eine solche Lösung niemals funktionieren wird, da der Erfolg eines Marketingkonzepts nur dann gewährleistet ist, wenn es von allen Führungskräften und nicht nur vom Marketingleiter allein verstanden und umgesetzt wird. Geschieht dies nicht, wird niemand sein Verhalten ändern, und die Bemühungen des Marketingverantwortlichen verpuffen.

Auch in diesem Falle gilt, dass die Grundsätze des Marketing – abgesehen von Unterschieden in der Gewichtung – uneingeschränkt gültig sind.

Ist eine Marketingabteilung wirklich notwendig?

Es ist nicht zwingend erforderlich, dass ein Unternehmen formal über eine Marketingabteilung verfügt, die mit der Analyse, der Planung und Kontrolle des jeweiligen Marketingprozesses betraut ist. Das gilt vor allem für kleine, wenig diversifizierte Unternehmen, in denen der Geschäftsführer selbst über ein ausgeprägtes Verständnis der Wünsche seiner Kunden verfügt. Selbst in größeren Unternehmen ist eine Marketingabteilung nicht unbedingt notwendig, da das Produktmanagement auch den Entwicklern, die Preisgestaltung den Finanzexperten, der Vertrieb den Logistikspezialisten und die Werbung dem Verkaufsmanagement überlassen werden können.

Allerdings sind auch die mit einem solchen Ansatz verbundenen Gefahren offensichtlich. Techniker legen oft zu großen Wert auf die rein funktionalen Aspekte der Produkte; Finanzexperten ist oftmals die Kostenkontrolle wichtiger als der Marktwert. Vertriebsverantwortliche sind häufig in der Lage, die Zielerreichung in Bezug auf die Menge zu optimieren, was jedoch auf der anderen Seite dazu führt, dass andere wichtige Ziele des Unternehmens, wie zum Beispiel der Service, vernachlässigt werden. Schließlich ist immer wieder zu beobachten, dass Vertrieb und Verkaufsförderung den übergeordneten Zielen eines Unternehmens abträglich sind (Pauwels et al. 2004).

Wird die Produktpalette eines Unternehmens immer vielfältiger, die Zahl unterschiedlicher Kunden immer größer, der Wettbewerbsdruck immer höher und auch die Umwelt des Unternehmens immer turbulenter, so ist es oft notwendig, auch das Marketing zentral zu organisieren, da das Unternehmen ansonsten Gefahr läuft, Produkte herzustellen, die dann, obwohl technisch hervorragend, zu einem kommerziellen Flop werden.

Professionelle Unternehmen und Organisationen sollten größte Sorgfalt darauf verwenden, eine geeignete Organisationsform für ihre Marketingaktivitäten zu finden. Das Marketing für eine private Business-School zum Beispiel umfasst vor allem die Koordination von Werbung und Information. Zweifellos unterstützt das Marketing in einem solchen Fall zwar die strategische Entwicklung des Unternehmens, es wird jedoch kaum die Unternehmensstrategie begründen. Im Falle anderer Serviceanbieter kann es sein, dass die Marketingabteilung auch die Systeme bereitstellt, um andere in die Lage zu versetzen, ein effektives Marketing zu betreiben (Bauer/Hammerschmidt 2004).

Die Gründe liegen auf der Hand. Wenn der Begriff Marketing all das impliziert, was sich auf Bedarfsweckung und -deckung und die darauf ausgerichtete Analyse bezieht, dann ist klar, dass die meisten Marketingaktivitäten während des Dienstleistungs- und Kundenkontaktprozesses stattfinden. Marketing reflektiert somit diesen Prozess. Es ist daher absurd anzunehmen, dass dieser Prozess lediglich die Aufgabe derer ist, die in der Marketingabteilung arbeiten.

Alan Mitchell, Journalist für das Magazin *Marketing Business*, bemerkt hierzu: „Wer behauptet, die Marketingabteilung ist verantwortlich für das Marketing, kann auch die Behauptung aufstellen, dass nur ein Familienmitglied für die Liebe verantwortlich ist."

Es ist ebenso unsinnig einzufordern, dass Personalfragen ausschließlich in den Verantwortungsbereich der Personalabteilung fallen und alle anderen Manager in einem Unternehmen von Personalentscheidungen und -fragen nicht betroffen sind. Gleiches gilt für Finanzabteilungen und IT-Bereiche. Tatsächlich ist gerade diese kurzsichtige Trennung der Funktionsbereiche verantwortlich für die Misere, gegen die viele Unternehmen gegenwärtig zu kämpfen haben. Viel wichtiger als die Verantwortlichkeit für das Marketing in einem Unternehmen ist die Frage nach der Marketingorientierung, das heißt in welchem Maße ein Unternehmen als Ganzes verinnerlicht hat, wie wichtig es ist, Kundenbedürfnisse zu identifizieren und alle Ressourcen des Unternehmens darauf auszurichten, diese Bedürfnisse profitabel zu erfüllen.

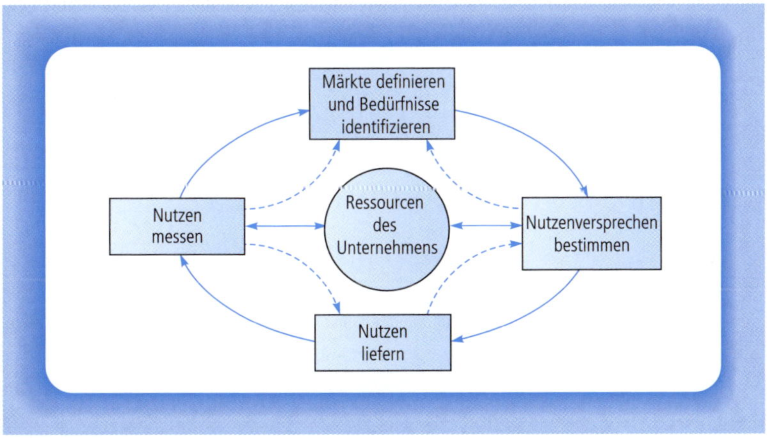

Abbildung 1.5 Das Marketingprozess-Modell.

Die einleitende *Abbildung 1.1* wird nun erneut aufgegriffen (siehe *Abbildung 1.5*), um die zuvor bereits eingeführte Definition von Marketing zusammenzufassen, auf die zu einem späteren Zeitpunkt zurückgegriffen wird.

Anwendungsfragen

1. Beschreiben Sie, welche Bedeutung Marketing in Ihrem Unternehmen hat.
2. Beschreiben Sie, welche Rolle die Marketingabteilung, falls vorhanden, in Ihrem Unternehmen spielt.
3. Für den Fall, dass Ihr Unternehmen nicht über eine eigenständige Marketingabteilung verfügt, beschreiben Sie, wie Entscheidungen im Hinblick auf folgende Aspekte getroffen werden:
   - das Produkt,
   - den Preis,
   - die Kundenbetreuung,
   - die physische Distribution,
   - die Werbung,
   - die Verkaufsförderung,
   - den Vertrieb,
   - die Gewinnung von Marktinformationen.
4. Wie unterscheiden sich in Ihrem Unternehmen Marketing, Verkaufsförderung und Vertrieb?
5. Entsprechen Ihre Produkte eher dem, was der Markt verlangt, oder eher dem, was Sie herstellen wollen?
6. Liegt Ihrem Planungsprozess eine Umsatzprognose zugrunde, aus der dann die Budgets erstellt werden, oder formulieren Sie die Zielvorgaben auf Basis der Vorjahreszahlen? Sollte Ersteres zutreffen, erläutern Sie die Vorteile im Vergleich zur zweiten Möglichkeit.

Kapitel 1: Wiederholung

Die Marketingkonzeption

Unter einer Marketingkonzeption versteht man die Bereitstellung von Produkten oder Dienstleistungen, die sich an der tatsächlichen Nachfrage orientiert. Im Gegensatz dazu steht der Ansatz, nach dem ein Unternehmen die Produkte oder Dienstleistungen verkauft, die es produzieren möchte. Der positive Einfluss der Kundenorientierung auf die Profitabilität eines Unternehmens ist vielfach nachgewiesen. Man spricht dann von einem marktgetriebenen oder einem marktorientierten Unternehmen.

Die Marketingfunktion

Die Meinungen darüber, was Marketing ist, gehen weit auseinander. Die folgende Definition spiegelt jedoch den Kern der meisten Definitionen wider:

Marketing ist ein Prozess, mit dem

- sich Märkte definieren lassen,
- die Bedürfnisse bestimmter Kundensegmente innerhalb dieser Märkte identifiziert werden können,
- Nutzenversprechen (Value Propositions) eines Unternehmens in Bezug auf diese Bedürfnisse bestimmt werden können,
- diese Nutzenversprechen allen Mitarbeitern verständlich gemacht werden können, die dafür verantwortlich sind, diese zu erfüllen, und mit dem Mitarbeiter bewegt werden können, sich mit dieser Aufgabe zu identifizieren,
- sich diese Nutzenversprechen angemessen vermitteln lassen (in der Regel durch Kommunikation),
- sich der tatsächlich generierte Nutzen (Customer Value) messen lässt.

Damit dieser Prozess effektiv ist, muss das Unternehmen konsequent konsumenten- und kundenorientiert ausgerichtet sein.

Diese als „Marketingprozess-Modell" in *Abbildung 1.1* dargestellte Definition wird hier als *Abbildung 1.6* wiederholt.

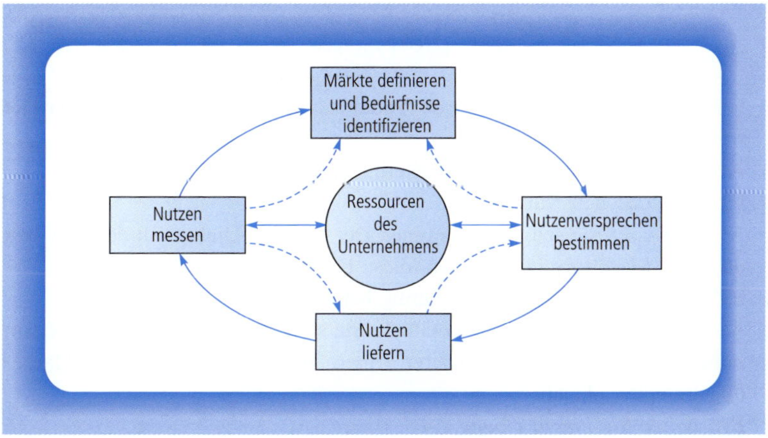

Abbildung 1.6
Das Marketingprozess-Modell.

Die ersten beiden Kästen oben und rechts stellen marktbezogene *Strategien* dar, während sich der untere Kasten und der Kasten links auf die Implementierung der zuvor formulierten Strategien beziehen. Der grundsätzliche Unterschied zwischen Strategie und Taktik wird in Kapitel 2 behandelt.

Bearbeiten Sie hierzu Übung 1.1

Die Ressourcen des Unternehmens

Ein Unternehmen ist nicht in jedem Bereich gleich gut. Es hat bestimmte Stärken und Schwächen. Ein überlegenes Unternehmen versucht die Kundenwünsche zu finden, die am besten zu den eigenen Stärken passen, seien dies die Breite des Produktsortiments, die Kundenbeziehungen, das technische Know-how oder die Flexibilität. Ein geeigneter Prozess besteht natürlich immer auch aus Kompromissen und Zugeständnissen. Generell konzentrieren sich erfolgreiche Unternehmen darauf, auf ihren Stärken aufzubauen und ihre Schwächen zu reduzieren.

Bearbeiten Sie hierzu Übung 1.2

Die Marketingumwelt

Jedes Unternehmen agiert in einem Umfeld, welches nicht nur alle bestehenden und potenziellen Kunden und Wettbewerber umfasst, sondern darüber hinaus viele Faktoren, die außerhalb der Kontrolle des Unternehmens liegen. Veränderungen der Umwelt in Bezug auf

- Kundenwünsche,
- Trends,
- Technologien,
- ökologische Belange,
- Rechtssystem,
- Konjunktur,
- Wettbewerb usw.

führen zu Chancen und Bedrohungen für das Unternehmen. Die genaue Analyse der Umwelt ist essenziell für den Erfolg eines Unternehmens.

Bearbeiten Sie hierzu Übung 1.3

Fragen, die sich für das Unternehmen ergeben

1. F: Macht es einen Unterschied, ob Produkte oder Dienstleistungen vermarktet werden?
   A: Die zentralen Inhalte des Marketing sind universell.
2. F: Was wünschen Kunden?
   A: Das wissen sie selbst nicht immer. Der ständige Dialog mit dem Kunden und gute Marktforschung helfen, diese Frage zu beantworten.
3. F: Müssen wir tatsächlich Marketing betreiben?
   A: Einige Unternehmen haben Glück. Sie sind zum richtigen Zeitpunkt am richtigen Ort. Die meisten anderen Unternehmen aber müssen ihre Marketingstrategien planen.
   Bearbeiten Sie hierzu Übung 1.4

4. F: Benötigen wir in unserem Unternehmen überhaupt eine Marketingabteilung?
A: Nicht unbedingt. Es kommt darauf an, wie komplex die Produktpalette ist. Je vielfältiger das Angebot ist, desto schwieriger ist es, die Aktivitäten des Unternehmens zu koordinieren und mit den Vorstellungen der Kunden in Übereinstimmung zu bringen.

Übungen

Einführung in die Übungen zu Kapitel 1

Die Übungen geben Ihnen die Gelegenheit, Marketing aus verschiedenen Perspektiven zu betrachten. Übung 1.1 soll Ihnen dabei helfen, Ihre eigenen Vorstellungen von Marketing richtig einzuschätzen. Die anderen Übungen lassen sich dann auf Ihr Unternehmen anwenden.

Übung 1.1 Marketingorientierung

Im Folgenden finden Sie einige Definitionen des Begriffs „Marketing", die im Laufe der letzten 20 Jahre in Büchern oder Zeitschriften erschienen sind. Lesen Sie sie aufmerksam und notieren Sie auf einem Zettel die Ziffern der Definitionen, die Ihren eigenen Vorstellungen am nächsten kommen.

Auch wenn die Zahl der Definitionen, die Sie auswählen können, nicht begrenzt ist, versuchen Sie doch, Ihre Auswahl auf wenige Definitionen zu beschränken.

Marketing …

1. „ist die Planung und Durchführung aller Aktivitäten bzgl. eines Produkts mit dem Ziel, Konsumenten zu beeinflussen sowie einen maximalen Absatz zum optimalen Preis und einen maximalen langfristigen Gewinn sicherzustellen."
2. „ist die Entscheidung darüber, was der Kunde will; die Produktion dessen sowie der gewinnbringende Verkauf."
3. „begreift Konsum als demokratischen Prozess, durch den Konsumenten das Recht haben, die Kandidaten zu wählen, die sie bevorzugen. Sie stimmen mit ihrem Geldbeutel ab, indem sie Produkte von dem kaufen, der ihre Bedürfnisse bestmöglich befriedigt."
4. „ist die Planung, Steuerung und Bewertung der externen Faktoren, die in einem Bezug zu den Ertragszielen eines Unternehmens stehen."
5. „ist die Abstimmung der gesamten Aktivitäten eines Unternehmens im Hinblick auf die Bedürfnisse der Kunden oder potenziellen Kunden."
6. „ist darauf ausgerichtet, dem Kundenbedarf in Bezug auf das jeweilige Produkt und die gesamten Maßnahmen, die sich auf Produktion, Vertrieb und schließlich Konsum beziehen, zu entsprechen."
7. „bezeichnet das gesamte System der miteinander verknüpften unternehmerischen Aktivitäten, die darauf ausgerichtet sind, Produkte zu entwickeln, deren Preis festzulegen, sie zu bewerben und an vorhandene oder potenzielle Kunden zu vertreiben."
8. „sind die Unternehmensaktivitäten betrachtet aus Sicht des Kunden. Daher ist es unabdingbar, dass das Marketing alle Bereiche eines Unternehmens erfasst und von allen Bereichen die volle Verantwortung für das Marketing übernommen wird."

9. „sind die Unternehmensprozesse, die eine dauerhafte Beziehung zu den Kunden aufbauen und pflegen; deren Bedürfnisse ermitteln und Kommunikationsprogramme entwickeln, mit deren Hilfe sich der Unternehmenszweck vermitteln lässt.“
10. „ist die Managementfunktion, mit deren Hilfe alle unternehmerischen Aktivitäten organisiert und gesteuert werden, die die Kaufkraft in eine effektive Nachfrage nach einem spezifischen Produkt umsetzen und das Produkt zum Endverbraucher oder -nutzer bringen, um so die Gewinnziele oder andere Zielsetzungen des Unternehmens zu erreichen.“
11. „betont die überlebenswichtige Bedeutung einer Analyse der Umwelt und der Kundenbedürfnisse für eine effektive Unternehmensplanung und -kontrolle – immer im Hinblick darauf, dass die Prozesse im Unternehmen so effektiv und gleichzeitig menschlich wie möglich ablaufen.“
12. „umfasst die Organisation und die Performance jener unternehmerischen Aktivitäten, die den Austausch von Waren und Dienstleistungen zwischen Hersteller und Verbraucher ermöglichen.“
13. „ist der Prozess, in dessen Verlauf 1) die Bedürfnisse ermittelt werden, 2) diese Bedürfnisse im Hinblick auf die Produktionsmöglichkeiten des Unternehmens konkretisiert werden, 3) die Kommunikation dieser Bedürfnisse an die Entscheidungsträger im Untenehmen stattfindet, 4) die Planung der konkreten Ergebnisse in Bezug auf die zuvor ermittelten Bedürfnisse erfolgt und 5) die Kommunikation dieser Ergebnisse in Richtung der Kunden stattfindet.“
14. „bedeutet, alle Aktivitäten – von den Finanzen über die Produktion hin zum Marketing – miteinander zu verzahnen, um profitable Kundenzufriedenheit zu erreichen.“
15. „ist das Ergebnis der unternehmerischen Aktivitäten, die die Warenkette vom Hersteller hin zum Konsumenten steuern.“
16. „ist die Fähigkeit, die Wünsche der Kunden so zu selektieren und zu erfüllen, dass die Rentabilität des Unternehmens maximiert wird.“
17. „ist der wirtschaftliche Prozess, mittels dessen Waren und Dienstleistungen ausgetauscht werden und deren Wert in Form von monetären Preisen festgelegt wird.“
18. „ist das Ergebnis der unternehmerischen Aktivitäten, die den Strom der Waren vom Hersteller hin zum Konsumenten mit dem Ziel steuern, die Unternehmensziele zu erreichen.“
19. „zielt darauf ab, anwachsende Lagerbestände zu vermeiden.“
20. „ist der Prozess, mit dessen Hilfe gegenwärtige und zukünftige Anforderungen der unterschiedlichen Anspruchsgruppen des Unternehmens ermittelt werden, diese an alle kundenrelevanten Funktionen eines Unternehmens kommuniziert werden und mit dem der tatsächlich gestiftete Wert kontrolliert wird.“

Ergebnisermittlung für Übung 1.1

Es war Ihre Aufgabe, eine Anzahl von Definitionen auszuwählen, mit denen Sie sich identifizieren können. Um Ihr Ergebnis zu ermitteln, markieren Sie die Felder in der Tabelle unten, die Ihrer Auswahl entsprechen. Addieren Sie nun die Zahlen der angekreuzten Kästchen für jede Gruppe und tragen Sie die Summe in das Feld am Ende der jeweiligen Zeile ein.

Wenn Sie zum Beispiel die Definitionen 1, 3, 5, 6, 10 und 14 gewählt haben, dann ergibt sich eine Gesamtpunktzahl von 2 in Gruppe A und eine Punktzahl von 4 in Gruppe B.

Gruppe A	1	2	4	7	10	12	15	17	18	19	
Gruppe B	3	5	6	8	9	11	13	14	16	20	

Ergebnisauswertung für Übung 1.1

Wenn Sie die verschiedenen Definitionen näher betrachten, werden Sie feststellen, dass der wesentliche Unterschied zwischen denen in Gruppe A und denen in Gruppe B darin besteht, dass *die Definitionen in Gruppe B sich eindeutig auf die Bedürfnisse der Kunden beziehen und auf den Aufbau von Systemen, die dieses Konzept umsetzen.* In diesem Falle wird von einer uneingeschränkten Marketingausrichtung gesprochen – genau das ist die Marketingauffassung, die diesem Buch zugrunde liegt.

Die der Gruppe A zugeordneten Definitionen sind viel weniger auf die Bedürfnisse des Kunden ausgerichtet (es sein denn, es geht darum, Einfluss auf den Kunden auszuüben) als auf das Unternehmen selbst und seine eigenen Gewinnziele. Die der Gruppe A zugeordneten Definitionen entsprechen somit einer eher traditionellen Sichtweise der Unternehmensführung. Je mehr Ihrer Antworten der Gruppe B zuzuordnen sind und je weniger der Gruppe A, desto ausgeprägter ist Ihre Marketingausrichtung und desto leichter sollte es Ihnen fallen, sich mit den in diesem Buch vertretenen Ideen zu identifizieren.

Bitte beachten Sie dabei, dass das Ergebnis dieser Übung Ihre persönliche Einschätzung von Marketing widerspiegelt und nicht die Ihres Unternehmens.

Übung 1.2 Die Fähigkeiten und Ressourcen des Unternehmens

1. Reflektieren Sie die jüngste Unternehmensgeschichte, etwa der letzten fünf Jahre. Aufgrund welcher Stärken hat das Unternehmen innerhalb dieses Zeitraums die aktuelle Position erreicht?
   a) Listen Sie unten die Stärken auf. *Beachten Sie:* In einem kleinen Unternehmen können zu diesen „Stärken" auch die Schlüsselpersönlichkeiten (z. B. Gründer, Inhaber) gehören. In einem solchen Falle führen Sie bitte aus, was diese Person für das Unternehmen bedeutet, beim Vertriebsleiter zum Beispiel könnte dies etwa seine oder ihre Kontakte in der Branche betreffen.
   i) ______________________________
   ii) ______________________________
   iii) ______________________________
   b) Welches sind nach Ihrer Einschätzung die gegenwärtig größten Schwachpunkte im Unternehmen?
   i) ______________________________
   ii) ______________________________
   iii) ______________________________

2. Führen Sie sich erneut den zuvor beschriebenen Zeitraum von fünf Jahren vor Augen und entscheiden Sie, ob es dem Unternehmen in dieser Zeit besser oder schlechter als vorher gelungen ist, mit seinen Stärken den Kundenwünschen und der Unternehmensumwelt zu entsprechen. Häufig sind sowohl negative wie positive Entwicklungen zu beobachten.
   a) Notieren Sie unten, welche Faktoren zu einer Verbesserung führten.
   b) Notieren Sie unten die Faktoren, die eine negative Entwicklung begünstigt haben.

   Zu diesem Zeitpunkt ist es nicht notwendig, spezifische Schlüsse aus dieser Übung zu ziehen. Es wird jedoch nützlich sein, im Verlauf des Buches auf diese Informationen zurückgreifen zu können.

Übung 1.3
Die Marketingumwelt

Sie werden zu einem späteren Zeitpunkt aufgefordert werden, die Marketingumwelt genauer unter die Lupe zu nehmen. Jetzt aber beschränken Sie sich auf den Zeitraum der letzten fünf Jahre in der Entwicklung des Unternehmens und beantworten Sie die folgenden Fragen:

1. Welches sind die drei wichtigsten Chancen in der Unternehmensumwelt, die zum Erfolg/zur derzeitigen Situation beigetragen haben?
   a) ____( )
   b) ____( )
   c) ____( )

   Bewerten Sie jede der aufgeführten Chancen in den Klammern. Nutzen Sie dabei eine Skala von 1 bis 10, wobei die 10 für „besonders wichtig“ steht.
2. Welches sind die drei wichtigsten Bedrohungen, denen sich das Unternehmen innerhalb dieses Zeitraumes gegenüber sah und die den Erfolg behinderten?
   a) ____( )
   b) ____( )
   c) ____( )

   Bewerten Sie diese Bedrohungen auch hier wie oben anhand einer Skala von 1 bis 10.
3. Reflektieren Sie das, was Sie oben notiert haben, und wägen Sie ab, ob diese Chancen oder Bedrohungen für das Unternehmen an Bedeutung gewinnen oder ob die Bedeutung abnimmt. Vermerken Sie ebenfalls, ob sich neue Chancen oder Bedrohungen abzeichnen. Notieren Sie Ihre Einschätzung für den Zeitraum der nächsten drei Jahre.

   Chancen ____

   Bedrohungen ____

Auch hier gilt: Zu diesem Zeitpunkt ist es nicht notwendig, spezifische Schlüsse aus dieser Übung zu ziehen. Es wird jedoch nützlich sein, im Verlauf des Buches auf diese Informationen zurückgreifen zu können.

Übung 1.4 Marketing-Quiz

Bitte machen Sie hinter jeder Aussage ein Häkchen in die Spalte, die die Situation Ihres Unternehmens am zutreffendsten widerspiegelt.

	sehr zutreffend	*zutreffend*	*weiß nicht*	*nicht zutreffend*	*unter keinen Umständen zutreffend*
1. a) Unsere Kapitalrendite ist zufriedenstellend					
b) Es spricht einiges dafür, dass sich das auch innerhalb der nächsten fünf Jahre nicht ändern wird					
c) Analysen lassen vermuten, dass die Situation sich nicht spürbar verbessern wird					
2. a) Unser Marktanteil geht nicht zurück					
b) Das ist eine Tatsache (basierend auf objektiven Fakten)					
c) Es gibt Hinweise darauf, dass es so bleiben wird					
3. a) Unser Umsatz steigt					
b) Und zwar auch bereinigt um die Inflationsrate					
c) Aber nicht auf Kosten der Rentabilität					
4. Ich weiß mit Sicherheit, dass unser Vertrieb nur dann weniger rentable Produktlinien zu Lasten profitablerer Produktlinien vorantreiben darf, wenn es nachvollziehbare Gründe dafür gibt					
5. a) Die Entwicklung des Unternehmens in den letzen fünf Jahren ist für mich nachvollziehbar					
b) Ich weiß, in welche Richtung das Unternehmen im Laufe der nächsten fünf Jahre steuert					
6. a) Ich bin der festen Überzeugung, dass wir dem gerecht werden, was der Markt von uns erwartet, und nicht dem, was wir produzieren wollen					

	sehr zutreffend	*zutreffend*	*weiß nicht*	*nicht zutreffend*	*unter keinen Umständen zutreffend*
b) Unsere funktionalen Strategien (im Bereich Produktion, Finanzen, IT, Personal, Produktion, Forschung & Entwicklung, etc.) basieren auf einem genauen Verständnis des vom Kunden erwarteten Nutzens und weniger auf eigennützigen funktionalen Erwägungen					
c) Ich bin überzeugt, dass wir nicht auf kurzfristige Taktiken setzen, die unseren langfristigen Interessen schaden					
7. a) Ich weiß, dass die vom operativen Management vorgelegten Umsatz- und Gewinnprognosen realistisch sind					
b) Sie sind so exakt, wie sie sinnvollerweise sein können					
c) Sollten die Zahlen nach oben angepasst werden, dann deshalb, weil ein höheres Niveau tatsächlich erreichbar ist – nicht nur um ein höheres Budget zu erhalten					
8. a) Die intern gewonnenen Detailinformationen werden analysiert, um zeitnahe Informationen über die Vorgänge in den einzelnen Geschäftsbereichen bereitzustellen					
b) Die in der Marketingforschung gewonnenen Daten für das operative Management werden auf eine verständliche Sprache heruntergebrochen; sie werden auch tatsächlich für die zentralen Entscheidungsprozesse genutzt					

	sehr zutreffend	*zutreffend*	*weiß nicht*	*nicht zutreffend*	*unter keinen Umständen zutreffend*
9. a) Wir verkaufen niemals etwas unrentabel					
b) Wir analysieren unsere Zahlen, um das sicherzustellen					
c) Geschieht dies trotzdem, dann aus nachvollziehbaren Gründen, die uns bekannt sind					
10. Unsere Marketingstrategien basieren auf klaren Marktchancen, die auf seriöser Marktforschung beruhen und nicht auf vagen Hoffnungen auf eine bessere Zukunft					

Zählen Sie nun zusammen, wie viele Häkchen sich links von der Spalte *weiß nicht* befinden und wie viele sich in der Spalte *weiß nicht* oder rechts davon befinden.

Ergebnisauswertung für Übung 1.4

Sollten elf oder mehr Ihrer Haken in der Spalte *weiß nicht* oder rechts davon zu finden sein, ist die Wahrscheinlichkeit groß, dass die Marketingausrichtung Ihres Unternehmens unzureichend ist. Eine genauere Selbstanalyse auf Basis der Inhalte dieses Buches ist erforderlich.

Zwischen zwölf und 20 Antworten links von der Spalte *weiß nicht* sprechen dafür, dass im betroffenen Unternehmen die entscheidenden Faktoren, die für wirtschaftlichen Erfolg notwendig sind, gezielt gesteuert werden. Doch auch hier ist zweifellos Optimierungspotenzial vorhanden. Dieses Buch dürfte Ihnen helfen, die notwendigen Verbesserungen umzusetzen.

Über 20 Antworten links von der Spalte *weiß nicht* sind Indiz für ein Unternehmen, das den Umgang mit den entscheidenden Stellgrößen des wirtschaftlichen Erfolgs absolut beherrscht. Sind Sie sicher, dass Ihre Ansicht die Situation Ihres Unternehmens richtig widerspiegelt? Sollte das der Fall sein, ist die Wahrscheinlichkeit groß, dass das Unternehmen bereits über ausgereifte Marketinginstrumente verfügt. Trotzdem ist dieses Buch sinnvoll für Neueinsteiger im Bereich des Marketing, die ihr Wissen über den Marketingprozess vertiefen wollen. Die Inhalte dieses Buches werden sicherlich dazu beitragen, die hohen Standards in Ihrem Unternehmen beizubehalten.

2 | Der Prozess der Marketingplanung: I Die wichtigsten Schritte

Zusammenfassung

- Was ist Marketingplanung?
- Warum ist Marketingplanung so entscheidend?
- Unterschiede und Gemeinsamkeiten der operativ-taktischen Marketingplanung und der strategischen Marketingplanung
- Budgetierung
- Der Marketingplanungsprozess
- Was ist ein Marketingaudit?
- Warum sind Marketingaudits so entscheidend?
- Stellenwert der Marketingaudits in der Unternehmensplanung
- Wer sollte Marketingaudits durchführen?
- Wie sollten die Ergebnisse des Audits verwendet werden?
- Beziehungen zwischen der strategischen Marketingplanung und der Unternehmensplanung
- Die Positionierung der Marketingplanung innerhalb des Marketing
- Die zentralen Bestandteile der strategischen Marketingplanung
- Die Anwendung der strategischen Marketingplanung
- Die Verknüpfung mit dem Budget
- Übungen zur Umsetzung der Theorie in die Praxis

Einführung

Auch wenn die Marketingplanung als einfacher, schrittweiser Prozess erscheint, so entpuppt sie sich in der Realität doch als vielschichtige, komplexe und funktionsübergreifende Aktivität, die sich auf alle Aspekte eines Unternehmens auswirkt. Im Zuge dieses Kapitels werden einige der für das gesamte Unternehmen relevanten Kernpunkte erklärt, wobei der Schwerpunkt auf dem Prozess der Marketingplanung liegt. Es wird keineswegs versucht, das dafür entwickelte Modell als das einzige für eine Anwendung infrage kommende darzustellen. Auch andere Modelle werden Gegenstand der Betrachtungen sein. Das Modell, welches hier vorgeschlagen wird, ist jedoch das sowohl in Wissenschaft als auch Praxis am weitesten verbreitete.

Was ist Marketingplanung?

Jeder Manager wird sofort zustimmen, dass es für die Führung des Vertriebs- und Marketingbereichs am besten ist, ein systematisches Vorgehen zu entwickeln, um eine bestimmte Menge von Optionen zu identifizieren, eine oder mehrere von diesen auszuwählen und dann zu analysieren, welche Aktivitäten notwendig sind, um die gesetzten Ziele zu erreichen.

> Dieser Prozess lässt sich als *Marketingplanung* beschreiben. Er ist die planvolle Anwendung von Marketingressourcen, um mit deren Hilfe die Marketingziele zu realisieren.

Die Marketingplanung stellt somit eine logische Abfolge von Aktivitäten dar, die zu bestimmten Marketingzielen führen. Sie beinhaltet die Formulierung der Pläne, die notwendig sind, um diese Ziele erreichen zu können. Alle Unternehmen durchlaufen beim Erstellen eines Marketingplans einen bestimmten Managementprozess. In kleineren, weniger diversifizierten Unternehmen läuft dieser Prozess in der Regel informell ab. In größeren, stärker diversifizierten Unternehmen stellt sich dieser Prozess oftmals systematisiert dar. Konzeptionell handelt es sich um einen Prozess, der Folgendes beinhaltet: eine Situationsanalyse, die Formulierung wesentlicher Grundsätze und Zielsetzungen, mit denen festgelegt wird, was an wen verkauft wird, sowie die Planung und Kostenaufstellung der Aktivitäten, die für die Umsetzung notwendig sind (Diller 1998; Jenner 2003; Kuß/Tomczak/Reinecke 2007).

Definition
Die Umsatzerlöse stellen den monetären Gegenwert der von einem Unternehmen verkauften Waren oder Dienstleistungen dar. Es handelt sich um den erzielten Nettoertrag, das heißt den Preis bereinigt um jegliche Erlösschmälerungen.

> Dieser Prozess, der intuitiv völlig einsichtig ist, wird in der praktischen Umsetzung oftmals zur schwierigsten aller Marketingaufgaben.

Der Grund hierfür ist die Notwendigkeit, alle Elemente des Marketing in einem stimmigen Plan zusammenzufassen, wofür ein zumindest in gewisser Weise institutionalisierter Prozess erforderlich ist. Genau das bereitet den meisten Unternehmen zahlreiche Probleme.

Eine weitere Schwierigkeit bezieht sich auf die kulturellen, organisatorischen und politischen Probleme, die mit dem Prozess selbst verbunden sind. Dies wird Gegenstand der Betrachtungen in Kapitel 3 sein.

Definition
Der Begriff Gewinn ist nicht einheitlich definiert. Unterschiedliche Unternehmen definieren ihn auf verschiedene Weise. Gewinn kann als Betriebsgewinn, als Umsatzrendite, als Investitionsrendite, als Steigerung des Unternehmenswertes (Shareholder Value, SV) und in Form vieler anderer Kennzahlen definiert werden. In diesem Buch wird der Begriff als Maßstab für die Zufriedenheit der Aktionäre mit dem Ertrag eines privatwirtschaftlichen Unternehmens betrachtet, an dem sie Anteile besitzen.

Warum ist die Marketingplanung von so entscheidender Bedeutung?

Es besteht kaum ein Zweifel daran, dass in Anbetracht der zunehmend aggressiven und komplexen Unternehmensumwelt die Marketingplanung von wesentlicher Bedeutung ist. Hunderte externer und interner Faktoren wirken auf eine komplexe Art und Weise aufeinander ein und beeinflussen so die Möglichkeiten, profitabel zu agieren. Daher seien an dieser Stelle die vier für Untenehmen typischen Zielsetzungen vergegenwärtigt: die Maximierung der *Erlöse*, die Maximierung der *Gewinne*, die Maximierung der *Investitionsrendite* und die Minimierung der *Kosten*. Jede dieser Zielsetzungen übt einen speziellen Reiz auf unterschiedliche Manager, abhängig von ihrer jeweiligen Funktion innerhalb eines Unternehmens, aus. In der Realität darf kaum mehr als ein „optimaler Kompromiss" erwartet werden, da jede dieser Zielsetzungen im Hinblick auf eine wünschenswerte Ausbalancierung Konfliktpotenzial birgt.

Definition
Kosten entsprechen den Aufwendungen für die Durchführung der Geschäftsprozesse. Es gibt unterschiedlichste Formen von Kosten, wie etwa Fixkosten, direkte Kosten, indirekte Kosten, zurechenbare Kosten, vermeidbare Kosten usw. Im Verlauf dieses Buches werden die unterschiedlichen Kostenarten an der Stelle definiert, an der sie jeweils eingeführt werden.

> Manager eines Unternehmens müssen über ein gewisses Verständnis für die Zusammenhänge zwischen all diesen Variablen verfügen. Dies ist erforderlich, um wirtschaftliche Entscheidungen rational zu treffen, auch wenn Intuition, Gefühl und Erfahrung eine wichtige Rolle spielen.

Die meisten Manager akzeptieren, dass bestimmte formale Verfahren helfen, das Verständnis für diese rationalen Prozesse zu schärfen, da sich mithilfe dieser Verfahren die Komplexität der betrieblichen Abläufe reduzieren lässt. Sie gewährleisten ein gewisses Maß an Realismus in Bezug auf die Erwartungen des Unternehmens (Weber/Schäffer1999). Da solche Prozesse zweifellos schwer umzusetzen sind, vertrauen die meisten Unternehmen noch immer ausschließlich auf herkömmliche Umsatzprognose- und Budgetierungssysteme. Ziffern aneinanderzureihen ist kein besonders schwieriges Unterfangen. Zu häufig jedoch stehen sie in kaum einem Zusammenhang zu den realen Möglichkeiten und Risiken, denen ein Unternehmen gegenübersteht. Es ist weitaus schwieriger, Marketingziele und Marketingstrategien zu formulieren, die sich konsequent auf identifizierte Marktpotenziale beziehen (hierzu das folgende überzeichnete hypothetische Beispiel in *Abbildung 2.1*).

Aus *Abbildung 2.1* ist die Planvorgabe eines Unternehmens in Form einer 20 %igen Umsatzerhöhung zu erkennen. Das Unternehmen hat im laufenden Geschäftsjahr einen Umsatzzuwachs in Höhe von 15 % im Vergleich zum Vorjahr erwirtschaftet. Der Marketingchef hat daher, durch eine einfache Umsatzfortschreibung zuzüglich eines Aufschlags für ein erwartetes höheres Wachstum, das geplante Plus von 20 % als ambitionierte Zielvorgabe für das nächste Jahr festgesetzt. Der angestrebte Gesamtumsatz von 9,6 Millionen würde, wenn er erreicht würde, die Budgetverantwortlichen zufriedenstellen.

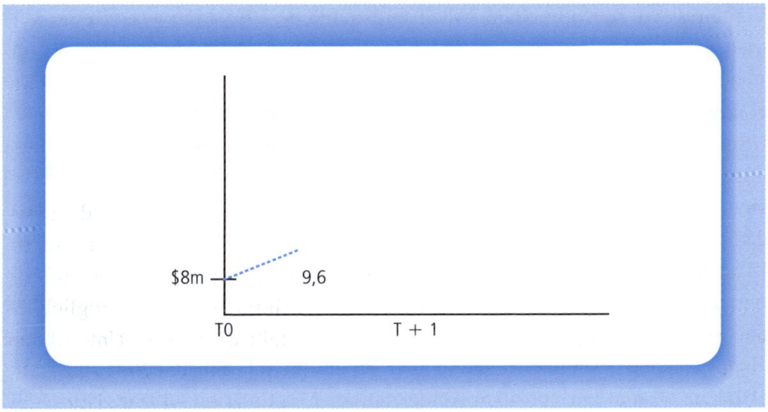

Abbildung 2.1
„Naive" Zielplanung durch Fortschreibung.

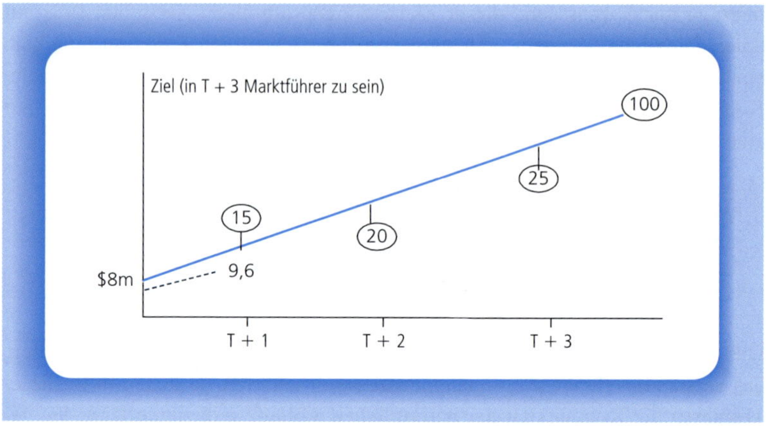

Abbildung 2.2 Marktorientierte Zielplanung.

Es soll nun eine andere, professionellere Möglichkeit betrachtet werden, eine Zielvorgabe für das Folgejahr zu erarbeiten. Unter der Voraussetzung, dass der betrachtete Markt ein Wachstumsmarkt ist, ließe sich zum Beispiel das strategische Ziel „Wir wollen innerhalb von drei Jahren zum Marktführer werden“ formulieren. Um gewährleisten zu können, dass dieses Ziel auch erreicht wird, benötigt der Marketingverantwortliche eine aussagekräftige Einschätzung des Marktvolumens in drei Jahren – zum Beispiel 100 Millionen. Daraus möge sich ergeben, dass, um die Marktführerschaft in diesem Marktsegment zu erlangen, ein Marktanteil von 25 % benötigt würde. Betrachtet man nun *Abbildung 2.2* und leitet das Umsatzziel *rückwärts* aus dieser Zielsetzung ab, ergibt sich ein Umsatzziel von 15 Millionen für das nächste Jahr im Gegensatz zu der auf der Vergangenheit basierenden Zielfortschreibung von 9,6 Millionen (20 %).

Die Tatsache, dass die Vorgabe für das Umsatzziel von 9,6 Millionen auf 15 Millionen gestiegen ist, verändert die gesamte Planung des Unternehmens für das Folgejahr. Forschung und Entwicklung, die Produktion, die IT-Abteilung, das Personalwesen und viele andere Bereiche im Unternehmen sind von diesen veränderten Voraussetzungen betroffen.

Es wird nun für einen Moment in Betracht gezogen, dass der Umsatz des Vorjahres (t-1 zu t0) in einem Wachstumsmarkt erzielt wurde, was für die Vertriebsmannschaft nur einen geringen Aufwand bedeutete. Unter solchen Umständen verwundert es kaum, Vertriebsmitarbeiter zu finden, die die Produkte vorzugsweise an besonders pflegeleichte Kunden verkaufen. Die resultierenden Umsätze fließen in die Datenbank des Unternehmens ein. Weiterhin ist es nicht ungewöhnlich, verantwortliche Manager zu finden, die hohe Ziele stecken, etwa eine Reduzierung des Nettoumlaufvermögens, mit deren Auswirkungen sich dann aber nicht selten letztlich die Logistikexperten herumschlagen müssen. Diese wiederum haben, verzweifelt bemüht ihre Lagerbestände herunterzufahren, überhaupt kein Interesse an einer größeren Nachfrage, da dies ihr Budget nur weiter beanspruchen würde. Schließlich bildet daher die Datenbank, die in einem solchen System Grundlage aller Prognosen ist, nur noch die eigene Ineffizienz ab und hat nur noch wenig mit der Marktrealität zu tun.

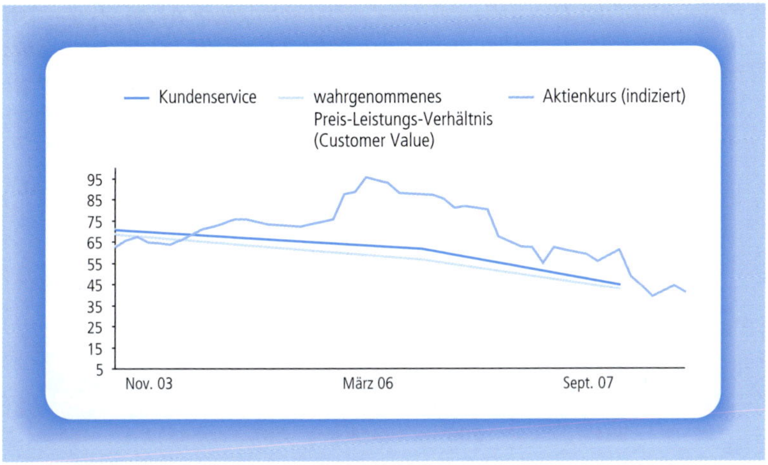

Abbildung 2.3
Trendverläufe für ein großes Einzelhandelsunternehmen.

Prognosen und Budgetplanungen können somit niemals ein Ersatz für die Art von Planung sein, die in diesem Buch vorgeschlagen wird.

Die Informationen, die in den meisten der Vorstandsetagen ankommen, sind auf finanzielle Inhalte reduziert. Ohne (zusätzliche) Informationen, die sich auf zugrunde liegende wertschöpfende Aktivitäten beziehen, fliegt das Management in der Regel im Blindflug. Wenn die Finanzexperten auf ein Problem hinweisen, hat das Management den optimalen Zeitpunkt für ein gegensteuerndes Eingreifen bereits verpasst.

(Pricewaterhouse Coopers 2003, S. 25)

Abbildung 2.3 zeigt die Entwicklung bestimmter Kennzahlen für ein Einzelhandelsunternehmen, bei dem sich trotz jahrelang steigender Aktienkurse der zugrunde liegende Kundenservice und das tatsächlich wahrgenommene Preis-Leistungs-Verhältnis der Angebote stetig verschlechtert haben, bis schließlich die Aktie und damit das Vertrauen in das Unternehmen einbrachen. Dieses Unternehmen benötigte mehrere Jahre, um sich wieder zu erholen.

Tabelle 2.1 zeigt ein reales britisches Unternehmen (es wird namentlich hier nicht genannt), das nach finanziellen Kriterien sehr erfolgreich scheint. Doch auch hier ist zu beachten, dass diese Finanzinformationen üblicherweise auf Prognosen und vorhandenen Budgets basieren.

Ein Blick auf *Tabelle 2.2* zeigt jedoch, dass das Unternehmen in jeder Dimension der marktbasierten Bewertung dramatisch an Boden verliert und sehr wahrscheinlich in ernsthafte Schwierigkeiten gerät, sobald das Markvolumen nicht mehr weiter wächst.

Einige aktuelle Zitate sollen die beschriebene Problematik belegen:

Verbesserungen bei kurzfristigen Finanzkennzahlen, wie etwa beim Betriebsergebnis, können durch das Hinausschieben von Investitionen, durch eine Verringerung der Aufwendungen für das Marketing oder die Fort- und Weiterbildung, aber auch durch einen Verkauf von Vermögensgegenständen realisiert werden. Jede dieser Aktivitäten wird sich kurzfristig positiv auf die

Performance des Unternehmens auswirken, wohingegen sie die Wertsteigerungspotenziale eines Unternehmens langfristig negativ beeinflussen dürften. Und trotzdem entscheiden sich Manager – angespornt durch zu erwartende Bonuszahlungen – in der Regel für ein reines Kennzahlenmanagement, ohne dabei die Auswirkungen auf den Shareholder Value zu berücksichtigen.

(New/Davies/Court 2002)

Tab. 2.1 Die finanzielle Performance des Unternehmens in den letzten fünf Jahren

Ergebnis (in Millionen Britische Pfund)	**Basisjahr**	**1**	**2**	**3**	**4**	**5**
Umsatzerlöse	254	293	318	387	431	454
– Herstellungskosten (Umsatzkostenverfahren)	135	152	167	201	224	236
Bruttogewinnspanne	119	141	151	186	207	218
– Gemeinkosten	48	58	63	82	90	95
– Marketing und Vertrieb	18	23	24	26	27	28
– Forschung und Entwicklung	22	23	23	25	24	24
Jahresüberschuss	16	22	26	37	50	55
Umsatzrendite (Return on Sales)	6,3	7,5	8,2	9,6	11,6	12,1
Gesamtkapital	141	162	167	194	205	206
Gesamtkapital (als Anteil am Umsatz)	56	55	53	50	48	45
Gesamtkapitalrendite (Return on Assets)	11,3	13,5	15,6	19,1	24,2	26,7

Tab. 2.2 Die Marktperformance des Unternehmens in den letzten fünf Jahren

Ergebnis (in Millionen Britische Pfund)	**Basisjahr**	**1**	**2**	**3**	**4**	**5**
Marktwachstum (in Prozent)	18,3	23,4	17,6	34,4	24,0	17,9
Umsatzwachstum (in Prozent)	12,8	17,4	11,2	27,1	16,5	10,9
Marktanteil (in Prozent)	20,3	19,1	18,4	17,1	16,3	14,9
Kundenbindung (in Prozent)	88,2	87,1	85,0	82,2	80,9	80,0
Neukundenanteil (in Prozent)	11,7	12,9	14,9	24,1	22,5	29,2
Anteil unzufriedener Kunden (in Prozent)	13,6	14,3	16,1	17,3	18,9	19,6
relative Produktqualität (in Prozent)	+10	+8	+5	+3	+1	+0
relative Servicequalität (in Prozent)	+0	+0	−20	−3	−5	−8
Umsätze Neuprodukte, relativ (in Prozent)	+8	+8	+7	+5	+1	−4

- *90 % der Unternehmen aus den USA und Europa sind der Überzeugung, dass Budgets schwerfällig und unzuverlässig sind und weder wirtschaftliche Berechenbarkeit noch Kontrolle ermöglichen.*
- *Sie sind vergangenheitsorientiert und unflexibel. Anstatt die Zeit direkt für die Kunden, die eigentliche Erlösquelle, zu nutzen, richten die Manager ihre Aufmerksamkeit darauf, es ihren Vorgesetzten recht zu machen. Das Budget wird zum Selbstzweck.*
- *In allen budgetgeleiteten Systemen sind Betrug und bewusste Fehlinformationen an der Tagesordnung. Das führt zu Angst, Ineffizienz, Suboptimierung und Verschwendung.*
- *In Unternehmen wie Enron lastete ein solcher Druck auf den Managern, die erwünschten Zahlen zu liefern, dass sie nicht nur vereinzelt die Ergebnisse schönten, sondern in großem Stil Recht und Gesetz brachen.*
- *Mitarbeiter mit festen Zielvorgaben und Jobs, die von deren Erreichung abhängen, werden wahrscheinlich alles daran setzen, diese Ziele zu erreichen, selbst wenn sie dadurch das Unternehmen zerstören.* (Caulkin 2005)

Zum Thema Budgetmanagement sei abschließend folgendes Beispiel angeführt: Eines der großen britischen Finanzinstitute wurde kritisiert, weil es maßgeblich für den Anstieg der Privatverschuldung in Großbritannien auf eine Milliarde Pfund verantwortlich war:

> *Den Mitarbeitern wurden knallharte Zielvorgaben für die Höhe der von ihnen zu verkaufenden Privatkredite gemacht, um so ihre niedrigen Grundeinkommen verdoppeln zu können. Die Kunden wurden zu unvertretbaren Abschlüssen gedrängt, und viele der Darlehensnehmer standen schon bald vor dem Ruin. So muss davon ausgegangen werden, dass Banken nicht mehr die Aufgabe erfüllen, ihren Kunden die für ihre Situation optimale Lösung anzubieten. „Wir haben eine zielorientierte Unternehmenskultur, in der die Mitarbeiter ihre Zielvorgaben erfüllen müssen."*
>
> (ein großes Finanzinstitut, 10. Mai 2005)

Unabhängig von der Notwendigkeit, zunehmende Turbulenzen, ein komplexeres Umfeld, höheren Wettbewerbsdruck und die Dynamik des technologischen Wandels zu bewältigen, macht ein Marketingplan Sinn

- für den Marketingverantwortlichen,
- für die Unternehmensführung,
- für die Nicht-Marketingbereiche,
- für Mitarbeiter,
- um potenzielle Wettbewerbsvorteile zu erkennen,
- um ein strukturiertes Vorgehen zu fördern,
- um spezifische Fähigkeiten zu entwickeln,
- um nachhaltige Beziehungen sicherzustellen,
- um zu informieren,
- um Ressourcen zuzuteilen,
- um Unterstützung zu erhalten,
- um Engagement zu bewirken,
- um Ziele zu formulieren und Strategien zu entwerfen.

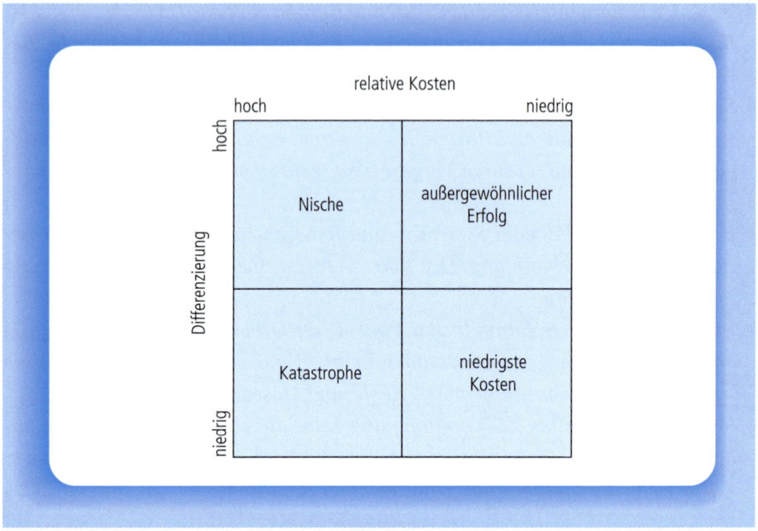

Abbildung 2.4 Wettbewerbsstrategie-Matrix.

Schließlich sprechen noch einige andere pragmatische, erfolgsorientierte Gründe für die Ausarbeitung eines strategischen Marketingplanes.

Alle Unternehmen weisen einen Mix unterschiedlicher Zielmärkte auf. *Abbildung 2.4* veranschaulicht eine Version der Wettbewerbsstrategie-Matrix von Porter (1999).

Die Matrix zeigt, dass einige Märkte von vornherein nicht für eine Differenzierung der Produkte geeignet sind. Es ist augenfällig, dass es bei Produkten wie Flachglas, Chlor oder Autoversicherungen viel schwieriger ist, relevante Unterscheidungsmerkmale herauszuarbeiten, als im Falle von Parfüm, Bier oder Kleidung. In ersteren Fällen sind niedrige Kosten vorrangigstes Unternehmensziel, da sich anderenfalls kaum angemessene Gewinnspannen realisieren lassen. Gleichermaßen stehen die Kosten kaum im Mittelpunkt für ein Unternehmen, wenn die Produkte eines Unternehmens ausgeprägte Unterscheidungsmerkmale aufweisen.

In der Realität bieten die meisten Unternehmen unterschiedliche Produkte an, die sich allen vier Feldern zuordnen lassen. Überall gibt es Katastrophenprodukte, einige Kostenführer- und Nischenprodukte sowie einige besonders erfolgreiche Produkte.

EINBLICKE Canada Dry musste gängige Produkte wie Erfrischungsgetränke im Programm haben, um das gesamte Softdrinksortiment abdecken zu können, auch wenn das Unternehmen seine Gewinne vor allem mit dem Verkauf von Cocktailgrundlagen wie Tonic Water und Ginger Ale erzielte. Das Angebot des gesamten Sortiments war notwendig, um als ernst zu nehmender Player am Markt überhaupt bestehen zu können.

Auch wenn es für Kostenrechnungsexperten verführerisch ist, Produkte wie die im obigen Beispiel genannten zu eliminieren, ist es entscheidend, ihre Rolle für die Gewinnerzielung eines Unternehmens zu verstehen. Darum ist es konse-

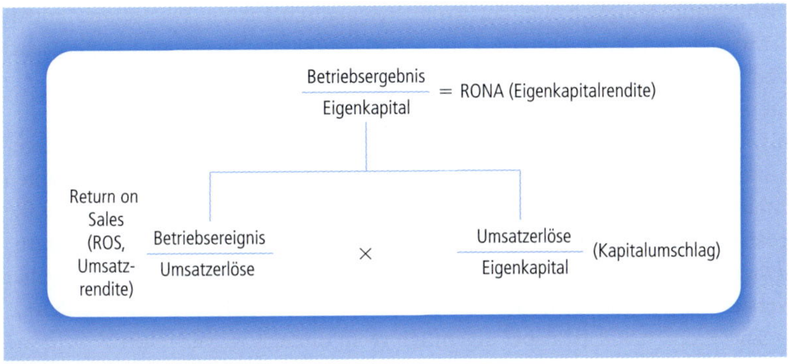

Abbildung 2.5
Bestimmung der Eigenkapitalrendite (Return on Net Assets).

quenterweise die Aufgabe der strategischen Marketingplanung, mindestens drei Jahre im Voraus anzugeben, wie die angebotenen Produkte auf die vier Felder in *Abbildung 2.4* zu verteilen sind.

Alle Unternehmen bieten Produkte an, die auf unterschiedlichen Umsatz- und Gewinnniveaus angesiedelt sind. *Abbildung 2.5* zeigt auf, wie sich der RONA (Return on Net Assets) zusammensetzt. Die Abbildung zeigt, dass Gewinne sich aus einem Mix von Produkten mit unterschiedlichen Gewinnspannen und unterschiedlichen Umsatzvolumen ergeben. Es ist nun Sinn und Zweck des Marketingplanes, mindestens drei Jahre im Voraus festzulegen, wie der gewünschte Mix aus Produkten mit niedriger Gewinnspanne/hohem Umsatz und hoher Gewinnspanne/hohem Umsatz und allen möglichen Variationen dazwischen aussehen soll. Dabei reicht es nicht aus, am Ende des Geschäftsjahres einen Jahresabschluss zu erstellen und zu hoffen, dass sich der erwünschte Nettogewinn ergibt. Wie genau die Planung darauf abzustimmen ist, wird in Kapitel 6 vertieft.

Operativ-taktischer oder strategischer Marketingplan?

Das Verhalten von Organisationen bezüglich der Marketingplanung ist von Verwirrung und Unsicherheit geprägt; vor allem dann, wenn es um den Begriff „Marketing" geht.

> Nur wenige Marketingexperten aus der Praxis sind sich der tatsächlichen Bedeutung einer *strategischen* Marketingplanung im Gegensatz zur operativ-*taktischen* Marketingplanung bewusst.

Was ist der Grund hierfür? Um eine Antwort darauf zu finden, hilft ein Blick auf einige der Veränderungen, die sich im Lauf der letzten drei Jahrzehnte ergeben haben. An die Stelle der recht stabilen Rahmenbedingungen der 1970er und frühen 1980er Jahre, gekennzeichnet durch Wachstum und eine leichte Vermarktung von Produkten, ist heute ein zunehmend komplexes und aggressives Unternehmensumfeld getreten, das oft zudem noch durch stagnierende oder schrumpfende Absatzmärkte verschärft wird. In den meisten Fällen reicht es

Definition
Die operativ-taktische Planung beschreibt detailliert, welche Aktivitäten von wem im Laufe einer kurzfristigen Planungsperiode durchgeführt werden müssen. Der Zeitraum umfasst üblicherweise ein Jahr oder weniger.

nicht mehr, lediglich auf der Welle uneingeschränkten Wachstums mitzuschwimmen. Früher bestand keine Notwendigkeit für einen disziplinierten und systematischen Marketingansatz. Unter solchen Voraussetzungen ist ein taktischer, kurzfristiger Ansatz für die Marketingplanung ideal. Dem Versäumnis, eine strategisch ausgerichtete Marketingplanung aufzubauen, um Kernkompetenzen zu identifizieren und zu entwickeln, fielen in den 1990er Jahren zahlreiche Unternehmen zum Opfer; als prominentes Beispiel kann etwa die gescheiterte Vision von Daimler Benz als „integrierter Technologiekonzern" gelten (Buchenau 2006). Diese Entwicklung wird sich auch gegenwärtig weiter verstärken (mögliche Gründe hierfür werden in Kapitel 3 genannt werden).

Die Problematik ist dabei eigentlich recht einfach zu verstehen.

> Die meisten Manager favorisieren Produkte, die sich mit geringstem Aufwand an Kunden mit den geringsten Ansprüchen verkaufen lassen. Häufig werden nun in Unternehmen zuerst die taktischen Marketingpläne auf Basis solcher kurzfristigen Verkaufspraktiken entwickelt und dann für die höheren Hierachieebenen „extrapoliert". Dadurch erreichen Manager jedoch meist nicht mehr, als die operativen Fehler und Unzulänglichkeiten in den strategischen Plan zu übernehmen (siehe hierzu *Abbildung 2.1* und *2.2*).

Definition
Ein strategischer Plan deckt einen Zeitraum ab, der über das dem laufenden Jahr folgende Geschäftsjahr hinausgeht. Üblicherweise handelt es sich um einen Zeitraum zwischen drei und vier Jahren.

Die vorrangige Beschäftigung mit der Ausarbeitung eines detaillierten Jahresplanes ist typisch für viele Unternehmen, in denen Umsatzprognosen und Budgetplanung mit der strategischen Marketingplanung verwechselt werden – der typischste Fehler überhaupt!

EINBLICKE
Nur noch sehr wenige der ursprünglich 43 von Peters/Waterman (1982) genannten „exzellenten Unternehmen" würden auch heute noch gleichermaßen exzellent bewertet. Viele sind aufgrund ihrer taktischen Ausrichtung – auf Kosten der Strategie – vollständig von der Bildfläche verschwunden (Pascale 1990).

Somit gelangt man an den Ausgangspunkt der Marketingplanung – das Verstehen des Unterschieds zwischen Strategie und Taktik und deren Verknüpfung mit den entsprechenden Begriffen *effektiv* und *effizient* (Sheth/Sisodia 2002). Dies wird in *Abbildung 2.6* verdeutlicht. Die Matrix zeigt auf der horizontalen Achse die strategische Planung als Kontinuum von ineffektiv bis effektiv. Auf der vertikalen Achse ist die operativ-taktische Planung als Kontinuum von ineffizient bis effizient dargestellt. Unternehmen mit einer effektiven strategischen Planung (Feld 1) gelingt es, langfristig zu florieren. Diejenigen Unternehmen mit einer effektiven strategischen, aber ineffizienten taktischen Planung (Feld 2) haben lediglich überlebt. Die Unternehmen auf der linken Seite der Matrix sind zum Scheitern verurteilt, da die taktischen Maßnahmen zu sehr betont wurden. Die mit einer veränderten Marktsituation einhergehenden strategischen Anforderungen werden hier nicht berücksichtigt. Alle Unternehmen, die die falschen Dinge effizient tun (Feld 3), werden schneller wirtschaftlich untergehen als ihre weniger effizienten Pendants. Diese Situation ist vergleichbar mit einem unfähigen Manager, der mehr und härter arbeitet und so das Chaos im Unternehmen noch verdoppelt und doppelt so viele Kunden vergrault!

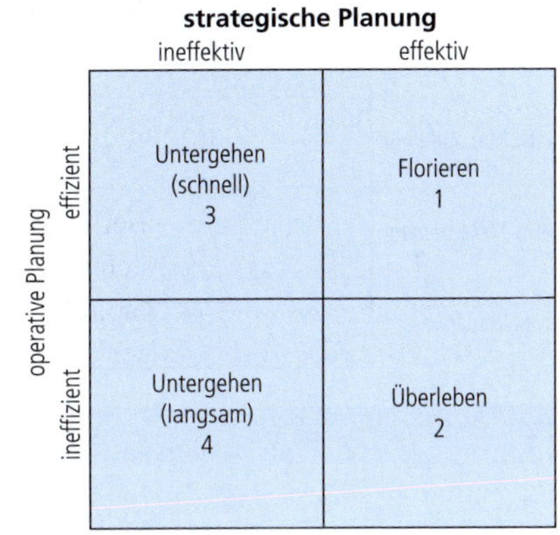

Abbildung 2.6
Strategische vs. operative Planung.

EINBLICKE

Unternehmen, deren Führung eine proaktive Orientierung aufweist, die über das Ende des aktuellen Geschäftsjahres hinausgeht, weisen signifikant bessere Ergebnisse auf als die traditionell agierenden Unternehmen mit einer ausschließlich kurzfristigen Sichtweise (Johnson et al. 2003).

Viele Unternehmen fokussieren im Rahmen von Programmen zur Performance-Steigerung auf Lagerkostenreduktion, Stellenabbau und Cashflow-Optimierung. Das eigentliche Problem ist jedoch oft eine sinkende Nachfrage. Wird vom Topmanagement nicht erkannt, dass zuerst dieses ursächliche Marketingproblem gelöst werden muss, entsteht nicht selten eine *anorexia industrialosa,* das heißt das exzessive Verlangen, immer schlanker und fitter zu werden, was in Folge eines immer weiter fortschreitenden „Gewichtsverlusts" schließlich zum Tode führt.

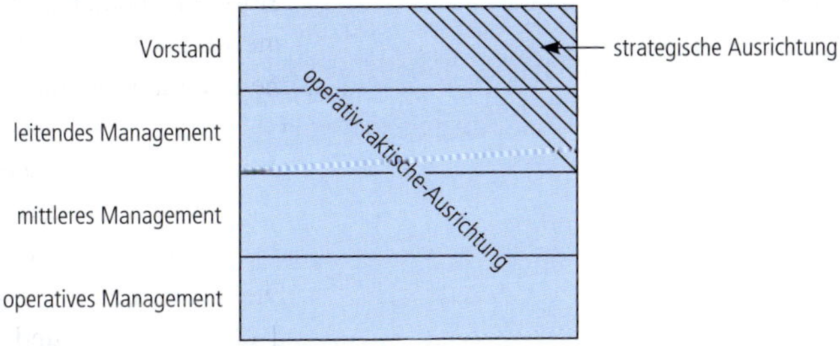

Abbildung 2.7
Profil operativ orientierter Unternehmen.

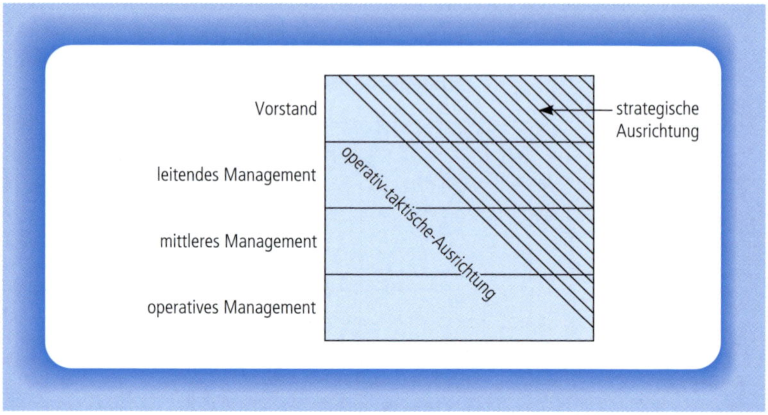

Abbildung 2.8
Profil strategisch orientierter Unternehmen.

Abbildung 2.7 zeigt die „alte Schule“ von Unternehmen, in denen eine strategische Orientierung auf allen Managementebenen nur sehr gering ausgeprägt ist. Hier werden die unteren Managementebenen nicht miteinbezogen, während die Unternehmensleitung sich die meiste Zeit auf operativ-taktische Probleme konzentriert.

Abbildung 2.8 repräsentiert jene Unternehmen, die die Bedeutung einer strategischen Planung erkannt haben und in denen alle Managementebenen an der Strategieentwicklung beteiligt sind.

Die Regeln, nach denen bei der Planung vorgegangen werden sollte, sind an sich nicht besonders komplex (vgl. exemplarisch Jenner 2003):

- Zuerst wird ein *strategischer* Marketingplan entwickelt. Das beinhaltet ein gründliches Abtasten der externen Umwelt (Environmental Scanning), die frühzeitige Identifizierung der Einflüsse, die sich daraus ergeben, sowie die Entwicklung angemessener strategischer Antworten unter Einbezug aller Managementebenen.
- Ein strategischer Plan sollte sich auf einen Zeitraum von drei bis fünf Jahren beziehen, und nur wenn dieser entwickelt und verabschiedet ist, sollte ein für ein Jahr gültiger operativer Marketingplan erarbeitet werden. Niemals sollte jedoch zuerst der Jahresplan ausgearbeitet werden, um diesen dann für die strategische Planung einfach hochzurechnen, das heißt zu extrapolieren.

Im gesamten Verlauf dieses Buches wird das Hauptaugenmerk auf der Ausarbeitung eines strategischen Marketingplanes liegen. Der Aufbau des operativen Planes ist, abgesehen von der Detailbezogenheit, identisch. Das jedoch ist Gegenstand von Kapitel 13.

Die Effektivität der Marketingplanung

Zahlreiche wissenschaftliche Untersuchungen zur Effektivität einer formalisierten Marketingplanung (Thompson 1962; Leighton 1966; Kollatt et al. 1972; Ansoff 1977; McDonald 1984; Greenley 1984; Piercy 1997; Smith 2003) haben gezeigt, dass eine Marketingplanung einen wichtigen Beitrag zum Unternehmenserfolg leistet. Die bedeutsamsten Auswirkungen für die Organisation sind

- die systematische Identifizierung potenzieller Chancen und Risiken,
- die Bereitschaft, sich auf Veränderungen einzustellen,
- die Schaffung nachhaltiger Wettebewerbsvorteile,
- eine bessere Kommunikation unter den Führungskräften,
- eine Verminderung der Konflikte zwischen einzelnen Mitarbeitern und den Abteilungen,
- die Beteiligung aller Managementebenen am Planungsprozess,
- eine bessere Allokation knapper Ressourcen,
- eine einheitliche Linie für das gesamte Unternehmen,
- eine stärkere Marktausrichtung des gesamten Unternehmens.

Eine strategische Marketingplanung kann in vielerlei Hinsicht Positives bewirken, doch im Mittelpunkt der Bemühungen steht der Wettbewerbsvorteil – sein Aufbau, seine Nutzung und seine Verteidigung.

Um realistisch zu bleiben, muss die derzeitige Wettbewerbssituation des Unternehmens berücksichtigt werden. Es muss klar sein, wo sich das Unternehmen in der Zukunft sieht, welche Entwicklungspotenziale bestehen und welchem Wettbewerbsumfeld es ausgesetzt ist. Dies bedeutet, dass der für die Marketingplanung Verantwortliche lernen muss, die verschiedenen zur Verfügung stehenden Prozesse und Techniken zu nutzen, mit deren Hilfe externe Entwicklungen erkannt und analysiert werden können. Ebenso muss dieser verstehen, wie ein Unternehmen üblicherweise auf solche Veränderungen reagiert.

Damit stellt sich das Problem der Auswahl der relevanten Instrumente und Techniken, die sich durch jeweils spezifische Stärken und Schwächen auszeichnen. Keine der einzelnen Techniken reicht aus, um das Gesamtbild zufriedenstellend wiederzugeben. Wie in einem Puzzle erschließt sich das Gesamtbild nur, wenn die einzelnen Teile miteinander kombiniert werden.

Der Zusammenhang zwischen Strategie und Unternehmenserfolg (siehe Kapitel 1) war Gegenstand detaillierter empirischer Analysen des Strategic Planning Institute. Im Rahmen des PIMS-(Profit-Impact-of-Market-Strategy-) Projekts kristallisierten sich aus 2600 untersuchten Unternehmen sechs wesentliche Zusammenhänge heraus (Buzzell/Gale 1987). Aus dieser Analyse wurden grundlegende Strategien abgestimmt auf die jeweilige Branche, die Marktgegebenheiten und die Wettbewerbssituation des Unternehmens.

Nicht alle Beobachter der Szene sind bereit, diese Schlussfolgerungen sofort unreflektiert zu übernehmen, wie beispielsweise Lubatkin/Pitts (1985), die betonen, dass alle Unternehmen einzigartig sind. Sie sind skeptisch, dass etwas so Entscheidendes wie ein Wettbewerbsvorteil das Ergebnis einiger weniger

Formeln sein kann. Nach ihrer Einschätzung ist die PIMS-Perspektive zu mechanistisch und lenkt ab von den komplexen organisatorischen und managementbezogenen Problemen, mit denen die meisten Unternehmen zu kämpfen haben.

Übereinstimmend kann jedoch gesagt werden, dass die strategische Marketingplanung einen nützlichen Prozess darstellt, mit dessen Hilfe ein Unternehmen seine Strategien formulieren kann, *vorausgesetzt*, sie ist an das Unternehmen und seine Umwelt angepasst.

Einordnung der Marketingplanung in die Unternehmensplanung und andere Unternehmensfunktionen

Die größte Herausforderung besteht darin, die Marketingplanung konsequent in den Kontext der allgemeinen strategischen Planung zu stellen. Dabei stehen strategische Entscheidungen vor allem in Zusammenhang mit

- der langfristigen Ausrichtung des Unternehmens, im Gegensatz zu den Problemen des Tagesgeschäfts,
- der klaren Definition des Umfangs der unternehmerischen Aktivitäten in Form von erwünschten Aktivitäten und solchen, die vermieden werden,
- der Ausrichtung der Aktivitäten des Unternehmens an der Umwelt, um dadurch die Chancen des Unternehmens zu nutzen und die Risiken zu verringern,
- der Anpassung der Aktivitäten an die finanzielle, technologische und personelle Ressourcenausstattung des Unternehmens.

Das strategische Management bezieht sich üblicherweise auf eine ungewisse Zukunft und vage, schwach strukturierte Sachverhalte. Es übernimmt somit auch die Funktion, schwache Signale (Weak Signals) für zu erwartende Veränderungen zu erkennen. Es gibt zahlreiche Ansätze, nach denen Unternehmen ihre strategische Planung ausrichten.

Im Folgenden werden sechs grundlegende Modelle unterschieden (Bailey/Johnson/Daniels 2000):

1. *Das Planungsmodell:* Strategische Entscheidungen werden mittels einer konsequenten und strukturierten Suche nach optimalen Lösungen für explizit formulierte Problemstellungen getroffen. Dieser Prozess ist hochgradig rational und basiert auf konkreten Daten.
2. *Das interpretative Modell:* Das Unternehmen wird als Gruppe von Mitgliedern mit gemeinsamen Interessen und übereinstimmenden Werten betrachtet. Dieser Referenzrahmen macht es den Stakeholdern möglich, das Unternehmen und das Umfeld, in dem es operiert, zu verstehen. So gelingt es, eine Unternehmenskultur, die speziell auf dieses Unternehmen abgestimmt ist, zu etablieren. Die Strategie ergibt sich somit nicht etwa aus definierten Zielsetzungen, sondern wird aus den im Unternehmen vorherrschenden Werten, Einstellungen und Vorstellungen entwickelt.

3. *Das politische Modell:* Die Strategie wird nicht direkt ausgewählt, sondern entwickelt sich über Kompromisse, Konflikte und den Versuch, einen Konsens zwischen allen Beteiligten zu finden. Da die Strategie das Ergebnis von Verhandlungen, Vereinbarungen und Konfrontationen ist, können vor allem die Beteiligten mit der größten Macht ihren Einfluss geltend machen.
4. *Das inkrementelle Fortschrittsmodell:* Strategien ergeben sich aus strategischen Subsystemen, die sich auf jeweils andere strategische Fragen beziehen. Die strategischen Ziele orientieren sich eher an einem Bewusstsein für die Wünsche und Bedürfnisse als am hochgradig strukturierten analytischen Prozess des Planungsmodells. Oft sind, aufgrund der fehlenden notwendigen Informationen, solche Ziele sehr vage, allgemein und unverbindlich formuliert, die sich mit dem Auftreten neuer Ereignisse und weiterer Informationen nach und nach konkretisieren.
5. *Das Umweltmodell:* Aus dieser Sicht wirkt die Umwelt auf das Unternehmen dergestalt ein, dass Strategien faktisch vorbestimmt sind und kaum eine oder gar keine freie Wahl möglich ist. Gemäß diesem Modell wird das Unternehmen überleben, das sich am besten an seine Umwelt anpassen kann, was letztlich Darwins Theorie einer natürlichen Selektion entspricht.
6. *Das Modell des visionären Führers:* Die Strategie ergibt sich aus der Vision der Unternehmerpersönlichkeiten und wird durch die Überzeugung, mit der sie diese Vision vertreten, unterstrichen, ebenso wie durch ihre Glaubwürdigkeit und wie sie die Vision anderen vermitteln.

Es ist höchst unwahrscheinlich, dass ein Unternehmen eines dieser Modelle in Reinform anwendet. In der Realität stellt die strategische Entscheidungsfindung eine Mischung aus einigen der beschriebenen Modelle dar. Am wahrscheinlichsten ist es, dass eines oder zwei dieser Modelle den Prozess der strategischen Entscheidungsfindung dominieren.

Da sich in der Forschung bisher kein überlegener, allgemein geteilter Ansatz herauskristallisiert hat, müssen die Führungskräfte eines Unternehmens ihre Entscheidung auf Basis einer Mischung aus Erfahrung, Intuition und Hoffnung treffen. Es zeigt sich, dass der Prozess der Marketingplanung einer logischen Abfolge entspricht, auf deren Weg die Ziele formuliert und die Strategien und Maßnahmen unter Berücksichtigung der finanziellen Auswirkungen entwickelt werden (McDonald 1982a; Dibb/Simkin/Wilson 2008). Der Ablauf des Prozesses ist eine Funktion der Produkt- und Marktkomplexität, der Größe des Unternehmens und der erwarteten Intensität der Umweltdynamik. Der Grad der Formalisierung wird also zumindest teilweise von dem im Unternehmen vorherrschenden Entscheidungsfindungsmodell bestimmt.

Die strategische Marketingplanung lässt sich nicht isoliert von den zuvor beschriebenen Entscheidungsmodellen erörtern. Es ist zu vermuten, dass die Art und Weise, wie die Marketingplanung in einem Unternehmen umgesetzt wird, die Spezifika der im Rahmen der Unternehmensplanung angewendeten Vorgehensweise reflektiert. Die Märkte, die Kunden und die Produkte sind die Eckpfeiler der Marketingplanung. Demgegenüber schließt der Business-Plan weitere Ressourcen und Potenziale des Unternehmens ein, die in einem Zusammenhang zu den Märkten stehen. Die Unternehmensplanung beinhaltet üblicherweise die Umsetzung des Business-Planes in den verschiedenen Bereichen des Gesamtunternehmens.

Im Kontext dieses Buches wird das Planungsmodell herangezogen, da seine Bestandteile alle Prozesse der Marketingplanung abdecken und fundieren.

Bevor die Schritte des Prozesses der Marketingplanung genauer betrachtet werden, erscheint es sinnvoll zu erörtern, in welcher Beziehung die Prozesse der Marketingplanung und der Unternehmensplanung zueinander stehen.

Der Prozess der Unternehmensplanung beinhaltet fünf Schritte. Wie in *Tabelle 2.3* zu erkennen ist, beginnt der Prozess in der Regel mit der Festlegung der langfristigen, finanziellen Ziele des Unternehmens, die meist in Form von Umsatz, Gewinn vor Steuern oder des Return on Investment angegeben werden.

Tab. 2.3 Die Marketingplanung und ihre Stellung im Unternehmenszyklus

Schritt 1: finanzielle Ziele des Unternehmens	**Schritt 2: Managementaudit**	**Schritt 3: Ziel- und Strategiefestlegung**	**Schritt 4: Pläne**	**Schritt 5: Unternehmensplanung**
	Marketingaudit: Marketing	Marketingziele und -strategien	Marketingplan	
	Distributionsaudit: Bestandskontrolle, Transport, Lagerhaltung	Ziele und Strategien der Distribution	Distributionsplan	
finanzielle Ziele des Unternehmens	*Produktionsaudit:* Wertanalyse, technische Entwicklung, Arbeitsabläufe, Qualitätskontrolle, Arbeits- und Materialplanung, Kapazitätsplanung, Produktionsplanung, Werke, Forschung und Entwicklung, IT usw.	operative Strategien und Ziele	Produktionsplan	Aufgaben der Unternehmensplanung: Koordination der Unternehmensziele und -strategien mit den Zielen und Strategien der Einzelpläne; langfristige Gewinn- und Verlustrechnung, Bilanzierung
	Finanzaudit: Verbindlichkeiten, Guthaben, Cashflow und Budgetkontrolle, Ressourcenallokation, Kapitalkosten, langfristige Finanzplanung	finanzielle Strategien und Ziele	Finanzplan	
	Personalaudit: Management, technische und administrative Fähigkeiten usw.	Personalziele und -strategien	Personalplan	

Manchmal umfasst die langfristige Planung einen Zeitraum von fünf Jahren, immer öfter ist jedoch ein Zeitraum von drei Jahren zu beobachten. Der genaue Zeitraum jedoch sollte von den Charakteristika des Marktes bestimmt sein, in dem das Unternehmen operiert. Fünf Jahre stellen für einen Glashersteller einen kaum ausreichenden Planungszeitraum dar, da dieser Zeitraum bereits benötigt wird, um eine neue Fertigungsanlage in Betrieb zu nehmen, während hingegen in einigen Modebranchen fünf Jahre einen viel zu langen Zeitraum darstellen würden. Eine nützliche Regel für die Bestimmung des Planungszeitraums ist die, dass die Dauer der Marktnachfrage für die Produkte ausreichen sollte, um neue Investitionen, die im Zusammenhang mit diesen Produkten stehen, zu amortisieren.

Um einen strategischen Plan praktisch handhabbar zu gestalten, macht es Sinn, den Zeitraum möglichst auf drei Jahre zu begrenzen, da eine Detailplanung darüber hinaus kaum sinnvoll scheint. Sicherlich wären auch Szenarien für einen Zeitraum von fünf bis zehn Jahren möglich, diese Art der Planung ist jedoch nicht Gegenstand dieses Buches.

Den nächsten Schritt stellt das *Managementaudit* dar, das im weiteren Verlauf dieses Kapitels vertieft werden wird. Dieser nächste Schritt ist naheliegend, da eine Situationsanalyse erlaubt abzuschätzen, ob ein Unternehmen in der Lage sein wird, langfristige Finanzziele mit dem aktuellen Produktportfolio und seinen derzeitigen Absatzmärkten realisieren zu können. Jeder sich abzeichnenden Zielabweichung kann durch unterschiedliche Formen der Produktentwicklung oder Markterweiterung entgegengewirkt werden.

Der dritte Schritt, die *Ziel- und Strategiefestlegung*, ist die zweifellos schwierigste und wichtigste Phase der Unternehmensplanung. Mangelt es hier an der gebotenen Sorgfalt, ist alles, was anschließend folgt, wertlos.

Im dritten Schritt werden Ziele und Strategien für einen Zeitraum von drei Jahren oder den jeweils angemessenen Planungshorizont festgelegt. Die Details der Marketingziel- und -strategieplanung werden zu einem späteren Zeitpunkt Gegenstand der Betrachtung sein. Vorerst soll betont werden, dass dies der Moment im Planungszyklus ist, in dem ein Kompromiss darüber erreicht werden muss, was von einzelnen Abteilungen erwünscht ist und was angesichts der Beschränkungen, denen jedes Unternehmen unterliegt, realisierbar ist. Ist es zum Beispiel erklärtes Marketingziel, einen neuen Absatzmarkt zu erschließen, macht dies kaum Sinn, wenn die Firma nicht über die entsprechenden Produktionskapazitäten verfügt oder das notwendige Kapital für Investitionen in zusätzliche Kapazitäten nicht ausreicht.

Der vierte Schritt bezieht sich auf die Entwicklung detaillierter Jahrespläne. Er beinhaltet die Verantwortlichkeiten, das Timing und die Kosten für die Realisierung der Ziele des ersten Jahres sowie die weiterführende Planung für die Folgejahre.

Diese Planungen fließen dann in den *Unternehmensplan* ein, der die langfristigen Unternehmensziele und -strategien sowie die Gewinn- und Verlustrechnung und die Bilanzierung enthält.

Hier sei angemerkt, dass die Entwicklung einer langfristig angelegten Vision eine der vorrangigen Aufgaben der Unternehmensplanung ist. Die Vision zeigt das Selbstverständnis und den Existenzzweck des Unternehmens. Sie berücksichtigt die Erwartungen der Aktionäre, die Entwicklungen im wirtschaftlichen Umfeld des Unternehmens, die Trends der Beschaffungs- und Absatzmärkte und die spezifischen Kompetenzen und Fähigkeiten des Unternehmens, die im Managementaudit identifiziert wurden.

Für die Praxis bedeutet das, dass der Unternehmensplan sich üblicherweise aus den folgenden Bestandteilen zusammensetzt:

1. der Zielvorgabe für die Rentabilität
2. der Definition der Geschäftsfelder
   - welche Produkte auf welchen Märkten angeboten werden (Marketing)
   - welche Bereiche entwickelt werden (Produktion, Forschung und Entwicklung, Informations- und Kommunikationssysteme, usw.)
   - Größe und Art der Belegschaft (Personal)
   - Finanzierung
3. und den Vorgaben für weitere Unternehmensziele wie soziale Verantwortung, Reputation des Unternehmens, Kapitalmarktimage, Image als Arbeitgeber, usw.

Ein solcher Unternehmensplan, als Ergebnis des oben beschriebenen Prozesses, ist wahrscheinlich vorteilhafter für die langfristige Stabilität eines Unterneh-

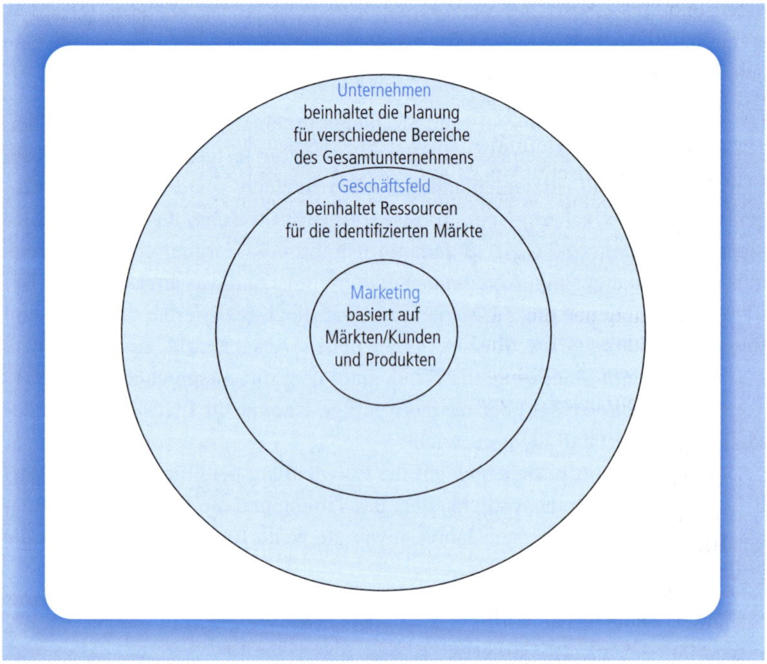

Abbildung 2.9 Bestandteile des Unternehmensplanes.

mens als Planungen, die auf eher intuitiven Prozessen basieren und kaum mehr als den Versuch einer Exploration der vergangenen Trends darstellen. *Abbildung 2.9* stellt eine Zusammenfassung dieses Prozesses dar.

Die Formulierung einer langfristig angelegten Vision ist eine der vorrangigen Aufgaben der Unternehmensplanung. Diese Vision umfasst das aktuelle Selbstverständnis (Identität) des Unternehmens beziehungsweise die zukünftig angestrebte Identität.

EINBLICKE

Die Unternehmenszentrale eines führenden multinationalen Unternehmens, das über ein hoch entwickeltes Budgetierungssystem verfügte, erhielt „Pläne" aus allen Teilen der Welt und koordinierte diese nach monetären und funktionsübergreifenden Kriterien. Das beinhaltete zum Beispiel die Anzahl der Mitarbeiter, die Umsatzzahlen, die Produktionskapazitäten usw., immer unter Berücksichtigung der finanziellen Auswirkungen. Das Problem bestand nun darin, dass dieses gesamte komplexe Konstrukt auf den anfänglichen Umsatzprognosen basierte, die kaum mehr als ein zeitraubendes Zahlenspiel waren. Die tatsächlichen strategischen Anforderungen in Bezug auf Produkte und Märkte wurden angesichts der unzähligen finanziellen Analysen aus den Augen verloren, was schließlich zu schweren Rentabilitätsproblemen führte.

Die Positionierung der Marketingplanung innerhalb des Marketing

Zahlreiche Studien bestätigen, dass unabhängig von Variablen wie Unternehmensgröße, Branche oder Marktbedingungen ein direkter Zusammenhang zwischen ökonomischem Erfolg und bestimmten Merkmalen von Marketingstrategien besteht (vgl. exemplarisch Smith 2005). Gemäß dieser Erkenntnisse gehen Strategien, die sich durch folgende Merkmale auszeichnen, mit einer überlegenen Leistungsfähigkeit einher:

1. eine homogene Definition der Marksegmente,
2. segmentspezifische Angebote,
3. Unverwechselbarkeit der Strategien,
4. Betonung der Stärken und Verminderung der Schwächen,
5. Schaffung von internen und externen Synergien,
6. Fundierung taktischer Entscheidungen,
7. Ausrichtung auf die Ziele,
8. Ausrichtung auf die Marktgegebenheiten,
9. angemessene Ressourcenzuteilung,
10. klarer Wettbewerbsbezug.

Es soll nun zunächst die strategische Marketingplanung in den Gesamtkontext des Marketing eingeordnet werden.

Aus Kapitel 1 ist abzuleiten, dass Marketing einen Prozess darstellt, mit dessen Hilfe

- sich Märkte definieren lassen,
- sich die Bedürfnisse bestimmter Kundengruppen (Segmente) innerhalb dieser Märkte identifizieren lassen,

- sich die Nutzenversprechen bestimmen lassen, mit denen diese Bedürfnisse befriedigt werden,
- sich dieser Nutzen an alle im Unternehmen kommunizieren lässt, die verantwortlich für dessen Erfüllung sind,
- die Nutzenstiftung für die ausgewählten Marktsegmente gewährleistet werden kann,
- eine Überprüfung des tatsächlich bereitgestellten Nutzens möglich ist.

Damit dieser Prozess effektiv ablaufen kann, muss das Unternehmen kundenorientiert agieren. Dieser Prozess ist in *Abbildung 2.10* veranschaulicht. Er ist offenkundig zyklisch und zwar in der Form, dass durch die Kontrolle der Nutzenerbringung das Verständnis des Unternehmens für die Nutzenerwartungen seiner Kunden verbessert wird. Es handelt sich in der Regel um einen Jahreszyklus, inklusive eines Marketingplanes, der das Ergebnis der Prozesse „Märkte definieren und Bedürfnisse identifizieren“ und „Nutzenversprechen bestimmen“ abbildet. Jedoch können auch Veränderungen im Verlauf des Jahres eine schnellere Abfolge erfordern, um so auf bestimmte Chancen oder Probleme angemessen reagieren zu können.

Es ist bekannt, dass nicht alle nutzenstiftenden Prozesse von der Marketingabteilung gesteuert werden, deren Rolle je nach Unternehmen stark variieren kann.

Es ist wahrscheinlich, dass die Marketingabteilung für die ersten beiden Prozesse „Märkte definieren und Bedürfnisse identifizieren“ und „Nutzenversprechen bestimmen“ verantwortlich ist. Obgleich diese Prozesse zahlreiche Funktionsbereiche eines Unternehmens berühren, werden sie von spezialisierten Marketingmitarbeitern koordiniert. Für den Teilprozess „Nutzen liefern“ ist das gesamte Unternehmen verantwortlich, einschließlich zum Beispiel der Produktentwicklung, der Herstellung, des Verkaufs, der Verkaufsförderung, des Direktmarketing, des Vertriebs und des Kundenservice. Die Marketingabteilung ist dann wiederum für die Kontrolle der Effektivität der Nutzenbereitstellung verantwortlich (Herrmann/Huber 2008).

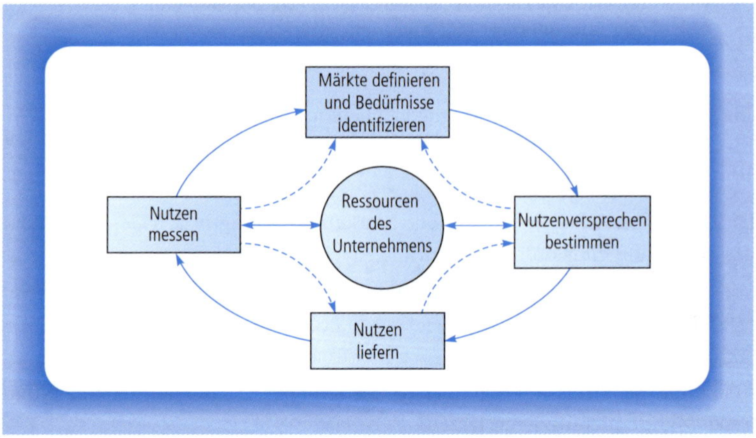

Abbildung 2.10
Das Marketingprozess-Modell.

Die verschiedenen Entscheidungen, die im Laufe des Marketingprozesses zu treffen sind, werden nicht nur durch die Umwelt bestimmt, sondern auch durch die Ressourcenausstattung des Unternehmens. Während eine leistungsfähige neue Fertigungstechnologie mit ausbaufähigen Kapazitäten eine Wachstumsstrategie in einem bestimmten Marktsegment unterstreicht, bestimmt eine vollständig ausgelastete Fertigungsanlage aufgrund hoher Marktnachfrage die Festsetzung bestimmter Preise. Ebenso wie durch das materielle Vermögen können die Marketingentscheidungen durch finanzielle oder personelle Ressourcen, die Marke oder die Informationstechnologie beeinflusst werden.

Die ersten beiden Kästchen in *Abbildung 2.10* behandeln also die strategischen Marketingplanungsprozesse (d. h. die Entwicklung von Marketingstrategien). Das dritte und vierte Kästchen beziehen sich auf die Umsetzung der Pläne am Markt und die resultierenden Effekte.

Der Input für diesen Prozess beinhaltet im Allgemeinen

- Unternehmensphilosophie und -zweck, durch die festgelegt wird, welche Märkte durch das Unternehmen bearbeitet werden,
- externe Daten zum Beispiel aus der Marktforschung,
- interne Daten, die sich aus den betrieblichen Prozessen ergeben.

Es ist ebenso notwendig, die Märkte zu definieren, auf denen das Unternehmen aktiv ist oder zukünftig aktiv sein möchte, und zu analysieren, ob dort Kundensegmente mit ähnlichen Bedürfnissen existieren. Die Marktauswahl wird von den Unternehmenszielen ebenso beeinflusst wie von der zugrunde liegenden Ressourcenbasis. Zudem hängt sie von der Bereitstellung relevanter Informationen bezüglich des zukünftigen Marktvolumens und -wachstums ab.

Das Prozessmodell ist generell bereichs- und funktionsübergreifend angelegt. „Nutzen liefern" erstreckt sich auf jeden Aspekt des Unternehmens, von der Produktentwicklung über die Wareneingangslogistik und die Produktion bis zur Warenausgangslogistik und zum Kundenservice.

Im Modell wird der Idealzustand im Sinne eines Benchmarks dargestellt, nicht das, was als gängige Praxis zu erachten ist. Viele der Aspekte im Modell werden in der Praxis nicht explizit durch fest verankerte Prozesse abgedeckt, selbst nicht in exzellenten Unternehmen.

Ebenso ist anzumerken, dass sich die Darstellung verändern kann. Die One-to-one-Kommunikation und das Relationship-Marketing verlangen etwa radikal andere Vertriebsprozesse, die sich nachhaltig von der bisherigen Praxis unterscheiden. Um neue Medien wie das Internet nutzen zu können, ist eine tief greifende Veränderung des Denkens erforderlich und nicht nur die Veränderung von IT und Hardwareprozessen. Hierzu ein Beispiel: Marketingmanager berichten oft über ihre frühen Erfahrungen mit der Unternehmens-Webseite. Sie ermöglichte es ihnen, zu im Vergleich mit dem herkömmlichen Vertrieb niedrigen Kosten neue Kundengruppen zu erschließen. Nach dem ersten Launch der Webseite fanden potenzielle Kunden das Untenehmen im Internet. Sie stellten fest, dass die angebotenen Produkte gemäß der Informationen auf der Webseite ihren Anforderungen entsprachen, und schickten eine E-Mail, um das Produkt zu kaufen. Verhaftet im herkömmlichen Vertriebsprozess wurde die „Anfrage" dann an einen Vertriebsmitarbeiter weitergeleitet, der den Interessenten anrief und einen Termin zum Beispiel in drei Wochen vereinbarte. Die meisten Kunden hatten in dieser Zeit allerdings bei einem anderen Onlineanbieter gekauft, der das Produkt noch am selben Tag lieferte. Für die restlichen Kunden war die Verkaufstaktik völlig überflüssig, da sie sich bereits entschieden hatten, das Produkt zu kaufen. Diejenigen, die sich dadurch nicht abschrecken ließen, wurden zwar als potenzielle Internetkäufer registriert, das Unternehmen vergab jedoch die Chance, durch einen sinnvolleren Einsatz der Vertriebsmitarbeiter die Gewinnmargen zu erhöhen. In einem sogenannten Pull-Medium wie dem Internet beginnen Kunden den Dialog mit dem Unternehmen oft aus eigenem Antrieb und erwarten lediglich, dass das Unternehmen effektiv und schnell reagiert (Bauer/Hammerschmidt/Donnevert 2007). Die Vertriebsmitarbeiter gewinnen auf diese Weise mehr Zeit, um sich auf Schlüsselkunden und den Aufbau von Kundenbeziehungen zu konzentrieren.

Nachdem nun die Marketingplanung in den Kontext des Marketing und anderer Unternehmensbereiche gestellt wurde, steht nun der Prozess der Marketingplanung – und insbesondere seine effektive Umsetzung – im Mittelpunkt. Daher beziehen sich die weiteren Ausführungen vor allem auf das zweite Kästchen in *Abbildung 2.10.* In Kapitel 4 wird das Thema Marktsegmentierung weiter vertieft.

Der Marketingplanungsprozess

In *Abbildung 2.11* werden die verschiedenen Phasen dargestellt, die durchlaufen werden müssen, um einen Marketingplan zu erstellen. Sie veranschaulicht die Unterschiede zwischen dem *Prozess* der Marketingplanung und dem tatsächlichen Plan, der das *Ergebnis* des Prozesses darstellt. Dies wird im weiteren Verlauf des Kapitels vertieft.

Jede in *Abbildung 2.11* dargestellte Prozessphase wird im Verlauf dieses Kapitels näher erläutert. Die gestrichelten Linien, die die Schritte 5 bis 8 miteinander verbinden, sollen die Praxis des Planungsprozesses widerspiegeln, in dessen Verlauf jeder dieser Schritte üblicherweise mehrmals durchlaufen wird, bevor ein abschließender Plan formuliert werden kann.

Wie formalisiert sollte dieser Prozess sein?

Auch wenn zahlreiche Studien zeigen, dass diese Schritte der Marketingplanung universell anwendbar sind, so hängt doch das Maß, inwieweit jeder der einzelnen Schritte formalisiert werden muss, in weiten Teilen von der Größe und Art des Unternehmens ab. Ein weniger diversifiziertes Unternehmen zum Beispiel nutzt in der Regel weniger formalisierte Verfahren, da das Topmanagement eher über größeres funktionales Wissen und größere Sachkenntnis verfügt als die Mitarbeiter. Zudem lässt die geringe Diversifikation eine direkte Kontrolle der kritischen Erfolgsfaktoren zu. Darum werden Situationsanalysen, Marketingzielsetzungen usw. nicht immer explizit dokumentiert – durchlaufen werden müssen sie dennoch.

Im Gegensatz dazu verfügt in einem diversifizierten Unternehmen in der Regel das Topmanagement nicht zwangsläufig über ein größeres funktionales

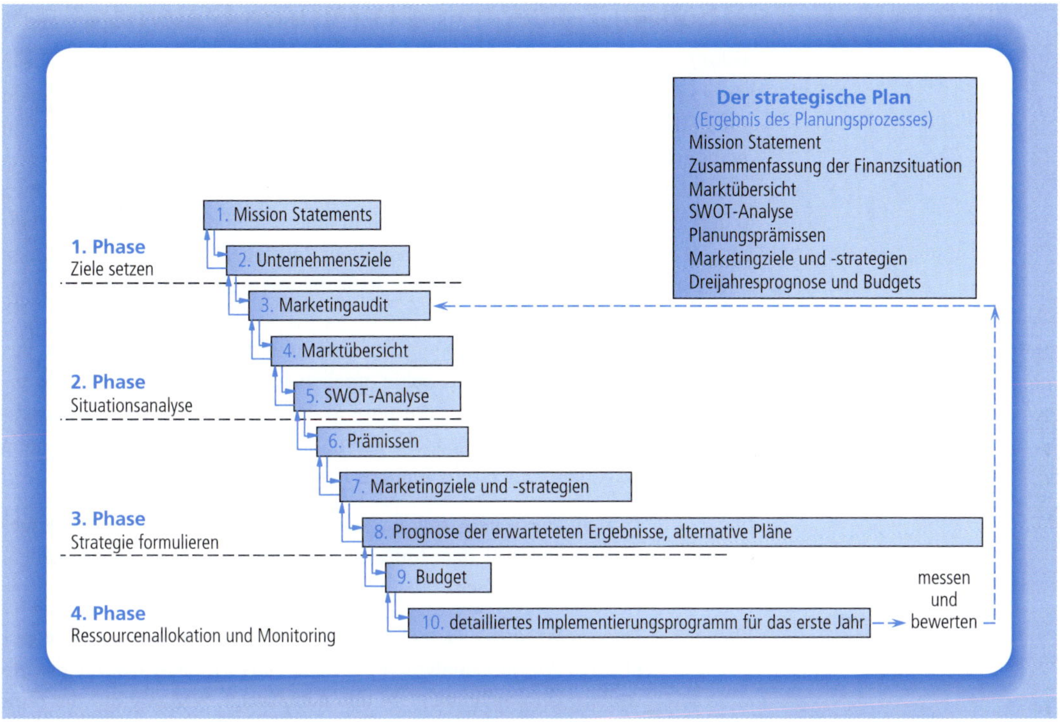

Abbildung 2.11
Die zehn Schritte des strategischen Marketingplanungsprozesses.

Wissen oder größere Sachkenntnis als darunter angesiedelte Managementebenen. Infolgedessen sind die Planungsverfahren dort stärker formalisiert, um den Entscheidungsträgern im Unternehmen schlüssige Vorgaben an die Hand zu geben.

Es spricht vieles dafür, dass formalisierte Planungsverfahren im Allgemeinen langfristig zu größerer Rentabilität und Stabilität beitragen und auch Reibungsverluste und operative Probleme innerhalb des Unternehmens verringern.

Schon die Typologie der unterschiedlichen Planungsarten nach Bailey/Johnson/Daniels (2000) wirft ein Licht auf den tatsächlichen Grad der Formalisierung des Marketingplanungsprozesses in vielen Unternehmen. Smith (2005) reduziert die Formalisierung auf drei Abstufungen – die visionären Prozesse, die rationalen Prozesse und die Wachstumsprozesse. Die meisten erfolgreichen Unternehmen wenden eine Kombination aus allen drei Prozessen an.

Wenn in Unternehmen die Marketingplanung scheitert, ist einer der Gründe immer wieder, dass diese Unternehmen dem Vorgang selbst und den daraus resultierenden Prognosen eine zu große Bedeutung beigemessen haben, anstatt sich darauf zu konzentrieren, dem Management nützliche Information zur Verfügung zu stellen. Da Kapitel 3 diesen und weitere Gründe für ein mögliches Scheitern genauer betrachten wird, werden nun, beginnend mit der Festlegung des Mission Statement, die Schritte des Marketingplanungsprozesses dargestellt.

1. Schritt: Festlegung des Mission Statement

Abbildung 2.11 zeigt, dass am Anfang eines strategischen Marketingplanes ein Mission Statement steht. Das ist der für den Marketingmanager vielleicht schwierigste Aspekt der Marketingplanung, da er stark philosophischer und qualitativer Natur ist. In vielen Unternehmen ist zu beobachten, dass unterschiedliche Abteilungen und manchmal sogar verschiedene Arbeitsgruppen in den jeweiligen Abteilungen inhaltlich in unterschiedliche Richtungen arbeiten. Das führt zu oftmals verhängnisvollen Resultaten, da das Unternehmen weder die Grenzen der Organisation noch die Art und Weise der Geschäftstätigkeit genau definiert hat.

Zwei Ebenen von Mission Statements sind zu unterscheiden: zum einen das sich aus der Unternehmensphilosophie ergebende Mission Statement, zum anderen das darunter angesiedelte „Purpose Statement", welches den Unternehmenszweck definiert. Es gibt jedoch, wie in der folgenden Zusammenfassung deutlich wird, oftmals noch eine weitere Ebene darüber:

Ebene 1 *Das „generische Mission Statement":* Es findet sich in Jahresberichten und soll den Anlegern schmeicheln. Es hat sonst keinen praktischen Nutzen.

Ebene 2 *Das „wahrhaftige Mission Statement":* Es ist das wirklich aussagekräftige Mission Statement, welches unverwechselbar für das jeweilige Unternehmen steht und nachhaltige Wirkung auf die Führungskräfte aller Bereiche hat.

Ebene 3 *Das „Purpose Statement":* Es definiert den Gegenstand des Unternehmens für die unteren Managementebenen; es ist ausgerichtet auf die Ebene der strategischen Geschäftseinheit, der Abteilungen oder der Produktgruppen.

Im Folgenden findet sich ein Beispiel für ein inhaltsleeres „generisches Mission Statement", über das wohl jedes Unternehmen verfügt. Diese Art von Statement führt zu nichts, denn es gibt dem Unternehmen keine Richtung vor. Es ist schwer zu begreifen, warum sich derart sinnlose Statements einer solchen Beliebtheit erfreuen. Es sollte in der Praxis vermieden werden.

Das generische Mission Statement

Das vorrangige Ziel unseres Unternehmens ist es, die Investitionen unserer Anleger zu schützen und deren Wert zu steigern und gleichermaßen den Wünschen und Bedürfnissen unserer Kunden zu entsprechen.
[... den Namen des Unternehmens einfügen ...] versucht dies zum Wohle seiner Mitarbeiter und im Interesse der Länder und der sozialen Gemeinschaften, in denen es agiert, umzusetzen.

Ein Mission Statement oder Purpose Statement sollte in der Regel nicht länger als eine Seite sein und folgende Punkte beinhalten:

1. *Rolle oder Unternehmenszweck*
   - gewinnorientiert oder
   - serviceorientiert oder
   - chancenorientiert
2. *Definition des Geschäfts:* Definiert den Geschäftszweck, vorzugsweise in Form des Nutzens, den das Unternehmen erbringt, oder in Form der Bedürfnisse, die es befriedigt; weniger als Beschreibung dessen, was das Unternehmen produziert.
3. *Unverwechselbare Kompetenzen/Alleinstellungsmerkmale:* Hier handelt es sich um die Beschreibung der wesentlichen Wissens- und Fähigkeitsressourcen, die dem gegenwärtigen Erfolg zugrunde liegen. Kompetenz und Knowhow können aus einem ganz bestimmten Element erwachsen oder aber aus einer im Vergleich zur Konkurrenz großen Vielfalt von Fähigkeiten. Wenn der Name eines Konkurrenten jedoch ebenso für diese besonderen Fähigkeiten stehen könnte, sind es selbstverständlich keine unverwechselbaren Kompetenzen.
4. *Richtlinien für die Zukunft*
   - Was das Unternehmen definitiv tun wird
   - Was das Unternehmen vielleicht tun könnte
   - Was das Unternehmen niemals tun wird

2. Schritt: Festsetzung der Unternehmensziele

Was Unternehmensziele sind und wo sie im Prozess eine Rolle spielen, wurde im vorhergehenden Abschnitt besprochen.

3. Schritt: Durchführung des Marketingaudits

Jeder Plan ist nur so gut wie die Informationen, auf denen er beruht. Ein Marketingaudit ist ein geeignetes Mittel, die Informationen für die Planung sinnvoll aufzubereiten. Es gibt keinen Grund anzunehmen, dass Marketingprozesse, auch wenn sie innovativ und subjektiv sind, nicht genauso einem Audit unterzogen werden können wie einzelne Kostenstellen. Ein Audit beinhaltet eine systematische Bewertung aller externen und internen Faktoren, die die wirtschaftliche Leistungsfähigkeit eines Unternehmens über einen bestimmten Zeitraum beeinflusst haben (Bauer/Stokburger/Hammerschmidt 2006).

Angesichts der immer größer werdenden Diskontinuitäten im Umfeld der Unternehmen und der sich daraus ergebenden kürzeren Produktlebenszyklen scheint es ratsam, zumindest einmal pro Jahr an einem bestimmten Punkt den Planungszyklus zu unterbrechen, um ein aussagekräftiges Bild der zahlreichen externen und internen Faktoren zu zeichnen, die die Leistung beeinflusst haben.

Selbstverständlich leiten Unternehmen oft auch ein Marketingaudit ein, weil sie finanzielle Probleme haben. In solchen Fällen ist immer wieder zu beobachten, dass das Management versucht, die falschen Symptome zu behandeln – indem es meistens eine Reorganisation des Unternehmens einleitet. Solche

Maßnahmen greifen allerdings kaum, wenn es grundlegendere Probleme gibt, die noch nicht erkannt wurden. Die meisten Probleme werden – wenn ein Unternehmen lange genug überlebt – lösbar sein. Entscheidend jedoch ist die Tatsache, dass Probleme überhaupt (richtig) erkannt werden. Das Audit ist ein geeignetes Hilfsmittel, um dies zu gewährleisten.

Zwei Arten von Variablen

Jedes Unternehmen, das ein Audit durchführt, wird mit zwei unterschiedlichen Arten von Variablen konfrontiert: zum einen mit solchen, auf die ein Unternehmen keinen direkten Einfluss ausüben kann, wie zum Beispiel wirtschaftliche und marktrelevante Faktoren; zum anderen mit denen, auf die ein Unternehmen direkten und uneingeschränkten Einfluss hat, wie die operativen Aspekte, die sich üblicherweise auf die internen Ressourcen des Unternehmens beziehen. In diesem Abschnitt wird dargelegt, warum es sinnvoll ist, das Audit in zwei Teile zu teilen: in ein externes und ein internes Audit. *Tabelle 2.4* zeigt Variablen, die in den beiden Bereichen untersucht werden sollten. Jedes dieser beiden Audits sollte im Hinblick darauf durchgeführt werden, die für die Unternehmensperformance relevanten Informationen bereitzustellen.

Weit verbreitet ist die Annahme, dass ein Marketingaudit einen einmaligen Vorgang darstellt, mit dessen Hilfe sich die Marketingprobleme eines Unterneh-

Tab. 2.4: Durchführung eines Audits

externes Audit	internes Audit
geschäftliches und allgemeines wirtschaftliches Umfeld ökonomisch, politisch, steuerlich, rechtlich, sozial, kulturell technologisch unternehmensspezifisch *Markt* Gesamtmarkt, Größe, Wachstum und Trends (Wert/Volumen) Marktcharakteristika, -entwicklungen und -trends: Produkte, Preise, Distribution, Kanäle, Kunden, Konsumenten, Kommunikation, Branchenpraktiken (Best Practices) *Wettbewerb* Hauptkonkurrenten Größe Marktanteil Marktstellung und Ruf Fertigungstechnologien und -möglichkeiten Distributionsstrategie Marketingmethoden Ausmaß der Diversifikation des Unternehmens Personalpolitik internationale Beziehungen Rentabilität zentrale Stärken und Schwächen	*eigenes Unternehmen* Umsätze (gesamt, nach Region, nach Branche, nach Kunde, nach Produkt) Marktanteile Gewinnspannen, Kosten Marketinginformation, Marktforschung Marketing-Mix-Variablen: Produktmanagement, Preis, Distribution, Werbung, Prozesse und Ressourcen

mens abschließend definieren lassen. Fortschrittlicher ist schon die Ansicht, dass es sich um einen von unabhängiger Seite von Zeit zu Zeit durchgeführten Prozess handelt, mit dem sich prüfen lässt, ob das Unternehmen auf dem richtigen Weg ist. Erfolgreiche Unternehmen beginnen ihren Planungszyklus jedoch jedes Jahr mit einem formalen Audit, das alles umfasst, was nachhaltigen Einfluss auf die Marketingaktivitäten hat, auch wenn sie übliche Informations- und Kontrollinstrumente und Marktforschungsanalysen während des gesamten Jahres einsetzen. Bei den meisten der führenden Konsumgüterhersteller ist ein alljährliches Selbstaudit ein bewährtes Verfahren.

Einwände gegenüber Linienmanagern, die ihre eigenen Audits durchführen, beziehen sich in der Regel auf den Zeitfaktor und die eventuell mangelnde Objektivität. In der Praxis helfen ein schlüssiger fachlicher Ansatz und eine hinreichende Ausbildung. Um jedoch einen eingeschränkten Horizont, der oftmals aus einem Mangel an kritischer Auseinandersetzung entsteht, zu vermeiden, muss dieser Ansatz übergreifend auf allen Managementebenen zur Anwendung kommen.

Wo relevant, sollte ein Marketingaudit eine Darstellung der Lebenszyklen der wichtigsten Produkte und Marktsegmente beinhalten, deren zukünftige Entwicklung durch die im Audit gewonnenen Informationen prognostiziert werden soll. Ebenso sollten wichtige Produkte und Märkte in Form einer Matrix veranschaulicht werden, um ihre aktuelle Position im Wettbewerb definieren zu können.

Die nächste Frage lautet sodann: Was geschieht mit den Ergebnissen des Audits? Einige Unternehmen wenden wertvolle Ressourcen auf, um Audits durchzuführen, die kaum greifbare Ergebnisse bringen. Das Auditverfahren ist dann nicht mehr als das Führen einer einfachen Datenbank. Die zentrale Aufgabe ist es, daraus „intelligente" Informationen zu gewinnen – Informationen, die von wesentlicher Bedeutung für die Entscheidungsfindung sind.

4. Schritt: Erstellung des Marktüberblicks

Dieser Schritt, der eine exponierte Phase im strategischen Marketingplanungsprozess ist, sollte Folgendes unmissverständlich deutlich machen:

- was genau der Markt ist,
- wie er funktioniert,
- welches die wichtigsten Kaufentscheidungskriterien sind,
- welche Segmente er enthält.

Die Definition des Marktes ist von entscheidender Bedeutung für den Erfolg und sollte viel mehr in Form von Bedarfskategorien und nicht so sehr in Form von Produkt- oder Dienstleistungskategorien erfolgen (Bauer 1989). So scheiterte zum Beispiel die Firma Gestetner, indem das Unternehmen seine Märkte als „Druckmaschinen" definierte, und IBM scheiterte beinahe, weil das Unternehmen für sich den „Mainframemarkt" definierte. Und ebenso ist die private Altersvorsorge ein Produkt und nicht ein Markt, da viele andere Produkte den gleichen oder einen ähnlichen Bedarf decken. Ist dieser Schritt vollzogen, sollte ein „Marktmodell" entwickelt werden, aus dem der Warenstrom vom Zulieferer bis hin zum Endverbraucher nachzuvollziehen ist, einschließlich aller die Kette durchlaufenden Mengen, die schließlich die Marktgröße ergeben.

Wenn z. B. annahmegemäß fünf Millionen Heizkörper hergestellt oder importiert werden, muss auch die Distribution von fünf Millionen Heizkörpern erfolgen, es müssen fünf Millionen Heizkörper installiert werden, und irgendwer muss die Entscheidung treffen, welche Heizkörper installiert werden sollen. Sinn und Zweck eines Marktmodells ist es, dies zu quantifizieren.

Die Entscheidung, eine Marktsegmentierung durchzuführen, ist eine Schlüsselentscheidung. Als Segment wird eine Kunden- oder Verbrauchergruppe bezeichnet, die die gleichen (oder annähernd gleichen) Bedürfnisse aufweist (siehe Kapitel 4). Dieser Schritt ist deshalb von entscheidender Bedeutung, weil auf Basis der Schlüsselsegmente aus dem Marktmodell die SWOT-Analyse durchgeführt werden sollte.

5. Schritt: Durchführung der SWOT-Analyse

Es besteht immer die Gefahr, dass im Laufe des Audits die Konzentration auf jene Analyse vernachlässigt wird, die Ergebnisse darüber liefert, welche Entwicklungen für das Unternehmen tatsächlich von Bedeutung sein werden. Während Checklisten hier die Vollständigkeit von Logik und Analyse garantieren, sollten sich die mit der Durchführung des Audits betrauten Mitarbeiter darauf konzentrieren, in ihrem Audit solche Informationen zu vermeiden, die nicht relevant für das Marketing des Unternehmens sind. Die Erarbeitung von Berichten oder übermäßig detaillierten Umsatzstatistiken, die nicht zu nachvollziehbaren Aktivitäten führen, bewirkt nur, dass das Auditverfahren aufgebläht wird und an Bedeutung verliert.

Da es die Zielsetzung des Audits ist, die Marketingziele und -strategien des Unternehmens zu bestimmen, erscheint es sinnvoll, eine Form zu finden, mit deren Hilfe sich die wichtigsten Ergebnisse strukturieren lassen.

Mittels SWOT-Analysen lässt sich dies sinnvoll umsetzen. Eine SWOT-Analyse ist eine Zusammenfassung des Audits unter den Rubriken „interne Stärken und Schwächen", die in Bezug zu den „externen Chancen und Bedrohungen" stehen.

Diese SWOT-Analysen sollten für jedes Segment durchgeführt werden, das als relevant für den zukünftigen Erfolg des Unternehmens erachtet wird. Sie sollten möglichst nur kurze Kommentare beinhalten, die sich ausschließlich auf die entscheidenden Faktoren konzentrieren. Zudem sollten sie die charakteristischen internen Stärken und Schwächen, die direkten Wettbewerber und *entscheidende* externe Chancen und Bedrohungen kenntlich machen. Ebenso sollte eine Zusammenfassung der Gründe für eine gute oder schlechte Performance integriert werden. Sie sollten interessant sein, prägnante Aussagen und nur wichtige Fakten enthalten und außerdem förderlich für eine kreative Analyse sein.

Wie SWOT-Analysen durchgeführt werden können, ist in Kapitel 5 näher erläutert.

6. Schritt: Festlegung der Planungsprämissen

Nachdem das Marketingaudit und die SWOT-Analyse abgeschlossen wurden, geht es darum, bestimmte Annahmen der Planung zu formulieren.

> Für den wirtschaftlichen Erfolg gibt es in allen Unternehmen bestimmte Schlüsseldeterminanten, hinsichtlich derer bestimmte Annahmen zu formulieren sind, bevor der Planungsprozess fortgesetzt werden kann.

Dies ist eine Frage der Standardisierung des Planungsumfelds. Es wäre zum Beispiel nicht von Vorteil, wenn zwei Produktmanager einen Plan erarbeiten und der eine annimmt, dass der Markt um 10 % wächst, und der andere, dass der Markt um 10 % einbricht.

> Beispiele für Annahmen wären:
>
> „Im Hinblick auf das Geschäftsklima, in dem das Unternehmen agiert, kann angenommen werden, dass
>
> 1. die Überkapazitäten von 105 % auf 115 % steigen, da neue Fabriken in Betrieb genommen werden;
> 2. der Preisdruck im Wettbewerb das Preisniveau für das gesamte Produktsortiment um 10 % senken wird;
> 3. der Hauptkonkurrent noch vor Ende des zweiten Quartals ein neues Produkt im Bereich X einführen wird."

Es sollte versucht werden, die Zahl der Annahmen zu begrenzen. Wenn ein Plan auch ungeachtet der Annahmen erstellt werden kann, so sind diese sinnlos.

7. Schritt: Formulierung der Marketingziele und -strategien

Der nächste Schritt in der Marketingplanung umfasst die Ausarbeitung von Marketingzielen und -strategien – den Schlüsselbereich des gesamten Prozesses.

> Ein *Ziel* beinhaltet das, was ein Unternehmen erreichen will. Eine *Strategie* gibt Auskunft darüber, wie diese Ziele erreicht werden sollen.

Folglich ergeben sich Marketingziele und -strategien auf allen Ebenen des Marketing. Es können zum Beispiel Ziele und Strategien aus dem Bereich der Werbung sowie Zielsetzungen und Strategien zur Preisgestaltung sein.

An dieser Stelle ist es sinnvoll zu betonen, dass die Marketingziele ausschließlich auf Produkte und Märkte bezogen sind. Es ist allgemein einsichtig, dass ein Unternehmen nur dann, wenn es etwas an jemanden verkauft, auch seine finanziellen Ziele realisieren kann. Werbung, Verkaufsförderung oder Preisgestaltung sind ausschließlich Mittel (oder Strategien), die helfen können, dies zu erreichen. Folglich sind die Ziele der Werbung, die Ziele der Verkaufsförderung und die Ziele der Preisgestaltung nicht mit den Marketingzielen zu verwechseln.

Marketingziele beziehen sich auf einen oder mehrere der folgenden Punkte:

- vorhandene Produkte für vorhandene Märkte,
- neue Produkte für vorhandene Märkte,
- vorhandene Produkte für neue Märkte,
- neue Produkte für neue Märkte.

Ziele sollten messbar sein, ansonsten handelt es sich nicht um Ziele! Richtungsbezeichnende Begriffe wie „maximieren“, „minimieren“, „durchdringen“, „erhöhen“ usw. sind nur dann zulässig, wenn sie durch eine quantitative Messung ergänzt werden. Folgende Kennziffern sollten (vollständig oder teilweise) einfließen: Absatzvolumen, Umsatz, Marktanteil, Gewinn und Anteil der Marktdurchdringung bezogen auf die Distributionskanäle (z. B.: im dritten Jahr sollen 30 % aller Geschäfte ein bestimmtes Produkt führen).

Mithilfe der Marketingstrategien lassen sich Marketingziele erreichen. Sie hängen im Allgemeinen wie folgt mit den vier P's zusammen:

Produkt – die generelle Produktpolitik bezogen auf Eliminierung, Modifizierung, Design, Markierung, Positionierung und Verpackung.
Preis – die generelle Preisgestaltung, die maßgeblich für die Produktgruppen in den jeweiligen Marktsegmenten ist.
Distribution – die generellen Grundsätze, die für Vertriebskanäle und die verschiedenen Serviceebenen gelten.
Kommunikation – die generellen Grundsätze, die für die Kommunikation mit den Kunden in den Bereichen Werbung, Verkauf, Verkaufsförderung, PR, Messen und Ausstellungen sowie Direktmailing gelten.

8. Schritt: Abschätzung der Ergebnisse der Implementierung sowie Festlegung alternativer Pläne

Nachdem diese vorrangigen Planungsaufgaben abgeschlossen sind, werden in der Regel nun Bewertungen, Erfahrungswertvergleiche und Tests durchgeführt, um die Realisierbarkeit der Zielsetzungen und Strategien bezogen auf Marktanteil, Kosten, Gewinn usw. zu überprüfen. Ebenso üblich ist es an dieser Stelle, wenn nötig, alternative Pläne in Erwägung zu ziehen.

9. Schritt: Erstellung des Budgetplanes

Im Rahmen eines strategischen Marketingplanes wird üblicherweise ein Budgetplan erstellt. Sollte sich die Finanzierung als unrealistisch erweisen, werden alternative Strategien vorgeschlagen und kostenmäßig kalkuliert, bis eine zufriedenstellende Lösung gefunden ist. Daraus ergibt sich dann das Budget. In den meisten Fällen wird ein Budget für den gesamten Zeitraum von drei Jahren aufgestellt. Für das erste Planjahr, welches in den operativen Jahresplan integriert wird, existiert eine sehr detaillierte Budgetplanung.

Die Budgetplanung wird durch dieses Vorgehen nicht nur vereinfacht, sondern die Budgets werden realistischer und stehen in einem engen Bezug zu den

Zielsetzungen des Gesamtunternehmens und nicht mehr nur zu einzelnen Funktionsbereichen.

Ein dynamisches Budgetplanungssystem im Gegensatz zum eher üblichen starren System zu entwickeln, stellt eine der vorrangigen Herausforderungen für die Marketing- und Finanzverantwortlichen aller Unternehmen dar.

Der für einen Marketingleiter zufriedenstellendste Ansatz ist es, alle marketingspezifischen Aufwendungen jedes Jahr von null ausgehend an den Aufgaben auszurichten, die gelöst werden müssen (Zero-Base Budgeting). Dies entspricht genau dem Ansatz, der in diesem Kapitel verfolgt wird. Werden diese Verfahren angewandt, wird eine Hierarchie von Zielsetzungen dergestalt entstehen, dass jede Budgetposition direkt den zugrunde liegenden finanziellen Zielen des Unternehmens zugeordnet werden kann. Die Verkaufsförderung zum Beispiel ist ein bevorzugtes Mittel, um ein Ziel auf einem bestimmten Markt zu erreichen. Umfasst das Maßnahmenprogramm etwa Posten der Verkaufsförderung, dient jeder dieser Posten einem bestimmten Zweck, der dann wiederum aus einem der übergeordneten Ziele resultiert.

Dies gewährleistet nicht nur, dass jede Aufwandsposition als Teil eines rationalen und aufgabenorientierten Ansatzes legitimiert werden kann, sondern auch dass die Verantwortlichkeiten für die Erreichung der finanziellen Ziele festgelegt werden kann. Zudem können bei notwendigen Veränderungen während des Planungszeitraums Anpassungen so erfolgen, dass sie den geringsten Schaden in Bezug auf die langfristigen Unternehmensziele anrichten.

Marketingspezifische Aufwendungen sind all solche Aufwendungen, die anfallen, nachdem das Produkt die Fabrik verlassen hat und die nicht mit der physischen Distribution oder Marketinglogistik einhergehen, da letztere üblicherweise eine eigenständige Kategorie bilden.

Es gibt allerdings keine „Lehrbuchantworten“ auf die Frage, ob die Verpackungskosten nun den Marketing- oder den Produktionskosten zuzurechnen und ob einige der Vertriebskosten nicht doch Marketingkosten sind. Strebt das Unternehmen als Marketingziel einen hohen Servicestandard an, führt das folglich zu hohen Lagerkosten, die daher entsprechend als Marketingkosten interpretiert werden könnten. Nur der normale Menschenverstand (Common Sense) kann dann zu einer praktikablen Abgrenzung der Marketingkosten führen.

Unter der Rubrik *Preis* sollten die Marketingaufwendungen in Form von Rabatten, die den erwarteten Bruttogewinn senken – beispielsweise Preisnachlässe zur Absatzförderung, Mengenrabatte sowie Umsatzprovisionen – aufmerksam geprüft werden. Die offenkundigsten Marketingaufwendungen entstehen jedoch im Rahmen der Kommunikationspolitik. Sie entstehen durch Werbung, Verkauf, Sales Promotions und Direktmarketing. Entscheidend für die Messbarkeit der Wirkungen der Marketingaktivitäten ist, dass die Aktivitäten in Bezug auf die zu erreichenden Unternehmensziele festgelegt werden. Dabei ist besonders sorgfältig darauf zu achten, die jeweiligen Aufwendungen richtig zuzuordnen. Die sinnvollste Art und Weise diese Probleme zu lösen, ist ein Zero-Base Budgeting.

10. Schritt: Planimplementierung

Innerhalb einer einjährigen taktischen Planung werden aus den allgemeinen Marketingstrategien spezifische untergeordnete Zielsetzungen abgeleitet. Sie werden gestützt durch detaillierte Strategiebeschreibungen und Aktionenaufgliederungen

Ein funktional organisiertes Unternehmen wird über einen Werbeplan, einen Plan zur Verkaufsförderung usw. verfügen. Ein nach Produktgruppen organisiertes Unternehmen wird, wenn nötig, über einen Produktplan verfügen, der dann die Ziele, Strategien und Maßnahmen für die Bereiche Preis, Distribution und Kommunikation enthält. Ein regional organisiertes Unternehmen wird über eine Planung für die einzelnen geografischen Märkte verfügen, die die Zielsetzungen, Strategien und Maßnahmen für alle vier P's abdeckt. Ganz ähnlich verfügt ein Unternehmen mit nur wenigen Großkunden wahrscheinlich über eine dezidierte Kundenplanung.

Eine beliebige Kombination der oben erwähnten Planungsarten ist gemäß der jeweiligen Umstände möglich.

Was sollte in einem strategischen Marketingplan enthalten sein?

Ein schriftlich fixierter Marketingplan bildet den Rahmen für die Kanalisierung der operativen Entscheidungen. Eine zu detaillierte Darstellung sollte vermieden werden. Vorrangige Aufgabe ist es zu bestimmen, wo das Unternehmen steht, wohin es will und wie es dorthin gelangt. Der strategische Plan ist das Herzstück der wertgenerierenden Aktivitäten eines Unternehmens, wie etwa das Timing des Cashflows sowie die Festlegung der Zahl und Qualifikation der Mitarbeiter. Was in einem schriftlich fixierten strategischen Marketingplan enthalten sein sollte, ist in *Tabelle 2.5* zu sehen. Dieser strategische Marketingplan sollte nur an diejenigen gelangen, die ihn benötigen. Er kann eine Hilfe für ein effektives Management sein, ist jedoch kein Ersatz hierfür.

Aus *Tabelle 2.5* geht hervor, dass durch die Fixierung der genannten Punkte die Budgetplanung nicht nur einfacher und realistischer wird; die resultierenden Budgets reflektieren auch eher das, was das gesamte Unternehmen und nicht eine einzelne Abteilung erreichen will. Der zufriedenstellendste Ansatz für einen Marketingdirektor wäre, wie bereits dargestellt, alle Marketingausgaben jedes Jahr nullbasiert für die anstehenden Aufgaben festzulegen. Wird ein solches Verfahren angewandt, werden die Zielsetzungen hierarchisch so gegliedert sein, dass jede einzelne budgetierte Aufwandsposition direkt den ursprünglichen Finanzzielen zuzuordnen ist.

Bisher wurde die strategische Marketingplanung und das, was sie beinhalten sollte, beschrieben. Aufbau und Inhalt des operativen Marketingplanes sollten ähnlich sein, wobei er weitaus detaillierter ist, da er nur auf ein Jahr ausgelegt ist.

Tab. 2.5: Bestandteile eines strategischen Marketingplans

1. Mission Statement
2. Zusammenfassung der Finanzplanung, die die Umsätze und Gewinne für die gesamte Planungsperiode grafisch veranschaulicht
3. Marktübersicht: Ist der Markt geschrumpft oder gewachsen? In welche Segmente ist der Markt aufgeteilt? Wie groß ist der Anteil des eigenen Unternehmens daran? Die Struktur ist möglichst einfach zu wählen. Sollte nicht auf Fakten zurückgegriffen werden können, sind Schätzungen zu nutzen. Lebenszyklusanalysen und Diagramme sollten die Planung veranschaulichen.
4. Darstellung der Schlüsselsegmente und der Ergebnisse der SWOT-Analyse für jedes der Segmente: Beschreibung der zentralen externen Einflussfaktoren und deren Wirkungen auf jedes Segment, Auflistung maximal fünf kritischer Erfolgsfaktoren, Bewertung der entscheidenden Stärken und Schwächen im Vergleich zu denen der Wettbewerber, Bewertung des Unternehmens und deren Wettbewerber auf einer Skala von eins bis zehn und Multiplikation jeder Bewertung mit einem Gewicht für den jeweiligen Erfolgsfaktor (z. B. EF 1 = 60, EF 2 = 25, EF 3 = 10, EF 4 = 5)
5. Liste der zentralen Probleme, die im Laufe der Planungsperiode adressiert werden müssen
6. Zusammenfassung der SWOT-Analysen anhand einer Portfoliomatrix, um die wichtigen Zusammenhänge zwischen den Kernprodukten und -märkten zu veranschaulichen
7. Auflistung der Planungsprämissen
8. Darstellung der Ziele und Strategien
9. Zusammenfassung der Ressourcenanforderungen für den Planungszeitraum in Form eines Budgets

Gestaltung und Implementierung des Marketingplanungssystems

Während der Prozess der Marketingplanung selbst nicht besonders komplex ist, machen einige sich in diesem Zusammenhang ergebende Fragen die Marketingplanung zu einer der schwierigsten aller Managementprobleme:

- Wann sollte sie erfolgen, wie oft, durch wen und wie?
- Existieren Unterschiede für große oder kleine Unternehmen? Existieren Unterschiede für diversifizierte und weniger diversifizierte Unternehmen?
- Welche Rolle spielt das Topmanagement?
- Welche Rolle spielt die für die strategische Planung verantwortliche Abteilung?
- Sollte die Marketingplanung top-down oder bottom-up strukturiert sein?
- Wie sieht die Beziehung zwischen operativ-taktischer Planung (einjährig) und strategischer Planung (langfristig) aus?

Die Voraussetzungen für eine strategische Marketingplanung

Viele Unternehmen, die mit finanziellen Problemen zu kämpfen haben, haben die Notwendigkeit einer stärker strukturierten Planung ihrer Marketingaktivitäten erkannt. Sie haben sich für die Einführung standardisierter und formaler Prozesse entschieden, wie sie in zahlreichen Lehrbüchern vorgeschlagen werden. Das allein jedoch ist kaum erfolgversprechend und bringt oftmals die Marketingplanung selbst in Misskredit.

Der Versuch, eine formale Marketingplanung einzuführen, erfordert eine Veränderung des zugrunde liegenden Managementansatzes. Solange ein Unternehmen diese Notwendigkeit nicht erkennt und nicht entsprechend reagiert, kann eine formale strategische Planung nicht effektiv sein. Zahlreiche Forschungsarbeiten (McDonald 1982a; Simkin 2002) haben gezeigt, dass ohne eine entsprechende Anpassung des Führungskonzepts zahlreiche dysfunktionale Folgen der Planung resultieren:

1. Jeder geschlossene Planungskreislauf (vor allem wenn er primär nur ein Prognose- und Budgetierungssystem ist) führt zu einem schwerfälligen und ineffektiven Marketing. Darum ist ein Mechanismus erforderlich, der verhindert, dass ein aufgeblähter bürokratischer Apparat entsteht.
2. Planungen auf einer funktionalen Marketingebene, die ohne Integration mit anderen funktionalen Bereichen erfolgen, dürften kaum effektiv sein.
3. Die Trennung der Verantwortlichkeiten für die operative und die strategische Planung führt zu einem Auseinanderdriften der kurzfristigen Aktionen auf der operativen Ebene von den langfristigen Zielsetzungen des Unternehmens als Ganzem. Das verstärkt die Konzentration auf kurzfristige Ergebnisse, was das Unternehmen auf lange Sicht weniger effektiv macht.
4. Wenn die Geschäftsführung kein Verständnis für die strategische Marketingplanung entwickelt und in dieser Hinsicht keine aktive Rolle übernimmt, wird das System niemals funktionieren.
5. Wenn für die Einführung eines Systems zur strategischen Marketingplanung nicht ein Zeitraum von bis zu drei Jahren (vor allem für große Unternehmen) eingeplant wird, wird das System nicht erfolgreich sein.

Die grundlegenden Barrieren für eine Implementierung der Marketingplanung sind in *Tabelle 2.6* festgehalten (McDonald 1982a; Dibb/Simkin/Wilson 2008).

Tab. 2.6 Barrieren der Einführung einer strategischen Marketingplanung

1.	unzureichende Topmanagement-Unterstützung
2.	kein Planungskonzept (kein „Plan für die Planung“)
3.	mangelnde Unterstützung durch das Linienmanagement in Bezug auf die folgenden Punkte: – Feindseligkeit – Mangel an Fachkompetenz – Mangel an Information – Mangel an Ressourcen – unangemessene Organisationsstruktur
4.	keine gemeinsame, einheitliche „Planungssprache“
5.	nur Zahlen statt schriftlich fixierter Ziele und Strategien
6.	zu detailverliebt und abgehoben (Konzentration auf den Vorgang an sich)
7.	das Einmal-im-Jahr-Ritual
8.	Trennung der operativen von der strategischen Planung
9.	fehlende Integration der Marketingplanung in die Unternehmensplanung
10.	Delegation der Planung an „Dritte“ statt Durchführung in der Linie (Delegation der Planung an einen „Planer“)

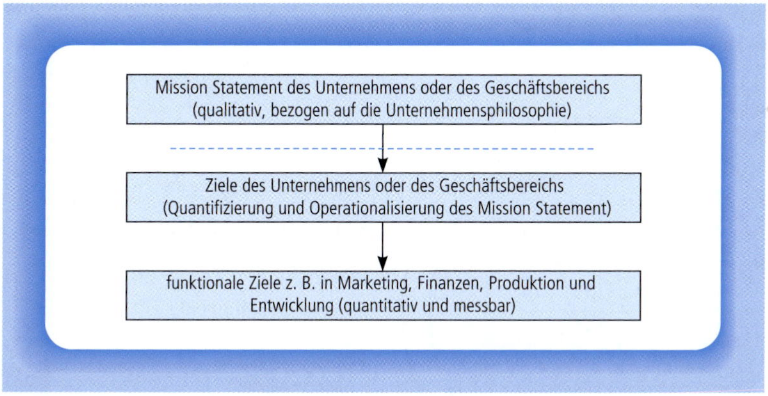

Abbildung 2.12
Planungsebenen.

Bezüglich der für eine erfolgreiche Implementierung notwendigen Planungsebenen lassen sich folgende Kernaussagen treffen:

1. Ein diversifizierter Konzern wird, ungeachtet der in *Tabelle 2.6* genannten organisatorischen Probleme, ohne einen systematischen, formalen Marketingplanungsansatz nicht in der Lage sein, eine Ausrichtung aller Aktivitäten an der Unternehmensidentität sicherzustellen.
2. Überflüssige oder ausufernde Planung resultiert oft aus unangemessenen oder undifferenzierten Einschätzungen des tatsächlichen Planungsbedarfs auf den unterschiedlichen Hierarchieebenen.

Diese „Regeln“ und deren Beziehung zu den anderen Problembereichen, die Gegenstand dieses Kapitels waren, sind in *Abbildung 2.12* zusammengefasst.

Abbildung 2.13 zeigt nun ein Ablaufmodell des gesamten unternehmens- und marketingstrategischen Planungsprozesses, das den Faktor Zeit integriert. Es verdeutlicht die Beziehung zwischen der Kurzbeschreibung der strategischen Planung (Briefing), dem langfristigen strategischen Plan und dem kurzfristigen operativen Plan.

Die Stellung der Key-Account-Planung im Prozess der Unternehmensplanung

Auch wenn dieses Thema häufig kontrovers diskutiert wird, ist aus *Abbildung 2.13* klar zu ersehen, dass eine *Key-Account*-Planung gleichzeitig mit oder sogar vor einem Planungsentwurf für eine strategische Geschäftseinheit erfolgen muss.

Hier sei das Beispiel eines Krankenhauszulieferers genannt. Es ist erkenntlich, dass vier „Märkte“ innerhalb von Krankenhäusern bearbeitet werden müssen:

- Medizin,
- Verwaltung,
- Catering,
- Energie.

Definition
Ein Key Account ist ein Kunde, der vom Lieferanten als strategisch wichtig für das Erreichen der Unternehmensziele erachtet wird. Der Kunde wird daher spezifisch bearbeitet und betreut.

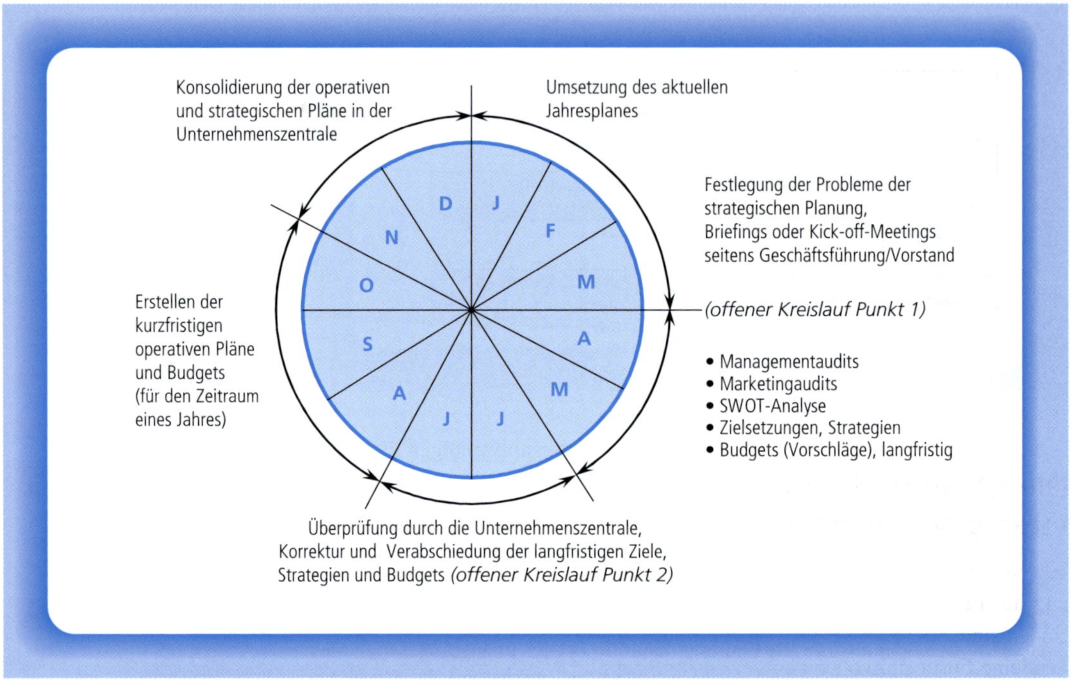

Abbildung 2.13
Zeitliche Abfolge der strategischen und operativen Planung.

Es sei angenommen, dass eine bestimmte Anzahl von Key Accounts (also Krankenhausbetrieben), die hier als A, B, C, D usw. bezeichnet werden, existiert. Jedem dieser Krankenhausbetriebe dürfte auch ein Key-Account-Manager zugewiesen sein, der verantwortlich für die Planungen des Krankenhauses ist. *Abbildung 2.14* veranschaulicht dies.

Der Key-Account-Manager für das Krankenhaus A zum Beispiel muss einen Planungsentwurf für alle vier „Märkte" erstellen. Dies wiederum ist ein wichtiger Input für den in *Abbildung 2.13* veranschaulichten Planungsprozess.

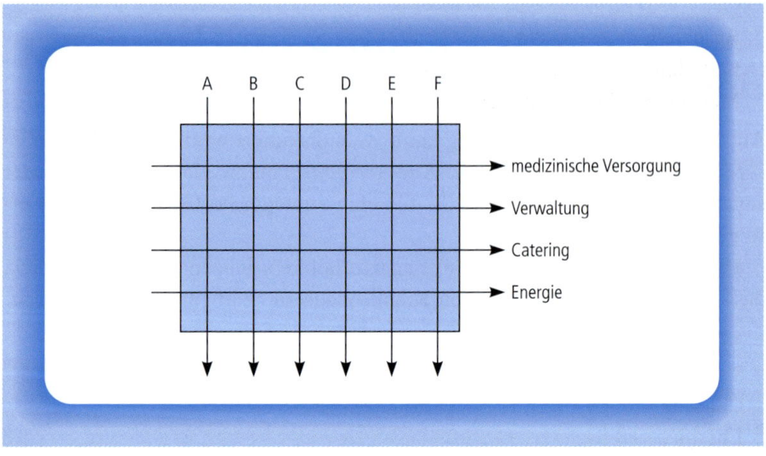

Abbildung 2.14
Beispiel für Key-Account-Planung.

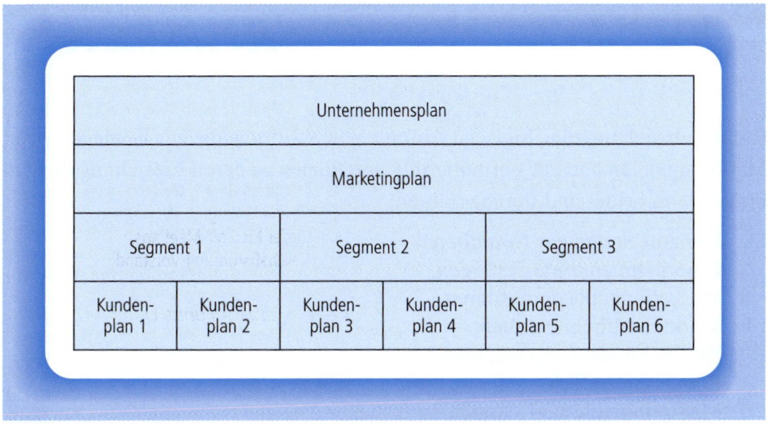

Abbildung 2.15
Planungshierarchie.

Die Stellung der Key-Account-Planung in der strategischen Marketingplanung

Als ein allgemeingültiges Prinzip kann gelten, dass der Planungsprozess in Bezug auf den Markt beginnen sollte, in dem auch die wichtigsten Kunden zu finden sind. Außer in kleinen Unternehmen ist es absurd anzunehmen, dass irgendeine Form sinnvoller Planung ohne Input derer erfolgen kann, die an der Basis im Kundenkontakt stehen.

Abbildung 2.15 zeigt die Hierarchie der strategischen Planung, die mit der Key-Account Planung beginnt. Jedes in diesem Kapitel dargestellte Prinzip wird auf den einzelnen Key-Account-Kunden angewandt. Darum beginnt der unter *Abbildung 2.11* aufgeführte Planungsprozess mit den Key-Account-Kunden. Da das Key-Account-Management allerdings nicht das zentrale Thema dieses Buches ist, sei hier auf entsprechende Literatur verwiesen (Homburg/Workman/Jensen 2002; McDonald 2006a).

Anwendungsfragen

1. Beschreiben Sie die Marketingplanung ihres Unternehmens detailliert.
2. Erstellen Sie eine Liste von deren negativen und positiven Aspekten.
3. Machen Sie Verbesserungsvorschläge.

Kapitel 2: Wiederholung

Was ist Marketingplanung?

Es handelt sich um eine logische Abfolge von Schritten, die zur Festlegung von Marketingzielen und zur Formulierung von Plänen zu deren Erreichung dienen. Folgende Schritte sind durchzuführen:

1. Mission Statement formulieren,
2. Unternehmensziele festlegen,
3. Marketingaudit durchführen,
4. Marktüberblick erstellen,
5. SWOT-Analyse durchführen,
6. Prämissen treffen,
7. Marketingziele und -strategien festlegen,
8. Ergebnisse der Planimplementierung prognostizieren sowie alternative Pläne erstellen,
9. Budget festlegen,
10. Implementierungsprogramm für das erste Jahr festlegen.

Bearbeiten Sie hierzu Übung 2.1

Der Plan selbst beinhaltet:

1. Mission Statement,
2. Zusammenfassung des Finanzplanes,
3. Marktüberblick,
4. SWOT-Analyse,
5. Portfoliomatrix,
6. Prämissen,
7. Marketingziele und -strategien,
8. Prognosen und Budgets.

Bearbeiten Sie hierzu Übung 2.2

Warum planen?

Da die Unternehmensumwelt immer komplexer und der Wettbewerbsdruck immer größer wird, spielt ein Marketingplan eine wesentliche Rolle.

Folgende Vorteile liegen auf der Hand:

1. optimale Koordination verschiedener Aktivitäten,
2. Antizipation künftiger Entwicklungen,
3. Vorbereitung der Organisationsstruktur auf Veränderungen,
4. Sicherstellung rationalen Handelns bei unerwarteten Ereignissen,
5. Verminderung von Konflikten bezüglich der Unternehmensziele,
6. Verbesserung der Kommunikation,
7. Anregung des Managements, systematisch vorauszudenken,
8. Freisetzung von Ressourcen zur Nutzung von Chancen,
9. Vorgabe eines Rahmens für eine kontinuierliche Überprüfung der betrieblichen Abläufe,
10. Verbesserung des Return on Investment (ROI) durch einen systematischen Ansatz zur Strategiebestimmung.

Bearbeiten Sie hierzu Übung 2.3

Können wir unser Unternehmen so vor dem Scheitern schützen?

Alle Unternehmen müssen über eine längerfristige (strategische) Marketingsicht sowie über ein kurzfristiges (operatives) Marketing verfügen. Das nachhaltigste taktische Instrument ist oftmals der Vertrieb. Diese Überlegungen lassen sich folgendermaßen kombinieren:

		Marketing	
		schlecht	hervorragend
Vertriebsleistung	gut	Scheitern (schnell)	Florieren
	schlecht	Scheitern (langsam)	Überleben

Aus der Matrix ist zu ersehen, dass eine effiziente Implementierung der falschen Strategie zum schnellen Untergang führen kann!

Bearbeiten Sie hierzu Übung 2.4

Fragen, die sich für das Unternehmen ergeben

1. F: Können wir ein Planungssystem „von der Stange" kaufen?
   A: Da kein Unternehmen gleich ist, ist ein maßgeschneiderter Prozess erforderlich, der zu den individuellen Anforderungen passt.
2. F: Reden wir über taktische oder strategische Aspekte?
   A: Ein strategischer Marketingplan ist langfristig (z. B. auf 3 Jahre) ausgerichtet und somit strategisch. Ein taktisch-operativer Marketingplan stellt eine detaillierte Planung und Kostenaufstellung für das erste Jahr des strategischen Marketingplanes dar.
3. F: Wie wird ein solcher Marketingplan genutzt?
   A: Der Plan bestimmt, wo das Unternehmen gegenwärtig steht, wohin es sich entwickeln und wie es dorthin gelangen will. Er sollte darum als Rahmen für alle unternehmensrelevanten Entscheidungen dienen.
4. F: Muss der Plan niedergeschrieben werden?
   A: Die Planungsabfolge ist ein reiner Denkprozess. Dennoch ist es ratsam, zentrale Informationen schriftlich zu fixieren, da sie helfen, Unklarheiten zu vermeiden und die Kommunikation zu fördern. Der Grad der Formalisierung hängt entscheidend von der Größe des Unternehmens und der Komplexität seiner Geschäftsbereiche ab.
5. F: Wie detailliert muss der Plan sein?
   A: So detailliert wie nötig und sinnvoll.

Übungen

Einführung in die Übungen zu Kapitel 2

Übung 2.1 versetzt Sie in die Lage, eine objektive Analyse des Marketingplanungsprozesses in Ihrem Unternehmen durchzuführen. Wenn erwünscht, können Sie dies vertiefen, indem Sie herausarbeiten, wie sich der Planungsprozess verbessern lässt.

Übung 2.2 hilft Ihnen, das oft falsch verstandene Mission Statement eines Unternehmens richtig einzuordnen.

Übung 2.3 gibt Ihnen die Möglichkeit einzuschätzen, in welchem Ausmaß Ihr Unternehmen die Vorteile eines Marketingplanungsprozesses nutzen kann.

Übung 2.4 macht Sie damit vertraut, die Position Ihres Unternehmens in der „Survival-Matrix" zu bestimmen. Die Vorteile, die sich daraus ergeben, sind vielfältig:

1. Sie stellt den Zusammenhang zwischen den langfristigen und kurzfristigen Belangen Ihres Unternehmens dar.
2. Sie kann ein überzeugendes Mittel sein, um zu erkennen und im Unternehmen zu vermitteln, dass es ernsthafte Probleme gibt.
3. Sie stellt unmissverständlich klar, was notwendig ist, um die Existenz des Unternehmens auch in Zukunft zu sichern.

Übung 2.1 Fragebogen zum Marketingplanungsprozess

Mithilfe dieses Fragebogens gelingt es Ihnen, den Marketingplanungsprozess in Ihrem Unternehmen objektiv zu bewerten. Er ermöglicht Ihnen, die Planung Ihres Unternehmens aus der Vogelperspektive zu betrachten, um dann dort eingreifen zu können, wo Verbesserungen möglich sind. Dieser Ansatz gibt Ihnen auch die Chance, Informationslücken zu identifizieren.

Die in diesem Fragebogen benutzten Begriffe sind sorgfältig ausgewählt und entsprechen dem allgemein üblichen Wortgebrauch. Zweifellos wird es aber immer Unternehmen geben, die andere Terminologien nutzen. Während hier zum Beispiel von Return on Investment (ROI) geredet wird, benutzen andere Unternehmen abweichende Begriffe wie Kapitalverzinsung (Return on Capital Employed).

Füllen Sie diesen Fragebogen bitte mit diesen Informationen im Hinterkopf aus und setzen Sie jeweils ein Kreuz in eine der vier vorgesehenen Spalten.

	ja	*nein*	*weiß nicht*	*nicht relevant*
1. Abschnitt: Gesamtunternehmensaspekte				
1. Gibt es eine Aussage des Unternehmens				
a) zum Wesen der gegenwärtigen Business Mission?				
b) zu seinen Zukunftsvisionen?				
2. Existiert eine Zielvorgabe für den Return on Investment (ROI)?				
3. Existiert eine Unternehmensplanung, um die Ressourcen des Unternehmens auf diese Zielvorgabe hin zu kanalisieren?				

	ja	*nein*	*weiß nicht*	*nicht relevant*
4. Existieren Abgrenzungen der Geschäftsfelder in Bezug auf				
a) Produkte oder Dienstleistungen (die angeboten werden)?				
b) Kunden oder Märkte (die bearbeitet werden)?				
c) Produktionsanlagen?				
d) Distributionsstrukturen?				
e) Größe und Art des Personalbestands?				
f) Quellen und Höhe der Finanzierung?				
5. Gibt es Bestrebungen, das Image des Unternehmens zu verbessern und zwar				
a) am Aktienmarkt?				
b) bei den Kunden?				
c) in der Region/im lokalen Umfeld?				
d) bei den Mitarbeitern?				
e) bei den Interessengruppen?				
f) bei den Behörden?				
g) bei den Gewerkschaften usw.?				
2. Abschnitt: Strategische Aspekte				
1. Existiert ein Marketingplan?				
2. Ist er kompatibel mit dem Unternehmensplan?				
3. Deckt er denselben Zeitraum ab?				
4. Wird der Marketingplan regelmäßig überprüft?				
5. Basiert der Plan auf einer Bewertung des Marktpotenzials und der bisherigen Performance?				
6. Wird der Plan, wenn er umgesetzt wird, die identifizierten Performancelücken schließen?				
7. Gibt es einen Marketingplan, der an den Produkten ausgerichtet ist?				
8. Verfügen alle relevanten Manager über ein Exemplar des Marketingplanes?				

	ja	*nein*	*weiß nicht*	*nicht relevant*
9. Unterliegen die folgenden Faktoren regelmäßigen und bewussten Analysen im Hinblick auf deren Einfluss auf die zukünftige Unternehmensentwicklung?				
a) Makro-Umwelt				
i) Volkswirtschaftliche Faktoren?				
ii) Politische/rechtliche Faktoren?				
iii) Steuerliche Faktoren?				
iv) Technologischer Fortschritt?				
v) Soziale/kulturelle Faktoren?				
vi) Unternehmensinterne Faktoren?				
b) Mikro-Umwelt (Markt)				
i) Markttrends bzgl. Größe/Wachstum (mengen- und wertmäßig)?				
ii) Entwicklungen/Trends in der Produktverwendung, -nachfrage, -präsentation, beim Produktzubehör und bei eventuellen Ersatzprodukten?				
iii) Entwicklungen/Trends in der Preisentwicklung, bei den allgemeinen Konditionen, den allgemeinen Geschäftspraktiken?				
iv) Entwicklungen/Trends in Bezug auf die Logistik, die Vertriebskanäle, die Kaufgewohnheiten, die Lagerhaltung, den Warenumschlag?				
v) Entwicklungen/Trends im Kommunikationsbereich, beim Vertrieb, in Werbung, Promotion, für Messen/Ausstellungen und das Internet?				
c) Wettbewerb				
i) Entwicklungen/Trends im Hinblick auf die Konkurrenz?				
ii) Welche Marketingstrategien kommen zum Einsatz?				
iii) Wo existieren Schwächen?				
iv) Gibt es neue Konkurrenten, Fusionen und Übernahmen?				
v) Welches Image haben die Wettbewerber?				

	ja	*nein*	*weiß nicht*	*nicht relevant*
d) Branche				
i) Aktivitäten der Industrie- oder Branchenverbände?				
ii) Betriebsvergleiche?				
iii) Branchenrentabilität?				
iv) Investitionsniveau der Wettbewerber?				
v) Veränderungen der Kostenstruktur?				
vi) Investitionserwartungen?				
vii) Technologische Entwicklungen?				
viii) Beschaffungsquellen für Roh- und Betriebsstoffe?				
ix) Energieverbrauch?				
3. Abschnitt: SWOT-Analyse				
1. Gibt es jemanden (eine Einzelperson oder eine Gruppe), der verantwortlich dafür ist, die Analyse der einzelnen Faktoren aus dem zweiten Abschnitt so zusammenzufassen, dass Folgendes herausgestellt wird:				
a) die Hauptstärken des Unternehmens?				
b) die Hauptschwächen des Unternehmens (in Bezug auf externe Chancen und Bedrohungen)?				
2. Hat dieser/haben diese Mitarbeiter Zugriff auf die notwendigen Informationen?				
3. Hat diese Einzelperson oder diese Gruppe eine ausreichende Position im Unternehmen, um einen Einfluss der Analyse zu gewährleisten?				
4. Ist das Klima im Unternehmen so, dass eine vollständige und genaue Analyse als positives Signal für Verbesserung angesehen wird und nicht als Angriff auf bestimmte Abteilungen oder Zuständigkeitsbereiche?				
4. Abschnitt: Prämissen				
1. Existiert ein Annahmenkatalog, auf dessen Basis der Marketingplan formuliert wird?				

	ja	*nein*	*weiß nicht*	*nicht relevant*
2. Sind diese Annahmen auch an das verantwortliche Management kommuniziert worden?				
3. Decken sie Folgendes ab:				
a) das geschäftliche Umfeld?				
b) den Markt?				
c) die Konkurrenten?				
d) die Branche?				
4. Sind diese Annahmen angesichts der gegenwärtigen und der prognostizierten Wirtschaftslage noch gültig?				
5. Abschnitt: Marketingziele/-strategien				
1. Sind die Marketingzielsetzungen klar und stimmen sie mit den Unternehmenszielen überein?				
2. Existieren präzise Strategien, mit deren Hilfe sich die festgelegten Marketingziele erreichen lassen?				
3. Stehen Ressourcen in ausreichender Menge zur Verfügung?				
4. Sind alle Verantwortlichkeiten und Zuständigkeiten klar formuliert?				
5. Existieren abgestimmte Ziele zu				
a) Produktpalette?				
b) Umsatz?				
c) Absatzvolumen?				
d) Gewinn?				
e) Marktanteil?				
f) Marktdurchdringung?				
g) Kundenstamm und Kundenbindung?				
h) der Einführung neuer Produkte?				
i) der Elimination alter Produkte?				
j) Veränderungen des Unternehmens in Richtung:				
i) Ausbau der Stärken des Unternehmens				
ii) Beseitigung der Schwächen des Unternehmens				

	ja	*nein*	*weiß nicht*	*nicht relevant*
6. Abschnitt: Monitoring und Kontrolle				
1. Ist das Planungssystem durchdacht und effektiv?				
2. Existieren Kontrollmechanismen, um sicherzustellen, dass die geplanten Ziele erreicht werden?				
3. Funktioniert die interne Kommunikation reibungslos?				
4. Existieren Probleme zwischen der Marketingabteilung und anderen Funktionsbereichen des Unternehmens?				
5. Wissen die Mitarbeiter, welche Rolle sie im Planungsprozess spielen?				
6. Gibt es bestimmte Prozesse, die eingeleitet werden, falls Ziele nicht erreicht werden?				
7. Ist sichergestellt, dass die Gefahr von Folgefehlern reduziert wird?				
8. Gibt es ungenutzte Chancen?				
9. Gibt es organisatorische Schwächen?				
10. Sind die Annahmen, auf denen die Planung basiert, valide?				
11. Gibt es eine Notfallplanung für den Fall, dass gesetzte Ziele verfehlt werden oder die Rahmenbedingungen sich ändern?				

Ergebnisermittlung und -auswertung für Übung 2.1

1. Addieren Sie die Zahl der Kreuze in der Spalte *nicht relevant*. Sollten in dieser Spalte mehr als acht Kreuze zu finden sein, so sind nach unserer Erfahrung einige Aspekte der Planung, die von den meisten anderen Unternehmen abgedeckt werden, nicht vorhanden. Versuchen Sie jene Punkte, die Sie als *nicht relevant* markiert haben, erneut zu beurteilen. Holen Sie nach Möglichkeit eine zweite Meinung ein, indem Sie Ihre Ergebnisse mit Kollegen besprechen.
2. Nun zu den Punkten, bei denen Sie die Rubrik *weiß nicht* angekreuzt haben. Stellen Sie fest, ob diese Aktivitäten im Planungsprozess Ihres Unternehmens berücksichtigt wurden.

3. Nachdem Sie ermittelt haben, was in Ihrem Unternehmen nicht berücksichtigt wurde, listen Sie Folgendes auf:
   a) die positiven Aspekte des Planungsprozesses in Ihrem Untenehmen,
   b) die negativen Aspekte.
4. Machen Sie sich hier oder auf einem separaten Blatt Notizen darüber, wie der Planungsprozess in Ihrem Unternehmen verbessert werden könnte.

Persönliche Notizen

Übung 2.2: Das Mission Statement

Ein Mission Statement sollte Folgendes beinhalten:

1. *Rolle oder Beitrag:* Gewinnorientiert (spezifizieren!) oder serviceorientiert oder chancenorientiert (Opportunity Seeker).
2. *Definition des Geschäfts:* Definieren Sie den Geschäftszweck; möglichst in Form des Nutzens, den Ihr Unternehmen liefert, oder in Form der Bedürfnisse, die es befriedigt, und weniger als Beschreibung dessen, was das Unternehmen herstellt.
3. *Unverwechselbare Kompetenzen/Alleinstellungsmerkmale:* Hier handelt es sich um die wesentlichen Wissens- und Fähigkeitsressourcen, die dem gegenwärtigen Erfolg zugrunde liegen. Kompetenz und Know-how können aus einem ganz bestimmten Element erwachsen oder aber aus einer im Vergleich zur Konkurrenz großen Vielfalt von Fähigkeiten. Wenn der Name eines Konkurrenten jedoch ebenso für diese besonderen Fähigkeiten stehen könnte, sind es keine spezifischen Kompetenzen.
4. *Richtwerte für die Zukunft*: Was das Unternehmen definitiv tun wird; was das Unternehmen vielleicht tun könnte; was das Unternehmen niemals tun wird.

Fragen

1. Inwieweit entspricht das Mission Statement Ihres Unternehmens den oben genannten Kriterien?
2. Wenn Sie noch nicht über ein Mission Statement verfügen, versuchen Sie, eines zu formulieren, indem Sie den Richtlinien folgen, die Sie im Folgenden finden. Stellen Sie es Ihren Kollegen vor und finden Sie heraus, ob sie mit Ihnen übereinstimmen oder ob sie Möglichkeiten finden, dieses zu verbessern.

Ergebnisermittlung und -auswertung für Übung 2.2

Nutzen Sie die folgenden Fragen, um einschätzen zu können, ob Sie und Ihre Kollegen ein Mission Statement formuliert haben, das einen wirklichen Nutzen hat:

- Welche Werte haben in den nächsten Jahren Priorität?
- Was würde dazu führen, dass Sie sich über die nächsten fünf bis zehn Jahre diesen Werten konsequent mit Herz und Verstand verpflichtet fühlen?
- Was ist einzigartig an Ihrem Unternehmen?
- Was braucht die Welt tatsächlich, das Ihr Unternehmen bieten könnte und sollte?
- Was sollte Ihr Unternehmen erreichen, sodass Sie engagiert sind, mit den Zielen übereinstimmen und stolz darauf sind, für Ihr Unternehmen zu arbeiten?

Übung 2.3: Die Effektivität der Marketingplanung

Im Folgenden finden Sie eine Liste der Vorteile, die eine solide Marketingplanung bietet. Bewerten Sie die genannten Vorteile in Form der unten gezeigten Bewertungsskala im Hinblick auf Ihr eigenes Unternehmen.

Bevor Sie mit Übung 2.3 beginnen, ist es wichtig, sich zu vergegenwärtigen, dass Profitabilität und hohes Marktwachstum fast immer miteinander korrelieren. Dieses Phänomen täuscht manchmal über die Tatsache hinweg, dass ein Unternehmen, dem es auf den ersten Blick gut geht, trotzdem im Vergleich zu seinen Wettbewerbern an Boden verliert. Während es scheinbar erfolgreich ist, stirbt es in Wirklichkeit einen langsamen Tod. Der Zusammenbruch folgt, wenn das bislang anhaltende Marktwachstum sich verlangsamt und die überlegene Leistungsfähigkeit der anderen Unternehmen dann deutlich wird.

0	1 2 3	4 5 6	7 8 9	10
niemals	manchmal	häufig	meistens	immer

1. Unser Ansatz für die Marketingplanung stellt sicher, dass wir einen hohen Grad der Koordination unserer vielfältigen Marketingaktivitäten erreichen. ......
2. Unser Marketingplanungsprozess erlaubt uns, zukünftige Entwicklungen frühzeitig zu erkennen. ......
3. Aufgrund der Art und Weise, wie wir die Marketingplanung betreiben, ist die Organisation auf aktuelle Veränderungen besser vorbereitet. ......
4. Wenn unerwartete Ereignisse auftreten, minimiert unser Marketingplanungsprozess das Risiko, irrational zu reagieren. ......
5. Durch einen Marketingplan verringern wir die Konflikte zwischen Managern im Hinblick auf die strategische Ausrichtung des Unternehmens. ......
6. Unser Marketingplan verbessert die Kommunikation über marktbezogene Aspekte. ......

7. Weil wir über einen Marketingplanungsprozess verfügen, ist das Management gezwungen, systematisch und vorausschauend zu denken. ......

8. Weil wir über einen Marketingplan verfügen, können wir unsere Ressourcen effektiv an unseren Chancen ausrichten. ......

9. Unser Marketingplan bietet uns einen sinnvollen Rahmen, um den Fortschritt des Unternehmens kontinuierlich zu kontrollieren. ......

10. Unser Marketingplan hat uns dazu veranlasst, profitablere Marketingstrategien zu entwickeln. ......

GESAMT _____

Ergebnisermittlung und -auswertung für Übung 2.3

Die maximale Punktzahl für diese Übung beträgt 100. Überprüfen Sie nun die erreichte Punktzahl:

81 – 100: Die Marketingplanung zahlt sich in Ihrem Unternehmen tatsächlich aus.

61 – 80: Sie profitieren nicht in dem Maße von Ihrer Marketingplanung, wie es sein sollte. Was behindert Ihren Erfolg? (Übung 2.1 könnte Ihnen Hinweise liefern.)

41 – 60: Sie sind auf dem richtigen Weg, haben aber noch viel Arbeit vor sich.

0 – 40: Entweder ist Ihr Marketingplanungsprozess ungeeignet, oder Ihr Unternehmen hat bisher keine Marketingplanung eingeführt.

Übung 2.4: Survival-Matrix

Hinweise

Bevor Sie sich mit der Survival-Matrix auseinandersetzen, bewerten Sie bitte die folgenden Aussagen zur Effektivität des Vertriebs, indem Sie Ihnen wie folgt Punkte zuweisen:

0	1 2 3	4 5 6	7 8 9	10
niemals	manchmal	häufig	meistens	immer

1. Wenn wir Vertriebsmitarbeiter rekrutieren, sind wir in der Lage, die besten Kandidaten auf dem Arbeitsmarkt auszuwählen. ......

2. Das Training, das wir unseren Vertriebsmitarbeitern zukommen lassen, ist unübertroffen. ......

3. Unsere Vertriebsmitarbeiter erreichen oder übertreffen regelmäßig ihre Umsatzziele. ......

4. Verglichen mit unseren Wettbewerbern haben unsere Vertriebsmitarbeiter ein besseres Image. ......

5. Wir beschäftigen derzeit genau die richtige Anzahl von Vertriebsmitarbeitern. ......

6. Unsere Vertriebsmitarbeiter sind sich über ihre Rolle im Klaren. ......

7. Unsere Vertriebsmanager können außerordentlich gut motivieren. ......

8. Die Gebietsplanung ist eine der Stärken unserer Vertriebsabteilung. ......

9. Der Vertrieb ist im Hinblick auf die Zahl der Besuche pro Auftrag besonders effizient. ......

10. Unsere Vertriebsabteilung ist verhältnismäßig stabil, das heißt, wir haben kein Problem mit zu hoher Mitarbeiterfluktuation. ......

GESAMT _____

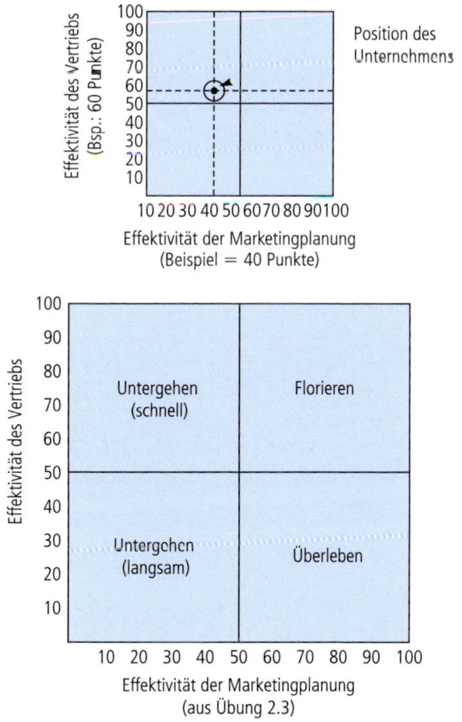

Abbildung 2.16
Survival-Matrix.

Ergebnisermittlung und -auswertung für Übung 2.4

Tragen Sie die Bewertung der Effektivität Ihrer Vertriebsabteilung auf der vertikalen Achse der Matrix ab (*Abbildung 2.16*) und ziehen Sie eine horizontale gepunktete Linie über die Matrix. Nehmen Sie dann die Punktzahl aus Übung 2.3, die die Effektivität der Marketingplanung wiedergibt, und tragen Sie diese auf der horizontalen Achse der Matrix ab. Ziehen Sie dann von diesem Punkt aus eine vertikale gepunktete Linie.

Der Schnittpunkt beider gepunkteter Linien markiert die Position Ihres Unternehmens in der Survival-Matrix.

Fragen

1. Welche Auswirkungen sind für Ihr Unternehmen zu erwarten?
2. Welche Maßnahmen müssen ergriffen werden, wenn Verbesserungen erforderlich sind?

3 | Der Prozess der Marketingplanung: II Mit den Mythen aufräumen

Zusammenfassung

- Darstellung der Umsetzungsprobleme, die aus dem Unverständnis des Marketingplanungsprozesses erwachsen
- Beschreibung der wichtigsten Barrieren der Marketingplanung, darunter:
  - mangelnde Topmanagement-Unterstützung
  - kein „Plan für die Planung“
  - keine gemeinsame Planungssprache
  - nur Zahlen statt schriftlich fixierter Marketingziele und -strategien
  - zu detailverliebt und mechanistisch
  - das Einmal-im-Jahr-Ritual
  - Trennung von strategischer und operativer Planung
  - fehlende Integration der Marketingplanung in die Unternehmensplanung
  - Delegation der Planung an einen „Planer“
- Darstellung angemessener Methoden und Instrumente zur Überwindung dieser Barrieren
- Übungen zur Umsetzung der Theorie in die Praxis

Hinweis an den Leser: Dies ist ein sehr wichtiges Kapitel, da viele hervorragende Marketingpläne aufgrund der hier beschriebenen Barrieren und Probleme scheitern. Dennoch können Leser, die gleich zum Wesentlichen kommen möchten oder glauben, dass es diese Barrieren in ihrem Unternehmen nicht gibt, direkt zu Kapitel 4 gehen. Es wird jedoch nahegelegt, das vorliegende Kapitel zu lesen, bevor begonnen wird, einen eigenen Marketingplan zu entwickeln.

Einführung

> Auch wenn der in Kapitel 2 beschriebene Prozess simpel und logisch erscheint, ist und bleibt Marketingplanung sowohl für Akademiker als auch für Praktiker einer der kompliziertesten Themenkomplexe.

Ziel dieses Kapitels ist es, mit einigen der Mythen aufzuräumen, die sich um diesen sehr komplexen Bereich des Marketingmanagements ranken, und zu verdeutlichen, warum ein Großteil dessen, was in Unternehmen als Marketingplanung bezeichnet wird, weitgehend ineffektiv ist. Diese Erkenntnis beruht auf einer vierjährigen Studie von McDonald (1982b) über die Durchführung der Marketingplanung in 200 britischen Unternehmen, die in Art und Größe als repräsentativ für das gesamte Spektrum von B2B-Unternehmen betrachtet werden kann. 400 Geschäftsführer wurden zu diesem Zweck interviewt. Die Ergebnisse werden durch zahlreiche spätere Studien für Unternehmen aus den USA (Menon et al. 1999; Slotegraaf/Dickson 2004), Europa (Miller/Cardinal 1994) und Australien/Neuseeland (Lysonski/Pecotich 1992; Pulendran/Speed/Widing 2003) gestützt.

Der Beitrag des Marketing zum Unternehmenserfolg liegt in der detaillierten Analyse zukünftiger Chancen zur Befriedigung von Kundenbedürfnissen und in der Sicherstellung eines professionellen Ansatzes, exakt definierten Marktsegmenten genau diejenigen Produkte anzubieten, die den Nutzenanforderungen der Kunden entsprechen. Hierbei sind Preise und Rabatte durchaus von Bedeutung, ebenso wie Werbung und verkaufsfördernde Maßnahmen. Letztendlich ist aber die Verbindung zum Produktionsprozess über das Produkt entscheidend.

Ein solcher Ansatz darf nicht mit Budgetplanung und Absatzprognosen verwechselt werden, auch wenn diese hierfür benötigt werden und in den meisten Unternehmen aus dem Rechnungswesen ohnehin vorliegen.

Der Prozess der Marketingplanung zielt darauf ab festzulegen, welche Umsätze langfristig mit welcher Zielgruppe erwirtschaftet werden.

Im Rahmen des Prozesses der Marketingplanung wird ermittelt, welche Verkaufsaktivitäten langfristig unternommen werden müssen und an wen sie sich richten sollten, damit die angestrebten Umsatzziele und Verkaufsprognosen erreicht werden können. Darüber hinaus hängt die Chance, die gesetzten Ziele zu erreichen, davon ab, wie gut die Marktforschung arbeitet, wie geeignet die Strategien sind und wie gut das Unternehmen geführt wird.

Unverständnis des Marketingplanungsprozesses und daraus erwachsende Probleme

In den meisten Unternehmen herrscht die Meinung vor, Planungssysteme seien nichts anderes als *Prognose*- und *Budgetierungs*systeme.

Definition
Unter einer Prognose im Bereich der Unternehmensplanung wird häufig die Vorhersage des Absatzvolumens oder des Umsatzes von Produkten zu einem zukünftigen Zeitpunkt verstanden.

Diese Systeme sind zweifellos dazu geeignet, die aktuellen operativen Probleme des Unternehmens zu adressieren, neigen aber in der Regel dazu, die gegenwärtigen Rahmenbedingungen unverändert auf die Zukunft zu übertragen. In der Managementliteratur wird dieses Phänomen häufig als Tunnelblick bezeichnet.

Definition
Ein Budget umfasst die Erlöse und Kosten, die mit diesen Prognosen verbunden sind.

Als problematisch erweist sich dieser Ansatz deshalb, weil Unternehmen dynamische Systeme darstellen, die gleichzeitig in einer dynamischen Umwelt agieren. Deshalb müssen Methoden zur Analyse der Interaktion dieser beiden Bereiche entwickelt werden, um Unternehmen und Umwelt besser aufeinander abzustimmen. Ist dies nicht der Fall, wird ein Unternehmen aufgrund der mangelnden Vorausschau bereits kurzfristig in erhebliche Schwierigkeiten geraten bei dem Versuch, die Umweltanforderungen zu bewältigen und auf diese zu reagieren.

Viele Unternehmen, die bereits einige Rationalisierungs- oder Effizienzsteigerungsmaßnahmen umgesetzt haben, erkennen die Erfolgspotenziale, die aufgrund einer kurzsichtigen Perspektive bisher ungenutzt geblieben sind. Sie sind sich jedoch im Unklaren darüber, wie sie ihre begrenzten Ressourcen einsetzen sollen, um diese Potenziale auszuschöpfen. Die Bedeutung dieses Problems steigt mit zunehmender Größe und Diversifiziertheit des Unternehmens.

Das Wissen, dass Marktchancen durch mangelnde Voraussicht vertan werden, ist weit verbreitet – ebenso aber auch die Unwissenheit darüber, was dagegen getan werden könnte. Deshalb ist zu vermuten, dass es einen engen Zusammenhang zwischen diesen zwei Problemen und der Dominanz von Prognose- und Budgetierungssystemen in der Praxis gibt.

Tabelle 3.1 zeigt die am häufigsten genannten operativen Probleme, die aus der Beschränkung auf herkömmliche Absatzprognose- und Budgetierungsprozesse (d.h. aus dem Fehlen eines Marketingplanungssystems) resultieren.

Es ist offensichtlich, dass all diese Problemen miteinander zusammenhängen. Was jedoch nicht aus dieser Liste hervorgeht, ist die Tatsache, dass jedes dieser operativen Probleme in Wirklichkeit Symptom eines viel umfassenderen Problems ist, das aus der Art und Weise der Zielfestlegung in vielen Unternehmen erwächst.

Die Angemessenheit eines jeden Zieles hängt maßgeblich von der Qualität der zugrunde gelegten Informationen über das unternehmerische Umfeld ab. Ziele müssen jedoch auch realistisch sein; damit sie realistisch sind, müssen sie in einem engen Zusammenhang zu den spezifischen Fähigkeiten eines Unternehmens in Form seiner Ressourcen, Kompetenzen und seiner Reputation stehen, die sich im Laufe der Jahre entwickelt haben.

Der Zielsetzungsprozess ist somit von zentraler Bedeutung für die Effektivität des Unternehmens.

Tab. 3.1 Am häufigsten genannte Probleme

1. entgangene Gewinne
2. bedeutungslose Zahlen in langfristigen Plänen
3. unrealistische Ziele
4. Mangel an nutzbaren Marktinformationen
5. Kompetenzkonflikte zwischen den Funktionen
6. Frustration auf der Führungsebene
7. starke Zunahme der Produkte und Märkte
8. verschwendete Mittel für Verkaufsförderung
9. Unklarheiten bei der Preisgestaltung
10. zunehmende Anfälligkeit für Veränderungen in der Unternehmensumwelt
11. Verlust der Handlungskontrolle

Wenn sich der Prozess der Festlegung der unternehmerischen Ziele als unzulänglich erweist, wird die operative Effizienz beeinträchtigt.

Zahlreiche Studien zeigen, dass der Kern der meisten unternehmerischen Probleme in den Unzulänglichkeiten des Zielsetzungsprozesses liegt (Lovell/Pastor 1997).

Da die langfristige Existenz eines Unternehmens davon abhängt, gewinnträchtige Märkte zu finden und zu bearbeiten, stellt die Festlegung von Zielen im Hinblick auf diese Märkte die wesentliche Unternehmensfunktion dar. Die operative Effizienz von Unternehmen hängt davon ab, inwieweit der Prozess, mit dem diese Schlüsselfunktion erfüllt wird, im Hinblick auf die organisatorischen Rahmenbedingungen geeignet ist.

Definition
Strategisches Denken bezeichnet den Prozess, mit dem die längerfristigen Auswirkungen externer und interner Einflüsse auf das Unternehmen untersucht werden. Es ist ein wesentlicher Bestandteil der Entwicklung eines Marketingplanes.

Für die sinnvolle und realistische Festlegung von Marketingzielen ist somit ein angemessenes System erforderlich. Häufig wird darüber geklagt, dass kurzfristiges Denken dominiert und dass etwas, was als *„strategisches Denken"* bezeichnet wird, kaum vorhanden ist. Dieser Themenkomplex wurde bereits in Kapitel 2 angerissen.

Oft wird beklagt, dass Pläne zu einem großen Teil aus Zahlen bestehen, die nur schwer auf sinnvolle Weise bewertet werden können, da sie keine Chancen aufzeigen und quantifizieren, nicht die wichtigen Entscheidungsfelder hervorheben, nicht die Position des Unternehmens in den jeweiligen Märkten klar zeigen oder nichts über die Mittel aussagen, die erforderlich sind, um die Absatzprognosen zu erreichen.

Tatsächlich weisen die Zahlen in Plänen oftmals kaum eine Beziehung zu einem dieser Sachverhalte auf. Absatzziele für die Vertriebsmitarbeiter werden häufig aufgebläht, um sie zu höheren Leistungen zu motivieren, wohingegen die gegenwärtigen Budgets oft künstlich gekürzt werden, um ein Sicherheitsnetz zu spannen, falls die Ziele nicht erreicht werden. Beides wirkt demotivierend und führt dazu, dass regelmäßig Begriffe wie „Ritual", „Zahlenspiel" oder „Kuhhandel" die Runde machen. Es ist offensichtlich, dass die Probleme, die in *Tabelle 3.1* dargestellt sind, in einem solchen Umfeld entstehen werden. Auch dje Betonung der Gewinnerzielung als einziges Kriterium des Unternehmenserfolges ist eng mit diesem Problem verbunden.

Viele Menschen, die in der Wirtschaft tätig sind, nehmen an, dass es für wirtschaftlichen Erfolg ausreicht, wenn „der Chef" Gewinnerwartungen formuliert, Unternehmen in Gruppen mit ähnlichen Aktivitäten dezentralisiert und dann Führungskräfte für das Erreichen der Gewinnerwartungen verantwortlich macht.

Obwohl aber viele Unternehmen die Gewinnerwirtschaftung zum beinahe einzigen Ziel gemacht haben, erleben zahlreiche Branchen einen Abschwung und – ironischerweise – einen Rückgang der tatsächlich erwirtschafteten Gewinne. Wie bereits erwähnt, ist der überwiegende Teil der britischen Aktiengesellschaften, die über einen Zeitraum von zehn Jahren bis zum Jahr 1990 im Hinblick auf ihre Kapitalrendite auf Spitzenplätzen lagen, entweder aus dem Markt ausgeschieden oder musste eine lang anhaltende Krise verkraften (Doyle 1992). Das Problem verschärfte sich sogar noch im letzten Jahrzehnt vor dem Jahrtausendwechsel (Doyle 1998).

Es gibt unzählige Beispiele von Unternehmen, die mit dezentralisierter Gewinnverantwortung kläglich gescheitert sind.

Warum ist das so? An dieser Stelle ist es erforderlich, die Aufmerksamkeit auf einen Bereich zu lenken, in dem die meisten Unternehmen offensichtlich nur mangelhaft abschneiden – nämlich die Bestimmung von Strategien, die die Kernkompetenzen eines Unternehmens mit den Marktchancen in Übereinstimmung bringen, und die anschließende Festlegung von Maßnahmen (inkl. Kostenabschätzung) zur Umsetzung dieser Strategien.

Viele Unternehmen scheitern bei der Aufgabe, Strategien festzulegen, um ihre Kernkompetenzen und Fähigkeiten auf die identifizierten Marktchancen abzustimmen.

Es gibt kaum Hinweise darauf, dass Unternehmen wirklich wissen, was sie besser machen als ihre Wettbewerber oder wie ihre jeweiligen Kompetenzen mit den Bedürfnissen ihrer Kundengruppen abgestimmt werden können. Stattdessen werden einheitliche Absatzmengen und Mindestrenditen für alle Produkte und Märkte, unabhängig vom jeweiligen Marktanteil, von den Wachstumsraten oder der Länge des Produktlebenszyklus, vorgegeben (McDonald/Smith 2002).

Im Gegensatz dazu gibt es zahlreiche Hinweise darauf, dass viele Unternehmen gerade deshalb in Schwierigkeiten sind, weil die dezentralisierten Einheiten ihr Geschäft nur im Hinblick auf kurzfristige Gewinn- und Verlustrechnungen führen und dabei häufig wertvolle und hart erarbeitete Marktanteile verspielen (McDonald/Smith 2002).

Aus diesem Grunde sind *finanzielle Ziele*, auch wenn diese einen entscheidenden Maßstab für die Unternehmensperformance darstellen, nicht unbedingt von praktischem Nutzen, weil sie nichts darüber aussagen, *wie* die Ergebnisse erzielt werden sollen.

Definition
Finanzielle Ziele beziehen sich in der Regel auf Kennzahlen wie Kapitalrendite, Umsatzrendite, Kapitalumschlag, Warenumschlag, Zahlungsziele, Liquidität, ROI oder Shareholder Value.

Das Gleiche gilt für Absatzprognosen und Budgets, die keine Marketingziele und -strategien darstellen. Erst wenn ein Manager die wirkliche Bedeutung von Marketingzielen versteht, wird klar sein, welche Informationen benötigt werden, um die Auswirkungen der Wahl bestimmter Marketingaktivitäten einzuschätzen. Wie Marketingziele und -strategien entwickelt werden können, wird detailliert in Kapitel 6 dargestellt.

Es ist ungleich schwieriger, die Logik von Marketingzielen und -strategien verbal zu erklären, als Zahlen auf ein Blatt Papier zu schreiben.

Damit ist der Kern des Problems angesprochen. Ein auf Zahlen beruhendes System wird die Führungskräfte weder dazu ermutigen, strukturiert über strategisch relevante Marktsegmente nachzudenken, noch dazu, handlungsrelevante Marktdaten zu sammeln, zu analysieren und zu integrieren. Wenn solche Aktivitäten in den einzelnen Geschäftseinheiten fehlen, ist es unwahrscheinlich, dass die Konzernspitze über mehr als reine Intuition und vage Ahnungen als Grundlage für Entscheidungen über knappe Ressourcen verfügt.

Dies führt zu der schwierigen Frage, wie diese sehr komplexen Probleme überwunden werden können. Vor dieser Frage stehen alle Unternehmen, die durch den Druck des Marktes gezwungen sind, andere Möglichkeiten im Umgang mit den Herausforderungen der Unternehmensumwelt zu suchen.

Es bleibt das Problem, wie Manager im gesamten Unternehmen dazu gebracht werden können, über den Horizont des aktuellen Geschäftsjahres hinaus zu denken. Dies betrifft Unternehmen jeden Typs und jeglicher Größe gleichermaßen. Selbst die Geschäftsführer kleinerer Unternehmen empfinden es als schwierig, jenseits der Grenzen der Gewinn- und Verlustrechnung des aktuellen Geschäftsjahres zu denken.

In den heutigen, durch zunehmenden Wettbewerb gekennzeichneten Märkten wächst die Erkenntnis, dass zukünftiger Erfolg nur durch sorgfältige Planung und Marktanalyse gesichert werden kann.

Die Erfolge, die in der Vergangenheit gefeiert werden konnten, sind oftmals das Ergebnis der einfachen Vermarktbarkeit einzelner Produkte. Während der Perioden wirtschaftlichen Wohlstands (der „fetten Jahre") standen Unternehmen nur unter geringem Druck, etwas anderes zu tun, als operative Probleme erst nach deren Auftreten zu lösen.

Das Problem besteht darin, dass Manager großer Unternehmen, die auf der Basis aktueller geschäftlicher Entwicklungen entlohnt werden, wenig Anreize haben, sich mit der Zukunft des Unternehmens auseinanderzusetzen. Verschärft wird diese Situation zusätzlich durch den Verhaltensaspekt, dass es sicherer und persönlich befriedigender für Führungskräfte ist, das zu tun, was sie am besten können. Dies ist in den meisten Fällen das Management der *aktuellen* Produktpalette und des gegenwärtigen Kundenstammes, um damit die *aktuellen* Geschäftserwartungen zu erfüllen.

EINBLICKE

Einstein schrieb: „Die Formulierung eines Problems gestaltet sich wesentlich schwieriger als seine Lösung, die möglicherweise nur eine Frage der mathematischen Fertigkeiten und Erfahrungen ist. Um neue Fragen aufzuwerfen und neue Möglichkeiten zu finden, alte Probleme aus einer neuen Perspektive zu betrachten, bedarf es viel kreativen Potenzials."

Unglücklicherweise ist eine solche Kreativität selten anzutreffen, insbesondere wenn die Manager von heute voll vom Tagesgeschäft in Anspruch genommen werden. Aus diesem Grund benötigen sie ein System, das ihnen hilft, Probleme strukturiert zu formulieren.

Die Bereitstellung eines solchen konzeptionellen Rahmens hilft Führungskräften, ihr implizites Wissen über ökonomische „Modelle" des Unternehmens explizit zu formulieren. Dies fehlt in den Prognose- und Budgetierungssystemen der meisten Unternehmen.

Es ist offensichtlich ein unüberwindbares Problem, sinnvolle Ziele für die Zukunft festzulegen, wenn solche zusammenfassenden und vereinfachenden Modelle fehlen. Dies führt wiederum zur Aufrechterhaltung von Systemen, die nicht mehr als die Extrapolation von Zahlen erlauben.

Es gibt deutliche Hinweise darauf, dass Unternehmen, die standardisierte Methoden für diesen Prozess nutzen, schon einen wichtigen Schritt hin zur

Überwindung des Problems unternommen haben. Auch wenn die Zahl möglicher Analysen der Unternehmenssituationen gegen Unendlich tendiert, helfen Prozessmodelle den Führungskräften auf allen Ebenen eines Unternehmens, zumindest die wesentlichen Elemente von Problemen strukturiert zu identifizieren. Dies trifft umso mehr auf schwierige Auslandsmärkte zu, über die Daten und Informationen nur schwer zugänglich sind und für die daher ein strukturierter Ansatz, sofern er angemessen umgesetzt wird, besonders vorteilhaft ist.

Darüber hinaus gibt es zwei weitere Vorteile, die sich für solche Unternehmen ergeben. Erstens ist das Frustrationsniveau im Management wesentlich niedriger und die Motivation höher, weil das System Methoden bereithält, um eine Übereinstimmung zwischen den spezifischen Unternehmenskompetenzen und dem Wettbewerbsumfeld zu erreichen. Die unfruchtbaren Diskussionen und die Frustration, die so viele so häufig in ihrem Berufsleben erfahren, resultieren größtenteils daraus, dass Verfahren, mit denen diese Anliegen diskutiert und mit denen Kompromisse erzielt werden können, fast vollständig fehlen. Wenn der Vorgesetzte eines Managers nicht versteht, welches die Risiken der Unternehmensumwelt sind, worin die Stärken und Schwächen des Unternehmens bestehen oder was das Unternehmen erreichen will, dann erschwert das die Kommunikation ungemein und die Frustration nimmt zu. Dies umso mehr, wenn gleichzeitig strukturierte Verfahren und verbindliche Terminologien fehlen, die von jedem verstanden werden.

In Unternehmen, die einen Rahmen vorgeben, anhand dessen Probleme formuliert werden können, ist das Ausmaß an Frustration im Management geringer und die Motivation entsprechend höher.

Zweitens führt das Vorhandensein von standardisierten Verfahren dazu, dass die Unternehmensführung die Probleme einzelner Geschäftseinheiten nicht nur besser versteht, sondern diese auch konstruktiv unterstützen kann. Das hängt damit zusammen, dass die Führungsspitze Informationen in einer Form erhält, die es erlauben, sich einen Überblick über alle Aktivitäten des Unternehmens zu verschaffen und damit eine rationale Basis für die Ressourcenzuteilung zu schaffen.

Um es noch einmal zusammenzufassen: Ein strukturierter Ansatz zur Situationsanalyse ist unabdingbar, unabhängig von der Größe oder Komplexität eines Unternehmens. Ein solches System sollte

1. sicherstellen, dass der Definition der Marktchancen und Risiken sowie der Stärken und Schwächen angemessen Beachtung geschenkt wird,
2. gewährleisten, dass ein rationales Verfahren für die Formulierung der wichtigsten Anforderungen genutzt wird, die sich aus dieser Analyse ergeben.

Nur sehr wenige Unternehmen verfügen über Planungssysteme, die diese Eigenschaften aufweisen. Diejenigen, die derartige Systeme einsetzen, kommen mit ihrer Umwelt wesentlich besser zurecht als diejenigen, denen diese Verfahren fehlen. Diese Unternehmen finden es leichter, sinnvolle Marketingziele festzulegen, schätzen die Zukunft zuversichtlicher ein, haben eine höhere Kontrolle über das Unternehmen und reagieren schneller auf unvorhergesehene Ereignisse. Sie leiden daher seltener unter operativen Problemen und weisen im Ergebnis die effektivere Organisation auf.

Zur Erinnerung: Was ist Marketingplanung?

Es sei hier nochmals in Erinnerung gerufen, was in Kapitel 2 gesagt wurde. Marketingplanung ist eine logische Abfolge von Aktivitäten, die zur Festlegung von Marketingzielen und zur Formulierung von Plänen führt, mit denen diese erreicht werden können. Es handelt sich um einen Management*prozess*.

Im Grunde ist dieser Prozess sehr einfach und umfasst die Schritte, die in *Abbildung 2.6* dargestellt wurden. Dieses Verständnis des Prozesses wird von Experten in Praxis und Wissenschaft allgemein geteilt.

> Die formalisierte Marketingplanung im Sinne eines Planungssystems ist per se nicht viel mehr als eine strukturierte Vorgehensweise, um eine Menge von Optionen für das Unternehmen zu identifizieren, sie schriftlich zu fixieren, Marketingziele festzulegen, die mit den allgemeinen Unternehmenszielen übereinstimmen, und die spezifischen Maßnahmen festzulegen und kostenmäßig zu planen, die am wahrscheinlichsten zur Zielerreichung führen.

Es ist diese Systematisierung, die den Marketingplanungsprozess auszeichnet und die den Kern einer Theorie der Marketingplanung darstellt.

Naive Vorstellungen vom Prozess der Marketingplanung

Diese Beschreibung eines idealen Marketingplanungsprozesses findet sich so im Wesentlichen in vielen Lehrbüchern (vgl. exemplarisch etwa Diller 1998; Jenner 2003; Kuß/Tomczak/Reinecke 2007). Dennoch existieren viele Unternehmen, die trotz systematischer Marketingplanung einen geringen Erfolg aufweisen, während andere, die im Hinblick auf ihr Marketing eher nachlässig agieren, sehr erfolgreich sind. Daher stellt sich die Frage, ob sich tatsächlich eine Beziehung zwischen der Marketingplanung und dem wirtschaftlichem Unternehmenserfolg feststellen lässt? Und wenn, wie wirkt sich diese Beziehung aus?

Es gibt zahlreiche Studien, die eine Reihe von Vorteilen der Marketingplanung empirisch belegen (für einen Überblick vgl. etwa Slotegraaf/Dickson 2004). Es gibt jedoch keine aufschlussreichen Erklärungen für den wirtschaftlichen Erfolg solcher Unternehmen, die *keine* formalisierten Planungsverfahren einsetzen. Ebenso wenig gibt es Erkenntnisse darüber, was wirtschaftlich nicht erfolgreiche Unternehmen auszeichnet, die sehr wohl über formalisierte Marketingplanungssysteme verfügen. Schließlich ist es dort, wo dysfunktionale Konsequenzen der Planung aufgedeckt werden, oftmals nicht möglich, eine Verbindung zu irgendeiner Theorie herzustellen.

Der „Erfolg" eines Unternehmens wird selbstverständlich von vielen weiteren Faktoren beeinflusst, die mit den eigentlichen Planungsprozessen wenig zu tun haben. Einige Beispiele:

1. Die finanzielle Leistung zu einem bestimmten Zeitpunkt spiegelt nicht unbedingt die Angemessenheit der Planungssysteme wider (vgl. das Hotel- und Gaststättengewerbe, Tourismusunternehmen usw.)
2. Einige Unternehmen sind einfach nur zur richtigen Zeit am richtigen Ort.
3. Unternehmen verfolgen viele unterschiedliche Ziele, wie zum Beispiel bezüglich Führungsstil und Kultur. Es gibt einen empirisch erwiesenen Zusammenhang zwischen dem Führungsstil und der Kultur und dem wirtschaftlichen Erfolg eines Unternehmens (vgl. Homburg/Pflesser 2000).
4. Manche Branchen weisen immer noch eine quasimonopolistische Struktur auf.
5. Einige Branchen, in denen es nur wenige Wettbewerber gibt, wachsen stark; unter solchen Umständen ist Erfolg „vorprogrammiert".

Ausgefeilte Verfahren zur Marketingplanung *allein* reichen somit für einen Erfolg nicht aus.

Ausgefeilte Verfahren zur Marketingplanung allein reichen nicht aus, um erfolgreich zu sein.

Es wurde festgestellt, dass der Prozess der Marketingplanung in konzeptueller Hinsicht sehr einfach und universell anwendbar ist. Gerade diese Einfachheit und Universalität erweisen sich aber als extrem komplex, sobald eine Reihe situativer Faktoren zusätzlich berücksichtigt werden müssen – wie zum Beispiel Unternehmensgröße, Internationalisierungsgrad, Führungsstil, Ausmaß der Umweltdynamik, Konkurrenzintensität, Marktwachstum, Marktanteil und technologische Dynamik.

Es wird deutlich, dass die vereinfachenden Theorien derartige Kontextfaktoren, die sich auf die Marketingplanung beziehen, nicht angemessen aufgreifen. Dies mag durchaus ein Grund dafür sein, dass so wenige Unternehmen solche Theorien nutzen.

In der Studie von McDonald (1982b) verfügten 90 % der untersuchten Industriegüterhersteller über keinen integrierten, koordinierten und in sich stimmigen Plan für ihre Marketingaktivitäten. In sechs weiteren amerikanischen, britischen und australischen Studien belief sich der Anteil von Unternehmen, die ihre Marketingplanung angemessen bewältigen, auf höchstens 25 % (vgl. McDonald 1982b; Slotegraaf/Dickson 2004).

Somit realisieren nur wenige Unternehmen die erwiesenen Vorteile einer formalisierten Marketingplanung, die im Folgenden noch einmal zusammengefasst werden:

Der Prozess der Marketingplanung ist in konzeptueller Hinsicht einfach; die Sachverhalte, die den Unternehmenskontext berühren, können sich jedoch als extrem komplex erweisen. Aus diesem Grund erreicht nur ein geringer Teil von Unternehmen eine zufriedenstellende Performance ihrer Marketingplanung.

1. Koordinierung der Aktivitäten vieler Individuen, deren Handeln über einen gewissen Zeitraum eng miteinander verzahnt ist,
2. Erkennen zukünftiger Entwicklungen,
3. schnellere Reaktionsbereitschaft bei auftretenden Veränderungen,
4. Minimierung irrationaler Reaktionen auf unerwartete Ereignisse,
5. bessere Kommunikation unter Führungskräften,
6. Minimierung von Konflikten zwischen Einzelpersonen, wodurch eine Unterordnung der Unternehmensziele unter individuelle Ziele verhindert wird.

Auch wenn viele Unternehmen über scheinbar anspruchsvolle Marketingplanungssysteme verfügen, weisen ihre Systeme oftmals die gleichen dysfunktionalen Konsequenzen auf wie diejenigen Unternehmen, die lediglich über Prognose- und Budgetierungssysteme verfügen. Es ist offensichtlich, dass jedes Marketingplanungssystem nur dann erfolgreich sein kann, wenn bestimmte Bedingungen erfüllt sind, die in Kürze detailliert betrachtet werden.

Zuvor sollte jedoch darauf hingewiesen werden, dass für Unternehmen, die unter stabilen Wettbewerbs- und Umweltbedingungen agieren, ein Marketingplanungssystem nicht zwingend notwendig erscheint. Dennoch kann auch hier das Fehlen eines solchen Systems negative Auswirkungen haben.

Viele Unternehmen, die kein effektives Marketingplanungssystem besitzen und dennoch hohe Gewinne aufweisen, operieren in aufstrebenden oder schnell wachsenden Märkten. Diese Unternehmen sind jedoch weniger erfolgreich als vergleichbare Firmen, die über effektive Marketingplanungssysteme verfügen (Miller/Cardinal 1994).

Der Erfolg eines Unternehmens kann nicht nur an der finanziellen Performance über eine gewisse Zeit gemessen werden, sondern auch an der Art und Weise der Bewältigung der Umweltanforderungen. Unternehmen mit einem effektiven Marketingplanungssystem erreichen – unabhängig von höherer Profitabilität – auch die folgenden Vorteile:

- weithin verstandene und geteilte Ziele,
- hoch motivierte Mitarbeiter,
- ein hohes Maß an umsetzbaren Marktinformationen,
- einen höheren Grad an funktionsübergreifender Koordination,
- eine Minimierung von Ressourcenverschwendung,
- Veränderungs- und Anpassungsbereitschaft sowie klare Prioritäten,
- eine höhere Kontrolle über das Unternehmen,
- geringere Anfälligkeit für unerwartete Ereignisse.

Unternehmen ohne effektives Marketingplanungssystem gelingt es zwar häufig, über einen längeren Zeitraum Gewinne zu erwirtschaften, insbesondere, wenn sie in Märkten aktiv sind, die sich durch hohe Wachstumsraten auszeichnen. Langfristig aber neigen sie dazu, weniger profitabel zu arbeiten, und leiden häufig unter Problemen, die das genaue Gegenteil der oben beschriebenen Vorteile darstellen (Doyle 1998).

In Unternehmen ohne effektives Marketingplanungssystem kommt es häufig spätestens dann zu ernsthaften organisatorischen Schwierigkeiten, wenn die Unternehmensumwelt instabiler und der Wettbewerb härter wird (Homburg/Grozdanovic/Klarmann 2007).

Marketingplanungssysteme: Entwicklungs- und Umsetzungsbarrieren

Viele Unternehmen erkennen, dass sie einen strukturierten Ansatz benötigen, um ihr Marketing zu planen. Sie entscheiden sich dann oft für die standardisierten, formalisierten Verfahren, die in Lehrbüchern zu finden sind. Wie bereits erwähnt, führen diese aber nur selten zu den erhofften Verbesserungen. Sie bringen zudem nicht selten die Marketingplanung selbst in Misskredit.

Jede Einführung formalisierter Marketingplanungsverfahren hat erhebliche Auswirkungen auf organisatorische Abläufe sowie auf das Verhalten im Unternehmen. Sie setzt daher voraus, den Managementansatz zu verändern. Wenn Unternehmen diese Auswirkungen ignorieren, wird ein formalisierter Marketingplanungsansatz wirkungslos bleiben.

Der Prozess der Marketingplanung erweist sich in der Praxis als sehr komplex, da sich dieser von der rückblickenden Betrachtung aus in Richtung der Ziele, Strategien, Maßnahmen und Budgets und umgekehrt vollzieht, bis – gegeben alle Restriktionen – ein akzeptabler Kompromiss zwischen dem, was wünschenswert ist, und dem, was umsetzbar ist, gefunden wurde.

Bisherige Veröffentlichungen zum Thema unterschätzen die operativen Schwierigkeiten, die der Entwurf und die Umsetzung von Systemen der Marketingplanung mit sich bringen. Diese Schwierigkeiten werden umso größer, je größer und diversifizierter ein Unternehmen ist.

Tab. 3.2 Marketingplanungssysteme: Entwicklungs- und Umsetzungsbarrieren

1. unzureichende Topmanagement-Unterstützung
2. kein Planungskonzept (kein „Plan für die Planung")
3. mangelnde Unterstützung durch das Linienmanagement:
   - Feindseligkeit
   - Mangel an Fachkompetenz
   - Mangel an Information
   - Mangel an Ressourcen
   - unangemessene Organisationsstruktur
4. keine gemeinsame, einheitliche „Planungssprache"
5. nur Zahlen statt schriftlich fixierter Ziele und Strategien
6. zu detailverliebt und mechanistisch (Konzentration auf den Vorgang an sich)
7. Das Einmal-im-Jahr-Ritual
8. Trennung der operativen von der strategischen Planung
9. fehlende Integration der Marketingplanung in die Unternehmensplanung
10. Delegation der Planung an „Dritte" statt Durchführung in der Linie (Delegation der Planung an einen „Planer").

In jüngster Zeit werden immer mehr Unternehmen durch den Druck des Marktes gezwungen, Verfahren zur besseren Planung und Kontrolle der Unternehmensabläufe zu entwickeln (Sawhney 2006). Die Mitarbeiter, die für die Entwicklung und Implementierung solcher Systeme verantwortlich sind, finden allerdings weder in der Literatur noch in Managementseminaren nennenswerte praktische Hilfestellungen für diese Aufgabe.

Zweck dieses Abschnitts ist es daher, die Probleme zu diskutieren, die eine Entwicklung und Umsetzung dieser Verfahren mit sich bringt. Die am häufigsten anzutreffenden Probleme werden in *Tabelle 3.2* zusammengefasst.

Unzureichende Topmanagement-Unterstützung

> Zweifellos ist es für einen leitenden Marketingverantwortlichen nahezu unmöglich, Verfahren einzuführen, die sinnvoll genutzt werden, wenn nicht das obere Management die Notwendigkeit eines formalisierten Marketingplanungssystems erkennt, versteht und ein aktives Interesse daran zeigt.

Das trifft insbesondere auf Unternehmen zu, die in Sparten gegliedert sind, für die der Marketingleiter keine Gewinnverantwortung trägt und in der er oder sie keine Linienverantwortung hat. In solchen Fällen ist es relativ einfach, „politische" Schwierigkeiten zu erzeugen, von denen die gravierendste die völlige Vernachlässigung neuer Planungsverfahren ist. Normalerweise sind die Gründe für den Widerstand gegen solche Verfahren jene Punkte, die in *Tabelle 3.2* zusammengefasst sind.

Die zentrale Rolle, die das Topmanagement in der Marketingplanung spielen muss, ist einer der wesentlichen Punkte in diesem Abschnitt.

EINBLICKE Ein international tätiger Mineralölkonzern bemühte sich jahrelang darum, sein neues Marketingplanungssystem in Gang zu bringen. Erst als die Konzernleitung ein Interesse daran entwickelte und der neue europäische Vorstandsvorsitzende den Prozess vorantrieb, konnten greifbare Resultate erzielt werden.

> Die Schlüsselerkenntnis lautet, dass es Menschen sind, die dafür sorgen, dass ein System funktioniert. Während der Entwicklung und Implementierung eines Systems müssen die Persönlichkeit sowohl der Organisation als auch der beteiligten Menschen berücksichtigt werden.

Zwei der bedeutendsten Aspekte sind der Unterschied in der „Persönlichkeit" einzelner Unternehmen und die Tatsache, dass die Führungskräfte über Unternehmen hinweg sehr ähnliche Verhaltensweisen und Einstellungen zeigen – von sehr sachlichen, autokratischen bis hin zu sehr menschlichen, partizipativen. Diese Aspekte werden in Kapitel 11 wieder aufgegriffen.

Jedes System muss deshalb um die Menschen herum, die für sein Funktionieren sorgen, konzipiert werden und die vorherrschenden Traditionen, Verhaltensweisen und Fähigkeiten, die Verfügbarkeit von Ressourcen sowie organisatorische Rahmenbedingungen berücksichtigen. Weil der Vorstandsvorsitzende und das Topmanagement diese Faktoren maßgeblich beeinflussen, wird ein formalisiertes Marketingplanungssystem ohne ihre aktive Teilnahme mit großer Wahrscheinlichkeit scheitern. Diese Erkenntnis lässt sich sehr deutlich aus den Ergebnissen vieler Studien ableiten (Simkin 2002; McDonald 2006b; Dibb/Simkin/Wilson 2008). Die Ergebnisse dieser Studien zeigen deutlich, dass in vielen Unternehmen die Pläne, die aus den Planungssystemen hervorgehen, vom Vorstand ignoriert werden. Dieser trifft stattdessen Entscheidungen, die den Mitarbeitern, die an der Entwicklung der Pläne beteiligt waren, völlig unlogisch erscheinen. Dieses Vorgehen zerstört jede Glaubwürdigkeit und führt dazu, dass die Pläne aufgegeben werden – mit der Folge erheblicher Frustration im gesamten Unternehmen.

Es ist offensichtlich, dass eine Geschäftsführung, die erstens nicht versteht, dass das Marketing eine maßgebliche Rolle für den Unternehmenserfolg spielt, und es zweitens versäumt, das Marketing mithilfe von Planungsverfahren in andere Unternehmensfunktionen zu integrieren, wesentlich dazu beiträgt, dass ihr Unternehmen nur eine schwache Performance aufweist (Morgan/Rego 2006).

Eine erschreckende Mehrheit von Führungskräften lebt nach der einfachen Regel, nur zu betrachten, was unter dem Strich herauskommt („Rule of the Bottom Line"). Sie wendet universelle Finanzkennzahlen unterschiedslos auf alle Produkte und Märkte, unabhängig von den langfristigen Konsequenzen, an.

Aktives Interesse des Topmanagements ist entscheidend für den Erfolg der Marketingplanungssysteme.

Es gibt eine ähnliche Mehrheit von Führungskräften aus dem technischen Bereich, die Marketing als wertlose Aktivität ansieht und auf die Schaltung von Fernsehwerbung reduziert (Rust/Lemon/Zeithaml 2004). Sie betrachten ihre Produkte nur als Bündel technischer und funktionaler Eigenschaften, statt anzuerkennen, dass dies nur ein Teil dessen ist, was ein Kunde kauft. Es ist keine Überraschung, dass in Unternehmen, die durch solche Menschen geführt werden, Marketingplanung entweder gar nicht existiert oder, sofern es ausprobiert wird, scheitert. Dies ist die häufigste Barriere einer effektiven Marketingplanung.

Kein Plan für die Planung

Die nächsthäufige Ursache für das vollständige oder teilweise Scheitern von Marketingplanungssystemen ist der Glaube, dass ein einmal entwickeltes System sofort eingesetzt werden kann.

EINBLICKE

Viele Unternehmen können auch ein Jahr nach der Einführung anspruchsvoller Planungssysteme keine Qualitätsverbesserung der Pläne der einzelnen Geschäftseinheiten erreichen.

Die Erfahrung zeigt, dass ein großer Konzern ungefähr drei Jahre warten muss, bevor ein vollständiges Marketingplanungssystem so umgesetzt werden kann, wie es bei der Entwicklung vorgesehen war.

Das Scheitern oder das teilweise Scheitern des Systems ist häufig darauf zurückzuführen, dass kein Zeitplan für die Implementierung des neuen Systems entwickelt wurde, um den folgenden Aspekten Rechnung zu tragen:

1. die Notwendigkeit zu vermitteln, warum ein Marketingplanungssystem erforderlich ist,
2. die Unterstützung und Teilnahme des Topmanagements zu gewährleisten,
3. das System in begrenztem Umfang zu testen, um seine Effektivität und seinen Nutzen zu demonstrieren,
4. Schulungsprogramme oder Workshops durchzuführen, um das Linienmanagement in die Arbeit mit dem System einzuweisen,
5. Daten und Informationen zu beschaffen,
6. Ressourcen bereitzustellen.

Insgesamt ist für die Implementierung ein hohes Maß an Engagement erforderlich, gekoppelt mit Geduld und der Bereitschaft, die unausweichlichen Probleme zu akzeptieren, die sich im Verlauf der Umsetzung ergeben werden.

Dieses Problem steht in einem engen Zusammenhang mit dem dritten Hauptgrund für das Scheitern eines Planungssystems: der mangelnden Unterstützung auf Seiten des Linienmanagements.

Mangelnde Unterstützung durch das Linienmanagement

Feindseligkeit, Inkompetenz, fehlende Daten und Informationen, Ressourcenknappheit sowie eine inadäquate Organisationsstruktur führen dazu, dass die Linienmanager keine Bereitschaft zeigen, sich zu engagieren.

> Ablehnung durch die Linienmanager ist die am weitesten verbreitete Reaktion auf die Einführung von Marketingplanungssystemen. Die Gründe hierfür liegen meist in der Tatsache, dass der Initiator des Systems keinen „Plan für die Planung" bereithält.

Neue Systeme haben unausweichlich einen hohen Erklärungsbedarf hinsichtlich der angewandten Verfahren und gehen in der Regel mit Checklisten, Datenerhebungsbögen und Prozessbeschreibungen einher. Häufig sind diese Hilfsmittel sehr bequem in Form eines Benutzerhandbuches dargestellt. Wenn ein solches Dokument auf dem Schreibtisch eines viel beschäftigten Vorgesetzten landet, ohne vorher angekündigt, erklärt oder diskutiert worden zu sein, ist die erste Reaktion darauf häufig die Angst, den neuen Aufgabenkomplex nicht zu verstehen und nicht bewältigen zu können. Häufig folgen darauf Wut und schließlich Ablehnung. Die Führungskräfte beginnen die Konzernzentrale als Elfenbeinturm zu betrachten, die realitätsfern agiert.

Verstärkt wird diese Haltung häufig durch das heute übliche Führungs- und Vergütungssystem, das vor allem kurzfristig Ergebnisse honoriert, wohingegen Planungssysteme zukunftsorientiert sind. Wegen des Trends in der jüngeren Vergangenheit, Führungskräfte innerhalb des Konzerns rotieren zu lassen, besteht nur ein geringes Interesse an der Sicherung zukünftiger Gewinne des Unternehmens, von denen dann später ein „Konkurrent" profitieren würde.

Viele Vorgesetzte kennen die grundlegenden Marketingprinzipien nicht und haben nie gelernt, ihre Märkte in strategisch relevante Segmente aufzuteilen oder sinnvolle Informationen über dieses zu sammeln.

Dieser Mangel an Kenntnissen wird dadurch verschärft, dass es viele Länder gibt, in denen Informationen und Daten nicht im gleichen Umfang und in der gleichen Form zur Verfügung stehen wie in Europa und in den USA. Das gilt zum Teil für die rasant wachsenden Volkswirtschaften, in denen die begrenzten Statistiken nicht nur unvollständig und unzuverlässig, sondern auch schnell veraltet sind. Wie ernsthaft dieses Problem ist, zeigen die häufig strengen Listen mit Informationsanforderungen der Konzernzentralen, die völlig auf den Charakteristika der heimischen Märkte basieren (Perlitz 2004).

Die Lösung dieser spezifischen Probleme erfordert eine Menge Geduld, gesunden Menschenverstand, Ernsthaftigkeit und Flexibilität sowohl auf Seiten der Konzernzentrale als auch seitens des Geschäftsbereichsmanagements. Außerdem wird hier die Notwendigkeit besonders deutlich, die Verfügbarkeit von Ressourcen und die vorherrschende Organisationsstruktur zu berücksichtigen. Das Problem, das sich aus dem Mangel an zuverlässigen Daten und Informationen ergibt, kann nur durch erhebliche zeitliche und finanzielle Investitionen gelöst werden. Wo die verfügbaren Ressourcen knapp sind, ist es unwahrscheinlich, dass die Informationsanforderungen der Zentrale erfüllt werden können.

Das Fehlen einer geeigneten Organisationsstruktur für eine integrierte Marketingfunktion, verschärft durch den Mangel an brauchbaren Marketinginformationen, lässt die Marketingplanung mit großer Wahrscheinlichkeit erfolglos bleiben.

Aus diesem Grund muss eine angemessene zentrale Organisation entwickelt werden, um nützliche Informationen zu sammeln und zur Verfügung zu stellen: Darüber hinaus müssen Weiterbildungsmaßnahmen initiiert werden, um aufzuzeigen, wie die genannten Probleme gelöst werden können.

Auch dieser Aspekt wird durch die Größe und Komplexität eines Unternehmens erschwert. Das Ausmaß, in dem die Organisationsstrukturen eines Unternehmens dafür verantwortlich sind, dass das Marketing als Funktion nicht etabliert werden kann, ist überraschend. In kleinen Unternehmen steht häufig nur der Vertriebsleiter für diese Funktion zur Verfügung, dessen Zeit jedoch vollständig von den eigenen Vertriebsaktivitäten oder vom Management des Vertriebsteams beansprucht wird. Wenn nicht die Geschäftsführung selbst marketingorientiert arbeitet, gibt es schlicht keine Marketingplanung.

In Unternehmen mittlerer Größe und in Konzernen, insbesondere solchen mit hoher Diversifikation, werden Marketinganliegen auf der Vorstandsebene nur in den seltensten Fällen berücksichtigt. Manchmal gibt es einen Vertriebsdirektor, der Führungsverantwortung für die operativen Einheiten hat. Abgesehen von den Vertriebsmanagern in den einzelnen Konzernsparten oder dem Marketingmanager in der Konzernzentrale findet das Marketing als Funktion aber immer noch kaum Unterstützung. Wenn es einen Marketingmanager gibt, dann ist er oder sie häufig isoliert von den allgemeinen Aktivitäten im Unternehmen (Homburg/Workman/Krohmer 1999).

Die erfolgreichsten Unternehmen sind diejenigen, die über eine vollständig integrierte Marketingfunktion verfügen, unabhängig davon, ob das Linienmanagement für das Marketing zuständig ist oder eine Stabsabteilung, wobei die einzelnen Geschäftseinheiten der Konzernzentrale unterstellt sind.

Die Einführung eines Marketingplanungssystems, welche das Sammeln, Analysieren und Auswerten marktrelevanter Informationen erfordert, hat kaum Aussicht auf Erfolg, wenn nicht eine angemessene organisatorische Struktur vorhanden ist.

EINBLICKE

Ein klassisches Beispiel hierfür sind große, diversifizierte multinationale Unternehmen, in denen die Konzernzentrale keine Mittel für das Marketing bereitstellt und in denen die Abteilungen im Allgemeinen keine Marketingfunktion abgesehen vom Vertriebsmanagement haben. Die ersten Versuche, einen strategischen Plan zu entwickeln, um auf den Druck des Marktes zu reagieren, scheitern meist vollständig.

Die Organisation der Marketingplanung wird in Kapitel 11 eingehender behandelt.

Keine gemeinsame, einheitliche „Planungssprache"

Die Verunsicherung, die durch ungewohnte Begriffe entsteht, ist ein weiterer Grund für das Scheitern von Marketingplanungssystemen. Die Initiatoren dieser Systeme, die in vielen Fällen auf ihrem Fachgebiet hoch qualifiziert sind, bedienen sich häufig einer spezifischen Terminologie für die Planung. Häufig ziehen Unternehmen zum Beispiel die Begrifflichkeiten der *Ansoff*-Matrix heran und verweisen auf Matrizen, Dimensionen, Quadranten usw. Die Aussagen und Grundprinzipien solcher Konzepte sind meist jedoch nur wenigen Mitarbeitern bekannt und werden dann als bedeutungslose Worthülsen abgetan.

Definition
Igor Ansoff ist in Amerika ein „Planungsguru" der die nach ihm benannte Ansoff-Matrix entwickelte. Diese umfasst zwei Dimensionen und vier Quadranten: bestehende Produkte, neue Produkte, bestehende Märkte und neue Märkte.

Die Unternehmen, die über ein erfolgreiches Planungssystem verfügen, versuchen eine klare, am operativen Management angelehnte Sprache zu verwenden. Wenn von „Zielen" und „Strategien" die Rede ist, werden diese Begrifflichkeiten klar definiert und mit praktischen Beispielen untermauert sein.

Nur Zahlen statt schriftlich fixierter Ziele und Strategien

Die meisten Manager in den Geschäftseinheiten sind es zwar gewohnt, Vertriebsprognosen abzugeben und gleichzeitig die damit verbundenen finanziellen Aspekte zu berücksichtigen. Sie sind es jedoch nicht gewohnt, zugrunde liegende Ursachenfaktoren für die vergangene Leistung oder zu erwartende Ergebnisse in der Zukunft zu betrachten oder geschäftliche Chancen zu analysieren. Ihr Blick ist in der Regel eingeschränkt und kurzfristiger Natur und weist die

Tendenz auf, Zahlen zu extrapolieren und das gegenwärtige Geschäft unverändert auf das nächste Geschäftsjahr zu übertragen.

Wenn ein Marketingplanungssystem plötzlich verlangt, die impliziten Modelle und Annahmen ihrer geschäftlichen Aktivitäten explizit zu formulieren, dann sind sie dazu nicht in der Lage. Statt also Begriffe zu finden, um die Logik ihrer Ziele und Strategien zu verdeutlichen, wiederholen sie ihr Verhalten aus der Vergangenheit und füllen die Datenblätter aus, ohne einen einzigen Satz zu formulieren.

Die Bereitstellung von Datentabellen sowie die Wichtigkeit, die das System der physischen Erfassung von Dingen zumisst, fördern die Mentalität des Fragebogenausfüllens und unterbinden die Entwicklung kreativer Analyseansätze, obwohl gerade diese so wichtig für eine effektive strategische Planung sind.

> Die Unternehmen, die über ein erfolgreiches Marketingplanungssystem verfügen, stützen sich nur auf die wesentlichen „harten" Daten und messen einem qualitativen, verbalen Ansatz eine größere Bedeutung zu, um die Logik und Zusammenhänge zu erklären, die hinter den Zielen und Strategien liegen.

Zu detailverliebt und mechanistisch

Ganz ähnlich gelagert ist das Problem der übermäßigen Planung (Over-planning). Es wird üblicherweise durch elaborierte Systeme hervorgerufen, die Informationen und Daten erfordern, die in der Geschäftsführung nicht vorliegen und auch niemals genutzt werden. Systeme, die riesige Mengen an Informationen hervorbringen, wirken sich in der Regel auf alle Betroffenen extrem demotivierend aus.

Das größte Problem in diesem Zusammenhang ist unzweifelhaft das Beharren auf einem detaillierten Marketingaudit. Für sich genommen ist dies eine sinnvolle Aufgabe für Führungskräfte. Ohne Anleitung jedoch, wie es zusammengefasst werden sollte, um die wesentlichen Aspekte aufzuzeigen, führt es zu kaum mehr als zu einer Unmenge nutzloser Informationen. Seine Nutzlosigkeit liegt darin begründet, dass es den daraus folgenden Plänen die Fokussierung nimmt und diejenigen verwirrt, die diese Fülle von Details bewerten müssen.

Das Problem ist, dass nur wenige Manager über die kreativen oder analytischen Fähigkeiten verfügen, die wirklich wichtigen Aspekte zu isolieren. Somit werden wesentlich mehr Probleme und Chancen identifiziert, als ein Unternehmen je bewältigen kann. Infolgedessen gehen die wirklich wichtigen strategischen Themen in der Detailflut unter und erhalten nicht die Aufmerksamkeit, die sie verdienen.

> In einem institutionalisierten Planungssystem, das sich durch zu großen Detailreichtum auszeichnet, sind die wesentlichen strategischen Aspekte unter Umständen so tief unter den Details vergraben, dass sie übersehen werden, bis es irgendwann zu spät ist.

> In vielen Unternehmen mit höchst detaillierten und institutionalisierten Marketingplanungssystemen enthalten die endgültigen Pläne so viele Details, dass es unmöglich ist, die wirklich wichtigen Ziele und Strategien zu erkennen.

Darüber hinaus sind die Manager in diesen Unternehmen selten in der Lage, eine vereinfachende Perspektive für die wesentlichen Dinge des Unternehmens einzunehmen, die notwendig ist, um den Erfolg auch in Zukunft zu sichern.

Solche Unternehmen sind häufig überfordert und versuchen, zu viele Dinge gleichzeitig zu leisten. Eine Überdiversifikation erschwert die Kontrolle über ein heterogenes Portfolio von Produkten und Märkten zusätzlich.

In Unternehmen mit erfolgreichen Planungssystemen ist auf allen Ebenen nicht nur ein weit reichendes Verständnis über die wesentlichen Ziele vorhanden, die erreicht werden müssen, sondern auch über die Wege, um diese zu erreichen.

In solchen Unternehmen lässt sich die Existenz jeder Ebene der Planungshierarchie klar begründen. Die Handlungen und Entscheidungen jeder Ebene werden durch klare Zielsetzungen geleitet, die mit einem übergeordneten Ziel logisch zusammenhängen.

Klarheit und Kohärenz werden nur mithilfe eines hierarchischen Planungssystems erreicht. Auf jeder Managementebene werden die Analysen der untergeordneten Ebene in einer Form zusammengefasst, die garantiert, dass nur jene Informationen die nächsthöhere Managementebene erreichen, die für Entscheidungs- und Kontrollzwecke auf dieser Ebene benötigt werden. Es gibt also Hierarchien von Audits, SWOT-Analysen, Annahmen, Zielen, Strategien und Plänen. So ist zum Beispiel das Topmanagement in der Konzernzentrale für die wichtigsten Makroaspekte zuständig, die unternehmensweit von Bedeutung sind, während das mittlere Management, das für die Gewinngenerierung auf den unteren Ebenen verantwortlich ist, sich der wesentlichen Mikroaspekte widmet, die für die Geschäftseinheiten von Bedeutung sind.

Die Effektivität eines Marketingplanungssystems hängt somit zu einem hohen Grad davon ab, dass die Manager in der Organisation über ein klares, deutliches und logisches Bild der wichtigsten Bedrohungen und Chancen verfügen und erklären können, wie sie diese bewältigen wollen und wie das, was sie tun, dem Gesamtunternehmenszweck dient (Kaplan/Norton 2007).

Das Einmal-im-Jahr-Ritual

Eines der am meisten verbreiteten Kennzeichen erfolgloser Marketingplanungssysteme ist die ritualisierte Form der Planungsdurchführung. In diesen Fällen begreifen Manager das Erstellen des Marketingplanes als lästige Pflicht.

Die Fragebögen werden häufig ausgefüllt, ohne die erforderliche Sorgfalt walten zu lassen. Die daraus resultierenden Pläne werden abgeheftet, ohne sich jemals wieder mit ihnen zu befassen. Sie werden eher als lästige, von der Konzernleitung eingeforderte Pflicht denn als wichtiges Managementwerkzeug betrachtet.

Mit anderen Worten: Die Erstellung eines Marketingplanes wird als alljährlich vollzogenes Ritual betrachtet, eine Art Managementspiel. Dass die daraus resultierenden Pläne nicht genutzt werden, ist kaum verwunderlich.

Der Zusammenhang zu den bisherigen Erklärungen für die Ineffektivität vieler Planungssysteme liegt auf der Hand. Darüber hinaus räumen Unternehmen, die die Marketingplanung als alljährliches Ritual behandeln, nur sehr wenig

Vorlaufzeit für die Anfertigung der Pläne ein. Durch diese Vorgehensweise wird dem Thema in den Augen der betroffenen Manager nur zweitrangige Bedeutung beigemessen.

In Unternehmen mit effektiven Systemen beginnt der Planungszyklus im dritten oder vierten Monat des Geschäftsjahres und setzt sich fort bis in den neunten oder zehnten Monat. Gleichzeitig wird die gesamte zwölfmonatige Periode genutzt, um den Fortschritt der existierenden Pläne mithilfe der Marketingforschung laufend zu beobachten und zu überprüfen. Indem die Planungsaktivität über einen so langen Zeitraum verteilt und alle Managementebenen zum richtigen Zeitpunkt aktiv einbezogen werden, entwickelt sich die Planung zu einem akzeptierten und integralen Bestandteil des Managementhandelns. Sie ist dann keine Zusatzaufgabe, die nach unüblichen Verhaltensweisen verlangt. Pläne, die im Rahmen eines solchen Systems entstehen, haben deutlich höhere Chancen, dass sie in für Mitarbeiter nachvollziehbare Handlungsabläufe übersetzt werden können.

Trennung von operativer und strategischer Planung

Dieser Abschnitt muss vor dem Hintergrund der Schwierigkeiten betrachtet werden, die Unternehmen erleben, wenn sie irgendeine Form von strategischer Planung durchführen. In den meisten Fällen sind die Zahlen, die in den langfristigen Plänen des Unternehmens auftauchen, nicht viel mehr als statistische Extrapolationen, die die Geschäftsführung zufriedenstellen sollen. Wenn sie nicht zufriedenstellend sind, dann werden die Zahlen einfach verändert, und nicht selten wird dadurch die Lücke zwischen dem Weg, den das Unternehmen beschreitet, und dem Pfad, den es eigentlich einschlagen sollte, mit der Zeit immer größer.

Trotzdem entwerfen viele Unternehmen langfristige Pläne. Diese werden in den meisten Fällen jedoch vollständig von den kurzfristigen Planungsaktivitäten, in Form der Prognosen und Budgetplanungen, separiert.

Die Ansicht, dass diese Planungen getrennt voneinander stattfinden sollten, wird von vielen Arbeiten in diesem Bereich unterstützt. Sie beschreiben die strategische Planung als völlig anderen und deshalb von der operativen Planung getrennten Themenkomplex. Viele betonen sogar, dass es zu Verunsicherung führe und die Integration der Planungsverfahren in das unternehmensübergreifende Managementsystem verhindere, wenn dieser wesentliche Unterschied nicht verstanden wird. Dennoch ist es genau diese Trennung zwischen kurz- und langfristiger Planung, die einen wesentlichen Grund für die Probleme darstellt, die von vielen Unternehmen beklagt werden.

Wenn langfristige Pläne scheitern, mit denen festgelegt wird, ob der Schwerpunkt auf der derzeitigen Geschäftstätigkeit oder der Entwicklung neuer Geschäftsfelder liegen soll, dann wird es dem Management auch nicht gelingen, irgendwelche Alternativen zu aktuellen Maßnahmen zu entwickeln.

Die beinahe vollständige Trennung der operativen oder kurzfristigen Planung von der strategischen oder langfristigen Planung ist ein typisches Merkmal von Unternehmen, deren Planungssysteme ineffektiv sind.

Die beinahe vollständige Trennung der operativen oder kurzfristigen Planung von der strategischen oder langfristigen Planung ist ein typisches Merkmal von Unternehmen, deren Planungssysteme ineffektiv sind.

Häufig erweisen sich die langfristigen strategischen Pläne als lineare Extrapolationen einiger Trends aus der Vergangenheit. Da häufig viele unterschiedliche Personen in die Planungen einbezogen werden (wie z. B. Mitarbeiter, die für die Unternehmensplanung verantwortlich sind), stehen die daraus resultierenden Pläne kaum in Beziehung zu den detaillierten kurzfristigen Plänen.

Diese Trennung hält viele Manager mit großer Wahrscheinlichkeit davon ab, strategisch zu denken, mit dem Ergebnis, dass detaillierte operative Pläne isoliert erstellt werden. Die sogenannten strategischen Pläne liefern nicht die erforderliche Kohärenz und Logik, weil sie Ergebnis einer „Tätigkeit im Elfenbeinturm"sind, die Zahlen liefert, an die niemand wirklich glaubt.

Wenn strategische Pläne nicht ausgehend von sorgfältigen strategischen Analysen der untersten Ebene durch die nachfolgenden Managementebenen entwickelt werden, haben diese nur geringe Chancen, als Basis für unternehmensweite Entscheidungen zu dienen.

In der Folge werden operative Pläne immer begrenzter und kurzsichtiger und tragen immer weniger dazu bei, die Entscheidungen zu berücksichtigen, die heute getroffen werden müssen, um die Zukunft zu sichern.

Die operative Planung sollte in hohem Maße Teil des strategischen Planungsprozesses sein und umgekehrt. Wo immer es möglich ist, sollten sie gleichzeitig erstellt werden, unter Einbezug derselben Manager und derselben Informationsbasis.

Die detaillierten operativen Pläne sollten das erste Jahr der langfristigen Planung abbilden, und operative Manager sollten ermutigt werden, ihre langfristigen Vorhersagen zur gleichen Zeit zu erstellen wie ihre kurzfristigen Prognosen. Der Vorteil besteht darin, dass dies die Führungskräfte ermutigt, darüber nachzudenken, welche Entscheidungen im aktuellen Planungsjahr getroffen werden müssen, um die langfristigen Prognosen auch verwirklichen zu können.

Fehlende Integration der Marketingplanung in die Unternehmensplanung

Es ist schwierig, ein effektives Marketingplanungssystem zu etablieren, wenn nicht parallel dazu ein unternehmensweites Planungssystem existiert. Dies ist ein weiterer Aspekt, den die Trennung von operativer und strategischer Planung mit sich bringt. Solange nicht ähnliche Prozesse und Zeitrahmen im Marketingplanungsprozess genutzt werden, die auch in anderen wichtigen Funktionen zum Einsatz gelangen (etwa im Produktions- oder Finanzbereich), wird die Abwägung zwischen dem, was wünschenswert ist, und dem, was umsetzbar und finanzierbar ist, nicht rational stattfinden. Diese Kompromisse müssen auf Basis eines möglichst weit reichenden Verständnisses für die im Unternehmen tatsächlich vorhandenen Stärken und Schwächen, Chancen und Bedrohungen getroffen werden.

Eines der Probleme der Planungssysteme, die sich entweder durch eine Trennung von der strategischen Unternehmensplanung auszeichnen oder in denen nur die Marketingplanung formalisiert ist, besteht darin, dass die Schlüsselfunktionen des Unternehmens, wie zum Beispiel Forschung und Entwicklung, IT oder Produktion, nicht einbezogen sind. In Unternehmen, in denen diese Funktionen maßgeblich zum Erfolg beitragen (und das ist sehr häufig der Fall), erweist sich eine separate Marketingplanung als ineffektiv. Wie dieses Problem gelöst werden kann, wird in Kapitel 11 dargestellt.

Dort jedoch, wo das Marketing eine zentrale Aktivität darstellt, wie beispielsweise in der Industriegüterbranche, ist es durchaus möglich, ein separates Marketingplanungssystem einzuführen. Wenn dies erfolgreich geschieht, werden ähnliche Systeme meist auch in anderen funktionalen Bereichen zügig eingeführt, weil die Geschäftsführung den Nutzen solcher Systeme erkannt hat.

Delegation der Planung an einen Planer

Dieses Problem betrifft die allgemeine Unternehmensplanung eher als die Marketingplanung. In Unternehmen, die in ihrer Konzernzentrale einen Planungsstab eingerichtet haben, aber nicht über eine organisatorische Funktion für das Marketing verfügen, wird die strategische Marketingplanung in der Regel von den Konzernplanern durchgeführt. Diese ist dann meist vom operativen Planungssystem abgekoppelt. Es überrascht nicht, dass dies die Trennung der operativen Planung von der strategischen Planung noch betont und ein kurzfristiges Denken in den Geschäftseinheiten fördert.

Sehr häufig handelt es sich bei den für die konzernweite Planung Verantwortlichen um junge, hoch qualifizierte Mitarbeiter, die dem Vorstandschef unterstellt sind. Sie werden vom überwiegenden Teil des Unternehmens entweder abgelehnt oder ignoriert. Es gelingt ihnen meist nicht, die Unternehmensstrategien klarzumachen. Diese Strategien finden dann in der Planung und im Denken der Geschäftseinheiten entsprechend kaum Beachtung.

In der Literatur wird der Planer in erster Linie als Koordinator der Planungsarbeit angesehen, nicht als Initiator von Zielen und Strategien. Es ist klar, dass diese Funktion ohne die Bereitschaft der Geschäftsbereiche zur Kooperation lediglich ein Sachbearbeiter der Konzernleitung ist. In vielen großen Unternehmen, in deren Konzernzentrale es einen „Marketingplaner" gibt, ist diese Mitarbeiterin oder dieser Mitarbeiter üblicherweise ernannt worden, weil es schwierig geworden ist, die rasant gewachsenen und unüberschaubar gewordenen Geschäftsbereiche zu kontrollieren.

Ohne die Kooperation des operativen Managements kann ein Planer kaum mehr als Sachbearbeiter der Konzernleitung sein.

Die Aufgaben des Marketingplaners bestehen hauptsächlich darin, die Verfahren festzulegen und den Input zu koordinieren. Darüber hinaus wird von ihr oder ihm erwartet, die allgemeinen Ziele und Strategien für den Vorstand zu formulieren.

In den meisten Fällen sind erfolglose Marketinganstrengungen auf Managementfehler und unzureichende organisatorische Strukturen und nicht auf Versäumnisse des Planers zurückzuführen. Dennoch liegt aber die Verantwortung für einen großen Teil der Planung allein beim Planer, was ohne Frage wenig sinnvoll ist.

Zwei besonders interessante Fakten sollen an dieser Stelle noch betont werden. Erstens befindet sich der Marketingplaner in seiner Funktion als Gestalter und Initiator von Marketingplanungssystemen häufig in einer sehr komplizierten politischen Position zwischen den häufig altgedienten Linienmanagern einerseits und den eher jüngeren Bereichsmanagern andererseits. Es ist klar, dass nicht allzu viele Vorstände Verständnis für die Rolle der Planungsfunktion aufbringen und dass sie völlig unrealistische Erwartungen an die Planer stellen. Gleichzeitig können die Planer jedoch nicht effektiv arbeiten, solange sie nicht die volle Unterstützung und Beteiligung des Topmanagements erhalten. Häufig ist die Ernennung eines Marketingplaners oder sogar eines Marketingleiters (Chief Marketing Officer, CMO) ein einfacherer Schritt für den Vorstand, als sich selbst ernsthaft damit auseinanderzusetzen, wie sich neue Entwicklungen auf das Unternehmen und die Gesamtunternehmensstrategie auswirken (Seiwert 2006).

Die unausweichliche Konsequenz der Ernennung eines Marketingplaners ist eine Veränderung des Managementverhaltens, deren Auswirkungen sehr weit reichen können.

Dies führt automatisch zu einem zweiten Aspekt. Die unausweichliche Konsequenz der Ernennung eines Marketingplaners ist, dass sie oder er vermutlich Veränderungen im Verhalten der Manager bewirken will, um effektiver zu werden. Diese haben allerdings sehr weit reichende Auswirkungen, die Aspekte wie Schulung, Ressourcenzuteilung und organisatorische Strukturen betreffen. Als Katalysator solcher Veränderungen stößt der Planer unweigerlich auf erhebliche politische Widerstände, mit dem Ergebnis, dass er oder sie häufig enttäuscht ist und/oder ineffektiv wird. Dies ist zweifelsohne ein wesentliches Problem, vor allem für große Konzerne. Die Probleme, die von einem Marketingplaner aufgeworfen werden, entstehen direkt als Ergebnis des Versäumnisses auf Seiten des Topmanagements, den Gesamtstrategien des Unternehmens ausreichend Aufmerksamkeit zu schenken. Wenn der Druck des Marktes dazu führt, dass diese Komplexitäts- und Kontrollprobleme akut werden, wird ein Planer nur wenig tun können, wenn nicht die absolute Bereitschaft auf Seiten der Geschäftsführung vorhanden ist, weit reichende Veränderungen mitzutragen (Seiwert 2006).

Damit stellt sich erneut die Frage, welche Rolle der Vorstand im Hinblick auf die Marketingplanung spielt. Ohne seine Unterstützung und das dazugehörige Verständnis für die Auswirkungen, die die Einführung von Marketingplanung mit sich bringt, werden jegliche Anstrengungen, egal ob durch einen Planer oder einen Linienmanager, weitgehend wirkungslos bleiben.

Voraussetzungen für ein Marketingplanungssystem

Die Implikationen dieses Kapitels lassen sich im Wesentlichen wie folgt zusammenfassen:

1. Jedes Marketingplanungssystem, das als *geschlossener Regelkreis* (sog. *Closed-Loop-System*) konzipiert ist – und hierzu gehören insbesondere Prognose- und Budgetplanungssysteme –, wird zu einer Schwächung des Marketing und der Kreativität im Unternehmen führen. Deshalb sind Mechanismen erforderlich, um Trägheit durch eine zu starke Bürokratisierung des Systems zu verhindern.
2. Eine Marketingplanung auf der funktionalen Marketingebene, die ohne eine Integration mit anderen funktionalen Bereichen auf einer übergeordneten Ebene stattfindet, wird weitgehend ineffektiv bleiben.
3. Die Trennung der Verantwortung für die operative und die strategische Marketingplanung wird zu einer Kluft zwischen den kurzfristigen Zielen der einzelnen Geschäftseinheiten und den langfristigen Zielen des Gesamtunternehmens führen. Dadurch wird sich die Aufmerksamkeit vermehrt auf kurzfristige Ergebnisse richten, wodurch das Unternehmen üblicherweise langfristig weniger erfolgreich ist.
4. Wenn die Geschäftsführung ihre aktive Rolle im Marketing nicht versteht und annimmt, werden die Planungsverfahren niemals funktionieren.
5. Bis zu drei Jahre müssen (insbesondere in großen Konzernen) eingeplant werden, damit ein effektives Marketingplanungssystem eingeführt werden kann.

Definition
Ein geschlossener Regelkreis (Closed-Loop-System) ist ein bürokratisches Planungssystem, das hauptsächlich aus Vorlagen und Formularen (Templates) besteht, die von Managern nach festgelegten Richtlinien ausgefüllt werden müssen. Solche Verfahren verkommen häufig zu reinen Schreibübungen, die wenig Raum für innovative und kreative Leistungen lassen.

In Kapitel 12 wird detailliert untersucht, was unter den „Voraussetzungen für ein Marketingplanungssystem" zu verstehen ist. Dort wird behandelt, wie effektive Marketingplanungsverfahren entwickelt und eingeführt werden sollten.

Nachdem der Prozess der Marketingplanung nun ausführlich erklärt und auch erläutert wurde, warum dieser auf den ersten Blick simple Prozess mehr Aufmerksamkeit erfordert, als ihm normalerweise zuteil wird, wird nachfolgend jedes einzelne Element dieses Prozesses eingehender betrachtet, bevor alle Teile im letzten Kapitel des Buches dann zusammengefügt werden.

Anwendungsfragen

Beziehen Sie sich auf die Aspekte, die in *Tabelle 3.1* und *3.2* aufgelistet sind:

1. Inwiefern sind sie auf Ihr Unternehmen anwendbar?
2. Auf welche Weise bewältigen Sie diese erfolgreich?

Kapitel 3: Wiederholung

Unwissenheit

Die meisten Unternehmen planen, indem sie eine Kombination aus Prognose- und Budgetierungsverfahren anwenden. Diese projizieren in der Regel die gegenwärtige Situation auf die Zukunft und können funktionieren, wenn die Zukunft genauso sein wird wie die Gegenwart oder die Vergangenheit. Wenn derartige Verfahren angewandt werden, stellen sich jedoch häufig folgende Probleme ein:

1. verpasste Chancen zur Gewinnsteigerung,
2. bedeutungslose Zahlen in langfristigen Plänen,
3. unrealistische Ziele,
4. Mangel an handlungsrelevanten Marktinformationen,
5. Konflikte zwischen einzelnen Funktionen,
6. Frustration auf Managerebene,
7. starke Zunahme von Produkten und Märkten,
8. Verschwendung von Werbeaufwendungen,
9. Verwirrung über die Preisgestaltung,
10. wachsende Anfälligkeit für Veränderungen in der Unternehmensumwelt,
11. Verlust der Kontrolle über das Unternehmen.

Bearbeiten Sie hierzu Übung 3.1

Allgemeine Implementierungsprobleme

1. keine Unterstützung durch Geschäftsführung und Topmanagement,
2. kein Plan für die Planung,
3. mangelnde Unterstützung durch das Linienmanagement aufgrund von
   - Feindseligkeiten,
   - mangelnder Qualifikation,
   - Ressourcenmangel,
   - Mangel an Information,
   - unangemessener Organisationsstruktur,
4. keine gemeinsame, einheitliche „Planungssprache“,
5. nur Zahlen statt schriftlich fixierter Ziele und Strategien,
6. zu viele Details, zu mechanistisch,
7. das Einmal-im-Jahr-Ritual,
8. Trennung von operativer und strategischer Marketingplanung,
9. fehlende Integration der Marketingplanung in die Unternehmensplanung,
10. Delegation der Planung an einen Planer.

Bearbeiten Sie hierzu Übung 3.2

Fragen, die sich für das Unternehmen ergeben

1. F: Wenn wir ein Marketingplanungssystem einführen, werden wir dann automatisch erfolgreicher?

   A: Nein. Viele andere Faktoren spielen auch eine Rolle.

2. F: Welche Faktoren sind das?

   A: Hier sind drei zentrale Faktoren zu nennen:

   a) Unternehmen, die zufällig in Märkten mit einem hohen Wachstum tätig sind, planen häufig gar nicht. Sie lassen sich einfach durch die allgemeine Dynamik mitziehen.

   b) Wenn die Unternehmenskultur und der Führungsstil die Marketingplanung nicht wirklich fördern (z. B. weil es an dem Glauben an ein solches System mangelt), dann werden sich keine Verbesserungen einstellen.

   c) Wenn das Unternehmen in hohem Maße wettbewerbsfähig ist, dann wird nicht unbedingt eine Verbesserung erkennbar sein. Aber das Unternehmen würde ohne einen Marketingplan wahrscheinlich deutlich schlechter fahren.

3. F: Rechtfertigt der Nutzen all die Zeit und Arbeit, die in das Marketingplanungssystem investiert werden?

   A: Das kann jeder nur für sich selbst beantworten. Wägen Sie die Kosten der Planung gegen die Kosten ab, die durch fehlende Planung entstehen würden.

Übungen

Einführung in die Übungen zu Kapitel 3

Übung 3.1 richtet sich auf die Probleme, die Ihr Unternehmen eventuell hat, weil das Marketingplanungssystem ineffektiv ist. In diesem Sinne bietet sie Ihnen eine zusätzliche Diagnose dafür, ob Sie Ihr System verbessern müssen oder nicht. Gleichzeitig hilft sie, einige der Bereiche aufzuzeigen, auf die sich ein neuer Planungsprozess positiv auswirken sollte.

Übung 3.2 zielt darauf ab, genau herauszuarbeiten, welche Aspekte des Unternehmens angegangen werden sollten, um die größten Verbesserungen in der Marketingplanung zu erzielen.

Übung 3.1 Symptome einer fehlenden Marketingplanung

Setzen Sie für jede Aussage, die unten aufgeführt ist, ein Kreuz in der Spalte, die Ihrem Unternehmen Ihrer Meinung nach am ehesten entspricht.

	überwiegend richtig	*überwiegend falsch*
1. Wir scheinen Chancen für zusätzliche Gewinne zu verpassen.		
2. Unsere langfristige Planung scheint kaum mehr zu sein als Unmengen von bedeutungslosen Zahlen.		
3. Rational betrachtet sind unsere Marketingziele nicht sinnvoll.		
4. Uns mangelt es an umsetzbaren Marketinginformationen.		
5. Manager sind durch die Konflikte und Rivalitäten, die zwischen den einzelnen Funktionen bestehen, frustriert.		
6. Es gibt eine stetige Zunahme von Produkten und/oder Märkten.		
7. Ein Großteil unserer Werbeaufwendungen ist verschwendet.		
8. Hinsichtlich der Preisgestaltung besteht große Unklarheit.		
9. Wir werden immer anfälliger gegenüber Veränderungen in unserer Unternehmensumwelt.		
10. Es herrscht das Gefühl, als würden nicht wir unser Unternehmen führen, sondern äußere Kräfte uns steuern.		

Wenn Sie es schwierig finden, jeder Aussage ein Kreuz zuzuordnen, dann sollten Sie sich mit Ihren Kollegen besprechen statt nur Vermutungen anzustellen.

Ergebnisauswertung für Übung 3.1

Sie haben gerade ein „Leistungsprofil" der „Marketingplanung" in Ihrem Unternehmen erstellt.

Wenn sich Ihre Profil-Linie überwiegend auf der rechten Seite des Spektrums befindet, dann haben Sie wenige der Probleme, die sich aus dem Fehlen einer Marketingplanung ergeben. Sie scheinen also ganz gute Arbeit zu leisten. Wenn sich Ihre Profil-Linie dagegen eher auf der linken Seite befindet, haben Sie weniger Glück und sollten überlegen, ob Sie Ihr gegenwärtig genutztes Marketingplanungsverfahren überarbeiten und dabei Ihr Augenmerk besonders auf die Probleme richten, die Sie überwinden möchten.

Übung 3.2 Marketingplanung – Checkliste zu organisatorischen Aspekten

Bitte bewerten Sie eine Reihe von Aussagen, die den Marketingplanungsansatz Ihres Unternehmens beschreiben. Weil diese Antworten nützliche und echte Informationen erbringen sollen, versuchen Sie bitte, so genau und objektiv wie möglich zu sein, wenn Sie die Checkliste ausfüllen.

Sie teilen den Fragen Punkte zu, indem Sie jede Aussage mit einer Zahl zwischen 1 und 5 bewerten, *die Sie nur in die Spalte eintragen, die durch einen Strich gekennzeichnet ist*. Legen Sie bei der Bewertung folgende Skala zugrunde:

1. Sie lehnen diese Aussage grundlegend ab.
2. Sie neigen dazu, diese Aussage abzulehnen.
3. Sie wissen nicht, ob Sie zustimmen oder ablehnen sollen.
4. Sie neigen dazu, der Aussage zuzustimmen.
5. Sie stimmen der Aussage grundlegend zu.

	A	B	C	D	E
1. Der Geschäftsführer und die leitenden Angestellten zeigen ein deutliches und aktives Interesse an der Marketingplanung.					–
2. Der Geschäftsführer und die leitenden Angestellten demonstrieren ihr Verständnis für die Marketingplanung	–				
3. Der Geschäftsführer und die leitenden Angestellten nutzen den Marketingplan als Basis, um ihre wichtigsten Marketingentscheidungen zu treffen.				–	
4. Der Geschäftsführer und die leitenden Angestellten sorgen dafür, dass alle erforderlichen Ressourcen zur Verfügung stehen, um den Marketingplan umzusetzen.		–			
5. Die Notwendigkeit eines Marketingplanes wird allen Führungskräften deutlich gemacht.	–				
6. Es sind alle erforderlichen Informationen/Daten vorhanden, auf denen der Marketingplan beruhen sollte.		–			
7. Unser Marketingplan berücksichtigt langfristige und kurzfristige Ziele gleichermaßen.			–		
8. Alle Beteiligten sind sich über ihre Rolle im Marketingplanungsprozess im Klaren.					–

	A	B	C	D	E
9. Die Linienmanager werden geschult, um zu verstehen, wie der Marketingplanungsprozess funktioniert.	–				
10. Die Linienmanager glauben, dass der Marketingplan ein nützliches Dokument ist.				–	
11. Dem Planungsprozess wird genügend Zeit eingeräumt.		–			
12. Den Linienmanagern wird es erleichtert, den Plan zu verstehen.	–				
13. Die Marketingplanung erhält ausreichend Ressourcen.		–			
14. Es ist sinnvoll für ein Unternehmen wie unseres, über einen gut durchdachten Marketingplan zu verfügen.				–	
15. Die Gründe für Erfolge und Misserfolge in der Vergangenheit werden analysiert.			–		
16. In unserer Organisation überlassen wir die Planung nicht einfach den Planern; andere Führungskräfte leisten ebenfalls wertvolle Beiträge.					–
17. Unsere Unternehmenskultur unterstützt einen nachhaltigen Marketingplanungsprozess.				–	
18. Über die Marketingterminologie, die wir in unserer Organisation verwenden, besteht Einigkeit.		–			
19. Marktchancen werden durch den Planungsprozess erkannt.			–		
20. Spezialisten aus den einzelnen Funktionen tragen ihren Teil zum Planungsprozess bei.					–
21. Wir fokussieren unsere Aktivitäten, sodass wir nicht gezwungen sind, zu viele Dinge gleichzeitig zu tun.		–			

	A	B	C	D	E
22. Die Beteiligung an der Marketingplanung in unserem Unternehmen wird honoriert, entweder in finanzieller Hinsicht oder im Hinblick auf die Karriere.				–	
23. Nur wesentliche Daten tauchen in unseren Plänen auf.			–		
24. Die Marketingplanung findet nicht im „Elfenbeinturm“ statt.				–	
25. Aus der großen Menge an verfügbaren Informationen werden die wichtigsten Aspekte selektiert.	–				
26. Es gibt ein Gleichgewicht zwischen verbalen Erklärungen und Zahlenmaterial in unseren Plänen.			–		
27. Unsere Außendienstmitarbeiter arbeiten so, dass sie mit ihrer Arbeit unseren Marketingplan unterstützen.					–
28. Unser Plan berücksichtigt in hohem Maße die „Makroaspekte“, die unser Unternehmen betreffen.	–				
29. Inputs für den Planungsprozess werden von jedem so präzise wie möglich geliefert.		–			
30. Die Marketingplanung wird in sinnvoller und ernsthafter Weise durchgeführt.			–		
31. Unser Plan verschleiert nicht die wichtigsten Probleme und Chancen, denen sich unsere Organisation stellen muss.				–	
32. Es gibt ein ausgeprägtes Bewusstsein für die „Mikroaspekte“ in unserem Plan.	–				
33. Unsere Pläne berücksichtigen, dass wir unsere derzeitigen Fähigkeiten mit den Marktchancen in Übereinstimmung bringen müssen.		–			

	A	B	C	D	E
34. Inputs für den Marketingplanungsprozess beizusteuern, ist eine wesentliche Aufgabe aller Linienmanager.					–
35. Die Marketingplanung nimmt in unserer Organisation einen hohen Stellenwert ein.				–	
36. Unsere Planungsinputs werden nicht „geschönt“, um unsere Geschäftsführung zu beeindrucken.		–			
37. Die Mitarbeiter glauben, dass der Marketingplanungsprozess logisch und angemessen ist.	–				
38. Wir nutzen den gleichen Zeitrahmen für unsere Marketingplanung, der auch in den Bereichen Finanzen, Logistik, Produktion und Personal Anwendung findet.		–			
39. Wir betrachten den operativen Plan als das erste Jahr des langfristigen Planes, nicht als unabhängige Einheit.			–		
40. Hochrangige Führungskräfte glauben nicht von sich, dass sie jenseits der Grenzen, die der Marketingplan steckt, operieren.				–	
41. Die Befürworter einer „korrekten“ Marketingplanung sind in der Hierarchie des Unternehmens weit genug oben angesiedelt, um sicherstellen zu können, dass diese Planung erfolgt.			–		
42. Mitarbeiter erhalten klare Vorgaben über die Art und Weise des erwarteten Beitrags für die Marketingplanung.		–			
43. Wir versuchen, Datenerfassung und -zugriff so einfach wie möglich zu gestalten.	–				
44. Unsere Marketingpläne gehen nicht zu stark ins Detail, sind aber aussagekräftig genug, um Entscheidungen treffen zu können.			–		

	A	B	C	D	E
45. Die Rolle von Spezialisten wird in unserem Planungsprozess sehr deutlich gemacht.					–
46. Wir sind immer bereit, neue Techniken zu erlernen, um unseren Marketingplanungsprozess effektiver zu machen.	–				
47. Die Bedeutung der Marketingplanung wird im gesamten Unternehmen verstanden.					–
48. Ergebnisse von Marktforschungsstudien (durchgeführt durch interne Abteilungen oder aber Agenturen) werden häufig als Input für unseren Marketingplanungsprozess genutzt.		–			
49. Unsere Marketingplanung wird regelmäßig überprüft, um den Prozess gegebenenfalls zu verbessern.			–		
50. Die Geschäftsführung und die leitenden Angestellten erhalten Informationen, anhand derer sie einschätzen können, ob der Marketingplan so erfüllt werden kann wie erwartet.					–
GESAMTPUNKTZAHL					

Ermitteln Sie die Gesamtpunktzahl in jeder Spalte.

Das Grundprinzip dieser Checkliste

Es gibt viele Arten, um Organisationen zu betrachten und Modelle zu entwickeln, die abbilden, wie sie operieren. Ein sehr verbreitetes Modell ist das Organigramm, das aufzuzeigen versucht, wie die Verantwortlichkeiten über das Unternehmen verteilt sind, und gleichzeitig die Weisungsstrukturen verdeutlicht.

Andere Modelle werden von den Inputs und Outputs des Unternehmens abgeleitet. Ein finanzorientiertes Modell beispielsweise wird entwickelt, indem alle erforderlichen finanziellen Inputs analysiert werden, die benötigt werden, um das Unternehmen zu führen, und indem die Effizienz bewertet wird, mit der diese Inputs in Erlöse transformiert werden (vgl. für einen Überblick solcher Modelle Hammerschmidt 2006).

Die Checkliste in Übung 3.2 basiert auf einem Modell, das hilft, die Beziehung zwischen unterschiedlichen Facetten der Organisation zu verstehen. Indem diese Beziehungen analysiert werden, sind Unternehmen für die Einführung organisatorischer Veränderungen besser gerüstet – in diesem Falle für die Einführung eines verbesserten Marketingplanungssystems.

Das Modell fußt auf drei Hauptannahmen:

1. *Die heutige Organisation wird häufig sehr stark von ihrem historischen Hintergrund beeinflusst:* Wenn zum Beispiel aufgrund der Rahmenbedingungen niemals die Notwendigkeit bestand, ein angemessenes Marketingplanungssystem einzuführen, dann wird sich das im aktuellen Planungssystem ebenso widerspiegeln wie im Verhalten der Mitarbeiter.
2. *Die heutige Organisation wird häufig sehr stark von ihren zukünftigen Zielen geleitet:* So wird beispielsweise ein Unternehmen, das spürt, dass sich sein Marketingplanungsprozess verbessern muss, Schritte unternehmen, um Veränderungen herbeizuführen. Dass sich diese Veränderungen auf die organisatorischen Abläufe auswirken werden, versteht sich von selbst. Darüber hinaus rührt ein Großteil des Widerstands, der überwunden werden muss, von den „historischen“ Kräften, die oben erwähnt wurden.
3. *Was gegenwärtig in einem Unternehmen passiert, hängt von den Qualifikationen, dem Wissen, der Erfahrung und den Überzeugungen der Mitarbeiter ab:* Das Herzstück einer Organisation ist deshalb das kollektive „Wissen“, das zur Verfügung steht. Dieses determiniert den Erfolg jeglicher Projekte – ob es sich um die Herstellung von Produkten oder die Bereitstellung von Dienstleistungen handelt.

Selbstverständlich bestimmt der „Wissensstand“ auch die Qualität und das Ausmaß des Marketingplanungsprozesses. Diese Annahmen bilden das „Gerüst“ des hier vorgestellten Organisationsmodells (*Abbildung 3.1*).

Es gibt immer noch wichtige Elemente, die in diesem Modell fehlen. Unabhängig von der im Unternehmen vorhandenen Basis an Wissen und Fertigkeiten kann nichts produziert werden, ohne dass physische *Ressourcen* zur Verfügung stehen. Die Schlüsselressourcen, die für die Marketingplanung erforderlich sind, umfassen genaue Daten; Mittel, um diese Daten zu speichern und abzurufen; entsprechendes Personal und schließlich die Zeit, um diese Daten zu analysieren.

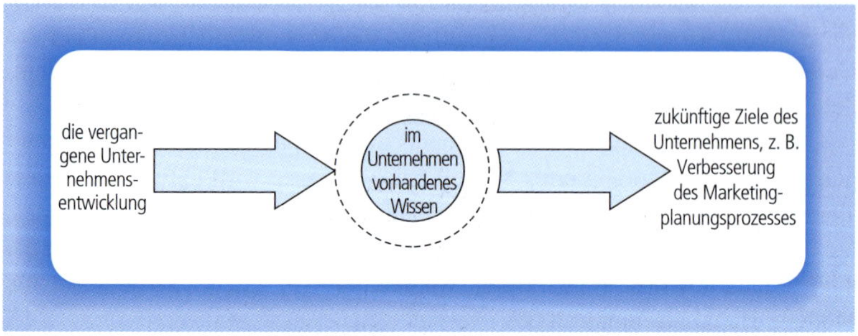

Abbildung 3.1
Wissen und Marketingplanung.

Über die richtigen Ressourcen zu verfügen, reicht jedoch nicht aus; das Unternehmen muss darüber hinaus Systeme oder *Verfahren* entwickeln, um die Nutzung dieser Ressourcen zu optimieren. Im Hinblick auf die Marketingplanung heißt das, dass sich die Aufmerksamkeit auf Verfahren richten muss, die das Sammeln der Daten, die Bewertung der unternehmerischen Leistung in der Vergangenheit, das Erkennen von Marktchancen sowie das Trennen wichtiger Informationen von weniger wichtigen Informationen sicherstellt.

Verfahren aber entwickeln sich nicht von selbst weiter. Sobald irgendein System aufgebaut wurde, müssen auch *Rollen* und *Beziehungen* definiert werden. Wer wird welche Aufgaben übernehmen, um zu gewährleisten, dass Dinge umgesetzt werden?

Im Hinblick auf die Marketingplanung heißt dies wiederum, dass die Rollen unterschiedlicher Mitarbeiter, angefangen beim Geschäftsführer oder Vorstandsvorsitzenden bis zu den Mitarbeitern an der Basis, geklärt werden müssen. Inwieweit sind sich die Mitarbeiter über ihre Rolle im Planungsprozess im Klaren? Sollte die Planung allein der Abteilung für Unternehmensplanung überlassen bleiben? Welche Rolle übernehmen Spezialisten der einzelnen Funktionen im Unternehmen? Wer ist mit der Sammlung der Marketingdaten betraut? Wem werden diese präsentiert? Viele Fragen müssen beantwortet werden, wenn die nachfolgenden Verfahren problemlos funktionieren sollen.

Selbst damit ist jedoch das Modell noch nicht vollständig. Auch wenn die Rollen definiert sind, bleibt noch das Problem, die richtigen *organisatorischen Strukturen* und eine angemessene *Kultur* zu schaffen, damit die Mitarbeiter in der Lage sind, ihre Rollen produktiv auszufüllen.

Aus Sicht der Marketingplanung werden strukturelle und unternehmenskulturelle Aspekte in mehrfacher Hinsicht berührt – zum Beispiel, wie viel Aufmerksamkeit dem Planungsprozess geschenkt werden muss, in welchem Rahmen funktionale Spezialisten in den Planungsprozess einbezogen werden sol-

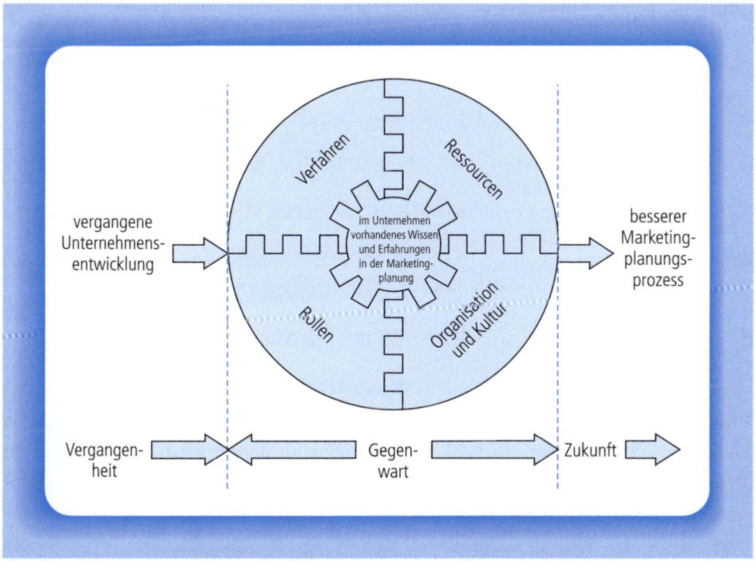

Abbildung 3.2
Marketingplanungsmodell.

len, das Ausmaß, in dem kurz- und langfristige Aspekte berücksichtig werden müssen, inwieweit das Unternehmen darauf vorbereitet ist, die wirklich wichtigen Anliegen zu fokussieren, wie offen die Kommunikation sein sollte usw.

Es ist nun möglich, das vollständige Modell zu verstehen (*Abbildung 3.2*).

Aus den vorhergehenden Erklärungen ist nachvollziehbar, wie die unterschiedlichen Facetten der Organisation miteinander zusammenhängen:

A = das im Unternehmen vorhandene Wissen über die Marketingplanung

B = die Ressourcen, die für die Planung bereitgestellt werden

C = die Verfahren oder Systeme, die zum Einsatz gelangen

D = die Rollen und Beziehungen der in die Marketingplanung involvierten Mitarbeiter

E = die organisatorische Struktur und die Unternehmenskultur sowie das Ausmaß, in dem diese Facetten die Marketingplanung unterstützen

Um ein verbessertes Marketingplanungssystem einzuführen, bedarf es also eventuell Veränderungen in all diesen Bereichen. Einige Mitarbeiter müssen unter Umständen Fortbildungen besuchen, mehr oder andere Ressourcen müssen zur Verfügung gestellt, Verfahren oder Systeme verbessert, Rollen und Beziehungen eventuell neu bewertet und Strukturen und kulturelle Aspekte neu überdacht werden.

In anderen Fällen müssen vielleicht nur ein oder zwei Bereiche verändert werden. Der Fragebogen wurde entwickelt, um einen „Schnappschuss“ der Unternehmenssituation zu liefern und Ihnen zu helfen zu identifizieren, welche Bereiche der Ausgangspunkt für die Einführung von Verbesserungen sein könnten.

Ergebnisauswertung für Übung 3.2

Addieren Sie die Punktzahl der Spalten A, B, C, D und E und notieren Sie diese in dem dafür vorgesehenen Kästchen. Jeder dieser Buchstaben stellt eine potenzielle Barriere für die Marketingplanung dar:

A = kognitive Barrieren, z.B. Wissen und Qualifikation

B = Ressourcenbarrieren, z.B. Mangel an Zeit, Mitarbeitern, Daten

C = System-/Verfahrensbarrieren, z.B. fehlende Prozesse

D = unternehmenskulturelle Barrieren, z.B. Überzeugung und Interesse bezüglich Marketingplanung

E = Verhaltensbarrieren, z.B. die Rolle, die Mitarbeiter spielen

Die Höchstpunktzahl, die in jedem dieser Bereiche erreicht werden kann, beträgt 50. Je höher die Punktzahl, desto weniger relevant ist diese Barriere für das Marketing. Mit anderen Worten, die Bereiche, in denen niedrige Punktzahlen (unter 30) erreicht wurden, sind vermutlich die Bereiche, die zuerst untersucht werden sollten, um Verbesserungen in die Wege zu leiten.

Persönliche Notizen

Notieren Sie, welche Schritte Sie unternehmen müssen.

4 | Das Marketingaudit: I Kunden- und Marktaudit

Zusammenfassung

- Der Unterschied zwischen Verbrauchern und Kunden
- Warum ist eine sorgfältige Marktabgrenzung wichtig?
- Die ABC-Analyse (die 80/20-Regel) und ihre Implikationen
- Der Prozess der Marktsegmentierung im Detail:
  - Marktdefinition
  - „Marktmapping“ (Erstellung eines Marktmodells)
  - Identifizierung der Käufer
  - Mikrosegmentierung: Wer kauft was?
  - Ermittlung der Kaufentscheidungskriterien der Mikrosegmente
  - Zusammenfassung der Mikrosegmente zu größeren Segmenten
- Ausführliche Darstellung und Erklärung der Methoden
- Fallstudien zur Marktsegmentierung
- Übungen zur Umsetzung der Theorie in die Praxis

Einführung

Nachdem der Marketingplanungsprozess in Kapitel 3 in einem Gesamtüberblick dargestellt wurde, wird im Folgenden genauer auf seine einzelnen Phasen eingegangen.

Die beiden folgenden Kapitel sollen helfen, ein aussagekräftiges Marketingaudit durchzuführen. Die Punkte, die dabei zu berücksichtigen sind, wurden bereits behandelt. Es geht nun um die Instrumente und Methoden, die bei der Durchführung einer solchen Analyse zur Verfügung stehen.

Auch wenn die beiden folgenden Kapitel speziell die Durchführung eines Kunden-, Markt- und Produktaudits erläutern, sei an dieser Stelle betont, dass bei der Durchführung eines Marketingaudits die Elemente Preis, Kommunikation, Distribution, Information und Organisation keinesfalls unbedeutend sind. Diese wichtigen Determinanten des Unternehmenserfolgs werden in Kapitel 7 bis 11 ausführlich besprochen, um dem Marketingverantwortlichen das zur Durchführung dieser spezifischen Auditbereiche erforderliche Wissen zu vermitteln.

An dieser Stelle sei nochmals darauf hingewiesen, dass derzeit noch immer die Phasen des Marketingplanungsprozesses behandelt werden und noch nicht das Ergebnis dieses Prozesses in Form des strategischen Marketingplanes.

Dieses Kapitel behandelt weiterhin den Prozess der Marketingplanung und noch nicht den Marketingplan selbst.

Wie bereits erwähnt, repräsentieren die in Kapitel 2 erläuterten Inhalte des strategischen Marketingplanes eine Zusammenfassung der Schlussfolgerungen des Marketingaudits. Die Qualität der Inhalte hängt also entscheidend vom Audit ab. Das Marketingaudit selbst sollte in diesem Prozess einen separaten Schritt darstellen. Die im Zuge dieses Audits durchgeführten Analysen und generierten Daten sollten jedoch auf keinen Fall später im Marketingplan erscheinen. Diese gehören allesamt ausschließlich in das Marketingaudit.

Die Inhalte des Marketingplanes werden in Kapitel 13 im Detail aufgeführt.

Das Marketingaudit ist somit ein entscheidender Schritt zur Vorbereitung des Marketingplanes, dessen letztendliche Inhalte in Kapitel 13 im Detail aufgeführt werden.

An dieser Stelle sei an die in Kapitel 1 erwähnte Definition des Marketing und an das zugehörige Prozessmodell erinnert, das in *Abbildung 4.1* noch einmal dargestellt wird.

Marketing ist ein Prozess, mit dem

- sich Märkte definieren lassen,
- die Bedürfnisse bestimmter Kundensegmente innerhalb dieser Märkte identifiziert werden können,
- Nutzenversprechen eines Unternehmens in Bezug auf diese Bedürfnisse (Value Propositions) festgelegt werden können,
- diese Nutzenversprechen allen Mitarbeitern vermittelt werden können, die dafür verantwortlich sind, diese zu erfüllen, und Mitarbeiter bewegt werden können, sich mit dieser Aufgabe zu identifizieren,
- sich diese Nutzenversprechen angemessen erfüllen lassen,
- sich der tatsächlich generierte Nutzen (Customer Value) messen lässt.

Dieser Prozess ist zyklischer Natur: Die kontinuierliche Überprüfung des bereitgestellten Nutzens aktualisiert das Wissen des Unternehmens über die

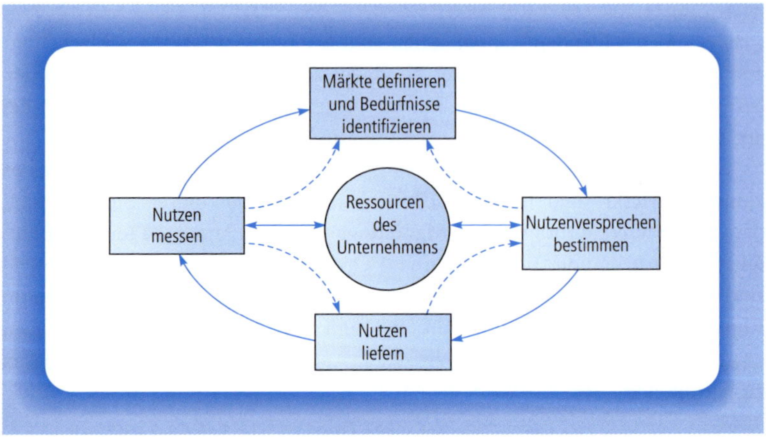

Abbildung 4.1 Das Marketingprozess-Modell.

Nutzenanforderungen der Kunden. In der Regel handelt es sich um einen jährlichen Zyklus, wobei der Marketingplan das Ergebnis der beiden Prozesse „Märkte definieren und Bedürfnisse identifizieren (wie Abb. 4.1)“ und „Nutzenversprechen bestimmen“ dokumentiert. Es kann jedoch der Fall eintreten, dass Veränderungen im Laufe des Jahres schnelle Anpassungen des Zyklus erfordern, um auf bestimmte Chancen oder Probleme zu reagieren.

Das vorliegende Kapitel sowie Kapitel 5 beschreiben mit dem „Kunden- und Marktaudit“ sowie dem „Produktaudit“ den Prozess, der im ersten Kasten (oben in *Abbildung 4.1*) aufgeführt ist. Diese beiden Audits sind für die Definition von Märkten und für das Verständnis und die Quantifizierung der Nutzenerwartungen der Kundengruppen (Segmente) in diesen Märkten von wesentlicher Bedeutung.

Üblicherweise fließen folgende Informationen in diesen Prozess ein:

- die Unternehmensmission und die Unternehmensziele – sie bestimmen, welche Märkte von Interesse sind,
- externe Daten, zum Beispiel Marktforschungsdaten,
- interne Daten, die aus den Aktivitäten des Unternehmens resultieren.

Der Prozess im ersten, oberen Kasten von *Abbildung 4.1* umfasst vier elementare Teilprozesse, die in *Abbildung 4.2* gezeigt werden.

Der erste Teilprozess besteht darin, die Märkte zu definieren, in denen ein Unternehmen aktiv ist oder sein möchte, um dann festzulegen, wie diese Märkte sich in Segmente aus Kunden mit gleichen Bedürfnissen unterteilen lassen. Die Wahl der Märkte wird von den Unternehmenszielen sowie von den verfügbaren Ressourcen des Unternehmens beeinflusst. Im ersten Teilprozess werden Informationen über die Märkte gesammelt, etwa über Größe und bisheriges Wachstum des Marktes, zusammen mit Einschätzungen der zukünftigen Entwicklung.

Sobald die einzelnen Märkte oder Segmente definiert worden sind, muss ermittelt werden, welche Nutzen die Kunden innerhalb des jeweiligen Segments erwarten. Dieser Nutzen (Customer Value) besteht zum einen aus den Nutzen-

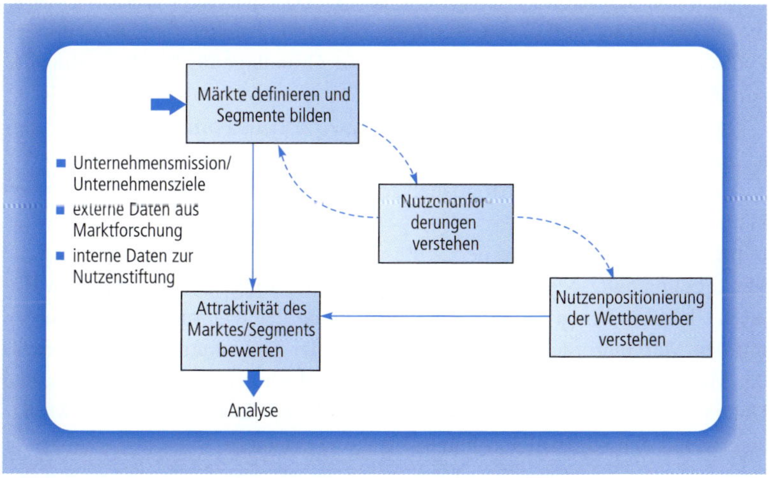

Abbildung 4.2
Märkte definieren und Bedürfnisse identifizieren.

stiftungen (Benefits), die der Kunde aus dem Produkt oder der Dienstleistung erhält, kann jedoch zudem auch den Nutzen mit einschließen, den der Kunde durch begleitende Services wie Wartungs- und Reparaturservices oder Informationsservices erlangt. Zum anderen umfasst dieser Teilprozess auch die Bestimmung der jeweiligen Gegenleistung (Sacrifices), die der Kunde in Form des Preises oder anderen Kosten zu erbringen bereit ist, wie etwa die im Laufe der gesamten Produktnutzung entstehenden Nutzungs- oder Betriebskosten oder die Transaktionskosten beim Kauf (Herrmann/Huber 2008).

Eine Möglichkeit, den Nutzenanforderungen der Kunden auszudrücken, besteht darin, eine Analyse der für die Kaufentscheidung relevanten Kriterien durchzuführen, zu denen etwa Produktqualität oder -zuverlässigkeit, Qualität und Umfang von Dienstleistungen, Preis und Kaufkomfort gehören. Diese Analyse kann zudem Gewichtungen umfassen, um die relative Bedeutung der Kriterien für die Kaufentscheidung des Kunden abzubilden.

Dieser Teilprozess des Schrittes „Nutzenanforderungen verstehen“ schließt außerdem eine Vorhersage der Nutzenanforderungen in der Zukunft ein.

Bei der Durchführung dieses Schrittes stellt sich möglicherweise heraus, dass Untergruppen der Kunden innerhalb eines Marktes sehr unterschiedliche Anforderungen haben. In solchen Fällen kann es erforderlich sein, den Markt noch weiter zu segmentieren, um auch diese Untergruppen abzubilden. Zwischen diesem Teilprozess und dem Teilprozess „Märkte definieren“ gibt es also eine wichtige Feedbackschleife. Wie Märkte definiert und segmentiert werden, erläutert dieses Kapitel an späterer Stelle noch ausführlich.

Im Teilprozess „Nutzenpositionierung der Wettbewerber verstehen“ wird untersucht, wie gut das Unternehmen und seine Konkurrenten bei der Generierung des von den Kunden geforderten Nutzens aktuell abschneiden. Im Hinblick auf die kritischen Kaufentscheidungskriterien entspräche dieser Teilprozess einer Bewertung des Unternehmens und seiner Mitbewerber hinsichtlich der einzelnen Kriterien aus Kundensicht. Auch dieser Schritt beinhaltet einen Blick in die Zukunft, diesmal eine Prognose darüber, wie die Mitbewerber ihre Leistung möglicherweise verbessern werden – was wiederum die Entscheidung beeinflusst, wie darauf reagiert werden soll. Die SWOT-Analyse ist eines der Instrumente, die hierbei zum Einsatz kommen; sie wird in Kapitel 5 im Detail erklärt.

Die drei genannten Teilprozesse bilden die Grundlage für die Bewertung der Attraktivität der Märkte oder Segmente.

Dies mündet schließlich in einer Analyse, z. B. in Form eines Marketingaudits. Eine Möglichkeit, die wichtigsten Informationen zusammenfassend darzustellen, bietet die Portfolioanalyse. Diese wird in Kapitel 5 detailliert erklärt.

Definition
Der Verbraucher ist der Endkonsument von Waren oder Dienstleistungen. Der Kunde ist eine Person oder Organisation, die direkt bei einem Unternehmen kauft.

Im Folgenden wird eine der Schlüsseldeterminanten für eine erfolgreiche Marketingplanung behandelt: die Marktsegmentierung. Sie ist für den in Kapitel 1 beschriebenen Prozess der Abstimmung der Unternehmensressourcen mit den Marktanforderungen von fundamentaler Bedeutung. Um den Prozess der Marktsegmentierung zu verstehen, ist es jedoch zunächst erforderlich, den Unterschied zwischen *Kunden* und *Verbrauchern*, die Bedeutung des Marktanteils und den sogenannten Pareto-Effekt zu erläutern.

Der Unterschied zwischen Kunden und Verbrauchern

Der Begriff „Verbraucher“ bezeichnet im Allgemeinen den Endkonsumenten; dieser ist nicht unbedingt der Kunde. Ein Beispiel wären Eltern, die Frühstücksflocken einkaufen. Sie agieren vermutlich als Zwischenkunden im Auftrag der tatsächlichen Endverbraucher (ihrer Kinder). Um Frühstücksflocken effektiv vermarkten zu können, werden also genaue Informationen darüber benötigt, was die Endkonsumenten (die Kinder) verlangen, und auch darüber, was die Kunden (die Eltern) wünschen. Dieser Unterschied ist insofern relevant, weil es immer notwendig ist, auch die Bedürfnisse der tatsächlichen Verbraucher am Ende der Kaufkette zu berücksichtigen.

> Betrachtet sei der Fall eines industriellen Einkäufers, der Rohmaterialien wie Kammwolle zur Herstellung halbfertiger Textilien beschafft, die dann an andere Unternehmen zur Herstellung von Fertigtextilien (zum Beispiel Anzüge oder Kleider) verkauft werden, die wiederum an Endverbraucher verkauft werden. Hier wird deutlich, dass die Anforderungen der Zwischenkunden und Endnutzer sich in den Spezifikationen widerspiegeln, die der Textileinkäufer dem Hersteller der Rohmaterialien übermittelt. Folglich müssen die Marktbedürfnisse, die dieser Hersteller befriedigen will, letztendlich als Anforderungen des Endnutzers – also des Verbrauchers – definiert werden, obwohl statt des Verbrauchers der industrielle Einkäufer direkter Kunde des Herstellers ist.

Da nun der Unterschied zwischen Kunden und Verbrauchern klar ist und zudem auch deutlich wurde, dass der Anbieter ständig mögliche Veränderungen in Bezug auf die Konsummuster beobachten muss, kann die nächste Frage erörtert werden: Wer sind die Kunden des Anbieters?

Direkte Kunden sind solche Personen oder Organisationen, die direkt vom Anbieter kaufen. Dabei handelt es sich meistens um Großhändler oder Einzelhändler. Wie jedoch zuvor schon angedeutet, tendieren Anbieter dazu, ihre Aufmerksamkeit und somit auch ihre Marketingaktivitäten auf diejenigen Personen oder Organisationen zu beschränken, die tatsächlich Aufträge erteilen. Das kann jedoch ein großer Fehler sein, wie der folgende Fall zeigt.

> Ein Düngemittelhersteller, der in den 1970er und 1980er Jahren aufgrund der hohen Qualität seiner Produkte ein beträchtliches Wachstum erzielen konnte, erreichte seine Verbraucher – größtenteils Landwirte – über Händler (Großhändler). Als jedoch die Mitbewerber dazu übergingen, die Technologie des Düngemittelherstellers zu kopieren, kauften die Händler immer mehr Konkurrenzprodukte und trieben so die Preise und Margen nach unten. Wenn der Düngemittelhersteller den Bedürfnissen der verschiedenen Gruppen von Landwirten mehr Beachtung geschenkt und auf Basis einer Segmentierung spezifische Produkte entwickelt hätte, wäre er in der Lage gewesen, durch Differenzierung weiterhin Nachfrage zu schaffen. Dem Unternehmen gelang es schließlich, seine Position zurückzuerlangen, indem es die Bedürfnisse der Gruppen von Landwirten analysierte und sie mit spezifischen Nutzen-

bündeln zielgenau ansprach. Mit diesem Ansatz wurde es bald sogar zum rentabelsten Unternehmen seiner Branche.

EINBLICKE Es gibt unzählige andere Beispiele von Unternehmen, die aufgrund der Tatsache, dass sie den Nutzern am Ende der Wertkette nicht genug Beachtung schenkten, auch ihren direkten Kunden keinen echten Wert liefern konnten und schließlich aus dem Markt gedrängt wurden.

Ein herausragendes Best-Practice-Beispiel liefert der Konzern Procter & Gamble, der in den USA die Supermarktkette Wal-Mart beliefert. Wie das nachfolgende einfache Diagramm veranschaulicht, kann P & G durch die sorgfältige Analyse der Verbraucherbedürfnisse einen Nachfragesog (und somit hohe Umsätze und hohe Margen) erzeugen. Zugleich schenkt P & G aber auch den Bedürfnissen seines direkten Kunden Wal-Mart hohe Aufmerksamkeit. Wal-Mart kann mit sehr niedrigen Margen arbeiten, da in dem Moment, in dem der Strichcode eines P & G-Produkts bei Wal-Mart über den Kassenscanner läuft, P & G Wal-Mart dieses Produkt nicht nur in Rechnung stellt, sondern zudem die Herstellung eines neuen Produkts initiiert und dadurch die Lieferkette aktiviert. All dies erfolgt mithilfe integrierter IT-Prozesse. Auf diese Weise ermöglicht P & G Wal-Mart Kostenersparnisse in Höhe von mehreren hundert Millionen Dollar.

Mit dem Unterschied zwischen Kunden und Verbrauchern hängt auch die Frage nach dem Marktanteil zusammen.

Marktanteil

Es herrscht allgemein Klarheit darüber, dass es marktunabhängig eine direkte Beziehung zwischen einem hohen relativen Marktanteil und einem hohen Return on Investment (ROI, Kapitalrendite) gibt (Buzzell/Gale 1987; Fritz 1997; Ailawadi/Farris/Parry 1999), wie *Abbildung 4.3* zeigt.

Da jedoch beispielsweise BMW nicht im gleichen Markt agiert wie Ford, ist es wichtig, bei der Definition von „Markt“ mit äußerster Sorgfalt vorzugehen. Die richtige Definition des Marktes ist entscheidend für

- die Messung von Marktanteil und Marktwachstum,
- die Festlegung von Zielkunden,
- die Identifikation von relevanten Mitbewerbern und – am wichtigsten –
- die Formulierung der Marketingstrategie; die erst eine Differenzierung und somit einen Wettbewerbsvorteil ermöglicht.

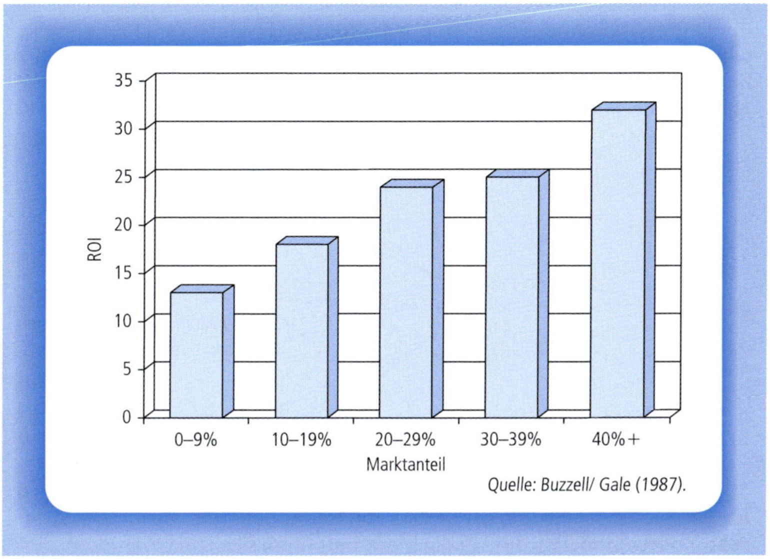

Abbildung 4.3
Die Beziehung zwischen Marktanteil und ROI.

Definition
Ein Markt ist die Zusammenfassung aller Produkte oder Dienstleistungen, die aus Kundensicht dazu geeignet sind, ein bestimmtes Bedürfnis zu befriedigen.

Für die Definition von *Markt* gilt als allgemeine Regel, dass sie sich auf ein bestimmtes Kundenbedürfnis bezieht und sämtliche Produkte zusammenfasst, die aus Kundensicht dazu geeignet sind, dieses Bedürfnis zu befriedigen. Wenn es beispielsweise um die Befriedigung des Bedürfnisses „Mittagshunger" geht, wäre die Firmenkantine nur eine von mehreren verfügbaren Optionen. Dieses spezifische Bedürfnis könnte auch durch den Besuch eines firmenexternen Restaurants, einer Kneipe, einer Imbissbude oder einer Sandwichbar befriedigt werden. Bei der Definition des Marktes muss die Betonung daher ganz klar auf dem Wort „Bedürfnis" liegen (Bauer 1989).

Die Zusammenfassung aktuell verfügbarer Produkte ist jedoch nur eine Hilfe, um zu der Definition zu gelangen, da auch zu berücksichtigen ist, dass neue Produkte, die erst noch entwickelt werden müssen, das Bedürfnis des Nutzers möglicherweise noch besser befriedigen. So wäre in den 1930er Jahren ein Knopfhersteller, der die Ansicht vertrat, sein Markt sei der „Knopfmarkt", vermutlich unter Druck geraten, als nach und nach die neu erfundenen Reißverschlüsse und Klettverschlüsse den Markt eroberten, weil sie den Bedarf an praktischen Verschlüssen noch besser befriedigten. Eine bedürfnisbasierte Marktdefinition hätte den Knopfhersteller in die Lage versetzt, die unpraktischen Eigenschaften seiner aktuellen Produkte zu erkennen und zu akzeptieren, dass eine seiner Hauptaufgaben darin bestand, bessere Wege zu finden, um die Bedürfnisse seines Marktes zu befriedigen und sein Produktangebot entsprechend weiterzuentwickeln.

Das folgende Beispiel kann helfen, den Markt zu definieren, in dem ein Unternehmen aktiv ist.

Ein Unternehmen, das Nylonteppiche für die Handelsbranche herstellt, will überprüfen, ob es den Markt, in dem es tätig ist, realistisch definiert hat. Der erste Schritt besteht darin, den gesamten verfügbaren Markt für alle Bodenbeläge darzustellen:

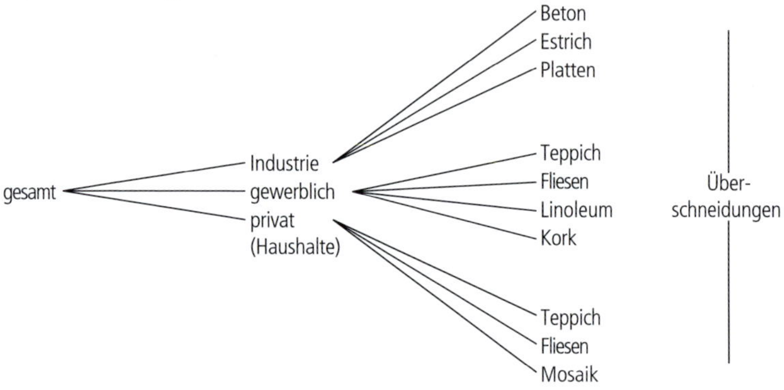

Es wäre völlig falsch, die drei Arten von Bodenbelägen, die im Industriesektor verwendet werden, in die Marktdefinition des Unternehmens einzubeziehen. Die von solchen Bodenbelägen geforderten Eigenschaften kann ein Teppich derzeit nicht bieten, egal aus welchen Fasern er hergestellt ist. Zudem sind Nylonteppiche in den Sektoren Gewerbe und Privathaushalt keine Option für das Luxussegment des Marktes. Das Luxussegment des Marktes kauft Teppiche, die aus natürlichen Fasern, insbesondere Wolle, hergestellt sind.

Übrig bleiben in diesem Fall die Nichtluxussegmente in den Sektoren Gewerbe und Privathaushalte, die zusammen den potenziell verfügbaren Markt des Unternehmens bilden. Er ist der potenzielle Markt, weil das Unternehmen zum Beispiel Nylonteppiche für Haushalte herstellen und seinen Markt so ausweiten könnte. Das Unternehmen könnte auch dazu übergehen, Nylonteppichfliesen herzustellen, und auf diese Weise sein Produktangebot auf die Bereiche Haushalt und Handel auszuweiten. Es spräche für das Unternehmen auch nichts dagegen, Bodenbeläge aus Linoleum, Kork oder Mosaik durch Nylonteppich zu ersetzen.

Viele der Chancen, die sich im potenziellen Markt bieten, repräsentieren mögliche Strategien für die Zukunft. Sie können im Verlauf des Marketingplanungsprozesses in Betracht gezogen werden, wenn die Pläne für die derzeitigen Geschäftsfelder nicht zum Erreichen der gewünschten finanziellen Ziele führen. Im vorliegenden Fall ergibt sich also die Frage: Welcher Markt ist für das Unternehmen realistischerweise verfügbar?

Um das Unternehmen in dieser letzten Phase seiner Marktdefinition zu unterstützen, wurden zunächst die „Bedürfnisse" aufgelistet, die aus Sicht der aktuellen Kunden von den aktuellen Produkten erfüllt werden. Wie sich herausstellte, werden die Nylonteppiche des Unternehmens aus folgenden Gründen gekauft:

- Sie befanden sich in einem bestimmten Preisbereich.
- Sie waren schalldämmend.
- Ihre Haltbarkeit betrug mindestens 15 Jahre.
- Sie waren in angenehmen Farben und Texturen erhältlich.
- Der Markt befand sich in einem 100-km-Radius um die Produktionsstätte.

Abgesehen davon zeigte die Liste, dass Linoleum, Kork und Mosaik nicht zum potenziellen Markt des Unternehmens gehörten.

In einem letzten Schritt überprüfte das Unternehmen die Anwendbarkeit seiner aktuellen Distributionsmethoden in Bezug auf den potenziell verfügbaren Markt und strich diejenigen Marktbereiche, die andere Distributionsmethoden erforderten. Daraus ergab sich, dass es unrealistisch war, den Haushaltsbereich in die Marktdefinition mit aufzunehmen.

Anschließend wurden diejenigen Produkte und Hersteller, die alle geforderten Kriterien erfüllten, zusammen mit ihren jeweiligen Endnutzern aufgelistet. Dem Unternehmen war es somit gelungen, sowohl seinen Markt als auch die aktuelle Größe seines Marktes zu bestimmen, wobei es sich noch immer die Option offenhielt, den Markt erforderlichenfalls auszuweiten.

Es ist sehr wichtig, eine sinnvolle Balance zwischen einer breit gefassten Marktdefinition und einer praktikablen Marktdefinition zu finden.

Dieses Beispiel illustriert auch die Notwendigkeit, eine sinnvolle Balance zwischen einer breit gefassten Marktdefinition und einer für das Unternehmen praktikablen Marktdefinition zu finden. Eine zu enge Definition schränkt möglicherweise die Zahl von neuen Geschäftsmöglichkeiten ein, die sich durch die Segmentierung für das Unternehmen ergeben könnten (Bauer 1989).

Andererseits könnte eine zu breit gefasste Definition dazu führen, dass eine gezielte Marketingplanung unmöglich wird. Fernsehgesellschaften beispielsweise befinden sich im „Unterhaltungsmarkt", der unter anderem auch Theater, Kinos und Entertainment-Parks umfasst. Diese Definition ist also recht breit gefasst. Für Fernsehgesellschaften wäre es daher im Hinblick auf die Segmentierung ihres Marktes vermutlich praktikabler, ihren Markt als „Heimunterhaltungsmarkt" zu definieren. Der „Heimunterhaltungsmarkt" könnte dann nach Zielgruppen noch feiner unterteilt werden, beispielsweise Vorschulkinder, Schulkinder, Jugendliche, Familien oder Erwachsene.

Für die Bestimmung des Marktanteils sind folgende Definitionen hilfreich:

- Produktklasse, zum Beispiel Zigaretten, Computer, Düngemittel, Teppiche,
- Produktunterklassen, zum Beispiel Filterzigaretten, Heimcomputer, stickstoffhaltige Düngemittel, Teppichfliesen,
- Produktmarke, zum Beispiel Marlboro, IBM, Compo, Ligne Roset.

Bei Marlboro als Marke geht es bei der Berechnung des Marktanteils nur um *die Gesamtmenge aller anderen Marken, die die gleiche Gruppe von Kundenbedürfnissen befriedigen*. Nichtsdestotrotz muss der Hersteller von Marlboro zugleich die Umsatztrends bei anderen Zigarettenarten und beim Zigarettenmarkt allgemein beobachten.

Unternehmen, die die tatsächliche Bedeutung des Marktanteils nicht verstehen, begehen häufig den Fehler anzunehmen, dass sie nur einen kleinen Anteil an einem großen Markt haben. Viele erfolgreiche Unternehmen haben jedoch eher einen großen Anteil an einem kleineren Markt.

Auch wenn die vorstehend angeführten Beispiele zu der Vorstellung verleiten könnten, dass sich die Definition von Markt beliebig „manipulieren" lässt und ein Anbieter daher Gefahr läuft, sich selbst zu belügen, darf nie vergessen werden, worin der eigentliche Zweck der Marktsegmentierung besteht: nämlich darin, dass der Anbieter sich selbst einen Wettbewerbsvorteil verschafft, indem er seinen Kunden einen größeren Nutzen bietet.

EINBLICKE

Egal, ob es sich um einen Teppichhersteller handelt oder um ein Londoner Kammerorchester, das seinen Markt als Gesamtmenge aller Kammerorchester in London definiert anstelle als Gesamtmenge aller Orchester im Bereich der Unterhaltungsmusik – für alle Unternehmen ist die Definition ihres Marktes der Schlüssel zum Erfolg. Sie bildet die Basis für die Schaffung von Wettbewerbsvorteilen und für rentables Wachstum. Klar ist jedoch auch, dass diese Definition einer ständigen Überprüfung und notfalls einer Änderung bedarf.

Zusammenfassend lässt sich festhalten, dass die richtige Marktdefinition entscheidend ist, um

- den Marktanteil zu messen,
- das Wachstum zu messen,
- die Zielkunden zu spezifizieren,
- die relevanten Mitbewerber zu identifizieren,
- die Marketingziele und -strategien zu formulieren.

Im Folgenden wird ein interessantes Phänomen im Zusammenhang mit Märkten beleuchtet.

Pareto-Effekt

Definition
Der Pareto-Effekt besagt, dass ungefähr 20 % der eingesetzten Mittel einer Aktivität zu ungefähr 80 % des erzielten Ergebnisses beitragen.

Bei vielen Anbietern ist das Phänomen zu beobachten, dass ein kleiner Anteil ihrer Kunden zu einem Großteil ihres Umsatzes beiträgt. Aus diesem statistischen Phänomen leitet sich die 80/20-Regel ab, auch *Pareto*-Effekt genannt. Danach trägt eine kleine Anzahl von hochwertigen Einheiten einer Menge mehr zu deren Gesamtwert bei als die hohe Anzahl der geringwertigen Einheiten dieser Menge. Daraus erklärt sich zum Beispiel, warum 80 % des Umsatzes mit 20 % der Kunden erzielt werden.

Wird der Anteil der Kunden, mit denen ein bestimmter Anteil des Umsatzes generiert wird, grafisch dargestellt, ist das Verhältnis wahrscheinlich ähnlich wie in *Abbildung 4.4* gezeigt. Hier wurden die Kunden abhängig von dem mit ihnen erzielten Umsatzanteil den Kategorien A, B oder C zugeteilt. Mit den A-Kunden, die ungefähr 20 % der Gesamtkundenzahl bilden, werden ungefähr 70 % des Gesamtumsatzes erzielt; mit den B-Kunden, die ungefähr 55 % aller Kunden darstellen, werden 20 % des Gesamtumsatzes generiert, und mit den C-Kunden, die 25 % aller Kunden ausmachen, werden die restlichen 10 % des Gesamtumsatzes erzielt.

Der Pareto-Effekt ist in nahezu allen Märkten zu beobachten, bei Industriegütern ebenso wie bei Finanzdienstleistungen und Konsumgütern. Dessen Implikation lautet jedoch sicher nicht, dass ein Anbieter 80 % seiner Kundenbeziehungen beenden sollte. Zum einen trägt das mit diesen Kunden erzielte Umsatzvolumen wesentlich zur Deckung der laufenden Gemeinkosten bei. Zum anderen ist zu berücksichtigen, dass die 80/20-Regel sich immer auch erneut auf die verbleibenden 20 % anwenden ließe. Im Grunde könnte man diese Regel so oft anwenden, bis am Ende nur ein einziger Kunde übrig bleibt – doch darin liegt nicht ihr Sinn. Der Zweck dieser Analyse besteht stattdessen darin

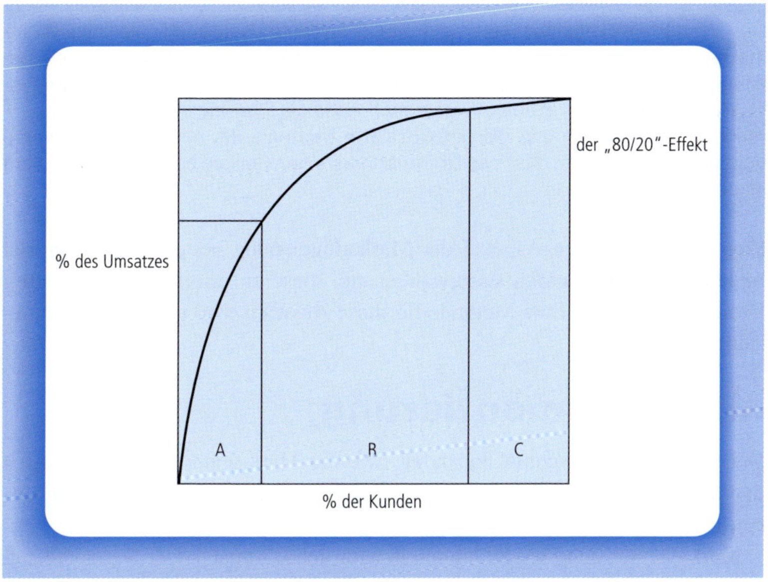

Abbildung 4.4
ABC-Analyse.

herauszufinden, auf welche Bereiche der Anbieter seine größten Anstrengungen fokussieren sollte.

Diese Form der Analyse hat jedoch den großen Schwachpunkt, dass sie statisch ist. Anders ausgedrückt: Die besten *potenziellen* Kunden befinden sich möglicherweise in der 80-%-Gruppe – oder gar in der noch größeren Gruppe der Nichtkunden (Bauer/Stokburger/Hammerschmidt 2006).

Die Relevanz einer ABC-Analyse wird durch nachfolgendes Beispiel verdeutlicht.

> Die Umsatzanalyse eines Softdrinkherstellers ergab, dass nahezu 85 % seines Umsatzes mit 20 % seiner Kunden erzielt wurde, obwohl alle Kunden denselben Service erhielten. Alle wurden im Zweiwochenrhythmus von einem Vertriebsmitarbeiter besucht, alle wurden im Zweiwochenrhythmus beliefert, und alle zahlten denselben Preis für das Produkt. Dies führte natürlich zu enormen Investitionen in Lagerhaltung und Fahrzeuge, während die damit verbundenen Betriebskosten in keinem Verhältnis zu den Margen standen, die das Unternehmen erzielte. Das Unternehmen entschied sich daher für folgende einfache Lösung: Die Mehrzahl der Kleinkunden wurde einem unabhängigen Großhändler anvertraut, wodurch wertvolles Kapital und wertvolle Zeit freigesetzt wurden. Dies ermöglichte es dem Unternehmen, sich zukünftig auf die wirklich wichtigen Geschäftsbereiche zu fokussieren. Gleichzeitig änderte das Unternehmen seine Preispolitik, um künftig diejenigen Kunden zu belohnen, die größere Mengen kauften. Die Vertriebsmitarbeiter hatten somit mehr Zeit, sich auf den Ausbau der bestehenden wichtigen Geschäftsbeziehungen zu konzentrieren und gezielt neue Großkunden zu gewinnen.

EINBLICKE

Der Vorstandsvorsitzende einer europäischen Fluggesellschaft, die inzwischen Insolvenz anmelden musste, verkündete seinen Topmanagern das Ziel, die Fluglinie zur weltweiten Nummer Eins zu machen und den bestmöglichen Kundenservice zu bieten. Das Problem war jedoch, dass die Fluglinie in wenigen Nischenmärkten agierte, während die unfokussierte Strategie der absoluten Kundenbegeisterung dazu führte, dass das Unternehmen einen Service bot, den es sich nicht leisten konnte.

Einer der wichtigsten Aspekte der Marketingplanung besteht also darin, die besten 20 % des Marktes auszuwählen, um diese zu priorisieren (Homburg/Droll/Totzek 2008). Eine Methode für diese Auswahl wird in Kapitel 5 vorgestellt.

Marktsegmentierung

Definition
Ein Marktsegment stellt eine Kundengruppe innerhalb eines Marktes dar, die sich durch identische oder vergleichbare Bedürfnisse auszeichnet.

Der vorliegende Abschnitt behandelt, wie die Marktsegmentierung praktisch durchgeführt wird. *Marktsegmentierung* stellt das zentrale Instrument zum Aufbau eines Wettbewerbsvorteil dar.

Märkte teilen sich für gewöhnlich in natürliche Gruppen oder Segmente auf, zu denen Kunden gehören, die bezüglich bestimmter Anforderungen ähnlich sind.

Diese Segmente bilden separate Märkte und können oft beachtliche Größen erreichen. Extrem betrachtet ist sogar jeder individuelle Kunde ein einzigartiges Marktsegment, da sich letztendlich alle Menschen in ihren Bedürfnissen unterscheiden. CRM-Systeme (Systeme für Kundenbeziehungsmanagement; sie werden in Kapitel 11 näher erläutert) schaffen das Potenzial für eine Eins-zu-eins-Kommunikation mit Kunden. In den meisten Unternehmen ist dies jedoch nicht praktikabel, da entsprechende Skaleneffekte erst auf einer höheren Aggregationsebene – etwa auf Segmentebene – erreicht werden. Folglich werden Produkte für Kundengruppen konzipiert, die sich durch ähnliche Bedürfnisse auszeichnen.

Folgende, weithin akzeptierte Anforderungen sind für eine sinnvolle Marktsegmentierung zu erfüllen (Freter/Obermeier 2000):

- Segmente sollten eine ausreichende Größe haben, um eine wirtschaftliche Bearbeitung zu ermöglichen.
- Die Mitglieder innerhalb eines Segments sollten einen hohen Grad an Übereinstimmung in Bezug auf ihre Nutzenanforderungen aufweisen, sich zugleich jedoch von den restlichen Segmenten unterscheiden.
- Die Kriterien zur Beschreibung der Segmente müssen den Anbieter in die Lage versetzen, effektiv mit ihnen zu kommunizieren.

Nur wenn ein Anbieter es schafft, ein wachstumsfähiges Marktsegment für sein Produkt zu identifizieren, kann er einen entscheidenden Wettbewerbsvorteil gewinnen und sich von Konkurrenten abgrenzen, die nur „Mitläufer" sind.

Ein Anbieter muss eine Marktsegmentierung erfolgreich durchführen, wenn er sich von anderen Me-too-Wettbewerbern abheben will. Bei hoher Ähnlichkeit der angebotenen Produkte wird ansonsten nur das billigste Produkt gekauft werden. Dies kann die Gewinnspanne ruinieren – es sei denn, ein Unternehmen hat niedrigere Kosten und erreicht dadurch höhere Margen als seine Mitbewerber. Dieser wichtige Aspekt des Marketing wird in Kapitel 5 noch näher erläutert.

Die Marktsegmentierung erfolgt grundsätzlich in drei Phasen.

In der ersten Phase wird der Umfang des Projekts festgelegt, indem das geografische Gebiet spezifiziert und der zu segmentierende „Markt“ definiert wird. Hier wird auch im Detail untersucht, wie dieser Markt funktioniert und wer die Entscheider in Bezug auf die im Wettbewerb stehenden Produkte sind. Eine erfolgreiche Segmentierung setzt ein detailliertes Wissen über die Kaufentscheider und deren Anforderungen voraus. Die zweite Phase befasst sich mit dem tatsächlich beobachtbaren Kaufverhalten der Kunden im Markt („Wer kauft was?“). Die dritte Phase fragt nach den Gründen für das Verhalten der Kunden und dient somit mit der Beantwortung der Frage: „Warum wird gekauft?“ Auf Basis dieser Bedürfnisanalyse werden dann Marktsegmente gebildet.

Die folgenden Abschnitte liefern einen Überblick über die Inhalte dieser drei Phasen (vgl. hierzu ausführlich McDonald/Dunbar 2004).

Definition des Marktes

In der ersten Phase der Marktsegmentierung wird der Umfang des Segmentierungsprojekts festgelegt, indem der geografische Bereich des Projekts festgelegt und zudem der „Markt“ beschrieben wird, in dem bestimmte Produkte eines Unternehmens mit denjenigen seiner Mitbewerber konkurrieren. Falls erforderlich, muss der Umfang modifiziert werden, um der Ressourcenverfügbarkeit des Unternehmens Rechnung zu tragen. Eine klare geografische Abgrenzung ermöglicht es, die Größe des Marktes festzulegen. Nach Identifizierung der räumlichen Segmente müssen für diese geeignete Marketingziele und -strategien entwickelt werden.

Ein praktikabler Startpunkt besteht darin, das Projekt auf ein einziges Land zu begrenzen, da die Phase der Marktreife, die verfügbaren Zugangskanäle zum Markt und die Art der Marketingaktivitäten innerhalb eines Landes vermutlich sehr ähnlich sein werden. Schon dieser Ansatz wird für einige Unternehmen jedoch vermutlich zu breit gefasst sein, etwa weil ihre geografische Reichweite durch physische und/oder wirtschaftliche Faktoren begrenzt wird oder weil ihr Angebot stark lokal geprägt ist.

Unternehmen, die weltweit aktiv sind, streben oft danach, ein einziges globales Segmentierungsmodell zu finden, das dann auf alle Länder angewendet wird. Die Erfahrungen mit der „Globalisierung“ haben vielen Unternehmen jedoch gezeigt, dass sie „lokal“ agieren müssen, um in ihrem Markt Erfolg zu haben. Das bedeutet nicht, dass jedes Land in Bezug auf seine Segmente absolut einzigartig ist. Für international agierende Unternehmen empfiehlt es sich, hinsichtlich der Festlegung der Länder für das Segmentierungsprojekt darauf zu achten, dass in den betreffenden Ländern die Phase der Marktreife bzw. -entwicklung, die verfügbaren Zugangskanäle zum Markt und die Art der Marketingaktivitäten identisch – oder zumindest ähnlich – sind (Perlitz 2004).

In diesem Kapitel wurde bereits auf die Definition des Begriffs „Markt“ eingegangen. An dieser Stelle sei nochmals betont, dass es nicht darum geht, den Markt in Bezug auf das zu beschreiben, was der Anbieter verkauft, sondern im Hinblick auf das, was die Kunden erwarten. Es geht somit immer um die „Bedürfnisse“, die Kunden befriedigen wollen.

EINBLICKE Der Begriff „Markt" beschreibt ein Kundenbedürfnis so, dass die Gesamtmenge aller alternativen Produkte erfasst wird, die von Kunden zur Befriedigung dieses Bedürfnisses als geeignet angesehen werden. Der Begriff „Segment" dagegen bezieht sich auf spezifische Produkte, auf deren Merkmale sowie auf die daraus resultierenden Nutzenstiftungen, nach denen Kundengruppen suchen, um ihre spezifischen Bedürfnisse innerhalb eines Marktes zu befriedigen.

Ein Hauptunterschied zwischen einem „Markt" und einem „Segment" besteht also darin, dass für ein Segment eine eigenständige Marketingstrategie entwickelt werden kann, wohingegen sich für einen Markt nur alternative Produkte auflisten lassen. Es handelt sich somit um eine andere Aggregationsebene von Kundenbedürfnissen.

Zur Erinnerung: Für die Definition von „Markt“ gilt als allgemeine Regel, dass dieser als Aggregation aller Produkte beschrieben werden sollte, die aus Kundensicht dazu geeignet sind, ein bestimmtes Bedürfnis zu befriedigen. Ein besseres Verständnis für diese Definition lässt sich erreichen, indem man die folgenden Sätze mit einer Aussage ergänzt, die den spezifischen Verwendungszweck oder die Nutzungsabsicht benennt, die Kunden mit den konkurrierenden Produkten assoziieren:

1. Bei der Wahl zwischen diesen alternativen Produkten verfolgt der Kunde das Ziel, das Bedürfnis nach … zu befriedigen.
2. Kunden kaufen diese Produkte, weil sie das Bedürfnis haben, …

Oder noch einfacher ausgedrückt:

3. Das Kundenbedürfnis besteht darin, …

Dabei sollte darauf geachtet werden, dass die Marktdefinition sich nicht auf ein bestimmtes Produkt bezieht oder unpräzise Begriffe wie „Qualität“ oder „Marke“ enthält. Es ist jedoch hilfreich, die Produkte, die die Definition umfasst, aufzulisten.

Als letzter Punkt bei der Marktdefinition sollte sichergestellt werden, dass die Definition für den Anbieter wirklich Sinn macht. Dies ist insbesondere dann wichtig, wenn der Anbieter sich auf einen bestimmten Bereich innerhalb eines großen Marktes fokussiert, wie es bei dem Hersteller von Nylonteppichen der Fall war, dessen Beispiel in diesem Kapitel an früherer Stelle präsentiert wurde. Ebenso könnte es für den Anbieter notwendig sein, die gesamte Unternehmensstruktur zu berücksichtigen, falls der Markt, der aus Kundensicht definiert wird, über die Grenzen einer einzigen strategischen Geschäftseinheit (SEG) hinausgeht. Angenommen, ein Markt wäre so definiert, dass er Produkte umfasst, „die in der Lage sind, ab einem bestimmten Pensionierungszeitpunkt einen gewünschten Lebensstandard sicherzustellen“. Um dieses Ziel zu erreichen, werden Kunden sowohl Rentenpläne als auch Investitionspläne nutzen. Diese beiden Produktlinien werden meist von zwei verschiedenen Geschäftseinheiten betreut.

Anfangs wird ein Anbieter aufgrund seiner Unternehmensstruktur vielleicht gezwungen sein, bestimmte Produktlinien aus der Analyse auszuschließen.

Die bevorzugte Lösung besteht darin, den Markt entsprechend der Definition zu segmentieren und die konkurrierenden Produktlinien mit einzubeziehen. Es könnte für den Anbieter jedoch zunächst sinnvoller sein, mit seiner vorhandenen SGE-Struktur zu beginnen und den Teil des Marktes zu segmentieren, der aktuell durch die Produktlinie befriedigt wird. Dabei sind aber gleichzeitig auch die Trends bei der Verwendung derjenigen Produkte zu berücksichtigen, die nicht mit einbezogen wurden.

EINBLICKE

Unternehmen, die aus mehreren SGEs bestehen, sollten mit der Segmentierung von Märkten auf der niedrigsten Aggregationsstufe innerhalb der aktuellen Unternehmensstruktur beginnen. Später sollte es möglich sein, denselben Prozess für immer höhere Aggregationsebenen anzuwenden, um zu prüfen, ob es möglich ist, die aktuell bestehenden SGEs ganz oder teilweise zusammenzufassen. Schließlich könnte sich sogar die Möglichkeit eröffnen, das gesamte Unternehmen entsprechend „neuer" Kunden- oder Produktgruppen umzustrukturieren.

Nachdem der zu segmentierende Markt klar definiert wurde, wird nun eine Mengen- oder Wertkennzahl benötigt, um die aktuelle Größe des Marktes zu erfassen und Schätzungen für die Zukunft abzugeben. Meist werden jahresbezogene Kennzahlen für den Markt herangezogen.

Das Marktmapping muss für den gesamten definierten Markt erstellt werden und nicht nur für den Bereich des Marktes, den der Anbieter derzeit bearbeitet. Nur so kann der Anbieter ein tiefes Verständnis für die Dynamik seines Marktes gewinnen.

Erstellung eines Marktmodells

Um für die nächsten Phasen der Segmentierung zu ermitteln, wer die Entscheidungen über den Kauf der Produkte fällt, empfiehlt es sich, mit einem „Marktmapping" zu beginnen und ein „Marktmodell" (präziser: ein Modell der Marktstufen) zu erstellen.

Beim *Marktmapping* wird mithilfe eines Marktmodells die Distributions- und Wertschöpfungskette zwischen Endnutzern und allen Anbietern von Produkten definiert, die im Markt agieren. Dabei sollte der Anbieter die verschiedenen Kaufverhaltensmuster und auch die Rolle der verschiedenen „Einflussgruppen" berücksichtigen, die in seinem Markt existieren.

Definition
Beim Marktmapping wird die Distributions- und Wertschöpfungskette zwischen Endnutzern und Anbietern mithilfe eines Marktmodells definiert, wobei auch die verschiedenen im Markt beobachtbaren Kaufverhaltensmuster und die Rolle der Einflussgruppen berücksichtigt werden.

Das Marktmapping sollte mit einer grafischen Darstellung der Stufen beginnen, die entlang der Distributions- und Wertschöpfungskette zwischen den Endnutzern und Anbietern existieren. Parallel dazu sind die Zugangskanäle zum Markt anzugeben, die von den Produkten durchlaufen werden, da nicht alle von ihnen unbedingt alle Stufen beinhalten. Ein Beispiel für diese Vorgehensweise des Marktmapping wird in *Abbildung 4.5* gezeigt.

Zu beachten ist, dass dieses Marktmodell aus vier Stufen besteht, das heißt jeweils einer für Endnutzer, Händler, Großhändler und Anbieter. Dieses Modell zeigt, dass Endnutzer die Produkte sowohl direkt von den Anbietern als auch von Händlern kaufen. Manche Händler übergehen die Stufe der Großhändler und beziehen die Produkte direkt von den Anbietern.

Diese Stufen (dargestellt durch die blauen Würfel in *Abbildung 4.5*) werden als „Knoten" bezeichnet, wobei in einem Marktmodell jeder Knoten hierarchisch positioniert wird in Abhängigkeit davon, wie nah am Endnutzer er sich befindet. Der oberste Knoten im Modell wäre also der Endnutzer.

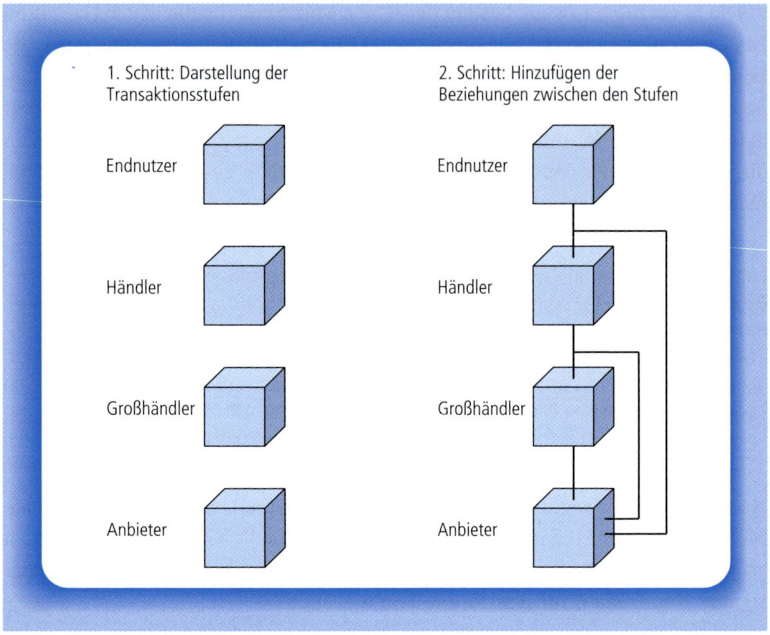

Abbildung 4.5
Marktmapping: Transaktionsstufen und deren Beziehungen.

Entscheidend ist, dass sich das Marktmodell des Anbieters bis zum Endnutzer erstreckt, auch wenn der Anbieter nicht direkt mit dem Endnutzer in Transaktionsbeziehungen steht.

In einigen Märkten wird der Direktkunde/-käufer nicht immer der Endnutzer sein, auch wenn es so aussieht, als ob dieser Kunde/Käufer das Produkt konsumiert. Das folgende Beispiel soll dies verdeutlichen.

EINBLICKE

Ein Unternehmen, das von einem Kunden einen Auftrag erhält, ist in dieser Beziehung Auftragnehmer. Als Auftragnehmer beauftragt ein solches Unternehmen jedoch oft Dritte mit Dienstleistungen und tritt in diesem Fall als Zwischenauftraggeber (Subcontractor) beziehungsweise Zwischenkunde in Erscheinung. Typische Beispiele wären etwa der Architekt, der im Rahmen des Bauauftrags seines eigenen Kunden einen Parkettverleger beauftragt oder eine Werbeagentur, die ein Grafikbüro mit der Konzeption eines Logos für ihren Kunden betraut. Wenn ein Patient einen Arzt zur Behandlung aufsucht, agiert der Arzt beim Verschreiben von Medikamenten als Zwischenauftraggeber gegenüber der Apotheke.

Ein Architekt, der im Auftrag seines Kunden ein Haus baut und in diesem Kontext einen Parkettverleger beauftragt, agiert gegenüber dem Parkettverleger als Direktkunde. Doch der Architekt ist letztendlich nur Zwischenkunde: Endkunde beziehungsweise Endnutzer ist der Kunde des Architekten, da dieser das Haus nach Fertigstellung beziehen und den Parkettboden nutzen wird. Diese Unterscheidung ist wichtig, da ein Anbieter wie der Parkettverleger – um einen Auftrag zu bekommen – normalerweise direkt mit dem Endkunden verhandeln und sich intensiv mit dessen Bedürfnissen beschäftigen würde. Bei Ausführung des Auftrags würde er im Auftrag des Endkunden eine Lösung finden, um diese Bedürfnisse zu befriedigen. Erscheint im Marktmodell nur der Zwischenkunde, ohne Berücksichtigung des Endnutzers, hat dies zur Folge, dass eine Reihe von Bedürfnissen vernachlässigt wird. Ein Anbieter profitiert jedoch von der Kenntnis dieser Bedürfnisse und kann sie in sein Produktangebot einfließen lassen, um sicherzustellen, dass er beim Zwischenkunden auf der Liste der bevorzugten Anbieter steht. Die Miteinbeziehung eines Zwischenkunden im Marktmodell wird in *Abbildung 4.6* dargestellt.

Beim Marktmapping ist also darauf zu achten, dass das Marktmodell alle Stufen auf dem Weg bis zum Endnutzer beinhaltet, vor allem wenn bestimmte Personen Produkte für die Endnutzer kaufen, beispielsweise Eltern, die Produkte für ihre Kinder besorgen, oder industrielle Einkäufer, die Produkte im Auftrag ihres Unternehmens beschaffen. Hier ist die hierarchische Struktur beim Kaufentscheidungs- und/oder Auftragserteilungsprozess zu identifizieren, die zwischen dem Endnutzer und der Person existiert, die als Auftraggeber beziehungsweise Kunde in Erscheinung tritt. In Konsumgütermärkten (Business-to-Consumer, B2C) gibt es zwischen den Positionen „Händler" und „Endnutzer" in der Regel höchstens einen Zwischenkunden (*Abbildung 4.6*), beispielsweise Eltern, die für ihre Kinder etwas kaufen. In Industriegütermärkten (Business-to-Business, B2B) muss das Marktmodell hingegen oft durch weitere Knoten ergänzt werden, wie in *Abbildung 4.7* illustriert.

Eine Ergänzung des Marktmodells in B2B-Märkten könnte darin bestehen, separate Knoten für die Phasen des Beschaffungsprozesses zu integrieren, die

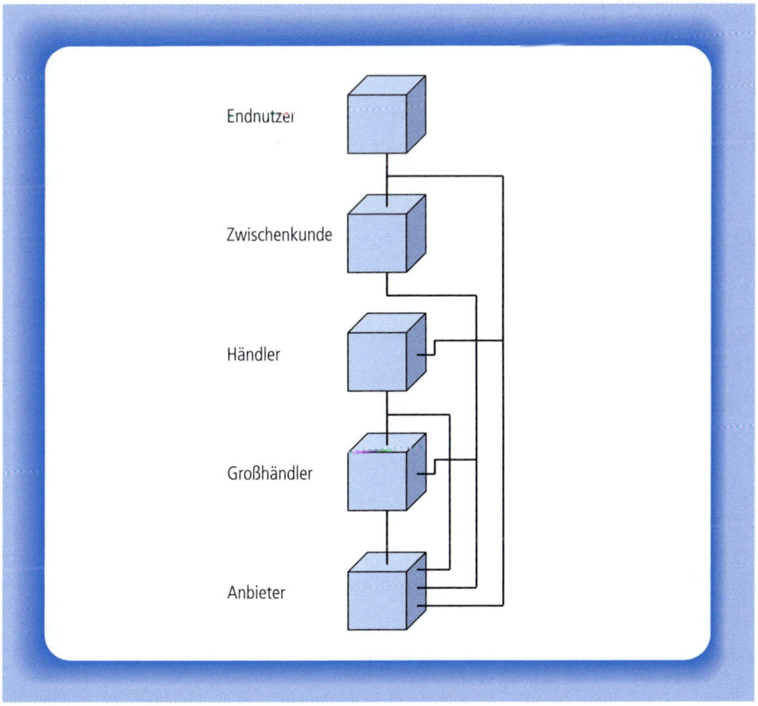

Abbildung 4.6
Marktmodell mit Zwischenkunde.

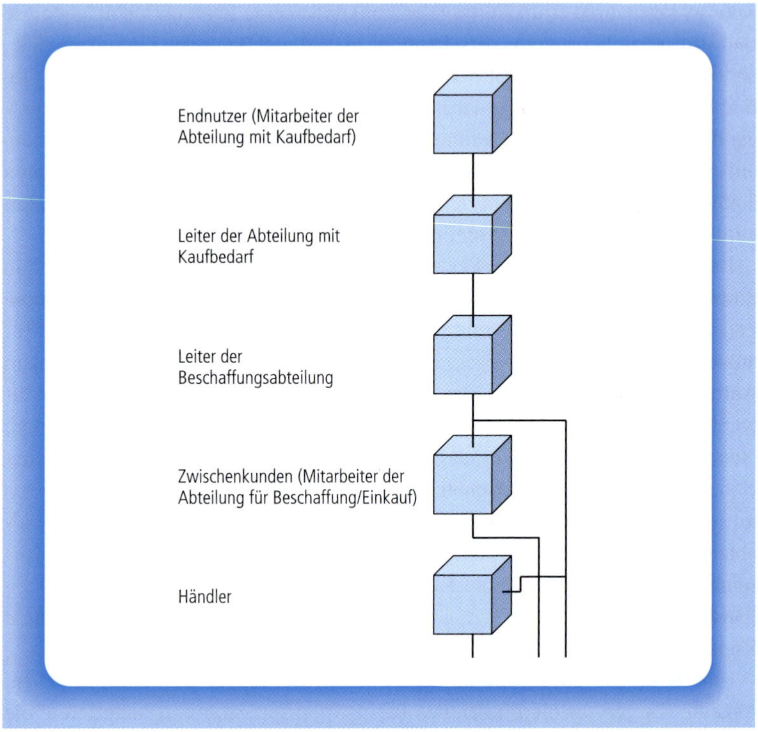

Abbildung 4.7 Marktmodell mit „versteckten" Endnutzern.

etwa bei einem Firmenkunden durch die Beteiligung diverser Abteilungen entstehen. Wie *Abbildung 4.7* zeigt, könnten diese Knoten zum einen den Leiter der Abteilung mit Kaufbedarf, beispielsweise den Leiter der IT-Abteilung, und zum anderen die Beschaffungsabteilung repräsentieren, die meist nur Anweisungen ausführt, jedoch auch maßgeblich an der Kaufentscheidung beteiligt sein kann. Auch wenn Kaufprozesse sich von Unternehmen zu Unternehmen unterscheiden, sollten sie in dieser Phase des Marktmapping durch einen einzigen Knoten dargestellt werden. Die Gelegenheit zu einer detaillierten Darstellung ergibt sich später, wenn die Arten von Knoten besprochen werden.

Wie die Abbildungen zeigen, tauchen in den meisten Marktmodellen mindestens drei Hauptknoten auf:

1. Endnutzer (oft auch als „Verbraucher" bezeichnet),
2. Kanäle (Organisationen in den Distributions- oder Vertriebskanälen, oft auch als „Kunden" bezeichnet),
3. Anbieter (Hersteller der Produkte).

Bei vielen Märkten muss das Modell zudem noch durch eine vierte Komponente ergänzt werden: die Stufe(n), in denen Beeinflussungen und/oder Empfehlungen (nicht unbedingt Transaktionen) hinsichtlich der zu nutzenden Produkte eine Rolle spielen:

4. Einflussnahme und Empfehlungen („Informationsquellen").

Beim Begriff „Einflussnehmer“ ist zu beachten, dass damit nicht der Einfluss von Werbung oder sonstigen verkaufsfördernden Maßnahmen gemeint ist. Dieser Begriff bezieht sich vielmehr auf den Einfluss von Informationsquellen, die als maßgeblich und unabhängig wahrgenommen und von einigen Kunden beim Kaufprozess ganz bewusst genutzt werden. „Einflussnehmer“ sind in vielen Fällen nicht direkt an Transaktionen beteiligt. Diese Einflussnehmer sollten wie eine weitere Transaktionsstufe betrachtet und entsprechend im Marktmodell integriert werden, wie in *Abbildung 4.8* gezeigt.

Bei den meisten Marktmodellen wird die Entscheidung darüber, welchem Knoten eine bestimmte Aktivität zugeordnet werden soll, sehr leicht fallen. Es wird jedoch auch Fälle geben, bei denen die Entscheidung sich schwieriger gestaltet. So könnte beispielsweise eine Bauerngenossenschaft einen Einzel- oder Großhändler einfach ersetzen. In diesem Falle könnte sie am selben Knoten wie der Einzel- oder Großhändler erscheinen. Ebenfalls denkbar ist, dass eine Genossenschaft ihre Produkte entweder von einem Großhändler oder aber direkt vom Hersteller bezieht. In diesem Fall wäre die Genossenschaft im Marktmodell der Stufe zuzuordnen, die dem Endnutzer am nächsten liegt. Dementsprechend wäre ein Berater, der die Landwirte beim Kauf von spezifischen Produkten berät, einem Knoten zuzuordnen, der eine Stufe unter den Landwirten liegt, jedoch über den Einzel- oder Großhändlern.

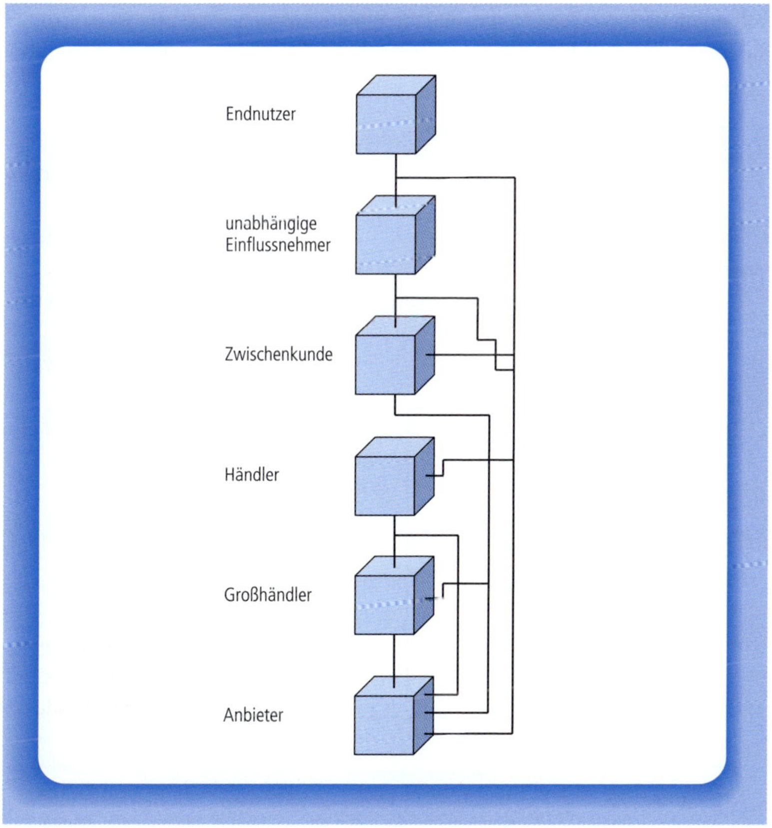

Abbildung 4.8
Marktmodell mit Einflussnehmern.

Da die Quantifizierung im späteren Verlauf des Prozesses eine wichtige Rolle spielen wird, sollten an jedem Knoten und entlang jeder Verbindung die jeweils zugehörigen Mengen- oder Wertgrößen angegeben werden. Grundlage für diese Zuordnung ist die Zahl, die bei der Marktdefinition zur Bestimmung der Marktgröße verwendet wurde. In den Fällen, in denen für eine solche detaillierte Aufteilung des Marktes keine Zahlen zur Verfügung stehen, sollten Schätzungen vorgenommen werden, um die Rolle jedes Knotens und die dazwischen liegenden Verbindungen zu erfassen. Eine vielleicht einfachere Vorgehensweise besteht darin, mit Prozentwerten zu beginnen und diese nach erfolgter Zuordnung in Zahlen zu konvertieren. Die Verwendung von Zahlen wird in *Abbildung 4.9* illustriert.

Die Anzahl der von den Endnutzern „verbrauchten" Einheiten entspricht für gewöhnlich der Anzahl von Einheiten, die auf den Markt gebracht werden. Der Ausarbeitung der Pfade im Marktmodell sollte genug Zeit eingeräumt werden. So wird ersichtlich, dass – ähnlich wie in der Buchhaltung – alle Elemente einander „ausgleichen". Die Mengen werden in Tausend (T) Einheiten angegeben. Die Gesamtanzahl der Einheiten in diesem Markt beträgt 300 000 (300 T).

In der nächsten Phase des Marktmapping werden die darin enthaltenen Informationen noch detaillierter dargestellt, da in dem bisher entwickelten „großen Bild" einige wichtige Unterschiede zwischen Kunden möglicherweise verborgen bleiben. Diese Unterschiede könnten jedoch wertvolle Hinweise für die Segmentierung liefern.

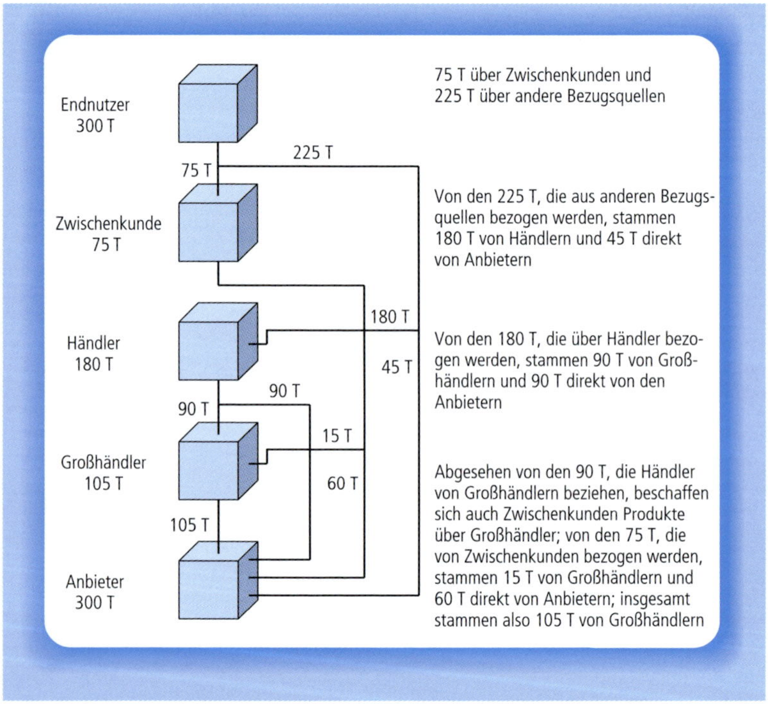

Abbildung 4.9
Erste Quantifizierung eines Marktmodells.

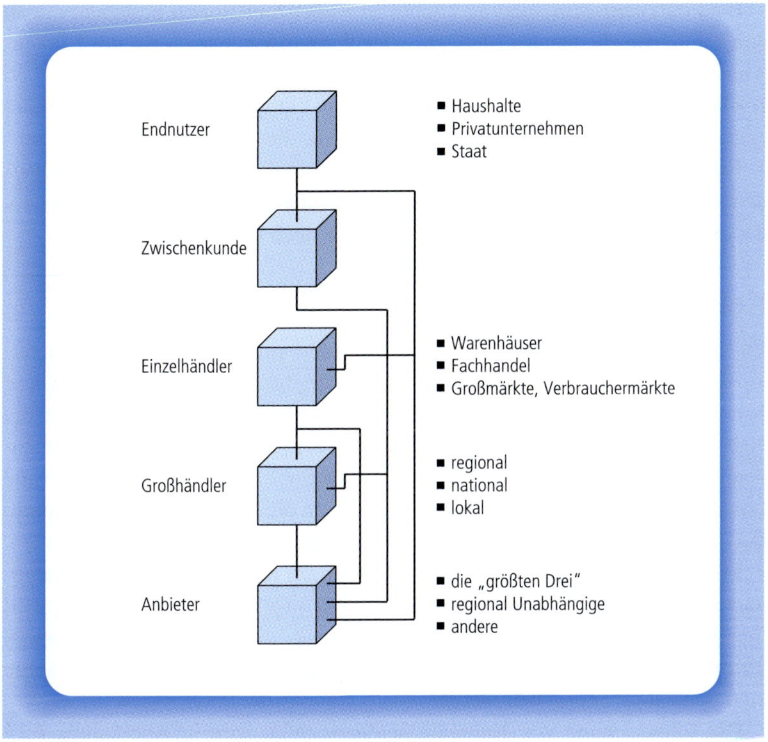

Abbildung 4.10
Marktmodell mit verschiedenen Arten von Knoten.

An allen Knoten des Marktmodells sollten gegebenenfalls die verschiedenen Arten der dort erscheinenden Unternehmen/Kunden aufgelistet werden, wie in *Abbildung 4.10* dargestellt. Wenn ein Knoten für „Beschaffungsprozess“ existiert, dann würde die Liste für diesen Knoten aus den Funktionen bestehen, die an diesem Knoten relevant sind, beispielsweise „Leiter Finanzen und Einkauf“, „Leiter Produktion und Einkauf“ usw.

Falls bereits eine Segmentstruktur für einen oder mehrere dieser Knoten existiert und der Prozess eingesetzt wird, um deren Validität zu prüfen, kann diese Struktur dazu verwendet werden, die jeweiligen Arten von Knoten zu definieren. Die bisherigen Ergebnisse des Marktmapping könnten natürlich die traditionellen Strukturen infrage stellen, die ein Anbieter bisher auf seinem Markt angewand hat. In solchen Fällen empfiehlt es sich vermutlich, die Klassifikationen der Knoten zu aktualisieren.

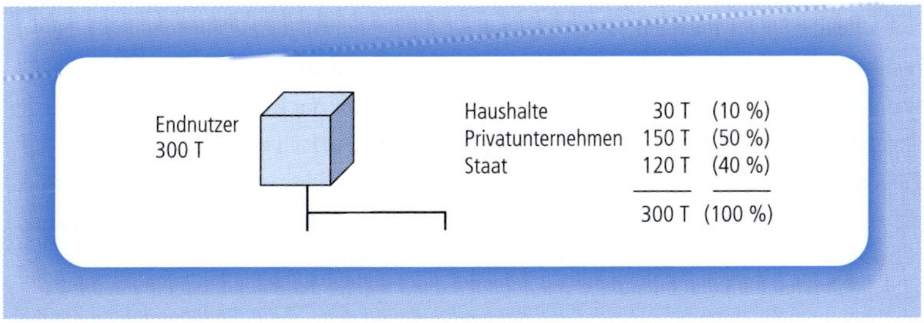

Abbildung 4.11
Mengen, aufgegliedert nach Arten von Knoten.

Eine nützliche Verfeinerung könnte an dieser Stelle darin bestehen, die an den Knoten erscheinenden Mengen- oder Wertgrößen je nach Art des Knotens weiter aufzuteilen. *Abbildung 4.11* illustriert, wie dies bei den in *Abbildung 4.10* erscheinenden Arten von „Endnutzern" erfolgt. Falls diese Zahlen nicht bekannt sind, sollte eine Schätzung abgegeben werden, die später zu überprüfen ist.

Falls es einfacher ist, kann diese Detailstufe auf die Gruppen beschränkt werden, die in der nächsten Phase des Segmentierungsprojekts berücksichtigt werden. Darauf wird in diesem Abschnitt später noch näher eingegangen.

Kaufentscheider im Markt

Im nächsten Schritt werden diejenigen Knoten *markiert*, an denen Kaufentscheidungen bezüglich der konkurrierenden Produkte getroffen werden. Diese Knoten sind als die kritischen Stellhebel des Marktes zu verstehen. Für die Hebelwirkung eines Knotens ist es nicht unbedingt notwendig, dass alle Kunden, die sich an dem Knoten befinden, als Entscheider agieren. Durch die Lokalisierung der Kaufentscheider wird/werden die Kundengruppe/n ermittelt, die in der nächsten Phase des Segmentierungsprozesses berücksichtigt werden.

Mit dieser Phase des Marktmapping wird am besten am Knoten der Endnutzer begonnen. An jedem Knoten, an dem angesetzt werden könnte, wird nun die Menge/der Umsatz (oder der Prozentsatz des Gesamtmarktes) notiert, über die/den dort entschieden wird. Falls diese Zahlen nicht bekannt sind, sollte eine Schätzung abgegeben werden.

Die Einbeziehung von Kaufentscheidungsstufen wird in Abbilddung 4.12 illustriert (basierend auf *Abbildung 4.10*).

Abbildung 4.12 zeigt einen Markt, in dem 30 % des Jahresumsatzes nicht durch Endverbraucher entschieden werden.

Bisher wurde das Marktmodell erstellt, indem die zwischen den Endverbrauchern und den Anbietern bestehende Distributions- und Wertschöpfungskette abgebildet und die verschiedenen im Modell existierenden Wege, die beide miteinander verbinden, aufgezeigt wurden. Anschließend wurde das Marktmodell quantifiziert. Danach folgte die Verfeinerung des Modells, indem die Arten von Unternehmen/Kunden, die an jedem Knoten zugeordnet sind, aufgelistet und ebenfalls quantitativ erfasst wurden.

Schließlich wurde untersucht, wo genau die Entscheidungen über die konkurrierenden Produkte stattfinden, um schließlich die Anzahl der Marktstufen (Knoten) zu identifizieren, auf denen eine Segmentierung stattfinden könnte.

Bei den meisten Märkten empfiehlt es sich, die Segmentierung zuerst an der Stufe der Endnutzer durchzuführen, vorausgesetzt, auf dieser Stufe sind Entscheider zu finden und das Volumen, über das dort entschieden wird, rechtfertigt dies. Sobald der Segmentierungsprozess für diesen Knoten abgeschlossen wurde, kann der Prozess anschließend für jeden nachfolgenden Knoten wiederholt werden, an dem Kaufentscheidungen getroffen werden. Oft zeigt sich, dass diese nachfolgenden Schritte davon profitieren, dass der Segmentierungsprozess für frühere Stufen bereits durchgeführt wurde und der Markt und seine Funktionsweise dadurch besser verstanden werden.

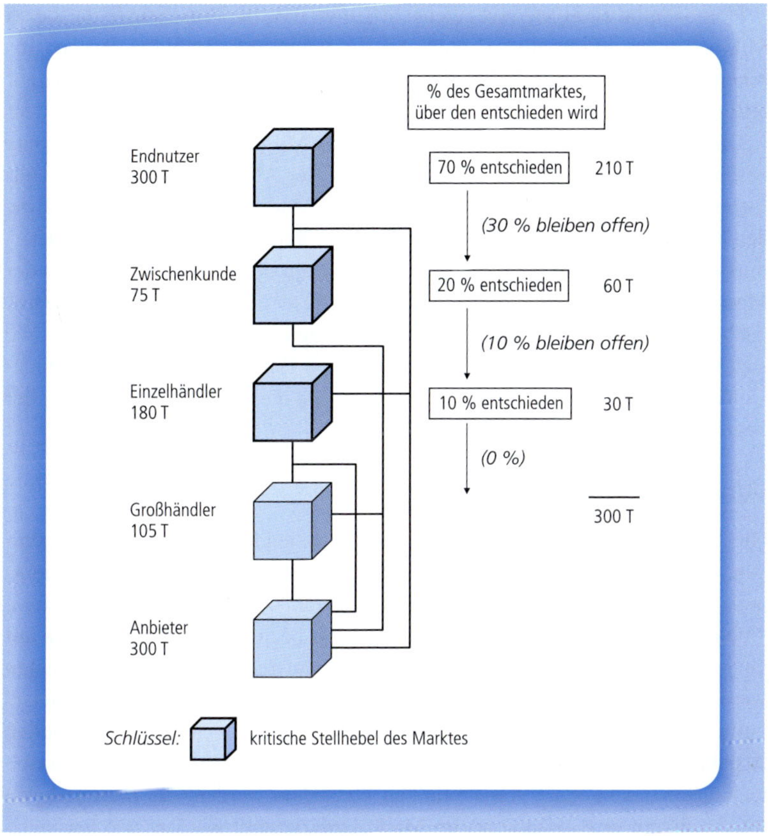

Abbildung 4.12
Kaufentscheider in einem Marktmodell.

Erweitertes Marktmapping

Bevor zum nächsten Schritt des Marktsegmentierungsprozesses übergegangen wird, sei an dieser Stelle darauf hingewiesen, dass Marktmapping nicht nur einen informativen Überblick über die zwischen den Endverbrauchern und den Anbietern bestehende Distributions- und Wertschöpfungskette liefert. Sie kann auch dazu eingesetzt werden, die Leistungsfähigkeit eines Unternehmens in diesen Zugangskanälen zu illustrieren und darzustellen, wie die Vertriebs- und Marketingressourcen des Unternehmens verteilt sind. Nach Abschluss der Segmentierung können die Segmente dann im Marktmodell abgebildet werden (McDonald/Dunbar 2004).

Wer kauft was?

Im nächsten Schritt wird eine repräsentative Stichprobe von Entscheidern zusammengestellt. Anhand dieser Stichprobe werden die die Kaufentscheidung bestimmenden Kriterien und die Kundenmerkmale identifiziert, anhand derer die Entscheider beschrieben werden können. Jede eigenständige (homogene) Untergruppe innerhalb dieser Stichprobe wird als *Mikrosegment* bezeichnet.

Definition
Ein Mikrosegment ist eine Gruppe von Entscheidern, die ähnliche Anforderungen an eine Reihe von bestimmten Merkmalen haben.

Homogenität eines Mikrosegments bedeutet, dass die Entscheider, die dieses Mikrosegment repräsentieren, ähnliche Anforderungen bezüglich der spezifischen Kaufentscheidungskriterien aufweisen, wobei diese Kriterien sich darauf beziehen, „was" „wo" „wann" und „wie" gekauft wird (König 2001).

Dies wird durch Variablen ergänzt, die die Mitglieder der Mikrosegmente beschreiben, zusammen mit einer Schätzung der Absatzmenge oder des Umsatzes, der mit diesem Segment im definierten Markt erzielt wird. Die Analyse des Kaufverhaltens von Entscheidern und das Verständnis der Schlüsseldeterminanten dieses Verhaltens sind die Basis für ein detailliertes Verständnis der Motive und Bedürfnisse dieser Entscheider. Dieser Schritt stellt daher eine kritische Verknüpfung zur nächsten Phase des Segmentierungsprozesses dar, die sich mit den Gründen dafür beschäftigt, warum Entscheider die von ihnen gekauften Produkte auswählen. Dies wiederum ist die Basis für die Bildung der Segmente.

Was, wo, wann und wie

Definition
Kaufentscheidungskriterien sind die Eigenschaften und Kriterien des Produkts und des Kaufprozesses, welche die Kunden für die Produktwahl als wichtig betrachten.

Die für den Segmentierungsprozess heranzuziehenden Kriterien sind diejenigen, die Nachfrager als relevant für die Produktwahl betrachten. Diese Merkmale stellen die *Kaufentscheidungskriterien* dar.

Die Klärung der Frage, „was" gekauft wird, bezieht sich in erster Linie auf die spezifischen Merkmale aller Produkte, die im definierten Markt angeboten werden, wobei der Begriff „Produkt" die gesamten Leistungen des Anbieters umfasst. Hier sind also sowohl die materiellen als auch die immateriellen Aspekte zu berücksichtigen. Außerdem ist darauf zu achten, dass keine Zusatzleistungen („Add-ons") von Produkten übersehen werden, die eventuell von Intermediären (z.B. Händlern) im Markt bereitgestellt werden, wie beispielsweise Wartungsverträge, Lieferservices und Implementierung (Herrmann/Huber 2008). Auch wenn diese außerhalb der Kontrolle des Anbieters liegen, dürfen sie bei der Marktsegmentierung keinesfalls außer Acht gelassen werden. In Verbindung mit der Frage, „was gekauft wird", sollte zudem die Rolle der im Marktmodell dargestellten „Einflussgruppen" berücksichtigt werden, wozu auch technische Experten und Berater gehören.

Nachfolgend werden Gruppen von möglichen kaufentscheidungsrelevanten Eigenschaften zusammen mit einigen Beispielen genannt:

Produkttyp	Reinigungsmittel, Galvanisierungsmittel usw.
Spezifikation	100 % Reinheit, 98 % Reinheit, Toleranzstufen, Fehlerquote usw.
Farbe	rot, weiß, blau, pastellfarben usw.
Packungsgröße	Einzelpackung, Mehrfachpackung, Familienpackung, 5 l, 10 l, 20 kg, Großpackung usw.
erforderliche Standfläche des Geräts	klein, mittel, groß, sehr groß oder nach spezifischen Bereichen
genutzte Menge	klein, mittel, groß, sehr groß oder nach spezifischen Mengen

Dienstleistungstyp	Prüfservice, Projektierungsservice, technischer Service (der gelegentlich auch von Vertriebsmitarbeitern geleistet wird), Wirtschaftlichkeitsanalyse usw.
Marke	innovativ, jugendlich, nüchtern, luxuriös, lokal, international, bekannt usw.
Ursprungsland	Großbritannien, Deutschland, Frankreich, Europäische Union (EU), Skandinavien, Nordamerika, arabische Länder, Asien, Afrika, Japan usw.
unabhängige Einflussnehmer	Experten, Berater (als Ergänzung oder Alternative zum technischen Service oder Beratungsservice des Herstellers/Anbieters), Fachpublikationen, Verbraucherzeitschriften, Wirtschaftsprüfer, Finanzexperten, Finanzberater usw.
Art der Lieferung	Kurier, erste Klasse, innerhalb von vier Stunden, Abholung, automatisch ausgelöst (über Anbindung an Bestandskontrollsystem) usw.
Kaufmenge	groß, mittel, klein oder ganz bestimmte Mengen
Kaufwert (Umsatzvolumen)	hoch, mittel, niedrig oder spezifische Umsatzklassen
gekaufter Sortimentsumfang	alle Produkte, Einzelprodukte, gemischtes Sortiment, oberes Sortiment, mittleres Sortiment, unteres Sortiment usw.

Daraus könnten sich zum Beispiel die folgenden kaufentscheidungsrelevanten Merkmale und -ausprägungen ergeben:

Rasenmäher	Luftkissenmäher, Zylindermäher, Spindelmäher, Benzinrasenmäher, Dieselrasenmäher, Handantrieb, elektrischer Antrieb, Schnittleistung 25 mm, Schnittleistung 32 mm, Standardmotor, Spezialmotor, gesetzliche Garantie, verlängerte Garantie, aus Metall, aus Kunststoff, ohne Kundenservice nach dem Kauf, mit Kundenservice usw.
Farben	Dispersionsfarbe, Lackfarbe, auf Ölbasis, auf Wasserbasis, tropfend, nichttropfend, Einschichtfarbe, Mehrschichtfarbe, 5-Liter-Eimer, 2-Liter-Eimer, besonders umweltverträglich, vertraute Marke, Eigenmarke usw.
Tankstellen	Selbstbedienung, mit Service, Bezahlung direkt an der Zapfsäule, Shop mit Lebensmitteln, Shop mit Tabakwaren und Zeitungen, Treuebonusprogramme usw.

Die Frage nach dem „Wo“ schließt nicht nur die Arten von Geschäften ein, in denen die Produkte gekauft werden, sondern auch die Kanäle, über welche die Bestellungen erfolgen, sowie die Kanäle, über welche die bestellten Waren geliefert werden. Auch wenn diese Geschäfte und Kanäle von anderen Unternehmen betrieben werden, stellen sie aus Kundensicht oft ein wesentliches Kriterium der Kaufentscheidung dar.

Unter anderem hängen folgende Kriterien mit der Frage zusammen, wo ein Produkt gekauft wird: Telefonverkauf, Mailorder, Internet, Vertriebsgesellschaft, Kaufhaus, nationale Kette, regionale Kette, lokaler unabhängiger Händler, Vertragshändler, Supermarkt, Großhändler, Spezialist, Straßenhandel, über eine Genossenschaft, über einen Kundenclub, Tür-zu-Tür-Verkauf, Geschäft in zentraler Lage, Geschäft auf der grünen Wiese usw.

Auch verschiedene Kaufhäufigkeiten (wann wird das Produkt gekauft?) können für einige Entscheider ein wichtiger Gesichtspunkt sein: täglich, wöchentlich, monatlich, saisonal, zweimal jährlich, alle zwei Jahre, nach 50 000 Meilen, gelegentlich, nach Bedarf, spontan, nur im Notfall, nach Grad der Dringlichkeit, unregelmäßig, selten, zu besonderen Anlässen, nur während des Schlussverkaufs, bei Marktschwäche usw.

Für manche Entscheider können zudem alternative Zahlungsmodalitäten beim Kauf von Produkten ausschlaggebend sein. Dazu könnten zählen: Kreditkarte, Geldkarte, Scheckkarte, Barzahlung, Lastschrifteinzug, Dauerauftrag, Kreditbedingungen, Direktkauf, Leasing, Mietkauf, Preis nach Vereinbarung, verschlossenes Angebot usw. Auch wenn viele dieser Zahlungsmethoden im Markt verfügbar sind und daher sehr wahrscheinlich keine kaufbestimmenden Merkmale sein werden, kann zum Beispiel die Option einer Finanzierung als Bestandteil des Angebots in machen Märkten noch immer über Kauf oder Nichtkauf entscheiden.

Wer kauft

Die beschreibende Komponente eines Mikrosegments charakterisiert die Konsumenten, die zu diesem Segment gehören, und liefert gegebenenfalls auch Informationen über die Merkmale des Unternehmens, von dem sie kaufen. Diese Beschreibung der Segmente ist für die erfolgreiche Ansprache und die Bearbeitung mit segmentspezifischen Angeboten (Targeting) von wesentlicher Bedeutung.

Definition
Demografische Daten liefern messbare Beschreibungen von Kunden.

Definition
Geografische Daten liefern identifizierbare Standorte von Kunden.

Definition
Psychografische Daten liefern Informationen über im Konsumenten ablaufende kognitive und affektive Prozesse und Prädispositionen von Kunden für bestimmte Verhaltensweisen.

Die Profilierung von Kunden erfolgt in der Regel durch folgende Standardkategorien: *demografische* Variablen (in B2B-Märkten manchmal auch „firmografische“ Variablen genannt), *geografische*, geodemografische Variablen (die eine Kombination aus den beiden erstgenannten Kategorien bilden) und *psychografische* Variablen.

Für Konsumgütermärkte sind folgende demografische Variablen typisch: Alter, Geschlecht, Stellung im Familienlebenszyklus, Kinderzahl, Wohnform, Einkommen, Beschäftigung, Bildungsabschlüsse, Freizeitinteressen, Religion, ethnische Zugehörigkeit usw. Die Einteilung in sozioökonomische Gruppen ist eine weitere populäre Methode zur Klassifikation von Individuen; in Großbritannien ist noch immer die auf dem Klassenschema (sozialen Schichtenmodell)

Tab. 4.1 Sozioökonomische Klassifikation (SEC) von 2001 im Vergleich mit dem Vorgängerschema

neue sozioökonomische Klassifikation (SEC) mit acht Klassen	vorherige sozioökonomische Klassen
1. höhere und freie Berufe	
1.1 Inhaber von Großbetrieben, leitende und Managementberufe	A obere Mittelschicht
1.2 höhere freie Berufe	B Mittelschicht
2. höhere Verwaltungs- und Managementberufe, höhere technische Berufe	C1 untere Mittelschicht
3. qualifizierte Büro-, Dienstleistungs- und Handelsberufe	
4. Inhaber von Kleinbetrieben und Selbstständige ohne Beschäftigte	C2 Facharbeiterklasse
5. untere leitende und technische Berufe	
6. Facharbeiter	D Arbeiterschicht
7. un- und angelernte Arbeiter	E Existenzminimum
8. Nichterwerbstätige und Langzeitarbeitslose	

Quelle: www.statistics.gov.uk

beruhende Zuordnung zu „A“, „B“, „C1“, „C2“, „D“ oder „E“ üblich, obwohl dieses System 2001 offiziell durch ein neues beschäftigungsbasiertes Schema mit acht Klassen ersetzt wurde. Die zwei Schemata und ihre ungefähren Entsprechungen werden in *Tabelle 4.1* dargestellt. Obwohl dieses Beispiel speziell Großbritannien betrifft, gibt es in vielen Ländern ganz ähnliche Kategorisierungen, etwa die Europäische Sozioökonomische Klassifikation (SEC) (Müller et al. 2007). In Deutschland wurde SEC in der Allgemeinen Bevölkerungsumfrage der Sozialwissenschaften (ALLBUS), im Sozioökonomischen Panel (SOEP) und im Mikrozensus umgesetzt. Daten zum SEC-Schema für Deutschland sind in der gemeinsamen Studie des Bundesinstituts für Berufsbildung (BIBB) und des Instituts für Arbeitsmarkt- und Berufsforschung (IAB) verfügbar (vgl. Hausen et al. 2005).

Der Wert solcher Schemata und von Profilerhebungen ganz allgemein liegt in ihrer praktischen Anwendung: Sie erlauben die Isolierung spezifischer Segmente, wodurch es möglich wird, diese direkt zu erreichen. Angenommen, ein Segment besteht aus Individuen der Kategorie freie Berufe und leitendes Management. Von Mitgliedern dieser Kategorie ist bekannt, dass sie nur wenig fernsehen. Falls dieses Segment eine der Zielgruppen eines Anbieters ist, macht es für diesen also keinen Sinn, für sein Produkt eine massive TV-Werbekampagne zu starten. Diese Kunden lassen sich viel effektiver über Werbung in bestimmten Zeitungen und Zeitschriften erreichen, deren Hauptlesergruppe sie bilden.

Die oben angesprochene Korrelation zwischen Lese- und Fernsehverhalten einerseits und der Zugehörigkeit zu den sozioökonomischen Gruppen der freien Berufe und höheren Managementberufe andererseits liefert aufschlussreiche Informationen für die Gestaltung einer effizienten Werbekommunikation mit dem Zielmarkt.

Anhand demografischer Verbraucherdaten können etwa Banken und Versicherungen feststellen, dass die Bedürfnisse ihrer Kunden mit den Stadien des Familienlebenszyklus variieren, weshalb Unternehmen dieser beiden Branchen die Methode gern verwenden, um einen Teil ihrer Segmente zu beschreiben. So überrascht es nicht, dass gerade Banken und Versicherungen besonders geschickt darin sind, Produkte speziell für bestimmte Alterskategorien zu entwickeln.

Als Beispiel für die geografische Kategorisierung lässt sich der mikrogeografische Segmentierungsansatz MOSAIC von Experían nennen. Anhand dessen werden 34 Millionen Haushalte und 17 Millionen Häuser in Deutschland entsprechend der Wohnumfeldinformationen (z. B. Haustyp, Straßentyp, Familienstruktur, Art der Haushaltsvorstände) in 38 unterschiedliche Typen klassifiziert, die sich durch relativ homogene sozioökonomische und soziokulturelle Muster auszeichnen. Die Merkmale, die zur Beschreibung der mikrogeografischen Segmente herangezogen werden, sollen die vorherrschenden Strukturen erkennbar machen und eine Vorstellung davon vermitteln, welche Art von Menschen in einem bestimmten Typ – beziehungsweise einem Viertel oder einer Straße – besonders häufig anzutreffen sind. Die deutsche MOSAIC-Typologie ist in EuroMOSAIC und in GlobalMOSAIC eingebunden. Die Ergebnisse sind damit international vergleichbar. Die 38 Typen werden für Deutschland wiederum in elf übergeordnete Gruppen zusammengefasst (Creditreform Experían 2007):

A „statushohe Großstädter"
(leben in wohlhabenden Villenvierteln in frei stehenden Eigentumshäusern und in großstädtischen Zentren, meist Familien mit älteren Kindern, hoher Bildungsgrad, hohe Einkommen)

B „Gut situierte in stadtnahen Umlandgemeinden"
(Familien mit mittlerem Einkommen, wohnen oft in Satellitenvorstädten als Eigentümer einer Doppelhaushälfte, oft im mittleren Management großer Unternehmen beschäftigt, typische Vertreter der Mittelschicht)

C „Hauseigentümer der Arbeiterklasse"
(wohnen in preiswerteren Eigenheimgegenden, geringe Hypothekenbelastung, meist Familien mit mittlerem Einkommen und mittlerem Bildungsstand)

D „sozialer Hausbau"
(städtische Problemgebiete)
(Personen, die zur Miete in staatlich gebauten Einfamilienhäusern wohnen und ihr Recht auf Hauskauf nicht nutzen, oft in Gebieten mit hoher Arbeitslosigkeit, meist Familien oder Paare unterschiedlicher Altersgruppen mit niedrigem bis mittlerem Bildungsstand und niedrigem Einkommen)

E „Sozialwohnungen"
(in Hochhäusern, Personen mit meist sehr niedrigem Einkommen, zumeist Arbeitslose, Rentner, chronisch Kranke und Alleinerziehende)

F „städtische Reihenhäuser"
(meist junge Familien oder ältere kinderlose Paare mit hohem Bildungsgrad und unterschiedlichem Einkommen, wohnen als Eigentümer oder Mieter in Reihenhäusern der 1920er/1930er sowie der frühen Nachkriegsjahre)

G „Reihenhäuser und Mietwohnungen"
(meist kleinere Familien, die als Eigentümer oder Mieter in Reihenhäusern oder Wohnungen leben, Bildungsstand und niedrige bis mittlere Einkommen, häufig im Dienstleistungs- oder Verwaltungsbereich tätig)

H „stilbewusste Singles"
(leben in den kosmopolitisch geprägten Bereichen der Städte, sehr hohe berufliche Qualifikation, hohes Umzugsvolumen)

I „unabhängige Senioren in einfachen Nachkriegsbauten"
(Alter ab 55, Ruheständler oder Vorruheständler mit ausreichendem Einkommen, leben in Wohngegenden, wo auch andere unabhängige Senioren ihren Alterswohnsitz haben, meist als Eigentümer von Bungalows oder Wohnungen)

J „Familien mit Hypotheken"
(wohnen typischerweise im noch abzuzahlenden Eigenheim in Neubaugebieten mit noch unterentwickelter Infrastruktur, meist junge Familien, aber auch zunehmend kinderlose Paare)

K „Landbewohner"
(leben als Eigentümer in älteren Häusern auf dem Land, große Unterschiede bei Alter, Einkommen, Bildungsstand, häufig in der Landwirtschaft oder im Tourismus tätig)

L „Gewerbehäuser"
(Militärgebiete, Gefängnisse, Kliniken, Internate usw.)

Solche geografischen Typologisierungen sind für Unternehmen der Handelsbranche besonders nützlich. In Kombination mit Marktforschung lassen sich durch sie Konsummuster in spezifischen geografischen Gebieten vorhersagen.

Psychografische Profilvariablen in Form von Lebensstilen, Persönlichkeitsmerkmalen, Werten und Einstellungen sind besonders nützlich, wenn es um die kreative Konzeption von Werbung und anderen Kommunikationskampagnen geht, vor allem in Massenmärkten. Sie ermöglichen es, das Angebot auf ganz bestimmte Zielsegmente abzustimmen. Im Zahnpastamarkt beispielsweise haben Werbekampagnen, die die Sorge der Menschen über ihre Zahngesundheit und insbesondere über die Zahngesundheit ihrer Kinder thematisieren, bereits zahlreichen Zahnpastamarken zu Umsatzsteigerungen verholfen, die speziell auf das Segment der „Besorgten" zugeschnitten wurden. Dies wird im zweiten Fallbeispiel am Ende dieses Kapitels vorgestellt. Dagegen wird bei Marken, die sich an das Segment der „Geselligen" richten, in der Werbung häufig mit Bildern von jungen Leuten gearbeitet, die sich begegnen und sofort eine gegenseitige Anziehungskraft verspüren, weil die spezielle Zahnpasta, die sie verwenden, ihre Zähne beim Lachen besonders verführerisch strahlen lässt.

Aufgrund der zunehmenden Schwierigkeit, Segmente anhand einer Dimension (z. B. nur sozioökonomischer oder nur geografischer Variablen) sinnvoll zu beschreiben und daraus bestimmte Verhaltensweisen zu prognostizieren, setzen sich zunehmend sogenannte „Milieu"konzepte durch. Diese stellen Kombinationen aus demografischen, geografischen und psychografischen Variablen dar (Homburg/Krohmer 2006). Hierfür lässt sich zum Beispiel das Informationssystem ACORN („A Classification of Residential Neighbourhoods", entwickelt von CACI Ltd.) nutzen, das alle britischen Haushalte auf Basis von demografischen Schlüsselvariablen, Zensusangaben und Informationen zu Lebensstilen und Werten auf Postleitzahlebene in 56 Typen einteilt, die zu 17 Gruppen zusammengefasst werden, die wiederum fünf allgemeinen Kategorien zugeordnet werden. Diese fünf allgemeinen Kategorien fungieren als vereinfachte Referenz für die Klassifikation aller Haushalte. In Deutschland existieren ähnliche Milieutypologien, durch die die Bevölkerung entsprechend der Lebensauffassungen und des sozialen Umfeldes klassifiziert wird (Sinus Sociovision 2007; UIM 2007). So werden von verschiedenen Instituten beziehungsweise Unternehmen für Deutschland relativ übereinstimmend folgende fünf Hauptmilieus unterschieden:

1. *Successful Classics („die Etablierten"):* Sie sind ganz oben auf der Karriereleiter und gesellschaftlich absolut etabliert. Sie gehören zu den höchsten Einkommensklassen, haben ein ausgeprägtes Statusbewusstsein und verkehren gerne in einem erfolgreichen Milieu.
2. *Urban Professionals:* Als überzeugte Stadtmenschen schätzen sie die urbane Vielfalt, Anonymität und Freiheit in einer Großstadt. Sie gehören zu den mittleren bis oberen Einkommensklassen, lernen gern neue Menschen kennen und interessieren sich für ihr soziales Umfeld.
3. *Modern Presumers (Moderne „bürgerliche Mitte"):* Beruflich auf eigenen Füßen stehen und frei und unabhängig entscheiden, das ist ihr Idealbild vom Leben. Sie opfern viel Zeit für ihre Selbstständigkeit, was sich später einmal auszahlen soll. Trotz knapper Freizeit sind sie aktiv.

4. *Mainstream-Konsumenten:* Um nicht aus dem Rahmen zu fallen, passen sie sich an und führen das viel zitierte normale Leben. Der Einkaufsbummel ist Symbol ihres konsumorientierten Lebensstils, die Sonderangebote dabei immer fest im Blick.
5. *Materialisten:* Sie kaufen für ihr Leben gern – viel und spontan. Über Markensymbole der Unterhaltungselektronik – Fernseher, Computer und Handy – definieren sie ihren Aufstieg und verdrängen so ihre Existenzängste. Anschluss halten an die Konsumstandards der breiten Mitte ist der Kompensationsversuch für soziale Benachteiligungen.

Häufig werden auch Milieus wie „Wellness", „Bewusstsein", „europäische Identität", „Traditionalismus", „Abenteuerlust" und „Häuslichkeit" unterschieden, die bestimmten Lebensabschnitten zugeordnet sind, etwa „Singles", „Paaren mit Kleinkindern", „leeren Nestern" (Paaren, deren Kinder ausgezogen sind) und „Senioren". Der britische Damen- und Heimtextilienhersteller Laura Ashley wäre demnach ganz klar dem Milieu „Traditionalismus" zuzuordnen, während die britische Kosmetikkette Body Shop dem Milieu „Wellness" entspräche.

Definition
Standards zur Branchenklassifizierung enthalten Listen mit Unternehmenskategorien, für die in den meisten Ländern amtliche Produktionsstatistiken erhoben werden.

Im B2B-Bereich haben sich neben Variablen wie Mitarbeiterzahl, Stellenbezeichnung, Umsatz und Produktionsprozesse auch *Standards zur Branchenklassifizierung* als nützliche demografische Beschreibungsvariablen erwiesen. Doch auch andere Variablen wie etwa das Stadium im Geschäftsbeziehungszyklus, der Managementstil (formell, autoritär, bürokratisch, motivierend, vorsichtig usw.), das Risikoverhalten, die Einstellung gegenüber Technologie und die soziale Ausrichtung können verwendet werden, um unterschiedliche Geschäftskunden zu beschreiben. In B2B-Märkten hinkt die Entwicklung von Instrumenten zur gezielten Ansprache von Geschäftskunden bisher jedoch der Entwicklung hinterher, die in den B2C-Märkten stattfindet.

EINBLICKE
Zur Identifikation und Beschreibung von Marktsegmenten stehen anspruchsvolle Methoden wie die Clusteranalyse oder Latent-Class-Techniken zur Verfügung. Hierbei wird zwischen aktiven Segmentierungsvariablen (also bedürfnis- und nutzenorientierten Variablen, die zur Identifikation der Segmente herangezogen werden) und passiven Variablen (die zur Beschreibung von Segmenten dienen) unterschieden (Jensen 2008).

Eine Auswahl von typischen Ansätzen zur Profilerhebung von Geschäftskunden und Endkunden wird in der Wiederholung am Ende dieses Kapitels vorgestellt.

Mikrosegmente entwickeln

Bei der Entwicklung von Mikrosegmenten darf nicht vergessen werden, dass diese Mikrosegmente auf tatsächlich existierenden Entscheidern basieren, nicht auf fiktiven Individuen. Zudem repräsentieren sie nicht nur die eigenen Kunden, sondern den definierten Markt insgesamt. Jedes Mikrosegment beinhaltet

- eine spezifische Reihe von Kaufentscheidungskriterien, bezüglich derer die Entscheider, die das Mikrosegment repräsentieren, ähnliche Bedürfnisse aufweisen,

- bestimmte Profileigenschaften, mit denen die Entscheider charakterisiert werden,
- eine mengen- oder wertmäßige Beschreibung der Größe.

Die Vorgehensweise bei der Entwicklung von Mikrosegmenten lässt sich wie folgt zusammenfassen (McDonald/Dunbar 2004):

1. Der Markt wird in identifizierbare, visualisierbare und beschreibbare Kundengruppen aufgeteilt, um Bezugspunkte für die Entwicklung von Mikrosegmenten zu gewinnen. Danach wird die Größe der einzelnen „Bezugsgruppen“ bestimmt.
2. Eine dieser Bezugsgruppen mit den von ihr repräsentierten Individuen wird nun näher betrachtet. Aus dieser Bezugsgruppe wird dann ein Mikrosegment entwickelt, indem sorgfältig aufgelistet wird, was die Kunden in dieser Gruppe als ihre kaufentscheidenden Merkmale betrachten, wobei auftretende Unterschiede innerhalb der Gruppe als separate Mikrosegmente erfasst werden.
3. Unter Einsatz einer einfachen Bewertungsstruktur – etwa mit einem, zwei oder drei Sternen – wird die relative Bedeutung jedes Kaufentscheidungskriteriums für die einzelnen Mikrosegmente angegeben.
4. Anhand einer Stichprobe von Kunden eines Mikrosegments wird geprüft, ob diese generell der Liste der Kriterien und ihrer Bewertung zustimmen; falls nicht, sind zusätzliche Mikrosegmente zu entwickeln, um signifikante Unterschiede abzudecken.
5. Anschließend wird jedes Mikrosegment verifiziert, indem geprüft wird, ob das Mikrosegment auf realen Entscheidern basiert und ob die Kaufentscheidungskriterien des Mikrosegments entweder mit dem beobachteten Kaufverhalten übereinstimmen oder anderweitig Sinn ergeben.
6. Jedes Mikrosegment wird danach durch ein Profil beschrieben, wobei mit einem einfachen Bewertungsschema angegeben wird, welche Ausprägungen von beschreibenden Variablen auf welchen Anteil der Kunden des Mikrosegments zutreffen, beispielsweise indem die Ausprägungen, die auf alle zutreffen, mit drei Häkchen gekennzeichnet werden.
7. Schließlich wird die Größe der einzelnen Mikrosegmente durch Rückgriff auf die Bezugsgruppe, die den Kern des jeweiligen Mikrosegments darstellt, bestimmt. Dabei sollte auf jede verfügbare Marktkennzahl zurückgegriffen werden.

Die Schritte 2 bis 7 dieser Vorgehensweise werden für jede Kundengruppe wiederholt, bis alle von ihnen in Mikrosegmente eingeteilt wurden. Wenn dieser Prozess abgeschlossen ist, werden die Mikrosegmente überprüft und miteinander verglichen. Gegebenenfalls kann die Gewichtung bestimmter Kriterien erhöht oder reduziert werden, falls dadurch die Unterschiede zwischen einzelnen Mikrosegmenten besser reflektiert werden. Dabei könnte es hilfreich sein, die Anzahl der Sterne im Bewertungssystem zu erhöhen, wobei es sich allerdings empfiehlt, sie auf maximal fünf zu beschränken, damit das Endergebnis überschaubar bleibt. Notfalls können halbe Sterne verwendet werden, falls dies dazu beiträgt, die Unterschiede zwischen Mikrosegmenten besser darzustellen.

Ein Beispiel zur Darstellung der Ergebnisse wird in *Tabelle 4.2* gezeigt.

Tab. 4.2 Darstellung der Mikrosegmente

			Mikrosegmente				
			1	2	3	4	5
Merkmalskategorie	**Merkmal**	**Ausprägung**					
„was"	Politur	dunkle Harthölzer	★★★				
		helle Harthölzer		★★			
		Pinie			★★	★	
		mit Pinsel/Tuch auftragen					★★★
Kategorie von Beschreibungsvariablen	**Merkmal**	**Ausprägung**					
demografisch	Alter	bis 30		✓	✓	✓✓	✓✓
		31–50	✓	✓	✓✓	✓	✓
		51 und älter	✓✓	✓			

Hinweis: Die wichtigsten Merkmale werden in dieser Tabelle mit drei Sternen (★★★) gekennzeichnet, wobei die Ausprägungen von Beschreibungsvariablen, die auf alle Kunden eines Mikrosegments zutreffen, mit drei Häkchen (✓✓✓) markiert sind. Ausgehend von „Kategorien" von Merkmalen und Beschreibungsvariablen werden diese dann weiter in „Merkmale" und schließlich in „Ausprägungen" verfeinert. Dies ist ein hilfreicher Weg, um die Informationen zu organisieren.

Oft resultiert daraus die Entwicklung einer Vielzahl von Mikrosegmenten. Falls die Zahl der Mikrosegmente unübersichtlich wird, lässt sie sich oft reduzieren, indem überprüft wird, ob alle von ihnen reale Entscheider im Markt repräsentieren und ob sie auf Merkmalen basieren, die wirkliche zentrale Unterscheidungsmerkmale bei der Produktwahl sind und nicht nur Basisanforderungen (Hygienefaktoren).

Warum wird gekauft?

In der dritten Phase der Marktsegmentierung wird ermittelt, warum Kunden sich auf eine bestimmte Art verhalten. Je besser ein Anbieter das Verhalten seiner Kunden erklären kann, desto leichter kann das Kaufverhalten prognostiziert und beeinflusst werden.

Grundsätzlich gibt es zwei Haupttheorien des Kaufverhaltens. Die erste Theorie bezieht sich auf den rationalen Kunden, dessen Ziel in der Nutzenmaximierung besteht. Das Verhalten dieses Kunden wird durch den Grenznutzen bestimmt, den er durch den Kauf im Verhältnis zum finanziellen Aufwand und zu den entgangenen Alternativen (den sog. Opportunitätskosten) erhält. Wenngleich diese Betrachtung von Kunden einige wichtige Erkenntnisse über deren Verhalten liefert, so ist zu beachten, dass viele Märkte nicht in dieser Weise funktionieren. Zahlreiche Beispiele zeigen, dass die Nachfrage trotz Preiserhöhung weiter steigen kann. Die zweite Theorie zum Kaufverhalten liefert eine Erklärung für dieses Phänomen. Sie beschreibt den Kunden als psychosoziales Individuum, dessen Einstellungen und Verhaltensweisen durch Familie, Arbeit, vorherrschende kulturelle Muster, Bezugsgruppen, Wahrnehmungen, Ansprüche und Lebensstil beeinflusst werden (Foscht/Swoboda 2004).

Während diese Theorien wertvolle Einsichten bieten, liefern sie jedoch nur selten eine Erklärung für die Kaufverhaltensmuster in ihrer Gesamtheit.

Für Anbieter ist es interessant zu wissen, dass Meinungsführer oft die Ersten sind, die neue Ideen und neue Produkte adoptieren. Solange diese Personen jedoch nicht erfolgreich identifiziert und angesprochen werden können, hat dieses Wissen keinen praktischen Nutzen.

Als sinnvollster und praktischster Weg zur Erklärung des Verbraucherverhaltens hat sich die Nutzensegmentierung erwiesen, bei der die Nutzenvorstellungen, die Kunden beim Kauf mit einem Produkt verbinden, als Kriterien herangezogen werden. Kunden kaufen Produkte etwa aufgrund ihrer funktionalen Eigenschaften (Produkt), aufgrund von Einsparmöglichkeiten (Preis), aufgrund von Bequemlichkeit und Verfügbarkeit (Distribution), aus emotionalen Gründen (Kommunikation/Werbung) oder aufgrund einer Kombination dieser Gründe, das heißt einer Abwägung (Trade-off) dieser Nutzenstiftungen (Herrmann/Huber 2008). Nur so lässt sich der Erfolg von Unternehmen wie dem Automobilhersteller Bentley, dem Kaufhaus Harrods oder vielen anderen erklären. Wenn ein Anbieter versteht, welche Nutzenanforderungen Kunden aufweisen, kann er seinen Marketing-Mix genau auf seinen Zielmarkt zuschneiden. Die Bedeutung des Produktnutzens wird in Kapitel 5, das sich ausführlich mit dem Produktmanagement beschäftigt, noch klarer.

Als sinnvollster und praktischster Weg zur Erklärung des Verbraucherverhaltens hat sich die Nutzensegmentierung erwiesen.

„Kunden kaufen keine Produkte, sondern wollen Bündel von Nutzenstiftungen erwerben." Dies ist der Leitsatz der Marketingverantwortlichen vieler moderner Unternehmen. Hinter dieser Aussage steckt ein Grundprinzip einer erfolgreichen Marketing. Wenn ein Kunde sich für ein bestimmtes Produkt entscheidet, wird er nicht zuerst durch die physischen Merkmale oder objektiven Attribute des Produkts motiviert, sondern durch den Nutzen, den diese Attribute stiften (Herrmann 1996).

EINBLICKE

Ein Beispiel aus dem Bereich Investitionsgütermarketing: Ein Einkäufer von industriellem Schmieröl kauft nicht die besondere Mischung von Chemikalien, die von führenden Herstellern industrieller Schmiermittel angeboten wird, sondern ein Nutzenbündel, das die Lösung eines spezifischen Produktionsproblems ermöglicht.

Die Unterscheidung zwischen Nutzen und Produkten ist nicht nur eine Frage der Semantik. Er ist entscheidend für den Erfolg eines Anbieters. Jedes Produkt hat bestimmte Merkmale: Größe, Form, Leistung, Gewicht und Material. Viele Anbieter begehen den Fehler, die Kunden nur über diese Merkmale zu informieren, statt hervorzuheben, welche Bedeutung diese Merkmale für den Kunden haben. Eine einfache Methode, die Anwendung eines nutzenorientierten Ansatzes sicherzustellen, besteht darin, eine Aussage über die Bedeutung eines Merkmals zu erhalten, durch die das Merkmal mit seiner Nutzenstiftung (Benefit) verknüpft wird, zum Beispiel:

- „Die Wartungszeit wurde von vier auf drei Stunden gesenkt, was bedeutet, dass Ihre Kosten sich um … reduzieren."

- „Das Motorgehäuse besteht aus Aluminium, was bedeutet, dass bei einer Standard-LKW-Ladung sechs zusätzliche Einheiten transportiert werden können – und das wiederum bedeutet eine Senkung der Transportkosten um …"
- „Die Größe des Öltanks wurde um 25 % erhöht, und das bedeutet allein bei Ölkäufen mögliche Einsparungen in Höhe von …"
- „Das neue Spezialkugellager hat selbstausrichtende symmetrische Rollen, die ihr Gleichgewicht von allein justieren, sodass die Ladung immer symmetrisch über die Länge der Rolle verteilt ist, was eine Verlängerung der Lebensdauer um durchschnittlich ein Jahr bedeutet."

Nutzen

Nutzen lassen sich generell in drei Kategorien einteilen: „Kernnutzen", „unternehmensspezifischer Nutzen" und „Differenzierungsnutzen".

Der Begriff Kernnutzen umfasst den technisch-funktionalen Basisnutzen, der durch Produktmerkmale geliefert wird; er ist nicht an einen bestimmten Hersteller oder Anbieter gebunden. Den unternehmensspezifischen Nutzen dagegen verbinden Kunden mit einem bestimmten Anbieter, beispielsweise weil sie einen einzigartigen Service vom Anbieter erhalten oder ein bestimmtes Image mit ihm verbinden. Der Anbieter muss eine detaillierte Nutzenanalyse durchführen, um aus dieser Gruppe jenen Nutzen zu identifizieren, der einen tatsächlichen Wettbewerbsvorteil begründet, den sogenannten Differenzierungsnutzen (Beutin 2000). Darunter ist der differenzierende Nutzen zu verstehen, der von den Kunden auch tatsächlich gewünscht wird. Diese Analyse muss nicht nur für den Anbieter selbst, sondern auch für seine Wettbewerber erfolgen.

Wenn ein Anbieter nicht in der Lage ist, differenzierende Nutzenstiftungen zu identifizieren, bedeutet dies entweder, dass sein Angebot dem Angebot der Mitbewerber entspricht (was unwahrscheinlich ist) oder dass die Nutzenanalyse nicht richtig durchgeführt wurde. Es ist wichtig, die differenzierenden Nutzenstiftungen zu ermitteln, da sie die größten Erfolgschancen bieten.

Mikrosegmente nach Bedürfnissen einteilen (Nutzensegmentierung)

Definition
Kritische Attribute sind die materiellen oder immateriellen Attribute einer Leistung, die von Kunden herangezogen werden, wenn sie sich zwischen alternativen Angeboten entscheiden.

Im Folgenden werden die Mikrosegmente genauer untersucht. Die von ihnen repräsentierten Individuen und die kaufrelevanten Attribute werden analysiert, um die Ursachen ihrer Kaufentscheidungen zu ermitteln und ein besseres Verständnis für ihre Anforderungen zu gewinnen. Die mithilfe dieser Analyse identifizierten *kritischen Attribute* sind jene, die für die Käufer am wichtigsten sind und somit die Produktwahl bestimmen (Bauer/Hammerschmidt/Donnevert 2007). An diesem Punkt wird auch der „Preis" in den Prozess eingebracht, da er bei der Erklärung des Kaufverhaltens eine wichtige Rolle spielt. Der „Preis" zählt meist zu den kritischen Attributen.

Auch wenn sich das Prinzip, die Segmentierung aus Sicht des Kunden durchzuführen, inzwischen allgemein durchgesetzt hat, sei in dieser Phase des Prozesses betont, dass sich die Nutzenstiftungen auf den gesamten Markt beziehen.

Es geht also nicht nur um die Nutzenstiftungen, die ein Anbieter seinen Kunden liefert. Weiterhin müssen diese Nutzen *von den Nachfragern* als entscheidendes Kaufkriterium betrachtet werden, das heißt, es ist völlig unerheblich, was die Käufer nach Ansicht des Anbieters als kritische Attribute betrachten sollten.

Die Vorgehensweise zur Identifizierung der Nutzenanforderungen für jedes Mikrosegment lässt sich wie folgt zusammenfassen (McDonald/Dunbar 2004):

1. Für jedes der ermittelten Mikrosegmente sind die von ihm repräsentierten Kunden genau zu analysieren. Anschließend werden die möglichen kaufrelevanten Attribute vollständig aufgelistet.
2. Danach wird für einen Querschnitt von Kunden aus dem Mikrosegment die Wichtigkeit jedes Attributs einschließlich des Preises mithilfe eines einfachen Bewertungsschemas (z. B. ein, zwei oder drei Sterne) erhoben.
3. Jene Attribute mit den höchsten Wichtigkeiten (d. h. den höchsten Nutzenstiftungen) stellen die kritischen Attribute dar. Falls nicht alle Teilnehmer eines Segments bezüglich der Nutzenstiftungen ähnliche (homogene) Einschätzungen haben, sind zusätzliche Mikrosegmente zu entwickeln, um signifikante Unterschiede zu erfassen. Für jedes Segment ist dann eine Anpassung der Mengen- oder Werteinschätzung vorzunehmen sowie eventuell dessen Profil anzupassen.

Diese drei Schritte sind für jedes Mikrosegment durchzuführen. Danach werden die Mikrosegmente überprüft und miteinander verglichen.

Ein Beispiel zur Darstellung der Ergebnisse wird in *Tabelle 4.3* gezeigt.

Tab. 4.3 Darstellung von kaufrelevanten Attributen und ihrer relativen Bedeutung für Mikrosegmente

Attribute bzw. Ausprägungen	resultierende Nutzenstiftungen (Benefits)	kritische Attribute für Mikrosegmente				
		D	E1	E2	F	G
leicht, auf Räder montiert	leicht zu bewegen		★★★	★★★		★
schwer	vorteilhaft in Produktionsbereichen				★★★	
neueste Technologie	innovative Funktionalität	★★★	★			★★
bewährte Technologie	reduziert Schulungsbedarf			★★	★★★	
Rund-um-die-Uhr-Service	weniger Ausfallzeiten für Benutzer	★★★			★★	
Rückrufe durch Servicemitarbeiter	schnellere Anrufbearbeitung	★			★★	★★★
kleiner Anbieter	personalisierter Service			★★		★★★
großer Anbieter	verlässliches Back-up	★★	★★		★★	
	leichtere Kaufbestätigung		★			
	günstiger Preis	★	★	★	★★	★★

Hinweis: Die kritischen (wichtigsten) Attribute bzw. Benefits sind in dieser Tabelle mit drei Sternen (★★★) gekennzeichnet. Wie ersichtlich ist, kann ein einziges Merkmal mehr als einen Nutzen stiften und ein und derselbe Nutzen durch unterschiedliche Merkmale gestiftet werden.

Es ist natürlich auch möglich, die Wichtigkeit der Attribute numerisch anzugeben. Dieser Ansatz eignet sich am besten in der quantitativen Phase eines Segmentierungsprojekts, da er sich relativ schnell und einfach umsetzen lässt. Dies gilt besonders, wenn die Wichtigkeitserhebung telefonisch durchgeführt wird.

Die Segmentierung ist nun fast abgeschlossen. Nachdem eine bestimmte Zahl von Mikrosegmenten gebildet wurde, müssen diese auf Basis ihrer kritischen Attribute auf eine kleinere Anzahl von *Marktsegmenten* reduziert werden.

Der letzte Schritt in dieser dritten Phase besteht darin, nach Clustern von Mikrosegmenten zu suchen, die ähnliche beziehungsweise vergleichbare Nutzeneinschätzungen (Bedürfnisse) haben. Auf dieser Grundlage kann dann für jedes einzelne Zielsegment, das der Anbieter ansprechen will, ein maßgeschneidertes Angebot entwickelt werden. Neben einer Liste der Attribute, die für die einzelnen Entscheider der Cluster wichtig sind, sollte jedes Cluster zudem eine Mengen- oder Werteinschätzung sowie die Profilbeschreibungen der Entscheider enthalten.

Bei einer übersichtlichen Anzahl von Mikrosegmenten können bei intern durchgeführten Segmentierungsprojekten die Marktsegmente manuell gebildet werden, etwa durch visuelle Clusterung (Musterabgleich). Bei den meisten intern durchgeführten Projekten sollte es möglich sein, die Segmente auf diese Weise zu bilden. Alternativ können die Segmente mit Unterstützung statistischer Clustermethoden gebildet werden (Jensen 2008).

Die allgemeinen Schritte bei der Clusterbildung lassen sich wie folgt zusammenfassen:

1. Zunächst wird nach Kunden gesucht, die in Bezug auf ihre Nutzenanforderungen (Wichtigkeit) bezüglich der Attribute übereinstimmen. Aus solchen identischen Kunden werden die ersten Cluster gebildet.
2. Anschließend wird nach Kunden und Clustern gesucht, die zu einem sehr großen Teil übereinstimmen. Diese werden miteinander zu einer neuen Gruppe von Clustern zusammengefasst.
3. Dieser Prozess wird fortgesetzt, indem die Ähnlichkeit – die zwischen Kunden und Clustern existieren muss, bevor sie zusammengefasst werden können – kontinuierlich reduziert wird. Die Cluster werden auf diese Weise laufend geändert, bis das beste oder gewünschte Resultat erreicht ist. Dabei ist darauf zu achten, dass die Cluster zumindest in Bezug auf die meisten Attribute vergleichbare Nutzenanforderungen aufweisen.

Sobald die Clusterung erfolgt ist, müssen anhand der Größen und Profile der einzelnen Mikrosegmente die Größen der entsprechenden Cluster bestimmt sowie Profile für die Käufer erstellt werden.

Zum Schluss dieser Phase wird bestimmt, ob die Cluster sich als „Marktsegmente" eignen, indem die folgende Checkliste verwendet wird (Freter/Obermeier 2000; Homburg/Krohmer 2006):

Wirtschaftlichkeit	Jedes einzelne Segment muss groß genug sein, um die Kosten für die Entwicklung von spezifischen, auf das jeweilige Segment zugeschnittenen Angeboten und die

	Kosten für die Bereitstellung dieser Angebote im Markt zu rechtfertigen. Die Segmente müssen bewertbar sein.
Differenzierbarkeit	Das von einem individuellen Segment gewünschte Angebot muss sich ausreichend von den Angeboten unterscheiden, die von den anderen Segmenten gefordert werden. Hier wird die für ein bestimmtes Segment konzipierte Marketingstrategie überprüft, um sicherzustellen, dass sie sich von den Marketingstrategien für die anderen Segmente unterscheidet.
Erreichbarkeit	Die einzelnen Segmente werden dahingehend überprüft, ob sie mit den für sie konzipierten Marketingstrategien effektiv bearbeitet werden können.
Kompatibilität	Es muss geprüft werden, ob das Unternehmen in der Lage ist, sich auf die neuen Segmente zu fokussieren; etwa durch eine Umstrukturierung, die sich auf die Organisation, die Kultur, die Managementinformationssysteme und die Entscheidungsprozesse des Unternehmens erstreckt. Solche Veränderungen lassen sich möglicherweise nicht sofort realisieren, weshalb die Fähigkeit und Bereitschaft des Unternehmens, seine Struktur an die neuen Erfordernisse anzupassen, geprüft werden sollten.

Drei Fallstudien zur Segmentierung werden in diesem Kapitel an späterer Stelle vorgestellt.

Ausblick

Ein letzter wichtiger Schritt in dieser Phase des Marketingaudits besteht im Wesentlichen darin, das Marktmodell noch einmal zu betrachten und zu überprüfen, inwiefern es durch E-Commerce beeinflusst werden könnte. Diese Überprüfung des Marktmapping beinhaltet die Analyse des aktuellen Marktmodells und dessen Überarbeitung unter Berücksichtigung der Auswirkungen des E-Commerce. Die daraus resultierende Prognose in Bezug darauf, wie die Branche sich durch den Einfluss von E-Commerce verändern könnte, stellt das Unternehmen vor die Frage, wie es sich in der Branche positionieren und wie es sich in der Übergangsperiode verhalten soll. Folgende Optionen zur Überarbeitung des Marktmodells bestehen (Wirtz 2001):

1. *Vollständige Disintermediation:* Wie bei anderen IT-basierten Kanälen, etwa Callcentern, wird es durch den Einsatz von E-Commerce-Technologien möglich, Marktstufen (etwa Intermediäre) zu eliminieren, deren Hauptfunktion des Informationstransfers sich effektiver mithilfe des Internets erfüllen lässt. Ein Beispiel ist der direkte Verkauf von Grußkarten an Verbraucher durch den Grußkartenverlag, wodurch die Handelsstufe übersprungen wird.

2. *Partielle Disintermediation:* Der Intermediär fällt hier zwar nicht ganz weg, seine Rolle wird jedoch eingeschränkt, indem ein Teil seiner Nutzenstiftungen direkt vom Anbieter an den Kunden des Intermediärs geliefert wird. Dieses Modell wird etwa von einem Grußkartenhersteller in seiner Beziehung zu Händlern eingesetzt, wobei seine Webseite sein Vertreternetzwerk nicht ersetzt, sondern vielmehr ergänzt. Ein ähnliches Beispiel wäre ein Getränkehersteller, der Informationen seiner Großhändler für eine Direktansprache von Einzelhändlern verwendet. Von dem so entstehenden Nachfragesog profitieren auch die Großhändler.
3. *Reintermediation:* In einigen Fällen wird ein früherer Intermediär durch einen neuen Online-Intermediär nicht übergangen, sondern ersetzt. Oder es tritt ein Intermediär zwischen zwei Organisationstypen, die Transaktionen zuvor direkt miteinander abgewickelt haben. Immer mehr Hersteller nutzen B2B-Handelsplattformen, insbesondere E-Hubs (elektronische Märkte), die Händler und Hersteller zusammenführen. Ebenso avancieren Gesundheitsportale wie Lifeline zunehmend zu einflussreichen Intermediären, etwa zwischen Verbrauchern und Herstellern von Fitnessprodukten.

Welche Art der Reintermediation sich durchsetzen wird, ist schwer vorherzusagen, da die Möglichkeiten so zahlreich sind. Wird eine bestimmte Beziehung, beispielsweise zwischen einem Kiosk und dessen Lieferanten, weiterhin eine direkte Beziehung sein? Falls ja, werden diese Geschäfte Produkte über die Webseiten ihrer Lieferanten kaufen, oder werden die Lieferanten Bestellungen ausführen, die von den Händlern elektronisch übermittelt werden? Oder wird es einen neuen Intermediär geben, der als Marktplatz zwischen beiden agiert? Die Palette von Möglichkeiten reicht von Webseiten, die durch Nachfrager betrieben werden, am einen Ende (Japan Airlines etwa fordert Lieferanten auf seiner Internetseite durch offene Ausschreibungen zur Abgabe von Angeboten auf) bis zu Webseiten von Anbietern am anderen Ende (so bietet die *Harvard Business Review* eine kostenpflichtige Onlineversion an). Zwischen diesen beiden Extrempunkten befinden sich neutrale Marktplätze. Ein Beispiel sind Auktionsseiten, die weder an den Käufer noch an den Verkäufer gebunden sind. Etwas näher an den Verkäufern liegen Zwischenhändler wie der US-amerikanische Internetautohändler Autobytel, der an ihn gerichtete Kundenanfragen zu angeschlossenen lokalen Autohändlern weiterleitet. Ein eher käuferorientierter Intermediär ist das zu General Electric gehörende Unternehmen TPN Register, ein prototypischer E-Hub, der von einem Käuferkonsortium gegründet wurde. TPN Register bietet ein interaktives elektronisches B2B-Katalogsystem und sorgt als Intermediär zwischen Anbietern und Abnehmern dafür, dass Käufer durch positive Skaleneffekte von niedrigen Preisen und geringeren Transaktionskosten profitieren (Bauer/Hammerschmidt 2004).

Zahlreiche Forschungsergebnisse zeigen, dass die Antwort auf die Frage, welche dieser Möglichkeiten sich innerhalb einer bestehenden Beziehung als dominierender Handelsmechanismus etablieren wird, von der Anzahl der Verkäufer und Käufer sowie von ihrer relativen Macht abhängt (Holzmüller/Schlüchter 2003; Migalk et al. 2004). In den Fällen, in denen es wenige Käufer und viele Verkäufer gibt oder in denen die Macht des Käufers groß ist, wird der

Markt entweder zu individuellen Käuferwebseiten oder zu käuferorientierten Marktplätzen tendieren; ein Beispiel dafür wäre die E-Commerce-Plattform Covisint, die von Ford, General Motors und DaimlerChrysler ins Leben gerufen wurde. In den Fällen mit einer kleinen Zahl von Anbietern, die einer großen Anzahl von Kunden gegenübersteht, werden dagegen die Anbieter über die Macht verfügen, den Markt durch eigene Webseiten oder durch anbieterorientierte Konsortien zu kontrollieren. Wenn sowohl Anbieter als auch Abnehmer in großer Zahl vorhanden sind, wird der Trend zu neutralen Marktplätzen gehen, um die Suchkosten beider Parteien gering zu halten, auch wenn ein Anbieter mit einer besonders starken Marke und/oder Produktdifferenzierung, wie etwa *Harvard Business Review*, vielleicht auf die Teilnahme an solchen Marktplätzen verzichten wird.

Abbildung 4.13 illustriert diesen Reintermediationsansatz anhand eines vereinfachten Wertschöpfungsmodells in Verbindung mit dem Lebensmittelmarkt.

Die derzeitige Marktstruktur umfasst Hersteller, die Verbraucher durch eine Kombination aus Supermarktketten, unabhängigen Einzelhändlern und Kioskläden erreichen. Da es nur eine kleine Anzahl von Supermarktketten gibt, die über eine beträchtliche Kaufkraft verfügen, wird deren Beziehung zu Herstellern entweder weiterhin direkter Natur und durch Beschaffungssysteme dominiert sein, die von den Supermarktketten kontrolliert werden, oder aber durch einen käuferorientierten Intermediär geprägt, wie in der potenziellen zu-

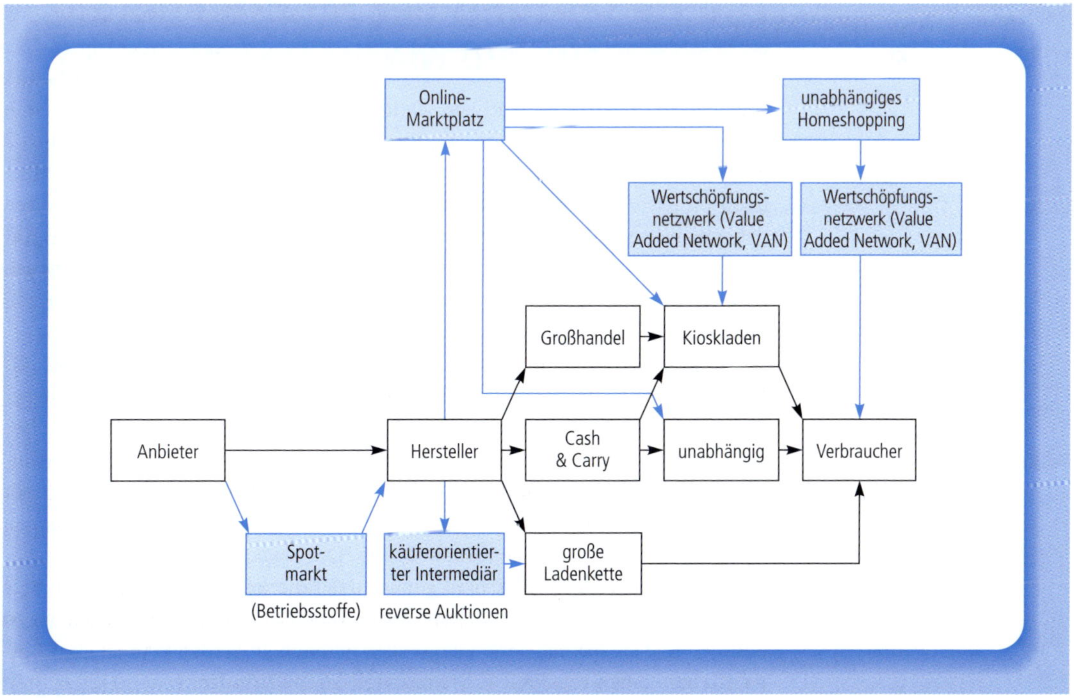

Abbildung 4.13
Rekonfiguration der Wertschöpfungskette – Nahrungsmittel.

künftigen Struktur zu sehen ist (blau hinterlegte Kästchen). Dagegen gibt es eine sehr große Zahl von unabhängigen Händlern und Kioskläden, sodass für die Beziehungen zwischen diesen und den Herstellern neutrale Intermediäre benötigt werden. Als solche fungieren derzeit Großmärkte und Großhändler. Was diese Beziehungen betrifft, werden sich wahrscheinlich ähnlich neutrale Online-Intermediäre durchsetzen, entweder in Form von neuen Start-up-Unternehmen oder in Form einer von Großhändlern selbst betriebenen Online-Handelsplattform. Zudem wird die Beziehung zwischen Herstellern und Anbietern in Zukunft voraussichtlich einen neutralen Spotmarkt (elektronischen Marktplatz) für Standardprodukte wie Inhaltsstoffe umfassen. Diese Prognosen scheinen mit den bisherigen Branchenentwicklungen übereinzustimmen (Migalk et al. 2004).

Bei der Überarbeitung des Marktmodells ist also der potenzielle Effekt aller drei vorangehend beschriebenen E-Commerce-Optionen zu berücksichtigen. In jedem einzelnen Fall sollte wie folgt vorgegangen werden:

1. Der Effekt der möglichen Veränderung sollte im Marktmodell skizziert werden.
2. Falls der Effekt sich für einige Segmente als positiv erweist, sollte die Veränderung im überarbeiteten Marktmodell miteinbezogen werden (beispielsweise für den Zeitraum der nächsten drei Jahre).

Die Bedeutung der Marktsegmentierung für die Marketingplanung

Im heutigen hoch kompetitiven Marktumfeld können Unternehmen es sich kaum mehr leisten, nur noch auf Basis des Preises zu konkurrieren. Bisher gab es kein Produkt, das ein anderer Anbieter an einem anderen Ort nicht noch preiswerter verkaufen könnte. Abgesehen davon ist in vielen Märkten das preiswerteste Produkt nur selten erfolgreich. Auf diese Thematik wird Kapitel 9 in Verbindung mit der Preisplanung noch näher eingehen. Tatsache ist, dass ein Anbieter einen Weg finden muss, um sich von seinen Mitbewerbern abzuheben – hierbei hilft die Marktsegmentierung.

> Die Typologie des Kunden oder des Segments muss mit den spezifischen Kompetenzen des Unternehmens in Beziehung stehen.

Nur sehr wenige Unternehmen befinden sich in der komfortablen Lage, „allen alles zu sein“. Das Hauptziel der Marktsegmentierung als Teil des Planungsprozesses besteht also darin, einen Anbieter in die Lage zu versetzen, seine Bemühungen auf die vielversprechendsten Möglichkeiten zu fokussieren. Das, was für Anbieter A eine Chance darstellt, muss aber nicht unbedingt auch eine Chance für Anbieter B sein. Letztendlich hängt dies von den individuellen Stärken und Schwächen des Anbieters ab. Der Zweck der Segmentierung besteht darin, entweder Märkte breit genug zu definieren, um sicherzustellen, dass die Kosten für die Kernaktivitäten wettbewerbsfähig sind, oder Märkte so zu definieren, dass spezialisierte Fähigkeiten entwickelt werden können, die es ermöglichen, einen relativen Kostennachteil zu überwinden.

In beiden Fällen muss die Marktdefinition mit den spezifischen Kompetenzen des Anbieters und derjenigen seiner Mitbewerber in Beziehung stehen. All dies sollte im Ergebnis des Marketingaudits sichtbar und in der SWOT-Analyse zusammengefasst werden. Insbesondere hinsichtlich der differenzierenden Nutzenstiftungen des Produkts des Anbieters sollte bei allen wichtigen Mitarbeitern im Unternehmen Übereinstimmung bestehen.

Die Ziele der Marktsegmentierung lassen sich abschließend wie folgt zusammenfassen:

- Unterstützung bei der Festlegung der Marketingausrichtung durch die Analyse des Käuferverhaltens,
- Unterstützung bei der Festlegung von realistischen und erreichbaren Marketing- und Verkaufszielen,
- Optimierung von Entscheidungsprozessen, indem Manager die verfügbaren Optionen im Vorfeld genau prüfen.

Segmentierung – Fallstudien

Zum Schluss dieses Kapitels werden drei Fallstudien vorgestellt, die veranschaulichen, dass eine richtig durchgeführte Marktsegmentierung zu deutlich höherer Profitabilität führt.

Fallstudie 1: Eine britische Handelskette für Wein- und Spirituosen

Mitte der 1980er Jahre sah sich eine britische Handelskette für Wein und Spirituosen, die mit Geschäften in großen Einkaufszentren und lokalen Einkaufspassagen vertreten war, mit sinkenden Kundenzahlen und sinkenden Ausgaben pro Kunde konfrontiert. Die ursprüngliche Erfolgsformel aus Design, Produktsortiment und Verkaufsförderung, die in jedem Geschäft auf identische Weise umgesetzt wurde, schien nicht mehr zu funktionieren.

Die Handelskette war zu einem klassischen Beispiel für ein Unternehmen geworden, das im Mittelfeld etabliert ist und versucht, den Ansprüchen *aller* Kunden zu genügen, dabei jedoch nur sehr wenige zufriedenstellt.

Statt sich zurückzulehnen und davon auszugehen, dass dies einfach nur eine schwierige Phase war und dass die bisherige Erfolgsformel in naher Zukunft wieder greifen würde, beschloss das Unternehmen, eine Studie durchzuführen, um seine aktuellen und potenziellen Kunden zu analysieren.

In der ersten Phase dieser Studie wurde eine umfangreiche geodemografische Analyse durchgeführt, um Erkenntnisse über die Wohnsituation in den Einzugsgebieten der einzelnen Geschäfte zu gewinnen. Erwartungsgemäß wurden zahlreiche geodemografische Unterschiede festgestellt, und das Unternehmen zog daraus rasch die Schlussfolgerung, dass all diese unterschiedlichen Zielmärkte wohl kaum erfolgreich mit ein und derselben Handelsstrategie bearbeitet werden konnten.

Die Charakteristika der Einzugsgebiete wurden nicht durch separate Betrachtungen der einzelnen Geschäfte erstellt, sondern mithilfe der Clusteranalyse, durch die ähnliche Einzugsgebiete zusammengefasst wurden. So ergaben sich 21 Gruppen. Von jeder dieser Käufergruppen wurde dann ein Profil erstellt in Bezug auf ihr Potenzial, bestimmte Wein- und Spirituosenprodukte zu kaufen, wobei Kaufdaten aus nationalen Studien in das Profiling einbezogen wurden. Zu beachten ist hier, dass die eigenen Daten des Unternehmens natürlich nur das Kaufverhalten der Bestandskunden reflektiert hätten, schlimmstenfalls sogar nur einen Teil von deren Anforderungen, etwa wenn diese durch das aktuelle Produktsortiment des Unternehmens beschränkt waren.

Die alleinige Bereitstellung des erforderlichen Produktsortiments am richtigen Standort würde die jeweiligen Zielmärkte jedoch nicht unbedingt ansprechen. Die Handelskette wurde bereits mit einem bestimmten Angebotstyp assoziiert, der neben einem speziellen Getränkesortiment auch das grundlegende Design der Geschäfte und die Verkaufsförderung umfasste.

Daher wurden in der zweiten Phase der Studie die Einstellungen und Motive der Nachfrager in Bezug auf das Konsumverhalten von Getränken untersucht und den so ermittelten Dimensionen relative Wichtigkeiten zugeordnet. Dieser Schritt erfolgte im Rahmen einer unabhängig durchgeführten Marktforschungsstudie mit dem Ergebnis, dass der Markt in mehrere psychografische Gruppen aufgeteilt wurde. Zu diesen Gruppen zählten unter anderem „glückliche und impulsive" Käufer, „ängstliche und verwirrte" Käufer, „zögernde aber organisierte" Käufer und „unorganisierte, extravagante" Käufer.

Anschließend wurden in dieser Phase der Studie die Daten, die in Bezug auf Einstellungen und Motive erhoben worden waren, mit den demografischen Daten verknüpft. Die Ergebnisse beider Phasen wurden also zusammengeführt. Auf diese Weise konnten die ursprünglichen 21 Cluster zu eigenständigen Segmenten reduziert werden, für die jeweils ein individuelles Angebot sinnvoll war.

Das Unternehmen musste sich nun zwischen zwei Strategien entscheiden:

1. Fokussierung auf ein einziges Segment unter Einsatz einer einzigen Marke mit entsprechenden Standortwechseln einschließlich Geschäftsschließungen und Geschäftsneueröffnungen oder
2. Entwicklung eines überschaubaren Portfolios von Einzelhandelsmarken unter Bewahrung eines Großteils der Geschäftsstandorte mit entsprechend notwendiger Modifikation der Marken, Außengestaltung und Inneneinrichtung.

Das Unternehmen entschied sich für die zweite Strategie.

Es erkannte, dass demografische Profile in geografischen Gebieten sich mit der Zeit verändern können, was meist auch eine Veränderung von Kundenbedürfnissen und -einstellungen nach sich zieht. Inzwischen ist das Unternehmen dazu übergegangen, seinen Markt sorgfältig zu überwachen und auf Änderungen der Situation flexibel durch eine entsprechende Anpassung seines Markenportfolios zu reagieren. Zu Beginn der 1990er Jahre hatten sich die fünf Handelsmarken des Unternehmens – „Bottoms Up", „Wine Rack", „Threshers Wine Shop", „Drinks Store from Threshers" und „Food and Drinks Store" – komfortabel in den fünf Segmenten platziert. Zudem hatten sie sich in ihrem Einkaufszentrum fest etabliert. Das Unternehmen war also in der Lage, die Bedürfnisse der Segmente, die sich im Einzugsgebiet dieses Einkaufszentrums befanden, effizient zu erfüllen. Und was vielleicht noch wichtiger ist: Diese Strategie hat sich auch in Bezug auf die finanziellen Ziele des Unternehmens ausgezahlt.

Quelle: In Anlehung an Thornton (1993).

Fallstudie 2: Natriumtripolyphosphat

Einst war Natriumtripolyphosphat nichts weiter als eine einfache, langweilige, weiße chemische Reinigungssubstanz. Heute zählt es zu den Hauptbestandteilen eines sehr rentablen Produkts, das unter vielen Markennamen angeboten wird – und all diese Marken konkurrieren in einem Markt, der mittlerweile clever segmentiert wurde.

Wäre es nicht interessant zu wissen, welche Zahnpastanutzer von den Zahnpastaherstellern welchem Marktsegment zugeteilt werden? Die folgende Tabelle zeigt, welche Hauptsegmente es gibt (Haley 1995).

	Segment	Besorgte	Gesellige	Sinnliche	Unabhängige
Profil	demografisch	C1 C2 25–40 Großfamilien	B C1 C2 Jugendliche junge Raucher	C1 C2 D Kinder	A B 35–40 männlich
	psychografisch	konservativ: Hypochonder	sehr gesellig: aktiv	hohes Ich-Involvement: Hedonisten	sehr autonom; wertorientiert
was, wo, wann und wie gekauft wird	Produkt-beispiele	Signal, Mentadent P	Macleans, Ultrabrite	Colgate, Aquafresh	Eigenmarke
	Produkt-merkmale	große Behälter	große Tuben	mittelgroße Tuben	kleine Tuben
	Gesundheits-eigenschaften	weißere Zähne	angenehmer Geschmack		
	Geschäftstyp	Supermarkt	Supermarkt	Supermarkt	unabhängig
	Kaufhäufigkeit	wöchentlich	monatlich	monatlich	vierteljährlich
Kaufgründe	Nutzen-anforderung	Karies stoppen	Aufmerksamkeit erregen	Geschmack	Funktionalität
	gezahlter Preis	mittel	hoch	mittel	niedrig
	Marktanteil in Prozent	50 %	30 %	15 %	5 %
Wachstums-potenzial		niedrig	hoch	mittel	null

Hinweis: Die Angaben „C1", „C2" usw. in den demografischen Profilen der einzelnen Segmente repräsentieren sozioökonomische Gruppen. Diese Klassifizierung wurde in Großbritannien bis 2001 eingesetzt und inzwischen durch ein anderes System mit acht Klassen ersetzt. „Signal" und „Mentadent P" sind Marken von Lever Fabergé, „Macleans" und „Aquafresh" von GlaxoSmithKline, „Ultrabrite" und „Colgate" von Colgate Palmolive.

Fallstudie 3: GlobalTech (Dienstleistungssegmentierung)

Zusammenfassung

Diese Fallstudie illustriert, welchen Nutzen die Marktsegmentierung bei der Entwicklung einer Dienstleistung hat. Die Kundenanforderungen wurden mithilfe qualitativer Forschung ermittelt. Die Segmentierung wurde durch den Einsatz von quantitativer Forschung vervollständigt. Das Ergebnis war eine Gruppe von Segmenten, die die Entwicklung eines neuen Serviceansatzes bei gleichzeitiger Verbesserung der Kundenzufriedenheit ermöglichte. GlobalTech ist der fiktive Name eines existierenden Unternehmens, das Hightech- und Dienstleistungsprodukte weltweit vermarktet. Das Unternehmen hat mehrere Hunderttausend Kunden. Bei den Märkten handelt es sich hauptsächlich um B2B-Märkte, einige der Kunden sind Großkunden. Der Service stellt mit mehreren Milliarden Dollar eine Haupterlösquelle dar. Diese Fallstudie ist besonders für solche Unternehmen interessant, die eine sehr große Anzahl von Kunden betreuen.

Hintergrund

Eine misslungene Segmentierung

Anfang 2000 versuchte ein internes Team von GlobalTech, ein Marketingaudit durchzuführen. Dieses Audit beinhaltete eine Marktdefinition, eine Marktsegmentierung und eine quantitative Analyse. Alle Produktabteilungen führten ihr Audit separat durch. Sie setzten hauptsächlich Brainstorming-Techniken ein, um ihre Märkte zu definieren und die erforderlichen Daten zu sammeln.

> Lektion 1
> Märkte gehen über die Grenzen intern definierter Produktsparten hinaus. Das Hauptanliegen eines jeden Anbieters sollte darin bestehen, seine Märkte zu verstehen und seine Gesamtperformance in diesen Märkten zu überwachen. Marktinformationen sollten niemals willkürlich „angepasst" werden, um internen Reporting-Anforderungen gerecht zu werden, da sonst unweigerlich Fehlinformationen resultieren.

Die Resultate wurden schließlich spartenübergreifend miteinander verglichen. Schnell stellte sich heraus, dass jede Sparte nahezu jeden Markt bearbeitete. Die Marktdefinitionen der einzelnen Sparten waren jedoch sehr unterschiedlich bezogen auf die darunter zusammengefassten Produkte. Zudem befanden sich die von jeder Sparte identifizierten Segmente in Konflikt mit den Segmenten, die von den anderen Sparten ermittelt worden waren.

Es herrschte bald Einigkeit darüber, dass die Ergebnisse unzuverlässig und als Grundlage für zukünftige Strategien oder Marketinginvestitionsentscheidungen ungeeignet waren.

GlobalTech befand sich also in der unangenehmen Lage, keine verwertbaren Marktinformationen zur Hand zu haben. Das bisherige Vertrauen des Unternehmens in seine Marktkenntnisse war zerstört. Als Konsequenz wurde entschieden, zukünftig alle Aufgaben in Bezug auf Marktanalysen durch ausreichende Investitionen in Marktforschung zu unterstützen.

> Lektion 2
> Anbieter sollten intern gesammelte Meinungen von Vertriebs- und Marketingmitarbeitern nicht als Grundlage für die Definition von Märkten und die Identifizierung von Kundenanforderungen verwenden. Anbieter sollten stattdessen in die notwendige Marktforschung investieren, um zu einer zuverlässigen Marktsegmentierung zu gelangen, die als adäquate Basis für die Entwicklung von Strategien und Produkten dienen kann.

Eine erneute Marktsegmentierung

Im folgenden Jahr wurde die Segmentierung erneut durchgeführt, diesmal unterstützt von umfassender qualitativer und quantitativer Marktforschung. Das Ziel bestand darin, die Käufer im Gesamtmarkt zu analysieren und in Segmenten zu gruppieren.

Die qualitative Studie ergab ein sehr deutliches Bild und eine entsprechend klare Definition der Zielmärkte von GlobalTech. Sie lieferte zudem Erkenntnisse über die Nutzenvorstellungen der Kunden in Bezug auf die Produkte und über die Unterschiede in Bezug auf ihre Einstellungen gegenüber den Anbietern. Der Fragebogen für die quantitative Studie basierte auf den Ergebnissen der qualitativen Studie. Das Ergebnis waren sieben klar definierte Käufersegmente.

Dieses erweiterte Marktverständnis war in Bezug auf das Marketing der Hard- und Softwareprodukte durchaus hilfreich. Dienstleistungen, Kundenzufriedenheit und Kundenloyalität fanden jedoch keine Berücksichtigung.

Die internen Anforderungen

Anfang 2000 hatte der Marktlebenszyklus ein Stadium der Sättigung erreicht. Mit Ausnahme der anspruchsvolleren Produkte wurden alle Produkte als Massenartikel wahrgenommen. Folglich waren die Chancen für eine effektive Produktdifferenzierung gesunken. Wie seine Mitbewerber musste auch GlobalTech feststellen, dass die Kundenloyalität stark zurückging.

Viele Jahre lang wurden ungefähr 70 % der Produkterlöse von GlobalTech durch Produktwechsel und Upgrades bei Bestandskunden generiert. Die After-Sales-Erlöse[1] entsprachen nahezu den Gesamterlösen. Der Service wurde als Haupteinflussgröße der Kundenbindung betrachtet, doch die Servicekosten wurden für die Kunden allmählich inakzeptabel. Gleichzeitig gerieten die Preise für die Services unter zunehmenden Wettbewerbsdruck.

Die Herausforderung bestand darin, die Kundentreue zu erhöhen und zugleich eine sprunghafte Verbesserung in den Margen zu erreichen. Daher wurde entschieden, in Marktforschung zu investieren, um ein besseres Verständnis für den Dienstleistungsmarkt zu gewinnen und dieses als Basis für eine effiziente Differenzierung und Steigerung der Kundentreue zu nutzen. Diese Fallstudie zeigt das Segmentierungsprojekt vom Beginn bis zur Implementierung auf.

Das Segmentierungsprojekt

Projektakzeptanz

Das für den Kundendienst verantwortliche Vorstandsmitglied von GlobalTech „promotete" das Projekt. Dies war eine entscheidende Voraussetzung, zumal das Ergebnis signifikante Auswirkungen auf die Organisation und deren Prozesse und Verhaltensweisen haben würde.

Außerdem gehörten dem Projektteam führende Mitarbeiter aus den Bereichen Kundendienst, Marketing und Finanzen an, um breite Unterstützung sicherzustellen. Zu diesem Zeitpunkt wurde allerdings entschieden, nur aus zwei Ländern Repräsentanten hinzuzuziehen, um Reisekosten und sonstige Ausgaben niedrig zu halten und Ressourcenprobleme zu vermeiden. Rückblickend betrachtet war dies jedoch keine weise Entscheidung.

> **Lektion 3**
> Ein Anbieter sollte versuchen, das Ausmaß des organisatorischen Wandels abzuschätzen, den ein großes Segmentierungsprojekt nach sich zieht. Anschließend sollte sichergestellt werden, dass das Segmentierungsprojekt von Anfang an die Unterstützung von allen Personen erhält, die ein Mitspracherecht bei der finalen Implementierung haben.

Geschäftsziele

Das Projektteam legte folgende übergeordnete Geschäftsziele fest:

- Entwicklung von Strategien mit dem Ziel einer rentablen Steigerung des Marktanteils und des Aufbaus eines nachhaltigen Wettbewerbsvorteils in den Dienstleistungsmärkten von GlobalTech,
- Identifizierung von Chancen für neue Services und für die Steigerung der Kundenzufriedenheit im Kontext einer nachhaltigen Segmentierung nach Kundenbedürfnissen, die sich leicht im Markt umsetzen lässt,
- Identifizierung der zentralen Determinanten der Kundenloyalität, die die Entwicklung von Maßnahmen zur signifikanten Steigerung der Kundenloyalität erlauben,

[1] After-Sales-Erlöse sind Erlöse, die sich fast automatisch nach dem Erstverkauf eines Produkts ergeben. Dazu zählen im Normalfall Erlöse aus Dienstleistungen wie Kundendienst, Schulung, Beratung sowie aus dem Verkauf von Verschleißteilen, Zubehör und Zusatzleistungen (Add-ons).

- Bereitstellung der Informationen, die für die Entwicklung einer neuen und innovativen Palette von Serviceleistungen benötigt werden, die auf unterschiedliche Kundenanforderungen zugeschnitten sind und gleichzeitig eine signifikante Reduzierung interner Geschäftsprozesskosten ermöglichen.

Ergebnisse der qualitativen Studie

Die qualitative Studie mündete in einem 93-seitigen Bericht, der die Ergebnisse unter Berücksichtigung der gewünschten Forschungsziele dokumentierte. Einige überraschende Aspekte wurden durch ausführliche Berichte gestützt. Ein wichtiges Ergebnis war die Polarisierung der Anforderungen der Käufer in Bezug auf den Service. Hier einige Beispiele:

- Manche Käufer erwarteten eine Antwort innerhalb weniger Stunden, während die meisten anderen sich mit einer Antwort am nächsten Tag zufriedengaben.
- Manche Käufer legten Wert auf eine gründliche Schulung ihrer eigenen Mitarbeiter, die mögliche Probleme mit telefonischer Unterstützung eines Spezialisten selbst lösen sollten; anderen genügte die Lösung des Problems durch den Serviceanbieter.
- Manche Käufer legten Wert auf regelmäßige proaktive Ansprache, während andere lieber nicht kontaktiert werden wollten.
- Manche Käufer waren bereit, im Rahmen eines regulären Vertrags für einen Premium-Service zu zahlen, während andere lieber darauf verzichteten.
- Die Anforderungen der Einkäufer, die die Services im Auftrag der Verwender beschafften, unterschieden sich stark von den Anforderungen der Verwender.

Ergebnisse der quantitativen Studie

Die quantitative Studie führte zu umfangreichen Ergebnissen. Ein Großteil davon beinhaltete detaillierte demografische Daten, Informationen zu Chancen und Vergleiche mit der Wettbewerbspositionierung. Der Fokus lag jedoch auf einer Zusammenfassung, die zur internen Kommunikation innerhalb von GlobalTech bestimmt war. Nachfolgend werden einige Auszüge aus dieser wiedergegeben.

Die Segmente

Die wiederholte Clusteranalyse resultierte in der Identifizierung von sechs Segmenten. Durch die Clusteranalyse waren zunächst mehr Segmente identifiziert worden. Nach sorgfältiger Analyse wurden diese auf eine überschaubarere Menge reduziert. Einige sehr kleine Segmente wurden mit sehr ähnlichen größeren Segmenten zusammengefasst.

Polarisierung der Einstellungen

Im Rahmen der Clusteranalyse wurden die Segmente durch die Gruppierung von Kunden mit ähnlichen Einstellungen und Anforderungen gebildet. Zwischen den Segmenten resultierten dadurch signifikante Unterschiede in Bezug auf Einstellungen. Wie nachfolgend zu sehen ist, legten die Koalabären überhaupt keinen Wert darauf, geschult zu werden. Die Teddybären, Yogibären und Eisbären vertraten jedoch eine nahezu entgegengesetzte Einstellung.

Koalabären

Sie sparen, wo es geht, und nutzen beispielsweise verlängerte Garantiefristen; sie machen nichts selbst und warten lieber darauf, dass jemand kommt, um das Problem zu lösen.

Kleine Büros (in kleinen und großen Unternehmen), **28 % des Marktes**

Teddybären

Sie verlangen ein hohes Maß an Kundenbetreuung und viel Aufmerksamkeit von einem einzigen bevorzugten Anbieter; sie sind zu zusätzlichen Ausgaben für Schulung und Betreuung bereit. Falls sie mehrere Standorte haben, erwarten sie, dass ihr Anbieter alle Standorte effektiv betreut („Bieten Sie mir Schutz!“).

Größere Unternehmen, **17 % des Marktes**

Eisbären

Wie Teddybären, nur härter. Sie suchen immer nach dem preiswertesten Serviceanbieter, egal wer das ist, und wollen alles über den Service abdecken. „Schulen Sie mich, aber erwarten Sie dafür keine Extrabezahlung.“ Sie führen jährliche Überprüfungen durch. Falls sie mehrere Standorte haben, erwarten sie vom Anbieter eine effektive Betreuung aller Standorte.

Größere Unternehmen, **29 % des Marktes**

Yogibären

„Erfahrene“ Teddy- oder Eisbären; sie greifen bei Problemen möglichst auf geschulte Mitarbeiter zurück. Sie benötigen einen fähigen Produktspezialisten am anderen Ende der Leitung, keinen Terminverwalter. Sie fordern verschiedene Servicestufen, je nach Bedeutung des Produkts für ihren Geschäftsprozess.

Große und kleine Unternehmen, **11 % des Marktes**

Grizzlybären

Motto: Wegschmeißen! Ersetzen ist billiger als behalten. Die Produkte sind so zuverlässig, dass sie obsolet sind, wenn die kaputt gehen und eine Reparatur daher nicht lohnt. Teure Reparaturen wollen sie nur dann, wenn es sich wirklich lohnt. Sie zahlen nicht für Schulungen.

Keine kleinen Unternehmen, **6 % des Marktes**

Andropov-Bär

Mein Geschäft ist voll und ganz auf Ihre Produkte angewiesen. Ich weiß mehr über Ihre Produkte als Sie! Sie tun das, was ich sage. Sie kommen sofort hierher! Ich werde Extragebühren zahlen, aber dafür werden Sie … !

Keine kleinen oder sehr große Unternehmen, **9 % des Marktes**

Kundenzufriedenheit und Kundenloyalität

GlobalTech nutzte Messungen der Kundenzufriedenheit auf lokaler Ebene als Diagnosetool für Geschäftsprozesse und auf globaler Ebene zur Management-Performancemessung. Von den ermittelten Zufriedenheitswerten aller Kunden wurden Durchschnittswerte nach regionalen und nach Produktsparten ermittelt, um die Anforderungen an das interne Management-Reporting zu erfüllen.

Die Ergebnisse der quantitativen Studie zeigten jedoch klar, dass diese traditionell anerkannten Kennzahlen faktisch nahezu bedeutungslos waren. Was die Kunden eines Marktsegments zufriedenstellte, war für die Kunden eines anderen Segments ein Grund für Beschwerden, und umgekehrt. Um die Messwerte sinnvoll zu machen, mussten sie nach Schlüsselmerkmalen und Marktsegmenten aufgesplittet werden.

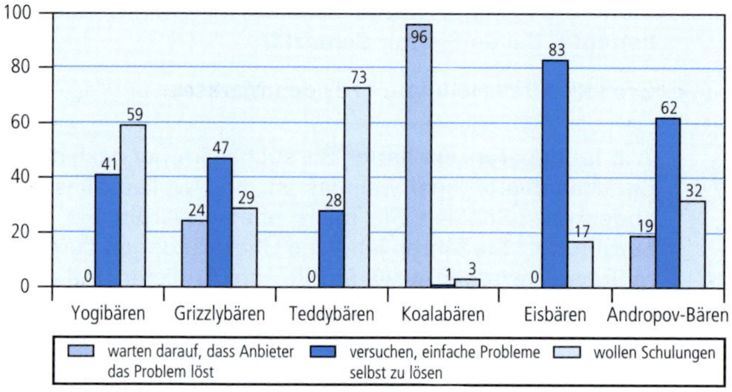

% der Kunden mit „hoher Wahrscheinlichkeit eines Wiederholungskaufes bei GlobalTech"

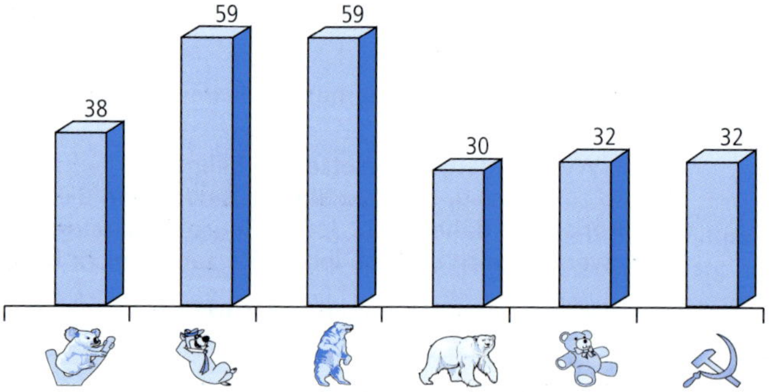

Wie zu sehen ist, war die Kundenzufriedenheit offensichtlich dort am höchsten, wo GlobalTechs Einheitsservice zufälligerweise am ehesten den Anforderungen eines Segments entsprach.

Zusammenhang zwischen Kundenloyalität und Kundenzufriedenheit

Viele Produkte von GlobalTech traten allmählich in die Massenproduktphase des Marktlebenszyklus ein. Die Kundentreue ließ deshalb allmählich nach, was nicht überraschte.

Jeder Anstieg der Kundentreue um einen Prozentpunkt bedeutete fast denselben Anstieg beim Marktanteil. Jeder Prozentpunkt Marktanteil brachte mehrere Millionen Dollar an Bruttoerlösen ein. Die Kosten für einen Wiederverkauf an einen treuen Bestandskunden betrugen nur ein Sechstel der Akquisitionskosten eines Neukunden. Infolgedessen hatte jeder Prozentpunktanstieg bei der Kundentreue einen signifikanten Effekt auf das Finanzergebnis.

Daher umfasste die quantitative Studie eine Korrelation der Treiber der Kundenzufriedenheit und der Kundentreue innerhalb jedes Marktsegments. Die qualitative Studie identifizierte 28 Schlüsselanforderungen von Kunden an ihren Serviceprovider. Im Rahmen der quantitativen Studie wurden diese priorisiert, sodass sich eine Liste mit 17 Schlüsselanforderungen ergab. Durch anschließende Korrelationsanalysen wurde diese Zahl auf nur zwei Schlüsselanforderungen reduziert, die eine signifikante Korrelation zwischen den entsprechenden Kundenzufriedenheitswerten und der Kundentreue zeigten:

1. Bereitstellung von Servicestufen, die den individuellen Kundenbedürfnissen entsprechen,
2. Sicherstellung einer nachhaltigen Leistungsfähigkeit.

Der zweiten Schlüsselanforderung wurde GlobalTech bereits in allen Segmenten gerecht, die erste erfüllte das Unternehmen bislang jedoch nur in zwei Marktsegmenten.

Segmentattraktivität

Als Entscheidungshilfe in Bezug auf die Frage, wo am besten investiert werden sollte, wurde eine Tabelle mit Attraktivitätskriterien erstellt, die von GlobalTech festgelegt wurden. Daten aus der quantitativen Studie wurden mit internen Finanzdaten von GlobalTech kombiniert.

Jedes Kriterium wurde gewichtet, um die relative Bedeutung für GlobalTech zu reflektieren. Die Ergebnisse zeigten, dass es einige Probleme gab, aber auch Chancen. Die höchsten Margen beispielsweise wurden zum Teil in den Segmenten mit der geringsten Kundentreue erzielt.

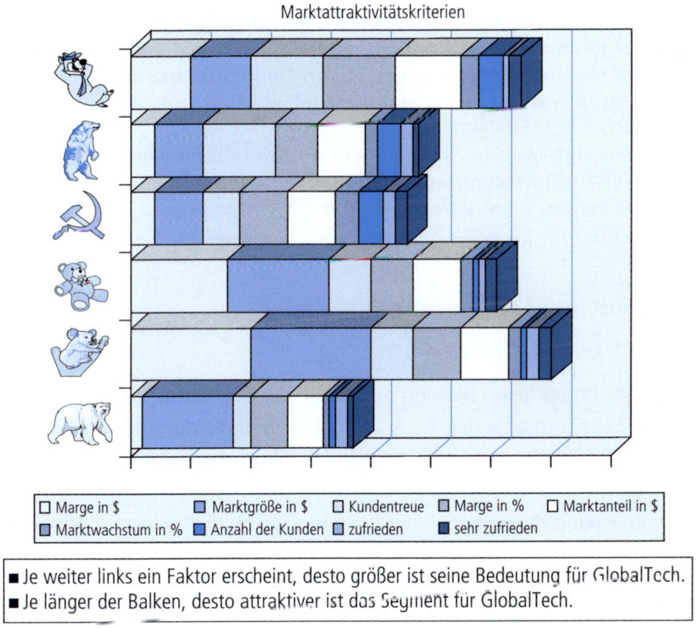

Wettbewerbspositionierung

Zum Glück für GlobalTech besaßen die Mitbewerber des Unternehmens offenbar kaum Wissen über die Marktsegmente oder die unterschiedlichen Bedürfnisse ihrer Kunden. Auch sie stellten vor allem einen „Einheitsservice“ bereit. Bei ihren Angeboten gab es jedoch einige bemerkenswerte Unterschiede. Jeder bedeutende Mitbewerber war signifikant stärker in jenen ein oder zwei Marktsegmenten, in denen ihr Angebot am besten den Segmentbedürfnissen entsprach.

Die quantitative Studie lieferte detaillierte Ranglisten der relevanten Kaufentscheidungskriterien für jedes Marktsegment. Diese sollten sich während der Phase, in der die Serviceangebote konzipiert und die Wettbewerbsstrategie entwickelt wurden, als außerordentlich wertvoll erweisen.

Erreichbarkeit

Um segmentspezifische Strategien oder Kommunikationskonzepte erfolgreich implementieren zu können, musste GlobalTech in der Lage sein, die einzelnen Kunden nach Segmenten zu identifizieren. Im Rahmen der quantitativen Studie wurden zwei statistische Untersuchungen zur Erreichbarkeit durchgeführt.

Ein Sampling interner Datenbanken von GlobalTech zeigte, dass genug relevante Daten vorlagen, um unter Einsatz statistischer deskriptiver Methoden bei der Erfassung individueller Kundendaten nach Marktsegment eine Genauigkeit von über 70 % zu erreichen. Dies wurde als ausreichend betrachtet, um die Marketingkommunikation signifikant zu verbessern, war jedoch möglicherweise nicht genau genug, um sicherzustellen, dass immer das am besten passende Angebot bereitgestellt wurde. Mithilfe einer statistischen Analyse wurden vier Fragen ermittelt, die eine akzeptable Genauigkeit der Segmentzuordnung ermöglichen sollten. Diese Fragen konnten dann im Callcenter sowohl bei Inbound- als auch bei Outbund-Gesprächen gestellt werden, bis schließlich alle Kunden erfasst waren.

Die Empfehlung lautete, beide Methoden parallel einzusetzen, sodass die Genauigkeit mit der Zeit erhöht wurde. Zudem sollte der Erfassung von Großkunden Priorität eingeräumt werden.

Lektion 4

Ein Verständnis der Marktsegmente hilft bei der Konzipierung der gewünschten Angebote. Es sollte jedoch nicht zu viel Energie in die Erreichbarkeit gesteckt werden. Es ist nicht unbedingt notwendig, von Beginn an jeden einzelnen Kunden dem richtigen Segment zuzuordnen. Wenn es Zweifel gibt, sollten den Kunden alternative Angebote unterbreitet werden, um dann zu beobachten, wie sie sich selbst segmentieren.

Ebenfalls sollte berücksichtigt werden, dass in großen Kundenunternehmen manche Käufer möglicherweise unterschiedlichen Marktsegmenten angehören, wenngleich der Unterschied in der Regel nur ein oder zwei Kaufkriterien, nicht jedoch alle betrifft.

Strategieentwicklung und Implementierung

Marktverständnis und Strategieentwicklung

Die Herausforderung für das Projektteam bestand nun darin, die Ergebnisse beider Studien zu verarbeiten und zu verstehen. Im nächsten Schritt musste das Team auf der Grundlage der gewonnenen Erkenntnisse realisierbare Strategien entwerfen. Um dies zu erreichen, wurde ein Workshop eingesetzt, um Chancen, Risiken und offene Probleme zu klären.

Dieser Prozess beinhaltete ein umfassendes Brainstorming, gefolgt von einer Reihe innovativer Strategieentwicklungs-Workshops.

Ein Moderator führte das Team systematisch durch alle relevanten Punkte. Unter Einsatz der Brainstormingtechnik versuchte das Team, alle Chancen, Risiken oder internen Probleme zu identifizieren, die mit den einzelnen Punkten zusammenhingen. Die besprochenen Informationen wurden außerdem einem kritischen Vergleich mit bestehenden Praktiken und Prozessen unterzogen mit dem Ziel, zusätzliche kreative Ideen im Brainstorming zu generieren. Unter Verwendung der kritischen Nutzenanforderungen aus dem Marktmodell wurden Stärken und Schwächen hinzugefügt, sodass der Prozess schließlich in einer SWOT-Analyse mündete. Ähnliche Ideen wurden zusammengefasst, um Redundanzen zu vermeiden.

Jede Idee erhielt zwei Punktwertungen zwischen 1 und 9. Die erste Wertung bezog sich auf die geschätzten finanziellen Wirkungen, die zweite auf die Erfolgswahrscheinlichkeit. Die Ideen wurden dann nach ähnlichen

Aktivitäten und Aktivitäten mit ähnlichem finanziellen Ergebnis gruppiert. Dadurch wurde sichergestellt, dass Doppelzählungen vermieden und zugleich Chancen und Risiken gegeneinander verrechnet wurden. Den einzelnen Ideengruppen wurden dann die höchste Einzelwertung in Bezug auf die finanziellen Folgen und eine verbesserte Wertung in Bezug auf die Erfolgswahrscheinlichkeit zugeordnet. Wenn die Lösung eines internen Problems eine Voraussetzung für die Nutzung einer Chance oder die Vermeidung eines Risikos war, wurde das betreffende Problem zusammen mit den damit verbundenen Kosten und Ressourcen derselben Gruppe zugeordnet wie die Chance oder das Risiko. Die Regel war, dass ein einzelnes Problem mit vielen Gruppen verbunden war. Die Gruppen wurden benannt und dann in Abhängigkeit von finanziellen Folgen und Erfolgswahrscheinlichkeit in eine Rangordnung gebracht. Daraus resultierte eine priorisierte Liste mit Handlungsempfehlungen, die GlobalTech wie auch seinen Kunden einen maximalen Nutzen ermöglichen sollten. In mehreren Diskussionsrunden wurde daraus eine übergeordnete Strategie mit einer Reihe von priorisierten Substrategien entwickelt. Jede Substrategie wurde durch eine dokumentierte Beschreibung der jeweiligen Chance gestützt. In dieser Phase wurden Konzepte für innovative und zugleich einfach durchzuführende Implementierungsoptionen angeregt, mit denen sich die Erfolgschancen maximieren ließen. Jede Implementierungsoption wurde durch Marktdaten, Erlösdaten und Daten zu Auswirkungen auf die Organisation sowie Informationen zu verbundenen Problemen, Ressourcen, Kosten und Kontrollgrößen gestützt. Mitglieder des Vorstands wurden dann in einen Prozess zur Auswahl von Optionen und Investitionsanträgen involviert. Im Anschluss daran wurden die Implementierungsprogramme und Projektpläne erstellt.

Die Strategie

Insgesamt lautete die Empfehlung, eine Reihe von Serviceangeboten zu konzipieren, die auf die individuellen Bedürfnisse jedes Segments zugeschnitten waren. Diese sollten durch eine Reihe von zusätzlichen Premiumleistungen für bestimmte Segmente ergänzt werden. Während der Konzeption der segmentorientierten Angebote wurde der Fokus auf die Vereinfachung von Geschäftsprozessen gelegt, um Redundanzen zu eliminieren.

Alle Angebote zielten darauf ab, die Kundenzufriedenheit signifikant zu steigern unter Betonung derjenigen Größen, die sich am stärksten auf die Kundentreue auswirken. Die Angebote unterschieden sich zum Teil ziemlich deutlich voneinander, sowohl in Bezug auf die erbrachten Leistungen als auch in Bezug auf die internen Prozesse, die dafür erforderlich waren. Mit dieser Differenzierung wurde zudem beabsichtigt, in einer Reihe von Marktsegmenten einen messbaren Wettbewerbsvorteil aufzubauen.

Ein Schlüssel zur Implementierung des Projekts bestand in Empfehlungen, wie die Messgrößen für die Kundenzufriedenheit zu verändern sind, um als effizientes Tool zur Feinabstimmung der Angebote für jedes Marktsegment geeignet zu sein.

Implementierung

Das Projekt war für die gesamte Dauer von demselben Kernteam betreut worden, das eng in jede Projektphase involviert war. Die Mitglieder des Kernteams leiteten die Projektarbeit und beschäftigten sich intensiv mit den Resultaten. Sie befassten sich eingehend mit den Analysen und setzten sich das Ziel, ein wirklich tief greifendes Verständnis der Märkte und der Anforderungen ihrer Kunden sowie der wettbewerbsseitigen Einflüsse zu gewinnen. Sie arbeiteten intensiv an der Entwicklung der vorgeschlagenen Strategien. Sie gingen davon aus, dass die breite Unterstützung des Projekts durch die Förderung durch ein Vorstandsmitglied gesichert war.

Das Rollout der Implementierung über Ländergrenzen hinweg erwies sich jedoch als schwierig. Jedes Land beharrte auf seinem Mitspracherecht. Jedes Land hatte unterschiedliche Ansichten in Bezug auf die Bedürfnisse seiner Kunden und in Bezug darauf, wie vorgegangen werden sollte. Die Länder taten sich schwer damit, die Ergebnisse der Studien und deren Implikationen zu verstehen und zu akzeptieren.

Ein Großteil dieser internen Barrieren konnte schließlich überwunden werden. Manche Kompromisse ließen sich jedoch nicht vermeiden. Das Projektteam gelangte letztendlich zu der Überzeugung, dass vermutlich nicht in allen Ländern alle Marktsegmente mit den neuen Angeboten voll und ganz zufrieden sein würden.

Zusammenfassung der Fallstudien

Diese drei Fallstudien illustrieren, welche Bedeutung eine intelligente Segmentierung für die Entwicklung erfolgreicher Marketingstrategien hat. Dieser Erfolg lässt sich natürlich einfacher nachvollziehen, wenn er bereits eingetreten ist. Das Problem besteht für die meisten Unternehmen in der Frage, wie sie genau diejenigen Segmente bilden können, die ihnen die Schaffung eines entscheidenden Wettbewerbsvorteils ermöglichen. Der Zweck des vorliegenden Kapitels bestand darin, diese Frage zu beantworten.

Anwendungsfragen

1. Wählen Sie ein wichtiges Produkt. Welches sind die Merkmale dieses Produkts? Identifizieren Sie die Nutzenstiftungen jedes Merkmals (aus Kundensicht). Ermitteln Sie, welche davon differenzierende Nutzen sind.
2. Falls Sie keine differenzierenden Nutzenstiftungen ermitteln können, auf welche Weise könnten Sie diese entwickeln?
3. Falls Sie differenzierende Nutzenstiftungen ermittelt haben, wie können diese verbessert werden?
4. Identifizieren Sie die Schlüsselmarktsegmente Ihres Unternehmens. Wie beschreiben Sie sie?
5. Falls Sie keine unterschiedlichen Segmente identifizieren können, womit können Sie beginnen, um eines oder mehrere zu identifizieren?

Kapitel 4: Wiederholung

Kunden oder Verbraucher?

Kunden sind Personen, die etwas von einem Anbieter kaufen. Verbraucher sind diejenigen Personen, die die Produkte eines Anbieters nutzen. Beispiel: Ein Mann (Kunde) kauft Parfüm für seine Frau (Verbraucherin). In vielen Fällen ist der Kunde zugleich auch der Verbraucher. Marketingmanager müssen die Eigenschaften von Kunden und Verbrauchern kennen, wenn sie ein optimales Angebot zur Bedürfnisbefriedigung entwickeln wollen.

Marktanteil

Der Marktanteil ist ein Schlüsselkonzept des Marketing. Er bezeichnet den Anteil des tatsächlichen Absatzes (mengen- oder wertmäßig) innerhalb eines definierten Marktes. Von entscheidender Bedeutung ist hierbei, wie ein Anbieter seinen Markt definiert.

Bearbeiten Sie hierzu Übung 4.1

Forschungsergebnisse zeigen, dass es einen direkten Zusammenhang zwischen Marktanteil und Rentabilität gibt.

Kritische Leistungsattribute

Innerhalb eines Marktsegments gibt es kritische Merkmale, die für das Kaufverhalten entscheidend sind, etwa zuverlässige Lieferung, akzeptables Design oder niedrige Betriebskosten. Für den Anbieter besteht eine wesentliche Aufgabe darin, diese kritischen Merkmale zu ermitteln und herauszufinden, wie gut er in Bezug auf diese Merkmale im Vergleich zu seinen nächsten Mitbewerbern abschneidet.

Bearbeiten Sie hierzu Übung 4.2

Marktsegmentierung

Ein Marktsegment besteht aus einer Gruppe von Kunden innerhalb eines Marktes, die ähnliche oder vergleichbare Bedürfnisse haben, die durch ein einzigartiges Nutzenversprechen befriedigt werden können.

Jedes Segment muss eine ausreichende Größe aufweisen, um einen angemessenen Return on Investment sicherzustellen. Die Mitglieder der einzelnen Segmente weisen einen hohen Ähnlichkeitsgrad auf. Die Kriterien zur Beschreibung von Segmenten müssen es den Anbietern ermöglichen, diese effizient zu bearbeiten.

Die Segmentierung kann auf einer Kombination aus folgenden Elementen basieren:

1. Analyse des Kundenverhaltens:
   - Was wird gekauft?
     - Wert/Menge
     - Preis

  - Häufigkeit
  - Wo wird gekauft? (Geschäft)
  - Produkte/Dienstleistungen usw.

Bearbeiten Sie hierzu Übung 4.3

- Warum wird gekauft?
  - Nutzenstiftungen (Benefits)
  - Lebensstil
  - Neuheitsgrad
  - Persönlichkeitstypen
  - Präferenzen aufgrund des sozialen Drucks von Einflussgruppen usw.

Bearbeiten Sie hierzu Übung 4.4

2. Analyse der Kundenmerkmale (Wer kauft?)
   - Kundengröße
   - sozioökonomische Gruppen
   - demografische Eigenschaften
   - Klassifizierung nach Branchen
   - kulturelle/geografische Faktoren.

Bearbeiten Sie hierzu Übung 4.5

Fragen, die sich für das Unternehmen ergeben

1. F: Warum ist Marktsegmentierung so wichtig?

   A: Nur wenige Unternehmen können „allen alles" sein. Die Segmentierung ermöglicht dem Unternehmen, seine Aktivitäten auf die vielversprechendsten Chancen zu konzentrieren.

2. F: Warum sollten wir wissen, wie hoch unser Marktanteil ist?

   A: Je präziser Sie Ihre Marktsegmente definieren können, desto präziser können Sie Ihren Marktanteil messen. Die richtige Definition des Marktes ist zudem entscheidend für
   - die Messung des Wachstums,
   - die Spezifizierung von Zielkunden,
   - die Ermittlung relevanter Mitbewerber,
   - die Festlegung von Marketingzielen und -strategien.

3. F: Wie können wir es schaffen, all unsere Mitbewerber kontinuierlich zu beobachten?

   A: Sie müssen nicht genauestens über Ihre gesamte Konkurrenz informiert sein. Wichtig ist, dass Sie sich auf Ihre nächsten Mitbewerber konzentrieren, um sicherzustellen, dass Sie diesen gegenüber immer einen entscheidenden Wettbewerbsvorteil haben.

Übungen

Einführung in die Übungen zu Kapitel 4

Übung 4.1 beschäftigt sich mit der wichtigsten und komplexesten Frage im Marketing, nämlich damit, wie ein Markt definiert wird. Solange darüber kein klares Verständnis herrscht, werden Aufgaben wie die Bestimmung des Marktanteils, die Identifizierung von Zielkunden und ihrer Bedürfnisse und selbst die Ermittlung von Mitbewerbern Probleme bereiten.

Übung 4.2 befasst sich mit den kritischen Produktattributen. Übung 4.3 stellt eine Auditmethode für Industriegüter und Dienstleistungen vor.

Übung 4.4 stellt als weitere Methode die Nutzenanalyse vor, die anschließend in Übung 4.5, die eine Fallstudie zur Nutzenanalyse beinhaltet, in die Praxis umgesetzt wird.

Übung 4.1 Marktdefinition

Oft herrscht Verwirrung darüber, woraus ein Markt eigentlich besteht. Wenn nicht von Anfang an Klarheit darüber herrscht, besteht die Gefahr, dass die gesamten Marketinganstrengungen auf Sand gebaut sind. Wie so oft erweist sich auch hier eine zunächst leicht erscheinende Aufgabe als extrem schwierige Herausforderung. Das in *Abbildung 4.14* gezeigte Beispiel stellt das Problem stark vereinfacht dar.

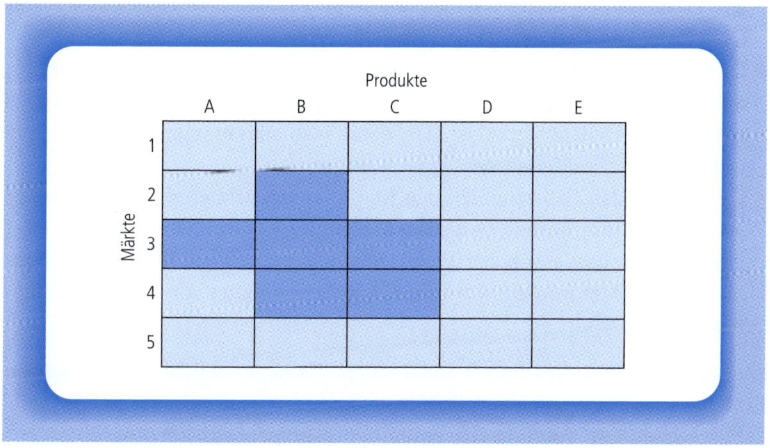

Abbildung 4.14 Beispiel für eine Marktdefinition.

XYZ AG hat fünf Hauptprodukte, A, B, C, D und E, die an fünf Märkte verkauft werden, wie in *Abbildung 4.14* gezeigt. Nahezu alle Umsätze werden in den dunkel schattierten Bereichen erzielt.

Besteht der Markt des Unternehmens

a) aus den dunkel schattierten Bereichen?
b) aus den Kombinationen der Produkte A, B und C sowie der Märkte 2, 3 und 4?
c) aus den Produkten A, B und C für alle Märkte?
d) aus den Märkten 2, 3 und 4 für alle Produkte?
e) aus der gesamten Matrix?

Ergebnisermittlung und -auswertung für Übung 4.1

1. Es wäre möglich, den Markt so zu definieren, dass er aus den dunkel schattierten Bereichen (Alternative a in der Übung) besteht, das heißt aus dem aktuell bearbeiteten Produkt-/Marktbereich. Das Problem dieser Definition besteht jedoch darin, dass sie möglicherweise den Blick für andere potenzielle Chancen für rentables Wachstum verschließt, besonders dann, wenn die Gefahr besteht, dass die aktuellen Märkte in die Sättigungsphase eintreten.
2. Ebenfalls möglich ist es, den Markt als Kombination der Produkte A, B und C sowie der Märkte 2, 3 und 4 (Alternative b in der Übung) zu definieren. Das Problem dieser Definition besteht darin, dass nun zwar eine breiter gefasste Sichtweise sichergestellt ist, aber möglicherweise wichtige Entwicklungen in den Produktbereichen D und E sowie in den Märkten 1 und 5 verpasst werden.
3. Dieses Problem könnte zu einem großen Teil gelöst werden, indem der Markt so definiert wird, dass er aus den Produkten A, B und C für alle Märkte (Alternative c in der Übung) besteht. Diese Lösung birgt allerdings das Problem, dass die Märkte 1 und 5 möglicherweise keinen Bedarf nach den Produkten A, B und C haben und somit eventuell die Entwicklung weiterer Produkte (Produkte D und E) in Betracht gezogen werden muss.
4. Es ist sicherlich möglich, den Markt so zu definieren, dass er aus allen Produkten für die Märkte 2, 3 und 4 besteht (Alternative d in der Übung). Das potenzielle Problem hierbei ist, dass damit noch immer mögliche Chancen in den Märkten 1 und 5 ausgeblendet werden.
5. Es ist auf jeden Fall möglich, den Markt so zu definieren, dass er aus der gesamten Matrix besteht (Alternative e in der Übung). Diese Lösung birgt das Problem, dass mit hoher Wahrscheinlichkeit zu viele Märkte oder Segmente betrachtet werden, was zu einer Verschwendung von Ressourcen führen wird.

Die Antwort auf dieses Rätsel lautet daher: Es liegt schlicht und einfach im Ermessen des Managements. Jede Kombination aus a bis e könnte gewählt werden, solange diese Wahl durch vernünftige Argumente gestützt wird.

Wichtig ist in diesem Zusammenhang auch, sich die folgende Definition von „Markt" ins Gedächtnis zurückzurufen:

- Ein Markt ist die Zusammenfassung aller Produkte, die aus Kundensicht dazu geeignet sind, ein bestimmtes Bedürfnis zu befriedigen.

Zudem sei an die folgende nützliche Definition von Marktsegmentierung erinnert:

- Ein Marktsegment ist eine identifizierbare Gruppe von Kunden mit gemeinsamen Anforderungen, die für die Entwicklung einer separaten Strategie geeignet sind oder sein könnten.

Oft kann die Art und Weise, wie ein Markt zunächst ausgewählt wurde, Aufschluss darüber geben, wie er definiert werden könnte. Im Allgemeinen wird entweder bewusst oder intuitiv ein Screening eingesetzt, um ungeeignete Märkte auszuschließen und solche mit hohem Potenzial zu identifizieren. Dieser Screeningprozess verläuft häufig etwa so wie in *Abbildung 4.15* dargestellt.

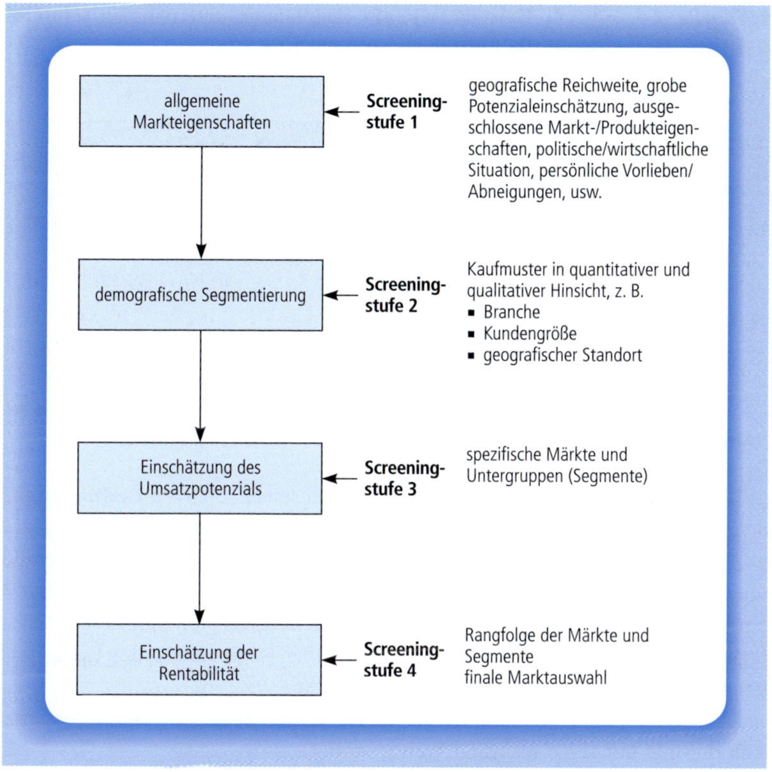

Abbildung 4.15
Marktscreening.

Denken Sie an einen Ihrer aktuellen Märkte und erklären Sie,

1. wie es dazu kam, dass er ausgewählt wurde,
2. wie Sie ihn definieren würden, sodass er sich klar von jedem anderen Markt unterscheidet.

Bedenken Sie dabei, dass die oben genannte grobe Methode zwar auf einer sehr allgemeinen Ebene funktioniert, jedoch nur selten zur Entwicklung eines Alleinstellungsmerkmals führt. Daher wird empfohlen, die anderen Übungen in diesem Kapitel durchzuführen, um ein besseres Verständnis der zentralen Bedeutung der Marktsegmentierung für ein erfolgreiches Marketing zu gewinnen.

Übung 4.2
Kritische Leistungsattribute

Kritische Leistungsattribute können je nach Branche und Marktsegment ganz verschieden sein. Daher gibt es im Hinblick auf sie auch keine allgemein gültige Formel; stattdessen werden Unternehmen auf die eigene Branchenerfahrung bauen müssen, um die relevanten kritischen Attribute festzulegen. Es ist daran zu denken, dass kritische Attribute dazu beitragen, den Umsatz zu steigern. Wenn Sie keine kritischen Merkmale festlegen, hätte dies also negative Auswirkungen auf Ihren Umsatz.

Normalerweise gibt es nur eine kleine Zahl von kritischen Faktoren – meistens nicht mehr als fünf –, wobei es auch noch zahlreiche andere Faktoren geben könnte, die zum Erfolg beitragen.

Tabelle 4.4 zeigt als Beispiel, wie ein Bauplanungsunternehmen sein Geschäft im Hinblick auf die kritischen Attribute bewertet.

Tab. 4.4 Daten des Unternehmers

kritisches Attribut	Gewichtung	Wert zwischen 1 und 10 (10 = sehr hoher Standard)	angepasster Wert*
1. Reputation für pünktliche Fertigstellung	0,5	6	30
2. Reputation für Qualität	0,3	6	18
3. Qualität des Personals	0,2	8	16
gesamt	1,0		64 %

*Angepasster Wert = Wert zwischen 1 und 10 × Gewichtungsfaktor.

Jedem kritischen Attribut wird abhängig von seiner relativen Bedeutung für den Kunden ein Gewichtungsfaktor zugeteilt. In *Tabelle 4.4* hat Attribut 1 die größte Bedeutung, doch das Unternehmen erreicht nur den Wert 6, der gerade über dem Durchschnitt liegt. Dagegen erreicht das Unternehmen bei Attribut 3 eine hohe Leistung, doch dieses ist unter allen aufgelisteten Attributen dasjenige mit der geringsten Bedeutung, was zu einer Reduzierung des Gesamtergebnisses führt.

Das Unternehmen wiederholte diesen Prozess (*Tabelle 4.5*) und fokussierte sich diesmal auf seine nächsten Wettbewerber.

Tab. 4.5 Daten der Wettbewerber

Attribut	Gewichtung	Wettbewerber A		Wettbewerber B		Wettbewerber C	
		Ausgangswert	angepasster Wert	Ausgangswert	angepasster Wert	Ausgangswert	angepasster Wert
1	0,5	9	45	5	25	7	35
2	0,3	5	15	5	15	7	21
3	0,2	6	12	5	10	5	10
gesamt			72 %		50 %		66 %

Aus *Tabelle 4.5* wird ersichtlich, dass Wettbewerber A selbst mit einer schlechteren Vertriebsleistung und einer leicht unterlegenen Reputation in Bezug auf Qualität gegenüber dem betrachteten Unternehmen einen Wettbewerbsvorteil hat, da er in der Lage ist, Aufträge pünktlich abzuschließen. Auch Mitbewerber C ist gut im Rennen. Mitbewerber B dagegen liegt in sämtlichen Bereichen weit hinten.

Diese Methode lässt sich auf alle Arten von Unternehmen anwenden und liefert in dreierlei Hinsicht nützliche Resultate:

1. Sie zwingt Unternehmen dazu, über ihre kritischen Leistungsmerkmale nachzudenken.
2. Sie verschafft Unternehmen einen Überblick über ihre relative Wettbewerbsfähigkeit im Vergleich zu den wichtigsten Wettbewerbern.
3. Sie liefert Unternehmen Hinweise auf die Bereiche, in denen sich die größten Verbesserungen realisieren lassen.

Versuchen Sie nun, diese Methode auf Ihr Unternehmen anzuwenden (siehe *Tabelle 4.6* und *4.7*).

Tab. 4.6 Formblatt für kritische Attribute

Attribut	Gewichtung	Wert zwischen 1 und 10 (10 = sehr hoher Standard)	angepasster Wert
1			
2			
3			
4			
5			

Tab. 4.7 Formblatt für kritische Attribute der Wettbewerber

Attribut	Gewichtung	Wettbewerber A		Wettbewerber B		Wettbewerber C	
		Ausgangswert	angepasster Wert	Ausgangswert	angepasster Wert	Ausgangswert	angepasster Wert
1							
2							
3							
4							
5							

Übung 4.3 Marktaudit – Industriegüter und Dienstleistungen

Nehmen Sie Ihr eigenes Unternehmen als Analysegegenstand und füllen Sie das Marktaudit-Formblatt (*Tabelle 4.8*) mithilfe der nachfolgenden Anleitung aus:

Schritt 1 Erstellen Sie in Spalte 1 eine Liste aller Branchen, die Käufer Ihrer Produkte sind. Hinweis: Es ist nicht notwendig, diese Liste zu strukturieren; notieren Sie die Branchen einfach in der Reihenfolge, wie sie Ihnen einfallen.

Schritt 2 Notieren Sie in Spalte 2 den tatsächlichen Umsatz.

Schritt 3 Notieren Sie in Spalte 3 den Prozentwert des Umsatzes, der sich bei jeder Branche ergibt.

Schritt 4 Geben Sie in Spalte 4 an, ob dies aus der Rentabilitätsperspektive betrachtet ein hoher oder niedriger Wert ist, indem Sie folgende Punktwerte vergeben: 10 für hoch, 5 für zufriedenstellend und 1 für niedrig (hier bedeutet „Rentabilität" das, was Ihr Unternehmen darunter versteht).

Schritt 5 Notieren Sie in Spalte 5, über welche Kapazitäten und Fähigkeiten Ihr Unternehmen verfügt, um jede Branche weiterhin zu beliefern. Vergeben Sie auch hier Punktwerte: 10 bedeutet, dass Sie über beträchtliche Kapazitäten mit minimaler Überschneidung zu anderen Produkten verfügen; 1 bedeutet, dass Ihre Kapazitäten/Fähigkeiten sehr begrenzt sind.

Schritt 6 Füllen Sie Spalte 6 aus, indem Sie eine ähnliche Punktwertung durchführen. Wie überzeugt ist Ihr Unternehmen davon, dass es jede Branche mit Produkten der geforderten Qualität pünktlich beliefern kann? Gibt es dabei Unterschiede in Bezug auf die verschiedenen Produkte?

Schritt 7 Betrachten Sie nun das Marktpotenzial (Nachfrage) für Ihre Produkte in jeder der aufgeführten Branchen. Verwenden Sie dazu Spalte 7 und vergeben Sie Punktwerte: 10 für hohes Potenzial und 1 für niedriges Potenzial.

Schritt 8 Addieren Sie die Punktwerte, die Sie in den Spalten 4, 5, 6 und 7 zugeordnet haben, und tragen Sie diese in Spalte 8 ein.

Schritt 9 Identifizieren Sie anhand der zusammengetragenen Informationen Ihre Schlüsselmarktsegmente. Es sollten diejenigen Branchen sein, die die höchsten Gesamtwerte erhielten, wobei Sie für Ihre Art der Geschäftstätigkeit möglicherweise auch andere Faktoren identifizieren, die Ihre Marktauswahl beeinflussen würden. Notieren Sie diese in Spalte 9. Vermerken Sie in Spalte 9 zusätzlich besondere Chancen oder Risiken, die in den einzelnen Märkten existieren.

Schritt 10 Wägen Sie Ihre Notizen aus Spalte 9 gegen die Berechnungen (Spalte 8) ab, studieren Sie die von Ihnen gesammelten Informationen und wählen Sie die Branche aus, die nach Ihrer Meinung der beste Markt ist. Notieren Sie dies in Spalte 10 auf Platz 1. Erstellen Sie auf diese Weise eine Branchenrangliste.

Die Informationen aus diesem Marktaudit werden möglicherweise zu einem späteren Zeitpunkt nochmals benötigt, wenn Marketingziele und -strategien untersucht werden (Übung 6.6 und 6.7).

Tab. 4.8 Formblatt für Marktaudit für Industriegüter und Dienstleistungen

1	2	3	4	5	6	7	8	9	10
Branche	tatsächlicher Umsatz	Umsatz in %	Rentabilität niedrig = 1, hoch = 10	Kapazität niedrig = 1, hoch = 10	Lieferfähigkeit niedrig = 1, hoch = 10	Marktpotenzial niedrig = 1, hoch = 10	gesamt (Spalten 4, 5, 6 ,7)	zusätzliche Faktoren, Chancen/ Risiken	Rang Nr.

Übung 4.4 Nutzenanalyse

Kunden kaufen Produkte, weil sie eine Reihe von Nutzenstiftungen erwerben wollen, die mit diesen verbunden sind. In diesem Sinne sind alle Produkte Problemlöser. Kunden kaufen Aspirin, um das Problem Kopfschmerz zu lösen. Sie kaufen Bohrer, weil sie ein Loch für eine Schraube brauchen. Sie kaufen Fertiggerichte, weil mit ihnen das Problem der fehlenden Zeit zum Kochen gelöst werden kann.

Anbieter von Produkten müssen sich darüber im Klaren sein, dass ihr Angebot nur so lange nachgefragt wird, wie es die Nutzen liefert, die der Kunde verlangt, und nur so lange, wie es aus Sicht des Kunden einen Nutzenvorteil im Vergleich zu anderen verfügbaren Problemlösungen bietet. Findet der Kunde eine bessere, preiswertere, schnellere oder angenehmere Möglichkeit, um sein Problem zu lösen, hat der bisherige Anbieter ein Problem. Daher ist es für einen Anbieter von entscheidender Bedeutung, mindestens genauso viel über die bereitgestellten Benefits zu wissen wie über seine Produkte selbst.

Kernnutzen

Kernnutzen werden von einem Produkt geliefert, ohne einzigartig zu sein – Beispiel: „Unser Aerosoltreibmittel schädigt die Ozonschicht nicht." Auch wenn aber ein Produkt in dieser Beziehung wie alle anderen ist, könnte ein fehlender Hinweis auf diesen Kernnutzen Kunden dazu veranlassen zu glauben, dass das Produkt umweltschädigende Substanzen enthält. Dies könnte zu einer Ablehnung des Produkts führen.

Unternehmensspezifischer Nutzen

Die Transaktionsbeziehung verbindet den Kunden mit dem Anbieter. Umgekehrt bedeutet dies, dass es aus Sicht des Kunden offenbar einige Benefits gibt, die ihn dazu veranlassen, sich für das Produkt eines ganz bestimmten Anbieters zu entscheiden. Kunden wählen bevorzugt Anbieter aus, die einen guten Kundendienst bieten, Vertrauen erwecken, für fairen Handel bekannt sind usw. Unternehmensspezifische Nutzenstiftungen stellen für einen Anbieter ein Mittel dar, seine Produkte gegenüber denen seiner Mitbewerber hervorzuheben, wenn diese ansonsten in jeder Hinsicht vergleichbar sind. Manche Banken beispielsweise versuchen, die von ihnen gelieferten Benefits mit einer spezifischen Identität zu versehen. So gibt es etwa „die Beraterbank" oder „die Bank, mit der man reden kann". Vielleicht gibt es eines Tages sogar „die Bank, deren Filialen rund um die Uhr geöffnet sind"!

Differenzierender Nutzen

Differenzierende Nutzen sind die Nutzen, die einzig und allein von den Produkten eines bestimmten Anbieters bereitgestellt werden und dem Anbieter einen Wettbewerbsvorteil verschaffen. Genau diese Nutzenvorteile muss ein Anbieter identifizieren, entwickeln und verwerten, wenn er im Markt erfolgreich sein will. Hierzu einige Beispiele:

- „Wir sind das einzige Unternehmen, das einen echten 24-Stunden-Pannendienst bietet. Wann immer Sie uns brauchen, wir kommen und machen Sie wieder mobil."

- „Dies ist das einzige Produkt auf dem Markt, das über diese Selbstreinigungsfunktion verfügt – Sie können es einfach installieren und brauchen sich keine Gedanken über nötige Wartungsarbeiten zu machen.“

Nicht jeder Nutzen wird für alle Kunden oder Kundengruppen gleichermaßen wichtig sein. Durch den Dialog mit Kunden oder durch Marktforschungsstudien sollte ein Anbieter jedoch herausfinden, welches aus Kundensicht die wichtigsten Nutzen sind.

Sie können nun dazu übergehen, auf Basis der genannten Beispiele eine systematische Nutzenanalyse durchzuführen (*Tabelle 4.9*).

Tab. 4.9 Nutzenanalyse

Kunde(n) ________________				
Produkt/Dienstleistung ________________				
Kriterien für Kunden	**Merkmale**	**Vorteile**	**Nutzen**	**Beweis**
Welche Kriterien sind für den Kunden besonders wichtig, z. B. Kosten, Zuverlässigkeit, Sicherheit, einfache Bedienung usw.?	Welche Merkmale des Produkts/der Dienstleistung repräsentieren diese Kriterien am besten? Wie funktionieren sie?	Welche Vorteile bieten diese Merkmale, d. h., was bringen sie für den Kunden?	Wie können greifbare (sog. tangible) Nutzenstiftungen ausgedrückt werden, um dem Kunden maximalen Wert (Value) zu stiften, d. h., was von dem, was der Kunde braucht, bekommt er?	Welche Belege können erbracht werden, um den Nutzen nachzuweisen und zu zeigen, dass er tatsächlich geliefert wird?
Beispiel – Kochtöpfe				
einfach in der Anwendung, leicht zu reinigen	teflonbeschichtet	bei diesem Material brennt nichts an	problemloses Kochen, schnellere Reinigung	Testergebnisse
Beispiel – Bürodienstleistungen				
Präzision und schnelles Arbeiten	modernste Ausstattung und hoch qualifiziertes Team	äußerst flexibel	minimale Fehlerquote sorgt für Kostenersparnisse	Aussagen von Referenzkunden

Hinweis:

1. Um von einem Merkmal zu einem Vorteil und dann zu einem Nutzen zu gelangen, kann es hilfreich sein, auf die Bedeutung hinzuweisen – Beispiel: „Das Produkt ist mit einer neuartigen Farbe beschichtet (Merkmal), was bedeutet, dass die Farbe niemals abnutzt (Vorteil).“ Wenn man weiß, dass dies genau das ist, was der Kunde braucht, ist man beim Nutzen angelangt.
2. Um zu prüfen, ob Sie tatsächlich zu einem Nutzen gelangt sind und nicht bloß zu einem Vorteil, wenden Sie den „Ja und?“-Test an. Stellen Sie die „Ja und?“-Frage nach der Nennung des vermeintlichen Nutzens. Wenn die

„Ja und?"-Frage zu weiteren Erklärungen führt, sind Sie vermutlich noch nicht beim echten Nutzen angelangt. Beispiel: „Unsere Produkte sind handgefertigt (Merkmal), was bedeutet, dass sie eine höhere Qualität haben als maschinengefertigte Produkte (Nutzen?)" – Ja und? – „was bedeutet, dass sie länger halten (der echte Nutzen!)".

Versuchen Sie nun, eine Nutzenanalyse für ein Produkt oder eine Dienstleistung Ihres Unternehmens durchzuführen, um in Bezug auf den Nutzen Aufschluss über einen spezifischen Kunden oder eine spezifische Kundengruppe zu gewinnen. Verwenden Sie dazu *Tabelle 4.10.*

Tab. 4.10 Formblatt für Nutzenanalyse

Kunde(n) ______________________				
Produkt/Dienstleistung ______________________				
Kriterien für Kunden	**Merkmale**	**Vorteile**	**Nutzen**	**Beweis**

Kundenaudit

Hinweis:

1. Wählen Sie ein wichtiges Produkt oder eine wichtige Dienstleistung und ermitteln Sie folgende Informationen:
   a) die Hauptkunden,
   b) die Merkmale mit der größten Attraktivität für Kunden,
   c) die Nutzen jedes Merkmals für den Kunden,
   d) welche dieser Nutzen differenzierende Nutzen sind (d. h. Nutzen, die von Ihren wichtigsten Mitbewerbern nicht bereitgestellt oder betont werden).
1. Falls Sie keine differenzierenden Nutzen nennen können, auf welche Weise könnten Sie welche entwickeln?
2. Falls Sie differenzierende Nutzen ermittelt haben, wie können diese verbessert werden?
3. Identifizieren Sie die Schlüsselmarktsegmente Ihres Unternehmens. Wie beschreiben Sie sie?
4. Falls Sie keine unterscheidbaren Segmente identifizieren können, was wäre ein geeigneter Weg, um Ihre Märkte zu segmentieren?

Persönliche Notizen

Übung 4.5: Das Kundenaudit – Car Mart Ltd

Eine wichtige Voraussetzung für die Festlegung von Marketingzielen für Ihr Unternehmen besteht darin, die Kunden Ihrer Produkte zu analysieren. Für manche Unternehmen reicht es aus, die Bedürfnisse von Gruppen individueller Kunden zu untersuchen; für andere Unternehmen macht es dagegen mehr Sinn, ganze Branchen als ihre Kundengruppen zu kategorisieren. Diese Übung konzentriert sich auf den erstgenannten Typ von Kundengruppen.

Die Informationen, die Sie im Verlauf dieser Übung sammeln, werden in einer späteren Phase des Marketingplanungsprozesses möglicherweise noch einmal benötigt.

Arten von Kundenaudits

Es gibt zahlreiche Arten von Kundenaudits. Die meisten Audits gründen auf der Annahme, dass Kundenbedürfnisse weitgehend durch persönliche Umstände wie Alter, Persönlichkeit, Lebensstil, berufliche und finanzielle Situation beeinflusst werden.

Die folgende Übung wird Ihnen die Gelegenheit geben, die praktischen Implikationen eines solchen Ansatzes zu erkennen.

Car Mart – Aufgabenstellung

Car Mart stellt eine Reihe von Statistiken von Kauftransaktionen zur Verfügung, anhand derer Sie die Schlüsselmarktsegmente und verwertbares Datenmaterial für Kundenaudits ermitteln sollen.

Kunden- und Produktkarten.

Car Mart – Arbeitsmaterialien

1. *Zwölf Kundenkarten:*
   - ein Fahrstuhlführer,
   - ein Maurer,
   - ein selbstständiger Klempner,
   - ein Bankangestellter (örtliche Niederlassung),
   - ein Computerprogrammierer,
   - ein Vertriebsmanager,
   - eine Lehrerin,
   - ein Vorstandsmitglied eines Industriekonzerns,
   - ein Seniorpartner in einer Anwaltskanzlei,
   - ein Werkzeugmacher,
   - ein Maschinenarbeiter,
   - eine Rentnerin.
2. *Sechs Produktkarten:*
   - Kleinwagen,
   - Familienlimousine,
   - Firmenwagen,
   - Kombi,
   - Zweitwagen,
   - Sportwagen.
3. *Car-Mart*-Formblatt *Verkaufsübersicht*
4. *Zwei Würfel.*

Annahmen

Diese Simulation zielt nicht auf die präzise Nachstellung des realen Lebens ab, sondern dient lediglich als Lernbeispiel, das eine Gelegenheit zum Experimentieren bieten soll. Zu diesem Zweck werden die folgenden Annahmen gemacht:

1. Jeder, der an diesem Übungsspiel teilnimmt, hat Übung 4.4 durchgeführt oder zumindest ein klares Verständnis des Unterschieds zwischen Merkmal und Nutzen.
2. Die „Kunden“ von Car Mart verfügen über die finanziellen Ressourcen, um ihre Einkäufe zu tätigen.
3. Die ausgedrückten „Kundenbedürfnisse“ stellen einen Versuch dar, die wahrscheinlichen Ansichten dieses speziellen „Kunden“ widerzuspiegeln.
4. Das „gewählte“ Auto ist für den Kunden in einem akzeptablen Zustand, das heißt, es ist neu, wenn der Kunde ein neues Auto wünscht, oder gebraucht, wenn der Kunde ein gebrauchtes Auto wünscht.

Generierung von Daten für Car Mart

Es gibt zwei Methoden, die für diese Übung erforderlichen Daten zu generieren:

1. *Vorgehensweise bei einer Gruppe von vier „Spielern“:*
   a) Eine Gruppe von vier Spielern sitzt an einem geeigneten Tisch.
   b) Die zwölf Kundenkarten werden von Spieler 1 gemischt und dann von ihm oder einem anderen Spieler mit dem Gesicht nach oben in einer senkrechten Reihe auf den Tisch gelegt. Die sechs Produktkarten werden ebenfalls

mit dem Gesicht nach oben in einer separaten Reihe auf den Tisch gelegt; sie repräsentieren den Car-Mart-Ausstellungsraum.

c) Spieler 2, der links von Spieler 1 sitzt, wirft die zwei Würfel und verwendet die Gesamtpunktzahl beider Würfel, um eine Kundenkarte zu bestimmen: Wenn zum Beispiel beide Würfel insgesamt acht Augen zeigen, zählt Spieler 2 die Reihe der Kundenkarten von oben nach unten bis zur achten Karte durch.
d) Spieler 2 übernimmt dann die Rolle dieses Kunden und erfindet mithilfe des Satzes „Ich suche nach einem Auto, das …" einen realistischen Kaufbedarf für diesen Kunden – etwa indem er sagt: „Ich suche nach einem Wagen, der morgens immer problemlos startet."
e) Spieler 3 reagiert darauf, indem er eine der ebenfalls auf dem Tisch (im „Ausstellungsraum") liegenden Produktkarten auswählt und mit dem Satzanfang „Dieser hat …" ein Merkmal des gewählten Wagens erklärt – zum Beispiel: „Dieser Wagen ist bereits seit vielen Jahren auf dem Markt."
f) Spieler 4 muss dann das von Spieler 3 beschriebene Merkmal mithilfe des Satzteils „Was bedeutet, dass …" durch eine Nutzenaussage ergänzen – Beispiel: „Was bedeutet, dass es sich um ein sehr zuverlässiges Fahrzeug handelt."
g) Einer der Spieler (vielleicht derjenige, der am leserlichsten schreiben kann) füllt dann die erste Reihe des Formblatts „Verkaufsübersicht" aus, wobei er die Spalten 2, 4 und 9 (die schmalen Spalten) fürs Erste nicht beachtet.
h) Dieser Vorgang wird wiederholt, wobei diesmal Spieler 3 die Würfel wirft und in die Rolle des Kunden schlüpft.
i) Der Spielverlauf geht so weiter, bis insgesamt 20 geschäftliche Transaktionen ausgefüllt wurden, das heißt bis das Formblatt „Verkaufsübersicht" komplett ausgefüllt ist.

2. *Vorgehensweise für einen einzigen Spieler:*
Wenn es nicht möglich ist, in einer Gruppe von vier Personen zu arbeiten, kann die Car-Mart-Übung auch von einer Person allein durchgeführt werden. Diese Person wird dann natürlich die Rollen aller Spieler wie oben beschrieben übernehmen müssen. Doch auch so lässt sich die komplette Umsatzübersicht erstellen, die eine grundlegende Voraussetzung für die weitere Durchführung der Übung ist. Falls möglich, wird jedoch die erste Vorgehensweise empfohlen, weil die Übung mit mehreren Teilnehmern einfach viel mehr Kreativität und Impulse freisetzt.

Sobald das Formblatt mit der Verkaufsübersicht vollständig ausgefüllt wurde, kann zur Beantwortung der Fragen in den nächsten Abschnitten übergegangen werden.

Das Kundenaudit (sozioökonomische Gruppen und Kaufmotive)

Stellen Sie sich vor, die Verkaufsübersicht, die Sie soeben erstellt haben, würde mit 10 multipliziert. Mit anderen Worten, es wäre eine Übersicht mit 200 Transaktionen, die den Umsatz von Car Mart im letzten Jahr repräsentiert.

Car-Mart-Verkaufsübersicht

1	2	3	4	5	6	7	8	9
Kunde		Bedürfnisse		Produkt	neu oder gebraucht	Merkmal	Nutzen	
1	2	3	4	5	6	7	8	9

Arbeiten Sie in derselben Gruppe, die bereits die Daten für die Umsatzübersicht generiert hat, und gehen Sie wie folgt vor:

1. Entscheiden Sie, in welche sozioökonomische Kategorie jeder Kunde fällt. Tragen Sie Ihre Entscheidung in Spalte 2 der Verkaufsübersicht ein.
2. Betrachten Sie die Kundenbedürfnisse (Spalte 3) und entscheiden Sie, welche davon „rational“ (R) und welche eher „emotional“ (E) sind. Tragen Sie R oder E in Spalte 4 ein.
3. Betrachten Sie dann die Nutzen (Spalte 8) und tragen Sie R oder E in Spalte 9 ein, abhängig davon, ob der Nutzen eher den „rationalen Kunden“ anspricht oder eher seinen emotional-hedonischen Bedürfnissen entspricht.
4. Kreuzen Sie alle Nutzen an, bei denen R oder E in Spalte 9 einem R oder E in Spalte 4 entspricht.
5. Denken Sie darüber nach, wie leicht oder schwer es war, die obigen Punkte 1 bis 4 durchzuführen, und gleichen Sie die Unterschiede zwischen den Spalten 4 und 9 miteinander ab.
6. Wenn die Zeit reicht, besprechen Sie interessante Punkte, die sich aus der Verkaufsübersicht von Car Mart ergeben haben.

Wenn Sie diese Aufgaben erfüllt haben, können Sie zum nächsten Abschnitt übergehen.

Das Kundenaudit (Segmentierung)

Arbeiten Sie in derselben Gruppe wie zuvor und nutzen Sie die Informationen aus der von Ihnen erstellten Verkaufsübersicht für die folgenden Aufgabenstellungen:

1. Welches ist (sind) die Schlüsselmarktsegment(e) für Car Mart?
2. Listen Sie die besonderen Merkmale dieses Segments (dieser Segmente) auf.
3. Beschreiben Sie, welche Produkte und Nutzen die Bedürfnisse dieses Segments (dieser Segmente) am besten erfüllen.
4. Schlagen Sie Wege vor, wie Car Mart diese Informationen verwerten könnte, um als Unternehmen erfolgreicher zu werden.
5. Ist Car Mart der beste Name für dieses Unternehmen? Wie könnte der Name des Unternehmens geändert werden, um die Art seiner Geschäftstätigkeit oder die Art der Kunden, die es bedient, genauer zu kommunizieren?
6. Denken Sie über die wichtigsten Lektionen der Car-Mart-Übung nach und darüber, wie Sie das Erlernte auf Ihr eigenes Unternehmen anwenden könnten.

Es könnte hilfreich für Sie sein, interessante Fragestellungen, die sich aus dieser Analyse ergeben, in dem nachfolgenden leeren Feld oder auf einem separaten Blatt zu notieren. Wenn Sie diese Aufgabestellungen erfüllt haben, können Sie zum nächsten Abschnitt übergehen.

Persönliche Notizen

Ergebnisausweitung für Übung 4.5 – Die Idee hinter Car Mart

1. Die zwölf Kunden repräsentieren je zwei Mitglieder aus den folgenden sozioökonomischen Gruppen:

Klasse A	Vorstandsmitglied eines Industriekonzerns
	Seniorpartner in einer Anwaltskanzlei
Klasse B	Bankangestellter
	Vertriebsmanager
Klasse C1	Lehrerin
	Computerprogrammierer
Klasse C2	Werkzeugmacher
	Klempner
Klasse D	Maurer
	Maschinenarbeiter
Klasse E	Fahrstuhlführer (eine Tätigkeit, die häufig von behinderten Personen ausgeübt wird)
	Rentnerin

2. Die oben beschriebene Vorgehensweise der Benutzung von zwei Würfeln illustriert, dass bei mehr als 20 Transaktionen ein Phänomen ins Spiel kommt, das dem Pareto-Effekt ähnelt, das heißt dass mit 20 % der Kunden 80 % des Umsatzes erzielt werden. Das liegt daran, dass Karte 1 nie gewählt wird und die Karten auf den Positionen 6, 7 und 8 in der Regel am häufigsten zum Zug kommen. Da jedoch das Legen der Karten nach dem Zufallsprinzip erfolgt, kann es keine vorgefassten Meinungen über Kunden geben – alles muss auf Basis der Umsatzanalyse interpretiert werden.
3. Es gibt einige versteckte Lernziele; durch das Spiel können sich die Teilnehmer darin üben, Folgendes zu erkennen:
   a) sozioökonomische Gruppenzuordnungen,
   b) Unterschiede zwischen Produktmerkmalen und Nutzen,
   c) Unterschiede zwischen rationalen und emotionalen Kaufmotiven.
4. Die Car-Mart-Übung liefert genug Daten, um die wichtigsten Punkte zu Kundenanalyse und Segmentierung in einem an der Realität orientierten Kontext zu vermitteln.
5. Diejenigen, die das Erlernte auf ihr eigenes Unternehmen anwenden müssen, können sich mithilfe dieser Übung besser darauf vorbereiten.
6. Die Car-Mart-Übung verlangt einen hohen Grad an Kundenfokussierung und stellt sicher, dass Kundenbedürfnisse wahrgenommen und erkannt werden.

Übung 4.6 Mikrosegmente

Verwenden Sie das bereitgestellte Formblatt, um die Mikrosegmente in Ihrem Markt herauszuarbeiten. Hinweise dafür finden Sie auf den Seiten 142–144.

Mikrosegment	1	2	3	4	5	6	7	8	9	10
Verwendungszweck (falls zutreffend)										
Was wird gekauft?										
Wo?										
Wann?										
Wie?										
Von wem?										
Warum? (gewünschte Benefits)										

Auswahl an Standardkriterien zur Beschreibung von Marktsegmenten im B2B-Kontext

1. *Demografische Eigenschaften*

- Systeme zur Branchenklassifizierung – die aktuellsten Details sind über das jeweils zuständige Statistikamt erhältlich. Nachfolgend werden Zusammenfassungen der Systeme zur Branchenklassifizierung von Europa und Nordamerika präsentiert.

  Europa

  Landwirtschaft, Jagd und Forstwirtschaft (01 – 02)
  Fischerei und Fischzucht (05)
  Bergbau und Gewinnung von Steinen und Erden (10 – 14)
  Verarbeitendes Gewerbe (15 – 37)
  Energie- und Wasserversorgung (40 – 41)
  Baugewerbe (45)
  Handel; Instandhaltung und Reparatur von Kraftfahrzeugen und Gebrauchsgütern (50 – 52)
  Gastgewerbe (55)
  Verkehr und Nachrichtenübermittlung (60 – 64)
  Kredit- und Versicherungsgewerbe (65 – 67)
  Grundstücks- und Wohnungswesen, Vermietung beweglicher Sachen, Erbringung von wirtschaftlichen Dienstleistungen, anderweitig nicht genannt (70 – 74)
  öffentliche Verwaltung, Verteidigung; Sozialversicherung (75)
  Erziehung und Unterricht (80)
  Gesundheits-, Veterinär- und Sozialwesen (85)
  Erbringung von sonstigen öffentlichen und persönlichen Dienstleistungen (90 – 93)
  private Haushalte mit Hauspersonal (95)
  exterritoriale Organisationen und Körperschaften (99)

  Nordamerika (USA, Kanada und Mexiko)

  Landwirtschaft, Forstwirtschaft, Fischerei und Jagd (11)
  Bergbau (21)

Energieversorgungsbetriebe (22)
Bauwesen (23)
Herstellung (31 – 33)
Großhandel (42)
Einzelhandel (44 – 45)
Transport und Lagerung (48 – 49)
Informationswesen (51)
Finanz- und Versicherungswesen (52)
Grundstücks- und Wohnungswesen, Vermietung (53)
freiberufliche, wissenschaftliche und technische Dienstleistungen (54)
Management von Unternehmen und Betrieben (55)
öffentliche Verwaltung, öffentliche Dienstleistungen, Entsorgungs- und Sanierungsdienste (56)
Bildungswesen (61)
Gesundheits- und Sozialwesen (62)
Kultur, Unterhaltung und Freizeit (71)
Hotellerie und Gastronomie (72)
andere Dienstleistungen (außer öffentliche Verwaltung) (81)
öffentliche Verwaltung (92)

- Unternehmensgröße – sehr klein, klein, klein bis mittel, mittel, mittel bis groß, groß, sehr groß
- Funktion/Bereich – Produktion, Distribution, Kundendienst, Vertrieb, Marketing, Finanzen, Buchhaltung, Auftragsabwicklung, Personal, IT usw.
- Multidemografisch – Kombination von ausgewählten demografischen Kriterien, etwa Unternehmensgröße mit Stellenbezeichnung und Angabe darüber, ob es sich um ein öffentliches oder privates Unternehmen handelt.

2. *Geografische Eigenschaften*
   - Postleitzahl
   - Großstadt, Kleinstadt, Dorf, ländliches Gebiet
   - Land
   - Region
   - Land
   - wirtschaftliche/politische Unionen oder Zusammenschlüsse (z. B. ASEAN)
   - Kontinent
3. *Psychografische Eigenschaften – Unternehmens„identität"*
   - Unternehmenspersönlichkeit – Stadium im Geschäftslebenszyklus (Start-up, Wachstumsunternehmen, etabliertes Unternehmen usw.); Führungsstil/Alter der Mitarbeiter (formell, autoritär, bürokratisch, unorganisiert, positiv, gleichgültig, negativ, vorsichtig, konservativ, altmodisch, jugendlich usw.)
   - Einstellung – risikofreudig oder risikoscheu, innovativ oder vorsichtig; viele der Adjektive, die zur Beschreibung von Persönlichkeitstypen von individuellen Kunden dienen, können auch zur Beschreibung der Einstellung des Nachfrageunternehmens gegenüber den Produkten des Lieferantenunternehmens verwendet werden
   - Philosophie – unweltbewusst, gesellschaftlich engagiert, Sport-/Kunstsponsor

Auswahl an Standardkriterien zur Beschreibung von Marktsegmenten im B2C-Kontext

1. *Demografische Eigenschaften*
   - Alter – <3, 3–5, 6–11, 12–19, 20–34, 35–49, 50–64, 65+
   - Geschlecht – männlich, weiblich
   - Familienlebenszyklus – Ledige (jung, allein stehend), aufgeteilt in abhängig lebende (bei den Eltern lebend oder Vollzeitstudent) und unabhängig lebende Personen mit eigenem Haushalt; jung verheiratete Paare (ohne Kinder); Familien mit Kindern (Einteilung in Abhängigkeit von Anzahl und Alter der Kinder); allein erziehende/r Mutter/Vater; Empty Nesters (Paare, deren Kinder schon von zuhause ausgezogen sind oder kinderlose Paare); allein stehende Senioren
   - Familiengröße – 1–2, 3–4, 5+
   - Wohnsituation – Wohnung/Haus, Reihenhaus/Doppelhaushälfte/frei stehendes Haus, Eigentumswohnung/Mietwohnung/Sozialwohnung, Anzahl der Zimmer/Schlafzimmer
   - Einkommen (in 1000 €) – < 10, 10–15, 16–20, 21–30, 31–50, >50
   - Beruf – Arbeiter, Handwerker, Vorarbeiter, Manager, Beamte, Firmeninhaber, Freiberufler, technische Angestellte, Büroangestellte, Verkaufsangestellte, Landwirte, Rentner, Studenten, Hausfrauen, Arbeitslose, Büroberufe versus handwerkliche Berufe
   - Bildung (höchste Stufe) – kein Schulabschluss, Abitur, Meisterbrief, Hochschulabschluss, Promotion
   - Religion – Christ, Jude, Moslem, Buddhist, andere
   - ethnische Zugehörigkeit – Afrika, Asien, Karibik, Deutschland, Österreich, Schweiz, restliches Europa
   - Staatsangehörigkeit
   - sozioökonomisch – z. B. die acht Klassen der sozioökonomischen Klassifikation (SEC) (siehe Seite 139)
   - multidemografisch – Kombination von ausgewählten demografischen Kriterien, beispielsweise Gruppenzuordnungen nach Lebenszyklusphase und Beruf unter der Annahme, dass diese auf verschiedene Bedürfnisse und Verhaltensmuster hinweisen
2. *Geografische Eigenschaften*
   - Postleitzahl
   - Großstadt, Kleinstadt, Dorf, ländliches Gebiet
   - Küstenregion, Inland
   - Bezirk
   - Region – in Deutschland häufig durch Nielsen-Gebiete definiert
   - Land
   - wirtschaftliche/politische Unionen oder Zusammenschlüsse (z. B. EU, NAFTA)
   - Kontinent
   - Bevölkerungsdichte
   - Klima

3. *Psychografische Eigenschaften*

- Persönlichkeit – zwanghaft, extrovertiert, gesellig, abenteuerlustig, formell, autoritär, ehrgeizig, enthusiastisch, positiv, gleichgültig, negativ, feindselig; zudem existieren spezifische Eigenschaften je nach Geschlecht
- Einstellung – Grad der Loyalität (gering, stark, mäßig), risikofreudig oder risikoscheu, Wahrscheinlichkeit für den Kauf eines neuen Produkts (Innovator, früher Adopter, frühe Mehrheit, späte Mehrheit, Nachzügler); viele der Adjektive, die zur Beschreibung von Persönlichkeitstypen dienen, können stattdessen auch die Einstellung einer Person gegenüber den Produkten eines Anbieters beschreiben (im Gegensatz zu ihrem eigenständigen persönlichen Charakter)
- Kundenstatus – Kaufphase (hat Produkt wahrgenommen, ist am Produkt interessiert, will Produkt haben, ist zum Kauf bereit), Benutzerklassifikation (Nichtnutzer, Gelegenheitsnutzer, Erstnutzer, potenzieller Nutzer)
- Lebensstil – besteht aus drei Hauptdimensionen:
  - Aktivitäten: Arbeit, Hobbys, soziale Kontakte, Urlaub, Unterhaltung, Clubmitgliedschaft, Gemeinschaft, Einkaufen, Sport
  - Interessen: Familie, Heim, Arbeit, Gemeinschaft, Erholung, Mode, Essen, Medien, Erfolg
  - Meinungen: Meinung über sich selbst, soziale Themen, Politik, geschäftliche Themen, Wirtschaft, Bildung, Zukunft, Kultur

Da die Daten auf einzelnen Personen basieren, können Variationen bei den zu verwendenden Attributen dazu führen, dass verschiedene Personen, die im selben Haushalt leben, ausgewählt werden.

4. *Multidimensionale Klassifizierungen:* Durch Gruppierungen in Form von sogenannten „Milieutypologien" wird die Bevölkerung entsprechend der Lebensauffassungen und des sozialen Umfeldes klassifiziert (siehe Seite 141–142). Diese Daten lassen sich zudem noch mit finanziellen Daten kombinieren, um detaillierte Informationen z. B. über den Besitz an Finanzanlagen und Wertpapieren zu ermitteln. Financial ACORN beispielsweise fasst Zensusdaten und Finanzforschungsdaten in 51 Typen, zwölf Gruppen und vier Kategorien zusammen.

5 | Das Marketingaudit: II Produktaudit

- Was ist ein „Produkt“?
- Was ist eine Marke?
- Worin liegt der Unterschied zwischen einer erfolgreichen und einer nicht erfolgreichen Marke?
- Die zunehmende Bedeutung des Category Managements
- Darstellung wichtiger Analyseinstrumente, insbesondere
  - Lebenszyklusanalyse
  - Portfolioanalyse
  - Erfahrungskurvenkonzept
- Minifallstudien für die praktische Nutzung dieser Instrumente
- Übungen zur Umsetzung der Theorie in die Praxis

Einführung

Am Anfang von Kapitel 4 wurde bereits darauf hingewiesen, dass sich Kapitel 4 und 5 mit den Teilprozessen in Feld 1 des Marketingprozess-Modells beschäftigen, welches hier in *Abbildung 5.1* nochmals dargestellt ist. Da es bei einem Marketingaudit nicht nur um die Käufer geht, sondern auch um das, was an diese verkauft wird (das Produkt), befasst sich das vorliegende Kapitel ausführlich mit diesem Aspekt des Marketingaudits.

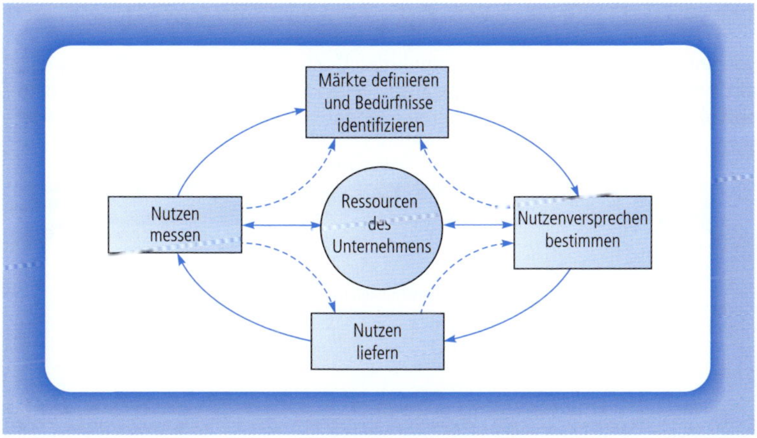

Abbildung 5.1
Das Marketingprozess-Modell.

Was ist ein Produkt?

In diesem Kapitel wird durchgängig der Begriff „Produkt“ verwendet. Die folgenden Erläuterungen lassen sich jedoch gleichermaßen auf Dienstleistungen anwenden.

Definition
Ein Produkt (oder eine Dienstleistung) im Sinne der Unternehmensleistung umfasst die gesamte Erfahrung des Kunden oder Konsumenten mit einem Anbieter.

Die zentrale Bedeutung, die das *Produkt* im Marketingmanagement einnimmt, macht es zu einem derart wichtigen Thema, dass schlechtes Management in diesem Bereich kaum durch gutes Management in anderen Bereichen kompensiert werden kann.

Die wesentlichen Aspekte des Produktmanagements, die in diesem Kapitel erörtert werden, betreffen die Grundeigenschaften eines Produkts, den Produktlebenszyklus, die Frage, wie Produkte Gewinne erzielen, das Konzept des Produktportfolios und die Neuproduktentwicklung. Ziel dieser Darstellung ist es, Hilfestellungen zur Durchführung eines Produktaudits zu leisten, auf deren Grundlage sinnvolle Marketingziele festgelegt werden können. Bevor das Thema Produktmanagement näher erläutert wird, muss zunächst klar definiert werden, was unter dem Begriff „Produkt“ zu verstehen ist. Hierin liegt der Ursprung vieler Missverständnisse in Bezug auf das Produktmanagement.

Der Begriff des „Kunden“ wurde bereits eingehend behandelt; im Folgenden geht es um das, was Kunden verkauft wird (*Abbildung 5.2*). Zunächst ist festzustellen, dass das Produkt eine Problemlösung darstellt in dem Sinne, dass es die Probleme des Kunden löst. Gleichzeitig ist das Produkt auch das Mittel, mit dem ein Anbieter seine Ziele erreicht. Zudem ist es letztendlich das, was der Kunde gegen Zahlung des Preises erhält – auch dies verdeutlicht den wichtigen Stellenwert des Produkts.

Ein Anhaltspunkt für das, was ein Produkt ausmacht, erschließt sich durch die Untersuchung der Frage, was der Kunde eigentlich kauft. Kunden haben Bedürfnisse, und sie kaufen Produkte, um diese Bedürfnisse zu befriedigen. Dies wurde in Kapitel 4 im Zusammenhang mit der Marktsegmentierung erläutert. Vereinfacht dargestellt wird sich jemand, der ein Loch in der Wand benötigt, vermutlich einen Bohrer kaufen. Sobald ein Anbieter jedoch eine bessere Methode erfindet, um Löcher in Wände zu bringen – etwa einen Taschenlaser –, wird die Nachfrage nach Bohrern wahrscheinlich zurückgehen.

EINBLICKE
Vor einigen Jahren geriet das Unternehmen Gestetner in erhebliche Schwierigkeiten, weil es den Markt für Kopiergeräte als relevanten Markt für sich definiert hatte, obwohl klar war, dass bereits andere Lösungen für das Kopierproblem existierten.

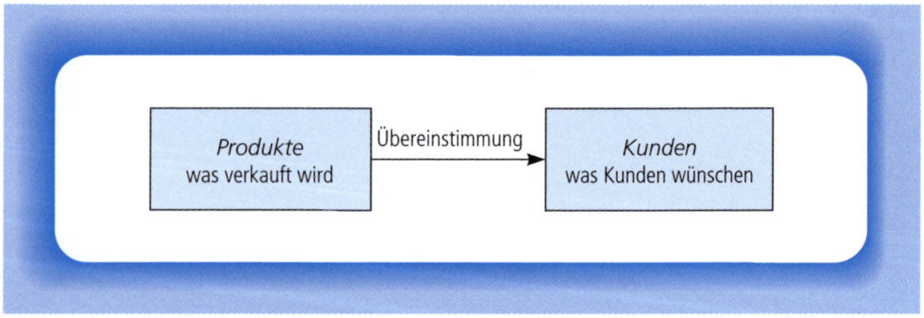

Abbildung 5.2
Abstimmung von Produktangebot und Kundenwünschen.

Ein Unternehmen, das nur die physischen Eigenschaften seiner Produkte betrachtet und dabei den Kundennutzen außer Acht lässt, läuft Gefahr, seine Wettbewerbsposition auf dem Markt zu verlieren. Daher wurde das Thema Nutzenanalyse in Kapitel 4 ausführlich besprochen.

Die Berücksichtigung des Kundennutzens ist nicht nur auf höchster Unternehmensebene, sondern auch auf der Ebene des Vertriebs von größter Wichtigkeit. Ein Vertriebsmitarbeiter, der betont, dass die Abschreckkammer des von ihm angebotenen Industrieofens dreimal größer ist als die eines Mitbewerbers, darf nicht überrascht sein, wenn diese Information völlig irrelevant ist, insbesondere wenn dies bedeutet, dass dreimal so viel Platz wie bisher benötigt wird. Viel relevanter wäre die Tatsache, dass die größere Abschreckkammer es dem Kunden ermöglicht, einen beträchtlichen Teil der Betriebskosten einzusparen, was den eigentlichen Nutzen darstellt und daher der Hauptaspekt des Kundenbedürfnisses ist.

Bislang wurde noch nicht viel über Dienstleistungen wie Beratung, Finanzen oder Versicherungen gesagt. Der Grund dafür liegt einfach darin, dass Dienstleistungsmarketing sich nicht wesentlich vom Marketing physischer Produkte unterscheidet. Der größte Unterschied ist, dass eine Dienstleistung meist einen Nutzen stiftet, der immateriell ist und nicht gelagert werden kann. So ist ein Sitzplatz in einem Flugzeug, der zur Zeit des Fluges nicht genutzt wird, für immer verloren, wohingegen ein physisches Produkt gelagert und später genutzt werden kann.

Aus der Marketingperspektive ergibt sich aus dieser Besonderheit in der Praxis kaum ein Unterschied. Das Hauptproblem liegt offenbar vielmehr in der Schwierigkeit vieler Dienstleistungsunternehmen, ihre Angebote tatsächlich als „Produkte" greifbar zu machen und zu präsentieren. Dies lässt sich am Beispiel des Beraters verdeutlichen. Viele Menschen machen sich als Berater selbstständig und verkaufen sich beispielsweise als Marketingberater. Es dürfte jedem potenziellen Kunden Schwierigkeiten bereiten, einer solchen Bezeichnung genau zu entnehmen, welchen Nutzen diese Person stiftet. Wie bei jedem anderen Markt kommt es auch beim Beratermarkt darauf an, den Markt zu segmentieren und „Produkte" zu entwickeln, die genau das Nutzenbündel liefern, das gewünscht wird (Bruhn/Stauss 2006).

Letztlich wird beim Kauf jedes Produkts, auch beim Kauf eines Maschinenteils durch einen industriellen Einkäufer, ein spezielles Leistungsbündel erworben, das bezüglich der Eignung zur Befriedigung der Bedürfnisse und Wünsche beurteilt wird. Somit wird auch deutlich, welche Gefahr darin liegt, Produktentscheidungen ganz allein technischen Experten zu überlassen. Falls dies geschieht, gehen diese meist davon aus, dass die einzig wichtigen Punkte beim Produktmanagement die technische Leistung oder die Funktionsmerkmale des Produkts sind (Herrmann/Huber 2008).

Eine Zusammenfassung dieser Ideen findet sich in *Abbildung 5.3.*

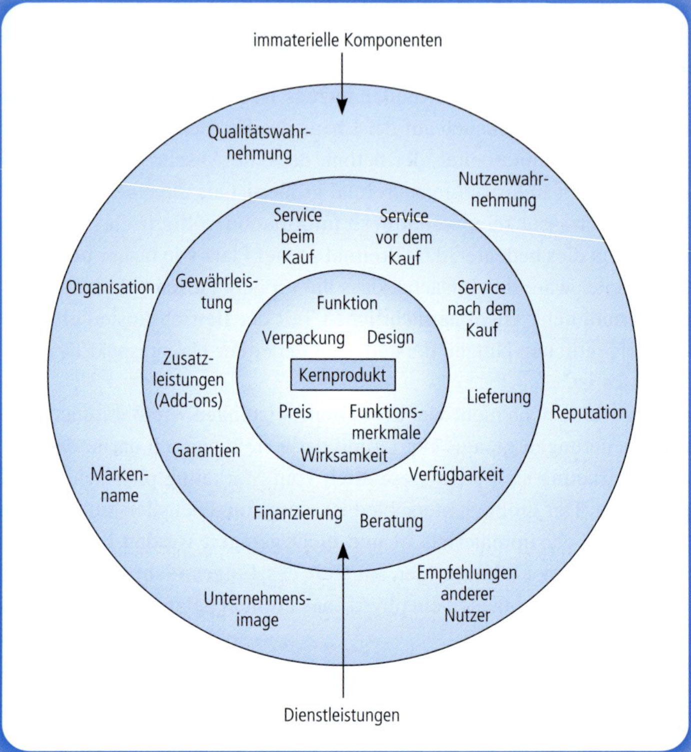

Abbildung 5.3
Was ist ein Produkt?

Die beiden äußeren Kreise stellen den sogenannten „Leistungskranz" um das Kernprodukt herum dar. Aus diesem Leistungskranz ergeben sich bis zu 80 % des Mehrwerts und der Problemlösungsfähigkeit eines Leistungsbündels. Oft macht dieser jedoch nur etwa 20 % der Kosten aus, während es sich beim Kernprodukt meist umgekehrt verhält. *Abbildung 5.4* veranschaulicht dies.

Die Bedeutung der Marke

Definition
Eine Marke ist ein Name oder Symbol, anhand dessen ein Produkt identifiziert werden kann. Eine erfolgreiche Marke kennzeichnet ein Produkt, das einen nachhaltigen Wettbewerbsvorteil besitzt.

Es dürfte schon klar geworden sein, dass es nicht nur um ein physisches Produkt, sondern um eine *Beziehung* mit dem Kunden geht. Diese Beziehung wird entweder durch den Firmennamen oder den produkteigenen *Markennamen* personifiziert. IBM, BMW und Shell sind herausragende Beispiele für Firmenmarken. Persil, Coca-Cola, Fosters Lager, Dulux und Castrol GTX sind herausragende Beispiele für Produktmarken.

Die meisten Menschen werden sich noch an die Coca-Cola-/Pepsi-Cola-Blindtests erinnern, in denen beim „blinden Trinken" der Colas kaum Unterschiede festgestellt wurden. Als die Labels jedoch sichtbar waren, behaupteten

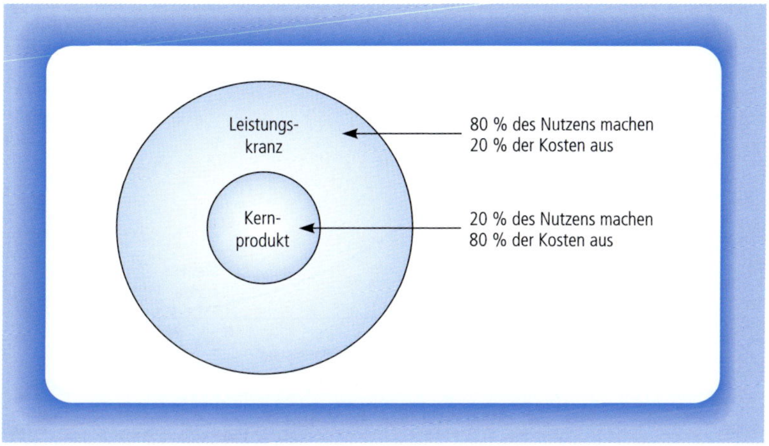

Abbildung 5.4
Die Kosten-Nutzen-Struktur von Leistungsbündeln.

65 % der Konsumenten, Coca-Cola vorzuziehen. Hieraus lässt sich am besten der Wert ersehen, der mit dem „Leistungskranz“ zusammenhängt. Er ist zweifellos ein ausschlaggebender Faktor für den ökonomischen Erfolg. Bei Unternehmensübernahmen – etwa im Fall des Kaufs von Rowntree durch Nestlé – ist klar, dass mit der Übernahme nicht der Erwerb der materiellen Werte angestrebt wird, die in der Bilanz erscheinen (wie Fabriken, Produktionsanlagen, Fahrzeuge etc.), sondern der Erwerb der unternehmenseigenen *Markennamen* (Bauer/Huber/Albrecht 2007).

> Nicht mit Fabriken werden Gewinne erzielt, sondern mit den Beziehungen zu Kunden. Diese Beziehungen werden durch Unternehmens- und Markennamen aufgebaut und gesichert.

Ein weiteres Beispiel hierfür ist der Kauf von Gillette durch Procter & Gamble zum Preis von 31 Milliarden Pfund: Auf die materiellen Werte entfielen nur vier Milliarden Pfund. Die verbleibenden 27 Milliarden Pfund entsprachen dem Wert des Markennamens und des Kundenstamms.

Wird die Markenpflege vernachlässigt, setzt ein „Wandel zur Massenware“, eine sogenannte Commoditisierung, ein. Dazu kommt es, weil sich die physischen Produkteigenschaften immer schwieriger differenzieren und immer leichter imitieren lassen. In solchen Fällen werden beim Fehlen starker Marken Kaufentscheidungen eher auf der Grundlage von Preis oder Verfügbarkeit getroffen. In der Geschichte der Wirtschaft finden sich zahlreiche Beispiele für starke Marken, die durch mangelnde Pflege untergingen, oft aufgrund fehlender Investitionen für Kommunikation und kontinuierliche Produktverbesserung.

EINBLICKE

Der Fruchtsaftmarkt ist ein typisches Beispiel. Das Gegenteil lässt sich am Beispiel von Intel sehen: eine beispiellose Marken-Erfolgsgeschichte in einem extrem wettbewerbsintensiven globalen Markt.

Abbildung 5.5 stellt den Verfallsprozess vom Markenprodukt zum Massenprodukt (Commodity) dar: Die einzigartigen Werte und Eigenschaften der Marke

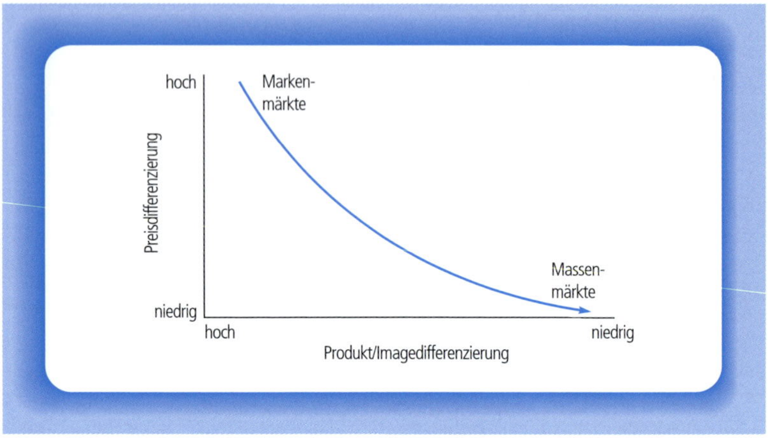

Abbildung 5.5
Der Prozess der Commoditisierung.

erodieren allmählich, wodurch die Fähigkeit sinkt, ein Preispremium zu erzielen.

Der Unterschied zwischen einem Markenprodukt und einem Massenprodukt lässt sich mit dem Begriff „Mehrwert“ zusammenfassen: Darunter sind die zusätzlichen Attribute oder immateriellen Nutzenstiftungen zu verstehen, die der Verbraucher dem Produkt in seiner Wahrnehmung zuschreibt. Ein Produkt mit einem starken Markennamen ist also mehr als nur die Summe seiner Einzelkomponenten. Das Beispiel Coca-Cola ist nur eines von Tausenden für dieses Phänomen.

EINBLICKE Die Marke Zantac von GlaxoSmithKline vermittelt auf dem Markt der Medikamente gegen Magenbeschwerden eine Aura von Qualität und Zuverlässigkeit, wodurch sie ihren Marktvorteil gegenüber weniger bekannten Marken behaupten kann.

Untersuchungen haben gezeigt, dass die wahrgenommene Produktqualität, wie oben erläutert, eine wichtige Determinante der Rentabilität darstellt (Fritz 1997). Dieses Thema wird in Kapitel 6 unter dem Stichwort „Wettbewerbsstrategien“ näher erläutert.

Der Unterschied zwischen erfolgreichen und nicht erfolgreichen Marken

Erfolgreiche Markengestaltung steigert die Rentabilität, da sie einen Mehrwert schafft, der dem Kunden einen Kaufanreiz bietet. Dieser Mehrwert liefert zudem eine solide Expansionsbasis für Produktverbesserungen, neue Varianten, zusätzliche Dienstleistungen oder neue Ländermärkte. Des Weiteren bietet der mit einer Marke einhergehende Mehrwert einem Unternehmen Schutz gegen die wachsende Macht des Handels. Nicht zuletzt trägt die Markenpolitik dazu bei, gesichtslose Konzerne zu attraktiven Arbeitgebern und Geschäftspartnern zu machen (Bekmeier-Feuerhahn 1998).

Es ist jedoch äußerst wichtig, zwischen erfolgreichen und nicht erfolgreichen Marken zu unterscheiden. Es gibt unzählige Produkte, die Markennamen tragen, aber keine erfolgreichen Marken sind. Sie versagen auch bei anderen wichtigen Kriterien.

Eine erfolgreiche Marke hat einen Namen, ein Symbol oder ein Design (oder eine Kombination aus diesen Elementen), die das „Produkt" eines Anbieters als ein Produkt kennzeichnet, das einen nachhaltigen Wettbewerbsvorteil besitzt – zum Beispiel Coca-Cola, IBM oder Edeka. Eine erfolgreiche Marke ermöglicht eine nachhaltig höhere finanzielle und Marktperformance (vgl. Mizik/Jacobson 2008). Nur in diesem Fall stellen Marken Vermögensgegenstände dar. Wie andere Vermögenswerte verlieren Marken ohne weitere Investitionen an Wert, wie zum Beispiel Hoover, Singer, MG oder Marks & Spencer.

EINBLICKE

Es gibt viele „Produkte", die scheinbar Marken sind, bei denen es sich aber nicht um Originalprodukte handelt. Der Marketingdirektor von Tesco formulierte es so: „Pseudomarken sind keine Marken, sondern Herstellerlabel. Es handelt sich um Nachahmerprodukte, die keine gute Positionierung, keine gute Qualität und keine nachhaltige Unterstützung aufweisen. Solche Hersteller bemühen sich nicht mehr um Kundenverständnis und betrachten Einzelhändler lediglich als Distributionskanal."

So gesehen kann eine Pseudomarke nie mit einer echten Marke verwechselt werden, denn echte Marken verfügen über zusätzliche Markenwerte. Von einer echten Marke kann gesprochen werden, wenn Kunden glauben, dass ein Produkt

- zuverlässig ist,
- das beste seiner Art ist,
- besser zu ihnen passt als Produkt X,
- genau auf sie zugeschnitten ist.

Diese Annahmen basieren nicht nur auf der Wahrnehmung der Marke selbst im Verhältnis zu anderen Marken, sondern auch darauf, wie der Hersteller in Bezug auf seinen Ruf und seine Vertrauenswürdigkeit vom Kunden wahrgenommen wird (Bauer/Donnevert/Hammerschmidt 2008).

Den Titel „Erfolgsmarke" muss ein Anbieter sich verdienen. Das Unternehmen muss in alle möglichen Aktivitäten investieren, damit das Produkt nicht nur den physischen Bedürfnissen der Kunden entspricht, sondern auch ein Image verkörpert, das ihren emotionalen Bedürfnissen entspricht. Es muss somit konkrete und rationale Benefits stiften, die durch einen passenden, glaubhaften und kaufrelevanten Marketing-Mix nachhaltig gestützt werden.

Nach erheblichen Anstrengungen steht der britische Energiekonzern Centrica (ehemals British Gas) kurz davor, den Schritt von einem allgemein bekannten Namen zu einer erfolgreichen Marke zu vollziehen – ähnlich wie zum Beispiel EnBW vor wenigen Jahren in Deutschland. So hat EnBW eine Markenmanagement-Initiative unter dem Namen BrandMaker eingeführt, um die operative Markenführung sowie die Kommunikationsprozesse entsprechend der CI des Unternehmens konsistent zu gestalten. So soll sichergestellt werden, dass Markenführungstätigkeiten nicht an verschiedenen Stellen redundant oder widersprüchlich durchgeführt werden oder verschiedene Agenturen für markenbezogene Aufgaben zuständig sind. Zwar ist der Schritt zur erfolgreichen Marke für diese Energieunternehmen noch nicht ganz erreicht, doch allmählich legen diese ihr bürokratisches Image ab und kommen der Bereitstellung von beständigen, qualitativ hochwertigen Services immer näher. Ein anderes Beispiel ist IBM, das trotz aller Schwierigkeiten der letzten Zeit noch immer einen beträchtlichen Anteil am Weltmarkt hält; das Logo mit den drei Buchstaben hat weiterhin sehr viel Zugkraft.

Die Komponenten einer Marke

Eine Marke besteht aus den folgenden drei Hauptkomponenten: Markenstrategie, Markenpositionierung und Markenpersönlichkeit (de Chernatony/McDonald 2003).

Die erste von ihnen, die *Markenstrategie*, ergibt sich aus der Position der Marke im Portfolio des Unternehmens, das die Marke besitzt. Im weiteren Verlauf des Kapitels wird zu sehen sein, dass einige schwache Marken in schnell wachsenden Märkten im Wettbewerb stehen, während andere in reifen und stagnierenden Märkten konkurrieren. Die Ziele für die Marken können deshalb unterschiedliche Ausmaße und Arten von Investitionen (Investieren oder Ernten), Innovation (Relaunch, Sortimentsausweitung, Kostensenkung) oder Verkaufs- und Distributionsanstrengungen (Expansion, Reduktion, breit, eng) erfordern.

Als Erstes muss ein Unternehmen sich über die passenden Ziele für die Marke im Klaren sein.

Die zweite Komponente, die *Markenpositionierung,* befasst sich mit den eigentlichen *Aktivitäten* und der Wettbewerbsstellung der Marke. Mit anderen Worten beginnt die Markenpositionierung mit den physischen oder funktionalen Aspekten der Marke (siehe innerer Kreis in *Abbildung 5.3*). So ist etwa Canada Dry in Großbritannien eher als Mixgetränk für Brandy und Whisky positioniert und weniger als ein Softdrink, der mit Coca-Cola, Pepsi-Cola oder 7UP konkurriert. Tide ist ein kräftiges Universalwaschmittel, weniger ein Wollwaschmittel. Tesco ist eher ein hochqualitativer Lebensmittelmarkt als ein Billigsupermarkt. SAS ist als Fluglinie für Geschäftsleute positioniert.

In jedem Markt gibt es üblicherweise bestimmte Hauptdimensionen der Positionierung, von denen jedoch nur ein oder zwei wirklich wichtig sind. Diese Dimensionen lassen sich am besten als bipolare Skalen betrachten, entlang derer Marken positioniert werden können, beispielsweise

- teuer/preiswert,
- stark/mild,
- groß/klein,
- heiß/kalt,
- schnell/langsam,
- männlich/weiblich.

Es ist zu untersuchen, welche von ihnen die Konsumenten als wichtigste Grundlage der Kaufentscheidung heranziehen. Es ist klar, dass nicht alle Verbraucher

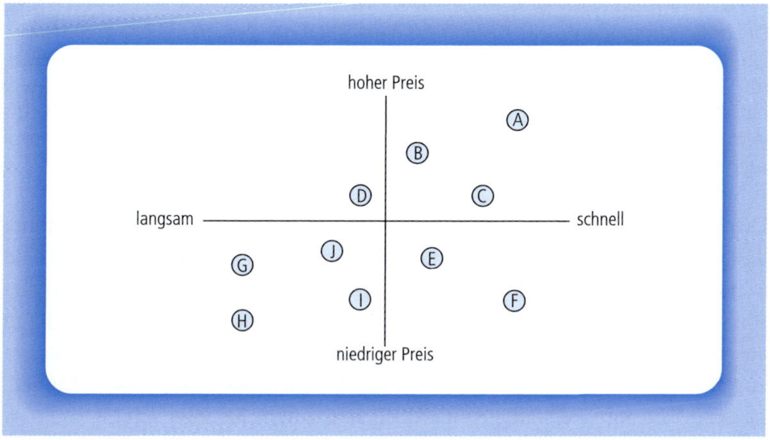

Abbildung 5.6
Marktraummodell zur Markenpositionierung.

nach der gleichen funktionalen Leistung suchen, weshalb in dieser Phase die Marktsegmentierung wichtig wird. Ein nützlicher Ansatzpunkt für eine grundlegende Marktdefinition ist der Entwurf eines zweidimensionalen Marktraums wie in *Abbildung 5.6* gezeigt. *Abbildung 5.7* zeigt einen Marktraum für Reinigungsmittel.

Natürlich werden sich die physischen Produktdimensionen eines Marktes mit der Zeit ändern. Daher sollte diese Art von Analyse regelmäßig durchgeführt werden, um erstens festzulegen, welches die Hauptdimensionen sind, und zweitens festzustellen, ob sich die Position von Konkurrenzprodukten verändert hat (Bauer/Stokburger/Hammerschmidt 2006). Letzteres war insbesondere bei Wasch- und Reinigungsmitteln mit der Einführung der Vanish-Produktreihe im deutschen Markt zu beobachten.

In sehr reifen Märken sind verschiedene Marken meist in unmittelbarer Nachbarschaft positioniert, was darauf hindeutet, dass die funktionalen und physischen Grundeigenschaften weitgehend homogen sind und nicht die alleinige Basis für die Wahl eines Produkts bilden.

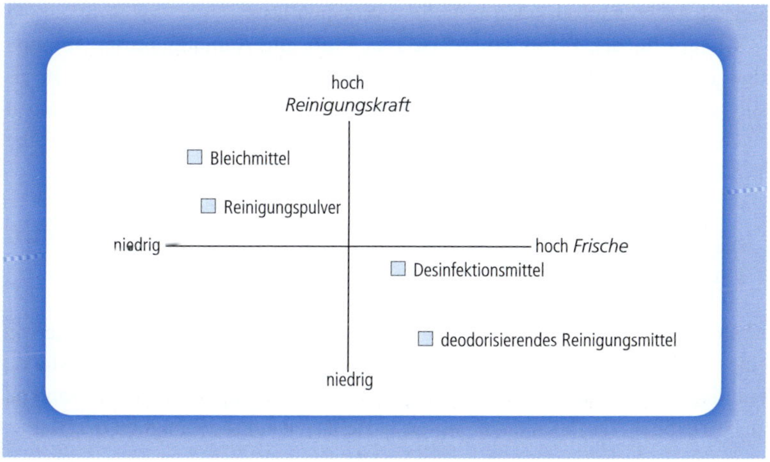

Abbildung 5.7
Marktraummodell für Reinigungsmittel.

EINBLICKE Die dritte Komponente einer Marke ist die *Markenpersönlichkeit.* Der mittlerweile verstorbene Markenexperte Stephen King, der lange für die Werbeagentur J. Walter Thompson tätig war, meinte, dass ein Produkt etwas ist, das in einer Fabrik hergestellt wird, während eine Marke etwas ist, das vom Verbraucher gekauft wird. Ein Produkt kann kopiert werden, eine erfolgreiche Marke jedoch ist *einzigartig* und insbesondere in reifen Märkten ein Hauptunterscheidungsmerkmal.

Die Markenpersönlichkeit liefert einen hilfreichen Einblick in das Gesamtbild, das Verbraucher in Bezug auf Marken im Kopf haben. In vielerlei Hinsicht sind Marken wie Menschen, die ihre ganz eigenen physischen, emotionalen und persönlichkeitsbezogenen Merkmale haben. Marken zeichnen sich also dadurch aus, dass sie eine komplexe Mischung aus diesen Merkmalen darstellen. In Bezug auf ihre Funktionen können zwei Marken sich daher durchaus sehr ähnlich, in Bezug auf ihre Persönlichkeit jedoch sehr unterschiedlich sein.

EINBLICKE Kleinwagen von Ford, Peugeot, VW und Fiat zum Beispiel befinden sich hinsichtlich der funktionalen Dimensionen Größe, Geschwindigkeit und Preis etwa auf einer Ebene. Doch sie alle haben eine völlig unterschiedliche Persönlichkeit, die sich aus dem Mix dreier Anmutungskategorien ergibt: der sinnlichen, rationalen und emotionalen „Anmutung".

Die *sinnliche* Anmutung bezieht sich darauf, wie das Produkt aussieht, sich anfühlt, klingt und dergleichen; sie kann einen entscheidenden Einfluss auf das Kaufverhalten haben. Es ist leicht vorstellbar, wie unterschiedlich diese Art von Anmutung beispielsweise im Fall von Zigaretten oder Autos sein kann.

Die *rationale* Anmutung bezieht sich darauf, was das Produkt leistet, was es enthält usw.; diese Art der Anmutung kann ebenfalls einen entscheidenden Einfluss auf das Kaufverhalten haben.

Die *emotionale* Anmutung ist jedoch wahrscheinlich der wichtigste Aspekt; sie hat viel mit den psychologischen „Belohnungen" zu tun, die ein Produkt bieten, also mit der Stimmung, die hervorgerufen wird, oder mit Assoziationen, die geweckt werden. Leicht lässt sich dies in den Fällen nachvollziehen, in denen Produkte eine Ausstrahlung haben, die sie besonders maskulin, feminin, elegant, fachmännisch oder auffällig erscheinen lässt.

Wichtig für den Erfolg einer Marke ist, dass alle Anmutungsarten stimmig sind, da sie alle einen Einfluss auf die Markenpersönlichkeit haben. Mehr als alles andere ist es gerade diese Persönlichkeit, die die Marke in ihrer Gesamtheit ausmacht und sie im Vergleich zu einer anderen Marke begehrenswerter oder attraktiver erscheinen lässt (Mäder 2005).

> Die Markenpersönlichkeit verwandelt eine Ware in etwas Einzigartiges und ermöglicht dadurch die Durchsetzung eines höheren Preises.

Abbildung 5.8 kombiniert Markenfunktionalität und Markenpersönlichkeit in einer Matrix. Die vertikale Achse bezieht sich auf die Fähigkeit der Marke, praktische Bedürfnisse wie die nach Qualität, Zuverlässigkeit oder Wirksamkeit zu befriedigen. Die horizontale Achse bezieht sich auf die Fähigkeit der Marke, den Verbraucher in seiner Selbstdarstellung zu unterstützen, beispielsweise in seiner Grundstimmung, seiner Zugehörigkeit zu einer bestimmten sozialen Gruppe oder Status. Marken werden entsprechend dieser Dimension ausgewählt, weil sie über Werte verfügen, die über ihre physischen Werte hinausgehen. Diese Dimension steht damit für Repräsentativität und bezieht sich auf den Selbstausdrucks- beziehungsweise Prestigenutzen. So sind Produkte wie etwa Krawatten von Yves Saint Laurent geeignete Marken, wenn es darum geht, bestimmte Persönlichkeitstypen und Rollen auszudrücken; wobei die funktionalen Attribute hier zweitrangig sind (Valtin 2005).

Durch *Marktforschung* lässt sich herausfinden, in welchem Maße Verbraucher einer Marke Funktionalität und Repräsentativität zusprechen. Auf Basis der Ergebnisse kann der Marketingmanager entscheiden, wie die vorhandenen Ressourcen bestmöglich einzusetzen sind, um die Marke zu fördern.

Für Produkte im Feld rechts oben (also solche, die hervorragende Funktionalität bieten und gleichzeitig gute Vehikel für nonverbale Kommunikation über das „Selbstbild" des Kunden darstellen) empfiehlt sich eine kreative Strategie, die über geeignete Medienkanäle umgesetzt wird und unterstreicht, welche Ansprüche der Verbraucher in puncto Lebensstil hat. Des Weiteren muss die Qualität der Marke durch hohe Standards bei der Qualitätskontrolle und durch kontinuierliche Produktentwicklung aufrechterhalten werden. Auch sollte eine strenge Kontrolle der Distributionskanäle vorgenommen werden.

Bei Produkten im Feld links oben (also solche, die der Kunde eher aufgrund eines hohen praktischen Nutzens als zur Selbstdarstellung erwirbt) ist eine kontinuierliche Sicherstellung der Produktüberlegenheit notwendig, da der Trend zur Nachahmung eine ständige Bedrohung für solche Marken darstellt. Zudem sind intensive Kommunikationsmaßnahmen wichtig, um über die funktionalen Nutzen der Marke zu informieren.

Für Produkte im Feld rechts unten (also solche, deren Bedeutung weniger in ihren funktionalen Attributen liegt, sondern vielmehr in ihrer hohen Symbol-

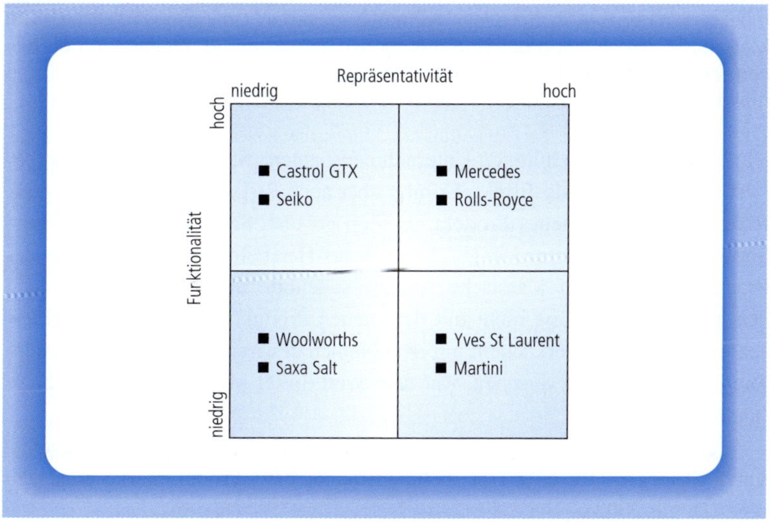

Abbildung 5.8 Markenfunktionalität und Markenpersönlichkeit.

kraft) ist es eindeutig wichtig, stets die mit der Marke verbundenen Kultur- und Lifestyle-Aspekte zu unterstreichen; hier ist eine starke kommunikative Präsenz sicherlich wichtiger als Fragen der Produktentwicklung.

Bei Produkten mit hoher Repräsentativität muss eine nachhaltige kreative Strategie verfolgt werden. Bei Produkten mit hoher Funktionalität ist eine die Produktleistung betonende Strategie von großer Bedeutung

Für Produkte im Feld links unten (also solche, die von Kunden gekauft werden, die weder auf funktionale Werte noch auf das eigene Image besonderen Wert legen) gestaltet sich die Markenpolitik schwieriger, da sie wahrscheinlich eine breite Distribution und extrem wettbewerbsfähige Preise erfordert. Hier gewinnt die Kostenführerschaft für den Markeneigentümer an Bedeutung, was eine effiziente Produktion erfordert. Marken in diesem Bereich sind eindeutig wettbewerbsgefährdet. Um ihren Erfolg zu sichern, ist in der Regel eine attraktive Preisstellung erforderlich.

Das Unternehmen als Marke

Inzwischen ist deutlich geworden, dass bei verschiedenen Produkten oft der Unternehmensname als Markenname dient, im Gegensatz zu Produkten mit einem eigenen Markennamen, wie etwa im Fall von Persil.

Firmen entwickeln zur bestmöglichen Selbstdarstellung Strategien für ihr Unternehmensimage, um zu gewährleisten, dass sämtliche Formen externer Kommunikation koordiniert und konsistent umgesetzt werden. Das Unternehmensimage kann einen wertvollen Vermögensgegenstand darstellen, der durch effektives Management maßgeblich zum Erfolg einer Marke beitragen kann.

Klassische Beispiele hierfür sind IBM, ICI, Mercedes, Sony, Yamaha, JCB, Virgin und zahllose andere. Besonders vor dem Hintergrund der enormen Kosten für den Aufbau einer Marke ist dieses Konzept erfolgversprechend, vorausgesetzt das betreffende Produkt steht im Einklang mit dem Unternehmensimage.

EINBLICKE

In dieser Hinsicht lässt sich leicht nachvollziehen, warum Ford im Premium-Automobilsegment nicht richtig Fuß fassen konnte und schließlich Jaguar kaufen musste, um den Eintritt in dieses Segment zu schaffen. Genauso wird klar, warum Mars durch die Nutzung der Unternehmensmarke Mars der Einstieg in den Eiscrememarkt gelang und warum das Unternehmen hingegen auf dem Tierfuttermarkt einen anderen Markennamen (Pedigree) einsetzte.

Die Nutzung eines berühmten Unternehmensnamens für ein neues Produkt basiert also auf dem Halo-Effekt. Er birgt aber auch Risiken für das Gesamtportfolio, falls sich ein neues Produkt als Flop erweist. So ist zum Beispiel Levi Strauss ein bekannter und angesehener Jeans-Hersteller. Die Ausweitung des Produktportfolios auf klassische Anzüge scheiterte daran, dass die Kunden den Markennamen Levi nicht mit dem neuen Produkt assoziierten. Die Idee, spanische Badezimmerkacheln mit dem Namen des französischen Modeschöpfers Pierre Cardin zu versehen, war dem Wert dieser Marke nicht wirklich zuträglich.

Abbildung 5.9 zeigt eine Matrix, die sich bei der Festlegung von angemessenen Strategien für eine Unternehmensmarke bzw. Produktmarke einsetzen lässt (Doyle 2002).

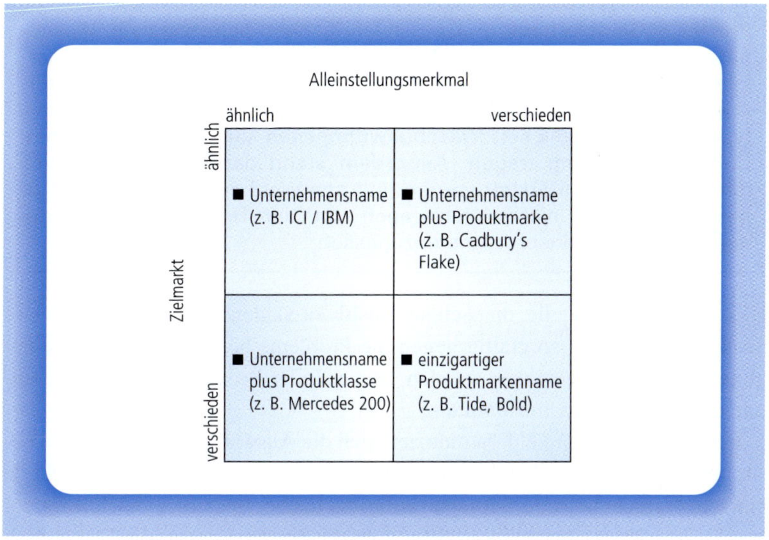

Abbildung 5.9
Strategien zur Markenpositionierung.

Globale Marken versus lokale Marken

Nachdem der Unterschied zwischen einer Marke und einer Pseudomarke nun klar geworden ist, geht es im Folgenden um die Frage, was eine *globale Marke* ist. *Eine globale Marke ist ein Produkt, das überall auf der Welt den gleichen Namen und das gleiche Logo trägt und weltweit die gleiche oder eine ähnliche Botschaft vermittelt.* Gewöhnlich ist das Produkt für den gleichen Zielmarkt bestimmt und wird auf ganz ähnliche Weise beworben und präsentiert.

Definition
Eine globale Marke ist ein Produkt, das weltweit den gleichen Namen und das gleiche Logo trägt und weltweit die gleiche oder eine ähnliche Botschaft vermittelt.

Eine Umfrage mit 10000 Teilnehmern in den USA, Japan und Europa ergab, dass die folgenden zehn Markennamen den höchsten Bekanntheitsgrad aufweisen: Den Spitzenplatz hielt Coca-Cola, gefolgt von Sony, Mercedes-Benz, Kodak, Disney, Nestlé, Toyota, McDonald's, IBM und Pepsi. Manche dieser Nennungen mögen überraschen. Welches sind die Alternativoptionen zu einer globalen Massenmarke?

Letztendlich gibt es nur zwei prinzipielle Optionen:

- die Entwicklung einer globalen Marke, wie American Express oder Coca-Cola,
- die Entwicklung einer lokalen oder regionalen Marke in jedem Land beziehungsweise jeder Region, wo das Unternehmen tätig ist.

Die Entscheidung, welche dieser Optionen gewählt wird, hängt hauptsächlich von der Art der Zielgruppen ab. Doch auch andere praktische Aspekte sind zu berücksichtigen, etwa Produktionskosten, Distributionskosten, Werbung, Wettbewerbsstruktur des Marktes, Kanäle, gesetzliche Beschränkungen und Produktionsstrukturen.

Procter & Gamble hatte große Schwierigkeiten beim Versuch, Waschpulver und Flüssigwaschmittel europaweit unter einem einzigen Markennamen zu etablieren. Zum einen musste das Unternehmen unterschiedlichen Typen von Waschmaschinen, unterschiedlichen Wassertypen, unterschiedlichen Waschgewohnheiten und unterschiedlichen Kulturen Rechnung tragen. Außerdem stand das Unternehmen vor der Aufgabe, die Marktstrukturen und den Wettbewerb in den Griff zu bekommen, und nicht zuletzt auch vor der Herausforderung, die eigenen Produktionsprozesse anzupassen.

Hier müssen die Vorteile, die sich aus positiven Skaleneffekten (Economies of Scale) ergeben, sehr sorgfältig gegen die Probleme bei der Etablierung einer globalen Marke abgewogen werden (Bauer/Exler/Bronk 2007). Dies veranschaulicht die Matrix in *Abbildung 5.10.*

Bei drei von diesen Feldern reduziert sich die Auswahl offenbar auf eine bestimmte Option; beim Feld oben rechts ist die Entscheidung jedoch nicht so einfach. Wenn hohe Anforderungen aufgrund lokaler Spezifika gleichzeitig hohen Skaleneffekten gegenüberstehen, geht die Tendenz dahin, die Etablierung einer globalen Marke anzustreben.

Diese Matrix stellt nur ein Konzept dar, welches sich aber mit konkreten Daten ausfüllen lässt, ähnlich wie die Portfoliomatrix, die im weiteren Verlauf des Kapitels beschrieben wird. Zum Beispiel wäre es möglich, alle Einsparungen zu berechnen, die sich aus Skaleneffekten ergeben, etwa bei Herstellung, Forschung und Entwicklung, Beschaffung, Logistik, Controlling usw. Auch die Einschätzung lokaler Unterschiede wäre möglich, indem die Infrastruktur von Märkten, die Bedürfnisse, kulturelle, politische und gesetzliche Rahmenbedingungen, die Marktstruktur und der Wettbewerb untersucht und verglichen werden.

Wenn man internationale Märkte auf diese Weise betrachtet, spricht höchstwahrscheinlich alles eher für globale als für lokale Marken. Prognosen über

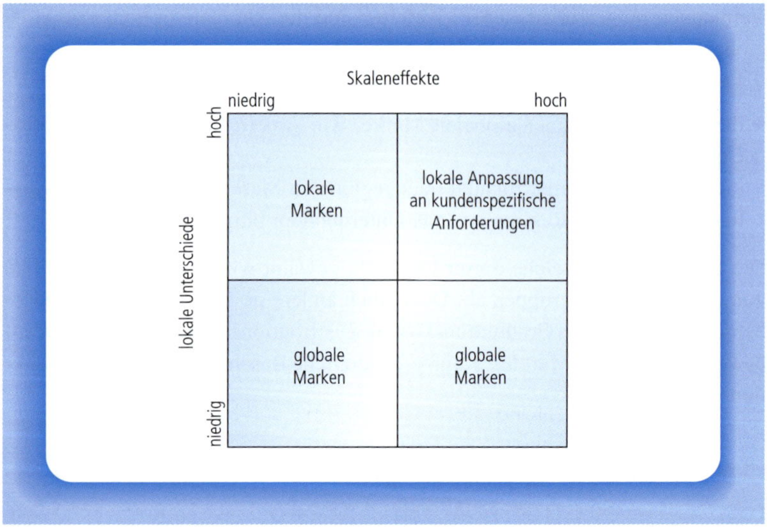

Abbildung 5.10
Globale Marken versus lokale Marken.

Zukunftstrends unterstützen diese Hypothese. So wurde für den europäischen Gesamtmarkt Folgendes vorausgesagt:

- Trend zur Preisharmonisierung in Richtung des niedrigsten Niveaus in ganz Europa,
- Trend zu Kaufentscheidungen auf gesamteuropäischer Ebene zur Realisierung eines maximalen Preisvorteils,
- größere Distributoren (besonders Importeure) werden transnational operieren und Vorteile durch bestehende Preisdifferenzen sowie Billiganbieter nutzen.

Viele Anzeichen sprechen dafür, dass diese Trends zunehmend zu einer stabilen Entwicklung werden.

EINBLICKE

Donald Casey von Lauder Associates bestätigt: „Die Zunahme der globalen Markenpolitik hängt unmittelbar mit dem explosionsartig angestiegenen Medienkonsum innerhalb der jüngeren Generation zusammen. In allen Ländern weisen die Daten darauf hin, dass die jüngeren Verbraucher ein wesentlich größeres Bewusstsein für internationale Marken haben, vor allem in Bereichen wie TV, Musik, Video und Sport."

Es gibt klare Hinweise. Die ersten großen gesamteuropäischen Einzelhandelsgruppen sind bereits entstanden. Und Unternehmen ohne europäische Marke scheinen keine guten Erfolgsaussichten zu haben, vor allem wenn sie Konsumgüter mit hoher Umschlaggeschwindigkeit anbieten. Durch Markennamen werden Kunden gewonnen, Gewinne erzielt und Kundentreue geschaffen. Es wurde bereits erwähnt, dass Nestlé das Unternehmen Rowntree nur wegen seiner Marken und nicht wegen seiner Produktionsstätten übernommen hat. Letztlich stellt eine gute Marke das größte Marketingvermögen eines Unternehmens dar. Aus diesem Grund wäre es ein Fehler, nicht in die Marke zu investieren. Wenn ein Unternehmen seine Marke nicht pflegt und so zulässt, dass aus seinem Markenprodukt ein Nachahmer- und Massenprodukt wird, käme dies „kommerziellem Vandalismus" gleich.

Zusammenfassend ist festzuhalten, dass erfolgreiche Marken klar identifizierbare Produkte, Dienstleistungen, Personen oder Orte sind, die sich dadurch auszeichnen, dass die Käufer oder Nutzer ihnen einen wichtigen und einzigartigen Mehrwert zusprechen, der ihren Bedürfnissen entspricht. Der Erfolg dieser Marken resultiert aus der Fähigkeit, diesen Mehrwert im Wettbewerb zu behaupten. Dieses Ziel auf globaler Ebene zu erreichen, ist ein sehr lohnenswertes, aber auch schwieriges Unterfangen.

Produktlebenszyklus

Nachdem klar geworden ist, dass der Kundennutzen einen wesentlichen Teilaspekt des Produktmanagements ausmacht, stellt sich die Frage, ob das Anbieten eines einzigen Produkts genügt.

Es gibt zahlreiche Beispiele von Unternehmern, die gegründet werden, um etwa mit einem Spielzeug wie den sogenannten „Klick-Klacks" der 1970er-Jahre ein schnelles Vermögen zu machen und dieses dann ebenso schnell wieder zu verlieren, sobald der Markt zum nächsten Modetrend übergeht. Solche Beispiele zeigen eine extreme Form dessen, was als *Produktlebenszyklus* bezeichnet wird. Auch dieser Begriff ist derart wichtig und fundamental, dass seiner Erörterung ausreichend Raum gewidmet werden soll.

Definition
Ein Produktlebenszyklus skizziert das Absatzvolumen oder den Umsatz eines Produkts von seiner Einführung bis zu seinem Rückgang und seiner Eliminierung.

Technologiehistoriker haben beobachtet, dass alle technischen Funktionen ein exponentielles Wachstum verzeichnen, bis sie an eine natürliche Grenze stoßen, die das Wachstum drosselt und schließlich zurückgehen lässt, da eine Technologie durch eine andere ersetzt wird. Es besteht allgemeine Einigkeit darüber, dass dieses Phänomen auch auf Produkte zutrifft. Auf dieser Annahme gründet das Konzept des Produktlebenszyklus, das in der Marketingliteratur der letzten Jahrzehnte vielfach aufgegriffen wurde (Fischer 2001).

Das Produktlebenszykluskonzept fußt auf der These, dass in dem Fall, in dem ein neues Produkt in seiner Einführungsphase erfolgreich ist (und nicht wenige scheitern an diesem Punkt), in der Folge ein allmählicher Anstieg von Wiederholungskäufen sowie ein Anstieg des Umsatzwachstums zu verzeichnen sind. Oft steigen in dieser Phase Mitbewerber in den Markt ein, deren zusätzliche Werbeausgaben zu einer verstärkten Ausweitung des Marktes führen. Kein Markt lässt sich allerdings grenzenlos ausweiten. Letztlich verlangsamt sich die Wachstums*rate*, wenn das Produkt in seine Reifephase eintritt. Schließlich ist der Punkt erreicht, zu dem sich zu viele Anbieter auf dem Markt befinden, Preiskriege ausbrechen und einige Anbieter aus dem Markt austreten, bis schließlich der Markt selbst stagniert. *Abbildung 5.11* veranschaulicht dieses anscheinend universelle Phänomen.

Der Produktlebenszyklus ist zweifellos ein praktisches und hilfreiches allgemeines Konzept; dennoch lässt sich einwenden, dass bestimmte Produktlebenszyklen eher von den Aktivitäten des Anbieters abhängen als festen „Gesetzmäßigkeiten“ zu unterliegen.

EINBLICKE Baileys Likör verzeichnete trotz eines typisch verlaufenden Produktlebenszyklus nach der Ernennung eines neuen Markenmanagers plötzlich neue Umsatzrekorde.

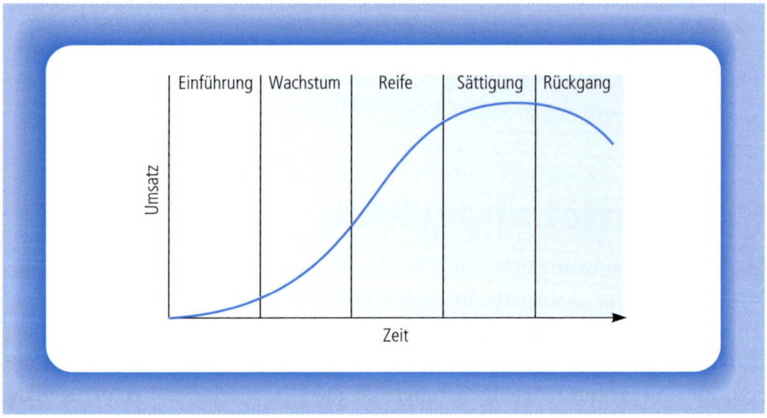

Abbildung 5.11
Produktlebenszyklus.

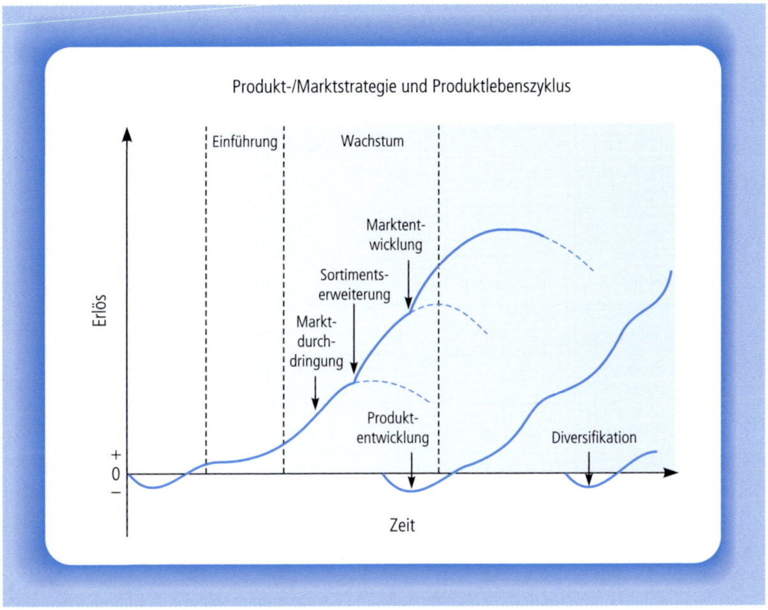

Abbildung 5.12
Strategische Optionen im Produktlebenszyklus.

Wenngleich dieses Beispiel illustriert, dass die Lebenszyklusanalyse die Gefahr der Fehlinterpretation in sich birgt, wird selbst im genannten Fall der Umsatz irgendwann in die Reifephase übergehen.

Vom unternehmerischen Standpunkt aus ist das Konzept des Produktlebenszyklus hilfreich, da es die Aufmerksamkeit auf den Umsatzverlauf richtet, der in Zukunft zu erwarten ist, sofern nicht korrigierend eingegriffen wird. Zum Erreichen des Ziels, die Umsatzrentabilität eines Produkts während seines Lebenszyklus aufrechtzuerhalten, stehen mehrere Aktionsmöglichkeiten zur Verfügung.

> *Abbildung 5.12* veranschaulicht, welche konkreten Maßnahmen ein amerikanisches Industriegüterunternehmen ergriff. Als sich das Umsatzwachstum verlangsamte, initiierte das Unternehmen ein Programm zur Erweiterung der Produktpalette und zur Marktentwicklung, wodurch die Marke mit Erfolg weitere Wachstumsphasen durchlief. Gleichzeitig suchte das Unternehmen mit Nachdruck nach neuen Produkten und überlegte sogar, welche Bereiche sich zur Diversifizierung eignen könnten.

Noch wichtiger sind die Implikationen des Produktlebenszyklus-Konzepts für jedes Element des Marketing-Mix. *Abbildung 5.13* gibt einige Anhaltspunkte dafür, welche Veränderungen ein Produkt während seines Lebenszyklus durchlaufen muss. Darüber hinaus unterliegt aber auch jedes weitere Element einer Veränderung. Wenn zum Beispiel ein Unternehmen in der Reifephase seines Produktlebenszyklus, in der die Märkte oft hart umkämpft sind und Preiskriege beginnen, starr an seiner Hochpreispolitik festhalten würde, liefe es Gefahr, Marktanteile zu verlieren. Dies könnte sich später, wenn sich der Markt beruhigt

Produkt-/Marktlebenszyklus und Marktmerkmale

Schlüsselmerkmale	einzigartig	Produktdifferenzierung	Servicedifferenzierung	„Massenprodukt"
Marketingbotschaft	erklären	wettbewerbsfähig	Markenwerte	unternehmensbezogen
Umsatz	Pionierstellung	relative Nutzen/ Vertriebsunterstützung	beziehungsorientiert	verfügbarkeitsorientiert
Distribution	Direktvertrieb	Exklusivvertrieb	Massenvertrieb	80:20
Preis	sehr hoch	hoch	mittel	niedrig (verbrauchergesteuert)
Wettbewerbsintensität	keine	gering	viele Mitbewerber	wenige größere internationale Mitbewerber
Kosten	sehr hoch	mittel	mittel/niedrig	sehr niedrig
Gewinn	mittel/ hoch	hoch	mittel/hoch	mittel/niedrig
Managementstil	visionär	strategisch	operational	Kostenmanagement

Abbildung 5.13 Ausgestaltung der Marketing-Mix-Instrumente im Produktlebenszyklus.

hat, als großer Fehler erweisen, da Produkte gerade in der Reifephase oft eine äußerst rentable Erlösquelle für das Unternehmen darstellen (Fischer 2001). Warum der Marktanteil wichtig ist, wird im weiteren Verlauf des Kapitels deutlicher werden.

Das Gleiche gilt für die Werbung. Während in der frühen Phase der Produkteinführung die Aufgabe der Werbung oft in der Schaffung von Aufmerksamkeit liegt, könnte sie in der Wachstumsphase dazu übergehen, eine positive Einstellung gegenüber den Produkten aufzubauen. Auch das Distributionsmanagement sollte flexibel bleiben. Zu Beginn geht es darum, das Produkt über die wichtigsten Kanäle zu vertreiben, während es in der Wachstumsphase darauf ankommt, neue Vertriebskanäle zu identifizieren und diese zu erreichen. In den Kapiteln, die sich speziell mit dem Management von Preis, Distribution und Kommunikation befassen, werden diese Punkte noch deutlicher.

EINBLICKE

Die berühmten Post-it®-Haftnotizen von 3M sind repräsentativ für die Veränderungen, die im Laufe eines Produktlebens vollzogen werden müssen. Zu Anfang waren die Preise und Margen hoch, es gab keine Mitbewerber, und der Marktzugang erfolgte über den Direktvertrieb. In der Folge kam es zu Markteintritten von neuen Mitbewerbern. Als der Markt das Reifestadium erreichte, setzte 3M bei dem Produkt auf eine klarere Markenpolitik und änderte den Weg zum Markt. Heute haben Verbraucher die Wahl zwischen individualisierten, farbigen, linierten sowie Klein- und Großversionen der Haftnotizen. In Anbetracht eines solchen Wandels der Marktsituation war klar, dass auch der Managementansatz verändert werden musste, um nachhaltigen Erfolg zu gewährleisten.

EINBLICKE

Ein weiteres Beispiel liefert das Unternehmen Rank Xerox, das 1972 einen Anteil von 80 % am Markt für Fotokopiergeräte hielt und eine Bruttogewinnmarge von 40 % erzielte. Fünf Jahre später lagen Markanteil und Marge jeweils bei 10 %. Dies geschah, weil nicht bedacht worden war, dass Märkte zur Segmentierung neigen, wenn sie in die Wachstumsphase eintreten. In diesem Fall eroberten japanische Mitbewerber mit Kleinkopierern den Markt.

Die empirische Abbildung eines Produktlebenszyklus kann sich allerdings äußerst schwierig gestalten, selbst wenn Zeitreihendaten zur Verfügung stehen. Dies hängt mit dem komplexen Problem der Marktanteilsbestimmung zusammen.

Zunächst sei daran erinnert, dass es für einen Anbieter vor allem um seinen Anteil (anteiliger Umsatz oder Absatzmenge) an einem *tatsächlichen* Markt geht, nicht an einem *potenziellen* Markt. Das Beispiel des Teppichherstellers in Kapitel 4 hat bereits verdeutlicht, wie wichtig es für einen Anbieter ist, die richtigen Kriterien zu messen, wenn es um die Festlegung seines Marktes geht.

Um die Skizzierung von Lebenszyklen zu erleichtern, lohnt sich ein nochmaliger Blick auf die Definitionen, die in Kapitel 4 genannt wurden:

- Produktklasse, z. B. Teppiche,
- Produktunterklasse, z. B. Nylonrollen,
- Produktmarke, z. B. „X".

Bei der Messung des Marktanteils ist für „X" als Marke nur das Aggregat aller anderen Marken, die die gleiche Gruppe von Kundenbedürfnissen befriedigen, relevant.

Allerdings muss der Hersteller von „X" auch die Verkaufstrends anderer Klassen von Teppichen und Bodenbelägen im institutionellen Markt im Auge behalten, ebenso wie den Gesamtumsatz von Teppichen.

Einer der häufigsten Fehler von Anbietern, die sich über die wirkliche Bedeutung des Marktanteils nicht im Klaren sind, ist die Annahme, dass ihr Unternehmen nur einen kleinen Anteil an einem bestimmten Markt hat, während es möglicherweise einen viel größeren Anteil an einem kleineren Segment dieses Marktes hat.

Es ist wichtig zu erkennen, dass das Konzept des Produktlebenszyklus keine akademische Erfindung ist, sondern ein reales Phänomen, das nicht außer Acht gelassen werden sollte.

Oft lassen sich kommerzielle Misserfolge auf die naive Annahme seitens des Managements zurückführen, dass eine ehemals erfolgreiche Unternehmenspolitik auch in der Zukunft weiterhin Erfolg haben wird.

EINBLICKE

Ein Rückgriff auf *Abbildung 5.13* liefert die Erklärung für den Niedergang vieler Unternehmen insbesondere in der IT-Branche, die weiter an einer Politik festhielten, die der zweiten Spalte entsprach, obwohl die Märkte für einige ihrer Produkte längst zur vierten Spalte „gewandert" waren.

Tabelle 5.1 zeigt eine Checkliste von Kriterien, die Unternehmen zur Ermittlung der Position ihrer Produkte im Lebenszyklus heranziehen können.

Tab. 5.1 Leitfaden zur Lebenszyklusanalyse

Lebenszyklusphase / Kriterien	Einführung	Wachstum	Reife	Rückgang
1. Wachstumsrate	normalerweise viel größer als BSP (auf kleiner Basis)	nachhaltiges Wachstum über BSP, neue Kunden; neue Anbieter; Rate nimmt gegen Ende der Phase ab	ungefähr gleich wie BSP	sinkende Nachfrage; Markt schrumpft, da Nutzerbedürfnisse sich ändern
2. Vorhersagbarkeit des Wachstumspotenzials	präzise Definition schwierig; kleiner Anteil der Nachfrage wird befriedigt; Marktprognosen unterscheiden sich stark	größerer Prozentsatz der Nachfrage wird befriedigt, Sättigungsgrenze der Nachfrage wird klarer, Diskontinuitäten wie Preisreduzierungen aufgrund positiver Skaleneffekte können auftreten	Potenzial gut definiert; Mitbewerber sind darauf spezialisiert, Bedürfnisse spezifischer Segmente zu befriedigen	bekannt und begrenzt
3. Ausweitung der Produktlinie	spezielle Produktlinien zur Befriedigung der Bedürfnisse erster Kunden	schnelle Expansion	Ausweitung wird verlangsamt oder beendet	Linien werden verschlankt, unrentable Produkte eliminiert
4. Anzahl der Mitbewerber	nicht vorhersagbar	erreicht Maximum, neue Mitbewerber werden durch Wachstum und hohe Margen angezogen; Konsolidierung beginnt gegen Ende der Phase	Etablierung dominanter Unternehmen; weitere Verdrängung unbedeutender Mitbewerber	neue Mitbewerber unwahrscheinlich, bestehende Mitbewerber verlieren immer mehr Marktanteile
5. Verteilung der Marktanteile	instabil; Marktanteile reagieren unvorhersehbar auf unternehmerische Aktivitäten	zunehmende Stabilität; typischerweise erscheinen einige starke Mitbewerber	stabil, wobei wenige Anbieter oft einen Großteil des Marktes kontrollieren	stark konzentriert oder fragmentiert als Branchensegmente und/oder lokalisiert
6. Kundenstabilität	Probekäufe bei geringer Kundentreue	allmählich zunehmende Kundentreue; Wiederholungskäufe, wobei viele Kunden alternative Anbieter suchen	etablierte Kaufmuster, hohe Kundentreue; Mitbewerber begreifen Kaufdynamik, Neuanbietern fällt es schwer, Kunden abzuwerben	extrem stabil; Zahl der Anbieter sinkt, Kunden suchen kaum noch Alternativen

Tab. 5.1 Leitfaden zur Lebenszyklusanalyse *(Fortsetzung)*

Lebenszyklusphase Kriterien	Einführung	Wachstum	Reife	Rückgang
7. Leichtigkeit des Markteintritts	normalerweise einfach; kein dominanter Anbieter; Kundenerwartungen ungewiss, hohe Eintrittsbarrieren in Form von Technologie, Kapitalbedarf oder Unsicherheit	schwieriger; zunehmendes Franchising, positive Skaleneffekte sind evtl. vorhanden, Markteintritt ist noch ohne direkte Konfrontation mit Mitbewerbern möglich	schwierig; Marktführer sind etabliert; neue Kunden müssen von der Konkurrenz abgeworben werden	geringer oder fehlender Anreiz für Eintritt
8. Technologie	spielt eine wichtige Rolle beim Anpassen von Produktmerkmalen an Marktbedürfnisse, häufige Produktveränderungen	Produkttechnologie anfangs wichtig, später wird Prozesstechnologie in dieser Phase wichtiger	Fokus auf Substitution von Prozessen und Materialien; Produktanforderungen sind bekannt und relativ anspruchslos; evtl. Anstoß zur Erneuerung der Branche durch neue Technologien	technologisches Know-how ist bekannt, stabil und allgemein zugänglich

Diffusion von Innovationen

Eine hilfreiche Erklärung und Ergänzung zum Produktlebenszyklus ist das Konzept der Diffusion von Innovationen. Auf sie wird in Kapitel 6 noch näher eingegangen. *Diffusion* ist die marketinggesteuerte Adoption (Annahme) von Produkten durch Verbraucher innerhalb von sozialen Systemen. Diffusion bezieht sich auf den kumulierten Anteil potenzieller Adopter eines neuen Produkts im Laufe der Zeit.

Definition
Diffusion ist die marketinggesteuerte Adoption (Annahme) von Produkten durch Verbraucher im Zeitverlauf innerhalb von sozialen Systemen. Diffusion bezieht sich auf den kumulierten Anteil potenzieller Adopter eines neuen Produkts über die Zeit.

Everett Rogers untersuchte einige der sozialen Kräfte, die den Produktlebenszyklus erklären. Seine Erkenntnisse (unter anderem aus Studien zu Gruppennormen, sozialem Druck etc.) sind hilfreich, um den Schneeballeffekt der Diffusion zu erklären. Rogers (1976) fand heraus, dass die tatsächliche Diffusionsrate eines Produkts abhängig ist von

- relativem Vorteil (im Vergleich zu vorhandenen Produkten),
- Kompatibilität (mit Lebensstilen, Werten, etc.),
- Kommunizierbarkeit (lässt sich der Nutzen über Werbung leicht kommunizieren?),
- Komplexität (ist das Produkt kompliziert?),
- Teilbarkeit (kann das Produkt vor dem endgültigen Kauf in kleinerem Umfang getestet werden?).

Die Diffusion hängt zudem vom Neuheitsgrad des Produkts selbst ab, wobei sich hier folgende drei grobe Kategorien unterscheiden lassen:

1. kontinuierliche Innovation (z. B. neue Inhaltsstoffe),
2. dynamisch kontinuierliche Innovation (z. B. Einwegfeuerzeuge),
3. diskontinuierliche Innovation (z. B. Mikrowellen).

Rogers stellte jedoch fest, dass bei neuen Produkten nicht jeder das neue Produkt zum gleichen Zeitpunkt adoptiert, sondern dass vielmehr ein universelles Muster, wie in *Abbildung 5.14* gezeigt, existiert.

Die „Innovatoren" sind „Freidenker", die Neues ausprobieren, wenn es für sie relevant ist. Die „frühen Adopter" – also diejenigen, die das Produkt früh übernehmen – verfügen über einen hohen sozialen Status, sind Meinungsführer und verwenden erfolgreiche neue Produkte, um Akzeptanz und Ansehen zu erlangen. Die „frühe Mehrheit", die konservativer ist und deren Status leicht über dem Durchschnitt liegt, ist vorsichtiger und adoptiert nur Produkte, die gesellschaftlich schon eine gewisse Zustimmung finden. Die „späte Mehrheit", die unter dem Durchschnittsstatus liegt und skeptisch ist, nimmt neue Produkte erst viel später an. Die „Nachzügler" mit geringem Status und Einkommen nehmen neue Produkte erst dann an, wenn sie allgemein als anerkannt gelten.

Das Konzept der Innovationsdiffusion kann sich als sehr nützlich erweisen, speziell für Werbung und Direktverkauf. Wenn es einem Anbieter beispielsweise gelingt, eine Typologie für Meinungsführer zu entwickeln, kann er seine ersten Werbe- und Vertriebsaktivitäten spezifisch auf sie ausrichten. Haben die ersten 7 – 8 % der Meinungsmacher das Produkt erst einmal adoptiert, so besteht eine gute Chance, dass die frühe Mehrheit es ausprobieren wird. Sobald die Marke von 10 – 12 % erreicht ist, ist es sehr wahrscheinlich, dass auch der Rest das Produkt annehmen wird (Gatignon/Kuester/Robertson 2000).

Die typischen Eigenschaften von Meinungsführern bestehen darin, dass sie risikofreudig, gesellschaftlich integriert, kosmopolitisch, sozial mobil und privilegiert sind. Deshalb muss ein Anbieter analysieren, welche speziellen Eigenschaften diese Kunden in seiner Branche haben. Auf diese Weise lassen sich die Werbe- und Verkaufsbotschaften speziell auf sie zuschneiden.

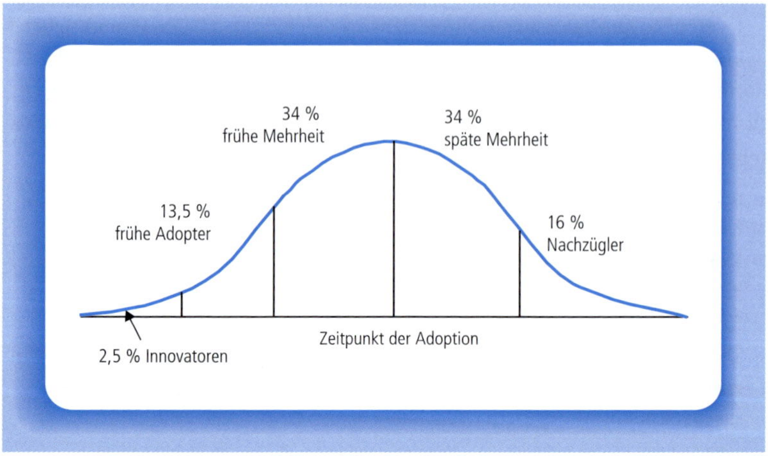

Abbildung 5.14
Adoptionskurve.

Das Konzept kann aber auch als hilfreiches Diagnose- und Prognosetool dienen. Das nachfolgende Beispiel illustriert, wie ein Unternehmen für IT-Systeme für die Bauindustrie auf Basis des intelligenten Einsatzes der Innovationsdiffusionskurve Marktprognosen und anschließend Markstrategien entwickelte.

Erste Einschätzung der Marktgröße		
1. Anzahl der Vertragsfirmen (Umweltministerium, Haus- und Wohnungsbau)	160 596	
2. Anzahl der Firmen mit 4 bis 79 direkten Angestellten	43 400	
3. abzüglich Maler, Stuckateure etc.	6 100	
4. konservative Schätzung des Hauptzielmarktes	37 300 oder 23 % des Gesamtmarktes	(1)
Zweite Einschätzung der Marktgröße		
5. Anwendung der Pareto-Regel (80/20-Regel), dass 20 % den Hauptzielmarkt darstellen, d. h. 20 % von 160 596	32 000	(2)
Dritte Einschätzung der Marktgröße		
6. Gesamtanzahl der Firmen in der Bauindustrie (Amt für Wirtschaftsstatistik)	217 785	
7. Anzahl der Firmen mit einem Umsatz von 100 000 bis 1 000 000 £:		
(in 1 000 £) 100–249	26 698	
(in 1 000 £) 250–499	10 651	
(in 1 000 £) 500–999	5 872	
(in 1 000 £)	43 221	(3)
8. Best-Case-Schätzung der Größe des Zielmarktes	37 300	
9. Unternehmenseinschätzung der Anzahl der Mikro-Implementierungen in diesem Zielmarkt	3 500	(9,4 %)

Übertragen auf die Innovationsdiffusionskurve bedeutet dies Folgendes:

- Die Marktdurchdringung bei Innovatoren und frühen Adoptern hat vier Jahre gedauert. Die Adoption beschleunigt sich nun. Vermutlich wird die komplette Marktdurchdringung in einem Jahr erreicht sein.
- *Einjahres*bilanz von frühen Adoptern = 6,6 % = 2 462 Firmen = installierte Basis von 5 968. Verkaufsziel für das Unternehmen = 360 Mikro-Implementierungen plus aktueller Bestand von 400 = 760 = 12,7 % Marktanteil.

Es wird deutlich, dass drei unabhängige Einschätzungen der Marktgröße vorgenommen wurden, um die aktuelle Position auf der Diffusionskurve zu ermitteln.

Ein Gegenbeispiel lieferte ein niederländischer Computeranbieter, der versuchte, Hard- und Software im Motorenhandel in Form eines undifferenzierten, hochpreisigen Produkts einzuführen. Eine Studie hätte gezeigt, dass dieser Markt sich bereits in seiner späten Reifephase befindet, in der Preise und Produktmerkmale immer wichtiger werden. Es überrascht somit nicht, dass die Produkteinführung fehlschlug.

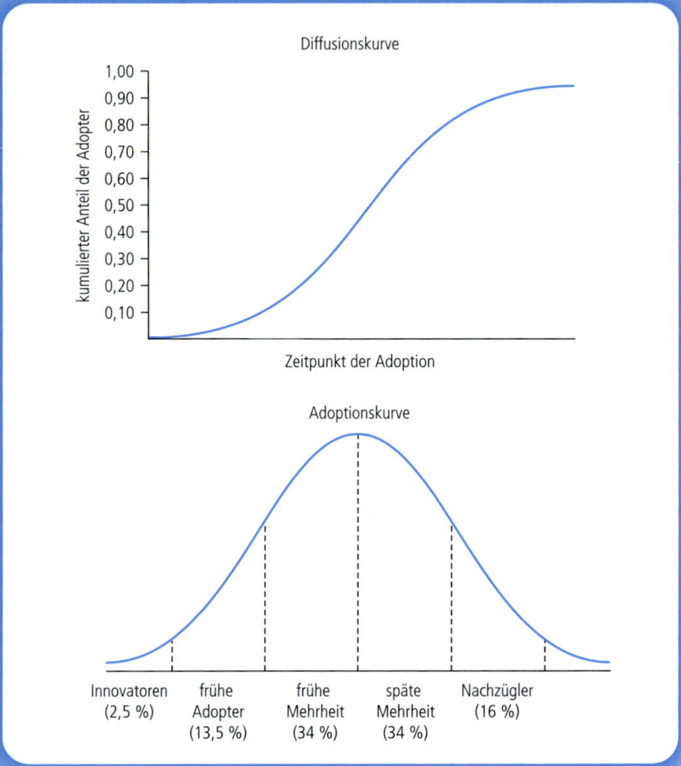

Abbildung 5.15
Zusammenhang zwischen Adoption und Diffusion.

Die Betrachtung der Diffusionskurve im Zusammenhang mit dem Produktlebenszyklus macht es leichter, die Dynamik von Märkten zu verstehen. *Abbildung 5.15* veranschaulicht diese Beziehung. Aus ihr wird deutlich, dass es sich bei einem Markt, in welchem alle potenziellen Nutzer eines Produkts dieses Produkt bereits nutzen, um einen Ersatzbeschaffungsmarkt handelt.

EINBLICKE So ist zum Beispiel fast jeder Westeuropäer mit Kühlschrank, Waschmaschine, Geschirrspüler, Fernseher und Auto ausgestattet. Der Markt hängt von der demografischen Entwicklung ab. Die meisten Märkte sind Ersatzbeschaffungsmärkte, und fast alle Wettbewerber, die ihren Umsatz steigern wollen, werden gezwungen sein, Umsatz von der Konkurrenz abzuziehen.

Produktportfolio

Es lässt sich leicht nachvollziehen, dass eine Analyse der unterschiedlichen Produkte eines Unternehmens zu jedem Zeitpunkt unterschiedliche Phasen des Produktlebenszyklus ergeben würde. Die gestrichelte Linie in *Abbildung 5.16*

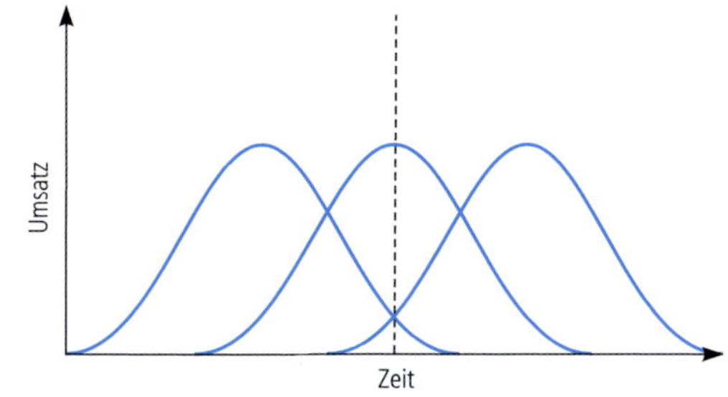

Abbildung 5.16
Unterschiedliche Lebenszyklusphasen im Produktportfolio.

zeigt einen beispielhaften Betrachtungszeitpunkt. Zu diesem befindet sich ein Produkt in akutem Rückgang, ein Produkt in seiner Einführungsphase und ein weiteres in seiner Sättigungsphase.

Liegt das Ziel in einer langfristigen Rentabilitätssteigerung, sollte die Analyse des Produktportfolios eine Situation wie in *Abbildung 5.17* erkennen lassen, in welcher die Neueinführung von Produkten zeitlich so gestaffelt wird, dass eine kontinuierliche Umsatzsteigerung gewährleistet ist.

Der Zweck eines *Portfolios* besteht für ein Unternehmen darin, seine Ziele durch den Ausgleich von Umsatzwachstum, Cashflow und Risiko zu erreichen. Da die Produkte in ihrem Lebenszyklus verschiedene Phasen durchlaufen und Märkte entsprechend wachsen oder schrumpfen, wird sich folglich auch der Gesamtcharakter des Produktportfolios des Unternehmens verändern. Deshalb ist es unerlässlich, das gesamte Portfolio regelmäßig zu analysieren und aktive Strategien zur Neuentwicklung von Produkten und zur Eliminierung alter Produkte zu verfolgen. In dieser Hinsicht hatte insbesondere die Arbeit der Boston Consulting Group einen nachhaltigen Einfluss darauf, wie Unternehmen ihre Produkt-/Marktstrategien betrachten.

Definition
Ein Portfolio stellt Produkte oder Märkte typischerweise in einer zweidimensionalen Matrix dar, um eine Balance von Wachstum, Cashflow und Risiko zu erreichen.

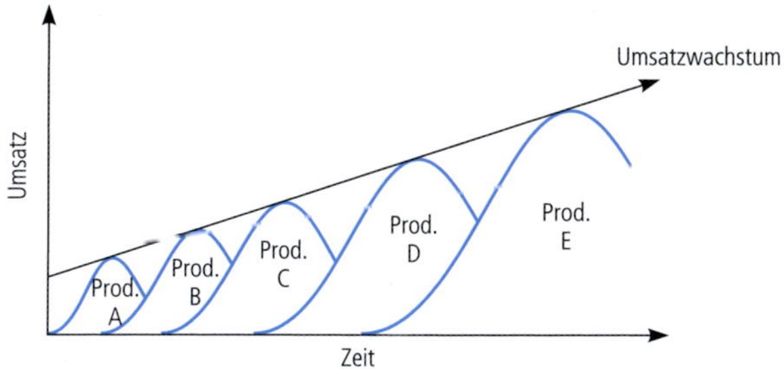

Abbildung 5.17
Lebenszyklusorientierte Produktneueinführung.

Stückkosten und Marktanteil

Definition
Der Erfahrungseffekt spiegelt die Verbesserungen (gewöhnlich in Form geringerer Kosten) wider, die sich im Laufe der Zeit aus positiven Skaleneffekten, Lernprozessen und verbesserter Produktivität ergeben.

Die Kostensenkung bezieht sich auf jene Kosten, die zur Wertschöpfung beitragen, nicht auf Kosten für zugekaufte Elemente (z. B. Materialeinzelkosten).

Der Denkansatz, auf dem die Arbeit der Boston Consulting Group (BCG) basiert, beinhaltet zwei Grundkomponenten: *Marktanteil* und *Marktwachstum*.

Es ist eine allgemein bekannte Tatsache, dass der Mensch beim Ausüben einer Tätigkeit immer besser wird, je mehr Übung er darin hat. Dieses Phänomen wird als *Lernkurve* oder *Erfahrungskurve* bezeichnet. Es manifestiert sich besonders in Form von höherer Arbeitsproduktivität, Arbeitsspezialisierung und Prozessoptimierung.

Diese Vorteile sind Bestandteile des sogenannten *Erfahrungseffekts*, der sich v. a. bei Prozessinnovationen, Produktivitätsoptimierung im Produktionsbereich und Verbesserungen im Produktdesign zeigt. Zusätzlich zum Erfahrungseffekt ergeben sich wachstumsbedingte *positive Skaleneffekte*. Kapitalkosten zum Beispiel steigen nicht im direkten Verhältnis zur Kapazität. Daraus resultieren niedrigere Kosten pro Ausbringungseinheit, niedrigere Betriebskosten in Form der Anzahl von Arbeitern, niedrigere Marketing-, Absatz-, Verwaltungs-, Forschungs- und Entwicklungskosten und auch niedrigere Transportkosten. Es herrscht jedoch allgemeine Übereinstimmung darüber, dass die Kostensenkung sich vor allem auf Kosten bezieht, die der Wertschöpfung unterliegen, nicht jedoch auf die Kosten von zugekauften Elementen wie etwa Materialkosten.

Die Boston Consulting Group (BCG) fand heraus, dass die Kosten mit jeder Verdopplung der kumulierten Produktions- beziehungsweise Ausbringungsmenge um bis zu 30 % sinken. *Abbildung 5.18* veranschaulicht dieses Phänomen. Als Beispiel dient eine Fabrik, die über einen Zeitraum von acht Jahren 100 Einheiten pro Jahr produziert. Das folgende einfache Rechenbeispiel lässt erkennen, dass es mit jedem Jahr schwieriger wird, eine kumulierte Verdopplung (V) der Ausbringungsmenge zu erreichen.

Jahr	jährlich	gesamt (kumuliert)
1	100	100
2	100	200 V
3	100	300
4	100	400 V
5	100	500
6	100	600
7	100	700
8	100	800 V

Dieses Phänomen erklärt die Form der Kurve in *Abbildung 5.18.* Die BCG verwendete bei den Zahlen logarithmische Skalen, um Aussagen über künftige Kosten bei prognostizierten Ausbringungsgrößen treffen zu können. Diese Methode wurde über viele Jahre bevorzugt von japanischen Anbietern angewandt, um Märkte in Amerika und Westeuropa zu erobern.

Obwohl sich hieraus zahlreiche Implikationen für Marketingstrategien, speziell in Bezug auf die Preispolitik ergeben, soll hier nur auf die Produkt- und Marktimplikationen eingegangen werden.

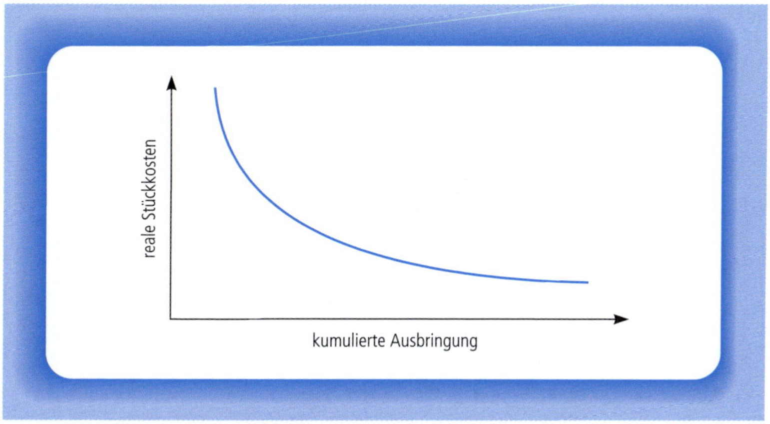

Abbildung 5.18
Erfahrungskurve.

Es gibt zahlreiche Anhaltspunkte dafür, dass die Realkosten tatsächlich sinken, woraus sich folgern lässt, dass mit wachsender Ausbringungsmenge die Stückkosten entsprechend sinken sollten (Bauer 1986). Daher sollte ein Anbieter, ungeachtet der Preisentwicklung seines Produkts, stets rentabler als seine Mitbewerber sein, wenn er den größten Marktanteil (also die größte Ausbringungsmenge) aufweist. *Abbildung 5.19* veranschaulicht dies.

Als Faustregel lässt sich also festhalten, dass die Erhöhung des Marktanteils *per se* ein wünschenswertes Ziel ist.

Die Untersuchungen des Strategic Planning Institute (SPI) zu den Gewinnauswirkungen von Marketingstrategien (Profit Impact of Marketing Strategies, PIMS) haben in der Tat bestätigt, dass zwischen Marktanteil und Rentabilität ein linearer Zusammenhang besteht. Wie in Kapitel 4 bereits deutlich gemacht wurde, muss ein Anbieter allerdings sicherstellen, dass er seinen Markt oder sein Segment sorgfältig definiert hat.

Dies erklärt, warum es vielen kleinen Anbietern möglich ist, in großen Märkten rentabel zu sein. Der Grund dafür ist, dass sie bei genauer Betrachtung einen großen Anteil an einem kleineren Marktsegment halten. Dies unterstreicht nochmals, warum das Verstehen der Marktsegmentierung den Schlüssel zu erfolgreichem Marketing darstellt.

Natürlich gibt es in Bezug auf die zuvor beschriebene „Gesetzmäßigkeit" zahlreiche Vorbehalte (Homburg/Krohmer 2006). Dennoch zeigen die empirischen Belege der Boston Consulting Group deutlich, dass diese „Gesetzmäßigkeit" universell zutrifft, egal ob es sich um Konsumgüter-, Industriegüter- oder Dienstleistungsmärkte handelt (Henderson 1984).

In Bezug auf das *Marktwachstum* lässt sich beobachten, dass es in Märkten mit einer sehr niedrigen jährlichen Wachstumsrate für einen Anbieter äußerst schwierig und auch sehr kostspielig ist, den eigenen Marktanteil zu steigern. Dies hat üblicherweise damit zu tun, dass sich der Markt in einem stationären Zustand befindet (vermutlich in der Sättigungsphase des Produktlebenszyklus)

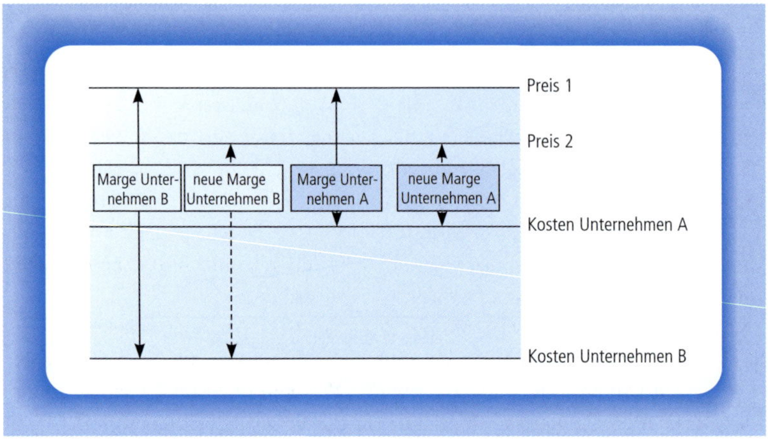

Abbildung 5.19
Marktanteil und Rentabilität.

und von einigen großen Anbietern beherrscht wird, woraus ein Gleichgewichtszustand resultiert, welcher nur schwer gestört werden kann.

In Märkten, die eine Periode starken Wachstums durchlaufen, erscheint es für einen Anbieter unternehmenspolitisch eindeutig am vernünftigsten, den Marktanteil zu steigern, indem er einen größeren Teil als seine Mitbewerber vom Marktwachstum abschöpft. Eine solche Politik ist werbetechnisch jedoch sehr kostenintensiv. Deshalb ziehen viele Unternehmen eine abwartende Haltung vor und begnügen sich mit Wachstumsraten, die unter Marktniveau liegen. Das Hauptproblem dieser Strategie liegt darin, dass solche Anbieter faktisch ihren Marktanteil einbüßen und ihren Mitbewerbern so Kostenvorteile (also Margenvorteile) verschaffen.

Da im Zusammenhang mit dem Produktlebenszyklus bekannt ist, dass die Wachstumsrate mit Erreichen dieser Phase sinkt und der Markt zwangsläufig immer preissensitiver wird, wird das Produkt letztlich unprofitabel und der Anbieter eventuell aus dem Markt gedrängt. So ist leicht nachzuvollziehen, warum in den Ländern, wo japanische Anbieter in den Markt eintraten, so viele Branchen erschüttert wurden.

Interessant ist jedoch die Feststellung, dass selbst japanische Anbieter in den letzten Jahren unter Billiganbietern zu leiden hatten, die mit noch niedrigeren Preisen in den Märkten Fuß fassten. Zu diesen zählen Anbieter aus Korea, China sowie neuerdings auch aus Indien und Südamerika. Es ist unwahrscheinlich, dass kostenintensive „westliche“ Unternehmen sich in den meisten dieser Märkte nur auf Basis des Preises behaupten können. Genau deshalb ist Segmentierung heutzutage von so großer Bedeutung.

EINBLICKE Bezeichnend hierfür ist die deutsche Motorradindustrie. Die Ausbringung der Japaner steigerte sich in einer Marktwachstumsphase von Tausenden auf Millionen von Einheiten, während die Ausbringung der Deutschen im gleichen Zeitraum konstant blieb. Als die Wachstumsrate des Marktes zu sinken begann, geschah das Unvermeidliche. Für die Deutschen (von BMW vielleicht abgesehen) ist es schier unmöglich, sich aus dieser Situation wieder zu befreien, während die Japaner dank ihrer vorteilhaften Kostenposition mittlerweile fast jedes Marktsegment, inklusive Großmotorräder, dominieren.

Die Boston-Matrix

Die Boston Consulting Group kombinierte diese Ideen in Form einer einfachen Matrix, die für einen Anbieter besonders in Bezug auf den *Cashflow* weit reichende Implikationen hat. Gewinne sind nicht immer ein geeigneter Indikator für die Performance des Portfolios, da sie häufig Veränderungen im Umlaufvermögen des Unternehmens widerspiegeln, etwa bei Vorräten oder Forderungen. Sie zeigen deshalb nicht unbedingt die wirklichen Bereiche für künftige Entwicklung. Der Cashflow hingegen ist eine Schlüsselkennzahl für die Fähigkeit eines Anbieters, sein Produktportfolio zu entwickeln.

Die *Boston-Matrix* klassifiziert die Produkte eines Anbieters hinsichtlich ihres Mittelverbrauchs und ihrer Mittelfreisetzung entlang der beiden oben beschriebenen Dimensionen, also relativer Marktanteil und Marktwachstumsrate. Der Marktanteil fungiert als Indikator für die Fähigkeit eines Produkts, Zahlungsmittelüberschüsse hervorzubringen; das Marktwachstum dient als Indikator für das, was das Produkt an Mitteln erfordert. Der Marktanteil ist der Anteil, den das Produkt des Anbieters *in Relation* zum Anteil seines größten Mitbewerbers hat. Dies ist wichtig, da hierdurch der Grad der Produktdominanz auf dem Markt widergespiegelt wird. Wenn Unternehmen A beispielsweise 20 % Marktanteil hält und sein Hauptkonkurrent ebenfalls, ist diese Position im Allgemeinen ungünstiger als wenn Unternehmen A einen Marktanteil von 20 % hätte und sein Hauptkonkurrent lediglich 10 %. Der relative Marktanteil beliefe sich auf 1:1 im Vergleich zu 2:1. Es ist dieses Verhältnis als das Maß der Marktdominanz, das auf der horizontalen Achse abgetragen wird. *Abbildung 5.20* fasst dies zusammen.

Definition
Die Boston-Matrix klassifiziert unter Verwendung der Dimensionen Marktwachstum und relativer Marktanteil die Produkte eines Anbieters hinsichtlich ihres Mittelverbrauchs und ihrer Mittelgenerierung und kategorisiert sie in Form einer Vierfeldermatrix.

Ein hoher relativer Marktanteil liegt bei einem Verhältnis von 1 oder größer als 1 vor. Die Trennlinie zwischen hohem und niedrigem Marktwachstum sollte gemäß der vorherrschenden Branchengegebenheiten festgelegt werden und

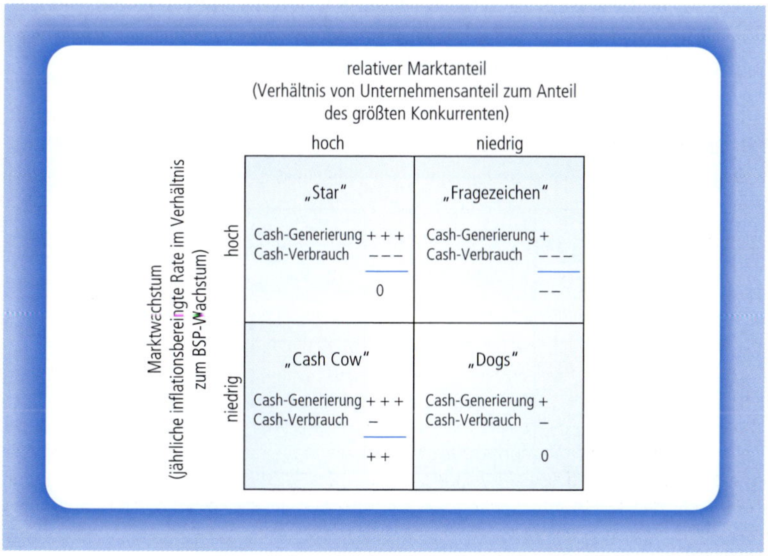

Abbildung 5.20
Boston-Matrix.

wird oft bei 10 % angesiedelt. Es ist jedoch auch möglich, dass die Trennlinie auf der vertikalen Achse durch die Zahl 0 oder gar eine negative Zahl gebildet wird. Dies hängt vollständig von Branche, Segment und Position im Produktlebenszyklus ab. In sehr generischen Märkten wird manchmal die Wachstumsrate des Bruttoinlandsprodukts (BIP) verwendet.

Die bildhaften Bezeichnungen für die vier Produktkategorien in der Boston-Matrix liefern einen gewissen Anhaltspunkt für die Erfolgsaussichten der Produkte in jedem Quadranten.

Die etwas bildhaften Bezeichnungen für die vier Produktkategorien sollen einen gewissen Anhaltspunkt für die Erfolgsaussichten der Produkte in jedem Quadranten liefern. So steht die Bezeichnung „Question Mark" („Fragezeichen") für ein Produkt, das noch keine dominante Marktposition und somit noch keinen hohen Cashflow erreicht hat, oder aber für eines, das früher eine solche Position innehatte, inzwischen jedoch nicht mehr. Es wird mehr Cash verbrauchen, da es sich in einem Wachstumsmarkt befindet. Solche Produkte werden gelegentlich auch als „Wildcat" („Wildkatze") bezeichnet.

Der „Star" ist in der Regel ein relativ neues Produkt, das einen hohen Marktanteil erreicht hat und sich mehr oder weniger selbst finanziert.

Die „Cash Cows" („Melkkühe") sind in Märkten führend, die wenig Wachstum, dafür aber eine hohe Stabilität aufweisen. Solche Produkte sind herausragende Cash-Generatoren und weisen aufgrund der Marktsituation gewöhnlich nur einen geringen Mittelverbrauch auf.

Die „Dogs" („lahme Enten") haben in der Regel kaum Zukunftsaussichten und können in Bezug auf den Mittelverbrauch eine große Belastung für das Unternehmen darstellen. Solche Produkte können notwendig sein, um erfolgreichere Produkte zu stützen, dürften auf lange Sicht jedoch zu Eliminierungskandidaten werden; oft fallen sie unter eine Kategorie, die Peter Drucker treffend als „Investitionen in das Manager-Ego" bezeichnete.

Es wird klar, warum die Handhabung eines Produktportfolios sich als wahre Kunst erweist. Ein Anbieter sollte danach streben, den durch die „Cash Cows" erwirtschafteten Mittelüberschuss in seine „Stars" und in ausgewählte „Question Marks" zu investieren. *Abbildung 5.21* veranschaulicht dies.

Die Boston-Matrix kann eingesetzt werden, um die Marktposition von Produkten in beispielsweise fünf Jahren zu prognostizieren, sofern die gegenwärtige Unternehmenspolitik weiterverfolgt wird.

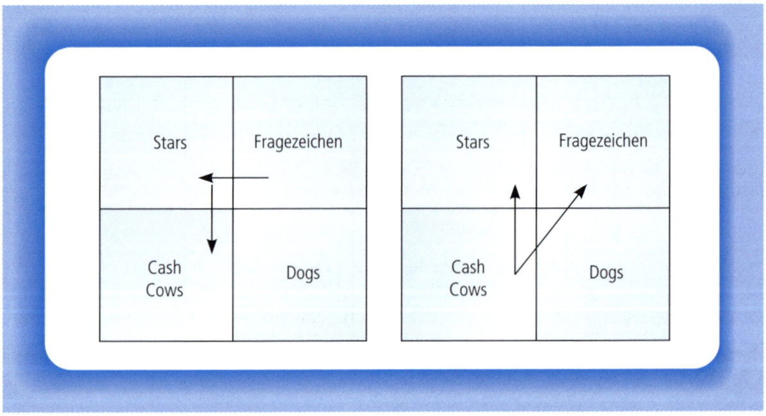

Abbildung 5.21
Strategische Implikationen der Boston-Matrix.

Abbildung 5.22 veranschaulicht diesen Prozess für einen Hersteller von Plastikventilen. Der Umfang jedes Kreises ist proportional zum jeweiligen Anteil des Produkts am Gesamtumsatzvolumen des Unternehmens. Im Fall dieses speziellen Unternehmens ist erkennbar, dass hinsichtlich der wichtigsten Produkte eine Unternehmenspolitik verfolgt wird, die verheerende Konsequenzen haben könnte. Produkt A verliert trotz Wachstum Marktanteile in einem stark wachsenden Markt. Produkt D verliert ebenfalls Marktanteile in einem stark wachsenden Markt. Die Produkte E und C gewinnen dagegen Marktanteile in rückgängigen Märkten.

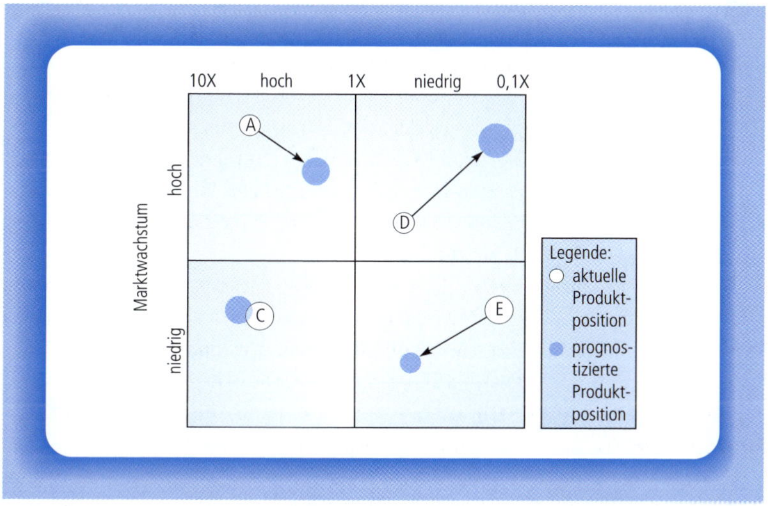

Abbildung 5.22
Veränderung der Boston-Matrix im Zeitverlauf.

Mithilfe eines solchen Grundkonzepts lässt sich leicht erkennen, warum generelle Marketingziele wie „Erreichung von 10 % Wachstum und 20 % Kapitalrendite" nicht sinnvoll sind. Ein solches Ziel eignet sich durchaus im Rahmen einer Gesamtstrategie, doch bezogen auf einzelne Produkte im Portfolio wäre es unsinnig. So würde die Festlegung einer Wachstumsrate von 10 % in einem Markt mit einer Wachstumsrate von 15 % pro Jahr langfristig desaströse Folgen haben. Analog hierzu würde in einem langsam wachsenden Markt das Anvisieren einer wesentlich höheren Wachstumsrate mit Sicherheit zu unnötigen Preiskriegen und Marktüberflutung führen.

Diese Art Rahmenkonzept eignet sich besonders, um dem oberen Management die Implikationen unterschiedlicher Produkt-/Marktstrategien aufzuzeigen. Auch bei der Formulierung von Strategien zur Produktentwicklung ist es sehr nützlich.

Schwächen der Boston-Matrix

Die Boston-Matrix wurde in den 1970er Jahren von vielen Unternehmen unüberlegt eingesetzt und verlor deshalb allmählich ihren universellen Reiz. Die Ursache lag jedoch eher in einem fehlenden Verständnis des Managements als an der Existenz methodischer Mängel.

Es gibt allerdings Umstände, die große Vorsicht bei der Anwendung erfordern. Als Beispiel möge ein Unternehmen dienen, dessen Produkte zu 80 % auf langsam wachsenden Märkten vertreten sind; nur 20 % der Produkte sind Marktführer. Die Matrix hierzu würde wie in *Abbildung 5.23* aussehen. Wie zu sehen ist, handelt es sich bei fast 65 % der Unternehmensprodukte um „Dogs". Eine Eliminierung all dieser Produkte wäre hier sicher keine sinnvolle Strategie.

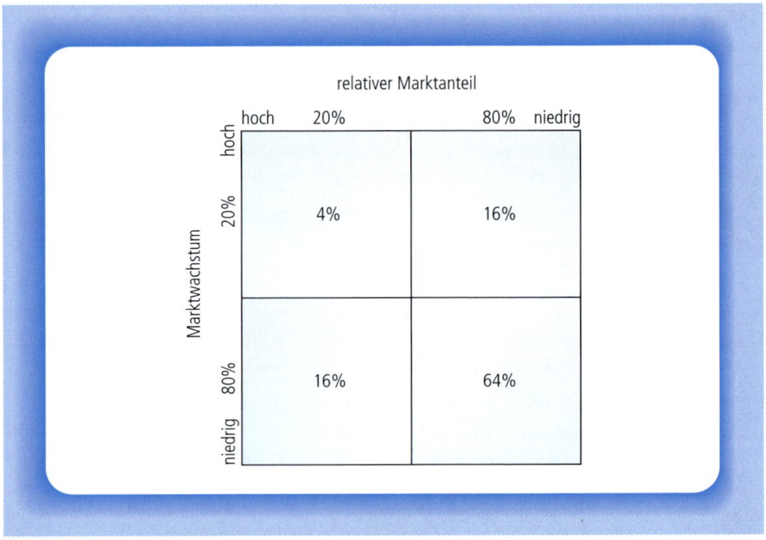

Abbildung 5.23 Extrembeispiel eines Produktportfolios.

Zudem sind auch jene Branchen zu berücksichtigen, in denen der Marktanteil jedes Produkts nur wenig mit seiner Rentabilität zu tun hat. Ein Produkt mit niedrigem Marktanteil weist oft die gleichen positiven Skaleneffekte bei Produktion, Vertrieb und Marketing auf wie andere Produkte im Portfolio, wie beispielsweise im Fall von Bier und chemischen Produkten.

EINBLICKE

Als Beispiel kann ein Produkt herangezogen werden, das mit den gleichen Komponenten hergestellt wird wie andere Produkte mit hohem Marktanteil, das im gleichen Werk als Teil eines ähnlichen Prozesses produziert wird und das über die gleichen Kanäle und Geschäfte vertrieben wird. In diesem Fall lässt sich leicht nachvollziehen, dass ein Produkt mit einem niedrigen Marktanteil dennoch äußerst rentabel sein kann.

Die genannten Punkte stellen die Arbeit der Boston Consulting Group jedoch nicht infrage: Die von BCG erarbeiteten Prinzipien lassen sich nach wie vor gut auf Unternehmen, Sparten, Tochtergesellschaften, strategische Geschäftseinheiten, Produktgruppen und Produkte anwenden. Unter der Voraussetzung, dass bei der Achse „Marktanteil" mit großer Sorgfalt vorgegangen wird, ist die Boston-Matrix ein sehr wertvolles Planungsinstrument.

Weiterentwicklungen der Boston-Matrix

Aufgrund der oben beschriebenen Probleme ist die Boston-Matrix in bestimmten Situationen weniger relevant. Auch wenn sich solche Situationen nicht genau definieren lassen, soll an dieser Stelle nochmals darauf hingewiesen werden, dass solche Instrumente stets mit großer Vorsicht angewendet werden sollten. Zwei Prinzipien sind hierfür stets zu beachten.

Erstens sollte ein Anbieter seine Märkte so definieren, dass die Kosten für seine Kernaktivitäten auf jeden Fall wettbewerbsfähig sind. Zweitens sollte der Anbieter seine Zielmärkte so definieren, dass er bei der Bearbeitung dieser Märkte spezialisierte Fähigkeiten entwickeln und dadurch einen relativen Kostennachteil ausgleichen kann. Beide Prinzipien müssen natürlich mit den *spezifischen Kompetenzen* des Anbieters in Einklang stehen.

Im Zusammenhang mit den oben erwähnten Fällen wird der Ansatz der Boston Consulting Group mit dem Argument kritisiert, dass er sich lediglich auf zwei Faktoren stützt, den relativen Marktanteil und das Marktwachstum. Es gibt viele Beispiele für Unternehmen, die einen hohen Marktanteil in einem Wachstumsmarkt haben und dennoch nicht rentabel sind.

Um diesem Problem zu begegnen und eine flexiblere Methode anzubieten, entwickelten General Electric und McKinsey gemeinsam einen multifaktoriellen Ansatz, der auf denselben grundlegenden Ideen fußt wie der Ansatz der Boston Consulting Group. Sie verwenden die *Branchenattraktivität* und die *Wettbewerbsposition (Stärken)* als Hauptachsen und bauen diese Dimensionen aus einer Anzahl von Variablen auf. Unter Verwendung dieser Variablen und eines bestimmten Schemas, um diese entsprechend ihrer Bedeutung zu gewichten,

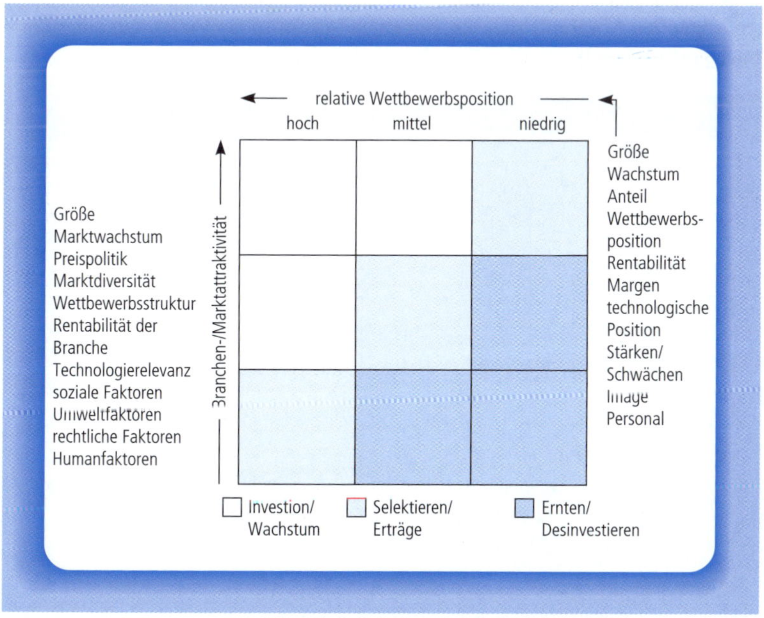

Abbildung 5.24
Ursprüngliche Marktattraktivitäts-Wettbewerbspositions-Matrix.

werden Produkte (oder Anbieter) einem von neun Feldern in einer 3 × 3- Matrix zugeordnet. So wird der gleiche Zweck wie mit der Boston-Matrix verfolgt (also der Vergleich von Investitionschancen zwischen Produkten oder Geschäftsfeldern), allerdings mit dem Unterschied, dass eine Vielzahl von Kriterien verwendet wird. Diese Kriterien variieren den Umständen entsprechend, doch oft gehören jene dazu, die in *Abbildung 5.24* gezeigt werden.

Es ist nicht unbedingt erforderlich, eine Matrix mit neun Feldern zu verwenden; viele Manager bevorzugen eine vereinfachte Matrix mit vier Feldern, die der Boston-Matrix ähnelt, da diese verständlicher und zweckmäßiger ist.

Abbildung 5.25 zeigt die vier Felder umfassende Marktattraktivitäts-Wettbewerbspositions-Matrix. Die Kreise repräsentieren hier den Umsatz in einer Branche, einem Markt oder einem Segment, und analog zur Boston-Matrix entspricht der Umfang jedes Kreises dem Anteil, den diese Branche/dieser Markt/dieses Segment zum Umsatz beisteuert.

Es ist ratsam, die vertikale Achse der Portfoliomatrix durch nicht mehr als fünf oder sechs Faktoren zu erfassen, da die Berechnungen sonst zu komplex werden und weniger fokussiert sind.

Der Unterschied ist, dass hier für jede Achse nicht bloß zwei Variablen verwendet werden, sondern solche Kriterien, die für das Unternehmen von ganz spezifischer Relevanz sind. Dabei zeigen sich

- eine Kategorisierung der Märkte nach dem Grad ihrer Attraktivität für das Unternehmen,
- die relativen Stärken (Wettbewerbsposition) des Unternehmens in jedem dieser Märkte,
- die relative Bedeutung jedes Marktes.

Über die zu verwendenden Kriterien sollten leitende Manager entscheiden, die diese Matrix einsetzen. *Tabelle 5.2* liefert eine Liste möglicher Kriterien für die vertikale Achse. Es ist ratsam, höchstens fünf oder sechs Kriterien zu verwenden, ansonsten wird die Aufgabe zu komplex und unfokussiert.

Bevor aus diesen Faktoren eine Auswahl getroffen wird, empfiehlt es sich, den folgenden Abschnitt zu lesen, der einen Leitfaden zur Erstellung einer Portfoliomatrix vorstellt.

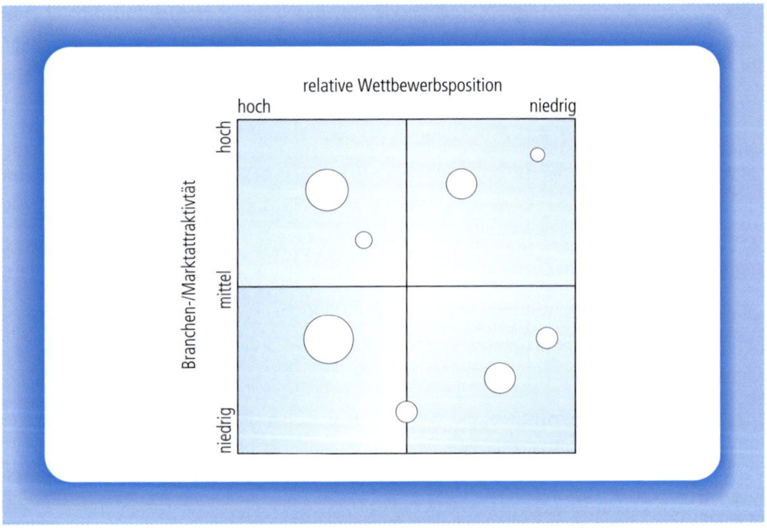

Abbildung 5.25 Vereinfachte Marktattraktivitäts-Wettbewerbspositions-Matrix.

Tab. 5.2 Kriterien der Marktattraktivität

Marktfaktoren Größe (Wert, Menge oder beides) Größe der Schlüsselsegmente jährliche Wachstumsrate: gesamt pro Segment Marktkomplexität Preissensitivität, Servicemerkmale und externe Faktoren Zyklizität Saisonabhängigkeit Verhandlungsstärke vorgelagerter Lieferanten Verhandlungsstärke nachgelagerter Unternehmen	**finanzielle und ökonomische Faktoren** Bruttogewinnspannen (Deckungsbeiträge) positive Skalen- und Erfahrungseffekte Eintritts- oder Austrittsbarrieren (finanziell und nicht finanziell) Kapazitätsauslastung **technologische Faktoren** Reife und Volatilität Komplexität Differenzierung Patente und Urheberrechte erforderliche Technologie für den Produktionsprozess
Wettbewerb Art der Mitbewerber Konzentrationsgrad Eintritte und Austritte Veränderungen der Marktanteile Substitution durch neue Technologie Stufen und Arten der Integration	**gesellschaftspolitische Faktoren** soziale Einstellungen und Trends Gesetze und behördliche Regulierungen Einfluss von Interessensgruppen und Regierungsvertretern Humanfaktoren wie gewerkschaftliche Organisierung und gesellschaftliche Akzeptanz

Detaillierter Leitfaden zur Erstellung einer Portfoliomatrix

Die strategische Geschäftseinheit (SGE)

Die Portfolioanalyse verfolgt das Ziel, die strategische Position und strategische Alternativen eines Unternehmens zu definieren. Dieses Ziel lässt sich allerdings nur erreichen, wenn klar ist, was der Begriff „Unternehmen" in diesem Zusammenhang bedeutet. Die angemessene Aggregationsebene zur Analyse eines Unternehmens ist hierbei die „strategische Geschäftseinheit" (SGE).

Die übliche Definition einer SGE lautet wie folgt:

1. Sie hat gemeinsame Segmente und Mitbewerber bei den meisten Produkten.
2. Sie ist ein Mitbewerber auf einem externen Markt.
3. Sie ist eine eigenständige, separate und identifizierbare „Einheit".
4. Das Management hat Kontrolle über den Großteil der für den Erfolg wichtigen Faktoren.

Der Prozess zur Definition einer SGE lässt sich bis hinunter zur Produkt- oder Abteilungsebene anwenden. Es ist prinzipiell möglich, die Portfoliomatrix für jede Einheit zu verwenden, die eine Anzahl unterschiedlicher Variablen beinhaltet, welche sich in einer zweidimensionalen Matrix anordnen lassen.

Was sollte in der Matrix angeordnet werden?

Obwohl dies relativ einfach ist, kommt es oft zu Verwirrungen, da die Optionen nur selten klar genannt werden. Die Portfolioanalyse ist dann hilfreich, wenn es mehrere Märkte oder Segmente gibt, aus denen der Planer eine Auswahl treffen kann (ratsam ist ein Minimum von drei und ein Maximum von zehn). Es kann sich hierbei sowohl um bereits vorhandene als auch um potenzielle Märkte handeln.

Für die Implementierung der Portfoliomatrix wird folgende einfache Definition für „Markt" beziehungsweise „Marktsegment" verwendet:

> Eine identifizierbare Gruppe von Kunden mit gemeinsamen Bedürfnissen, die für die Festlegung einer separaten Strategie *relevant* sind oder sein könnten.

Die Ergebnisse aus Übung 4.1 sollten anhand der Matrix dargestellt werden.

Die wichtigste Analyseeinheit ist das für den Markt bestimmte Produkt, so wie es der Anwender der Matrix definiert.

Vorbereitung

Vor Beginn der Analyse sollten die folgenden vorbereitenden Maßnahmen getroffen werden:

1. Für alle zu bewertenden Produkte sollte ein Produktprofil vorhanden sein.
2. Die Märkte, auf denen die Produkte konkurrieren, sollten klar definiert sein.
3. Der Analysezeitraum sollte festgelegt werden – ratsam sind drei Jahre.
4. Es sollten die Mitbewerber festgelegt werden, deren Produkte den Vergleichsmaßstab für die Bewertung der eigenen Produkte bilden.
5. Es sollte sichergestellt werden, dass ausreichende Daten zur Bewertung der Faktoren zur Verfügung stehen (falls keine Daten vorhanden sind, ist dies unproblematisch, solange für die Faktoren sinnvolle Schätzungen vorgenommen werden können).
6. Es sollte dafür gesorgt werden, dass aktuelle Umsatzprognosen für alle aktuellen Produkte sowie für neue Produkte vorhanden sind.

Analyseteam

Um eine hohe Qualität der Analyse sicherzustellen, empfiehlt sich die Bildung eines Teams aus Mitarbeitern unterschiedlicher Bereiche, da dies die Hinterfragung traditioneller Sichtweisen in Diskussionen fördert. Es empfiehlt sich, nicht mehr als sechs Personen in die Analyse einzubeziehen.

Zehn Schritte zur Erstellung einer Portfoliomatrix

Schritt 1	Definition der Produkte für die Märkte, die betrachtet werden sollen
Schritt 2	Definition der Kriterien für Marktattraktivität
Schritt 3	Bewertung der relevanten Produkte
Schritt 4	Definition der relativen Wettbewerbsposition in Bezug auf jedes Produkt
Schritt 5	Analyse und Schlussfolgerungen aus der relativen Position jedes Produkts

Schritt 6 Ableitung von Implikationen für die Formulierung von Zielen und Strategien

Schritt 7 (Optional) Positionierung der Kreise im Feld unter der Annahme, dass die aktuellen Maßnahmen sich nicht ändern – das heißt, es sollte eine *Prognose* hinsichtlich der zukünftigen Position der Kreise erstellt werden

Schritt 8 Neuerstellung des Portfolios, um die Kreise an den gewünschten Stellen zu positionieren – das heißt, es geht um die *Ziele*, die das Unternehmen für jedes Produkt erreichen will

Schritt 9 Detaillierte Darstellung der Strategien, die zum Erreichen der Ziele umgesetzt werden sollen

Schritt 10 Detaillierte Darstellung der finanziellen Folgen in Form der Wachstumsrate pro Produkt und Umsatzrendite

Zwei Schlüsseldefinitionen

Marktattraktivität bildet ein Maß für das *Potenzial* eines Marktes, Umsatz und Gewinn zu erwirtschaften. Es ist wichtig zu betonen, dass eine objektive Einschätzung der Marktattraktivität anhand unternehmens*extern*er Daten vorgenommen werden sollte. Die verwendeten Kriterien sollten relevant für die Ziele sein, die das Unternehmen erreichen möchte. Die Einschätzung der Marktattraktivität sollte jedoch unabhängig von der jeweiligen Marktposition des Unternehmens erfolgen.

Definition
Die Marktattraktivität bildet ein Maß für das Potenzial eines Marktes, Umsatz und Gewinn zu erwirtschaften.

Wettbewerbsposition ist ein Maß für die *tatsächliche* Stärke eines Unternehmens im Markt und sagt aus, bis zu welchem Grad das Unternehmen eine Marktchance zu seinem Vorteil nutzen kann. Es handelt sich somit um die objektive, im Vergleich zu den Wettbewerbern vorgenommene Einschätzung der Fähigkeit eines Unternehmens, Marktbedürfnisse zu befriedigen.

Definition
Die Wettbewerbsposition ist ein Maß für die tatsächliche Stärke eines Unternehmens im Markt (es sagt aus, zu welchem Grad das Unternehmen eine Marktchance zu seinem Vorteil nutzen kann).

Der Prozess

Schritt 1 *Auflistung der Gesamtheit der Produkte, die in der Matrix abgebildet werden sollen*

Die Liste kann Folgendes enthalten: Länder, Unternehmen, Tochtergesellschaften, Regionen, Produkte, Märkte, Segmente, Kunden, Händler oder jede andere wichtige Analyseeinheit.

Die Portfoliomatrix lässt sich auf jeder Unternehmensebene und für jede Art von SGE einsetzen.

Schritt 2 *Definition der Kriterien für Marktattraktivität*

In dieser Stufe sollten die Kriterien aufgelistet werden, die beim Vergleich der Attraktivität der Märkte berücksichtigt werden sollen.

Zudem ist es wichtig, die Märkte, auf die die Kriterien angewendet werden, aufzulisten, bevor eine Entscheidung hinsichtlich der Kriterien selbst getroffen wird. Die Kriterien selbst müssen spezifisch für die Produkte der betrachteten Märkte sein und dürfen nicht für verschiedene Märkte innerhalb der gleichen Art von Produkten verändert werden.

Faktoren	beispielhafte Gewichtung
Wachstumsrate	40
zugängliche Marktgröße	20
Gewinnpotenzial	40
GESAMT	100

Hinweis: Da Gewinn = Marktgröße × Marge × Wachstum ist, sollte man mindestens eine Gewichtung wie die hier genannte verwenden, auch wenn eine höhere Gewichtung des Wachstums unter bestimmten Umständen angemessen ist (in diesem Fall sollte die Gewichtung der anderen Faktoren reduziert werden).

Es handelt sich hier um die Kombination mehrerer Faktoren, die sich unter drei Kategorien zusammenfassen lassen:

1. *Wachstumsrate:* Durchschnittliche jährliche Wachstumsrate des mit einem Segment erwirtschafteten Umsatzes (2004 gegenüber 2003, plus % Wachstum, 2005 gegenüber 2004, plus % Wachstum, 2006 gegenüber 2003, plus % Wachstum, geteilt durch 3).

2. *Zugängliche Marktgröße:* Ein attraktiver Markt ist nicht nur groß, er ist auch zugänglich. Eine Methode, dies zu berechnen, liegt in der Schätzung des *Gesamt*umsatzes eines Segments in $t + 3$, *abzüglich* nicht erreichbarer Umsätze, *ungeachtet getätigter Investitionen.* Eine Alternative bietet die Verwendung der Gesamtmarktgröße, was die am häufigsten praktizierte Methode darstellt, da hier keine Managementeinschätzungen einbezogen werden müssen, welche die Realität verzerren könnten. *Letzterer Methode wird der Vorzug gegeben.* Die Marktgröße ist einfach der Wert multipliziert mit der Gewichtung (20 im obigen Beispiel).

3. *Gewinnpotenzial:* Hier ergeben sich je nach Branche größere Schwierigkeiten und beträchtliche Unterschiede. Zur Einschätzung des Gewinnpotenzials eines Segments könnte beispielsweise Porters Fünf-Kräfte-Modell eingesetzt werden, wie im folgenden Beispiel:

Subfaktoren	10 × niedrig 0 × hoch	× Gewichtung	gewichteter Faktorwert
Wettbewerbsintensität		50	
Bedrohung durch Ersatzprodukte		5	
Bedrohung durch neue Wettbewerber		5	
Macht der Zulieferer		10	
Macht der Kunden		30	
Wert für den Faktor Gewinnpotenzial			

Diese Faktoren könnten ebenso mit branchenspezifischen Faktoren kombiniert werden. In der pharmazeutischen Industrie könnte es beispielsweise folgende Faktoren geben:

Subfaktoren	hoch	mittel	niedrig × Gewichtung	gewichteter Faktorwert
unbefriedigte Gesundheitsbedürfnisse (Wirksamkeit)				30
unbefriedigte Gesundheitsbedürfnisse (Sicherheit)				25
unbefriedigte Gesundheitsbedürfnisse (Komfort)				15
Preispotenzial				10
Wettbewerbsintensität				10
Kosten des Markteintritts				10
Wert für den Faktor Gewinnpotenzial				

Diese Faktoren sind offensichtlich Näherungsgrößen für das Gewinnpotenzial. Jeder wird abhängig von der Bedeutung gewichtet. Die Gewichtungen werden bis 100 aufaddiert und liefern einen *Wert für das Gewinnpotenzial,* so wie im vorstehenden Beispiel des Fünf-Kräfte-Modells von Porter.

Zu beachten ist, dass gemäß dieser Kalkulation das *Gewinnpotenzial* einfach mit der Gewichtung multipliziert wird (40 im obigen Beispiel).

Variationen
Natürlich werden Wachstum, Größe und Gewinn nicht für alle Unternehmen die einzigen relevanten Faktoren sein. So dürfte etwa in einem Orchester der Aspekt der künstlerischen Erfüllung ebenfalls eine wichtige Rolle spielen. In anderen Fällen könnten gesellschaftliche Erwägungen bedeutsam sein. Woanders wiederum ist vielleicht die Zyklizität ein wichtiger Faktor.

> Die drei Faktoren, die zu Beginn von Schritt 2 aufgelistet wurden, können durch eine weitere Kategorie wie „Risiko" oder „andere" ergänzt werden. Im Allgemeinen sollten die Faktoren jedoch auf die drei wichtigsten beschränkt werden, wobei diese dann noch Subfaktoren beinhalten.

Schritt 3 *Bewertung der im Markt angebotenen Produkte*
In diesem Schritt sollten die für den Markt vorgesehenen Produkte anhand der in Schritt 1 definierten Kriterien bewertet werden.

Können sich die Marktattraktivitätskriterien während der Erstellung der Portfoliomatrix verändern?
Die Antwort lautet nein. Auf keinen Fall sollten die einmal festgelegten Marktattraktivitätskriterien verändert werden, da sich die Attraktivität der Märkte sonst nicht aufgrund allgemeingültiger

Kriterien bewerten lässt und die Matrix dann ihre Bedeutung verliert. Die Ausprägungen werden jedoch für jeden Markt spezifisch sein.

Können die Kreise sich in vertikaler Richtung bewegen?
Die offensichtliche Antwort lautet nein. Falls ja, heißt dies, dass die Matrix den tatsächlichen Attraktivitätsgrad zum aktuellen Zeitpunkt zeigt. Dies erfordert eine Reihe von Berechnungen für den aktuellen Zeitpunkt in Abhängigkeit von den Marktattraktivitätsfaktoren, um die Märkte auf der vertikalen Achse positionieren zu können, und schließlich eine Reihe weiterer Berechnungen für einen zukünftigen Zeitraum (etwa in drei Jahren), die sich auf Prognosen unter Einbeziehung der gleichen Faktoren stützen. In der Praxis sind die zuletzt genannten Berechnungen leichter durchzuführen; in diesem Falle können sich die Kreise nur in horizontaler Richtung bewegen.

Schritt 4 *1. Definition der Wettbewerbsposition (Stärken)*
Dieses Maß für die tatsächlichen Stärken eines Unternehmens am Markt wird je nach Markt/Segment unterschiedlich ausgeprägt sein. Die Faktoren werden meist eine Kombination aus den relativen Stärken eines Unternehmens im Vergleich zu Mitbewerbern und den kundenbezogenen Bedürfnissen sein.

Oft lassen sie sich unter folgenden Kategorien zusammenfassen:

- Produkterfordernisse,
- Preiserfordernisse,
- Serviceerfordernisse,
- Kommunikationserfordernisse.

Die Gewichtungen dieser Faktoren sollten spezifisch für jeden Markt beziehungsweise jedes Segment sein. Genauso wie sich der „Gewinn" auf der Marktattraktivitätsachse in Unterfaktoren aufteilen lässt, können auch die obigen Faktoren weiter aufgeschlüsselt und analysiert werden. Diese Subfaktoren sollten in gleicher Weise behandelt werden wie die Subfaktoren, die in der Kategorie „Marktattraktivität" beschrieben wurden.

Im Fall von Pharmazeutika könnten Produktstärken zum Beispiel folgendermaßen beschrieben werden:

- relative Wirksamkeit,
- relative Produktsicherheit,
- relativer Produktkomfort,
- relative Kosteneffizienz.

2. Ausweitung der Analyse
Es wird klar sein, dass sich die relativen Stärken eines Unternehmens bei der Befriedigung von Kundenbedürfnissen aus einer Kombination aus den *Fähigkeiten* des Unternehmens und *branchentypischen Erfolgsfaktoren* ergeben. Wenn beispielsweise der Unter-

nehmenserfolg innerhalb einer Branche vom Vorhandensein eines Lagers in jeder größeren Stadt abhängt und das betrachtete Unternehmen hierüber nicht verfügt, so könnte dies sein schlechtes Abschneiden beim „Kundendienst" erklären, der natürlich ein Kundenerfordernis darstellt. Wenn der Unternehmenserfolg innerhalb einer Branche von niedrigen Rohstoffkosten abhängt und ein Unternehmen diese Bedingung nicht erfüllt, so könnte dies sein schlechtes Abschneiden beim „Preis" erklären.

In der gleichen Weise wie eine Einschätzung der Subfaktoren erfolgen sollte, um zu „Marktattraktivitätsfaktoren" zu gelangen, könnte auch eine Einschätzung der Fähigkeiten eines Unternehmens in Bezug auf *branchenspezifische Erfolgsfaktoren* vorgenommen werden, damit sich nachvollziehen lässt, wie Kundenbedürfnisse besser befriedigt werden können. Diese Einschätzung erfolgt jedoch separat von der Quantifizierung der Dimension „Stärken" und hat zum Ziel, die Analyse in praktikable Vorschläge für andere Funktionen wie etwa Einkauf, Produktion und Vertrieb zu übersetzen.

So deutet etwa im Fall von Pharmazeutika ein Faktor wie „Patentlaufzeit" auf die Fähigkeit eines Unternehmens hin, seine Produkte zu differenzieren. Für den Arzt spielt ein solcher Faktor keine Rolle, vom Unternehmen jedoch ist dieser zu berücksichtigen.

3. Die Handhabung der Stärken

Der erste Punkt betrifft die Quantifizierung der Stärken innerhalb eines „Marktes". Viele Managementbücher sind nicht besonders hilfreich, wenn es darum geht, einen Marketingplan zu erstellen. Nur wenige der darin genannten Faktoren berücksichtigen die Notwendigkeit für ein Unternehmen, ein „Angebot" für einen bestimmten „Markt" bereitzustellen, das gegenüber den „Angeboten" von relevanten Mitbewerbern über einen nachhaltigen Wettbewerbsvorteil verfügt.

Dies ist einem Unternehmen nur möglich, wenn es die wahren Bedürfnisse und Wünsche der Zielgruppe versteht, dann anhand von Marktforschung ermittelt, wie gut diese Bedürfnisse durch das tatsächliche Produktangebot erfüllt werden, und schließlich versucht, diese Bedürfnisse besser als seine Mitbewerber zu befriedigen.

Das Beispiel in der nachfolgenden Tabelle zeigt, wie die Marktstärke eines Unternehmens abgeschätzt werden kann. Die folgenden drei Fragen dienen der Festlegung der Position des Unternehmens (der SGE) auf der horizontalen Achse (Wettbewerbsposition):

1. Welche Hauptkriterien bilden im Wettbewerb den Schlüssel zum Unternehmenserfolg (d. h. welches sind die kritischen Erfolgsfaktoren bzw. KEFs in dieser Branche)?
2. Wie wichtig ist jeder dieser kritischen Erfolgsfaktoren (relativ gemessen unter Verwendung eines Wertes zwischen 1 und 100)?

3. Wie schneidet das eigene Unternehmen und jeder der Wettbewerber (Wert zwischen 1 und 10) bei jedem kritischen Erfolgsfaktor ab?

Diese Fragen liefern die nötigen Informationen, um eine Gesamteinschätzung der Wettbewerbsstärken einer SGE vornehmen zu können. Aus der Tabelle wird Folgendes ersichtlich:
- Das Beispiel-Unternehmen ist nicht Marktführer.
- Alle Mitbewerber erreichen einen Wert über 5,0.

kritische Erfolgsfaktoren	Gewichtung		Stärken-/Schwächenanalyse (Bewertung des eigenen Unternehmens sowie aller Hauptkonkurrenten mit einem Wert zwischen 1 und 10 bei jedem KEF, anschließend Multiplikation des Wertes mit der Gewichtung)			
			eigenes Unternehmen	Mitbewerber A	Mitbewerber B	Mitbewerber C
1. Produkt	20		9 = 1,8	6 = 1,2	5 = 1,0	4 = 0,8
2. Preis	10		8 = 0,8	5 = 0,5	6 = 0,6	10 = 0,1
3. Service	50		5 = 2,5	9 = 4,5	7 = 3,5	6 = 3,0
4. Image	20		8 = 1,6	8 = 1,6	5 = 1,0	3 = 0,6
diese Faktoren sollten aus Kundensicht bewertet werden	**Gesamt 100**	**Gesamtwert × Gewichtung**	**6,7**	**7,8**	**6,1**	**5,5**

Das Problem dieser und vieler ähnlicher Berechnungen liegt darin, dass diese Methode in Bezug auf die relativen Stärken bestimmter Produkte im Produkt-/Marktportfolio eines bestimmten Unternehmens nur selten ausreichend differenziert. Die Folge ist häufig, dass viele Produkte der SGE im linken Bereich der Matrix erscheinen.

Es bedarf einer gewissen Methode, um zu verhindern, dass alle Produkte im linken Bereich der Matrix auftauchen. Dies kann, wie in der Boston-Matrix, durch das Aufstellen einer Verhältniszahl erreicht werden. Aus ihr wird ersichtlich, welche Position das Unternehmen im Vergleich zur besten Marktposition einnimmt.

Im vorliegenden Beispiel verfügt Mitbewerber A über die größten Stärken im Markt, sodass das eigene Unternehmen einige Verbesserungen vornehmen muss. Um dies wiederzugeben, sollte der eigene gewichtete Wert mit dem von Mitbewerber A verglichen werden. Daraus ergibt sich 6,7:7,8 = 0,86:1.

Wird dies auf einer logarithmischen Skala auf der Horizontalachse dargestellt, so würde das eigene Unternehmen rechts von der Trennlinie erscheinen:

3 × 1 0,3

(Der äußerste Punkt auf der linken Seite sollte bei 3 angesetzt werden, und die Skala sollte auf der rechten Seite bei 0,3[1] beginnen.)

Schritt 5 *Erstellung der Matrix*
Schließlich sollten Kreise in die Vier-Felder-Matrix eingezeichnet werden, wobei der Umfang des Kreises der Marktgröße (wie oben in Schritt 2 definiert) entspricht. Der Marktanteil eines Unternehmens lässt sich wie bei einem Kuchendiagramm in jeden Kreis einfügen. Alternativ kann auch der Umsatz eines Unternehmens in jedem Markt herangezogen werden.

In der Praxis empfiehlt es sich jedoch, beides miteinander zu vergleichen, sodass ersichtlich wird, in welchem Maße die tatsächlichen Umsätze den Marktchancen entsprechen.

Schritt 6 *Analyse und Formulierung von Marketingzielen und -strategien*
Die Erstellung der Matrix dient dem Ziel, die Produkte im Verhältnis zueinander anhand der zugrunde gelegten Kriterien zu betrachten. Diese Analyse sollte Aufschluss darüber geben, ob das Portfolio in sich ausgewogen ist und zudem einen klaren Hinweis darauf liefern, wo mögliche Probleme liegen.

Schritt 7 *(Optional) Prognose*
Nun sollten die voraussichtlichen zukünftigen Positionen der Kreise bestimmt werden. Die Produkte werden dabei neu bewertet, bezogen auf einen Zeitpunkt in drei Jahren und auf Basis der Annahme, dass das Unternehmen seine Strategien nicht ändert (siehe Schritt 3). Dies gibt Aufschluss darüber, ob sich die jeweilige Position verschlechtert oder verbessert.

Es ist nicht zwingend erforderlich, die Werte auf der Vertikalachse (siehe Schritt 3) zu verändern.

Schritt 8 *Festlegung von Marketingzielen*
Dies beinhaltet die Veränderung der Mengen- und Wertgrößen und/oder des Marktanteils (Marketingzielgrößen) und der Werte auf der Horizontalachse (relative Stärke im Markt), um die gewünschten Ausprägungen zu erhalten. Dabei wird jeder Kreis verschoben/verändert, ohne zunächst zu spezifizieren, wie diese neue Position erreicht werden soll. Erst im Anschluss daran werden Strategien festgelegt, die Veränderungen in Bezug auf einzelne kritische Erfolgsfaktoren (KEF) umfassen (Schritt 9).

Schritt 9 *Formulierung von Strategien*
Nun werden spezifische Aussagen über die Marketingstrategien getroffen, die zum Erreichen der gewünschten Ziele führen sollen.

---

[1] Es wurde eine Skala von 3 bis 0,3 gewählt, weil diese wahrscheinlich die größte Bandbreite an Ausprägungen von Wettbewerbsvorteilen reflektiert. Falls dies nicht zutrifft, kann eine Anpassung in Abhängigkeit von den individuellen Umständen vorgenommen werden.

Schritt 10 *Umsatz- und Gewinnprognosen*

Sobald dies geschehen ist, sollten Unternehmen zu Folgendem übergehen:

1. Eintragen des durchschnittlichen Umsatzwachstums pro Segment in Prozent ($t-3$ bis $t\,0$); Eintragen der durchschnittlichen Umsatzrendite (Return on Sales, ROS) pro Segment in Prozent ($t-3$ bis $t\,0$).
2. Eintragen des prognostizierten durchschnittlichen Umsatzwachstums pro Segment in Prozent ($t\,0$ bis $t+3$); Eintragen der prognostizierten durchschnittlichen Umsatzrendite pro Segment in Prozent ($t\,0$ bis $t+3$).

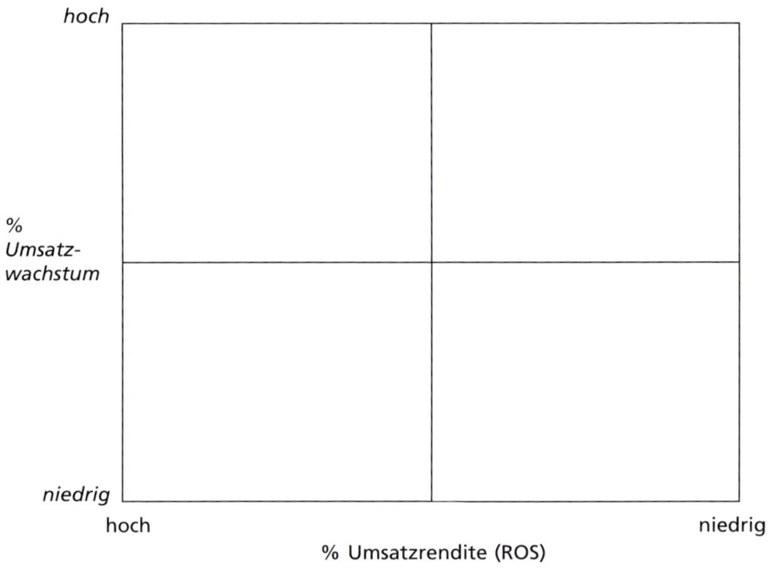

Hierdurch zeigt sich deutlich, ob die vergangene Leistung und insbesondere die Prognosen mit der vorangegangenen Marktbewertung übereinstimmen. *Dieser Schritt sollte vorzugsweise von einer anderen Person durchgeführt werden (z. B. Wirtschaftsprüfer).*

Ein großes Chemieunternehmen nutzte die Portfoliomatrix, um aus seinem Gesamtnetz von 450 Großhändlern 50 Händler zu selektieren. Dies war erforderlich, da der Markt zurückging und die Händler dazu übergingen, für die Kunden zu *kaufen* statt für das Unternehmen zu *verkaufen*. Dies führte zu einem dramatischen Rückgang der Preise. Das Chemieunternehmen konnte dem Problem nur dadurch begegnen, dass es sich für eine begrenzte Anzahl von exklusiven Vertriebspartnerschaften entschied. Die Frage, welche Händler als exklusive Vertriebspartner ausgewählt werden sollten, wurde mithilfe der Portfoliomatrix beantwortet: Einige waren im Vergleich eindeutig attraktiver als andere, während das Unternehmen im Umgang mit den Händlern unterschiedliche Stärken aufwies.

Zusammenfassung des Portfolios

Die Zusammenfassung bringt die Erkenntnisse der SWOT-Analyse in einen Zusammenhang, veranschaulicht die allgemeine Wettbewerbsposition und gibt Aufschluss über die relative Bedeutung jedes Produktes beziehungsweise Marktsegments. Die Vier-Felder-Matrix, zu sehen in *Abbildung 5.26*, illustriert die Position am deutlichsten.

Aus *Tabelle 5.3* wird ersichtlich, wie die Marktattraktivität für drei der Segmente berechnet wurde, und aus *Tabelle 5.4*, wie die Stärken und Schwächen eines Segments berechnet wurden. Diese Ergebnisse wurden in die Portfoliomatrix übertragen.

Die Horizontalachse in *Abbildung 5.26* spiegelt die Bewertungen aus der Stärken-Schwächen-Analyse wider; die Vertikalachse quantifiziert die Attraktivität aller für das Unternehmen bedeutenden Segmente, die im Plan enthalten sind. Die Kreisgrößen entsprechen dem aktuellen Umsatz in jedem Segment. Die dunkleren Kreise beziehen sich auf den prognostizierten Umsatz in drei Jahren. Aus dieser grafischen Darstellung eines Portfolios von Produkten oder einer Reihe von Segmenten ergeben sich verschiedene Marketingoptionen:

Tab. 5.3 Bewertung der Segmentattraktivität für das Unternehmen

Attraktivität	Gewichtung	Segment 1		Segment 2		Segment 3	
		Bewertung	gesamt	Bewertung	gesamt	Bewertung	gesamt
Wachstum	25	6	1,5	5	1,25	10	2,5
Rentabilität	25	9	2,25	8	2,0	7	1,75
Größe	15	6	0,9	5	0,75	8	1,2
Anfälligkeit	15	5	0,75	6	0,9	6	0,9
Wettbewerb	10	8	0,8	8	0,8	4	0,4
Zyklizität	10	2,5	0,25	3	0,3	2,5	0,25
GESAMT	100		6,45		6,0		7,0

Hinweis: Es könnten für das Jahr 0 und für das Jahr 3 Berechnungen vorgenommen werden; jedoch ist es leichter und schneller, die Berechnungen nur für das finale Jahr durchzuführen.

Tab. 5.4 Bewertung des Unternehmens und seiner Mitbewerber

KEFs	Gewichtung	Unternehmen		Mitbewerber A		Mitbewerber B	
		Bewertung	gesamt	Bewertung	gesamt	Bewertung	gesamt
1. Preis	50	5	2,5	6	3,0	4	2,0
2. Produkt	25	6	1,5	8	2,0	10	2,5
3. Service	15	8	1,2	4	0,6	6	0,9
4. Image	10	6	0,6	5	0,5	3	0,3
GESAMT	100		5,8		6,1		5,7

Hinweis: Berechnungen werden zunächst für das Jahr 0 durchgeführt, da dies in der Portfoliomatrix die Festlegung einer Ausgangsposition für jedes Segment ermöglicht. Mit dieser können die prognostizierten Ergebnisse alternativer Strategien und Annahmen für den Planungszeitraum verglichen werden, wenn sie in die Matrix eingetragen werden.

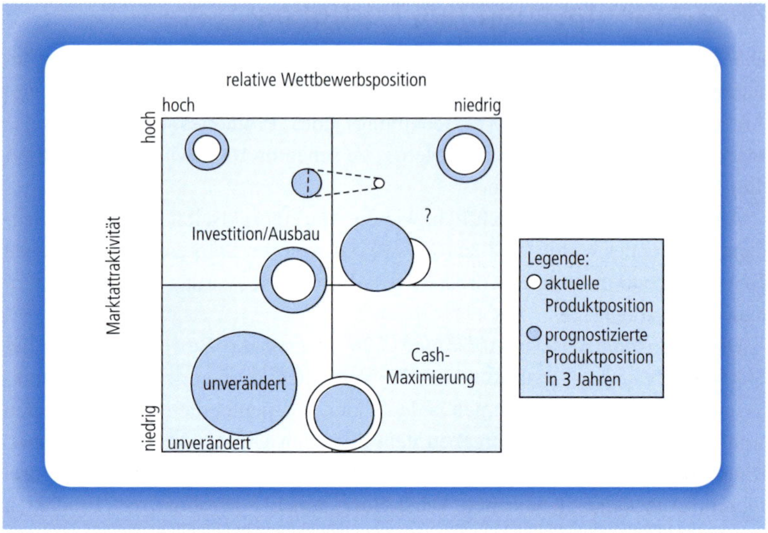

Abbildung 5.26 Die vollständige Portfoliomatrix.

1. Im Feld links oben, in dem die Stärken ausgeprägt und die Märkte attraktiv sind, würde die Option darin bestehen, intensiv in diese Märkte zu investieren und den Marktanteil zu steigern.
2. Im Feld links unten mit ausgeprägten Stärken und weniger attraktiven Märkten könnte das Ziel in der Behauptung des Marktanteils und in einer nachhaltigen Gewinnstabilisierung liegen.
3. Im Feld rechts oben spricht die Kombination aus geringen Stärken und attraktivem Markt am ehesten für eine Politik der selektiven Investition, um die Wettbewerbsposition zu verbessern.
4. Im Feld rechts unten schließlich legen eine schwache Wettbewerbsposition verbunden mit einer geringen Marktattraktivität eine Strategie der Gewinnabschöpfung oder aber einen Rückzug nahe.

Diese Matrix gibt klaren Aufschluss darüber, welche Marketingziele und -strategien für jedes Segment oder Produkt geeignet sind. Dieses Thema wird in Kapitel 6 noch eingehender behandelt.

Die Verbindung von Produktlebenszyklus und Portfoliomanagement

Abbildung 5.27 illustriert, welche Folgen eintreten, wenn das Produktlebenszyklus-Konzept und die Zusammenhänge zwischen Marktanteil und Marktwachstum ignoriert werden.

Unternehmen A und B starten in den Jahren 5 und 6 in einem wachsenden Markt jeweils mit Produkten des Typs „Fragezeichen“. Unternehmen A investiert in den Ausbau seines Marktanteils und entwickelt das Produkt innerhalb kurzer Zeit zu einem „Star“. Unterdessen verfolgt Unternehmen B bei seinem Produkt über einen Zeitraum von vier Jahren eine Politik der Gewinnorientie-

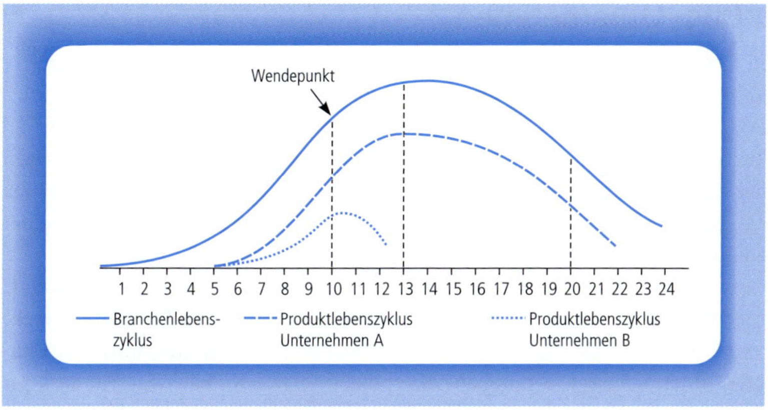

Abbildung 5.27 Kurzfristige Gewinnmaximierung vs. Marktanteils- und langfristiger Gewinnmaximierung.

rung, sodass es trotz anhaltenden Wachstums stetig an Marktanteil verliert (d. h., das Produkt bleibt weiterhin ein „Fragezeichen"). Als im Jahr 10 eine Marktsättigung eintritt (und damit typischerweise eine Verstärkung des Wettbewerbsdrucks), ist Unternehmen B aufgrund seines geringen Marktanteils (typisch hierfür sind höhere Kosten und niedrigere Margen) nicht mehr wettbewerbsfähig und scheidet aus dem Markt aus. Unternehmen A hingegen verteidigt aggressiv seinen Marktanteil und kann so noch weitere zehn Jahre von einem Produkt profitieren, das sich zu einer „Cash Cow" entwickelt hat. Somit hat Unternehmen B durch das Verfolgen einer Politik der kurzfristigen Gewinnmaximierung ein Gewinnpotenzial von mindestens zehn Jahren verschenkt.

Bedeutung der Lebenszyklusanalyse und des Portfoliomanagements für das Marketingaudit

Diese Thematik wurde bereits im Zusammenhang mit der Notwendigkeit erörtert, ein vollständiges und detailliertes Marketingaudit durchzuführen, bevor Marketingziele festgelegt werden. Analysen, wie sie in diesem Kapitel beschrieben sind, sollten integraler Bestandteil des Marketingaudits sein.

Das Audit sollte für jedes wichtige Produkt den Produktlebenszyklus enthalten; zudem sollte der Versuch unternommen werden (anhand weiterer Auditinformationen), eine Voraussage über den zukünftigen Verlauf des Produktlebenszyklus zu treffen. Außerdem sollte das Audit eine Produktportfoliomatrix enthalten, die die gegenwärtige Position der Produkte aufzeigt.

Fallstudien

Dieser Abschnitt schließt mit einigen Fallstudien, um die richtige und falsche Anwendung der Portfoliomatrix zu demonstrieren.

Fallstudie 1: Ein Blue-Chip-Unternehmen

Die erste Fallstudie betrifft einen Marketingmanager eines Blue-Chip-Unternehmens, der die Portfoliomatrix als irrelevant ablehnte, weil er nur vier wichtige Produkte betreute, die alle an denselben Kunden (oder Markt) verkauft wurden. Es sei angemerkt, dass es in diesem Beispiel um sehr hohe Umsätze geht.

Der Manager hatte die Produkte A, B, C und D auf der Horizontalachse angeordnet, mit nur einem einzigen „Markt" auf der Vertikalachse. Die daraus resultierende Matrix zeigte somit vier Kreise auf einer Geraden. Da der Zweck einer Matrix darin liegt, eine Relation zwischen zwei oder mehreren Variablen herzustellen, die der Planer in einem bestimmten Planungskontext für relevant hält, war diese Matrix natürlich unsinnig.

Bei einer wirklich sinnvollen Anwendung der Portfolioanalyse hätte besagter Manager die Produkte A, B, C und D auf der Vertikalachse anordnen und auf der Horizontalachse ihre jeweiligen Größen und Stärken betrachten müssen. In solch einem Fall wird lediglich eine Änderung der Nomenklatur vorgenommen, um eine Äquivalenz zwischen Produkt und Markt zu erreichen, was durchaus akzeptabel ist. Die Kernaussage ist, dass der Zweck der Portfolioanalyse darin besteht, die Beziehung zwischen Produkt-/Marktvariablen klar erkennbar zu machen.

Fallstudie 2: Portfolio einer Business School

Bei einer Business School entspricht das „Produkt" (z. B. das MBA-Programm) dem „Markt". *Abbildung 5.28* veranschaulicht dies. Durch kluges Management wurden einige der Kreise inzwischen auf die linke Seite der Matrix bewegt, worin natürlich in erster Linie der Nutzen der Anwendung der Portfolioanalyse besteht.

Nachfolgend werden zwei Unternehmen betrachtet, deren Erlöse und Gewinne in zwei aufeinanderfolgenden Jahren stagnierten. Beide hielten ihre Aktionäre bei Laune, indem sie einen Teil ihrer Vermögenswerte verkauften. Die Vorstände beider Unternehmen versuchten, die Portfoliomatrix einzusetzen, um Klarheit darüber zu gewinnen, welche Optionen zur Verfügung standen. In beiden Fällen spiegelte die resultierende Matrix nicht die Realität wider.

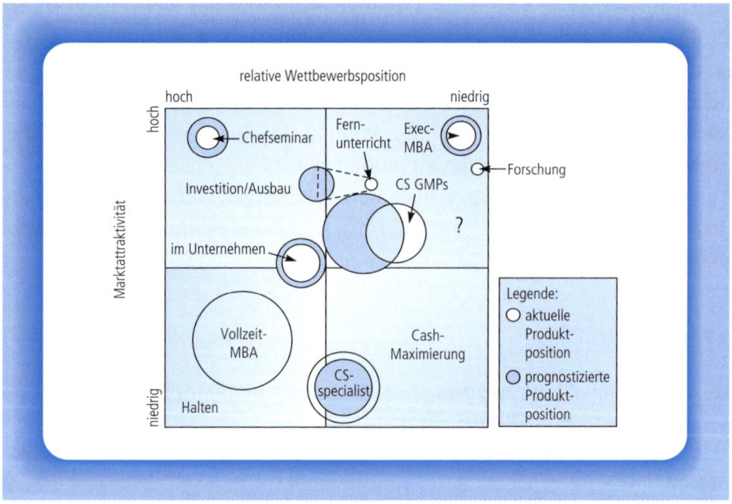

Abbildung 5.28
Produktportfolio einer Business School.

Fallstudie 3: Ein internationales Technologieunternehmen

In diesem Fallbeispiel operierten die Sparten Transport-, Lebensmittel-, Wärme- und Trennungstechnologie allesamt in nicht wachsenden Märkten; lediglich die Sparte für Biotechnologie befand sich in einem Wachstumsmarkt. Die Verwendung des Marktwachstums als Faktor bewirkte, dass alle Sparten, mit Ausnahme der Biotechnologie, in der unteren Hälfte der Matrix erschienen.

Ein weiterer Faktor, der zur Anwendung kam, war jedoch die Rentabilität, die im Fall von Transport- und Trennungstechnologie hoch war. Die Gewichtung des Rentabilitätsfaktors mit 60 % beförderte diese beiden Sparten in die obere Hälfte der Matrix. Die Stärken waren in jedem Fall unterschiedlich, sodass die Matrix wie in *Abbildung 5.29* aussah. Da die Bereiche Transport- und Trennungstechnologie jedoch – im Gegensatz zu den beiden Bereichen Lebensmittel- und Biotechnologie – nur über ein geringes (oder gar kein) Potenzial

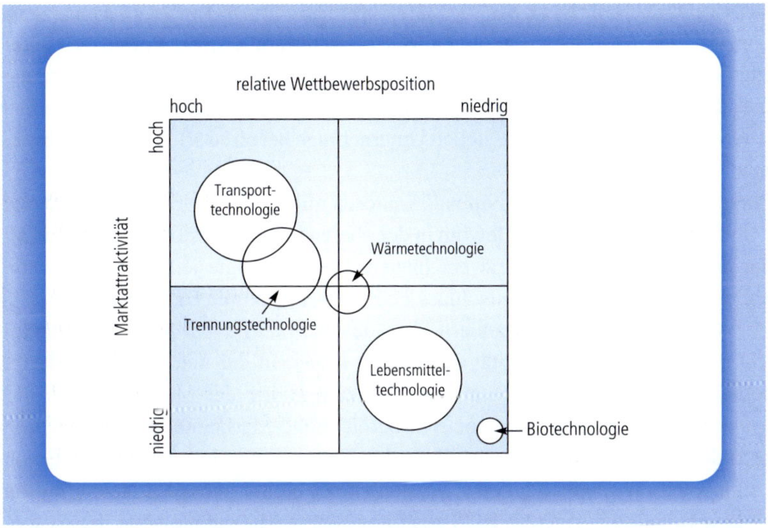

Abbildung 5.29
Fehlerhafte Portfoliomatrix.

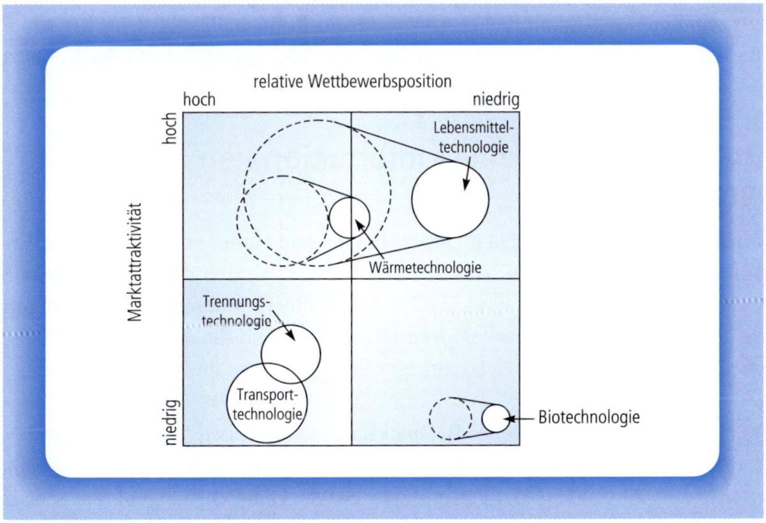

Abbildung 5.30
Korrekte Portfoliomatrix.

zur Mengen- und Rentabilitätssteigerung verfügten, befanden sich die Kreise eindeutig an der falschen Stelle. Die Realität sah für das Unternehmen wie in *Abbildung 5.30* gezeigt aus.

Die Chance für das Unternehmen lag sicherlich darin, in die Sparte Lebensmitteltechnologie, wo es relative Schwächen aufwies, zu investieren, ebenso in die Sparte Wärmetechnologie. Ungeachtet der Tatsache, dass beide Märkte relativ ausgereift waren, boten sie dem Unternehmen ausreichende Möglichkeiten, sowohl seinen Marktanteil als auch seine Stärken zu verbessern (besonders bei gleichzeitigem Einsatz von Produktivitätssteigerungsmaßnahmen). Auch wenn ein Unternehmen immer daran interessiert ist, sein Volumen und seinen Gewinn zu steigern, sind in manchen Fällen extern abgeleitete Faktoren für Marktwachstum und Rentabilität nicht besonders hilfreich.

Nach dieser Erkenntnis nahm das Unternehmen sich die Sparten einzeln vor und vervollständigte für jeden seiner Bereiche die Portfoliomatrix, um eine optimale Ressourcenallokation zu erreichen.

Fallstudie 4: Ein Mischkonzern mit zwölf separaten Unternehmen

Diese Fallstudie betrifft einen Konzern, der trotz eines sehr hohen ROCE (Return on Capital Employed) unter extremem Druck von Geldinstituten stand, da Umsatz und Gewinn stagnierten. Während einer Vorstandssitzung wurde die Portfoliomatrix als eines der Grundwerkzeuge zur Analyse eingesetzt. Der ROCE der Unternehmen variierte innerhalb einer Bandbreite von 500 und 5 %, wobei sieben Unternehmen bei circa 50 % und fünf Unternehmen unterhalb von 15 % lagen.

Bei Einsatz von Marktwachstum und Branchenumsatzrendite als Faktoren mit einer Gewichtung von 30 und 70 überraschte es nicht, dass alle Unternehmen mit hohem Gewinn in der oberen linken Hälfte der Matrix und all jene mit geringem Gewinn in der unteren Hälfte der Matrix erschienen. Dies bestätigte jedoch lediglich die derzeitige Position des Konzerns, ohne nennenswerten Aufschluss über dessen Zukunft zu geben.

Dem Vorstand wurde empfohlen, die Faktoren so zu verändern, dass sie das *Potenzial* für Mengen- und Gewinnwachstum erfassen und nicht die *derzeitige* Rentabilität der Märkte selbst. In der neu erstellten Matrix erschienen die meisten der Unternehmen mit hohem Gewinn in der unteren Hälfte der Matrix, da sich nur wenige von ihnen in Wachstumsmärkten befanden und die meisten bereits hohe Marktanteile hatten.

Die neue Matrix verdeutlichte zudem einen anderen Punkt. Eines der Unternehmen mit einem ROCE von 500 % hätte unter der Voraussetzung wachsen können, dass der Vorstand einer breiter gefassten Neudefinition der Märkte und dem Eintritt in Segmente mit niedrigerem ROS zustimmt. Diese Maßnahme hätte dieses spezielle Unternehmen in den oberen Bereich der Matrix zurückgebracht.

An diesem Beispiel wird klar, worin der Hauptgrund des Einsatzes der Portfolioanalyse besteht. Sie sollte Kernprobleme sichtbar machen und die Unternehmensführung dazu bringen, sich strukturiert mit der Zukunft auseinanderzusetzen.

Fallstudie 5: Die australische Sparte eines internationalen agrarchemischen Unternehmens

Die australische Sparte eines internationalen agrarchemischen Unternehmens stand unter enormem Druck, Erlös und Gewinn in einem rückläufigen Markt zu steigern. Auf den ersten Blick wirkten die Marketingpläne äußerst sorgfältig durchdacht. Die Pläne wurden zudem gut präsentiert. Das Problem bestand darin, dass durch sie keine klare Strategie zum Erreichen der Unternehmensziele formuliert wurde und die einzelnen Produkt-/Marktziele lediglich „Wunschlisten" waren. Bei näherer Betrachtung wurde klar, dass die zugrunde liegende Diagnose fehlerhaft war.

Die in *Tabelle 5.5* gezeigte SWOT-Analyse ist ein typisches Beispiel für das verwendete Schema. Selbst bei oberflächlicher Betrachtung wird erkennbar, dass keiner dieser Faktoren ein Kriterium für die Produktwahl aus Sicht der Kunden ist. Die Feststellung, dass die SWOT-Analyse in Bezug auf die Händler (oder auf den Kanal)

Tab. 5.5 SWOT-Analyse

kritische Erfolgsfaktoren	Bewertungen der Erfolgsfaktoren			
	Gewichtung	Unternehmen	Mitbewerber A	Mitbewerber B
Produktwirksamkeit	30	9	8	8
Produktpreis	25	9	9	9
Produktimage	20	9	8	9
Rentabilität	20	8	9	6
Zusammensetzung	5	8	8	7
		8,8	**8,4**	**8,0**

erfolgte und dass die Händler hauptsächlich durch den Preis motiviert waren, legte den Schluss nahe, dass die drei Hauptmarken von den Händlern als Commodities betrachtet wurden, obwohl es sich eigentlich um starke Marken handelte.

Die wesentliche Erkenntnis hieraus war, dass die Händler das Sagen hatten – eine Situation, die mit einem kontinuierlichen Verfall des Preises einherging und zu eskalieren drohte. Die nächste offensichtliche Schlussfolgerung lautete, dass das Unternehmen die Wertschöpfungskette hinunter bis zur Ebene der Landwirte betrachten musste, um diese dann nach ihren Bedürfnissen zu segmentieren. Nur so konnte das Unternehmen eine Steigerung der Nachfrage bewirken und dadurch die Handelsmacht reduzieren. Die Durchführung einer SWOT-Analyse am nächsten Glied in der Kette machte schnell zwei Punkte deutlich:

1. Dem Unternehmen boten sich zahlreiche Chancen zur Nutzensteigerung für die Landwirte.
2. Das Unternehmen wusste nicht genug über die Bedürfnisse der Landwirte, um für diese eine aussagekräftige SWOT-Analyse durchzuführen.

Der Marketingplan dieses Unternehmens enthielt auf den ersten Blick sorgfältig durchdacht wirkende Portfoliomatrizen. Bei näherer Betrachtung der zugrunde liegenden Daten zeigte sich jedoch, dass ein Kreis, der im oberen Bereich der „Marktattraktivitäts"achse angesiedelt war, ganz klar an der falschen Stelle erschien, wie die Zahlen in *Tabelle 5.6* illustrieren.

Tab. 5.6 Datenbasis

	Produkt 1	Produkt 2
Umsatz in 1996	10 Millionen $	5 Millionen $
Gewinn in 1996	1 Millionen $	0,5 Millionen $
prognostizierter Umsatz in 1999	10 Millionen $	7 Millionen $
prognostizierter Gewinn in 1999	1 Millionen $	0,7 Millionen $

Hieraus wird ersichtlich, dass der Produktmanager, der die Analyse durchführte, Produkt 1 attraktiver einstufte als Produkt 2, da auch 1999 der absolute Gewinn größer ausfiel. Die Positionierung von Produkt 1 im oberen Bereich der Matrix implizierte jedoch ganz klar eine *Investitions*strategie, während für Produkt 2 eine *Halte*strategie (oder nachhaltige Gewinnorientierung) angemessen erschien. Beide Strategien wären jedoch völlig unangemessen gewesen und hätten somit den Nutzen der Portfoliomatrix als Analysetool infrage gestellt.

Da zudem die KEF-Berechnung (Bestimmung der Position auf der Horizontalachse der Matrix) ebenfalls falsch war, stiftete die entstandene Matrix nur *Verwirrung*, statt klare und wertvolle Erkenntnisse über eine Wettbewerbsstrategie zu liefern.

Unabhängig davon, welcher Ansatz der Portfolioanalyse Anwendung findet, sollte ein Unternehmen besonders darauf achten, dass Marketingziele und -strategien der Attraktivität eines Marktes entsprechen (Marktwachstum in der Boston-Matrix), und zudem berücksichtigen, in welchem Maße solche Chancen mit den eigenen Fähigkeiten übereinstimmen (Marktanteil in der Boston- Matrix). Wie diese Ziele aussehen sollten, wird in Kapitel 6 erörtert.

Category Management

Zum Abschluss dieses Kapitels sind noch einige Worte zum Category Management erforderlich. Das Konzept des Category Management (CM) oder Warengruppenmanagement hat sich im Einzelhandelsmarketing seit Mitte der 1990er Jahre als radikale Alternative zum Markenmanagement entwickelt. Der Prozess des CM lässt sich folgendermaßen zusammenfassen:

> Das strategische Management einer Produktgruppe, die um ein spezielles Kundenbedürfnis herum angeordnet ist. Diese Gruppe oder Kategorie wird als strategische Geschäftseinheit mit klar definierten Rentabilitätszielen geführt.

Durch das CM wird das Augenmerk von Einzelmarken auf das Management von Gesamtkategorien, wie sie durch lokale Kundenbedürfnisse definiert sind, gelenkt.

CM ging aus Ideen hervor, die innerhalb des Konzepts der effizienten Kundenorientierung (Efficient Customer Response, ECR) entwickelt wurden, welches ab Mitte der 1980er Jahre in den USA branchenweit Einzug hielt. Die ECR schenkt der Umsatzrentabilität mehr Bedeutung als dem Umsatzvolumen und umfasst den gesamten betrieblichen Prozess vom Rohstoffeinkauf über die Herstellung bis hin zum Vertrieb und Verkauf. Das ECR-Konzept basiert auf technologischen Verbesserungen, die Anbietern und Käufern die Reduzierung von Aufwand und Lagerhaltung sowie reduzierte Rabatte zur Absatzförderung ermöglichen (Bauer/Görtz 2003). Der Fokus dieses Konzepts liegt auf den betriebswirtschaftlichen Prozessen, die sich in Einzelhandelsunternehmen abspielen.

Die wachsende Bedeutung des Category Management

Beim Markenmanagement liegt der Fokus auf der Betrachtung einzelner Marken aus Herstellersicht, wobei alle Funktionen, die die Rentabilität einer Marke beeinflussen, durch einen Manager kontrolliert werden. Einzelhändler werden Marken jedoch oft nach Produktart gruppieren (z. B. Waschpulver), da dies für ihre Kunden praktischer ist und das Kaufverhalten der Kunden widerspiegelt.

Die resultierenden Kategorien werden also durch die Kunden definiert. Dies kann jedoch zu Definitionsproblemen führen. Wenn etwa eine Kundin einen Badreiniger möchte, ist unklar, ob sie dieses Produkt als Badezimmerprodukt,

Reiniger oder Desinfektionsmittel kategorisiert. Darüber hinaus tendieren Kategorien dazu, nach Region und Kundentyp zu variieren; auch kulturelle Unterschiede spielen häufig eine Rolle. Einige Hersteller sehen sich daher gezwungen, ihre Marken kategoriengerecht umzugestalten, was wiederum die Frage aufwirft, ob einige Produkte in mehr als einer Kategorie erscheinen sollten (Kräuter beispielsweise in der Kategorie Frischwaren, Backwaren oder in beiden Kategorien?).

Den Einzelhändlern geht es letztendlich darum, ihre Regalflächen so zu managen, dass sie damit maximalen Umsatz erwirtschaften. Die fachliche Kompetenz des Einzelhandels besteht darin, Verkaufsflächen für Produkte bereitzustellen sowie Dienstleistungen, die den Absatz von Produkten erleichtern. Manchmal wird ein externer Anbieter als Category Manager eingesetzt, der dann dafür verantwortlich sein soll, den Umsatz der betreffenden Verkaufsfläche zu optimieren. Dadurch macht sich der Einzelhandel in Bereichen wie Warenpräsentation, Absatzförderung und Merchandising die Expertise von Herstellern zunutze.

Ein Einzelhändler wird in der Regel einen Mindeststandard für die Kategorie festsetzen, etwa indem er fordert, dass mindestens ein Produkt mit einem bedeutenden Markennamen sowie ein Eigenmarkenprodukt des Einzelhändlers enthalten sein müssen. Anschließend treffen die Category Manager in Abhängigkeit von der Kategorie, für die sie verantwortlich sind, ihre eigenen Entscheidungen hinsichtlich Lagerung und Kommunikation. Falls zum Beispiel das Unternehmen GlaxoSmithKline innerhalb der Kategorie Mundhygiene, für die es einen Category Manager einsetzt, Chancen für eine Absatzsteigerung bei Zahnbürsten identifiziert, könnte es sein eigenes Budget verwenden, um den Absatz seiner Zahnbürsten zu fördern.

Im Gegensatz zu traditionellen Verfahren zwingt CM den Hersteller, die Rentabilität eines gesamten Produktsegments anstatt nur seiner eigenen Marken zu berücksichtigen. Die Tatsache, dass der Einzelhandel diesen Wandel herbeiführte, ist ein weiteres Beispiel für die Entwicklung der Einzelhändler von passiven Distributoren zu aktiv gestaltenden Marktteilnehmern und für die Verlagerung der Macht von den Herstellern auf die Einzelhändler.

CM spiegelt die Verlagerung der Macht vom Hersteller auf den Einzelhändler wider.

Dort, wo Category Manager im Einzelhandel intern benannt werden, besteht ihre Aufgabe üblicherweise im Management einer Partnerschaft mit einem oder mehreren Anbietern mit dem Ziel der Umsatz- und Gewinnsteigerung.

Der Trend in Richtung CM machte auch ein Abrücken vom traditionell engen Fokus des Markenmanagements erforderlich. Der Kategorieansatz verdeutlicht, dass die Wahl der Verbraucher nicht nur auf die Entscheidung zwischen zwei Konkurrenzmarken wie Coca-Cola oder Pepsi beschränkt ist, sondern ein ganzes Getränkeportfolio aus Softdrinks, Säften, Getränken und Alkohol betrifft.

Das Unternehmen Heinz begann 1997, sein Geschäft auf Basis der Prinzipien des Category Management neu auszurichten. Es verfügt inzwischen über acht globale Kategorien: Ketchups, Würzmittel und Saucen, Babynahrung, Fisch (Thunfisch), Biolebensmittel und Vollwertkost, Tierfutter, Tiefkühlkost und Fertiggerichte.

Anstatt sich auf die Zugkraft ihrer Markennamen zu verlassen, müssen Unternehmen sicherstellen, dass sie den Einzelhandel davon überzeugen können, mit all ihren Instrumenten zu einem vorteilhaften Category Management beizutragen. Dies könnte bedeuten, dass ein Anbieter all seine Systeme zur Belieferung des Einzelhandels einer Überprüfung unterziehen muss, wie etwa die Logistik zur Gewährleistung optimaler Regalbestände oder die elektronischen Datenaustauschsysteme für die Lagerhaltung.

Grenzen des Category Management

CM sollte keinesfalls nur als Strategie zur Vermeidung von Ineffizienzen und zur Kostensenkung betrachtet werden. Die Orientierung am Endverbraucher hat oberste Priorität. Die Konzentration auf die Maximierung der Rentabilität der Regalfläche führt nicht unbedingt zu einer höheren Kundenzufriedenheit, was langfristig zu einer Reduzierung der Gewinne führen könnte. Empirische Studien zeigen, dass eine große Produktauswahl eine Hauptdeterminante für die Einkaufsstättenwahl, die Zufriedenheit und die Loyalität eines Kunden darstellt (Szymanski/Hise 2000; Bauer/Falk/Hammerschmidt 2006). CM beschränkt die Produktauswahl auf die Produkte, die für den Einzelhändler am rentabelsten sind. Dies kann sich negativ auf das Kauferlebnis des Kunden auswirken. Wenn sich der Kunde durch die fehlende Möglichkeit, Preise verschiedener Marken vergleichen zu können, in seiner Kaufentscheidung eingeschränkt fühlt, wird sich der CM-Ansatz möglicherweise negativ auswirken.

Weitere Schwierigkeiten ergeben sich aus der Frage der Positionierung unterschiedlicher Produktkategorien. Fallen beispielsweise Papiertaschentücher in die Kategorie Hygieneartikel oder unter die Kategorie Kosmetik und Gesundheit? Und sollten die beiden Kategorien nebeneinander oder getrennt angeordnet werden? Zudem kann es vorkommen, dass verschiedene Händler und Hersteller unterschiedliche Definitionen von Kategorien verwenden.

Die Fokussierung des CM auf die Beziehung von Hersteller und Einzelhändler kann zu einer Vernachlässigung der Kundenorientierung führen.

Der Grund dafür, dass das CM-Konzept hier an seine Grenzen stößt, ist die Tatsache, dass sein Fokus bisher vor allem auf der Beziehung zwischen Hersteller und Handel lag. Bereits 1994 zeigte eine Studie der *Financial Times,* dass der marketingstrategische Fokus auf den Verbraucher in dem Maße zurückging, wie der Einzelhandel an Bedeutung gewann: Nur 30 % der Marketingausgaben bezogen sich auf Verbraucher, 54 % dagegen auf den Einzelhandel.

Herausforderungen der Zukunft

Eine der schwierigsten Aufgaben des CM besteht darin, die Zahl überflüssiger Posten in den Regalen zu reduzieren. Dies steht im Widerspruch zum traditionellen Markenmanagement, das den Fortbestand der Marke durch eine Erweiterung der Produktpalette sichern möchte. Mögliche Wege einer weiteren Entwicklung veranschaulicht *Abbildung 5.31.*

Die zunehmende Expertise und Information der Verbraucher ermöglichen die individualisierte Massenfertigung, was den Marktteilnehmern erlaubt, Variationen von Kernprodukten anzubieten, die jede Kundengruppe zufriedenstellen. Die Zunahme von Eigenmarken des Einzelhandels (z. B. „Tandil" von Aldi, „Balea" vom dm-Drogeriemarkt oder „Ja!" von Rewe) spiegelt dies wider. Diese schränken zunehmend die verfügbare Regalfläche für andere Markenprodukte ein.

Die Schwierigkeit für Einzelhändler besteht darin sicherzustellen, dass Verbraucher eine eingeschränkte Markenauswahl nicht als eingeschränkte Kategorienauswahl wahrnehmen, nur weil sie ihre Lieblingsprodukte nicht finden können.

CM kann zur Kundenzufriedenheit beitragen, indem es den Fokus der Einzelhändler auf Kundenpräferenzen richtet.

Das zukünftige CM muss den Vertriebssystemen eines Marktes Rechnung tragen, der sich mehr und mehr in Richtung eines „globalen Dorfes“ entwickelt. Vielen Massenhändlern gelingt es nicht, die Vielzahl an Produkten richtig zu vermarkten, selbst wenn sie zu Kategorien umdefiniert wurden. Deshalb bietet die Bereitstellung von Marketing-Know-how Herstellern eine Chance, eine gewisse Gegenmacht zu solchen internationalen Discountern aufzubauen.

Um den Kundenfokus aufrechtzuerhalten, benötigt der Hersteller freien Zugang zu Kundeninformationen. Diese lassen sich über große Marktforschungsunternehmen wie Nielsen oder Taylor Nelson Sofres (TNS) oder durch die Einrichtung einer herstellereigenen Datenbank wie im Unternehmen Heinz erlangen. Hersteller können sich auch als führende Unternehmen bezüglich effizienter Kundenorientierung (ECR) einen Namen machen.

In Zukunft wird der Fokus wahrscheinlich verstärkt auf eine effektive Befriedigung der Kundenbedürfnisse gelegt, um den langfristigen Gewinn zu optimieren. CM kann helfen, indem der Fokus auf die Zielgruppe des Einzelhandels und auf die Art gerichtet wird, wie Kategorieumsatz generiert wird. Dies wiederum hilft Einzelhändlern bei der Entwicklung effektiver Maßnahmen, die sich an den Produktentscheidungen und -bedürfnissen der Kunden orientieren. Die Herausforderung liegt darin, dies für individuelle Geschäfte zu tragbaren Kosten zu realisieren.

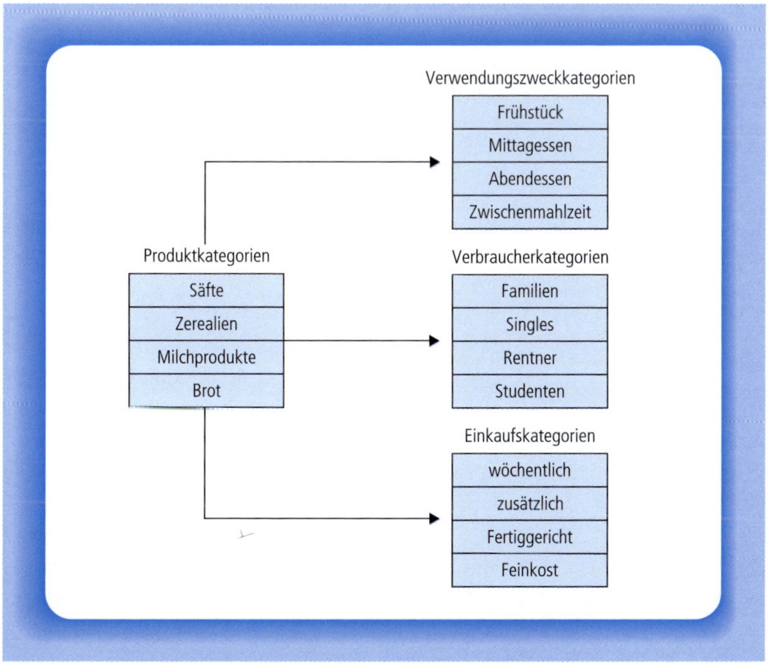

Abbildung 5.31
Entwicklung des Category Management.

Anwendungsfragen

1. Wählen Sie ein wichtiges Produkt und
   - entwerfen Sie einen Lebenszyklus für dieses Produkt,
   - entwerfen Sie einen Lebenszyklus für den Markt (das Segment), in dem es konkurriert,
   - erklären Sie, warum er den von Ihnen dargestellten Verlauf hat,
   - prognostizieren Sie den zukünftigen Verlauf und die Länge des Lebenszyklus,
   - erläutern Sie den *Grund* Ihrer Prognosen.
2. Ordnen Sie Ihre Produkte in der Boston-Matrix an und
   - erklären Sie ihre jeweiligen Positionen,
   - prognostizieren Sie, welche Positionen sie in fünf Jahren haben werden (und warum).
3. Listen Sie Ihre Hauptmärkte oder -segmente auf.
4. Listen Sie Marktattraktivitätskriterien auf (für Ihr Unternehmen).
5. Listen Sie Kriterien für die Wettbewerbsposition auf (Ihr Unternehmen *im Vergleich zu* Mitbewerbern).
6. Entwickeln Sie ein Bewertungs- und Gewichtungssystem für jede Achse.
7. Bewerten Sie die Märkte oder Segmente nach den Kriterien.
8. Zeichnen Sie Kreise in das Koordinatensystem ein. Der Durchmesser jedes Kreises sollte dem Anteil des betreffenden Segments am Umsatz entsprechen. Befinden sich die Kreise an der von Ihnen gewünschten Position?

Kapitel 5: Wiederholung

Was ist ein Produkt?

Ein Produkt (oder eine Dienstleistung) dient der Lösung eines Problems, indem es etwas liefert, was der Kunde wünscht oder braucht. Ein Produkt besteht aus

1. einem Kern (funktionaler Leistung),
2. einem Kranz (Bündel von zusätzlichen Merkmalen und Benefits).

Gewöhnlich beeinflusst das Kernprodukt die Kaufentscheidung zu 20 %, verursacht jedoch 80 % der Kosten. Beim Leistungskranz verhält es sich umgekehrt.

Bearbeiten Sie hierzu Übung 5.1

Der Produktlebenszyklus

Alle Produkte oder Dienstleistungen haben einen Lebenszyklus, der dem nachstehenden Muster folgt:

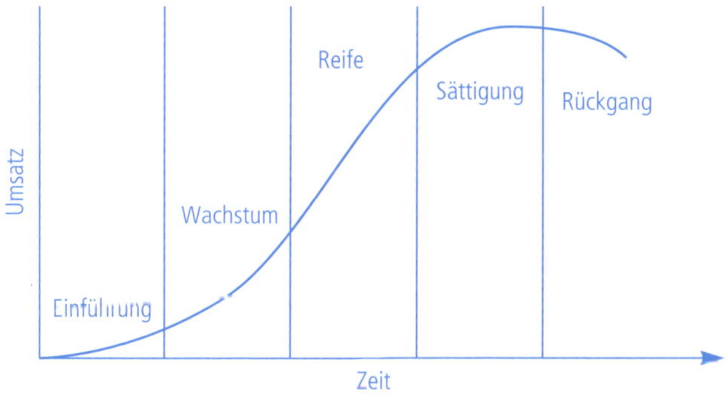

Die Phasen des Lebenszyklus sind:

A Einführung,
B Wachstum,
C Reife,
D Sättigung,
E Rückgang.

Der gesamte Lebenszyklus hängt von Produkttyp ab; Modeartikel zum Beispiel haben kurze Lebenszyklen.

Für die meisten Produkte lässt sich ein Trend zu kürzeren Lebenszyklen feststellen, da sich Veränderungen in Technologie und Kundenerwartungen stärker auswirken. Jede Phase des Lebenszyklus erfordert unterschiedliche Marketingmaßnahmen.

Bearbeiten Sie hierzu Übung 5.2

Diffusion von Innovationen

Während einige Menschen/Unternehmen jederzeit zum Kauf eines neuen Produkts bereit sind, warten andere, bis sich die Produkte allgemein durchgesetzt haben. Alle Produkte haben Kunden, die unter folgende Kategorien fallen.

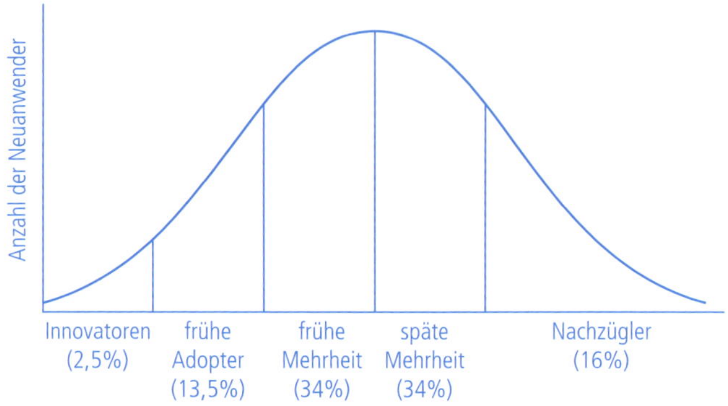

A Innovatoren (2,5 % der Gesamtzahl),
B frühe Adopter (13,5 % der Gesamtzahl),
C frühe Mehrheit (34 % der Gesamtzahl),
D späte Mehrheit (34 % der Gesamtzahl),
E Nachzügler (16 % der Gesamtzahl).

Die Ermittlung einer Typologie für Innovatoren und frühe Adopter kann bei der Absatzförderung von neuen Produkten hilfreich sein.

Produktportfolio

Im Idealfall verfügt das Unternehmen über ein Portfolio von Produkten, deren Lebenszyklen sich überschneiden. Dies gewährleistet ein nachhaltiges Erlös- und Wachstumspotenzial.

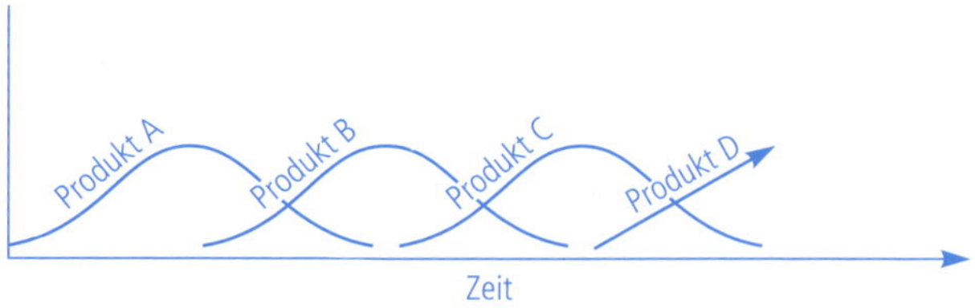

Boston-Matrix

Das Produktportfolio lässt sich in Bezug auf sein Erlöspotenzial mithilfe der folgenden Methode analysieren.

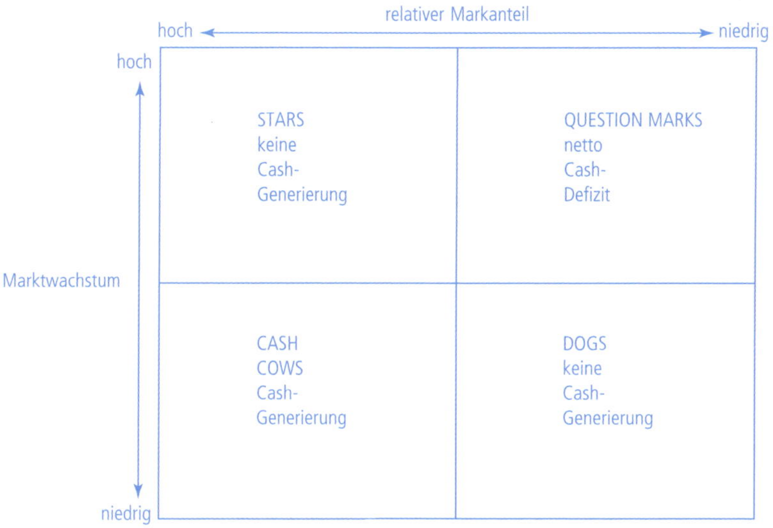

Cash Cows müssen genügend Kapital generieren, um Stars und Question Marks zu finanzieren und Gewinn zu erwirtschaften

Bearbeiten Sie hierzu Übung 5.3

Portfoliomatrix

Nicht alle Unternehmen verfügen über die für die Boston-Matrix (siehe oben) erforderlichen Daten. Ähnliche Ergebnisse lassen sich auch mithilfe der auf den Dimensionen Marktattraktivität und Wettbewerbsposition basierenden Portfoliomatrix erreichen. Die Achsen sehen dann aus wie in der Abbildung auf Seite 248 gezeigt.

Bearbeiten Sie hierzu Übung 5.4 und 5.5

Fragen, die sich für das Unternehmen ergeben

1. F: Wie nützlich ist ein Markenname?

   A: Bekannte Marken haben sich erfolgreich von Konkurrenzprodukten differenziert, indem sie ein bestimmtes Extra vermitteln. Eine derartige Differenzierung ermöglicht die Forderung eines höheren Preises im Vergleich zu unmarkierten Massenprodukten.

2. F: Wie ist der Zusammenhang zwischen Marktanteil und Cash-Generierung (siehe Boston-Matrix)?

   A: Je höher der Marktanteil, desto höher ist die Ausbringungsmenge und desto niedriger sind die Stückkosten durch positive Skaleneffekte und die Erfahrungskurve. So kann ein Unternehmen höhere Margen und höhere Erlöse erzielen.

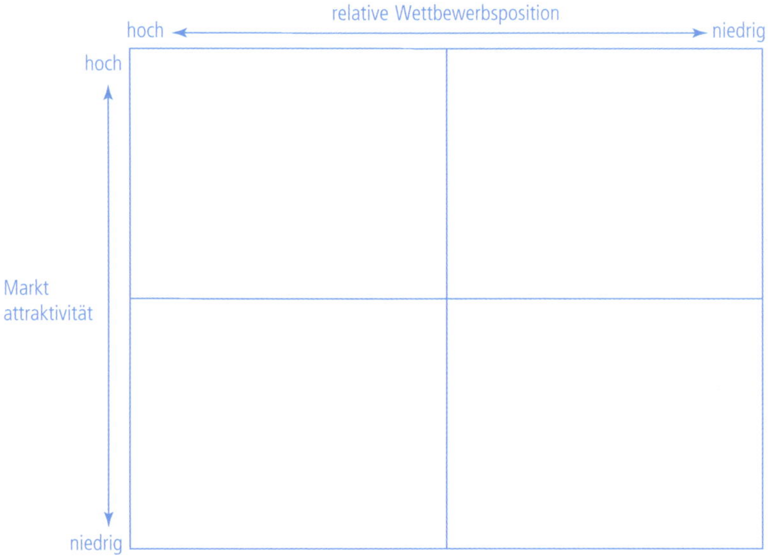

3. F: Sollten Produkte des Typs „Dog" immer eliminiert werden?

   A: Das ist eine Frage des Timings. Bisweilen kann ein „Dog" noch zusätzliche Erlöse abwerfen. Manchmal fungiert ein „Dog" als Stütze für ein anderes Produkt. Manchmal kann ein Produkt des Typs „Dog" rentabel sein, weil es von den positiven Skaleneffekten eines anderen Produkts des Portfolios profitiert.

Übungen

Einführung in die Übungen zu Kapitel 5

Diese Übungen wurden konzipiert, um Ihnen drei unterschiedliche Betrachtungsperspektiven Ihrer Produktpalette zu vermitteln:

1. als ein Nutzen„bündel“ (Übung 5.1),
2. aus der Perspektive des Lebenszyklus (Übung 5.2),
3. als Gesamtportfolio, das optimal entwickelt und gemanagt werden muss. Für dieses Portfoliokonzept gibt es zwei Ansätze:
   a) die von der Boston Consulting Group entwickelte Boston-Matrix (Übung 5.3),
   b) die von General Electric und McKinsey entwickelte Marktattraktivitäts-Wettbewerbspositions-Matrix (Übung 5.4).

In der letzten Übung dieses Abschnitts erhalten Sie die Möglichkeit, eine Portfoliomatrix für Ihr eigenes Unternehmen zu erstellen und zu interpretieren (Übung 5.5)

Übung 5.1 Nutzenanalyse

Es wurde gezeigt, dass Kunden Produkte aus vielerlei Gründen erwerben. Unterschiedliche Individuen versprechen sich von Produkten verschiedene Arten von Nutzen, um ihre Bedürfnisse zu befriedigen. Hier sind einige typische Beispiele für solche Nutzenarten:

1. guter Preis im Vergleich zur Konkurrenz,
2. hohe Bekanntheit,
3. guter Kundendienst (After-Sales-Service),
4. seriöses Unternehmensimage,
5. geringe Nutzungskosten (After-Sales-Kosten),
6. schnelle Lieferung,
7. hohe Effizienz,
8. gutes Produktdesign,
9. Modernität,
10. Kaufkomfort,
11. gute Qualität,
12. Zuverlässigkeit,
13. Sicherheit.

Je mehr Nutzen die Produkte dem Kunden stiften und je besser sie seinen Bedürfnissen entsprechen, desto wettbewerbsfähiger werden sie im Markt sein. Das folgende Verfahren soll Ihnen bei der Durchführung einer Nutzenanalyse für Ihre Produkte behilflich sein.

Bei der Durchführung werden Sie feststellen können, welche Produkte im Vergleich zum Angebot Ihrer Mitbewerber die stärkste Position im Markt haben. Die Analyse sollte Ihnen auch einen Einblick vermitteln, welche Produkte priorisiert werden sollten, entweder um bereits bestehende Kundennutzen zu optimieren oder das Gewicht auf neue Nutzenstiftungen zu verlagern.

Gehen Sie folgendermaßen vor:

1. Betrachten Sie vorstehende Auflistung von Kundennutzen. Sind dies typische Gründe, warum Ihre Produkte gekauft werden? Falls Ihnen andere Gründe einfallen, die von größerer Relevanz für Ihr spezielles Unternehmen sind, so tragen Sie diese bitte in die dafür vorgesehenen Felder ein.
2. Betrachten Sie unter Berücksichtigung der Marktsegmente, in denen Sie tätig sind, die Auflistung der Kundennutzen und entscheiden Sie, welche drei Nutzen am häufigsten von Ihrem (Ihren) wichtigsten Segment(en) erwartet werden. Notieren Sie diese.
3. Bestimmen Sie nun die drei nächst wichtigen Nutzen, die diese Kunden erwarten und notieren Sie diese ebenfalls.
4. Kreuzen Sie anschließend jeden weiteren Nutzen auf der Liste an, der für diese Kunden relevant ist.
5. Wiederholen Sie diesen Vorgang für weitere wichtige Segmente.
6. Übertragen Sie diese Informationen nun auf Arbeitsblatt 1 (ein Beispiel für ein vollständig ausgefülltes Blatt findet sich auf Arbeitsblatt 2). Gehen Sie wie folgt vor:

Schritt 1 Listen Sie in Spalte 1 die von Ihnen angebotenen Produkte auf. Dies kann in beliebiger Reihenfolge geschehen.

Schritt 2 Nehmen Sie die drei wichtigsten Nutzen, die Sie zuvor gewählt haben, und verwenden Sie sie auf dem Arbeitsblatt als Überschriften für die Spalten 2, 3 und 4.

Schritt 3 Füllen Sie die Spalten 2, 3 und 4 wie folgt aus: Beginnen Sie mit Spalte 2. Betrachten Sie die Nutzenart und gehen Sie die Liste Ihrer Produkte durch, wobei Sie jedes auf einer *Skala von 1 bis 10* bewerten. Ein Wert von 1 besagt, dass das Produkt diesen speziellen Kundennutzen kaum liefert und im Wettbewerb schlecht abschneidet, wohingegen ein Wert von 10 eine sehr hohe Befriedigung der Kundenbedürfnisse bedeutet, die höher als bei der Konkurrenz ausfällt. Wenn zum Beispiel die Nutzenkategorie „Lieferung" lautet und beim Durcharbeiten der Produktliste das erste Produkt Lieferkonditionen aufweist, die so gut sind wie alle anderen in der Branche, so könnten hier 9 bis 10 Punkte vergeben werden. Wenn das nächste Produkt auf der Liste eine sehr ungleichmäßige Lieferbilanz aufweist und bekannt ist, dass einige Mitbewerber besser sind, könnten hier nur 4 oder 5 Punkte vergeben werden, usw. Verfahren Sie genauso in den Spalten 3 und 4. Beachten Sie, dass die *Bewertungsskala von 1 bis 10* nur für die Spalten 2, 3 und 4 verwendet wird, weil diese Spalten die für Ihre Kunden wichtigsten Nutzen darstellen und daher entsprechend gewichtet werden müssen.

Schritt 4 Nehmen Sie nun die drei nächst wichtigen Nutzen und verwenden Sie diese als Überschriften für die Spalten 5, 6 und 7.

Schritt 5 Bewerten Sie wie zuvor jedes Ihrer Produkte in Abhängigkeit von der Nutzenkategorie im Vergleich zur Leistung Ihrer Mitbewerber. Verwenden Sie dieses Mal jedoch eine *Bewertungsskala von 1 bis 6*, wobei der Wert 1 auch hier eine geringe und der Wert 6 eine hohe Nutzenstiftung widerspiegelt. Die geringere Spannbreite von 1 bis 6 trägt der geringeren Bedeutung dieser Nutzenarten für die Kunden Rechnung.

Schritt 6 Betrachten Sie schließlich die übrigen Nutzenarten, die Sie weiter oben angekreuzt haben, und verwenden Sie diese ab Spalte 8 als Überschriften für alle restlichen Spalten.

Schritt 7 Gehen Sie erneut die Liste Ihrer Produkte durch und bewerten Sie, wie gut diese im Vergleich zum Angebot Ihrer Mitbewerber abschneiden. Verwenden Sie dieses Mal eine *Bewertungsskala von 1 bis 3*. Die reduzierte Spannbreite spiegelt die geringere Bedeutung der Kundennutzen in dieser letzten Gruppe wider.

Schritt 8 Addieren Sie alle Punktwerte, die Sie den Produkten zugewiesen haben, und tragen Sie das Resultat in die Spalte „Gesamtergebnis" ein.

Schritt 9 Das Produkt mit dem höchsten Punktwert ist natürlich dasjenige, welches dem Kunden den größten Nutzen stiftet und im Vergleich zum Wettbewerb eine starke Position hat. Weisen Sie diesem Produkt in der Rangspalte deshalb die Rangziffer 1 zu. Suchen Sie nun die zweithöchste Punktzahl heraus und versehen Sie diese mit der Rangziffer 2 usw. Einige Gesamtergebnisse liegen dabei eventuell so dicht beieinander, dass es hilfreich sein könnte, Ihre Produkte in Gruppen mit ähnlichen Werten einzuteilen und diese in eine Rangfolge zu bringen, zum Beispiel indem Sie eine erste „Sparte", zweite „Sparte" etc. von Produktgruppen definieren.

Schritt 10 Machen Sie auf Arbeitsblatt 1 oder einem gesonderten Blatt Papier Notizen zu Punkten, die Ihnen relevant erscheinen. Zum Beispiel: Sollten einige Bewertungen aufgrund von Verbesserungen im Design modifiziert werden, sind einige Produkte durch neue Wettbewerber gefährdet, spiegelt die Rangliste besondere Stärken oder Schwächen wider, oder gibt es unerwartete Resultate?

Welche wichtigen Lektionen kann Ihr Unternehmen aus einer solchen Nutzenanalyse für seine Produkte ziehen? Welche Schritte sind empfehlenswert, um die Entwicklung künftiger Produkte zu verbessern? Verwenden Sie das Feld „Persönliche Notizen", um Ihre Gedanken festzuhalten.

Hinweis: Diese Analyse lässt erkennen, dass „Container" im Vergleich zum übrigen Produktangebot das beste „Nutzenbündel" darstellen. Im Gegensatz hierzu liefern „Regentonnen" den geringsten Nutzen, da sie bei Preis, Lieferung und Design Schwächen aufweisen. Mithilfe dieser Analyse kann ein Unternehmen erkennen, wo es bei den Zusatzleistungen ansetzen muss, um leistungsstärker zu werden.

Arbeitsblatt 1 Nutzenanalyse (Übung 5.1)

	wichtigste Nutzen			mittelmäßig wichtige Nutzen			weniger wichtige Nutzen												
	niedrig hoch Bewertung 1 10			*niedrig hoch Bewertung 1 6*			*niedrig hoch Bewertung 1 3*												
Spalte Nr. 1	2	3	4	5	6	7	8	9	10	11	12	13	14	15	16	17	18			*Notizen, Beobachtungen, erläuternde Kommentare, Stärken usw.*
Kunden-nutzen / *Produkte*																		*gesamt*	*Rang*	

Arbeitsblatt 2 Nutzenanalyse (Übung 5.1)

	wichtigste Nutzen			mittelmäßig wichtige Nutzen			weniger wichtige Nutzen													
	niedrig hoch Bewertung 1 10			*niedrig hoch Bewertung 1 6*			*niedrig hoch Bewertung 1 3*													
Spalte Nr. 1	2	3	4	5	6	7	8	9	10	11	12	13	14	15	16	17	18			*Notizen, Beobachtungen, erläuternde Kommentare, Stärken usw.*
Kunden-nutzen / *Produkte*	*Preis*	*Qualität*	*Lieferung*	*Design*	*Sicherheit*	*Zuverlässigkeit*	*Image*	*After-Sales-Service*	*Verpackung*	*Sortimentsbreite*								*gesamt*	*Rang*	
Regentonnen	5	8	5	3	6	6	1	1	2	2								39	4	Kosten und Lieferung überprüfen
Container	8	8	7	5	6	3	3	2	3	2								47	1	Verbesserungen schwierig, mit Ausnahme von Lieferung und Zuverlässigkeit
Spielzeug (Komponente)	3	8	9	5	6	5	1	1	2	2								42	2	lässt sich nicht immer mit anderer Arbeit verbinden
Kegel für Straßenbauarbeiten, etc.	7	8	6	4	6	5	1	1	3	1								42	2	an Preis und Lieferung arbeiten; nötige Verbesserungen bei Design und Angebotspalette

Persönliche Notizen

Übung 5.2 Lebenszyklusanalyse

Es ist allgemein anerkannt, dass alle Produkte einen fünf Phasen umfassenden Lebenszyklus durchlaufen: Einführung, Wachstum, Reife, Sättigung und schließlich Rückgang.

Abhängig von der Natur des jeweiligen Produkts und seines Marktes kann der Lebenszyklus von kurzer oder langer Dauer sein. Dementsprechend haben verschiedene Produkte auch verschiedene Umsatzniveaus. Trotz dieser Unterschiede in „Breite" und „Höhe" zeigen alle Produktlebenszyklus-Kurven einen bemerkenswert ähnlichen und gleichbleibenden Verlauf. Genau diese Beständigkeit der Lebenszykluskurve macht diesen Aspekt des Produktaudits zu einem so wichtigen Analysewerkzeug.

Die folgende Übung soll Ihnen bei der Durchführung einer Lebenszyklusanalyse für die Produkte Ihres Unternehmens helfen. Dadurch wird es einfacher, den Fokus auf Informationen zu richten, die für die Festlegung von Marketingzielen und -strategien hilfreich sind.

1. Entwickeln Sie mithilfe von Arbeitsblatt 3 eine geeignete Skala für die Achse „Umsatz", das heißt eine Skala, die Ihre vergangenen oder zu erwartenden Umsatzspitzen erfasst.
2. An der Position „aktueller Umsatz" notieren Sie die Umsatzniveaus Ihrer Produkte. Wählen Sie die für Ihr Unternehmen zutreffende Zeitachse. Wenn Ihre Produkte kurzlebig sind, wäre es eventuell ratsam, Ihre Umsatzzahlen auf Tage oder Wochen zu beziehen. Für langlebige Produkte sind möglicherweise jährliche Umsatzzahlen ausreichend.
3. Gehen Sie nun die Produkte der Reihe nach durch und skizzieren Sie eine Lebenszykluskurve auf Basis der Ihnen zur Verfügung stehenden historischen Daten. Falls Sie zum Beispiel bei Schritt 2 entschieden haben, dass zur Erfassung des Verlaufs des Lebenszyklus eine monatliche Umsatzanalyse notwendig ist, dann prüfen Sie Ihre Umsatzbilanzen und zeichnen Sie den Umsatz für jedes Produkt in monatlichen Intervallen ein.
4. Betrachten Sie nun die Lebenszyklen, die Sie skizziert haben, und übertragen Sie diejenigen auf die Zukunft, bei denen eine Extrapolation möglich erscheint, bei denen also ein deutliches Muster erkennbar ist. Am Ende sollte Ihr Arbeitsblatt ungefähr so aussehen wie Arbeitsblatt 4.

5. Notieren Sie Ihre wichtigsten Erkenntnisse aus dieser Übung im unteren Feld.
6. Bislang haben Sie Ihre Produkte nur isoliert betrachtet. Vergleichen Sie nun auf einem gesonderten Blatt die Lebenszyklusverläufe Ihrer wichtigsten Produkte mit dem gesamten Marktlebenszyklus jedes Produkts. Entspricht der Lebenszyklus Ihrer Produkte dem Muster des Marktlebenszyklus? Sinkt Ihr Umsatz, während der Gesamtmarktumsatz konstant oder steigend ist? Oder verhält es sich umgekehrt? Zahlreiche Ergebnisse sind denkbar. Unabhängig davon besteht aber Ihre Aufgabe nun darin, sie zu erläutern und im vorgesehenen Feld zu notieren, was diese Vergleiche in Bezug auf Ihre Produkte und deren Zukunftsaussichten aussagen. Falls es Ihnen Schwierigkeiten bereitet, Lebenszyklen für den Gesamtmarkt zu entwerfen, so konsultieren Sie den „Leitfaden zur Lebenszyklusanalyse", der in dieser Übung an späterer Stelle vorgestellt wird.
7. Um zu unterstreichen, dass es sich bei dieser Produktlebenszyklus-Analyse nicht nur um eine mentale Übung handelt, sollten Sie nun eine kurze Präsentation für einen erfahreneren Kollegen oder besser noch Ihren Vorgesetzten ausarbeiten und dabei den Anleitungen folgen, die im „speziellen Projektbriefing" am Ende dieser Übung enthalten sind.

Arbeitsblatt 3 Lebenszyklusanalyse (Übung 5.2)

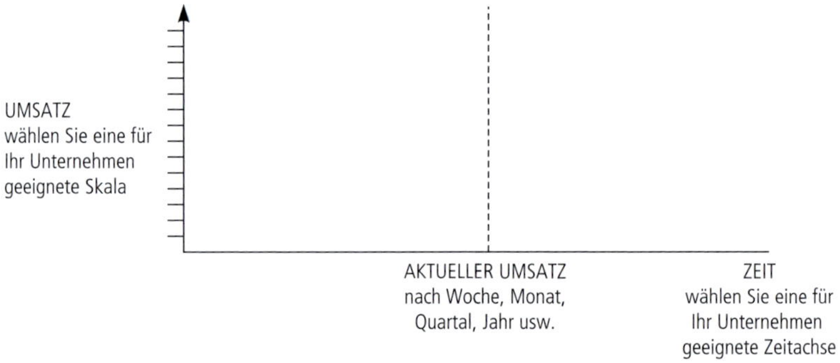

Arbeitsblatt 4 Lebenszyklen eines kunststoffverarbeitenden Unternehmens (Übung 5.2)

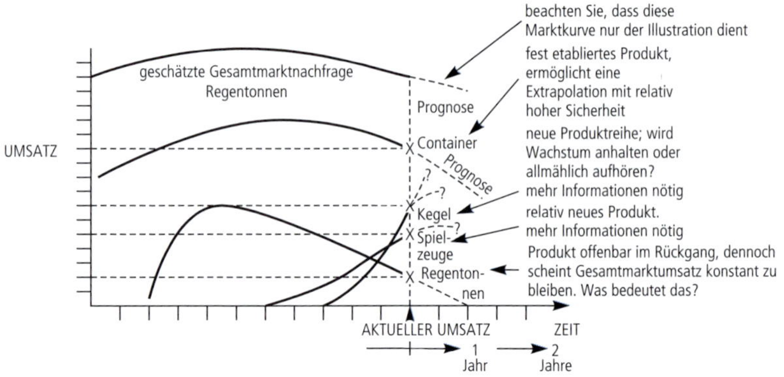

Persönliche Notizen

Leitfaden zur Lebenszyklusanalyse

Die folgende Checkliste wird von einem großen Unternehmen eingesetzt, um die Lebenszyklusphasen für seine Märkte zu bestimmen (Wiederholung von Seite 208f).

Lebenszyklusphase Kriterien	Einführung	Wachstum	Reife	Rückgang
1. Wachstumsrate	normalerweise viel größer als BSP (auf kleiner Basis)	nachhaltiges Wachstum über BSP, neue Kunden; neue Anbieter; Rate nimmt gegen Ende der Phase ab	ungefähr gleich wie BSP	sinkende Nachfrage; Markt schrumpft, da Nutzerbedürfnisse sich ändern
2. Vorhersagbarkeit des Wachstumspotenzials	präzise Definition schwierig; kleiner Anteil der Nachfrage wird befriedigt; Marktprognosen unterscheiden sich stark	größerer Prozentsatz der Nachfrage wird befriedigt, Sättigungsgrenze der Nachfrage wird klarer, Diskontinuitäten wie Preisreduzierungen aufgrund positiver Skaleneffekte können auftreten	Potenzial gut definiert; Mitbewerber sind darauf spezialisiert, Bedürfnisse spezifischer Segmente zu befriedigen	bekannt und begrenzt
3. Ausweitung der Produktlinie	spezielle Produktlinien zur Befriedigung der Bedürfnisse erster Kunden	schnelle Expansion	Ausweitung wird verlangsamt oder beendet	Linien werden verschlankt, unrentable Produkte eliminiert
4. Anzahl der Mitbewerber	nicht vorhersagbar	erreicht Maximum, neue Mitbewerber werden durch Wachstum und hohe Margen angezogen; Konsolidierung beginnt gegen Ende der Phase	Etablierung dominanter Unternehmen; weitere Verdrängung unbedeutender Mitbewerber	neue Mitbewerber unwahrscheinlich, bestehende Mitbewerber verlieren immer mehr Marktanteile

Lebenszyklusphase Kriterien	Einführung	Wachstum	Reife	Rückgang
5. Verteilung der Marktanteile	instabil; Marktanteile reagieren unvorhersehbar auf unternehmerische Aktivitäten	zunehmende Stabilität; typischerweise erscheinen einige starke Mitbewerber	stabil, wobei wenige Anbieter oft einen Großteil des Marktes kontrollieren	stark konzentriert oder fragmentiert als Branchensegmente und/oder lokalisiert
6. Kundenstabilität	Probekäufe bei geringer Kundentreue	allmählich zunehmende Kundentreue; Wiederholungskäufe, wobei viele Kunden alternative Anbieter suchen	etablierte Kaufmuster, hohe Kundentreue; Mitbewerber begreifen Kaufdynamik, Neuanbietern fällt es schwer, Kunden abzuwerben	extrem stabil; Zahl der Anbieter sinkt, Kunden suchen kaum noch Alternativen
7. Leichtigkeit des Markteintritts	normalerweise einfach; kein dominanter Anbieter; Kundenerwartungen ungewiss, hohe Eintrittsbarrieren in Form von Technologie, Kapitalbedarf oder Unsicherheit	schwieriger; zunehmendes Franchising, positive Skaleneffekte sind evtl. vorhanden, Markteintritt ist noch ohne direkte Konfrontation mit Mitbewerbern möglich	schwierig; Marktführer sind etabliert; neue Kunden müssen von der Konkurrenz abgeworben werden	geringer oder fehlender Anreiz für Eintritt
8. Technologie	spielt eine wichtige Rolle beim Anpassen von Produktmerkmalen an Marktbedürfnisse, häufige Produktveränderungen	Produkttechnologie anfangs wichtig, später wird Prozesstechnologie in dieser Phase wichtiger	Fokus auf Substitution von Prozessen und Materialien; Produktanforderungen sind bekannt und relativ anspruchslos; evtl. Anstoß zur Erneuerung der Branche durch neue Technologien	Technologisches Knowhow ist bekannt, stabil und allgemein zugänglich

Spezielles Projektbriefing

Produktlebenszyklen

Wählen Sie ein Produkt, das Sie gut kennen, und erarbeiten Sie eine kurze Präsentation (etwa zehn Minuten), welche die folgenden Bereiche/Fragen abdeckt:

1. kurze Produktbeschreibung – definieren Sie den Markt, den das Produkt bedient,
2. Ihre Einschätzung der aktuellen Produktposition im Lebenszyklus,
3. Ihre Gründe für die Einschätzung dieser Produktposition,
4. Ihre Einschätzung hinsichtlich Verlauf und Form dieses Lebenszyklus,

5. Ihre Gründe für diese Einschätzung,
6. Ihre Vorhersagen zu den Aussichten des Produkts für die kommenden drei Jahre,
7. Ihre Gründe für diese Vorhersagen.

Übung 5.3 Fallstudie: International Bearings Ltd (IBL)

Die Ziele dieser Fallstudie sind folgende:

1. Demonstration eines praktischen Verfahrens zur Überprüfung der ökonomischen Auswirkungen von Entscheidungen bei einer Anzahl verschiedener Produkte in verschiedenen Märkten und in verschiedenen Phasen des Lebenszyklus. Diese als Produktportfolioanalyse bezeichnete Methode wurde von der Boston Consulting Group entwickelt und ist als Boston-Matrix bekannt.
2. Demonstration der Anwendung der Boston-Matrix anhand einer Fallstudie, in der ein Industrieunternehmen mit mehreren Mitbewerbern in mehreren Marktsegmenten konkurriert.
3. Vermittlung von praktischer Erfahrung für den Anwender durch schrittweise Betrachtung der Situationsanalyse und des Entscheidungsprozesses, die in der Fallstudie illustriert werden.
4. Ermutigung des Anwenders, die in der Fallstudie erlernten Prinzipien auf das eigene Unternehmen anzuwenden.

Bitte halten Sie Ihre Antworten zu den Fragen auf dem beigefügten Arbeitsblatt 5 fest. Die korrekten Antworten finden Sie im Anhang 1 auf Seite 265.

Das Unternehmen International Bearings Ltd (IBL) verkauft diverse Industrieprodukte mit hoher Umschlaggeschwindigkeit in einem Markt mit etwa 60 Wettbewerbern, die in der Mehrzahl relativ klein sind. Acht Unternehmen, einschließlich IBL, sind deutlich größer. IBL verfügt über sieben Hauptproduktgruppen.

Tabelle 5.7 zeigt die Situation von IBL.

Tab. 5.7 Produktübersicht der IBL

Produkt	Absatzvolumen (Stückzahl)	relativer Marktanteil	aktuelles Marktwachstum (Jahr 1, in %)	prognostiziertes Marktwachstum (Jahr 3, in %)
1	1500	*	20	25
2	1300	2:1	9	6
3	1000	0,9:1	12	25
4	1000	0,6:1	10	2
5	900	0,5:1	5	3
6	800	0,2:1	3	0
7	500	0,1:1	22	25
GESAMT	7000			

* Diese Verhältniszahl wurde nicht angegeben, da sie später in der Fallstudie einen Teil der Übung bildet.

Definitionen der Größen in *Tabelle 5.7*

Der *relative Marktanteil* gibt das Verhältnis des eigenen Marktanteils zu dem des größten Mitbewerbers im Markt wieder. Liegt zum Beispiel der eigene Marktanteil bei 10 % und der des größten Mitbewerbers bei 40 %, so beläuft sich das Verhältnis (der relative Marktanteil) auf 1:4. Dies wird üblicherweise mit 0,25:1 ausgedrückt. Liegt der eigene Marktanteil bei 20 % und der des größten Mitbewerbers bei 10 %, so liegt das Verhältnis bei 2: 1.

Aktuelles Marktwachstum ist das prozentuale Umsatzwachstum eines Produkts in einem Markt im Vergleich zum Vorjahreszeitraum. Wenn also ein Markt im vergangenen Jahr bei 100 lag und dieses Jahr bei 120 liegt, so beliefe sich das Wachstum auf 20 %.

Prognostiziertes Marktwachstum bezeichnet die jährliche Rate, die ein Unternehmen für das künftige Marktwachstum veranschlagt. Angenommen, das Unternehmen prognostiziert ein Marktwachstum von 10 % in Jahr 2 und 20 % in Jahr 3. Dann ist 10 % prognostiziertes Marktwachstum für Jahr 2 die Zahl von Jahr 1, also 120 × 10 % (d.h. 132). Für Jahr 3 ist es die Zahl von Jahr 2, also 132 × 20 (d.h. 158,4).

Tabelle 5.8 zeigt den absoluten Marktanteil von IBL im Vergleich zu dem seiner Mitbewerber.

Tab. 5.8 Marktanteile für Produkt 1

	Unternehmen								
	IBL	**B**	**C**	**D**	**E**	**F**	**G**	**H**	**andere (etwa 50)**
absoluter Marktanteil (%)	15	10	8	8	8	7	5	5	34

IBL hat einen absoluten Marktanteil von 15 %. Laut *Tabelle 5.7* steht diese Zahl für 1 500. Somit ergibt sich folgende Rechnung:

$$\frac{1\,500}{1} \times \frac{100}{15} = 10\,000$$

Dies ist im laufenden Jahr die Gesamtmarktgröße für Produkt 1.

Definitionen der Größen in *Tabelle 5.8*

Absoluter Marktanteil ist der prozentuale Anteil, den das Produkt am Gesamtmarkt hat. Beispiel: Gesamtmarktvolumen = 100 Einheiten pro Jahr. Der eigene Absatz liegt bei 25 pro Jahr. Somit liegt der absolute Marktanteil des eigenen Unternehmens bei 25 %.

Wie oben definiert, wird der relative Marktanteil als Verhältniszahl ausgedrückt, z.B. 2:1. Sie vergleicht den eigenen Marktanteil und den Grad der Marktdominanz mit den entsprechenden Zahlen eines Wettbewerbers.

Die Marktwachstumsprognose für Produkt 1 von IBL stellt sich wie in *Tabelle 5.9* dar.

Tab. 5.9 Marktwachstum für Produkt 1

	laufendes Jahr (%)	Jahr 2 (%)	Jahr 3 (%)
aktuelles Marktwachstum	20		
prognostiziertes Wachstum	22	25	

IBLs eigene Absatzprognosen für Produkt 1 sind in *Tabelle 5.10* dargestellt.

Tab. 5.10 Absatzpropgnose für Produkt 1

	laufendes Jahr	Jahr 2	Jahr 3
aktueller Absatz	1 500 Einheiten		
Absatzprognose		1 650 Einheiten	1 815 Einheiten

Bitte beachten Sie, dass sich das prognostizierte Marktwachstum für Produkt 1 in *Tabelle 5.9* von IBLs eigener Prognose für Produkt 1 in *Tabelle 5.10* unterscheidet.

Ein leitender Manager des Unternehmens B wechselte kürzlich zu IBL. So erhielt IBL einige präzise Marktinformationen über Produkt 1 von Unternehmen B, das im Wettbewerb mit IBLs eigenem Produkt 1 steht. Dies ist in *Tabelle 5.11* zu sehen.

Tab. 5.11 Absatzprognose für Produkt 1 von Wettbewerber B

	laufendes Jahr	Jahr 2	Jahr 3
aktueller Absatz	1 000 Einheiten		
Absatzprognose		1 500 Einheiten	1 562 Einheiten

Beantworten Sie bitte die folgenden Fragen:

Frage 1
Wie hoch ist IBLs relativer Marktanteil für Produkt 1? Denken Sie daran, dass der relative Marktanteil eine Verhältniszahl ist, zum Beispiel 3,5:1. Schreiben Sie Ihre Antwort auf diese und alle anderen Fragen auf das hierfür vorgesehene Antwortblatt auf Seite 264 (die richtigen Antworten finden sich im Anhang ab Seite 265).

Frage 2
Wie hoch wird IBLs relativer Marktanteil für Produkt 1 im Jahr 3 sein? Beschränken Sie Ihre Antwort auf zwei Dezimalstellen. Bei der Beantwortung dieser Frage sollten Sie *Tabelle 5.10* und *5.11* berücksichtigen.

Frage 3
Wie hoch ist das jährliche Wachstum des Marktes für Produkt 1?

Frage 4
Wie hoch wird das Gesamtmarktvolumen für Produkt 1 im Jahr 3 sein?

Frage 5

Wie hoch ist der absolute Marktanteil von IBLs Produkt 1 im Jahr 3? Runden Sie auf die nächste ganze Zahl auf.

Frage 6

Ist das Marktwachstum im laufenden Jahr, bezogen auf den Branchendurchschnitt von 10 %, hoch oder niedrig?

Frage 7

Relativer Marktanteil und Marktwachstum sind bedeutende Faktoren, die ein Unternehmen bei der Beurteilung seines Produktportfolios berücksichtigen sollte. Statt Unmengen von Zahlen zu betrachten, die einzeln nur schwer interpretierbar sind, entwickelte die Boston Consulting Group (BCG) eine Matrix, um diese beiden Faktoren grafisch darzustellen. Es handelt sich um eine quadratische Matrix. Der relative Marktanteil (RMA) wird auf der Horizontalachse dargestellt. Die Hilfslinien verlaufen vertikal. Das Marktwachstum wird auf der Vertikalachse abgetragen (*Abbildung 5.32*).

Die niedrigste Ausprägung für das Marktwachstum (gewöhnlich 0) befindet sich am unteren Ende und kann, abhängig von der Branche, bis zu 20 % betragen. Dieser obere Wert kann variieren; ein etabliertes Produkt kann beispielsweise unter 10 % oder ein neues Produkt über 100 % liegen.

Die Entscheidung, wann es sich um „hohes" oder „niedriges" Wachstum handelt, ist somit branchenabhängig. Die Entscheidung liegt beim Unternehmen. In diesem Fall wurde entschieden, 10 % als Grenzlinie zwischen hohem und niedrigem Wachstum – also unter 10 % – zu ziehen. Im vorliegenden Beispiel wird eine Skala benutzt, die bei etwa 20 % endet.

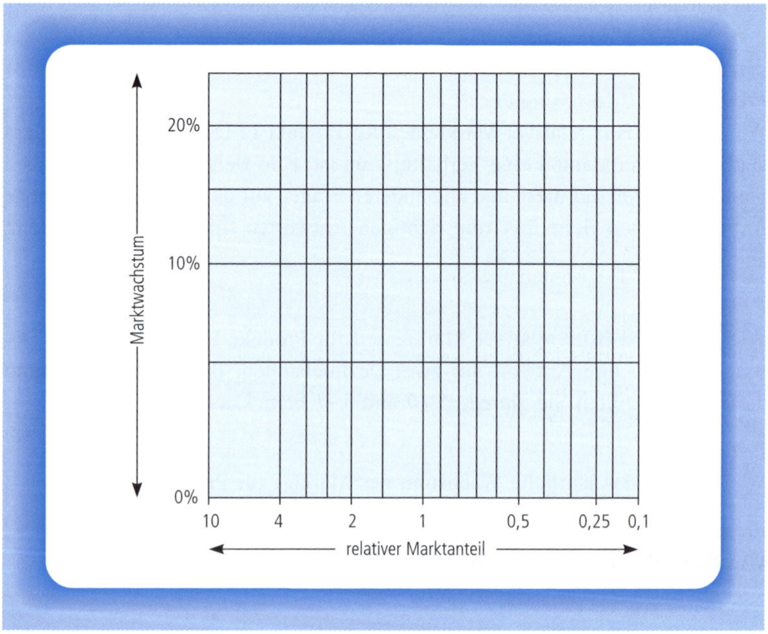

Abbildung 5.32
Boston-Matrix.

Positionieren Sie nun die Produkte 1 bis 7 anhand der Daten aus *Tabelle 5.7* auf den korrekten Koordinaten für relativen Marktanteil und Marktwachstum. Im späteren Verlauf dieser Übung steht Ihnen hierfür eine Matrix auf dem Antwortblatt zur Verfügung.

Frage 8
Der nächste Schritt ist die Umsetzung dieser Positionen in Kreise. Dies ist erforderlich, um die relative Bedeutung der in der Matrix erscheinenden Produkte für das Unternehmen darzustellen. Einige Kreise werden größer ausfallen als andere und so einen größeren Anteil am Umsatz anzeigen. Dies ist auch wichtig, um für jeden Kreis die Größe und seine wahrscheinliche Position in der Matrix in drei Jahren prognostizieren zu können. Beispielsweise könnte die Entwicklung von Position und Größe der Kreise bei gleichbleibender oder veränderter Unternehmenspolitik aufgezeigt werden.

In diesem Fall entspricht der Durchmesser jedes Kreises dem relativen Anteil jedes Produkts am Gesamtvolumen von IBL. Die Wahl der Skala liegt in Ihrem Ermessen. Üblicherweise hängt sie vom verwendeten Papierformat ab. Zum Beispiel könnten Sie Folgendes festlegen: 1 mm = 10 000 Einheiten. Dann ergibt sich für ein Produkt mit einem Absatz von 50 000 Einheiten ein Maß von 5 mm. Entsprechend wird bei jedem Produkt vorgegangen. Genau genommen müsste aus jedem einzelnen Absatzvolumen die Quadratwurzel gezogen werden, um den proportionalen Umfang jedes Kreises zu bestimmen. Der Einfachheit halber wurde jedoch die oben beschriebene Methode verwendet.

In *Abbildung 5.32* besteht die nächste Aufgabe in der Umwandlung der Positionen für die Produkte 1 bis 7 in Kreise, die die relative Absatzbedeutung jedes Produkts wiedergeben. Zunächst sollte aber unter Anwendung einer Skala von 1 mm × 100 Einheiten der korrekte Kreisdurchmesser für jedes der sieben Produkte errechnet und die Antworten auf dem hierfür vorgesehenen Arbeitsblatt 5 notiert werden. Zeichnen Sie anschließend unter Verwendung der oben errechneten Durchmesser Kreise in der Matrix ein.

Eine kurze Erläuterung der Prinzipien, die der Boston-Matrix zugrunde liegen, findet sich im Anhang 2 (Seite 266). Wenn Ihnen die Prinzipien der Boston-Matrix klar sind, können Sie die folgenden Fragen beantworten.

Frage 9
Verfügt IBL Ihrer Meinung nach momentan über ein gut ausgewogenes Produktportfolio? Begründen Sie Ihre Antwort.

Frage 10
Geben Sie die voraussichtliche Position von IBLs Produkt 1 im Jahr 3 an. Geben Sie den RMA an (einschließlich einer Dezimalstelle, z. B. 5,2:1). Geben Sie die Marktwachstumsrate in Prozentzahlen an.

Frage 11
Unter Verwendung einer Skala von 1 mm = 100 Einheiten Absatzvolumen, wie lautet der Kreisdurchmesser für IBLs Produkt 1 im Jahr 3? Geben Sie Ihre Antwort in Zahlen wieder, die auf die nächste ganze Zahl aufgerundet sind.

Frage 12
Stehen die Zeichen für die Zukunft gut, wenn man die prognostizierte Position von IBLs Produkt 1 mit der aktuellen Situation vergleicht? Begründen Sie Ihre Antwort.

Frage 13
Was passiert mit IBLs Hauptprodukt in der aktuellen Situation? Wählen Sie aus den nachfolgend aufgelisteten Optionen A bis D:

A Marktanteilverlust in einem rückläufigen Markt,
B Marktanteilsteigerung in einem wachsenden Markt,
C Marktanteilverlust in einem wachsenden Markt,
D Rentabilitätsverlust in einem stabilen Markt.

Frage 14
Welche Strategie sollte IBL für Produkt 1 verfolgen? Wählen Sie aus den nachfolgend aufgelisteten Optionen:

A Preis erhöhen, Werbung reduzieren,
B Preis senken, Werbung reduzieren,
C Preis beibehalten, Werbung reduzieren,
D Preis beibehalten, Werbung steigern,
E Preis senken, Werbung steigern,
F Preis erhöhen, Werbung steigern.

Frage 15
In dieser Situation wurde entschieden, den Marktanteil von Produkt 1 durch Investitionen in das Produkt aufrechtzuerhalten, um ein Wachstum entsprechend des prognostizierten Marktwachstums von 20, 22 und 25 % zu erreichen. In welche anderen Produkte aus der nachfolgenden Liste würden Sie investieren? Wählen Sie aus den Kombinationen A, B, C oder D:

A Produkte 2 und 5,
B Produkte 3 und 7,
C Produkte 3 und 6,
D Produkte 4 und 7.

Frage 16
Wählen Sie aus den Produkten 2 bis 7 eine Produktposition, die Ihnen erhaltenswert erscheint!

Frage 17
Für welche Produktkombinationen aus der nachfolgenden Liste bietet sich eventuell eine Strategie der Cash-Maximierung an?

A Produkte 5, 6 und 7,
B Produkte 3, 4 und 5,
C Produkte 4, 5 und 6,
D Produkte 4, 5 und 7.

Nach Abschluss dieser Fallstudie sollten Ihnen die Prinzipien und die Methodologie der Boston-Matrix nun in vollem Maße verständlich sein. Natürlich gibt es in Bezug auf Portfoliomanagement auch noch andere Ansätze. Bevor Sie diese berücksichtigen, sollten Sie zunächst unter Einsatz der in dieser Fallstudie erklärten Methode eine Boston-Matrix für die Produkte Ihres eigenen Unternehmens erstellen.

Es folgen nun einige praktische Vorschläge für die Erstellung Ihrer eigenen Boston-Matrix:

1. Beschränken Sie sich möglichst auf maximal zehn Produkte. Wählen Sie im Zweifelsfall die 20 % Ihrer Produkte, mit denen Sie den Großteil Ihres Umsatzes erzielen.
2. Sollten es dann noch immer zu viele sein, so versuchen Sie, Ihre Produkte zu Gruppen zusammenzufassen, bis Sie eine Zahl erreicht haben, die handhabbar ist.
3. Leitende Manager, die diese Zusatzübung durchführen, ziehen es eventuell vor, anstelle von Produkten Unternehmen, Abteilungen, Länder, Märkte oder strategische Geschäftseinheiten zu verwenden. All dies funktioniert ebenso gut.
4. Bei der Definition des „Marktanteils" ist große Sorgfalt geboten. Es sei daran erinnert, dass ein „Markt" auch alle anderen Marken umfasst, die die gleichen Bedürfnisse wie die eigene Marke befriedigen.
5. Prognostizieren Sie die Umsatzgröße und Position Ihrer Produkte, bezogen auf einen Zeitraum in drei Jahren.

Fragen Sie sich:

a) Handelt es sich um ein gut ausgewogenes Portfolio?
b) Verfolgen Sie für jedes Ihrer Produkte oder jeden Ihrer Geschäftsbereiche eine angemessene Strategie?

Arbeitsblatt 5 – Fallstudie IBL

Fallstudie (IBL)

Nachname

Vorname

Frage Nummer	Antwort
1	
2	
3	
4	Jahr 1… Jahr 2… Jahr 3…
5	
6	
7	

Produkt	RMA	MW
1		
2		
3		
4		
5		
6		
7		

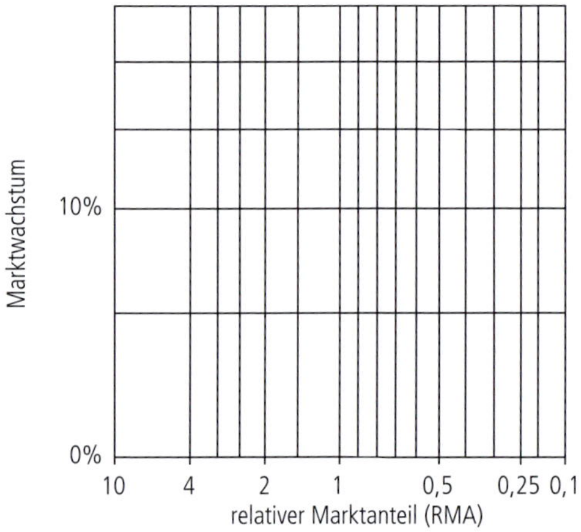

8

1

2

3

4

9

5

6

7

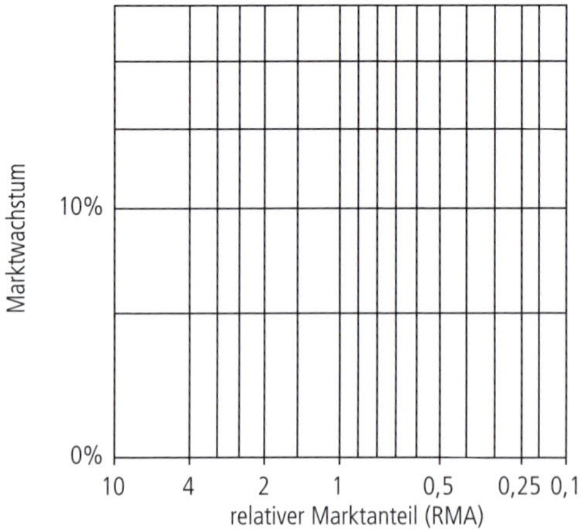

10

11

12

13

14

15

16

17

Anhang 1: Antworten zur IBL-Fallstudie

1. 1,5 : 1 (1 500 ÷ 1 000)
2. 1,16 : 1 (1 815 ÷ 1 562)
3. 20 %, 22 %, 25 % (aus *Tabelle 5.9*)
4. *Tabelle 5.7* ergab für Produkt 1 einen Absatz von 1 500.
   Tabelle 5.8 ergab 15 % als absoluten Marktanteil für IBL.
   Die Marktgröße für Jahr 1 lautet:

$$\frac{1\,500}{1} \times \frac{100}{15} = 10\,000$$

   Die Marktgröße für Jahr 3 lässt sich den Prozentzahlen aus *Tabelle 5.9* entnehmen.
   Also: 10 000 × 22 % × 25 % = 15 250
5. 12 % aus *Tabelle 5.9*, Jahr 3 (1 815), geteilt durch die Antwort auf Frage 4 (15 250) = 11,9
6. Hoch. In jedem der drei Jahre liegt die prognostizierte Marktwachstumsrate über 10 % (20 %, 22 %, 25 %).
7. RMA MW
   a) 1,5:1 20 %
   b) 2:1 9 %
   c) 0,9:1 12 %
   d) 0,6 :1 10 %
   e) 0,5:1 5 %
   f) 0,2:1 3 %
   g) 0,1:1 22 %

Abbildung 5.33 zeigt die Koordinaten in der Boston-Matrix.

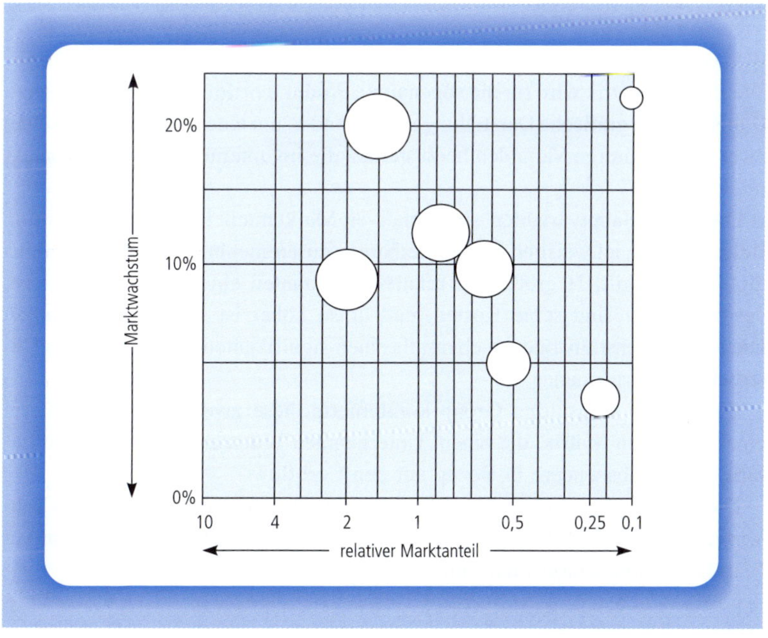

Abbildung 5.33
Koordinaten für Marktanteil und Marktwachstum.

8. a) 15 mm
   b) 13 mm
   c) 10 mm
   d) 10 mm
   e) 9 mm
   f) 8 mm
   g) 5 mm
9. Ja. Es gibt eine bedeutsame „Cash Cow“. Das „Cash Cow“-Produkt 1 ist Marktführer in einem schnell wachsenden Markt. Produkt 3 ist beinahe Marktführer in einem schnell wachsenden Markt. Produkt 7 ist ein „Question Mark“. Produkte 4, 5, und 6 sind „Dogs“, doch dies stellt kein Problem dar, solange die Produkte 2, 3 und 7 entsprechend gesteuert werden.
10. 1 16:1; 25 %
11. 1 815; 18
12. Nein. IBLs Hauptprodukt verliert Marktanteil in einem wachsenden Markt.
13. C ist die beste Antwort, aber nicht die einzige. Es könnte sich empfehlen, andere Faktoren einschließlich Unternehmenspolitik zu berücksichtigen, zum Beispiel Verbesserung des Produkts.
14. D
15. B
16. 2
17. C

Anhang 2: Die Prinzipien der Boston-Matrix

Die Prinzipien der Boston-Matrix lassen sich auf reale Geschäftssituationen anwenden, um eine bessere Planung der Geschäftsaktivitäten und Entscheidungsfindung in den Fällen zu ermöglichen, in denen ein Unternehmen mehrere Produkte anbietet.

Was ist die Boston-Matrix?

Die Boston-Matrix wird für die sogenannte Produktportfolioplanung eingesetzt. Dabei werden grafische Darstellungen verwendet, um eine Beziehung zwischen zwei oder mehreren Variablen herzustellen, die im unternehmerischen Kontext relevant sind.

Die zwei Hauptvariablen sind relativer Marktanteil und Marktwachstum. Beide stehen nachweislich in unmittelbarem Zusammenhang mit der Rentabilität. Generell gilt: Je größer der relative Marktanteil eines Unternehmens ist, desto geringer sind seine Kosten, und umso höher ist seine Kapitalrendite. Die Marktwachstumsrate hat ebenfalls einen signifikanten Einfluss auf die Unternehmensperformance.

Die Boston Consulting Group kombinierte diese zwei Variablen in Form einer einfachen Matrix, die einem Unternehmen bedeutende Erkenntnisse liefern kann, insbesondere in Bezug auf den Cashflow.

Die Boston-Matrix klassifiziert die Produkte eines Unternehmens nach Cash-Verbrauch und Cash-Generierung entlang der beiden Dimensionen relativer Marktanteil und Marktwachstum.

Warum wird eine Matrix anstelle einer Zahlentabelle verwendet?
Die Boston-Matrix ermöglicht eine überblicksartige grafische Darstellung der Positionen mehrerer Produkte in Bezug auf relativen Marktanteil und Marktwachstum. Dargestellt in einer Matrix sind die Beziehungen zwischen mehreren verschiedenartigen Produkten für den Manager leichter zu erkennen. Zudem ist die Matrix ein sehr aussagekräftiges Präsentationstool für Planungszwecke.

Wie wird die Boston-Matrix eingesetzt?
Unterschiedliche Produkte erfordern ein Management, das ihren unterschiedlichen Geschäftsumfeldern und ihren jeweiligen Stärken und Schwächen Rechnung trägt. Starke und rentable Produkte müssen unterstützt werden. Es ist notwendig, in neue Produkte zu investieren, da vorhandene Produkte irgendwann in die Stadien der Reife und des Rückgangs übergehen.

Die Boston-Matrix ist ein aussagekräftiges Instrument zur Beurteilung der Position eines Unternehmens in Bezug auf sein Produktportfolio. Schließlich ermöglicht sie die Entwicklung angemessener Strategien für jedes Produkt, um ein kontinuierliches Umsatz- und Gewinnwachstum zu gewährleisten.

Einige Beispiele für die Verwendung der Boston-Matrix
Die Boston Consulting Group wählte bildhafte Bezeichnungen für die vier Produktkategorien der Matrix, um Hinweise auf die jeweiligen Zukunftsaussichten der Produkte in den Quadranten zu liefern:

- Stars,
- Cash Cows,
- Question Marks,
- Dogs.

„Cash Cows“ sind in Märkten führend, in denen nur geringes zusätzliches Wachstum zu verzeichnen ist. Sie sind exzellente Cash-Generatoren und benötigen selbst nur wenig Cash. „Stars“ sind in Märkten mit hohem Wachstum führend. Sie generieren meist viel Cash, verbrauchen aber auch viel aufgrund der Charakteristika eines Wachstumsmarktes. „Fragezeichen“ haben noch keine dominante Marktposition erreicht und generieren daher nicht viel Cash. Aufgrund der Positionierung in Wachstumsmärkten haben sie jedoch möglicherweise einen hohen Cash-Verbrauch. „Dogs“ haben kaum Zukunftsperspektiven und belasten ein Unternehmen oft durch sehr hohen Cash-Verbrauch.

Das Management eines Portfolios erweist sich also als wahre Kunst. Der durch „Cash Cows“ generierte Cash-Überschuss sollte in „Stars“ und ausgewählte „Question Marks“ investiert werden.

Abbildung 5.34 zeigt ein gut ausgewogenes Produktportfolio. Es gibt eine sehr große „Cash Cow“, zwei ansehnliche „Stars“ und drei Newcomer-Produkte in Märkten mit hohem Wachstum. Es gibt nur zwei kleine „Dogs“.

Abbildung 5.35 zeigt ein schlecht ausgewogenes Produktportfolio. Das Unternehmen verfügt über keine einzige „Cash Cow“. Es existiert nur ein kleiner „Star“. Es gibt drei „Question Marks“ und drei „Dogs“, von denen einer eine ansehnliche Größe aufweist. Vermutlich hat dieses Unternehmen Probleme mit dem Cashflow.

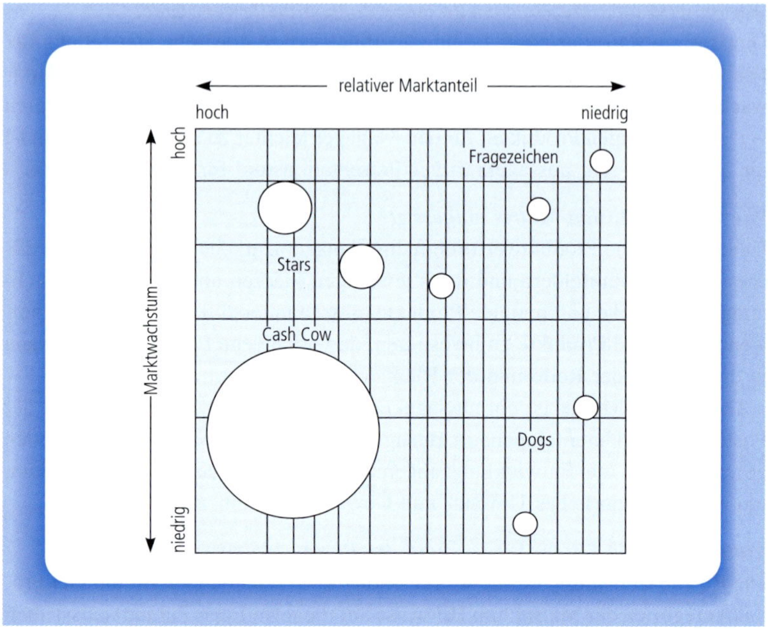

Abbildung 5.34
Gut ausgewogenes Produktportfolio.

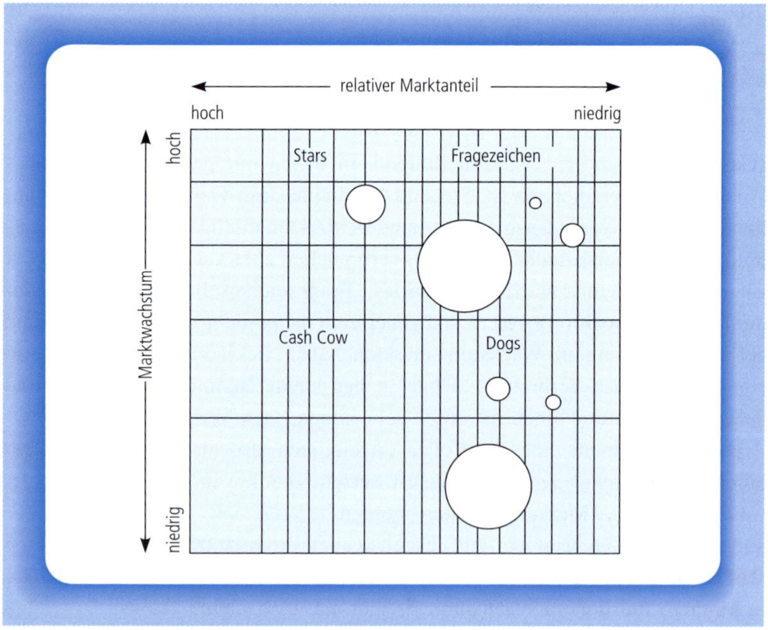

Abbildung 5.35
Schlecht ausgewogenes Produktportfolio.

Abbildung 5.36 zeigt ebenfalls ein schlecht ausgewogenes Produktportfolio. Dieses Unternehmen verfügt vermutlich über einen hohen Cash-Bestand dank dreier ansehnlicher „Cash Cows". Doch gibt es deutliche Anzeichen von Bedrohungen. Es sind keine neuen Produkte in Sicht, welche an die Stelle der „Cash Cows" treten könnten, wenn diese in die Phase des Rückgangs eintreten.

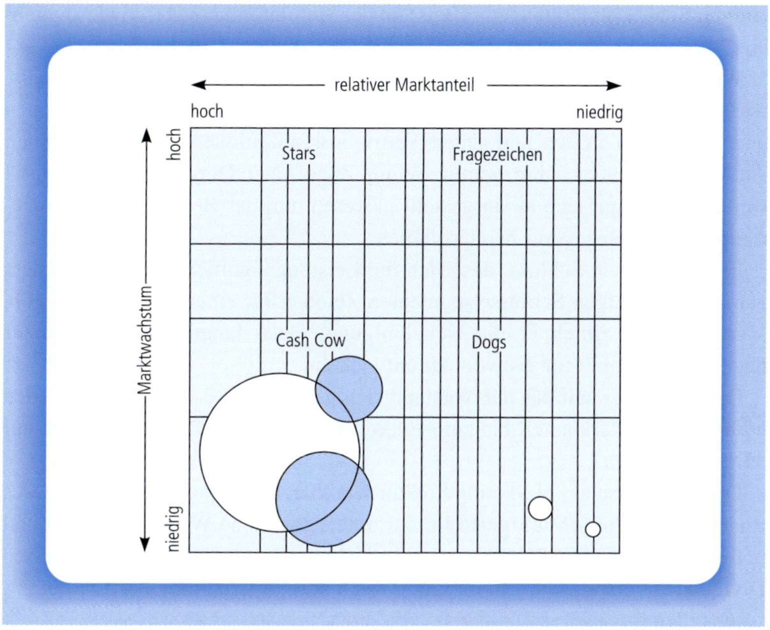

Abbildung 5.36
Schlecht ausgewogenes Produktportfolio.

Übung 5.4 International Bearings Ltd – Fallstudie zur Portfolio-Analyse

IBL erzielt seinen Umsatz größtenteils mit einem Portfolio, das Lagerelemente und Drehverbindungen umfasst. Diese Produkte werden in unterschiedlichen europäischen Konsumgütermärkten vertrieben, in denen IBL einen sehr hohen Marktanteil hält und etabliert ist. IBL produziert an fünf Standorten, wobei an jedem nur ein Teil der Produktpalette hergestellt wird, um die Produktionskosten zu optimieren.

Jedes Land verfügt über eine eigene Vertriebsorganisation, die die gesamte Produktpalette vermarktet. Diese nationalen Organisationen haben zwei Vertriebsbereiche, wobei der erste Originalgerätehersteller (OEMs) betreut und der zweite über unabhängige Händler den Ersatzteilmarkt bedient, mit Ausnahme von Großkunden, die direkt betreut werden.

Es gibt eine europäische Marketingorganisation, die für Strategien in den Bereichen Sortimentsentwicklung, Preisbildung, Unternehmenskommunikation usw. zuständig ist. Unterhalb der Ebene des europäischen Marketingdirektors teilt sich die Zuständigkeit auf einzelne Marktbereichsmanager auf (z. B. Automobilbranche, Elektromechanik etc.), die Strategien für ihre eigenen Segmente entwickeln. Die europäische Marketingorganisation untersteht dem Marketingdirektor Europa ebenso wie die General Manager der Länder, denen wiederum die Vertriebsorganisationen der Länder unterstehen.

Anfang 2004 wurde ein neuer Marketingdirektor für Europa eingesetzt. Seine erste Aufgabe bestand in der Entwicklung eines strategischen Marketingplanes. Nach einer detaillierten Untersuchung der vergangenen und gegenwärtigen Performance kam er zu der Feststellung, dass sich der europäische Marktanteil ungeachtet seines historischen Erfolgs aktuell um den Bereich von 28 % bewegte und dass die Gewinne zwar zufriedenstellend ausfielen, jedoch in weiten Bereichen stagnierten. Diese Ergebnisse waren auf mangelndes Wachstum in einigen Schlüsselmärkten, zum Beispiel der Automobilbranche, sowie steigenden Wettbewerb vor allem durch japanische Anbieter zurückzuführen.

Wie er auf einer Reise durch Europa feststellte, war eine der Hauptauswirkungen dieses Markt- und Wettbewerbsdrucks das Fehlen von Visionen und Motivation in den nationalen Vertriebsorganisationen. Ende der 1980er, Anfang der 1990er Jahre waren sie im Zuge einer Dezentralisationspolitik weitestgehend auf sich allein gestellt gewesen, um das Beste aus der schwierigen Zeit der Rezession herauszuholen.

Er kam zu dem Schluss, dass sich die Leistung signifikant verbessern ließ, zumal es in einigen Schlüsselsegmenten Zeichen für einen Aufschwung gab. Vom Vorstand erhielt er die Genehmigung, einen langfristigen Plan unter dem Motto „Going for growth" zu entwickeln.

Das Hauptziel, auf das der Vorstand sich geeinigt hatte, bestand darin, „den europäischen Marktanteil bis zum Ende der dreijährigen Planungsperiode auf 35 % zu steigern".

Dem europäischen Marketingdirektor war klar, dass er zum Erreichen dieses Zieles das Produkt-/Marktportfolio auf unterschiedliche Weise betrachten und realistische Strategien für diejenigen Bereiche festlegen musste, die am ehesten Dividenden versprachen. Zu diesem Zweck beschloss er, eine Portfoliomatrix zu erstellen.

Bei der schrittweisen Durcharbeitung dieser Fallstudie werden Sie sehen, wie er diese Aufgabe löste. Sie werden Einblick in die Berechnungen und in die Überlegungen erhalten, auf denen seine Entscheidungen basierten.

Der Marketingdirektor beauftragte zunächst seinen Marktforschungsleiter, auf Grundlage des gegenwärtigen Lagerelementgeschäfts Kategorien zur Branchenklassifikation auszuwählen, um diejenigen Segmente zu bestimmen, die sich am besten für Investitionen eigneten. Die Regierungen der meisten Länder verfügen über Statistiken auf Basis von Standardsystemen zur Branchenklassifizierung. Die Standardsysteme zur Branchenklassifizierung sind in den meisten Ländern der Welt ähnlich, um Vergleiche und Querverweise zu ermöglichen.

Der Marktforschungsleiter lieferte die Informationen in *Tabelle 5.12.*

Tab. 5.12 Marktforschungsinformationen zur Branchenattraktivität

Kategorie der Branchenklassifizierung	Marktvolumen (Britische Pfund)	Wachstum (%)	Wettbewerbsintensität	Rentabilität (%)	Anfälligkeit
1. fleischverarbeitende Industrie	20	12	niedrig	17	niedrig
2. Automobilindustrie	200	2	hoch	<10	hoch
3. Kommunalverwaltung	20	4	hoch	<10	hoch
4. lebensmittelverarbeitende Industrie	40	10	mittel	16	mittel
5. Forstwirtschaft	20	11	niedrig	20	mittel
6. Elektroindustrie	100	0	hoch	<10	hoch
7. Landwirtschaft	40	2	mittel	<10	hoch
8. chemische Industrie	15	15	niedrig	16	niedrig

Der erste Schritt besteht in der Anwendung der Informationen aus *Tabelle 5.12* und in der Festlegung der Positionen auf der Vertikalachse „Marktattraktivität“ in der Portfoliomatrix. Zunächst müssen jedoch einige Kriterien in Bezug darauf festgelegt werden, was für IBL einen attraktiver Markt darstellt. Diese Kriterien müssen dann hinsichtlich ihrer relativen Bedeutung gewichtet werden.

Die genaue Vorgehensweise erfolgt nach Einschätzung des Managements. Dabei sollten stets drei goldene Regeln befolgt werden:

1. Führen Sie diesen Schritt nie im Alleingang durch.
2. Stellen Sie sicher, dass Ihre wichtigsten Kollegen in Bezug auf die zu verwendenden Kriterien und Gewichtungen einer Meinung sind.
3. Falls quantitative Informationen wie zum Beispiel Marktforschungsdaten verfügbar sind, sollten diese stets Vorrang vor persönlichen Meinungen haben, egal wie fundiert diese Meinungen auch sein mögen.

Unter Berücksichtigung dieser Regeln versammelte der europäische Marketingdirektor sein Marketingteam. Es lieferte ihm die Informationen in *Tabelle 5.13*. Mit diesen neu gewonnenen Informationen konnte der Marketingdirektor nun dazu übergehen, die Marktattraktivität der Branchen zu „bewerten“.

Anhand von *Tabelle 5.12* ist erkennbar, dass das Marktvolumen für die fleischverarbeitende Industrie sich auf 20 Mio. £ beläuft. Aus *Tabelle 5.13* wird ersichtlich, dass jede Kategorie <33 Mio. £ mit 1 bis 2 Punkten und mit einer Gewichtung von 15 bewertet wird. In diesem Falle kann also ein Punktwert von 1 gegeben werden. Dieser wird dann mit der Gewichtung von 15 % multipliziert, sodass sich 0,15 ergibt. Hieran wird deutlich, dass Sie genau überlegen sollten, ob Sie einen Wert von 1 oder 2 vergeben (oder einen Wert dazwischen).

Das bedeutet natürlich, dass es eine ganze Reihe möglicher Alternativen gibt. In diesem Fall könnte die Spanne zwischen 0,15 und 0,3 liegen.

Berücksichtigen Sie dies und versuchen Sie nun, anhand von *Tabelle 5.14* die Marktattraktivität der fleischverarbeitenden Industrie zu bewerten. Sie können

Tab. 5.13 Kriterien der Branchenattraktivität

Faktor	Bewertungsskala (Punktwerte)*			Gewichtung (%)**
	10–7	6–3	2–1	
1 Marktvolumen (Mio.)	>100	33–100	<33	15
2 Volumenwachstum (Einheiten)	>10 %	5–10 %	<5 %	25
3 Wettbewerbsintensität	niedrig	mittel	hoch	15
4 Rentabilität	>15 %	10–15 %	<10 %	30
5 Anfälligkeit	niedrig	mittel	hoch	15

* Die genaue Bewertung erfolgt nach Einschätzung des Managements.

** Die Faktorgewichtungen erfolgen ebenfalls nach Einschätzung des Managements.

Tab. 5.14 Attraktivität der fleischverarbeitenden Industrie

	Bewertung (Punktwert)	Gewichtung (%)	gesamt
Marktvolumen	1	× 15	= 0,15
Wachstum	–	× 25	= ________
Wettbewerbs-intensität	–	× 15	= ________
Rentabilität	–	× 30	= ________
Anfälligkeit	–	× 15	= ________
		GESAMT	________

Tab. 5.15 Attraktivität der fleischverarbeitenden Industrie

	Bewertung	Gewichtung (%)	gesamt	
Marktvolumen	1	× 15	= 0,15	
Wachstum	(7 – 10)	× 25	=	(1,75 – 2,5)
Wettbewerbs-intensität	(7 – 10)	× 15	=	(2,10 – 3,0)
Rentabilität	(7 – 10)	× 30	=	(1,05 – 1,5)
Anfälligkeit	(7 – 10)	× 15	=	(1,05 – 1,5)
			GESAMT	(6,10 – 8,65)

die Richtigkeit Ihrer Antwort durch einen Blick auf *Tabelle 5.15* überprüfen und Ihr Ergebnis mit dem des Unternehmens vergleichen.

Sie werden feststellen, dass alle verbleibenden Attraktivitätsfaktoren hoch ausfielen und jeder einen Wert zwischen 7 und 10 erhielt. Abhängig von den tatsächlich vergebenen Punktwerten könnte das Gesamtergebnis nach Multiplikation mit dem Gewichtungsfaktor innerhalb der Spanne liegen, die in *Tabelle 5.15* in Klammern angezeigt ist.

Es ist wichtig, dass Sie sich im Klaren darüber sind, wie der Gesamtwert der Marktattraktivität berechnet wird. Wenn Sie sich nochmals darin üben wollen, versuchen Sie, einen Gesamtwert für die Automobilindustrie zu ermitteln. Alle dazu erforderlichen Informationen finden Sie in *Tabelle 5.12* und 5.13.

Tab. 5.16 Attraktivität der Automobilindustrie

	Bewertung	Gewichtung (%)	gesamt
Marktvolumen		× 15	=
Wachstum	–	× 25	= ________
Wettbewerbs-intensität	–	× 15	= ________
Rentabilität	–	× 30	= ________
Anfälligkeit	–	× 15	= ________
		GESAMT	________

Tab. 5.17 Attraktivität der Automobilindustrie

	Bewertung	Gewichtung (%)	gesamt	
Marktvolumen	(7–10)	× 15	=	(1,05–1,5)
Wachstum	(1–2)	× 25	=	(0,25–0,5)
Wettbewerbs-intensität	(1–2)	× 15	=	(0,15–0,3)
Rentabilität	(1–2)	× 30	=	(0,30–0,6)
Anfälligkeit	(1–2)	× 15	=	(0,15–0,3)
			GESAMT	(1,90–3,2)

Das Ergebnis zu *Tabelle 5.16* ist in *Tabelle 5.17* enthalten. Auch hier werden Sie feststellen, dass die Bewertung sehr sorgfältig erfolgen muss.

Diese beiden Beispiele geben Ihnen eine Vorstellung davon, wie die Zahlen für Marktattraktivität ermittelt werden.

Für diese Fallstudie ergeben sich die unten angegebenen Zahlen:

1.	fleischverarbeitende Industrie	8,65
2.	Automobilindustrie	2,35
3.	Kommunalverwaltung	1,25
4.	lebensmittelverarbeitende Industrie	7,45
5.	Forstwirtschaft	8,05
6.	Elektroindustrie	2,35
7.	Landwirtschaft	2,40
8.	chemische Industrie	8,65

Im Folgenden wird betrachtet, welche Berechnungen durchgeführt werden, um die relativen Positionen dieser Märkte (Branchen) auf der Horizontalachse, das heißt bezüglich der *Unternehmensstärken,* festzulegen.

Hierfür stehen zwei weitere Tabellen zur Verfügung, ähnlich *Tabelle 5.12* und *5.13*. Die erste, *Tabelle 5.18*, zeigt Faktoren, Bewertungsskala und Gewichtungen. Die nächste, *Tabelle 5.19*, zeigt, wie das Marketingteam die Wettbewerbsstärken (Wettbewerbsposition) des Unternehmens in jeder Branche einschätzt.

Tab. 5.18 Kriterien der Wettbewerbsposition

Faktor	Bewertungsskala*			Gewichtung (%)**
	10–7	6–3	2–1	
1. Produktvorteil	hoch	mittel	niedrig	25
2. Image	hervorragend	durchschnittlich	schwach	50
3. Technische Unterstützung	hoch	mittel	niedrig	25

* Die genaue Bewertung erfolgt nach Einschätzung des Managements.

** Die Faktorgewichtungen erfolgen ebenfalls nach Einschätzung des Managements.

Tab. 5.19 Einschätzung der Wettbewerbspositionen durch das Marketingteam

Kategorie der Branchenklassifizierung	Produktvorteil	Image	technische Unterstützung
1. fleischverarbeitende Industrie	hoch	hervorragend	hoch
2. Automobilindustrie	niedrig	hervorragend	hoch
3. Kommunalverwaltung	niedrig	schwach	mittel
4. lebensmittelverarbeitende Industrie	hoch	hervorragend	hoch
5. Forstwirtschaft	niedrig	schwach	niedrig
6. Elektroindustrie	niedrig	schwach	niedrig
7. Landwirtschaft	hoch	hervorragend	mittel
8. chemische Industrie	niedrig	schwach	mittel

Beachten Sie, dass auch hier die drei goldenen Regeln gelten:

1. Wichtige Kollegen sollten einer Meinung sein.
2. Führen Sie diesen Schritt nicht im Alleingang durch.
3. Bedienen Sie sich, wann immer verfügbar, quantitativer Techniken zur Festlegung der Punktwerte.

Natürlich gibt es eine ganze Reihe von Faktoren, die als Geschäftsstärken betrachtet werden können. Im Beispiel von IBL berücksichtigte der Marketingdirektor jedoch lediglich die drei Schlüsselfaktoren, die in *Tabelle 5.18* angegeben sind, um die Geschäftsstärken in jedem der acht Märkte zu beurteilen.

In *Tabelle 5.19* werden die Faktoren verwendet, um die relative Wettbewerbsposition des Unternehmens einzuschätzen. Die Informationsübertragung aus *Tabelle 5.18* und *5.19* verläuft analog zu der zuvor durchgeführten Übung mit den *Tabellen 5.12* und *5.13*.

Dies soll am Beispiel der fleischverarbeitenden Industrie verdeutlicht werden. In *Tabelle 5.19* ist der Produktvorteil hoch. Laut *Tabelle 5.18* kann eine hohe Bewertung zwischen 7 und 10 Punkten erfolgen, bei einer Gewichtung von 25 %. Wenn der Punktwert 9 für den Produktvorteil gewählt wird, so ergibt sich aus der Multiplikation dieser Zahl mit der Gewichtung von 25 % ein Punktwert von 2,25. *Tabelle 5.20* zeigt, wie die Bewertung vervollständigt werden könnte und welche mögliche Spanne das Endergebnis aufweist.

Zu Übungszwecken können Sie eine Bewertung für die Automobilindustrie erarbeiten (*Tabelle 5.21*). Das Ergebnis findet sich in *Tabelle 5.22*.

Tab. 5.20 Wettbewerbsposition der fleischverarbeitenden Industrie

	Bewertung	Gewichtung (%)	gesamt	
Produktvorteil	9	× 25	=	2,25
Image	(7 – 10)	× 50	=	(3,5 – 5,0)
technische Unterstützung	(7 – 10)	× 25	=	(1,75 – 2,5)
			GESAMT	(7,0 – 10)

Tab. 5.21 Wettbewerbsposition der Automobilindustrie

	Bewertung	Gewichtung (%)	gesamt
Produktvorteil	–	× 25	=
Image	–	× 50	=
technische Unterstützung	–	× 25	=
		GESAMT	

Mithilfe dieses Verfahrens kam der Marketingdirektor für die acht Branchen zu folgender Einschätzung der Wettbewerbsposition:

1. fleischverarbeitende Industrie	8,75
2. Automobilindustrie	7,75
3. Kommunalverwaltung	2,0
4. lebensmittelverarbeitende Industrie	10,0
5. Forstwirtschaft	1,0
6. Elektroindustrie	1,0
7. Landwirtschaft	9,0
8. chemische Industrie	2,25

Tab. 5.22: Wettbewerbsposition der Automobilindustrie

	Bewertung	Gewichtung (%)	gesamt	
Produktvorteil	(1 – 2)	× 25	=	(0,25 – 0,50)
Image	(7 – 10)	× 50	=	(3,5 – 5,0)
technische Unterstützung	(7 – 10)	× 25	=	(1,75 – 2,5)
			GESAMT	(5,5 – 8)

Nun war er in der Lage, die unterschiedlichen Märkte in der Portfoliomatrix zu positionieren. Aufgrund der Art und Weise, wie Bewertung und Gewichtung festgelegt wurden – das heißt ein Maximalwert von 10 Punkten und eine Höchstgewichtung von 100 % –, liegt das höchstmögliche Gesamtergebnis bei 10. Deshalb kann eine Matrix entworfen werden, deren Seiten jeweils eine Länge von 10 Einheiten aufweisen. Aufgrund dieses Bewertungssystems stellt 5 somit einen echten Mittelwert dar in dem Sinne, dass Punktwerte oberhalb dieser Zahl „attraktiver" beziehungsweise „größere Stärken" bedeuten, wohingegen Punktwerte unterhalb von 5 relativ betrachtet die schlechteren Positionen ausweisen.

Die Zahlen an den Schnittpunkten beziehen sich auf die oben aufgeführten Branchen (Märkte). So steht 1 für die fleischverarbeitende Industrie, 2 für die Automobilindustrie usw. (*Abbildung 5.37*).

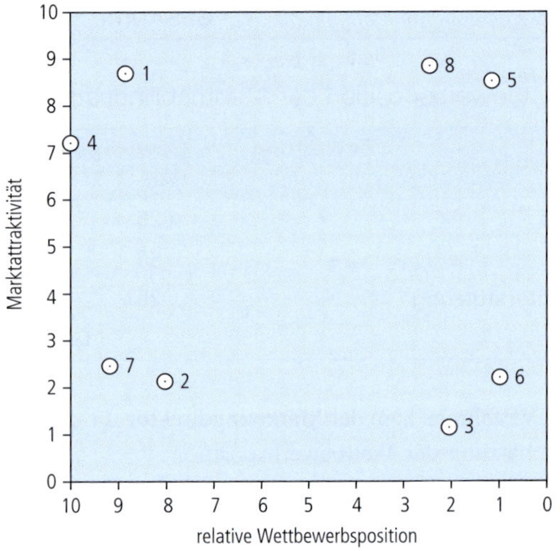

Abbildung 5.37
Portfoliomatrix für die acht Branchen.

Die Portfoliomatrix ist nun fast vollständig. Nun muss nur noch das Absatzvolumen für die Märkte dargestellt werden. Dies erfolgt durch das Zeichnen eines Kreises, der proportional zum Absatzvolumen jedes der eingezeichneten Märkte sein muss.

Oft gelingt es nur durch mehrmaliges Ausprobieren, die richtige Basis zum Zeichnen dieser Kreise zu schaffen. Wenn zum Beispiel das höchste Volumen bei 1 500 und das niedrigste bei 300 läge, könnten Sie festlegen, dass 100 Einheiten einem Durchmesser von 3 mm entsprechen. Folglich wird 1 500 angezeigt als 15 Einheiten × 3 = 45 mm und 300 als 3 Einheiten × 3 = 9 mm. Sollte diese Einteilung zu klein oder groß erscheinen, passen Sie das Diagramm an.

Nachfolgend sind die Absatzvolumina jeder Branche aufgelistet:

Branche	*Absatzvolumen*
1. fleischverarbeitende Industrie	1 500
2. Automobilindustrie	1 300
3. Kommunalverwaltung	1 000
4. lebensmittelverarbeitende Industrie	900
5. Forstwirtschaft	800
6. Elektroindustrie	700
7. Landwirtschaft	500
8. chemische Industrie	300

Wenn das Beispiel mit 100 Einheiten × 3 mm Durchmesser fortgeführt wird, erhält man für jede Branche die folgenden repräsentativen Absatzvolumina:

Branche	*Absatzvolumen*	*Durchmesser*
1. fleischverarbeitende Industrie	1 500	45
2. Automobilindustrie	1 300	39
3. Kommunalverwaltung	1 000	30
4. lebensmittelverarbeitende Industrie	900	27
5. Forstwirtschaft	800	24
6. Elektroindustrie	700	21
7. Landwirtschaft	500	15
8. chemische Industrie	300	9

Abbildung 5.38 zeigt die Punkte, die jede Branche (Markt) repräsentieren, an den korrekten Positionen innerhalb der Matrix.

Diese Form der Darstellung ist hinsichtlich Klarheit und Wirkung besser als die Datenpräsentation in *Tabelle 5.12, 5.13, 5.18* und *5.19*. Sie zeigt auf einen Blick deutlich

- die relative Bedeutung jedes Marktes für das Unternehmen,
- die relative Attraktivität jedes Marktes,
- die relative Wettbewerbsposition in jedem Markt.

Die Quadranten können mit den gleichen Bezeichnungen versehen werden wie in der Boston-Matrix. Es ist jedoch nicht notwendig, den Feldern überhaupt Namen zu geben. Die Bezeichnungen der Boston-Matrix werden hier nur verwendet, da Sie Ihnen inzwischen schon vertraut sind.

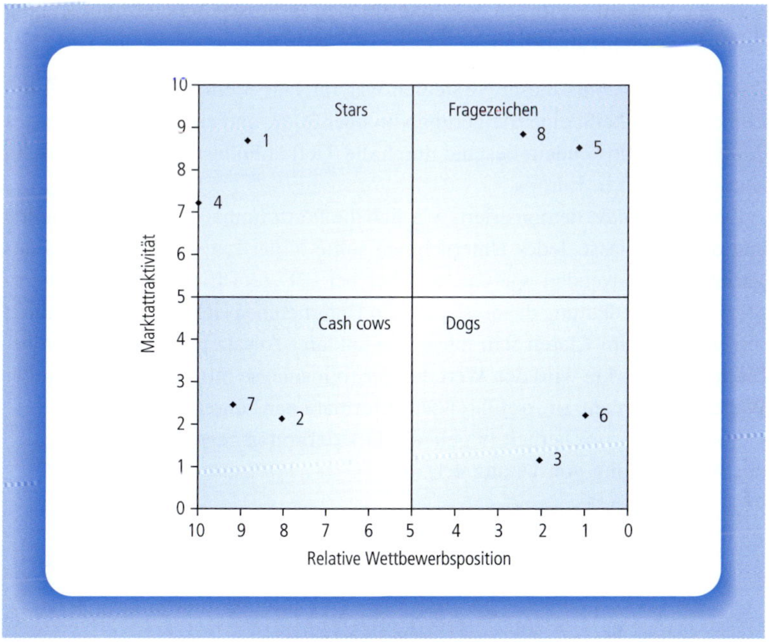

Abbildung 5.38
Endgültige Portfoliomatrix.

Wenn Sie in der Position des Marketingdirektors wären, welche Strategien und Ziele würden Sie unter Berücksichtigung der vorangegangenen Informationen für die Märkte festlegen?

Schreiben Sie Ihre Vorschläge auf ein gesondertes Blatt. Wenn Sie diese Aufgabe erfüllt haben, können Sie Ihre Antworten mit den Antworten des Marketingdirektors vergleichen, die nachfolgend aufgeführt sind.

Im Folgenden sehen Sie, wie der Marketingdirektor von IBL die Portfolioanalyse einsetzte, um zu Zielen und Strategien für jeden Markt zu gelangen:

1. Er konzentrierte sich darauf, die beiden sehr attraktiven Segmente der fleisch- und lebensmittelverarbeitenden Industrie zu vergrößern, da die Position hierfür günstig war und er dadurch eine Wertsteigerung erreichen konnte. In den folgenden drei Jahren stockte er diese Segmente um 2000 weitere sehr rentable Einheiten auf.
2. Automobilindustrie und Landwirtschaft wurden im Bedarfsfall durch eine aggressive Preispolitik gestützt, um das Geschäft zu halten; zugleich wurden die Kosten erheblich gesenkt. In diesen Branchen gelang ihm im Laufe der nächsten drei Jahre eine Steigerung des Absatzes von 1000 auf 2000 Einheiten. Zwar waren die Gewinnspannen niedrig, die Kosten jedoch ebenso.
3. Er tätigte einige Investitionen, um die Position des Unternehmens im Segment der chemischen Industrie zu verbessern, und finanzierte dies durch Entnahme von Mitteln aus dem forstwirtschaftlichen Segment. Hier steigerte er das Volumen von 300 auf 700 Einheiten.
4. Er investierte weder in die Kommunalverwaltung noch in die Elektroindustrie. Doch obwohl er Marktanteil verlor, da das Volumen von 1700 auf 1300 sank, konnte er einen Teil der Erlöse in die Entwicklung von Lagerelementen für die aufstrebende Tiefkühlindustrie investieren, die hohe Gewinnspannen für die Zukunft versprach, die Investitionen in Forschung und Entwicklung (F&E) ermöglichten.

Das Gesamtergebnis dieser Strategien war im Jahr 3 ein Volumen von 9400 Einheiten, das heißt eine Steigerung von über 30 %, und ein gut ausgewogenes Produktportfolio. Zudem bestand durch die Tiefkühlindustrie Aussicht auf ein neues Geschäft in Europa.

Diese Fallstudie demonstriert, wie sich die Portfoliomatrix effizient erstellen und einsetzen lässt. Jedes Unternehmen sollte in der Lage sein, ein ähnliches Verfahren anzuwenden wie das, welches bei IBL zum Einsatz kam. Von entscheidender Bedeutung dabei ist, dass ein Unternehmen sich über die Definition seiner Märkte im Klaren sein muss. Ein unklarer Ansatz in Bezug auf die Definition der Märkte wird den Wert der Portfolioanalyse mindern und mit großer Wahrscheinlichkeit zu irreführenden Informationen führen.

Sollte noch Unsicherheit in puncto Marktdefinition bestehen, empfiehlt sich die Wiederholung von Übung 4.1.

Übung 5.5
Die Anwendung der Portfolioanalyse auf Ihr eigenes Unternehmen

Folgen Sie diesen Empfehlungen:

1. Wählen Sie ein Produkt (oder eine Produktgruppe), welches von vielen Märkten (oder Segmenten) gekauft wird.
2. Listen Sie nicht mehr als acht dieser Märkte (oder Segmente) auf.
3. Entwickeln Sie eine Reihe von Kriterien zur Beurteilung von
   - Marktattraktivität,
   - Ihrer Wettbewerbsposition in diesen Märkten.
4. Entwickeln Sie ein Bewertungs- und Gewichtungssystem für diese Kriterien.
5. Bewerten Sie die gewählten Märkte anhand dieser Kriterien.
6. Positionieren Sie jeden dieser Märkte in Form eines Punktes in der Vier-Felder-Portfoliomatrix.
7. Verwenden Sie eine Skala Ihrer Wahl und zeichnen Sie den Kreisdurchmesser proportional zum aktuellen Umsatz.
8. Kommentieren Sie das gegenwärtige Portfolio.
9. Geben Sie ungefähre Größe und Position an, die jeder Kreis in drei Jahren erreicht haben soll.
10. Stellen Sie (kurz) dar, welche Strategien Sie verfolgen würden, um diese Ziele zu erreichen.

6 | Die Festlegung von Marketingzielen und -strategien

- Was sind Marketingziele?
- Der Zusammenhang zwischen Marketingzielen und Unternehmenszielen
- Die Festlegung von Zielvorgaben
- Was sind Wettbewerbsstrategien?
- Die Nutzung von Wettbewerbsstrategien zur Schaffung eines Wettbewerbsvorteils
- „Gap-Analyse“ als Startpunkt des Marketingplanungsprozesses
- Die Produktentwicklung als Wachstumsstrategie
- Was sind Marketingstrategien?
- Die Festlegung von Marketingstrategien als dem wichtigsten Schritt des Marketingplanungsprozesses
- Übungen zur Umsetzung der Theorie in die Praxis

Einführung

Vom Marketingprozess-Modell, das in *Abbildung 6.1* nochmals gezeigt wird, wurde bisher „Märkte definieren und Bedürfnisse identifizieren“ im Detail behandelt. Zudem wurde Kästchen 2 „Nutzenversprechen bestimmen“ in Kapitel 2 bei der Darstellung der Übersicht über den Marketingplanungsprozess eingeführt.

Das vorliegende Kapitel beschäftigt sich näher mit der Frage, wie Marketingziele und -strategien innerhalb des strategischen Marketingplanes festgelegt

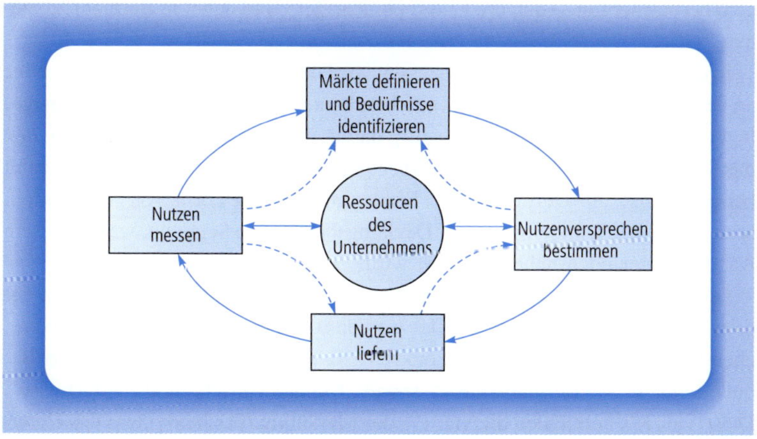

Abbildung 6.1
Das Marketingprozess-Modell.

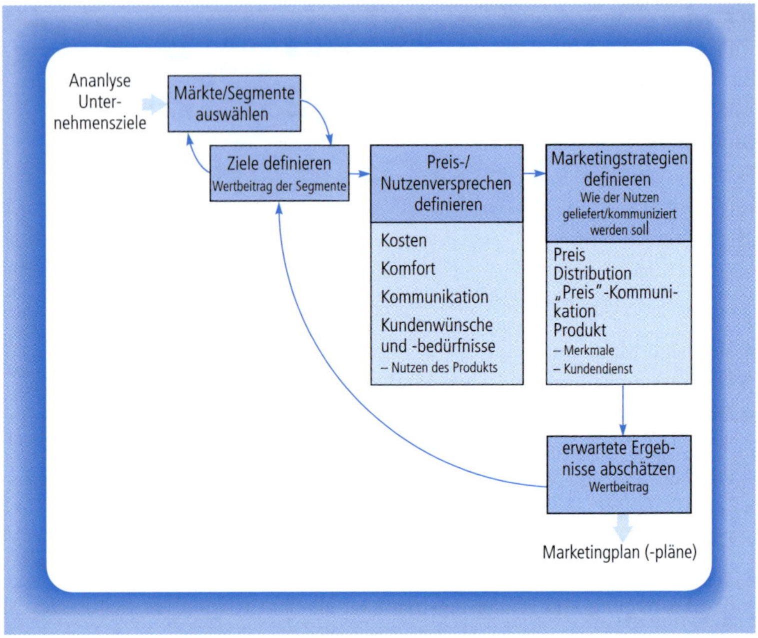

Abbildung 6.2
Das Nutzenversprechen bestimmen.

werden. Hierzu wird mit einer Erweiterung von Kästchen 2, „Nutzenversprechen bestimmen", begonnen. Die wichtigste Voraussetzung für diesen Teilprozess ist die Identifizierung der Kundenbedürfnisse und die Analyse der relativen Attraktivität der Kundensegmente, die in Kapitel 4 und 5 bereits ausführlich behandelt wurden.

Die Formulierung des Nutzenversprechens an den Kunden beinhaltet fünf Teilprozesse, die in *Abbildung 6.2* gezeigt werden.

Zunächst werden, wie in Kapitel 4 und 5 bereits erklärt, mithilfe der Analyse aus dem vorangegangenen Teilprozess die Märkte und Segmente, die vom Unternehmen bearbeitet werden sollen, bestimmt und priorisiert. Dabei werden sowohl die Attraktivität eines Marktes als auch die aktuelle und zukünftige Fähigkeit des Unternehmens, die Kundenbedürfnisse der Segmente zu befriedigen, berücksichtigt. Auch die Unternehmensziele sind dabei in Betracht zu ziehen.

In den nächsten beiden Teilprozessen wird der Kern des Nutzenversprechens an den Kunden definiert. Auch wenn hier keine eindeutige Reihenfolge festgelegt ist, beginnen Unternehmen häufig damit, den Wertbeitrag festzulegen, den das Segment für das Unternehmen erbringen soll: „Ziele definieren." Dazu zählt beispielsweise die Definition von Marketingzielen in Form von Marktanteil, Marktvolumen, Kundenwert oder Deckungsbeitrag pro Segment, was in diesem Kapitel später noch näher erläutert wird.

Die zweite Hälfte der Gleichung besteht in der Definition des Nutzens, der dem Kunden im Gegenzug gestiftet werden soll. Dieses Preis-/Nutzenversprechen kann mithilfe der vier K's konkretisiert werden: „Kosten", „Komfort/Bequemlichkeit", „Kommunikation" sowie „Kundenwünsche und -bedürfnisse". Diese vier K's betrachten die vier P's des Marketing (das heißt „was das Unternehmen tut“) aus der Perspektive des Kunden („was der Kunde wünscht“). Der Kunde wünscht sich beispielweise „Komfort“ beim Kauf, was wiederum einen Einfluss darauf hat, wie das Unternehmen das Produkt über Distributionskanäle „platziert“. Ein ähnliches Beispiel: Statt des „Produkts“ werden die „Kundenwünsche und -bedürfnisse“ betrachtet, die durch das Produkt befriedigt werden. Der Kunde berücksichtigt zudem die gesamten „Kosten“, die ihm durch den Kauf des Produkts entstehen, also nicht nur den Preis auf dem Etikett. Die „Kommunikationspolitik“ des Unternehmens, die zu den vier P’s des Marketing gehört, entspricht schließlich bei den vier K’s der „Kommunikation“, die aus Kundensicht ein wechselseitiger Dialog ist, durch den der Kunde seine Anforderungen formuliert und die Unternehmensangebote kennenlernt.

Der vierte Teilprozess erfordert möglicherweise Rückkopplungen zum dritten Teilprozess, da es bei der Definition der Marketingstrategien – also der Frage, wie der Nutzen gestiftet und kommuniziert werden soll – notwendig werden kann zu überdenken, worin dieser Nutzen für den Kunden eigentlich besteht. Die vier Aspekte dieses Teilprozesses lassen sich mithilfe der vier P’s benennen. Für jedes dieser vier P’s können separate Pläne erstellt werden, auch wenn die zu treffenden Entscheidungen letztendlich eng zusammenhängen: So wird etwa die Wahl des Distributionskanals die Entscheidung beeinflussen, welche Kommunikation machbar ist, welche begleitenden Services angeboten werden sollen und welcher Preis festgesetzt werden kann.

Die vier P’s wurden inzwischen durch andere Instrumente ergänzt, wie „Personal“ (People), „Prozesse“ (Processes) oder „Persönlicher Kundendienst“ (Provision of Customer Service). In diesem Buch wird der Kundendienst unter dem Instrument „Produkt“ subsumiert, da es oft schwierig ist, das Kernprodukt von den begleitenden Dienstleistungen abzugrenzen. In jedem Fall bedürfen die Aspekte der Interaktion mit dem Kunden einer sorgfältigen Planung. „Personal“ und „Prozesse“ repräsentieren Dimensionen, die zu planen sind, die sich jedoch aus der kundenorientierten Ausrichtung der vier P’s und der damit verbundenen Frage ergeben, welche Veränderungen im Personalbereich oder bei Prozessabläufen erforderlich sind, um das Produktangebot, den Preis, die Distribution oder die Kommunikationsmaßnahmen plangemäß zu realisieren.

Sobald diese Fragen geklärt sind, kann eine Schätzung der erwarteten Ergebnisse der Marketingstrategien im Sinne der entstehenden Kosten und der Wirkung des Nutzenversprechens auf den Umsatz erfolgen. Mit diesem letzten Schritt wird der Kreis, der bei der ursprünglichen Festlegung von Zielen begann, geschlossen. Es kann allerdings eine Iteration einzelner Schritte notwendig sein, falls festgestellt wird, dass die definierten Strategien die finanziellen Ziele verfehlen.

Das Ergebnis des Teilprozesses „Nutzenversprechen bestimmen“ ist typischerweise ein strategischer Marketingplan, der einen Zeitraum von mindestens drei Jahren abdeckt. In einigen Fällen werden spezifische Pläne für die einzelnen vier P’s erstellt, beispielsweise ein Preisplan, ein Distributionsplan, ein Serviceplan oder ein Kommunikationsplan. Auch wenn keine Pläne erstellt werden, muss das Unternehmen auf jeden Fall Entscheidungen darüber treffen, was genau dem Kunden angeboten und wie dieses Angebot kommuniziert und bereitgestellt werden soll. Die Planinhalte müssen allen Abteilungen oder Mitarbeitern, die für die Bereitstellung des in den Plänen festgelegten Kundennutzens kommuniziert und mit diesen abgestimmt werden.

Im Folgenden wird ausführlich betrachtet, wie Marketingziele und -strategien konkret festgelegt werden.

Marketingziele: Definition und Zusammenhang mit den Unternehmenszielen

Definition
Ein Marketingziel ist die Operationalisierung dessen, was ein Unternehmen verkauft (seine Produkte) und an wen (seine Märkte).

Jedes Marketingbuch enthält wenigstens einen Abschnitt zur Notwendigkeit der Festlegung von Zielen. Die Festlegung von Zielen ist ein unverzichtbarer Schritt im Planungsprozess. Die Literatur behandelt dieses Thema allerdings nicht besonders ausführlich, was vor allem angesichts der Tatsache verwundert, dass das Festlegen von *Marketingzielen* von elementarer Wichtigkeit ist.

Ein Ziel stellt sicher, dass ein Unternehmen sich darüber im Klaren ist, was seine Strategien bewirken sollen und wann eine bestimmte Strategie ihr Ziel erfüllt hat. Ohne Ziele können keine sinnvollen strategischen Entscheidungen getroffen werden.

Der logische Ansatz bei der schwierigen Aufgabe der Zielfestlegung besteht darin, vom Allgemeinen zum Spezifischen überzugehen.

Nach der Identifizierung von Chancen und der klaren Formulierung von Prämissen zu den Umweltbedingungen sollte die Festlegung von Zielen – zumindest theoretisch – vergleichsweise einfach sein. Dabei sind die jeweiligen Zielvorgaben eine realistische Formulierung der Ergebnisse, die das Unternehmen auf Grundlage einer marktorientierten Analyse erreichen will. Allgemeine Aussagen, die auf dem Vorsatz des Topmanagements beruhen, „es nächstes Jahr besser zu machen", sind dagegen keine Ziele.

Die meisten Experten stimmen darin überein, dass der logische Ansatz bei der Festlegung von Marketingzielen darin besteht, vom Allgemeinen zum Speziellen überzugehen. Der Startpunkt ist demnach eine Aussage zur Art der Geschäftstätigkeit (das sogenannte Mission Statement), aus der sich die allgemeinen Unternehmensziele ergeben. Der nächste Schritt besteht darin, diese allgemeinen Unternehmensziele auf kritische Leistungskennzahlen herunterzubrechen, also auf jene Faktoren, die für den Unternehmenserfolg von existenzieller Bedeutung sind. Marktdurchdringung und Umsatzwachstum sind zwei Beispiele für kritische Faktoren. Im dritten Schritt geht es darum, die zum Erreichen der allgemeinen Ziele erforderlichen Unterziele zu formulieren, wie produktspezifische Verkaufsziele, geografische Expansion, Erweiterung der Produktlinie usw.

> Das Ergebnis dieses Prozesses sollten Ziele sein, die mit dem strategischen Plan übereinstimmen, im Rahmen des festgesetzten Budgets erreichbar sind und mit den Stärken, Beschränkungen und wirtschaftlichen Erfordernissen anderer Funktionen innerhalb des Unternehmens vereinbar sind.

Auf oberster Managementebene ist es das Ziel, die langfristige Rentabilität des Unternehmens zu gewährleisten; die untergeordnete Hierarchieebene hat dagegen Ziele, die spezifischer und detaillierter definiert sind, etwa die Steigerung von Umsatz und Marktanteil sowie die Erschließung neuer Märkte. Diese Ziele sind daher nur ein Teil der Zielhierarchie, und zwar insofern, als die Unternehmensziele nur dann erreicht werden können, wenn die eben genannten und andere Ziele zuvor erfüllt werden. Die nächste Managementebene befasst sich mit Zielen, die noch detaillierter formuliert sind, etwa die Schaffung von Bekanntheit für ein neues Produkt in einem spezifischen Zielmarkt und die Veränderung einer bestimmten Kundeneinstellung. Auch hier gilt, dass die allgemeinen Marketingziele nur dann erreicht werden können, wenn diese und andere Unterziele erfüllt wurden (Becker 2006).

Es ist offensichtlich, dass Unterziele *per se* zu einer Verschwendung von Ressourcen führen können, wenn sie nicht integraler Bestandteil eines breiteren, übergeordneten Zielrahmens sind.

So kann eine Umsatzsteigerung beispielsweise zwar möglich sein, aber nur zu unverhältnismäßig hohen Kosten. Ein solches Marketingziel ist daher nur im Rahmen anderer Unternehmensziele sinnvoll. So kann eine Umsatzsteigerung in einem bestimmten Teilmarkt zusätzliche Investitionen zu einem früheren Zeitpunkt als geplant erforderlich machen. Es könnte dann sinnvoller sein, verfügbare Produktionskapazitäten kurzfristig für profitablere Märkte zu nutzen und dafür in Kauf zu nehmen, dass der Umsatz in einem anderen Teilmarkt sinkt. Entscheidungen dieser Art lassen sich leichter vor dem Hintergrund klar formulierter allgemeiner Unternehmensziele treffen, die alle wichtigen Bereiche umfassen.

Ebenso sollten spezifische Ziele – beispielsweise Werbeziele – stets mit den allgemeinen Zielen im Einklang stehen. Mit einem so festgelegten Ziel wird beispielsweise sichergestellt, dass die Werbeaktivitäten auf die anderen Elemente des Marketing-Mix abgestimmt sind. Auf diese Weise entsteht ein konsistenter und logischer Marketingplan.

Wie unterscheiden sich Unternehmensziele und Marketingziele?

Jedes Unternehmen startet zu einem bestimmten Zeitpunkt mit vorhandenen Ressourcen und dem Wunsch, diese Ressourcen zur Erreichung eines bestimmten *Unternehmenszieles* einzusetzen. Ein Unternehmensziel beschreibt ein angestrebtes Ergebnis. Zumeist wird dies in Form von Gewinn ausgedrückt, da Gewinn einerseits das Mittel zur Zufriedenstellung von Aktionären beziehungsweise Eigenkapitalgebern ist und andererseits ein Kriterium zur Messung der Effizienz. Eine effiziente Ressourcenallokation führt zu wirtschaftlichem und technologischem Fortschritt und Stabilität. Der Weg, das Ziel zu erreichen, beschreibt eine Strategie. In gewissem Sinne bedeutet dies, dass das einzig wirkliche Ziel eines Unternehmens per Definition das ist, was im Unternehmensplan als Hauptzweck seiner Existenz formuliert ist.

Definition
Ein Unternehmensziel beschreibt einen gewünschten „Zielort" beziehungsweise ein gewünschtes Ergebnis. Dies wird zumeist in Form von Gewinn ausgedrückt.

Das einzige Ziel eines Unternehmens ist per Definition das, was im Unternehmensplan als Hauptzweck seiner Existenz angeben wird.

Bei Zielen wie etwa Erhöhung des Marktanteils, Schaffung eines neuen Image oder Erreichen einer Umsatzsteigerung von x % handelt es sich eigent-

Definition
Unternehmensstrategien definieren, wie Unternehmensziele durch den Einsatz von Ressourcen erreicht werden sollen.

lich um *Strategien* auf Unternehmensebene, da sie die Mittel sind, mit denen ein Unternehmen seine Gewinnziele erreichen will. In der Praxis operieren Unternehmen jedoch mittels funktionaler Abteilungen, die jeweils eigenständige „Identitäten" haben. Das führt dazu, dass eine Strategie auf Unternehmensebene in den einzelnen Abteilungen oder Geschäftseinheiten zu einem Ziel wird.

So werden beispielsweise Marketingstrategien aus dem Unternehmensplan zu operativen Zielen innerhalb der Marketingabteilung, und Strategien auf allgemeiner Ebene innerhalb der Marketingabteilung werden zu operativen Zielen auf der darunter liegenden Ebene. Auf diese Weise entsteht – innerhalb des durch den übergeordneten Unternehmensplan vorgegebenen Rahmens – eine komplexe Hierarchie aus Zielen und Strategien.

Je weiter man sich in der Hierarchie nach unten bewegt, desto unwahrscheinlicher wird es, dass ein Ziel einen Beitrag zum Unternehmensgewinn leistet, wenn es nicht logisch und direkt aus einem Ziel der nächsthöheren Ebene abgeleitet ist.

Unternehmensziele und -strategien lassen sich auf folgende Weise vereinfacht darstellen:

Unternehmensziel
- angestrebtes Rentabilitätsniveau

Unternehmensstrategien
- welche Produkte auf welchen Märkten (Marketing),
- welche Art von Anlagen und Einrichtungen (Produktion, Distribution, IT, F&E usw.),
- Art und Anzahl der Mitarbeiter (Personalmanagement),
- Finanzierung (Finanzen),
- andere Unternehmensstrategien wie Stärkung von sozialer Verantwortung, Unternehmensimage, Aktienmarktimage, Image bei den Mitarbeitern usw.

Nun ist klar, dass auf der nächsttieferen Ebene des Unternehmens, das heißt auf der funktionalen Ebene, die Fragen, welche Produkte auf welchen Märkten verkauft werden sollen, zu *Marketingzielen* werden. Entsprechend stellen die Mittel zum Erreichen dieser Ziele (Marketing-Mix) die *Marketingstrategien* dar. Auf der darunter liegenden Ebene gäbe es dann beispielsweise *Werbeziele* und *Werbestrategien*, einschließlich der sich daraus ergebenden *Maßnahmenprogramme* und *Budgets* zum Erreichen dieser Ziele. Auf diese Weise lässt sich die ganze Hierarchie von Zielen und Strategien auf das anfängliche Unternehmensziel zurückführen. In *Abbildung 6.3* wird dieser Punkt verdeutlicht.

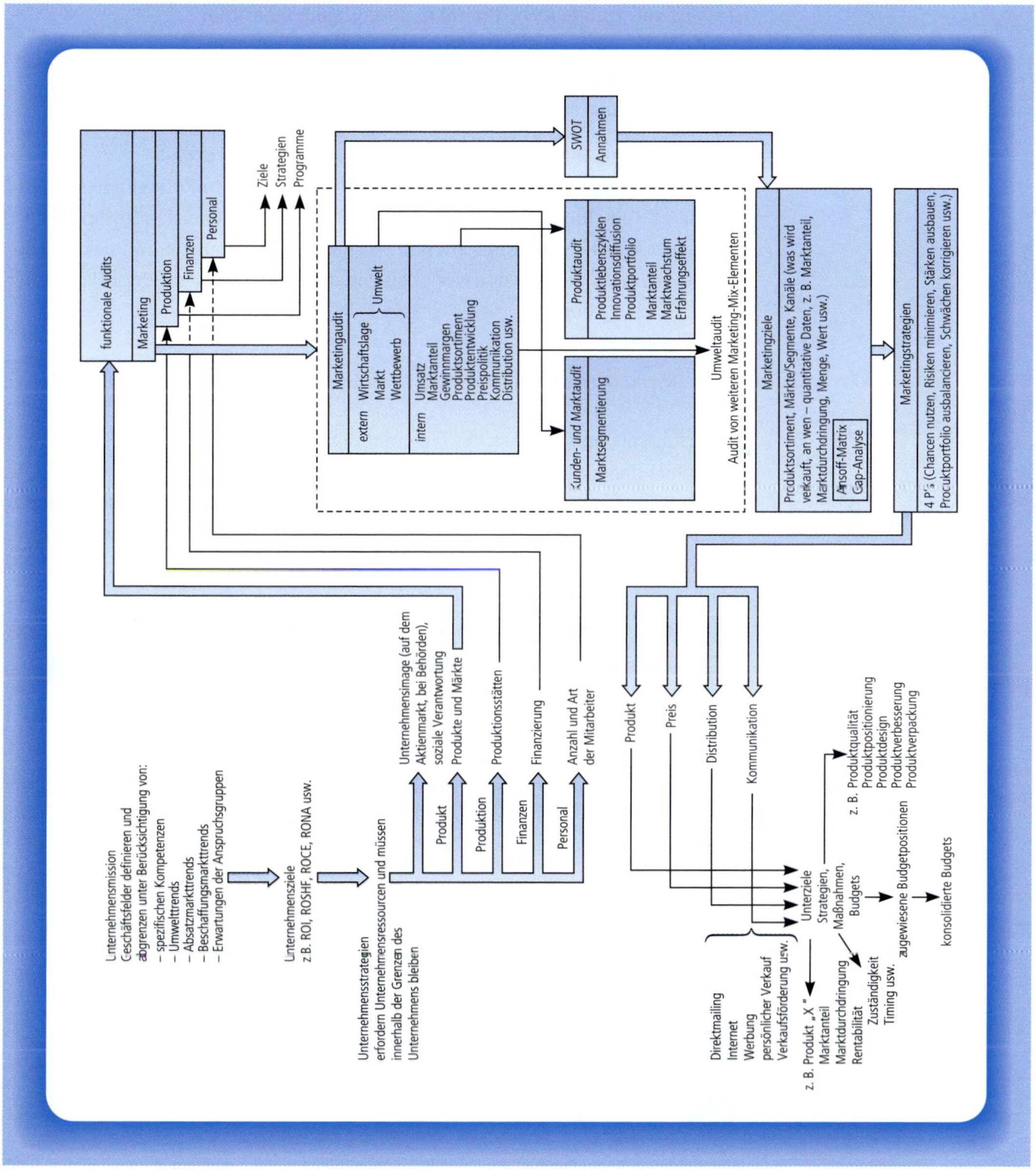

Abbildung 6.3 Marketingplanung im Unternehmenskontext.

Festlegung von Marketingzielen

Ein nützliches Instrument zur Festlegung der Marketingziele stellt die sogenannte Ansoff-Matrix dar. Die Wettbewerbssituation eines Unternehmens lässt sich – vereinfacht – auf zwei Dimensionen reduzieren: Produkte und Märkte. Mithilfe der Ansoff-Matrix lässt sich darstellen, was verkauft wird (das „Produkt") und an wen es verkauft wird (der „Markt"). Anhand dieser Matrix identifiziert Ansoff vier mögliche Handlungsalternativen für das Unternehmen (Ansoff 2007):

1. Verkauf vorhandener Produkte an vorhandene Märkte,
2. Ausweitung vorhandener Produkte auf neue Märkte,
3. Entwicklung neuer Produkte für vorhandene Märkte,
4. Entwicklung neuer Produkte für neue Märkte.

Die Matrix in *Abbildung 6.4* veranschaulicht diese Konzepte.

Es liegt auf der Hand, dass die Auswahl möglicher Marketingziele sehr groß ist, da es verschiedene Grade von technologischer Neuheit und Marktneuheit gibt. Die Ansoff-Matrix liefert ein logisches Rahmenkonzept, mit dessen Hilfe Marketingziele für jede der vier oben genannten Handlungsalternativen entwickelt werden können.

Bei Marketingzielen geht es allein um Produkte und Märkte.

Preisbildungsziele, Verkaufsförderungsziele, Werbeziele und dergleichen sollten nicht mit Marketingzielen verwechselt werden

Es erscheint logisch, dass ein Unternehmen seine finanziellen Ziele nur dann erreichen kann, wenn es etwas an Kunden verkauft. Werbung, Preisgestaltung, Serviceangebot etc. stellen die Mittel (oder Strategien) dar, mit denen sich dies erreichen lässt. Preisziele, Verkaufsförderungsziele, Werbeziele und dergleichen sollten nicht mit Marketingzielen verwechselt werden.

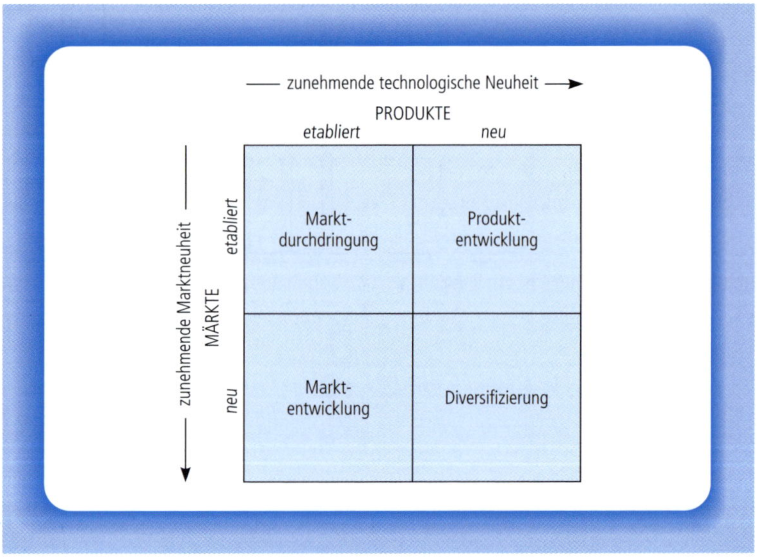

Abbildung 6.4
Ansoff-Matrix.

Marketingziele werden generell als quantitative Vorgaben betrachtet und üblicherweise entweder als Leistungsstandards für einen bestimmten Zeitraum oder als Marktstatus, der bis zu bestimmten Zeitpunkten erreicht sein soll, angegeben. Leistungsstandards werden normalerweise in Form von Verkaufsmenge oder Umsatz und verschiedenen Rentabilitätsmaßen angegeben. Als zu erreichender Status wird üblicherweise ein bestimmter Marktanteil in Prozent oder ein bestimmter Distributionsgrad (Anteil der Geschäfte in einem bestimmten Kanal, in dem die Produkte erhältlich sind) angegeben.

Ebenso herrscht breite Übereinstimmung darüber, dass Ziele spezifisch genug operationalisiert sein müssen, damit Mitarbeiter aus diesen die angemessenen Aktivitäten und den Maßstab, anhand dessen ihre Leistung beurteilt wird, ableiten können.

Zielfestlegungen bilden den Kern der Managertätigkeit, da sie den Plänen die Richtung geben. Durch die Frage, wo das Unternehmen zu einem bestimmten zukünftigen Zeitpunkt stehen soll, werden die Ziele bestimmt.

Ziele bilden den Kern der Managertätigkeit, da sie den Plänen eine Richtung geben.

Ungenau formulierte Ziele, so emotional ansprechend sie auch sein mögen, wirken sich kontraproduktiv auf eine vernünftige Planung aus. Sie sind im Allgemeinen das Resultat der menschlichen Tendenz zum Wunschdenken und haben kaum etwas mit ernsthafter Marketingplanung zu tun. Anweisungen wie „verbessern“, „erhöhen“, „senken“, „optimieren“ oder „minimieren“ sind bei der Formulierung von Zielen nur dann akzeptabel, wenn sie in Verbindung mit bestimmten Kennzahlen genutzt werden, die innerhalb eines bestimmten Zeitraums zu erreichen sind.

Ansoff definiert das Ziel als „ein Maß für die Effizienz des Prozesses der Ressourcentransformation“.

Ein Ziel enthält drei Elemente: die jeweilige Größe, die als Maß für die Effizienz gewählt wird, den Maßstab oder die Skala, mit der die Größe gemessen wird, und den jeweiligen Wert auf der Skala, den das Unternehmen erreichen will.

Marketingziele betreffen also alle vier Hauptkategorien der Ansoff-Matrix:

1. vorhandene Produkte in vorhandenen Märkten, die zahlreich und unterschiedlich sein können, sodass es notwendig sein wird, sie für alle vorhandenen Produktkategorien und Kundengruppen (Segmente) festzulegen,
2. neue Produkte in vorhandenen Märkten,
3. vorhandene Produkte in neuen Märkten,
4. neue Produkte in neuen Märkten.

Langfristig kann ein Unternehmen also nur dann rentabel wirtschaften, wenn es etwas (ein „Produkt“) an jemanden (einen „Markt“) verkauft

Die generellen *strategischen Stoßrichtungen*, die zu den oben genannten Zielen führen, leiten sich natürlich aus der im Rahmen des Audits durchgeführten Lebenszyklus- und Portfolioanalyse ab und beziehen sich auf die folgenden Entscheidungen:

1. *Halten:* Dies bezieht sich üblicherweise auf Produkte/Märkte, die „Cash Cows“ darstellen, und steht für den Wunsch, die Position im Wettbewerb aufrechtzuerhalten.
2. *Ausbauen:* Dies bezieht sich üblicherweise auf Produkte/Märkte des Typs „Star“ und steht für den Wunsch, die Wettbewerbsposition in attraktiven Märkten zu verbessern.
3. *Ernten:* Dies bezieht sich üblicherweise auf Produkte/Märkte des Typs „Dog“ und steht für den Wunsch, die Wettbewerbsposition zugunsten von kurzfristigem Gewinn und Cashflow aufzugeben, es sei denn, vernünftige Gründe sprechen dagegen.
4. *Aussteigen:* Auch dies bezieht sich üblicherweise auf Produkte/Märkte des Typs „Dog“, manchmal auch „Question Marks“, und steht für den Wunsch, das Produkt oder den Markt aufgrund einer sehr schwachen Wettbewerbsposition, zu hoher Kosten für die Positionsverteidigung oder eines zu hohen Risikos beim Versuch der Positionsverbesserung abzustoßen.
5. *Eintreten:* Dies bezieht sich üblicherweise auf einen neuen Geschäftsbereich.

Eine vollständige Liste mit Richtlinien als Hilfestellung für die Festlegung von Zielen ist in *Tabelle 6.1* enthalten. *Abbildung 6.5* beinhaltet eine noch umfassendere Liste mit Richtlinien auch für andere Funktionen als Marketing. An dieser Stelle sei jedoch eine Warnung ausgesprochen: Solche allgemeinen Richtlinien sollten nicht unkritisch befolgt werden. Sie dienen eher als Checklisten mit Fragen, die in Bezug auf jedes Hauptprodukt in jedem Hauptmarkt gestellt werden sollten, *bevor* Marketingziele und -strategien festgelegt werden.

Allgemeine Richtlinien sollten nicht unkritisch befolgt werden.

In der Zielsetzungsphase können nun die Kreise in der Portfoliomatrix so verschoben werden, dass ihre relative Größe und die angestrebte Position in drei Jahren dargestellt werden. Damit lässt sich Folgendes verdeutlichen: 1) wo sich das Unternehmen befindet, wenn keine Maßnahmen ergriffen werden, und 2) wo sie sich im Idealfall befinden sollte. Die zuletzt genannten Positionen entsprechen dann den Marketingzielen. Die genaue Vorgehensweise in dieser wichtigsten Phase des Marketingplanungsprozesses wird in Kapitel 13 gezeigt.

Tab. 6.1 Strategien auf Basis der Portfoliomatrix

		Wettbewerbsposition	
	hoch		**niedrig**
hoch	*Investitionen für Wachstum* Führungsposition verteidigen, wenn möglich verbessern moderate kurzfristige Gewinne und erforderlichenfalls negativen Cashflow in Kauf nehmen geografische Expansion, Erweitung der Produktlinie und Produktdifferenzierung in Betracht ziehen Investitionen für Produktentwicklung erhöhen aggressiver Marketingansatz, etwa bei Verkauf, Werbung, Preisgestaltung, Verkaufsförderung und Serviceangebot		*Möglichkeiten nutzen/beobachten* Es gibt folgende Optionen: 1. nach links bewegen, wenn Ressourcen für Investitionen zur Verfügung stehen 2. abwarten, bis Finanzierungsmöglichkeiten vorhanden sind 3. an einen Käufer abstoßen, der in der Lage ist, die Chancen zu nutzen
Marktattraktivität	*Aufrechterhaltung der Marktposition, nachhaltige Gewinnorientierung* Marktposition bei den erfolgreichsten Produktlinien aufrechterhalten weniger erfolgreiche Produktlinien eliminieren, wenn nicht für Markterfolg kritisch Produkte differenzieren, um Anteil an Hauptsegmenten aufrechtzuerhalten Marketingausgaben einschränken Preise stabil halten, es sei denn, die Aufrechterhaltung des Marktanteils erfordert kurzfristig einen aggressiven Ansatz	*selektiv** langsames Wachstum akzeptieren nicht als „Marketing"-Problem betrachten Wachstumssegmente identifizieren und nutzen Produktqualität betonen, um Preiswettbewerb zu vermeiden Produktivität systematisch verbessern	*gewinnorientiertes Management* Produktlinie aggressiv konsolidieren Cashflow maximieren Marketingausgaben minimieren Preise stabil halten oder auf Kosten der Menge erhöhen (all dies auf Basis der Annahme, dass solche Produkte für die Marktposition nicht von elementarer Bedeutung sind)
niedrig		qualifizierte Manager einsetzen	

* Selektiv bezieht sich auf Produkte oder Märkte, die in einer Portfoliomatrix auf oder an der vertikalen Trennlinie liegen.

Hauptziel	Investitionen für Wachstum	halten der Marktposition, nachhaltige Gewinnorientierung	selektiv	Cashmaximierung	Gelegenheiten nutzen
Marktanteil	Dominanz aufrechterhalten oder erhöhen	Erhaltung, nachhaltige Gewinnorientierung	Erhaltung ausgewählter Segmente	Marktanteil kurzfristigem Gewinn unterordnen	selektiv in Marktanteil investieren
Produkte	Differenzierung – Erweiterung der Produktlinie	weniger erfolgreiche Produkte eliminieren Differenzierung in Schlüsselsegmenten	Produktqualität betonen Differenzieren	Produktlinie aggressiv straffen	Differenzierung – Erweiterung der Produktlinie
Preis	Preisführerschaft – aggressive Preispolitik zur Steigerung des Marktanteils	Preise stabilisieren/erhöhen	aufrechterhalten oder erhöhen	erhöhen	aggressive Preispolitik zur Steigerung des Marktanteils
Kommunikation	aggressive Kommunikationspolitik	begrenzen	selektiv aufrechterhalten	minimieren	aggressives Marketing
Distribution	Distribution ausweiten	breites Distributionsnetz aufrechterhalten	segmentieren	Distribution allmählich reduzieren	begrenzte Abdeckung
Kostenkontrolle	strenge Kontrolle – Ausrichtung auf positive Skaleneffekte	gezielte Kostensenkung, (variable Kosten)	strenge Kontrolle	fixe und variable Kosten aggressiv senken	strenge Kontrolle – aber nicht auf Kosten des Unternehmertums
Produktion	expandieren, investieren (organisches Wachstum, Joint Venture)	maximale Kapazitätsauslastung	Produktivität steigern, d. h. Spezialisierung/ Automatisierung	Kapazitäten freisetzen	investieren
F&E	expandieren – investieren	Fokus auf spezifische Projekte	selektiv investieren	keine	investieren
Personal	Management in Schlüsselfunktionen aufstocken	Erhaltung, Effizienz belohnen, Organisation straffen	Schlüsselbereichen eigene Manager zuteilen	Organisation verschlanken	investieren
Investitionen	Mittel bereitstellen	Festinvestitionen beschränken	selektiv investieren	minimieren, ggf. deinvestieren	Mittel bereitstellen
Umlaufkapital	Umlauf reduzieren – Krediterweiterung	Kredite begrenzen – Forderungen reduzieren, Lagerumschlag erhöhen	reduzieren	aggressiv reduzieren	investieren

Abbildung 6.5

Wettbewerbsstrategien

In dieser Phase des Planungsprozesses ist es hilfreich, Entwicklungen im Bereich der Wettbewerbsstrategien zu erläutern, da ein Verständnis dieses Bereichs eine wichtige Voraussetzung für die Festlegung geeigneter Marketingziele ist.

> Einer der Hauptzwecke einer Marketingstrategie besteht darin, das Unternehmen in die Lage zu versetzen, die Kunden und somit die Märkte auszuwählen, die berabeitet werden sollen.

In diesem Zusammenhang ist die in Kapitel 5 erläuterte Portfoliomatrix besonders nützlich.

Die Hauptkomponenten der Strategie sind folgende:

- das Unternehmen,
- Kunden,
- Produkte,
- Konkurrenten.

Wenn ein Unternehmen erfolgreich sein will, muss es seine Konkurrenten kennen und sich selbst einen dauerhaften Wettbewerbsvorteil verschaffen. Das entscheidende Wort in diesem Zusammenhang ist „dauerhaft“. Kurzfristige Vorteile lassen sich auf vielerlei Arten erreichen, beispielsweise durch eine Preissenkung oder eine aggressive Verkaufsförderungsaktion.

> Ein Unternehmen, das erfolgreich sein will, muss sich einen dauerhaften Wettbewerbsvorteil verschaffen.

Die meisten Unternehmer würden der Ansicht zustimmen, dass bei gesättigten Märkten der einzige Weg, den Umsatz ohne Diversifizierung zu steigern, darin besteht, dies auf Kosten der Konkurrenz zu tun – und dies wiederum setzt ein detailliertes Wissen über die Besonderheiten des Marktes und die Hauptkonkurrenten voraus (Porter 1999).

Dieses komplexe Thema lässt sich anhand einer kurzen Geschichte darstellen.

> Man stelle sich eine kleine Insel vor, auf der drei Stämme leben, die sich gegenseitig bekämpfen, weil die Ressourcen knapp sind. Einer dieser Stämme beschließt, auf eine größere Insel in der Nähe umzusiedeln und ein Lager zu gründen. Nach einer Weile folgen ihm die beiden anderen Stämme und gründen auch eigene Lager. Nach anfänglichen Schwierigkeiten erobern alle Stämme nach und nach immer größere Teile der Insel, bis sie viele Jahre später erneut beginnen, um angrenzende Gebiete zu kämpfen. Der innovativere Stammeshäuptling – also derjenige, der als Erster auf die neue Insel zog – setzt sich mit seinen besten Kriegern zusammen, um über die weitere Vorgehensweise zu beraten, da keiner von ihnen schon wieder umsiedeln will. Sie kommen zu dem Schluss, dass es nur zwei Optionen gibt:
> 1. Angreifen und ohne Rücksicht auf Verluste in das feindliche Territorium eindringen, um es zu erobern.
> 2. Sich mit einem kleineren Teil der Insel begnügen und ihn zu einer uneinnehmbaren Festung machen.

Diese zwei Optionen, das heißt Landeroberung oder uneinnehmbare Festung (oder beides), sind genau die beiden Optionen, vor denen ein Unternehmen steht, wenn es über eine Wettbewerbsstrategie nachdenkt. Es werden nun beide Optionen der Reihe nach weiterhin mithilfe der militärischen Analogie betrachtet (beginnend mit der Landeroberung).

Stellen wir uns nun zwei Armeen vor, die sich auf einem Schlachtfeld gegenüberstehen (dargestellt als Kreise). Die eine Armee besteht aus 15 Soldaten, die andere aus zwölf. Alle Soldaten stehen sich mit Gewehren gegenüber und alle geben gleichzeitig einen Schuss auf ihren jeweiligen Gegner ab; es zielen also alle auf unterschiedliche Personen. *Abbildung 6.6* illustriert, welche Fortschritte jede Seite bei der Vernichtung der gegnerischen Seite macht. Nach nur drei Gewehrsalven ist in der Armee auf der rechten Seite ein Soldat übrig, während die Armee auf der linken Seite mit acht Soldaten noch immer eine gut funktionierende Kampfeinheit bildet.

Interessant an dieser Geschichte ist, dass der hier beobachtete Effekt eher *geometrischer* als *arithmetischer* Natur ist und perfekt demonstriert, welchen Effekt Größe hat und was geschieht, wenn alle Variablen bis auf die Größe übereinstimmen. Die Parallele in der Wirtschaft ist natürlich der Marktanteil.

Ein Beispiel aus der Computerbranche: In den 1970er Jahren gingen General Electric, Rank Xerox, RCL, ICL und andere Unternehmen zum Angriff auf den Giganten IBM über. Der größere Konkurrent gewann die Schlacht.

Wenn also alle Voraussetzungen gleich sind, müsste ein Unternehmen mit einem größeren Marktanteil einen kleineren Mitbewerber demnach leicht besiegen können. Oder *vielleicht doch nicht*? Tatsache ist: Auch kleinere Unternehmen können gewinnen, wenn sie Ausweichmanöver durchführen. Das Beispiel der Computerindustrie zeigt nämlich zugleich, dass NCR mit seiner Strategie der „uneinnehmbaren Festung" weltweit sehr erfolgreich ist (z. B. Geldautomaten für Banken).

1992 und 1993 wurde IBM von kleineren, aber schnelleren und smarteren Konkurrenten attackiert, was dem Konzern enorme Verluste bescherte. Inzwischen konnte IBM sich durch die Re-Strukturierung und Re-Segmentierung seines Marktes erholen. Auch Rank Xerox erlebte 1970 eine ähnliche Situation, als die japanische Konkurrenz mit kleinen Fotokopiergeräten in den Markt eindrang. Das Unternehmen hat ebenso seine enorme Marktmacht und Reichweite eingesetzt, um das Potenzial der neu entstehenden Märkte für Dienstleistungen zu seinem Vorteil zu nutzen.

EINBLICKE Im Bankenmarkt übernahm das britische Unternehmen First Direct eine führende Position mithilfe eines differenzierten Produkts: des Direktbankings, bei dem auf teure Zweigstellen verzichtet wird.

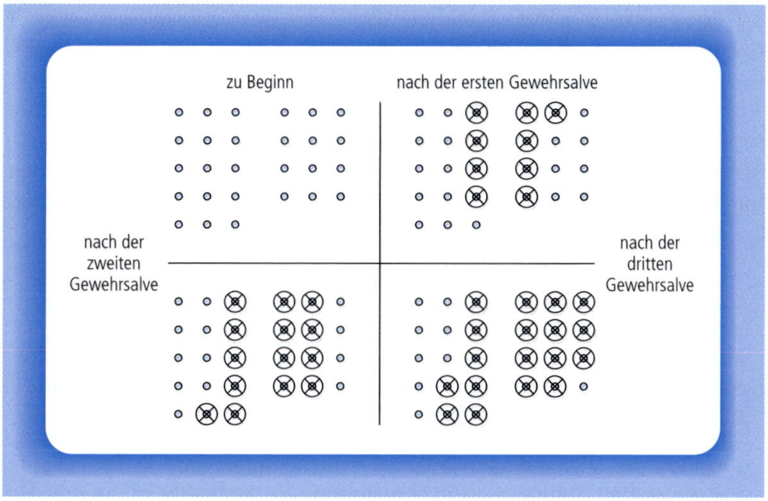

Abbildung 6.6
Die Bedeutung des Marktanteils.

EINBLICKE

Auf dem Versicherungsmarkt hat der britische Direktversicherer Direct Line die Regeln der Kriegsführung komplett geändert, indem er auf Makler verzichtete und Kunden so wesentlich kostengünstigere Policen anbieten konnte.

Mit dem in *Abbildung 6.7* gezeigten mikroökonomischen Modell von Angebot und Nachfrage kann es noch anders ausgedrückt werden. Hier wird Folgendes deutlich: Wenn das Angebot größer ist als die Nachfrage, sinkt der Preis, und wenn die Nachfrage größer ist als das Angebot, steigt der Preis. Der Gleichgewichtspunkt ist dann erreicht, wenn das Angebot genauso groß ist wie die Nachfrage. Der einzige Weg für einen Konkurrenten, die Folgen einer Situation des Angebotsüberschusses zu vermeiden, besteht darin, eine der folgenden Maßnahmen zu ergreifen:

1. der kostengünstigste Anbieter sein,
2. das Produkt so differenzieren, dass es zu einem höheren Preis angeboten werden kann.

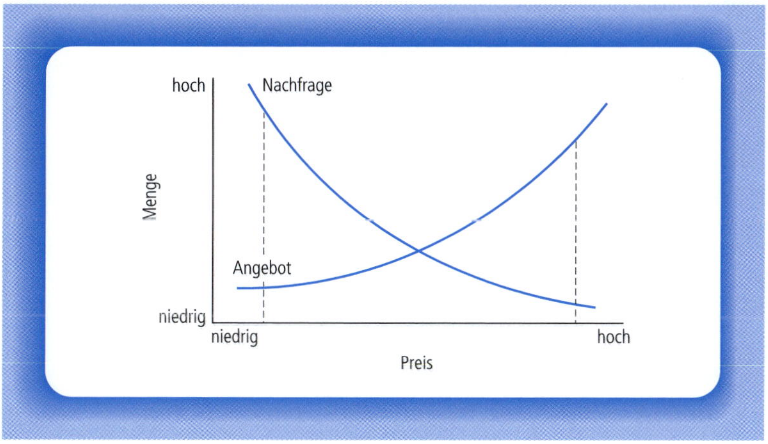

Abbildung 6.7
Mikroökonomisches Marktmodell.

Porter (1999) fasst diese zwei Optionen in einer einfachen Matrix zusammen, wie *Abbildung 6.8* zeigt. Feld 1 stellt eine solide Strategie dar, insbesondere in Commodity-Märkten wie etwa Massenchemikalien, in denen eine Differenzierung aufgrund der gleichartigen chemischen Zusammensetzung der Produkte schwierig ist. In solchen Fällen empfiehlt es sich, stattdessen eine Produktivitätssteigerung zu erreichen mit dem Ziel, kostengünstigster Anbieter zu werden. Hier kommt dem in Kapitel 5 beschriebenen Erfahrungskurveneffekt besondere Bedeutung zu.

Allerdings ist es für viele Unternehmen, etwa Mercedes oder BMW, undenkbar, kostengünstigster Anbieter zu werden. Daher zielt ihre gesamte Unternehmensphilosophie auf Differenzierung und den bereits erwähnten Mehrwert ab. Dies stellt eine geeignete Strategie für diejenigen Unternehmen dar, bei denen eine Kostenführerschaft unmöglich ist. Viele weltbekannte Spitzenunternehmen verfolgen diese Strategie mit Erfolg. Vielen dieser Unternehmen gelingt es zudem, den in Feld 3 dargestellten Status zu erreichen: Ihr außerordentlicher Erfolg erklärt sich dadurch, dass sie eine sogenannte „globale Festung" besetzen. Ein gutes Beispiel dafür ist das amerikanische Unternehmen NCR (National Cash Register), das mit seinem fokussierten Technologie- und Qualitätsmanagementansatz das Bankwesen und den Einzelhandel weltweit dominiert. American Express ist ein weiteres Beispiel.
Unternehmen wie 3M, McDonald's und General Electric sind jedoch typischere Vertreter in Bezug auf Feld 3. Ihre Unternehmensstrategien zielen auf kostengünstige Produktion, Differenzierung und weltweite Marktführerschaft zugleich (sogenannte Outpacing-Strategie) ab (Backhaus/Voeth 2007). Ein solcher Erfolg ist jedoch nicht für die Ewigkeit garantiert, wie etwa an den Problemen deutlich wird, mit denen sich McDonald's durch die Aktionen der Gesundheitslobby konfrontiert sieht.

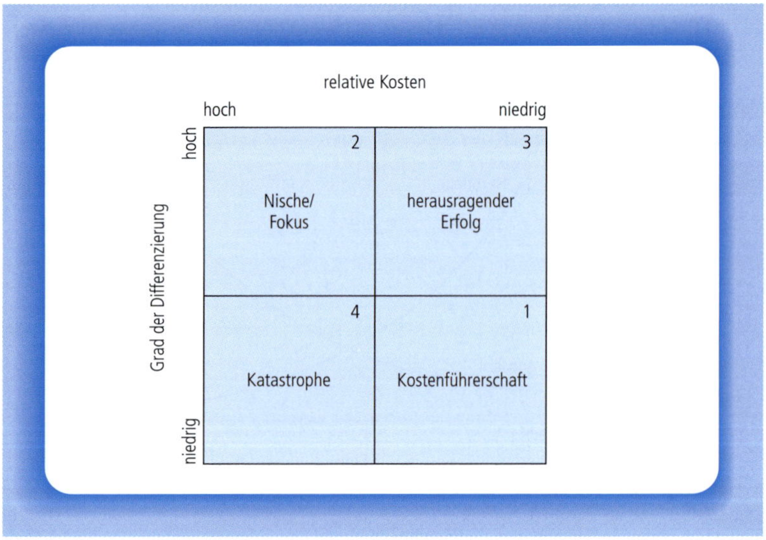

Abbildung 6.8
Wettbewerbsstrategie-Matrix nach Porter.

Feld 4 zeigt, dass eine Kombination von Massenmärkten und hohen relativen Kosten früher oder später zur Katastrophe führt. Hier kann eine Position nur gehalten werden, solange die Nachfrage das Angebot übersteigt, das heißt Wachstumswettbewerb herrscht. Sobald der Markt gesättigt ist (Verdrängungswettbewerb), gibt es jedoch nur wenig Hoffnung für Unternehmen, die sich in dieser wenig beneidenswerten Lage befinden.

Bei der Überlegung, Differenzierung als Strategie zu wählen, muss sichergestellt werden, dass das Unternehmen auch dann noch *kosteneffizient* arbeitet. Es ist ein Fehler zu glauben, dass nachlässiges Management und hohe Kosten akzeptabel sind, solange das Produkt ein gutes Image hat und einen hohen Mehrwert bietet. Bei den Überlegungen zur Differenzierung empfiehlt es sich, den Abschnitt zur Nutzenanalyse in Kapitel 4 zu wiederholen; er gibt Aufschluss über den Weg zur Differenzierung. Natürlich ist auch klar, dass es keinen Sinn macht, Vorteile anzubieten, die für das Unternehmen mit hohen Kosten verbunden sind, jedoch von den Kunden kaum wahrgenommen werden beziehungsweise kaum Nutzen stiften. Zur Klassifizierung der Vorteile bietet sich eine Matrix wie in *Abbildung 6.9* gezeigt an. Der Schlüssel zum Erfolg besteht darin, möglichst viele Vorteile im Feld oben rechts zu positionieren.

ICI (Imperial Chemical Industries) ist ein Beispiel für den proaktiven Ansatz, die globale Strategie bewusst zu ändern: Das Unternehmen führt derzeit einen systematischen Wechsel von Massenchemikalien in Feld 1 (siehe *Abbildung 6.8*) zu Spezialchemikalien in Feld 2 durch, um dann bei diesen Spezialprodukten die Position einer „globalen Festung" einzunehmen (Feld 3). Dies erweist sich jedoch als extrem schwierig, da dieser Markt bereits gesättigt ist.

Der entscheidende Punkt hierbei ist, dass ein Unternehmen beim Festlegen der Marketingziele seine eigene Position auf den Zielmärkten und auch die seiner

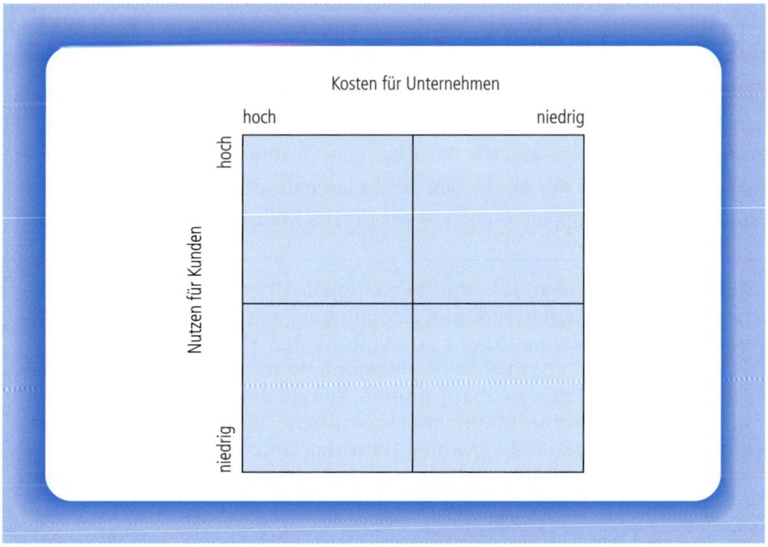

Abbildung 6.9
Kosten-Nutzen-Matrix.

Konkurrenten kennen und auf dieser Basis seine Strategieansätze für die verschiedenen Geschäftsbereiche entsprechend anpassen sollte, wobei alle unterschiedlich sein *können*. So wird das Unternehmen unter Umständen akzeptieren müssen, dass sich ein Teil seiner Portfolios im Feld „Katastrophe“ (Feld 4) befindet. Vielleicht wird sich das Unternehmen gezwungen sehen, einige Produkte in diesem Feld zu platzieren, um seine Produktpalette zu vervollständigen (und somit überhaupt Kunden zu gewinnen) und dadurch erst rentablere Produkte verkaufen zu können. Wichtig ist in einem solchen Fall die Entwicklung eines geeigneten Ansatzes für diese Produkte, wobei die in *Tabelle 6.1* und *Abbildung 6.5* präsentierten Leitlinien hierfür hilfreich sind.

Abschließend folgen einige allgemeine Leitlinien zur Konzipierung von Wettbewerbsstrategien.

1. Das Gebiet, auf dem man kämpft, sollte man gut kennen (den Markt).
2. Über die Ressourcen seiner Feinde sollte man gut Bescheid wissen (Wettbewerbsanalyse).
3. Die Kunst besteht darin, mit aller Entschlossenheit einen Schachzug durchzuführen, den der Feind nicht erwartet.

In Bezug auf den letzten Punkt schlug der englische Ingenieur und Militärstratege Frederick Lanchester folgende Gleichung vor, um seine Erkenntnisse auf die Wirtschaft anzuwenden:

$$\text{Kampfstärke} = \text{Waffeneffizienz} \times (\text{Anzahl der Kämpfer})^2$$

Diese Gleichung lässt sich vereinfacht zusammenfassen: „Waffeneffizienz“ kann sich auf Elemente wie Werbung, Vertrieb, Produktqualität und dergleichen beziehen. „(Anzahl der Kämpfer)^2“ ist etwas schwieriger zu erklären, ähnelt jedoch vom Konzept her Einsteins Theorie der kritischen Masse:

$$\text{Energie} = \text{Masse} \times (\text{Lichtgeschwindigkeit})^2$$

$$E = mc^2$$

Dies lässt sich beispielsweise anhand des Einsatzes von Vertriebsmitarbeitern veranschaulichen. Wenn ein Vertriebsmitarbeiter eines Konkurrenten einen Händler sechs Monate lang viermal pro Monat besucht, hat er am Ende insgesamt 24 Besuche gemacht. Wenn ein Vertriebsmitarbeiter des eigenen Unternehmens sechs Monate lang acht Händlerbesuche pro Monat durchführt, kommt er am Ende auf insgesamt 48 Besuche. Das Quadratische Lanchester-Gesetz besagt jedoch, dass der *Effekt*, den der Mitarbeiter des eigenen Unternehmens erreicht, mehr als doppelt so hoch ist wie der des Mitarbeiters des Konkurrenten.

Ein Beispiel dafür war der Angriff von Canada Dry auf den britischen Mixgetränkemarkt. Durch spezielle Schulungen, mit denen das Vertriebspersonal eine Spitzeneffizienz erreichte (Waffeneffizienz) und durch die Fokussierung auf spezifische Marktsegmente mit dem Ziel, dort seinen viel größeren Rivalen zu übertrumpfen, konnte das Unternehmen Schritt für Schritt bestimmte Marktbereiche erobern, bis es schließlich einen signifikanten Marktanteil gewann. Hätte das Unternehmen dagegen versucht, den Marktführer Schweppes mit einem direkten Großangriff frontal herauszufordern, wäre ihm das wohl kaum gelungen.

Strategische Marketingplanung: Der Startpunkt

Verständnis der Variablen

In *Abbildung 6.10* wird die sogenannte Gap-Analyse (Lückenanalyse) dargestellt.

Ihre Hauptaussage ist folgende: Wenn die Vorgaben für die Umsatz- und Finanzziele eines Unternehmens höher sind als die aktuellen langfristigen Trends und Prognosen dieser Größen, entsteht eine Lücke (Gap), die möglichst frühzeitig antizipiert und geschlossen werden muss.

Diese Lücke kann auf sechs Arten geschlossen werden, wobei die Punkte 2 bis 5 den vier Wachstumsstrategien der Ansoff-Matrix entsprechen:

- Verbesserung der Produktivität (z. B. Kosten reduzieren, Sortiment verbessern, Preise erhöhen, Rabatte reduzieren, Produktivität der Vertriebsmitarbeiter erhöhen),
- Marktdurchdringung (z. B. Verbrauch erhöhen, Marktanteil vergrößern),
- Produktentwicklung (d. h. Anbieten neuer Produkte),
- Marktentwicklung (z. B. neue Nutzergruppen erschließen, Eintritt in neue Segmente, geografische Expansion),
- Diversifikation (d. h. eine Kombination von neuen Produkten und neuen Märkten),
- neue Strategien (z. B. Firmenübernahme, Joint Ventures, Lizenzierung, Franchise).

Eine andere Option besteht natürlich darin, die Ziele nach unten zu korrigieren. Die Gap-Analyse wird am besten in zwei separaten Schritten durchgeführt. Schritt 1 sollte nur für Umsatzerlöse durchgeführt werden, sodass im Falle

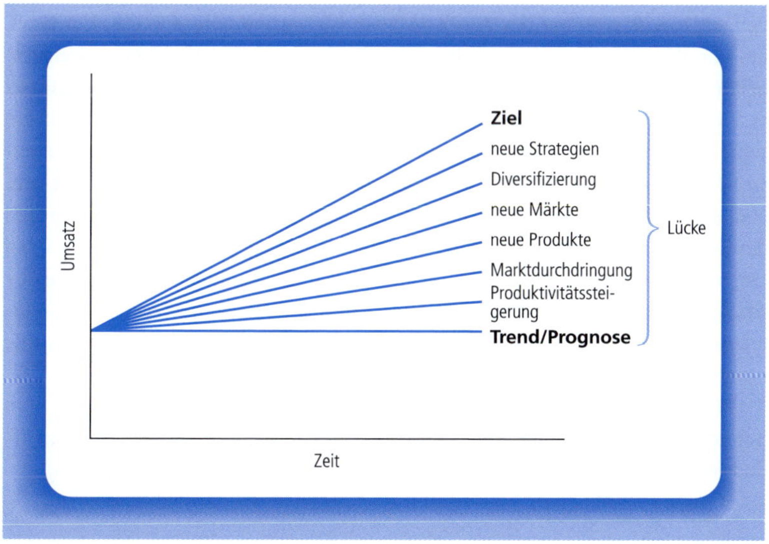

Abbildung 6.10
Gap-Analyse.

der oben dargestellten operativen Lücke die Kostenreduzierung nicht relevant ist, da nur das Erlöswachstum von Interesse ist. Schritt 2 sollte anschließend durch die gleichen Etappen führen, doch dieses Mal unter Berücksichtigung der Kostenauswirkungen, die mit Erreichen des Umsatzwachstums einhergehen.

Ein detaillierter Leitfaden zur Durchführung beider Schritte ist in den Übungsaufgaben am Ende dieses Kapitels und in Kapitel 13 enthalten.

Wenn die Verbesserung der Produktivität eine Methode ist, um die Gewinnlücke zu schließen, ist darauf zu achten, dass keine Maßnahmen ergriffen werden wie etwa „Senkung der Marketingkosten um insgesamt 20 %". Die während der Phase des Marketingaudit durchgeführte Portfolioanalyse macht deutlich, dass diese Maßnahme für einige Produkt- beziehungsweise Marktbereiche (wie etwa Produkte am Anfang des Produktlebenszyklus), die eine Erhöhung der Marketingausgaben erfordern, völlig ungeeignet ist, während für andere Bereiche eine Senkung der Marketingausgaben um 20 % möglicherweise nicht genügt.

Was die Optionen bezüglich des Umsatzwachstums betrifft, ist klar, dass die Verbesserung der Produktivität und die Marktdurchdringung immer die erste Option eines Unternehmens sein sollten, da es zu Beginn weitaus mehr Sinn macht, Gewinne und Cashflow mithilfe *vorhandener* Produkte zu erhöhen, weil dies im Allgemeinen die kostengünstigste und am wenigsten riskante Methode ist (Ansoff 2007).

Der Grund dafür ist, dass ein Unternehmen in Bezug auf seine vorhandenen Produkte und Märkte bereits über umfassende Kenntnisse und Fähigkeiten verfügt, die zu Synergien führen und als Wettbewerbsvorteil genutzt werden können. Das wachsende Interesse an Kundenbindung hängt eng mit dieser Logik zusammen. Es gibt inzwischen viele Belege dafür, dass Stammkunden eine Quelle stetig steigender Gewinne sein können (Krafft 2002). Dieses Thema wird in Kapitel 10 noch ausführlicher behandelt.

Aus dem gleichen Grund macht es in vielen Fällen mehr Sinn, sich entlang der horizontalen Achse der Ansoff-Matrix (vgl. *Abbildung 6.11*) zu bewegen, um das Wachstum durch neue Produkte bei bestehenden Kunden zu steigern, bevor der Versuch unternommen wird, neue Märkte zu erschließen. Dies erklärt sich dadurch, dass ein Unternehmen normalerweise viele Jahre benötigt, um seine Kunden und Märkte kennenzulernen und sich einen guten Ruf aufzubauen. Dieser gute Ruf und das damit einhergehende Vertrauen sind eng mit dem Namen des Unternehmens oder mit seinen Marken verbunden und lassen sich deshalb nicht so einfach auf neue Märkte übertragen, die bereits von anderen Unternehmen beherrscht werden. Ein berühmtes Beispiel dafür ist der Einstieg des US-Einzelhandelskonzerns Wal-Mart in den deutschen Markt. Das Unternehmen verlor im Laufe der Jahre Hunderte Millionen von Dollar und wurde immer wieder zur schlechtesten Supermarktkette Deutschlands gewählt.

Das Marketingaudit sollte sicherstellen, dass die gewählte Methode zum Schließen der Lücke auf die Fähigkeiten des Unternehmens abgestimmt ist und auf seinen Stärken aufbaut.

EINBLICKE

So wäre zum Beispiel für einen Hersteller von Trockennahrungsmitteln die Einführung von Tiefkühlnahrung normalerweise bei weitem nicht so rentabel wie die Ergänzung seines Angebots durch ein weiteres Trockennahrungsprodukt. Ebenso ist es weitaus weniger riskant, ein Produkt durch bereits vorhandene Kanäle unter Einsatz des vorhandenen Vertriebsteams zu verkaufen als ein neues Produkt einzuführen, das neue Vertriebskanäle und Verkaufsmethoden erfordert.

Genau dasselbe gilt für die Produktion, Distribution und Mitarbeiter eines Unternehmens. Wenn neue Produkte entwickelt werden, sollten sie so gut wie möglich zu den vorhandenen Stärken und Fähigkeiten des Unternehmens passen. Die Nutzung bereits vorhandener Produktionskapazitäten ist in der Regel neuen Prozessen vorzuziehen. Die Höhe zusätzlicher Investitionen spielt ebenfalls eine wichtige Rolle. Bei technischem Personal handelt es sich um sehr gut ausgebildete Spezialisten. Es muss geprüft werden, ob deren Kompetenzen sich auf einen neuen Bereich übertragen lassen. Ein Produkt, das neue Rohstoffe benötigt, erfordert möglicherweise auch neue, kostenintensive Transport- und Lagertechniken.

EINBLICKE

Der Eintritt in neue Märkte mit neuen Produkten (Diversifizierung) ist die riskanteste aller Strategien. Es müssen hier *neue* Ressourcen und *neue* Managementfähigkeiten entwickelt werden. Aus diesem Grund gibt es viele Beispiele für Unternehmen, die in Konkurs gingen, weil sie sich auf Gebiete vorwagten, für die sie nicht die erforderlichen spezifischen Kompetenzen besaßen.

Dies erklärt auch, warum zahlreiche Unternehmen, die im Rahmen von Firmenübernahmen in Zeiten hohen Wirtschaftswachstums diversifizierten, sich inzwischen von Geschäftsbereichen getrennt haben, die nicht zu ihren Kernkompetenzen passten (Burmann/Freiling/Hülsmann 2006).

Die Ansoff-Matrix ist natürlich keine simple Vierfeldermatrix, da es verschiedene Grade von technologischer Neuheit und Marktneuheit gibt. In *Abbildung 6.11* wird dieser Punkt verdeutlicht.

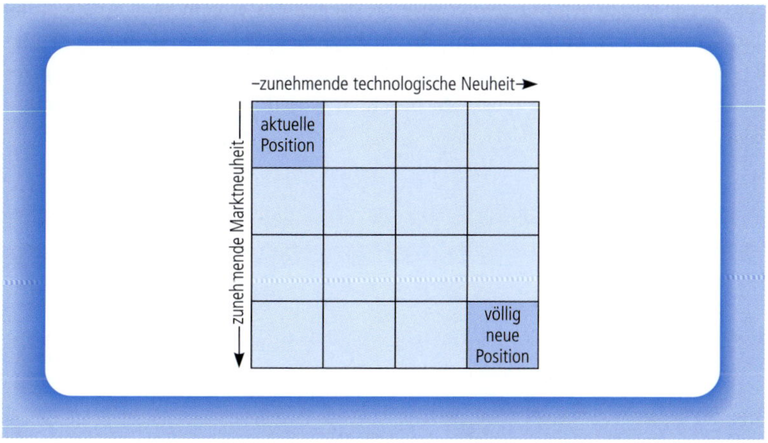

Abbildung 6.11
Erweiterte Ansoff-Matrix.

Dennoch wird das Phänomen des Produktlebenszyklus ein Unternehmen unweigerlich dazu *zwingen*, sich langfristig entlang beider Dimensionen der Ansoff-Matrix zu bewegen, wenn es seine Umsätze und Gewinne auch zukünftig steigern will. Es stellt sich dann die Schlüsselfrage, *wie* diese wichtige Entscheidung angesichts der bestehenden Risiken getroffen werden soll.

Eine vollständige Liste der möglichen Handlungsoptionen auf Basis der Gap-Analyse wird in *Abbildung 6.12* gezeigt. An dieser Stelle sei nochmals daran erinnert, dass die genaue Vorgehensweise zur Implementierung dieses Konzepts in Kapitel 13 in Verbindung mit einem System zur Marketingplanung besprochen wird.

EINBLICKE Hier ist nochmals zu betonen, dass der Punkt „Ziele" in der Gap-Analyse *keine* Extrapolation vergangener Zahlen sein sollte, sondern Ausdruck der eigenen Einschätzungen des Unternehmens darüber, wie hoch der Gewinn sein müsste, um ein exzellentes Geschäftsergebnis zu erreichen.

Der Begriff „exzellent" darf natürlich nur in Beziehung zu vergleichbaren Geschäftsmodellen verwendet werden. Wenn alle Führungskräfte eines Unternehmens, die für strategische Geschäftseinheiten (SGEs) verantwortlich sind, so vorgehen und dann ermitteln würden, wie eventuelle Lücken geschlossen werden sollten, könnte mit großer Wahrscheinlichkeit ein exzellentes Geschäftsergebnis erzielt werden. Stattdessen trifft jedoch in der Realität meist der Fall zu, dass Führungskräfte warten, bis es zu einer Krise kommt, bevor sie einen strategischen Plan entwerfen. Viele Unternehmen haben in den späten 1980er und 1990er Jahren leider viel zu lange gewartet und mussten schließlich Konkurs anmelden. In den späten 1990er Jahren und zu Beginn des neuen Jahrtausends sprangen viele Dotcom-Unternehmen auf den Internetzug, ohne gut durchdachte Strategien im Gepäck zu haben – ihr Scheitern war vorhersehbar (Mahajan/Srinivasan/Wind 2002).

Als Schlussbemerkung zur Gap-Analyse auf Grundlage der Ansoff-Matrix ist anzuführen, dass nach ihrer Fertigstellung die Details darüber, *wie* die Ziele erreicht werden sollen, noch herausgearbeitet werden müssen. Darin besteht der Zweck des strategischen Marketingplanes. Die Gap-Analyse stellt also einen sehr nützlichen *Startpunkt* beim Festlegen der allgemeinen Ausrichtung dar, weshalb sich empfiehlt, mit ihr zu beginnen, statt zuerst in mühevoller Kleinarbeit einen strategischen Marketingplan vorzubereiten, der dann später wieder geändert werden muss. Zu beachten ist jedoch, dass die Gap-Analyse *kein* Marketingplan ist.

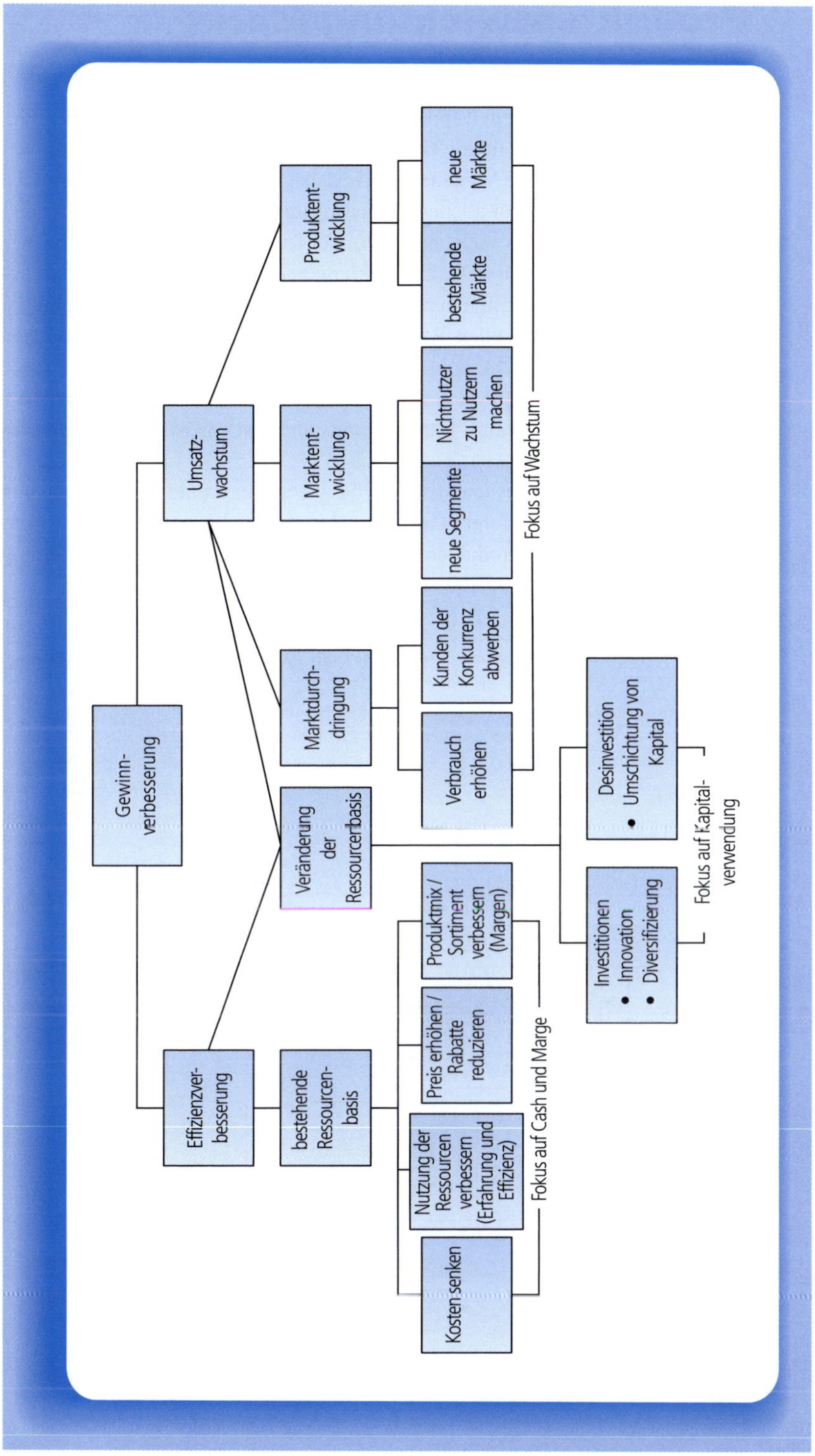

Abbildung 6.12
Strategische Optionen auf Basis der Gap-Analyse.

Produktentwicklung/Marktentwicklung/Diversifizierung

Wie bereits zuvor in diesem Kapitel festgestellt wurde, werden sich früher oder später alle Unternehmen entlang einer oder beider Dimensionen der Ansoff-Matrix bewegen müssen. Die Vorgehensweise dabei sollte vergleichsweise einfach sein, sofern zuvor ein gründliches Marketingaudit durchgeführt wurde.

An dieser Stelle ist es nicht möglich, die Teilbereiche des Marketing wie Marktforschung, Marktauswahl, Entwicklung neuer Produkte und Diversifizierung im Detail zu erklären. Wichtig für ein Buch über Marketingplanung ist jedoch, einen konzeptionellen Rahmen zur Durchführung dieser Aktivitäten zu entwickeln.

Das Ziel besteht in einer Maximierung von *Synergien*, was als „2 + 2 = 5"-Effekt bezeichnet werden kann. Der Ausgangspunkt ist das Marketingaudit, das zur SWOT-Analyse führt.

Sobald diese wichtige analytische Phase der Chancenidentifizierung und Unternehmensanalyse erfolgreich abgeschlossen ist, können die eher „technischen" Prozesse wie Produktentwicklung, Markttests und Markteinführung stattfinden (*Abbildung 6.13* illustriert den Prozess).

Der wichtige Punkt dabei ist folgender: Egal wie durchdacht diese nachgeordneten Maßnahmen durchgeführt werden, sie können langfristig nur dann erfolgreich sein, wenn die Ziele der Produktentwicklung/Marktentwicklung auf einer gründlichen Analyse der Fähigkeiten des Unternehmens und der Marktchancen basieren.

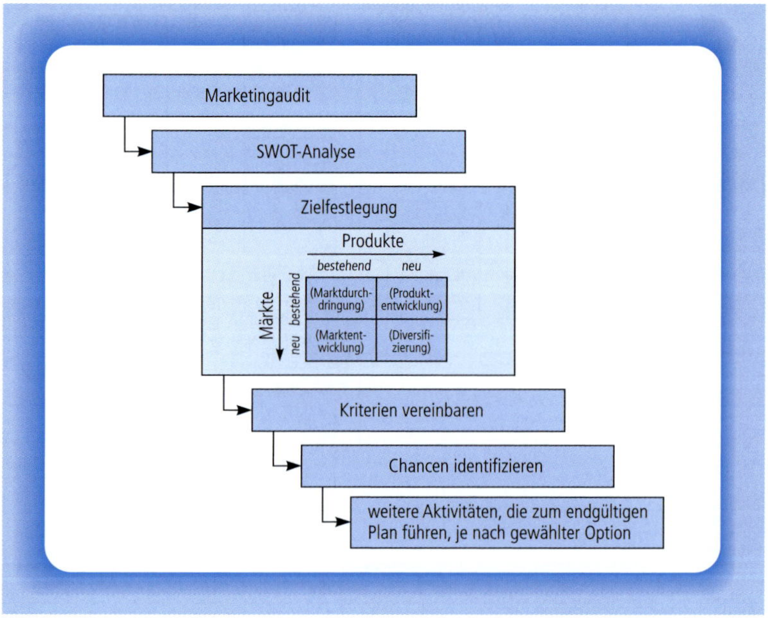

Abbildung 6.13
Einordnung der Ansoff-Strategien in den Marketingplanungsprozess.

Die ausgewählten Kriterien zur Unternehmens- und Chancenanalyse werden im Allgemeinen mit den Kriterien übereinstimmen, die zur Positionierung von Produkten oder Geschäftsfeldern in der in Kapitel 5 beschriebenen Portfoliomatrix verwendet wurden. Die in *Tabelle 5.2* aufgeführte Liste kann zur Auswahl der wichtigsten Kriterien genutzt werden. Identifizierte Marktchancen können dann mithilfe eines Bewertungs- und Gewichtungsmodells auf ihre Eignung oder Nichteignung überprüft werden.

Wie bereits erwähnt, besteht der Zweck dieses Buches nicht darin, die Teilbereiche des Marketing im Detail zu betrachten. Dennoch soll an dieser Stelle aufgrund seiner großen Bedeutung für den Unternehmenserfolg der Prozess der Entwicklung neuer Produkte und sein Zusammenhang zur oben beschriebenen Gap-Analyse kurz erläutert werden.

Nachdem im Zuge von Marketingaudit und Gap-Analyse der Stellenwert der Produktentwicklung im Unternehmenskontext festgelegt ist, muss die Detailplanung folgen. Hierzu sind eine Reihe von Faktoren zu berücksichtigen, mittels derer ein Produkt im Hinblick auf seine Vereinbarkeit mit dem Produktportfolio und seinen Beitrag zur Zielerreichung zu bewerten ist.

Abbildung 6.14 illustriert, wie der Entwicklungsprozess neuer Produkte mit dem Marketingaudit und der SWOT-Analyse zusammenhängt. Die Entwicklung neuer Produkte lässt sich als ein Prozess betrachten, der die folgenden sieben Schritte umfasst:

1. *Ideensammlung* – die Suche nach Produktideen zur Erreichung der Unternehmensziele,
2. *Screening* – eine schnelle Analyse aller Ideen und Auswahl derjenigen, die relevant sind,

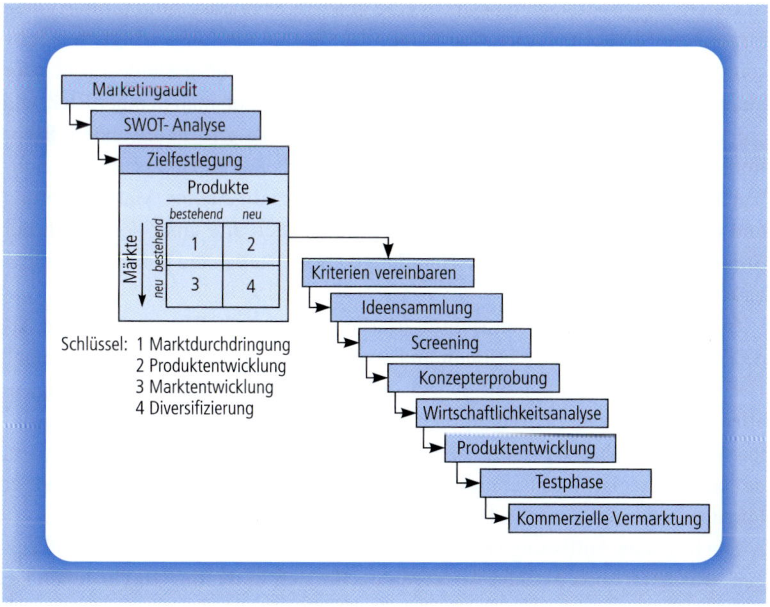

Abbildung 6.14
Der Prozess der Neuproduktentwicklung.

3. *Konzepterprobung* – die Überprüfung des Marktes im Hinblick auf die Akzeptanz der neuen Produktideen.
4. *Wirtschaftlichkeitsanalyse* – die detaillierte Überprüfung der Idee in Bezug auf ihre kommerzielle Verwertbarkeit am Markt (Marktfähigkeit),
5. *Produktentwicklung* – die Umsetzung der Produktidee in ein konkretes, „greifbares“ Produkt,
6. *Testphase* – Markttests zur Überprüfung der Richtigkeit der zuvor vorgenommenen Markteinschätzungen,
7. kommerzielle Vermarktung – komplette Produkteinführung durch Zuteilung von Ressourcen und Nutzung der Unternehmensreputation.

Marketingstrategien

Eine Strategie stellt den allgemeinen Weg zum Erreichen spezifischer Ziele dar und sollte nicht nur die Mittel beschreiben, mit denen Ziele erreicht werden sollen, sondern auch den zeitlichen Rahmen und die Zuteilung der Ressourcen. Sie beschreibt jedoch nicht die konkrete Implementierung der daraus resultierenden einzelnen Aktivitäten.

Es gibt eine klare Unterscheidung zwischen Strategie und deren Umsetzung (Taktik).

Definition
Marketingstrategien sind die Mittel, mit denen ein Unternehmen seine Marketingziele erreicht und die sich üblicherweise auf die vier P's beziehen.

Die *Marketingstrategie* reflektiert die Vorstellung des Unternehmens darüber, wie es seine Fähigkeiten und Ressourcen am besten am Markt verwerten kann. Sie ist zwangsläufig sehr breit gefasst.

Der sich daraus ergebende Plan enthält einen detaillierten Aktions- und Zeitplan und legt fest, welcher Beitrag von jeder Abteilung zu erbringen ist.

Unternehmensstrategien besitzen eine gewisse Ähnlichkeit mit militärischen Strategien. Man schaut sich den Feind, das Terrain und die verfügbaren Ressourcen genau an, um dann zu entscheiden, ob man die gesamte Front oder nur einen geschwächten Bereich des Feindes angreift, ob man in einer Richtung ein Täuschungsmanöver startet, um zugleich einen Angriff in die andere Richtung durchzuführen, oder ob man versucht, den Feind einzukesseln. Die politische Vorgehensweise und die Kombination, die allgemeine Marschrichtung und die Kriterien zur Erfolgsbeurteilung lassen sich alle unter dem Dach der Strategie zusammenfassen. Die Handlungsschritte stellen die Taktik dar (Backhaus/Schneider 2007).

In ähnlicher Weise lassen sich im Marketing ebenfalls Einsatz, Mix und Art der Ressourcen sowie Richtlinien und zu erfüllende Kriterien unter „Strategie“ zusammenfassen. So handelt es sich beispielsweise bei der Entscheidung, in allen Marktbereichen Absatzmittler einzusetzen, mit Ausnahme der drei größten Marktbereiche, wo stattdessen eigene Vertriebsmitarbeiter genutzt werden, um eine strategische Entscheidung. Die Auswahl der einzelnen Handelspartner hingegen ist eine taktische Entscheidung.

Die folgende Auflistung von Stichwörtern aus der Marketingliteratur soll zeigen, was unter strategischen Aussagen im Bereich Marketing zu verstehen ist:

1. Maßnahmen und Prozesse in Bezug auf die Produkte, wie Anzahl, Qualität, Design, Marke, Verpackung, Positionierung usw.,
2. angestrebte Preisklassen, Margen und Rabattpolitik,
3. Werbung, Verkaufsförderung, Direktmailing, Callcenter und Internet sowie der Mix dieser Elemente; der kreative Ansatz, die Art der Medien, die Art der Displays, das Budget usw.,
4. die Rolle des persönlichen Verkaufs, Verkaufskonzept, Verkaufsschulungen usw.,
5. einzusetzende Distributionskanäle und ihre jeweilige Bedeutung,
6. Serviceorientierung in Bezug auf verschiedene Segmente.

> Marketingstrategien sind die Mittel, mit denen Marketingziele erreicht werden. Im Allgemeinen beziehen sie sich auf die vier Hauptelemente des Marketing-Mix.

Diese sind:

Produkt	die generelle Vorgehensweise in Bezug auf Branding (Markenpolitik), Positionierung, Eliminationen, Modifikationen, Erweiterungen, Design, Verpackung usw.
Preis	die generelle Vorgehensweise in Bezug auf die Preisbildung pro Produktgruppe in den jeweiligen Marktsegmenten
Kommunikation	die generelle Vorgehensweise in Bezug auf die Kommunikation mit Kunden in den jeweiligen Bereichen wie Werbung, Verkauf, Verkaufsförderung, Öffentlichkeitsarbeit (Public Relations), Messen, Direktmailing, Callcenter, Internet usw.
Distribution	die generelle Vorgehensweise in Bezug auf Vertriebskanäle und Kundenservice

Die folgende Liste von Marketingstrategien deckt den Großteil der Optionen ab, die für die Bereiche der vier P's zur Verfügung stehen:

1. *Produkt (Product)*
   - Produktlinie erweitern,
   - Leistungs-/Qualitätsmerkmale ändern,
   - Produktlinie konsolidieren,
   - Design standardisieren,
   - Positionierung verändern,
   - Mix ändern,
   - Branding (Markenpolitik) verändern.
2. *Preis*
   - Preis oder Konditionen ändern,
   - Abschöpfungsstrategie (Skimming),
   - Durchdringungsstrategie (Penetration).

3. *Kommunikation (Promotion)*
   - Werbung oder Verkaufsförderung ändern,
   - Mix aus Direktmailing, Callcentern und Internet ändern,
   - Verkaufskonzept ändern.
4. *Distribution*
   - Auslieferung oder Distribution verändern,
   - Service ändern,
   - Kanäle ändern,
   - den Grad der Vorwärts- oder Rückwärtsintegration ändern.

Kapitel 7 bis 10 befassen sich wesentlich ausführlicher mit Kommunikationspolitik, Preisbildung, Service und Distribution. Dort wird erläutert, welche Punkte die Pläne für diese Elemente umfassen sollten. Diese Informationen sind vor allem für solche Unternehmen interessant, die einen detaillierten operativen Jahresplan erstellen wollen.

Die Beziehung dieser Kapitel zum strategischen Plan besteht darin, Informationen bereitzustellen, die einen Planer in die Lage versetzen, breit gefasste Strategien für die oben genannten Bereiche zu formulieren. Es gibt kein Kapitel, das sich speziell mit Produktmanagement befasst, da sämtliche Aspekte bereits behandelt wurden, insbesondere in Kapitel 5 im Zusammenhang mit dem Produktaudit.

Vor der Erstellung detaillierter Aktionsprogramme sind jedoch weitere Schritte im Marketingplanungsprozess zu beachten. Dazu gehören die grobe Schätzung der Kosten der Strategieumsetzung und die Skizzierung alternativer Pläne. Diese beiden Schritte werden in Kapitel 11 ausführlich erläutert.

Als Nächstes folgen einige Empfehlungen zu Marketingmaßnahmen im Falle einer Rezession. Unabhängig von Marketingzielen und -strategien sind alle Volkswirtschaften ab und zu von einem unerwarteten Konjunkturrückgang betroffen. Die folgenden Empfehlungen sollen Unternehmen in solchen schwierigen Zeiten Unterstützung bieten.

Marketing in Zeiten der Rezession

Andrew Lorenz beschreibt die typische Reaktion auf eine Rezession als „Anorexia industrialosa“: das übertriebene Bestreben von Unternehmen, sich durch Verschlankung beziehungsweise Strukturabbau zu erholen, was zu Auszehrung und schließlich zum Tod führt. Diese Reaktion auf eine Rezession ist gerade heutzutage völlig unangemessen und zum Scheitern verurteilt, vor allem weil diese meist mit einer Verschlechterung der Servicequalität für Kunden einhergeht, was aber von Kunden immer weniger akzeptiert wird.

Die Regeln des Wettbewerbs haben sich grundlegend geändert. Das klassische „Make-and-sell“-Modell („herstellen und verkaufen“) ist längst abgelöst von einer neuen Generation unternehmerisch denkender und technologisch führender Wettbewerber, die sich nicht durch bürokratische Strukturen und althergebrachte Werte, Einstellungen und Verhaltensweisen behindern lassen. Informationen über Produkte sind längst separat von diesen Produkten erhältlich, sodass Kunden nun selbstständig nach Produktinformationen suchen und Produkte vergleichen können – unabhängig von den Empfehlungen derjenigen, die diese Produkte verkaufen. Im Zuge einer zunehmenden Sophistication und Emanzipation von Kunden verfügen diese heute über ebenso viele Informationen über Anbieter wie die Anbieter über ihre Kunden (Sauer 2003). *Diese veränderte Situation hat zur Entstehung einer neuen Logik des Wettbewerbs geführt, die darauf basiert, welcher Anbieter am stärksten im Interesse des Kunden handelt und den Kunden am besten darin unterstützt, aus den Produkten einen maximalen Wert für sich zu generieren (Vargo/Lusch 2004).*

Zusätzlich sehen sich Unternehmen mit einer Vielzahl von neuen Konzepten und Metriken zur Leistungsbewertung wie „Shareholder Value“ oder „Balanced Scorecard“ konfrontiert. Außerdem stehen sie zunehmend unter Druck von institutionellen Investoren und Aktionären, aussagekräftigere Analysen zur Unternehmensperformance vorzulegen, statt sich auf die traditionelle Finanzberichterstattung des Jahresabschlusses zu beschränken. All dies zwingt die Manager, althergebrachte Maßnahmen wie Kostensenkung oder Personalabbau zur Erreichung von Rentabilität in Zeiten der Rezession zu überdenken (Bauer/Stokburger/Hammerschmidt 2006).

Die unterschiedlichen Schicksale der britischen Handelsketten Tesco und Marks & Spencer lassen die Frage aufkommen: Wie kommt es, dass ein Unternehmen durchschlagenden Erfolg haben kann und ein anderes Unternehmen so tragisch scheitert?

Tesco legt den Fokus voll und ganz auf Kundenorientierung. Das Kernziel des Unternehmens, „den Kundenwert (Customer Value) kontinuierlich zu steigern, um eine lebenslange Kundenloyalität zu erreichen“, ist im Gegensatz zu vielen Mission Statements nicht bloß ein Slogan, sondern illustriert, wie das Unternehmen tatsächlich denkt und handelt. Tesco versucht ständig, seine Kunden mit innovativen Produkten und Serviceangeboten zu begeistern. Das Beispiel von Marks & Spencer dagegen veranschaulicht, was passiert, wenn ein Unternehmen nicht kundenorientiert handelt. Erst vor einigen Jahren begann Marks & Spencer, Kreditkarten zu akzeptieren und Umkleidekabinen einzuführen. Das einstige Blue-Chip-Unternehmen geriet so tief in die roten Zahlen, dass seine Zukunft eine Zeit lang ernsthaft gefährdet war.

In einem marktorientierten Unternehmen wie Tesco sorgt die Unternehmensleitung dafür, dass Marketing in allen Kernprozessen eine tragende Rolle spielt und eine funktionsübergreifende Zusammenarbeit gewährleistet ist, was allen Mitarbeitern ermöglicht, den Fokus auf den Kunden zu setzen.

In Zeiten der Rezession sollten Unternehmen erst recht auf Marketing setzen. Nur wenn der Fokus unternehmensweit auf Marktsegmente und Kundenbindung gelegt wird, kann ein Unternehmen sich auch in konjunkturschwachen Zeiten behaupten.

Auf der Grundlage der vorstehenden Ausführungen folgen nun einige Empfehlungen für Maßnahmen, die ein Unternehmen in Zeiten der Rezession ergreifen kann:

1. Unternehmen sollten immer daran denken, dass Kunden zwar durch Versprechen gewonnen, aber nur durch Zufriedenheit langfristig gebunden werden.

Wenn ein Unternehmen den Nutzen, den es Kunden bietet, nicht beschreiben kann, wird es auch nicht in der Lage sein, ihn zu liefern. Es sollte also sehr großer Wert darauf gelegt werden, die Bedürfnisse der Kunden zu kennen und zu verstehen.

2. Unternehmen sollten nicht versuchen, zu viele Märkte, Segmente und Kundengruppen abzudecken. Stattdessen sollte der Fokus auf diejenigen gelegt werden, die langfristig interessant sind.
3. Unternehmen sollten ihr Produktportfolio beschränken und dafür sorgen, dass es nicht zu viele Produkte, Dienstleistungen, Packungsgrößen usw. umfasst.
4. Unternehmen sollten ihr Distributionsnetz genau analysieren. Ist es vielleicht zu groß geworden?
5. Unternehmen sollten die Produktivität ihrer gesamten Marketinginvestitionen messen und optimieren, insbesondere aber die Ausgaben für den Vertrieb.
6. Unternehmen sollten ihre Kosten in unproduktiven Geschäftsbereichen senken. Dazu zählen Kosten in Verbindung mit unrentablen Märkten und Kunden.
7. Unternehmen sollten ihre wichtigsten Kunden (Key Accounts) gesondert behandeln. Diese sollten nicht durch das Vertriebsteam betreut werden, sondern durch eigene Key Account Manager.
8. Unternehmen sollten darauf achten, dass Vertriebsteams keine großen Geschäfte abschließen dürfen, da ansonsten bald jeder Kunde maximale Rabatte erhält.
9. Unternehmen sollten versuchen, attraktive Großkunden von Mitbewerbern zu gewinnen. Wenn dadurch eigene unrentable Kunden verloren gehen, ist das kein Grund zur Sorge.

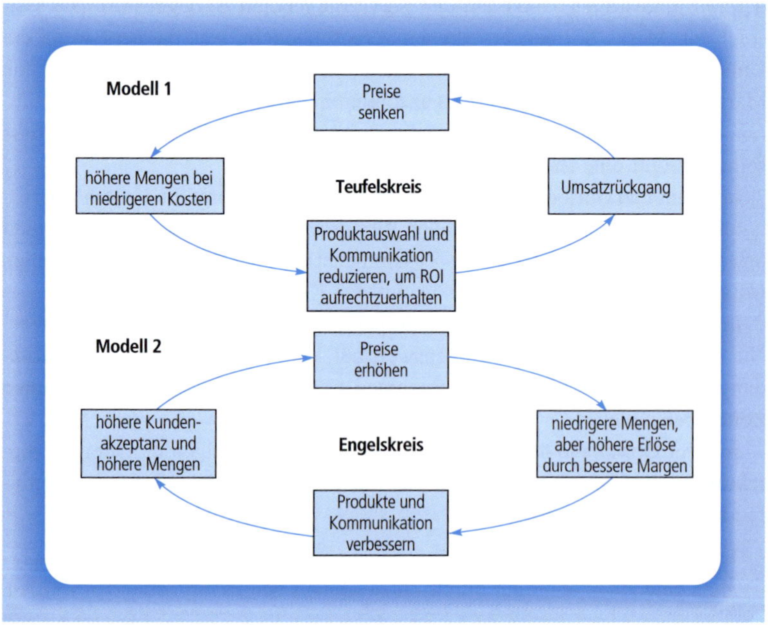

Abbildung 6.15 Marketing in der Rezession: zwei Modelle.

10. Unternehmen sollten sich auf das Herzstück ihres Geschäfts konzentrieren – auf Schlüsselprodukte, Schlüsselmärkte und Schlüsselkunden.

Insbesondere sollte als Vorbild Modell 2 in *Abbildung 6.15* dienen und nicht Modell 1.

Marketingziele, Marketingstrategien und Rentabilität

Abschließend wird der Aspekt der *Rentabilität* bei der Festlegung von Marketingzielen und -strategien behandelt. Die in diesem Abschnitt genannten Aufgaben erfordern die enge Zusammenarbeit mit dem Rechnungswesen, da die beschriebene Methode recht komplex ist und deren Anwendung tief greifende Auswirkungen auf das gesamte Unternehmen hat.

Die Bewertung von Schlüsselsegmenten

Hintergrund/Fakten

- Risiko und geforderte Rendite korrelieren positiv, das heißt wenn sich das Risiko erhöht, erwarten Investoren eine höhere Rendite.
- Das Risiko wird an der Volatilität der erwarteten Rendite gemessen, das heißt an der Wahrscheinlichkeit, entweder eine sehr hohe Rendite zu erzielen oder Geld zu verlieren. Dies kann als Renditequalität bezeichnet werden.
- Alle Vermögenswerte oder Aktiva werden so definiert, dass sie einen künftigen Wert für das Unternehmen haben. Die zu bewertenden Aktiva umfassen demnach nicht nur materielle Vermögensgegenstände wie Fabriken und Maschinen, sondern auch immaterielle Vermögenswerte wie Kundensegmente.
- Der Kapitalwert (Present Value) zukünftiger Cashflows ist einer der meist verwendeten Maßstäbe zur Bewertung von Vermögensgegenständen.
- Der Kapitalwert wird erhöht durch (Srivastava/Shervani/Fahey 1999):
  - Erhöhung der zukünftigen Cashflows,
  - Beschleunigung (Akzeleration) des Cashflow-Eingangs, das heißt früheres Auftreten von Cashflows,
  - Senkung des Risikos der Cashflows, das heißt Steigerung der Wahrscheinlichkeit des Auftretens des Cashflow.

Empfohlener Ansatz

- Es ist hilfreich, Marktsegmente nach ihrer Attraktivität für das Unternehmen auf einer vertikalen Achse und bezüglich der relativen Wettbewerbsstärke des Unternehmens auf einer horizontalen Achse zu klassifizieren. Auf diese Weise können die Schlüsselsegmente des Unternehmens identifiziert werden. „Attraktivität" bedeutet üblicherweise das Gewinnwachstumspotenzial jedes Segments über einen Zeitraum von drei bis fünf Jahren. Daraus ergibt sich ein Portfolio, wie in Kapitel 5 ausgeführt (*Abbildung 6.16*).
- Auf der Grundlage der aktuellen Erfahrungen und eines angemessenen Planungshorizonts sollte das Unternehmen eine Prognose der zukünftigen Free

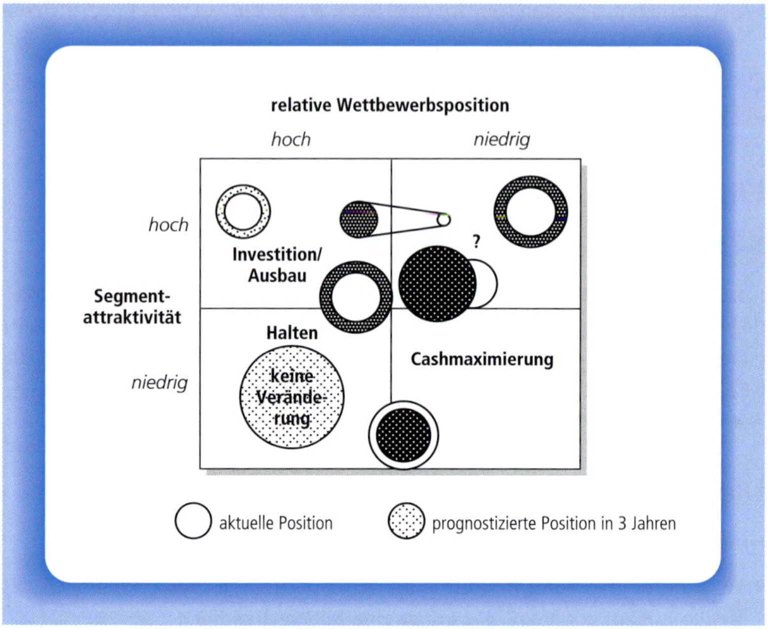

Abbildung 6.16
Portfoliomatrix zur Identifikation der Schlüsselsegmente.

Cashflows seiner Segmente erstellen. Dafür wird normalerweise ein Zeitraum von drei oder fünf Jahren gewählt.
Die Berechnung besteht aus drei Teilen (McDonald/Ward/Smith 2007):
- Gewinnprognosen für jedes Jahr,
- Kostenprognosen für jedes Jahr,
- Bestimmung des Free Cashflow für jedes Segment und jedes Jahr.

- Identifizierung der Werttreiber, die wahrscheinlich eine Erhöhung oder Reduzierung dieser zukünftigen Cashflows bedingen. Diese Faktoren lassen sich am besten nach folgenden Kriterien einschätzen:
  - Risikograd des Produkts/Marktsegments bezüglich seiner Position in der Ansoff-Matrix,
  - Unsicherheit der Marketingstrategien in Bezug auf das Erreichen des Gewinns und Marktanteils,
  - Unsicherheit der Rentabilitätsprognose (z. B. die Genauigkeit der Kostenprognose).
- Anschließend Neuberechnung der Gewinne, Kosten und Free Cashflows für jedes Jahr durch Anpassung der Zahlen entsprechend der oben aufgeführten Risiken (Wahrscheinlichkeiten).
- Das Rechnungswesen sollte dem Unternehmen eine Auflistung der Gesamtkapitalkosten der strategischen Geschäftseinheiten (SGEs) und des in der jeweiligen SGE eingesetzten Kapitals zur Verfügung stellen. Diese wird nicht nur materielle Vermögenswerte umfassen. Beispiel: Bei einem eingesetzten Kapital von € 1 000 000 und einer geforderten Rendite der Eigenkapitalgeber von 10 % würde die erforderliche Mindestrendite € 100 000 betragen.
- Die prozentualen Kapitalkosten sind anschließend vom Free Cashflow für jedes Segment und jedes Jahr zu subtrahieren.

- Ein positiver aggregierter Kapitalwert weist darauf hin, dass das Unternehmen Shareholder Value schafft, das heißt, die erreichten Gesamtrenditen sind größer als die gewichteten durchschnittlichen Kapitalkosten (Weighted Average Cost of Capital, WACC), unter Berücksichtigung des Risikos zukünftiger Cashflows.

Zusammenfassung

Die Formulierung von Marketingstrategien ist eine der wichtigsten und schwierigsten Phasen des gesamten Marketingplanungsprozesses. Sie setzt die Grenzen für den Erfolg. Werden die Strategien allen Managementebenen kommuniziert, zeigt sie, auf welche Art und Weise welche Stärken zu entwickeln und welche Schwächen zu beheben sind.

Marketingstrategien ermöglichen operative Entscheidungen, die das Unternehmen in Übereinstimmung (Fit) mit jenen Marktchancen bringen, die den vorherigen Analysen zufolge die besten Erfolgsaussichten bieten.

Bevor die nächste Etappe des Marketingplanungsprozesses näher erläutert wird – die Erstellung operativer Pläne –, soll an dieser Stelle nochmals betont werden, dass die Phase der Festlegung von Zielen und Strategien ein äußerst komplexer Prozess ist, der einer sorgfältigen Durchführung bedarf, um das Risiko von Ressourcenverschwendungen zu minimieren.

Dieses Kapitel hat verdeutlicht, dass für sämtliche Marketingaspekte die Festlegung von klaren und definitiven Zielen erforderlich ist und dass die Marketingziele logisch aus den Unternehmenszielen abzuleiten sind. Der Vorteil dieser Vorgehensweise besteht darin, dass sie allen Mitarbeitern, die mit Marketingaktivitäten befasst sind, ermöglicht, ihren eigenen Beitrag darauf zu konzentrieren, die übergeordneten Marketingziele zu erreichen. Zudem erleichtert sie eine sinnvolle und konstruktive Evaluierung aller Marketingaktivitäten.

Für den praktischen Zweck der Marketingplanung wird anhand der obigen Erläuterungen zur Zielhierarchie klar, dass übergeordnete Marketingziele in Unterziele heruntergebrochen werden müssen, die zusammen ein Erreichen der übergeordneten Marketingziele bewirken. Dieses Herunterbrechen der übergeordneten Ziele vereinfacht die schwierige Aufgabe der Strategieentwicklung.

EINBLICKE

Einer zweijährigen Studie von McKinsey & Company zufolge, in der 35 Topunternehmen analysiert wurden, stimmten die führenden Unternehmen darin überein, dass die Produkt-/Marktstrategie der Schlüssel zur kontinuierlichen Steigerung des Shareholder Value ist. Dies unterstreicht, dass die Festlegung von Zielen und Strategien in Bezug auf Produkte und Märkte zu den wichtigsten Schritten des Marketingplanungsprozesses gehört.

Sobald ein Konsens zu den allgemeinen Marketingzielen und -strategien erreicht wurde, können diejenigen, die für die Aktionsprogramme verantwortlich sind, mit der detaillierten Planung beginnen und die Gesamtstrategie in Unterziele übersetzen.

Die Pläne sind das „Vehikel“, mit dem man auf dem gewählten Weg beziehungsweise durch die Umsetzung der Strategie das Ziel erreicht. Statt „Plan“ werden in der Marketingliteratur synonym auch oft die Begriffe „Programm“ und „Zeitplan“ verwendet. Ein Plan, der detaillierte Listen mit den zu erfüllenden Aufgaben sowie Verantwortlichkeiten, Zeitplanung und Kosten enthält, wird manchmal auch als Budgetzuweisung bezeichnet; dabei handelt es sich um eine präzise Aufstellung der durchzuführenden Maßnahmen und der erwarteten finanziellen Ergebnisse. Nähere Erläuterungen dazu folgen in Kapitel 7 bis 10.

Leser, die bereits ausreichende Kenntnisse über Kommunikationspolitik, Distribution und Preisbildung haben und denen es in erster Linie um die Erstellung eines strategischen Marketingplanes geht, können nun direkt zu Kapitel 11 übergehen.

Anwendungsfragen

1. Erstellen Sie eine kritische Analyse der Ziele Ihres Unternehmens.
2. Erstellen Sie eine kritische Analyse der Strategien Ihres Unternehmens.
3. Erstellen Sie eine kritische Analyse der Marketingziele Ihres Unternehmens.
4. Erstellen Sie eine kritische Analyse der Marketingstrategien Ihres Unternehmens.
5. Gab es innerhalb der letzten zehn Jahre irgendeine Produkt- oder Marktentwicklung, die mit den spezifischen Kompetenzen Ihres Unternehmens nicht vereinbar war? Falls ja, erklären Sie, warum.
6. Entwickeln Sie Kriterien für eine Produkt-/Marktentwicklung, die mit den spezifischen Kompetenzen Ihres Unternehmens vereinbar *sind*.

Kapitel 6: Wiederholung

Unternehmensziel

Darunter wird das Gewinnniveau verstanden, das ein Unternehmen erreichen will. Die *Unternehmensstrategie* zur Erreichung dieses Zieles umfasst folgende Punkte:

1. die jeweiligen Produkte und Märkte (Marketing),
2. die jeweils erforderliche Infrastruktur (z. B. Produktion, Distribution),
3. die Anzahl und Art der Mitarbeiter (Personal),
4. die erforderlichen Mittel und deren Beschaffung (Finanzierung),
5. soziale Verantwortlichkeit, Unternehmensimage usw. (weitere Unternehmensstrategien).

Gap-Analyse

Die Gap-Analyse untersucht, ob in Bezug auf das Unternehmensziel operative und strategische Lücken existieren.

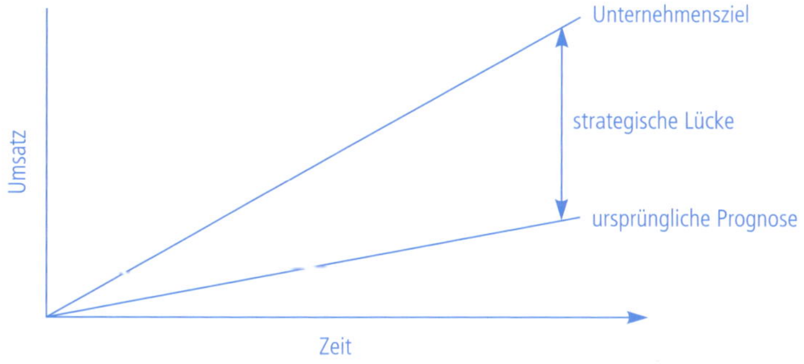

Die *operative Lücke* kann durch Kostensenkung, Optimierung des Sortiments und Erhöhung des Marktanteils geschlossen werden.

Die *strategische Lücke* kann durch Gewinnung neuer Nutzer, Erschließung neuer Segmente, geografische Expansion, Entwicklung neuer Produkte und Diversifizierung geschlossen werden.

Bearbeiten Sie hierzu Übung 6.1

Marketingaudit

Darunter wird die systematische Sammlung von Daten und Informationen über die externe Umwelt und die internen Prozesse des Unternehmens verstanden.

Bearbeiten Sie hierzu Übung 6.2

SWOT-Analyse

Diese fasst das Marketingaudit unter folgenden Punkte zusammen:

- *Intern* – die Stärken und Schwächen des Unternehmens.
- *Extern* – die Chancen und Risiken für das Unternehmen.
- Die SWOT-Analyse sollte überzeugende Argumente dafür liefern, welche Marketingziele für das Unternehmen sinnvoll sind und welche nicht. Das Unternehmen sollte seine Stärken einsetzen, um Chancen zu nutzen und zugleich Schwächen und Risiken zu minimieren.

Bearbeiten Sie hierzu Übung 6.3, 6.4 und 6.5

Marketingziele

Diese befassen sich damit, was verkauft wird (Produkte) und an wen es verkauft wird (Märkte). Es gibt vier mögliche Kombinationen von Produkten und Märkten (Ansoff-Matrix).

		Produkte	
		etabliert	neu
Märkte	etabliert	A	B
	neu	C	D

Ein Ziel enthält drei Elemente:

1. die Größe, die zur Messung gewählt wird, z. B. Umsatz, Marktanteil,
2. einen bestimmten vorgegebenen Zielwert, z. B. 25 % Marktanteil,
3. eine bestimmte Periode, z. B. zum Ende des dritten Jahres.

Aus der Ansoff-Matrix folgen vier Hauptkategorien von Zielen:
A = Marktdurchdringung
B = Produktentwicklung
C = Marktentwicklung
D = Diversifizierung

Bearbeiten Sie hierzu Übung 6.6

Marketingstrategien

Es gibt vier generische Strategien:

1. Investitionen für Wachstum,
2. nachhaltige selektive Gewinnorientierung,
3. ernten,
4. abstoßen (desinvestieren).

Zudem gibt es spezifischere Marketingstrategien, die die vier P's betreffen:

1. *Produkt*
   - Sortiment erweitern,
   - Sortiment konsolidieren,
   - Sortimentsstruktur ändern,
   - Qualität verbessern,
   - Design standardisieren,
   - Produkt neu positionieren,
   - Markenpolitik.
2. *Preis*
   - Preis ändern,
   - allgemeine Konditionen ändern,
   - Durchdringungsstrategie,
   - Abschöpfungsstrategie.
3. *Kommunikation*
   - Werbung ändern,
   - Verkaufsförderung ändern,
   - Mix aus Callcentern, Direktmailing und Internet ändern,
   - den gesamten Kommunikations-Mix ändern,
   - Verkaufskonzept ändern,
4. *Distribution*
   - Kanäle ändern,
   - Auslieferung oder Distribution ändern,
   - Serviceintensität ändern,
   - Vorwärts- oder Rückwärtsintegration.

Bearbeiten Sie hierzu Übung 6.7

Fragen, die sich für das Unternehmen ergeben

1. F: Wer sollte die Marketingziele und -strategien festlegen?

   A: Üblicherweise werden sie durch die Marketingleitung festgelegt; sie müssen jedoch auf jeden Fall in Übereinstimmung mit der Unternehmensleitung formuliert werden, um ihre Verbindlichkeit zu gewährleisten.

2. F: Ist Diversifizierung angesichts des Risikos, das mit dem Vorstoß ins Unbekannte einhergeht, wirklich ein geeignetes Ziel?

   A: Das hängt davon ab, ob für diesen Schritt *faktisch überzeugende* Argumente vorliegen. Die Entscheidung dafür oder dagegen sollte auf jeden Fall sorgfältig abgewogen werden.

3. F: Wie geheim sollten Marketingziele und -strategien sein? Sollten die Mitarbeiter der unteren Ebenen über sie Bescheid wissen?

   A: Mitarbeiter engagieren sich viel mehr für ein Unternehmen, das „weiß, wohin es geht". Im Idealfall sollten untergeordnete Mitarbeiter alle Informationen erhalten, die sie zum Verständnis ihrer Aufgaben benötigen.

4. F: Was geschieht, wenn Marketingziele und -strategien nicht wie gewünscht realisiert werden?

   A: Wenn der Prozess ihrer Festlegung auf Fakten basierte, wird ihre Realisierung mit großer Wahrscheinlichkeit wie erwartet erfolgen. Natürlich ist es sehr wichtig, die Fortschritte während der Realisierung kontinuierlich zu überwachen und notfalls korrigierende Maßnahmen zu ergreifen.

Übungen

Einführung in die Übungen zu Kapitel 6

Die nachfolgenden Übungen befassen sich mit dem schwierigsten Teil des Marketingplanungsprozesses.

Übung 6.1 beschäftigt sich mit der Durchführung einer Gap-Analyse.

Übung 6.2 beschäftigt sich mit der Beschaffung relevanter Daten über das Unternehmen und einer anschließenden kritischen Analyse der Chancen und Risiken des Unternehmens.

Übung 6.3 betrachtet die Wettbewerbsanalyse, einen besonders wichtigen Teil des Marketingaudits.

Übung 6.4 beschäftigt sich mit der Durchführung einer SWOT-Analyse.

Übung 6.5 befasst sich eingehend mit den zu treffenden Prämissen für die Festlegung der Marketingziele. Diese Annahmen sollten klar auf ein Minimum reduziert werden, wobei es dennoch wichtig ist, ihre Bedeutung und vor allem die Risiken zu verstehen, die mit solchen Annahmen verbunden sind.

Übung 6.6 beschäftigt sich mit dem wichtigsten Schritt, der Festlegung der Marketingziele.

Übung 6.7 befasst sich mit der Auswahl der geeigneten Marketingstrategien zum Erreichen der zuvor festgelegten Ziele.

Übung 6.1 Gap-Analyse

Umsatz

Diese Übung besteht aus zwei Teilen. Der erste Teil beschäftigt sich mit dem *Umsatz*, der zweite Teil mit dem *Gewinn*.

Ziel

Tragen Sie als Erstes die Umsatzposition ein, die Sie am Ende der Planungsperiode erreichen wollen (Punkt E; *Abbildung 6.17*). Tragen Sie als Nächstes die prognostizierte Position ein (Punkt A).

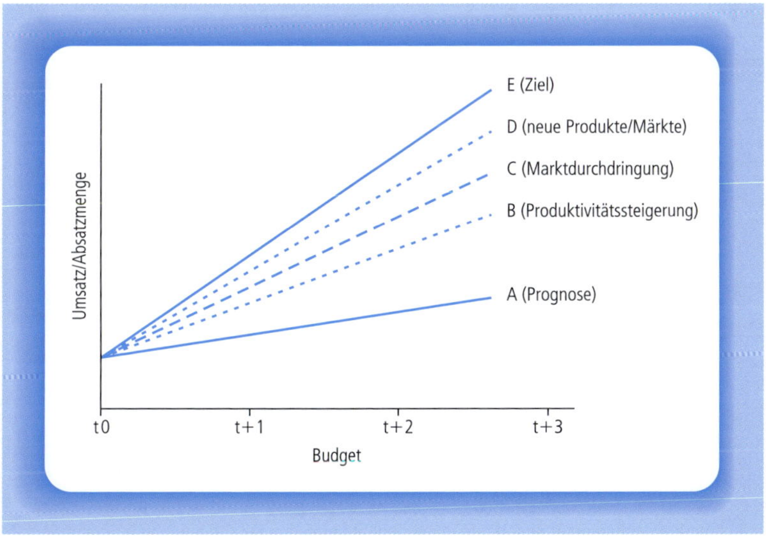

Abbildung 6.17
Gap-Analyse nach Umsatz.

Produktivität

Gibt es Maßnahmen zu den in *Tabelle 6.2* genannten Bereichen, die Sie ergreifen können, um die Lücke zu Punkt B zu schließen? (Diese sind primär auf eine Erhöhung von Liquidität und Margen ausgerichtet)

Ansoff-Matrix: Marktdurchdringung

Erstellen Sie eine Liste der wichtigsten Produkte auf der horizontalen Achse (in *Abbildung 6.18*) und der wichtigsten Märkte auf der vertikalen Achse. Tragen Sie in jedes kleinere Kästchen die aktuellen Umsätze sowie die während der Planungsperiode erreichbaren Umsätze ein.

Tab. 6.2 Maßnahmen zur Produktivitätssteigerung

Maßnahme (Hinweis: nicht alle Maßnahmen sind voneinander unabhängig)	*Umsatzwirkung*
besserer Produkt-Mix (1)	
besserer Kunden-Mix (2)	
mehr Kundenbesuche (3)	
bessere Kundenbesuche (4)	
Preis erhöhen	
Rabatte reduzieren	
Lieferkosten in Rechnung stellen	
GESAMT	

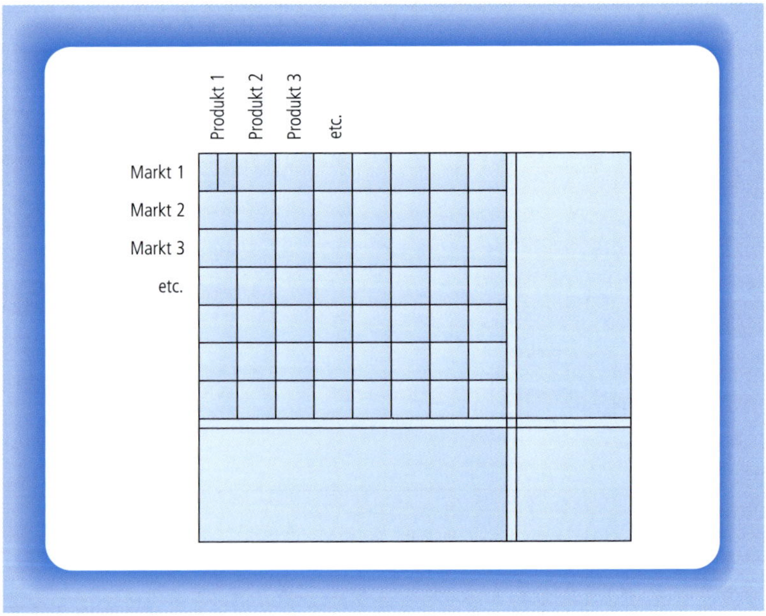

Abbildung 6.18 Ansoff-Matrix: Marktdurchdingung.

Tragen Sie nun die Position, die durch Maßnahmen zur Marktdurchdringung erreicht werden soll, ein (Punkt C; *Abbildung 6.17*). Dieser Punkt ergibt sich aus der Addition sämtlicher Werte in der rechten Hälfte der kleinen Kästchen in der Ansoff-Matrix. Bitte beachten Sie, dass Umsätze aus (1), (2), (3) und (4) in der Tabelle vom Gesamtwert der Marktdurchdringung subtrahiert werden sollten, bevor Punkt C eingetragen wird.

Ansoff-Matrix: Neue Produkte/neue Märkte
Geben Sie nun den Umsatz aus neuen Produkten an, die Sie möglicherweise entwickeln, um sie an vorhandene Märkte zu verkaufen (*Abbildung 6.19*). Geben Sie entweder alternativ oder zusätzlich den Umsatz durch vorhandene Produkte an, die Sie möglicherweise an neue Märkte verkaufen. Geben Sie die Summe dieser Umsätze an (Punkt D; *Abbildung 6.17*).

Ansoff-Matrix: Diversifizierung
Erstellen Sie eine Auflistung von neuen Produkten, die Sie möglicherweise für neue Märkte entwickeln, bis Punkt E erreicht ist. (Schritt 3, 4 und 5 der Ansoff-Matrix sind primär auf Umsatzwachstum ausgerichtet.)

Kapitalverwendung
Falls keiner dieser Schritte zum Erreichen der erforderlichen Kapitalrendite (ROI) führt, ziehen Sie eine Veränderung der Vermögensbasis (der zugrunde gelegten Vermögensgegenstände) in Betracht. Dies könnte erfolgen durch:

a) Akquisition (Firmenübernahme),
b) Joint Venture (Firmenzusammenschluss).

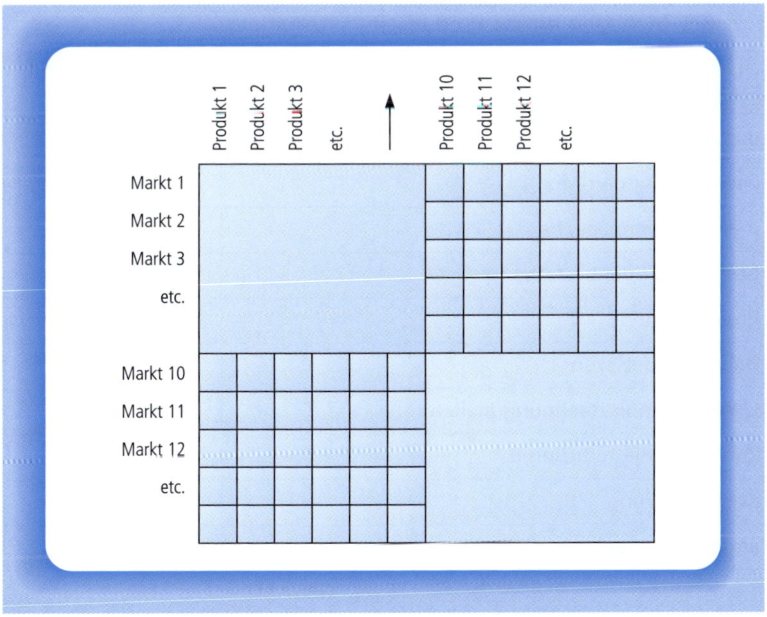

Abbildung 6.19
Ansoff-Matrix: Produkt- und Marktentwicklung.

Gewinn

Ziel

Tragen Sie als Erstes die Gewinnposition ein, die Sie am Ende der Planungsperiode erreichen wollen (Punkt E; *Abbildung 6.20*).

Legen Sie als Nächstes die prognostizierte Gewinnposition fest (Punkt A).

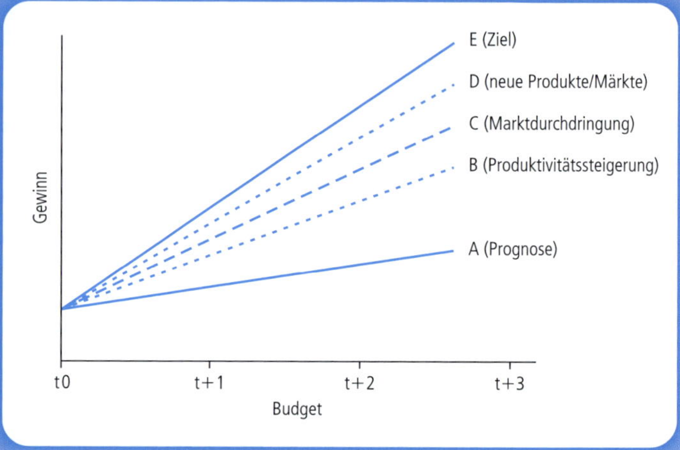

Abbildung 6.20
Gap-Analyse nach Gewinn.

Produktivität

Gibt es Maßnahmen, die Sie ergreifen können, um die Lücken in den in *Tabelle 6.3* genannten Bereichen zu schließen? Geben Sie deren Gesamtgewinn an (Punkt B; *Abbildung 6.20*).

Tab. 6.3 Maßnahmen zur Produktivitätssteigerung

Maßnahme (Hinweis: nicht alle Maßnahmen sind voneinander unabhängig)	**Gewinnwirkung**
besserer Produkt-Mix	
besserer Kunden-Mix	
mehr Kundenbesuche	
bessere Kundenbesuche	
Preis erhöhen	
Rabatte reduzieren	
Lieferkosten in Rechnung stellen	
Zahlungsziele reduzieren	
Kostensenkung	
andere (nennen)	
GESAMT	

Ansoff-Matrix: Marktdurchdringung

Erstellen Sie eine Auflistung der wichtigsten Produkte auf der horizontalen Achse in *Abbildung 6.20* und der wichtigsten Märkte auf der vertikalen Achse. Tragen Sie in jedes kleinere Kästchen den aktuellen Gewinn sowie den während der Planungsperiode erreichbaren Gewinnwert ein.

Tragen Sie nun die Position ein, die durch Maßnahmen der Marktdurchdringung erreicht werden soll (Punkt C; *Abbildung 6.20*). Dieser Punkt ergibt sich aus der Addition sämtlicher Werte in der rechten Hälfte der kleinen Kästchen in der Ansoff-Matrix (*Abbildung 6.21*).

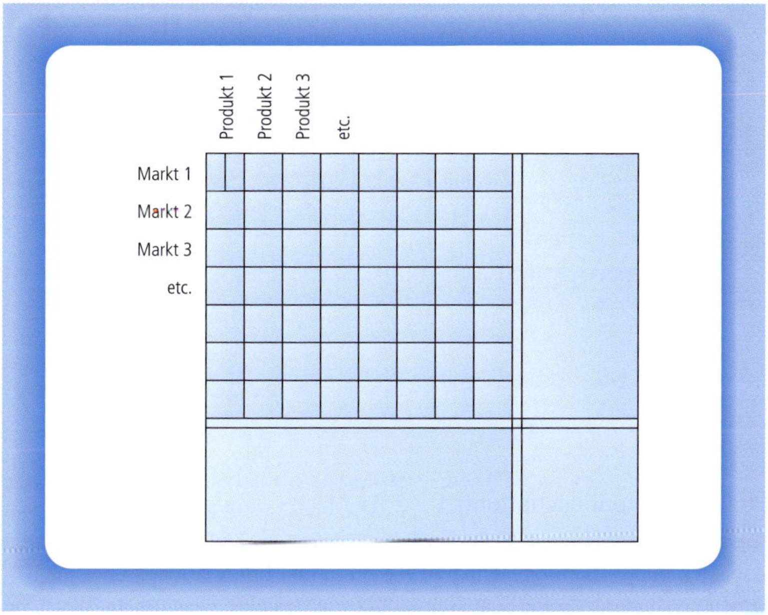

Abbildung 6.21
Ansoff-Matrix: Marktdurchdringung.

Ansoff-Matrix: Neue Produkte/neue Märkte

Geben Sie nun den Gewinn durch neue Produkte an, die Sie möglicherweise entwickeln, um Sie an vorhandene Märkte zu verkaufen (*Abbildung 6.22*). Geben Sie entweder alternativ oder zusätzlich den Gewinn aus vorhandenen Produkten an, die Sie möglicherweise an neue Märkte verkaufen. Geben Sie die Summe dieser Gewinne an (Punkt D; *Abbildung 6.20*).

Ansoff-Matrix: Diversifizierung

Erstellen Sie eine Auflistung der Gewinne aus neuen Produkten, die Sie möglicherweise für neue Märkte entwickeln, bis Punkt E erreicht ist.

Kapitalverwendung

Falls keiner dieser Schritte zum Erreichen der erforderlichen Kapitalrendite (ROI) führt, ziehen Sie eine Veränderung der Vermögensbasis in Betracht. Dies könnte erfolgen durch:

a) Akquisition (Firmenübernahme),
b) Joint Venture (Firmenzusammenschluss).

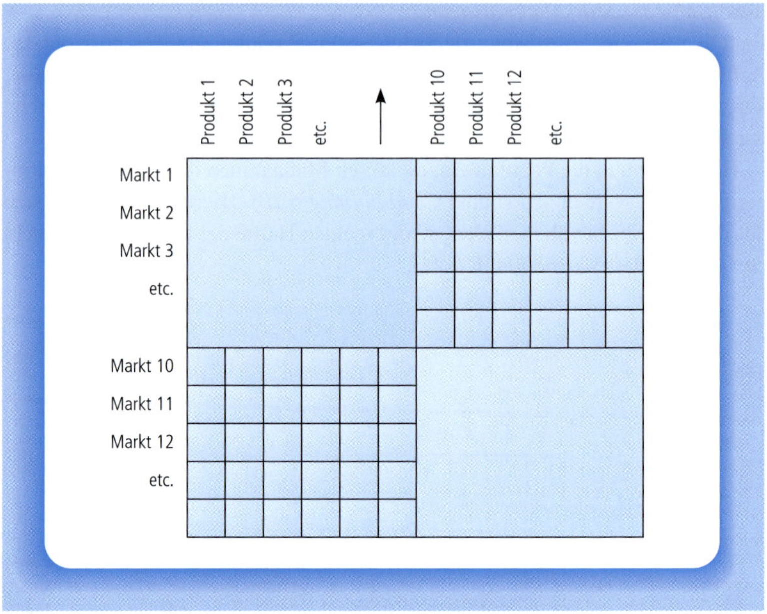

Abbildung 6.22
Ansoff-Matrix: Produkt- und Marktentwicklung.

Übung 6.2 Das Marketingaudit

Phase 1: Datenbeschaffung

Die bisherigen Übungen in diesem Buch hatten zum Ziel, Ihr Verständnis von Aspekten der Marketingplanung zu erweitern und Informationen über Ihr Unternehmen und/oder seine Schüsselprodukte und -märkte zu sammeln. Wenn Sie alle vorangehenden Übungen durchgeführt haben, sollten Sie nun über ein recht umfassendes Marketingaudit Ihres Unternehmens verfügen. Da jedoch jedes Unternehmen in bestimmten Aspekten einzigartig ist, fehlen möglicherweise wichtige Informationen. Die nachfolgende Checkliste für das Marketingaudit soll dies vermeiden. Sie wurde bereits in Kapitel 2 vorgestellt und wird an dieser Stelle nochmals präsentiert.

Prüfen Sie anhand dieser Liste, ob zusätzlich zu den bereits verfügbaren Informationen weitere Informationen erforderlich sind. Wenn Sie so viele Informationen wie möglich gesammelt haben, können Sie zu Phase 2 dieser Übung übergehen.

Checkliste für das Marketingaudit

Die folgende Liste enthält Faktoren, die sich auf die Aktivitäten von Unternehmen auswirken können. Konzentrieren Sie sich auf die Faktoren, die speziell Ihr Unternehmen betreffen.

Diese Liste erhebt keinen Anspruch auf Vollständigkeit. Sie berücksichtigt jedoch die meisten Bereiche und kann daher als Leitfaden und Anregung dienen.

Das externe Audit

Das wirtschaftliche Umfeld	*Der Wettbewerb*
wirtschaftlich	Hauptkonkurrenten
politisch/steuerlich/rechtlich	Größe
gesellschaftlich/kulturell	Marktanteile/-abdeckung
technologisch	Marktposition/Reputation
	Produktionskapazitäten
	Vertriebspolitik
Der Markt	Marketingmethoden
Gesamtmarkt, Größe, Wachstum und Trends (Wert/Volumen)	Ausmaß der Diversifikation
	Personalfragen
Markteigenschaften, -entwicklungen und -trends	Internationalisierung
	Rentabilität
Produkte	Zentrale Stärken und Schwächen
Preise	
physische Distribution	
Kanäle	
Kunden/Verbraucher	
Kommunikation	
Best Practices der Branche	

Das interne Audit

Marketingvariablen	
eigenes Unternehmen	Marketinginformation/-forschung
Umsätze (gesamt, nach Regionen, nach Art der Branche, nach Kunden, nach Produkten)	Marketing-Mix-Elemente:
	Produkt
	Preis
Marktanteile	Distribution
Gewinnmargen/Kosten	Kommunikation
Marketingprozesse	
Marketingorganisation	

Checkliste für das Marketingaudit (detailliert)

EXTERN (Chancen und Risiken)

Das wirtschaftliche Umfeld

wirtschaftlich	Inflation, Arbeitslosigkeit, Energiekosten, Preis, Volatilität, Verfügbarkeit von Rohstoffen,
politisch/steuerlich/rechtlich	Verstaatlichung, Gewerkschaftsrecht, Menschenrechte, Besteuerung, Abgabenerhöhungen, behördliche Vorschriften (z.B. Kennzeichnung, Produktqualität, Verpackung, Handelspraktiken, Werbung, Preisbildung),

gesellschaftlich/ kulturell	Bildung, Immigration, Emigration, Religion, Umwelt, Bevölkerungsverteilung und -dynamik (z. B. Altersverteilung, regionale Verteilung), Veränderungen im Lebensstil der Verbraucher
technologisch	Aspekte der Produkt- und/oder Produktionstechnologie, die tief greifende Auswirkungen auf die wirtschaftlichen Gegebenheiten der Branche haben könnten (z. B. neue Technologien, Internet, Kosteneinsparungen, Materialien, Komponenten, Ausrüstung, Maschinen, Verfahren und Systeme, Verfügbarkeit von Alternativen)

Der Markt

Gesamtmarkt	Größe, Wachstum und Trends (Wert, Volumen)
	Kunden/Verbraucher: Veränderungen in den Bereichen Demografie, Psychografie und Kaufverhalten
Markteigenschaften, -entwicklungen und -trends	*Produkte:* gekaufte Hauptprodukte; Endnutzung von Produkten; Produkteigenschaften (z. B. Gewicht, Maße, Größen, physische Merkmale, Verpackung, Zubehör, komplementäre Produkte) *Preise:* Preislagen und Preisbereich; allgemeine Geschäftsbedingungen; übliche Handelspraktiken; offizielle Vorschriften usw.
	Physische Distribution: Hauptkonzept des physischen Vertriebs
	Kanäle: wichtigste Kanäle; Kaufmuster (z. B. gekaufte Produktarten, gezahlte Preise); Kaufkraft; geografischer Standort; Lagerbestände; Absatz; Gewinne. Kundenedürfnisse; Geschmack/Stil; Einstellungen; Entscheidungsträger, Kaufentscheidungskriterien usw.
	Kommunikation: Hauptinstrumente der Kommunikation, z. B. Internet, klassische Werbung, Direktmarketing, Messen, Öffentlichkeitsarbeit usw.
	Branchenpraktiken: Wirtschaftsverbände, Regierungsbehörden, historische Werte/Überzeugungen, Betriebsvergleiche usw.

Der Wettbewerb

	Branchenstruktur: Position von Unternehmen in der Branche, Marktstellung und Reputation auf den wichtigsten Märkten; Überschusskapazitäten; Produktionskapazitäten; Vertriebsfähigkeiten; Marketingmethoden; Wettbewerbsstruktur; Ausmaß der Diversifikation in andere Bereiche bei führenden Unternehmen der Branche; neue Marktteilnehmer; Fusionen; Akquisitionen; Konkurse; Internationalisierung; Schlüsselstärken und -schwächen.
	Branchenrentabilität: finanzielle und nichtfinanzielle Eintrittsbarrieren; relative Performance einzelner Unternehmen; operative Kostenstruktur; Investitionen; Auswirkung von Preisänderungen auf die Kapitalrendite (ROI); Volumen, Investitionen, Gewinnquellen usw.

INTERN (Stärken und Schwächen)

Eigenes Unternehmen

Umsätze (gesamt, nach Regionen, nach Art der Branche, nach Kunde, nach Produkt)
Marktanteile
Gewinnmargen
Marketingprozesse
Marketingorganisation
Kriterien der Vertriebs- und Marketingkontrolle

Marketing-Mix-Elemente wie folgt:	Marktforschung	Muster
	Produktentwicklung	Messen
	Sortimentsbreite	Verkauf
	Produktqualität	Verkaufsunterstützung
	Packungsgrößen	Verkaufsort (Point-of-Sale, POS)
	Lagerbestände	Werbung
	Vertrieb	Verkaufsförderung
	Händlerunterstützung Preisbildung,	Öffentlichkeitsarbeit
	Rabatte, Kredit	Kundenservice (After-Sales-Service)
	Verpackung	Schulungen

Prozesse und Ressourcen

Marketingziele
Sind die Marketingziele klar formuliert und stimmen sie mit den Unternehmenszielen überein?

Marketingstrategie
Wie lautet die Strategie zum Erreichen der genannten Ziele? Sind ausreichende Ressourcen verfügbar, um diese Ziele zu erreichen? Sind die verfügbaren Ressourcen ausreichend und optimal auf die Marketing-Mix-Instrumente verteilt?

Struktur
Sind alle Marketingverantwortlichkeiten und -zuständigkeiten entlang der funktionalen, produktbezogenen, kundenbezogenen und regionalen Organisationseinheiten klar strukturiert?

Informationssystem
Liefert das Marketinginformationssystem ausreichende, präzise und stets aktuelle Informationen über die neuesten Marktentwicklungen? Werden die gesammelten Informationen effizient für Marketingentscheidungen genutzt?

Planungssystem
Ist das Marketingplanungssystem ausgereift und effizient?

Controllingsystem
Gibt es innerhalb des Marketing Controllingmethoden und -prozesse, die sicherstellen, dass die geplanten Ziele, beispielsweise übergeordnete Ziele, erreicht werden?

Funktionale Effizienz
Ist die interne Kommunikation innerhalb der Marketingorganisation effizient?

Interfunktionale Effizienz
Gibt es Probleme zwischen Marketing und anderen Unternehmensfunktionen? Ist die Frage zentralisiertes versus dezentralisiertes Marketing ein Thema innerhalb des Unternehmens?

Rentabilitätsanalyse
Wird die Rentabilität pro Produkt, Markt usw. kontrolliert, um zu überprüfen, wo die höchsten Gewinne und die höchsten Kosten für das Unternehmen entstehen?

Kosteneffizienzanalyse
Gibt es laufende Marketingaktivitäten, die außergewöhnlich hohe Kosten verursachen? Sind diese unvermeidbar oder könnten sie gesenkt werden?

Phase 2: Die SWOT-Analyse

Aus der oben aufgeführten Liste wird ersichtlich, dass aus den *externen Faktoren* alle Chancen und Risiken hervorgehen, während die *internen Faktoren* die Stärken und Schwächen des Unternehmens reflektieren.

Die folgende Übung bezieht sich auf *externe Faktoren (Chancen und Risiken)*:

Schritt 1 Erstellen Sie eine Liste der wichtigsten *Chancen* (maximal 20).

Schritt 2 Ordnen Sie jeder davon einen Code zu (z.B. A, B, C).

Schritt 3 Ordnen Sie jeder davon eine Zahl zwischen 1 und 9 zu. Die Zahl 1 bedeutet, dass Ihrer Ansicht nach eine bestimmte Chance innerhalb des Planungszeitraums (z.B. 3 Jahre) nur mit sehr geringer Wahrscheinlichkeit entsteht. Eine 9 bedeutet, dass sie innerhalb des Planungszeitraums mit sehr hoher Wahrscheinlichkeit auftritt.

Schritt 4 Ordnen Sie eine Zahl zwischen 1 und 9 zu, um anzugeben, welche *Auswirkung* jede dieser Chancen auf das Unternehmen hätte.

Schritt 5 Tragen Sie nun jede Ihrer *Chancen* in die *Chancenmatrix* ein (*Abbildung 6.23*).

Schritt 6 Sie werden jetzt eine Anzahl von Punkten haben, die entsprechend Ihres Codierungssystems bezeichnet sein sollten.

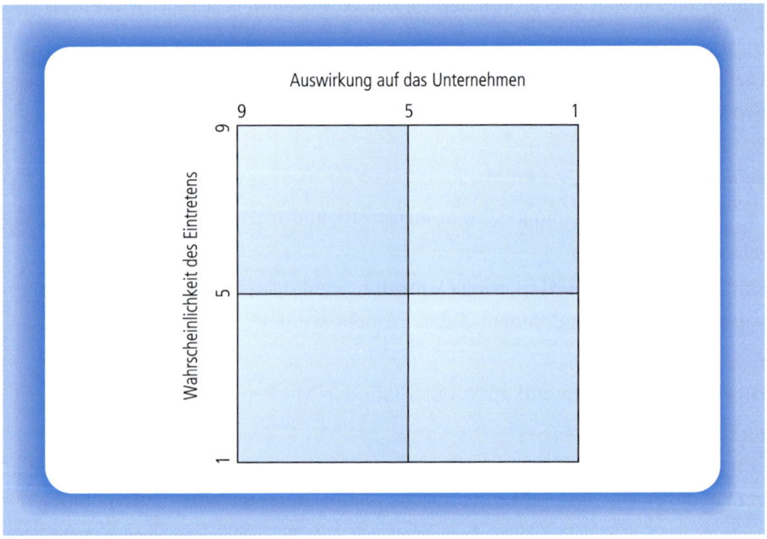

Abbildung 6.23
Chancenmatrix.

Schritt 7 All diejenigen, die sich im oberen linken Feld befinden, sollten Gegenstand Ihrer Marketingziele werden und in Ihrer SWOT-Analyse erscheinen (Übung 6.4). Alle anderen sollten zwar nicht ignoriert werden, sind jedoch weniger dringend. Die gesamte Übung sollte nun für *Risiken* wiederholt werden, unter Verwendung der Matrix in *Abbildung 6.24.*

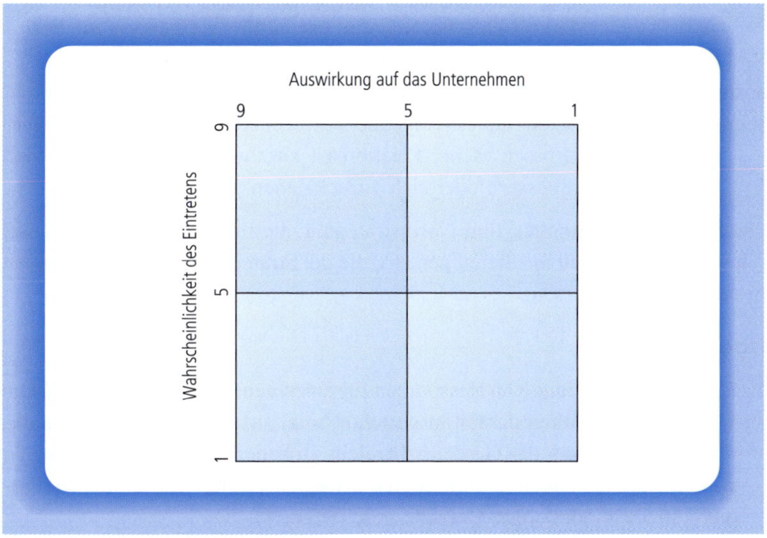

Abbildung 6.24
Risikenmatrix.

Übung 6.3 Wettbewerbsanalyse

Übung 6.3 beschäftigt sich damit, die im Rahmen des Marketingaudits gesammelten Informationen über Ihre Chancen und Risiken in geeigneter Form zusammenzufassen: der SWOT-Analyse.

Bevor Sie sich der SWOT-Analyse zuwenden (Übung 6.4), sollten Sie die Tabelle zur Wettbewerbsanalyse (*Tabelle 6.4*) ausfüllen, damit Sie Ihre Position im Vergleich zu Ihren Konkurrenten genauer einschätzen können.

Nachstehend folgen einige Hinweise zum Ausfüllen von *Tabelle 6.4.*

Tab. 6.4 Wettbewerbsanalyse

Hauptkonkurrent	Produkte/ Märkte	Geschäftsausrichtung und derzeitige Ziele und Strategien	Stärken	Schwächen	Wettbewerbsposition

Leitfaden zur Klassifizierung der Wettbewerbspositionen

führend	• übt großen Einfluss auf Erfolg oder Verhalten anderer aus
stark	• verfügt über ein breites Spektrum an Strategien • ist in der Lage, unabhängige Strategie anzuwenden, ohne kurzfristige Positionen zu gefährden; kaum verwundbar in Bezug auf Aktionen von Konkurrenten
günstig	• nutzt spezifische Wettbewerbsstärke, oft in einer Produkt-/Marktnische; hat überdurchschnittliche Chancen zur Positionsverbesserung; mehrere Strategien verfügbar
ausreichend	• performance ermöglicht Fortführung der Geschäftstätigkeit
schwach	• derzeit unbefriedigende Performance, signifikante Wettbewerbsschwäche; Position ist kurzfristiger Natur; muss sich verbessern oder sich zurückziehen

Die folgende Liste enthält fünf Normstrategien, die für nahezu jedes Geschäft relevant sind. Wählen Sie diejenigen aus, die die Strategie des Konkurrenten am besten zusammenfassen.

Normstrategie

1. *Eintritt:* Verwendung von Ressourcen für einen neuen Geschäftsbereich. Die Überlegungen sollten darauf ausgerichtet sein, auf vorhandene Stärken des Unternehmens oder des Geschäftsbereichs zu bauen, naheliegende Chancen zu nutzen und Risiken zu minimieren. Möglicherweise wird eine neue Produktkategorie oder sogar Branche geschaffen.
2. *Verbesserung:* Einsatz von Strategien, die zu einer signifikanten Verbesserung der Wettbewerbsfähigkeit führen. Erfordert häufig eine gut geplante Marktsegmentierung.
3. *Aufrechterhaltung:* Behauptung der eigenen Wettbewerbsposition. Erfordert unter Umständen aggressive Strategien; eine defensive Haltung ist auch möglich. Häufig wird die Produkt-/Marktposition innerhalb einer Nische aufrechterhalten.
4. *Ernte:* Bewusste Aufgabe der Wettbewerbsposition, um kurzfristigen Gewinn und Cashflows zu erzielen, wobei ein kurzfristiger Verlust des Geschäfts jedoch nicht unbedingt riskiert wird. Zieht häufig eine Konsolidierung oder einen Abbau von Aktivitäten nach sich mit dem Ziel, die Leistung der verbleibenden Bereiche zu erhöhen.
5. *Marktantritt:* Abstoßen eines Geschäftsbereichs aufgrund seiner schwachen Wettbewerbsposition, zu hoher Kosten für die Positionsverteidigung oder eines zu hohen Risikos in Verbindung mit dem Versuch einer Positionsverbesserung.

Übung 6.4
Die SWOT-Analyse

Nach Abschluss des Marketingaudits besteht Ihre nächste Aufgabe darin, die Resultate in Form einer prägnanten Analyse zusammenzufassen, die sich mit der besonderen Situation Ihres Unternehmens in jedem Schlüsselsegment beschäftigt. Die Bezeichnung SWOT beruht auf den zuvor erwähnten Stärken (Strengths), Schwächen (Weaknesses), Chancen (Opportunities) und Risiken (Threats). Mithilfe des SWOT-Ansatzes können Sie auf einfache Weise folgende Punkte darstellen:

1. die unterschiedlichen Stärken und Schwächen Ihres Unternehmens *gegenüber* der Konkurrenz,
2. wo die besten Chancen, d.h. Marktsegmente, liegen,
3. die aktuellen und zukünftigen Risiken für Ihr Unternehmen in den Marktsegmenten.

Die SWOT-Analyse für jedes Segment sollte nur einige Seiten umfassen und sich ausschließlich mit Schlüsselfaktoren auf der Grundlage relevanter Daten beschäftigen.

Einige der wertvollsten Informationen für die SWOT-Analyse werden aus der Lebenszyklusanalyse und der Portfoliomatrix stammen, die Sie in Kapitel 5 erstellt haben. Erstere wird Ihnen Informationen über die Aussichten Ihrer Kernprodukte liefern. Diese Daten können dann für die Portfoliomatrix verwendet werden, um zu illustrieren, wie das Portfolio sich verändern wird. Ein Beispiel dafür findet sich in *Abbildung 6.25.*

In *Abbildung 6.25* wird sich das zukünftige Portfolio ganz offensichtlich signifikant vom aktuellen unterscheiden. Produkte/Segmente B und G werden verschwinden. Das Umsatzvolumen von A, C und D wird steigen, während

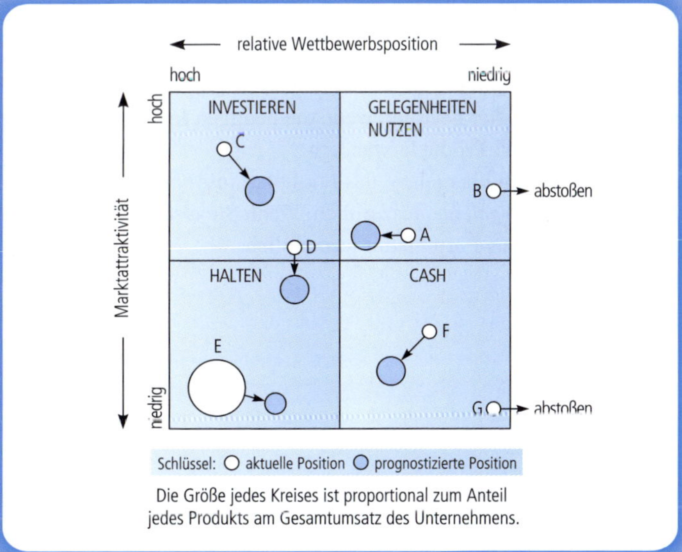

Abbildung 6.25
Beispiel einer Portfoliomatrix.

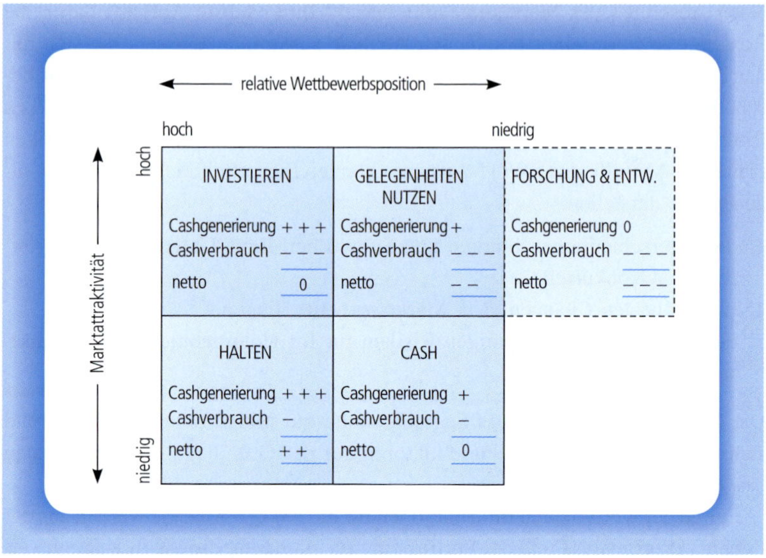

Abbildung 6.26
Eigenschaften der Felder der Portfoliomatrix.

das von E ziemlich stark zurückgehen wird. All dies hat einen außerordentlich großen Einfluss darauf, wie Zahlungsmittel generiert werden, weshalb auch hier die Portfoliomatrix dabei unterstützen kann, die Entwicklungen nachzuvollziehen. Es wurde an anderer Stelle bereits erklärt, dass verschiedene Felder der Matrix verschieden Eigenschaften haben, wenn sie als Mittelquellen betrachtet werden (*Abbildung 6.26*). Obgleich diese Aussage sich auf das BCG-Portfolio bezog, gilt sie ebenso für die in *Abbildung 6.26* gezeigte Portfoliomatrix.

Für Unternehmen besteht die Forderung nach einem ausgewogenen Portfolio mit ausreichend starken etablierten Produkten, um die Forschung und Entwicklung sowie ausgewählte „Chancenprodukte" zu finanzieren.

Da es sehr mühsam und kostenintensiv ist, den Marktanteil für Investitionsprodukte aufrechtzuerhalten, sind letztere unzuverlässige Finanzmittelquellen. Die Früchte werden später geerntet, wenn die heutigen Investitionsprodukte in das Feld der etablierten Produkte wandern.

Sie können nun dazu übergehen, das Formblatt in *Abbildung 6.27* in Bezug auf *all Ihre Schlüsselsegmente* auszufüllen. Wenn Sie also sechs Schlüsselsegmente haben, sind sechs Formblätter auszufüllen.

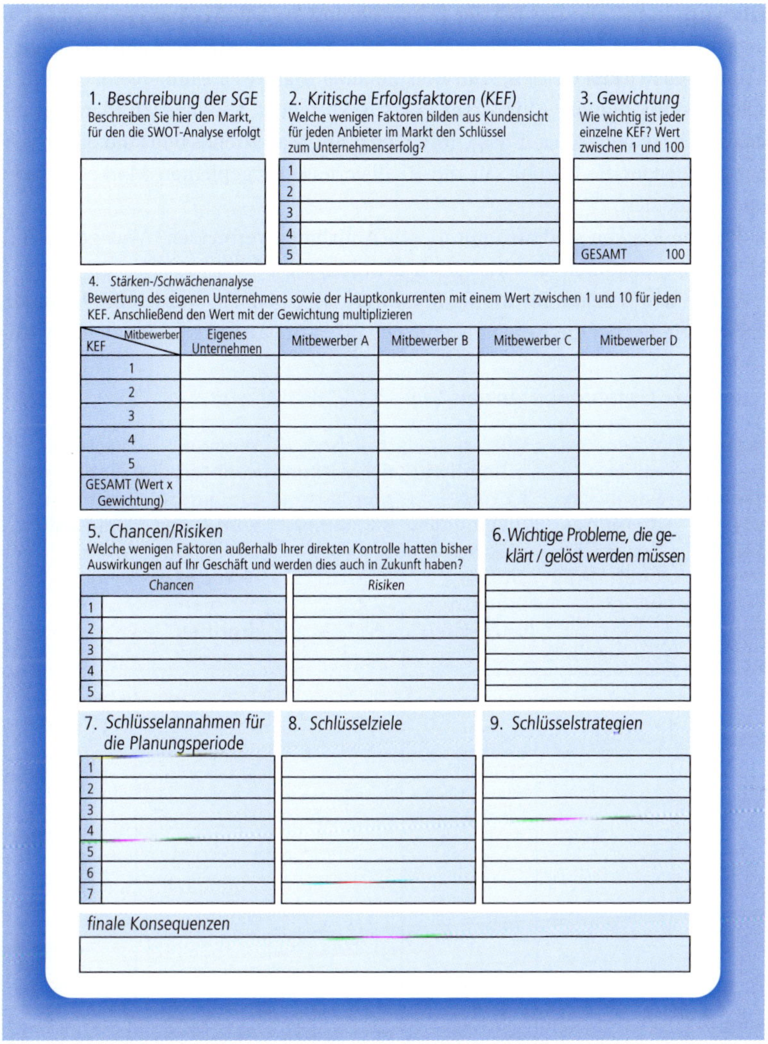

1. *Beschreibung der SGE*
Beschreiben Sie hier den Markt, für den die SWOT-Analyse erfolgt

2. *Kritische Erfolgsfaktoren (KEF)*
Welche wenigen Faktoren bilden aus Kundensicht für jeden Anbieter im Markt den Schlüssel zum Unternehmenserfolg?

1	
2	
3	
4	
5	

3. *Gewichtung*
Wie wichtig ist jeder einzelne KEF? Wert zwischen 1 und 100

GESAMT	100

4. *Stärken-/Schwächenanalyse*
Bewertung des eigenen Unternehmens sowie der Hauptkonkurrenten mit einem Wert zwischen 1 und 10 für jeden KEF. Anschließend den Wert mit der Gewichtung multiplizieren

KEF / Mitbewerber	Eigenes Unternehmen	Mitbewerber A	Mitbewerber B	Mitbewerber C	Mitbewerber D
1					
2					
3					
4					
5					
GESAMT (Wert x Gewichtung)					

5. *Chancen/Risiken*
Welche wenigen Faktoren außerhalb Ihrer direkten Kontrolle hatten bisher Auswirkungen auf Ihr Geschäft und werden dies auch in Zukunft haben?

	Chancen	Risiken
1		
2		
3		
4		
5		

6. *Wichtige Probleme, die geklärt / gelöst werden müssen*

7. *Schlüsselannahmen für die Planungsperiode*

1	
2	
3	
4	
5	
6	
7	

8. *Schlüsselziele*

9. *Schlüsselstrategien*

finale Konsequenzen

Abbildung 6.27
Formblatt zur SWOT-Analyse. *Hinweis:* Dieses Formblatt sollte für jedes betrachtete Marktsegment ausgefüllt werden.

Übung 6.5 Annahmen

Oft wird vergessen, dass bei der Durchführung der SWOT-Analyse Annahmen über einige der Faktoren gemacht werden mussten, die sich auf das Unternehmen auswirken werden, zum Beispiel über Marktwachstumsraten, die Wirtschaftspolitik und die Aktivitäten von Konkurrenten. Die meisten Planungsannahmen beziehen sich auf das Umfeld oder auf Markttrends und sind daher von entscheidender Bedeutung für die Realisierung der geplanten Marketingziele und -strategien.

Welche Risiken sind also mit diesen Annahmen verbunden? Was geschieht, wenn die Annahmen sich als falsch erweisen?

Um einen Maßstab für die Risikobewertung zu haben, wurde eine Methode entwickelt, bei der die Annahme vom negativen Standpunkt aus betrachtet wird.

Tab. 6.5 Formblatt „Einschätzung des Gefahrenpotenzials"

Schlüsselannahme	Grundlage der Annahme	Vertrauen in die Annahme (groß/mittel/gering)	Was müsste passieren, damit das Ergebnis unattraktiv wird?	Wie wahrscheinlich ist das Risiko, dass dieser Fall eintritt (hoch/mittel/gering)?	Welche Auswirkungen hätte es, wenn der Fall eintritt?	Wie weit könnten die Ereignisse vom Plan abweichen, bevor Maßnahmen ergriffen werden?	Welche Notfallmaßnahmen sind geplant?

Sie führt zu der Frage: „Inwieweit würde eine sich als falsch herausstellende Annahme das Ergebnis verändern?" Es sei als Beispiel ein Ölderivat betrachtet, also ein Produkt, das extrem von der Ölpreisentwicklung abhängt. Im Rahmen der Planung müsste eine Annahme über den Ölpreis formuliert werden. Mithilfe der Methode zur Ermittlung des Gefahrenpotenzials (Downside-Risk-Methode) würde man einschätzen, bis zu welchem Niveau der Preis steigen könnte, bevor erhöhte Materialkosten die Produkte zu teuer machen und eine komplette Überarbeitung der Marketingpläne erfordern.

Füllen Sie nun das nachfolgende Formblatt „Einschätzung des Gefahrenpotenzials" (*Tabelle 6.5*) aus, um einige der Schlüsselannahmen, die Sie in Ihrer SWOT-Analyse verwendet haben, zu bewerten. Diese Annahmen sollen nun als Grundlage für die Festlegung der Marketingziele und -strategien dienen.

Übung 6.6 Marketingziele festlegen

Marketingziele befassen sich ausschließlich damit, *welche Produkte auf welchen Märkten verkauft werden*, während Marketingstrategien sich damit beschäftigen, *wie* dies realisiert werden soll. Da Marketingziele sich nur mit Produkten und Märkten befassen, fungiert die in *Abbildung 6.28* dargestellte Ansoff-Matrix als äußerst nützliche Planungshilfe. Diese Matrix geht von vier Arten von Marketingzielen aus:

1. Verkauf vorhandener Produkte an vorhandene Märkte (Marktdurchdringung),
2. Verkauf vorhandener Produkte an neue Märkte (Marktentwicklung),
3. Verkauf neuer Produkte an vorhandene Märkte (Produktentwicklung),
4. Verkauf neuer Produkte an neue Märkte (Diversifizierung).

Aufgabe 1

Verwenden Sie die leere Ansoff-Matrix (*Abbildung 6.29*) oder verwenden Sie ein größeres Blatt Papier und erstellen Sie die Matrix für die Produkte und Märkte Ihres Unternehmens.

Um zu ermitteln, ob ein Markt neu oder etabliert ist, sollten Sie sich folgende Frage stellen: „Wie lange dauert es, bis die spezifischen Kompetenzen meines Unternehmens auf diesem Markt ausreichend bekannt/etabliert sind?" Wenn Sie eine längere Zeitdauer nennen als jene Zeitdauer, die Sie bisher schon auf dem Markt aktiv sind, dann handelt es sich für Ihr Unternehmen um einen neuen Markt.

Ähnlich ist es bei neuen Produkten: Sie befinden sich meist noch im Frühstadium ihres Lebenszyklus, und ihre Entwicklung ist noch nicht abgeschlossen. Das Unternehmen hat also noch nicht alle Probleme in Bezug auf Fertigung, Zeitplanung, Qualität, Qualität und Technologie gelöst, so wie es bei etablierten Produkten der Fall ist.

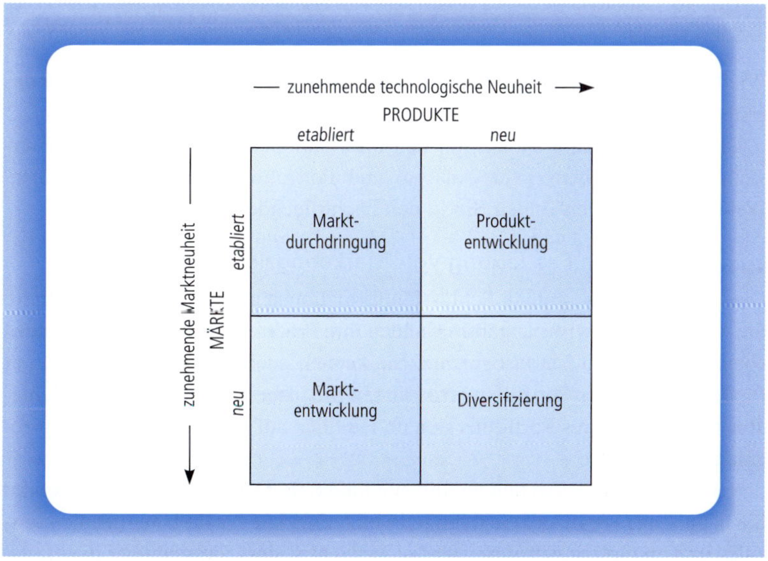

Abbildung 6.28
Ansoff-Matrix.

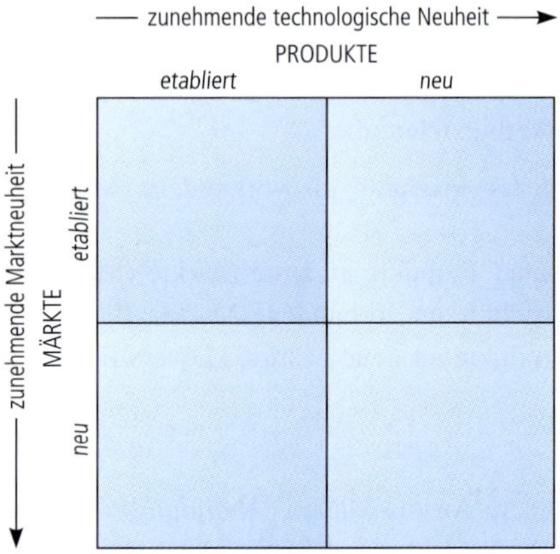

Abbildung 6.29
Formblatt zur Ansoff-Matrix.

Aufgabe 2

Kombinieren Sie nun die Informationen aus der Ansoff-Matrix mit den Informationen aus Ihrer SWOT-Analyse und wählen Sie diejenigen Geschäftsbereiche aus, die die besten Erfolgsaussichten für Ihr Unternehmen bieten. Formulieren Sie für jeden einzelnen Geschäftsbereich Ihr Marketingziel für einen langfristigen Planungshorizont, das heißt für zwei, drei, vier oder fünf Jahre. Das Ziel muss präzise Angaben in Bezug auf die folgenden Aspekte enthalten:

a) Produkt,
b) Marktsegment,
c) Umsatzvolumen,
d) Marktanteil.

Wiederholen Sie die Aufgabe und nennen Sie nun die spezifischen Ziele für das erste Jahr Ihres Planungshorizonts.

Die Marketingziele sollten mit den Informationen aus der in Kapitel 5 erstellten Produktlebenszyklus-Analyse und Portfolioanalyse übereinstimmen. Weitere Anleitungen finden Sie in den nachfolgenden Ausführungen.

Leitlinien für die Festlegung von Marketingzielen

Die SWOT-Analyse enthält Schlüsselinformationen aus Ihrem Marketingaudit. Sie werden genau wissen, warum Kunden Ihre Produkte nachfragen. Sie kennen ebenso Ihre besten Marktsegmente. Sie kennen auch den Lebenszyklus Ihrer Produkte. Dank der Portfoliomatrix wissen Sie insbesondere, wie die verschiedenen Produkte Ihres Portfolios sich im Hinblick auf die Mittelgenerierung zueinander verhalten.

Vor allem die kreative und intelligente Interpretation der Portfoliomatrix wird Sie in die Lage versetzen, die richtigen Marketingziele für Ihr Unternehmen festzulegen. Um dies zu gewährleisten, ist es wichtig, dass Sie sich über die grundlegend verschiedenen Eigenschaften der Produkte im Klaren sind, die sich in den vier Feldern der Matrix befinden. Betrachten wir diese der Reihe nach:

Investieren
Produkte in diesem Feld fokussieren auf die Märkte, die für Ihr Unternehmen am attraktivsten sind. Dies sind die Märkte mit den vergleichsweise höchsten Wachstumsraten.

Zielvorgaben für solche Produkte sollten so festgelegt sein, dass sie entweder der Marktwachstumsrate entsprechen oder sie aber übertreffen und so den Marktanteil des Unternehmens entweder halten oder vergrößern. Da diese Märkte wahrscheinlich auch für die Konkurrenz attraktiv sein werden, wird das Unternehmen aggressiv vorgehen müssen, um seine Ziele zu erreichen.

Dieser Marketingansatz muss durch enge Budgetierung und Kontrollprozesse unterstützt werden, um sicherzustellen, dass alle Ressourcen effizient eingesetzt werden. Nicht die aktuellen Gewinne sollten im Fokus stehen, sondern das Halten oder die Ausweitung des Marktanteils.

Das für diese Produkte angepeilte Umsatzwachstum kann wahrscheinlich durch folgende Maßnahmen erreicht werden:

1. mögliche geografische Expansion,
2. mögliche Erweiterung der Produktlinie,
3. mögliche Differenzierung der Produktlinie.

Dies lässt sich möglicherweise durch interne Entwicklung, Akquisition (Firmenübernahme) oder Joint Ventures (Firmenzusammenschlüsse) erreichen.

Halten
In diesen weniger attraktiven Märkten macht es keinen Sinn, wie im Feld „Investieren“ auf aggressives Wachstum zu fokussieren, da dies zu teuer und kontraproduktiv wäre. Stattdessen sollten die Ziele darauf ausgerichtet sein, eine rentable Position mit stärkerer Ausrichtung auf aktuelle Gewinne zu halten.

Die erfolgreichsten Produkte sollten beibehalten und die weniger erfolgreichen abgestoßen werden. Die Marketingaktivitäten sollten darauf abzielen, den Marktanteil in Schlüsselsegmenten mit dem geringst möglichen Kostenaufwand zu sichern. Die Preise sollten stabil gehalten werden, es sei denn, die Aufrechterhaltung des Marktanteils erfordert kurzfristig eine aggressive Preispolitik.

Bei den Halteprodukten muss sichergestellt werden, dass sie die Hauptfinanzierungsquelle für das Unternehmen sind.

Selektiv
Für Produkte in diesem Feld gibt es zwei Alternativen:

1. in die Produkte investieren für zukünftige Gewinne, das heißt sie aufbauen als künftige Investitionsprodukte und anschließende etablierte Produkte,
2. sie mit Ausrichtung auf aktuelle Gewinne managen.

Da in der Praxis nur eine begrenzte Anzahl von Produkten des Typs „Fragezeichen“ aufgebaut werden kann, müssen diese sorgfältig in Bezug auf ihr tatsächliches Potenzial überprüft und ausgewählt werden. Hier kommt es besonders darauf an, ganz gezielt zu investieren.

Cash

In diesem Feld befinden sich zwei Arten von Produkten:

1. echte Cash-Produkte (rechts im Feld),
2. selektive Produkte (links im Feld, neben dem Feld „Halten“).

Die Marketingziele für *echte Cash-Produkte* sollten darauf ausgerichtet sein, sie je nach Erfordernis abzustoßen oder sie mit Fokus auf aktuelle Gewinne zu managen. Marketingausgaben sollten auf ein Minimum reduziert, Produktlinien gestrafft und Preise nach Möglichkeit stabil gehalten oder erhöht werden, selbst auf Kosten des Absatzvolumens.

Die Marketingziele für *selektive Produkte* sollten das geringe Wachstum/die geringe Attraktivität dieser Produkte berücksichtigen, aber dennoch weiterhin darauf ausgerichtet sein, Wachstumssegmente zu identifizieren und zu nutzen. Dies sollte jedoch nicht durch den Versuch geschehen, die Wachstumsrate des Produkts durch kostspielige Werbung und Verkaufsförderung wieder zu erhöhen, sondern durch Fokussierung auf Produktqualität und Produktivitätssteigerung. Hohe Marketingausgaben mögen unter besonderen Umständen gerechtfertigt sein, doch der Fokus sollte auf der Maximierung aktueller Gewinne liegen.

Nachdem Sie durch die Marketingziele festgelegt haben, *was* Ihr Unternehmen erreichen muss, müssen Sie als Nächstes entscheiden, *wie* dies erreicht werden kann. Genau damit beschäftigt sich Ihre Marketingstrategie. Es gibt nur vier Arten von Marketingzielen. Dagegen ist die Bandbreite an möglichen Marketingstrategien sehr groß; sie lassen sich entweder einzeln anwenden oder miteinander kombinieren. Eine Auswahl an möglichen Marketingstrategien wird in der nachfolgenden Liste präsentiert.

Verwenden Sie diese Liste, um für Ihr Unternehmen die allgemeinen Marketingstrategien zu identifizieren, mit denen sich die von Ihnen festgelegten Marketingziele am besten erreichen lassen. Im Anschluss daran empfiehlt es sich, noch einmal zu *Abbildung 6.5* zurückzugehen. Die linke Spalte dieser Abbildung enthält eine Auflistung der Marketingvariablen, die zu berücksichtigen sind, wie Preisbildung, Vertrieb usw. Die anderen Spalten repräsentieren die Schlüsselpositionen in der Portfoliomatrix. Nun wird es relativ einfach sein, die besten Marketingstrategien für die von Ihnen ausgewählten Ziele zu identifizieren.

Kapitel 7 bis 10 enthalten ergänzende Informationen zu Werbung, Verkaufsförderung, Verkauf, Preisbildung und Vertrieb. Finalisieren Sie Ihre Marketingstrategien erst, nachdem Sie die folgenden Kapitel gelesen haben.

Übung 6.7 Marketingstrategien

Mögliche Marketingstrategien

1. Produktqualität ändern,
2. Werbung ändern,
3. Verkaufsförderung ändern,
4. Preise ändern,
5. Lieferbedingungen ändern,
6. Vertriebskanäle ändern,
7. Serviceintensität ändern.
8. operative Effizienz verbessern,
9. Marketingeffizienz verbessern,
10. administrative Abläufe verbessern,
11. Grad der Vorwärtsintegration ändern,
12. Grad der Rückwärtsintegration ändern,
13. Produktportfolio konsolidieren,
14. sich aus ausgewählten Märkten zurückziehen,
15. Design standardisieren,
16. auf bestimmte Produkte/Märkte spezialisieren,
17. Beschaffungsquellen ändern,
18. sich in neue Märkte einkaufen,
19.
20.
21.
22.
23.
24.

Ergänzen Sie die leeren Zeilen gegebenenfalls mit weiteren Strategien.

7 | Operativer Marketingplan: Der Kommunikationsplan: I Werbung und Verkaufsförderung

- Der Unterschied zwischen persönlicher und unpersönlicher Kommunikation
- Methoden zur Festlegung des Kommunikations-Mix
- Wie wird ein Werbeplan erstellt?
- Was sind Werbeziele und wie werden sie festgelegt?
- Der Lebenszyklus und seine Bedeutung für die Werbung
- Wie wird ein Verkaufsförderungsplan erstellt?
- Public Relations (PR)
- Sponsoring
- Rechtliche Fragen der Marketingkommunikation
- Übungen zur Umsetzung der Theorie in die Praxis

Formen der Kommunikation

Nachdem der wichtige Bereich der Marketingziele und -strategien ausführlich dargestellt wurde, wendet sich dieses Kapitel der Kommunikation mit aktuellen und potenziellen Kunden zu.

Unternehmen kommunizieren mit ihren Kunden in vielfältiger Weise, wobei folgende zwei Kategorien unterschieden werden können:

1. *unpersönliche Kommunikation*, wie etwa Werbung, Displays am POS, Verkaufsförderung, elektronische Medien und Öffentlichkeitsarbeit (Public Relations),
2. *persönliche Kommunikation* (direkte Kommunikation), wie etwa persönlicher Dialog zwischen einem Verkäufer und dem Kunden, etwa bei einem Verkaufsgespräch oder über ein Callcenter.

Unternehmen verfügen also über eine ganze Reihe von Kommunikationstechniken, die je nach den Erfordernissen der individuellen Situation entweder einzeln oder in Kombination (Kommunikations-Mix) eingesetzt werden können, um innerhalb des festgelegten Budgetrahmens eine maximale Wirkung zu erzielen.

Viele Unternehmen experimentieren laufend mit verschiedenen Kommunikationstechniken und ihren Kombinationsmöglichkeiten, um in diesem wichtigen, jedoch häufig kostenintensiven Bereich eine höhere Effizienz zu erreichen.

Innerhalb der zwei zuvor genannten allgemeinen Kategorien werden im Folgenden einige mögliche Instrumente der Kundenkommunikation näher untersucht. Dieses Kapitel wird sich im Detail mit Werbung und Verkaufsförderung befassen mit dem Ziel, detaillierte Pläne für diese wichtigen Elemente des Marketing-Mix zu entwickeln.

Kapitel 8 wird sich mit den gleichen Überlegungen in Bezug auf den persönlichen Verkauf und den Verkaufsplan beschäftigen.

Die Entscheidung über den Kommunikations-Mix

Werbung ist ein verbreitetes Mittel der unpersönlichen Kommunikation, wobei häufig Medien wie Zeitschriften, Fernsehen, Radio, Plakate usw. zum Einsatz kommen. Es gibt jedoch eine Reihe von Problemen, die sorgfältig zu analysieren sind, bevor entschieden werden kann, ob überhaupt in Werbung investiert werden sollte und wenn ja, *wie* die Werbung aussehen soll. Viele glauben zum Beispiel, dass Werbung reine Geldverschwendung ist und dass das dafür vorgesehene Budget besser in den persönlichen Verkauf fließen sollte.

Die erste Frage, die es zu beantworten gilt, ist also die Frage, wie der Kommunikations-Mix bestimmt wird. Um der Antwort darauf näherzukommen, sollen zwei Studien zum Einkauf im Industriegüterbereich betrachtet werden (siehe *Tabelle 7.1* und *7.2*).

Schon ein kurzer Blick zeigt folgende Informationen:

1. Mehr als eine Person hat Einfluss darauf, was gekauft wird.
2. Für einen Verkäufer ist es unmöglich, sich einen Überblick über alle wichtigen „Beeinflusser" zu verschaffen.
3. Unternehmen erhalten die Informationen, die sie ihren Entscheidungen zugrunde legen, aus verschiedenen Quellen, von denen der Verkäufer nur eine ist.

Tab. 7.1 Beeinflusser der Kaufentscheidung nach Unternehmensgröße

Anzahl der Mitarbeiter	durchschnittliche Anzahl der Beeinflusser	durchschnittliche Anzahl der vom Verkaufspersonal erzielten Kontakte
0–200	3,42	1,72
201–400	4,85	1,75
401–1,000	5,81	1,90
1,000+	6,50	1,65

Tab. 7.2 Informationsquellen

	% (Kleinunternehmen)	% (Großunternehmen)
Handels- und Fachpresse	28	60
Verkaufsgespräche	47	19
Messen	8	12
Direktmails	19	9

Die Komplexität des Kaufentscheidungsprozesses steigt mit der Anzahl der involvierten Akteure und dem erforderlichen Zeitaufwand.

Der Kaufentscheidungsprozess, insbesondere der Beschaffungsprozess von Organisationen (*Business-to-Business*, *B2B*), wird also durch die Tatsache erschwert, dass nicht nur eine Person an der Entscheidung beteiligt ist. Organisationale Kaufentscheidungen sind Prozesse, die eine beträchtliche Anzahl von Personen involvieren und viel Zeit beanspruchen können. Der Entscheidungsprozess kann wie nachfolgend erläutert in mehrere Einzelschritte unterteilt werden (Backhaus/Voeth 2007):

1. Das Unternehmen mit Beschaffungsbedarf erkennt ein Problem und erarbeitet eine allgemeine Lösung. Beispielsweise stellt das Konstruktionsteam einer neuen Produktionsstätte oder einer Maschine fest, dass eine spezielle Komponente benötigt wird, die nicht innerhalb des Unternehmens oder über bestehende Lieferanten beschafft werden kann.
2. Die Merkmale und Menge der benötigten Komponente werden ermittelt. In diesem Prozess werden die benötigte Leistung sowie bestimmte Eigenschaften wie Gewicht, Größe, Betriebsbedingungen usw. festgelegt.
3. Anschließend wird eine Spezifikation erstellt.
4. Es folgt die Suche nach möglichen Lieferquellen. Diese Suche kann sich darauf beschränken, Kataloge durchzusuchen, um eine Komponente aus dem Lagerbestand eines Lieferanten zu bestellen. Möglicherweise muss jedoch auch ein völlig neues Produkt entworfen werden.
5. Potenzielle Lieferanten legen Pläne und Produktangebote zur Bewertung vor.
6. Nach den erforderlichen Prüfungen wird ein Lieferant ausgewählt.
7. Ein Auftrag wird erteilt und das Produkt wird schließlich geliefert.
8. Das gelieferte Produkt wird dahingehend überprüft, ob es der Spezifikation entspricht.

Die vorstehende Beschreibung bezieht sich auf einen *industriellen* Kaufentscheidungsprozess. Diese Schritte werden jedoch auch bei Kaufprozessen im *Dienstleistungsbereich* durchlaufen, beispielsweise beim Outsourcing von IT-Dienstleistungen (Küchler 2004).

Nicht bei jeder Kaufentscheidung werden jedoch all diese Schritte durchlaufen. Bei erstmaliger Beschaffung werden mit hoher Wahrscheinlichkeit alle Schritte durchlaufen. Im Falle eines identischen Wiederkaufs (etwa bei Nachbestellungen) werden eine Suche sowie längere Angebotsprüfungen hingegen nicht notwendig sein. Zudem hat die Neuartigkeit der Kaufsituation Einfluss darauf, welche und wie viele Personen bei jedem Schritt involviert sind. Die Neuartigkeit hängt ab von

- der Komplexität des Produkts,
- dem Risiko in Bezug auf das Kaufergebnis.

Je höher der Grad der Neuartigkeit bei diesen beiden Dimensionen ist, desto mehr Personen sind involviert und desto höher ist die Position dieser Personen. Wenn der Grad der Komplexität des Produkts hoch, der Grad des Risikos jedoch gering ist, hängt die Kaufentscheidung vornehmlich von Entwicklern und Technikern ab. Wenn der Grad der Neuartigkeit bei beiden Dimensionen niedrig ist, wird der Kaufprozess im Allgemeinen von Mitarbeitern der Einkaufsabteilung dominiert.

Im Falle einer neuen Kaufsituation wird der Verkäufer über einen langen Zeitraum mit einer Vielzahl von Personen interagieren, die er unterstützt, berät und informiert, wobei er versuchen wird, den Kaufentscheidungsprozess zu beeinflussen und die potenziellen Käufer für sein Produkt zu gewinnen.

Ein typisches Beispiel für diesen Prozess ist der nachfolgend geschilderte Kauf eines Telekommunikationssystems:

1. Der Geschäftsführer schlägt vor, das Telekommunikationssystem des Unternehmens durch ein neues zu ersetzen.
2. Die Einkaufsabteilung und die IT-Abteilung des Unternehmens führen eine Bedarfsanalyse durch und empfehlen die wahrscheinlich am besten geeigneten Produkte sowie potenzielle Anbieter.
3. Die IT-Abteilung des Unternehmens hat einen entscheidenden Einfluss darauf, für welches System und für welchen Anbieter sich das Unternehmen entscheidet. Auch andere leitende Mitarbeiter des Unternehmens sind maßgeblich an dieser Entscheidung beteiligt.
4. Alle Mitarbeiter, die das Telekommunikationssystem nutzen, werden befragt.
5. Der Leiter der Einkaufsabteilung wählt schließlich unter Berücksichtigung der anderen Meinungen den Anbieter und das System aus.

Der Zweck der ausführlichen Schilderung des B2B-Beschaffungsprozesses an dieser Stelle besteht darin klarzumachen, dass die genaue Rolle der Werbung etwa im Vergleich zum persönlichen Verkauf erst beurteilt werden kann, wenn das anbietende Unternehmen genau versteht, wie der Kaufprozess beim potenziellen Kundenunternehmen abläuft. Hierfür sind Kenntnisse darüber nötig, wer die entscheidenden Personen sind, die in den verschiedenen Phasen des Kaufprozesses angesprochen werden müssen. Klar ist, dass in den verschiedenen Phasen des Kaufprozesses Mitarbeiter der Finanz- und Einkaufsabteilung ebenso beteiligt sein werden wie Entwickler, Konstrukteure und Techniker. All diese Personen benötigen verschiedene Informationen. So sind zum Beispiel der Preis, die Leistungsmerkmale, der Liefertermin, der Kundenservice vor und nach dem Kauf, die Reputation, die Zuverlässigkeit, Garantien und Zahlungsbedingungen nicht für alle Personen in allen Phasen des Kaufprozesses von gleichem Interesse.

Ein Unternehmen muss den Kaufentscheidungsprozess in den Märkten verstehen, die es bearbeitet.

Es ist wichtig, die Personen mit maßgeblichem Einfluss auf die Kaufentscheidung sowie die spezifischen Nutzenstiftungen (Benefits) zu identifizieren, die jeder Einflussnehmer fordert.

Es gibt zahlreiche Modelle, die in diesem Prozess als Leitfaden dienen können (vgl. hierzu ausführlich Backhaus/Voeth 2007). Es ist jedoch sinnvoll, ein einfaches Modell zu verwenden, das die folgenden Fragen beantwortet:

1. Wer sind die Personen, die einen signifikanten Einfluss auf die Kaufentscheidung haben?
2. Welches sind die spezifischen *Nutzenanforderungen* jedes wichtigen Einflussnehmers?

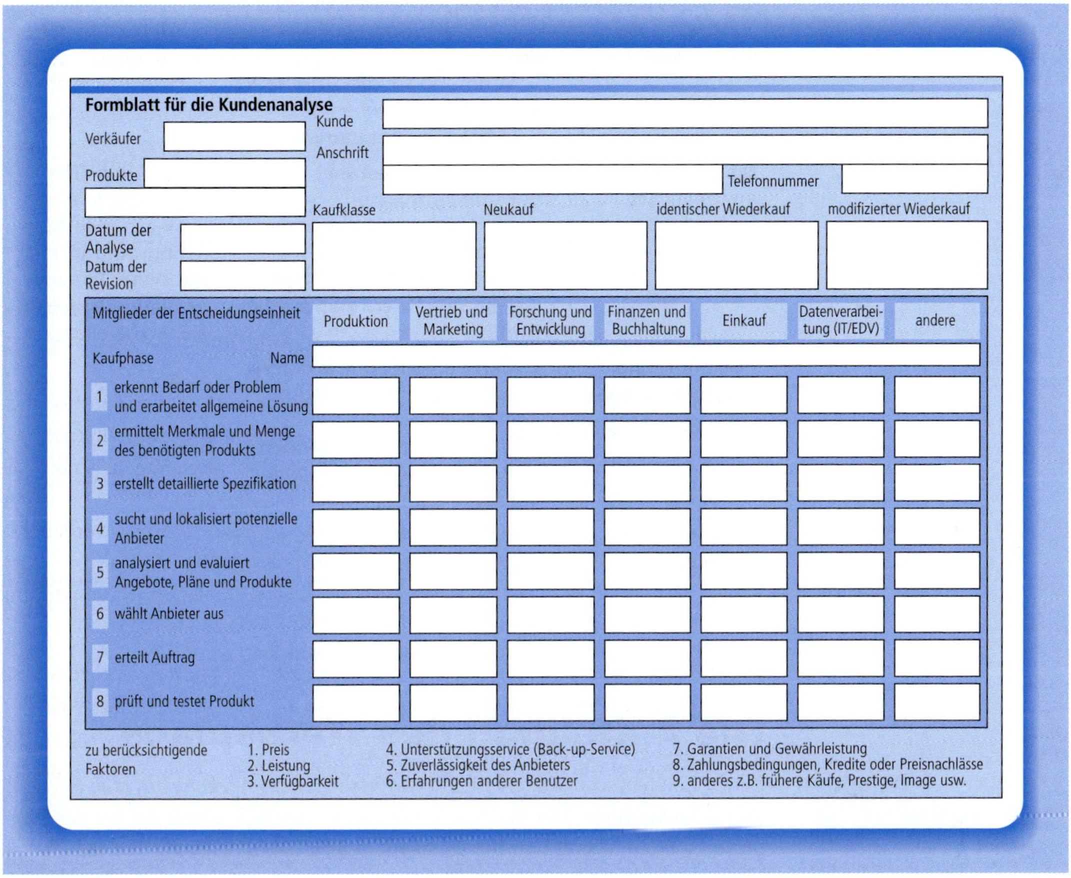

Formblatt für die Kundenanalyse

Verkäufer | Kunde | Anschrift | Telefonnummer

Produkte

Datum der Analyse

Datum der Revision

Kaufklasse: Neukauf | identischer Wiederkauf | modifizierter Wiederkauf

Mitglieder der Entscheidungseinheit	Produktion	Vertrieb und Marketing	Forschung und Entwicklung	Finanzen und Buchhaltung	Einkauf	Datenverarbeitung (IT/EDV)	andere
Kaufphase / Name							
1 erkennt Bedarf oder Problem und erarbeitet allgemeine Lösung							
2 ermittelt Merkmale und Menge des benötigten Produkts							
3 erstellt detaillierte Spezifikation							
4 sucht und lokalisiert potenzielle Anbieter							
5 analysiert und evaluiert Angebote, Pläne und Produkte							
6 wählt Anbieter aus							
7 erteilt Auftrag							
8 prüft und testet Produkt							

zu berücksichtigende Faktoren:
1. Preis
2. Leistung
3. Verfügbarkeit
4. Unterstützungsservice (Back-up-Service)
5. Zuverlässigkeit des Anbieters
6. Erfahrungen anderer Benutzer
7. Garantien und Gewährleistung
8. Zahlungsbedingungen, Kredite oder Preisnachlässe
9. anderes z.B. frühere Käufe, Prestige, Image usw.

Abbildung 7.1
Formblatt für die Kundenanalyse.

Abbildung 7.1 liefert einen Ansatz für die Analyse eines organisationalen Kunden. Wie zu sehen ist, ist er für Produkt- und Dienstleistungsunternehmen gleichermaßen geeignet. Nach Durchführung dieser Analyse für die wichtigsten bestehenden und potenziellen Kunden sollte es relativ einfach sein, Folgendes zu tun:

1. diese Kunden auf irgendeine Art zu gruppieren (Segmentierung),
2. das effiziente Mittel zu bestimmen, um die geforderten Nutzenstiftungen jeder Kundengruppe zu kommunizieren.

Erst dann können qualitative Beurteilungen über die *relative* Effizienz erfolgen, beispielsweise von Werbung im Vergleich zum persönlichen Verkauf. Dabei schließen sich beide in der Regel gegenseitig nicht aus. *Tabelle 7.3* enthält eine Übersicht wichtiger Kommunikationsziele.

Tab. 7.3 Kommunikationsziele

Information	um... ... Aufmerksamkeit zu schaffen ... zu informieren ... Anfragen zu generieren	
Marken- und Imageaufbau	... den Firmennamen bekannt zu machen ... ein Unternehmensimage zu etablieren ... Personen anzusprechen, die für Verkäufer unerreichbar sind	Diese Ziele sind Bestandteile eines umfassenden Marketingprogramms mit dem Oberziel, profitable Verkäufe sicherzustellen.
Beeinflussung von Einstellungen	... den Verkauf zu erleichtern ... redaktionelle Berichte zu generieren ... Vorurteile zu überwinden ... Endverbraucher zu beeinflussen	
Loyalität und Erinnerung	... die Verkaufskosten zu senken ... Umsätze zu erzielen	

Es soll nun die Werbung genauer betrachtet werden.

Die Erstellung des Werbeplans

Definition
Werbung ist Kommunikation über bezahlte Medien.

Lange Zeit herrschte allgemein die Auffassung, dass *Werbung* auf eine einfache Weise funktioniert: Der Werbende verschickt eine Botschaft, die bei der Zielperson ankommt und von ihr verstanden wird. Die Forschung hat jedoch gezeigt, dass dieser Prozess in einer kommunikationsüberfluteten Gesellschaft wesentlich komplexer abläuft. *Abbildung 7.2* zeigt diesen Prozess. Werbung ist eine komplizierte Aktivität, mit der sich nicht immer direkte Effekte erzielen lassen. So ist es beispielsweise höchst unwahrscheinlich, dass es einem Unternehmen gelingen wird, seinen Umsatz zu steigern, nur weil es irgendwo ein Werbeplakat anbringen lässt.

Dies führt zum vielleicht größten Irrtum in Bezug auf Werbung: dass die Werbeziele zwecks Effizienzmessung in Form von Umsatzsteigerungen festgelegt werden sollten. Natürlich sollte Werbung auch einen signifikanten Einfluss auf den Umsatz haben, doch in den meisten Fällen ist Werbung nur einer von vielen bedeutenden Faktoren, die sich auf den Umsatz auswirken; neben Produktqualität, Preis, Kundenservice, Intensität der Distribution usw. (Hammerschmidt/Donnevert/Bauer 2008).

Daher ist es im Allgemeinen nicht ratsam, als *direktes* Ziel für die Werbung eine Umsatzsteigerung festzulegen.

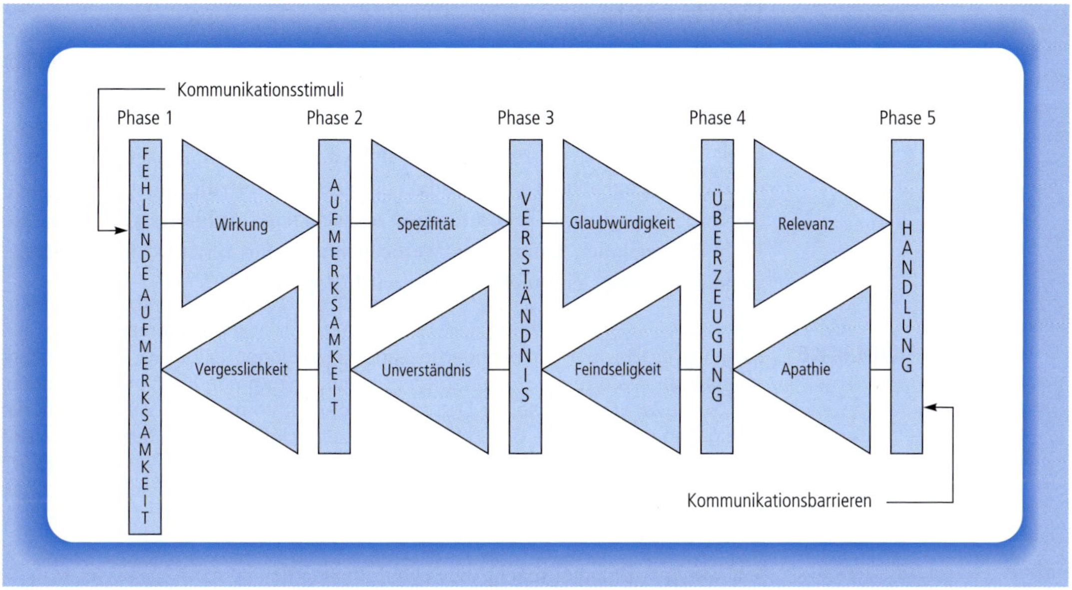

Abbildung 7.2
Die fünf Phasen der Kommunikation.

Welche Ziele sollten für die Werbung festgelegt werden? Zunächst ist zu betonen, dass aus folgenden Gründen die Festlegung von Werbezielen auf jeden Fall erforderlich ist:

1. Festlegung des Werbebudgets,
2. Bestimmung der Zielgruppe,
3. Festlegung der Werbeinhalte,
4. Auswahl der Medien,
5. Festsetzung der Werbeintensität,
6. Festlegung der Methode der Werbeeffizienzmessung.

Diese Entscheidungen lassen sich wie folgt zusammenfassen:

1. *warum* (Werbeziele),
2. *wer* (Werbezielgruppe),
3. *was* (Werbeinhalt),
4. *wo* (Werbemedien),
5. *wie* (Werbegestaltung),
6. *wann* (Werbezeitraum),
7. *wie viel* (Werbebudget),
8. *Zeitplan,*
9. *Reaktion,*
10. *Bewertung.*

All diese Entscheidungen hängen jedoch vom erstgenannten Punkt Werbeziele ab.

Werbeziele

Viele Unternehmen legen Werbeziele fest, die mit Werbung allein nicht erreicht werden können. Abgesehen von einer Umsatzsteigerung werden oft auch unerreichbare oder unrealistische Ziele wie etwa „Eliminierung von Wettbewerbern" festgelegt. Es ist zum Beispiel sinnlos, ein Ziel wie „unseren Zielmarkt davon überzeugen, dass unser Produkt das beste ist" festzulegen, wenn alle Welt davon überzeugt ist, dass das Produkt eines anderen Anbieters viel besser ist. Kein Unternehmen kann seine Werbeagentur dafür verantwortlich machen, wenn ein solches Ziel nicht erreicht wird (Pepels 2001).

EINBLICKE Ein anderes Beispiel für unangemessene Erwartungen in Bezug auf Werbeanstrengungen lieferte ein Busunternehmen, das Unsummen für Werbung ausgab, um die Zuverlässigkeit seiner Dienstleistungen zu kommunizieren. Einer Studie zufolge lag der wirkliche Grund für den Umsatzrückgang jedoch darin, dass viele Leute die Vorstellung hatten, dass Busse ein Transportmittel der „Arbeiterklasse" seien. Dies ist ein klassisches Beispiel für den Versuch, auf der falschen Zielscheibe ins Schwarze zu treffen.

Ein weiteres Beispiel macht dies ebenfalls deutlich.

> Ein Unternehmen, das Werkzeugmaschinen herstellte, konnte nicht verstehen, warum nach einer teuren Werbekampagne in Deutschland, in der die hervorragende Qualität und Zuverlässigkeit der Produkte beworben wurden, die Umsätze kaum anstiegen. Eine anschließende Marktstudie ergab, dass die Zielkunden schon längst überzeugt waren, dass dieses Unternehmen die besten Produkte anbot. Die Gründe für die geringe Nachfrage lagen in der Unzufriedenheit mit dem *Liefer-* und *Kundenservice*. Dies ist ein weiteres Beispiel dafür, dass Werbung Verschwendung ist, wenn keine ausreichenden Kenntnisse über die Anforderungen und das Wissen der Kunden vorliegen.

Der erste Schritt besteht also darin, sinnvolle Ziele für die Werbung festzulegen. Die Frage, die gestellt werden muss, lautet: „Ist es möglich, das Ziel allein durch Werbung zu erreichen?" Wenn die Antwort *ja* lautet, handelt es sich um ein Werbeziel. Wenn die Antwort *nein* lautet, handelt es sich nicht um ein Werbeziel. Mit Werbung kann Folgendes erreicht werden (Schweiger/Schrattenecker 2001):

- Informationsvermittlung,
- Änderung von Wahrnehmungen/Einstellungen,
- Erzeugung von Bedürfnissen,
- Etablierung von Assoziationen (z. B. Milchpulver/Kaffee),
- direkte Handlungen,
- Bestätigung (etwa zur Dissonanzreduktion),
- Erinnerung,
- Vermittlung von Kaufargumenten,
- Produktdemonstration,
- Generierung von Anfragen.

Das Festlegen von sinnvollen und erreichbaren Zielen ist somit der erste und wichtigste Schritt bei der Erstellung eines Werbeplans. Alle anderen Schritte bei der Erstellung des Werbeplans ergeben sich automatisch daraus; sie werden nachfolgend kurz zusammengefasst.

Wer … ist (sind) die Zielgruppe(n)?
Was wissen diese bereits über die Produkte, wie denken sie darüber?
Was wissen und wie denken sie über die Produkte der Konkurrenz?
Welche Art von Menschen sind sie? Wie können sie beschrieben und identifiziert werden?

Was … soll bei der Zielgruppe erreicht werden, d. h., welche Reaktionen sollen hervorgerufen werden?
… sind die spezifischen Kommunikations*ziele*?
… soll ihnen mitgeteilt werden, d.h. was sollen sie in Bezug auf den Kauf/die Nutzung der Produkte „glauben", „fühlen", „verstehen" und „wissen"?
… wird angeboten?
… soll *nicht* angeboten bzw. vermittelt werden?
… sind die wichtigsten Ziele, und welche Ziele sind weniger wichtig?
… sind die Ziele, die *schriftlich* festgelegt und vom Unternehmen und von der Werbeagentur *vereinbart* werden?

Wie … sollen die Ziele in ansprechender Form vermittelt werden?
Wie lautet die Kreativstrategie, und welche Medien sollen eingesetzt werden?
Welche Belege existieren, dass dieser Ansatz akzeptabel und für die Zielgruppe(n) angemessen ist?

Wo … lassen sich die Kommunikationsmaßnahmen effizient umsetzen (Effizienz *in Bezug auf* das Erreichen der Zielgruppe)?
… lassen sich die Kommunikationsmaßnahmen am vorteilhaftesten umsetzen (in Bezug auf die zu erwartenden Reaktionen *im Vergleich zur* „Qualität" der verfügbaren Kanäle)?

Wann … soll die Kommunikation die Zielgruppe(n) erreichen?
Welche Argumente sprechen für die Zeitplanung der Werbe-/Kommunikationsmaßnahmen?
Welche Hindernisse beschränken die Wahlfreiheit?
Müssen die Maßnahmen an absatzfördernde Aktivitäten für andere Produkte des Unternehmens, Werbemaßnahmen für Konkurrenzprodukte, saisonale Trends oder spezielle Ereignisse im Markt angepasst werden?

Ergebnis Welche Ergebnisse sind zu erwarten?
Wie werden die Ergebnisse gemessen?
Sollen die Ergebnisse gemessen werden und, wenn ja, müssen dafür *zuvor* bestimmte Voraussetzungen geschaffen werden?
Wenn nicht angegeben werden kann, wie Ergebnisse präzise zu messen sind, sind die *Ziele* dann vielleicht nicht spezifisch genug oder möglicherweise keine Kommunikationsziele?

	Wie wird der relative Erfolg der Kommunikationsmaßnahmen beurteilt (besser/schlechter/kein Unterschied)? Sollen Handlungsstandards eingeführt werden?
Budget	Wie viel Geld wird für die geplanten Aktivitäten benötigt? Wie viel Geld wird zur Verfügung gestellt? Wie werden die Ausgaben *kontrolliert*?
Zeitplan	Wer macht was und wann? Wie viel Geld wird wann und wo für was ausgegeben?

Üblicherweise wird angenommen, dass Werbung stets eine dominierende Rolle spielen muss und sich einzig der kreative Inhalt mit der Zeit ändert. Die Rolle der Werbung selbst ändert sich jedoch im Allgemeinen im Laufe des Produktlebenszyklus.

Beispielsweise kann der Überzeugungsprozess normalerweise erst dann beginnen, wenn ein bestimmtes Maß an Aufmerksamkeit für ein Produkt vorhanden ist. Daher ist die Schaffung von Aufmerksamkeit üblicherweise eines der wichtigsten Ziele zu Beginn des Lebenszyklus.

Wenn Aufmerksamkeit für ein Produkt geschaffen wurde, wird im Allgemeinen der Wunsch folgen, mehr darüber zu erfahren.

An diesem Punkt beginnt die Entwicklung der Einstellung zum Produkt. Dazu kann auch gehören, eine bereits bestehende Einstellung zu verstärken oder sogar eine bisherige Einstellung zu verändern, um einen Wiederholungskauf zu erreichen. Diese Rolle der Werbung wird immer wichtiger, je weiter der Produktlebenszyklus voranschreitet, insbesondere da auch Konkurrenten versuchen werden, eine eigene „Nische" auf dem Markt zu etablieren.

Innovationsdiffusion

Ebenfalls relevant in diesem Zusammenhang ist das Konzept der Adoption von Innovationen, das bereits in Kapitel 5 erläutert wurde und in *Abbildung 7.3* noch einmal dargestellt ist.

Insbesondere in Verbindung mit Werbung und persönlichem Verkauf kann es sehr nützlich sein, die Diffusion eines Produkts zu verfolgen. Wenn es beispielsweise gelingt, eine Typologie für Meinungsführer zu entwickeln, können erste Werbe- und Vertriebsaktivitäten spezifisch auf sie ausgerichtet werden. Sobald die ersten 3 % der Innovatoren das Produkt adoptiert haben, stehen die Chancen gut, dass die Frühadopter oder Meinungsführer es ebenfalls ausprobieren werden. Sobald die Marke von 8 – 10 % erreicht wurde, besteht eine hohe Wahrscheinlichkeit, dass auch der Rest das Produkt annehmen wird.

Angenommen es ist bekannt, dass die Meinungsführer unter anderem die *allgemeinen* Eigenschaften aufweisen, risikobereit, sozial integriert, kosmopolitisch, sozial mobil und privilegiert zu sein. Es ist dann zu fragen, welche *spezifischen* Eigenschaften diese Kunden in einer speziellen Branche haben. Anschließend kann die Werbebotschaft spezifisch auf sie zugeschnitten werden.

Außerdem ist zu berücksichtigen, dass Werbung sich nicht nur an Verbraucher richtet. Sie kann sich auch an Vertriebspartner, Aktionäre, Medien, Mit-

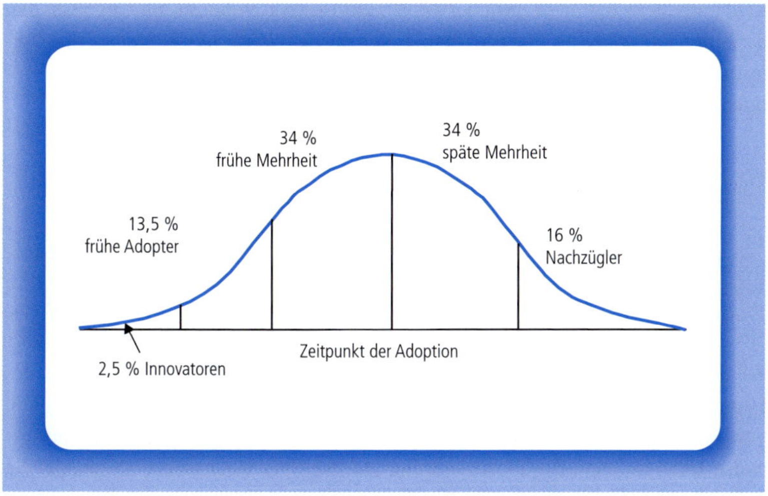

Abbildung 7.3
Adoptionskurve.

arbeiter, Lieferanten und die Regierung richten – all diese Adressaten haben einen wichtigen Einfluss auf den wirtschaftlichen Erfolg eines Unternehmens.

Verkaufsförderung

Der Begriff *Werbung* (oft auch als „Above-the-Line"-Aktivität bezeichnet) umfasst alle Formen der nichtpersönlichen Kommunikation über messbare Medien. Dazu zählt Werbung im Fernsehen, Kino, Radio, in Printmedien, auf Webseiten und über Außenwerbemedien.

Der Begriff *Verkaufsförderung*, oft auch als „Below-the-Line"-Aktivitäten bezeichnet, lässt sich dagegen nicht so leicht definieren. In Amerika beispielsweise werden unter diesem Begriff alle Formen der Kommunikation verstanden, einschließlich Werbung und persönlicher Verkauf. In Großbritannien wird der Begriff unterschiedlich definiert; unter anderem werden darunter sämtliche nichtpersönlichen Aktivitäten der Absatzförderung, alle nicht medienbezogenen Ausgaben oder aber spezifische Absatzförderungsmaßnahmen in den Geschäften selbst (In-Store-Merchandising) verstanden.

Definition
Verkaufsförderung ist eine nichtpersönliche Aktivität, die darauf abzielt, den Absatz zu steigern. Sie bezieht sich auf besonders gekennzeichnete Angebote an bestimmte Kunden innerhalb eines spezifischen Zeitraums.

Tatsächlich liefert keine dieser Definitionen präzise Aussagen darüber, wie Verkaufsförderung in der Praxis funktioniert, was auch der Grund dafür ist, dass in Bezug auf viele Aspekte dieses wichtigen Marketingbereichs viel Verwirrung herrscht.

In der Praxis ist Verkaufsförderung eine spezifische Aktivität, die als Angebot besonders gekennzeichneter Leistungen an bestimmte Kunden innerhalb eines spezifischen Zeitraums definiert werden kann.

Anders ausgedrückt: Verkaufsförderung bedeutet, dass dem Kunden ein Angebot gemacht wird, das nicht zum üblichen Angebot beziehungsweise zu den üblichen Verkaufsaktivitäten zählt. Außerdem muss das Angebot konkrete Vorteile enthalten, die nicht üblicherweise zum Produkt gehören, im Gegensatz zu den eher unkonkreten Nutzenversprechen in der Werbung, wie etwa die Vermittlung eines zusätzlichen Nutzens durch bestimmte Assoziationen oder emotionale Anmutung.

Verkaufsförderung in der Praxis

Verkaufsförderung ist hauptsächlich eine kurzfristig ausgerichtete Aktivität, die dazu beitragen soll, das Verhalten der Kunden so zu ändern, dass es den wirtschaftlichen Interessen des Unternehmens dient.

Zu den typischen Aufgaben der Verkaufsförderung zählen die Erhöhung des Lagerumschlags, Maßnahmen gegen Konkurrenzaktivitäten, die Anregung von Wiederholungskäufen, die Gewinnung von Erwägungskäufern beziehungsweise Interessenten, die Sicherstellung rechtzeitiger Rechnungszahlungen, die Generierung von Probekäufen usw.

Daran wird erkennbar, dass es bei Verkaufsförderung nicht unbedingt um Volumensteigerungen gehen muss. So wird Verkaufsförderung beispielsweise oft eingesetzt, um die Produktions- und Distributionsplanung zu unterstützen und Kunden dazu zu veranlassen, Aufträge bzw. Käufe zeitlich vorzuziehen (Görtz 2006). Zusammenfassend soll mit Verkaufsförderung erreicht werden, dass

- *Verkäufer* verkaufen,
- *Kunden* kaufen,
- *Käufer* zu Nutzern werden,
- *Nutzer* kaufen,
- *Nutzer* weiternutzen,

und zwar mehr, früher und schneller.

In den letzten Jahren hat die Verkaufsförderung ein solches Ausmaß erreicht, dass für sie inzwischen genauso viel ausgegeben wird wie für klassische Werbung.

Dabei ist allerdings zu berücksichtigen, dass durch Verkaufsförderung allein Verkaufsgespräche nicht ersetzt, langfristige Trends nicht geändert und loyale Kundenbeziehungen nicht aufgebaut werden können.

Verkaufsförderung ist also in erster Linie eine taktische Aktivität. Dennoch spielt sie auch eine wichtige strategische Rolle, wie später noch gezeigt wird.

Arten der Verkaufsförderung

Die zahlreichen Arten von verkaufsfördernden Maßnahmen sind in *Tabelle 7.4* aufgelistet. Jede davon eignet sich zum Einsatz in bestimmten Situationen, und jede hat bestimmte Vor- und Nachteile. Bei einer Verkaufsförderungsaktion, die aus einem Gratisproduktgutschein besteht, ist es zum Beispiel möglich, sowohl die Kosten des Gratisprodukts als auch das aus dem Angebot resultierende zusätzliche Kaufvolumen genau zu messen. Die Aktion lässt sich schnell und fle-

Tab. 7.4 Arten der Verkaufsförderung

Zielmarkt	Art der Verkaufsförderungsaktion					
	Geld		Produkte		Dienstleistungen	
	direkt	indirekt	direkt	indirekt	direkt	indirekt
Verbraucher	Preisnachlass	Coupons Gutscheine Geldäquivalent Gewinnspiele	Gratisprodukte Zugaben (z. B. 13 für 12) Geschenke Inzahlungnahme (Trade-in)	Wertmarken Coupons Gutscheine Geldäquivalent Gewinnspiele	Garantien Gruppenveranstaltungen Sonderausstellungen und -vorführungen	Gemeinschaftswerbung Wertmarken Coupons Servicegutscheine Veranstaltungstickets Gewinnspiele
Handel	Händlerboni Treueprogramme Incentives	Krediterweiterung verzögerte Rechnungsstellung Verkauf mit Rückgaberecht Coupons Gutscheine Geldäquivalent	Geschenke Probeangebote Inzahlungnahme (Trade-in)	Coupons Gutscheine Geldäquivalent Gewinnspiele	Garantien Gruppenveranstaltungen Gratisdienstleistungen Risikosenkungsprogramme Schulungen Sonderausstellungen Displays Vorführungen Handel auf Gegenseitigkeitsbasis	Wertmarken Coupons Servicegutscheine Gewinnspiele
Verkaufspersonal	Bonus Provision	Coupons Gutscheine Bonusprogramme Geldäquivalent Gewinnspiele	Geschenke	Coupons Gutscheine Bonusprogramme Geldäquivalent	Gratisdienstleistungen Gruppenveranstaltungen	Coupons Gutscheine Bonusprogramme für Dienstleistungen Veranstaltungstickets Gewinnspiele

xibel durchführen, sie ist effektiv bei vorteilsorientierten Kunden (sog. Deal Prone Consumers), ihre Dauer kann beliebig angepasst werden, und sie lässt sich leicht organisieren und steuern. Auf der anderen Seite stiftet eine solche Aktion für den Kunden keinen zusätzlichen Nutzen (Benefit), sie ist nicht besonders kreativ und fungiert häufig nur als Auslöser einer dauerhaften Preissenkung (Bauer/Görtz/Haber 2004).

Bonusprogramme zur Prämieneinlösung sind flexibel, beliebt, bieten dem Unternehmen den Vorteil, dass eine Lagerhaltung der Prämien entfällt (da der Kunde die Prämien nach Sammeln ausreichender Punkte anfordern muss), Kunden können den Wert der Prämie nur schwer einschätzen, und solche

Programme sind leicht durchzuführen. Andererseits bieten sie keine Vorteile in Bezug auf Sammelbestellungen, sind schwierig zu budgetieren und haben keinen unmittelbaren Nutzen für Händler.

Daher sollte die Auswahl einer geeigneten Strategie zum Erreichen des geplanten Zieles sehr sorgfältig erfolgen.

Die strategische Rolle der Verkaufsförderung

Da Verkaufsförderung hauptsächlich als taktisches Mittel eingesetzt wird, beinhaltet sie häufig nicht mehr als ein paar eilig organisierte Werbegags, denen es an Stimmigkeit mangelt. Andererseits sind dieselben Manager, die für Verkaufsförderung verantwortlich sind, üblicherweise der Ansicht, dass Werbung auf einer übergeordneten Strategie basieren sollte. Der Grund für diese Diskrepanz liegt vermutlich darin, dass Werbung seit jeher auf einer Philosophie des langfristigen Markenaufbaus und kontinuierlicher Markentreue beruht, während das Hauptargument der Verkaufsförderung darin besteht, dem Unternehmen eine eher kurzfristige Handlungsalternative zu bieten.

> Doch selbst dann spricht nichts dagegen, eine Strategie für Verkaufsförderung zu entwickeln, um so die Effektivität der Verkaufsförderungsaktionen zu erhöhen.

Auf diese Weise wird zwischen Verkäufer und Käufer eine Beziehung aufgebaut; die taktischen Ziele werden mit einem übergeordneten Plan verknüpft, und Ressourcen werden insgesamt besser eingesetzt.

Zahlreiche Verkaufsförderungskampagnen haben gezeigt, dass dies möglich ist. Ein berühmtes Beispiel aus Großbritannien ist die in den 1960er Jahren Nahrungsmittelhersteller Homepride konzipierte Figur „Fred the Flour Grader“, die zunächst nur als Werbemaskottchen, später aber auch als Merchandiseartikel eingesetzt wurde – dies übrigens bis heute sehr erfolgreich. Eine ebenfalls jahrzehntelang sehr erfolgreiche Verkaufsförderungsaktion waren die 20 Millionen Sammelanstecknadeln aus Emaille mit dem „Golly“-Maskottchen, die der britische Marmeladenhersteller Robertson seit den 1930er Jahren auf den Markt brachte. Zu echten Kultobjekten in Deutschland entwickelten sich 1972 die knallbunten Blumenaufkleber, die der Spülmittelhersteller Pril nicht nur in seiner Werbung einsetzte, sondern auch seinen Produkten beilegte. All diese erfolgreichen Verkaufsförderungskampagnen haben eines gemeinsam: Sie wurden auf stimmige Weise in die gesamte Kommunikationsstrategie für das jeweilige Produkt integriert.

Neuere Beispiele, wie etwa Clubkarten oder Bonuskarten von Supermarktketten, beweisen, dass es möglich ist, für Absatzförderungsprogramme einen einheitlichen Stil zu etablieren, der bei konsistenter Anwendung dazu beiträgt, produktbezogene Ziele über einen langen Zeitraum erfolgreich umzusetzen.

Verkaufsförderung bei B2B-Produkten

Industriegüter werden an andere Unternehmen verkauft. Dies bedeutet, dass bestimmte Elemente des Marketing-Mix anders betont werden; es hat jedoch nicht zur Folge, dass sich die Bedeutung des Marketingkonzepts ändert.

So überrascht es nicht, dass die meisten Verkaufsförderungstechniken für Konsumgüter sich bei richtigem Einsatz genauso gut für Industriegüter und Dienstleistungen eignen.

Trotz dieser Tatsache wird Verkaufsförderung in B2B-Märkten vergleichsweise selten betrieben, was vielleicht zum Teil auf die von Technikern gern vertretene Ansicht zurückzuführen ist, dass mit Produkten, deren Verkauf gefördert werden muss, wohl irgendetwas nicht stimmt.

Seit einigen Jahren werden jedoch immer mehr B2B-Unternehmen auf den enormen Erfolg von Verkaufsförderung aufmerksam: Sie erkennen allmählich, dass Verkaufsförderung ein flexibles und wettbewerbsfähiges Marketinginstrument ist, das auch bei B2B-Produkten eingesetzt werden kann.

Ein Industriegüterunternehmen mit mehreren Geschäftsbereichen und einer breiten Produktpalette, die sowohl Industriegüter mit hoher Umschlaggeschwindigkeit als auch Kapitalgüter im Hochpreissegment umfasst, hat eine Reihe von speziellen Absatzförderungsprogrammen mit folgenden Maßnahmen entwickelt: Eintauschaktionen (Trade-ins), Gewinnspiele, Handelsvereinbarungen auf Gegenseitigkeit, Kreditvereinbarungen, Schulungsprogramme, Werbegeschenke fürs Büro und maßgeschneiderte Garantien. Jede dieser Verkaufsförderungsaktionen wird den Kunden in Form eines besonders gekennzeichneten Angebots unterbreitet.

Die Erstellung des Verkaufsförderungsplans

Es herrscht allgemeine Übereinstimmung darüber, dass Verkaufsförderung zu den am schlechtesten gemanagten Marketingfunktionen gehört. Der Hauptgrund dafür liegt in der Unklarheit darüber, was Verkaufsförderung überhaupt ist. Dies führt wiederum oft dazu, dass die Ausgaben dafür nicht richtig kontrolliert werden. Einige Unternehmen rechnen diese Kosten zu den Werbeausgaben, andere betrachten sie als Teil der Vertriebsaufwendungen, und manche sehen in ihnen sogar Produktionskosten (etwa im Fall von Zusatzprodukten, speziellen Markierungen oder besonderen Verpackungen). Dagegen wird die Minderung von Erlösen durch spezielle Preisnachlässe häufig gar nicht berücksichtigt.

Verkaufsförderung ist ein wichtiges Element des Marketing, doch zugleich eine der am schlechtesten gemanagten Marketingfunktionen.

Unternehmen können es sich nicht länger leisten, auf die Festlegung von Zielen, auf Ergebniskontrollen oder auf konkrete Leitlinien zu verzichten. Ein Beispiel: Ein Preisnachlass pro Einheit in Höhe von 1 Euro auf ein Produkt mit einem Stückdeckungsbeitrag von 3 Euro pro Einheit muss eine Absatzsteigerung von 50 % bewirken, um den Gesamtdeckungsbeitrag konstant zu halten.

Wird dies nicht erkannt oder werden keine alternativen Ziele für die Verkaufsförderungsaktion festgelegt, kann dies leicht zu einem Kontrollverlust und zu einem entsprechenden Gewinnrückgang führen.

Um die Verkaufsförderungsausgaben eines Unternehmens effizienter zu steuern, ist zunächst ein wesentlicher Schritt erforderlich: Für die Verkaufsförderung muss ein Ziel festgelegt werden – genauso wie für Werbung, Preispolitik oder Distribution.

Das Ziel für jede Verkaufsförderungsaktion sollte klar formuliert werden, beispielsweise Probekauf, Wiederholungskauf, Distribution, Vorziehen von Käufen, Kampf gegen Konkurrenz usw. Anschließend sollte der folgende Prozess durchlaufen werden:

- Auswahl der geeigneten Methode,
- Pre-Test,
- Durchführung der Verkaufsförderungsaktion,
- detaillierte Auswertung.

Die Ausgaben müssen nach Art der Aktivität analysiert und kategorisiert werden (z. B. spezielle Verpackung, besondere POS-Materialien, Erlösminderung durch Preisnachlässe usw.).

Ein Hersteller von Küchen zur Selbstmontage entschloss sich angesichts einer dramatisch gesunkenen Nachfrage zur Durchführung eines umfangreichen Verkaufsförderungsprogramms. Dem Unternehmen gelang es dadurch zwar, den Umsatz zu halten, die Verkaufsförderungsaktivitäten waren jedoch so planlos und unsystematisch durchgeführt worden, dass es unmöglich war, die Effizienz dieser Aktivitäten zu evaluieren. Zudem hatte das Unternehmen Bedenken über die Auswirkung dieser Aktivitäten auf das Unternehmensimage und die langfristige Kundentreue. Das Unternehmen führte deshalb eine detaillierte Überprüfung dieses Ausgabenbereichs durch, der inzwischen über die Hälfte des Kommunikationsbudgets einnahm. Auf diese Weise entwickelte das Unternehmen klare Ziele, einen klaren und in den Marketingplan integrierten Verkaufsförderungsplan und eine fundierte Evaluierungsmethode.

Der Verkaufsförderungsplan selbst sollte die Ziele, die Strategie und kurze Informationen zu Zeitplanung und Kosten enthalten. Allzu ausführliche Informationen sollten dagegen *nicht* im Verkaufsförderungsplan erscheinen. Detaillierte Anweisungen zur Durchführung der Verkaufsförderungsaktion sollten entwickelt werden, sobald der Marketingplan ausgearbeitet ist. Die folgende Checkliste enthält Beispiele für die Art von Informationen, die kommuniziert werden sollten. Der Marketingplan sollte jedoch nur eine kurze Zusammenfassung davon enthalten.

Checkliste zur Erstellung eines Verkaufsförderungsplans

Abschnitt	Inhalt
1. Einleitung	kurzer inhaltlicher Überblick – Was? Wo? Wann?
2. Ziele	Marketing- und Kommunikationsziele für die Einführung des neuen Produkts
3. Hintergrund	Marktdaten, Argumente für die Methode, andere relevante Informationen
4. Verkaufsförderungsangebot	detaillierte Angaben zum jeweiligen Angebot: Preisstruktur, Details zur Werbeprämie usw.; kurz, präzise und klar formulieren
5. Zielgruppe	Wer? Wo?
6. Zeitrahmen	Wann und wie lange ist das Sonderangebot verfügbar? Ab Datum des Kundenbesuchs, ab Lieferdatum oder ab Rechnungsdatum?
7. Detailplanung	genaue Daten und Verantwortlichkeiten für alle Aspekte des Planes vor dem Starttermin festlegen
8. Unterstützung	spezielle Werbung, POS-Materialien, Aufsteller, Broschüren, Public Relations, Muster, usw.
9. Verwaltung	Rechnungsstellung, Gratisartikel-Rechnungsposten, Lagerbestände, (Nach-)Bestellungsverfahren bei Prämien, Zahlungsmodalitäten
10. Verkaufsplan	Ziele, Incentives, Auswirkung auf Routenplanung, Briefings, Telefonverkauf
11. Verkaufsgespräch	wichtige Punkte des Verkaufsgesprächs
12. Verkaufsbericht	Methode zur Erhebung notwendiger Daten, die anderweitig nicht zu beschaffen sind
13. Evaluierung	Wie wird die Effizienz der Verkaufsförderungsaktion überprüft?

Anhänge

Es folgen einige Beispiele von Materialien, die Verkaufsmitarbeitern bei der Durchführung einer Verkaufsförderungsaktion bei sich haben sollten:

- Zusammenfassung der wichtigsten Punkte des Verkaufsgesprächs,
- Preisstrukturen/Gewinnspannen,
- Zusammenfassung des Angebots,
- Leitfaden für die Auftragsqualifizierung,
- Broschüren.

Weitere Materialien, die das Verkaufspersonal benötigen könnte:

- Muster von (neuen) Produkt(en),
- Muster von Zugabeprodukten/Werbeprämien,
- spezielle Berichtsformulare,
- Berichtsformulare für ausgegebene Barbeträge/Prämien etc.

Hinweis: Dabei wird davon ausgegangen, dass die allgemeinen Prinzipien der Verkaufsförderungsaktion bereits mit anderen involvierten Managern abgestimmt wurden, etwa Vertriebsmanagern oder Verkaufsleitern.

Public Relations

Öffentlichkeitsarbeit oder Public Relations (PR) beschäftigt sich mit den Beziehungen eines Unternehmens zur Öffentlichkeit, also zu den verschiedenen Anspruchsgruppen, die einen Einfluss darauf haben, ob und wie das Unternehmen seine Ziele erreicht. Die Aspekte dieser Beziehungen betreffen das Image des Unternehmens in der Öffentlichkeit und die Informationen, die ein Markt in Bezug auf das Unternehmen hat, d. h. die *Marktposition* des Unternehmens. Üblicherweise wird dies durch Berichterstattung in verschiedenen Print- und TV-Medien erreicht. Der stetig wachsende Trend zum *Beziehungsmarketing* erfordert eine zunehmende Spezifizierung der PR-Maßnahmen in Bezug auf ihre Ziele und Zielgruppen. PR ist daher sowohl für die Positionierung als auch für das Beziehungsmarketing ein wichtiger Stützpfeiler.

PR-Botschaften können weitaus wirkungsvoller sein als Werbebotschaften.

Das steigende Interesse an PR ist zudem auf die abnehmende Wirksamkeit und Effizienz der Werbung in Massenmedien zurückzuführen. Vor dem Hintergrund, dass das an die Öffentlichkeit gerichtete Kommunikationsvolumen stetig zunimmt und die Zahl der Medien ebenfalls rasant steigt, bietet PR eine alternative Methode, um die Zielgruppen zu erreichen. So kann beispielsweise eine Botschaft, die durch einen Leitartikel in einer Zeitschrift vermittelt wird, fünfmal einflussreicher sein als die Werbebotschaft einer Zeitschriftenanzeige (Germelmann/Gröppel-Klein 2007). Dennoch ist es eher unwahrscheinlich, dass Werbung oder andere Formen der Kommunikation und Absatzförderung durch PR ersetzt werden.

Wahrscheinlich ist jedoch, dass die Bedeutung von PR als integraler Bestandteil des Kommunikations-Mix zunehmen wird.

PR-Kommunikationsinstrumente

PR-Aktivitäten umfassen eine Reihe verschiedener Bereiche.

1. *Medienberichterstattung:* Zu den am häufigsten eingesetzten PR-Aktivitäten zählt die Verbreitung von redaktionellen Beiträgen und Nachrichten. Nachrichten lassen sich am besten in eine Story verpacken, die Informationen über ein Unternehmen oder dessen Produkte enthalten kann. Als Themen für eine Story bieten sich beispielsweise neue Entdeckungen, erreichte Erfolge, interessante Persönlichkeiten oder wichtige Veränderungen an. Oft werden Studien oder Projekte in Auftrag gegeben, um „objektive" Berichte über Themen zu liefern, die für die Produkte und die Position des jeweiligen Unternehmens relevant sind. So könnte beispielsweise ein Zahnpastahersteller Dentalforschungsprojekte unterstützen, während ein Finanzdienstleistungsunternehmen eine Studie über die Spargewohnheiten durchführen lässt. Medienberichte können auch eingesetzt werden, um Verbraucher auf die Existenz eines Produkts aufmerksam zu machen und auf diese Weise Anfragen von Interessenten zu generieren. Dabei ist allerdings zu berücksichtigen, dass die Platzierung von Nachrichten zur Veröffentlichung an geeigneter Stelle genauso viel Fingerspitzengefühl erfordert wie das „Entwickeln" einer interessanten Story.

2. *Veranstaltungen:* Unternehmen können auch durch das Durchführen oder Sponsoring von Veranstaltungen (Events) öffentliche Aufmerksamkeit erregen. Die Möglichkeiten für Events sind zahlreich; einfache Pressekonferenzen und Seminare gehören ebenso dazu wie Ausstellungen, Wettbewerbe, Jubiläumsfeiern oder spektakuläre Shows. Veranstaltungen dieser Art haben gute Chancen auf Medienberichterstattung und lenken die öffentliche Aufmerksamkeit auf das Unternehmen, das als Event-Sponsor in Erscheinung tritt. Sie können zudem dazu beitragen, dem Unternehmen ein glaubwürdiges Image zu verschaffen oder gezielt ein vom Unternehmen gewünschtes Image zu kreieren. Veranstaltungen bieten zudem gute Gelegenheiten, Beziehungen mit Lieferanten, Meinungsführern und Kunden zu knüpfen und aufzubauen.
3. *Publikationen:* Publikationen von Unternehmen stellen eine weitere PR-Kommunikationsmethode dar. Ein gutes Beispiel dafür sind Materialien zur Vertriebsunterstützung, etwa Broschüren, Handbücher und Präsentationen, die von allen Mitarbeitern genutzt werden können, die Kontakte zu externen Personen haben. Jahresberichte, Mitteilungen von öffentlichem Interesse und spezielle Publikationen wie Kochbücher oder Kindergeschichten lassen sich ebenfalls gezielt einsetzen, um sowohl Kunden als auch Personen, die die Einstellungen der Kunden beeinflussen, zu erreichen. Interne Zielgruppen und wichtige Interessensvertreter werden häufig durch Unternehmens-Newsletter oder Magazine angesprochen.
4. *Gesellschaftliches und soziales Engagement:* Solches Engagement stellt für ein Unternehmen eine weitere Methode dar, sein Image zu fördern und darauf hinzuwirken, dass es von der Öffentlichkeit mit bestimmten Werten in Verbindung gebracht wird. Möglich sind beispielsweise wohltätige Spenden in Verbindung mit Produktcoupons, Sponsoring gemeinnütziger Veranstaltungen wie Festivals und individuelles Engagement leitender Unternehmensmitarbeiter auf lokaler Ebene, etwa für Bildungseinrichtungen, Krankenhäuser oder Verbrechensprävention. Aktivitäten dieser Art bieten zahlreiche Gelegenheiten, öffentliches Interesse zu erregen und Berichterstattungen zu erreichen.
5. *Expertenmeinungen:* Bestimmte Personen innerhalb eines Unternehmens können sich zudem zur Verfügung stellen, um bei Anfragen von Journalisten und öffentlichen Stellen oder bei anderen passenden Gelegenheiten Expertenmeinungen abzugeben. PR-Manager können die Expertise innerhalb des Unternehmens beispielsweise durch die Weiterleitung von Kontaktlisten und durch individuelle Schulungen dieser Experten zur Weiterentwicklung ihrer Gesprächsführungs- und Präsentationstechniken fördern.
6. *Visuelle Identität:* Zahlreiche Unternehmen legen großen Wert darauf, eine visuelle Identität zu etablieren, beispielsweise durch ein einheitliches Design oder Logo. Ein einheitliches Design kann es vor allem Kunden erleichtern, die Produkte eines Unternehmens zu erkennen. Einheitliche Logos und andere Identifikationsmerkmale sind meist wichtiger für interne Märkte und werden dort oft eingesetzt, um die Bedeutung eines Veränderungsprozesses oder die Verfolgung eines gemeinsamen Zwecks visuell zu unterstreichen.

PR-Bereich

PR-Maßnahmen sind ein effizientes Mittel zur Unterstützung der Positionierung.

Mit PR lässt sich die Realisierung der Positionierungsziele eines Unternehmens sehr effektiv unterstützen. So können *Events* zur Stärkung der Kernwerte der Marke eingesetzt werden, während durch *Publikationen* die öffentliche Aufmerksamkeit auf Imageaspekte gelenkt werden kann, etwa die Stabilität oder Innovationsstärke eines Unternehmens. Auf eine indirektere, jedoch nicht weniger effiziente Weise lassen sich PR-Maßnahmen dazu nutzen, beispielsweise die Glaubwürdigkeit einer Organisation oder ihrer Technologien zu etablieren, um das Unternehmen auf dieser Grundlage am Markt zu positionieren. PR-Maßnahmen können auch dazu dienen, ein Bewusstsein für neue Produkte, neue Prozesse oder andere Veränderungen zu schaffen, die es dem Unternehmen ermöglichen, noch besser auf seine Kunden einzugehen. PR kann somit den Weg für direktere Positionierungsmaßnahmen ebnen wie Vertriebskampagnen, Werbung, Preisbildung und Verpackung.

Auch die Entwicklung von *Beziehungen* sowohl mit Kunden als auch mit anderen Anspruchsgruppen kann durch PR-Maßnahmen unterstützt werden. Gute Beziehungen umfassen beispielsweise die Weitergabe von Informationen. In diesem Zusammenhang sind PR-Tools wie Materialien zur Vertriebsunterstützung, Fachpublikationen oder die Mitteilung von neuen Forschungsergebnissen sehr nützlich. Außerdem zeichnen sich gute Beziehungen durch sichtbares Engagement aus, auch hier lassen sich PR-Maßnahmen unterstützend einsetzen. Beispielsweise können einzelne Personen aus Zielmärkten – seien es Kunden, Meinungsführer, Referenzgeber oder Intermediäre – zu Events eingeladen werden. Eine Alternative besteht darin, die Aktivitäten dieser Personen durch Preisverleihungen, besondere Erwähnungen in Pressemitteilungen oder Weiterleitungen von Medienanfragen an sie hervorzuheben. Diese PR-Maßnahmen können durch zusätzliche Vertriebs- und Verkaufsförderungsaktivitäten unterstützt werden.

Eine weitere wichtige Funktion von Public Relations besteht darin, spezielle Probleme oder ernsthafte Krisen zu managen und die *Schäden zu begrenzen*, die solche Situationen dem Unternehmen verursachen können. Ein Beispiel dafür sind die häufigen PR-Kampagnen der Tabakindustrie mit dem Ziel, die Auswirkungen von Antiraucherkampagnen und staatlich auferlegten Werbebeschränkungen abzufedern.

Ein anderes Beispiel lieferte der französische Getränkehersteller Perrier. Als bekannt wurde, dass ein Teil seiner Produkte mit giftigen Chemikalien verunreinigt worden war, lancierte das Unternehmen umgehend eine groß angelegte PR-Kampagne, um den potenziellen Schaden für seine Markennamen zu minimieren und klarzustellen, dass es sich um ein isoliertes Vorkommnis handelte, bei dem keinerlei Gefahr für die Öffentlichkeit bestand. Coca Cola dagegen hatte in einem anderen Fall weniger Glück. Als der Konzern 2004 in Großbritannien Dasani (Tafelwasser) auf den Markt brachte, konnte er die Enthüllung, dass es sich lediglich um mit Mineralzusätzen angereichertes Leitungswasser handelte, mit einer halbwegs gelungenen PR-Aktion (Argument: „Wir setzen ein hochmodernes und sehr effizienten Filtersystem ein") gerade noch verkraften. Das Todesurteil kam jedoch einige Wochen später, als bekannt wurde, dass in dem Produkt Konzentrationen eines potenziell krebserregenden Bromats gefunden wurden – diesen Schaden hätte auch die größte PR-Kampagne der Welt nicht wieder gutmachen können.

Public Relations können somit ein signifikanter Bestandteil des Kommunikations-Mix eines Unternehmens sein und zudem ein sehr effizientes Instrument zur Beeinflussung von Einstellungen und Meinungen. Zudem stellt Public Relations eine relativ preiswerte Methode dar, um öffentliche Aufmerksamkeit und Zugang zu Medienkanälen zu erlangen. Für Fuji beispielsweise bestand der Wert seiner Werbung mit dem Fuji-Zeppelin nicht in dem direkten Effekt auf die Menschen, die das Luftschiff über sich hinwegschweben sahen, sondern in den zahlreichen TV-Berichterstattungen, die diese neue Art der Präsentation bewirkte. In geringerem Umfang ist PR auch für kleinere Unternehmen mit begrenzten Kommunikationsbudgets von hohem Nutzen, wobei es allerdings grundsätzlich schwierig ist, die Effizienz von PR-Maßnahmen in Zahlen anzugeben.

PR-Maßnahmen sind ein effizientes Mittel zur Beeinflussung von Meinungen und Einstellungen.

Sponsoring

Bereits seit den 1980er Jahren dient Sponsoring als populäres Mittel, um ein Produkt oder die Position eines Unternehmens in seinen gewählten Märkten zu unterstützen. Der Anstoß dazu, weitere Kommunikationskanäle zu suchen, um einen Namen oder ein Produkt zu bewerben, kam hauptsächlich durch die steigenden Kosten für Medienwerbung. Zudem führte das Sponsoring der richtigen Person oder Aktivität oft zu einer weltweiten Berichterstattung, die auf anderem Wege wohl kaum zu erreichen gewesen wäre. Besonders für die Tabakindustrie war Sponsoring angesichts des TV-Werbeverbots eine gute Alternative, um breite öffentliche Aufmerksamkeit zu erlangen.

Sponsoring kann definiert werden als vertragliche Vereinbarung, bei der sich ein Sponsor zum beiderseitigen Vorteil von Sponsor und Gesponsertem dazu verpflichtet, den Gesponserten finanziell oder anderweitig zu unterstützen, um zwischen dem Image, den Marken oder Produkten des Sponsors und der gesponserten Institution, Person oder Veranstaltung eine Verbindung zu etablieren. Dabei erhält der Sponsor im Gegenzug Rechte, diese Assoziationen kommunikativ zu nutzen und/oder bestimmte vereinbarte direkte oder indirekte Vorteile zu erhalten.

Sponsoringarten

Im Allgemeinen werden beim Sponsoring vier verschiedene Hauptarten unterschieden (Kolah 2008): Sportsponsoring (83 %), Sozialsponsoring (5 %), Kunst- und Kultursponsoring (7 %) sowie Mediensponsoring (5 %).

Einige Beispiele für Sponsoringaktivitäten sind:

Kunstsponsoring	der Konsumgüterkonzern Unilever und die Tate Modern in London
Sozialsponsoring	die britische Supermarktkette Tesco und der „Race for Life", ein jährlicher Wohltätigkeitslauf
Bildungssponsoring	BT (British Telecom) und Informationstechnologie in Schulen
Kultursponsoring	die schottische Biermarke Tennent's und das Rock-/Popfestival „T in the Park"
Mediensponsoring	der Mobilfunkkonzern Nokia und die Sendung „X-Factor" des britischen Fernsehsenders ITV1
Sportsponsoring	die Fluggesellschaft Emirates und der Londoner Fußballclub Arsenal FC
Personensponsoring	die Unternehmensberatung Accenture und der US-Golfprofi Tiger Woods

Sponsoring kann auf lokaler, regionaler, nationaler, internationaler und globaler Ebene stattfinden, wobei die Sponsoringbeträge zwischen 100 Euro und über eine Milliarde Euro liegen können. So ließ sich das Kreditkartenunternehmen MasterCard seine Auftritte als offizieller Sponsor der Fußballweltmeisterschaften 2002 und 2006 jeweils rund 40 Millionen Euro kosten. Das Sponsoring eines Fußball-Erstligisten kostet mindestens zehn Millionen Euro pro Jahr.

Zunahme des Sponsorings

Seit der Jahrtausendwende zählt Sponsoring weltweit zu den am schnellsten wachsenden Marketingaktivitäten. Der Wert des globalen Sponsoringmarkts wird derzeit auf knapp 30 Milliarden Euro geschätzt. Vor dem Hintergrund der 2012 in London stattfindenden Olympischen Spiele wird erwartet, dass der Wert des britischen Sponsoringmarkts auf über drei Milliarden Euro ansteigen wird.

Viele Unternehmen betrachten Sponsoring als wesentlichen Bestandteil des Marketing-Mix, da es zahlreiche Vorteile bringt – es steigert nicht nur die Markenbekanntheit und das Unternehmensimage, sondern wirkt sich letztendlich auch profitabel auf das Finanzergebnis des Sponsors aus (Stokburger-Sauer/Wetzels 2007).

Sponsoringziele

Um Sponsoring so gewinnbringend wie möglich einzusetzen, muss ein Unternehmen sich darüber klar sein, welche Ergebnisse es damit erreichen will. Ein „besseres Finanzergebnis" ist jedoch ein unangemessenes Ziel, da es nur selten möglich ist, eine Umsatzsteigerung oder die Akzeptanz einer Preiserhöhung direkt auf Sponsoring zurückzuführen. Realistischere und vor allem besser messbare Ziele wären zum Beispiel folgende:

- Wettbewerbsvorteil durch bestimmte Assoziationen wie z. B. Exklusivität,
- Verbesserung der Wahrnehmung des Sponsors durch die Öffentlichkeit,
- Assoziation eines Unternehmens mit bestimmten Marktsegmenten,

- Engagement der Mitarbeiter des Unternehmens in der Gemeinschaft,
- Erreichen einer positiven Medienberichterstattung,
- Steigerung des Wohlwollens von Entscheidungsträgern.

Der Sponsoringprozess

Wie alle Aktivitäten, die die Positionierung unterstützen sollen, erfordert auch Sponsoring eine detaillierte Planung und ein sorgfältiges Management, wie in *Abbildung 7.4* gezeigt.

Phase 1: Überprüfung bestehender Aktivitäten

Die Überprüfung bestehender Aktivitäten sollte einerseits alle Positionierungsmaßnahmen umfassen und andererseits Argumente dazu beinhalten, wie Sponsoring diese Maßnahmen ergänzen und unterstützen kann. Dabei ist wichtig, dass das Sponsoringprogramm auf die kreativen Aspekte der anderen Kommunikationsmaßnahmen und den Zeitplan abgestimmt ist. Soll beispielsweise eine hochkarätige Veranstaltung gesponsert werden, müssen andere Kommunikationsmaßnahmen dazu beitragen, dieses Event zu promoten und die erreichte Position zu festigen, wenn die öffentliche Aufmerksamkeit in Bezug auf dieses Event nachlässt.

Ein ausgewogener Aktivitätenmix ist vor allem dann wichtig, wenn mit Sponsoring die Position einer Marke gefestigt werden soll, da hier die Übereinstimmung mit den Markenkernwerten von größter Bedeutung ist. Das Sponsoring eines leistungsschwachen Formel-Eins-Teams beispielsweise wird den Markenwert möglicherweise nicht in dem gewünschten Maße steigern. Ebenso müssen etwa beim Sponsoring eines TV-Events die Zuschauerzielgruppen und die erwarteten Zuschauerzahlen berücksichtigt werden, um die Kapitalrendite zu sichern.

Phase 2: Leitlinien und Strategieentwicklung

Die Sponsoringstrategie muss auf die jeweils verfolgten Positionierungsziele ausgerichtet werden. Die Kernentscheidung besteht darin festzulegen, was oder wer gesponsert werden soll, gefolgt von Plänen, wie sich die gewünschte Assoziation unter Berücksichtigung der Effizienz am besten erreichen lässt. Bis 2006 umfasste das Sponsoringportfolio von Vodafone unter anderem den Fußball-Erstligisten Manchester United und das Ferrari Formel-Eins-Team; inzwischen wechselte Vodafone als Sponsor im Fußball zur UEFA Champions League und in der Formel Eins zu McLaren Mercedes. Das Unternehmen zielt mit seinem Sponsoring auf die Assoziation von globaler Spitzenleistung ab, weshalb es ständig bemüht ist, die Vorteile, die es aus dem Sponsoring zieht, zu optimieren.

Jede Sponsoringmaßnahme und -strategie sollte also folgende Aspekte enthalten:

- messbare Ziele (soweit möglich),
- Segmentierung des Zielpublikums (einschließlich Mitarbeiter),
- die Kernwerte der Marke (Brand Essence) oder das Image, das unterstützt werden soll,
- Übereinstimmung mit der gewünschten Positionierung,

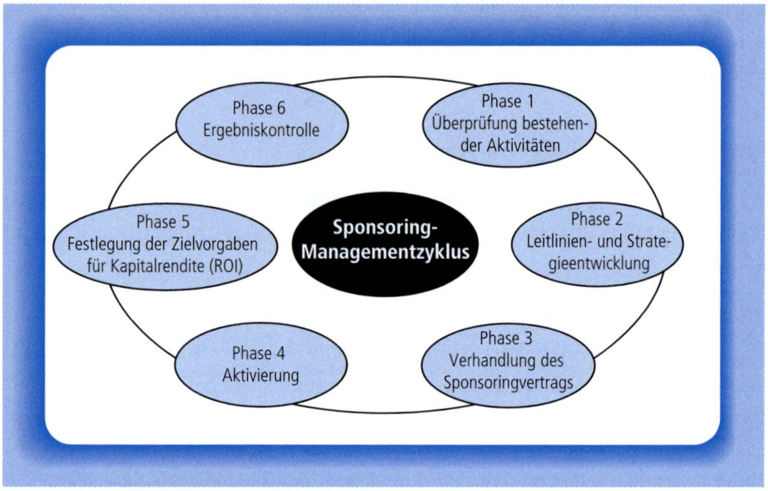

Abbildung 7.4
Der Sponsoringprozess.

- Zeiträume und Zeitpläne,
- geografische Erfordernisse,
- Integration mit anderen Kommunikationskanälen (Synergieeffekte),
- gewünschte Wirkung auf das Verhalten der Zielgruppen,
- Notfallpläne bei Änderung der Situation.

Das Hauptziel besteht darin, ein positives Beispiel im Sinne einer „success story" für weitere Aktionen zu schaffen, indem gewährleistet wird, dass das Sponsoringprogramm nicht auf persönlichen Präferenzen beruht, sondern stets auf die Positionierungsziele des Sponsors abgestimmt ist.

Phase 3: Verhandlung des Sponsoringvertrags

Das Ziel der Verhandlungsphase ist üblicherweise eines der folgenden:

- Erweiterung eines bestehenden Sponsoringprogramms,
- Änderung eines bestehenden Sponsoringprogramms,
- Abschluss eines neuen Sponsoringvertrags,
- Beendigung eines bestehenden Sponsoringvertrags.

Sponsoringverhandlungen verlaufen sehr unterschiedlich und hängen in erster Linie von der Verhandlungsstärke der beteiligten Parteien sowie vom jeweiligen Sponsoringobjekt ab. In allen Fällen ist es jedoch wichtig darauf zu achten, dass die rechtlichen Rahmenbedingungen zufriedenstellend sind, dass der erreichte Nutzen (Return) die Aufwendungen für das Sponsoring rechtfertigt und dass der Sponsoringvertrag dem Sponsor in ausreichendem Maße Exklusivität garantiert.

Phase 4: Aktivierung des Sponsoringprogramms

Die Verhandlungen über den Sponsoringvertrag sind jedoch nur der erste Schritt des Sponsoringprogramms. In den USA zahlt Coca Cola beispielsweise das Vierfache der Gebühr, die allein für die Sponsoringrechte anfallen, für die anschließende Aktivierung der Sponsoringverträge mit der FIFA oder den Olympischen Spielen. Zu den Aktivierungsmaßnahmen des Sponsoringvertrags des Sportartikelherstellers Nike mit dem US-Top-Basketballspieler Michael Jordan gehörten beispielsweise:

- Werbung (Michael Jordan trägt Nike),
- neue Arten der Medienwerbung (Nike-/Michael-Jordan-Webseiten),
- besondere Events („Komm und besuch mit Nike ein Basketballmatch mit Michael Jordan"),
- Lizenzprodukte (spezielle Michael-Jordan-Schuhserie von Nike),
- PR-Aktivitäten (Michael Jordan besucht Nike-Fabrik in Indonesien),
- Verkaufsförderung (Möglichkeit der Gewinnspielteilnahme für ein „Dinner mit Michael Jordan" beim Kauf eines Nike-Produkts).

Phase 5: Festlegung der Kapitalrendite (ROI)

Die Festlegung einer Gesamtkapitalrendite für ein Sponsoringprogramm kann problematisch sein, da es angesichts der besser messbaren Resultate anderer Marketingaktivitäten im Allgemeinen schwierig sein wird, die Generierung von Umsätzen direkt auf Sponsoringausgaben zurückzuführen. Wenn jedoch messbare Ziele als Teile der Strategie festgelegt wurden, ist zumindest sicherzustellen, dass die erwarteten Ergebnisse in anderen Bereichen erreicht werden. Dazu könnten zählen:

- erwartete Reichweite der Medienberichterstattung und Zielgruppenzahlen, die erreicht werden sollen,
- Steigerung in Bezug auf Markenbekanntheit, Image, Affinität etc.,
- Stärke, Einzigartigkeit und Vorteilhaftigkeit von Assoziationen,
- Besucherzahlen bei gesponserten Events.

Phase 6: Ergebniskontrolle

Nachdem die Kapitalrendite eines Programms gemessen wurde, müssen alle Ergebnisse evaluiert und die daraus resultierenden Erkenntnisse umgesetzt werden. Dazu können Antworten auf folgende Fragen gehören: „Wurden zu viele Events gesponsert?" und „Wie haben die Konkurrenten auf die Sponsoringprogramme reagiert?" Ein Sponsor wird möglicherweise entscheiden, seinen Sponsoringvertrag mit einem Radsportteam zu beenden, wenn zu viele Sportler negative Schlagzeilen machen. Ebenso wird ein Einzelhändler möglicherweise beschließen, sein Sponsoringprogramm für die Ausstattung eines örtlichen Sportvereins aufzugeben, wenn seine Konkurrenten ein besseres Sponsoringprogramm anbieten. In Großbritannien boten vor einigen Jahren zwei große Supermarktketten, Tesco und Sainsbury, zur gleichen Zeit eine Gutscheinaktion in Verbindung mit Einkäufen für Schulen an, die diese Gutscheine dann für Computer und Sportausstattung eintauschen konnten. Beide beobachteten dabei die Sponsoringaktivitäten ihres Konkurrenten, um ihr eigenes Sponsoringprogramm je nach Entwicklung der Lage anzupassen.

Rechtliche Fragen der Marketingkommunikation

Marketingmanager und auch Geschäftsführer werden sicherlich den Unterschied zwischen einer Ansoff- und einer Boston-Matrix kennen und verstehen. Weniger wahrscheinlich ist jedoch, dass sie den genauen Unterschied zwischen Vertrags- und Schuldrecht kennen. Vermutlich wissen sie auch relativ wenig über Zivil- und Strafrecht. So kann es in Deutschland für ein Unternehmen zum Beispiel riskant sein, wenn ein Manager nicht weiß, dass eine Behauptung in einer Pressemitteilung oder Werbekampagne möglicherweise ein Fall für den Deutschen Werberat werden könnte. In Großbritannien sollten Manager das britische Selbstkontrollsystem der Werbeschaffenden – das Committee of Advertising Practice (CAP) – kennen.

Kein Unternehmen kann es sich leisten, in der heutigen prozessfreudigen Wirtschaftswelt nicht genauestens über die rechtlichen Aspekte der modernen Marketingkommunikation Bescheid zu wissen. Erst 2006 trugen zwei Giganten der Mobilfunkbranche in Großbritannien vor Gericht einen Kampf über das Recht aus, die Farbe Orange in der Werbung einzusetzen. Der Gründer des Computerunternehmens Apple sah sich mit einer Klage der Exmitglieder der Beatles konfrontiert, die ihm eine angebliche Verletzung von Markenrechten vorwarfen.

Vorschriften und Regulierungen haben ihren Zweck in der Geschäftswelt, und daher sollte unbedingt Sorge dafür getragen werden, dass die Marketing-

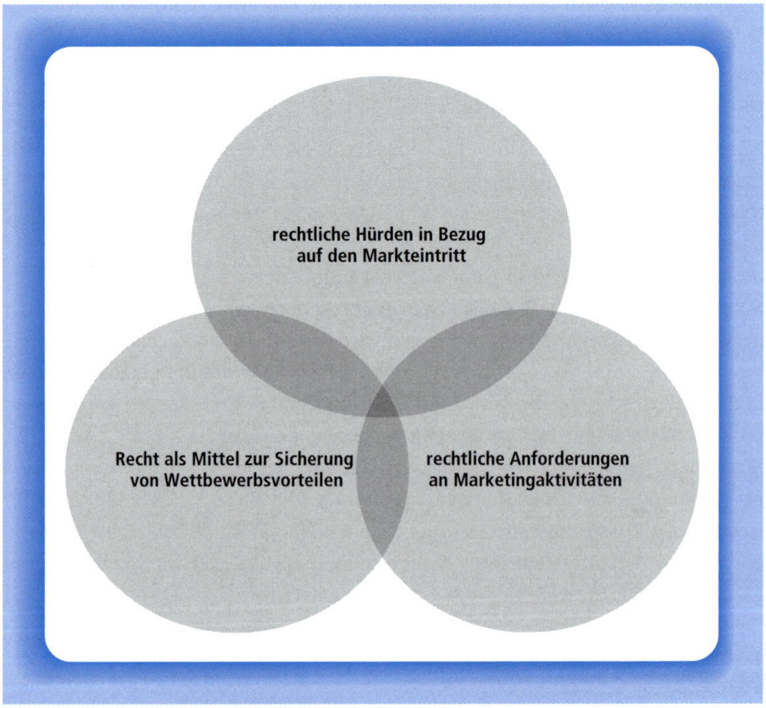

Abbildung 7.5
Drei Aspekte des Rechts.

Tab. 7.5 Rechtliche Informationsquellen

- Advertising Standards Authority (www.asa.org.uk)
- Brand Republic (www.brandrepublic.com)
- British Copyright Council (www.britishcopyright.org)
- Bundesministerium der Justiz (http://bundesrecht.juris.de)
- Committee of Advertising Practice (www.cap.org.uk)
- Deutscher Werberat (www.werberat.de)
- European Commission Office (http://europa.eu.int/index_en.htm)
- Ethics Resource Centre (www.ethics.org)
- Equal Opportunities Commission (www.eoc.org.uk)
- Fax Preference Service (www.fpsonline.org.uk)
- Freedom of Information (www.dca.gov.uk)
- Human Rights (www.humanrights.gov.uk)
- Information Commissioner (www.ico.gov.uk)
- Mailing Preference Service (www.mpsonline.org.uk)
- Office for Communication (www.ofcom.org.uk)
- Office of Fair Trading (www.oft.gov.uk)
- Pinsent Masons (www.out-law.com)
- Zentralverband der Deutschen Werbewirtschaft (www.zaw.de)
- Zentrale zur Bekämpfung unlauteren Wettbewerbs (www.wettbewerbs-zentrale.de)

praktiken eines Unternehmens immer die Gesetze der Länder erfüllen, in denen das Unternehmen tätig ist. Ein Unternehmen mit Sitz in London sollte also darauf achten, dass seine Aktivitäten sowohl mit britischem als auch mit EU-Recht vereinbar sind, auch wenn es schwer ist, stets den neuesten Stand der Rechtsprechung zu kennen. Die meisten Gesetze und Rechtsvorschriften basieren auf dem gesunden Menschenverstand. Wenn also eine Person Aktivitäten ausübt, die dem guten Ruf eines Unternehmens eher schaden statt ihn zu fördern, ist die Wahrscheinlichkeit hoch, dass diese Person damit zugleich unrechtmäßig handelt.

Um sich den Weg durch das Dickicht der Gesetzesvorschriften zu bahnen, reichen bloße Grundkenntnisse über rechtliche Fragen mit Sicherheit nicht aus. *Tabelle 7.5* listet einige hilfreiche Informationsquellen auf.

Der Einfluss, den nationale und EU-Gesetze auf die Marketingaktivitäten eines Unternehmens in einem europäischen Land haben können, lässt sich unter drei Aspekten zusammenfassen, die in *Abbildung 7.5* illustriert werden (Ahlert/Schröder 2002).

Rechtliche Hürden in Bezug auf den Markteintritt

Die Hürden, die in Bezug auf den Markteintritt existieren – beispielsweise die rechtlich erforderlichen Qualifikationen für eine Tätigkeit als Arzt oder Rechtsanwalt –, sind durchaus sinnvoll. Ihre Existenz bedeutet, dass das Anbieten von Produkten streng kontrolliert wird, was einen Spitzenpreis im Markt ermöglicht. Bestimmte Produkte, etwa Babybekleidung, müssen bestimmte Sicherheitsanforderungen erfüllen, um auf dem Markt verkauft werden zu können. Eine rechtliche Hürde erschwert also den Markteintritt und kann somit indirekt dazu beitragen, den Marktanteil von Unternehmen, die bereits im Markt sind, zu schützen.

Die wichtigsten rechtlichen Mittel, die im Rahmen des Marketing eingesetzt werden, um Hürden für den Markteintritt zu schaffen oder aufrechtzuerhalten, sind folgende:

- *Schutzmarken:* Rechtlich geschützte Marken halten die Konkurrenz davon ab, gleiche oder ähnliche Marken zu verwenden, wobei der Schutz sich auf Worte (einschließlich persönlicher Namen), Design, Buchstaben, Zahlen und sogar auf die Form von Waren oder deren Verpackung erstrecken kann, etwa im Fall der Coca-Cola-Flasche.
- *Gesetze gegen unlauteren Wettbewerb:* Sie bieten einem Unternehmen Schutz vor Konkurrenten, die beispielsweise Imitationen von Produkten des Unternehmens oder gefälschte Waren produzieren oder vortäuschen, dass ihr Geschäft in irgendeiner Weise mit dem Geschäft des Unternehmens verbunden ist.
- *Copyright:* Das Urheberrecht schützt den Urheber davor, dass seine Ideen oder Schöpfungen ohne seine Erlaubnis von anderen verwendet werden. Das Urheberrecht bezieht sich auf Literatur, Musik und künstlerische Werke.
- *Persönlichkeitsrechte:* Sie bieten berühmten Personen, deren Bild oder Name in einer Werbe- oder Marketingkampagne verwendet wird, Schutz davor, dass ihr Bild oder Name von anderen ohne vorherige Genehmigung verwendet wird.

Rechtliche Anforderungen an Marketingaktivitäten

Hier geht es im Wesentlichen darum, rechtlich einwandfreies Verhalten sicherzustellen. Einige Anwälte mögen diesen Bereich des Rechts ganz besonders, weil er ihnen ermöglicht, Klienten hohe Honorare allein dafür in Rechnung zu stellen, dass sie ihnen Angst vor den Konsequenzen einjagen, die sich aus der Nichtbeachtung bestimmter Gesetze und Vorschriften ergeben. In manchen Fällen wird die Nichteinhaltung von Gesetzen oder Vorschriften sogar mit Haftstrafen geahndet. Gesetze, die Anbietern von Produkten rechtliche Anforderungen auferlegen, betreffen eine große Zahl an Marketing- und Kommunikationsaktivitäten, wozu auch die folgenden gehören:

- *Werbung, Verkaufsförderung und Direktmarketing:* Der Zentralverband der Deutschen Werbewirtschaft und der Deutsche Werberat haben einen ganzen Kodex mit Vorschriften erstellt, an die Unternehmen sich halten müssen. Dieser Kodex beinhaltet die Anforderung, dass Marketingkommunikation gesetzlich zulässig, anständig, redlich und wahrheitsgetreu sein soll.
- *E-Mail- und SMS-Kampagnen:* Entsprechend des Gesetzes gegen den unlauteren Wettbewerb (UWG) und EU-Recht ist eine Zusendung von unerwünschten Werbe-E-Mails sitten- und damit wettbewerbswidrig. Bis auf

wenige Ausnahmen müssen Unternehmen immer die vorherige Zustimmung des Empfängers einholen, bevor sie ihm zu Marketingzwecken eine E-Mail oder SMS-Nachricht schicken, die ein Angebot oder Informationen zu einer Sonderaktion enthält. Das seit 1. März 2007 in Kraft getretene Telemediengesetz verbietet das Verschleiern oder Verheimlichen des Absenders und des kommerziellen Charakters einer E-Mail-Nachricht. Der Verstoß gegen das Verbot wird als Ordnungswidrigkeit mit einem Bußgeld geahndet.

- *Verwendung von Datenbanken für Marketingzwecke:* In Deutschland ist das Bundesdatenschutzgesetz von 1977 vermutlich das Gesetz, das die größten Auswirkungen auf Marketingaktivitäten hatte. Dieses Datenschutzgesetz bestimmt, dass jeder ein gesetzliches Recht auf Informationen darüber hat, wie Dritte an seine persönlichen Daten gelangen, sie aufzeichnen und archivieren. Das Bundesdatenschutzgesetz legt zudem detaillierte Kontrollen für Übermittlung, Beschaffung und Schutz solcher Daten fest und macht die involvierten Parteien im Falle eines Verstoßes gegen die gesetzlichen Vorschriften persönlich haftbar.

Recht als Waffe zur Sicherung von Wettbewerbsvorteilen

In den vorstehenden Ausführungen wurde das Recht als ein Mittel dargestellt, um die Art und Weise zu beschränken und zu kontrollieren, wie Unternehmen ihre Marketingaktivitäten durchführen. Rechtliche Bestimmungen lassen sich von Unternehmen auch aktiv einsetzen: In manchen Marketingbereichen machen sie sogar den entscheidenden Unterschied, wenn es darum geht, Marketing- und Kommunikationsmaßnahmen rechtmäßig zu gestalten. So haben einige Gesetze, etwa die EU-Richtlinie zu vergleichender Werbung, bewirkt, dass Aktivitäten, die zuvor in manchen Ländern ungesetzlich waren, nun rechtlich zulässig sind. Die Richtlinie erlaubt vergleichende Werbung, da sie im Interesse der Information von Konkurrenten und der Öffentlichkeit ist. Die Richtlinie schützt jedoch auch vor unlauteren Vergleichen, allerdings nicht vor Vergleichen, die wahre Angaben enthalten. So verklagte British Airways den Konkurrenten Ryan Air aufgrund einer Werbung, in der Preise verglichen wurden, verlor die Klage jedoch, da die Kernbehauptung dieser Werbeaussage im Wesentlichen der Wahrheit entsprach. Pharmaunternehmen können sich bei Patentanmeldungen einen bedeutenden Wettbewerbsvorteil verschaffen und je nach Vorgehensweise bewirken, dass die „Lebenszeit" eines Arzneimittels über die anfängliche Schutzdauer hinaus verlängert wird.

Anwendungsfragen

1. Wie legt Ihr Unternehmen seinen Kommunikations-Mix fest (d. h. welchen Schwerpunkt nehmen Werbung, Verkaufsförderung und persönlicher Verkauf ein)?
2. Beschreiben Sie den Kaufentscheidungsprozess für eine Ihrer wichtigsten Kundengruppen. Wer sind die wichtigsten Beeinflusser? Nehmen Sie eine kritische Einschätzung Ihrer Kommunikationsstrategie in Bezug auf diese Akteure vor.
3. Nehmen Sie eine kritische Einschätzung Ihrer Werbeziele vor.
4. Nehmen Sie eine kritische Einschätzung Ihres Werbeplans mithilfe der im Text zur Verfügung gestellten Checkliste vor.
5. Wenn Sie ein neues Produkt auf den Markt bringen, fokussieren Sie Ihre Kommunikationsmaßnahmen dann spezifisch auf die Meinungsführer? Wissen Sie, wer die Meinungsführer sind? Können Sie diese anhand von Kriterien beschreiben, die relevant in Bezug auf Werbung sind?
6. Nehmen Sie eine kritische Bewertung Ihres Verkaufsförderungsplans vor.
7. Wie evaluieren Sie Ihre Verkaufsförderungsaktivitäten?

Kapitel 7: Wiederholung

Der Kommunikations-Mix

Um Marketingziele zu erreichen, müssen Unternehmen mit *bestehenden* und *potenziellen* Kunden kommunizieren. Diese Kommunikation kann *direkt*, also im persönlichen Gespräch erfolgen, was im Allgemeinen über die Verkaufsmitarbeiter des Unternehmens geschieht oder *indirekt* durch Werbung oder Verkaufsförderung, etwa durch den Einsatz von elektronischen Medien und POS-Displays. Die Wahl des Kommunikations-Mix sollte auf Grundlage der effizientesten Lösung zum Erreichen der Ziele erfolgen, also auf Basis der Überlegung, welche Kommunikationsmaßnahmen bei einem festgelegten Budget zu den besten Ergebnissen führen. Kapitel 8 wird sich mit direkter Kommunikation beschäftigen. Zudem enthält es einige wichtige Informationen zum Thema integrierte Marketingkommunikation, insbesondere zum Einfluss elektronischer Medien auf die Entwicklung von Marketingkommunikation und Distributionskanälen. Des Weiteren wird erläutert, wie eine integrierte Kommunikationsstrategie festgelegt wird.

Werbeziele

Es gibt eine Vielzahl von möglichen Werbezielen:

- Informationen vermitteln,
- Wahrnehmungen ändern,
- Einstellungen ändern,
- Wünsche erzeugen,
- Assoziationen wecken,
- Handlungen steuern,
- Bestätigung geben,
- Bekanntheit erhöhen,
- Gründe für den Kauf bieten,
- Produkte demonstrieren,
- Anfragen generieren.

Bearbeiten Sie hierzu Übung 7.1 und 7.2

Acid-Test

Ist es möglich, ein bestimmtes Ziel allein durch Werbung zu erreichen? Wenn die Antwort *nein* lautet, überprüfen Sie das Ziel und/oder die Maßnahme, um es zu erreichen. Wenn die Antwort *ja* lautet, können Sie nach Plan vorgehen.

Der Werbeplan

Der Werbeplan muss Antworten auf eine Reihe von Fragen liefern:

- Wer ist die Zielgruppe? Was wissen wir über sie? Welche Arten von Individuen gehören zu ihr?
- Welche Reaktion wollen wir erreichen? Was wollen wir ihnen mitteilen? Was sollen sie glauben, fühlen, verstehen?

- Wie werden wir vorgehen? Wie lautet unsere kreative Strategie, und welche Medien setzen wir ein? Können wir sicher sein, dass unsere Vorgehensweise richtig ist?
- Wo platzieren wir unsere Kommunikationsmaßnahmen am besten? Sind sie kosteneffizient? Erzeugen sie das richtige Image?

Siehe dazu Übungsaufgabe 7.3

- Wann werden unsere Werbebotschaften vermittelt? Ist das der beste Zeitpunkt? Ist eine Abstimmung mit anderen Aktivitäten erfolgt?
- Ergebnisse – Was wollen wir erreichen? Wie werden wir das Ergebnis messen? Ist eine Abstimmung mit anderen Aktivitäten erfolgt?
- Budget – Wie viel Geld wird benötigt? Wie viel Geld wird zur Verfügung stehen? Wie werden die Ausgaben kontrolliert?
- Zeitplan – Wer macht was, wo und wann? Wie viel Geld wird wann und wo für was ausgegeben?

Bearbeiten Sie hierzu Übung 7.4

Verkaufsförderungsziele

Verkaufsförderung hat folgendes Ziel:

- Verkäufer sollen verkaufen,
- Kunden sollen kaufen,
- Kunden sollen nutzen,
- Nutzer sollen kaufen,
- Nutzer sollen weiternutzen,
- Händler sollen nachbestellen

und zwar mehr, früher und schneller

Es handelt sich im Wesentlichen um eine kurzfristige Taktik. Um diese Ziele zu erreichen, können bei der Verkaufsförderung folgende Mittel eingesetzt werden:

Geld	Preisnachlässe, Coupons, Gewinnspiele etc.
Waren	Gratisartikel, z. B. zwei zum Preis von einem, Eintauschaktionen (Trade-ins), Probeabonnements, einlösbare Coupons etc.
Dienstleistungen	Garantien, Schulungen, freie Veranstaltungen, Gratisdienstleistungen etc.

Bearbeiten Sie hierzu Übung 7.5

Der Verkaufsförderungsplan

Der Verkaufsförderungsplan beinhaltet folgende Punkte:

- die Ziele der Verkaufsförderung,
- Hintergrund – warum die Methode gewählt wurde,
- Zielgruppe – wer und wo,
- Zeitplanung – Beginn und Ende der Aktion,

- Unterstützung in Form von Material,
- erforderlicher Verwaltungsaufwand,
- Verkaufsplan – Ziel, Anreize,
- Verkaufspräsentation – anzusprechende Punkte,
- Überwachung – Sammeln von Daten zur Kontrolle des Fortschritts,
- Beurteilung – wie wird der Erfolg evaluiert?

Bearbeiten Sie hierzu Übung 7.6

Fragen, die sich für das Unternehmen ergeben

1. F: Wer sollte die Werbung gestalten?

   A: Es gibt keine goldene Regel, und die möglichen Optionen hängen meist vom verfügbaren Budget ab. Die meisten Unternehmen beauftragen externe Werbeagenturen, um das erforderliche Niveau an Professionalität zu gewährleisten. Die Werbeziele sollten jedoch *immer* vom Unternehmen selbst und *nicht* von der beauftragten Werbeagentur festgelegt werden

2. F: Es wird gesagt: „Die Hälfte des Werbebudgets ist verschwendet; das Problem besteht darin zu wissen, welche Hälfte." Stimmt das?

   A: Auf einige Unternehmen mag dies vielleicht zutreffen. Doch wenn Sie die in diesem Buch enthaltenen Hinweise und Übungen berücksichtigen, sollte Ihnen dieses Problem eigentlich erspart bleiben.

3. F: Verkaufsförderung wird in unserer Branche nicht eingesetzt. Könnte sie für uns eine geeignete Marketingmaßnahme darstellen?

   A: Wenn ein Unternehmen mit Verkaufsförderung Neuland in seiner Branche betritt, könnte ihm dies einen entscheidenden Wettbewerbsvorteil verschaffen.

4. F: Wenn eine Verkaufsförderungsaktion erfolgreich verläuft, sollte sie dann fortgesetzt werden?

   A: Sobald sie ihre Ziele erreicht hat, erscheint ihre Fortsetzung wenig sinnvoll. Sie kann jedoch jederzeit zu einem späteren Zeitpunkt wiederholt werden. Durch die Pause wird sichergestellt, dass sie bei einem wiederholten Einsatz dieselbe hohe Wirkung wie beim ersten Mal haben kann und keine Gewöhnungseffekte eintreten.

Übungen

Einführung in die Übungen zu Kapitel 7

Diese Übungen beschäftigen sich mit den Aspekten des „Kommunikations-Mix".

Dieser Abschnitt beginnt mit der Untersuchung der Frage, was Werbeziele sind (Übung 7.1).

Anschließend wird darauf eingegangen, wie Sie Werbeziele für eines Ihrer eigenen Produkte beziehungsweise einen Ihrer eigenen Marktbereiche festlegen (Übung 7.2), wie Sie die geeigneten Werbemedien auswählen (Übung 7.3) und wie Sie einen Werbeplan erstellen (Übung 7.4).

Das Thema Verkaufsförderung wird etwas anders behandelt. Die erste Frage, die hierbei gestellt wird, lautet: „Ist eine Verkaufsförderungsaktion notwendig?" (Übung 7.5). Wird diese Frage mit Ja beantwortet, wird in Übung 7.6 gezeigt, wie ein Verkaufsförderungsplan erstellt wird.

Übung 7.1 Was sind Werbeziele?

Es gibt zwei grundlegende Fragen, die bei der Festlegung von Werbezielen zu berücksichtigen sind: „Welche Personen sollen beeinflusst werden?" und „Welche spezifischen Benefits oder Informationen sollen ihnen vermittelt werden?"

Die Forschung hat gezeigt, dass viele Unternehmen Ziele für die Werbung festlegen, die mit Werbung allein unmöglich erreicht werden können – etwa „den Umsatz steigern" oder „die Konkurrenz eliminieren". Ebenso unrealistisch ist es, ein Ziel wie „unseren Zielmarkt davon überzeugen, dass unser Produkt das beste ist" festzulegen, wenn eine rationale Analyse zu dem Ergebnis führt, dass dies ganz klar nicht der Fall ist.

Oft gibt es Missverständnisse in Bezug darauf, was Werbeziele und was Marketingziele sind. Es sei daran erinnert, dass Marketingziele sich darauf beziehen, welche Produkte in welchen Märkten angeboten werden, während es sich bei Werbezielen um messbare Ziele handelt, die vor allem darauf ausgerichtet sind, Einstellungen zu verändern und Aufmerksamkeit zu schaffen.

Die nachfolgende Liste enthält eine Mischung aus Marketing-, Werbe- und andere Zielen. Lesen Sie sich diese Liste durch und markieren Sie jedes Ziel mit einem der folgenden Buchstaben:

W – wenn Sie glauben, dass es sich um ein Werbeziel handelt,
M – wenn Sie glauben, dass es sich um ein Marketingziel oder ein anderes Ziel handelt.

Marketingziele (M) oder Werbeziele (W)?

1. die Einstellung zu einem bestimmten Produkt positiv beeinflussen,
2. ein Image für das Produkt schaffen,
3. bestehende Nutzer davon abhalten, Produkte der Konkurrenz zu kaufen,
4. die Idee vermitteln, dass das Produkt einzigartig ist,
5. sich als Markenführer etablieren, um die Markteinführung zusätzlicher Produkte zu einem späteren Zeitpunkt zu erleichtern
6. frühere Nutzer des Produkts zurückgewinnen, die zu Konkurrenzprodukten abgewandert sind,
7. den gesamten Markt ausweiten,
8. bestehende negative Einstellungen reduzieren,

9. langfristige Loyalität aufbauen,
10. die Marke auf eine bestimmte Art positionieren, zum Beispiel als warm und freundlich,
11. den Umsatz mit bestehenden Nutzern steigern,
12. die Kaufhäufigkeit steigern,
13. neue Anbieter am Markteintritt hindern,
14. die Idee vermitteln, dass das Produkt „sein Geld wert ist",
15. vermitteln, wie sehr die Menschen das Produkt mögen,
16. den Marktanteil im Vergleich zu den Mitbewerbern erhöhen,
17. die Markendistribution aufrechterhalten.

Die Antworten zu Übung 7.1 lauten wie folgt:

Werbeziele: Nummern 1, 2, 4, 8, 9, 10, 15 und 16

Marketingziele oder andere Ziele: Nummern 3, 5, 6, 7, 11, 12, 13, 14, 17 und 18

Wenn Sie bei der Zuordnung der Ziele Fehler gemacht haben, schauen Sie sich die Ziele noch einmal an und versuchen Sie herauszufinden, warum Sie das jeweilige Ziel falsch eingeordnet haben.

Übung 7.2 Werbeziele festlegen

Hinter jeder effektiven Werbung stecken zahlreiche sorgfältige Überlegungen und Planungen, vor allem um sicherzustellen, dass die ausgewählten Werbeziele wirklich die richtigen sind. Sind die Werbeziele falsch, sind alle Aktivitäten, die mit ihnen zusammenhängen, zum Scheitern verurteilt.

In dieser Übung ist es wichtig, dass Sie sich auf nur einen Schlüsselmarkt oder ein Schlüsselmarktsegment konzentrieren. Es sollte relativ einfach sein, die Übung später für andere Märkte zu wiederholen.

Notieren Sie sich, mit welchem Markt oder Segment Sie sich beschäftigen wollen. Wenn Sie an die Boston-Matrix zurückdenken, werden Sie sich daran erinnern, dass die „Stars" wahrscheinlich die vielversprechendsten Märkte in Bezug auf das Werbebudget sind.

Notieren Sie sich nun, welche Marketingziele für diesen Markt/dieses Segment festgelegt wurden, zum Beispiel: Welche Produkte? Welche Mengen? Für wen? usw. Wenn Sie diese Informationen gesammelt haben, lesen Sie sich die Liste der möglichen Werbeziele durch, um anschließend Folgendes zu tun:

Wählen Sie die geeigneten Ziele aus, das heißt diejenigen, die am wahrscheinlichsten dazu beitragen werden, dass das Unternehmen diese Marketingziele erreicht (in der Spalte ankreuzen).

Schauen Sie sich die Ziele an, die Sie angekreuzt haben, und streichen Sie nun die Ziele, die Ihrer Meinung nach nur durch persönliche Kommunikation erreicht werden können, das heißt durch das Vertriebspersonal.

Erstellen Sie nun eine Liste der verbleibenden Ziele und bringen Sie sie in eine Rangfolge, wobei das wichtigste Ziel in der Liste an erster Stelle erscheint.

Verwenden Sie nur das an erster Stelle (und eventuell noch das an zweiter Stelle) genannte Ziel als Grundlage für Ihre Werbekampagne.

Mögliche Werbeziele

	hier ankreuzen		*hier ankreuzen*
einen Sofortkauf erreichen		die Idee eines einzigartigen Produkts vermitteln	
einen Interessenten zum Käufer machen		Verkaufsförderungsaktionen unterstützen	
die Kundenwahrnehmungen ändern		eine positive Einstellung in Bezug auf ein bestimmtes Produkt erzeugen	
das Verhalten des Kunden steuern		den Preiswettbewerb verringern	
das Vertriebspersonal unterstützen		Bekanntheit des Produkts erhöhen	
die Einstellungen bestehender Kunden stärken		das Unternehmensimage stärken	
die Distribution unterstützen		die Marktposition verteidigen	
das Unternehmensimage verbessern		die Markteinführung eines neuen Produkts unterstützen	
die Leistungsfähigkeit des Produkts demonstrieren		neue Verwendungsmöglichkeiten des Produkts vermitteln	
Anfragen generieren		Sortimentsbreite und Auswahl hervorheben	
Informationen bereitstellen		Wiedererkennung der Marke steigern	
Kunden in ihrer Kaufentscheidung bestätigen		über Produktverfügbarkeit informieren	
die Werbung von Konkurrenten abwerten		den Kunden Wissen vermitteln	
in neue Märkte eintreten		Unternehmensstärken vermitteln	
Argumente für den Kauf liefern		Kundenloyalität aufbauen	
Aufmerksamkeit schaffen		vermitteln, wie sehr andere Kunden das Produkt mögen	
Händler unterstützen			
die Idee vermitteln, dass das Produkt „sein Geld wert ist"			
neue geografische Märkte erschließen			

Wenn Sie der Meinung sind, dass diese Liste mögliche Werbeziele für Ihr Unternehmen nicht enthält, ergänzen Sie die Liste mit Ihren eigenen Zielen.

Übung 7.3 Werbemedien auswählen

Die vorstehende Übung sollte Ihnen dabei geholfen haben, die Werbeziele für den von Ihnen ausgewählten Markt oder das Segment zu identifizieren. Der nächste logische Schritt würde darin bestehen, genau festzulegen, was kommuniziert werden soll – es geht um das kreative Fundament.

Dieser Schritt eignet sich jedoch nicht wirklich als Inhalt einer Übung. Die Entwicklung von Werbetexten ist ein hoch spezialisierter Teilbereich der Kommunikationspolitik, weshalb die meisten Unternehmen externe Agenturen damit beauftragen. Nichtsdestotrotz kommt es für Sie nach der Festlegung der Werbeziele nun darauf an, Ihre Aufmerksamkeit der Zielgruppe zuzuwenden, die Sie beeinflussen wollen:

- Welche Personen gehören dazu?
- Welche Positionen haben sie inne?
- Welchen Einfluss haben sie auf die Kaufentscheidung?
- Welche Persönlichkeitsmerkmale weisen sie auf?
- Zu welchen sozioökonomischen Gruppen gehören sie?
- Welche Lebensstile haben sie?
- Wie alt sind sie? Welches Geschlecht haben sie? Sind sie verheiratet? usw.

An dieser Stelle sei darauf hingewiesen, dass die Festlegung der geeigneten Werbemedien bei *B2B*-Kunden im Allgemeinen einfacher ist, doch auch in diesem Fall wird nach derselben Logik vorgegangen.

Versuchen Sie, so viele Informationen wie möglich über Ihre Zielgruppe zu sammeln. Je mehr Sie über Ihre Zielgruppe wissen, desto höher stehen Ihre Chancen, das beste Medium für Ihre Werbemaßnahme auszuwählen.

Das beigefügte Arbeitsblatt enthält eine Liste mit möglichen Werbemedien. Lesen Sie sich diese Liste aufmerksam durch und entscheiden Sie, welches Werbemedium unter Berücksichtigung Ihrer Ziele und des Profils der Zielgruppe die beste Wahl wäre.

Wenn Sie Ihre Auswahl treffen, werden Sie die folgenden vier Faktoren in Betracht ziehen müssen:

1. *Die Eigenschaften des Mediums:* geografische Reichweite, erreichte Zielgruppentypen, Ausstrahlungs- oder Erscheinungsfrequenz, physische Merkmale (wie Farbe, Ton, Bewegung), Fähigkeit oder Potenzial zum Erreichen spezieller Gruppen usw.
2. *Die Atmosphäre des Mediums:* Fähigkeit, ein Image zu vermitteln, das mit Ihren Zielen übereinstimmt, zum Beispiel schlagkräftig, diskret, elegant, exklusiv usw.
3. *Die „Größe" des Mediums:* Anzahl der Personen, die durch das Medium erreicht werden und die vermittelten Inhalte wahrnehmen. So wird beispielsweise eine Zeitung möglicherweise von zwei oder drei Familienmitgliedern gelesen, während eine Fachzeitschrift unter einer großen Anzahl von Managern innerhalb eines Unternehmens zirkuliert. Ein Plakat könnte theoretisch von Zehntausenden von Menschen wahrgenommen werden.
4. *Die komparativen Kosten:* Die Kosten in Verbindung mit dem Erreichen einer spezifischen Zielgruppe. Als Vergleichsmaßstab werden oft die Kosten pro 1 000 Empfänger herangezogen (Tausenderkontaktpreis).

Auf Arbeitsblatt 1 ist genug Platz für Notizen zu diesen Faktoren, sodass Sie Ihre Wahl des Werbemediums gegebenenfalls begründen können.

Arbeitsblatt 1 Werbemedien (Übung 7.3)

	Medium	Eigenschaften	Atmosphäre	Größe	komparative Kosten
Printmedien	lokale Zeitungen nationale Zeitungen Handels- und Fachpresse Zeitschriften und Magazine Direktmails Werbeprospekte Branchenverzeichnisse (Gelbe Seiten usw.)				
andere	Fernsehen Plakate (statisch) Verkehrswerbung (auf oder in Zügen, Bussen, Straßenbahnen usw.) Kino Radio Internet andere (nennen)				

Übung 7.4
Der Werbeplan

Wenn Sie entschieden haben, was Sie kommunizieren wollen (Ihre Werbeziele, Übung 7.2) und wie die genaue Werbebotschaft lauten soll, die Sie durch Ihre kreative Gestaltung und über die von Ihnen gewählten Werbemedien vermitteln wollen (Übung 7.3), haben Sie die Kerninhalte für einen Werbeplan zusammengestellt. Nun geht es darum festzulegen, wann die Werbung eingesetzt werden soll, wer für die verschiedenen Aktivitäten in Bezug auf die Umsetzung der Werbeidee verantwortlich sein wird, wie der Arbeitsprozess überwacht werden soll und nach welchen Kriterien der Erfolg beurteilt wird.

Arbeitsblatt 2 stellt ein einfaches Format bereit, um all diese Informationen schriftlich festzuhalten. Am besten verwenden Sie es als Grundlage, um es dann an Ihre individuellen Zwecke anzupassen und so letztendlich selbst ein maßgeschneidertes Konzept zu entwickeln.

Arbeitsblatt 2 Werbeplan (Übung 7.4)

WERBEPLAN FÜR ______ (entweder Produkt Markt oder Segment)							
WERBEZIELE FÜR ______							
ausgewählte Medien	kurze Beschreibung der Werbemaßnahme	Zeitplan	Verantwortlichkeit	Budget	tatsächliche Kosten	Kriterien für die Erfolgsbeurteilung	Anmerkung zur Evaluierung

Hinweis: Erstellen Sie nun Werbepläne für andere Produkte und Marktsegmente.

Übung 7.5 Ist eine Verkaufsförderungsaktion notwendig?

Verkaufsförderung sollte als logische Weiterentwicklung der Marketingstrategie eines Unternehmens betrachtet werden. Verkaufsförderungsaktionen sollten somit die anderen Elemente des Kommunikations-Mix ergänzen und auf diese abgestimmt sein; sie sollten nicht als alternative oder unabhängige Maßnahmen betrachtet werden.

Folgende drei Schlüsselfragen sind zu beantworten:

1. Wie entscheiden wir, ob wir eine Verkaufsförderungsaktion durchführen oder nicht?
2. In welcher Form sollte die Verkaufsförderungsaktion durchgeführt werden?
3. Wie planen wir sie?

Die ersten beiden Fragen werden in dieser Übung behandelt. Der Planungsaspekt wird in Übung 7.6 aufgegriffen.

Um in dieser Übung einen klaren Fokus zu setzen, wählen Sie bitte nur einen Produkt-/Marktbereich aus Ihrem Portfolio aus. Wenn Sie diese Übung vollständig durchgeführt haben, werden Sie sehen, wie sich der Prozess auch auf andere Bereiche mit anderen Produkten/Märkten anwenden lässt.

Schritt 1 Notieren Sie auf einem separaten Blatt die Probleme, die Ihrer Meinung nach den Absatz eines Produkts in dem von Ihnen ausgewählten Markt/Marktsegment negativ beeinflussen. Wenn es keine Probleme gibt, sollten Sie sich fragen, ob eine Verkaufsförderungsaktion in diesem Bereich wirklich notwendig ist. Vielleicht wäre es besser, wenn Sie Ihre Bemühungen auf einen anderen Bereich Ihres Produktportfolios konzentrieren.

Schritt 2 Schauen Sie sich die Probleme an, die Sie aufgelistet haben, und bringen Sie sie abhängig von ihrer Bedeutung in eine Rangfolge, also 1 = größtes Problem, 2 = zweitgrößtes Problem usw.

Schritt 3 Übertragen Sie die soeben gesammelten Informationen in Spalte 1 von Arbeitsblatt 3.

Schritt 4 Beginnen Sie mit dem größten Problem. Gehen Sie das Arbeitsblatt nun schrittweise durch und ziehen Sie die möglichen Lösungen für das darin aufgelistete Problem in Betracht. Wie Sie sehen, bietet das Arbeitsblatt freien Platz für Ihre zusätzlichen eigenen Lösungsvorschläge.

Natürlich lässt sich ein Absatzproblem nicht immer durch eine Verkaufsförderungsmaßnahme lösen. Die Wirtschaftlichkeit oder der praktische Nutzen dieser Lösung im Vergleich zu einer anderen spricht aber vielleicht doch für ihre Durchführung. Es kann zum Beispiel sein, dass die beste Lösung für ein Absatzproblem darin besteht, das Produkt zu modifizieren; diese Lösung ist jedoch sehr kostspielig und zeitaufwendig. Unter solchen Umständen könnte eine Verkaufsförderungsaktion sowohl unter dem Kostenaspekt als auch in Bezug auf die Dringlichkeit durchaus sinnvoll sein.

Die Kosten und Erfolgswahrscheinlichkeit jeder möglichen Lösung sollten also mit großer Sorgfalt abgewogen werden. *Nur* wenn die Option Verkaufsförderung insgesamt betrachtet von Vorteil ist, sollten Sie zum nächsten Schritt übergehen und die Art der durchzuführenden Verkaufsförderungsaktionen festlegen.

Schritt 5 Sollte eine Verkaufsförderungsaktion keine entscheidende Auswirkung auf das größte Absatzproblem haben, dann arbeiten Sie das Arbeitsblatt noch einmal durch, indem Sie sich auf das zweitgrößte Problem konzentrieren. Führen Sie diesen Prozess für andere Absatzprobleme so lange durch, bis Sie eine Verkaufsförderungsaktion finden, die mit großer Wahrscheinlichkeit zum Erfolg führen wird.
Im Idealfall sollte die Verkaufsförderungsaktion zur Beseitigung eines relativ großen Absatzproblems beitragen. Wenn die Verkaufsförderungsaktion jedoch nur zur Lösung eines kleinen Problems beiträgt, stellt sich die Frage, ob es sich wirklich lohnt, Zeit und Ressourcen in sie zu investieren, und ob es nicht besser wäre, sich stattdessen auf einen anderen Bereich zu konzentrieren.

Arbeitsblatt 3 Entscheidung über die Notwendigkeit von Verkaufsförderung (Übung 7.5)

IN BETRACHT GEZOGENES PRODUKT/ MARKTSEGMENT ______														
Problem, das den Absatz negativ beeinflusst	Mögliche Lösungen													
	mehr Werbung?		stärkere Verkaufsbemühungen?		Preis ändern?		Produkt modifizieren?		Verkaufsförderungsmaßnahme?		andere Ideen (fügen Sie Ihre eigenen hinzu)			
	Kosten	Erfolgswahrscheinlichkeit	Kosten	Erfolgswahrscheinlichkeit	Kosten	Erfolgswahrscheinlichkeit	Kosten	Erfolgswahrscheinlichkeit	Kosten	Erfolgswahrscheinlichkeit	Kosten	Erfolgswahrscheinlichkeit	Kosten	Erfolgswahrscheinlichkeit
1														
2														
3														
4														
5														

Wenn Sie zum dem Schluss gekommen sind, dass eine Verkaufsförderungsaktion eine angemessene Lösung für ein bestimmtes Absatzproblem darstellt, müssen Sie als Nächstes die Art der Verkaufsförderung festlegen.

Allgemein gesagt, kann Verkaufsförderung auf drei Zielgruppen ausgerichtet werden:

1. Kunden oder Verbraucher,
2. Kanäle/Handelsmittler,
3. die eigenen Vertriebsmitarbeiter.

Zudem kann sich eine Verkaufsförderung auf eines der drei folgenden Elemente beziehen:

1. Geld,
2. Waren,
3. Dienstleistungen.

Als Erstes stehen Sie vor der Entscheidung, welche Zielgruppe am stärksten beeinflusst werden muss, damit Ihr Absatzproblem gelöst wird. Möglicherweise werden Sie sogar feststellen, dass es mehr als eine Gruppe ist.

Wenn Sie diese Entscheidung getroffen haben, besteht der nächste Schritt darin herauszufinden, welche Art von Verkaufsförderung den größten Einfluss auf diese Gruppe haben wird. Im Idealfall werden Sie eine Aktion entwickeln, die einen maximalen Effekt bei relativ geringen Kosten bewirkt. Wenn Sie das Kostenelement berücksichtigen, sollten Sie jedoch berücksichtigen, dass die Kosten für die Verkaufsförderung gegen den erwarteten Nutzen abzuwägen sind, der sich aus der Lösung des spezifischen Absatzproblems ergibt.

Tabelle 7.4 stellt einige Ideen in Bezug auf Verkaufsförderung vor, aus denen Sie die Lösung auswählen können, die für Ihre Zwecke am ehesten angemessen erscheint.

Übung 7.6 Planung einer Verkaufsförderungsaktion

Es ist wichtig sicherzustellen, dass eine Verkaufsförderungsaktion gut koordiniert ist in Bezug auf das, was vor, während und nach der Aktion geschieht. Verschiedene Personen werden in verschiedenen Phasen an der Aktion beteiligt sein. Möglicherweise sind spezielle Ressourcen erforderlich. Daher muss ein Plan erstellt werden, der für alle Beteiligten leicht verständlich ist. Der Plan sollte die folgenden wesentlichen Elemente umfassen:

Element	Inhalt
Einleitung	kurze Zusammenfassung des Problems, zu dessen Lösung die Promotionsaktion beitragen soll
Ziele	darstellen, inwieweit die Ziele der Promotionsaktion mit den Marketingzielen konsistent sind
Hintergrund	relevante Daten und Argumente für die Verkaufsförderungsaktion präsentieren
Angebot	kurze, aber präzise Darstellung der Details des Verkaufsförderungsangebots
Zielgruppe	Wer gehört zur Zielgruppe? Wo?
Zeitrahmen	Wann und wie lange ist das Angebot verfügbar?
Terminplanung	Angabe der Termine und Verantwortlichkeiten für alle Elemente der Verkaufsförderungsaktion
Unterstützung	spezielle Materialien, Muster usw., die von Vertriebsmitarbeitern, Händlern usw. benötigt werden
Verwaltung	Budgets, Lagerhaltung, Rechnungsstellung, Lieferung usw.
Verkaufsplan	Briefing, Ziele, Incentives usw.
Verkaufspräsentation	anzusprechende Punkte
Verkaufsbericht	spezifische Informationen, die benötigt werden
Erfolgskontrolle	wie der Erfolg der Verkaufsförderung beurteilt wird

Verwenden Sie diesen Leitfaden und Arbeitsblatt 4, um die Informationen, die Sie in Übung 7.5 zusammengestellt haben, nun in einen vollständigen Verkaufsförderungsplan zu integrieren.

Arbeitsblatt 4 Verkaufsförderungsplan (Übung 7.6)

	Überschrift	Inhalt
1	Einleitung	
2	Ziele	
3	Hintergrund	
4	Verkaufsförderungsangebot	
5	Zielgruppe	
6	Zeitplan	
7	Terminplan	
8	Unterstützung	
9	Verwaltung	
10	Verkaufsplan	
11	Verkaufsgespräch	
12	Verkaufsbericht	
13	Erfolgskontrolle	

8 | Operativer Marketingplan: Der Kommunikationsplan: II Verkauf

- Wie wichtig ist der persönliche Verkauf?
- Die Rolle des persönlichen Verkaufs im Marketing-Mix
- Die Bestimmung der optimalen Größe des Verkaufsteams
- Wie werden quantitative und qualitative Verkaufsziele festgelegt?
- Wie kann die Produktivität des Verkaufsteams gesteigert werden?
- Wie sollten Verkaufsmitarbeiter geführt werden?
- Wie wird ein Verkaufsplan erstellt?
- Wie wird die Marketingkommunikation integriert?
- Übungen zur Umsetzung der Theorie in die Praxis

Einführung

Der *persönliche Verkauf* spielt in der Kommunikation zwischen einem Unternehmen und seinen Kunden eine wichtige strategische Rolle. Um erfolgreich zu sein, muss das Management in der Lage sein, folgende Arten von Fragen zu beantworten:

Definition
Der persönliche Verkauf ist Verkaufsförderung in Form eines Gesprächs von Person zu Person, das beim Kunden, am Telefon oder an anderer Stelle stattfinden kann.

- Wie wichtig ist der persönliche Verkauf?
- Welche Rolle spielt der persönliche Verkauf im Marketing-Mix?
- Wie viele Verkaufsmitarbeiter werden benötigt?
- Was genau sollen sie tun?
- Wie sollen sie geführt werden?

Diese und weitere Aspekte werden als wichtige Bestandteile des Verkaufsplans im vorliegenden Kapitel behandelt.

Wie wichtig ist der persönliche Verkauf?

Die meisten Unternehmen besaßen schon lange, bevor sie Marketing einführten, eine organisierte Verkaufsabteilung. Trotz dieser Tatsache zählt das Vertriebsmanagement traditionell zu den vernachlässigten Bereichen des Marketingmanagements.

Dafür gibt es mehrere mögliche Gründe. Zum einen haben nicht alle Marketing- und Produktmanager bereits Erfahrungen im Bereich persönlicher Verkauf oder Verkaufsmanagement gesammelt. Diese Manager unterschätzen häufig die Bedeutung eines effizienten persönlichen Verkaufs.

Ein anderer Grund für die Vernachlässigung des Vertriebsmanagements liegt darin, dass die Verkaufsmitarbeiter sich selbst gern als „Frontkämpfer" bezeichnen und auf diese Weise zu einer wenig hilfreichen Trennung von Verkauf und Marketing beitragen (Homburg/Jensen 2007). Sie scheinen es als eine größere Herausforderung zu betrachten, sich täglich mit echten, lebendigen Kunden auseinanderzusetzen anstatt umgeben von Marketingstudien, Tabellen und Plänen in einem Büro zu sitzen. Diese Argumentation ist jedoch irreführend.

Erst die im Vorfeld durchgeführte sorgfältige Marketingplanung ebnet dem Verkaufspersonal den Weg zur Durchführung erfolgreicher Kundengespräche, die schließlich in der Akquisition von Aufträgen resultieren.

Die oft angeführte Unterscheidung zwischen „Marketingtheorie" und „Verkaufspraxis" verliert zudem angesichts der Tatsache an Bedeutung, dass rentable Umsätze nicht nur von individuellen Kunden und individuellen Produkten abhängen, sondern von Kundengruppen (also Marktsegmenten) und von den vorteilhaften Verbundeffekten zwischen Produkten, d.h. einem sorgfältig geplanten Produktportfolio.

Ein weiterer zu berücksichtigender Faktor in diesem Zusammenhang ist die kontinuierliche Anforderung an das Unternehmen, zukünftige Erlösquellen zu erschließen, anstatt sich nur auf aktuelle Produkte, Kunden und Probleme zu konzentrieren.

Noch immer mangelt es vielen Verkaufsorganisationen an Planung und Professionalität. Verkaufsmitarbeiter machen sich oft kaum Gedanken darüber, auf welche Produkte und Kundengruppen sie sich konzentrieren sollten, wissen zu wenig über die Aktivitäten der Konkurrenz, planen Präsentationen nicht sorgfältig genug, machen den Kunden zu wenig die *Benefits* deutlich, bemühen sich nicht genug um den Verkaufsabschluss und führen viele Gespräche ohne klare Ziele. Was mindestens genauso problematisch ist: Den Marketingmanagern ist häufig gar nicht bewusst, dass dieses wichtige und kostenintensive Element des Marketing-Mix nicht effizient gemanagt wird (Homburg/Schneider/Schäfer 2003).

Der Umstand, dass viele Unternehmen verschiedene Abteilungen und Leiter für Marketing und Verkauf haben, erhöht die Wahrscheinlichkeit von Misserfolgen bei der Kommunikation.

Auch wenn seine Bedeutung in Abhängigkeit von den Umständen variiert, ist der Verkauf in zahlreichen Unternehmen das wichtigste Element des Marketing-Mix.

EINBLICKE

In Industriegüterunternehmen fließt häufig der mit Abstand größte Teil des Budgets in Form von Gehältern, Firmenwagen und sonstigen Kosten in den Vertrieb, während für andere Kommunikationsformen nur geringe Summen ausgegeben werden.

Der persönliche Verkauf kommt zudem sehr häufig in vielen Dienstleistungsbranchen zum Einsatz, wo Kunden nach ganz spezifischen Benefits suchen. Versicherungsunternehmen etwa investieren durchaus in Medienwerbung, sie erzielen jedoch den Großteil ihres Umsatzes durch persönlichen Verkauf. Ein Kunde, der sich für eine Versicherungspolice interessiert, wird mit Sicherheit darüber reden wollen, welche Police am ehesten seinen individuellen Bedürfnissen und Umständen entspricht. Hier fällt dem Verkaufsmitarbeiter die Aufgabe zu, dem Kunden die verfügbaren Optionen zu erklären und ihm die für ihn geeignete Police vorzuschlagen.

Viele Unternehmen geben für ihren Verkauf mehr Geld aus als für Werbung und Verkaufsförderung zusammen. Der persönliche Verkauf ist also ein sehr wichtiges und teures Element des Marketing-Mix.

Das Problem des schlechten Managements von Verkaufsorganisationen kann nur gelöst werden, wenn erkannt wird, dass der persönliche Verkauf nicht nur ein entscheidender Bestandteil des Marketingprozesses ist, sondern auch genauso sorgfältig wie jedes andere Element geplant werden muss. Jeder Marketingmanager sollte einige Tage im Jahr an der „Verkaufsfront" verbringen, um selbst Kundengespräche zu führen und zu versuchen, einen Verkaufsabschluss zu erzielen. Dies ist ein guter Weg, um herauszufinden, wie Kunden die Marketingmaßnahmen des Unternehmens wirklich beurteilen.

Die Rolle des persönlichen Verkaufs

Der persönliche Verkauf lässt sich am besten als Teil des *Kommunikationsmix* betrachten. Zu den anderen Elementen des Kommunikations-Mix gehören – wie bereits erwähnt – Werbung, Verkaufsförderung, PR, das Internet, Callcenter, Direktmails sowie Messen und Ausstellungen. Die in Kapitel 7 beschriebenen Studien zeigen, dass Unternehmen die Kommunikationsaufgabe nicht nur den Verkaufsmitarbeitern überlassen sollten.

Die Effizienz jedes Kommunikationsinstruments hängt davon ab, ob die verfügbaren Informationen mit den benötigten Informationen übereinstimmen.

Genau wie bei der Werbung stellt sich jedoch folgende Frage: Wie soll das Unternehmen die Rolle des persönlichen Verkaufs in seinem Kommunikations-Mix definieren? Auch hier liegt die Antwort in einem klaren Verständnis des Kaufentscheidungsprozesses der Kunden.

Die Effizienz eines Kommunikationsinstruments hängt davon ab, ob die zur Verfügung gestellten Informationen mit den vom Kunden geforderten Informationen übereinstimmen. Um diese Übereinstimmung zu erreichen, müssen sich Marketingmanager bewusst machen, dass verschiedene Personen in verschiedenen Phasen des Kaufprozesses verschiedene Bedürfnisse haben. Dieser Ansatz unterstreicht die Notwendigkeit, mit den Kommunikationsmaßnahmen *alle* Kundenkontaktpunkte in der Kaufprozesskette zu erreichen. Kein Unternehmen kann es sich leisten zu glauben, dass der letztendliche Verkaufsakt das einzig wichtige Element ist.

Um die genaue Rolle des persönlichen Verkaufs im Kommunikations-Mix zu bestimmen, müssen Unternehmen die wichtigsten Akteure bei jeder Kaufentscheidung identifizieren und herausfinden, welche Informationen sie in den verschiedenen Phasen des Kaufprozesses benötigen.

Bei Firmenkunden bestehen die Kaufentscheidungen meist aus vielen separaten Phasen, beginnend mit der Problemerkennung bis hin zur Leistungsevaluierung und zum Feedback über das gekaufte Produkt. Die Bedeutung jeder dieser Phasen variiert zudem in Abhängigkeit davon, ob es sich bei der Kaufsituation um einen Erstkauf oder um einen routinemäßigen Wiederkauf handelt. Klar ist, dass die Informationsbedürfnisse in jedem Fall unterschiedlich sein werden. Dies wurde bereits in Kapitel 7 ausführlich diskutiert (siehe insbesondere *Abbildung 7.1*).

Der persönliche Verkauf bietet gegenüber anderen Elementen des Kommunikationsmix einige Vorteile:

1. Es handelt sich um eine Form der Zwei-Wege-Kommunikation, die dem potenziellen Käufer die Gelegenheit bietet, dem Verkaufsmitarbeiter Fragen über das Produkt zu stellen.
2. Die Verkaufsbotschaft selbst lässt sich flexibler gestalten und kann besser auf die individuellen Bedürfnisse des Kunden zugeschnitten werden.
3. Der Verkaufsmitarbeiter kann auf fundiertes Produktwissen zurückgreifen, um seine Botschaft auf die wahrgenommenen Bedürfnisse des Kunden abzustimmen und auf Einwände zu reagieren.
4. Ein besonders wichtiger Aspekt: Der Verkaufsmitarbeiter kann die Erteilung eines Auftrags direkt beeinflussen und über den Preis, den Liefertermin oder spezielle Konditionen verhandeln.

Wenn ein Kunde einen Auftrag erteilt hat und die Wahrscheinlichkeit eines Wiederholungskaufs hoch ist, verlagert sich die Aufgabe des Verkaufsmitarbeiters: Es geht dann nicht mehr in erster Linie darum, den Kunden zu überzeugen, sondern darum, die Beziehung zum Kunden zu stärken. In dieser Phase sollten alle Kommunikationsmaßnahmen dazu beitragen, die Richtigkeit der Kaufentscheidung zu unterstreichen. Der Verkaufsmitarbeiter kann zudem die Gelegenheit nutzen, den Kunden zu weiteren Produkten des Unternehmens hinzuführen.

In jeder Branche wird den unterschiedlichen Kommunikationsformen ein unterschiedliches Gewicht beigemessen. In der Lebensmittelbranche beispielsweise sind Werbung und Verkaufsförderung extrem wichtige Elemente im Kommunikationsprozess. Ein Lebensmittelhersteller muss jedoch auch weiterhin Vertriebsmitarbeiter einsetzen, die enge Kontakte zu den Einzelhandelskunden pflegen. Dieser Kontakt zu den Einzelhändlern stellt sicher, dass innerhalb der Kette eine intensive Verkaufsförderung betrieben wird. Im Haushaltsgerätegroßhandel sind häufige und regelmäßige persönliche Kontakte der Vertriebsmitarbeiter mit den Einzelhändlern eine Schlüsseldeterminante für den Erfolg. In Branchen mit nur wenigen Kunden (wie Investitionsgüter) kommt es darauf an, ein fundamentales Verständnis der Produktionsprozesse der Kunden aufzubauen. Auch hier ist die persönliche Kontaktpflege von überragender Bedeutung. Dagegen werden viele Industriegüter mit hoher Umschlaggeschwindigkeit in fragmentierten Märkten verkauft. In diesem Bereich spielen anstelle des persönlichen Verkaufs andere Kommunikationsformen eine größere Rolle.

Zahlreiche Unternehmen der Elektronikbranche nutzen den persönlichen Verkauf sehr erfolgreich. Computersysteme beispielsweise bieten eine enorme Bandbreite an Funktionalitäten. Technische Details lassen sich in Broschüren und anderen Werbematerialien auflisten. Allerdings ist es für die Einkaufsmitarbeiter eines Kundenunternehmens, die die Kaufentscheidung fällen, oft schwierig, die verfügbaren Angebotsalternativen miteinander zu vergleichen. Ein guter Vertriebsmitarbeiter ist hier in der Lage, die Anforderungen eines bestimmten Kunden schnell zu ermitteln und festzustellen, in welchem Maße diese Anforderungen durch das von ihm angebotene System erfüllt werden können. Der Kunde seinerseits kann schnell feststellen, ob der Anbieter seine Anforderungen versteht, ob er glaubwürdig wirkt und ob er in der Lage ist, den notwendigen Unterstützungsservice zur Verfügung zu stellen, um das System zu installieren und seine Anwendung im Unternehmen zu ermöglichen. Solche Überlegungen werden wahrscheinlich weitaus mehr Einfluss auf die Kaufentscheidung haben als der Vergleich technischer Datenblätter (Huber 2008).

Die Bestimmung der optimalen Anzahl von Verkaufsmitarbeitern

Ein Unternehmen sollte die Optimierung der Anzahl der Verkaufsmitarbeiter mit einer Analyse der Arbeitsteilung beginnen. Zu Anfang sollte eine Liste mit allen Aktivitäten erstellt werden, die das Verkaufsteam derzeit ausführt. Dazu könnten beispielsweise die Gewinnung neuer Kunden, die Betreuung bestehender Kunden, die Vorführung neuer Produkte, die Annahme von Nachbestellungen und das Forderungsmanagement zählen. Nach Erstellung dieser Liste sollte eruiert werden, ob es alternative Wege gibt, um diese Aufgaben auszuführen. Der Telefonverkauf beispielsweise hat sich als eine effiziente Alternative zum persönlichen Kundenbesuch erwiesen, insbesondere bei Wiederholungskäufen. Dadurch können sich Verkaufsmitarbeiter stärker auf die Neukundengewinnung konzentrieren, bei der die persönliche Kontaktpflege mehr Erfolg verspricht als der telefonische Ansatz. Das Forderungsmanagement konnte per Post oder per Telefon durchgeführt werden. Produkte könnten auf Messen oder in Ausstellungsräumen vorgeführt werden. Nur durch Analyse dieser Punkte kann eine sinnvolle Entscheidung bzgl. der Größe des Verkaufsteams getroffen werden.

Grundsätzlich lassen sich alle Verkaufsaktivitäten in drei Hauptkategorien einteilen:

- Kundenbesuche,
- Reisen,
- administrative Funktionen.

Diese Aufgaben repräsentieren die *Arbeitsleistung* von Verkaufsmitarbeitern. Zunächst sollte festgelegt werden, welches Arbeitspensum (also welche monatliche Stundenzahl) für einen Vertriebsmitarbeiter angemessen ist. Anschließend sollte ermittelt werden, wie viel Zeit der Mitarbeiter derzeit für seine verschiedenen Aktivitäten benötigt, um so den genauen Umfang seines aktuellen Arbeitspensums festzustellen.

Diese Zeitmessung kann entweder durch einen unabhängigen Dritten oder noch besser durch den Mitarbeiter selbst erfolgen. Es genügt, einfach die zurückgelegten Reisestrecken, die Dauer der Kundenbesuche, die Dauer der Vor- und Nachbereitung sowie die Art des besuchten Kundenstandorts schriftlich festzuhalten. Durch die Analyse der Daten lassen sich die Durchschnittsdauer pro Kundenbesuch und -standort, die zurückgelegte durchschnittliche Reisestrecke pro Monat und die Durchschnittsgeschwindigkeit je nach Gebietstyp (d. h. Stadtgebiet, Stadtrand oder ländliches Gebiet) feststellen.

Bestehende Kunden und Vertriebsgebiete können dann testweise zugeteilt werden, zusammen mit den jeweiligen Zeitvorgaben für administrative Tätigkeiten und Reisen. Auf diese Art kann für jeden Verkaufsmitarbeiter ein angemessenes Arbeitspensum berechnet werden, wobei erforderlichenfalls auch Zeit für die Akquisition potenzieller Neukunden eingeplant werden kann (Albers/Skiera 2002).

Diese Art der Analyse bringt manchmal überraschende Ergebnisse zutage, beispielsweise wenn sich herausstellt, dass der „Starverkäufer" des Unternehmens ein kleineres Arbeitspensum zu bewältigen hat als der Verkäufer mit den schlechtesten Ergebnissen, weil letzterer vielleicht aufgrund der Beschaffenheit des ihm zugeteilten Vertriebsgebiets weitaus mehr Arbeitsstunden benötigt, um die gleichen Umsätze zu erzielen.

Natürlich gibt es auch andere Methoden, um das Arbeitspensum zu ermitteln. Ein großes Konsumgüterunternehmen beauftragte seine Abteilung für Arbeitsstudien damit, die Effizienz der Vertriebsmitarbeiter zu messen. Die Ergebnisse dieser Studie sind in *Tabelle 8.1* zusammengefasst. Die Tabelle zeigte dem Unternehmen, wie der Vertriebsmitarbeiter seine Zeit einsetzte und wie viel von dieser Zeit ihm tatsächlich für die reine Verkaufstätigkeit zur Verfügung stand. Eine der Sofortmaßnahmen, die das Unternehmen ergriff, bestand in der Einführung eines Schulungsprogramms, das die Mitarbeiter darin unterstützen sollte, ihre Zeit besser zu planen, damit ihnen mehr Zeit für den Verkauf zur Verfügung stand. Eine andere Maßnahme bestand darin, die Qualität der Verkaufsaktivitäten im persönlichen Kundengespräch zu verbessern.

Tab. 8.1 Aufschlüsselung der Tagesaktivitäten eines Vertriebsmitarbeiters

		Prozent pro Tag		**Minuten pro Tag**	
Zeit vor und nach dem Kundenbesuch (Outside Call Time)	Hin- und Rückfahrt zur/von Verkaufsroute	15,9		81	
	Fahrt auf der Verkaufsroute	16,1		83	
	Laufen	4,6		24	
	Rast und Pausen	6,3		32	
	administrative Vorbereitung des Kundenbesuchs	1,4		7	
	administrative Nachbereitung des Kundenbesuchs	5,3		27	
			49,6		254
Zeit während des Kundenbesuchs (Inside Call Time)	Geschäftsgespräche	11,5		60	
	Verkauf	5,9		30	
	Smalltalk	3,4		17	
	Begrüßung, Verabschiedung	1,2		6	
	Verschiedenes	1,1		6	
	Getränke/Snacks	1,7		8	
	Warten	7,1		36	
			31,9		163
Abendarbeit	Back-office-Arbeiten (Dokumentation, Berichte, Ablagen)	9,8		50	
	Reiseabrechnungen	3,9		20	
	Planung der Verkaufsroute	4,8		25	
			18,5		95
			100,0	8 h 32 min	

Solche quantitativen Daten erleichtern die Bestimmung der notwendigen Zahl an Verkaufsmitarbeitern. Durch sie lassen sich Vertriebsgebiete so zuschneiden, dass jeder Mitarbeiter dasselbe Arbeitspensum hat.

Die Bestimmung der Rolle der Verkaufsmitarbeiter

Unabhängig davon, welche Methode für die Einsatzplanung eines Verkaufsmitarbeiters verwendet wird, ist grundsätzlich festzustellen, dass für die eigentliche Verkaufstätigkeit nur vergleichsweise wenig Zeit zur Verfügung steht. Vor diesem Hintergrund ist es von entscheidender Bedeutung, dass das Unternehmen die Ziele für die Verkaufsmitarbeiter so präzise und so individuell wie möglich definiert. Diese Ziele können entweder *quantitativer* oder *qualitativer* Natur sein (Krafft 2000).

Quantitative Ziele

Die wichtigsten quantitativen Ziele betreffen die folgenden Kennzahlen:

- wie viel verkauft wird (der Umsatz pro Produkt),
- was verkauft wird (der angestrebte Mix der Produktlinien),
- wo verkauft wird (die Märkte und individuellen Kunden, mit denen das Unternehmen seine Marketingziele erreichen will),
- angestrebter Gewinnbeitrag (sofern er für das Unternehmen relevant und erfassbar ist),
- Verkaufskosten (in Form von Vergütungen, Spesen, Kontroll- und Überwachungskosten usw.).

Die ersten drei Zielarten lassen sich direkt aus den Marketingzielen ableiten, die bereits in Kapitel 6 im Detail besprochen wurden; sie bilden die Hauptelemente des Verkaufsplans.

Natürlich gibt es viele andere Arten von quantitativen Zielen, die für die Verkaufsmitarbeiter festgelegt werden können, einschließlich der folgenden:

- Anzahl der bei Kunden platzierten POS-Displays,
- Anzahl der Anschreiben an potenzielle Kunden,
- Anzahl der Telefongespräche mit potenziellen Kunden,
- Anzahl der verfassten Berichte,
- Anzahl der durchgeführten Verkaufsgespräche,
- Einsatz von Verkaufshilfen bei Präsentationen,
- Anzahl der getätigten Servicebesuche,
- Anzahl der Kundenbeschwerden,
- Kenngrößen zur Arbeitssicherheit,
- Summe eingeholter Forderungen,
- durchgeführte Schulungstermine,
- Berichte über die Aktivitäten der Konkurrenz,
- Marktberichte.

Zudem kann dem Verkaufsmitarbeiter die Aufgabe zukommen, als Koordinator zwischen einem Spezialistenteam und der Kundenorganisation zu agieren.

> Ein Hersteller von Bergbautechnik beispielsweise beschäftigt eine Reihe von erfahrenen Vertriebsmitarbeitern, die Kundenkontakte herstellen und diejenigen identifizieren, die mit hoher Wahrscheinlichkeit zu Aufträgen führen werden. Diese Vertriebsmitarbeiter besitzen jedoch keine technischen Spezialkenntnisse. Bevor dieser Hersteller Verhandlungen mit potenziellen Firmenkunden aufnimmt, wird er ein Team von hoch spezialisierten Ingenieuren und Finanzexperten zur Beratung hinzuziehen. In diesem Fall hat der Vertriebsmitarbeiter die Aufgabe, den Zeitpunkt zu bestimmen, wann die Unterstützung durch Spezialisten notwendig wird, und die Zusammenarbeit der Personen, die in die Verhandlungen miteinbezogen werden, zu koordinieren.

Die meisten Ziele sind jedoch den oben genannten Hauptzielen nachgeordnet, die sich darauf beziehen, was an wen verkauft wird.

Qualitative Ziele

Qualitative Ziele können eine potenzielle Problemquelle sein, wenn Vertriebsmanager versuchen, die Leistung des Vertriebsteams anhand von Dimensionen zu erfassen, die abstrakte Begriffe wie „Loyalität", „Begeisterung", „Kooperation" und dergleichen beinhalten. Solche Begriffe lassen sich nur schwer objektiv messen. Bei dem Versuch, qualitative Leistungsbewertungen durchzuführen, greifen Führungskräfte oft auf sehr subjektive Interpretationen zurück, die bei den beurteilten Mitarbeitern zu Unmut und Frustration führen können (Hammerschmidt 2006).

Es gibt jedoch Möglichkeiten für Führungskräfte, qualitative Ziele festzulegen und zu messen, die mit der Arbeitsleistung des Vertriebsmitarbeiters in direktem Zusammenhang stehen. So ist es beispielsweise möglich, jeweils die Fähigkeit zu bewerten, mit der ein Vertriebsmitarbeiter sein Produktwissen einsetzt, seine Arbeit plant oder beim Verkaufsgespräch Gegenargumenten begegnet. Diese Bewertungen sind zwar nach wie vor qualitativer Natur, doch sie beziehen sich auf Leistungsstandards, die von den Vertriebsmitarbeitern verstanden und akzeptiert werden (Sharma/Levy/Kumar 2000).

Angesichts solcher Standards dürfte es für einen kompetenten Außendienstleiter nicht allzu schwer sein, gemeinsam mit dem betroffenen Mitarbeiter mögliche Leistungsdefizite zu identifizieren und ihn bei der Verbesserung seiner Fähigkeiten und Techniken, beim Aufbau einer professionelleren Einstellung und beim Selbsttraining zu unterstützen. Solche Standards helfen zudem, den Schulungsbedarf zu ermitteln sowie dadurch erfolgte Leistungsverbesserungen und somit die Effizienz durchgeführter Schulungen zu evaluieren.

Ein Konsumgüterkonzern mit 35 Außendienstmanagern stellte fest, dass die meisten von ihnen zu viel Arbeitszeit in ihren Büros mit unnötigen administrativen Tätigkeiten verbrachten. Es wurde beschlossen, die Büros abzuschaffen, damit die Außendienstmanager mehr Zeit im Außendienst verbrachten, um ihre Mitarbeiter zu betreuen. Um sie bei dieser Aufgabe zu unterstützen, wurde ihnen im Rahmen einer Schulung gezeigt, wie sie die Leistung der Mitarbeiter im Außendienst beurteilen und verbessern konnten. Die Folge waren signifikante Umsatzsteigerungen und dadurch auch ein Anstieg der Gehälter der Außendienstleiter. Das machte es diesen viel leichter, auf eigene Büros zu verzichten.

Die Produktivität des Verkaufsteams verbessern

Viele Vertriebsmitarbeiter sind vermutlich geneigt, freundliche und unkritische Großkunden häufiger zu besuchen als diejenigen, die ihnen die Arbeit schwer machen.

Wenn Kunden zum einen nach ihrer Freundlichkeit dem Verkäufer gegenüber und zum anderen nach ihrer Größe klassifiziert werden, resultiert eine einfache

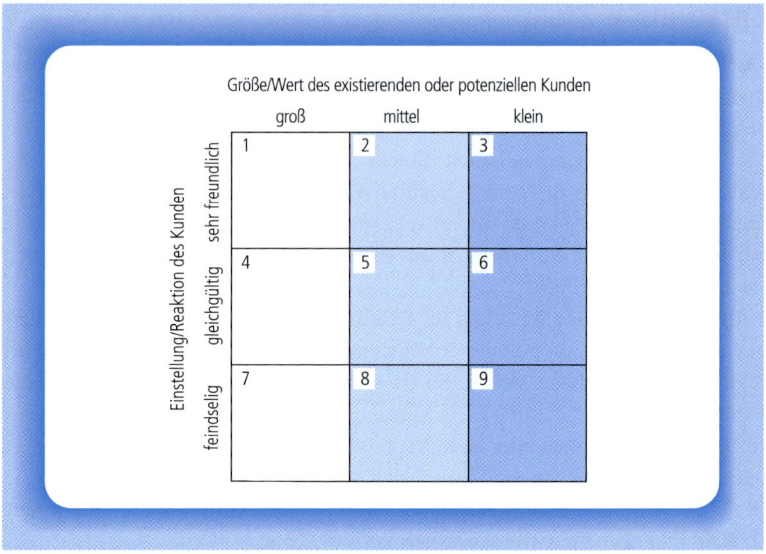

Abbildung 8.1
Matrix zur Kundenpriorisierung.

Matrix, die bei der Entscheidung hilft, auf welche Kunden die Anstrengungen hauptsächlich zu fokussieren sind. Wie in *Abbildung 8.1* zu sehen ist, ist das größte Potenzial für eine Steigerung der Vertriebsproduktivität bei Kunden in den Feldern 4 und 5 zu erwarten, während Kunden in den Feldern 1 und 2 Besuche zur Pflege der bereits existierenden guten Beziehungen erhalten. Bei Kunden in den Feldern 7 und 8 sollte eine „Alternativstrategie" getestet werden, um festzustellen, ob ihre feindselige Einstellung zum Positiven hin verändert werden kann. Wenn der alternative Ansatz scheitert, könnte eine geringere Besuchsfrequenz angebracht sein. Feld 9 bedeutet „nichts weiter unternehmen", während Kunden, die in den Feldern 3 und 6 stehen, im Einklang mit den Zielen das erforderliche Mindestmaß an Aufmerksamkeit erhalten sollten.

Aus einer solchen Matrix lassen sich jedoch keine definitiven Regeln in Bezug auf die Besuchsfrequenz ableiten; diese Entscheidung liegt letztendlich immer im Ermessen des verantwortlichen Vertriebsleiters. Die Matrix verfolgt einzig und allein den Zweck, die Annahmen in Bezug auf die Besuchsfrequenzen bei bestehenden und potenziellen Kunden infrage zu stellen, um herauszufinden, ob möglicherweise wertvolle Zeit verschwendet wird, die in anderen Bereichen produktiver eingesetzt werden könnte (Bauer/Hammerschmidt/Garde 2006).

Die Führung des Verkaufsteams

Die Motivation der Verkaufsmitarbeiter steht zunehmend im Fokus der Aufmerksamkeit, was hauptsächlich auf die Erkenntnisse von Psychologen in anderen Managementbereichen zurückzuführen ist. Inzwischen hat sich die allgemeine Erkenntnis durchgesetzt, dass von einem Mitarbeiter nicht nur deshalb gute Ergebnisse zu erwarten sind, weil man ihn mit einem Titel und einem eigenen Büro ausstattet.

Wie mittlerweile anerkannt wird, zeichnet sich eine effektive Führung dadurch aus, dass sie sowohl die Bedürfnisse der Mitarbeiter als auch die Bedürfnisse der Geschäftsführung berücksichtigt.

Auch wenn es nicht notwendig ist, die Motivation des Verkaufsteams hier im Detail zu erörtern, soll im Folgenden dennoch kurz auf einige wichtige Faktoren eingegangen werden, die zu einer effektiven Führung des Verkaufsteams beitragen.

Wenn Leistung eine Funktion von positiven Anreizen minus negativen Anreizen ist, folgt daraus, dass die Leistung umso besser wird, je mehr die positiven Anreize verstärkt und die negativen Anreize reduziert werden.

Wenn die Aufgabe eines Vertriebsleiters darin besteht, die Leistung des Vertriebsteams zu verbessern und wenn Leistung eine Funktion von positiven Anreizen minus negativen Anreizen ist, dann wird die Leistung umso besser sein, je höher die positiven Anreize und je geringer die negativen Anreize sind.

Die Forschung hat gezeigt, dass ein wichtiges Element der Motivation von Verkaufsmitarbeitern in der Vermittlung des Gefühls besteht, einer sinnvollen Aufgabe nachzugehen. Mit anderen Worten: Der Wunsch nach Lob und Anerkennung, das Vermeiden von Langeweile und Monotonie, die Steigerung des Selbstwertgefühls, das Freisein von Sorgen oder Angst und der Wunsch, zu etwas beizutragen, das einem sinnvollen Zweck dient – all diese Faktoren tragen zu einer Steigerung der Leistung bei. Viele Studien untersuchen, anhand welcher Faktoren sich die produktivsten Vertriebseinheiten eines Unternehmens am stärksten von den unproduktivsten Vertriebseinheiten unterscheiden (vgl. für eine Meta-Analyse solcher Studien Churchill et al. 1985). Die Ergebnisse dieser Studien zeigen, dass viele der zuvor genannten Faktoren entscheidende Determinanten für den Erfolg sind.

Zu den wichtigsten Motivationsdeterminanten zählt jedoch nach wie vor die Entlohnung. Das heißt nicht unbedingt, dass ein Unternehmen Rekordgehälter zahlen muss; klar ist allerdings, dass Mitarbeiter nur dann bei einem Unternehmen bleiben werden, wenn dieses auch signifikante finanzielle Anreize bietet. Bei der Erstellung eines Vergütungsplans, der üblicherweise ein Grundgehalt plus eine Leistungszulage etwa in Form eines Bonus oder einer Provision enthält, sollten zudem die folgenden Ziele Berücksichtigung finden:

- effiziente Verkaufsmitarbeiter gewinnen und halten,
- wettbewerbsfähig bleiben,
- Verkaufsmitarbeiter gemäß ihrer individuellen Leistung vergüten,
- ein garantiertes Gehalt plus individuell geregelte Gehaltserhöhungen bieten,
- individuelle Verkaufsinitiativen fördern,
- Teamarbeit fördern,
- die Leistung bei wichtigen, nicht verkaufsbezogenen Aufgaben fördern,
- sicherstellen, dass das Management Gehälter auf angemessene Weise festsetzen und anpassen kann, um sie als Instrument zur Erreichung der Umsatzziele zu nutzen.

Entsprechend des zentralen Gedankens der Motivation des Verkaufspersonals werden die einzelnen Verkaufsmitarbeiter mehr Engagement zeigen, wenn die Führungskräfte sie dazu ermutigen, sich auf Folgendes zu konzentrieren:

1. ihre Erwartungen in Bezug auf die Erfüllung ihrer Umsatzziele,
2. die persönlichen Vorteile, die ihnen das Erfüllen dieser Ziele einbringt.

Tab. 8.2 Ziele für Verkaufsmitarbeiter

	Aufgabe	Standard	wie der Standard gesetzt wird	wie die Leistung gemessen wird	worauf zu achten ist
1.	Erreichen persönlicher Umsatzziele	Umsatzziel oder Zeitperiode für individuelle Teams und/oder Produkte	Analyse des Gebietspotenzials und des individuellen Kundenpotenzials; Diskussion und Vereinbarung zwischen Verkaufsmitarbeiter und Verkaufsleiter	Vergleich der individuellen Produktumsätze des Verkaufsmitarbeiters mit den Zielen	signifikante Unterschreitung der Zielvorgaben über einen bestimmten Zeitraum
2.	Verkauf festgelegter Produkte und Mengen an individuelle Kunden	Umsatzziele in Bezug auf spezifizierte Produkte und Mengen bei einem bestimmten Kunden oder einer bestimmten Kundengruppe innerhalb eines vereinbarten Zeitraums	Analyse individueller Kundendaten in Bezug auf potenzielle und aktuelle Umsätze; Gespräch und Vereinbarung zwischen Verkaufsleiter und -mitarbeiter	sorgfältige Prüfung individueller Kundendaten; Beobachtung der Verkäufe „im Feld" (d. h. während der Besuchstouren)	Nichterreichen vereinbarter Ziele; Selbstgefälligkeit oder Gleichgültigkeit in Bezug auf den erreichten Umsatz
3.	Planung von Reisen und Besuchsfrequenzen mit dem Ziel, die Verkaufskosten so gering wie möglich zu halten	Besuchsfrequenz bei individuellen Kunden; Anzahl der Kundenbesuche in einem festgelegten Zeitraum	Analyse des individuellen Kundenpotenzials; Analyse des Auftrags-Besuchs-Verhältnisses; Gespräch und Vereinbarung zwischen Verkaufsleiter und Verkaufsmitarbeiter	sorgfältige Prüfung individueller Kundendaten; Analyse des Auftrags-Besuchs-Verhältnisses; Prüfung von Besuchsberichten	hohe Besuchsrate im Verhältnis zum Umsatz, der mit einem Kunden erreicht wurde; Unterschreitung der für einen bestimmten Zeitraum vereinbarten Gesamtbesuchszahl
4.	Neukundengewinnung	Anzahl der Besuche bei potenziellen Neukunden in einem bestimmten Zeitraum; Verkauf neuer Produkte an Bestandskunden	Identifizierung der Gesamtzahl potenzieller und bestehender Kunden, Identifizierung von Möglichkeiten zur Neukundengewinnung	Prüfung von Besuchsberichten, Anzahl neu gewonnener Kunden und Verhältnis zwischen Bestandskunden und potenziellen Neukunden	Unterschreitung der Besuchszahl bei potenziellen Neukunden im Vergleich zum vereinbarten Standard; geringe Zahl von potenziellen Kunden im Verhältnis zu Bestandskunden
5.	Umsetzung des Verkaufsansatzes in der vereinbarten Qualität	Einsatz der Fähigkeiten und Techniken, die zum Erreichen des identifizierten Ziels in jeder Phase des Verkaufs notwendig sind; kontinuierlicher Einsatz von Verkaufsmaterial	Gespräch zwischen Verkaufsleiter und Verkaufsmitarbeiter auf der Grundlage der festgelegten Unternehmensziele	regelmäßige Beobachtungen des Verkaufs „im Feld" und systematische Leistungsanalyse in jeder Phase des Verkaufs	Nichtbeachten der Ziele der verschiedenen Verkaufsphasen, besondere Fähigkeiten und Schwächen identifizieren, Unterstützungsmaterial nutzen

Diese Motivationstheorie ist auch unter der Bezeichnung Weg-Ziel-Ansatz bekannt, da sie auf einem bestimmten Weg basiert, den der Mitarbeiter beschreitet, sowie auf bestimmten Zielen, die mit dem erfolgreichen Beschreiten dieses Wegs verbunden sind. Der Verkaufsmitarbeiter schätzt zum einen die Erfolgswahrscheinlichkeit für verschiedene Wege oder Verkaufsansätze ein und zum anderen die Wahrscheinlichkeit in Bezug darauf, dass sein Vorgesetzter die Erfüllung seiner Zielvorgaben anerkennt und ihn dafür angemessen belohnt.

Die motivierenden Funktionen des Verkaufsleiters bestehen darin, den persönlichen Nutzen des Verkaufsmitarbeiters in Bezug auf das Erreichen von Arbeitszielen zu erhöhen, das Erreichen dieses Nutzens durch die Formulierung klarer Ziele und die Beseitigung von Hindernissen zu erleichtern und zudem die Chancen auf persönliche Zufriedenheit *auf dem Weg* zum Ziel zu erhöhen.

Kaum jemand würde bestreiten, dass die Motivation von Verkaufsmitarbeitern eine schwierige Aufgabe ist, die zu sehr emotionalen Reaktionen führen kann und sich nur mit Umsicht und Vernunft meistern lässt. Leider kommt es nicht selten vor, dass Vertriebstagungen zum Beispiel damit eröffnet werden, dass einige aufreizend gekleidete Tänzerinnen eine Vorführung zum offiziellen Unternehmenssong darbieten. Direkt im Anschluss daran werden den Teilnehmern dann stundenlang Säulendiagramme auf einem Overheadprojektor präsentiert. Es überrascht nicht, dass das versammelte Vertriebsteam sich so kaum an die zentralen Themen der Konferenz erinnern wird und die anwesenden weiblichen Teammitglieder äußerst unangenehm berührt sind.

Ein ebenfalls häufig auf Vertriebskonferenzen anzutreffendes Phänomen ist der Einsatz kämpferischer Sprache, mit Äußerungen wie „unser Plan besteht darin, den Feind auszulöschen". Der Gebrauch solcher bildhaften Sprüche steht oft in scharfem Kontrast zum Arbeitsalltag des durchschnittlichen Vertriebsmitarbeiters, der sich an einem regnerischen Montagmorgen in seinen kleinen Dienstwagen setzt und gleich bei seinem ersten Kundenbesuch der Woche eine Abfuhr erhält.

Auch wenn bei einer Verkaufstagung der unterhaltsame Aspekt nicht zu kurz kommen sollte, ist es wichtig, dass die Verkaufsleitung den Schwerpunkt darauf legt, dem Verkaufspersonal Informationen und Instrumente zur Verfügung zu stellen, die ihnen das Erreichen der Verkaufsziele erleichtern.

Die Erstellung des Verkaufsplans

Auch wenn jeder Verkaufsplan letztlich individuell erstellt werden muss, lassen sich einige allgemeine Leitlinien aufstellen. *Tabelle 8.2* liefert ein Beispiel für die Festlegung von Zielen für einen individuellen Verkaufsmitarbeiter. Diese Ziele ergeben sich logisch aus dem Herunterbrechen der Marketingziele in tatsächliche Umsatzziele.

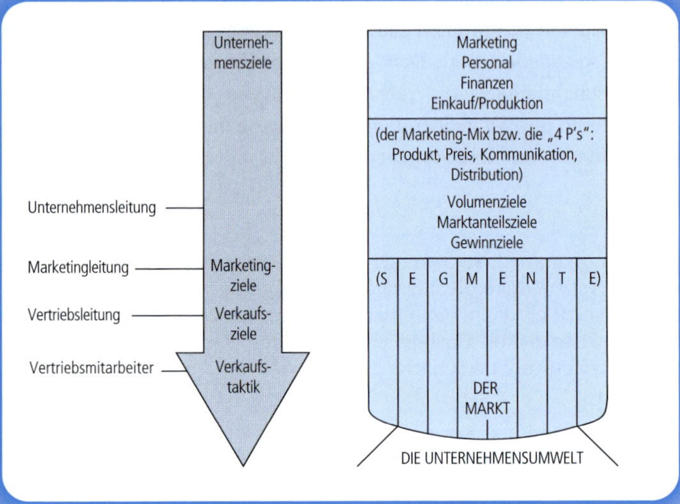

Abbildung 8.2
Der Verkaufsplan im Kontext der Unternehmens- und Marketingplanung.

Jedes Unternehmen setzt sich übergeordnete Gesamtziele, die zur Entwicklung von spezifischeren, nachgeordneten Marketingzielen führen. Im vorliegenden Kapitel wurde der persönliche Verkauf im Zusammenhang mit der übergeordneten Marketingstrategie betrachtet. Dieser Ansatz führt zur folgenden Zielhierarchie: *Unternehmensziele – Marketingziele – Verkaufsziele* (*Abbildung 8.2*).

Die Vorteile dieses Ansatzes für das Vertriebsmanagement lassen sich wie folgt zusammenfassen:

1. Koordination der Unternehmens- und Marketingziele mit den tatsächlichen Verkaufsaktivitäten.
2. Etablierung eines Regelkreises zwischen Unternehmenszielen und Kundenwünschen.
3. Verbesserung der Vertriebseffektivität durch das Verstehen der Auswirkungen von Verkaufsentscheidungen auf der Unternehmens- und Marketingebene.

> Das folgende Beispiel illustriert, warum Verkaufsmitarbeiter nicht ohne Berücksichtigung der übergeordneten Unternehmens- und Marketingziele geführt werden können. Das Vertriebsteam eines Unternehmens, das Stahlcontainer herstellte, verkaufte die verschiedenen Containerprodukte wahllos an alle möglichen Kunden. Dies führte zu großen Problemen bei der Produktionsplanung und Distribution; auch der Einkauf von Rohmaterialien war davon betroffen. Schließlich war die Rentabilität des Unternehmens ernsthaft gefährdet. Das Vertriebsteam wurde letztendlich angewiesen, sich nur noch auf bestimmte Produktarten und auf bestimmte Kunden zu konzentrieren. Erst diese Entscheidung führte zu positiven Skaleneffekten in allen Unternehmensbereichen.

Der Verkauf ist, so lässt sich zusammenfassend festhalten, ein wesentliches und zugleich sehr kostenintensives Element des Marketing-Mix. Daher ist dieser Bereich einschließlich der Mitarbeiterführung genauso sorgfältig zu planen wie das Management der anderen Elemente des Marketing-Mix. Dies lässt sich wahrscheinlich am ehesten erreichen, wenn Intuition, die mit Erfahrung verbunden ist, mit logisch-analytischen Ansätzen kombiniert wird, so wie es nachfolgend in *Abbildung 8.3* dargestellt ist.

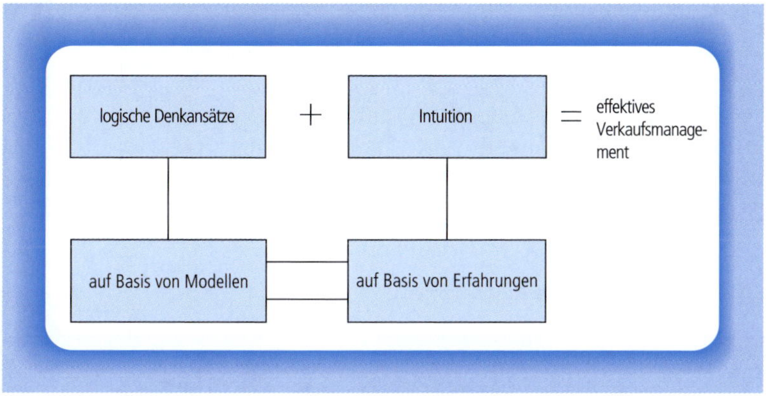

Abbildung 8.3
Intuition und Analytik im Vertriebsmanagement.

Die Integration von Kommunikations- und Distributionskanälen

Der Wandel von Kommunikation und Distribution

Kommunikation und Distribution sind einem kontinuierlichen Wandel unterworfen, und zwar in vielerlei Hinsicht. Neue Kanäle wie das Internet unterstreichen den wachsenden Trend weg von den Massenmedien der klassischen Werbung hin zu persönlicheren Medien wie Direktmails oder interaktiven Medien wie Callcenter und Internet. Die Integration dieser Kanäle ist keine leichte Aufgabe. Studien zur integrierten Marketingkommunikation betonen, dass vor der detaillierten Planung für jedes Medium – beispielsweise vor der Erstellung von Verkaufs- oder Kommunikationsplänen – zunächst entschieden werden muss, welches Medium für welche Kundeninteraktionen eingesetzt werden soll (Gohr 2007). Dies wird in *Abbildung 8.4* illustriert.

Die Wahl des Kanals bzw. Mediums ist eine komplexe Entscheidung, die verschiedene Medien für verschiedene Kommunikationen mit demselben Kunden mit einbezieht. Viele Unternehmen legen zudem Wert darauf, einige Optionen ihren Kunden zu überlassen. Bei einem Kunden des Computeranbieters Dell beispielsweise sind verschiedene Optionen denkbar: Es kann sein, dass er durch Kollegen oder eine Zeitungsanzeige auf Dell aufmerksam wird und mehr Informationen über Produktpalette und Preise sowie die Online-Bestellung benötigt. Er wird Bestellinformationen ausdrucken und sie an die Einkaufsabteilung weiterleiten, um die Bestellung per Fax zu erteilen. Es ist auch möglich, dass er die Lieferzeit telefonisch erfragen, die Lieferung per Paketdienst in

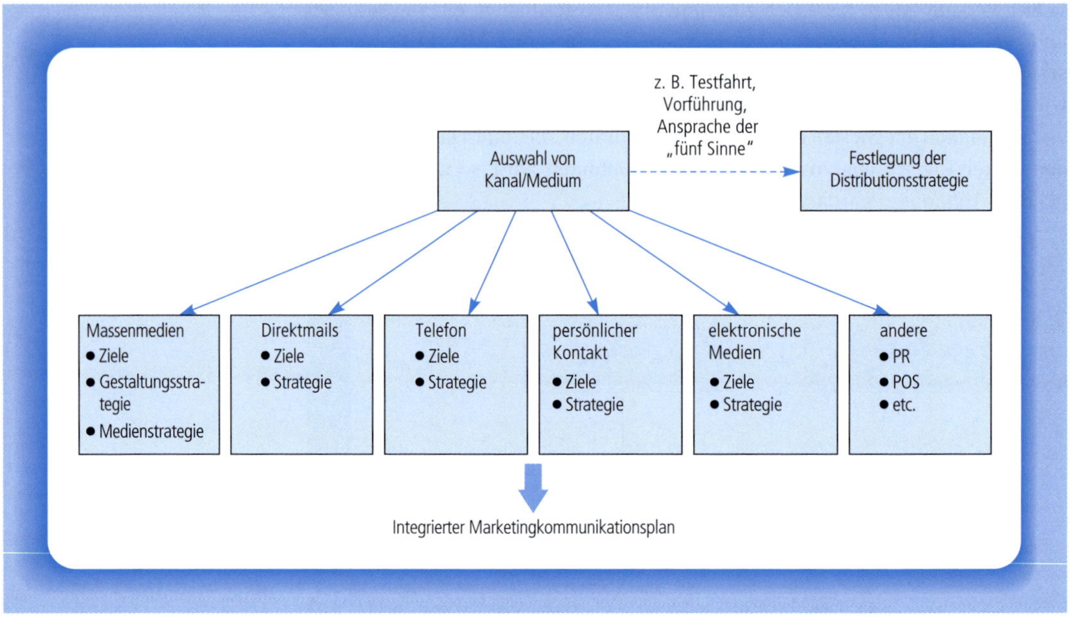

Abbildung 8.4
Definition einer Kommunikations- und Distributionsstrategie.

Empfang nehmen und den Kundendienst per E-Mail in Anspruch nehmen will. Kunden möchten sich das Medium inzwischen nicht mehr vom Anbieter vorschreiben lassen (Balasubramanian/Raghunathan/Mahajan 2005).

Die Auswahl des Mediums ist natürlich eng mit der Distributionsstrategie verbunden. Distributionskanäle erfüllen oft mehrere Zwecke gleichzeitig: Zum einen befördern sie ein physisches Produkt zum Kunden, zum anderen fungieren sie als Medium für den Informationsaustausch. Ein Autohaus beispielsweise bietet Informationen über Fahrzeugmodelle, die Möglichkeit einer Testfahrt, einen Ort für Preisverhandlungen und die Möglichkeit der physischen Auslieferung des Fahrzeugs an den Kunden. Ein Modehaus bietet einen Ort, wo es möglich ist, nicht nur Informationen über ein Kleidungsstück zu erhalten, sondern es auch direkt anzuprobieren, was beispielsweise mit einer Direktmailaktion trotz direktem Kundenkontakt nicht möglich ist. Die Fokussierung der Kommunikation auf den Informationsaustausch hängt also eng mit den physischen Aspekten der Distribution zusammen. Die separate Betrachtung beider kann jedoch zu ganz neuen Lösungen führen, wie etwa Direktbanking oder Webshopping für CDs (bei denen ein Probehören möglich ist, ohne dass die CD selbst physisch vorhanden ist), oder die Entlastung der Vertriebsmitarbeiter durch Telemarketing und Webseiten für kleinere Transaktionen oder weniger wichtige Kunden in B2B-Märkten.

Die Wahl des richtigen Mediums für den richtigen Zweck ist also keine leichte Aufgabe. Inzwischen setzt sich zunehmend die Erkenntnis durch, dass diese Aufgabe mit ganz neuen Ansätzen angegangen werden muss, statt den traditionellen Praktiken zu folgen, die in den verschiedenen Branchen bisher üblich sind. Aufschlussreiche Beiträge über integrative Marketingkommunikation erklären das Problem zwar, doch bislang gibt es nur wenige praktische Hilfen für Unternehmen, um dieses Problem zu lösen.

Ein weiteres damit zusammenhängendes Problem ist der Wandel des Verkaufsprozesses. Auf dieses Problem wird im Folgenden eingegangen.

Das operative Marketing und der moderne Verkaufsprozess

Sobald ein umfassender Marketingplan einschließlich eines Kommunikationsplans erstellt wurde, muss dieser Plan umgesetzt werden. Dies fällt in den Bereich des operativen Marketing, bei dem es darum geht, den im Planungsprozess spezifizierten Nutzen zum Kunden zu bringen. Im Laufe eines Jahres müssen zahlreiche detaillierte Kommunikationsentscheidungen getroffen werden. Dies soll anhand der operativen Marketingprozesse in *Abbildung 8.6* veranschaulicht werden (eine Erweiterung des Kästchens „Nutzen liefern“ im Marketingprozess-Modell, das nochmals in *Abbildung 8.5* dargestellt ist).

Den Ausgangspunkt der Analyse des Prozesses „Nutzen liefern“ bildet Porters Wertkette (Porter 1999). Diese spiegelt sich in den Aufgaben wider, die innerhalb des Kästchens „Produkt bereitstellen“ in der oberen Hälfte der *Abbildung 8.6* aufgelistet sind: von Forschung & Entwicklung über Eingangslogistik und Produktion bis hin zu Ausgangslogistik und Kundendienst.

Es gibt jedoch eine Reihe von Marketingaktivitäten, die mit diesen Wertschöpfungsaktivitäten verbunden sind, wie etwa die Kommunikation der Unternehmensleistungen. In Porters Wertkette folgt „Marketing“ hinter der „Produktion“; in der heutigen Zeit der „Individualisierung“ („One-to-one-Marketing“) können diese Kommunikationsaktivitäten auch parallel zu allen Wertschöpfungsaktivitäten laufen. So könnte man zum Beispiel ein Produkt in der Phase Forschung & Entwicklung mit dem Kunden entwickeln, um dann nach Kundenwunsch spezielle Komponenten zu beschaffen, die schließlich miteinander kombiniert und als maßgeschneidertes Produkt geliefert werden.

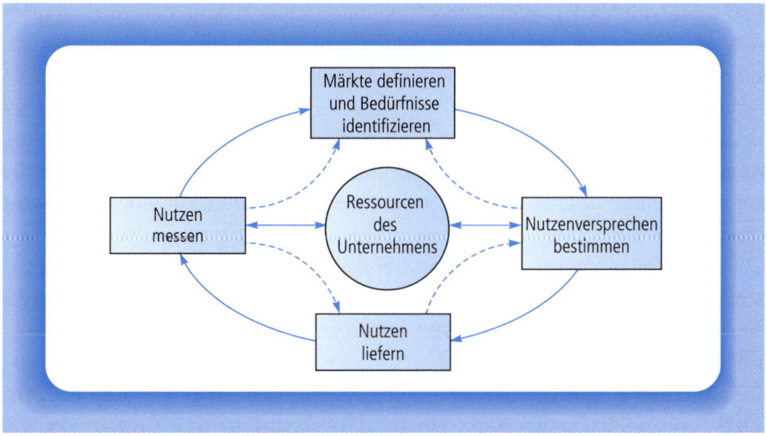

Abbildung 8.5
Das Marketingprozess-Modell.

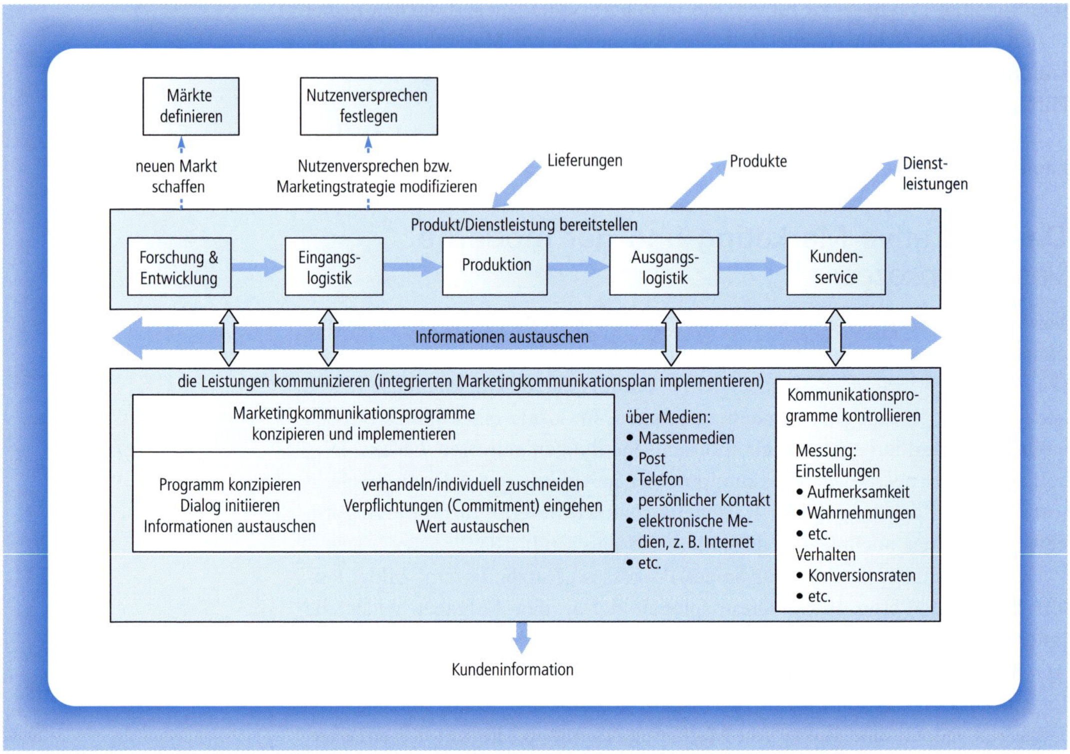

Abbildung 8.6
Nutzen liefern – die operativen Marketingprozesse.

Die Kommunikation erfolgt typischerweise durch die Konzeption, Umsetzung und Kontrolle einer Reihe von Marketingkommunikationsprogrammen. Ein Kommunikationsprogramm könnte zum Beispiel eine Direktmailkampagne, eine Werbekampagne, eine Reihe von Verkaufsseminaren oder eine Verkaufsförderungsaktion im Geschäft (In-Store-Promotion) umfassen. Der Begriff „Marketingkommunikationsprogramm“ kann zudem das Management solcher Medien wie etwa des Verkaufsteams beinhalten, das kontinuierlich auf der Basis von jährlichen Zielen erfolgt, die auf Quartals- oder Monatsziele heruntergebrochen werden.

Unabhängig vom Medium wird die Kampagne darauf abzielen, zur Erfüllung einer oder mehrerer Aufgaben im Feld „Marketingkommunikationsprogramme konzipieren und implementieren“ beizutragen. Die Aufgaben mögen zunächst ungewöhnlich anmuten, sie reflektieren jedoch den interaktiven „Eins-zu-eins“-Charakter des modernen Marketing. *Abbildung 8.7* veranschaulicht den klassischen Verkaufs- und Kaufprozess sowie die moderne Interaktionsperspektive, die zu einer Neukonzeption des Verkaufsprozesses geführt hat (Peppers/Rogers 1999).

Traditionelle „Push“-Marketingmodelle, bei denen nach Fertigung des Produkts potenzielle Kunden vom Anbieter aktiv akquiriert und überzeugt werden,

Anbieterperspektive		Interaktionsperspektive		Käuferperspektive	
Werbung	Verkauf	Marketing-aktivität	Interaktion	Entscheidungs-theorie	Konsumenten-verhalten
		Märkte definieren und Nutzen verstehen			
		Nutzenversprechen formulieren	Austausch-möglichkeiten erkennen	Problemer-kennung	Bedarf
Markenbewusstsein					Aufmerksamkeit
Markeneinstellung	Neukunden-werbung	Dialog initiieren			Einstellung
• Informationen zu Benefits • Markenimage • Gefühle • Bezugsgruppen-einfluss	Informationen bereitstellen	Informationen austauschen		Informations-suche	Informations-sammlung und -beurteilung
	überzeugen	verhandeln/individuell zuschneiden		Alternativen-bewertung	
Anreiz zum Probekauf	Verkauf abschließen	Verpflichtungen eingehen (Commitment)		Auswahl/Kauf	Kaufprozess
	liefern	Wert austauschen ↓			
kognitive Dissonanz reduzieren	Kundenservice		kontrollieren	Nachkauf-verhalten	Erfahrung nach dem Kauf

Abbildung 8.7
Neukonzeption des Verkaufsprozesses.

das Produkt zu kaufen, werden auf der linken Seite gezeigt. Hier wird das Angebot des Unternehmens also vorher festgelegt und nicht gemeinsam mit dem Käufer entwickelt. Bei den danach folgenden Schritten Lieferung und Kundenservice handelt es sich um operative Funktionen, die nur wenig Bezug zum Marketing haben.

Traditionelle Modelle des Käuferverhaltens sind auf der rechten Seite der Abbildung dargestellt; sie gehen von einer rationalen Entscheidung des Käufers aus, vernachlässigen jedoch die Bedeutung der Rückmeldungen, die der Käufer dem Anbieter gibt.

Entsprechend der neuen Interaktionsperspektive sind die Phasen des Prozesses der Nutzenkommunikation daher wie folgt umzuformulieren (Vargo/Lusch 2004):

- „Austauschmöglichkeiten erkennen" ersetzt „Bedarf" oder „Problemerkennung". Beide Seiten müssen das Potenzial eines gegenseitigen Wertaustauschs erkennen.

- „Dialog initiieren“ ersetzt „Bewusstsein schaffen“ oder „Neukundenwerbung“. Der Dialog zwischen dem Anbieter und dem individuellen Kunden kann von beiden Seiten begonnen werden. Bei der Kommunikation über das Internet wird z. B. häufig der Anbieter von Neukunden kontaktiert statt umgekehrt.
- „Informationen austauschen“ ersetzt „Informationen bereitstellen“. Um Kunden effizient zu betreuen, die Angebote individuell zuzuschneiden und eine langfristige Beziehung zu diesen aufzubauen, ist es notwendig, dass ein Unternehmen über die Kunden genauso viel weiß wie die Kunden über dessen Produkte.
- „Verhandeln/individuell zuschneiden“ ersetzt „überzeugen“. Das Verhandeln ist ein Zwei-Wege-Prozess, bei dem es erforderlich sein kann, das Angebot zu ändern, damit es den Anforderungen des Kunden besser entspricht. Wird stattdessen mit aller Macht versucht, den Kunden davon zu überzeugen, dass das Vogelfutter, das zufälligerweise gerade an Lager ist, genau das richtige für seinen Hund ist, wird dies vermutlich nicht zum Aufbau einer langfristigen und rentablen Beziehung beitragen.
- „Verpflichten“ ersetzt „Verkauf abschließen“. Beide Seiten müssen bereit sein, sich zur Transaktion zu verpflichten und in den nächsten Schritt in der Beziehung zu investieren.
- „Wert austauschen“ ersetzt „liefern“ und „Nachkaufservice“. Der „Kundenservice“ kann ein inhärenter Bestandteil des gestifteten Wertes sein und sollte nicht nur als Kostenfaktor betrachtet werden, wie es noch immer häufig der Fall ist.

Die Eins-zu-eins-Kommunikation und die Grundsätze des Beziehungsmarketing erfordern also einen neuen Verkaufsprozess, der sich radikal vom traditionell praktizierten Verkaufsprozess unterscheidet. Dass dieser Punkt nicht nur reine Theorie ist, zeigt das folgende Beispiel.

Das Unternehmen, um das es geht, bietet B2B-Finanzdienstleistungen an. Die Marketingmanager dieses Unternehmens beklagten, dass die Website des Unternehmens, mit der neue Kunden wesentlich kosteneffizienter erreicht werden sollten als durch den Einsatz des traditionellen Vertriebsteams, nicht den gewünschten Erfolg brachte. Durch die Webseite fanden potenzielle Kunden das Unternehmen im Internet, entschieden anhand der Informationen auf der Webseite, ob ein Produkt interessant für sie war, und schickten dann eine Bestellanfrage per E-Mail. So weit, so gut.

Da das Unternehmen allerdings weiterhin einem traditionellen Verkaufsansatz verhaftet war, bestand der nächste Schritt darin, dass ein Vertriebsarbeiter damit beauftragt wurde, interessierte Kunden anzurufen, um einen Termin zu vereinbaren, der teilweise erst drei Wochen später stattfand. Die meisten Kunden hatten in der Zwischenzeit bereits einen anderen Internetanbieter gewählt, der das Produkt sofort liefern konnte. Diejenigen, die noch immer interessiert waren, erhielten ein Werbeschreiben mit Hochglanzbroschüre, was völlig unnötig war, da die Kunden sich bereits für einen Kauf entschieden hatten. Denjenigen, die jetzt immer noch am Kauf interessiert waren, wurde nun eine Online-Registrierung ermöglicht, damit sie den Kauf über das Internet abwickeln konnten. Das Unternehmen hatte somit die Chance vertan, durch einen effizienteren Einsatz seines Vertriebsteams seine Margen zu verbessern.

Das Unternehmen veränderte daraufhin sein Verkaufsmodell so, dass es dem bereits beschriebenen Modell der „Interaktionsperspektive" entsprach. Im Gegensatz zu den potenziellen Kunden, die das Unternehmen aktiv kontaktierte und bei denen die traditionelle Verkaufsstrategie wahrscheinlich auch erforderlich war, begannen die Online-Kunden den Dialog meist von sich aus, sodass das Unternehmen nur noch schnell und effizient darauf reagieren musste. Das Vertriebsteam hatte dadurch mehr Zeit, sich auf seine wichtigsten Kunden zu konzentrieren und gezielt langfristige Beziehungen aufzubauen.

Diese Veränderungen, die beim Verkaufsprozess stattfinden, werfen unter anderem folgende Fragen in Bezug auf die Gestaltung der Marketingkommunikation auf: Wer initiiert den Dialog? Wie wird die Effizienz des Dialogmarketing über viele verschiedene Kanäle gemessen? Wie wird die Wirksamkeit der Botschaft an den Kunden sowie der Rückmeldung des Kunden an das Unternehmen überprüft? Kann die Marketingkommunikation nicht nur als Kostenfaktor, sondern als Teil des Nutzens betrachtet werden, der dem Kunden gegen Zahlung des Preises bereitgestellt wird?

Der Trend in Richtung Multikanalkommunikation spiegelt sich am deutlichsten in den technologischen Entwicklungen im Bereich Kundenbeziehungsmanagement (CRM, Customer Relationship Management) wider, worauf im Folgenden kurz eingegangen wird.

Die Unterstützung maßgeschneiderter Kommunikation durch CRM-Systeme

Der Markt für integrierte CRM-Systeme entstand vor allem aus der Unzufriedenheit vieler Unternehmen mit ihren zahlreichen verschiedenen Kundendatenbanken, die für verschiedene Aufgaben entwickelt worden waren. Nicht selten verfügen große Unternehmen über 40 verschiedene Datenbanken.

Die meisten großen Unternehmen arbeiten daher auf eine einheitliche Kundensicht hin, die eine Koordination sämtlicher Aspekte der Kundenschnittstelle ermöglicht. Um dies zu erreichen, muss ein System in der Lage sein, Kundendaten unabhängig von der jeweils ausgeführten Aufgabe zu managen. Wenn beispielsweise ein Kunde seinen Namen und seine Adresse über ein Websiteformular eingibt, dann möchte er diese Angaben nicht noch einmal am Telefon wiederholen. Es muss also dafür gesorgt werden, dass bei allen Aufgaben auf ein einziges Modul zugegriffen werden kann, das sämtliche Kundeninformationen auf einen Blick bereitstellt. Dieses Prinzip wird auch als *aufgabenunabhängiges Datenmanagement* bezeichnet.

Abbildung 8.8 veranschaulicht dieses Prinzip. Die Ebene „Aufgabenmanagement" muss von der Ebene „Datenmanagement" separiert werden. In vielen Systemen ist das Management der Kundendaten jedoch noch häufig mit dem Aufgabenmanagement gekoppelt.

Ein weiterer Punkt, der in *Abbildung 8.8* deutlich wird, ist die Wichtigkeit des *kanalunabhängigen Aufgabenmanagements*. Die Ebene „Kanalmanagement", auf der verschiedene Kanäle oder Medien gesteuert werden, ist oft an bestimmte

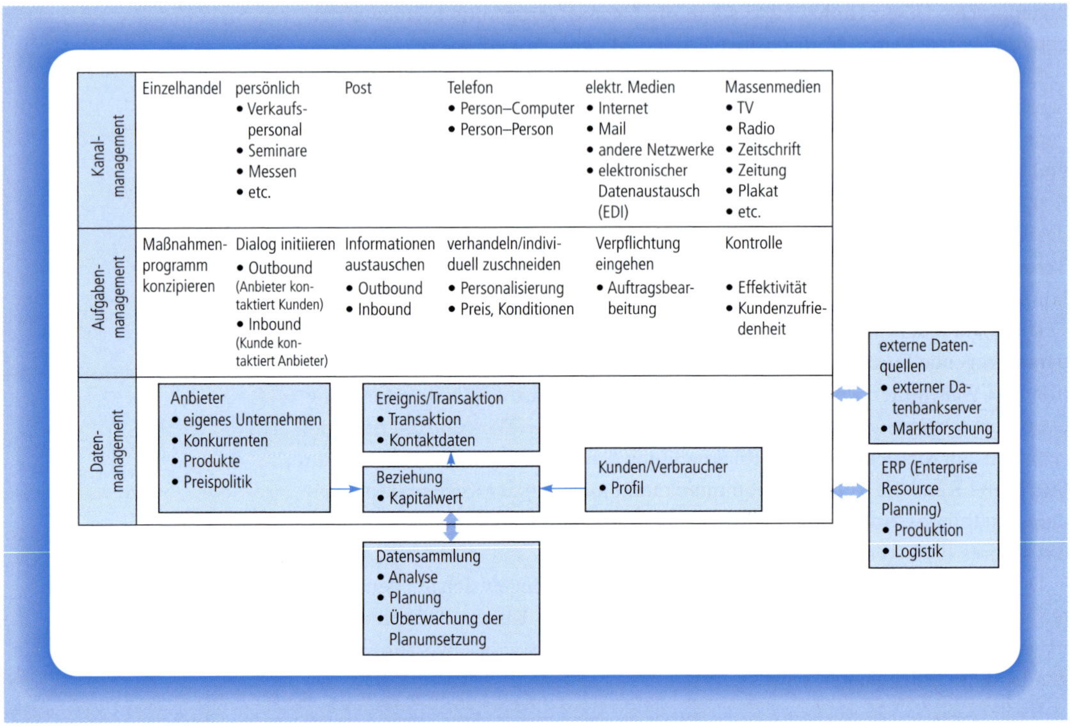

Abbildung 8.8
Der Weg zu einem leistungsfähigen CRM-System.

Aufgaben gekoppelt. So gibt es beispielsweise „Direktmailsysteme", die den bevorzugten Weg des Unternehmens darstellen, potenzielle Kunden anzusprechen. Zum anderen gibt es „Auftragsbearbeitungssysteme", bei denen Aufträge über einen Auftragssachbearbeiter abgewickelt werden (statt etwa über ein Internetformular). Solche Architekturen sind jedoch unflexibel. In einer idealen Architektur ist das Management des Mediums vom Management der Aufgabe getrennt. Dadurch wird sichergestellt, dass mit einem Auftragsbearbeitungssystem Bestellungen, die über das Internet, in den Geschäften oder bei Kundenbesuchen erteilt werden, auf dieselbe Art und Weise verwaltet werden, ohne dass drei verschiedene Auftragsbearbeitungssysteme erforderlich sind (Stokburger/Pufahl 2002).

Der Einsatz idealer Architekturen zur Erleichterung von integrierter Kommunikation ist wünschenswert. Bisher werden in Unternehmen allerdings häufig noch althergebrachte Systeme verwendet, die je nach Projekt zwar ergänzt bzw. angepasst, aber nur selten ersetzt werden können. Unternehmen benötigen für ihre IT-Projekte jedoch eine klare Richtungsvorgabe. Aus der Perspektive der integrierten Marketingkommunikation müssen IT-Projekte Antworten auf folgende Fragen liefern: Wie kann ein Unternehmen angesichts der enormen Zahl von Personalisierungsmöglichkeiten, die sich etwa in Form von personalisierten Webseiten, E-Mail-Kampagnen oder mobilen Textnachrichten bieten, die geeignete Lösung finden? Wie kann ein Unternehmen entscheiden, wann es einen modernen oder einen traditionellen Kommunikationsansatz wählt? Mithilfe welcher Methode lässt sich die Effizienz von Kommunikationsstrategien messen, bei denen verschiedene Medien eingesetzt werden? Wie müssen die Daten organisiert und analysiert werden, damit diese Methode anwendbar ist?

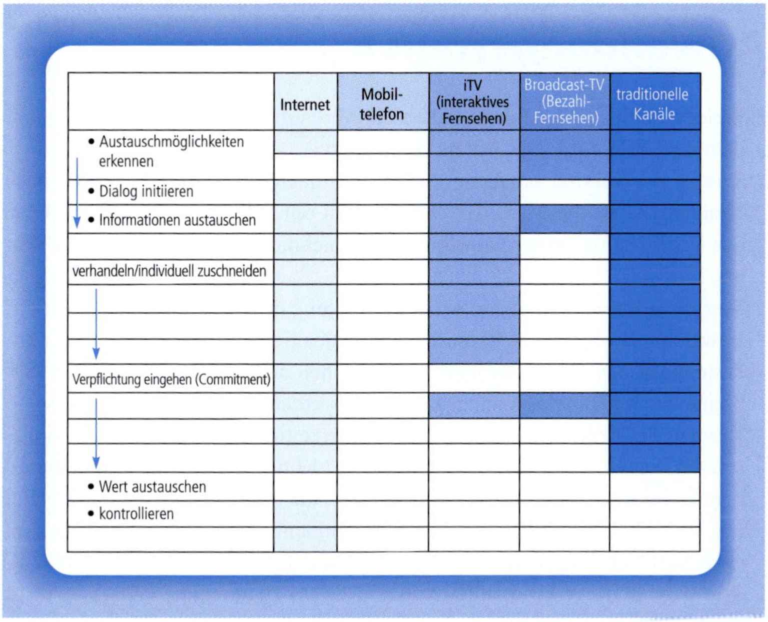

Abbildung 8.9
„Die Sonnenanbeter".

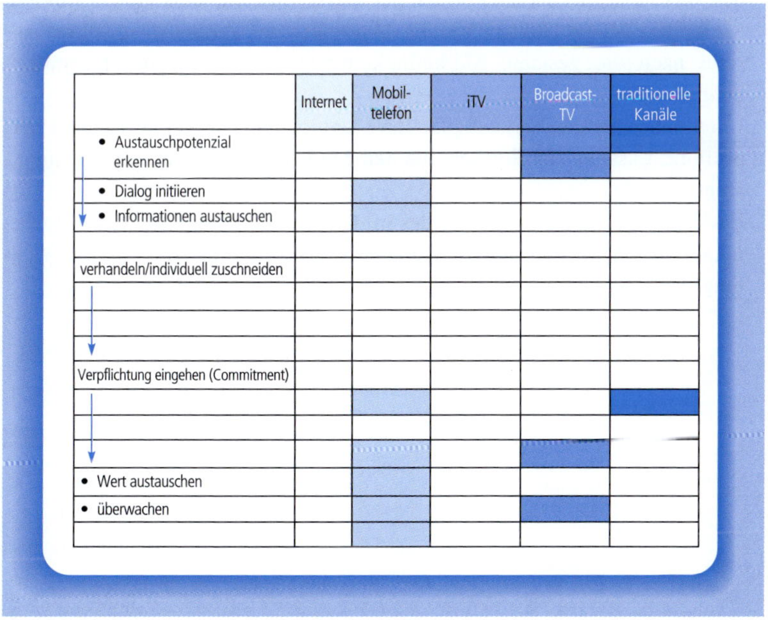

Abbildung 8.10
„Die Aktivurlauber".

In Verbindung mit dem Versuch eines weltweit führenden Reiseunternehmens, die Informationsbeschaffungs- und Kaufprozesse verschiedener Segmente zu erforschen, werden in *Abbildung 8.9* und *8.10* zwei Beispiele präsentiert. An diesen zwei von insgesamt sieben Segmenten wird ersichtlich, dass jedes Segment sich völlig anders verhält. Ohne ein solches Wissen über Segmentierung ist die Erstellung eines integrierten Kommunikationsplans nicht möglich.

Anwendungsfragen

1. Welche Schlüsselfunktionen haben die Verkaufsmitarbeiter in Ihrem Unternehmen? Wie wird ihre Arbeit koordiniert?
2. Wie ist der Verkauf organisiert: nach Regionen, nach Produkten oder nach Kundentyp? Ist diese Art der Organisation optimal? Welche anderen Arten der Organisation sollten von Ihrem Unternehmen in Betracht gezogen werden?
3. Wer ist in Ihrem Unternehmen für die Leitung des Verkaufs verantwortlich? In welcher Beziehung steht diese leitende Position zu anderen leitenden Marketingpositionen im Unternehmen? Entstehen dadurch Probleme? Falls Probleme entstehen, wie könnten sie gelöst werden?
4. Können Sie Argumente nennen, die die derzeitige Größe und Art der eingesetzten Verkaufsorganisation rechtfertigen? Könnten Sie Ihre Position verteidigen, wenn Sie dazu aufgefordert würden, die Zahl der Verkaufsmitarbeiter um 30 % zu senken? Wie würden Sie argumentieren? Was wären Ihrer Ansicht nach die Folgen eines Abbaus der Verkaufsorganisation um 30 %?
5. Wie werden die Verkaufsmitarbeiter in Ihrem Unternehmen eingesetzt? Ist der Einsatz dieser Mitarbeiter optimal? Inwiefern ergänzen die Aktivitäten des Verkaufsteams andere Formen der Marketingkommunikation? Ermitteln Sie weitere Möglichkeiten, wie die Aktivitäten des Verkaufsteams Ihrer Ansicht nach die gesamte Marketingkommunikation effizient unterstützen könnten.
6. Unterziehen Sie den Verkaufsplan Ihres Unternehmens einer kritischen Überprüfung. Lässt er sich logisch aus den Marketingzielen des Unternehmens ableiten?
7. Erklären Sie unter Anwendung des in *Abbildung 8.7* dargestellten Kommunikationsmodells, wie sich die Rolle des Verkaufsteams durch die Entwicklung neuer Kommunikationskanäle wahrscheinlich verändern wird.

Kapitel 8: Wiederholung

Welche Rolle spielt der persönliche Verkauf?

Der persönliche Verkauf ist im Kommunikations-Mix das Element der direkten Kommunikation. Mit ihm lassen sich Ziele realisieren, die mit Werbung und Verkaufsförderung nicht erreicht werden können: So können Verkaufsmitarbeiter beispielsweise direkt mit dem Kunden sprechen, dabei flexibel reagieren und ihn zu einer Bestellung auffordern. Der persönliche Verkauf muss jedoch stets im Kontext des gesamten Kommunikations-Mix betrachtet werden.

Beachten Sie hierzu Übung 8.1

Wie wichtig ist der persönliche Verkauf?

Unternehmen hatten bereits Vertriebsorganisationen, lange bevor Marketing sich als eigene Disziplin etablierte. Noch immer geben Unternehmen für den Vertrieb mehr aus als für Werbung und Verkaufsförderung zusammen. Obwohl der Verkauf ein Schlüsselelement des Marketing-Mix ist, arbeitet die Verkaufsabteilung oft unabhängig von der Marketingabteilung. Bei der Realisierung ihrer kurzfristigen Verkaufsziele gelingt es den Verkaufsmitarbeitern manchmal nicht, den Mix von verkauften Produkten und bearbeiteten Märkten zu erreichen, der den langfristigen strategischen Marketingzielen entspricht.

Wie viele Verkaufsmitarbeiter werden gebraucht?

Vertriebsmitarbeiter üben hauptsächlich drei Aktivitäten aus. Sie:

- besuchen Kunden,
- reisen,
- erledigen Verwaltungsarbeiten.

Ihr Arbeitspensum sollte analysiert werden, um zu ermitteln, wie viele Kundenbesuche an einem typischen Arbeitstag machbar sind. Ebenso sollten eine Evaluierung von Bestandskunden und potenziellen Kunden sowie eine Kalkulation der jährlichen Gesamtzahl von Besuchen durchgeführt werden (wobei zu

Einstellung/Reaktion des Kunden	Größe (Umsatzpotenzial) des Kunden		
	groß	mittel	klein
freundlich	1	2	3
neutral	4	5	6
feindselig	7	8	9

berücksichtigen ist, dass je nach Kundenkategorie unterschiedliche Besuchsfrequenzen erforderlich sind).

Im Diagramm:

Felder 1 + 2 = Besuchsfrequenz halten
Felder 4 + 5 = Anstrengungen erhöhen
Felder 3 + 6 = Mindestniveau an Besuchen sicherstellen
Felder 7 + 8 = neue Strategie entwickeln
Feld 9 = beobachten

$$\text{Anzahl der Verkaufsmitarbeiter} = \frac{\text{erforderliche Gesamtbesuche pro Jahr}}{\text{Anzahl von Arbeitstagen} \times B_V},$$

wobei B_V = Besuche aller Verkaufsmitarbeiter pro Tag.

Was sollen die Verkaufsmitarbeiter tun?

Sie sollten die Ziele in Übereinstimmung mit folgenden Punkten des Marketingplans erreichen:

- wie viel verkauft werden soll (Volumen),
- was verkauft werden soll (Mix),
- wo verkauft werden soll (Marktsegmente),
- zulässiger Kostenrahmen,
- Gewinnmargen.

Es sind zahlreiche andere Arten von Unterzielen möglich, zum Beispiel:

- Anzahl der telefonischen Kontakte,
- Anzahl der erstellten Verkaufsschreiben,
- Anzahl der getätigten Besuche,
- Einsatz von Verkaufshilfen,
- Anzahl der eingereichten Berichte,

Bearbeiten Sie hierzu Übung 8.2

Wie werden die Verkaufsmitarbeiter geführt?

Zur Maximierung der Leistung muss die optimale Balance zwischen positiven und negativen Anreizen gefunden werden. Zu den positiven Anreizen zählen:

- leistungsabhängige Vergütungen,
- Lob und Anerkennung bei guter Leistung,
- Minimum an Langeweile und Monotonie,
- Vermeidung von Risiko oder Angst,
- Schaffung eines Gefühls der Zugehörigkeit,
- Schaffung eines Gefühls, eine sinnvolle Tätigkeit auszuüben.

„Es gibt keine schlechten Verkaufsmitarbeiter, nur schlechte Verkaufsleiter.“

Bearbeiten Sie hierzu Übung 8.3

Fragen, die sich für das Unternehmen ergeben

1. F: Wer sollte für den Verkaufsplan verantwortlich sein – Vertrieb oder Marketing?

   A: Die Marketingziele sollten zuerst festgelegt werden. Falls es eine separate Verkaufsabteilung gibt, können die Verkaufsleiter anschließend einen operativen Plan erstellen, um diese Ziele zu erreichen.

2. F: Vertriebsmitarbeiter stehen gelegentlich in dem Ruf, sich passiv oder unkooperativ zu verhalten. Kann man von ihnen wirklich erwarten, dass sie einen Verkaufsplan umsetzen?

   A: Auf Verkaufsmitarbeiter, die sich so verhalten wie eben beschrieben, sollte man besser verzichten. Der Verkaufsplan wird erstellt, um eine knappe und teure Ressource optimal einzusetzen. Die erfolgreiche Umsetzung hängt vom aktiven Engagement aller Beteiligten ab.

3. F: Angenommen, der Verkaufsplan verlangt von den Verkaufsmitarbeitern, eine neue Rolle zu übernehmen. Kann man einem „alten Hund" überhaupt noch neue Tricks beibringen?

   A: Wenn Veränderungen Einzug halten, führt dies oft zu Widerständen. Mit geeigneten Schulungen, sensibler Mitarbeiterführung und den richtigen Anreizen lässt sich dieses Problem jedoch in den meisten Fällen lösen.

Übungen

Einführung in die Übungen zu Kapitel 8

Es kommt häufiger vor, dass Unternehmen weder Werbung noch Verkaufsförderung einsetzen, doch nur sehr wenige werden in ihrem Marketing-Mix auf den persönlichen Verkauf verzichten. In zahlreichen Unternehmen gab es bereits eine Verkaufsorganisation, lange bevor das Unternehmen sich speziell über Marketing Gedanken machte. Daher werden in vielen Unternehmen Verkauf und Marketing als zwei voneinander getrennte Funktionen betrachtet.

Zieht man die Gesamtkosten für Rekrutierung, Management und Ausstattung der Verkaufsmitarbeiter mit allen erforderlichen Ressourcen und Supportsystemen in Betracht, so ist der Verkauf vermutlich eines der kostenintensivsten Marketinginstrumente eines Unternehmens. Um rentabel zu arbeiten, muss die Integration des persönlichen Verkaufs in den „Kommunikations-Mix" genau geplant und anschließend die entsprechende Logistik organisiert werden, um sicherzustellen, dass dieser effektiv eingesetzt wird.

Übung 8.1 befasst sich mit der Frage, wie die Rolle der Verkaufsmitarbeiter festgelegt werden kann.

Übung 8.2 beschäftigt sich damit, wie quantifizierbare Ziele für die Verkaufsmitarbeiter festgelegt werden.

Übung 8.3 befasst sich mit den Aspekten der Führung der Verkaufsmitarbeiter und insbesondere mit der Frage, wie das richtige Arbeitsklima geschaffen werden kann.

Übung 8.1 Die Rolle der persönlichen Kommunikation im Kommunikations-Mix

Bevor die Erstellung eines Verkaufsplans betrachtet wird, soll noch einmal kurz auf die Grundlagen eingegangen und betrachtet werden, welche Informationen Kunden von den Vertriebsmitarbeitern benötigen.

Je nach Art der Geschäftstätigkeit kann die Rolle der Vertriebsmitarbeiter ganz unterschiedlich sein. In manchen Fällen werden sie einfach nur Aufträge annehmen und bearbeiten, in anderen Fällen werden sie mit Kunden verhandeln oder Produkte vorführen. Oftmals werden sie all diese Aufgaben zusammen und sogar noch andere übernehmen. Insofern wird die Behauptung, dass ein Verkaufsmitarbeiter „nur verkauft", seiner Rolle in keiner Weise gerecht und kann sogar irreführend sein.

Vergegenwärtigen Sie sich als Ausgangspunkt der Übung Ihre Marketingziele, das heißt denken Sie daran, welche Produkte Sie an welche Märkte oder Segmente verkaufen wollen. Wählen Sie auf dieser Grundlage einen Ihrer Schlüsselmärkte/eines Ihrer Schlüsselsegmente als Untersuchungsobjekt und fokussieren Sie auf die Kunden. Welche Art von Informationen benötigen die Kunden des von Ihnen gewählten Marktes/Segments von Ihren Verkaufsmitarbeitern?

Arbeitsblatt 1 soll Ihnen bei dieser Aufgabe helfen. Gehen Sie dabei in folgenden drei Schritten vor:

1. Legen Sie die Kommunikationsbereiche fest, die abgedeckt werden müssen.
2. Überlegen Sie vor dem Hintergrund, dass eine Verkaufsabteilung sehr kostenintensiv ist, ob es anstelle von persönlichen Kundenbesuchen andere und weniger kostenintensive Alternativen gibt, mit denen sich die gewünschten Ergebnisse ebenfalls erreichen lassen.

3. Erstellen Sie eine Liste mit diesen Alternativen und geben Sie auch an, wann und wie diese eingesetzt werden können.

Wenn Sie das Arbeitsblatt fertiggestellt haben, werden Sie eine vollständige Zusammenfassung der persönlichen Kommunikationsmaßnahmen haben, die zum Erreichen der Marketingziele Ihres Unternehmens im untersuchten Marktsegment erforderlich sind. Außerdem werden Sie über weitere Informationen verfügen, die Ihnen Aufschluss darüber geben, wie persönliche Kundenbesuche durch andere Kontaktinstrumente ergänzt werden können.

Arbeitsblatt 1 Welche Informationen erwarten Kunden von Verkaufsmitarbeitern? (Übung 8.1)

Beschränken Sie sich bei dieser Übung auf ein einziges Marktsegment. Sie können diese Übung später mit einem anderen Marktsegment wiederholen.

Betrachten Sie unter Berücksichtigung der Tatsache, dass das Verkaufsteam im Kommunikations-Mix des Unternehmens eine wichtige Rolle spielt, die nachstehende Liste und kreuzen Sie die von Ihren Kunden gewünschten Informationen in Spalte A an. Prüfen Sie nun sorgfältig der Reihe nach die von Ihnen angekreuzten Informationsbedürfnisse und stellen Sie sich jedes Mal die Frage, ob es anstatt eines Kundenbesuchs eine effizientere Methode gibt, um diese Information zu vermitteln. Beispiel: Das Wissen über die Verwendung eines bestimmten Produkts durch den Kunden könnte es ermöglichen, Nachbestellungen auch per Telefon abzuwickeln.

Setzen Sie jedes Mal, wenn Sie die Möglichkeit einer alternativen Methode sehen, ein Kreuz in Spalte B und machen Sie sich eine kurze Notiz zu dieser Alternative.

vom Kunden gewünschte Information über:	*A*	*B*	*alternative Methode zur Informationsvermittlung*
Produktpalette			
Produktleistung			
Preis			
Preisnachlässe			
Sonderangebote			
Verkaufsförderungsaktionen			
Bestellung/Auftragserteilung			
Nachkaufservice			
laufende Nutzungskosten			
Garantien			
Ersatzteile und Zubehör			
Neuproduktangebote			
Konkurrenzprodukte/-leistung			
Unterstützung mit Displays			
Unterstützung beim Merchandising			

vom Kunden gewünschte Information über:	*A*	*B*	*alternative Methode zur Informationsvermittlung*
Schulungen für Mitarbeiter			
technischer Service			
Qualitätssicherung			
Nachweis, dass Produkt/Dienstleistung funktioniert			
Lagerabwicklung/Lagerkosten			
Nachbestellungen			
Palettengrößen/Packungsgrößen			
Leasingvereinbarungen			
Liefervereinbarungen			
Franchisevereinbarungen			
Antworten auf Einwände/Nachfragen			
Joint Ventures			
Produktvorführungen			
langfristige Verträge			
finanzielle Konditionen			
Ergänzen Sie diese Liste gegebenenfalls mit weiteren Informationswünschen, die in Bezug auf Ihre Geschäftstätigkeit zu berücksichtigen sind.			

Übung 8.2 Quantifizierbare Ziele

Nachdem Sie bestimmt haben, welche Rolle dem Verkaufspersonal im Rahmen des Kommunikations-Mix für das von Ihnen gewählte Marktsegment zukommt, können Sie nun zur Festlegung von quantifizierbaren Zielen übergehen. Diese sollten sich logisch aus den Marketingzielen ableiten lassen und folgende drei Hauptfragen klären:

1. wie viel verkauft werden soll (Umsatz),
2. was verkauft werden soll (Produktsortiment),
3. wo verkauft werden soll (Märkte/Segmente).

Bitte beachten Sie, dass Sie in Übung 8.1 bereits die Komponente „wo verkauft werden soll" ausgewählt haben, nämlich durch Ihre Auswahl eines Schlüsselmarktes/-segments.

Der Verkaufsplan ist im Grunde die Aufschlüsselung dieser Marketingziele in individuelle Ziele für jeden einzelnen Verkaufsmitarbeiter unter Berücksichtigung spezieller Faktoren, zum Beispiel Gebietsgröße des Mitarbeiters und Anzahl der Kunden in einem bestimmten Gebiet. Die Komponente „wie viel verkauft werden soll" wird also auf individuelle Ziele aufgeteilt. Der zu verkaufende Sortimentsmix wird ebenfalls zu einem individuellen Ziel. Die Komponente „wo verkauft werden soll“ wird durch die Festlegung einer spezifischen Kundenliste spezifiziert.

Ergänzend dazu sind weitere quantifizierbare Ziele möglich; typische Beispiele werden auf Arbeitsblatt 2 genannt. Mithilfe dieses Arbeitsblatts werden Sie für jeden einzelnen Ihrer Verkaufsmitarbeiter eine Reihe von angemessenen Zielvorgaben formulieren können. Die Einträge in der unteren Hälfte des Arbeitsblatts zeigen, wie die Zielvorgaben etwas detaillierter entwickelt werden können.

Wenn Sie pro Verkaufsmitarbeiter ein Arbeitsblatt verwenden, ergeben alle Arbeitsblätter zusammen den Verkaufsplan für das ausgewählte Marktsegment.

Übung 8.3 Die Führung des Verkaufspersonals

Die wichtigsten *Führungs*aktivitäten sind folgende (auch wenn diese Auflistung manchen Puristen als zu vereinfachend erscheinen mag):

- Festlegung von Leistungsstandards (sowohl quantitativen als auch qualitativen),
- Überprüfung, ob die erreichten Ergebnisse diese Standards erfüllen,
- Unterstützung/Schulungen für Mitarbeiter, die das Leistungsziel nicht erfüllen,
- Schaffung des richtigen Arbeitsklimas.

Der Begriff „Führung“ wird hier betont, da viele Verkaufsleiter sich selbst als Topverkäufer sehen und den Großteil ihrer Energie weiterhin in den Verkauf stecken statt in die Führung ihrer Mitarbeiter.

Festlegung von Leistungsstandards

Übung 8.2 befasste sich vor allem mit den quantifizierbaren Standards, also mit der Frage, *was* erreicht werden muss. Genauso wichtig ist jedoch die Frage, *wie* die festgelegten Standards erfüllt werden sollen: Sie betrifft die Qualität der durchzuführenden Aktivitäten.

Manche Unternehmen schreiben ihren Verkaufsmitarbeitern ganz bewusst einen bestimmten Stil als Handlungsleitlinie vor. Dies kann Äußerlichkeiten (Mitarbeiterkleidung, Firmenwagen), Brieflayouts und Formvorgaben für Berichte ebenso umfassen wie die Arbeitsplanung, die Art der Kundenansprache und zahlreiche andere Arbeitsaspekte. Sie werden sich vermutlich auch der Frage widmen müssen, welche Vorgaben in Bezug auf Stil oder Verhaltensweisen in Ihrem Unternehmen üblich sind. Bitte beachten Sie jedoch, dass in den oben genannten Beispielen ein quantifizierbarer Standard zur Leistungserfüllung festgelegt wurde, weshalb die Leistung messbar ist.

Attribute wie Kreativität, Loyalität, Engagement und Begeisterung sind jedoch nicht objektiv messbar, weshalb Sie Ihnen weniger Bedeutung beimessen sollten. Ansonsten laufen Sie Gefahr, Ihre Mitarbeiter zu demotivieren. Subjektive Beurteilungen dieser Art können von den Betroffenen leicht als Bevorzugung oder unfaire Behandlung missverstanden werden. Dennoch können sie relevant sein, weshalb in dieser Übung eine Methode vorgestellt wird, mit der sich diese Elemente „messen“ lassen.

Arbeitsblatt 2 Individuelle Verkaufsziele (Übung 8.2)

Marktsegment ______________________

Verkaufsmitarbeiter ______________________

Gebiet ______________________

Frist zum Erreichen dieser Ziele, d.h.
Jahr, Monat, Woche, Besuchszyklus usw. ______________________

Ziel	*Vorgabe (Zahl)*	*Anmerkungen (Annahmen, spezielle lokale Faktoren usw.)*
Absatzvolumen Produkt A Produkt B Produkt C Produkt D		
Anzahl der geplanten Kundenbesuche		
Anzahl der durchzuführenden Kundengespräche		
Anzahl der zu generierenden Anfragen		
Anzahl der unterbreiteten Angebote		
Anzahl der zu akquirierenden Aufträge		
Verhältnis Kundenbesuch/Kundengespräch*		
Verhältnis Kundengespräch/Anfragen*		
Verhältnis Anfragen/Angebote*		
Verhältnis Angebote/Aufträge*		
Kosten pro Kundenbesuch		
geplante Anzahl von Besuchen pro Tag		
Durchschnittsdauer pro Besuch		
durchschnittliche Reisestrecke pro Tag		
Anzahl der geplanten Neukundenakquisitionen		
Anzahl der geplanten Verkaufsschreiben		
Anzahl der zu verfassenden Berichte		
Anzahl der bei Kunden zu platzierenden POS-Displays		
Anzahl der zu besuchenden Konferenzen, z.B. auf Messen		
Anzahl der geplanten Servicebesuche		
Anzahl der Kundenbeschwerden		
Anzahl der beim Kunden durchzuführenden Schulungen		
Anzahl der Berichte über Aktivitäten der Konkurrenz		
Anzahl der Berichte über die allgemeine Marktlage		
Ergänzen Sie diese Liste gegebenenfalls mit weiteren Zielen, die für Ihre Geschäftstätigkeit relevant sind.		

* Auf der Grundlage von bisherigen Erfahrungen und zukünftigen Erwartungen.

Überprüfung der Performance

Die Ergebnisse, die die Verkaufsmitarbeiter durch ihre Aktivitäten erreichen, lassen sich größtenteils anhand von Berichten, Umsatzzahlen, internen Memos und dergleichen messen. *Wie* die Verkaufsmitarbeiter diese Ziele erreichen, lässt sich jedoch nur beurteilen, indem man sie begleitet und ihre tatsächliche Leistung beobachtet.

Die Leistung wird also auf diesen zwei Ebenen überprüft werden müssen. Die Häufigkeit der Leistungsüberprüfung wird von der Erfahrung des jeweiligen Verkaufsmitarbeiters, von der Neuheit der betreffenden Aktivität und von der Unsicherheit der jeweiligen Situation abhängen. Als Faustregel gilt: Je höher die Unsicherheit in Bezug auf den Verkaufsmitarbeiter, das Gebiet, die Produktpalette, die Kunden usw. eingeschätzt wird, desto häufiger sollte die Leistung überprüft werden. Der zur Verfügung gestellte Beurteilungsbogen (Arbeitsblatt 3 wird Ihnen ermöglichen, sämtliche relevanten quantitativen und qualitativen Elemente der Leistung Ihres Verkaufsteams zu überprüfen und zu „messen“.

Unterstützung/Schulung für Mitarbeiter, die das Leistungsziel nicht erfüllen

Wenn messbare Leistungsstandards zur Verfügung stehen, ist es möglich, den Bereich und die Art der Unterstützung, die ein Verkaufsmitarbeiter benötigt, relativ genau zu bestimmen. Nachdem Sie das Problem mit dem jeweiligen Mitarbeiter besprochen haben, werden Sie entscheiden können, welche Methode zur Unterstützung des Mitarbeiters am besten geeignet ist:

- mehr Informationen (über Produkte, Preise usw.),
- mehr Betreuung (gemeinsames Besprechen von Berichten, häufigere gemeinsame Kundenbesuche usw.),
- mehr Schulungen (zur Verbesserung der Fähigkeiten des Mitarbeiters).

Schulungen sind in der Regel die kostenintensivste Lösung; dennoch werden sie häufig überstürzt eingesetzt, obwohl andere Maßnahmen effizienter wären.

Wenn tatsächlich ein Schulungsbedarf besteht, kann ein Großteil der Schulung während der Arbeit unter Anleitung eines qualifizierten Trainers erfolgen, der in Anlehnung an das folgende Schema vorgehen sollte:

1. Einführung/Demonstration durch den Trainer,
2. Verkaufsmitarbeiter absolviert Übungen,
3. Trainer gibt Feedback,
4. weitere Übungen mit Feedback, bis die Leistung ein zufriedenstellendes Niveau erreicht.

Schaffung des richtigen Arbeitsklimas

Vermutlich wird das zuvor geschilderte Vorgehen nur dann gut funktionieren, wenn das Verkaufsteam über die richtige Motivation verfügt. Allein dieses Thema bietet Stoff für ein ganzes Buch, in dem verschiedene Theorien ausführlich erörtert werden könnten. An dieser Stelle soll es jedoch genügen, einen praxisorientierten Ansatz zu präsentieren.

Arbeitsblatt 3 Individueller Beurteilungsbogen (Übung 8.3)

VERKAUFSMITARBEITER ______________________

ABTEILUNG ______________________

GEBIET ______________________ JAHR __________

VORGESETZTER ______________________

Hinweis:
Punktzahl zwischen 5 und 1 vergeben, wobei 5 für „hervorragend" und 1 für „nicht zufriedenstellend" steht.

Verkaufstüchtigkeit/Überzeugungskraft	JAN	FEB	MÄRZ	APR	MAI	JUN	JUL	AUG	SEP	OKT	NOV	DEZ
Produktwissen												
Vorplanung												
Ziele												
Einführung												
Partizipation												
Umgang mit Einwänden/Gegenargumenten												
Einsatz von Anreizen												
visuelle Unterstützung												
Nutzung von Referenzen Dritter												
Rechtfertigung der Investition												
Verkaufsabschlusstechniken												
Merchandising												
Sortimentsverkauf												
GESAMT												

Organisation	JAN	FEB	MÄRZ	APR	MAI	JUN	JUL	AUG	SEP	OKT	NOV	DEZ
Gebietsplanung												
Zeiteinsatz												
Berichtsmanagement												
Buchführung												
Verkaufsstatistik												
Neukundenakquisition												
Nachfassen/ Nachbetreuung												
Umgang mit Ausstattung/ Arbeitsmitteln												
GESAMT												

Persönlichkeitseigenschaften	JAN	FEB	MÄRZ	APR	MAI	JUN	JUL	AUG	SEP	OKT	NOV	DEZ
Begeisterung und Antrieb												
Schulung und Weiterentwicklung												
Erscheinungsbild												
Pünktlichkeit												
Kooperation												
Kundenbeziehungen												
GESAMT												
GESAMTSUMME												

Einfach formuliert: Wenn diejenigen Faktoren abgeschwächt werden können, die zu einer Demotivierung der Mitarbeiter beitragen, und zugleich diejenigen Faktoren verstärkt werden, die eine Motivierung der Mitarbeiter bewirken, führt dies automatisch zu einer Verbesserung des Arbeitsklimas. Bei dieser Aussage ist es wichtig, auf den Unterschied zwischen der Beseitigung eines demotivierenden Faktors (eines sog. Hygienefaktors) und der Verstärkung eines motivierenden Faktors (eines sog. Motivators) zu achten. Die Beseitigung eines demotivierenden Faktors allein wird keine motivierende Wirkung nach sich ziehen; sie wird lediglich Unzufriedenheit über die Situation vermeiden. Dagegen wird die Verstärkung oder Vermehrung der motivierenden Faktoren zweifellos zu einem höheren Arbeitsengagement führen.

Mithilfe von Arbeitsblatt 4 können Sie genau feststellen, welche dieser Faktoren in Ihrem Unternehmen relevant sind.

Arbeitsblatt 4 Arbeitsklima

Bitten Sie Ihre Verkaufsmitarbeiter, die verschiedenen Dinge, Ereignisse oder Situationen Revue passieren zu lassen, die sie beispielweise innerhalb der letzten sechs Monate im Rahmen ihrer Arbeit erlebt haben. Den Zeitraum können Sie beliebig wählen. Bitten Sie sie anschließend, unter den Rubriken auf dem Formblatt kurze Notizen zu machen.

Dinge, die UNZUFRIEDENHEIT hervorgerufen haben	*Dinge, die ZUFRIEDENHEIT erzeugt haben*
Finden Sie Wege, um möglichst viele dieser Faktoren abzuschwächen oder zu beseitigen.	Finden Sie Wege, um diese Faktoren zu verstärken oder zu vermehren. Dies sind die wirklichen Motivatoren.

9 | Operativer Marketingplan: Preis

Zusammenfassung

- Kostenrechnerische Grundlagen der Preispolitik
- Kostenorientierte Preissetzung (Kosten-plus-Modell) und ihre Risiken
- Zusammenhang zwischen Portfoliomanagement, Lebenszyklusanalyse, Produktpositionierung und Preisgestaltung
- Preisgestaltung für verschiedene Vertriebskanäle
- Aufbau von Wettbewerbsvorteilen durch Preisgestaltung
- Preisplanung im Detail
- Übungen zur Umsetzung der Theorie in die Praxis

Einführung

Zunächst ist als wichtiger Hinweis zur Preisplanung anzumerken, dass diese in den seltensten Fällen Bestandteil der Marketingplanung ist!

Der Grund dafür ist nicht schwer zu finden: Die Verkaufsförderung in all ihren verschiedenen Erscheinungsformen kann als eigenständiger Bestandteil des Marketing-Mix gesteuert und bewertet werden. Dasselbe gilt für die Distribution. Da jedoch das Produkt selbst, der dafür verlangte Preis und die Serviceleistungen Bestandteile des „Angebots" für den Kunden sind, ist der Preis selbst ein so integraler Bestandteil des Angebots, dass er selten herausgenommen und in einem separaten Plan betrachtet wird.

Viel häufiger werden stattdessen Zielvorgaben für eine bestimmte Produktgruppe oder ein bestimmtes Kundensegment formuliert und mit einer Preisstrategie verknüpft, die Auskunft darüber gibt, inwiefern die Preispolitik dem Unternehmen hilft, seine Marketingziele zu erreichen.

In diesem Buch wird die Preisbildung als separates Element des Marketing-Mix behandelt, weil nur so die damit verbundenen komplexen Probleme sinnvoll abgehandelt werden können. Wenn im Folgenden also von der Preisplanung die Rede ist, sind damit eigens erstellte, separate Pläne gemeint, auch wenn sie so aufgebaut sind, dass ihre Elemente in die jeweiligen Produktpläne integriert werden können.

In Kapitel 13 wird genauer beschrieben, wie sich die Preisplanung in die Gesamtplanung integrieren lässt.

Preisgestaltung und Rechnungswesen

Immer wieder wird in Seminaren über die richtige Preisstrategie gern der Fall des Gastronomen angeführt, der einen Erdnussspender auf seiner Theke aufstellen möchte. Er beabsichtigt, die Erdnüsse, die im Einkauf sechs Cent kosten, für zehn Cent je Tüte zu verkaufen.

Leider besteht sein Mitarbeiter aus dem Rechnungswesen darauf, dass er die anteiligen Gemeinkosten für den Verkauf der Erdnüsse umlegt, darunter Miete, Heizung, Strom, Geschäftsausstattung, Abschreibungen, Dekoration, Personalkosten, den Lohn des Kochs, Fensterreinigung und Seife. Insgesamt belaufen sich diese umgelegten Kosten zuzüglich einer Miete für den freien Platz auf der Theke auf 1 563 Euro pro Jahr. Bei einem Absatz von 50 Erdnusstüten wöchentlich müsste sich der Preis pro Tüte auf 60 Cent belaufen. Bei einem Verkaufspreis von zehn Cent würde dem Gastronom also mit jeder Tüte ein Verlust von 50 Cent entstehen!

Nirgendwo in einem Unternehmen gibt es mehr Auslöser für Konflikte als an der Schnittstelle zwischen der Kostenrechnung und dem Marketing, vor allem wenn es um die Preisgestaltung geht. Oft tragen jedoch beide Seiten gleichermaßen zu den Konflikten bei.

Die Mitarbeiter aus der Kostenrechnung verstehen häufig nicht die grundsätzliche Rolle, die das Marketing im Unternehmen spielt.

> Viele kennen zwar allgemeine betriebswirtschaftliche Zusammenhänge, wissen aber nur wenig über das Marketing. Das wenige, das sie wissen, ist meist noch durch Vorurteile geprägt.

Marketing gilt gemeinhin als etwas, das in der Bedeutung weit hinter der Herstellung von Waren für die Gesellschaft rangiert. Dort, wo das Marketing offensichtlicher in Erscheinung tritt, etwa in der Fernsehwerbung, wird es nicht in seinem Gesamtzusammenhang betrachtet. Außerdem besteht darüber hinaus das Problem, dass nicht wenige Marketingmitarbeiter ihrer Arbeit sehr unprofessionell nachgehen. So ergeben viele Studien deutliche Defizite bei den Qualifikationen und Fähigkeiten der Marketingmitarbeiter; sie bestätigen zudem das niedrige Ansehen, das den Marketingmitarbeitern entgegengebracht wird (vgl. etwa Chartered Institute of Marketing 1994; Srivastava/Shervani/Fahey 1999).

> Diejenigen Marketingmitarbeiter, die weder die finanziellen Konsequenzen ihrer Entscheidungen noch die dabei zu berücksichtigenden finanziellen Erfordernisse kennen, sind mitverantwortlich für den geringen Stellenwert des Marketing im Unternehmen.

All diese Schwierigkeiten treten besonders deutlich zutage, wenn es um die Preispolitik geht. Im Folgenden wird das Thema Preispolitik aus Sicht des Marketing erläutert. Dabei werden auch die finanziellen Zwänge und Gegebenheiten berücksichtigt, denen die Kostenrechnung unterliegt. Um erfolgreich zu sein, sollte einem Team daher sowohl ein Marketingexperte mit finanziellem Sachverstand als auch ein Mitarbeiter aus der Kostenrechnung mit fundierten Marketingkenntnissen angehören (Homburg et al. 2000).

„Nachfrage besteht immer für einen bestimmten Preis“: Daher ist der Preis eine wichtige – wenn auch nicht die einzig maßgebliche – Determinante des Absatzes. Angesichts der Wichtigkeit des Preises für den gesamten Marketing-Mix und für die Gewinnerzielung überrascht es, wie zufällig die Preispolitik zahlreicher Unternehmen ist. Gerade hier sind anspruchsvolle Methoden und ein systematisches Vorgehen erforderlich.

Um erfolgreich zu sein, sollten dem Team ein Marketingexperte und ein Mitarbeiter aus der Kostenrechnung angehören.

Die Preispolitik ist aus zwei Hauptgründen wichtig: Erstens wirkt sich der Preis über die Umsatzerlöse auf die Marge aus, zweitens wirkt er sich über die jeweilige Nachfrage auf das Absatzvolumen aus.

Der Preis steht also in einer Wechselbeziehung mit den anderen Elementen des Marketing-Mix. Deshalb muss er bewusst als Bestandteil der Marketingplanung betrachtet werden. Dazu gehört es auch, eindeutige Zielvorgaben zu definieren.

Auch wenn die Preispolitik in manchen Branchen von Faktoren bestimmt wird, die sich der Kontrolle der Entscheidungsträger im Unternehmen weitgehend entziehen, werden Preise für gewöhnlich durch Entscheidungen von Unternehmen bestimmt. Wie soll die Entscheidung aber aussehen, wenn auf der einen Seite der Kostenrechnungsmitarbeiter den Preis eines Produkts erhöhen will, um dessen Gewinnbeitrag zu maximieren, während auf der anderen Seite der Marketingmitarbeiter den Nettoverkaufspreis beibehalten oder sogar senken will, um den Marktanteil zu erhöhen? Die Antwort scheint einfach zu sein: Es sollte ausreichen, einen Taschenrechner zu Hilfe zu nehmen und auszurechnen, welcher Vorschlag zum höchsten „Gewinn“ führt.

Leider weist diese einfache Methode einige Schwächen auf.

Um diese Schwächen systematisch darzulegen, sei zunächst eine Stellungnahme der Boston Consulting Group zum fast vollständigen Niedergang der britischen Motorradindustrie zitiert:

> Ihr Hauptmerkmal ist ihre Konzentration auf die Gewinne mit jedem einzelnen Modell. Jedes Modell muss im Verlauf seines Lebenszyklus auf jedem seiner Absatzmärkte eine Gewinnmarge erzielen, bezogen auf die Kosten der Markteinführung. Aus diesem übergeordneten Ziel folgt eine Reihe weiterer Vorgaben:

1. Sobald die Kostenrechnung ergibt, dass Produkte unrentabel sind, müssen sie entweder zu höheren Preisen verkauft oder vom Markt genommen werden. Leider berücksichtigt die Kostenrechnung nur die vorhandenen Produktionsverfahren und Vertriebskanäle, nicht aber das Kostenniveau, das mit neuen Systemen und anderen Absatzmengen erzielt werden könnte.
2. Die Preise werden in der Höhe festgelegt, die für die Gewinnerzielung notwendig ist, und nach Möglichkeit erhöht.
3. Die Kosten eines effektiven Marketingsystems sind nur auf den Märkten akzeptabel, auf denen sich die Briten schon etabliert haben und auf denen sie folglich rentabel arbeiten. Neue Märkte werden nur insoweit erschlossen, als keine hohen Anlaufkosten für die Imple-

mentierung von Vertriebs- und Distributionssystemen entstehen, bevor Umsätze erwirtschaftet werden.

4. Alle Planungen und Zielvorgaben sind hauptsächlich auf die Gewinnerzielung mit den vorhandenen Geschäftsaktivitäten und Einrichtungen des Unternehmens, nicht aber auf die Etablierung einer langfristig starken Position in der Branche ausgerichtet."

Ergebnis dieser Politik war es, dass die britische Industrie heute auf dem Weltmarkt für Motorräder einen niedrigen und weiterhin rückläufigen Anteil hat. Darüber hinaus hat sich die Profitabilität, die wichtigste langfristige Zielgröße, so weit verschlechtert, dass heute sogar das Überleben der Branche infrage steht.

Wie allgemein bekannt ist, gibt es heute keine britische Motorradindustrie mehr. Die oben zitierte Stellungnahme der Boston Consulting Group zur Preis- und Gewinnpolitik kann zumindest als eine der Ursachen dafür betrachtet werden. Diese Ansicht wird auch im *Quarterly Review* der Westminster Bank vertreten, in der es hieß:

> Der Niedergang der britischen Motorradindustrie resultierte aus der Unfähigkeit, das Wechselspiel zwischen dem Produktionsvolumen und der relativen Kostenposition zu verstehen.

Ein typisches japanisches Unternehmen dagegen unternimmt gezielte Anstrengungen, um seinen Marktanteil zu erhöhen. Häufig senkt es dazu die Preise und nimmt die daraus entstehenden Nachteile bewusst in Kauf. Anders ausgedrückt: Es ist bereit, kurzfristig auf Gewinne zu verzichten, um langfristig erfolgreich zu sein.

Aber selbst diese Sichtweise weist bei näherer Betrachtung einige Schwächen auf. Hersteller und Händler stellen den Sinn von Preissenkungen zunehmend infrage, vor allem wenn Forschungsergebnisse zeigen, dass der durchschnittliche Verbraucher keineswegs die genauen Preise kennt, sondern nur über ein eher allgemeines „Gefühl" für das Preis-Leistungs-Verhältnis eines Produkts verfügt (Diller 2000).

Hinter einer Preissenkung steht die Absicht, die verkaufte Menge zu erhöhen, wie in *Abbildung 9.1* dargestellt. Fläche B ($p_2 \times q_2$) soll also größer als Fläche A ($p_1 \times q_1$) sein. Außerdem soll das höhere Absatzvolumen theoretisch zu Kosten-

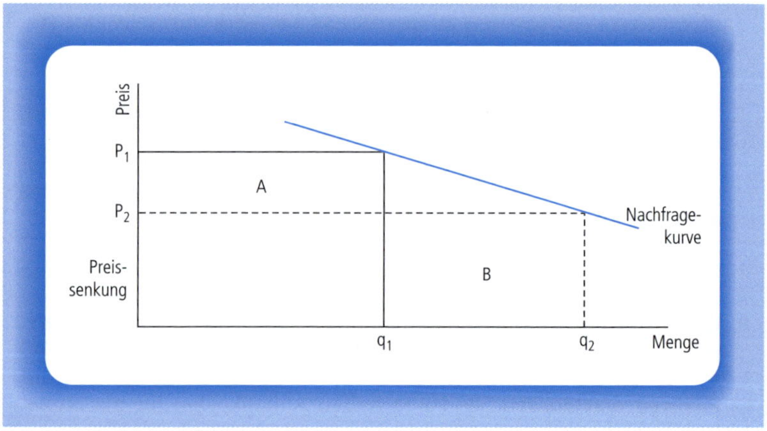

Abbildung 9.1
Mengeneffekt bei Preissenkungen (hohe Preiselastizität).

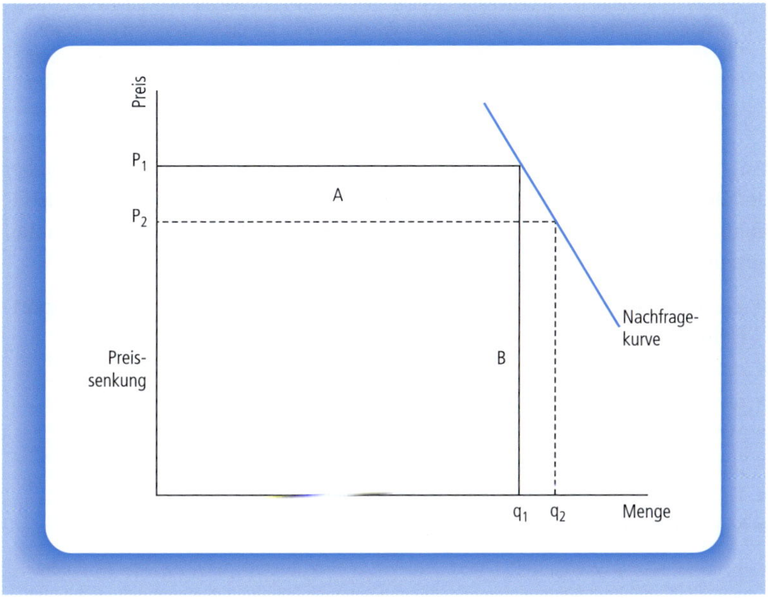

Abbildung 9.2
Mengeneffekt bei Preissenkungen (geringe Preiselastizität).

senkungen durch Erfahrungseffekte führen (wie in Kapitel 5 dargestellt). Häufig steigt aber aufgrund geringer Preiselastizität der Absatz *nicht* genug, um genügend hohe Umsätze zu erzielen und die Kosten zu decken, mit dem Ergebnis rückläufiger Gewinne. Dies wird in *Abbildung 9.2* illustriert, wo die Fläche B kleiner als Fläche A ist. Derselbe Sachverhalt wird auch in *Abbildung 9.3* dargestellt.

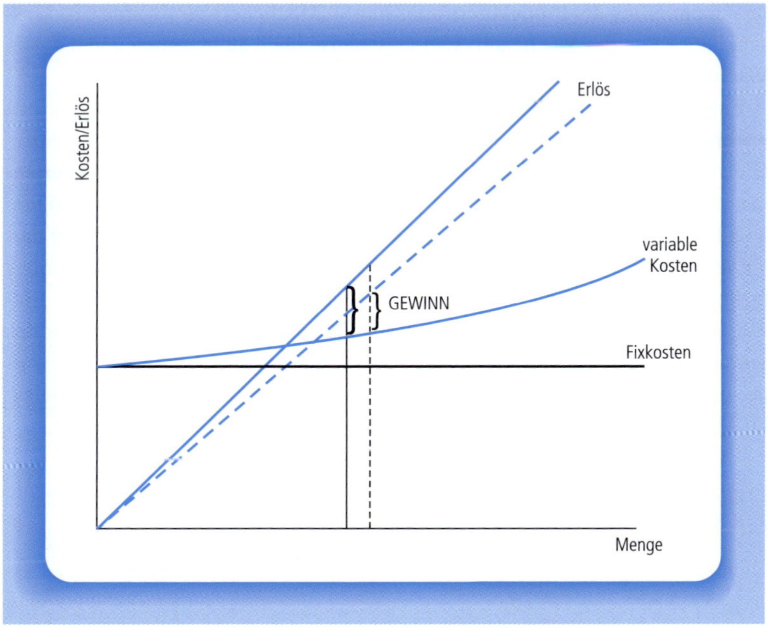

Abbildung 9.3
Gewinnrückgang nach Preissenkung.

Damit rückt die Frage der *Zeit* in den Vordergrund, da sich die Form der Nachfragekurven in Abhängigkeit von verschiedenen Faktoren im Lauf der Zeit ändert. Es kann nicht sinnvoll sein, langfristig *und* kurzfristig rückläufige Gewinne zu akzeptieren.

An dieser Stelle sollten nun die Faktoren vorgestellt werden, die eine Rolle bei der Beantwortung der oben gestellten Frage spielen, ob das Ziel der Preisbildung darin bestehen sollte, die Gewinne zu steigern, oder darin, den Marktanteil auszubauen. Es handelt sich um folgende Faktoren:

- Zielvorgaben (auf Unternehmens- und Marketingebene) und Produktportfolio,
- der Produktlebenszyklus,
- die Marktposition des Produkts,
- Wettbewerber,
- potenzielle Wettbewerber,
- Kosten (die eigenen und die der Konkurrenten),
- Vertriebskanäle.

Zielvorgaben und Produktportfolio

Viele Auseinandersetzungen über die Preisgestaltung erfolgen, ohne dass Zielvorgaben für die Preispolitik definiert wurden. Wie bereits in früheren Kapiteln dargestellt wurde, benötigen Unternehmen eine klar definierte Hierarchie von Zielvorgaben, an denen alle Tätigkeiten und Maßnahmen, auch die Preisgestaltung, gemessen werden können. Beispielsweise kann es zu den Zielvorgaben gehören, kurzfristige Gewinne zu erzielen. Der Grund dafür könnte etwa in der Optimierung des Produktportfolios liegen. Möglicherweise wurde beschlossen, intensiv in das Wachstum einer Geschäftseinheit zu investieren und dieses Wachstum durch eine „Cash Cow“ im Portfolio zu finanzieren.

Entscheidend ist jedoch, dass die Unternehmensziele in der Realität einen wichtigen Einfluss auf die in Kapitel 6 beschriebenen *Marketing*ziele haben. Gleichermaßen können die Marketingziele für ein bestimmtes Produkt verlangen, dass kurzfristig der Gewinnaspekt Vorrang vor dem Aspekt des Marktanteils hat, was natürlich wiederum die Preisstrategie beeinflusst. Es kommt darauf an, wie ein Produkt im Verhältnis zu den anderen Produkten des Portfolios positioniert ist. Es könnte beispielsweise zu jenen gehören, die sich in der Einführungsphase befinden (Question Marks). In diesem Fall würden Investitionen vorrangig in andere Produkte fließen. Dies würde bedeuten, dass versucht würde, noch einen größtmöglichen Gewinnbeitrag mit dem Produkt zu erzielen. Dafür müsste eine geeignete Preisstrategie gewählt werden.

Somit ist die Vorgabe der Marketingziele für ein bestimmtes Produkt der Ausgangspunkt für die Preisgestaltung.

Produktlebenszyklus

Es wurde bereits darauf hingewiesen, welche Bedeutung der Produktlebenszyklus für die Festlegung von Marketingzielen hat. So wäre es vermutlich unklug, für ein Produkt, das sich in der Reifephase befindet und dem nur noch wenig Zeit verbleibt, das Ziel eines Ausbaus des Marktanteils zu formulieren. Sinnvoller wäre es dann, sich auf eine Gewinnabschöpfung zu konzentrieren, falls der Marktanteil nicht bereits so niedrig ist, dass dies die Fähigkeit des Unternehmens beeinträchtigen würde, ein neues Produkt oder ein Ersatzprodukt einzuführen.

Wie bereits erwähnt, ist es durchaus möglich, dass ein Produkt noch jahrelang eine sehr profitable „Cash Cow" ist, auch wenn es bereits die Sättigungsphase erreicht hat

Des Weiteren ändert sich die Rolle der Preisbildung im Lauf des Lebenszyklus eines Produkts. Beispielsweise ist der Preis während der Wachstumsphase tendenziell nicht von primärer Bedeutung, weil die Nachfrage rasant wächst und das Angebot noch relativ „neu" ist. Hier liegen hervorragende Gewinnchancen, die sorgfältig gegenüber dem Marktanteilsziel abgewogen werden müssen. Die Preispolitik eines Unternehmens ist also nicht in Stein gemeißelt.

Die Rolle der Preispolitik ändert sich im Lauf des Lebenszyklus eines Produkts.

Schreibt man andererseits einem Produkt noch viel Potenzial zu, kann es sehr sinnvoll sein, den Preis zu senken, um den Marktanteil zu erhalten.

EINBLICKE

Woolworth verfolgte eine Zeit lang die Strategie, erst in einer späten Phase des Lebenszyklus eines Produkts auf den Markt zu gehen, die Preise dann sehr niedrig anzusetzen und eine intensive Verkaufsförderung zu betreiben. Aus der Analyse der Lebenszyklen ergab sich, dass das Unternehmen gelegentlich auch Produkte in einer frühen Phase ihres Lebenszyklus anbot und *auf diese genau dieselbe Preisstrategie anwandte.* Die Verantwortlichen erkannten, dass sie auf diese Weise unnötigerweise Gewinne verschenkten. Dies führte zur Entwicklung von Preisbildungsrichtlinien, die auf die jeweilige Phase des Produktlebenszyklus abgestimmt waren.

Produktpositionierung

Auf die Bedeutung der Produktpositionierung wurde bereits mehrfach eingegangen. Es handelt sich um ein für die Preisgestaltung sehr wichtiges Konzept.

Es liegt auf der Hand, dass es sehr unklug ist, ein Produkt als qualitativ hochwertig und exklusiv zu positionieren und dann einen zu niedrigen Preis dafür zu verlangen.

Der Preis gehört zu den eindeutigsten Signalen, die Kunden über den Wert eines Produkts heranziehen. Zwischen diesen beiden Faktoren muss daher eine angemessene Beziehung bestehen (Homburg/Koschate 2005).

Drei einfache Beispiele sollen dies verdeutlichen.

EINBLICKE Ein Unternehmen brachte einen neuen Direktsaft auf den Markt, nachdem Tests eine überwältigende Akzeptanz durch die Verbraucher ergeben hatten. Der Absatz blieb jedoch weit hinter den Erwartungen zurück. Wie die Marktforschung daraufhin ergab, waren die Produktaussagen auf der Verpackung für einen derart niedrigen Preis unglaubwürdig. Das Unternehmen verdoppelte den Preis und brachte das Produkt erneut auf den Markt – dieses Mal mit großem Erfolg.

EINBLICKE Jaguar brachte in den 1960er-Jahren einen Luxuswagen auf den Markt und legte den Preis anhand der unternehmensüblichen kostenorientierten Methode fest. Die Kunden kauften das Fahrzeug, um es sofort zu einem weit höheren Preis wiederzuverkaufen. Anders ausgedrückt: Für die Kunden überstieg der *Wert* des Fahrzeugs deutlich den tatsächlich verlangten Preis.

EINBLICKE Auf vergleichbare Weise behaupten einige Bildungseinrichtungen, ihre Kurse und Seminare zählten weltweit zu den besten, und bieten sie dann zu niedrigeren Preisen als die Konkurrenz an. Wie die Ergebnisse aus der Marktforschung zeigen, ist ein niedriger Preis für hochrangige Führungskräfte in der Industrie jedoch eher kontraproduktiv, weil der Preis in diesem speziellen Bereich unmittelbar als Qualitätsindikator herangezogen wird.

Die Produktpositionierung stellt somit eine weitere wichtige Überlegung bei der Preisfestlegung dar.

Wettbewerber und potenzielle Wettbewerber

Selbst eine gute Positionierung kann ein Produkt nicht vor Konkurrenten schützen, weshalb diese in die preisstrategischen Überlegungen einzubeziehen sind. Simple „Nachahmerprodukte“ werden kaum Erfolgsaussichten haben, wenn sie zu einem höheren Preis als die Konkurrenzprodukte angeboten werden. Ferner dürfte ein höherer Preis auch die falsche Strategie sein, wenn die Nachfrage hauptsächlich vom Preis abhängt.

Hier zeigt sich erneut die Wichtigkeit von Produktpositionierung und Marktsegmentierung. Wann immer es möglich ist, sollte ein Unternehmen versuchen, die Bestandteile seines Marketing-Mix so zu kombinieren, dass sein „Angebot“ nicht unmittelbar mit dem „Angebot“ eines Konkurrenten verglichen werden kann. Bei einer direkten Vergleichbarkeit wird meist das preiswertere Angebot den Zuschlag erhalten.

Dennoch müssen die verschiedenen Konkurrenzprodukte – ebenso wie *potenzielle* Konkurrenten – bei der Preisentscheidung berücksichtigt werden.

Wenn zwei Produkte sich nicht voneinander unterscheiden, wird sich in aller Regel das preisgünstigere Produkt durchsetzen.

Nicht selten bringen Unternehmen neue Produkte zu hohen Preisen auf den Markt, um ihre Investitionen zu amortisieren, nur um dann festzustellen, dass sie mit ihrer hohen Gewinnspanne Konkurrenten anlocken, die ähnliche Produkte zu deutlich niedrigeren Preisen anbieten.

Sie „rutschen schneller auf der Erfahrungskurve herunter“ und nehmen dem ursprünglichen Unternehmen dabei oft auch noch seinen Markt ab. Ein niedrigerer Markteinführungspreis, verbunden mit einer schnelleren Marktdurchdringung und damit einer höheren Erfahrungsrate, könnte es möglichen Konkurrenten erschweren, schnelle Gewinne auf ihrem Markt zu erzielen.

Kosten

Ein weiterer wichtiger Faktor sind die Kosten – nicht nur die eigenen, sondern auch die der Konkurrenten. Es gibt zahlreiche Kostenkonzepte, auf die an dieser Stelle jedoch nicht detailliert eingegangen werden kann. Zu den gängigsten Kostenmodellen zählen die *Grenzkostenrechnung* und die *Vollkostenrechnung*.

Dem herkömmlichen Gewinnmaximierungsmodell der Mikroökonomie zufolge sollte der Preis an dem Punkt festgesetzt werden, an dem die Grenzkosten dem Grenzerlös entsprechen, an dem also die zusätzlichen Kosten für die Herstellung und Vermarktung einer weiteren Einheit dem zusätzlichen Ertrag aus ihrem Verkauf entsprechen. An der Theorie bestehen keine Zweifel, doch in der Praxis ist es schwierig, wenn nicht unmöglich, dieses Verfahren anzuwenden – hauptsächlich deshalb, weil das klassische mikroökonomische Modell unterstellt, dass der Preis die einzige Determinante der Nachfrage ist. In der Realität ist dies jedoch nur selten der Fall.

In der Praxis stellen die Herstellungskosten (oder die Kosten für die Erbringung einer Dienstleistung) die Grundlage für die meisten Preisbildungsentscheidungen dar. Man spricht hier von einer kostenorientierten Preisbildung (Kosten-plus-Modell). Wie das obige Beispiel zeigt, besteht das Problem bei den meisten kostenorientierten Methoden darin, dass sie nur bedingt die Zahlungsbereitschaft der Kunden, die Kosten des Unternehmens und eine angemessene Rendite auf das eingesetzte Kapital in Einklang bringen können.

Ein Unternehmen wendet etwa dann eine kostenorientierte Methode an, wenn es sich eine bestimmte Kostenrendite zum Ziel setzt. Das bedeutet, dass es ein Gewinnziel bei einem bestimmten angestrebten Absatzvolumen festlegt. Bei dieser Methode kommt eine einfache Break-even-Analyse zum Einsatz, wie sie in *Abbildung 9.4* gezeigt wird.

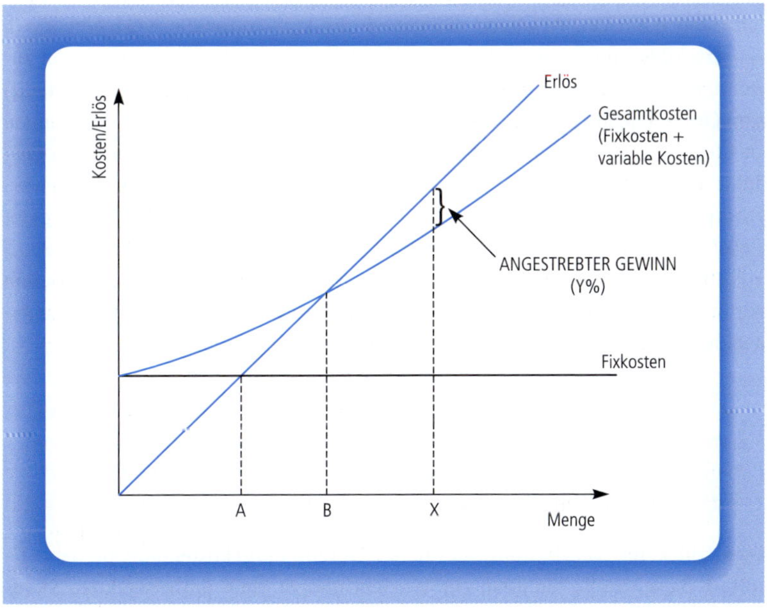

Abbildung 9.4
Break-even-Analyse.

In dem Diagramm werden die Fixkosten als Gerade dargestellt, und alle anderen Kosten werden auf Stückkostenbasis dazugerechnet, so dass eine steigende Kurve entsteht. Bei Punkt A decken die Umsatzerlöse nur die Fixkosten. Bei Punkt B sind bereits sämtliche Kosten gedeckt, sodass mit jedem weiteren Verkauf ein Gewinn erwirtschaftet wird. Bei Punkt X werden Y Prozent angestrebter Gewinn erzielt. Problematisch bei einer solchen Methode ist natürlich die Annahme, dass bei einem gegebenen Preis eine bestimmte Anzahl von Produkten verkauft wird. In Wirklichkeit jedoch ist die verkaufte Menge in gewissem Ausmaß vom verlangten Preis abhängig. Außerdem unterstellt dieses Modell einen Break-even-*Punkt*, während in den meisten Unternehmen bestenfalls von einem Break-even-*Bereich* bei einem bestimmten Produktionsniveau gesprochen werden kann. Dennoch ist dieses Modell nützlich für das Verstehen der Beziehung zwischen verschiedenen Kostenarten.

Die bei weitem häufigste Art und Weise der Preisermittlung besteht in der Anwendung der kostenorientierten Methode. Dabei wird derjenige Preis ermittelt, bei dem Margen entsprechend der festgelegten Gewinnziele erwirtschaftet werden.

Wenn eine Preisentscheidung getroffen wird, sollten verschiedene Kostenrechnungsoptionen in Betracht gezogen werden, da jedes Modell für sich allein irreführend sein kann. Das gilt besonders für diejenigen Modelle, bei denen die Fixkosten auf alle Produkte im Portfolio umgelegt werden. Häufig sind die Annahmen, die dieser Umlage zugrunde liegen, nicht unumstritten. Ein unkritischer Marketingmitarbeiter kann die Kosten dann leicht als gegeben akzeptieren und die falsche Preisentscheidung treffen.

In wirtschaftlich schwierigen Zeiten, in denen nach Sparpotenzialen gesucht wird, werden beispielsweise unrentable Produkte aus dem Sortiment entfernt. Ermittelt werden diese anhand der Brutto- oder Nettomargen im gesamten abgelaufenen Geschäftsjahr und anhand von Schätzungen dieser Margen bei geschätzten künftigen Absätzen. Da jedoch die konventionelle Kostenrechnung den Produkten mit einem hohen Absatzvolumen auch die höchsten Kosten zuweist, ist ihre Marge niedriger, und sie fallen deshalb manchmal dem Rotstift zum Opfer. Die mit der Eliminierung von Produkten verbundenen Einsparungen an Einzelkosten sind häufig aber nur gering. Somit werden die restlichen Produkte mit höheren Kosten belastet, und die nächste Rentabilitätskrise ist vorprogrammiert. Die Eliminierung von Produkten schränkt auch den Umfang der Geschäftstätigkeit sowie den Produktmix ein. Damit gibt es weniger Anreize zu investieren, und das Unternehmen büßt an Konkurrenzfähigkeit ein. Bisweilen wird diese Methode mehrmals von aufeinanderfolgenden Führungsteams angewandt und führt dann zum Untergang des Unternehmens.

Im Jahr 1989 prägte Andrew Lorenz dafür in der *Financial Times* den Begriff *anorexia industrialosa*, um den exzessiven Wunsch zu beschreiben, schlanker und fitter zu werden – bis zur völligen Abmagerung und schließlich zum Tod!

Dies soll keine Verurteilung sämtlicher Durchschnittskostenmodelle sein. Es soll an dieser Stelle lediglich zur Vorsicht und zu einer umfassenderen Sichtweise ermahnt werden, wenn eine Kostenmethode – egal welcher Ausprägung – als Grundlage für Preisentscheidungen herangezogen wird.

Schließlich sind auch die Kosten der Konkurrenten bis zu einem gewissen Grad zu berücksichtigen. Es muss versucht werden, die Grundlage ihrer Preisgestaltung zu verstehen. Alles, was bisher über die Preispolitik gesagt wurde, gilt für die Konkurrenz somit ebenso.

Wo auch immer das Problem bei der Preisgestaltung liegt, eine völlige Fehlentscheidung kann verhindert werden, wenn Marketingverantwortliche sich mit dem verantwortlichen Mitarbeiter aus dem Rechnungswesen abstimmen und über die hier angesprochenen Themen diskutieren.

Vertriebskanäle

Die konventionelle Preistheorie ist nicht sehr hilfreich, wenn es darum geht, eine Strategie für die Händlermargen festzulegen. Die in einem bestimmten Vertriebskanal tätigen Intermediäre nehmen eine Reihe von Aufgaben für den Hersteller wahr, die Austauschbeziehungen zwischen Hersteller und Verbraucher überhaupt erst ermöglichen. Als Gegenleistung verlangen die Intermediäre eine Entlohnung; diese Entlohnung entspricht der „Marge“ zwischen dem Preis der Waren ab Fabrik und dem Preis, den der Verbraucher zahlt. Oftmals muss die Marge in einem Vertriebskanal zwischen mehreren Intermediären geteilt werden, während gleichzeitig der Endpreis für den Verbraucher konkurrenzfähig bleiben muss. Intermediäre sind daher völlig von den wirtschaftlichen Rahmenbedingungen der jeweiligen Märkte abhängig. Bei einer idealen Entlohnungsstruktur wird auf jeder Ebene eine akzeptable Rendite auf das eingesetzte Kapital erzielt. Die Verwirklichung dieses Idealzustands scheitert aber häufig daran, dass die Verhandlungsmacht ungleich verteilt ist.

Es gibt eine Reihe von Möglichkeiten, um Intermediäre zu entlohnen. Meist handelt es sich um Nachlässe, die gegenüber den Nominalpreisen gewährt werden. Es gibt dafür folgende Möglichkeiten:

Nachlass vom Listenpreis	Dieser Nachlass wird für die Dienstleistungen des Intermediärs gewährt, etwa für die Lagerhaltung, die Abnahme in großen Mengen oder die Redistribution.
Mengenrabatt	Ein Mengenrabatt wird Intermediären mit großen Bestellmengen eingeräumt.
Aktionsrabatt	Mit diesem Nachlass sollen die Händler einen Anreiz erhalten, sich an der Verkaufsförderung der jeweiligen Produkte zu beteiligen.
Skonto	Um einen Anreiz zu einer schnelleren Zahlung zu geben, wird häufig ein Skonto von etwa 2 % für die Zahlung innerhalb von zehn Tagen gewährt.

In Zeiten, in denen sich Vertriebskanäle dynamisch entwickeln, stehen die Lieferanten unter dem ständigen Druck, die Margen zu verbessern. Deshalb sollte die Frage der Margen sowohl auf strategischer als auch auf taktischer Ebene betrachtet werden. Daher besteht der gesamte Bereich des Margenmanagements

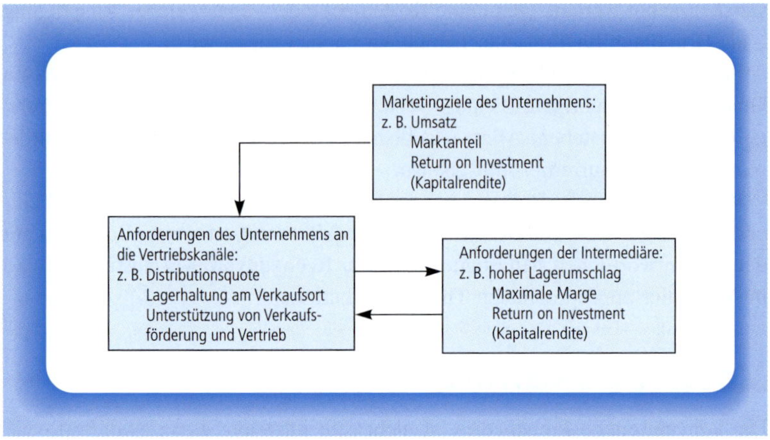

Abbildung 9.5 Einflussfaktoren des Margenmanagements.

aus einer Reihe von Abwägungen darüber, wie die Gesamtmarge in einem Vertriebskanal aufzuteilen ist. Dabei lässt sich die gesamte Marge eines Vertriebskanals leicht definieren: Sie entspricht der Differenz zwischen dem Preisniveau, auf dem ein Produkt auf dem Absatzmarkt positioniert werden soll, und den Kosten des Produkts ab Fabrik. Das Margenmanagement entscheidet darüber, in welchem Verhältnis sich diese Spanne auf die verschiedenen Akteure verteilt. Dieser Sachverhalt wird in *Abbildung 9.5* dargestellt.

Wie noch aufzuzeigen ist, kann ein Unternehmen die Vertriebsfunktion nur erfüllen, wenn es die entsprechenden Aufgaben selbst wahrnimmt oder wenn es den Anforderungen eines Intermediärs entspricht, der diese Aufgaben für das Unternehmen übernimmt. Das Unternehmen ist also unter Umständen bereit,

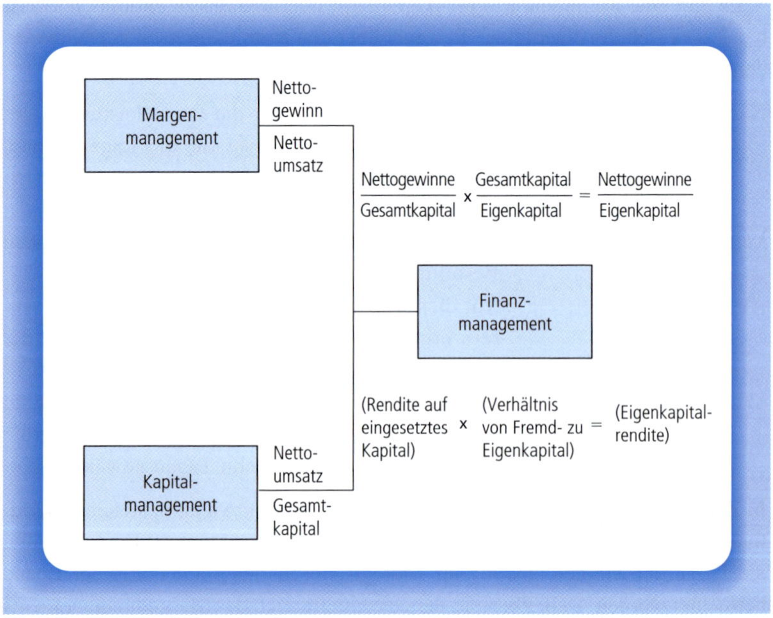

Abbildung 9.6 Einflussfaktoren der Rentabilität.

etwas von der eigenen Marge abzugeben, um seine Marketingziele zu erreichen. Ein solcher Kompromiss bedeutet nicht zwangsläufig, dass dem Unternehmen Gewinneinbußen entstehen. Vielmehr ist die Marge, wie *Abbildung 9.6* zeigt, nur einer von mehreren Faktoren bei der Ermittlung der Rentabilität. Die Rentabilität wird dabei als Rendite auf das Eigenkapital definiert (das Eigenkapital setzt sich aus dem gezeichneten Kapital und den Kapital- und Gewinnrücklagen zusammen).

Durch einen verbesserten Einsatz der Kapitalanlagen (Kapitalmanagement) und eine höhere Fremdkapitalaufnahme kann ein Unternehmen auch bei niedrigeren Margen erfolgreich operieren, sofern dabei gleichzeitig die Marketingziele effektiver als zuvor verwirklicht werden.

Daraus folgt, dass die Frage der Margen (sowohl der Marge des Unternehmens als auch der Marge des Händlers) nur geklärt werden kann, wenn die Gesamtmarketingstrategie und das Finanzmanagement sowie die Kapitalstruktur des Unternehmens in die Betrachtung miteinbezogen werden.

Grundsätzlich sollte ein Unternehmen jedoch seine Gewinne nicht an seine Vertriebspartner verschenken, sondern vielmehr nur die Kosteneinsparungen weitergeben, die durch den Einsatz des Intermediärs entstehen.

Wettbewerbsvorteile durch Preisgestaltung

Die Preispolitik kann als strategisches Marketinginstrument eingesetzt werden, um Wettbewerbsvorteile aufzubauen. Dafür gelten folgende „Leitlinien“:

1. *Die Lebenszyklus-Kosten reduzieren/den Kostenmix ändern:* Häufig sind Kunden bereit, einen deutlich höheren Preis für ein Produkt zu zahlen, wenn die Nachkaufkosten erheblich niedriger sind.
2. *Den Produktnutzen durch eine Änderung seiner Funktionen steigern:* Beispiele:
   - ein Produkt, das die Produktionskapazität erhöht oder die Durchlaufzeit des Anwenders senkt,
   - ein Produkt, welches die Zuverlässigkeit des Endprodukts erhöht,
   - ein Produkt, das die Flexibilität der Anwender erhöht,
   - ein Produkt, das zusätzliche Funktionen bietet oder weitere Anwendungsmöglichkeiten eröffnet
3. *Den Nutzen durch die Entwicklung produktbezogener, immaterieller Zusatzleistungen steigern:* etwa Service, Finanzierung, „Prestige“ durch Marke vermitteln.

Erstellung des Preisplans

Nachdem nun einige der wichtigsten Aspekte erläutert wurden, die für die Preisentscheidung relevant sind, sollen diese nun zusammengeführt werden. Zunächst wird aber noch einmal auf eine der wesentlichen Erkenntnisse verwiesen, die der Arbeit der Boston Consulting Group zugrunde liegen.

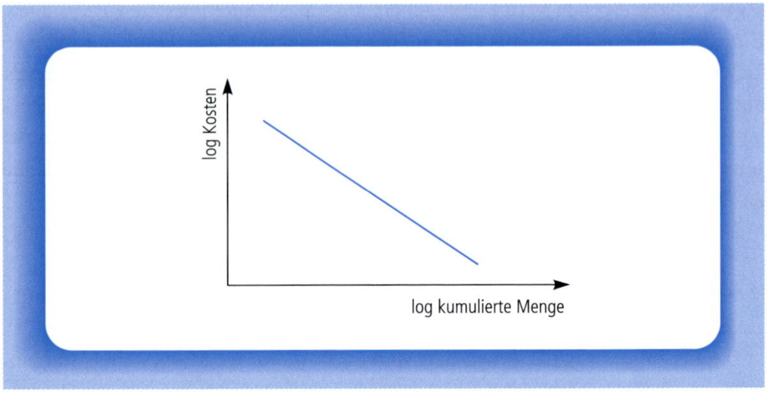

Abbildung 9.7
Erfahrungskurve.

Wie bereits erwähnt, besteht zwischen den tatsächlichen Kosten und der kumulierten Erfahrung unter bestimmten Umständen ein Zusammenhang. Dieser Effekt wird in *Abbildung 9.7* beschrieben.

Daraus folgt unter anderem, dass die Kosten irgendwann nicht mehr konkurrenzfähig sind, wenn ein Unternehmen Erfahrungen nicht gleich schnell oder schneller als der Markt insgesamt sammelt. Dieser Sachverhalt wird in *Abbildung 9.8* veranschaulicht.

Die Palette der möglichen Vorgehensweisen bei der Preisbildung ist groß. Vereinfacht könnte man die verschiedenen Vorgehensweisen unter den Oberbegriffen der *Abschöpfungsstrategie* und der *Penetrationsstrategie* zusammen-

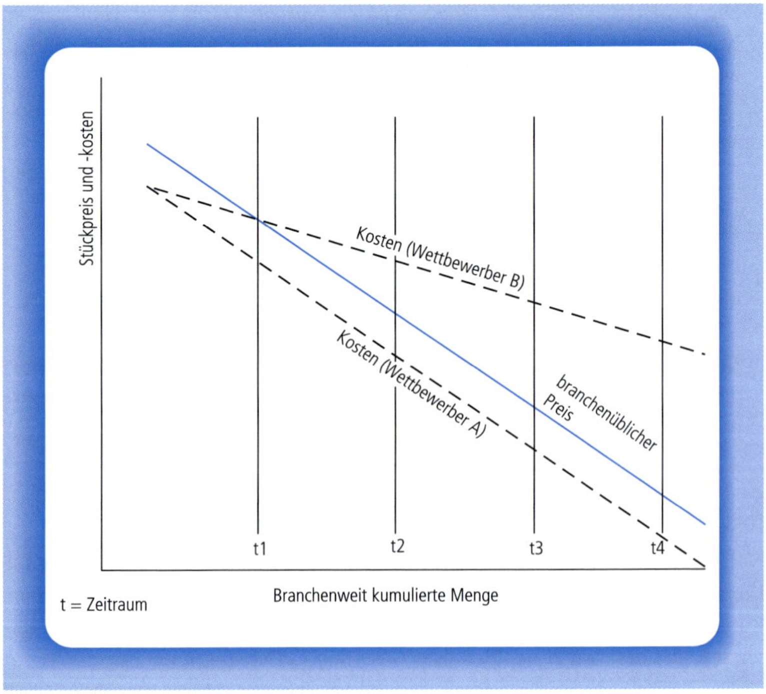

Abbildung 9.8
Verlauf der Erfahrungskurve bei unterschiedlichen Erfahrungsraten.

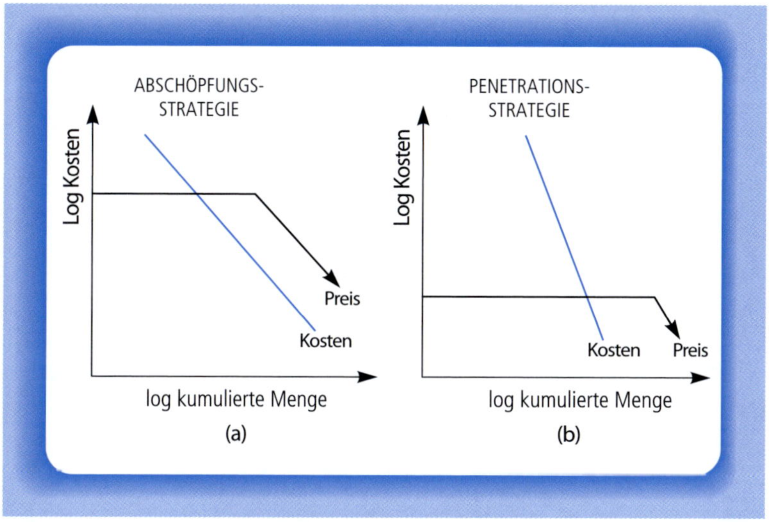

Abbildung 9.9
Preisstrategien.

fassen. Die ihnen zugrunde liegenden Überlegungen lassen sich am besten anhand der Einführung neuer Produkte erläutern.

> Bei einer Abschöpfungsstrategie wird zunächst ein hoher Preis angesetzt, der dann entsprechend der Erfahrungskurve allmählich gesenkt wird. Dagegen wird der Preis bei einer Penetrationsstrategie zunächst auf niedrigem Niveau angesetzt, um schneller eine hohe Marktdurchdringung zu erzielen, woraus eine steilere Erfahrungskurve folgt.

Beide Strategien werden in *Abbildung 9.9* dargestellt.

Die folgenden Umstände begünstigen eine Abschöpfungsstrategie:

1. Es ist von einer geringen Preiselastizität der Nachfrage auszugehen.
2. Es gibt verschiedene Preissegmente, sodass zuerst diejenigen Käufer angesprochen werden, die höhere Preise akzeptieren.
3. Es ist wenig über die Herstellungs- und Marketingkosten des Produkts bekannt.

Die folgenden Umstände begünstigen eine Penetrationsstrategie:

1. Es ist von einer hohen Preiselastizität der Nachfrage auszugehen.
2. Voraussichtlich werden schnell Konkurrenten auf den Markt treten.
3. Es gibt keine separaten Preissegmente.
4. Es besteht bei hohem Absatzvolumen ein hohes Einsparpotenzial bei den Produktions- und Marketingkosten (Erfahrungskurveneffekt).

Unabhängig davon, welche Umstände vorliegen, ist eine Entscheidung über die Strategie nur mit großer Vorsicht zu treffen. Außerdem sollten auch alle anderen bereits erwähnten Faktoren berücksichtigt werden.

Schließlich ist zu betonen, dass sich die Preissetzung immer auch auf die anderen Elemente des Marketing-Mix auswirkt und umgekehrt von diesen beeinflusst wird. Es ist ein verbreiteter Irrtum anzunehmen, dass sich grundsätz-

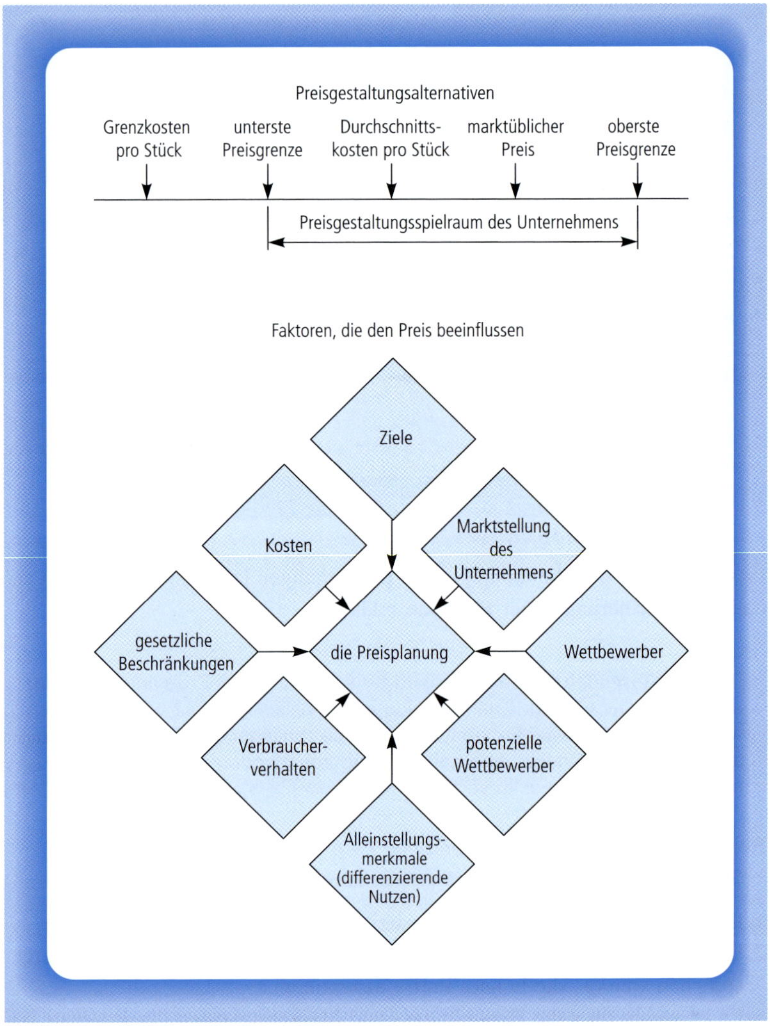

Abbildung 9.10
Einflussfaktoren der Preissetzung

lich das Produkt mit dem niedrigsten Preis durchsetzt oder dass ein Produkt in ausreichender Menge zu einem kostenorientierten Preis verkauft werden muss, um die geforderte Rendite zu erzielen (Diller 2000).

Tatsächlich sollte die Preispolitik erst dann festgelegt werden, wenn alle Faktoren berücksichtigt wurden, die sich auf die Preisentscheidung auswirken. Diese werden in *Abbildung 9.10* dargestellt. Im ersten Teil wird der Preissetzungsspielraum eines Unternehmens dargestellt. Im zweiten Teil werden diejenigen Faktoren aufgezeigt, die bei der Preisentscheidung berücksichtigt werden müssen.

Anwendungsfragen

1. Wie wurde der Preis festgelegt, als Sie zuletzt ein neues Produkt eingeführt haben? Erwies sich die Preisentscheidung als richtig? Welche zusätzlichen Informationen hätten Sie verwenden können, die Ihnen die Preisentscheidung vielleicht erleichtert hätten? Was würden Sie unter denselben Umständen beim nächsten Mal anders machen?
2. Beschreiben Sie Ihre Preisstrategie für eines Ihrer Hauptprodukte. Wo liegen die Unterschiede zu der Preisstrategie Ihrer wichtigsten Konkurrenten?
3. Beschreiben Sie, welche Preisgestaltung Sie
   a) in Zeiten hoher Inflation,
   b) in den einzelnen Phasen des Produktlebenszyklus
   wählen.
4. Welche Trends waren im Bereich der Margen in den vergangenen zehn Jahren in Ihrer Branche zu beobachten? Sind diese Trends akzeptabel? Welche Politik verfolgt Ihr Unternehmen hinsichtlich dieser Trends?
5. Sind die Händlermargen gerechtfertigt? Welche Strategie verfolgen Sie hinsichtlich der Händlermargen?

Kapitel 9: Wiederholung

Gründe für die Preisplanung

Die Preisgestaltung ist ein Schlüsselelement des Marketing-Mix und muss genauso gewissenhaft gehandhabt werden wie die anderen Elemente. Allgemein wird die Preisgestaltung als Teil der Produktplanung betrachtet und erscheint nicht als separate Einheit. Dies sollte jedoch nicht darüber hinweg täuschen, dass die Preisplanung ein sehr komplexer Prozess ist.

Kostenorientierte Preisgestaltung

Traditionell zählt die Preisgestaltung zu den Aufgaben der Controller. Sie stellen sich vor allem die Frage, welche Auswirkungen der Preis auf die Marge und somit auf den Erlös hat. Dieser Ansatz hat jedoch folgende Schwächen:

1. Der Preis für ein Produkt wird aufgrund willkürlicher Kostenzurechnung eventuell zu hoch angesetzt.
2. Es gibt keinen Raum für strategisches Denken.
3. Produkte werden möglicherweise aus dem Sortiment entfernt, unabhängig davon, ob sie Synergien mit anderen Produkten aufweisen.

Die Marketingmanager hingegen betrachten den Preis aus dem Blickwinkel der Nachfrage.

Wettbewerbsorientierte Preisgestaltung

Das mögliche Spektrum für die Preisgestaltung umfasst:

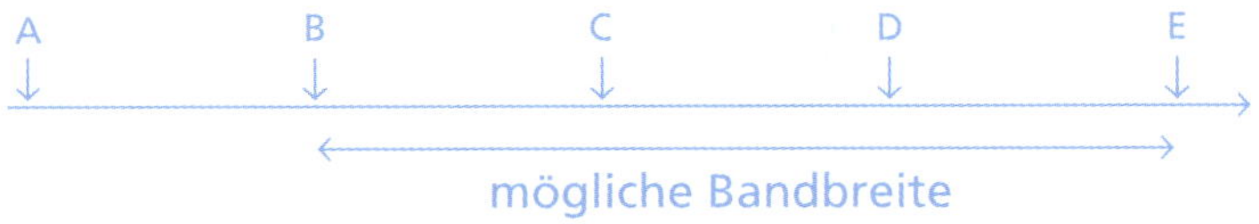

Dabei gilt:

A = Grenzkosten pro Stück
B = unterste Preisgrenze im Markt
C = Durchschnittskosten pro Stück
D = marktüblicher Preis
E = oberste Preisgrenze im Markt

Bearbeiten Sie hierzu Übung 9.1

Preisgestaltung und Produktlebenszyklus

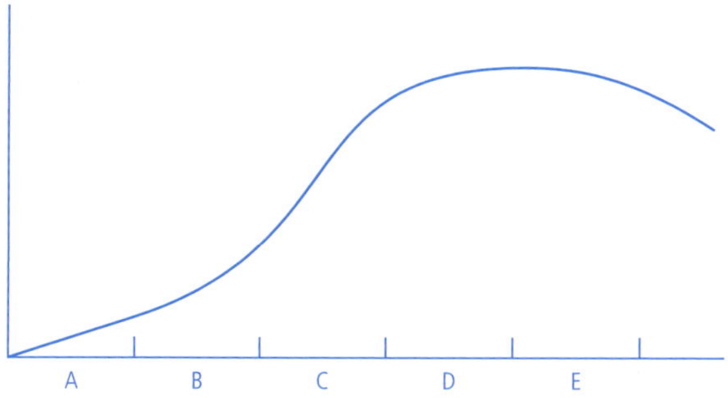

Die verschiedenen Phasen des Lebenszyklus erfordern unterschiedliche Strategien der Preisgestaltung:

A	Einführung	Entweder (1) niedriger Preis zur Erlangung eines hohen Marktanteils oder (2) hoher Preis zur Betonung von Neuheit und Prestige
B	Wachstum	wettbewerbsorientierte Preisgestaltung zur Steigerung des Marktanteils
C	Reife	wie in der Wachstumsphase
D	Sättigung	Preisstabilisierung, Preiserhöhung wird in Betracht gezogen
E	Rückgang	Preiserhöhung

Bearbeiten Sie hierzu Übung 9.2

Produktpositionierung

Die Preisgestaltung kann die Position eines Produkts im Markt beeinflussen: So kann z. B. ein hoher Preis ein Qualitätsimage, ein hochwertiges Design oder Exklusivität repräsentieren. Ein Beispiel für Produktpositionierung ist das folgende:

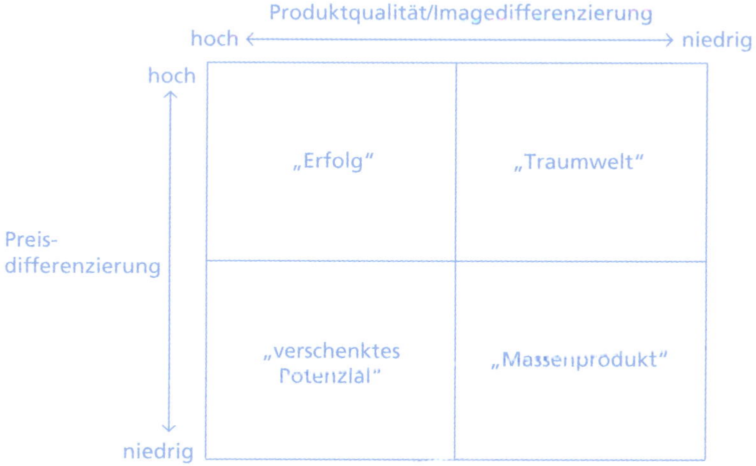

Je besser die Positionierung, desto größer der Wettbewerbsvorteil.

Preisnachlässe für Vertriebskanäle

Falls es Intermediäre gibt, müssen diese für ihre Dienstleistungen entlohnt werden, d.h., bei der Kalkulation des Endpreises ist die Gesamtmarge eines Vertriebskanals zu berücksichtigen. Nachlässe gegenüber Nominalpreisen lassen sich in folgender Form gewähren:

1 Nachlass vom Listenpreis,
2 Mengenrabatt,
3 Aktionsrabatt,
4 Skonto.

Die Aufteilung der Gesamtmarge auf die Intermediäre basiert auf der Abwägung der Kosten und des Mehrwerts, der durch deren Einsatz entsteht.

Bearbeiten Sie hierzu Übung 9.3

Faktoren, die den Preis beeinflussen

Der Preis kann durch folgende Faktoren beeinflusst werden:

- Marketingziele,
- Kostenstruktur,
- gesetzliche Beschränkungen,
- Verbrauchereinstellungen,
- Wettbewerb (direkt),
- Wettbewerb (Ersatzprodukte),
- Unternehmens-/Produktimage,
- wirtschaftliche Situation.

Bearbeiten Sie hierzu Übung 9.4 und 9.5

Fragen, die sich für das Unternehmen ergeben

1. F: Ist es möglich, eine solide Preispolitik zu entwickeln, wenn die Kostenrechnung des Unternehmens Schwächen aufweist?

   A: Auch wenn „Preise“ und „Kosten“ separate Aspekte darstellen, ist es äußerst wichtig, dass ein Unternehmen über eine korrekte Kostenrechnung verfügt. Ohne sie gibt es keine Basis für die Preisgestaltung.

2. F: Wie hoch ist der tatsächliche Preis eines Produkts?

   A: Aus Sicht des Käufers umfasst der tatsächliche Preis den Kaufpreis plus Kosten der Nutzung bzw. Implementierung des Produkts; diese können die Kosten für Schulungen, Wartung, Energieverbrauch, Hilfsstoffe, Raummiete usw. beinhalten. Diese Punkte können wichtige Quellen eines Wettbewerbsvorteils darstellen, wenn ein Produkt im Vergleich zu Konkurrenzprodukten dadurch letztendlich „billiger“ wird.

3. F: Sollte der Preis eher hoch oder niedrig sein?

   A: Das kommt auf eine Reihe von Faktoren an wie Marktanteil etc. Wenn man versucht, den Preis so niedrig wie möglich anzusetzen, wird es immer ein Unternehmen geben, das ihn noch niedriger ansetzt. Dann ist es schwierig, den Preiskampf zu gewinnen.

Übungen

Einführung in die Übungen zu Kapitel 9

Die Preisgestaltung ist selbstverständlich ebenso ein Marketinginstrument wie die Werbung, die Verkaufsförderung und der Vertrieb. Außerdem lässt sich ein Preis grundsätzlich leichter und schneller korrigieren als eine Werbekampagne geändert, eine Verkaufsförderungsaktion umgestaltet oder die Vertriebsorganisation neu strukturiert werden kann.

Preisentscheidungen betreffen nicht nur die potenziellen Umsatzerlöse eines Unternehmens, sondern sie beeinflussen auch die Nachfrage und wirken sich dadurch auf das Absatzvolumen aus. Dennoch können nur wenige Unternehmen eine Preisplanung vorweisen. Dieser Themenkomplex ist oft leider nicht Gegenstand einer konstruktiven Strategieentwicklung, sondern stellt sich vielerorts als Schlachtfeld in einem Krieg scheinbar widersprüchlicher Interessen von Marketing und Kostenrechnung dar.

In Übung 9.1 geht es darum, wie ein wettbewerbsfähiger Preis für ein Produkt ermittelt werden kann, wobei eine Reihe von Faktoren zu berücksichtigen sind, die sich auf die Preisentscheidung auswirken können.

Übung 9.2 behandelt die Auswahl des Preises.

Übung 9.3 gibt Aufschluss über die tatsächliche Auswirkung von Preisnachlässen.

Übung 9.4 enthält eine Checkliste, deren Auswertung Auskunft darüber gibt, ob Unternehmen Gefahr laufen, eine zu aggressive Preispolitik zu betreiben.

In Übung 9.5 werden verschiedene, vielleicht kurios anmutende Fragen zur Preisgestaltung gestellt, und Sie haben die Gelegenheit, Ihr Wissen zu testen.

Übung 9.1 Wettbewerbsorientierte Preisbildung

Anhand dieser Übung lernen Sie, das Werkzeug der Preisgestaltung so einzusetzen, dass damit Ihr Marketingplan unterstützt wird. Dabei werden Angaben aus Ihrem Marketingaudit sowie einige neue Daten verwendet, die Ihnen helfen, eine angemessene Preisplanung für Ihre Produkte sicherzustellen.

Es versteht sich von selbst, dass eine vernünftige Preispolitik unmöglich ist, wenn das Unternehmen über keine korrekte Kostenrechnung verfügt, die die interne Situation realistisch abbildet. Der Grund dafür wird offensichtlich, wenn Sie die nachstehend verlangten Informationen angeben.

In *Abbildung 9.11* werden einige Schlüsselpositionen auf dem Kontinuum zwischen Kosten und Preis dargestellt. Nehmen Sie nur *ein* Hauptprodukt Ihres Unternehmens und tragen Sie auf dem Arbeitsblatt die Zahlen für die

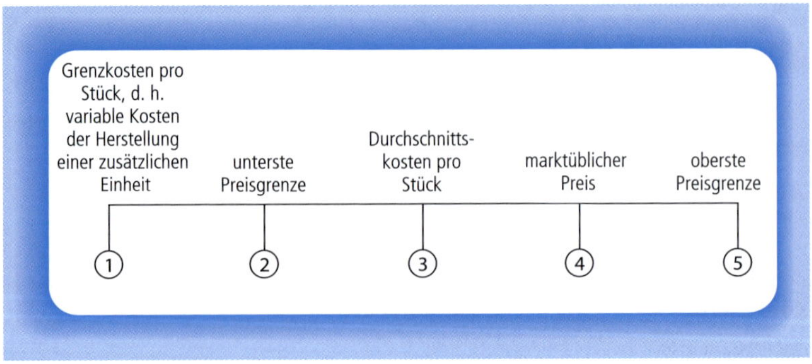

Abbildung 9.11 Das Kosten-Preis-Kontinuum.

Größen 1 bis 5 aus *Abbildung 9.11* ein, also die tatsächlichen Grenzkosten, die untere Preisgrenze etc.

Denken Sie bei der Frage nach den durchschnittlichen Kosten daran, dass Kostenrechnungsmodelle, die die Fixkosten auf sämtliche Produkte im Sortiment verteilen, zwar beliebt sind, aber auch in sehr irreführenden Ergebnissen resultieren können, vor allem dann, wenn die Grundlage für die Kostenzurechnung etwas willkürlich ist. Manche Produkte werden die Kosten nie tragen können, die ihnen zugewiesen werden.

Wenn Sie wissen, wie hoch der Preis ist, den der Kunde für Ihr Produkt erwartet (der marktübliche Preis), können Sie unter verschiedenen Kostenrechnungsoptionen wählen. Dabei lautet das Ziel, die durchschnittlichen Stückkosten so niedrig wie möglich zu halten, sodass sich eine breitere Palette von Preisoptionen ergibt.

Wiederholen Sie dann diesen Prozess mit weiteren Produkten. Arbeitsblatt 1 ist nützlich, um Ihren Preissetzungsspielraum abzustecken. Noch wichtiger ist es jedoch herauszufinden, wo genau auf diesem Kontinuum Sie den Preis ansiedeln sollten.

Arbeitsblatt 1 Kosten-Preis-Kontinuum (Übung 9.1)

PRODUKT	*1 Grenzkosten je Stück*	*2 Preisuntergrenze je Stück*	*3 Durchschnittskosten je Stück*	*4 marktüblicher Preis je Stück*	*5 Preisobergrenze je Stück*
Beispiel	€ 6,50	€ 8,50	€ 10	€ 13	€ 20

Übung 9.2 Auswahl des Preises

Wie sich zeigt, gibt es eine Reihe von Faktoren, die Ihre Preisentscheidung beeinflussen können. Diese werden nachfolgend erläutert.

Unternehmensziele

Wenn die Unternehmensziele festlegen, dass mit Ihrem ausgewählten Produkt kurzfristige Gewinne erzielt werden müssen, sollte ein hoher Preis gewählt werden, der etwa zwischen Position 4 und 5 auf der Skala in *Abbildung 9.11* liegt. Erfordern die Unternehmensziele jedoch einen Ausbau des Marktanteils, dann wäre eine Position zwischen 3 und 4 angebracht.

Dieses Beispiel zeigt, dass die richtige Position auf der Skala von den Unternehmens- und Marketingzielen für Ihr ausgewähltes Produkt abhängt. Wählen Sie eine Position für das jeweilige Produkt aus und tragen Sie den Preis an der entsprechenden Stelle in Arbeitsblatt 2 ein.

Portfoliomatrix

Wie bereits dargestellt, hängt die Marketingstrategie auch davon ab, in welchem Quadranten des Portfolios sich das gewählte Produkt befindet. Allgemein ausgedrückt, sollten die Preise wie folgt ausgewählt werden:

1. *„Question Mark“:* Der Preis muss wettbewerbsfähig sein, damit Marktanteile erobert werden können.
2. *„Star“:* Der Preis muss gewährleisten, dass der Markanteil gehalten/erhöht wird.
3. *„Cash Cow“:* Stabilisieren Sie den Preis oder erhöhen Sie ihn sogar.
4. *„Dog“:* Erhöhen Sie den Preis.

Wählen Sie vor diesem Hintergrund eine Position auf der Skala von 1 bis 5 für Ihr Produkt und tragen Sie den Preis wieder in Arbeitsblatt 2 ein.

Lebenszyklus

Auch die Phase im Produktlebenszyklus spielt bei der Kalkulation des Preises eine wichtige Rolle:

1. *Einführungsphase:* Setzen Sie den Preis entweder niedrig an, um Marktanteile zu erobern, oder setzen Sie ihn hoch an, wenn es sich um eine echte Innovation handelt, deren Prestigewert Sie signalisieren möchten.
2. *Wachstumsphase:* Setzen Sie den Preis niedrig an, um Marktanteile zu erobern.
3. *Reifephase:* Hier gilt dasselbe wie für die Wachstumsphase.
4. *Sättigungsphase:* Stabilisieren Sie den Preis, ziehen Sie eine Erhöhung in Betracht.
5. *Rückgangsphase:* Erhöhen Sie den Preis.

Wählen Sie anhand dieser Überlegungen eine Position für Ihr ausgewähltes Produkt auf der Skala von 1 bis 5 aus und tragen Sie den Preis wieder in Arbeitsblatt 2 ein.

Produktpositionierung

Bei der Preisgestaltung sollten Sie auch das Positionierungsziel berücksichtigen, das Sie für Ihr ausgewähltes Produkt anstreben. Wenn Sie das beste und das technologisch am weitesten ausgereifte Produkt anbieten, sollte sich dies im Preis widerspiegeln. Wenn Sie kaufkräftige Kunden ansprechen wollen, sollte auch Ihr Preis diesen Exklusivitätsanspruch vermitteln. Entsprechendes gilt umgekehrt für Produkte, die am unteren Ende des Marktes angesiedelt sind, wo ein niedrigerer Preis angemessen ist.

Berücksichtigen Sie den Aspekt der Produktpositionierung und beurteilen Sie, welche Position auf der Skala von 1 bis 5 angemessen ist. Tragen Sie den gewählten Preis in Arbeitsblatt 2 ein.

Derzeitiger Wettbewerb

Analysieren Sie die Preise, die Ihre Konkurrenten für vergleichbare Produkte verlangen. Beeinflussen diese Ihre endgültige Entscheidung?

Wo sollten Sie vor diesem Hintergrund den Preis auf der Skala von 1 bis 5 ansetzen? Tragen Sie Ihre Antwort in Arbeitsblatt 2 ein.

Potenzieller Wettbewerb

Sie sollten auch der Frage Aufmerksamkeit schenken, ob Sie mit dem von Ihnen ausgewählten Preis Konkurrenten möglicherweise anziehen oder abschrecken. Wenn Sie hohe Preise verlangen können und entsprechend hohe Gewinne erzielen, werden auch andere Unternehmen das Geschäftsfeld attraktiv finden.

Schätzen Sie den Preis, den Sie verlangen können, und ordnen Sie ihn auf der Skala von 1 bis 5 ein. Tragen Sie ihn dann in Arbeitsblatt 2 ein.

Vertriebskanäle

Wenn Sie auf Intermediäre angewiesen sind, um Ihre Kunden zu erreichen, erwarten diese eine Entlohnung in Form eines „Aufschlags" oder einer Marge. Mit dem Preis ab Werk müssen Sie also selbst noch Gewinne erzielen und gleichzeitig dem Intermediär eine faire Marge einräumen, ohne dass der Endkundenpreis zu hoch wird. Was bedeutet das für Ihre Preisentscheidung?

Wählen Sie eine Antwort auf der Skala von 1 bis 5 und tragen Sie den Wert in Arbeitsblatt 2 ein.

Differenzierung

Wenn Sie sich mit Ihrem Produkt von Ihren Konkurrenten abheben, könnte dies einen höheren Preis rechtfertigen, der Ihnen höhere Gewinne beschert?

Möglicherweise sind Ihre Optionen durch einige der anderen oben genannten Punkte eingeschränkt. So könnte es beispielsweise besser sein, einen Produktvorteil dafür einzusetzen, einen höheren Marktanteil zu gewinnen. Wenn die Nutzenanalyse, die Sie in Kapitel 4 durchgeführt haben, auf einen Preisspielraum schließen lässt, wählen Sie dementsprechend einen neuen Wert auf der Skala von 1 bis 5 und tragen diesen in Arbeitsblatt 2 ein.

Verbrauchereinstellungen

Auch die Einstellungen der Konsumenten zu Ihrem Produkt oder das Image Ihres Unternehmens könnten Ihre Preisentscheidung beeinflussen. Inwieweit wird dies der Fall sein? Siedeln Sie den Preis, den Sie vor dem Hintergrund der Konsumentenwahrnehmung Ihres Produkts für angemessen halten, wieder auf der Skala von 1 bis 5 an.

Arbeitsblatt 2 Faktoren, die den Preis beeinflussen (Übung 9.2)

	Beispiel (auf dem Beispiel von Arbeitsblatt 1 beruhend)	**Prod. 1**	**Prod. 2**	**Prod. 3**	**Prod. 4**
1. Unternehmensziele	€ 18,00				
2. Portfoliomatrix	€ 16,00				
3. Lebenszyklusanalyse	€ 16,00				
4. Produktpositionierung	€ 10.00				
5. aktuelle Konkurrenz	€ 12,00				
6. potenzielle Konkurrenz	€ 10,00				
7. Vertriebskanäle	nicht zutreffend				
8. Differenzierung	€ 9,00				
9. Verbrauchereinstellungen	€ 9,00				
Summe	€ 100,00				
Anzahl der Faktoren	8				
vorgeschlagener Preisdurchschnitt	€ 12,50				

Sie haben nun neun verschiedene Faktoren berücksichtigt, die sich auf die Preisbildung auswirken. Bisher wurden diese Faktoren isoliert betrachtet, und für jeden Faktor wurde ein fiktiver Preis für Ihr Produkt errechnet.

Für die Festlegung der Preise wurde ein Kontinuum zwischen den Kosten und dem Preis verwendet, das durch eine Skala von 1 bis 5 erfasst wurde. Der in Geldeinheiten ausgedrückte Betrag für jede Position wurde in Arbeitsblatt 1 eingetragen.

Arbeitsblatt 2 stellt also die Ergebnisse dar, die Sie den verschiedenen Preisbestimmungsfaktoren zugeordnet haben. Diese Angaben werden nun wie folgt verwendet:

1. Ermitteln Sie die durchschnittliche Preisposition für Ihr Produkt, indem Sie den Durchschnitt aus den Zahlen in der Spalte für die Preise bilden (das Arbeitsblatt enthält ein Beispiel dafür). Dieser Durchschnitt dürfte nun der „optimale" Preis unter Berücksichtigung aller Faktoren sein und für Ihr Produkt gewählt werden, es sei denn, Ihnen sind andere Aspekte bekannt, die gegen diese Entscheidung sprechen.
2. Nun wiederholen Sie diesen Prozess für andere Produkte, die Sie anbieten.

Kritik am Beispiel

Diese Art der Preisermittlung wirft viele wichtige Fragen auf. In dem vorgelegten Beispiel ist es offensichtlich, dass die Unternehmensziele die Gewinnerzielung in den Mittelpunkt stellen. Auch die Positionen in der Portfoliomatrix und die Phasen im Produktlebenszyklus scheinen diese Hochpreisstrategie zu unterstützen.

Aber betrachten Sie nun einige der anderen Faktoren. Die Produktpositionierung scheint keinen hohen Preis zu rechtfertigen, es scheint keine nennenswerte Differenzierung vorzuliegen, und die Einstellungen sind nicht sehr positiv. Außerdem deutet alles darauf hin, dass das Unternehmen den Preis unterhalb des „marktüblichen Preises" festsetzen muss, um konkurrenzfähig zu sein.

Ergebnis	Ein Kompromiss-Preis von € 12,50 je Stück.
Fazit	Wenn das Unternehmen einen hohen Preis verlangen möchte, muss es das Produkt stärker von den Konkurrenzprodukten differenzieren und die Kundeneinstellungen verbessern.

Alternativ oder zusätzlich dazu sollte es die tatsächlichen Kosten und sein Kostenrechnungssystem sorgfältig überprüfen und dabei versuchen, die bei einem Preis von € 12,50 mögliche Marge zu erhöhen. Auf diese Weise könnte es durchaus Ergebnisse erreichen, die jenen entsprechen, die mit dem ursprünglichen Ziel eines hohen Preises verfolgt wurden.

Persönliche Notizen

Übung 9.3 Der Einsatz von Preisnachlässen

Die Gewährung einer Preissenkung scheint auf den ersten Blick ein unmittelbares und leicht anzuwendendes Instrument zur Erhöhung der Nachfrage zu sein. Oft sind sich jedoch Unternehmen dabei nicht vollständig im Klaren, wie viele zusätzliche Produkte verkauft werden müssen, um auch nur die Gewinnschwelle zu erreichen, also die Ausgangssituation beizubehalten.

Dies soll anhand eines einfachen Beispiels erläutert werden. Es sei angenommen, dass ein Unternehmen von einem bestimmten Produkt wöchentlich 100 Stück zu je € 10 verkaufte. Der gesamte Umsatz betrug also € 1 000, der damit erzielte Gewinn € 200. Der Marketingleiter des Unternehmens plant nun, den Absatz durch eine Preissenkung von 10 % anzukurbeln. Wie viel Stück müssen verkauft werden, um die Gewinnschwelle zu erreichen?

Tragen Sie hier Ihre Antwort ein ______________________________

Wahrscheinlich haben Sie die Antwort wie folgt errechnet:

	Stück	*Preis*	*Gesamtumsatz*	*Gewinn*
Ausgangssituation	100	€ 10	€ 1 000	€ 200

Da mit 100 Stück ein Gewinn von € 200 erzielt wurde, beträgt der Gewinn je Stück € 2. Wird der Preis auf € 9 (Senkung um 10 %) herabgesetzt, wird nur noch € 1 Gewinn je Stück erzielt.

Deshalb stellt sich die Situation nun wie folgt dar

	Stück	*Preis*	*Gesamtumsatz*	*Gewinn*
neue Situation	200	€ 9	€ 1 800	€ 200

Das Unternehmen müsste also seinen Absatz verdoppeln, um die bereits erzielten Gewinne zu halten, wenn es zu dem neuen niedrigeren Preis verkaufen würde. An dieser Stelle muss gefragt werden, ob dies überhaupt machbar wäre.

Um nicht jedes Mal mühsam erneut zu berechnen, wie sich eine Preissenkung auswirkt, liefert *Tabelle 9.1* eine einfache Hilfestellung.

Tab. 9.1 Auswirkungen von Preissenkungen

Preissenkung	**Derzeitige Gewinnmarge**							
	5 %	**10 %**	**15 %**	**20 %**	**25 %**	**30 %**	**35 %**	**40 %**
	Es muss so viel mehr verkauft werden, um die derzeitige Gewinnmarge zu halten							
	%	%	%	%	%	%	%	%
1 %	25,0	11,1	7,1	5,3	4.2	3,4	2,9	2,6
2 %	66,6	25,0	15,4	11,1	8,7	7,1	6,1	5,3
3 %	150,0	42,0	25,0	17,6	13,6	11,1	9,4	8,1
4 %	400,0	66,6	36,4	25,0	19,0	15,4	12,9	11,1
5 %	–	100,0	50,0	33,3	25,0	20,0	16,7	14,3
6 %	–	150,0	66,7	42,9	31,6	25,0	20,7	17,6
7 %	–	233,3	87,5	53,8	38,9	30,4	25,0	21,2
8 %	–	400,0	114,3	66,7	47,1	36,4	29,6	25,0
9 %	–	1000,0	150,0	81,8	56,3	42,9	34,6	29,0
10 %	–	–	200,0	100,0	66,7	50,0	40,0	33,3
11 %	–	–	275,0	122,2	78,6	57,9	45,8	37,9
12 %	–	–	400,0	150,0	92,3	66,7	52,2	42,9
13 %	–	–	650,0	185,7	108,3	76,5	59,1	48,1
14 %	–	–	1400,0	233,3	127,3	87,5	66,7	53,8
15 %	–	–	–	300,0	150,0	100,0	76,8	60,0
16 %	–	–	–	400,0	177,8	114,3	84,2	66,7
17 %	–	–	–	566,7	212,5	100,8	94,4	73,9
18 %	–	–	–	900,0	257,1	150,0	105,9	81,8
19 %	–	–	–	1900,0	316,7	172,7	118,8	90,5
20 %	–	–	–	–	400,0	200,0	133,3	100,0
21 %	–	–	–	–	525,0	233,3	150,0	110,5
22 %	–	–	–	–	733,3	275,0	169,2	122,2
23 %	–	–	–	–	1.115,0	328,6	191,7	135,3
24 %	–	–	–	–	2.400,0	400,0	218,2	150,0
25 %	–	–	–	–	–	500,0	250,0	166,7

Beispiel: Ihre derzeitige Bruttogewinnmarge beträgt 25 %, und Sie senken Ihren Verkaufspreis um 10 %. Setzen Sie 10 % in die linke Spalte ein. Nun schauen Sie in der Spalte mit der Überschrift 25 % nach. Sie sehen, dass Sie den Absatz um 66,7 % *erhöhen* müssen.

Übung 9.4
Checkliste

Diese Übung soll eigentlich Ihrem persönlichen Erkenntnisgewinn dienen. Sie können damit jedoch auch die Vorgehensweise Ihres Marketingleiters oder anderer Manager analysieren.

Tab. 9.2 Lesen Sie die folgenden Aussagen und kreuzen Sie die Zahl, an der Sie sich am ehesten einordnen, *zügig* an.

	trifft genau auf mich zu	**trifft für gewöhnlich auf mich zu**	**unentschieden**	**trifft für gewöhnlich nicht auf mich zu**	**trifft überhaupt nicht auf mich zu**
1. Wenn ein Konkurrenzunternehmen einen günstigeren Preis anbietet, möchte ich ebenfalls zu diesem Preis anbieten oder ihn sogar unterbieten.	5	4	3	2	1
2. Ich würde gerne mit meinen Konkurrenten über die Angleichung der Preise sprechen.	1	2	3	4	5
3. Ich bin stets bereit, eine Rabattschlacht anzuzetteln; wer damit anfängt, wird meiner Meinung nach auch gewinnen.	5	4	3	2	1
4. Bevor ich einen Sonderpreis anbiete, frage ich immer: „Warum?"	1	2	3	4	5
5. Ich kann damit leben, wenn mir gelegentlich Geschäfte aufgrund des Preises entgehen.	1	2	3	4	5
6. Ich versuche immer, einfache Regeln aufzustellen! „10 % Rabatt'" halte ich für eine gute Möglichkeit.	5	4	3	2	1
7. Ich finde es wichtig, dass die Nachlässe, die ich gewähre, nicht öffentlich bekannt werden. Ich handele sie lieber individuell aus.	1	2	3	4	5
8. Ich möchte immer in der Lage sein, höhere Nachlässe anzubieten als die, die ich meinen Vertriebsmitarbeitern erlaube.	5	4	3	2	1
9. Ich glaube, dass die meisten Menschen bei einem Nachlass von 10 % sofort zuschlagen.	5	4	3	2	1
10. Ich glaube, dass Unternehmen die von ihnen angestoßenen Rabattschlachten häufig bereuen.	1	2	3	4	5

Addieren Sie nun die Gesamtpunktzahl für alle Fragen und tragen Sie die Zahl in das Kästchen rechts ein. ____________

Ergebnisermittlung und -auswertung für Übung 9.4

Da die Fragen nicht sehr subtil sind, sollten in dieser Übung sehr gute Resultate erzielt werden. Je weniger Punkte Sie sich für eine Frage gegeben haben, desto besser ist dies zu bewerten. Allerdings könnte eine extrem niedrige Punktzahl von *12 Punkten oder darunter* auch auf eine mangelnde Flexibilität hindeuten. Vielleicht arbeiten Sie auch in einer Branche, in der qualitativ sehr hochwertige Produkte mit entsprechend hohen Preisen angeboten werden. In diesem Fall werden Sie Preiskämpfe nach Kräften vermeiden.

Mit einer *Punktzahl von 13 bis 16* haben Sie ein gutes Ergebnis erzielt. Sie verfolgen Ihren Kurs und erzielen in der Regel vernünftige, rentable Abschlüsse. Sie erleben gelegentlich Einbußen bei hohem Volumen, aber grundsätzlich ziehen Sie höhere Gewinne einem höheren Absatz vor.

Über 25 Punkte – Sie sind ein potenzieller Kriegstreiber. Wahrscheinlich sind Sie am unteren Ende einiger hart umkämpfter Märkte mit preisbewussten Käufern tätig. Aber da gibt es noch etwas, das Sie vermutlich nicht gerne hören: Diese Käufer ziehen Sie wahrscheinlich über den Tisch.

Übung 9.5 Kuriose Fragen zur Preisbildung

Hier sind einige hypothetische Fragen zur Preisbildung. Wie würden Sie in den folgenden Situationen handeln?

Frage 1

Sie sind der Marketingleiter eines Pharmaunternehmens in einem Land, in dem es keine staatliche Gesundheitsfürsorge gibt und die Patienten ihre Medikamente selbst bezahlen müssen. Ihr Unternehmen stellt ein Medikament her, das die Patienten lebenslang einnehmen müssen. Dieses Medikament wurde nun von einem Gerät überflüssig gemacht, mit dem Patienten behandelt werden können, die neu an der Krankheit erkranken. Das bedeutet, dass Ihr Markt nach und nach verschwindet. Welche Strategie sollten Sie anwenden:

a) eine kostenorientierte Strategie?
b) eine Strategie, bei der versucht wird, noch alles herauszuholen, was der Markt hergibt?
c) eine Strategie, die sich auf bestimmte ethische Grundsätze stützt?
d) eine Strategie, die darauf beruht, welche Preise die Konkurrenz verlangt?

Frage 2

Sie stehen vor der Aufgabe, überschüssige Bestände einer sich schlecht verkaufenden Produktlinie loszuwerden. Sie benötigen die Erlöse für Investitionen in bessere Produkte. Wie beurteilen Sie die Rolle von Preisförderungsaktionen?

a) Versuchen Sie, so viele Aktionen wie möglich durchzuführen?
b) Bieten Sie nur Ihren besten Kunden Sonderpreise an?
c) Weigern Sie sich, solche Aktionen überhaupt einzusetzen?
d) Setzen Sie das Instrument sparsam und außerhalb der üblichen Märkte ein?
e) Verwenden Sie das Instrument nur gelegentlich, erwecken aber den Eindruck, dies häufig zu tun, etwa durch Werbung etc.?

Frage 3

Sie möchten eine aggressive Preispolitik betreiben, um den Marktanteil wesentlich zu erhöhen. Wie hoch sollten die Preisnachlässe auf einem normalen Markt für Konsumgüter mindestens sein, um genügend Konsumenten zu überzeugen?

a) 10 % niedriger als der Konkurrenzpreis,
b) 15 % niedriger als der Konkurrenzpreis,
c) 20 % niedriger als der Konkurrenzpreis,
d) 30 % niedriger als der Konkurrenzpreis,
e) zwischen 40 und 50 % niedriger als der Konkurrenzpreis.

Frage 4

Sie vertreiben die erfolgreichste Marke auf einem Markt. Gemeinsam mit Ihren beiden nächsten Konkurrenten halten Sie einen Marktanteil von 60 %. Wo sollte der Preis für Ihr Produkt im Vergleich zum durchschnittlichen Marktpreis liegen?

a) 10 % unter dem Durchschnittspreis,
b) etwa beim Durchschnittspreis,
c) 20 % unter dem Durchschnittspreis,
d) 7 % über dem Durchschnittspreis.

Ergebnisermittlung für Übung 9.5

Frage 1

a) +1 Punkt.
b) –5 Punkte. Die Patienten werden natürlich jeden Preis bezahlen, um am Leben zu bleiben, aber können Sie dann noch in den Spiegel sehen?
c) +5 Punkte.
d) +1 Punkt.

Frage 2

a) 0 Punkte.
b) +1 Punkt. Dies ist eine schlechte Taktik, denn damit bewirken Sie nur, dass Ihre besten Kunden ständig Rabatte verlangen. Allerdings könnten Sie sich damit auch einiges Wohlwollen sichern.
c) +1 Punkt. Zu starr.
d) +5 Punkte. Versuchen Sie, dieses Instrument nach Möglichkeit überhaupt nicht mehr anzuwenden, ansonsten gehen Sie zu Punkt e.
e) +4 Punkte. Diese Methode wird von manchen Supermärkten angewandt. Es werden einige wenige Lockangebote sehr stark promotet. Aber damit bewirken Sie nur, dass es zu weiteren Preissenkungen auf Ihrem Markt kommt. Außerdem müssen Sie für Ihre Angebote Werbung machen und gleichzeitig noch Rabatte einräumen. Dies kann sich als sehr teuer erweisen, es sei denn, das Absatzvolumen rechtfertigt die Aufwendungen.

Frage 3

a) 0 Punkte.
b) +1 Punkt.
c) +2 Punkte.
d) +3 Punkte.
e) +4 Punkte.

Frage 4

a) 0 Punkte.
b) +2 Punkte.
c) –2 Punkte.
d) +5 Punkte.

Auswertung

15 Punkte oder mehr	Sie haben sehr gut abgeschnitten und/oder Sie sind sehr erfahren.
10–14 Punkte	Denken Sie etwas mehr nach, bevor Sie Entscheidungen treffen.
Unter 10 Punkte	Lassen Sie die Finger von Preisentscheidungen.

10 | Operativer Marketingplan: Distribution und Kundenservice

Zusammenfassung

- Der Distributionsbegriff
- Die Komponenten des Distributions-Mix
- Die verschiedenen Absatzwege (Kanäle)
- Neukonfiguration des Marktmodells
- Auswahl der geeigneten Kanäle
- Kundenbindung und Rentabilität
- Der Kundenservice und seine wichtigsten Komponenten
- Die Erstellung eines Distributionsplans
- Übungen zur Umsetzung der Theorie in die Praxis

Einleitung

Manche Leser und Leserinnen betrachten die Distribution vermutlich als eine Aufgabe, die nichts mit dem Marketing zu tun hat.

Sie denken dabei – so wie es leider in allzu vielen Unternehmen der Fall ist – nur an die physische Distribution oder den Warentransport, nicht aber an den eigentlichen Kern der Distribution. In diesem Kapitel wird gezeigt, warum die Distribution für das Marketing sehr wohl eine Rolle spielt und was bei der Distributionsplanung berücksichtigt werden muss.

Die Produktdistribution betrifft im Wesentlichen drei Hauptentscheidungsfelder. Diese werden im Folgenden erläutert:

1. Wie ist die physische Verteilung der Produkte organisiert?
2. Über welche Absatzkanäle werden die Kunden erreicht (oder welche Kanäle nutzen die Kunden, um die Produkte zu kaufen)?
3. Welche Anforderungen stellen Kunden an die Verfügbarkeit der Produkte?

Physische Distribution

Die physische Distribution umfasst die Dimensionen Ort und Zeit und stellt ein wesentliches nutzenstiftendes Element dar. Dies wird in *Abbildung 10.1* veranschaulicht, wo auch die Beziehung der physischen Distribution zu den anderen Nutzenelementen verdeutlicht wird. Die Zahlen im Diagramm dienen nur zur Veranschaulichung, sind allerdings für manche Branchen durchaus realistisch.

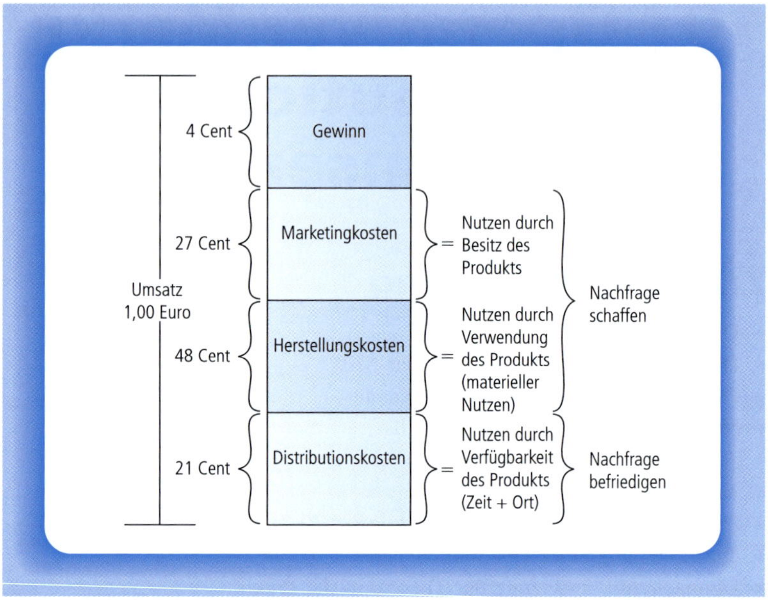

Abbildung. 10.1
Die Distribution als ein Teil der Marketingleistung.

Ein Produkt, das nicht zu dem Zeitpunkt und an dem Ort verfügbar ist, an dem der Kunde es erwartet, kann sich auch nicht am Markt durchsetzen.

Definition
Unter physischer Distribution versteht man die Verteilung der Güter vor und nach der Produktion. Dafür ist auch der Begriff „Logistik" geläufig.

Um Kundennutzen zu stiften, müssen Unternehmen deshalb eine Distributionsfunktion schaffen, ob sie nun Marketinglogistik, Verkehrsmanagement oder einfach nur Logistik genannt wird. Heute spricht man häufig vom Lieferkettenmanagement oder Supply Chain Management. In *Abbildung 10.2* wird diese Funktion in einem allgemeinen Modell dargestellt. Darin wird auch die Beziehung der *Distribution* zum Marketing, zur Produktion, zur Beschaffung und zum Finanz- und Rechnungswesen veranschaulicht.

Die Verteilung aller Güter, sowohl vor der Produktion (Rohstoffe, Baugruppen etc.) als auch danach (Fertigerzeugnisse) ist Gegenstand der Unternehmenslogistik. In diesem Kapitel wird hauptsächlich auf die Distribution der Fertigerzeugnisse eingegangen.

Der Distributions-Mix

In einem typischen Produktionsunternehmen mit einer formal definierten Distributionsstruktur verteilt sich die Verantwortung für die Distributionsaufgaben auf die verschiedenen funktionalen Abteilungen. Beispielsweise steuert die Produktionsabteilung die Lagerhaltung und den Transport; die Marketingabteilung ist für die Absatzwege, den Kundenservice und die Kommunikation zuständig, und die Finanzabteilung kümmert sich um Restbestände, die Datenverarbeitung und die Lagerhaltungskosten.

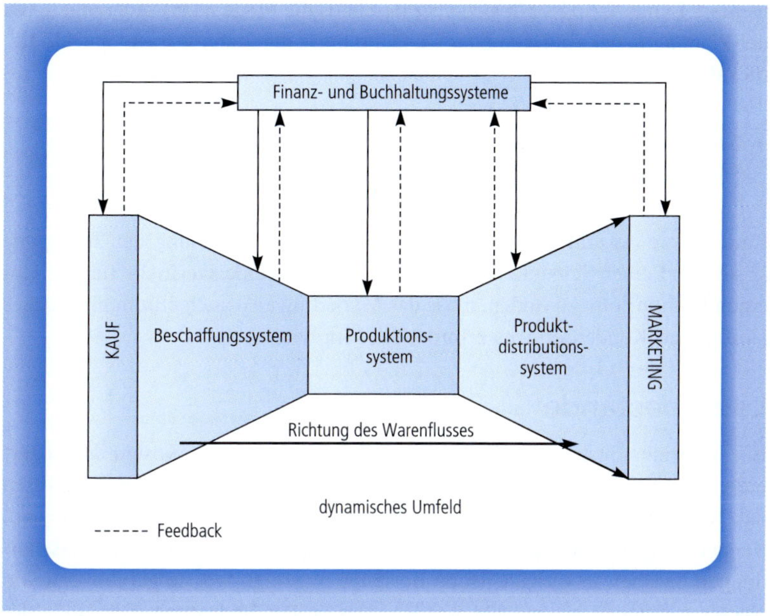

Abbildung 10.2
Einordnung der Distribution in der Supply Chain.

Bei einer solchen Aufgabenteilung verfolgt jede Abteilung vornehmlich ihre eigenen Ziele und konzentriert sich auf die Optimierung ihrer eigenen Tätigkeiten, ohne die Belange der anderen Abteilungen oder das Wohl des Gesamtunternehmens ausreichend zu berücksichtigen.

Eine stärkere Bündelung der Distributionsaufgaben im Unternehmen kann zwar die Reibungen zwischen den Abteilungen nicht völlig ausschalten, gewährleistet aber zumindest, dass alle mit der Distribution zusammenhängenden Aktivitäten einer zentralen Kontrolle unterstehen. Dadurch können sie gezielter beeinflusst und gesteuert werden.

Genau darin besteht der Kern eines Distributionskonzepts. Ein solches Konzept ermöglicht es, „Kompromisse" einzugehen, also Kosten in einem Bereich in Kauf zu nehmen, um dafür in einem anderen Bereich stärker zu profitieren. Dabei geht es beispielsweise um die Frage, ob mehrere dezentrale Lager unterhalten werden oder ob ein Lager, ergänzt durch ein verbessertes Transportsystem, ausreicht. Natürlich stellt die Bewertung derartiger „Kompromisse" eine große Herausforderung für die Kostenrechnung eines Unternehmens dar.

Ein professioneller Distributionsmanager muss also bei der Suche nach Kompromissen mehrere Komponenten abwägen, die insgesamt den *Distributions-Mix* darstellen. Diese fünf Komponenten werden im Folgenden erläutert.

Einrichtungen

Bei Entscheidungen in diesem Bereich geht es um die Zahl der Lager und Gebäude sowie deren Standorte. Die Standorte der vorhandenen Lager und Gebäude müssen in den meisten Unternehmen kurzfristig als gegeben betrachtet werden. Längerfristig stellt sich aber durchaus die Frage nach Änderungen; bei der Planung neuer Fabriken oder Gebäude muss die Standortfrage ohnehin berücksichtigt werden.

Die wichtigste Aufgabe, die dem Marketing hier zufällt, ist die Prognose von Art, Umfang und geografischer Verteilung der Nachfrage.

Eine höhere Anzahl von Standorten wird zu einer Erhöhung der Transportkosten und einer Senkung der Kosten des Einzelhandelsvertriebs führen. Um einen Kompromiss zu finden, muss das Marketing also auch ermitteln, welcher Umfang an Kundenservices erforderlich sein wird.

Lagerbestände

Ein wichtiger Bestandteil der Distributionskosten sind die Kosten der Lagerhaltung. Oft stellen sie einen Anteil von 30 % der jährlichen Distributionskosten dar. Sie setzen sich aus Posten wie Zinsaufwendungen, Verschleiß, Schwund, Versicherungen oder Verwaltungsaufwand zusammen. Deshalb sind Entscheidungen darüber, in welcher Höhe Bestände angelegt, wo sie geführt und wie Nachbestellungen gehandhabt werden, von großer Bedeutung. Die Höhe der Lagerbestände ist auch ein wichtiger Faktor bei der Ermittlung des Serviceniveaus, das ein Unternehmen seinen Kunden bieten möchte.

Transport

Wichtige Fragen im Bereich des Transports sind etwa die nach der Transportart, ob ein Kauf dem Leasing der Fahrzeuge vorzuziehen ist, wie die Lieferungen organisiert werden oder wie häufig geliefert wird. Von den fünf Komponenten bei der Distribution erhält der Transport die wohl größte Aufmerksamkeit, zumal es sich um eine sehr offensichtliche Facette der Distribution handelt.

Kommunikation

Distribution umfasst nicht nur die Verbreitung von Gütern, sondern auch die Verbreitung von Informationen. Dies betrifft zum Beispiel das System der Auftragsabwicklung, das Fakturierungssystem und die Nachfrageprognose. Ohne eine effektive Unterstützung durch die Kommunikation kann das Distributionssystem keinen zufriedenstellenden Kundenservice zu akzeptablen Kosten erbringen. Ineffizienzen in der Kommunikation verursachen Kosten in anderen Bereichen, etwa weil Expresslieferungen notwendig werden, und führen zu Umsatzeinbußen, weil Kunden zu alternativen Lieferanten abwandern.

Logistische Einheiten

Die Verpackung der Güter und ihre Zusammenfassung zu größeren Einheiten (z. B. Paletten) können ein wichtiger Aspekt der Distributionsökonomie sein. So ermöglicht die Stapelung von Waren auf Paletten, die dann bei Transport und Lagerung verwendet werden können, beträchtliche Kosteneinsparungen. Ein weiteres Beispiel sind Container: Ihr Einsatz hat den Transport revolutioniert. Mobile Regalsysteme und die Preiserfassung durch Scanner sind weitere Beispiele für Innovationen, die sich dramatisch auf die Vermarktung ausgewirkt haben.

Die oben genannten fünf Komponenten bestimmen die Distributionskosten eines Unternehmens.

Marketingkanäle

Die Hauptaufgabe der Distribution ist die Bereitstellung der „richtigen Produkte zur richtigen Zeit".

Zu diesem Zweck werden geeignete Kanäle benötigt, über die das Produkt zum Kunden gebracht wird. Ein Marketingkanal ist der Weg des Eigentumsüber-

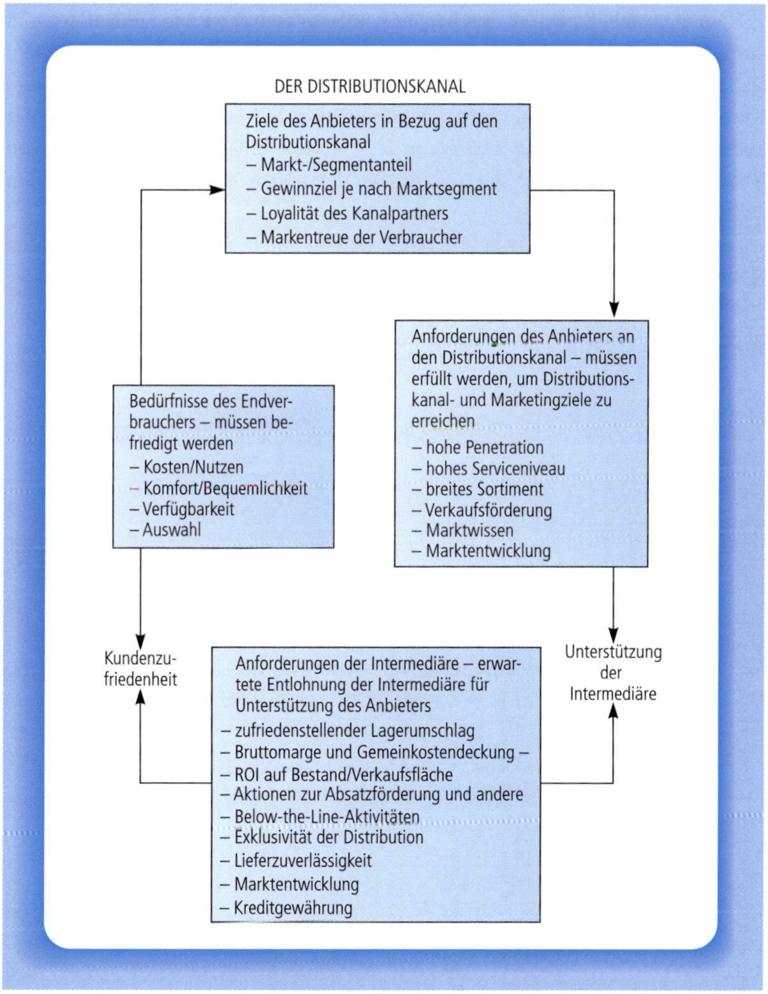

Abbildung 10.3
Kosten und Nutzen des Einsatzes von Intermediären.

gangs vom Ursprung einer Ware (sei es ein Produkt oder eine Dienstleistung) bis zu ihrem endgültigen Verbrauch.

Dabei spielen sowohl der Kanal, über den der Austausch erfolgt (und seine administrative und finanzielle Steuerung), als auch der physische Kanal des Produkts eine Rolle – diese müssen nicht identisch sein.

Viele Unternehmen verwenden mehrere Marketingkanäle, um ihre Kunden zu erreichen. Häufig zählen dazu ein oder sogar mehrere „Intermediäre“. Aufgabe eines Intermediärs ist das Erreichen einer größtmöglichen Marktabdeckung bei möglichst niedrigen Stückkosten. Viele Intermediäre halten Bestände vor und teilen bis zu einem gewissen Grad das finanzielle Risiko mit dem Auftraggeber (oder Lieferanten). Wie *Abbildung 10.3* zeigt, bietet der Einsatz eines Intermediärs Vorteile für den Hersteller, verursacht aber auch hohe „Kosten“, insbesondere deshalb, weil der Hersteller den Absatz nicht mehr vollständig unter seiner Kontrolle hat.

Häufig bestehen auch deutliche Zielkonflikte zwischen den Herstellern und ihren Intermediären, die dann die Beziehung belasten und Misstrauen schaffen. Daher müssen Hersteller jeden potenziellen Absatzweg auf seine Kosten und Nutzen hin überprüfen und eine Lösung wählen, die am besten zum Geschäft und den Märkten passt. In *Abbildung 10.4* werden unterschiedliche Arten von Absatzwegen dargestellt, die mit unterschiedlichen Kosten-Nutzen-Profilen verbunden sind.

Die Kosten-Nutzen-Abwägung muss stets in einem möglichst umfassenden Kontext vorgenommen werden. Eine wichtige Rolle spielen dabei marktstrategische Fragen, die Eignung des Absatzwegs für das Produkt, die Kundenanforderungen sowie die jeweils anfallenden Distributionskosten.

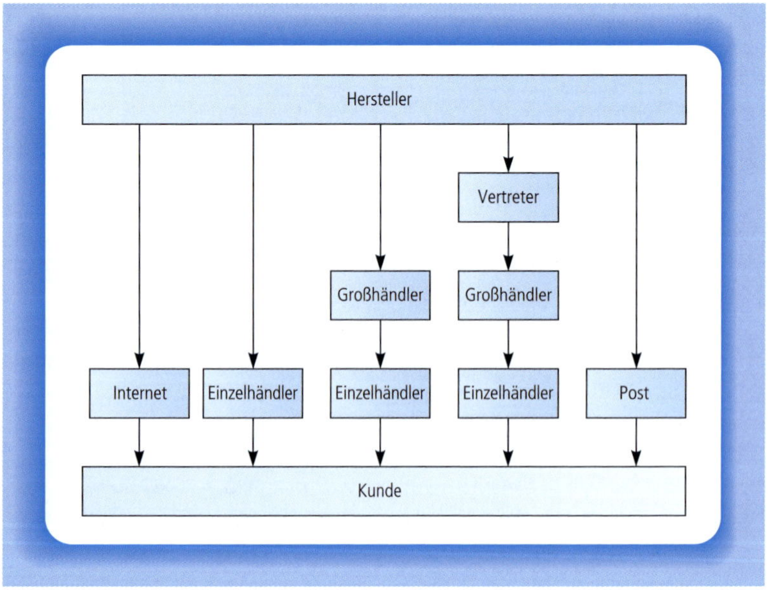

Abbildung 10.4
Arten von Absatzwegen.

Entscheidungen über Absatzwege sind deshalb Schlüsselentscheidungen, die auch die Auswahl eines oder mehrerer Intermediäre und eine detaillierte Berücksichtigung der logistischen Aspekte aller Alternativen umfassen. Die Bewertung der Intermediäre ist somit von wesentlicher Bedeutung.

Neue Kanäle

In Kapitel 4 wurde bereits die Notwendigkeit betont, das Marktmodell zu modifizieren, um neue Absatzwege wie etwa das Internet zu berücksichtigen.

Es gibt im Wesentlichen fünf Möglichkeiten, um das Marktmodell neu zu konfigurieren:

1. *Ersatzprodukte/neu konfigurierte Produkte:* Über einen elektronischen Kanal werden Kundenbedürfnisse eventuell auf andere Art als bisher befriedigt („Ersatzprodukte"). Beispielsweise kann die E-Mail-Kommunikation die herkömmliche Post ersetzen und eine Bedrohung für Papierhersteller, Büromaterialanbieter und Postunternehmen darstellen. Eine andere Möglichkeit besteht darin, Kundenanforderungen in unterschiedlichen Produktkonzepten zu bündeln („neu konfigurierte Produkte"). Tageszeitungen enthalten beispielsweise Stellenanzeigen, den Wetterbericht, Nachrichten und Kleinanzeigen. Mittlerweile jedoch haben sie Konkurrenz von Internetdiensten bekommen, die entweder nur eines dieser Elemente anbieten, etwa Verbraucherauktionen, oder eine Komponente der Tageszeitung mit anderen Nutzenangeboten kombinieren. So erfüllt ein Portal wie Yahoo einige Bedürfnisse, die bisher von der Tageszeitung abgedeckt wurden, beispielsweise die aktuellen Nachrichten. Es befriedigt gleichzeitig jedoch andere Bedürfnisse, etwa durch Websites für den Wetterbericht und für Auktionen. Außerdem erfüllt ein solches Portal auch darüber hinaus gehende neue Bedürfnisse, weil es das gesamte Internet durchsuchen kann. Neu konfigurierte Produkte erhöhen also die Komplexität des Marktes, weil zwei Branchen möglicherweise nun „kollidieren" und im Zusammenhang betrachtet werden müssen.
2. *Disintermediation:* Ähnlich wie andere Absatzwege wie etwa Callcenter, die auf moderner Informationstechnologie beruhen, führt auch der elektronische Handel dazu, dass Intermediäre in der Wertschöpfungskette wegfallen, weil ihre Aufgaben des Informationstransfers nun besser über das Internet erfüllt werden. Beispiele dafür sind das Telefon- und Internetbanking, der Direkteinkauf auf der Homepage von Herstellern und die Umgehung von Vertretern und Großhändlern durch einige Konsumgüterhersteller, die direkt an die Einzelhändler verkaufen.
3. *Reintermediation:* In manchen Fällen wird ein vorhandener Intermediär durch einen neuen Online-Intermediär ersetzt und nicht umgangen. Websites, die automatisch nach der preiswertesten Kfz-Versicherung suchen, konkurrieren mit Maklern, die ihre Versicherungen über das Telefon verkaufen, die wiederum den Niedergang der Versicherungsfilialen in den Innenstädten verursachen. TPN Register von General Electric bietet einen Online-Marktplatz, auf dem sich Lieferanten auf der einen Seite und General Electric sowie dessen Partner auf der anderen Seite treffen.

vom Verkäufer kontrolliert	Webseite des Verkäufers	Ernst & Young, HBR
am Verkäufer orientiert	vom Verkäufer betriebene Community Distributor eines Konsortiums Vertreter des Verkäufers Leadgenerator Zielgruppen-Broker	Cambridge Information Net TheTrainline Chemdex Autobytel DoubleClick
neutral	Vermittler (Marktmacher) Online-Portal Electronic Shopping Mall	eBay, FastParts, priceline RS Components Blackwell's msn.com
am Käufer orientiert	Vertreter des Käufers käuferorientierter Aggregator	CompareNet TPN Register
vom Käufer kontrolliert	Webseite des Käufers	Japan Airlines

Abbildung 10.5
Arten von Intermediären.

Es ist schwer, vorherzusagen, in welchen Fällen eine Reintermediation tatsächlich eintritt, weil die Möglichkeiten sehr vielfältig sind. Wird etwa eine Beziehung wie die zwischen Tabak- und Zeitschriftenläden und ihren Lieferanten ohne Vermittler auskommen? Wenn ja, werden die Läden ihren Bedarf auf den Websites verschiedener Lieferanten decken, oder werden die Lieferanten auf Ausschreibungen reagieren, die auf den Websites der Läden veröffentlicht werden? Oder wird gar ein neuer Intermediär entstehen, der als Marktplatz zwischen den beiden fungiert? *Abbildung 10.5* zeigt, wie die Optionen systematisiert werden können. An einem Ende stehen Websites von Unternehmen (wie etwa von Japan Airlines, das seine Lieferanten zur Teilnahme an offenen Ausschreibungen auffordert) und am anderen Websites von Anbietern/Verkäufern (wie etwa die von *Harvard Business Review*, die eine kostenpflichtige Online-Version anbietet).

Irgendwo in der Mitte liegen die neutralen Marktplätze. Ein Beispiel sind Auktionsseiten, die weder an den Käufer noch an den Verkäufer geknüpft sind. Etwas näher bei den Anbietern sind Intermediäre wie Auto-by-Tel angesiedelt, das Verkaufsinteressenten an lokale Händler weiter verweist. Ein eher käuferorientierter Intermediär ist das bereits beschriebene Angebot TPN Register: Es wurde von einer Allianz von Einkäufern gegründet, die niedrige Preise durch Größenvorteile sichern möchten.

Welche von diesen Möglichkeiten sich letztlich durchsetzen wird, hängt von der Anzahl der Anbieter und Käufer sowie von der relativen Macht der Anbieter und Käufer ab (Migalk et al. 2004). Wo es wenige Käufer und viele Anbieter gibt oder wo die Kaufkraft hoch ist, wird der Markt eher zu individuellen Käufer-Websites oder käuferorientierten Intermediären tendieren, wie es etwa bei den Autoherstellern der Fall ist. Dagegen verfügt eine geringe Zahl von Anbietern bei einer großen Zahl von Kunden über die Macht, den Markt durch eigene Websites oder anbieterorientierte Allianzen zu steuern. Eine hohe Zahl von Anbietern und Käufern wird eher einen neutralen Marktplatz verwenden, um die Such- und Transaktionskosten beider Parteien zu senken, wenngleich Anbieter mit einer besonders starken Marke und/oder Produktdifferenzierung wie *Harvard Business Review* oder die medizinische Fachzeitschrift *The Lancet* sich vermutlich nicht an solchen Marktplätzen beteiligen werden.

4. *Teilweise Kanalsubstitution:* Dies stellt eine Zwischenstufe auf dem Weg zur Disintermediation dar. In manchen Fällen wird die Rolle des Intermediärs (z. B. Händler) vielleicht beschnitten, ohne dass er ganz ausgeschaltet wird, indem der Anbieter einen Teil seiner Leistungen dem Kunden des Händlers direkt bereitstellt. So tragen etwa die Websites von Autoherstellern zur Markenentwicklung bei und stellen Kundeninformationen zur Verfügung, während sie die Kunden für den tatsächlichen Kauf an die traditionellen Händler verweisen.
5. *Wechsel/Ergänzung von Medien:* Schließlich besteht auch die Möglichkeit, dass die Stufen in der Kette unverändert bleiben, aber die Kommunikation zwischen ihnen in das Internet verlagert wird. Als Beispiel dafür sei die Internetnutzung bei der Kundenbetreuung von Dell genannt. Auch viele andere Unternehmen ergänzen den vorhandenen Vertriebsweg über das Telefon durch das Internet, während nach wie vor dieselben Kunden bedient werden.

Rekonfiguration des Marktmodells

Um das Marktmodell zu modifizieren, müssen die potenziellen Auswirkungen jeder dieser fünf Veränderungen untersucht werden. Dabei ist es wichtig,

1. die Auswirkung der Veränderung auf das Marktmodell darzustellen;
2. die resultierende Auswirkung auf den Kundennutzen darzustellen (für jedes Segment);
3. die Veränderung in einem überarbeiteten Marktmodell darzustellen, wenn sich die Auswirkung für manche Segmente als positiv erweist.

Ob die Auswirkung auf den Kundennutzen (ähnlich wie die Analyse der kritischen Erfolgsfaktoren bei den Kunden, die nachstehend genauer beschrieben und anhand eines Beispiels erläutert wird) als positiv eingeschätzt wird, hängt von der Positionierung des Unternehmens auf dem entsprechenden Markt ab. Im Sinne der drei generischen Strategien von Porter (Kostenführerschaft, Nischenstrategie oder Differenzierung durch Qualitätsorientierung) bedeutet dies:

- Wird eine Kostenführerschaft angestrebt, müssen die Produkte bei den nicht vom Preis abhängigen Kriterien denen der Konkurrenz entsprechen.
- Wird eine Differenzierung angestrebt, müssen die Produkte bei einem oder mehreren Nutzenkriterien den Konkurrenzprodukten weit überlegen sein, während sie bei den anderen zumindest annähernd gleich sein müssen.
- Bei Nischenstrategien wiederum müssen die Kriterien, die für die Zielmärkte wichtig sind, in überdurchschnittlichem Maß erfüllt werden.

In *Tabelle 10.1* sind einige weitere Fragen zur Disintermediation, zur teilweisen Substitution von Absatzkanälen und zum Medienwechsel beziehungsweise zur Aufnahme neuer Absatzkanäle enthalten.

Tabelle 10.1 Beurteilung potenzieller Änderungen des Marktmodells

Disintermediation	Verbessert die Ausschaltung eines Intermediärs den Warenfluss? Wenn ja, können die Informationsströme oder andere wertschöpfende Dienstleistungen des Intermediärs ebenso effektiv von anderen Akteuren in der Kette übernommen werden? Schlagen sich diese Verbesserungen in einer verbesserten Nutzenstiftung nieder?
teilweise Kanalsubstitution	Werden die Informationsströme verbessert, indem das Internet als zusätzlicher Kommunikationskanal genutzt wird (etwa durch eine preiswertere Kommunikation mit dem Kunden)?
Medienwechsel/-ergänzung	Kann das Internet unter Beibehaltung der vorhandenen Struktur die Kosten der Kommunikation senken oder deren Nutzen steigern?

Zukünftiges Marktmodell für Finanzdienstleistungen

In *Abbildung 10.6* wird ein neues Modell am Beispiel des Finanzdienstleistungsbereichs dargestellt.

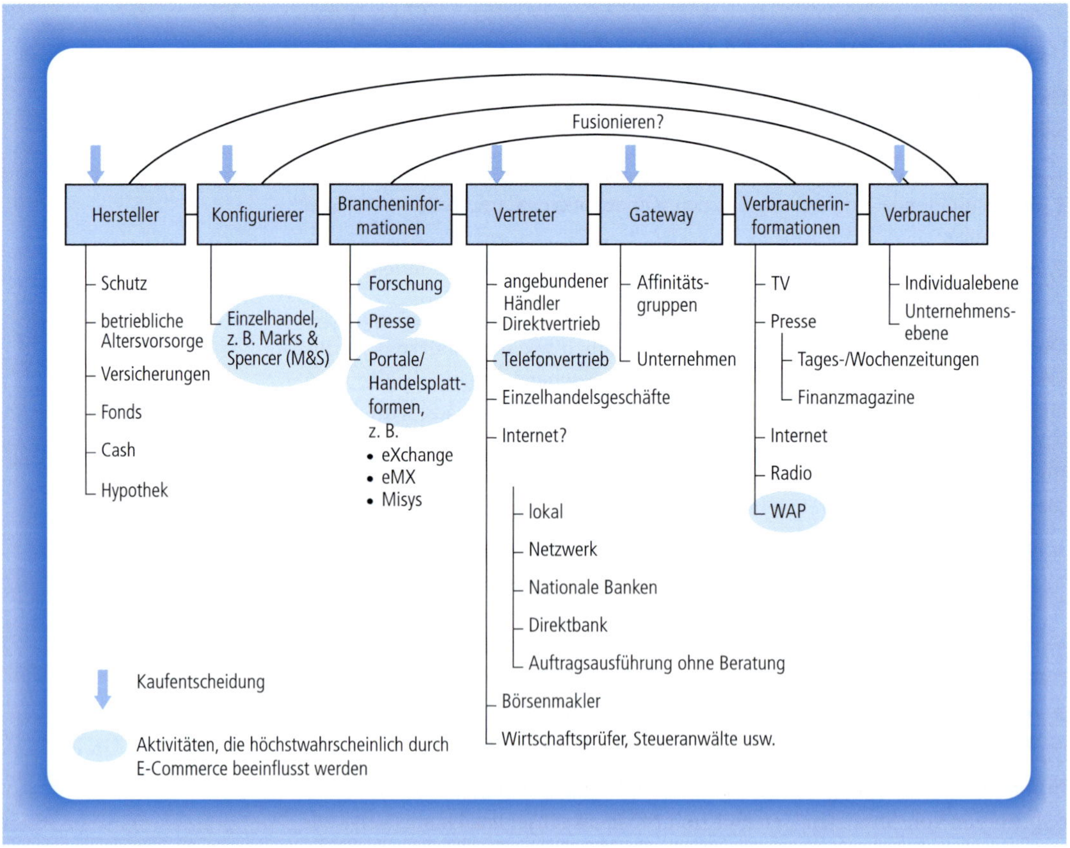

Abbildung 10.6
Zukünftige Marktentwicklungen im Finanzdienstleistungsbereich.

Ähnliche Auswirkungen des E-Commerce sind auch auf anderen Märkten zu erwarten.

1. *Fondsmanager wählen den direkten Weg:* E-Commerce erleichtert Fondsmanagern den direkten Verkauf ihrer Produkte an die Kunden. Die in der gesamten Branche steigende Transparenz der Preisgestaltung bietet den Kunden mehr Komfort beim Direktkauf. Tatsächlich ziehen diese den direkten Weg vielleicht auch deshalb vor, weil sie nicht mehr von einem Vertreter beeinflusst werden, der für seine Beratung eine hohe Provision erhält.
   Der Direktverkauf von Fondsprodukten dürfte langfristig aufgrund der Tatsache zunehmen, dass die Fondsmanager leicht verständliche Informationen über ihre Produkte und ihre Performance im Internet zur Verfügung stellen.
2. *Der Kunde konfiguriert sein eigenes Produkt:* E-Commerce versetzt die Kunden in die Lage, ihre eigenen Anlageprodukte zu „konfigurieren". Derzeit ist dies noch nicht für alle Finanzprodukte möglich, da es für Kunden zu zeitraubend ist, sich in die Details der gesetzlichen Vorschriften zu vertiefen. Aber es ist denkbar, dass E-Commerce-Anwendungen entwickelt werden, die dieses Wissen bereits in Form von „Regeln" enthalten und so den Kunden die Konfiguration ihrer Produkte ermöglichen.
3. *Die Grenzen zwischen Branchen- und Verbraucherinformationen verwischen:* Derzeit unterscheiden sich die Informationen, die den professionellen Beratern auf dem Markt zur Verfügung stehen, deutlich von jenen, die Verbrauchern zugänglich sind. Die Informationen der Experten sind detaillierter und setzen profundes Fachwissen voraus. Zunehmend verwischt diese Grenze jedoch. Insbesondere ist dies bei Versicherungsbörsen wie eXchange, eMX und Misys der Fall, die traditionell nur eine Vermittlerrolle spielten und nun selbst den Endverbrauchern Dienstleistungen über das Internet anbieten.
4. *Nutzergruppen mit ähnlichen Interessen (Affinity Groups) können sich zu vertrauenswürdigen Portalen entwickeln:* Konsumenten in der Online-Welt bilden Interessensgruppen. Ein Beispiel ist ThirdAge.com, eine Community für Menschen über 60. Solche virtuellen Gemeinschaften werden für immer mehr Menschen Anlaufstelle und Bezugspunkt, wenn sie Produkte online kaufen.
5. *Beratung wird ins Internet verlagert:* Derzeit wenden sich viele potenzielle Käufer von Anlageprodukten an einen gut ausgebildeten Finanzberater, der die relevanten Vorschriften und Bestimmungen kennt. Mit der Zunahme des E-Commerce dürfte auch die Zahl elektronischer Beratungsangebote ansteigen. Dabei wird es sich um regelbasierte Algorithmen handeln, die einfache Fragen stellen und aus den Antworten Produktempfehlungen ableiten. Hier besteht allerdings die Gefahr, dass solche Systeme zu stark vereinfacht sind. In der Folge könnten viele Kunden die falschen Produkte kaufen.
6. *E-Commerce führt dazu, dass Produkte viel häufiger als bisher gewechselt werden:* Die Einfachheit des Kaufs von Produkten via E-Commerce, insbesondere beim interaktiven Fernsehen, kann zu mehr Impulskäufen führen. Damit verbunden ist aber auch eine größere Bereitschaft der Kunden, beim nächsten Mal wieder ein anderes Produkt zu wählen, wenn sich das

spontan gekaufte Produkt als ungeeignet erwiesen hat. Dies ist nicht nur für die Kunden unbefriedigend, die einen finanziellen Verlust erleiden, wenn sie Produkte abstoßen, die eigentlich als langfristige Anlage gedacht waren, sondern auch für die Anbieter, denen ein hoher Verwaltungsaufwand entsteht.

7. *E-Commerce kann Zyklen im Kaufverhalten der Verbraucher erzeugen:* Kurzfristig sind Online-Verbraucher vielleicht versucht, direkt von den Anbietern zu kaufen, stellen später aber möglicherweise fest, dass sie entweder die falsche Entscheidung getroffen haben, die erzielten hohen Gewinne sichern möchten oder sich in der Flut der Informationen nicht mehr zurechtfinden. All dies kann dazu führen, dass sie sich bei ihren Anlageentscheidungen später doch wieder an traditionelle Berater wenden.
   Ein weiterer Faktor, der das zyklische Verhalten in der Finanzberatung fördert, sind die Marktbedingungen. In einem schnell wachsenden Bullenmarkt wird weniger Wert auf Beratung gelegt, weil es nicht sehr schwierig ist, Geld zu investieren und zu verdienen. Bei sich abschwächenden Märkten greifen die Verbraucher jedoch wieder stärker auf fundierte persönliche Beratung und Betreuung zurück.

> Ein ähnliches Muster wurde jüngst in den USA beobachtet. Hier wechselten viele Verbraucher zu Fondsangeboten, für die keine Bearbeitungsgebühren fällig wurden und die ihnen gute Gewinne erbrachten. Dann jedoch benötigten sie professionelle Beratung dazu, wie sie diese Gewinne halten konnten.

8. *Kleine Marktteilnehmer sind flexibler:* Beispiele dafür kann man bei kleinen Finanzberatern beobachten, die elektronische Dienstleistungen noch vor den größeren Banken anbieten.
9. *E-Commerce macht die Kunden selbstständiger, ohne den persönlichen Kontakt abzuschaffen:* Wenn Kunden Adressenänderungen, Kontoangaben oder sonstige Angaben zu ihren Transaktionen selbst am PC vornehmen, nehmen sie dem Vertreter oder Anbieter einen Teil ihrer Verwaltungsarbeit ab. Dennoch können Kunden, die eine Beratung wünschen, jederzeit persönlichen Kontakt zu einem Berater aufnehmen, vor allem bei komplexeren Produkten.

Integration der Vertriebskanäle

Das Innovationstempo nimmt immer mehr zu und das Internet bietet viele neue Chancen für den Absatz digitalisierbarer Produkte und damit zusammenhängender Dienstleistungen. Dennoch werden Innovationen im Bereich der *Absatzkanäle* in den nächsten zehn Jahren eine vorherrschende Rolle spielen. Es geht darum, über welche Kanäle die Kommunikation mit dem Kunden geführt wird und wie die Produkte zu ihm gelangen. Unternehmen wie Direct Line, First Direct, easyJet, eBay und Amazon sind Beispiele für Unternehmen, die Wettbewerbsvorteile erreichen, indem sie durch den Vertrieb über moderne Informationstechnologien einen Zusatznutzen bieten, die Kosten senken oder beides zugleich.

Im Folgenden geht es darum, wie Unternehmen auf die Chancen und Gefahren dieser neuen Absatzkanäle reagieren sollten, um profitable Kundenbeziehungen aufzubauen. Bereits seit einiger Zeit werden Lösungen für die Vertriebsautomatisierung, die Direktwerbung, das Telemarketing, den Kundenservice und E-Commerce angeboten, entweder als Einzelpakete oder auch im Rahmen integrierter CRM-Systeme. Mit derartigen Lösungen wird zwar eine wichtige Infrastruktur geschaffen. Sie müssen jedoch auch durch Führungsprozesse ergänzt werden, die etwa die Frage beantworten, welche Absatzwege genutzt werden und wie sie integriert werden sollten, um den Kunden einen wirklichen Nutzen zu stiften.

Studien deuten darauf hin, dass Unternehmen im Wesentlichen die folgenden Optionen bei der Wahl der Kanalstrategie haben (Neslin et al. 2006; Falk et al. 2007)

- Ein *einziger Kanal* ist zumindest für den Großteil der Kundeninteraktion ausreichend. Direct Line und First Direct wählten zunächst das Telefon als wichtigsten Absatzkanal. Im Internet spricht man hier von „Pure Play". Beispiele dafür sind Amazon und eBay.
- Bei einem *Wechsel des Kanals* beginnt ein Anbieter mit einem einzigen Kanal, versucht dann aber, seine Kunden für einen anderen Kanal zu gewinnen, weil dieser entweder einen Zusatznutzen bietet oder niedrigere Kosten verursacht. So wurden bei EasyJet die Tickets anfänglich über das Telefon verkauft, während heute besonders preissensiblen Kunden finanzielle Anreize für die Online-Buchung geboten werden, die von den meisten auch genutzt werden.
- Bei einer *aufgabenorientierten Strategie* werden mehrere Absatzkanäle kombiniert eingesetzt, um unterschiedliche Anforderungen im Kundenlebenszyklus optimal zu erfüllen. So nutzt Thomas Cook das Internet, um Interessenten zu generieren, eine Direktvertriebsorganisation, um die Abschlüsse mit neuen Kunden herbeizuführen, und ein Callcenter oder das Internet, um Aufträge entgegenzunehmen.
- Bei der *Integration mehrerer Absatzkanäle* stellt ein Anbieter seinen Kunden verschiedene Kanäle zur Verfügung, ohne zu beeinflussen, welche sie nutzen. So können die Kunden der meisten Direktbanken zwischen Telefon- und Internetbanking wählen. Das Internet bietet zwar den Vorteil niedrigerer Kosten je Geschäftsvorfall und bessere Cross-Selling-Möglichkeiten. Um einen optimalen Kundenservice sicherzustellen, nehmen Direktbanken trotzdem höhere Kosten in Kauf, die Kunden verursachen, die ihre Geschäfte lieber per Telefon erledigen, ohne sie zu bestrafen oder die Internetnutzer zu belohnen.
- Eine *bedarfsorientierte Segmentierungsstrategie* bietet verschiedenen Kundengruppen verschiedene Kanäle an, um ihre unterschiedlichen Bedürfnisse zu erfüllen. Dabei können die einzelnen Absatzwege denselben Markennamen oder auch verschiedene Namen verwenden. Die verschiedenen Marken des Versicherungskonzerns Zurich (Allied Dunbar, Zurich, Eagle Star und Threadneedle) haben in jedem Absatzkanal – Direktvertrieb, unabhängige Finanzberater und betriebliche Altersvorsorge – jeweils eigene Stärken,

um Kundengruppen mit unterschiedlichen Bedürfnissen und Einstellungen zu bedienen.

- Eine *nach Kundenwert abgestufte Strategie* setzt die Kanäle in Abhängigkeit vom Wert der Kunden selektiv ein. Viele IT-Firmen lassen ihre wichtigsten Kunden von Account Managern betreuen, während sie für die anderen kostengünstigere Kanäle wie das Internet oder Callcenter vorsehen. Derzeit laufen die britischen Banken Gefahr, genau das Gegenteil zu tun: Sie bieten ihren weniger wertvollen Kunden, die kein Telefon- oder Internetbanking betreiben möchten, immer noch ein teures Filialnetz an.

Welche Absatzkanäle wählen Kunden?

Ausgangspunkt jeder Entscheidung über eine Absatzkanalstrategie muss der Kunde sein. Wenn Kunden nicht der präferierte Absatzkanal angeboten wird, wird es ein Konkurrent tun. Wie lässt sich die Akzeptanz neuer Kanäle im Voraus abschätzen? In *Abbildung 10.7* sind beispielhaft Nutzenprofile für verschiedene Kanäle eines Buchhändlers dargestellt.

Dabei werden zunächst die kaufbestimmenden Faktoren ermittelt. Sie werden mit einer Gewichtung von bis zu 100, je nach Bedeutung des Faktors für die Kaufentscheidung, in der Abbildung dargestellt. Da diese Faktoren in den einzelnen Kundensegmenten unterschiedlich sind, ist für jedes einzelne Segment eine solche Nutzenanalyse erforderlich. In dem hier dargestellten Segment interessieren sich die Kunden vornehmlich für den Preis – definiert als Preis zuzüglich Lieferkosten –, aber auch für Faktoren wie Bequemlichkeit des Einkaufs und die Möglichkeit, in dem gewünschten Buch zu suchen.

Dann wird auf einer Skala von 1 bis 10 beurteilt, inwieweit ein vorhandener oder noch einzuführender Absatzkanal die einzelnen Anforderungen erfüllt. Im hier betrachteten Beispiel werden die verschiedenen Möglichkeiten, Bücher zu kaufen, verglichen. Unter Berücksichtigung aller Faktoren ergibt sich, dass das Internet und die herkömmlichen Buchhandlungen die Anforderungen in diesem Segment am besten erfüllen. In der Realität werden bestimmte Absatzwege nur

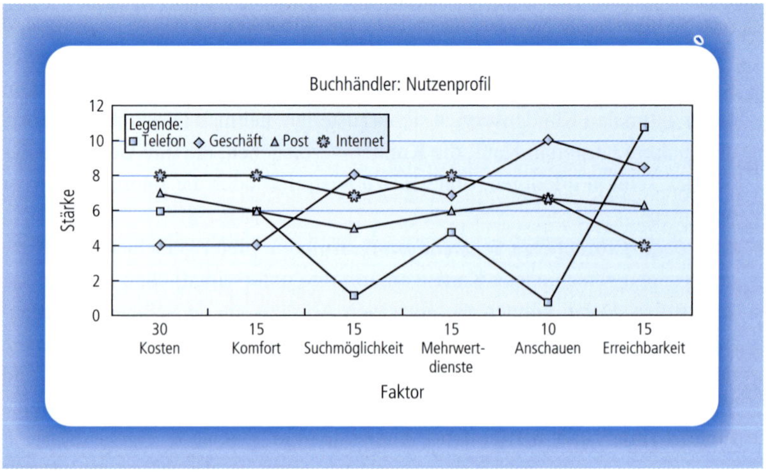

Abbildung 10.7
Nutzenprofile von Absatzkanälen für einen Buchhändler.

für bestimmte Segmente des Buchmarktes die Anforderungen am besten erfüllen.

Die Punktzahl eines Absatzweges in Bezug auf die preisbezogenen Faktoren (wie den „Kosten“ in diesem Beispiel) wird von den wirtschaftlichen Bedingungen beeinflusst, die den Preis in einem Absatzkanal bestimmen. Ein Faktor bei der Beurteilung der wirtschaftlichen Bedingungen sind die Transaktionskosten. Die von General Electric gegründete Unternehmensbörse TPN Register ermöglicht dem Konzern Einsparungen von 50–90 % bei den Bearbeitungskosten jeder Bestellung. Dabei sind jedoch die Kosten für die Gewinnung und Bindung der Kunden zu berücksichtigen. Der Internetableger einer Handelskette stellte vor kurzem fest, dass die Kundengewinnung durch Bannerwerbung 700 Euro pro Kunde kostet, der Umsatz pro Kunde durchschnittlich aber nur 50 Euro beträgt – gute Nachrichten für die herkömmlichen Händler, denen in ihren Geschäften nur Kosten von 13 Euro je Neukunde entstehen.

Wie Absatzwege zusammenwirken

Dieses Beispiel für die gleichzeitige Verwendung des traditionellen Absatzkanals und des Internets veranschaulicht einen Faktor, der die Angelegenheit verkompliziert. Auf zahlreichen Märkten nutzen Kunden nicht nur einen einzigen Absatzweg. Vielmehr kombinieren sie die verfügbaren Möglichkeiten, je nachdem, welcher Absatzweg ihre Bedürfnisse in jeder Phase des Transaktionsprozesses am besten erfüllt. Um zu ermitteln, welcher Kanal in einer gegebenen Situation am besten geeignet ist, wird hier eine Analyse der Absatzkette vorgeschlagen, wie sie in *Abbildung 10.8* veranschaulicht ist.

Bei der Analyse der Absatzkette wird untersucht, welche Absatzkanäle in den einzelnen Phasen des Kaufprozesses genutzt werden. Links in der Abbildung sind die einzelnen Phasen dargestellt, denen die jeweils genutzten Absatzkanäle zugeordnet sind. Häufig beeinflusst der in einer Phase genutzte Absatzkanal die Wahl in der nächsten Phase. Deshalb sind die entsprechenden Kästchen durch eine Linie verbunden.

In diesem Beispiel aus dem Business-to-Business-Markt für PCs werden drei Absatzkanalketten veranschaulicht, die von den verschiedenen Konkurrenten häufig angeboten werden. Die Absatzkette auf der linken Seite stellt den traditionellen Account-Management-Ansatz dar, wie ihm die meisten Wettbewerber Anfang der Neunzigerjahre folgten, als der Verkauf noch überwiegend im persönlichen Kontakt zwischen Account Manager und Kunde abgewickelt wurde. Dieses Modell wird zwar immer noch für umfangreichere Computersysteme oder Großaufträge verwendet, wurde aber im Lauf der Zeit durch weitere Absatzwege ergänzt, die sich bei kleineren Aufträgen als wirtschaftlicher erwiesen.

Zu diesen neuen Absatzketten gehört auch das in der Mitte der Abbildung veranschaulichte Direktmodell. Hier ist die Werbung in den Printmedien das vorherrschende Marketingwerkzeug. Detailliertere Informationen sind in Produktbroschüren zu finden oder werden von Callcentern vermittelt. Die Bestellung selbst kann auf unterschiedliche Weise erteilt werden, etwa per Fax oder per Post.

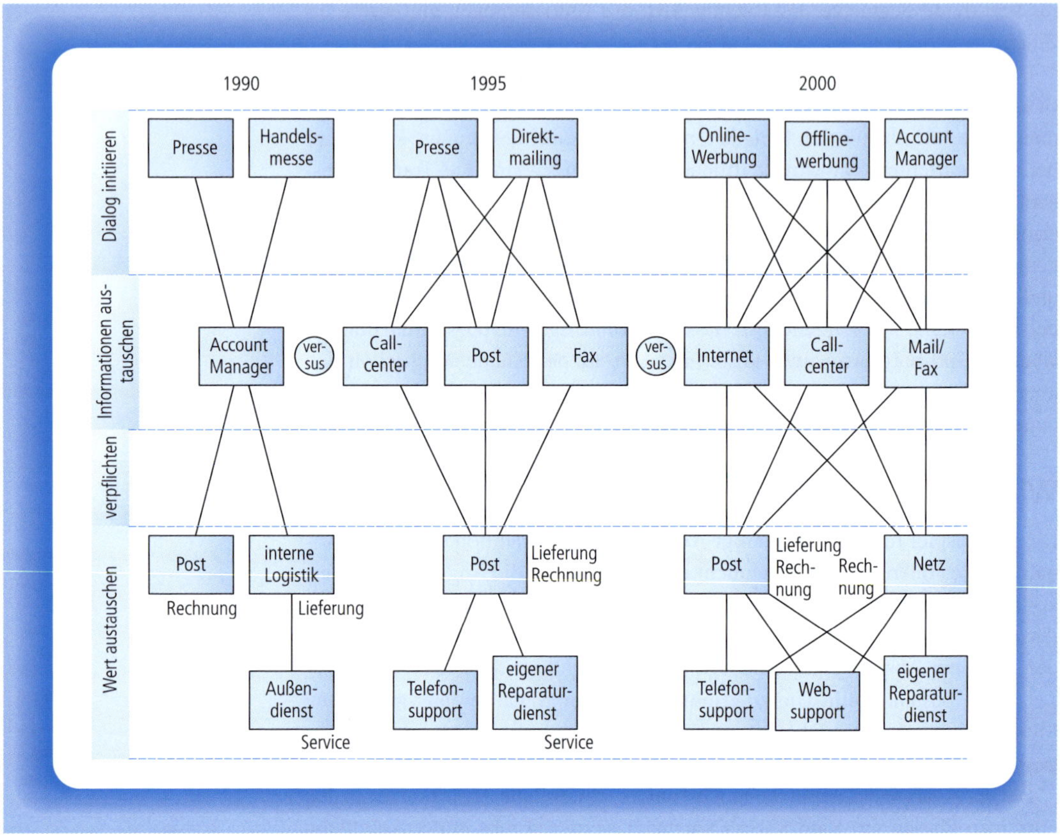

Abbildung 10.8
Mögliche Absatzkanalkette im PC-Markt.

Wie rechts in der Abbildung dargestellt, kam in jüngerer Vergangenheit in vielen Fällen noch das Internet zum Kanalmix hinzu. Die meisten Anbieter sind aber alles andere als Pure-Play-Anbieter. Häufig gibt es weiterhin Account Manager, die dann meist die Großkunden betreuen und über die Gewährung von Preisnachlässen entscheiden. Dafür nimmt ihnen das Internet die Details der Produktkonfiguration und Preisbildung ab, während die Bestellung selbst per Fax oder Post oder auch direkt über das Internet erteilt wird (Balasubramanian/Raghunathan/Mahajan 2005).

Für die verschiedenen Phasen des Kaufprozesses werden also unterschiedliche Absatzkanäle benötigt, und verschiedene Konkurrenten wenden unterschiedliche Modelle an. Man kann sich leicht einen vierten Anbieter vorstellen, der ausschließlich über das Internet verkauft, dadurch eine günstige Kostenstruktur hat und bestimmte preissensible Kundensegmente anspricht. Tatsächlich gibt es bereits Anbieter, die diesen Weg gehen.

Nach der Darstellung der aktuellen Absatzkanäle besteht der nächste Schritt darin, denkbare künftige Kanäle zu berücksichtigen. Dazu muss man mit verschiedenen Möglichkeiten experimentieren. Es geht nicht nur um die Frage, wie das Produkt verkauft werden kann, sondern auch darum, wie die anderen damit zusammenhängenden Kundenbedürfnisse befriedigt werden können. Kann ein Verbraucher, der im Internet ein Mobiltelefon kauft, ein defektes Gerät in einem nahe gelegenen Geschäft umtauschen? Kann eine elektronische Handelsplattform nicht nur Preisverhandlungen unterstützen, sondern auch Informationen über Lagerbestände, eventuelle Beschwerden, Rückgaben und die Produktentwicklung verarbeiten – und wenn nicht, welche zusätzlichen Kanäle sind dann erforderlich?

Das Geheimnis besteht darin, sich für einen Vertriebskanal zu entscheiden, der den unterschiedlichen Bedürfnissen der Zielgruppen gerecht wird. Mit anderen Worten: Ob ein Vertriebskanal erfolgreich sein wird, hängt davon ab, ob er einer bestimmten Kundengruppe ein besseres Nutzenangebot macht. Um dies zu überprüfen, ist zu empfehlen, die oben beschriebenen Nutzenprofile zu entwickeln und dann die Absatzkanal*ketten* – nicht einzelne Absatzkanäle! – zu vergleichen.

Des Weiteren ist auch die zeitliche Komponente zu bedenken. Selbst wenn eine Absatzkanalkette theoretisch eine überlegene Alternative darstellt, sind die Kunden möglicherweise noch nicht dafür bereit. Eine neuartige Absatzkette ist mit einer Produktinnovation vergleichbar und durchläuft deshalb die glockenförmige Adoptionskurve, wie von Rogers (1976) dargestellt. Wer seine Kunden in Zukunft lieber im Internet bedienen möchte, sollte beispielsweise vorher überlegen, wie hoch der Anteil der Kunden ist, die überhaupt Zugang zum Internet haben und wie erfahren sie im Umgang damit sind (Meuter et al. 2005). So gab ein Kaufhaus Mitte der Neunzigerjahre Millionen für einen Internetservice aus, der binnen kurzem wieder eingestellt wurde, weil der Markt noch nicht reif dafür war.

Beurteilungskriterien für Intermediäre

Bei der Auswahl eines Intermediärs sind einige grundlegende Beurteilungskriterien zu beachten:

- Verkauft der Intermediär bereits jetzt oder in Zukunft an die Zielgruppe?
- Ist seine Vertriebsorganisation groß genug und gut genug geschult, um die regionalen Absatzprognosen zu erreichen?
- Besitzt er genügend regionale Standorte, um die jeweiligen Einzelhändler zu bedienen?
- Betreibt er eine geeignete Absatzförderungspolitik und verfügt er über ein angemessenes Budget?
- Betreut er die Kunden auch nach dem Kauf?
- Entspricht seine Produktpolitik der des Herstellers?
- Bietet er auch Konkurrenzprodukte an?
- Welche Lagerhaltungspolitik betreibt er hinsichtlich der Breite und Tiefe?
- Ist er kreditwürdig?
- Betreibt er ein anpassungsfähiges, dynamisches und flexibles Lieferantenmanagement?

All diese Faktoren müssen bei der Entscheidung über Intermediäre, die wiederum Bestandteil der Vertriebskanalwahl ist, berücksichtigt werden.

Kundenservice

Der Kundenservice, als ein wesentliches Ergebnis der Distributionsaktivitäten eines Unternehmens, dient der kontinuierlichen Pflege der Kundenbeziehung vom Erstkontakt über den Auftragseingang bis zur Lieferung und Nutzung der Produkte.

Definition
Mit Kundenservice wird ein System bezeichnet, das die Kundenbeziehung vom Erstkontakt über den Auftragseingang bis zur Lieferung und Nutzung der Produkte mit dem Ziel pflegt, die Kundenbedürfnisse zu jedem Zeitpunkt zu befriedigen.

Die Erbringung des *Kundenservice* in seinen unterschiedlichen Formen zieht für das Unternehmen in den meisten Fällen erhebliche finanzielle Investitionen nach sich. Entsprechend empirischer Befunde steigen die Kosten exponentiell, sobald das Serviceniveau (definiert als Verfügbarkeit des Produkts in Prozent, wann immer und wo immer die Kunden dies wünschen) über die Marke von 70 – 80 % steigt. In *Abbildung 10.9* wird die typische Beziehung zwischen Serviceniveau und den Kosten dargestellt. Es zeigt sich, dass eine nur geringfügige Erhöhung des Serviceniveaus – etwa von 95 % auf 97,5 % – einen steilen Anstieg der Lagerhaltungskosten verursacht. Deshalb ist stets darauf zu achten, wie sich eine Verbesserung des Service auf die Kosten auswirkt.

Bezeichnenderweise können viele Unternehmen ihr Serviceniveau gar nicht einstufen. Das bedeutet, dass sie auch keine Kundenservicepolitik definiert haben. Selbst wenn eine solche Politik vorhanden ist, wird das Serviceniveau häufig willkürlich festgelegt und basiert nicht auf einer gründlichen Marktanalyse.

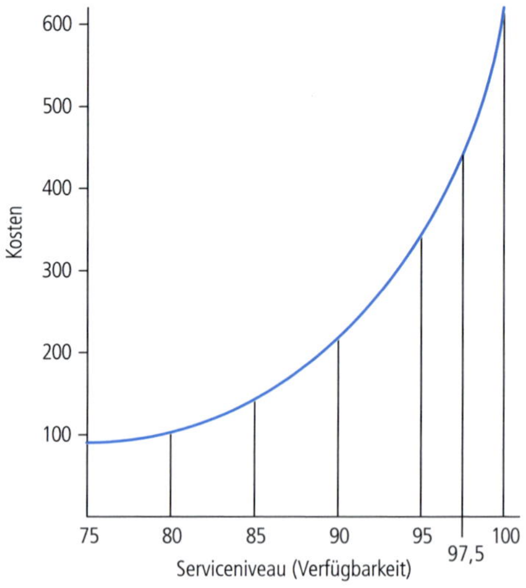

Abbildung 10.9
Zusammenhang zwischen Serviceniveau und Kosten.

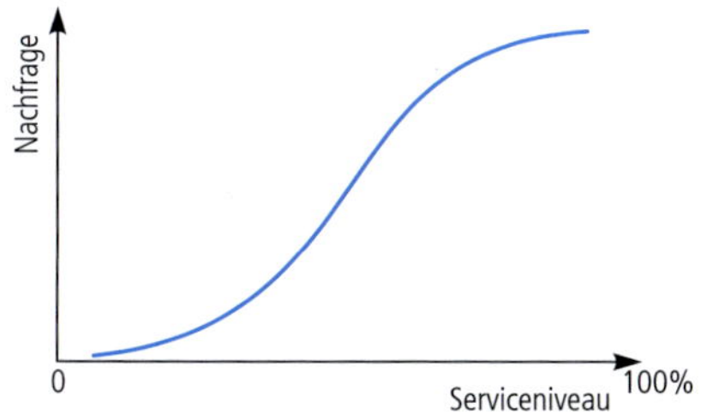

Abbildung 10.10 Zusammenhang zwischen Nachfrage und Serviceniveau.

An diesem Punkt stellt sich die Frage: Welcher Grad der Verfügbarkeit ist tatsächlich zu empfehlen? Diese Frage ist in der Theorie relativ leicht zu beantworten, aber in der Praxis sehr schwer zu quantifizieren. Verschiedene Produktgruppen könnten in verschiedenen Marktsegmenten durchaus einen unterschiedlichen Grad an Kundenservice verlangen. Hier sei an die kurze Fallstudie am Ende von Kapitel 4 über den nach Segmenten abgestuften Kundenservice erinnert.

Entsprechend der Theorie sollte das Serviceniveau weiter verbessert werden, solange der dadurch erzielte Marketingvorteil die zusätzlich entstandenen Kosten überwiegt. Es ergibt sich somit eine S-Kurve (*Abbildung 10.10*), aus der ersichtlich wird, dass Kunden, denen bereits ein sehr hohes Serviceniveau geboten wird, kleinere Änderungen im Service nicht mehr wahrnehmen. Wenn sich also ein Unternehmen schon in diesem Bereich befindet, nimmt es möglicherweise höhere Kosten als notwendig in Kauf, um das erreichte Absatzniveau zu halten.

So werden Marketing- und Vertriebsleiter, die grundsätzlich allen Kunden einen maximalen Service bieten wollen, ihrem Unternehmen letztlich schaden.

Das Marketing kann besser zum Unternehmenserfolg beitragen, wenn die Kundenservicepolitik einer sorgfältigen Analyse unterzogen und ein nach Kunden oder Produkten differenziertes Serviceniveau sichergestellt wird.

Zwischen den Kosten und dem Nutzen des Kundenservice muss ein Gleichgewicht gefunden werden.

Zwischen den Kosten und dem Nutzen des Kundenservice muss ein Gleichgewicht gefunden werden. Ein Gleichgewicht besteht dann, wenn die zusätzlichen Erträge, die mit jedem zusätzlichen Serviceangebot erwirtschaftet werden, die zusätzlichen Kosten decken, die dabei entstehen. Um zu identifizieren, wann dieses Gleichgewicht vorhanden ist, müssen bestimmte Informationen vorliegen:

1. Wie rentabel ist das Produkt? Welchen Beitrag liefert es zur Deckung der Fixkosten und zum Gewinn und welcher Umsatz wird damit erzielt?
2. Welche Bedeutung hat das Produkt? Ist es aus Kundensicht ein entscheidendes Produkt, sodass mit Umsatzverlusten zu rechnen ist, wenn es einmal nicht lieferbar ist? Verursacht das Produkt aufgrund seiner Eigenschaften besonders hohe Lagerhaltungskosten?

3. Auf welcher Art von Markt wird es verkauft? Handelt es sich um einen Verkäufer- oder um einen Käufermarkt? Wie häufig wird das Produkt gekauft? Gibt es Ersatzprodukte? Wird auf Vorrat gekauft? Welche Märkte und Kundengruppen wachsen und welche sind rückläufig?
4. Wie rentabel sind die Kunden in den einzelnen Segmenten?
5. Welche Art von Wettbewerb herrscht auf dem Markt? Wie viele Unternehmen stellen alternative Lieferanten dar? Welches Servicelevel bieten sie?
6. Über welchen Distributionskanal verkauft das Unternehmen das Produkt? Verkauft es direkt an den Endkunden oder setzt es Absatzmittler – Intermediäre – ein? Inwieweit kontrolliert das Unternehmen den Absatzweg und die Aktivitäten der Absatzmittler, etwa hinsichtlich der Lagerbestände und Bestellpolitik?

Diese Informationen sind die Grundlage für die Entscheidung über das Serviceniveau. Beispielsweise wirkt sich das Serviceniveau mit einer geringeren Wahrscheinlichkeit auf den Absatz aus, wenn das Unternehmen der einzige Anbieter eines Produkts ist und keine Ersatzprodukte verfügbar sind. Dies ist auf manchen Industriegütermärkten der Fall. Kurzfristig gesehen würde hier die Anhebung des Serviceniveaus von beispielsweise 85 % auf 90 % sehr wahrscheinlich nur die Gesamtrentabilität des Produkts senken.

Kundenbindung und Rentabilität

Kundenakquisition kann sehr teuer sein. Normalerweise gehören zu den Akquisitionskosten bestimmte einmalige Kosten, etwa für Werbung oder Verkaufsförderung, für den Verkäufer und für das Datenbankmanagement. Somit stellt

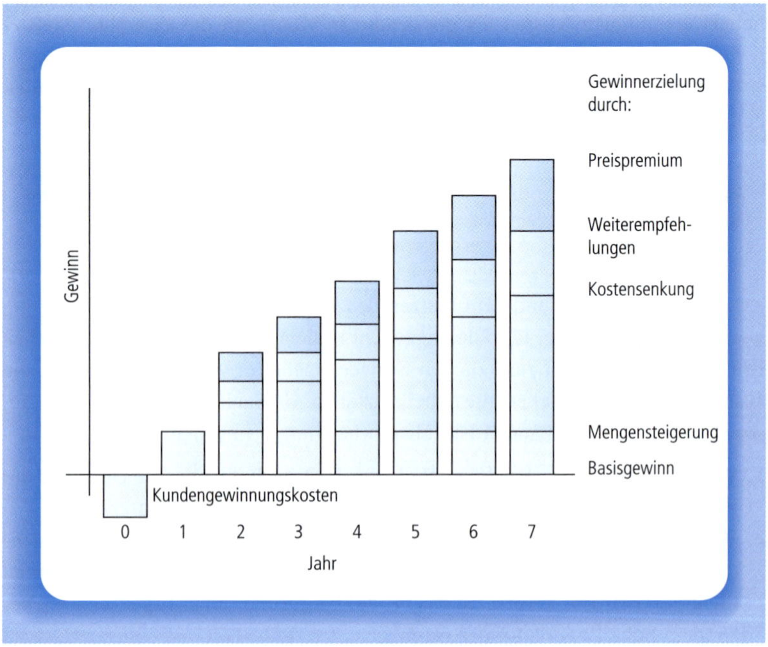

Abbildung 10.11 Zusammenhang zwischen Gewinn und Kundenbeziehungsdauer.

jeder Kunde eine Investition dar, deren Höhe von Unternehmen zu Unternehmen schwankt.

Wenn eine Kundenbeziehung gut gepflegt wird und über einen langen Zeitraum erhalten bleibt, erbringt sie in jedem Jahr sehr wahrscheinlich höhere Gewinne (*Abbildung 10.11*). Diese Feststellung gilt für die unterschiedlichsten Branchen (Reichheld 1994).

Beispielsweise konnte eine chemische Großreinigung ihren Gewinn pro Kunde im Verlauf von fünf Jahren fast verdoppeln. Eine Autowerkstatt geht davon aus, dass eine seit vier Jahren bestehende Kundenbeziehung das Dreifache dessen einbringt, was mit einem Kunden im ersten Jahr erzielt wird. Ein Anbieter von Industriegütern stellte fest, dass der Nettoumsatz je Kunde selbst noch im 19. Jahr der Geschäftsbeziehung stieg.

Es zahlt sich aus, Kunden zu binden.

Dieser Sachverhalt trifft auf viele Arten von Dienstleistungsunternehmen zu. Im Verlauf der Beziehung spielen die anfänglichen Aufwendungen, etwa die Kosten der Bonitätsprüfung, keine Rolle mehr. Hinzu kommt, dass ein Unternehmen sein Angebot umso besser auf die Kundenbedürfnisse abstimmen kann, je näher es seine Kunden im Lauf der Beziehung kennenlernt.

Somit kann das Unternehmen dem Kunden einen größeren Nutzen bieten, was diesen wiederum dazu anregt, mehr zu kaufen. Daraus folgt, dass die Kundenbeziehungsdauer und somit die Gewinne steigen, wenn ein Unternehmen seine Kundenabwanderungsrate senkt. So betrachtet stellen die Kosten für die Erbringung eines besseren Kundenservice eine Investition in die Kundenbindung dar.

Es zeigt sich, dass nur wenige Unternehmen die Kundenbindung regelmäßig erfassen. Noch weniger Unternehmen differenzieren die Kundenbindung (aus-

	Gesamtmarkt	Segment 1	Segment 2	Segment 3	Segment 4	Segment 5	Segment 6
prozentualer Marktanteil	100,0	14,8	9,5	27,1	18,8	18,8	11,0
prozentualer Anteil am Gewinn im Gesamtmarkt	100,0	7,1	4,9	14,7	21,8	28,5	23,0
Verhältnis des Gewinns je Segment zum Marktanteil des Segments im Gesamtmarkt	1,00	0,48	0,52	0,54	1,16	1,52	2,09
Abwanderungsrate	23%	20%	17%	**15%**	28%	30%	**35%**

Abbildung 10.12
Zusammenhang zwischen Profitabilität und Kundenbindung nach Segmenten.

gedrückt z. B. durch die Abwanderungsrate) nach Segmenten (Reinartz/Kumar 2000). *Abbildung 10.12* zeigt Daten für ein Unternehmen, welches bzgl. der Kundenbindung in den am wenigsten rentablen Segmenten am besten und in den rentabelsten Segmenten des Marktes am schlechtesten abschneidet.

Entwicklung von Servicebündeln

Vereinfacht werden mit dem Kundenservice diejenigen Dienstleistungen bezeichnet, die vom Zeitpunkt der Auftragserteilung bis zur Lieferung des Produkts für den Kunden erbracht werden. Tatsächlich umfasst der Kundenservice weit mehr Aspekte.

Der Kundenservice betrifft alle Aspekte der Beziehung zwischen den Herstellern und ihren Kunden. Dieser Definition zufolge gehören auch Elemente wie der Preis, der Vertrieb, der Nachkaufservice, das Sortiment oder die Produktverfügbarkeit dazu. Der Kundenservice besteht also aus sämtlichen Aktivitäten, die durchgeführt werden, um Kunden zu bedienen.

Üblicherweise wird jedoch der Kundenservice vor dem Hintergrund der Distribution gesehen. Dieser engeren Definition zufolge sind die wichtigsten Dimensionen des Kundenservice die Produktverfügbarkeit, die gesamte Auftragsdurchlaufzeit (Order Cycle Time) und die Schwankungen bei der Auftragsdurchlaufzeit. In vielen Unternehmen ist gerade die Produktverfügbarkeit sehr mangelhaft. Das kann an vielerlei Gründen liegen, etwa an der schlechten Qualität der Bedarfsprognosen, an Schwierigkeiten in der Produktion oder mangelhaftem Lagermanagement.

Es ist von entscheidender Bedeutung, dass Lieferanten ihr Servicekonzept auf die tatsächlichen Bedürfnisse ihrer Kunden ausrichten.

In erster Linie kommt es darauf an, dass Lieferanten ihr Servicekonzept auf die tatsächlichen Bedürfnisse ihrer Kunden und nicht auf ihre subjektive Wahrnehmung dieser Bedürfnisse orientieren. Die folgende Liste enthält die Hauptkomponenten des Kundenservice, die dabei beachtet werden sollten:

- Lieferhäufigkeit,
- Zeit von der Auftragserteilung bis zur Lieferung,
- Lieferzuverlässigkeit,
- Expresslieferungen bei Bedarf,
- Bestandsverfügbarkeit und Lieferkontinuität,
- vollständig ausgeführte Bestellungen,
- Vorgehen bei Nichtverfügbarkeit,
- Bequemlichkeit der Auftragserteilung,
- Auftragsbestätigung,
- Richtigkeit der Rechnungen,
- Qualität der Vertriebsorganisation,
- regelmäßige Besuche durch Vertriebsmitarbeiter,
- Überwachung der Bestände im Einzelhandel durch den Hersteller,
- Kreditkonditionen,
- Bearbeitung von Kundenanfragen,
- Qualität der Umverpackungen,
- sachgemäß bepackte Paletten,

- gut sichtbares Verfallsdatum auf der Verpackung,
- Eignung der Innenverpackung für die Handhabung und Ausstellung im Geschäft,
- Ratschläge zur Entwicklung neuer Produkte/Verpackungen,
- regelmäßige Überprüfung der Produktpalette,
- Koordination zwischen Produktion, Distribution und Marketing.

In fast allen Fällen müssen für verschiedene Marktsegmente unterschiedliche Servicebündel bereitgestellt werden. Derzeit jedoch machen sich nur sehr wenige Hersteller und Lieferanten diese Mühe. Grundsätzlich sind mit der Entwicklung eines Servicebündels sechs Schritte verbunden:

1. Definition der wichtigen Serviceelemente (und ihrer Bestandteile).
2. Ermittlung der Wichtigkeit der Serviceelemente für den Kunden.
3. Entwicklung eines konkurrenzfähigen Bündels (wenn erforderlich, in mehreren Versionen).
4. Entwicklung einer Werbekampagne, um das Servicepaket zu „verkaufen".
5. Test des Pakets und der Werbekampagne in einer Pilotphase.
6. Implementierung von Systemen zur Erfolgskontrolle für die verschiedenen Servicepakete.

In vielen Branchen – vor allem in wettbewerbsintensiven – setzt sich die Erkenntnis durch, dass letztlich der Kundenservice den Ausschlag gibt, wenn alle anderen Bemühungen nichts mehr bewirken können. Um nicht mehr und nicht weniger geht es bei der Distribution.

Entwicklung des Distributionsplans

Abbildung 10.13 stellt die gegenseitige Abhängigkeit zwischen dem in diesem Buch beschriebenen Marketingprozess und der Distribution dar. Hier zeigt sich, dass Produkt-, Preis- und Kommunikationsmanagement von der Distribution getrennt sind.

Aus organisatorischer Sicht ist es jedoch sehr sinnvoll, dem Marketing die Verantwortung für die Distribution zu übertragen, da diesem die schwierige Gratwanderung zwischen einem hochwertigen Kundenservice und der Senkung der Lagerhaltungskosten am ehesten gelingen dürfte.

Andererseits verlangen Arbeitnehmeraspekte, Tarifbestimmungen oder die technischen Aspekte der Distribution ebenfalls besondere Aufmerksamkeit. Es besteht die ernste Gefahr, dass solche Fragen die Marketingmanager von anderen wichtigen Aufgaben ablenken. Diesem Problem kann durch die Einrichtung der Position des Logistikleiters begegnet werden, der das gesamte Distributionssystem ganzheitlich betrachtet.

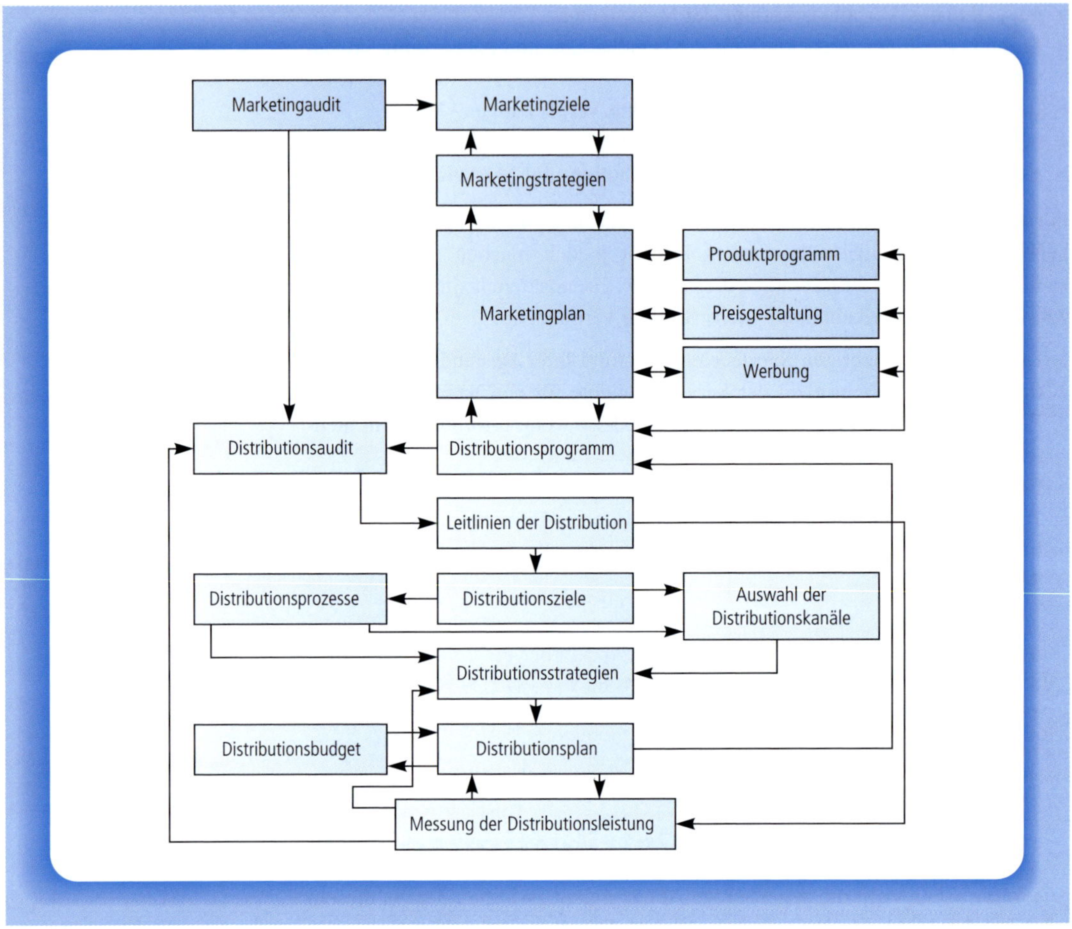

Abbildung 10.13
Marketingplanungsprozess und Distribution.

Definition
Beim integrierten Distributionsmanagement werden zwei oder mehr Funktionen, die dazu dienen, Waren von ihrem Entstehungsort zum Nutzer zu bringen, integriert. Sie werden als wechselseitig abhängiges System oder Teilsystem zum Zweck der Planung, Umsetzung und Kontrolle betrachtet.

Was ist integriertes Distributionsmanagement?

Unabhängig davon, wie die Aufgabe organisatorisch gelöst wird – die oben angesprochenen Themenbereiche sind ausnahmslos relevant. Damit ergibt sich die Frage, an welcher Stelle ein Unternehmen ansetzen sollte.

Wo anfangen?

In Kapitel 2 wurde bereits das Distributionsaudit erwähnt. Wie das dort erwähnte allgemeinere Marketingaudit besteht auch dieses aus zwei Teilen – einem *internen* und einem *externen* Teil. *Abbildung 10.14a* und *10.14b* veranschaulichen die Hauptbestandteile eines Distributionsaudits

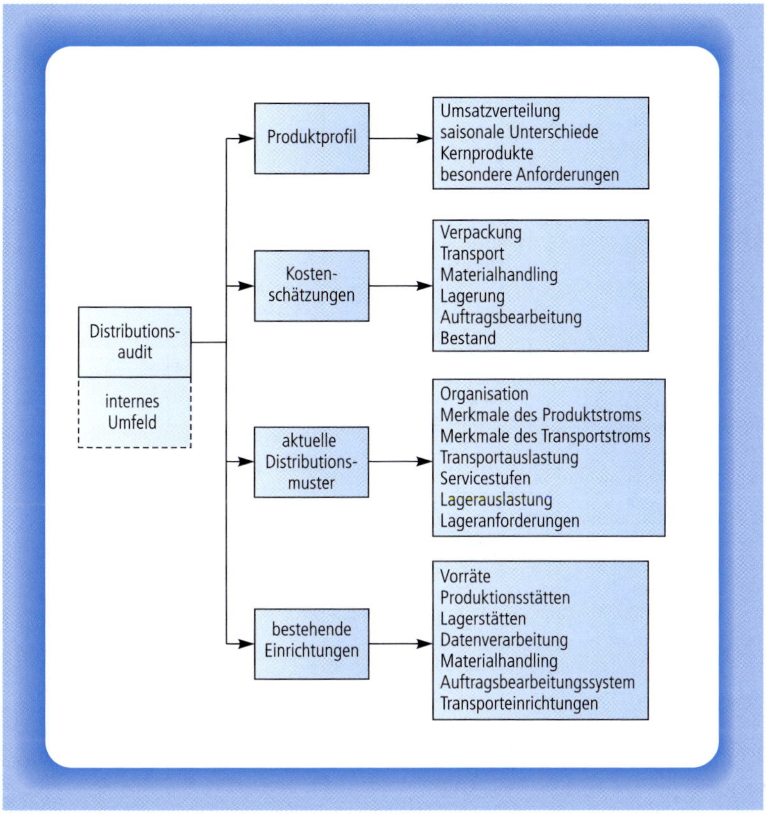

Abbildung 10.14a
Das interne Distributions-audit.

Im Rahmen der Distribution können vielfältige und sehr unterschiedliche Ziele verfolgt werden; die folgenden können aus Marketingsicht als grundlegend betrachtet werden:

1. Durchdringung des Einzelhandels,
2. Sicherstellung von Lieferfähigkeit und -zuverlässigkeit,
3. Unterstützung von Vertriebs- und Verkaufsförderungsaktivitäten der Intermediäre,
4. Durchführung von spezifischen Kundenentwicklungsprogrammen, z. B. Anreize für Händler.

Wenn das Ziel in der Realisierung eines integrierten Distributionsmanagements besteht, sind im Distributionsplan weitere Entscheidungen zu treffen. Diese werden in *Abbildung 10.15* dargestellt.

Natürlich müssen all diese Entscheidungen nicht zwingend Gegenstand eines einzigen Plans sein oder von einer einzigen Person oder Abteilung getroffen werden. Wichtig ist jedoch, dass diese Entscheidungen getroffen und an irgendeiner Stelle im Unternehmensplan dokumentiert werden.

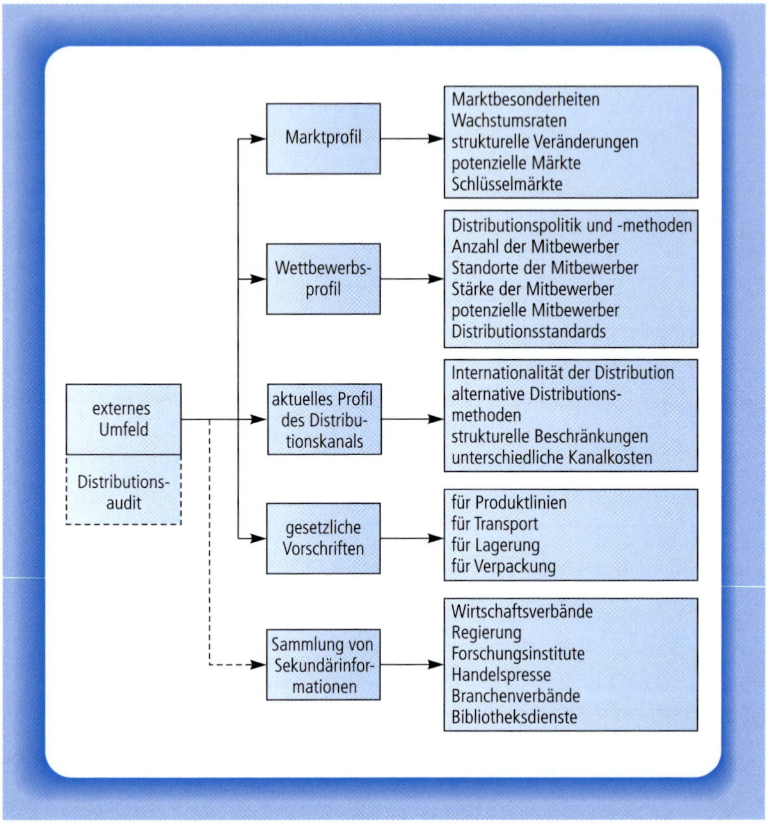

Abbildung 10.14 (b) Das externe Distributionsaudit.

Nachstehend wird eine einfache Methode der Distributionsplanung beschrieben, die dazu beitragen soll, diesen häufig vernachlässigten Bereich des Marketingmanagements professioneller zu gestalten.

Distributionsplanung

1. Legen Sie die Marketingziele fest.
2. Beurteilen Sie die veränderten Rahmenbedingungen der Distribution auf allen Ebenen.
3. Legen Sie die Aufgaben der Distribution im Rahmen der übergreifenden Marketingstrategie fest.
4. Legen Sie die Distributionsstrategie in Form von Art und Anzahl der Intermediäre bzw. Vertriebseinheiten, die genutzt werden sollen, fest.
5. Setzen Sie Leistungsstandards für die Distributionsorganisation.
6. Kontrollieren Sie laufend die erzielte Leistung.
7. Vergleichen Sie die tatsächliche mit der erwarteten Leistung.
8. Nehmen Sie erforderlichenfalls Anpassungen vor.

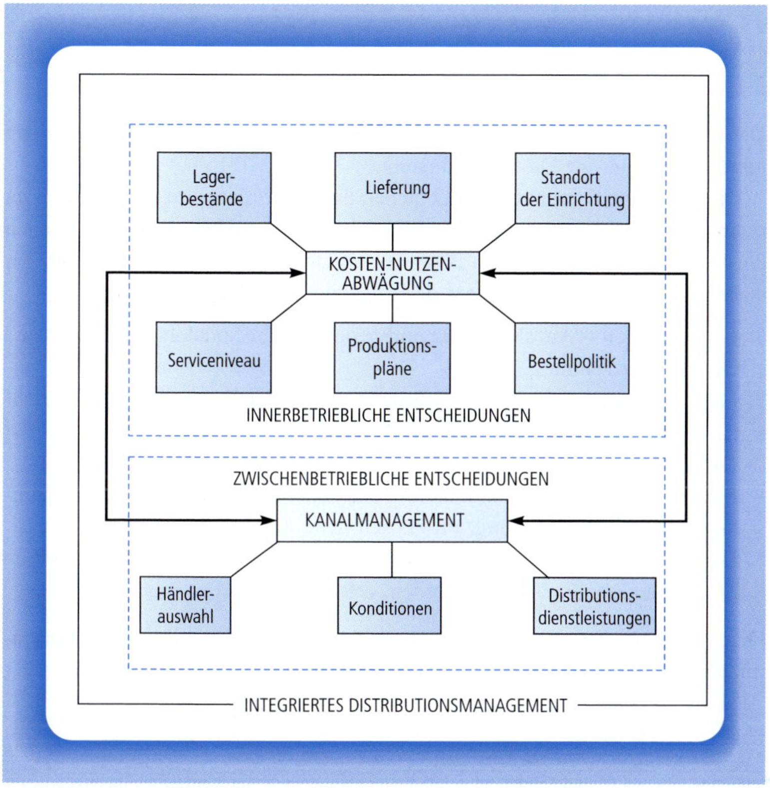

Abbildung 10.15 Entscheidungstatbestände eines integrierten Distributionsmanagements.

Anwendungsfragen

1. Welches sind die Vorteile und Nachteile der Absatzkanäle, die Ihr Unternehmen derzeit nutzt?
2. Gibt es Fälle, in denen die verwendeten Absatzkanäle vielleicht nicht optimal geeignet sind?
3. Für welche Absatzkanäle würden Sie sich entscheiden, wenn Ihr Unternehmen neu auf dem Markt wäre? Inwiefern würden sie sich von den vorhandenen Absatzkanälen unterscheiden? Was hält Sie davon ab, diese Änderungen vorzunehmen?
4. Ist die Logistikfunktion im Vorstand oder im Topmanagement Ihres Unternehmens angemessen verankert? Welche Verbesserungen sind möglich?
5. Wie werden das physische Distributionsmanagement und das Marketingmanagement koordiniert? Wie könnten eventuelle Probleme gelöst werden?
6. Wie werden derzeit Entscheidungen über die Höhe des Serviceniveaus getroffen? Wie sehen diese Entscheidungen bei Ihren Konkurrenten aus?
7. Sehen Sie eine Möglichkeit für Einsparungen in Ihrem Distributionssystem, ohne dafür Einschränkungen beim Kundenservice hinzunehmen?

Kapitel 10: Wiederholung

Physische Distribution

Dieses Kapitel beschäftigt sich hauptsächlich mit materiellen Gütern, ist jedoch genauso relevant für Dienstleistungen.

Die physische Distribution stellt sicher, dass die Produkte rechtzeitig und im richtigen Zustand an den richtigen Ort gelangen. In einigen Branchen können die Distributionskosten bis zu 20 % des Verkaufspreises betragen. Die Distribution umfasst das Management der folgenden fünf Komponenten:

1. *Einrichtungen* – Anzahl, Größe und geografischer Standort von Lager- und Distributionszentren,
2. *Lagerbestände* – Lagerbestände innerhalb der Distributionskette, ausgerichtet an den Serviceerwartungen der Kunden,
3. *Transport* – Transportart, Lieferung, Zeitpläne usw.,
4. *Kommunikation* – Informationsfluss einschließlich Bearbeitung von Bestellungen, Rechnungsstellung, Prognosen usw.,
5. *Logistische Einheiten* – Art und Weise, wie Waren verpackt und zu großen Einheiten zusammengefasst werden, z. B. Paletten, Containerladungen usw.

Durch Modernisierungen lassen sich in diesem Bereich beträchtliche Einsparungen erzielen.

Distributionskanäle

Es gibt eine große Auswahl an möglichen Distributionskanälen (siehe beispielsweise die folgende Abbildung).

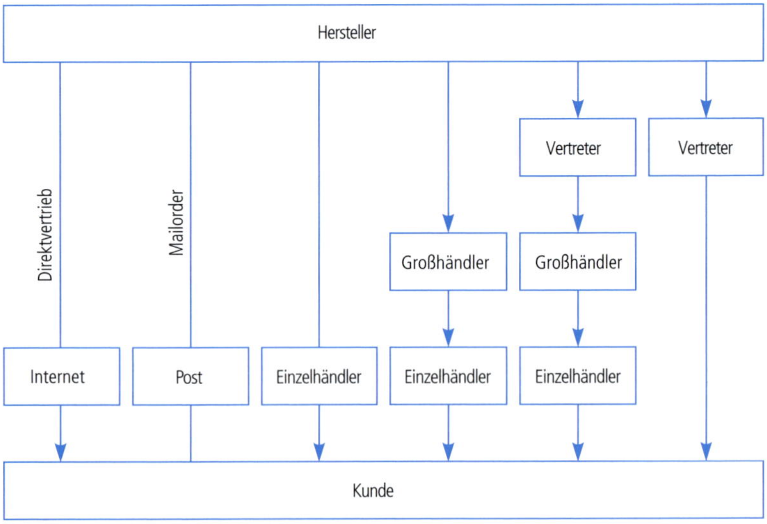

Bearbeiten Sie hierzu Übung 10.1 und 10.2

Welcher Kanal ist zur Sicherung eines Wettbewerbsvorteils am besten geeignet?

Absatzkanäle werden hauptsächlich auf fünf Arten neu konfiguriert:

1. *Ersatzprodukte/neu konfigurierte Produkte* (etwa E-Mails statt Briefpost),
2. *Disintermediation* (E-Commerce kann Intermediäre überflüssig machen),
3. *Reintermediation* (ein bisheriger Intermediär wird durch einen neuen Online-Intermediär ersetzt),
4. *teilweise Kanalsubstitution* (der Intermediär fällt nicht weg, verliert jedoch an Bedeutung – etwa im Falle eines Autoherstellers, der selbst Kundeninformationen bereitstellt und die Kunden so auf bestimmte Autohändler hinweist),
5. *Wechsel/Ergänzung von Medien* (die Verbindungen in der Absatzkette bleiben gleich, doch die Kommunikation zwischen den Stufen verlagert sich teilweise oder ganz von den bisherigen Kommunikationswegen auf das Internet).

Marktmodelle müssen angesichts des E-Commerce neu konfiguriert werden. Beispiele für solche Neukonfigurationen finden sich in Kapitel 4 und in diesem Kapitel.

Verfügbarkeit und Kundenservice

Die Erwartungen der Kunden an die Produktverfügbarkeit unterscheiden sich von Markt zu Markt. Die Theorie geht davon aus, dass 100 % die Norm sein sollten. In der Praxis muss jedoch oft ein Kompromiss gefunden werden, beispielweise 95 %, weil die zusätzlichen Kosten zur Bereitstellung der fehlenden 5 % enorm hoch sein können. Zudem ist ein derart perfekt zugeschnittener Kundenservice meist nicht notwendig. Ein Anbieter sollte darauf achten, dass die Vorteile, die er seinen Kunden bieten will, in einem ausgewogenen Verhältnis zu den Kosten stehen.

Folgende Faktoren wirken sich auf den Kundenservice aus:

- Lieferhäufigkeit,
- Zeit von der Bestellung bis zur Lieferung,
- Expresslieferungen bei Bedarf,
- Richtigkeit der zugehörigen Dokumente,
- Bestandsverfügbarkeit,
- Lieferzuverlässigkeit usw.

Die Schlüsselfaktoren sollten ermittelt, überprüft und erforderlichenfalls optimiert werden.

Bearbeiten Sie hierzu Übung 10.3 und 10.4

Distributionsplanung

Die Distributionsplanung sollte auf den folgenden Schritten basieren:

1. Festlegung der Marketingziele,
2. Beurteilung der sich verändernden Rahmenbedingungen in der Distribution auf allen Ebenen,
3. Festlegung der Distributionsaufgaben im Rahmen der Marketingstrategie,
4. Festlegung einer Distributionsstrategie in Bezug auf Art und Anzahl der genutzten Intermediäre bzw. Vertriebseinheiten,
5. Festlegung von Leistungsstandards für Intermediäre,
6. Kontrolle der erzielten Leistung,
7. Vergleich von tatsächlicher und erwarteter Leistung,
8. Anpassungen/Optimierungen, falls erforderlich.

Bearbeiten Sie hierzu Übung 10.5

Fragen, die sich für das Unternehmen ergeben

1. F: Wie wichtig ist es für ein Unternehmen, einen Distributionsplan zu haben?

   A: Das hängt davon ab, was das Unternehmen anbietet. In einigen Branchen betragen die Distributionskosten bis zu 20 % oder mehr der Umsatzerlöse. Distribution wird im Marketing gern stiefmütterlich behandelt, entpuppt sich jedoch häufig als der Bereich, mit dem sich bei guter Planung ein Wettbewerbsvorteil erzielen lässt.

2. F: Lässt sich Distribution auch auf Dienstleistungen anwenden, obwohl dies keine materiellen Güter sind, die eine Lagerhaltung erfordern?

   A: Im übertragenen Sinne lässt sich Distribution auch auf Dienstleistungen anwenden, etwa im Zusammenhang mit Franchising. Sobald eine rationale Entscheidung getroffen wurde, Kanäle zu nutzen, liegt es in der Verantwortung des Unternehmens, auf der Grundlage von Vertrauen eine gute Geschäftsbeziehung zu diesen Kanälen aufzubauen. Davon profitieren beide Seiten.

3. F: Gibt es neue Trends im Bereich der Distribution?

   A: Franchising wird immer populärer. Außerdem gibt es inzwischen Transportunternehmen, die zusätzlich Lagerung, Bestandskontrolle und andere Dienstleistungen anbieten und dem Hersteller somit ein regelrechtes Distributionszentrum zur Verfügung stellen.

Übungen

Einführung in die Übungen zu Kapitel 10

In den Marketingplänen vieler Unternehmen spielt die Distribution nur eine untergeordnete Rolle. Dort, wo sie tatsächlich eine Rolle spielt, scheint das Hauptaugenmerk auf den physischen Aspekten – der Logistik – zu liegen, also darauf, wie Waren vom Unternehmen zum Kunden gelangen.

Die Distribution umfasst sehr viel mehr als nur die Warenlogistik. Darüber hinaus werden bei der Distribution auch die strategische Bedeutung der Absatzwege und der potenzielle Wert von Intermediären berücksichtigt. Die Distribution gewährleistet ferner, dass der „Kundenservice" im Vordergrund der Marketingüberlegungen eines Unternehmens steht. Die Übungen in diesem Abschnitt verdeutlichen diese umfassenden Aufgaben der Distribution.

Übung 10.1 hilft Ihnen bei der Entscheidung, ob in Ihrem Unternehmen Intermediäre benötigt werden.

Übung 10.2 bietet Unterstützung bei der Auswahl der Intermediäre.

Übung 10.3 soll Sie zum Nachdenken darüber bewegen, wie Ihre Kunden Ihren Kundenservice beurteilen.

Übung 10.4 behandelt das gesamte Servicebündel und ermöglicht es Ihnen zu überprüfen, wie Ihr Servicebündel im Vergleich zu dem der Konkurrenten abschneidet und – ebenso wichtig – welche Schritte Sie unternehmen müssen, um Ihre Konkurrenzfähigkeit zu verbessern.

Übung 10.5 behandelt die physischen Aspekte der Distribution.

In Übung 10.6 schließlich können Sie alle in den Übungen 10.1 bis 10.5 gewonnenen Informationen verwenden und daraus einen Distributionsplan erstellen

Übung 10.1 Werden Absatzmittler benötigt?

Auf den ersten Blick scheint es täuschend einfach, den richtigen Absatzweg zu wählen. Schließlich stehen nur drei Optionen zur Auswahl:

1. Direktverkauf an den Kunden/Nutzer,
2. Verkauf über Intermediäre an die Kunden/Nutzer,
3. Kombination der Optionen 1 und 2 (duale Distribution).

Letztlich stellt die Entscheidung immer einen Kompromiss dar, da auf der einen Seite die Distribution der eigenen Produkte so weit wie möglich kontrolliert werden soll, auf der anderen Seite aber die Distributionskosten auf ein vernünftiges Maß begrenzt werden müssen.

Arbeitsblatt 1 soll Ihnen helfen, eine Entscheidung über den richtigen Distributionsweg zu treffen. Sie gehen wie folgt vor:

1. Wenden Sie den Algorithmus auf dem Arbeitsblatt nacheinander für jedes Produkt in Ihrem Portfolio an.
2. Notieren Sie die Entscheidung für jedes Produkt, das heißt ob Sie den Direktverkauf oder die Einschaltung von Intermediären wählen. Handelt es sich jeweils um die beste Entscheidung, oder gibt es triftige Gründe dafür, sich doch anders zu entscheiden?
3. Gibt es Gründe, die bei manchen Produkten für eine duale Distribution sprechen? Verkaufen Sie beispielsweise an manche Kunden direkt und an andere über Intermediäre? Denken Sie daran, dass das Hauptproblem bei der dualen

Arbeitsblatt 1 Algorithmus für die Wahl des Vertriebswegs (Übung 10.1)

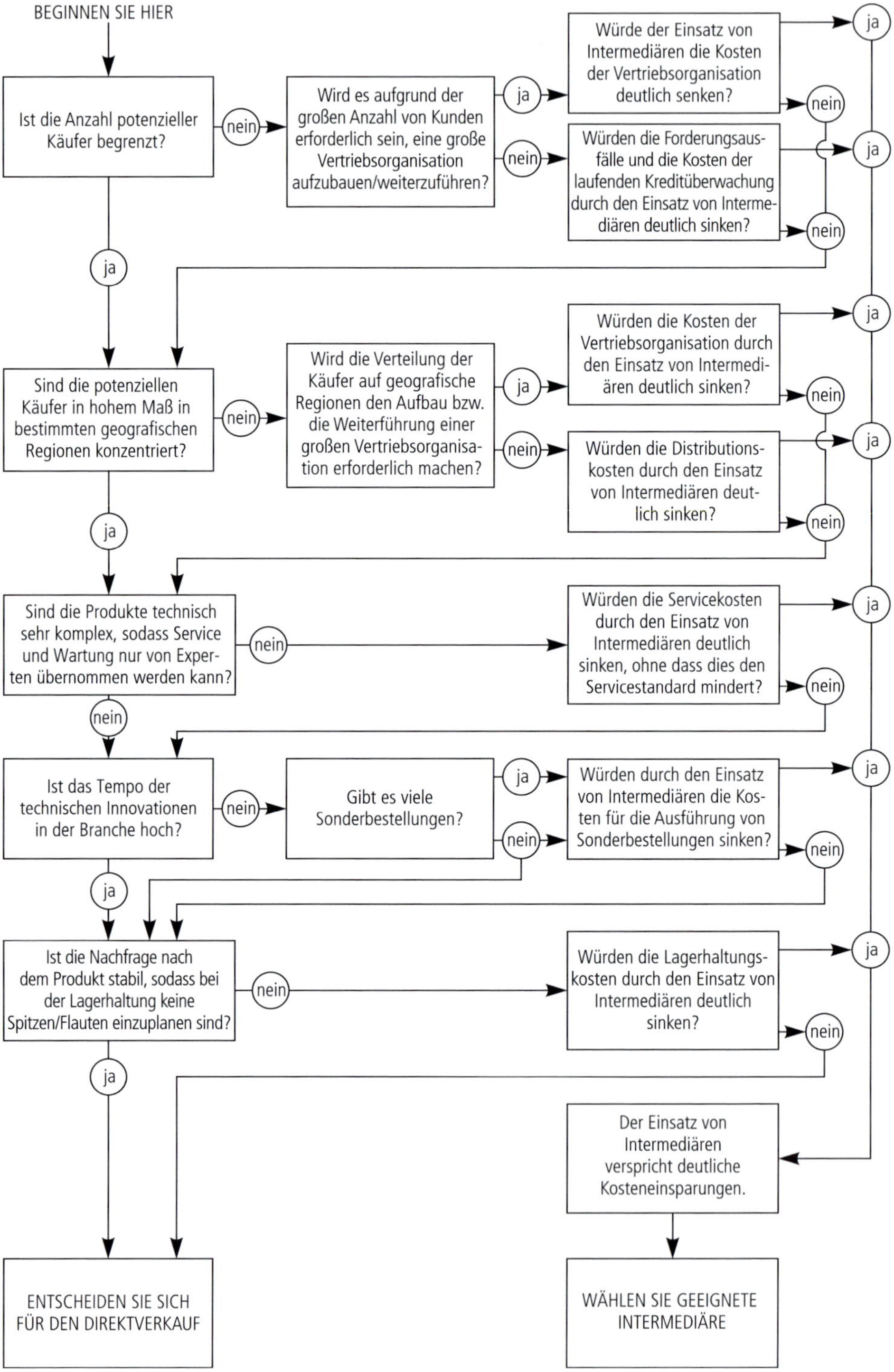

Distribution darin liegt, den Markt zwischen dem Hersteller (dem Lieferanten) und dem Intermediär gerecht aufzuteilen.

Tragen Sie nachstehend die Entscheidungen aus dem Arbeitsblatt ein oder machen Sie sonstige Notizen dazu.

Persönliche Notizen

Übung 10.2 Auswahl eines geeigneten Intermediärs

Mithilfe von Übung 10.1 konnten Sie die Frage beantworten, ob Sie einen Intermediär benötigen. Falls die Antwort ja lautet, besteht der nächste Schritt darin, einen geeigneten Intermediär auszuwählen.

Arbeitsblatt 2 soll Sie bei der Entscheidungsfindung unterstützen. Gehen Sie wie folgt vor:

1. Notieren Sie Unternehmen, die auf den ersten Blick als mögliche Intermediäre infrage kommen. (Das Arbeitsblatt lässt Vergleiche zwischen nur drei möglichen Intermediären zu. Sie sollten deshalb ein eigenes Formular erstellen und dort beliebig viele Namen eintragen.)
2. Nehmen Sie Kriterium 1 der Liste der Bewertungskriterien und wenden es auf alle möglichen Intermediäre an. Tragen Sie in die Spalten A, B und C zwischen 0 und 10 Punkte ein, je nachdem, ob der Intermediär bei diesem Kriterium sehr schlecht (0 Punkte) oder außerordentlich gut (10 Punkte) abschneidet.
3. Verfahren Sie so mit sämtlichen Beurteilungskriterien auf der Liste.
4. Ergänzen Sie die Liste um weitere Kriterien, die für Ihr Unternehmen relevant sind, und bewerten Sie diese ebenfalls anhand von Punkten.
5. Addieren Sie die Punkte in jeder Spalte. Die Spalte mit der höchsten Punktzahl steht für den am besten geeigneten Intermediär.

Möglicherweise halten Sie einige Kriterien der Liste für ganz besonders wichtig. In diesem Fall gewichten Sie die Punkte, die Sie für die einzelnen Kriterien vergeben. Ein Beispiel für ein solches Gewichtungssystem wird in Übung 4.2 gegeben.

Arbeitsblatt 2 Kriterien für die Auswahl von Intermediären (Übung 10.2)

Bewertungskriterien	*potenzielle Intermediäre*		
	A	*B*	*C*
1. Ist bereits in unserem Zielmarktsegment tätig			
2. Ist bereit, im Zielmarktsegment tätig zu werden			
3. Vertriebsorganisation ist ausreichend groß			
4. Vertriebsorganisation ist gut geschult			
5. Die regionalen Standorte sind gut verteilt			
6. Die Kommunikationspolitik stimmt mit der des Herstellers überein			
7. Die Budgets sind ausreichend			
8. Kann den Kunden einen Nachkaufservice bieten			
9. Die Produktpolitik stimmt mit der des Herstellers überein			
10. Führt keine konkurrierenden Produktlinien			
11. Ist bereit, ausreichend hohe Lagerbestände zu führen			
12. Ist bereit, ein ausreichend breites Sortiment zu führen			
13. Geeignete Lagerhaltungsmöglichkeiten			
14. Ist kreditwürdig			
15. Die Einstellungen des Managements stimmen mit denen des Herstellers überein			
16. Genießt einen guten Ruf (fügen Sie weitere relevante Kriterien hinzu)			
17. ______			
18. ______			
19. ______			
20. ______			
21. ______			
22. ______			
23. ______			
24. ______			
25. ______			
26. ______			
27. ______			
28. ______			
29. ______			
30. ______			
GESAMT			

Übung 10.3 Kundenservice-Audit

Bevor Sie sich näher mit dem Kundenservice befassen, sollten Sie das Service-Audit abschließen. Wenn Sie mehr als drei Fragen mit Nein beantwortet oder Schwierigkeiten bei den frei beantwortbaren Fragen haben, könnte dies auf ein ernsthaftes Problem mit dem Kundenservice in Ihrem Unternehmen hindeuten. Sie sollten diese Übung für jedes Marktsegment, auf dem Sie konkurrieren, durchführen.

1. Gibt es in Ihrem Unternehmen eine schriftlich fixierte Kundenservicepolitik?

   JA ____________________

   NEIN ____________________

2. Wird diese Politik innerhalb des Unternehmens gut kommuniziert?

   JA ____________________

   NEIN ____________________

3. Kennen Ihre Kunden diese Politik?

   JA ____________________

   NEIN ____________________

4. Welches sind die drei wichtigsten Aspekte des Kundenservice, die sich auf die Effektivität Ihres Marketing auswirken?

   1 ____________________

   2 ____________________

   3 ____________________

5. Gibt es Initiativen, um den Erfolg des Kundenservice, gemessen an diesen drei Aspekten, zu kontrollieren?

   JA ____________________

   NEIN ____________________

6. Behalten Sie den Kundenservice Ihrer Konkurrenten im Auge?

   JA ____________________

   NEIN ____________________

7. Glauben Sie, dass man in Ihrem Unternehmen die wahren Kosten kennt, die mit der Erbringung des Kundenservice verbunden sind?

   JA ____________________

   NEIN ____________________

8. Welche Funktion/welche Funktionen sind für das Servicemanagement zuständig?

   ____

   ____

9. In welcher Beziehung steht das Servicemanagement zur Marketingfunktion? (Erstellen Sie erforderlichenfalls ein Organigramm.)

10. Haben Sie einen Kommunikationskanal eingerichtet, über den Ihre Kunden Ihnen nach der Auftragserteilung Fragen stellen können?

    JA ____________________

    NEIN ____________________

11. Gibt es (a) einen einzigen Ansprechpartner für die Kunden („one face to the customer"), oder bearbeiten (b) jeweils bestimmte Abteilungen verschiedene Arten von Anfragen/Beschwerden?

    JA (a) (b)

    NEIN (a) (b)

12. Wo liegen Ihrer Meinung nach die größten Schwächen Ihres derzeitigen Servicemanagement?

    ____

    ____

    ____

    ____

    ____

Übung 10.4 Das Kundenservicebündel

Kundenservice wurde als der Grad der Verfügbarkeit des Produkts zu dem Zeitpunkt und an dem Ort definiert, den der Kunde wünscht. Auf der einen Seite könnte ein Serviceniveau von 100 % exorbitant hohe Kosten verursachen, auf der anderen Seite jedoch setzt ein Unternehmen mit einem nicht mehr akzeptablen Serviceniveau seine Marktanteile aufs Spiel.

Wie Studien ergeben haben, kann es sehr teuer sein, das Serviceniveau nur um einen geringen Grad zu erhöhen, wenn er sich bereits auf einem hohen Niveau befindet (Gesetz der abnehmenden Grenzerträge; Homburg/Bucerius 2006). Aus diesem Grund müssen die Marketingverantwortlichen das tatsächliche Niveau ihres Kundenservice beurteilen können, und sie müssen die Erwartungen und Bedürfnisse ihrer Kunden genau verstehen. Die Wahrscheinlichkeit ist hoch, dass verschiedene Marktsegmente einen unterschiedlichen Grad an Service fordern.

Die endgültige Entscheidung über das Serviceniveau für ein bestimmtes Produkt wird noch von weiteren Faktoren beeinflusst:

1. Beitrag zur Deckung der Fixkosten: Kann das Produkt überhaupt die Kosten des höheren Serviceniveaus tragen?
2. Die Marktbedingungen: Kann der Kunde auf Ersatzprodukte ausweichen?
3. Der Wettbewerb: Bieten die Konkurrenten ein höheres Serviceniveau?
4. Die Art des Absatzwegs: Erfolgt der Verkauf direkt oder über Intermediäre?

Der Schlüssel zum Marketingerfolg liegt darin, dass ein Unternehmen ein Servicebündel schnürt. Dabei werden Aspekte wie Produktverfügbarkeit mit attraktiven Auftragsdurchlaufzeiten sowie Maßnahmen zur Minimierung der Unannehmlichkeiten bei Schwankungen der Auftragsdurchlaufzeiten berücksichtigt.

Arbeitsblatt 3 soll Ihnen helfen, die Konkurrenzfähigkeit Ihres Servicebündels zu erhöhen oder eine Alternative zu entwickeln, falls dies zu kostspielig ist. Nachstehend können Sie Ihre eigenen Notizen zu diesen Themenbereichen machen.

Arbeitsblatt 3 Entwicklung eines Kundenservicebündels (Übung 10.4)

Wählen Sie eines der von Ihnen angesprochenen Marktsegmente aus und finden Sie heraus, welches das geeignete „Bündel" wäre, indem Sie die jeweiligen Punkte in Spalte 1 ankreuzen (d. h.: Was ergibt sich aus Ihrer Marketingstrategie?).

Kreuzen Sie in Spalte 2 die Punkte an, die das beste Konkurrenzbündel repräsentieren.

Beurteilen Sie in Spalte 3, ob die Bereitstellung Ihrer Servicebestandteile besser, gleich oder schlechter als beim besten Wettbewerber erfolgt.

Geben Sie in Spalte 4 die relativen Kosten – d. h. hoch, mittel oder niedrig – für eine Verbesserung in denjenigen Fällen an, in denen Sie dem besten Wettbewerber unterlegen sind.

Nennen Sie in Spalte 5 Verbesserungsmaßnahmen, um das Servicebündel so zu verbessern, dass es mit dem des besten Konkurrenten gleichwertig ist.

Tragen Sie in Spalte 6 alternative Bündel ein, die nötig sind, um die Spielregeln zu ändern.

Wiederholen Sie diesen Prozess für alle anderen Marktsegmente.

Bestandteile des Kundenservice	(1) *geeignetes Service-bündel*	(2) *bester Konkur-rent*	(3) *besser gleich schlechter*	(4) *Kosten im Vergleich zum Kon-kurrenten H, M, N*	(5) *Maßnahmen zur Verbes-serung des Kundenser-vice*	(6) *alter-natives Bündel*
Lieferhäufigkeit						
Zeit von der Bestellung bis zur Lieferung						
Lieferzuverlässigkeit						
Expresslieferungen bei Bedarf						
Bestandsverfügbarkeit						
Lieferkontinuität						
Vorgehen bei Nichtverfügbarkeit						
Bequemlichkeit der Auftrags-erteilung						
Auftragsbestätigung						
Richtigkeit der Rechnungen						
Qualität der Vertriebsorganisation						
regelmäßige Besuche durch Ver-triebsmitarbeiter						
Bestandsüberwachung						
Kreditkonditionen						
Bearbeitung von Kundenanfragen						
Qualität der Umverpackungen						
sachgemäß bepackte Paletten						
gut sichtbares Verfallsdatum auf der Verpackung						
gut verständliche Anweisungen auf der Verpackung						
Eignung der Innenverpackung für die Handhabung						
Eignung der Innenverpackung zur Ausstellung im Geschäft						
Ratschläge zur Entwicklung neuer Produkte/Verpackungen						
regelmäßige Überprüfung der Produktpalette						
Koordination zwischen Produktion, Distribution und Marketing						

Persönliche Notizen

Übung 10.5 Physische Distribution

Wie oben erläutert, sind bei der physischen Distribution fünf Bereiche zu berücksichtigen, die insgesamt den sogenannten Distributions-Mix ergeben: Einrichtungen, Lagerbestände, Transport, Kommunikation und logistische Einheiten

Einrichtungen

Wenn ermittelt wurde, welches Serviceniveau von den einzelnen Marktsegmenten erwartet wird, muss erneut beurteilt werden, ob die Standorte der Produktions- und Lagergebäude geografisch gesehen günstig sind. Falls dramatische Änderungen der Nachfrage und der Standorte der wichtigsten Kunden anstehen, sollte über die Verlegung von Produktionseinheiten und/oder Lagergebäuden nachgedacht werden. Damit sind langfristig Einsparungseffekte aufgrund gesunkener Distributionskosten erzielbar.

Solche Entscheidungen dürfen jedoch nicht leichtfertig getroffen werden. Für die meisten Unternehmen sind im Bereich der Einrichtungen zumindest kurzfristig keine Änderungen möglich.

Lagerbestände

Da die Lagerhaltung grundsätzlich hohe Kosten verursacht, ist eine vernünftige Lagerhaltungspolitik besonders wichtig. Dazu müssen die Vergleichskosten für die Lagerung verschiedener Produkte bekannt sein.

Anhand von Arbeitsblatt 1 können Sie die verschiedenen Komponenten der Lagerhaltungskosten für jedes Ihrer wichtigen Produkte ermitteln und so die notwendigen Kosteninformationen gewinnen. Sobald Ihnen diese Informationen vorliegen, müssen Sie möglicherweise das Servicebündel oder Ihre früheren Entscheidungen zu den Intermediären revidieren.

Transport

Da der Transport derjenige Bereich ist, mit dem die Menschen am ehesten vertraut sind, wurde ihm traditionell am meisten Aufmerksamkeit durch das Management geschenkt. In Arbeitsblatt 4 wird eine typische Methode der Ermittlung der Vor- und Nachteile verschiedener Formen des Transports der Waren zu den Kunden dargestellt. Wenden Sie diese Methode auch auf einige Ihrer eigenen Produkte an.

Die Kosten sind zwar ein wichtiger Faktor bei der Auswahl der Transportart, ebenso wichtig sind in vielen Fällen die Häufigkeit und Zuverlässigkeit. Eine regelmäßige Überwachung der Transportkosten ist dringend zu empfehlen, wenn die Distributionskosten unter Kontrolle bleiben sollen.

Kommunikation

Es wird häufig übersehen, dass durch den Absatzkanal nicht nur Produkte, sondern auch Informationen in Form von Bestellungen, Rechnungen, Nachfrageprognosen oder Lieferplänen fließen. Diese „Kommunikation" ist ein integraler Bestandteil des Kundenservice. Dennoch ist leider davon auszugehen, dass die Kommunikation einseitig auf die Bedürfnisse des Unternehmens ausgerichtet wurde.

Sehen Sie sich alle mit der Distribution verbundenen Kommunikationsaktivitäten an und versetzen Sie sich in Ihren Kunden hinein. Wie bequem ist Ihr Bestellsystem aus Sicht des Kunden? Suchen Sie das Gespräch mit einigen Kunden und holen Sie ihre Meinung ein. Alles, was die Kommunikation vereinfachen oder beschleunigen könnte, erbringt Vorteile für Ihr Unternehmen – und derartige Maßnahmen müssen nicht einmal mit Kosten verbunden sein.

Logistische Einheiten

Überprüfen Sie, ob es Möglichkeiten gibt, andere Verpackungseinheiten (Stückelungen) für Ihre Produkte zu wählen, die für Endkunden oder Intermediäre günstiger sind, weil sie etwa die Handhabung oder das Stapeln erleichtern. Beispielsweise könnten Sie sich für Paletten oder Container entscheiden. Häufig können hohe Kosteneinsparungen bei der Handhabung oder Lagerung erzielt werden, wenn diesem Aspekt der Distribution genauere Beachtung geschenkt wird.

Arbeitsblatt 3 Vergleichende Lagerkosten (Übung 10.5)

Kostenbereich	*Produkt*				
	(1)	*(2)*	*(3)*	*(4)*	*(5)*
Lagerkosten (Miete, Zinsen, Heizung, Licht etc.)					
Personalkosten					
Verlust/Schwund					
Verschleiß/Beschädigung					
Versicherung					
Zinsen (auf im Lager gebundenes Kapital)					
Verwaltungskosten					
sonstige für das Unternehmen relevante Kosten					

Legen Sie für dieses Arbeitsblatt die Kosten pro Stück oder Einheit zugrunde oder geben Sie einfach den Anteil des Buchwerts der Vorräte an.

Arbeitsblatt 4 Vergleich der physischen Distributionskosten (Übung 10.5)

Art der physischen Distribution	*Produkt*				
	(1)	*(2)*	*(3)*	*(4)*	*(5)*
eigene Transportmittel					
Langzeitmietverträge					
Spediteure					
andere Arten des Straßentransports					
______________________					
______________________					
______________________					
Personenzüge					
Güterzüge					
Paketservice					
andere Arten des Bahntransports					
______________________					
______________________					
______________________					
Schiff (an Deck)					
Schiff (im Frachtraum)					
Hovercraft					
andere Arten des Seetransports					
______________________					
______________________					
______________________					
Luftpaket					
Luftfracht					
andere Arten des Lufttransports					
______________________					
______________________					
______________________					
Post 1. Klasse					
Post 2. Klasse					
Paketpost					
sonstiger Postversand					
______________________					
______________________					
______________________					
andere Transportmittel					
______________________					
______________________					
______________________					
______________________					
______________________					

Übung 10.6 Der Distributionsplan

Wenn Sie den Stoff in diesem Kapitel durchgearbeitet haben, wissen Sie nun, wie Sie die Distribution in Ihrem Unternehmen verbessern können. Vielleicht fanden Sie auch bestätigt, dass die derzeit genutzten Methoden angemessen sind. Damit Ihre Mühe nicht umsonst war, sollten Sie nun Ihre wichtigsten Ergebnisse in den Distributionsplan einfließen lassen. Dabei könnten Sie wie folgt vorgehen:

1. Zeigen Sie, wie die Distribution vor dem Hintergrund der Marketingziele und Marketingstrategie Ihres Unternehmens definiert werden muss.
2. Veranschaulichen Sie, inwieweit die derzeitigen Praktiken diese Definition bereits unterstützen oder inwieweit dies nicht der Fall ist.
3. Erstellen Sie anhand der zusammengestellten Daten eine Empfehlung hinsichtlich:
   a) einer Distributionspolitik unter Angabe von Art und Anzahl der Verkaufseinheiten,
   b) der Leistungsstandards, die an die Distributionsorganisation anzulegen sind,
   c) der Veränderungen, die in der Distributionsorganisation erforderlich sind,
   d) der Methoden der Erfolgskontrolle während der Umsetzung des Plans.

Persönliche Notizen

11 | Marketinginformationen und Organisation der Marketingplanung

Zusammenfassung

- Marketing Accountability – Die Messung des Erfolgsbeitrags des Marketing
- Der Unterschied zwischen Marktforschung und Marketingforschung
- Die Festsetzung des Budgets für die Marketingforschung
- Arten der Marketingforschung
- Database-Marketing und Segmentierung
- Marketinginformationssysteme
- Das Internet und dessen marketingstrategische Implikationen
- Data Warehousing
- Data Mining
- Customer Relationship Management (CRM)
- Prognosemethoden
- Organisationsformen der Marketingplanung
- Der Einfluss der Unternehmenskultur auf die Marketingplanung
- Übungen zur Umsetzung der Theorie in die Praxis

Einführung

Die nächsten beiden Kapitel beschäftigen sich mit der Umsetzung der „Theorie" der Marketingplanung in die Praxis. Kein Buch über die Marketingplanung kann vollständig sein, ohne detailliert darauf einzugehen, wie die in den vorangegangenen Kapiteln beschriebenen Strukturen und Konzepte implementiert werden können.

Der eigentliche *Prozess* der Marketingplanung ist grundsätzlich einfach aufgebaut. In jedem Buch werden relativ ähnlich folgende Elemente beschrieben: Situationsanalyse, Prämissen, Ziele, Strategien, Maßnahmen, Bewertung und Kontrolle. Viele Bücher gehen jedoch kaum auf die kontextabhängigen Fragen ein, die ebenfalls berücksichtigt werden müssen. Gerade sie machen die Marketingplanung zu einer schwierigen Aufgabe.

Kontextabhängige Fragen sind etwa folgende:

- *Wann* sollte die Marketingplanung erfolgen, *wie häufig*, *von wem* und *wie*?
- Gibt es Unterschiede zwischen *großen* und *kleinen* Unternehmen?
- Gibt es Unterschiede zwischen *diversifizierten* und *nicht diversifizierten* Unternehmen?

- Gibt es Unterschiede zwischen *international* und *national* tätigen Unternehmen?
- Welche Rolle spielt die *Unternehmensführung*?
- Welche Rolle spielt die *Planungsabteilung*? Sollte die Marketingplanung nach dem *Top-down-Prinzip* oder nach dem *Bottom-up-Prinzip* durchgeführt werden?
- Wie verhält sich die *operative* (einjährige) zur *strategischen* (längerfristigen) Planung?

Zunächst jedoch gilt es, einige Aspekte zu beleuchten, die die Erfolgskontrolle, die Marketinginformationen und die organisatorische Seite des Marketing betreffen. Unternehmen müssen sich von Anfang an bewusst machen, welchen Beschränkungen die Umsetzung eines Marketingplanungssystems in der Realität unterliegt. Zwei dieser Beschränkungen sind die Marketinginformationen und die Form der Unternehmensorganisation, die in diesem Kapitel behandelt werden. Im nächsten Kapitel wird dann ein System zur Umsetzung der Marketingplanung vorgestellt. Dabei wird auch auf die Rolle der Unternehmensführung und der Planungsabteilung eingegangen. Kapitel 13 schließlich enthält einen Leitfaden, mit dessen Hilfe die in diesem Buch beschriebenen Konzepte, Strukturen und Ansätze umgesetzt werden können.

Dieses Kapitel besteht aus drei Teilen:

1. Messung des Erfolgsbeitrags des Marketing (Marketing Accountability),
2. Marketinginformationen und -prognose,
3. Marketingorganisation.

Im Marketingprozess-Modell, das in *Abbildung 11.1* noch einmal abgebildet wird, bleibt nur noch der Punkt „Nutzen messen" ausführlich zu besprechen.

Entsprechend den wichtigsten Informationsbereichen, die in den Planungsprozessschritten „Märkte definieren und Bedürfnisse identifizieren" und „Nutzenversprechen bestimmen" behandelt wurden, gibt es vier Hauptbereiche, in denen eine Messung und Kontrolle des Nutzens erfolgen kann (*Abbildung 11.2*).

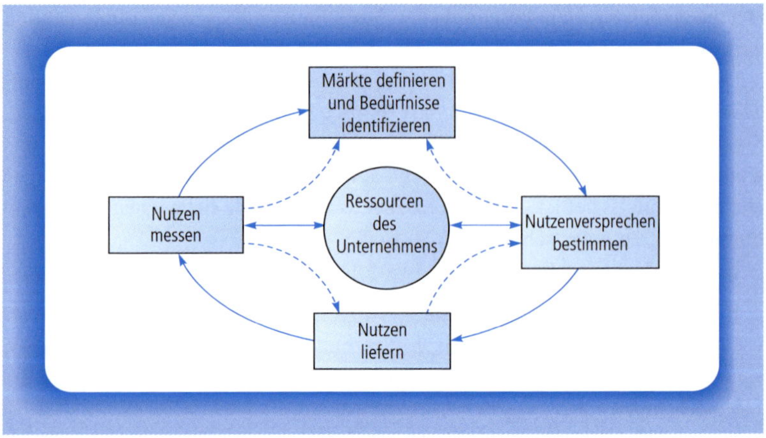

Abbildung 11.1
Das Marketingprozess-Modell.

erwarteter Nutzen (auf Kundenseite)	**gestifteter Nutzen**	**erhaltener Wert** (auf Anbieterseite)	**Art und Weise der Bereitstellung/ Kommunikation des Nutzens vs. geplante Marketingstrategien**
aktueller Nutzen vs. erwartetem Nutzen	vs. versprochenem Nutzen	vs. angestrebtem Wert	• Produkt/Dienstleistung vs. Plan (Produktion, Forschung & Entwicklung) • Werbedurchführung vs. Plan • vs. Plan (Distributionsdurchführung) • erzielter Preis vs. Plan

Abbildung 11.2
Nutzen messen.

Erstens kann das Unternehmen kontrollieren, ob der Nutzen, den die Kunden tatsächlich wünschen, den Kundenanforderungen entspricht, die im Prozess „Märkte definieren und Bedürfnisse identifizieren" ermittelt wurden. Dafür können zum Teil Informationen aus dem Teilprozess „Nutzen liefern" verwendet werden; evtl. müssen die Informationen auch im Rahmen von Marktforschungsaktivitäten gewonnen werden, auf die an späterer Stelle in diesem Kapitel genauer eingegangen wird.

Zweitens kann der bereitgestellte Nutzen mit dem Nutzenversprechen verglichen werden, der im Prozess „Nutzenversprechen bestimmen" definiert wurde. Da alle Nutzenaspekte auch von der Kundenwahrnehmung abhängen, gehört es zu diesem Schritt, die Kunden in irgendeiner Weise zu befragen.

Drittens ist der Erfolg im Hinblick auf die Marketingziele zu analysieren, die im Prozess „Nutzenversprechen bestimmen" definiert wurden. Solche Analysen werden in den meisten Unternehmen schon standardmäßig durchgeführt. Unternehmen führen üblicherweise monatliche Umsatzanalysen durch, gegliedert nach Produkten oder Absatzkanälen. Analysen nach Segmenten oder Kunden sind weit weniger verbreitet als Analysen nach Produkten, da die Kundenprofitabilität beziehungsweise der Kundenlebenswert schwer zu ermitteln sind (Rudolf-Sipötz/Tomczak 2001). Da jedoch der finanzielle Erfolg letztlich eine Folge hoher Kundenzufriedenheit ist, ist die Überprüfung des dem Kunden bereitgestellten Nutzens gleichermaßen wichtig und für viele Unternehmen der einfachste Weg zur Leistungsverbesserung.

Viertens schließlich kann die Effektivität der Marketingstrategien, mit deren Hilfe der Nutzen bereitgestellt wurde, bewertet werden.

Erfolgsnachweis des Marketing

Drei Ebenen zur Beurteilung der Marketingeffektivität

Insbesondere in Konsumgüterunternehmen werden schon seit längerem bewährte Modelle angewendet, um die Effektivität der Marketingaufwendungen zu messen. In der letzten Zeit sind anspruchsvolle quantitative Modelle zur Kontrolle der Wirkung der massiven Marketingaufwendungen insbesondere von Konsumgüterunternehmen entwickelt worden. Diese fokussieren überwiegend auf die Wirkungsmessung von Verkaufsförderungskampagnen sowie die Werbewirkungsmessung und hier vor allem die Bestimmung von Werbeschwellen oder Abnutzungseffekten (Homburg/Krohmer 2006).

Im Lauf der Zeit wurden diese Modelle auch auf den Business-to-Business-Bereich und den Dienstleistungssektor übertragen – mit dem Ergebnis, dass es heute nicht mehr entschuldbar ist, wenn ein Unternehmen hohe Summen des ihm von den Aktionären anvertrauten Kapitals für die Kommunikation ausgibt, ohne Rechenschaft über die Wirksamkeit solcher Investitionen abzulegen.

Auf der bisher betrachteten Ebene wird jedoch nur darüber Rechenschaft abgelegt, welche psychografischen Wirkungen mit den Werbeaufwendungen erzielt wurden, wie etwa eine Veränderung des Bekanntheitsgrades oder der Einstellung, die relativ leicht quantifizierbar sind.

Es ist jedoch nicht sinnvoll, die Wirksamkeit der Werbeaufwendungen allein anhand des Umsatzes oder Gewinns zu messen. Hier gibt es zu viele andere Variablen, die sich neben der Werbung mittelbar auf den Umsatz oder Gewinn auswirken, etwa die Produktleistung, die Verpackung, der Preis, die Vertriebsorganisation, die Konkurrenten und zahllose andere Faktoren (Schneider 2007).

Das Problem bei der Erfolgskontrolle des Marketing besteht also weniger darin, wie die Wirksamkeit der Werbeaufwendungen prinzipiell gemessen werden kann; diese Analysen werden schon seit vielen Jahren durchgeführt. Das Problem ergibt sich vielmehr daraus, dass Marketing nicht einfach mit Kommunikation gleichzusetzen ist. Wie bereits mehrfach in diesem Buch erwähnt, betrachten Spitzenunternehmen, in denen der Kunde im Zentrum des Geschäftsmodells steht, das Marketing als eine Disziplin, die dafür verantwortlich ist, die Märkte zu definieren, diese Märkte zu segmentieren, Nutzenangebote zur Erfüllung der identifizierten Kundenbedürfnisse zu entwickeln, das Engagement all jener im Unternehmen zu gewinnen, die für die Bereitstellung dieses Nutzens verantwortlich sind, und schließlich zu kontrollieren, ob das Nutzenversprechen wirklich eingelöst wird.

Tatsächlich kann diese Definition des Marketing als eine Funktion der Strategieentwicklung sowie des operativen Verkaufs dazu beitragen, das Problem der Effektivitätsmessung zu klären (*Abbildung 11.3*).

Aus *Abbildung 11.3* geht hervor, dass sich drei Ebenen von Kennzahlen (Metriken) unterscheiden lassen. *Ebene 1* ist die wichtigste Ebene. Diese bestimmt, ob die Marketingstrategien längerfristig (in einem Zeitraum von drei bis fünf Jahren) Wert für die Aktionäre schaffen oder vernichten. Auf den Kapitalmärkten wird Erfolg im Sinne der Steigerung des Shareholder Value gemes-

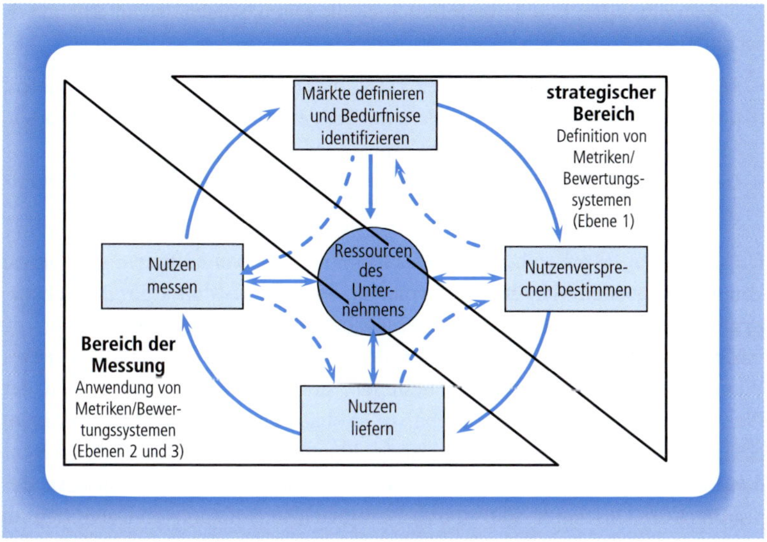

Abbildung 11.3 Die Ebenen der Wirkungsmessung im Marketingprozess-Modell.

sen, unter Berücksichtigung der mit dem strategischen Marketingplan verbundenen Risiken, des Zeitwertes des Geldes und der Kapitalkosten. Dieser Ansatz unterscheidet sich grundlegend von den überholten buchhalterischen Gewinnkonzepten (Bauer/Stokburger/Hammerschmidt 2006).

Es ist somit sinnvoll, den strategischen Marketingplan zur Beurteilung heranzuziehen, ob Shareholder Value geschaffen oder vernichtet wird:

> *„Der Kunde ist nun einmal der Dreh- und Angelpunkt des Geschäfts. Ob Produktion, Lieferantenmanagement, Finanzen, Risikomanagement, Personalmanagement oder Produktentwicklung – alles orientiert sich letztlich an dem Nutzenversprechen, das dem Kunden unterbreitet wird."*
>
> (Kelly 2005)

Somit sind Unternehmensressourcen und Kompetenzen nur insoweit relevant, als sie von den Kunden auch geschätzt werden. Erst diese Wertschätzung ermöglicht einen nachhaltigen Wettbewerbsvorteil und eine Wertsteigerung für die Aktionäre. Genau aus diesem Grund ist der strategische Plan – Was soll an wen verkauft werden, und was soll damit erreicht werden? – eine gute Grundlage zur Beurteilung, ob Shareholder Value geschaffen oder vernichtet wird.

Losgelöst von Modebegriffen und Fachtermini enthalten alle Marketingpläne grundsätzlich dieselben Aussagen: „Wir werden diese und jene Maßnahmen auf dem Markt durchführen und versprechen uns davon einen Gewinn in bestimmter Höhe." Betrachtet man dies tiefgehender, lassen sich drei grundsätzliche Fragen unterscheiden, die allen Marketingplänen zugrunde liegen:

1. Wie groß ist der Markt, der bearbeitet werden soll?
2. Wie hoch ist der aufgrund der durchgeführten Strategie erwartete Marktanteil?
3. Wie hoch ist der aus dem Marktanteil resultierende Gewinn?

Genau diese drei Punkte betreffen auch die Dimensionen des unternehmerischen Risikos:

- *Marktrisiko:* das Risiko, dass der Markt nicht so groß ist wie angenommen;
- *Marktanteilsrisiko:* das Risiko, dass mit der gewählten Strategie der erwartete Marktanteil nicht erzielt werden kann;
- *Gewinnrisiko:* das Risiko, dass die erwarteten Gewinnmargen nicht erwirtschaftet werden können.

Diese Risiken lassen sich relativ leicht in Untergruppen aufteilen, die anhand von grundlegenden Marketinginstrumenten wie Ansoff-Matrix, Produktlebenszyklus-Modell oder Marktsegmentierung beurteilt werden können.

Zusammen ergibt sich aus diesen drei Dimensionen das Geschäftsrisiko. Wenn keinerlei Ungewissheiten bestehen, droht auch kein Risiko, und der Plan liefert die erwarteten Ergebnisse. Sobald eine Unsicherheit in einem oder mehreren Bereichen vorliegt, ist der Plan riskant, und die erwarteten Renditen müssen höher sein, um dieses Risiko auszugleichen. Eine objektive Beurteilung des Geschäftsrisikos durch systematische Nutzung von Daten trägt in zweierlei Hinsicht dazu bei, Shareholder Value zu schaffen. Erstens können die wichtigsten Risikobereiche der Strategie identifiziert und die Risiken dann gezielt reduziert werden. Zweitens stünde ein Werkzeug zur Verfügung, um Investoren von der Strategie zu überzeugen, da genau nachgewiesen werden könnte, dass der Plan gut durchdacht ist und Shareholder Value schafft. Die Schwierigkeit liegt darin, jeden dieser drei Risikobereiche exakt genug zu beurteilen.

Der Prozess hierfür wird unter dem Begriff „Marketing Due Diligence" zusammengefasst. Bei der Marketing Due Diligence wird die Wahrscheinlichkeit beurteilt, mit der die Versprechen eines Marketingplans erfüllt werden. In Abhängigkeit von dieser Beurteilung wird der erwartete Gewinn korrigiert, und es wird berechnet, ob der Plan unter Berücksichtigung der Kapitalkosten des Unternehmens Shareholder Value schaffen oder vernichten wird (McDonald/Smith/Ward 2007).

Ebene 2 ist, sobald die Marketing Due Diligence auf die langfristige Marketingstrategie angewandt wurde, von zentraler Bedeutung für die Messung des Marketingerfolgs. Mit dieser zweiten Ebene werden die Schwierigkeiten bei der Bestimmung des Marketing Return on Investment angesprochen. Dazu muss der „Ertrag" durch die „Investition" geteilt werden, was für Marketingaufwendungen wie etwa die Werbeaufwendungen ein kompliziertes Unterfangen ist. McGovern et al. (2004) bringen dies treffend auf den Punkt:

> *„Die Leistung des Marketing kann nicht so einfach wie die Leistung einer Fabrik gemessen werden – leider wollen das viele Führungskräfte außerhalb der Marketingabteilung nicht verstehen. In der kontrollierten Umgebung einer Produktionsanlage ist es leicht, Rechenschaft darüber abzulegen, was an einem Ende hineingesteckt wird und was am anderen herauskommt, um dann die Produktivität zu ermitteln. Aber der Output des Marketing kann erst quantifiziert werden, lange nachdem er das Unternehmen verlassen hat."*

Zum Teil wird vorgeschlagen, anstelle der tatsächlichen Werbeaufwendungen das Budget heranzuziehen, um die Marketingeffektivität zu messen. In Kapitel 2 wurde jedoch bereits auf die Unzuverlässigkeit und den in die Vergangenheit gerichteten Fokus der Budgets hingewiesen. Deshalb sollten diese nicht zur Messung der Marketingeffektivität herangezogen werden.

Um den Return on Marketing zuverlässig und sinnvoll zu bestimmen, müssen Unternehmen die einzelnen Aktivitäten des Einjahresplans und deren Effekte auf die kritischen Erfolgsfaktoren, die sich an den Zielen orientieren, betrachten.

Abbildung 11.4 stellt hierfür nochmals die Ansoff-Matrix dar, aus der sich Marketingziele und Erfolgsfaktoren ableiten lassen. In jedem der vier Felder könnte man Kreise einzeichnen (jeder Kreis als ein Produkt für ein bestimmtes Segment), die die Planungseinheiten im Sinne von Zielen darstellen, die für den Absatz, den Umsatz und den Gewinn im ersten Jahr des strategischen Plans festgelegt werden.

Für jedes Produkt müssen nun Strategien festgelegt werden, aus denen hervorgeht, wie die jeweiligen Ziele erreicht werden sollen. Diese Strategien, die sich auf die kritischen Erfolgsfaktoren (KEF) beziehen, werden nach ihrer relativen Bedeutung für die Kunden im entsprechenden Segment gewichtet (*Abbildung 11.5*).

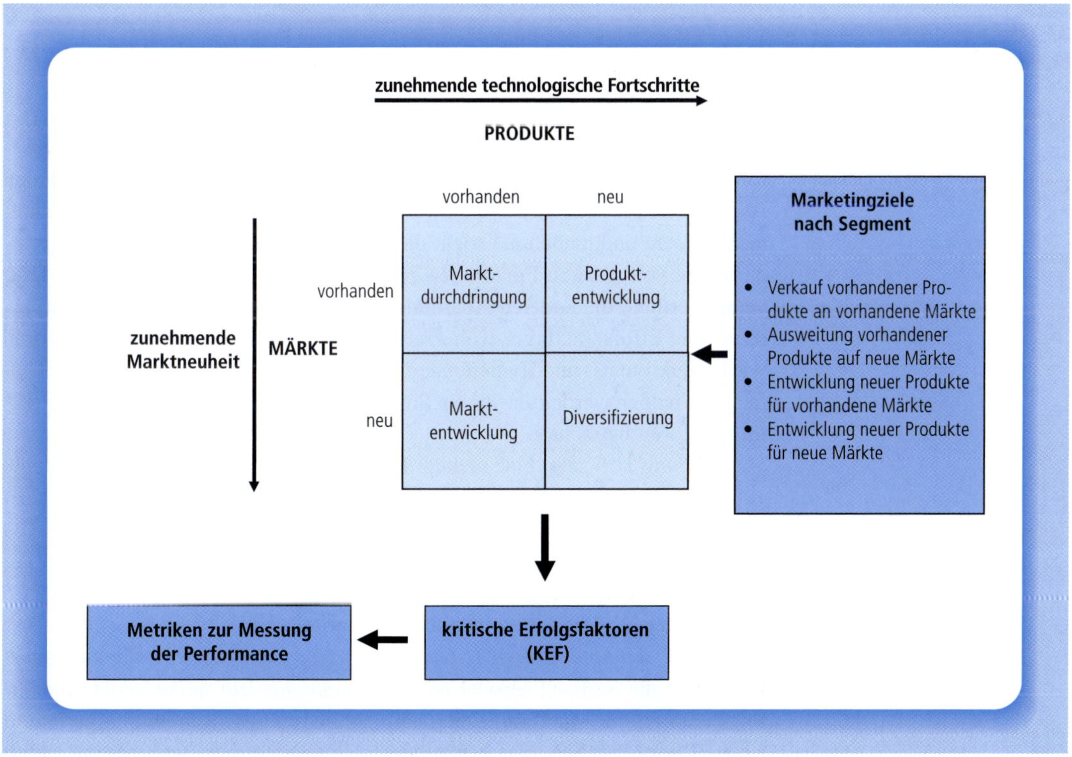

Abbildung 11.4
Ansoff-Matrix.

kritische Erfolgsfaktoren (KEF)	Gewichtungsfaktor	eigenes Unternehmen	Mitbewerber A	Mitbewerber B	Mitbewerber C
KEF 1					
KEF 2					
KEF 3					
KEF 4					
gesamter gewichteter Wert (Wert × Gewicht)	100				

- Strategien zur Verbesserung der Wettbewerbsposition / zum Erreichen der Ziele („4 P's")
- Kennzahlen (KEF) zur Messung der Leistung bzgl. Zielerreichung im Zeitverlauf

Abbildung 11.5
Kritische Erfolgsfaktoren nach Segmenten.

Es ist unwahrscheinlich, dass die Marketingfunktion allein für die Verbesserung eines kritischen Erfolgsfaktors verantwortlich ist. Beispielsweise werden Aspekte wie die Produktwirksamkeit, der Nachkaufservice, das Vertriebskanalmanagement und manchmal sogar die Preisgestaltung und Vertriebsorganisation häufig von anderen Funktionen gesteuert. Folglich ist das Marketing dafür verantwortlich, die anderen Abteilungen von der Notwendigkeit einer Verbesserung der Erfolgsfaktoren zu überzeugen. Es gibt zudem noch weitere Faktoren wie Produktivitäts- und Hygienefaktoren, die beachtet werden müssen. Der Einfachheit halber werden an dieser Stelle jedoch nur die kundenrelevanten Erfolgsfaktoren betrachtet.

Abbildung 11.6 zeigt eine weitere Detailebene in Form der Maßnahmen, die ergriffen werden müssen sowie der Zuständigkeiten und der entstehenden Kosten.

Aus *Abbildung 11.7* geht hervor, dass diese Maßnahmen für jedes Feld der Ansoff-Matrix betrachtet werden müssen, wodurch sich die in *Abbildung 11.6* dargestellten Wirkungszusammenhänge vervielfachen.

Anhand der *Abbildungen 11.6* und *11.7* zeigt sich, wie die Marketingausgaben und die Maßnahmen der anderen Funktionen zur Verbesserung der Erfolgsfaktoren mit Marketingzielen und letztlich mit der Rentabilität verknüpft sind. Es wird deutlich, was genau gemessen werden muss und warum. Damit wird auch ersichtlich, dass eine einzelne Marketingmaßnahme nicht direkt mit der Rentabilität verknüpft werden kann. Sie kann vielmehr nur mit anderen

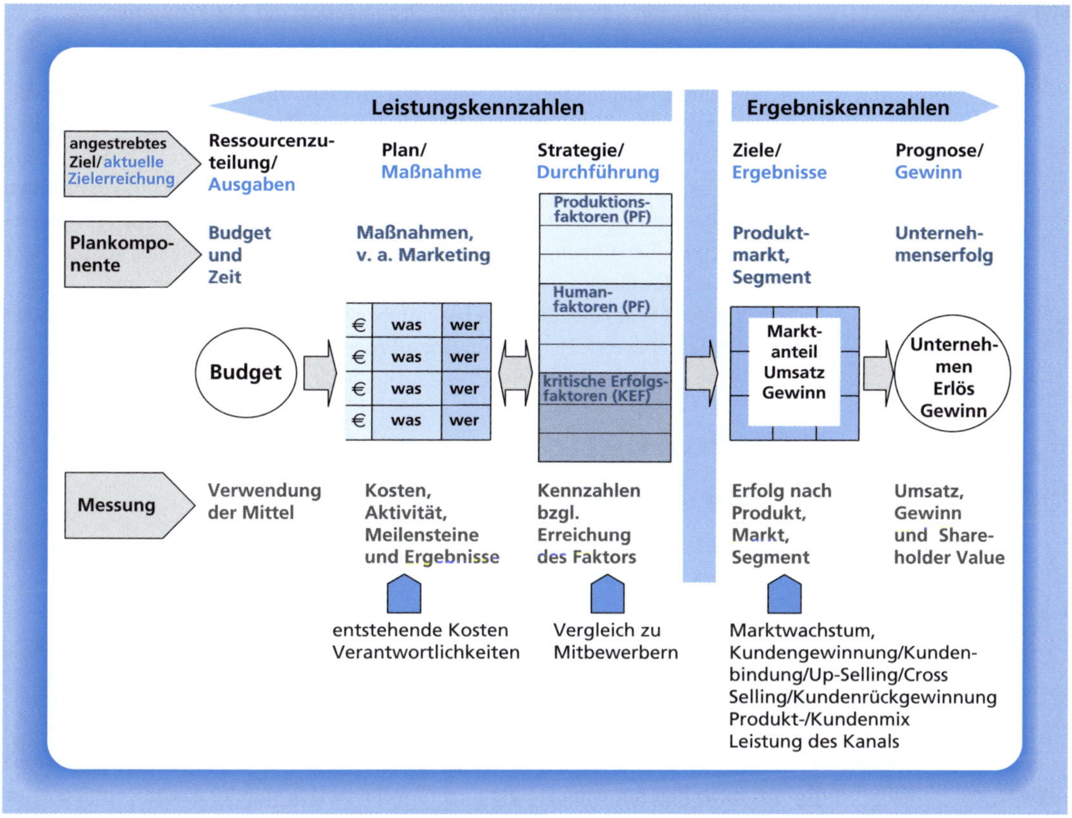

Abbildung 11.6

Verknüpfung von Zielen und Strategien mit der Performance.

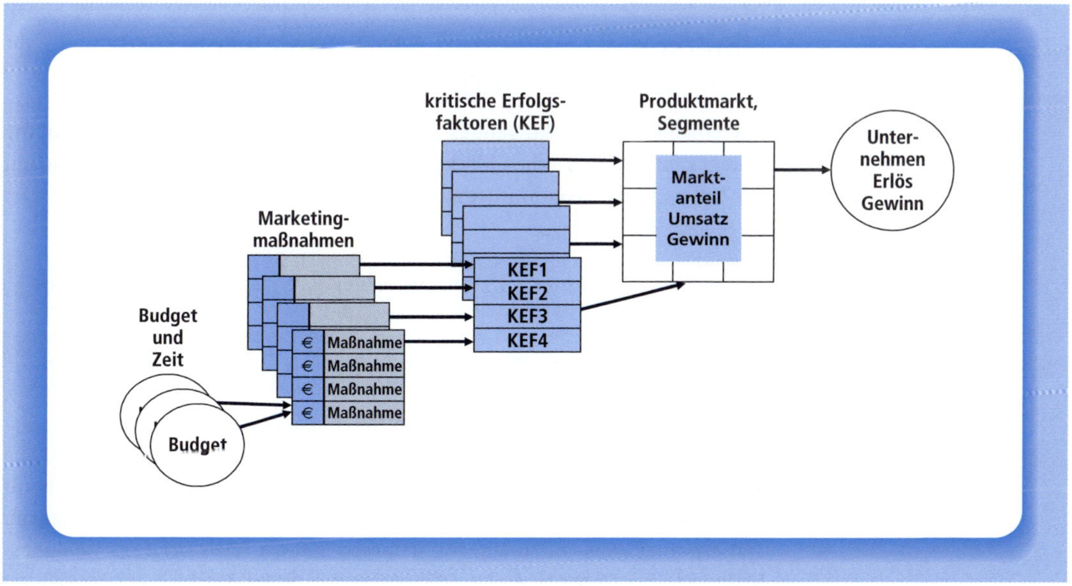

Abbildung 11.7

Wirkungskette von Maßnahmen zur Performancesteigerung für die vier Felder der Ansoff-Matrix.

gewichteten Erfolgsfaktoren verknüpft werden, die nach entsprechender Verbesserung dazu führen, dass das Absatzvolumen, der Umsatz und letztlich die Gewinne wachsen.

Es ist jedoch zu beachten, dass die in *Abbildung 11.5* und *11.6* dargestellten Umsätze und Gewinne *nicht* dem Shareholder-Value-Zuwachs entsprechen, da für dessen Berechnung auch die mit den Strategien verbundenen Risiken, der Zeitwert des Geldes und die Kapitalkosten zu berücksichtigen sind.

Ebene 3 beinhaltet die oben beschriebene Messung der Marketingeffektivität auf Mikroebene (z.B. von einzelnen Promotionsmaßnahmen).

Informationen und Prognosen für die Marketingplanung

Es dürfte nun klar geworden sein, dass es ohne geeignete Informationen sehr schwierig ist, viele der bisher besprochenen Maßnahmen zu ergreifen.

> Jeder Plan kann nur so gut sein wie die Informationen, auf denen er beruht. Deshalb müssen die richtigen Fragen gestellt werden wie „Wer sind unsere Kunden?" oder „Wie hoch ist unser Marktanteil?".

Definition
Bei der Marketingforschung geht es um die Analyse von Marketingprozessen.

Im gesamten Buch wurde immer wieder betont, dass ein Unternehmen seine Rentabilität nur dann steigern kann, wenn es sich ständig darum bemüht, seine Fähigkeiten auf die Kundenbedürfnisse abzustimmen. Für diesen Abstimmungsprozess ist es notwendig, dass zwischen dem Kunden und dem Unternehmen ein Informationsfluss institutionalisiert wird. Dies ist Aufgabe der *Marketingforschung*.

Unterschied zwischen Marktforschung und Marketingforschung

Definition
Bei der Marktforschung geht es spezifisch um die Analyse der Märkte.

Vereinfacht ausgedrückt, geht es bei der *Marktforschung* insbesondere um die Untersuchung von externen Märkten, während sich die Marketingforschung mit der Untersuchung von Marketingprozessen beschäftigt.

> Im Folgenden wird die Marketingforschung behandelt. Die American Marketing Association definiert die Marketingforschung als die systematische Sammlung, Erfassung und Analyse von Daten, die sich auf die Vermarktung von Waren und Dienstleistungen beziehen.

Die einzelnen Begriffe in dieser Definition spielen eine wichtige Rolle. Der Prozess muss *systematisch* sein, da eine strukturierte Interaktion zwischen Menschen, Maschinen und Verfahren erforderlich ist. Nur so kann ein geordneter Fluss von relevanten Informationen entstehen, die aus Quellen innerhalb und außerhalb des Unternehmens stammen und als Basis der Entscheidungsfindung in bestimmten Verantwortungsbereichen des Marketingmanagements verwendet werden.

Selbstverständlich sind *Daten* an sich (so wie Wörter, Zahlen, Bilder oder Töne) von geringem Nutzen, solange sie nicht in einen bestimmten Zusammenhang gestellt und damit zu Informationen werden. Aber auch Informationen nützen nichts, wenn sie nicht einem bestimmten Zweck oder der Lösung eines Marketingproblems dienen sollen. Wie sich vielfach erwiesen hat, ist der *Überfluss* von Daten und Informationen und nicht deren Mangel heute das größte Problem der Unternehmensführung.

Definition
Daten sind Wörter, Zahlen, Bilder, Töne, etc.

Damit gelangt man zur Definition von *Wissen*, worunter Informationen verstanden werden, die das Management verarbeiten und verwenden kann, um Unsicherheiten in Risiken zu transformieren.

Definition
Wissen bedeutet, dass das Management Informationen verarbeiten und verwenden kann, um Unsicherheiten in Risiken zu transformieren.

Von *Unsicherheit* spricht man, wenn verschiedene Ergebnisse gleichermaßen möglich sind. Sobald jedoch den Ergebnissen eine bestimmte Wahrscheinlichkeit zugeordnet werden kann, wird von einem *Risiko* gesprochen. Ein Risiko ist also eine quantifizierte Unsicherheit. Ein Marketingmanager könnte etwa vermuten, dass ein neues Produkt eine Chance von 90 % hat, im ersten Jahr nach der Einführung einen Marktanteil von 30 % zu erreichen. Unternehmen können also bessere Entscheidungen treffen, wenn sie es mit bekannten Risiken und nicht mit Unsicherheiten zu tun haben.

Die Ableitung eines Risikos aus einer Unsicherheit und die Minimierung von Risiken stellen die vielleicht wichtigsten Aufgaben des Marketingmanagements dar. Bei diesem Prozess spielt die Marketingforschung eine überragende Rolle.

Wie viel sollte für die Marketingforschung ausgegeben werden?

Bevor auf die verschiedenen Marktforschungsmethoden eingegangen wird, soll noch die Frage des Budgets angesprochen werden.

Marketinginformationen müssen gewonnen, gespeichert und verteilt werden. Sie haben eine begrenzte Lebensdauer – sie sind „vergänglich". So wie andere Ressourcen haben auch Informationen einen Gebrauchswert: Je weniger der Manager über ein Marketingproblem weiß und je höher das mit einer falschen Entscheidung verbundene Risiko ist, desto wertvoller sind Informationen. Daraus ergibt sich die Notwendigkeit einer Kosten-/Nutzenbewertung aller Quellen von Marketinginformationen. Schließlich ist es wenig sinnvoll, mehr in Informationen zu investieren, als der Nutzen es rechtfertigt (Schneider 2007).

Während die Kosten noch leicht zu bestimmen sind, können die Nutzen nur schwer quantifiziert werden. Sie können am besten in Form der zusätzlichen Gewinne aus der Aufdeckung von Marketingchancen und aus der Vermeidung von Fehlschlägen ausgedrückt werden, die ohne den Einsatz der Informationen eingetreten wären.

Es muss jedoch betont werden, dass die Entscheidung darüber, wie viel für Marketinginformationen ausgegeben wird, nicht leicht ist. Einerseits wäre es natürlich naiv, ohne jegliche Information vorzugehen, andererseits sind die Kosten für perfekte Informationen prohibitiv hoch. Eine Möglichkeit, die angemessene Höhe der Ausgaben zu schätzen, beruht auf der Wahrscheinlichkeits- und Erwartungsnutzentheorie. Sind beispielsweise mit einem neuen Produkt Entwicklungskosten von 1 Million Euro verbunden und geht das Unternehmen davon aus, dass das Risiko eines Misserfolgs bei 10 % liegt, betrüge die maximale *Verlusterwartung* 100 000 Euro (d. h. 1 Million Euro multipliziert mit 0,1).

Offensichtlich lohnt es sich in diesem Fall, bis zu 100 000 Euro für Informationen auszugeben, die dazu beitragen, einen solchen Misserfolg zu vermeiden. Da perfekte Informationen selten zur Verfügung stehen, ist es sinnvoll, eine kleinere Summe für die Marketingforschung im Budget vorzusehen, in der die wahrscheinliche Ungenauigkeit der Informationen bereits berücksichtigt ist. Eine solche Methode kann wertvolle Dienste dabei leisten, den Nutzen der Marketingforschung gegenüber dem Management zu quantifizieren.

Formen der Marketingforschung

Die zunehmende Expertise bei der Verwendung der verfügbaren Methoden, vor allem bei der Analyse multivariater Daten, hat aus der Marketingforschung eine spezialisierte Funktion innerhalb des Marketingmanagements gemacht. Dennoch sollte jedes Unternehmen, unabhängig davon, ob es eine Marketingabteilung hat, einige der verfügbaren Instrumente zumindest kennen und wissen, wo sie einsetzbar sind.

Es lässt sich *externe* und *interne* Marketingforschung unterscheiden.

Die Erhebung externer Marketinginformationen sollte immer als Ergänzung zu der internen Marketinganalyse betrachtet werden.

Die externe Marketingforschung findet im Wettbewerbsumfeld außerhalb des Unternehmens statt. Bei der internen Marketinganalyse wird dagegen Wissen aus Daten zu Verkaufstrends oder aus Veränderungen im Marketing-Mix wie etwa dem Preis oder der Werbepositionierung gewonnen. Die Erhebung externer Marketinginformationen sollte immer als Ergänzung zu den internen Informationen betrachtet werden.

Ferner wird zwischen der *reaktiven* und *nichtreaktiven* Marketingforschung unterschieden.

Nichtreaktive Methoden beruhen auf der Interpretation beobachtbarer Phänomene oder bestehender Daten, während mit der reaktiven Marketingforschung eine vorausschauende Beurteilung des Markts verbunden ist. Bei reaktiver Marketingforschung werden also Erhebungstechniken verwendet, bei denen sich die „Untersuchungsobjekte“ bewusst darüber sind, dass sie Gegenstand einer Untersuchung sind und die Möglichkeit haben, auf den Datenerhebungsvorgang selbst zu reagieren.

Die am weitesten verbreitete Methode der reaktiven Marketingforschung ist die Erhebung mittels Fragebogens. Ein Fragebogen ist tatsächlich ein vielseitiges und sehr flexibles Instrument. Die Fragen können von einem Interviewer persönlich oder am Telefon gestellt werden, sie können über das Internet zugänglich gemacht oder per Post verschickt werden.

All diese verschiedenen Methoden haben ihre Vor- und Nachteile und sind mit unterschiedlichen Kosten verbunden. Beispielsweise erhält man die höchste Kontrolle über die Qualität der Antworten, wenn der Marktforscher jeden Fragebogen persönlich erhebt. Dies ist jedoch sehr teuer und zeitaufwendig. Telefongespräche sind schnell und relativ preiswert, allerdings unterliegen sie deutlichen Beschränkungen bezüglich der erhebbaren Informationen. Bei der weit verbreiteten postalischen Befragung muss sehr sorgfältig vorgegangen werden, um eine verzerrte Stichprobenauswahl zu verhindern. So wäre es denkbar, dass überwiegend Teilnehmer mit ganz bestimmten Merkmalen den Fragebogen beantworten, womit das Ergebnis nicht mehr repräsentativ wäre.

Zweifellos liegen die größten potenziellen Fallstricke bei einem Fragebogen in seinem Entwurf. Jeder weiß, was Suggestivfragen sind oder welche Gefahren missverständliche Formulierungen bergen; dennoch sind sie manchmal nicht leicht zu erkennen. Selbst die Reihenfolge, in der die Fragen gestellt werden, kann sich auf die Antworten auswirken und das Ergebnis verzerren.

Solche Fallen können durch *Pretests* umgangen werden. Durch einen Probedurchlauf mit einer Teilgruppe der geplanten Stichprobe können eventuell auftretende Probleme isoliert werden.

Oftmals ist es zweckmäßiger, statt umfassender Befragungen kleinere und dafür genauere Studien durchzuführen, die eher qualitative Einblicke als quantitative Schlussfolgerungen ermöglichen. Dafür eignen sich sogenannte *Tiefeninterviews*. Dies sind schwach-strukturierte Diskussionen mit einer Gruppe, die im Großen und Ganzen repräsentativ für die Gruppe ist, für die sich der Marktforscher interessiert. Der Leiter versucht dabei, die Teilnehmer dazu zu bewegen, ihre Einstellungen und Gefühle zu dem diskutierten Thema zu äußern. Solche Gespräche können auch mit Einzelpersonen durchgeführt werden. Dieser Weg wird besonders dann gewählt, wenn Informationen über spezielle Produkte oder Märkte erforderlich sind.

Experimente sind eine weitere Form der reaktiven Marketingforschung. Sie liefern wertvolle Informationen über den wahrscheinlichen Markterfolg neuer Produkte oder die wahrscheinlichen Auswirkungen eines veränderten Marketing-Mix. Auf diese Weise können die Effekte alternativer Produktkonzepte oder verschiedener Werbeintensitäten auf dem Markt getestet werden.

Besonders im Fall von Werbetests finden die Marktexperimente unter Laborbedingungen statt. Dabei wird die Werbung repräsentativen Gruppen des Zielpublikums vorgeführt, um ihre Reaktionen aufzuzeichnen. Augenkameras, Hautreaktionsdetektoren und Tachistoskope sind nur einige Beispiele für Geräte, mit denen physische Reaktionen auf Marketingstimuli aufgezeichnet werden können.

Nichtreaktive Methoden dagegen stützen sich nicht auf Daten, die direkt von Probanden gewonnen werden.

Am bekanntesten sind hier die Untersuchungen im Einzelhandel, zum Beispiel *Handelspanels*. Diese werden von Konsumgüterherstellern intensiv genutzt. Bei einem Handelspanel wird eine repräsentative Stichprobe von Händlern überwacht. In regelmäßigen Abständen besuchen die Marktforscher die Händler und zeichnen das aktuelle Bestandsniveau der analysierten Produktgruppe sowie die Lieferungen für alle seit ihrem letzten Besuch gelieferten Waren auf. Anhand der Bestandsangaben ihres vorangegangenen Besuchs können sie nun den Umsatz der Artikel ermitteln: Anfangsbestand + Lieferungen zwischen den Besuchen – Endbestand = Abverkauf während des Zeitraums.

Auch *Verbraucherpanels* sind hier als weit verbreitete Methode zu nennen. Bei einem Verbraucherpanel handelt es sich um eine repräsentative Gruppe von Verbrauchern, die ihre Einkäufe und den Verbrauch über einen bestimmten Zeitraum in einem Tagebuch aufzeichnen. Diese Methode wird im Industrie- und im Konsumgüterbereich eingesetzt und liefert kontinuierliche Daten zu Kaufverhaltensmustern, aber auch zu anderen nützlichen Fragestellungen.

Die wichtigste Methode in der Marketingforschung besteht in der Verwendung vorhandener Daten.

Die in vielerlei Hinsicht wichtigste Marketingforschungsmethode besteht schließlich in der Gewinnung von Informationen aus bereits vorhandenem Material, auch Sekundärforschung oder *Desk Research* genannt. Diese Methode sollte grundsätzlich der Ausgangspunkt eines jeden Marketingforschungsprojekts sein.

Aus bereits veröffentlichten Informationen, seien es amtliche Statistiken, Angaben der OECD, EU oder der Vereinten Nationen, Zeitungen, Fachzeitschriften, Veröffentlichungen von Branchenverbänden oder Marktstudien, lässt sich häufig eine Fülle von Informationen gewinnen. Nach zwei oder drei Tagen der Sekundärforschung ergeben sich fast immer angenehme Überraschungen, auch wenn das Unternehmen zunächst glaubte, über keinerlei Informationen über die Märkte zu verfügen. Kombiniert mit den internen Vertriebsinformationen kann dies unter Umständen die wirkungsvollste Methode der Informationsgewinnung sein, die einem Unternehmen zur Verfügung steht (Herrmann/Homburg/Klarmann 2007).

Informationsaufbereitung und Planentwicklung

Die Marketingplanung birgt in der Praxis durchaus Schwierigkeiten. Ihre Hauptaufgabe besteht darin, attraktive Märkte auszuwählen und zu analysieren, wie sie erschlossen werden können.

Mithilfe der Methoden in diesem Buch lässt sich ein Plan erstellen, in dem die Marketingziele und die Strategien beschrieben werden. Das Problem besteht jedoch darin, dass ein solcher Plan theoretisch ohne jegliche unterstützende Daten erstellt werden kann. In der Praxis kommt dies leider häufig genug vor.

Das Management steht vor zwei wesentlichen Herausforderungen im Hinblick auf die Datengrundlage von Marketingplänen.

Die erste Herausforderung, vor der Unternehmen unabhängig von ihrer Größe und Produktportfolio stehen, liegt in der Komplexität der Planungsdaten.

Es stellt sich die Frage, woher die Planer überhaupt ihre Informationen über die geografischen Regionen mit ihren Produkten und über die verschiedenen Marktsegmente beziehen (*Abbildung 11.8*). Bei einem Marktaudit müssen die Märkte nach vielen Kriterien untergliedert werden: geografische Lage, Produkte, Segmente etc. In der Portfolioanalyse müssen diese Elemente dann wieder kohärent zusammengeführt werden.

Die zweite Hausforderung besteht darin zu erkennen und zu beurteilen, ob ein Plan auf einer soliden Datenbasis beruht oder ob er weder auf korrekten Fakten noch glaubwürdigen Annahmen basiert.

Die Planer müssen dabei die externen Marktdaten und die internen Fakten und Zahlen aufeinander abstimmen, um ein klares und schlüssiges Bild zu erhalten (*Abbildung 11.9*). Oftmals werden intern und extern jedoch nicht dieselben Systematiken angewandt, was die Aufgabe besonders schwierig macht.

Einige Unternehmen haben hier einen Weg zur Lösung beider Probleme gefunden. Ermöglicht wird dies durch die erhöhte Verfügbarkeit von Informatio-

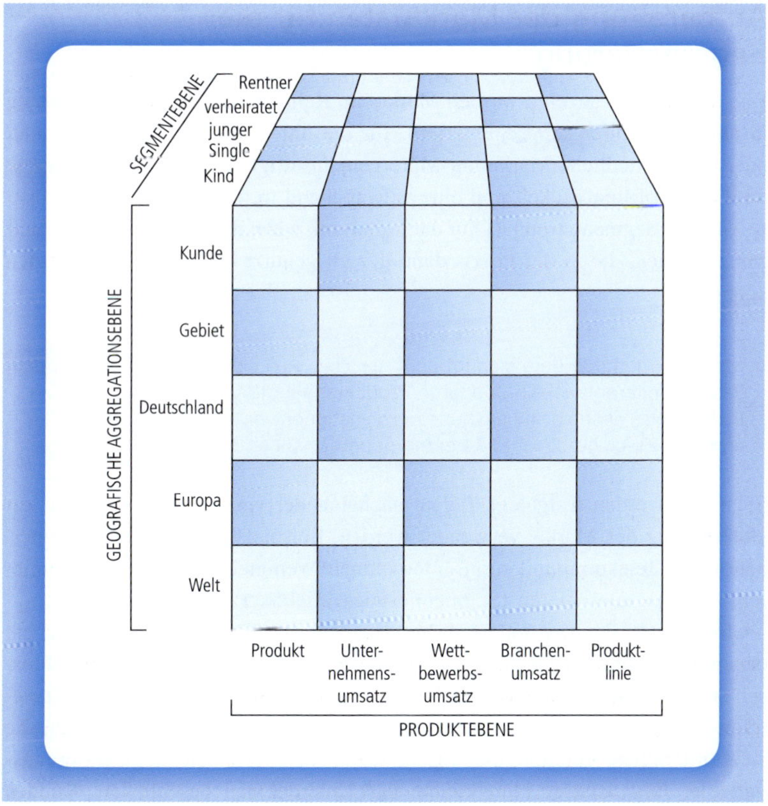

Abbildung 11.8
Dimensionen der Einteilung von Märkten.

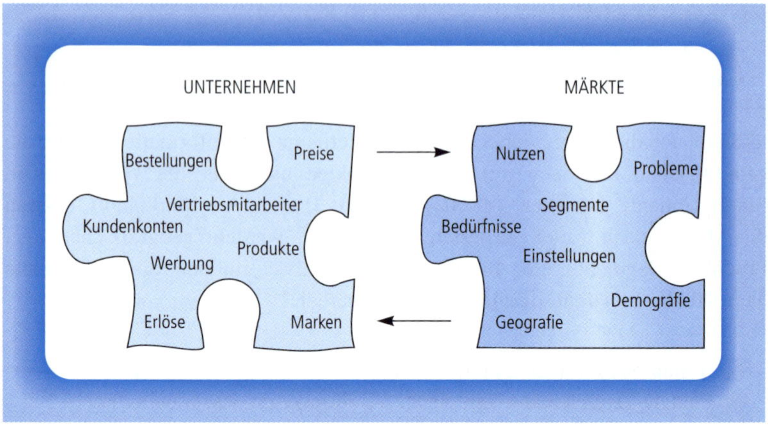

Abbildung 11.9 Abstimmung von interner und externer Analyse.

nen in Computerdatenbanken und die Leistungsfähigkeit von Software, mit der die Komplexität beherrschbar wird. Planer müssen sich jedoch der Beschränkungen und Schwächen der Datenbanken bewusst sein und die Softwaretools beherrschen, wenn ihre Planungsentscheidungen fundiert und nachvollziehbar sein sollen.

Aufbereitung der Marktdaten für die Segmentierung

Wie in Kapitel 4 gezeigt, werden Märkte im Rahmen der Marktsegmentierung in einzelne Käufergruppen unterteilt, für die unterschiedliche Produkte und/ oder unterschiedliche Marketing-Mixe gerechtfertigt sind. Für jedes Segment wird ein Profil entwickelt und eine entsprechend treffende Bezeichnung festgelegt. Die Segmentierung ist nur dann sinnvoll, wenn daraus realistische Chancen entstehen, die in der Praxis dann gezielt genutzt und kontrolliert werden können.

Marktsegmente ändern sich im Lauf der Zeit, weil sich die Bedürfnisse der Käufer weiterentwickeln und neue Produktangebote verfügbar werden. Der Planer muss deshalb ständig neue Kombinationen von Kriterien prüfen, um zu erkennen, welche davon die besten neuen Chancen bieten.

Segmente werden festgelegt, indem nacheinander verschiedene Kriterien zur Unterteilung des Markts verwendet werden. Beispielsweise möchte ein internationales Telekommunikationsunternehmen Wenigtelefonierer dazu animieren, mehr zu telefonieren (Segmentierungsvariable: *Produktnutzung*). Wenigtelefonierer lassen sich unterteilen in die, die Angst vor der Technik haben, denen die Technik gleichgültig ist und die der Technik gegenüber aufgeschlossen sind (Segmentierungsvariable: *Einstellung*). In der Gruppe mit einer positiven Technikeinstellung befinden sich Kunden mit hohem Einkommen, die sich eine höhere Telefonrechnung durchaus leisten können (Segmentierungsvariable: *Einkommen*). Nun könnte das Unternehmen beschließen, Kunden mit hohem Einkommen und einer positiven Einstellung anzusprechen, die bisher Kunden der Wettbewerber sind.

Für eine solche Segmentierung müssen folgende Informationen gesammelt werden:

- Kauf- und/oder Nutzungsverhalten,
- Einstellungen der Käufer zur Produktkategorie,
- Merkmale der Käufer wie Wohnort, demografische und psychografische Merkmale.

Wie bereits erläutert, lassen sich solche Informationen aus den folgenden Quellen gewinnen:

- öffentlich zugängliche Datenbanken,
- geschützte Datenbanken (im Besitz von Marktforschungsagenturen),
- postalische Befragungen,
- Telefonumfragen
- persönliche Interviews.

Es ist zu beachten, dass sich die Verwendung interner Kundendaten in diesem Zusammenhang meist verbietet, weil sie nicht repräsentativ für den Gesamtmarkt sind. Eine Ausnahme liegt nur dann vor, wenn die Kunden des Unternehmens für alle Bereiche des gesamten Markts repräsentativ sind.

Häufig sind Daten mittels großer Stichproben zu erheben, um alle Kombinationen von Variablen zu berücksichtigen. Beispielsweise müssten in einer Umfrage, in der die Variablen Geschlecht, Alter (aufgeteilt in fünf Kategorien), Geografie (zehn Regionen) und Produkte (fünf Kategorien) eine Rolle spielen und die Stichprobengröße pro Gruppe mindestens zehn Personen beträgt, mindestens 5000 Personen befragt werden, damit alle Kombinationen von Segmentierungsvariablen mit ausreichend vielen Probanden abgedeckt sind.

Für die Identifikation der Marktsegmente steht eine breite Palette von statistischen Methoden zur Verfügung. Dazu gehören die Faktorenanalyse, die Clusteranalyse und die multiple Regressionsanalyse. Noch neuere Methoden, die über die traditionellen Grenzen der Statistik hinausgehen, sind neuronale Netzwerke und Data Mining, das heißt Algorithmen, die typische Muster in großen Datenmengen erkennen (Herrmann/Homburg/Klarmann 2007).

Schließlich wird jedes Segment anhand der Schlüsselkriterien definiert. Häufig werden dann die Segmente nach einem dominanten Merkmal benannt.

Datenanalyse – extern oder intern?

Marktforschungsagenturen spielten in der Vergangenheit eine wichtige Rolle bei der Segmentierung. Sie beschränkten sich häufig aber auf die reine Datenerfassung und -präsentation. Damit waren sie wenig flexibel, und es war kaum möglich, regelmäßig neue Kombinationen von Segmentierungsvariablen zu überprüfen.

Bei der reinen Datenerfassung und -präsentation werden die Daten aus Fragebögen erfasst und analysiert und die Ergebnisse in Tabellenform dargestellt. Diese Methode wird nun zunehmend durch interne Marketingforschung, unterstützt durch Computersysteme, ersetzt. Es gibt drei Gründe für die unternehmensinterne Durchführung von Marktforschungsanalysen: Flexibilität, Wettbewerbsvorteil und Technologie.

Flexibilität bei der Modifikation der Analysen

Der Markt ändert sich zu schnell, als dass der traditionell langsame Prozess der Datenerhebung, -analyse und -präsentation noch angemessen wäre. Die Folge: Viele Daten werden erst gar nicht analysiert.

Der Kosten- und der Zeitfaktor beschränken die Analyse auf die einfachste Form – oft werden nur reine Häufigkeitsauswertungen vorgenommen und simple Kreuztabellen erstellt. Es besteht kaum die Möglichkeit, interessante Merkmale, die sich aus diesem ersten Stadium ergeben, näher zu untersuchen. So wie sich das Marketing hin zu Märkten entwickelt, die letztlich nur aus einer Person bestehen, werden die Fakten, die aus der herkömmlichen Marktforschung hervorgehen, durch nachfrageorientierte Modelle und Informationen ersetzt.

Häufig wird mehr als ein Segmentierungskonzept benötigt, wenn das Unternehmen den strategischen Zielen auf allen Ebenen gerecht werden will: Dies betrifft den Plan für die Werbung und Verkaufsförderung, den Vertriebsplan, die Preisplanung und den Distributionsplan. Die Kosten können exorbitant hoch sein, wenn die differenzierte Analyse umfangreicher Daten in die Hände einer externen Marktforschungsagentur gelegt wird.

Die British Telecom hat den Markt für kleine Unternehmen in mehrere Segmente unterteilt. Für die Zwecke der Werbung und Verkaufsförderung wurden folgende Gruppen gebildet:

- *Enthusiasten:* Für diese Menschen ist die Telekommunikation fast schon ein Hobby. Sie halten begeistert Schritt mit den neuesten Funktionen und Merkmalen. Dies muss in jeder Kommunikation mit ihnen berücksichtigt werden.
- *Technikfeinde:* Sie hassen alles, was modern und technisch ist. Wenn man ihnen aber einige praktische Beispiele für die Anwendung der Technik vorschlägt, kann man ihr Interesse wecken.
- *Führungskräfte in Unternehmen:* Diese Gruppe umfasst Manager und Geschäftsführer, die sehr empfänglich reagieren, wenn man ihnen den mit dem Angebot verbundenen Nutzen vor Augen führt.
- *Ladeninhaber:* Sie nutzen das Telefon wenig, also besteht auch wenig Anlass, mit ihnen zu kommunizieren.
- *Traditionalisten:* Diese Menschen sind an einer einfachen Nutzung und unkomplizierten Wartung interessiert.

In der Vertriebsplanung konzentriert sich die Segmentierung auf das potenzielle Umsatzvolumen, basierend auf einem Modell, in dem folgende Variablen kombiniert werden:

- *Umsatz:* Größere Unternehmen geben in der Regel höhere Beträge für die Telekommunikation aus.
- *Branchenklassifizierung (z.B. Standard Industry Code):* Bestimmte Branchen nutzen Telekommunikationsdienste mehr als andere.

Neben der Inflexibilität ist auch die mangelnde Kontrolle der Marktforschung nach wie vor ein Problem.

EINBLICKE

Ein Unternehmen beauftragte eine Agentur zu untersuchen, wer seine Kunden waren. Die Agentur beschloss ohne Rücksprache mit dem Kunden, die Marktforschung während der Schulstunden durchzuführen, weil dann die Kinder der Interviewer gut untergebracht waren. Den Ergebnissen der Agentur zufolge war nur 1 % der Kunden jünger als 18 Jahre – obwohl alle bisherigen Erkenntnisse auf einen Anteil von 30–40 % hingedeutet hatten. Der Grund? Die meisten Kunden kauften in der Mittagspause oder nach der Schule ein.

Die interne Verwaltung und Auswertung der Daten ermöglichen es den Planern, sie immer wieder zu analysieren, ohne dafür die Kosten und die zeitliche Verzögerung in Kauf nehmen zu müssen, die mit einer Beauftragung externer Agenturen verbunden sind.

Wettbewerbsvorteil und eigenständige Segmentierungskonzepte

Mit der Standardsegmentierung, die externe Agenturen in der Regel bieten, kann ein Unternehmen keinen entscheidenden Wettbewerbsvorteil erringen.

Selbst wenn diese Segmentierung heute noch einen Nutzen bietet, haben morgen die Konkurrenten meist dieselbe Leistung bei der Agentur eingekauft und werden schnell nachziehen. Deshalb ist eine individuelle Segmentierung die beste Lösung für eine individuelle Aufgabenstellung. Dennoch bieten viele Agenturen weiterhin standardisierte Segmentierungsprodukte für alle Kunden.

Tabelle 11.1 zeigt Unternehmensziele und Segmentierungsmethoden auf.

Ein Beispiel ist die Automobilindustrie. Henry Ford hielt den Preis für die wichtigste Segmentierungsvariable. Dann jedoch erkannte General Motors, dass der Markt aus Gruppen mit unterschiedlichem Einkommen und unterschiedlichen Präferenzen bestand. In noch jüngerer Vergangenheit erkannten die Japaner, welche Bedeutung die Größe eines Fahrzeugs und der Benzinverbrauch spielen. Neue Marktteilnehmer in der Automobilbranche waren oft

Tabelle 11.1 Beispiele für Unternehmensziele und Segmentierungsmethoden.

Ziel	Segmentierungsmethode	Informationsquelle
Markterweiterung		
• neue Standorte	geodemografische Segmentierung	Wählerverzeichnis (Verbraucher)
• neue Vertriebswege	Erstellung von Profilen potenzieller Kunden	Handelsregister (Geschäftskunden)
• neue Segmente	Nutzen-Segmentierung	Listen mit potenziellen Kunden und Umfragen
Marktentwicklung	Erstellung von Kundenprofilen verhaltensbezogene Segmentierung	Debitorenbuchhaltung und zusätzliche Profildaten Modelle basierend auf internen Datenquellen
Produktentwicklung	Faktorenanalyse qualitative Methoden	Panels/Diskussionsgruppen

deshalb erfolgreich, weil sie neue Möglichkeiten der Marktsegmentierung entdeckt hatten.

Dennoch beruht die Marktforschung im Automobilsektor weiterhin auf allgemeinen Standardmodulen. Die von den Agenturen vorgegebenen Standardsegmente sind sehr einfach und grundlegend:

- kleine Fahrzeuge,
- Mittelklassefahrzeuge,
- große Fahrzeuge.

EINBLICKE Die traditionelle Segmentierung des Automobilmarkts bildet den Markt nicht sehr gut ab und ermöglicht ganz gewiss keine Wettbewerbsvorteile. Viele Produkte, etwa die Land Rover-Freelander-Reihe oder der Renault Clio, waren das Ergebnis neuartiger, bahnbrechender Segmentierungsansätze.

Auch andere Branchen, etwa die Finanzdienstleistungsindustrie, ließen sich ihre Sicht des Marktes durch die vorgegebene Standardsegmentierung verstellen. Im Finanzbereich ist es mittlerweile praktisch ausgeschlossen, dass ein Anbieter Wettbewerbsvorteile erzielt, ohne die traditionellen Segmentierungsregeln zu durchbrechen. Der Kundenservice ist in dieser Branche ein Schlüsselmerkmal. Die Methoden von Anbietern wie First Direct waren deshalb erfolgreich, weil die alten Segmentierungen aufgegeben wurden.

Für externe Agenturen ist es sehr schwer, eine maßgeschneiderte Segmentierung zu entwickeln. Deshalb führen manche Unternehmen solche Analysen lieber intern durch, um damit eine individuelle Segmentierung erreichen zu können.

Informationstechnologie

Die Technologie stellt die Möglichkeiten bereit, mit denen sich die Planer von den traditionellen Zwängen, die sie von den externen Marktforschungsagenturen abhängig machten, befreien können.

Die Informationstechnologie unterstützt die Planer in drei Bereichen:

1. Externe und interne Datenbanken sind Alternativen zu den Daten, die von den Marktforschungsagenturen erhoben werden.
2. Von Marktforschungsagenturen erhobene Daten stehen in Datenbanken zur Verfügung, um von den Kunden selbst analysiert zu werden.
3. Computersoftware macht es den internen Planern leichter, Daten schneller und flexibler auszuwerten und zu interpretieren.

Alle drei Bereiche ändern derzeit die Marktforschungsbranche. Leider betrachtet die Branche die rasante Ausbreitung der Informationstechnologie als Gefahr für ihre Zukunft – was sich bestätigen könnte, falls sie nicht stärker auf die Bedürfnisse der Marketingplaner eingeht.

Das Marketingaudit

Wie in Kapitel 2 bis 5 gezeigt wurde, müssen die Planer beim Marketingauditprozess zahlreiche Schätzungen hinsichtlich der Marktgröße, Struktur und Dynamik aus externen Quellen und hinsichtlich des Marktanteils und der Performance des Unternehmens aus internen Quellen zusammenführen.

Dabei stellen sich zwei wichtige Herausforderungen:

1. Gewinnung verlässlicher Daten aus externen und internen Quellen,
2. Abstimmung externer und interner Systematiken.

Externe Datenquellen

Zu den wichtigsten Aufgaben bei einem externen Audit gehört es, Schätzungen hinsichtlich der Größe des Marktes und seiner Aufgliederung nach geografischen Aspekten, Produkten und Segmenten vorzunehmen.

In Anbetracht der riesigen Mengen an vorhandenen Marktdaten dürfte dies nicht schwer sein.

Die eigentliche Herausforderung liegt darin zu erkennen, wo man mit der Erhebung, Speicherung und Analyse der Daten beginnen sollte. Hierbei ist es hilfreich, klar zwischen neuen Märkten und vorhandenen Märkten zu unterscheiden. Jeder dieser beiden Bereiche stellt ganz unterschiedliche Anforderungen an die Datenerhebung:

- Für *neue Märkte* stehen vergleichsweise wenige Daten zur Verfügung, sodass die Informationen häufig aus früheren Umfragen extrapoliert werden müssen. Um Unsicherheiten auszuschalten, die aus kleinen Stichproben resultieren, müssen sorgfältig durchdachte Analysemethoden angewandt werden. Die Größe, Struktur und Dynamik des Markts müssen aus Modellen abgeleitet werden, die auf begrenzten Daten und plausiblen Annahmen beruhen.
- Für *vorhandene Märkte* können öffentlich zugängliche Daten und die Informationen der Marktforschungsagenturen ein umfassendes und detailliertes Bild liefern. Häufig sind ausreichend viele Informationen über Kaufmuster vorhanden. Auch die Informationen zu den Einstellungen und Merkmalen der Käufer sind relativ detailliert. Anschließend können ausgereifte statistische Methoden eingesetzt werden, die auf große Stichproben zurückgreifen, um Größe, Struktur und Dynamik eines Markts zu bestimmen.

Einige Beispiele für Datenquellen und Segmentierungsvariablen sind in *Tabelle 11.2* und *11.3* enthalten.

Interne Datenquellen und MIS

Theoretisch müsste das interne Audit unproblematisch sein. Für die Analyse und Darstellung der Unternehmensergebnisse nach Regionen, Produkten und Segmenten muss lediglich die Verkaufsstatistik mithilfe von Computersoftware analysiert werden.

Tabelle 11.2 Konsumgütermärkte – wichtige externe Segmentierungsvariablen

Variable	externe Quelle
Was gekauft wird Menge Preis Geschäfte	In den Veröffentlichungen von Behörden sind häufig wertvolle statistische Zusammenfassungen vieler Branchen enthalten. Marktforschungsagenturen veröffentlichen ihre Ergebnisse oft in Büchern. Die darin enthaltenen Daten werden in traditionellen Umfragen gewonnen, beruhen aber auch auf Scannerdaten von Supermärkten, den Verkaufsstatistiken von Apotheken etc. Solche Daten sind häufig in einem Format verfügbar, das für die elektronische Verarbeitung genutzt werden kann.
Wer kauft geografisch Postleitzahl Bevölkerungsdichte Größe der Stadt oder des Orts Fahrentfernung zu den nächsten Geschäften demografisch Alter Geschlecht Einkommen Beruf Größe der Familie Lebenszyklusphase der Familie ethnische Herkunft/Nationalität sozioökonomisch gesellschaftliche Schicht Lifestyle Persönlichkeit	Daten aus Volkszählungen sowie Wählerverzeichnissen sind die beiden wichtigsten Quellen für geografische und demografische Informationen. Das Wählerverzeichnis kann von entsprechenden Agenturen gekauft werden und bezieht sich auf einzelne Personen. Ihre Kaufgewohnheiten lassen sich aus „Lifestyle"-Datenbanken ableiten, die aus Millionen von Fragebögen hervorgehen, die im Lauf der Jahre erhoben werden. Detaillierte Angaben zur Bevölkerung stehen auf individueller Ebene zwar nicht zur Verfügung, jedoch für Enumerationsbezirke (Mikrozellen). Jeder Enumerationsbezirk hat Hunderte von geodemografischen Merkmalen, die für den Planer relevant sein können. Wenn Planer nicht über die Zeit oder die Fähigkeiten verfügen, um die Zensusdaten zu untersuchen, können sie ein vorsegmentiertes Codierungssystem (wie etwa Nielsen-Gebiete) kaufen, das einfacher anzuwenden, aber meist auch weniger relevant für den Nutzer ist. Die meisten dieser Daten sind in computerlesbarer Form erhältlich. Aus Umfragen stehen Informationen über das Fernsehpublikum zur Verfügung, die eine breite Palette von Profilangaben enthalten. Auch Daten über Zeitschriftenauflagen sind leicht zugänglich und können häufig in Segmente aufgegliedert werden. Für Zeitschriften mit begrenzter Auflage können individuelle Leserprofile gekauft werden.
Warum Einstellung gegenüber Produkt, Werbung und Verkaufsförderung Akzeptanz/Nutzungsbereitschaft Nutzenanforderungen Markentreue Präferenzen	Im Bedarfsfall kann eine Marktforschungsagentur beauftragt werden, um verschiedene Umfragedaten zusammenzufassen.

In der Praxis ergeben sich allerdings Probleme. Verkaufsstatistiken stammen aus der Finanzabteilung und werden für die Fakturierung und das Inkasso der Forderungen verwendet. Ihr Zweck lautet nicht, das Marketing zu unterstützen. Dies kommt daher auch selten vor.
Aus Sicht des Marketing sind die Verkaufsinformationen oft unvollständig und falsch codiert. Sie enthalten Konten und Bestandseinheiten, die nicht einfach mit den Kunden, Produkten, Regionen oder Segmenten verknüpft werden können.

Tabelle 11.3 Industriegütermärkte – wichtige externe Segmentierungsvariablen

Variable	externe Quelle
Was gekauft wird Menge Preis Geschäfte	In den Veröffentlichungen von Behörden sind häufig wertvolle statistische Zusammenfassungen vieler Branchen enthalten. Marktforschungsagenturen veröffentlichen ihre Ergebnisse oft in Büchern. Die darin enthaltenen Daten werden durch traditionelle Befragungen gewonnen. Es gibt wenige Datenbanken in diesem Bereich.
Wer kauft geografisch Postleitzahl Bevölkerungsdichte Entfernung/Erreichbarkeit (Verkaufsmitarbeiter) demografisch Industriecode Umsatz Anzahl Mitarbeiter Finanzstatus organisatorisch Stellenbezeichnung Abteilungsgröße	Handelsregister sind die Hauptinformationsquelle bzgl. Industriegüterhersteller. Es stehen nur die Daten der registrierten Unternehmen zur Verfügung; diese können veraltet und unvollständig sein. Private Anbieter bieten alternative Datenquellen an, manchmal mit zusätzlichen Details zu bestimmten Merkmalen. Insbesondere organisatorische Angaben wie Stellenbezeichnungen oder Abteilungsgrößen stehen zur Verfügung. Wenn Planer nicht über die Zeit oder die Fähigkeiten verfügen, um diese Daten zu untersuchen, können sie vorsegmentierte Codierungssysteme kaufen, wenngleich deren Relevanz für viele Planungsziele unklar ist.
Warum Beschaffungspolitik Auswahlkriterien für Lieferanten Einstellung gegenüber Produkt, Werbung und Verkaufsförderung Akzeptanz (Adoptionsprozessphase) Nutzenanforderungen Wahrnehmungen Markentreue Präferenzen	Die primäre Datenquelle besteht aus im Einzelfall vergebenen Marktforschungsaufträgen (Ad-hoc Research). Die Ergebnisse der Auftragsforschung stehen zum Teil auf elektronischen Medien zur Verfügung.

Auch die Erhebung, Zusammenführung und Verwendung der Informationen in den Verkaufsbüchern kann sich als schwierig erweisen. Schließlich wurden die Verkaufsbücher für die Zwecke der Buchhaltung, nicht für die Zwecke der Marktanalyse geschaffen.

Die Lösung sind Marketinginformationssysteme (MIS). Die Entwicklung eines MIS umfasst folgende Schritte:

- Erweiterung der Verkaufsstatistiken um Schlüssel für Kunden und Produkte (zusätzlich zu den Schlüsseln für Konten und Bestandseinheiten),
- Zusammenfassung der Kundentransaktionen auf einer dem Marketing angemessenen Detailebene,
- Extrahieren der Kunden-/Produktdaten,
- Speichern in einer Datenbank,
- Hinzufügen zusätzlicher Schlüssel, um die Segmentierungsanalyse zu erleichtern,
- Beschaffung geeigneter Software, um die Datenbank zu analysieren und die Ergebnisse darzustellen.

Obwohl dies einfach klingt, ist es nur sehr schwer umzusetzen. Die größte Schwierigkeit besteht darin, die Erwartungen der EDV-Mitarbeiter, der Finanzabteilung (die das Verkaufsbuch führt) und der Marketinganwender zu steuern.

Bei der Entwicklung eines MIS sollte immer gefragt werden, ob die Daten auf der niedrigsten Aggregationsebene erfasst werden sollen oder ob zusammenfassende Statistiken vorzuziehen sind. Die Zusatzkosten für die Speicherung und Verarbeitung detaillierter Daten auf Kundenebene schrecken die Planer häufig ab. Wer jedoch nur die zusammenfassenden Daten speichert, begeht meist aus zwei Gründen einen Fehler:

1. Die Flexibilität, verschiedene Kombinationen von Variablen zu analysieren und zu segmentieren, ist nur möglich, wenn die Daten auf einer möglichst niedrigen Aggregationsebene vorliegen.
2. Kundendaten können später für die Umsetzung der Strategie verwendet werden (d. h. für Direktwerbung und Telemarketing).

Database-Marketing – Taktik und Strategie vereinbaren

Definition
Eine Datenbank ist eine Sammlung von Daten und Informationen aus Quellen außerhalb und innerhalb eines Unternehmens, die so gespeichert werden, dass die Nutzer auf sie zugreifen und sie analysieren können, um betriebliche Entscheidungen zu unterstützen.

Datenbanken waren in der Vergangenheit meist zu groß und zu teuer; ihre Leistungsfähigkeit war zu gering, um die hohen Kosten zu rechtfertigen. Viele der heute verwendeten MIS sind daher nicht viel mehr als Zusammenfassungen von Vertriebsberichtssystemen. Mit der zunehmenden Bedeutung des Direktmarketing, des Telemarketing und des Vertriebscontrolling bemühen sich viele Unternehmen darum, Kundendatenbanken aufzubauen.

Datenbanken stellen häufig einen Kompromiss zwischen den strategischen Anforderungen der Planer und den taktischen Anforderungen der Direktmarketing-, Telemarketing- und Vertriebsverantwortlichen dar. Ein weiteres Problem für Datenbankneulinge besteht darin, dass sie in viele Fallen tappen und Opfer vieler Mythen werden (*Tabelle 11.4*).

In der Folge enthalten Datenbanken häufig Daten, die weder den Zwecken der operativ Verantwortlichen noch den Bedürfnissen der strategischen Planer entsprechen.

Der Aufbau von Datenbanken, die sowohl strategischen als auch operativen Zwecken dienen, wird häufig als Database-Marketing bezeichnet.

Zu den größten Problemen gehört die Abstimmung der internen und externen Sichtweisen. In der Regel enthalten Daten aus dem Verkaufsbuch selten die notwendigen Details, um Kundendatensätze mit Marktsegmenten zu verknüpfen. Einige dieser Probleme werden in *Tabelle 11.5* dargestellt.

Um das Problem der Abstimmung der externen und internen Perspektive zu lösen, werden immer häufiger Daten aus externen Quellen und interne Daten zusammengeführt. Bei großen Datenmengen werden Computerprogramme (De-Duplication-Software) für einen automatisierten Abgleich der Daten eingesetzt. Dabei werden allerdings selten mehr als 80 % Genauigkeit erreicht. Die restlichen Daten müssen dann manuell abgestimmt werden.

Tabelle 11.4 Mythos und Wahrheit über Datenbanken

Mythos	Wahrheit
In der Datenbank werden die Daten gesammelt, die gebraucht werden.	Es werden die Daten gesammelt, die leicht zugänglich sind.
In der Datenbank werden die Informationen erfasst, die wirklich wichtig sind.	Es wird das erfasst, was am wenigsten problematisch ist.
Die Datenbanknutzer wissen, welche Daten sie benötigen.	Es ist oft nur bekannt, welche Daten zuletzt verwendet wurden.
Die Datenbank muss eine ständig wachsende Datenmenge enthalten.	Unternehmen fühlen sich sicherer, wenn sie auf einem „Berg" von Daten sitzen, auch wenn sie keine Ahnung haben, wie sie diese verwenden sollen.
Die Datenbank muss die Daten nur physisch speichern.	Unternehmen wollen klare und ganzheitliche Lösungen, was auch immer sie kosten.
Mit der Datenbank können die Mitarbeiter Zeit sparen.	Es werden immer mehr Mitarbeiter benötigt, um die Daten zu analysieren.
Die Datenbank bringt das Marketing, die Finanzen und den Vertrieb näher zusammen.	Mitarbeiter konkurrieren um knappe Ressourcen, und dazu gehört es zu kämpfen.
Die Datenbank ist die einzige Quelle, aus der das Marktwissen bezogen wird.	Unternehmen haben die geschäftlichen Probleme nicht durchdacht.

Tabelle 11.5 Probleme bei der Abstimmung von internen und externen Marktaudits

externe Auditkennzahl	Problem beim internen Audit
Was gekauft wird	Interne Systeme enthalten zahlreiche Angaben zu Konten und Bestandseinheiten. Dafür fehlen häufig Informationen über Produkte, wie Farbe, Art etc. Oft sind auch keine Angaben zu den Verkaufsstätten oder Vertriebskanälen vorhanden.
Wer kauft	Interne Systeme erfassen, wer die Rechnung bezahlte und wer die Warenlieferung erhielt. Sie zeichnen aber selten auf, wer die Kaufentscheidung traf oder wer sie beeinflusste. Selbst wenn die Angaben zum Käufer im System enthalten sind, beziehen sie sich selten auf Merkmale wie Alter, Geschlecht etc. Zur Abstimmung der externen und internen Perspektive gehört es: – Konten auf Kunden abzustimmen, – Bestandseinheiten auf Produkte abzustimmen, – externe Variablen auf interne Datensätze abzustimmen, – Daten aus anderen Quellen als der Verkaufsstatistik zu erhalten (z. B. aus Befragungen der Vertriebsmitarbeiter).
Warum	Interne Informationsquellen über die Kaufmotive sind selten vorhanden. Erhebungen können, bei Verwendung anspruchsvoller Befragungstechniken, Hinweise darauf erbringen, warum Personen auf eine Werbekampagne reagieren. Auch Kundenzufriedenheitsbefragungen können aufschlussreich sein. Berichte von Außendienstmitarbeitern und dem Telefonvertrieb können ebenfalls wertvolle Hinweise liefern, vor allem dann, wenn die Vertriebsmitarbeiter alle Vorgänge sauber dokumentieren.

Die Kosten für die Abstimmung der externen und internen Codierungsschemata veranlasst einige Unternehmen, Kundenprofile an der Quelle anzulegen – also entweder bei der ersten Abfrage ihrer Daten oder beim Anlegen der Datensätze.

Häufig behindern dann aber die Kosten, die für die Änderung der Verkaufsdatenbank anfallen, und die Tatsache, dass diese zum Verantwortungsbereich der Finanzabteilung gehört, den Erfolg. In Zukunft muss das Marketing enger mit der Finanz- und der IT-Abteilung zusammenarbeiten, wenn es wirklich nützliche Datenbanken entwickeln will (Link/Grandjot 2006).

Was ist das Geheimnis einer erfolgreichen Informationsnutzung?

Nach Ansicht der meisten Marketingmanager liegen Informationen in einem merkwürdigen Niemandsland zwischen dem Tagesgeschäft des Marketingmanagements und der abstrakten Welt der Technologieexperten, Kybernetiker und Wissenschaftler. Weithin falsch verstanden oder lediglich mit „IT-Kenntnissen" oder „Technologiebewusstein" gleichgesetzt, wird so das Management der Marketinginformationen häufig vernachlässigt oder an das jüngste Mitglied im Marketingteam delegiert.

Informationen sind nicht dasselbe wie Technologie oder Informationstechnologie, und sie werden auch nicht zwangsläufig aus der Informationstechnologie abgeleitet. Um den Einsatz von IT im Marketing ranken sich viele Mythen, wie *Tabelle 11.4* zeigt.

Informationen sind nicht nur harte, objektive Daten – schließlich ist man nicht unbedingt besser informiert, wenn man immer mehr Rohdaten sammelt und speichert, bis man schließlich meint, „alles" zu wissen. Häufig wird das Rechnungswesen als Quelle für harte Fakten betrachtet, da die meisten Buchhaltungstransaktionen überprüft werden und folglich halbwegs genau sein müssen. Dennoch sind Buchhaltungsdaten für die Marketingstrategie in den wenigsten Fällen relevant.

Welche Informationen werden also benötigt, um die Umsetzung einer Marketingstrategie zu unterstützen? Auf diese Frage gibt es keine eindeutige Antwort, weil die benötigten Informationen von den Marketingzielen abhängen. Werden die strategischen Marketingziele geändert, könnte sich auch die Art der Informationen ändern, die für die Umsetzung der Strategie benötigt werden. In *Tabelle 11.1* wurde bereits veranschaulicht, inwiefern verschiedene Ziele auch verschiedene unterstützende Informationen erfordern.

Warum ist es so schwierig, die Informationsbedürfnisse der Marketingfunktion zu beschreiben? Die Antwort lautet, dass sich der Informationsbedarf im Marketing – anders als in der Buchhaltung oder Produktion – ständig ändert, weil sich auch die Marketingstrategie in Abhängigkeit von den Marktentwicklungen immer wieder ändert.

Es verwundert daher nicht, wenn an dieser Stelle bei den Vertriebs- oder Marketingleitern Resignation aufkommt, weil es ja ohnehin nicht möglich ist, ein effektives Informationssystem zu entwickeln, wenn sich die Situation jedes Jahr wieder ändert. Viele delegieren die Aufgabe daraufhin an einen jungen Mitarbeiter – mit dem Ergebnis, dass sie sehr schlecht informiert sind, wenn sie ihre Marketingstrategien entwickeln.

Der Informationsbedarf im Marketing ändert sich immer wieder, weil sich auch die Marketingstrategie verändert.

All diesen Problemen liegen bestimmte Marketingprobleme zugrunde, mit denen sich alle Unternehmen auseinandersetzen müssen. Die Lösungen, die Unternehmen bisher gefunden haben, können letztlich als Variationen einiger weniger Grundprinzipien betrachtet werden. Das Grundmodell eines Marketinginformationssystems wird in *Abbildung 11.10* dargestellt.

Das Grundmodell setzt sich aus den folgenden Komponenten zusammen:

- *Externe Marktdaten:* Sie werden von externen Agenturen gekauft. Dazu gehören Behörden, Marktforschungsunternehmen, Adressverlage etc.
- *Interne Kundendaten:* Sie stammen aus der Verkaufsdatenbank und anderen internen Quellen wie dem Kundenservice, Außendienst oder Telefonvertrieb und werden so codiert und gruppiert, dass durch den Vergleich mit externen Daten Angaben zum Marktanteil ermittelt werden.
- *Kundenreferenzdatei:* Sie wird benötigt, damit das System effektiv funktioniert. Darin werden Kunden (gemäß Definition des Marketing) identifiziert, und es wird ein Querverweis zu den Debitorenkonten angelegt. Immer

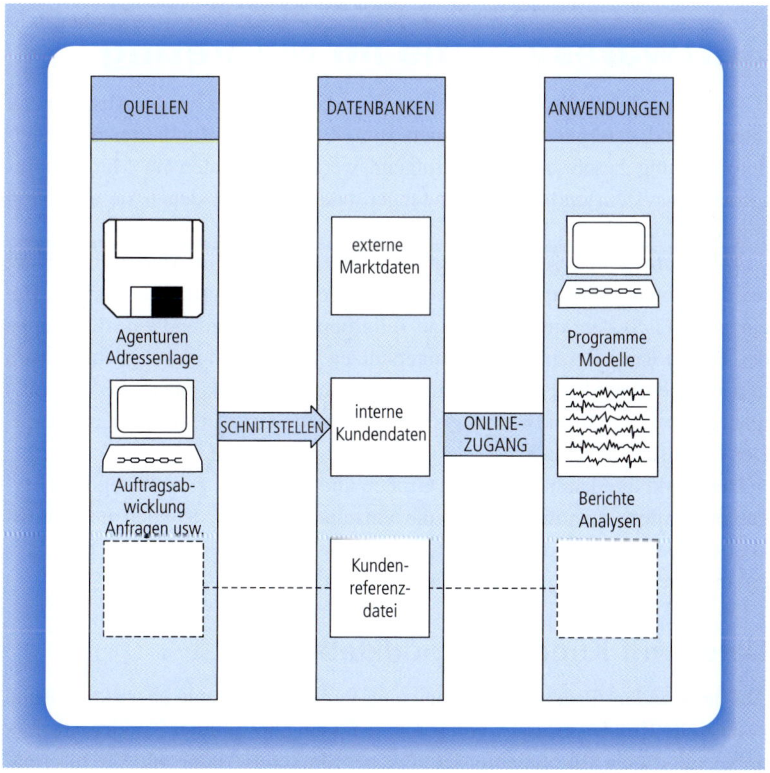

Abbildung 11.10
Informationsflüsse in einem Marketinginformationssystem.

wenn ein neues Konto im Debitorenbuch angelegt wird, lässt sich anhand der Querverweistabelle ermitteln, welcher Kunde mit diesem Konto verknüpft ist. So werden teure manuelle Abstimmungen oder Doppelarbeiten überflüssig, nachdem das Konto angelegt wurde. Die Datei wird auch von den Marketinganwendungen als Standardreferenz für Kunden verwendet.

- *Datenbank:* Sie bezieht sich auf alle drei der oben genannten Datentypen. Sie muss anhand einer Technik strukturiert werden, die als *Datenmodellierung* bezeichnet wird. Dabei werden die Daten entsprechend den Bedürfnissen des Marketing gegliedert und nicht nach den Vorgaben der Finanz- oder einer anderen Abteilung. In der Regel wird dafür *relationale Datenbanksoftware* eingesetzt, da diese die maximale Flexibilität und Auswahl von Analyseinstrumenten bietet.
- *Schnittstellen:* Sie beziehen sich auf die Computerprogramme, mit denen die Daten aus den ursprünglichen Systemen importiert werden, um dann umstrukturiert und in die Formate überführt zu werden, die schließlich in die Marketingdatenbank eingehen.
- *Anwendungen:* Hierbei handelt es sich um die Softwareprogramme, mit denen die Planer die Daten analysieren und ihre Pläne entwickeln. Dazu gehören Tools, mit denen Daten aus ihren Speicherorten abgerufen werden, Berichtstools, mit denen Daten in die vom Marketing gewünschten Kategorien zusammengefasst werden, Programme, die Berechnungen durchführen, und schließlich Simulationen zu den vorgelegten zusammengefassten Daten.

Softwaresysteme im Marketing

Bisher wurde die Rolle des Marketinginformationssystems bei der Abstimmung interner und externer Informationen zum Zweck einer fundierten Entscheidungsfindung beschrieben. Nachfolgend werden die Daten im Marketinginformationssystem und die Anwendungen betrachtet, mit denen sie analysiert werden können.

Abbildung 11.11 zeigt einige der häufigsten Daten, die im Marketing genutzt werden, sowie diejenigen Funktionen, die sie am häufigsten verwenden. Ein einzelnes IT-System unterstützt eine Teilgruppe der Daten und eine Teilgruppe der Funktionen. Beispielsweise unterstützen mehrere Marketingdatenbanken und maßgeschneiderte Systeme mehr als eine der Funktionen im Vertriebsmanagement, der Direktwerbung, im Telemarketing und Electronic Commerce. Der Datenfluss wird anhand von Pfeilen veranschaulicht.

Die Marketingdaten können im Großen und Ganzen in zwei Kategorien eingeteilt werden: operative Daten, die einzelne Produkte, Kunden und Transaktionen betreffen, und aggregierte Daten, die auf Segment-, Markt- oder Produktgruppenebene angesiedelt sind.

Daten auf Kunden-/Produktebene

Auf der Kunden-/Produktebene kann eine Vielzahl von Daten über aktuelle und potenzielle Kunden erfasst werden. Die Erfassung bestimmter Kundeninformationen gilt oft als Minimalanforderung einer Marketingdatenbank. Die Informa-

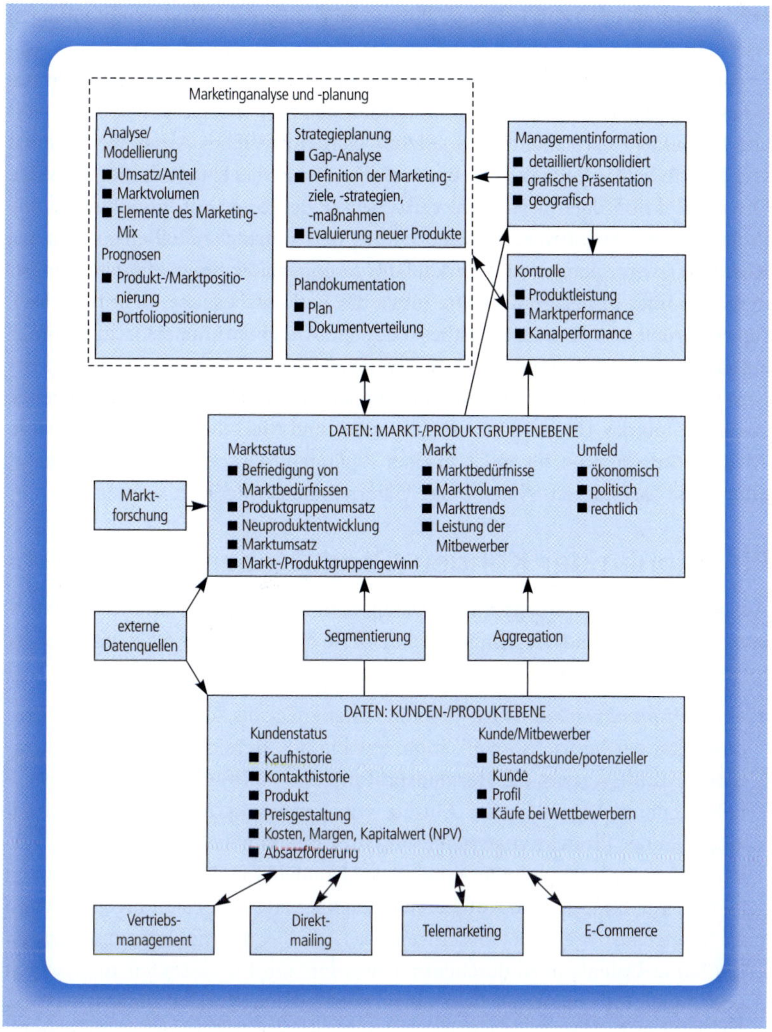

Abbildung 11.11 Informationsnutzung im Marketing.

tionen können von grundlegenden Referenzdaten wie Name, Anschrift und Postleitzahl bis hin zu sozialdemografischen Angaben wie Alter, Geschlecht und Einkommen sowie Informationen zu Einstellungen und Lebensstil, die aus Umfragen gewonnen wurden, reichen. Auf Industriegütermärkten sind die Informationen häufig umfassender und detaillierter, betreffen dafür aber eine kleinere Anzahl von Kunden. Hier werden beispielsweise Angaben zur Organisationsstruktur, zu wichtigen Ansprechpartnern und deren Aufgaben oder zur Wertschöpfungskette des Kunden erfasst. Analog zu den Informationen über die Käufe von Konsumenten können hier Informationen über die Beschaffung bei Konkurrenten erfasst werden. Diese Informationen können sich auf direkte und indirekte Kunden beziehen. Eine ähnliche Bandbreite von Informationen kann zu Distributoren und anderen relevanten Gruppen oder Individuen erfasst werden, etwa zu Meinungsführern und Kunden, die Weiterempfehlungen erteilen.

Auch über die Beziehung des Kunden zum Unternehmen können Informationen vorliegen. Zu den Transaktionsdaten gehören etwa Angaben dazu, welche Produkte zu welchem Preis gekauft wurden, welcher Absatzweg genutzt wurde, wie häufig gekauft wird und welchen Saldo das Kundenkonto aufweist. Die Transaktionsdaten wiederum verweisen in der Regel auf Produktdaten, die Produktcodes, Angaben zur Preisgestaltung und in manchen Fällen auch zu den Kosten, Gewinnspannen und Verkaufsförderungsmaßnahmen enthalten. Informationen über bisherige Kontakte (etwa die Verkaufsbesuche, Schriftwechsel, Beschwerden oder Kundendienstbesuche) und Angebote können darin ebenfalls enthalten sein. Dazu gehören auch „weiche" Daten darüber, warum sich der Kunde für oder gegen einen Kauf entschieden hat. Solche Informationen geben Auskunft, ob das Unternehmen die Kunden- und Marktbedürfnisse befriedigt. All diese Informationen können in einer separaten Marketingdatenbank geführt oder in die operativen Systeme des Unternehmens integriert werden.

Funktionen der Kunden-/Produktebene

Ausgestattet mit diesen operativen Daten, bieten die meisten „Marketingdatenbank"-Lösungen und viele maßgeschneiderte Systeme eine oder mehrere der folgenden Funktionen:

- *Vertriebsmanagement:* Dazu gehören vor allem Tools zur Steigerung der Produktivität der Vertriebsorganisation, etwa in den Bereichen Kontaktmanagement, Auftragserfassung, Bestandsprüfung und Auftragsstatus sowie Spesenabrechnung. Vor allem der Einsatz von Notebooks im Außendienst trägt zum Ziel der Produktivitätssteigerung im Kontaktmanagement bei. Der Verkäufer kann vor Ort auf alle Aspekte des Kundenkontakts zugreifen: Notizen zu früheren Gesprächen, Aufzeichnungen über erteilte Bestellungen, Notizen zu Serviceaufträgen oder Beschwerden. Über das Internet können Abfragen in Online-Datenbanken durchgeführt werden, um Interessenten zu erzeugen oder mehr Informationen über einen potenziellen Kunden herauszufinden. Die E-Mail-Funktion ermöglicht es den Vertriebsmitarbeitern, untereinander und mit den Mitarbeitern in der Verwaltung zu kommunizieren. Zu den Vorteilen gehört es häufig auch, dass Fehler in der Preisbildung und Konfiguration verhindert werden und die Bestandskontrolle verbessert wird. Manche Datenbanken enthalten auch Verwaltungsfunktionen wie automatisierte Berichte über die Leistung der Mitarbeiter, die Vertriebsaktivitäten oder Soll-Ist-Abweichungen.
- *Direktwerbung:* Solche Systeme bieten Funktionen wie die Auswahl einer Teilgruppe aus Adresslisten, die Individualisierung von Briefen, die Auswahl geeigneter Broschüren und die Verfolgung und Weiterleitung von Interessenten. Die Verwaltung solcher Listen kann Funktionen zur Eliminierung von Dubletten bei Zusammenführung zweier oder mehrerer Listen und Berichte über die Datenqualität enthalten.
- *Telemarketing:* Hierzu gehören in der Regel die Verwaltung der Anruflisten, die Transkription von Interviews mit potenziellen Kunden, die Verfolgung

und Weiterleitung von Interessenten und die Auftragserfassung. Auch hier kann die Verwaltung der Listen einen wichtigen Bestandteil des Systems bilden.

- *E-Commerce:* Die elektronische Schnittstelle zwischen Unternehmen und Kunden stellt einen alternativen Kanal für die Werbung, die Neukundengewinnung, den Verkauf und den Nachkaufservice dar, in manchen Fällen auch für die Lieferung der Produkte (bei digitalisierten Produkten) und die Erbringung von Dienstleistungen. Diese Schnittstelle stellt entweder das Internet dar, oder es werden andere Wide Area Networks genutzt, wie etwa der elektronische Datenaustausch (EDI) in der Automobilindustrie.

Unabhängig davon, welcher Weg zum Kunden auch immer gewählt wird, besteht die Notwendigkeit eines *Kampagnenmanagements.* Systeme, die einen oder mehrere der oben beschriebenen Kanäle unterstützen, können vielfach auch alle Schritte einer Kampagne unterstützen, von der Festlegung der Ziele bis zur Erfassung und Analyse der Kampagnenergebnisse.

Es setzt sich immer mehr die Erkenntnis durch, dass die Informationen, die in diesen verschiedenen Kommunikationskanälen mit dem Kunden gewonnen werden, im Unternehmen auch gemeinsam genutzt werden müssen. Jeder Beschäftigte mit Kundenkontakten sollte Zugriff auf sämtliche Kundeninformationen haben. Für viele Großunternehmen mit komplexen alten Systemen stellt diese Integration jedoch eine enorme Hürde dar. Hier liegt eine wichtige Motivation für die Einführung neuer Systeme. Manche Unternehmen setzen eine neue Generation integrierter Standardlösungen ein, die diese verschiedenen Instrumente der Kundeninteraktion und die verschiedenen Phasen der Interaktion des Kunden mit dem Unternehmen – vom Erstkontakt über den Verkauf bis zum Kundenservice – unterstützen. Der Begriff *Customer Relationship Management* (CRM) ist derzeit für dieses integrierte System an der Kundenschnittstelle in aller Munde. Auf das CRM wird in diesem Kapitel noch näher eingegangen.

Daten auf der Markt-/Produktgruppenebene

Die Daten auf der Transaktionsebene können zu Daten auf der Markt- oder Segmentebene und der Ebene der Produktgruppen oder Produkt-Markt-Kombinationen zusammengeführt werden. Daraus ergeben sich aggregierte Informationen, die sich für die Analyse, Planung und Kontrolle des Marketingmanagements nutzen lassen. Im Wesentlichen fallen diese Daten in die Kategorien der Marktinformationen, Informationen zum Marktstatus des Unternehmens und Informationen über die allgemeine wirtschaftliche, politische oder rechtliche Umwelt. Die wichtige Frage, wie die Segmente als Grundlage für diese Zusammenführung definiert werden, wurde bereits an früherer Stelle in diesem Kapitel und in Kapitel 4 erläutert.

Managementinformationen und Kontrolle

Systeme zur Bereitstellung von Managementinformationen bieten die Möglichkeit, die erforderlichen Informationen zu selektieren und in unterschiedlichen Formaten, Darstellungen wie Tabellen und Grafiken darzustellen. Es finden sich zum Teil auch geografische Darstellungen in Form von Landkarten sowie Analysemöglichkeiten für geografische Daten in Form „geografischer Informationssysteme".

Mit der Managementinformation ist die Managementkontrolle eng verbunden. Anhand einfacher grafischer Mittel kann verfolgt werden, ob die tatsächliche Performance den im Plan festgelegten Anforderungen an die Produkte, Märkte oder Absatzkanäle entspricht. Weitere Kontrollinstrumente sind etwa Frühwarnsysteme, die auf Bereiche hinweisen, bei denen die Abweichung von den Planvorgaben einen bestimmten Schwellenwert überschreitet.

Data Warehousing

Definition
Data Warehousing ist ein Konzept, das dem Executive Information System (EIS) ähnlich ist. Alle externen und internen Informationen werden in einem leicht zugänglichen Format gespeichert.

Der Begriff *Data Warehouse* ist in den vergangenen Jahren als ein weiteres Etikett für ein Managementinformationssystem oder ein EIS (Executive Information System) hinzugekommen. Meist, aber nicht immer, wird er im Zusammenhang mit dem Marketing verwendet. Der Vollständigkeit halber muss erwähnt werden, dass der Begriff auch einige Entwicklungen aus den typischen Executive Information Systems Ende der Achtziger- und Anfang der Neunzigerjahre abdeckt, in denen eine begrenzte Menge wichtiger Informationen in benutzerfreundlichem Format zusammengefasst wurde:

1. Data Warehouses sollen Daten aus allen operativen Systemen, etwa der Auftragsbearbeitung und -abrechnung, in einer Datenbank unter Verwendung eines einzigen Datenmodells zusammenführen. Damit wird eine einheitliche Darstellung der Kunden und Produkte ermöglicht. So werden Name und Anschrift eines Kunden nur einmal gespeichert, sodass alle Produkte, die ein Kunde kauft, leicht ermittelt werden können. Die Datenbank wird regelmäßig mit den Daten aus den operativen Systemen aktualisiert. In gleichem Maße wie die Integration der operativen Systeme und der Kundenschnittstelle verbessert wird, werden mit dem Data Warehousing Informationen besser integriert, um Managementinformation und Analyse zu erleichtern.
2. Data Warehouses enthalten in der Regel nicht nur die aktuellen Informationen, die etwa für die Fakturierung benötigt werden, sondern auch historische Daten. Ermöglicht wird dies durch die rapide sinkenden Kosten für Rechenleistung und Datenspeicherung.
3. Analog dazu ermöglichen es die steigende Rechen- und Speicherkapazität, dass immer detailliertere Informationen erfasst werden. Selbst für Massenprodukte können Angaben zu einzelnen Käufern über längere Zeiträume hinweg gespeichert werden.

Insgesamt ermöglichen es diese Entwicklungen, einen großen Bestand an Informationen aufzubauen und die beiden oben beschriebenen Datenebenen zusammenzuführen – Daten auf Kunden-/Produktebene und aggregierte Daten auf der Ebene von Märkten und Produktgruppen. Es stehen verschiedene Möglichkeiten zur Darstellung und Strukturierung der Informationen zur Verfügung. Ein Beispiel ist die SQL-(Structured-Query-Language)Abfrage, mit der Daten nach festgelegten Kriterien abgefragt werden können, etwa „alle Kunden mit einem Gehalt über € 40 000, deren Vertrag demnächst ausläuft und die derzeit noch nicht unser umfassendstes Servicepaket nutzen". OLAP-(Online-Analytical-

Processing-)Tools sind Entscheidungsunterstützungssysteme, mit denen Daten grafisch und tabellarisch durchsucht werden können.

Data Mining

Wer schürft oder bohrt, stößt unter Umständen auf unerwartete Schätze – deshalb der Begriff *Data Mining* für die Suche nach auffälligen, unerwarteten Mustern in großen Datenbeständen. Der Begriff wird jedoch im Allgemeinen für die meisten Formen der Datenanalyse mit Data Warehouses verwendet. Einige für das Marketing besonders relevante Analysen sind folgende (Hippner et al. 2001):

Definition
Data Mining ist Software, mit der das Data Warehouse nach Zusammenhängen zwischen Daten durchsucht wird, die für die Entscheidungsfindung relevant sind.

1. Segmentierung, wie Clusterverfahren, die bereits besprochen wurden.
2. Kausale, ökonometrische oder prädiktive Modellierung: Vorhersage der Auswirkung auf den künftigen Umsatz, beruhend auf Prognosen verschiedener „unabhängiger Variablen" – etwa des künftigen Preises, des Werbeaufwands, der Preise der Wettbewerber (vgl. folgenden Abschnitt).
3. Ungerichtete Suche nach Korrelationen: Das System sucht signifikante Korrelationen zwischen einer hohen Anzahl von möglicherweise zusammenhängenden Variablen, etwa der Kauf bestimmter Produktarten.

> Das bekannteste Beispiel stammt von Wal-Mart: Der Handelskonzern entdeckte, dass eine bestimmte Kundengruppe am frühen Abend während der Woche Bier und Windeln – und sonst nichts – kaufte. Wie sich herausstellte, handelte es sich um Väter, die zum Windelnkaufen geschickt wurden und dabei noch Bier mitnahmen. Als dieses Muster erkannt war, konnte Wal-Mart den Umsatz deutlich erhöhen, indem das Bier in der Nähe der Windeln platziert wurde.

CRM

CRM wird eine kurzlebige Modeerscheinung sein, wenn damit nicht ein genaues Verständnis der Märkte und der Kundenbedürfnisse in den Marktsegmenten einhergeht – unabhängig davon, welche Definition des CRM im Einzelnen gewählt und wie viel Geld in die Datenbanken und IT-Systeme investiert wird.

Vielfach ist zu beobachten, dass TQM, BPR, Balanced Scorecards, Knowledge Management und all die anderen Moden aus der Beraterszene und den Business Schools immer wieder unkritisch von Unternehmen übernommen werden. Für das CRM gilt dieselbe Argumentation, wie sie schon in Kapitel 8 vorgestellt wurde. An den Prozessen oder der Technologie des CRM ist nichts auszusetzen – die Kritik richtet sich vielmehr darauf, dass die Grundvoraussetzungen, die in Kapitel 1 bis 4 beschrieben wurden, in den meisten Unternehmen nicht erfüllt sind. Darauf wird später noch eingegangen. Vorerst soll das CRM-Konzept kurz diskutiert werden.

Was ist CRM?

Die Antwort hängt davon ab, wem man diese Frage stellt – oder wer gerade versucht, es einem Unternehmen zu verkaufen. Die unterschiedlichsten Definitionen von CRM sind im Umlauf. Hier eine Auswahl:

> Eine Initiative zur ständigen Verbesserung des Kundenwissens.
>
> CRM erstreckt sich auf die Organisation, Prozesse und Systeme, mit denen ein Unternehmen die Beziehungen zu seinen Kunden steuert.
>
> Konsistenter, qualitativ hochwertiger Kundensupport über alle Kommunikationskanäle und Funktionen hinweg, auf der Basis gemeinsamer Informationen, die Mitarbeitern, Kunden und Geschäftspartnern zugänglich sind.
>
> Ein Konzept, das auf modernster Informationstechnologie beruht und den Unternehmen hilft, das Ziel einer höheren Kundenzufriedenheit zu erreichen.
>
> Eine integrierte Multikanalstrategie, die es den Unternehmen erlaubt, rentable Neukunden zu gewinnen und den Service zu verbessern.

Aus diesen Definitionen wird deutlich, dass die Informationstechnologie das Rückgrat des CRM darstellt. Das ist nicht automatisch schlecht, aber es muss klar sein, dass das CRM zumindest beim derzeitigen Stand bestimmten Einschränkungen unterliegt (*Tabelle 11.6*).

Derzeit wird das CRM als eine Methode propagiert, mit der die IT-Systeme zusammengeführt werden können, die bereits vorhanden sind oder im Zusammenhang mit der Kundenschnittstelle in einem Unternehmen eingeführt werden. Meist werden die folgenden Systeme erwähnt (Boulding et al. 2005):

- Data Warehouses,
- Kundenservicesysteme,
- Callcenter,
- E-Commerce,
- Internetmarketing,
- operative Systeme (Auftragserfassung, Fakturierung, Zahlung etc.),
- Vertriebssysteme (mobile Kommunikation mit den Vertriebsmitarbeitern, Terminvereinbarung etc.).

Nachfolgend findet sich ein Vorschlag für eine bessere Definition von CRM:

> *„Durch IT-Lösungen ermöglichte Zusammenführung von Daten aus verschiedenen Kundenkontaktpunkten mit dem Zweck, verschiedenen Kundengruppen geeignete Angebote zu unterbreiten.“*

Somit lautet die Grundidee, die Systeme zu integrieren und das Unternehmen in die Lage zu versetzen, seine Kunden optimal zu bearbeiten. Es versteht sich von selbst, dass es nicht effizient ist, wenn man in ein und demselben Unternehmen verschiedene Systeme betreibt, die nicht kompatibel sind. Wenn die Mitarbeiter im Marketing nicht mit ihren Kollegen in der Finanzabteilung oder im Vertrieb sprechen, darf das keine Entschuldigung dafür sein, dass die Systeme ebenso

Tabelle 11.6 CRM – die Funktionen

– Kundenanalyse
– Marktsegmentierung
– Management der zielgruppenorientierten Marketingaktivitäten
– Modellierung des Kundenverhaltens
– Analyse der Kundenserviceerbringung
– Erkennung von Self-Service-Mustern
– Analyse der Kundenhistorie
– Messung der Kundenbindung
– Messung der Kundenloyalität
– Sicherstellung einer „einheitlichen Sicht" auf den Kunden
– Umsatzanalyse
– Bereitstellung von Kundeninformationen (Demografie und Lebenszyklus/ Lifestyle)

schlecht wie die Menschen funktionieren. Der Prozess der Integration, Bereinigung, Vereinheitlichung und Präsentation der verschiedenen Daten ist selbstverständlich eine „gute Sache", aber rechtfertigt es dies allein schon, von Customer Relationship Management zu sprechen?

Die Versprechen des CRM

Oftmals wird ein CRM-Projekt als Allheilmittel zur Erreichung der Unternehmensziele propagiert (*Tabelle 11.7*). In jedem Fall wird aber eine Antwort auf die Frage versprochen, welcher Kunde was warum kauft. Dabei soll das unvorhersehbare Kundenverhalten auf Zahlen reduziert werden, die analysiert, grafisch dargestellt, geplant und systematisiert werden können.

Viele Unternehmen folgen dabei der Devise: „Egal, wir versuchen es einfach." Unternehmen sollten sich dann jedoch an das letzte Mal erinnern, als sie ebenso reagierten. Vermutlich war dies, als ihnen jemand Business Process Reengineering vorschlug. Oder es war noch zur Zeit des Total Quality Management oder der „Excellence"-Welle. Keines dieser Konzepte war an sich schlecht, und dennoch konnten sie ihre Versprechen in den meisten Fällen auch nicht ansatzweise einlösen (Kieser 1996).

Natürlich hoffen alle, dass es mit dem CRM anders sein wird. Das Problem ist jedoch, dass dieses Mal nicht nur Back-Office-Prozesse riskiert werden, sondern dass nicht weniger als die Kundenbeziehungen auf dem Spiel stehen. Wenn das Experiment missglückt, werden viele Kunden frustriert und unwiderruflich verloren sein.

Tabelle 11.7 CRM – die Vorteile

- die rentabelsten Kunden identifizieren
- die rentabelsten Kunden besser bearbeiten
- weniger rentable Kunden effizienter managen
- den Kundenlebenswert (Customer Lifetime Value) ermitteln
- die Kundenabwanderung senken
- rentable Neukunden akquirieren
- die richtigen Produkte vermarkten
- die Vertriebs- und Marketingkosten senken
- die Effektivität der Marketingkommunikation und des Direktmarketing verbessern
- den Kundenservice verbessern
- den E-Commerce auf die richtigen Kunden fokussieren
- das Marketing auf die richtigen Kunden fokussieren
- die Marketingstrategie weiterentwickeln
- Wettbewerbsvorteile erobern
- siegen!

Worum geht es beim CRM?

Letztlich muss es beim CRM immer um den *Wettbewerbsvorteil* gehen. Es besteht kein Zweifel daran, dass das CRM ein wichtiger Faktor sein kann, um Wettbewerbsvorteile zu erzielen.

Das CRM stützt sich auf drei Säulen: Strategie, Marketing und IT. Wenn eine Säule einbricht, ist das ganze Konzept hinfällig. Ein Unternehmen das versucht, das CRM nur auf einer Säule aufzubauen, wird zwangsläufig scheitern.

In der Realität hat man es in einem CRM-Projekt mit enormen Mengen von Kundendaten zu tun. Ob ein Unternehmen diese Daten sinnvoll nutzen und in „Informationen" und dann in Wissen verwandeln kann, hängt davon ab, ob es weiß, was es damit erreichen möchte. Man stelle sich etwa vor, ein Unternehmen entdeckt, dass die intensivsten Nutzer seiner Kommunikationsdienste Katzenbesitzer sind (ein reales Beispiel). Welche Entscheidungen sind aus dieser Korrelation abzuleiten? Sollte das Unternehmen gemeinsame Verkaufsförderungsaktionen mit Katzenfutterherstellern durchführen? Zu viele Unternehmen glauben, dass es ausreicht, riesige Mengen ähnlich sinnloser Daten zu sammeln, um dann irgendwann solche lächerlichen Cross-Selling-Ziele zu erreichen. Die Gefahr, dass Unternehmen damit jedoch mehr Kunden schneller und zu höheren Kosten verärgern als ohne CRM, darf nicht unterschätzt werden.

Das Kleingedruckte lesen

Wie aus der gesamten CRM-Literatur (mehr oder weniger klar) hervorgeht, hängt der Erfolg eines CRM-Projektes davon ab, dass gleich zu Beginn die zentralen strategischen Themen festgelegt werden. Die CRM-Anbieter sprechen durchaus darüber, welche Bedingungen erfüllt sein müssen, damit (ihre

Version des) CRM funktioniert. Leider sind diese Bedingungen weder nebensächlich noch besonders leicht herbeizuführen. Zudem bleiben diese Anforderungen oft unklar.

Vielleicht sollte man an dieser Stelle von den Pionieren eines früheren Technikzeitalters lernen. Man stelle sich das CRM als Eisenbahngleis vor. Wenn man Schienen legt, wird der Zug seinen Bestimmungsort schnell und effizient erreichen – vielleicht müssen unterwegs ein paar kleine Gebäude abgerissen werden, aber das ist ein geringer Preis. Die Unternehmer des 18. Jahrhunderts lernten jedoch bald (manchmal sehr schmerzhaft), dass es weniger wichtig war, Schienen legen zu können als zu wissen, wohin die Menschen mit dem Zug fahren wollten.

Man stelle sich vor, dass ein Unternehmen die erste, schnellste und beste Verbindung zu den unterschiedlichsten Bestimmungsorten bauen will. Die Kunden werden auf die Fahrt mitgenommen und kommen an irgendeinem Ort an, an den sie nie wollten. Sowohl die Kunden als auch das Unternehmen werden verschwinden – viel schneller, als es der Fall gewesen wäre, wenn dieses Angebot gar nicht erst eingeführt worden wäre. Unternehmen sollten also zuerst herausfinden, wohin Ihre Kunden wollen. Erst dann können sie überlegen, wie das CRM ihnen helfen könnte, dorthin zu gelangen.

Beim CRM handelt es sich somit nicht um eine neue Technologie, sondern um ein Konzept, welches dieselben bekannten schwierigen Fragen umfasst, auf die Unternehmen seit jeher eine Antwort suchen. Die Schlacht von morgen wird nicht vom besten CRM-System gewonnen, sondern von den Unternehmen, die eine klare Vorstellung von ihren Zielen und den zu ergreifenden Strategien haben (Reinartz/Krafft/Hoyer 2004).

Welche Fragen müssen beantwortet werden?

Wo steht das Unternehmen?

Seit Theodore Levitt im Jahr 1960 seinen berühmten Artikel „Marketing Myopia" im *Harvard Business Review* veröffentlichte, hat die Frage „Was ist unser Geschäft?" die Marketingverantwortlichen so sehr beschäftigt, dass sie darüber die grundlegendste aller strategischen Fragen vergaßen. Die Definition der Branche und des Markts, in dem ein Unternehmen agiert. Diese Frage stellen sich derzeit alle erstklassigen Unternehmen weltweit. Solange sie nicht angemessen beantwortet wird, funktionieren auch die Werkzeuge und Methoden des Marketing – und damit auch das CRM – nicht.

Was wollen die Kunden?

Die Stärken und Schwächen des Unternehmens und seine tatsächliche Konkurrenz lassen sich daran ablesen, welche Lücke zwischen dem besteht, was hergestellt wird, und dem, was die Kunden kaufen und verwenden. Damit ist die wichtige Unterscheidung zwischen Eigenschaften und Nutzen angesprochen. Es ist stets zu beachten: Kunden zahlen den Preis für die Nutzenstiftungen eines Produktes und nicht für die technischen Merkmale.

Was wollen die Kunden morgen?

Wo möchten wir in der Zukunft stehen? Dieses Ziel wird nicht anhand von Finanzzahlen ausgedrückt. Vielmehr sollten die Ambitionen des Unternehmens und die Rolle beschrieben werden, die es im Leben der Kunden spielen möchte.

Wünschen verschiedene Kunden verschiedene Produkte?

Alle CRM-Anbieter betonen, dass die Segmentierung der Schlüssel für die heutigen fragmentierten Märkte sei. Das ist natürlich zutreffend. Viele sprechen aber nicht über Segmentierung, sondern nur darüber, wie die Kunden entsprechend der Daten klassifiziert werden können, die aus den Datenbanken erhältlich sind. Bei der Segmentierung geht es weniger darum, welche Kunden was tun, sondern darum, warum sie es tun. Wirklich aufschlussreiche Kundendaten wirken Ineffizienzen in der Kommunikation und im Vertrieb entgegen und schaffen Wettbewerbsvorteile. In Kapitel 4 wurde bereits beschrieben, wie eine gute Segmentierung durchzuführen ist.

Welche Kunden sollten gezielt angesprochen werden?

Ziel muss es sein, die rentabelsten Kunden zu finden und zu bearbeiten. Die strategische Anwendung der Segmentierung ermöglicht es Unternehmen, die richtigen Schwerpunkte zu setzen, um höhere Renditen zu erzielen. Die Zeiten, in denen jedem Kunden alles geboten werden konnte, sind unwiderruflich vorbei. Die Zukunft gehört den glaubwürdigen Spezialisten. Ein effektiver CRM-Prozess ermöglicht es den Unternehmen, sich auf diejenigen Kunden zu konzentrieren, die sie längerfristig binden möchten, und nur diejenigen Geschäftsbereiche weiterzuentwickeln, die für diese Zielmärkte attraktiv sind.

Wie lassen sich das Unternehmen und die Marke(n) differenzieren?

Es gibt zahlreiche Erkenntnisse über das Kundenverhalten. Beispielsweise ist bekannt, dass neun von zehn Kunden auf jedem reifen Markt (Privat- und Firmenkundengeschäft) nach anderen Kriterien als dem Preis kaufen. Das Geheimnis des Erfolgs liegt also darin, sich aus der Masse abzuheben – und für 90 % der Kunden nicht der billigste Anbieter zu sein! Entscheidend sind die Differenzierung und eine einzigartige Marktpositionierung. Viele Unternehmen haben keine schlüssige Strategie zur Differenzierung ihres Angebotes und betreiben gerade daher CRM, mit dem sie letztlich genau das tun, was alle Konkurrenten auch tun. Dies führt unweigerlich zu ruinösen Preisschlachten.

Der zentrale Erfolgsfaktor ist somit eine gut durchdachte Marktsegmentierung. Diese muss erfolgen, bevor teure CRM-Systeme eingeführt werden.

Wie schaffen es Unternehmen, dass das CRM für sie und nicht gegen sie arbeitet?

Verglichen mit den Kosten eines CRM-Projekts ist der Aufwand für eine Einigung über die längerfristigen Ziele des Unternehmens (und damit die Ziele des CRM-Projekts) vernachlässigbar gering. Die Erfahrungen der Vergangenheit zeigen, dass die IT- und Organisationskosten des CRM in die Millionen gehen – ohne die möglichen Kosten einzurechnen, die bei einem Fehlschlag des Pro-

Tabelle 11.8 CRM-Audit

- Bestimmung des relevanten Markts; Beantwortung der Frage: „Was ist unser Geschäft?"
- Quantifizierung der Marktdynamik
- Analyse des Wettbewerbsumfelds einschließlich der Positionierung und Entwicklung der Wettbewerber
- objektive Segmentierung des Zielmarkts (*nicht* a priori!)
- Verständnis der Kundenbedürfnisse in jedem Segment
- realistische Beurteilung der organisatorischen Folgen der Einführung des CRM
- Planung der Einführung des CRM
- Beurteilung der erwarteten Kosten und Nutzen des CRM für das Unternehmen
- Briefing der CRM-Anbieter, vor allem bzgl. IT

jekts entstehen. Es ist daher angebracht, vor diesen Investitionen über die grundlegenden Zielsetzungen nachzudenken, bevor die Zukunft des Unternehmens aufs Spiel gesetzt wird.

Kaum ein Unternehmen würde ein wichtiges Investitionsprojekt ohne eine Machbarkeitsstudie oder eine Unternehmensübernahme ohne eine Due-Diligence-Prüfung in Angriff nehmen. Warum werden dann Millionen für Projekte ausgegeben, die irreparablen Schaden anrichten könnten, wenn vorher nicht wenigstens ein CRM-Audit durchgeführt wird. Im Rahmen eines CRM-Audits werden die derzeitige Positionierung gegenüber den Kunden und die Anforderungen an den CRM-Prozess einer objektiven Beurteilung unterzogen (*Tabelle 11.8*). Ein solches Audit stellt eine Investition dar, die sich auf zweierlei Weise auszahlt: Es minimiert die Nachteile im Fall eines Fehlschlags, und es maximiert die Vorteile im Fall eines Erfolgs.

Am besten lässt sich dies vielleicht in Abwandlung eines berühmten Zitats von Benjamin Franklin ausdrücken: „Kontrolliere dein CRM-Projekt, oder es kontrolliert dich."

CRM – die zentralen Faktoren

Um zu verhindern, dass ein CRM-Projekt in Angriff genommen wird, ohne sich darüber im Klaren zu sein, wohin es führen soll, sollten sich Unternehmen über die folgenden Faktoren Gedanken machen:

Kunden

Letztlich geht es immer um die Kunden. Ohne Kunden können keine Geschäfte gemacht werden. Levitt (1960) drückte es so aus: „Der Zweck eines Unternehmens ist es, Kunden zu gewinnen und zu halten." Das ist vor allem deshalb nicht einfach, weil die meisten Kunden eher emotionale als rationale Kaufentscheidungen treffen und oft keine Ahnung haben, was sie eigentlich wollen.

Beziehungen

Unternehmen müssen sich über den Umfang ihrer Geschäftsbeziehungen im Klaren sein. Wenn Unternehmen nur versuchen, mehr Kunden länger zu halten, um mehr Geld mit ihnen zu verdienen, können sie dies wahrscheinlich relativ problemlos erreichen, sodass Kunden folglich kaum Gründe für eine Abwanderung haben. Beim Aufbau einer „Beziehung" geht es jedoch um etwas ganz anderes. Hierfür muss sichergestellt werden, dass Kunden auch eine „Beziehung" wünschen (Palmatier/Gopalakrishna/Houston 2006). „Bitte hören Sie auf, mir Geburtstagskarten zu schicken, gehen Sie einfach nur ans Telefon, wenn ich anrufe", ist eine häufig geäußerte Beschwerde. Unternehmen machen sich mittlerweile in alarmierender Weise falsche Vorstellung vom Zustand der Kundenbeziehungen. Außerdem ist zu betonen, dass man wie im Privatleben auch im Geschäftsleben nur mit einer begrenzten Anzahl von Menschen Beziehungen aufbauen und pflegen kann.

Management

In allen Veröffentlichungen über CRM geht es implizit oder expliziert darum, wie ein Unternehmen seine Kunden und Beziehungen managt. Dies ist jedoch eine falsche Perspektive. Nicht Unternehmen managen Kunden, sondern Kunden managen Unternehmen. Zumindest sollten Unternehmen versuchen, diesen Eindruck zu schaffen. Die meisten Kunden möchten das Gefühl haben, die Kontrolle auszuüben – dabei sollten Anbieter ihnen helfen. Informationsflüsse, Systeme und Prozesse müssen aus der Kundenperspektive gestaltet werden, um so dem Ziel näher zu kommen, zufriedene Kunden zu erreichen, die mehr und häufiger kaufen und steigende Umsätze erbringen. Ein CRM-Prozess, der es den Kunden ermöglicht, das Unternehmen „besser zu managen", wäre daher erstrebenswert.

Ist CRM nur eine weitere gefährliche Managementmode, oder gibt es wirklich eine Antwort auf grundsätzliche Fragen? Das hängt nicht nur von den CRM-Anbietern ab, sondern v. a. davon, wie gut Unternehmen die Konzepte anwenden.

Unternehmen dürfen nicht dem Irrtum verfallen, dass allein schon die Existenz einer Datenbank die gewünschten Ergebnisse garantieren kann. Stattdessen sollten sie sich immer wieder in Erinnerung rufen, was erstklassiges Marketing ausmacht:

- tiefgreifendes Verständnis des Marktes,
- Marktsegmentierung,
- Differenzierung, Positionierung und Markenführung,
- integriertes Marketing,
- Marketingplanung.

Hierbei ist die Reihenfolge zu beachten und die Verwendung des Ausdruckes „Marktsegmentierung" anstelle von „Datenbanksegmentierung". In einer Datenbanksegmentierung eines Unternehmens spiegeln sich häufig nur die Vorgänge der Vergangenheit oder die eigenen Aktivitäten wider. Anders ausgedrückt: Sie spiegelt wider, was ein Unternehmen zu irgendeinem Zeitpunkt an jemanden verkauft hat. Dies betrifft meistens diejenigen Produkte, die sich am einfachsten verkaufen lassen, und diejenigen Kunden, die sich am einfachsten überzeugen lassen. Dies ist daher kein vielversprechender Ansatz für zukünftigen Erfolg.

Bevor in ein CRM-Projekt investiert wird, sollte also ein Teil der für das Projekt eingeplanten Mittel für ein Audit vorgesehen werden. Ansonsten besteht die Gefahr, erhebliche Ressourcen zu verschwenden und dazu beizutragen, dass sich CRM in die anderen flüchtigen Modeerscheinungen einreiht.

Marketinganalyse

Es geht nun um die Systeme, die über die reine Bereitstellung von Informationen hinausgehen und Unternehmen dabei unterstützen, Informationen zum Zweck der Planung zu analysieren.

Modellbildung

Eine Möglichkeit dafür, eine wichtige Marketingvariable wie etwa die Marktgröße oder den Produktabsatz zu verstehen, besteht darin, ein Modell der Faktoren zu entwickeln, die die Variable beeinflussen. Dazu gehört es in der Regel, eine mathematische Beziehung zwischen einer Reihe unabhängiger Variablen und der abhängigen Variablen zu definieren, deren Varianz im Modell erfasst werden soll. Beispielsweise könnte ein Modell für den Absatz die unabhängigen Variablen Verbraucherausgaben, Produktpreis, Preis der Wettbewerber und Werbe- und Verkaufsförderungsausgaben enthalten. Ein solches Modell kann den künftigen Absatz oder die künftige Marktgröße auf der Basis von Vorhersagen zu den unabhängigen Variablen prognostizieren. Ein solches „kausales", „ökonometrisches" oder „prädiktives" Modell beruht auf statistischen Analysen vergangener Daten, meist mittels Regression (Leeflang et al. 2000). Mittlerweile gibt es auch immer mehr Modelle, die auf neuronalen Netzen beruhen.

Für die Ermittlung von Kausalmodellen stehen unterschiedliche Softwarelösungen zur Verfügung. Neben allgemeiner Analysesoftware wie SPSS gibt es auch einige Speziallösungen, die für die Marktmodellierung in Unternehmen gedacht sind, wie etwa 4Thought von Cognos.

Die untersuchte abhängige Variable schwankt nicht zwangsläufig im Zeitverlauf. Es können dann Querschnittsanalysen durchgeführt werden, bei denen etwa die Effektivität von Händlern oder Geschäften oder die Attraktivität möglicher geplanter Lager- oder Ladenstandorte verglichen wird. Die auf einer Zeitreihe beruhenden Analysen bilden jedoch eine gute Basis für Prognosen, die später in diesem Kapitel noch besprochen werden.

Produkt-/Marktpositionierung

Neben den „harten" Daten zu Absatz und Marktanteil lassen sich auch „weiche" Daten untersuchen, etwa zur Marktpositionierung eines Produkts. Techniken wie die „Marktraummodellierung" und die Wettbewerbsmatrix nach Porter können durch Computersoftware unterstützt werden, um eine Strategiedebatte anzuregen. So hat beispielsweise ICL ein Marketingplanungssystem entwickelt, welches es erlaubt, den effizienten Rand für die Preissetzung grafisch zu ermitteln. Dabei wird die Preisgestaltung insofern unterstützt, als der Preis in Relation zu einer Kennzahl der Produktdifferenzierung dargestellt wird.

Eine innovative, zunehmend diskutierte Methode in diesem Bereich ist die Data Envelopment Analysis (DEA). Sie ist in der Lage, die für das Marketing relevanten monetären und nicht monetären Inputs und Outputs in einen Effizienzwert im Sinne einer Spitzenkennzahl zusammenzuführen (Hammerschmidt 2006, Wilken 2007). Der Effizienzwert gibt an, wie gut es einem Unternehmen, einem Produkt oder einer Marke gelingt, die eingesetzten Inputs für Werbung, Distribution etc. in hohe psychografische (weiche) und anschließend finanzielle (harte) Outputwerte zu transformieren. Basierend auf diesen Effizienzwerten wird mit der DEA eine sog. Randfunktion (Efficient Frontier) bestimmt, die anzeigt, wie die besten Unternehmen bzw. Marken Inputs in Outputs transformieren. Grundlage der Bewertung ist also eine sog. Best-Practice-Betrachtung. Durch diese Orientierung an den Best Practices wird gezeigt, welcher Output maximal und nicht durchschnittlich für einen bestimmten Inputeinsatz realisierbar ist. Die Einheiten auf dem effizienten Rand dienen als Referenzpunkte für die ineffizienten Einheiten und erlauben die Ableitung von Verbesserungsstrategien, die erforderlich sind, um eine maximale Effizienz zu erreichen (Bauer/Staat/Hammerschmidt 2006; Bauer/Donnevert/Hammerschmidt 2008). Für die Durchführung einer DEA stehen inzwischen ebenfalls Softwarelösungen wie EMS – Efficiency Measurement System von Dr. Holger Scheel (http://www.wiso.uni-dortmund.de/lsfg/or/scheel/ems) oder – Frontier Analyst von Banxia Software Ltd. (http://www.banxia.com/frontier) zur Verfügung.

Portfoliopositionierung

Modelle wie die BCG-Matrix und die Portfoliomatrix von McKinsey werden seit über 20 Jahren als Mittel eingesetzt, um die Produktmarktstrategie und Entscheidungen über die Allokation der Ressourcen auf die Produktmärkte zu unterstützen. Hauptmotive der Portfoliooptimierung sind die Steigerung der Rendite und die Reduktion von Risiken. Im Laufe der Jahre wurden Softwaresysteme entwickelt, die die Portfolioanalyse unterstützen und in manchen Fällen auch auf etablierten Marketingtheorien beruhende Empfehlungen liefern. Auf diese Weise wird deren Einsatz weniger zeitraubend und fehleranfällig.

Strategiebildung

Analysemodelle können auch online die Auswirkung von Strategien modellieren und so die Strategiebildung aktiv unterstützen. Die vielleicht einfachste Form ist die „Gap-Analyse“: Hierbei wird die Lücke zwischen der prognostizierten und der gewünschten Leistung ermittelt. Die Schlussfolgerungen hinsichtlich der Marketingziele, Strategien und Maßnahmen können aufgezeichnet werden. Theoretisch kann die Reaktion der Konkurrenten auf die Aktionen eines Unternehmens modelliert werden, indem Methoden wie die Spieltheorie oder Rollenspiele verwendet werden. In der Praxis jedoch werden solche aktiven Simulationen derzeit hauptsächlich für Schulungszwecke anhand von

Beispieldaten verwendet, wobei Planspielsoftware wie etwa MARKSTRAT eingesetzt wird (Larréché/Gatignon/Triolet 2003).

Ebenso stehen systematische Methoden für die Beurteilung neuer Produktvorschläge zur Verfügung, etwa das Stage-Gate-Modell von Cooper (2005). Diese computergestützten Instrumente leiten Manager durch den Bewertungsprozess. Systeme wie Ideafisher (www.thoughtoffice.com) können auch für die Entwicklung neuer Produktideen eingesetzt werden.

Plandokumentation

Wenn die Entscheidung über die Marketingstrategien gefallen ist, können diese in einem Marketingplan beziehungsweise in einem Plan für eines der Instrumente des Marketing-Mix dokumentiert werden. Einige wenige Systeme unterstützen die Dokumentation, indem sie automatisch einen „Musterplan" erzeugen, den der Nutzer dann nach Bedarf anpassen kann. Das EXMAR*-System von Cranfield (www.themarketingprocessco.com) wendet diese Methode an und bietet auch eine Palette von Werkzeugen zur Analyse und Strategieentwicklung, wie SWOT-Analyse, Marktraummodelle, Portfoliomatrix, Wettbewerbsmatrix und die Gap-Analyse. Die Systeme helfen auch, um den Plan zu kommunizieren oder die Daten in die Managementinformationssysteme zu integrieren.

Entscheidend beim Aufbau eines solchen Systems ist, dass es nicht als Insellösung im Marketing konzipiert wird. Vielmehr sind Schnittstellenprogramme notwendig, die die Systeme in der Finanz- und Vertriebsabteilung und anderen internen Bereichen sowie Daten aus externen Quellen anpassen.

Marketingstrategie und Internet

Einführung

Bisher wurden die verschiedenen IT-Systeme betrachtet, die im Marketing eingesetzt werden, um die Marketingabläufe zu unterstützen und um Informationen und Analysen für Planungszwecke zu gewinnen. Ein Bereich, der mehr Aufmerksamkeit erfordert, da er relativ neu ist und weit reichende Konsequenzen für die Planung hat, ist das Internet.

Während integrierte Datenbanken die Voraussetzungen liefern, um Informationen zu koordinieren und im Unternehmen zu verteilen, ermöglichen es Wide Area Networks und insbesondere das Internet, dass diese Informationen elektronisch an die Kunden weitergegeben und gleichzeitig auch ergänzt werden, wenn die Kunden mit dem Unternehmen über E-Mail und Internet interagieren. Die elektronische Interaktion über Computernetzwerke stellt einen neuen Kommunikationskanal mit völlig anderen Vorteilen und Nachteilen gegenüber den Alternativen dar. Sie eignet sich zwar keineswegs für alle Arten der Kundeninteraktion, ist aber dennoch äußerst vielseitig einsetzbar und kann in manchen Branchen sogar eine grundlegende Neuorientierung auslösen. Die

Encyclopaedia Britannica wurde gezwungen, ihren traditionellen Vertrieb aufzugeben, nachdem sich das Multimedia-Konkurrenzprodukt von Microsoft durchgesetzt hatte und generell eine immer größere Fülle von Informationen im Web verfügbar wurde. Die schwedische Post zum Beispiel hat jedem schwedischen Bürger eine E-Mail-Adresse zugeteilt, um sich auf den Rückgang der Briefpost vorzubereiten, der für das nächste Jahrzehnt prognostiziert wird.

Das Internet ist mittlerweile ein De-facto-Standard, der nicht durch eine branchenweite Vereinbarung entstand, wie etwa bei den Standards für relationale Datenbanken, sondern durch die Marktnachfrage, wie bei Microsoft mit Windows und bei Intel mit der 86-Architektur. Deshalb ist die langfristige Zukunft des Internets schwer vorherzusagen. Manche glauben, dass es recht bald durch andere Standards ersetzt wird, möglicherweise auf der Grundlage des interaktiven digitalen Fernsehens. Diese Standards werden dann besser für den elektronischen Handel mit einem hohen Volumen geeignet sein, als es derzeit noch der Fall ist. Dennoch hat sich das Internet bereits weit über seine ursprüngliche Rolle als Prototyp eines standardisierten Wide Area Network hinaus entwickelt (Bauer/Große-Leege/Rösger 2007).

Das „6 I"-Modell

Das Internet ist zwar ein wichtiges neues Medium für die Kundeninteraktion, darf aber nicht isoliert betrachtet werden. Es stellt nur einen der Kanäle dar, über die das Unternehmen diese Interaktion führen kann. Um seine relative Bedeutung zu bewerten, wird ein allgemeineres Modell für die Rolle der IT im Marketing benötigt. Das „6 I"-Modell in *Abbildung 11.12* fasst zusammen,

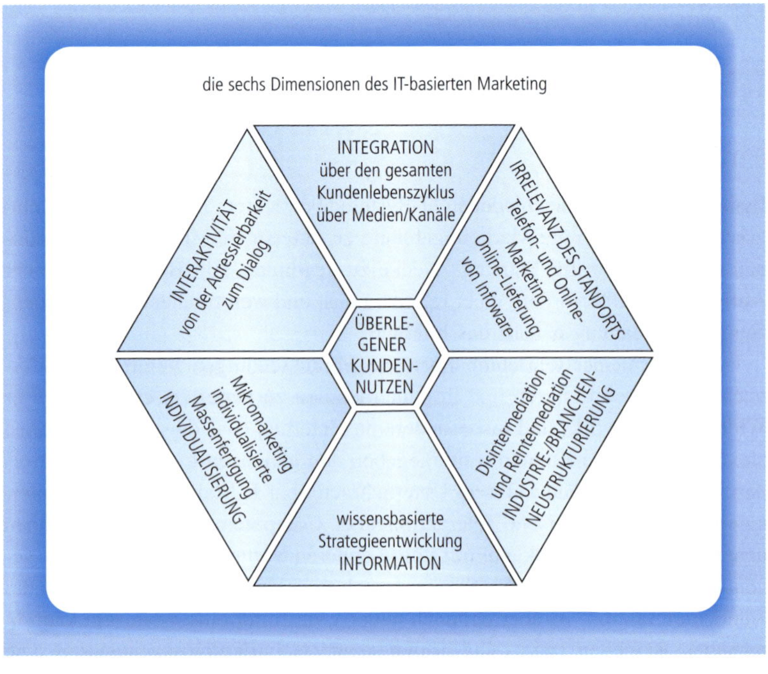

Abbildung 11.12
Das „6 I"-Modell.

wie die IT einen Wertzuwachs für den Kunden schafft und somit die Marketingeffektivität des Unternehmens erhöht.

Integration: Kunden kennen lernen

Für das Management der Kundenbeziehungen werden Systeme benötigt, die Daten zur gesamten Kundeninteraktion verwalten, das heißt über den gesamten Kundenlebenszyklus vom Erstkontakt bis zur Lieferung und dem Nachkaufservice. Wenn der Kunde den Lieferanten über verschiedene Kanäle erreichen möchte, bedeutet dies, dass die Daten auch über die verschiedenen Kommunikationswege hinweg integriert sein müssen. Ein Telefonverkäufer muss also über eine Serviceanfrage informiert sein, die am Tag zuvor per E-Mail geschickt wurde. Ein Außendienstvertreter muss auf Informationen über frühere Käufe und die Kundenrentabilität zugreifen können, um eine Entscheidung über Rabatte zu treffen.

Diese Integration ist beim Medium Internet ebenso wichtig wie bei jedem anderen Kommunikationsmedium. Leider übersehen Unternehmen diese Tatsache häufig. Sie delegieren die Verantwortung für die Website an „Enthusiasten" irgendwo im Unternehmen oder beauftragen externe Firmen mit der Entwicklung und den Abläufen, ohne dem Informationstransfer genügend Beachtung zu schenken. Damit wiederholen sie die Fehler, die so oft in den Anfangszeiten der Callcenter gemacht wurden. Wie Umfragen weiterhin zeigen, werden vielfach nur die eigenen Produkte beworben, ohne zu versuchen, wichtige Kundeninformationen zu sammeln, vorhandenes Kundenwissen zu nutzen oder vom interaktiven Charakter des Internets zu profitieren, um einen Zusatznutzen anzubieten, etwa durch Produktkonfiguration oder Online-Preisgestaltung.

Interaktivität – von der Adressierbarkeit zum Dialog

Die eigenen Kunden zu kennen, bedeutet, den Kreis zu schließen, der zwischen den übermittelten Botschaften und den Reaktionen entsteht. Die IT unterstützt die zunehmende Nutzung interaktiver Kommunikationsmechanismen wie Telefon und Internet, um weniger interaktive Instrumente wie die Post und die Werbung in den Medien zu ergänzen. Im Zeitalter der Adressierbarkeit können Unternehmen immer stärker mit einzelnen Kunden durch gezielte Direktwerbung kommunizieren. Die Interaktivität geht einen Schritt weiter – auch wenn es natürlich weiterhin viele Fälle gibt, in denen die sogenannte „asynchrone Interaktivität" eines schlichten Antwortcoupons völlig ausreichend ist.

Ein einfaches Beispiel für die angemessene Nutzung des Internets für einen interaktiven Dialog mit bekannten Kunden stammt aus dem Buchmarkt (*Abbildung 11.13*). Nachdem Bücher in der Vergangenheit in Buchhandlungen verkauft wurden, können Verlage sie nun über Internethändler wie Amazon oder direkt über ihren eigenen Internetshop verkaufen. Natürlich versuchen die traditionellen Einzelhändler, sich gegen den Absatz im Internet zur Wehr zu setzen. Derzeit entsteht eine weitere Konkurrenz zu den gedruckten Büchern durch elektronische Veröffentlichungen (E-Books). Das Buch wird also nicht nur elektronisch bestellt, sondern auch in elektronischer Form geliefert.

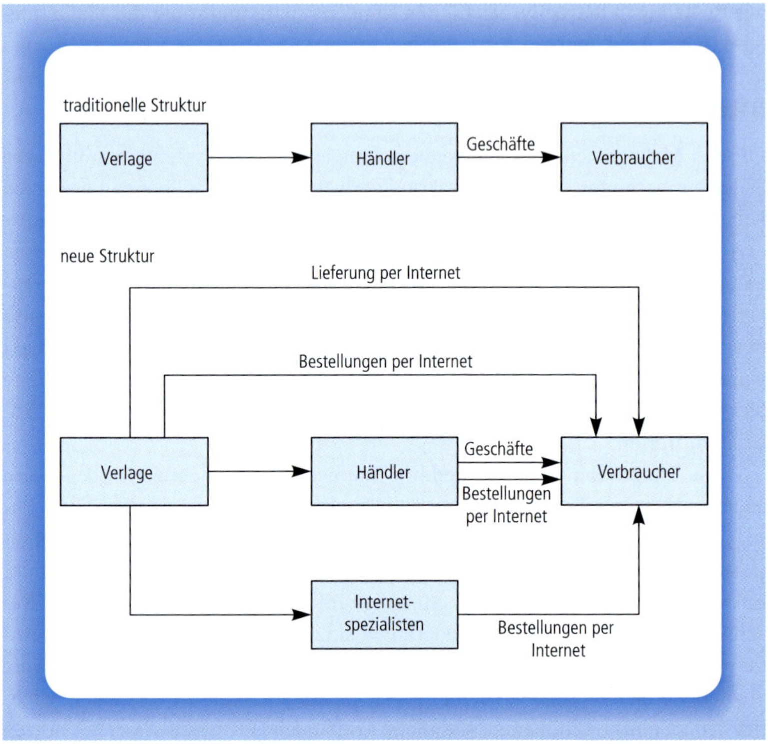

Abbildung 11.13
Beispiel für einen interaktiven Dialog im Buchmarkt.

Auf Webseiten wie etwa von Amazon wird die Interaktivität des Internets genutzt, um den Kunden neue Services zu bieten. Sie können etwa Bücher zu bestimmten Themen durchsuchen, den Status ihrer Bestellungen verfolgen, sich Kaufempfehlungen geben lassen und Rezensionen lesen, die andere Kunden verfasst haben. Die Website baut also auf dem Wissen der Kunden auf und nutzt es beispielsweise dazu, Kunden per E-Mail zu benachrichtigen, wenn ein neues Buch zu einem für sie interessanten Thema erscheint.

Individualisierung durch Informationen

Integrierte Informationen über die Kunden liefern die Basis für die Individualisierung eines Produkts oder der damit zusammenhängenden Dienstleistungen. Ein Unternehmen kann etwa in Abhängigkeit von den Kundeninteressen verschiedene Versionen seines Kundenmagazins erstellen. Online-Zeitungen können ihre Abonnenten genau über die Themen informieren, die für sie von Interesse sind. Auf der Website von Levi's können zu einem geringen Aufpreis gegenüber den üblichen Ladenpreisen maßgeschneiderte Jeans bestellt werden. Die Individualisierung ist eng mit der räumlichen Unabhängigkeit, dem nächsten Thema, verknüpft.

Irrelevanz von räumlichen Standorten

Welcher Unterschied besteht zwischen Schuhen, die eigens vom Dorfschuster hergestellt werden, und einer Küche, die von einem Küchenplaner im Internet auf Bestellung angefertigt wird? Beide stellen ein maßgeschneidertes Produkt her, aber der Internetanbieter kombiniert dies mit Größenvorteilen. Der Küchenplaner erreicht potenzielle Kunden an den unterschiedlichsten geografischen Standorten, nutzt dabei die Datenübermittlung über das Internet und die physische Infrastruktur der traditionellen Märkte sowie eine datenbankgesteuerte Produktion. Erst die Unabhängigkeit vom Standort ermöglicht es, dass die Individualisierung des Angebots auch wirtschaftlich wird. Nischenprodukte können ihre Zielmärkte auch dann bedienen, wenn diese über die ganze Welt verteilt sind.

Die Fähigkeit, die Kunden überall zu erreichen, erweitert umgekehrt auch die Wahlmöglichkeiten der Verbraucher und stärkt ihre Macht. Heute stehen Software-„Agenten" zur Verfügung, die das gesamte Internet nach dem niedrigsten Preis durchsuchen. Damit wird eine zeitaufwendige Tätigkeit delegiert. Geichzeitig führt dies tendenziell zu einer Angleichung der Preise; genau wie es auch der Fall ist, wenn sich innerhalb einer geografischen Region der lokale Wettbewerb verschärft.

Ein Beispiel für Individualisierung des Angebots und die Unabhängigkeit vom Standort ist der Computerhersteller Dell, der Pionier für den Direktvertrieb von Computern (*Abbildung 11.14*). Der Verzicht auf die lokalen Händler und Geschäfte ermöglichte hohe Kosteneinsparungen. In den Anfangszeiten konnten die Kunden die noch sehr begrenzte Produktpalette von Dell per Post und Telefon aus dem Katalog bestellen. Das Internet erleichterte es, eine breitere Palette von Produkten anzubieten und den Kunden die Möglichkeit zu geben, ihren neuen Rechner nach ihren individuellen Bedürfnissen zu konfigurieren.

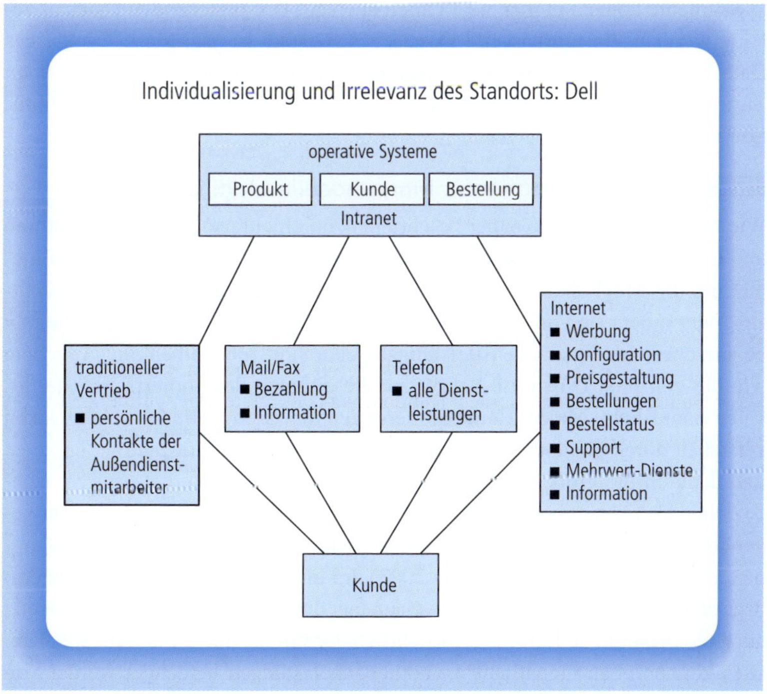

Abbildung 11.14
Beispiel für die Internetnutzung bei mehreren Absatzkanälen.

Zudem sieht der Kunde den Preis des von ihm zusammengestellten Pakets, während er Komponenten hinzufügt oder ändert. Außerdem wird die Preisgestaltung automatisch an den Kunden angepasst, da der in die Website eingebettete Preisbildungsalgorithmus automatisch Nachlässe für Großkunden gewährt. Eine weitere Individualisierung erfolgt durch Informationsdienstleistungen, etwa wenn Kunden per E-Mail über neue Versionen von Produkten informiert werden. All diese Unterstützungsleistungen ermöglichen es, dass kostenintensive Verkäufer sich auf die Aufgaben konzentrieren, die sie am besten beherrschen: auf den Aufbau individueller Beziehungen zu langjährigen Großkunden.

Informationsbasierte Strategieentwicklung

Bessere Kundeninformationen können sich auch positiv auf die Marketingstrategie auswirken. Ein großer Computerhersteller erkannte zum Beispiel in einer Simulation zur Marketingplanung, dass der Markt entsprechend der Anwendungszwecke segmentiert war, für die der Computer genutzt wurde – Rechnungswesen, Bestandskontrolle, Marketing usw. Aber ihm fehlten jegliche Daten dazu: Die Datensätze wurden nach Firmenname und Branchen gegliedert. Abhilfe wurde in diesem Fall geschaffen, indem die Auftragserfassung so geändert wurde, dass zum Zeitpunkt des Kaufs erfasst wurde, zu welchem Zweck der Kunde das Produkt nutzen wollte. Diese zusätzlichen Daten mussten in jedem Absatzkanal erfasst werden, der für die Bestellung genutzt wurde – Händler, Direktvertrieb, Telefonvertrieb und Internet –, wobei auch dies erneut die Bedeutung der Datenintegration illustriert. Die Zusammenführung der Informationen ermöglichte eine effektivere Planung und neue Maßnahmen für eine bessere Bearbeitung bestimmter Zielsegmente.

Segmente können in manchen Fällen auch aus den bestehenden Daten abgeleitet werden. Ein mittlerweile klassisches Beispiel ist Wal-Mart: Dank eines Data-Mining-Tools entdeckte der Handelskonzern, wie bereits erwähnt, einen Zusammenhang zwischen dem Verkauf von Bier und Windeln, der jeder Intuition zuwiderlief.

Industrien neu strukturieren: Marktmodelle modifizieren

Wie bereits in Kapitel 10 näher beschrieben, durchlaufen derzeit viele Sektoren und Branchen eine Restrukturierung, indem sich die Unternehmen neu definieren, um die Möglichkeiten der Informationstechnologie im Marketing zu nutzen, oder indem sie von Newcomern ersetzt werden, die die neuen Spielregeln beherrschen. Im Finanzdienstleistungsbereich sind Internetbanking-Angebote wie die von First Direct ein Schritt zur Beseitigung der Vorherrschaft der lokalen Bankfiliale. Andere Herausforderungen für traditionelle Geschäftsbanken entstehen durch Konkurrenten, die Bankdienstleistungen im Internet anbieten und dadurch die großen Banken zwingen, mit eigenen Internetservices nachzuziehen. Studien zeigen, dass eine Internettransaktion Kosten von 1 Cent gegenüber 1,07 Euro für eine Transaktion in der Filiale und 27 Cents am Automaten verursacht (Friedman/Furey 2003). Im Internet werden nicht nur standardisierte Transaktionen wie Überweisungen durchgeführt, sondern es ersetzt auch die persönliche Beratung hinsichtlich der Produktspezifikation. Auf Websites können etwa monatliche Hypothekenbelastungen berechnet werden, in-

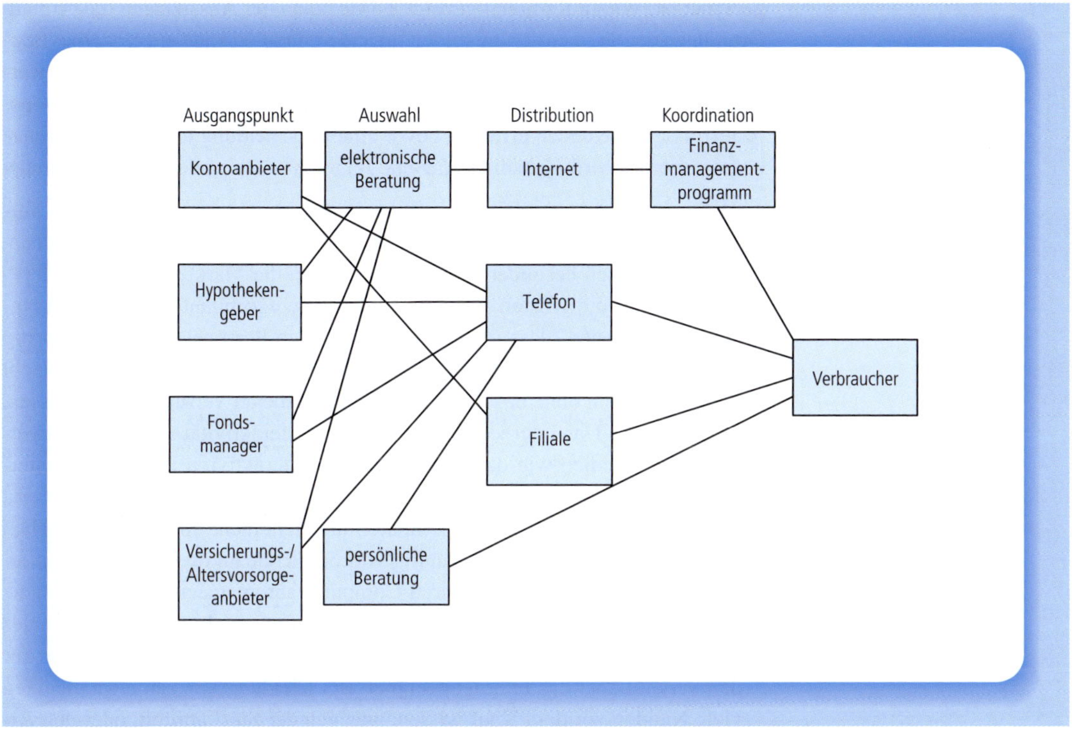

Abbildung 11.15
Branchenumstrukturierung: Zukunftsvision eines Marktmodells für Finanzdienstleistungen.

dem der Nutzer den gewünschten Darlehensbetrag und den Rückzahlungszeitraum in ein Online-Formular einträgt. Derzeit treten neue elektronische Intermediäre in den Markt, die aus einer Palette von Lebensversicherungsprodukten umgehend das beste Angebot auswählen. Es ist schwer vorherzusagen, wie sich die Finanzdienstleistungsbranche ändern wird – ein mögliches Szenario wird in *Abbildung 11.15* verdeutlicht. In jedem Fall wird sie aber anders strukturiert sein als derzeit.

Zusammenfassung der Auswirkungen des Internets

Wie gezeigt, kann das Internet in eine Marketingstrategie eingebunden werden, die auf der Integration der Kundendaten beruht. Diese ermöglicht die Interaktion mit den Kunden, die Individualisierung der Produkte oder zugehöriger Dienstleistungen, trägt zur Information für Planungszwecke bei und befreit die Anbieter von den Zwängen der Ortsgebundenheit. Es wurde auch gezeigt, dass innovative Marktteilnehmer diese Besonderheiten nutzen, um Branchenstrukturen zu ihrem Vorteil und zu dem ihrer Kunden zu verändern.

Es hängt immer von den Umständen und insbesondere von den Merkmalen des Segments ab, inwieweit das Internet für eine bestimmte Kundeninteraktion geeignet ist. Wie in Kapitel 4 gezeigt wurde, kann der Absatzkanal die primäre Grundlage der Segmentierung bilden, in anderen Fällen kann ein einzelnes Segment über mehrere Absatzkanäle bedient werden. Es sollte stets überlegt werden, ob die spezifischen Merkmale des Internets die jeweiligen Interaktionsbedürfnisse der Kunden erfüllen, bevor eine Entscheidung über diesen Absatzkanal getroffen wird. Zusammenfassend folgen hier einige der Hauptmerkmale.

- *Asynchrone, technologiebasierte Kommunikation:* Anders als bei einem Verkaufsbesuch kann die Internetkommunikation auf jede Distanz stattfinden. Dies stellt einen besonderen Vorteil dar, wenn die Märkte geografisch fragmentiert und die Kosten für Verkaufsbesuche exorbitant hoch sind. Asynchronität bedeutet, dass die kommunizierenden Personen nicht gleichzeitig kommunizieren müssen. Bankgeschäfte im Internet können die ganze Nacht getätigt werden, ohne dass zu dieser Zeit Mitarbeiter verfügbar sein müssen.
- *Interaktivität:* Das Internet ermöglicht mehr Interaktivität als die Direktwerbung oder Medien wie das Fernsehen. Die Interaktivität im Internet unterscheidet sich von der eines Telefongesprächs oder Verkaufsbesuchs insofern, als die Interaktion mit einem Computer und nicht mehr mit einem Menschen erfolgt. Dies ist vor allem für häufig vorkommende und sehr repetitive Interaktionen geeignet, da diese durch Computer automatisiert werden können.
- *Sehen und Hören:* Das Internet ist im Wesentlichen ein zweidimensionales Medium der Bilder und Töne. Deshalb sind bestimmte Produkte weniger für den Verkauf über das Internet geeignet. Bei Kleidungsstücken etwa möchten viele Kunden vor dem Kauf wissen, wie sich der Stoff anfühlt, oder den Artikel anprobieren.
- *Angemessene Kostenstruktur:* Die Grenzkosten des Internets als Kommunikationsmittel können niedrig sein: Die Kosten liegen im Wesentlichen in der Entwicklung geeigneter Software, etwa für die Website. Diese Kostenstruktur ist für Geschäftsvorgänge mit einem hohen Volumen geeignet. So erzielt UPS nach eigenen Angaben wesentliche Einsparungen bei den 60 000 Kunden, die täglich den Status ihrer Paketlieferung online prüfen, weil jedes Mal 30 Cent für die Zeit eines Telefonisten gespart werden. Die verbreitete Ansicht jedoch, dass die Notwendigkeit der Werbung entfalle, ist im Allgemeinen falsch. Amazon beispielsweise konnte seinen Marktanteil nur ausbauen, weil es sehr viel Geld dafür ausgab, die Website bei Online-Suchmaschinen wie Yahoo und Excite und Serviceanbietern wie America Online aufmerksamkeitsstark zu positionieren. Diese Art der Online-Werbung ist alles andere als preiswert.
- *Datenschutz und Datensicherheit:* Noch immer wird die Nutzung des Internets für Aufträge und Bestellungen gebremst, weil viele Nutzer Sicherheitsbedenken haben. Zwar gibt es inzwischen leistungsstarke Verschlüsselungstechnologien wie das SET-Protokoll für Kreditkartenzahlungen, jedoch dürfte die Entwicklung dennoch dahin gehen, dass im Internet eher relativ geringwertige Güter gehandelt und aus der Offline-Welt bekannte Markenhersteller bevorzugt werden, denen die Kunden ohnehin schon vertrauen. Ferner sind Bedenken bezüglich des Datenschutzes sehr verbreitet. Marktstudien über die Internetnutzung deuten darauf hin, dass Sicherheit und Datenschutz

zwar echte Anliegen bleiben, die vorherrschenden Einflussfaktoren der Internetnutzung jedoch eher traditioneller Art sind: Preis, Bequemlichkeit, Servicequalität und Produktverfügbarkeit. „Technische" Fragen wie die Erhöhung der Übertragungsgeschwindigkeit und die Verbesserung der Website-Qualität werden ebenso wichtig wie Sicherheitsaspekte sein, wenn es um das Wachstum in den nächsten Jahren geht (Bauer/Falk/Hammerschmidt 2006).

Abschließend sei darauf hingewiesen, dass das Internet nur von einem Teil der Bevölkerung genutzt wird. Es ist wichtig zu wissen, welcher Anteil einer Zielgruppe das Internet nutzt. Obwohl den Internetnutzern längst nicht mehr das Stereotyp des Technikfreaks anhängt, sind es tendenziell eher besser gebildete, jüngere Verbraucher und im Business-to-Business-Sektor eher Freiberufler, die das Internet regelmäßig nutzen, etwa Selbstständige in der IT-Branche.

Die Erfolgsfaktoren der Entwicklung von Marketinginformationssystemen lassen sich wie folgt zusammenfassen:

- Festlegung der Informationen, die für das Marketing benötigt werden und Abstimmung der internen und externen Perspektive.
- Durchführung einer soliden Kosten-Nutzen-Analyse für die Informationssysteme unter Berücksichtigung der Tatsache, dass andere Systeme – auch Finanzsysteme – geändert werden müssen, um die Marketinganforderungen zu erfüllen.
- Kontinuierliche Zusammenarbeit mit den IT-Mitarbeitern, bis das System funktioniert. Hier ist zu berücksichtigen, dass die IT-Mitarbeiter auch von anderer Seite unter Druck gesetzt werden, vor allem von der Finanzabteilung. Wenn das Marketing nicht auf der Erfüllung seiner Anforderungen besteht, wird anderen Prioritäten unweigerlich Vorrang eingeräumt.
- Kooperation zwischen den Abteilungen, um Daten, Informationen und Wissen auszutauschen. Dies gehört zu den größten Herausforderungen des Marketing in der heutigen Zeit. Noch immer werden in vielen Unternehmen die Marketingmitarbeiter von ihren Kollegen im Finanzwesen, in der Produktion, in der IT-Abteilung und im Vorstand bestenfalls toleriert.

> Die Marketingplaner müssen ihr Inseldenken aufgeben, wenn sie die Informationen erhalten wollen, die sie für eine effektive Planung benötigen. Sie müssen ein funktionsübergreifendes Verständnis entwickeln und kooperieren, um die benötigten Systeme aufzubauen.

Zum Abschluss der Ausführungen zu den Marketinginformationssystemen sei auf eine Erweiterung des Marketingprozess-Modells verwiesen, welches in *Abbildung 11.16* gezeigt wird und auf dessen Komponenten nachstehend noch kurz eingegangen wird.

Das Modell ist funktionsübergreifend angelegt. Der Bereich „Nutzen liefern" beispielsweise betrifft jeden betrieblichen Aspekt, von der Produktentwicklung über die Eingangslogistik und Produktion bis hin zur Ausgangslogistik und zum Kundenservice. Deshalb ist beim IT-Support für das Marketing eine viel stärkere funktionsübergreifende Beteiligung als in anderen Bereichen erforderlich. Das hat wichtige Folgen für die Projektorganisation.

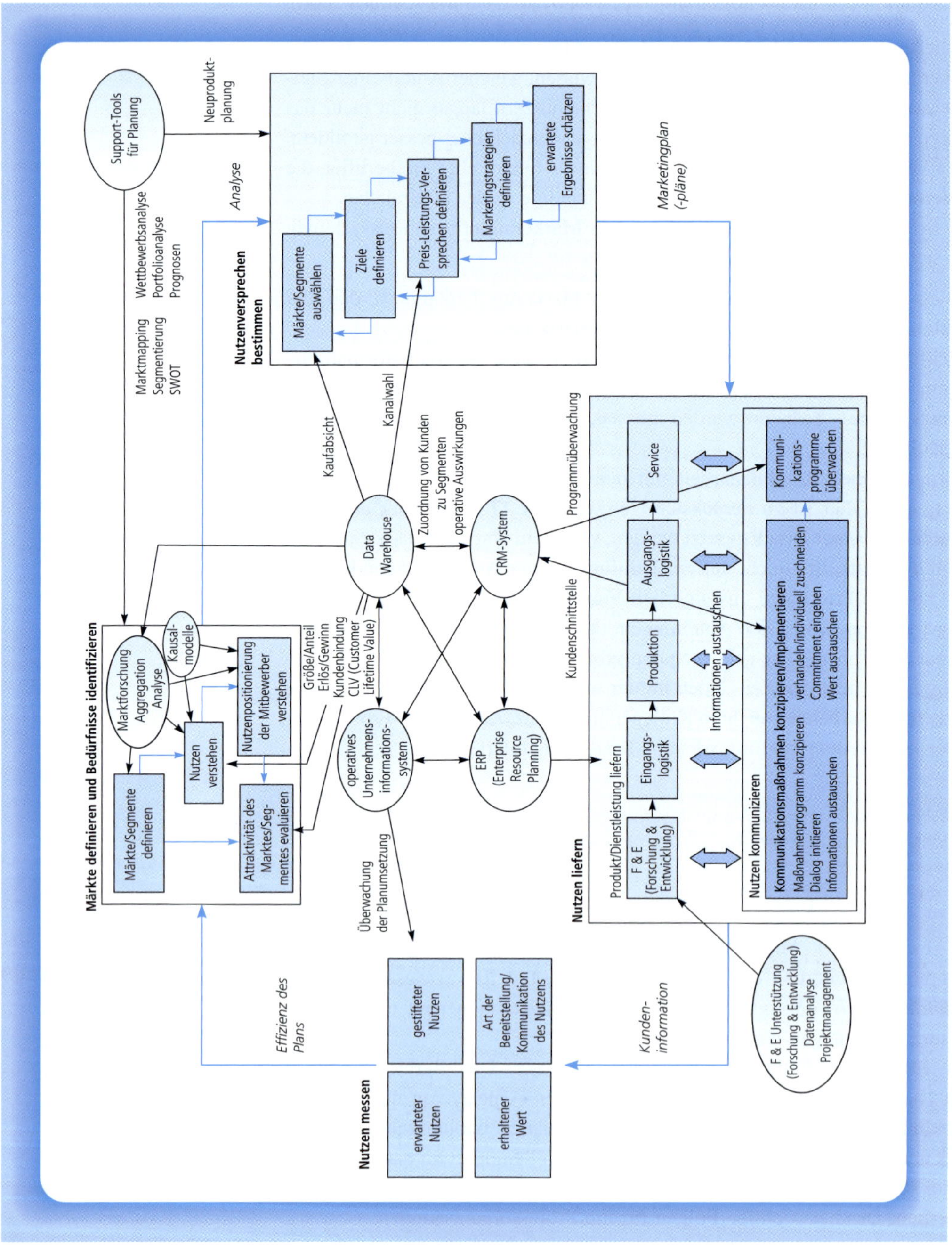

Abbildung11.16
Phasen des Marketingprozess-Modells und IT-Unterstützung.

Das Modell stellt nicht die am meisten verbreiteten, sondern die besten Methoden, sogenannte Best Practices, dar. Selbst in sehr weit entwickelten Unternehmen gibt es für viele Aspekte des Modells keine etablierten Prozesse. Deshalb müssen im Rahmen von IT-Projekten die Best Practices identifiziert und an die Bedürfnisse des Unternehmens angepasst werden. Diese Aufgabe übersteigt die Fähigkeiten eines durchschnittlichen Computeranalysten, der es gewohnt ist, einen vorhandenen Prozess zu analysieren und dann den IT-Support dafür zu liefern.

Das Modell ist dynamisch. Es wurde gezeigt, dass die Eins-zu-eins-Kommunikation und die Grundsätze des Beziehungsmarketing einen Verkaufsprozess erfordern, der sich von den bisher üblichen Prozessen grundlegend unterscheidet. Der Einsatz neuer Medien wie des Internets erfordert deshalb nicht nur Veränderungen bei der Informationstechnologie und den „tangiblen" Prozessen, sondern auch Veränderungen im Denken, wie die folgenden Erfahrungen eines Unternehmens nach Einführung seiner Website verdeutlichen, die es ermöglichte, neue Kunden zu deutlich niedrigeren Kosten anzusprechen. Potenzielle Kunden fanden das Unternehmen im Internet, beurteilten das Angebot und schickten dann eine E-Mail mit der Bestellung an das Unternehmen. Da das Unternehmen noch vollständig nach traditionellen Prozessen arbeitete, wurde eine solche E-Mail-Anfrage einem Verkäufer zugeordnet, der den Interessenten dann anrief und einen Termin – nicht selten erst drei Wochen später – vereinbarte. Bis dahin waren viele Kunden jedoch schon zu einem anderen Online-Anbieter abgewandert, der sein Produkt noch am selben Tag lieferte. Diejenigen Kunden, die sich nicht abschrecken ließen, mussten ein Verkaufsgespräch führen, das völlig überflüssig war, weil sie sich schon längst zum Kauf entschlossen hatten. Am Ende durften sie sich registrieren lassen und waren damit berechtigt, Bestellungen auf der Website des Unternehmens zu tätigen. Bis dahin hatte das Unternehmen bereits zahlreiche Chancen ungenutzt vertan, seine Margen durch gezielten Einsatz der Vertriebsorganisation zu verbessern. Der Fehler wurde noch rechtzeitig erkannt: Anders als die potenziellen Kunden, die das Unternehmen identifizierte und kontaktierte und die tatsächlich erst noch überzeugt werden mussten, initiierten die neuen Online-Kunden den Dialog selbst und erwarteten lediglich eine schnelle Reaktion. Auf diese Weise gewann die Vertriebsorganisation mehr Zeit, um sich auf den Beziehungsaufbau mit Großkunden zu konzentrieren.

Abbildung 11.16 fasst die oben beschriebenen „Modelle" des Marketing und der Informationstechnologie zusammen und stellt damit dar, wie die Informationstechnologie und Informationssysteme die Marketingstrategie unterstützen.

Prognose

Die Prognoseerstellung zählt zu den emotionalsten Themen im Management. Die meisten Manager betrachten sich als Experten. Gleichzeitig stehen die Marketingleiter ständig unter Druck, da kaum eine Aufgabe so von Misserfolgen begleitet ist wie die Prognoseerstellung.

In einem Buch wie diesem ist es nicht möglich, die Erstellung von Prognosen detailliert abzuhandeln und die vielen Prognosetechniken darzustellen. Dennoch wird versucht, die kritischen Punkte dieser Thematik und die Grenzen von Prognosen zu beleuchten.

Warum sind Prognosen so schwierig?

Umfang und Komplexität der Marketingaufgaben in Unternehmen jeder Art sind in den vergangenen Jahren deutlich gestiegen.

Die zunehmende Vielfalt der Kundenbedürfnisse in einer sich schnell ändernden Umwelt hat zu kürzeren Produktlebenszyklen geführt, sodass es schwieriger geworden ist, die gewohnten Margen zu erreichen. Die Vertriebspraktiken haben sich auf den meisten Märkten geändert. Mit der weltweiten Verteilung der Wertschöpfungsprozesse und der Zunahme der Internationalisierung stieg der Wettbewerbsdruck. Gleichzeitig wuchs die Qualität des Managements und der Managementausbildung. Die soziokulturellen, rechtlichen und politischen Bedingungen, unter denen Manager arbeiten müssen, sind weniger verlässlich geworden und ändern sich immer schneller. Das Volumen der verfügbaren Daten und Informationen ist geradezu explodiert, und die Datenverarbeitungstechnologien werden ständig leistungsfähiger. Dem Marketingmanagement stehen mittlerweile viel mehr quantitative Techniken zur Verfügung, als es überhaupt effektiv nutzen kann. Hinzu kommt die grundsätzliche Schwierigkeit, die Verhaltensaspekte des Marketing zu erfassen, etwa in sozialer, kultureller und psychologischer Hinsicht.

All diese Bedingungen machen es immer schwieriger, rentable Märkte zu finden und zu erschließen. Damit geht die Schwierigkeit einher, Prognosen zu erstellen, die auch nur annähernd so genau sind, wie es in einem stabileren Umfeld möglich war.

Prognosen müssen allerdings erstellt werden. Sie müssen fundiert sein, da falsche Prognosen schwer wiegende Folgen für ein Unternehmen haben können.

Wie aus der *Abbildung 11.17* ersichtlich ist, lassen sich Prognosen grob in *Makro*prognosen und in *Mikro*prognosen unterteilen.

Die Auswahl der geeigneten Technik hängt von vier Hauptfaktoren ab, wobei an erster Stelle die erforderliche Genauigkeit zu nennen ist. Je bedeutsamer und riskanter eine Entscheidung ist, die auf der Grundlage der Prognose getroffen wird, desto genauer muss die Prognose sein und desto höher sind folglich auch ihre Kosten. Zweitens hängt die zu wählende Methode von der Verfügbarkeit von Daten ab. Drittens ist der Zeithorizont der Prognose ein wichtiger Faktor. Wenn beispielsweise der Umsatz der nächsten Periode prognostiziert werden soll, könnten quantitative extrapolative Methoden geeignet sein; ist jedoch die Entwicklung des Kernmarktes in den nächsten fünf Jahren zu prognostizieren, könnten qualitative Methoden geeigneter sein. Schließlich ist auch die Phase im Produktlebenszyklus ein wichtiger Faktor. Beispielsweise stehen in der

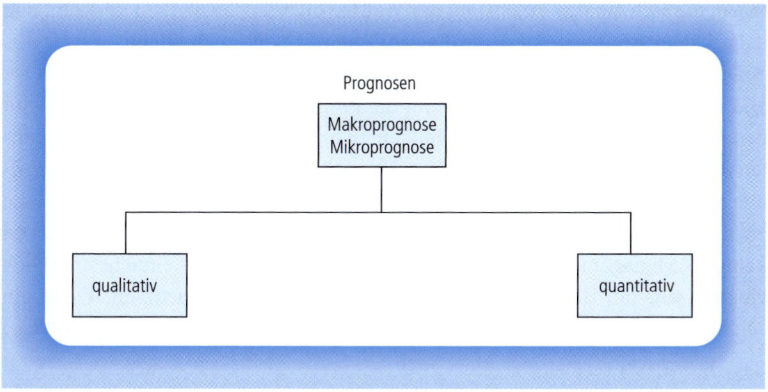

Abbildung 11.17
Arten von Prognosen.

Einführungsphase eines Produkts weniger Daten und Informationen zur Verfügung als in der Reifephase, in der Zeitreihenanalysen eine nützliche Prognosemethode sein können.

Daraus folgt also, dass die Unterscheidung zwischen Makro- und Mikroprognose zentral ist.

Bei der Makroprognose geht es im Wesentlichen um die Vorhersagen der gesamten Marktentwicklung, während sich die Mikroprognose eher mit einzelnen Einheiten befasst.

Aus den Erläuterungen zum Marketingplanungsprozess in Kapitel 2 wird ganz deutlich, dass Budgets und Pläne, die weitgehend auf Trendextrapolationen beruhen, langfristig kaum erfolgreich sind, weil sie die zentralen strategischen Fragestellungen zu Produkten und Märkten selten angemessen berücksichtigen. Analog dazu wurde bei der Besprechung der Marktsegmentierung in Kapitel 4 betont, dass Budgetierungssysteme, die im Wesentlichen auf groben Extrapolationen der bisherigen Verkaufstrends beruhen und nicht auf die Marketingstrategien Bezug nehmen, große Risiken bergen. Solche Systeme verursachen ernsthafte Probleme, sobald sich die Marktstrukturen ändern.

Budgets und Pläne, die im Wesentlichen auf Trendextrapolationen beruhen, sind langfristig kaum sinnvoll, weil sie die zentralen strategischen Fragestellungen zu Produkten und Märkten selten angemessen berücksichtigen.

Bevor also Marketingziele und Strategien formuliert werden, muss eine Makroprognose in irgendeiner Form durchgeführt werden. Wenn das Unternehmen dann entschieden hat, welche konkreten Marktchancen es nutzen möchte und auf welchem Weg dies geschehen soll, sind detaillierte Prognosen einzelner Einheiten (Mikroprognosen) an der Reihe.

Abbildung 11.17 zeigt auch, dass es im Wesentlichen zwei wichtige Prognosetechniken gibt: *qualitative* und *quantitative*. Im Kern geht es darum, mit dem rein mathematischen Ansatz auch eine intuitive Komponente zu verbinden.

So ist es recht einfach, eine Gleichung zu entwickeln, mit der die Weltbevölkerung im Jahr 2010 durch Extrapolation ermittelt wird. Problematisch daran ist jedoch, dass dabei wahrscheinliche Änderungen der Trends nicht berücksichtigt werden. Es wäre leicht, eine Reihe möglicher Ereignisse festzulegen, die sich auf das Wachstum der Weltbevölkerung auswirken könnten, und dann jedem Ereignis eine Eintrittswahrscheinlichkeit zuzuordnen.

Damit wird zum Ausdruck gebracht, dass es Aufgabe des Managements ist, alle verfügbaren relevanten Daten für die Prognosen heranzuziehen und sie mit den geeigneten quantitativen Techniken zu analysieren, dann aber auch qualitative Methoden anzuwenden, etwa Expertenbefragungen oder Analogiebildung, um Aussagen über wahrscheinliche *Diskontinuitäten* in der Zeitreihe zu treffen. Nur durch den vernünftigen Einsatz der verfügbaren Methoden kann das Management unterstützt werden, die eigenen Fähigkeiten bestmöglich einzusetzen, um die ermittelten Marktbedürfnisse zu befriedigen. Ohne ein solches Verständnis wird jede Art von Prognose nutzlos sein (Berndt 1996).

Organisation der Marketingplanung

Der Zweck der folgenden kurzen Erläuterungen ist nicht, auf die Details der verschiedenen Organisationsformen einzugehen, sondern den schwierigen Prozess der Marketingplanung in den Kontext der relevanten Umwelt einzuordnen. Es muss an dem Punkt begonnen werden, an dem ein Unternehmen steht, nicht dort, wo es stehen möchte. Das Verständnis des Marketing hängt in hohem Maße von den verschiedenen Bedingungen ab, unter denen es durchgeführt wird. Statt jedoch eine bestimmte Organisationsform zu empfehlen, wird auf einige offensichtliche Aspekte der Unternehmensorganisation und ihre Auswirkungen auf die Marketingplanung eingegangen. Aufgrund der wohl nie endenden Debatte über Organisationsformen führten Leppard/McDonald (1991) eine zweijährige Studie durch und berücksichtigten dabei insbesondere die Literatur zum Thema der Marketingplanung.

Wie eine interessante Erkenntnis dieser Studie zeigt, konzentrieren sich die meisten Abhandlungen fast ausschließlich auf die „Therapie" und zeigen relativ wenig Interesse für den „Patienten" (falls man überhaupt ein Unternehmen als krank und behandlungsbedürftig bezeichnen kann).

Eine solche Vorgehensweise zu wählen, ist jedoch ungefähr so sinnvoll, wie jedem Patienten unabhängig von seinem Zustand dasselbe Arzneimittel zu verschreiben. Natürlich hilft die Behandlung einem Teil der Patienten, aber für die meisten von ihnen ist sie bestenfalls wirkungslos und schlimmstenfalls sogar lebensgefährlich.

Gerade bei jenen, die eine solche Universallösung für die Marketingplanung befürworten, scheint das Produkt wichtiger als der Kunde geworden zu sein. Dies steht im Widerspruch zur Forderung nach einer Orientierung am Kunden und seinen individuellen Besonderheiten.

Berater sollten also versuchen, wie ein guter Arzt mehr über den Patienten herauszufinden, bevor Marketingplanung in einer Organisation eingeführt wird.

Die Lebensphasen einer Organisation

Auf den ersten Blick scheint kein Unternehmen wie das andere zu sein. Dieser Eindruck ist natürlich in vielerlei Hinsicht richtig. Weder die Mitarbeiter noch die Strukturen gibt es in anderen Unternehmen noch einmal. Auch die Produkte, Dienstleistungen, Geschichte und Kultur machen jedes Unternehmen einzigartig.

Dennoch kann man Organisationen auch unter Gesichtspunkten betrachten, die es ermöglichen, die Ähnlichkeiten unter ihnen festzustellen.

Welche Gemeinsamkeiten können sie haben? *Alle* Unternehmen durchlaufen während ihres Wachstums und ihrer Entwicklung bestimmte Lebensphasen. Die Ergebnisse von Leppard/McDonald (1991) belegen, dass Manager ihr Unternehmen sofort in die zutreffende Phase einordnen können, wenn ihnen die einzelnen Stadien erklärt werden.

Wenn die Manager diese Phase erst einmal kennen, sind sie eher in der Lage, die Schwierigkeiten zu verstehen, die mit den einzelnen Entwicklungsphasen verbunden sind. Sie erkennen, wie diese Schwierigkeiten die aktuellen operativen Probleme bedingen und sich vielleicht sogar auf die Unternehmenskultur auswirken.

In manchen Phasen ist die Unternehmenskultur sehr empfänglich für die Marketingplanung, in anderen weniger. Gleichermaßen könnte es erforderlich sein, den Planungsprozess selbst zu modifizieren, damit er besser zu der vorhandenen Unternehmenskultur passt.

Während Unternehmen wachsen, durchlaufen sie eine bestimmte organisatorische Entwicklung. In *Abbildung 11.18* ist die Entwicklung eines Unternehmens ab dem Zeitpunkt seiner Gründung dargestellt.

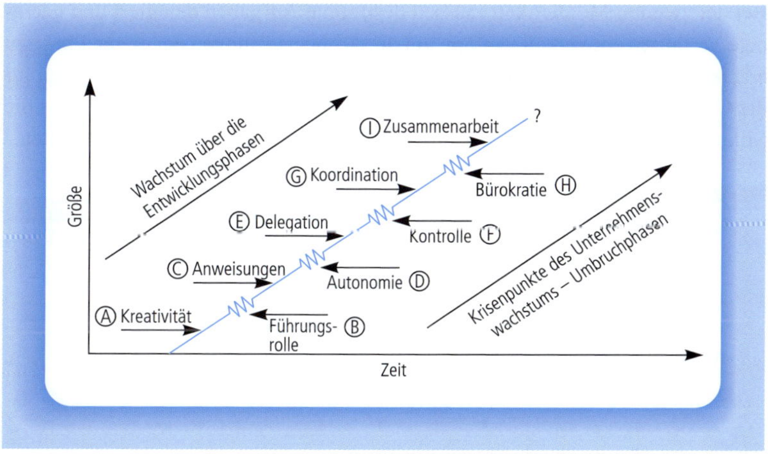

Abbildung 11.18 Die Evolution von Organisationen.

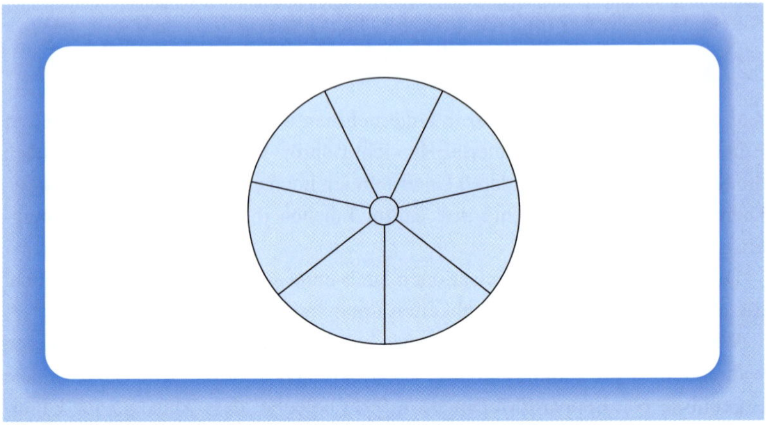

Abbildung 11.19
Die Organisationsform in der ersten Phase: monarchisch.

In den Anfangszeiten ist die Organisation häufig auf den Inhaber bzw. Gründer ausgerichtet, der mehr über die Kunden und Produkte als jeder andere im Unternehmen weiß.

Diese Organisationsform ist in *Abbildung 11.19* dargestellt. Die Entscheidungsfindung und Kommunikation laufen bei einer Person zusammen. Eine formalisierte Marketingplanung durch Systeme und Verfahren spielt in einem solchen Unternehmen wahrscheinlich eine viel geringere Rolle als etwa in einem diversifizierten multinationalen Unternehmen.

Die erste Krise und ihre Lösung

Mit zunehmender Größe und Komplexität und mit neuen Produkten und neuen Märkten beginnen sich jedoch die Schwächen dieser Organisationsform zu zeigen. Es kommt zur ersten Krise, die auf zweierlei Weise gelöst werden kann: Entweder verkauft der Eigentümer das Unternehmen und zieht sich zurück, oder er führt die traditionellere, allgemein bekannte Organisationsform ein, in der den Abteilungen bestimmte Funktionen zugeordnet werden (*Abbildung 11.20*). Bei der zweiten Möglichkeit müssen bestimmte Aufgaben delegiert und geeignete Verfahren entwickelt werden, um die Ad-hoc-Lösungen der ersten Phase zu ersetzen. Vor allem kommt es darauf an, die Provisorien, die bisher typisch für die Organisation waren, zu beseitigen. Schließlich ist es auch wichtig, dass die Mitarbeiter ein neues Gespür für den Sinn und Zweck ihrer Arbeit erhalten.

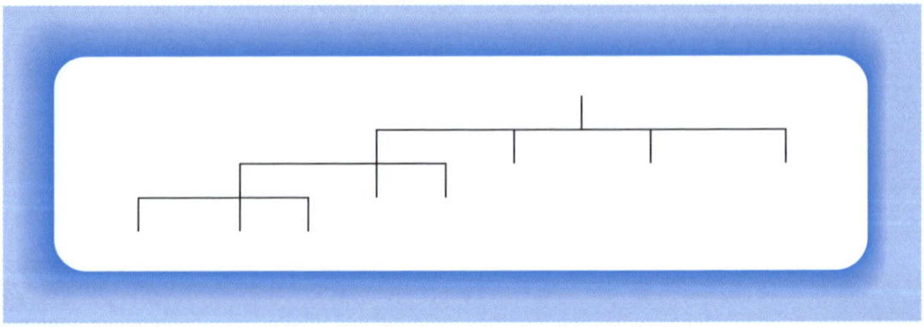

Abbildung 11.20
Die Organisationsform in der zweiten Phase: funktional.

Diese Aufgaben können nur von einer starken Führungspersönlichkeit wahrgenommen werden, die das Unternehmen aus der Krise heraus und in die nächste, ruhigere Periode der Entwicklung führt.

Nun nimmt der Unternehmensleiter, der mittlerweile vielleicht nicht mehr der Gründer ist, die Führung aus einer zentralen Position heraus wahr. Er ist Teil einer Hierarchie, in der seine Anweisungen ausgeführt werden. Wenn das Unternehmen auch danach wieder ein stetiges Wachstum erzielt, gelangt es früher oder später in eine weitere Krise – die sogenannte „Autonomiekrise".

Die zweite Krise und ihre Lösung

Das Unternehmen erreicht irgendwann eine Größe oder Komplexität, bei der eine Führung allein durch Anweisungen von oben nicht mehr funktioniert.

Einzelne Mitarbeiter wissen in dieser Phase oft mehr über ihren Fachbereich als die zentrale Instanz. Sie ärgern sich nicht nur darüber, Anweisungen von jemandem entgegennehmen zu müssen, der ihrer Meinung nach keine „Bodenhaftung" hat, sondern wünschen sich zudem mehr eigene Befugnisse, um die Vorgaben und Prozesse zu beeinflussen. Diesem beginnenden Kampf um die Macht begegnet die Führung oft dadurch, dass sie die Zügel noch stärker anzieht. Dies wiederum verschärft das Problem nur, schadet dem Arbeitsklima und löst vielleicht sogar eine hohe Personalfluktuation aus.

Diese Autonomiekrise wird schließlich geklärt, indem das Unternehmen einen Führungsstil einführt, in dem viel mehr Aufgaben delegiert werden und die unteren Führungsebenen folglich mehr Autonomie erhalten. Nun kann wieder eine relativ ruhige Wachstumsperiode folgen.

Die dritte Krise und ihre Lösung

Während das Unternehmen weiter wächst, bereitet die zunehmende Autonomie in den nachgeordneten Führungsebenen zunehmend Probleme. Im Topmanagement entsteht ein Gefühl der Machtlosigkeit und folglich das Bedürfnis, die Kontrolle wiederzuerlangen.

Diese Kontrollkrise kann eine weitere sehr destabilisierende Phase in der Entwicklung des Unternehmens sein. Auch wenn diese Gefühle des Kontrollverlusts verständlich sein mögen, ist es sehr schwierig, die Entwicklung rückgängig zu machen und weniger zu delegieren. Dazu hat sich die Struktur der vergangenen Jahre zu stark verfestigt.

Die Lösung für diese Krise besteht darin, Maßnahmen einzuleiten, um die Koordination zwischen den verschiedenen Unternehmensteilen zu verbessern.

Dazu können beispielsweise Mechanismen wie formelle Planungsverfahren verwendet und einige Fachfunktionen zentralisiert werden, während gleichzeitig die täglichen operativen Entscheidungen auf lokaler Ebene bleiben. Es können Sonderprojekte durchgeführt werden, an denen die Mitarbeiter der unteren Ebenen mitwirken. Durch diese Koordinationsmaßnahmen kommt das Unternehmen allmählich wieder in ruhigeres Fahrwasser.

Die vierte Krise und ihre Lösung

Bei fortgesetztem Wachstum wird irgendwann der Punkt erreicht, an dem die Koordination institutionalisiert wird. Die Planungsverfahren werden immer mehr zu Ritualen, die Sonderprojekte verlieren irgendwann ihren Sinn, und zu viele Entscheidungen scheinen nur noch von Regeln und Vorschriften diktiert.

Damit befindet sich das Unternehmen mitten in einer neuen Krise – die Bürokratie nimmt überhand und Strukturen verkrusten. Die Verfahren sind wichtiger als die Problemlösung geworden.

Die einzige Lösung für dieses Problem dürfte es sein, eine neue Phase der Zusammenarbeit anzustreben, in der den Beiträgen der einzelnen Mitarbeiter und der Teams eine größere Bedeutung beigemessen wird als den Systemen und Verfahren.

Alle Mitarbeiter müssen sich nun vereint darauf konzentrieren, die operativen Verfahren erneut mit Leben zu füllen und zu personalisieren. Teamarbeit, Spontaneität und Kreativität müssen wieder in den Vordergrund rücken.

Wenn ein Unternehmen diese Krise überwindet und wieder stärker zusammenarbeitet, ist in der Folge erneut eine relativ stabile Wachstumsphase zu erwarten. Wie inzwischen deutlich geworden ist, scheint die Abfolge von Wachstum und Krise ein Muster zu sein, das sich stetig wiederholt.

Jede Lösung eines Problems in der Entwicklung eines Unternehmens stellt also schon den Auslöser für die nächste Krise dar.

Die fünfte Krise?

Die Phase der Zusammenarbeit wird wahrscheinlich enden, wenn es ein Übermaß von integrierenden Mechanismen gibt, weil die Mitarbeiter möglicherweise die Fähigkeit verlieren, unabhängig und individuell zu denken und zu arbeiten.

Diese Behauptung ist jedoch eher spekulativ, da es kaum Unternehmen gibt, die in ihrer Entwicklung so weit vorangeschritten sind. Dennoch ist das Konzept der Lebensphasen von Organisationen sehr hilfreich, um die operativen Probleme von Unternehmen besser zu verstehen und geeignete Lösungswege aufzuzeigen.

Zentrale oder dezentrale Organisation?

In der zweiten Wachstumsphase gibt es grundsätzlich zwei Organisationsformen: die *dezentrale* und die *zentrale* Organisation. Zwischen den beiden Formen sind auch Kombinationen möglich.

Die dezentrale Organisation wird in *Abbildung 11.21* veranschaulicht. Die blau unterlegte Spitze des Dreiecks stellt das oberste strategische Management des Unternehmens dar. Aus dieser Abbildung wird ersichtlich, dass sich die zentralen Funktionen, wie die Marktforschung und Öffentlichkeitsarbeit, auf der Ebene der Tochtergesellschaften wiederholen. Außerdem wird deutlich, dass es in den Tochtergesellschaften auch ein strategisches Management gibt. Die entscheidende Frage lautet, ob das Topmanagement des Tochterunternehmens/der Geschäftseinheit neue Produkte einführen kann, ohne die Zustimmung der Zentrale einholen zu müssen.

Eine derartige dezentrale Organisationsstruktur führt unweigerlich zu Doppelarbeiten und zu einer Isolierung der Strategien, mit allen sich daraus ergebenden Problemen – außer wenn bewusste Anstrengungen unternommen werden, um mithilfe eines unternehmensweiten Planungssystems Synergieeffekte aus den verschiedenen Systemen auszuschöpfen.

EINBLICKE

Ein Telekommunikationsunternehmen besaß ein Sortiment von 1 500 Produkten; eines dieser Produkte gab es in 1 300 Variationen. Dies war das Ergebnis eines konsequent dezentralen marketingorientierten Ansatzes in den Tochterunternehmen. Es war daher völlig unmöglich, in der Produktion noch Größenvorteile zu nutzen, und das Unternehmen geriet in die roten Zahlen.

Dasselbe Problem entsteht im Hinblick auf die Marktforschung, Werbung, Preisbildung, Distribution und andere Bereiche. Häufig ist es sehr aufschlussreich, die Reaktion der Topmanager in der Zentrale zu beobachten, wenn man beispielsweise berichtet, dass ein bestimmtes Marktproblem gerade in vielen Ländern weltweit untersucht wird, natürlich in jedem einzelnen Fall zu sehr hohen Kosten.

EINBLICKE

Diese Organisationsstruktur erfordert ganz besonders eine starke zentrale Koordination mithilfe eines Planungssystems. Ansonsten verschwendet jeder Einzelne zu viele Unternehmensressourcen mit vergeblichen Versuchen, seinen eigenen kleinen Teilbereich des Geschäfts zu optimieren.

Sobald jedoch die Synergieeffekte aus diesen Bemühungen systematisch genutzt werden, wird dies den Unternehmenserfolg signifikant erhöhen. Das Marketing spielt in einer solchen Organisationsstruktur eine andere Rolle als in anderen Systemen, und das sollte frühzeitig klar sein.

Die Struktur eines zentral geführten Unternehmens wird in *Abbildung 11.22* veranschaulicht. Hier gibt es in den Tochtergesellschaften keine *strategische* Ebene, was insbesondere für die Einführung neuer Produkte bedeutsam ist.

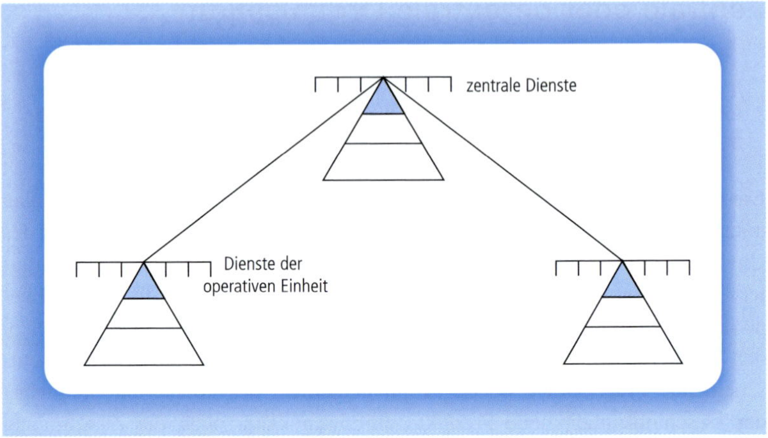

Abbildung 11.21
Dezentrale Organisation.

Diese Organisationsform führt eher zu standardisierten Strategien, insbesondere beim Produktmanagement. Wenn beispielsweise ein neues Produkt eingeführt wird, wird es von Anfang an für möglichst viele Märkte konzipiert, während die Vorteile aus der Marktforschung in einem Bereich auch an die anderen Bereiche weitergegeben werden.

Hier besteht natürlich die Gefahr, dass die Tochtergesellschaften nicht auf die Bedürfnisse individueller Märkte reagieren und damit ihre Flexibilität im Wettbewerb einbüßen.

Auch hier muss man sich wieder bewusst machen, dass sich das Marketing in einer solchen Organisationsform vom Marketing in der oben beschriebenen Form unterscheidet.

Es gibt einen Unterschied zwischen Finanzmanagement und Unternehmensführung, was die Rolle der Zentrale angeht. Es gibt einen Unterschied zwischen einem Unternehmen und seinen einzelnen Bestandteilen, und häufig herrscht Verwirrung darüber, welche Art von Planung die Manager auf den verschiedenen Unternehmensebenen betreiben sollten. Das ist dann der Fall, wenn das Topmanagement nicht eindeutig vermittelt hat, welche Art von Geschäftstätigkeit verfolgt wird.

Es wurden zwei wichtige Organisationsformen kurz vorgestellt, die beide im Wesentlichen aus einer Zentrale und verschiedenen dezentralen Bereichen bestehen, jede mit ihren eigenen Produkten, Prozessen und Märkten, welche die anderen ergänzen. In solchen Unternehmen betrifft die Planung innerhalb der Bereiche die Analyse der Märkte sowie Effizienzsteigerungen innerhalb der von der Zentrale abgesteckten Grenzen. Damit fällt der Zentrale vor allem die Rolle zu, die Grenzen für das Unternehmen als Ganzes festzulegen, das heißt festzulegen, welche neuen Produkte und Märkte nicht in das Aufgabenfeld einer der Geschäftseinheiten fallen. Dies birgt Gefahren und Chancen gleichermaßen.

In einem solchen Unternehmen erhalten die Manager der verbundenen Unternehmen in der Regel Gewinnvorgaben aus der Zentrale, die aus bestimmten Zwängen resultieren. Die Unternehmen müssen den Prozess institutionalisie-

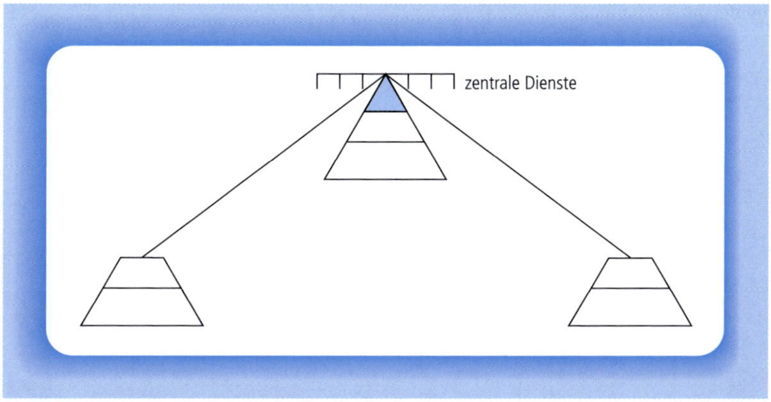

Abbildung 11.22
Zentrale Organisation.

ren, indem sie eine formelle Struktur liefern, in der das operative Management weiß, was von ihm erwartet wird.

Solche Unternehmen *müssen* für sich selbst eine Methode dafür finden, ihr Wachstum zu planen und zu steuern, um die sich entwickelnden Fähigkeiten und die wachsende Reputation des Unternehmens effektiv zu nutzen und so eine unkontrollierte Nutzung von Ressourcen zu vermeiden.

Dies gelingt wahrscheinlich besser in einem zentral organisierten Unternehmen. Wie aber bereits gezeigt, haben beide Organisationsformen ihre Nachteile.

An dieser Stelle sollten schließlich auch die Investmentgesellschaften kurz erwähnt werden. Bei solchen Unternehmen besteht die Hauptaufgabe des zentralen Managements darin, das Kapital der Anteilseigner in verschiedene Geschäftsfelder und Unternehmen zu investieren. Der Kauf und Verkauf von Unternehmensbeteiligungen erfolgen vorrangig mit dem Ziel einer Wertsteigerung und nicht mit dem Ziel, die Unternehmen zu behalten und langfristig weiterzuführen. Die Planung derartiger Geschäfte erfordert andere Kenntnisse und Fähigkeiten und wirft Probleme auf, die sich von denen in den beiden oben genannten Organisationsformen unterscheiden.

Die Marketingorganisation auf Vorstandsebene

Bevor die Marketingplanungssysteme beschrieben werden, ist noch auf zwei weitere Punkte hinzuweisen, bei denen sich die Organisationsform auf das Marketing auswirkt.

Zum einen stellt die Marketingplanung in Unternehmen, in denen Marketing und Vertrieb auf Vorstandsebene getrennt sind, einen ganz anderen Prozess dar als in Unternehmen, in denen beide Funktionen auf Vorstandsebene zusammengefasst sind.

Abbildung 11.23 illustriert diese beiden Fälle.

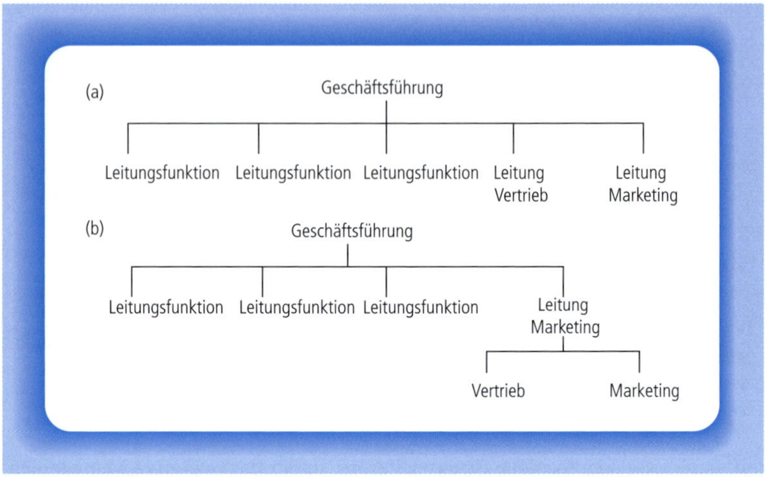

Abbildung 11.23 Organisatorische Verankerung von Marketing und Vertrieb auf Vorstandsebene.

In der ersten Variante (a) werden die Marketingaktivitäten weitgehend vom Personal wahrgenommen, wobei die eigentliche Macht bei der Vertriebsorganisation liegt. Ein starker Unternehmenschef könnte zwar gewährleisten, dass die beiden Aktivitäten gut koordiniert werden, leider ist das in der Praxis aber selten der Fall, weil er mit Fragen der Produktion und des Personal- und Finanzwesens zu beschäftigt ist, um dem Vertrieb und Marketing genügend Zeit zu widmen. Die Vertriebsorganisation beschäftigt sich hier zu Recht mit den Produkten, Problemen und Kunden von *heute*, während der Marketingmanager über die *Zukunft* nachdenkt. Ebenfalls zu Recht beschäftigt sich der Vertrieb vorwiegend mit *einzelnen* Produkten, Problemen und Kunden, während ein Marketingmanager über *Gruppen* von Produkten und Kunden nachdenken muss (Portfoliomanagement und Marktsegmentierung).

Beide Aufgaben hängen zwar eng zusammen, sind aber grundsätzlich unterschiedlich. Es muss sehr viel Mühe aufgewandt werden, um zu gewährleisten, dass die Vertriebsorganisation tatsächlich das *tut*, was die Marketingplanung *plant*. Allzu häufig ist das nicht der Fall.

Die zweite Organisationsform erleichtert es eher, Planung und Handeln zu koordinieren.

Zweitens ist hinsichtlich der Auswirkung der Organisationsform auf das Marketing zu erwähnen, dass es eine Reihe von Faktoren gibt, die alle Unternehmen berücksichtigen müssen.

Es handelt sich um folgende:

- Funktionen (wie Werbung, Marktforschung, Preisbildung usw.),
- Produkte,
- Märkte,
- geografische Standorte,
- Vertriebskanäle.

Die meisten Unternehmen würden zustimmen, dass die beiden wichtigsten Themen die *Produkte* und die *Märkte* sind. Aus diesem Grund beschäftigen auch so viele Unternehmen sogenannte „Produktmanager" und/oder „Branchen- oder Keymarket-Manager".

Es kann keine richtige oder falsche Antwort auf die Frage geben, welche Organisationsform die bessere ist. Es ist selbstverständlich, dass es immer auf die Marktgegebenheiten ankommt.

Jede Organisationsform hat ihre Stärken und Schwächen. Ein System mit einem Produktmanager im Zentrum gewährleistet eine gute Produktorientierung, könnte aber auch dazu führen, dass nur ein oberflächliches Marktwissen vorhanden ist.

EINBLICKE

Viele Unternehmen werden von Veränderungen auf ihren Märkten überrascht, die ihre Produkte praktisch überflüssig machen. Im Konsumgüterbereich geben immer mehr Unternehmen zu, dass ihr rigides Produkt-/Markenmanagementsystem dazu geführt hat, dass ihre wichtigen Kunden die Initiative ergriffen haben. Viele wehseln nun zu spät zu einem System, bei dem sich die Marketingaktivitäten auf große Kunden-/Marktgruppen anstatt auf individuelle Produkte konzentrieren.

Andererseits kann ein System mit einem Market-/Branchen-Manager im Zentrum leicht dazu führen, dass die Produktentwicklung vernachlässigt wird.

Im Idealfall müssen deshalb die beiden zentralen Themen Produkte und Märkte ständig im Auge behalten werden – unabhängig von der jeweiligen Organisationsform. Diese schwierige Anforderung wird in der folgenden kurzen Fallstudie zusammengefasst.

Northern Sealants Limited stellt die beiden wesentlichen Produktgruppen Dichtungen und Dichtungsmittel her. Das Unternehmen beliefert damit eine große Zahl von Märkten, die hauptsächlich vier Branchen zugeordnet werden können: 1) Gas, Öl und Erdölraffinerie, 2) Automobil 3) Elektro und 4) OEM. *Wie sollte in einem solchen Unternehmen die Marketingfunktion organisiert werden?*

Abbildung 11.24 illustriert diesen Fall anhand der sogenannten *Matrix*-Organisation. In *Abbildung 11.25* wird diese Struktur in den Kontext des Unternehmens gestellt. Daraus wird ersichtlich, dass Northern Sealants organisatorisch sowohl ein Produktmanagement als auch ein Marktmanagement besitzt. Der Produktmanager hat im Wesentlichen dafür zu sorgen, dass die Produktaspekte richtig gemanagt werden, während der Marktmanager den Marktbedürfnissen besondere Aufmerksamkeit schenken muss. Natürlich müssen beide eng zusammenarbeiten. Ein Grundsatz in einer solchen Organisation lautet, dass die endgültige Entscheidungsbefugnis bei einem von den beiden liegen *muss*. Selbst dann kann sich die Kommunikation noch schwierig gestalten, und es muss mit großer Sorgfalt vorgegangen werden, um zu gewährleisten, dass eigene Interessen die eigentlichen Produkt-/Marktaufgaben nicht überlagern.

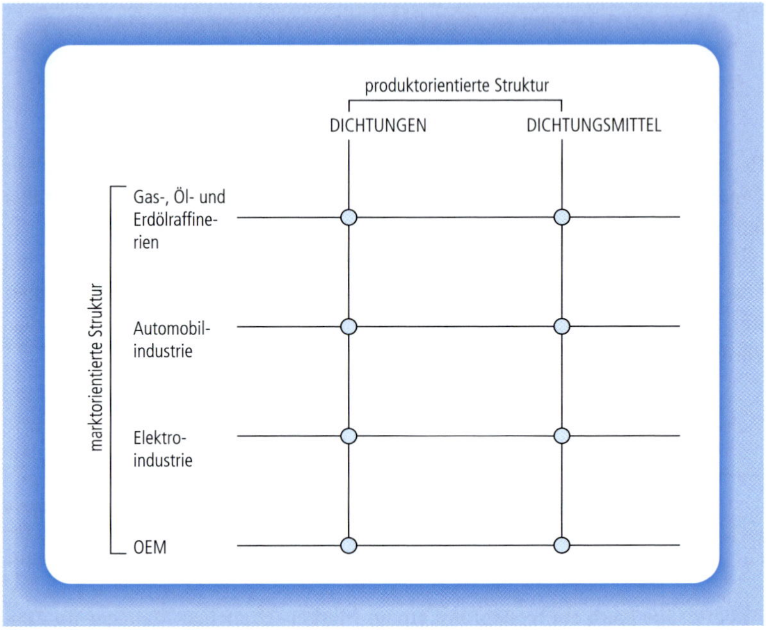

Abbildung 11.24
Matrix-Organisation.

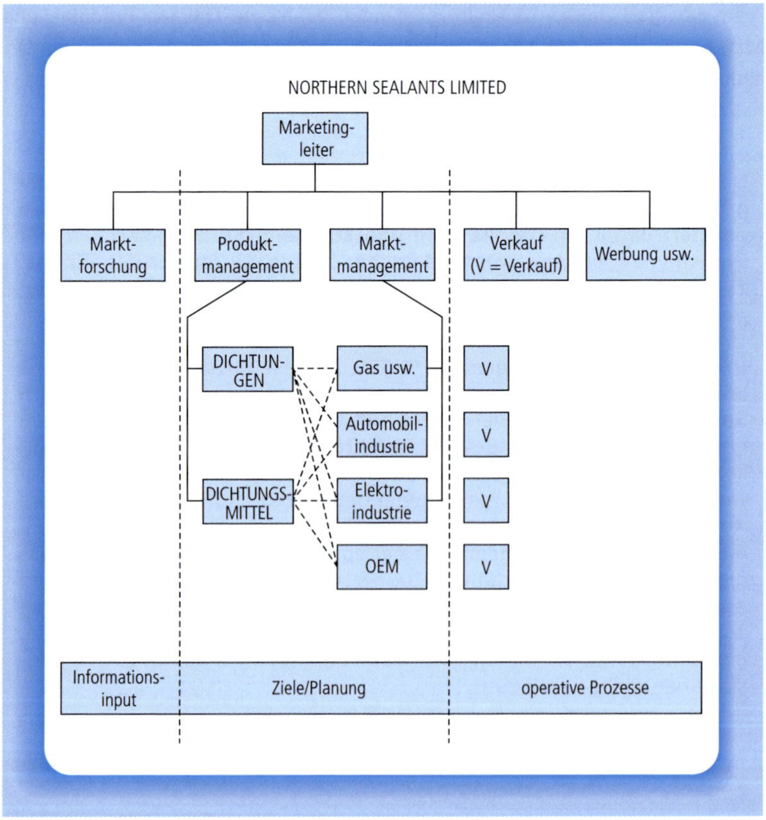

Abbildung 11.25
Die Organisationsstruktur von Northern Sealants.

Marketingplanung auf operativer Ebene

Die besten Marketingpläne entstehen aus einem *integrativen* Prozess. In einem solchen Prozess wird mithilfe verschiedener Werkzeuge und Techniken Marktwissen erworben und der gegenwärtige und zukünftige Nutzen quantifiziert, den die verschiedenen Kundensegmente innerhalb dieser Märkte erwarten. Es handelt sich um eine ganz eigene Funktion, wie Rechnungswesen oder F & E, die von wissenschaftlichen Marketingvereinigungen wie etwa dem Chartered Institute of Marketing in Europa und Asien und der American Marketing Association in den USA definiert, erforscht und weiterentwickelt wird. Manchmal werden kundenorientierte Tätigkeiten wie Kundenservice, Vertrieb, Produktentwicklung und Öffentlichkeitsarbeit von der Marketingfunktion kontrolliert, häufig jedoch auch nicht, auch wenn dies häufig in Marketinglehrbüchern so dargestellt wird.

In dem Modell in *Abbildung 11.26* sind Vertreter relevanter Funktionsbereiche Mitglieder des Marketingplanungsteams. Den überwiegenden Teil der Arbeit übernimmt dabei der Vertreter der Marketingfunktion, der die Qualifikationen dafür besitzt, um die eher technischen Aufgaben der Daten- und Informationssammlung und der Marktanalyse wahrzunehmen. Dem Team könnte auch, je nach den Umständen, ein Vertreter aus der Produktentwicklung, ein Markenmanager oder ein Key Account Manager angehören.

Die Vorteile dieser Methode sind:

1. Alle resultierenden Pläne beruhen auf einem tiefgründigen Verständnis der Stärken und Fähigkeiten des Unternehmens.
2. Die Mitglieder des Teams fühlen sich für den Plan verantwortlich und verhindern dadurch spätere Probleme bei der Umsetzung.
3. Der Marketingleiter oder eine Person, die gegenüber dem Vorstand über die Integration und Koordination der aus dem Prozess hervorgehenden Pläne berichtet, kann sicher sein, dass er die Pläne den Leitern der Funktionsbereiche nicht aufzwingen muss.

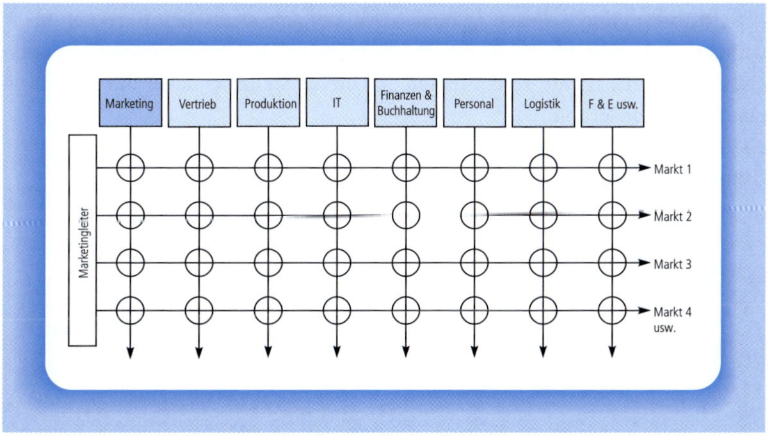

Abbildung 11.26 Organisation der Marketingplanung.

4. Jeder strategische Plan für Funktionen wie Informationstechnologie, Logistik, Einkauf oder Forschung und Entwicklung ist wirklich markt- beziehungsweise kundenorientiert und nicht produktionsgetrieben.
5. Auch jeder Geschäfts- oder Unternehmensplan, der sich daraus auf höherer Ebene ergibt, wird marktorientiert sein.

Leider sieht die Planung in den meisten Unternehmen anders aus. Allzu häufig werden die Marketingpläne isoliert in einer Marketing„abteilung" entwickelt und von den Entscheidungsträgern weitgehend ignoriert.

Das Fazit: Es gibt keine bestimmte Unternehmensform, die man als die beste empfehlen kann – letztlich sind der gesunde Menschenverstand und die Markterfordernisse entscheidend. Die folgenden Faktoren jedoch sind *stets* zu berücksichtigen:

- „Schwerpunktbereiche" des Marketing,
- Schnittstellenbereiche (z. B. Gegenwart/Zukunft; Vertrieb/Konstruktion etc.),
- Autorität und Verantwortung,
- Einfachheit der Kommunikation,
- Koordination,
- Flexibilität,
- menschliche Faktoren.

Die weltweit führenden Unternehmen richten ihre Organisation heute eher an Kundengruppen und Prozessen als an Produkten aus.

Grundsätzlich scheint es empfehlenswerter zu sein, die Organisation an Kundengruppen oder Märkten und nicht an Produkten, Funktionen oder geografischen Regionen auszurichten. Unternehmen stellen ihre Organisation zunehmend auf Kunden oder Prozesse wie die Produktentwicklung ab. Eine ganze „Branche" – Business Process Reengineering (BPR) – lebt von dieser Entwicklung. Zahlreiche Studien zur Zukunft des Marketing zeigen, dass die weltweit führenden Unternehmen sich heute eher um Kundengruppen und Prozesse herum als um Produkte organisieren (Hogan/Lemon/Rust 2002). Computerunternehmen wie etwa AT&T orientieren sich an den Endanwendermärkten und bilden funktionsübergreifende Teams, die sich auf die besonderen Bedürfnisse dieser Märkte konzentrieren. Das Ergebnis sind Personal-, Rechnungswesen-, Produktions-, Distributions- und Verkaufsrichtlinien, die auf ein bestimmtes Bündel von Marktbedürfnissen zugeschnitten sind.

Selbst wenn durch diesen Teamansatz die organisatorischen Barrieren überwunden sind, steht die viel wichtigere Aufgabe an, die strategischen Geschäftseinheiten (SGE) richtig zu definieren. An dieser Stelle sei daher die Definition einer SGE wiederholt:

Eine strategische Geschäftseinheit

- verfügt für die meisten ihrer Produkte über gemeinsame Segmente und Wettbewerber;
- tritt auf einem externen Markt als Konkurrent auf;
- stellt eine eigene und abgrenzbare Einheit dar;
- wird von einem Manager geleitet, der die Kontrolle über die kritischen Erfolgsfaktoren hat.

Strategische Geschäftseinheiten sind nicht zwangsläufig mit operativen Einheiten identisch. Die Definition sollte deshalb bis hin auf das einzelne Produkt, den Kunden oder die Produkt- oder Kundengruppe angewandt werden. Hier liegt die Hauptaufgabe der Marketingplanung.

Sicher ist, dass die Effektivität der Marketingplanung innerhalb eines Unternehmens entscheidend davon abhängt, welche Organisationsform für das Marketing gewählt wird. Ziel dieses Abschnitts war es, auf einige Fakten und häufige Fallstricke der Marketingorganisation einzugehen.

Der Marketingplanungsprozess und die Unternehmenskultur

Wenn die Marketingplanung nicht nur oberflächlich durchgeführt wird, wird sie in Einklang mit den verschiedenen Lebensphasen des Unternehmens verlaufen.

Kreative Phase

Es gibt sicher kaum ein Unternehmen, das bereits in dieser Entwicklungsphase einen Marketingplaner beschäftigt. Die meisten Unternehmen sind hier noch damit beschäftigt, ihre Geschäftsideen zu formulieren, die Topmanager stehen noch in engem Kontakt zu den Kunden und Mitarbeitern. Das Unternehmen kann flexibel auf veränderte Kundenbedürfnisse reagieren. Viele dieser Unternehmen erleben ein starkes Wachstum. Sie versprechen sich zusätzliche Vorteile aus der Einführung einer Marketingplanung.

Manche Unternehmen können sich allerdings nicht am Markt behaupten, weil ihre Produkte und Dienstleistungen nicht gut genug sind. Die „Sterblichkeitsrate“ für Unternehmen, die sich noch in dieser frühen Phase ihrer Entwicklung befinden, ist sehr hoch.

Wenn ein Unternehmen diese Anfangsphase gut bewältigt, erlebt es schließlich eine Führungskrise. Wie oben erläutert, wird dann eine starke Führungspersönlichkeit benötigt, die dem Unternehmen die nötige Schubkraft verleiht und die Richtung vorgibt, damit es den Übergang in die nächste Entwicklungsphase bewältigt.

Entwicklung durch Anweisungen

Unternehmen in dieser Entwicklungsphase teilen sich in zwei Lager. In beiden Fällen wird zwar eine Form der Steuerung verlangt, sie unterscheiden sich in ihrer Wirkung und Effektivität aber deutlich.

Die erste Gruppe sei mit „weisungsgemäßer Marketingplanung Typ 1“ bezeichnet. Hier übernehmen die Topmanager die Verantwortung oder weisen die Aufgabe der Erstellung eines Marketingplans einer bestimmten Person zu. Diese Person befasst sich dann damit, Daten zu analysieren, eine Situationsanalyse vorzunehmen und die anderen erforderlichen Schritte durchzuführen, bis schließlich ein Plan vorliegt. Grundsätzlich ist in diesem Prozess ein Genehmigungsmechanismus vorgesehen. Beispielsweise muss der Vorstand den

Marketingplan absegnen, bevor er verabschiedet wird. Im Großen und Ganzen hat der Plan danach den Charakter einer Anweisung.

Bei der zweiten Gruppe – „weisungsgemäßer Marketingplanung Typ 2“ – wird einem geeigneten Mitarbeiter gesagt, welche Informationen er vorlegen sollte, in welcher Form die Informationen bereitgestellt werden sollten usw.

In diesem Fall wird der Prozess also weniger gelenkt, sondern eher im Detail diktiert. Die resultierenden Informationen werden auf Topmanagementebene zusammengestellt, und das daraus entstehende Planungsdokument wird wie bei Typ 1 verabschiedet.

Obwohl in beiden Fällen das kreative Denken und die Kontrolle auf der höchsten Unternehmensebene angesiedelt sind, ist die Chance, nützliche Daten zu gewinnen, ohne die Kultur der Anweisungen zu opfern, bei der zweiten Methode größer.

Entwicklung durch Delegation

Wenn die Führung durch Anweisungen nicht mehr angemessen ist und dies eine Autonomiekrise auslöst, wird im gesamten Unternehmen mehr delegiert.

Für die Marketingplanung in dieser Phase ist es oftmals ein Problem, dass die Mitarbeiter an der „Kundenfront“ oder in den operativen Einheiten Marketingpläne erstellen sollen, ohne dafür viel Unterstützung zu erhalten.

Die Lösung für die Autonomiekrise liegt in der Delegation, die dann zu einem Merkmal der betrieblichen Prozesse im Unternehmen wird.

EINBLICKE

Viele Unternehmen müssen ihre Marketingpläne in der Zentrale vorlegen, wo sie auf Herz und Nieren geprüft werden, um dann genehmigt oder abgelehnt zu werden. Die Kriterien für „gute“ Pläne lassen sich letztlich nur aus diesen Entscheidungen ableiten.

Eine delegierte Form der Marketingplanung kann zu qualitativ sehr hochwertigen Plänen führen und ein starkes Engagement bei den Beteiligten sichern. Dennoch kann es schwierig sein, die ausschließlich nach dem Bottom-up-Prinzip funktionierenden Planungsverfahren zu integrieren. Sie können die Beteiligten auch demotivieren. In diesem Fall können keine Synergien geschaffen werden.

Entwicklung durch Koordination

In dieser Phase hat das Unternehmen die Lektionen aus den vorangegangenen Phasen gelernt. Der Plan wird als Mittel dafür gesehen, sowohl von der Top-down-Führung als auch von der Qualität, die mit Bottom-up-Prozessen verbunden sind, zu profitieren.

Gleichermaßen versetzt ein koordinierter Ansatz ein Unternehmen in die Lage, seine spezialisierten Ressourcen bestmöglich zu nutzen und das Engagement der Mitarbeiter zu sichern.

In verschiedener Hinsicht scheinen die Marketingplanungsprozesse, wie sie in vielen Lehrbüchern beschrieben werden, für Unternehmen in dieser Entwicklungsphase am besten geeignet.

Wie gezeigt wurde, besteht die Gefahr, dass der Planungsprozess nicht mehr in erster Linie der Problemlösung dient, sondern zu einem sinnentleerten bürokratischen Ritual degeneriert. In diesem Fall wird der Planungsprozess kontraproduktiv.

Entwicklung durch Zusammenarbeit

Hier gilt es, die Bürokratie zu bekämpfen, damit die Problemlösung wieder in den Vordergrund rückt. Derzeit gibt es nicht viele Beispiele dafür, wie das in der Praxis aussehen kann. Es scheint aber wahrscheinlich, dass sich neue Marketingplanungsverfahren herauskristallisieren, da sich das Geschäftsumfeld immer schneller verändert.

Kreativität und Zweckmäßigkeit sind die Prinzipien dieser neuen Entwicklungsphase.

Schlussfolgerungen

In diesem Kapitel wurde die Rolle von Informationen, Informationstechnologien, Prognosen und der Organisation für die Marketingplanung erläutert. Es wurde auch gezeigt, dass die Akzeptanz der Marketingplanung weitgehend von der jeweiligen Entwicklungsphase der Organisation und der Unternehmenskultur abhängt. Somit sind bestimmte Arten der Marketingplanung nur für bestimmte Entwicklungsphasen geeignet.

Während der Marketingplanungsprozess selbst mehr oder weniger konsistent bleibt, muss die Art und Weise, *wie* dieser Prozess geführt wird, in Einklang mit der aktuellen Unternehmenskultur stehen. Die Alternative wäre, die Unternehmenskultur zu ändern und sie für einen bestimmten Planungsprozess zugänglicher zu machen.

Da grundsätzlich eine Neigung dazu besteht, die vorhandene Machtstruktur und den Status quo aufrechtzuerhalten, haben Eingriffe in die Marketingplanung eines Unternehmens stets eine „politische" Dimension und sind nie rein erzieherisch. Es ist eine wichtige Frage in der Unternehmenspolitik, ob sich der Führungsstil so anpassen lässt, dass der Marketingplanungsprozess erfolgreich sein kann.

Können Manager, die ein Unternehmen in eine bestimmte Richtung geführt haben, plötzlich die Spur wechseln? Mit anderen Worten: Ist es möglich, aus Fröschen Prinzen zu machen?

Viele Bücher würden das sicher bestätigen, weil sie damit eine optimistischere Botschaft aussenden, die sich besser verkauft. Ernsthafte Wissenschaftler oder erfahrene Berater haben diesbezüglich allerdings einige Vorbehalte.

Auch hier ist diese Frage nicht abschließend zu klären und es ist zu vermuten, dass sich letztlich die Vernunft durchsetzt, wenn der Druck auf ein Unternehmen stark genug wird. Bis dahin enthält dieses Kapitel einige nützliche Empfehlungen, sowohl für Marketingberater als auch für Topmanager von Unternehmen.

Anwendungsfragen

1. Wissen Sie,
   - was gemessen werden muss?
   - warum es gemessen werden muss?
   - wann es gemessen werden sollte?
   - von wem es gemessen werden sollte?
   - wer über die Ergebnisse informiert werden sollte?
   - wie gemessen werden sollte?
   - wie häufig gemessen werden sollte?
2. Über welchen Zeitraum erstellen Sie in Ihrem Unternehmen Prognosen? Ist dies ein geeigneter Zeitraum? Haben alle betroffenen Manager die Gelegenheit, Einfluss zu nehmen? Wenn nicht, wie könnten sie einbezogen werden?
3. Gibt es eine signifikante Abweichung zwischen dem prognostizierten und dem tatsächlichen Absatz? Wenn ja, wie erklären Sie diese?
4. Welche zusätzlichen Informationen wünschen Sie sich, um noch genauere Prognosen erstellen zu können? Wie könnten Sie solche Informationen erhalten? Warum haben Sie sie in der Vergangenheit nicht erhalten?
5. Beschreiben Sie jeden Teilbereich der Marketingforschung, der Ihrer Ansicht nach eine wesentliche Auswirkung auf die Abläufe Ihres Unternehmens hat.
6. Beschreiben Sie wichtige Entscheidungen, die Ihrer Ansicht nach nur anhand von Ergebnissen aus der Marktforschung getroffen werden können.
7. Beschreiben Sie, welche Probleme in Ihrem Unternehmen beim Einsatz der Marketingforschung auftreten.
8. Wenn Sie ein neues Marketinginformationssystem für Ihr Unternehmen konzipieren sollten, was würde es enthalten? Inwiefern unterscheidet es sich von Ihrem derzeitigen System, und wie könnte ein solches System implementiert werden?

Kapitel 11: Wiederholung

Nachweis der Effektivität des Marketing

Wie aus *Abbildung 11.3* hervorgeht, gibt es drei Ebenen der Erfolgskontrolle im Marketing.

Marketinginformationen

Im Zentrum der Planungskompetenz eines Unternehmens stehen die Informationen. Bei der *Marketingforschung* geht es um die Analyse des gesamten Marketingprozesses. (Die *Marktforschung* dagegen befasst sich mit der Analyse der Märkte.)

Bearbeiten Sie hierzu Übung 11.1

Versuchen Sie nun, die erste der Anwendungsfragen auf Seite 566 zu beantworten.

Arten der Marketingforschung

1. *Intern:* Analyse der Verkaufsdaten, Werbeintensität etc.
2. *Extern:* Ergänzung interner Marktforschung.
3. *Reaktiv:* Befragungen, strukturierte Interviews etc.
4. *Nichtreaktiv:* Interpretation beobachteter Phänomene, z. B. Filmen von Kunden in einem Geschäft, Einsatz von Kundenpanels etc.

Jede Methode hat ihre Vor- und Nachteile, sodass unter Umständen auch eine Kombination der Methoden sinnvoll sein kann.

Bearbeiten Sie hierzu Übung 11.2

Wie hoch dürfen die Kosten sein?

Dies hängt von der Wahrscheinlichkeit des Erfolgs und vom erhofften Nutzen ab. Beispielsweise kostet die Entwicklung eines Produkts 100 000 Euro. Die Wahrscheinlichkeit eines Fehlschlags liegt bei 10 %. Die maximalen Kosten betragen daher 100 000 Euro $\times$ 0,1 = 10 000 Euro. Dieser Betrag sollte also investiert werden, um einen Misserfolg zu vermeiden.

Marketinginformationssystem (MIS)

Es muss ein System eingesetzt werden, das den Informationsfluss kanalisiert und gewährleistet, dass die richtigen Informationen einfließen und den Nutzern korrekte Daten in sinnvoller Form zur Verfügung gestellt werden.

Prognose

Es gibt zwei Arten von Prognosen:

1. *Makroprognosen:* Es werden Aussagen über die Märkte insgesamt getroffen.
2. *Mikroprognosen:* Es werden Prognosen für einzelne Einheiten erstellt.

Welche Prognoseart ausgewählt wird, hängt ab von

- der erforderlichen Genauigkeit,
- der Verfügbarkeit der Daten,
- dem Zeithorizont,
- der Phase des Produkts im Lebenszyklus (in einem frühen Stadium werden vor allem Makroprognosen erstellt).

Prognosetechniken

- *Quantitativ:* auf Fakten beruhend.
- *Qualitativ:* auf Erfahrung und Beurteilungen beruhend.

Bearbeiten Sie hierzu Übung 11.3

Organisatorische Barrieren

Es gibt eine Reihe von möglichen Barrieren:

1. *Kognitiv:* Die Verantwortlichen wissen nicht genug über die Marketingplanung.
2. *Kulturell:* Die Unternehmenskultur ist für die Marketingplanung nicht ausreichend entwickelt.
3. *Politisch:* Die „Kulturträger“ fühlen sich durch das Marketing bedroht.
4. *Ressourcen:* Dem Marketing werden nicht genug Ressourcen zur Verfügung gestellt.
5. *Strukturell:* Es sind kein „Plan“ und keine geeignete Organisationsform für die Planung vorhanden.
6. *Informationell:* Es ist kein MIS vorhanden.

Zentrale oder dezentrale Organisation

Für Unternehmen mit mehreren Geschäftseinheiten und international tätige Unternehmen gibt es zwei Möglichkeiten:

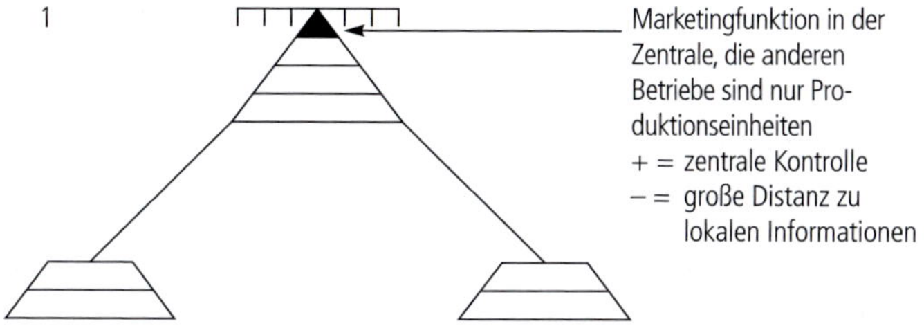

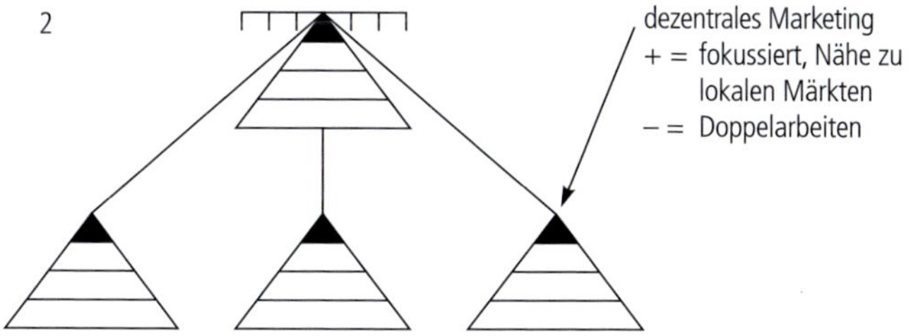

Wählen Sie eine Lösung, bei der die Vorteile die Nachteile überwiegen.

Bearbeiten Sie hierzu Übung 11.4

Fragen, die sich für das Unternehmen ergeben

1. F: Wovon hängt es ab, ob die Marketingforschung im Unternehmen selbst oder von externen Agenturen durchgeführt wird?

   A: Es kann eine Reihe von Einflussfaktoren geben – Schnelligkeit, Timing, Kosten, Untersuchungsgegenstand, Anforderungen an die Fähigkeiten, Notwendigkeit der Anonymität oder Objektivität, Zugang zu Informationen etc. Die Entscheidung muss von Fall zu Fall getroffen werden.

2. F: Anhand welcher Kriterien sollten externe Marketingforscher ausgewählt werden?

   A: Auch hier sind verschiedene Faktoren zu berücksichtigen:
   a) *Ruf:* Im Allgemeinen, in der Branche, für bestimmte Tätigkeiten etc.
   b) *Kompetenz und Erfahrung:* Wie lange besteht das Unternehmen schon, Qualität und Qualifikationen der Mitarbeiter, Anzahl der Mitarbeiter, bisherige Erfahrungen mit dem Unternehmen, Empfehlungen und Referenzen etc.
   c) *Organisation:* Größe des Unternehmens, Zugang zu Informationsquellen, Räumlichkeiten, Standort, geografische Lage, Vollzeit- oder Teilzeitinterviewer, Geschäftsbedingungen etc.

Übungen

Einführung in die Übungen zu Kapitel 11

Um sich eine gute Position auf einem Markt zu sichern oder sie auszubauen, benötigt ein Unternehmen die richtigen Marktinformationen. Nur wenn es angemessen mit solchen Informationen versorgt wird, kann es fundierte Entscheidungen treffen.

Die Erhebung und Speicherung von Informationen können eine schwierige und kostspielige Angelegenheit sein. Außerdem haben Informationen in Zeiten schneller Veränderungen nur eine begrenzte „Haltbarkeitsdauer". Allgemein lässt sich durchaus sagen, dass den Unternehmen heute eine Fülle von Informationen zur Verfügung steht, entweder im eigenen Haus oder bei leicht zugänglichen externen Quellen wie Branchenverbänden oder Behörden.

In gewisser Hinsicht kann es sogar nachteilig sein, zu viele Informationen zu besitzen; es besteht die Gefahr des information overload. Deshalb muss zwischen den lediglich interessanten und den wirklich wichtigen Informationen unterschieden werden. Die wichtigen Informationen müssen dann in einer anwendbaren Form präsentiert werden.

In Übung 11.1 wird untersucht, wie viele Marketinginformationen Ihr Unternehmen benötigt. Außerdem klärt sie die Frage, wie man diese Informationen zur richtigen Zeit in der am besten geeigneten Form an diejenigen Mitarbeiter weitergibt, die sie benötigen.

In Übung 11.2 stellen Sie fest, welche Methoden der Informationsgewinnung Ihnen zur Verfügung stehen, welches ihre Stärken und Schwächen sind, und wie Sie diejenige Methode auswählen, die Ihre Anforderungen am besten erfüllt.

In Übung 11.3 geht es um Prognosen. Die Übung dient dem Zweck, die Makroprognose von der Mikroprognose sowie qualitative und quantitative Methoden voneinander zu unterscheiden und mit verbreiteten Missverständnissen in dieser Hinsicht aufzuräumen.

In Übung 11.4 sind Vorschläge zum Aufbau einer geeigneten Marketingorganisation enthalten.

Weil jedes Unternehmen in gewissem Sinn einmalig ist, gibt es auch keine einfachen Marketinginformationssysteme „von der Stange". Selbst wenn es sie gäbe, würden sie wahrscheinlich nicht funktionieren. Stattdessen muss jedes Unternehmen sein eigenes System entwickeln und es so einfach oder so anspruchsvoll gestalten, wie es der Situation und dem Budget entspricht.

Übung 11.1 Das Marketinginformationssystem

Zu Beginn muss stets der Informationsbedarf des Unternehmens ermittelt werden.

Informationsbedarf

Anhand der bisherigen Lektüre dieses Buchs und Ihrer Kenntnisse über Ihr Unternehmen wissen Sie bereits einiges über den Informationsbedarf. Um sicherzugehen, dass Sie nichts übersehen, sollten Sie Arbeitsblatt 1 ausfüllen und die Hinweise dazu beachten.

Derzeitiges Informationssystem

Anhand von Arbeitsblatt 1 wurde der Informationsbedarf Ihres Unternehmens ermittelt. Legen Sie es für einen Augenblick zur Seite und konzentrieren Sie sich nun auf Ihr derzeitiges System.

Bearbeiten Sie dazu Arbeitsblatt 2, und beachten Sie die Hinweise dazu.

Vorschlag für ein neues System

Vergleichen Sie die Informationen, die sich aus Arbeitsblatt 1 und 2 ergeben haben. Machen Sie sich zu folgenden Informationen Notizen:

1. Informationen, die benötigt, aber vom derzeitigen System nicht bereitgestellt werden,
2. Informationen, die das derzeitige System bereitstellt, die aber überflüssig sind,
3. Informationen, die sinnvoller genutzt werden könnten, wenn
   a) sie anders präsentiert würden,
   b) sie anderen Mitarbeitern zur Verfügung stehen würden,
   c) sie häufiger oder weniger häufig bereitgestellt würden.
4. Erstellen Sie anhand der obigen Analyse Empfehlungen dazu, wie das Marketinginformationssystem Ihres Unternehmens verbessert werden könnte (siehe Arbeitsblatt 3).

Arbeitsblatt 1 Informationsbedarf (Übung 11.1)

Im Folgenden sind Themenbereiche aufgeführt, die Gegenstand der Marketingforschung sein könnten. Das bedeutet nicht, dass Sie tatsachlich zu all diesen Themen auch Informationen benötigen. Kreuzen Sie unter Berücksichtigung Ihrer vorhergehenden Ergebnisse nur *diejenigen an, die für Sie relevant sind.* Konkretisieren Sie in der letzten Spalte die Informationen, die erforderlich wären.

Themenbereiche	*relevant*	*erforderliche spezifische Informationen*
Marktgröße		
Marktstruktur		
Markttrends		
Marktpotenzial		
Marktanteil		
Unternehmenskommunikation		
Unternehmensimage		
Unternehmensstruktur		
Verkaufsförderung		
persönlicher Verkauf		

Themenbereiche	*relevant*	*erforderliche spezifische Informationen*
Vertriebskanäle		
physische Distribution		
Verpackung		
Gewinn		
Kosten		
Preisbildung		
Service		
Marktforschung		
Export		
neue Produkte		
technische Entwicklungen		
Aktivitäten der Wettbewerber		
Preise der Wettbewerber		
Prozesse der Wettbewerber		
Produkte der Wettbewerber		
Dienstleistungen der Wettbewerber		
Käuferverhalten		
rechtliche Faktoren		
wirtschaftliche Faktoren		
demografische Faktoren		
Ergänzen Sie diese Liste mit Ihren eigenen Themenbereichen		

Arbeitsblatt 2 Das derzeitige Informationssystem (Übung 11.1)

Sehen Sie sich Ihr vorhandenes Marketinginformationssystem an und nennen Sie die verschiedenen Arten von Daten, die in dieses System einfließen. Notieren Sie, wer die Daten zu welchem Zweck verwendet und wie häufig dies geschieht, und beurteilen Sie, ob die Daten sehr wichtig oder nur nützlich sind oder gar nicht mehr benötigt werden. Tragen Sie Ihre Notizen in das nachstehende Arbeitsblatt ein.

Hinweis: Denken Sie daran, dass Fach- und sonstige Zeitschriften ebenso wie Verkaufsunterlagen und interne Berichte nützliche Informationsquellen sein können. Vielleicht ist es sinnvoll, sie bei dieser Übung zu berücksichtigen.

Dateninput	*verwendet von*	*Zweck*	*Häufigkeit*	*wichtig W* *nützlich N* *überflüssig X*

Arbeitsblatt 3 Vorschlag für ein neues System (Übung 11.1)

Persönliche Notizen

Übung 11.2 Methoden der Informationsgewinnung

In dieser Übung vergleichen Sie verschiedene Methoden der Informationsgewinnung und entscheiden dann, welche sich am besten für den Informationsbedarf des Unternehmens eignen.

Schritt 1 Betrachten Sie *Tabelle 11.9* und *fahren Sie dann mit Schritt 2 fort.*

Schritt 2 Entscheiden Sie unter Berücksichtigung der Informationslücken, die Sie in Übung 11.1 identifiziert haben, welche Art der Informationsgewinnung am besten dafür geeignet ist, die fehlenden Informationen zu beschaffen. Berücksichtigen Sie dabei auch die Kompetenzen Ihres Unternehmens sowie die wahrscheinlichen Kosten.

Übung 11.3 wird Ihnen ebenfalls dabei helfen, geeignete Methoden der Informationsgewinnung auszuwählen.

Sollten Sie in Übung 11.1 keine Informationslücke festgestellt haben, prüfen Sie die derzeit verwendeten Methoden der Informationsgewinnung und überlegen Sie, ob sie verbessert werden könnten.

Fügen Sie weitere Ihnen bekannte Methoden hinzu und nennen Sie ihre Stärken und Schwächen.

Persönliche Notizen

Tabelle 11.9 Methoden der Informationsgewinnung

Methode	Stärken	Schwächen
Auswertung vorhandener Informationen (Sekundärforschung)	kann schnelle Ergebnisse bringen, relativ preiswert, kontrollierbar	Informationen möglicherweise nicht spezifisch genug – Interpretationsprobleme; Informationen möglicherweise veraltet
eigene Verkaufsstatistiken	leicht zugänglich	könnten in einer Form vorliegen, die sich schwer interpretieren lässt – hauptsächlich Daten der Vergangenheit
eigene Finanzunterlagen	leicht zugänglich	möglicherweise schwierig, sie in das erforderliche Datenformat zu bringen – hauptsächlich Daten der Vergangenheit
Verkäuferberichte	leicht zugängliche aktuelle Informationen über Kunden	möglicherweise schwierig, unstrukturierte Informationen in quantitative Daten zu verwandeln; möglicherweise sind die Berichte nicht umfassend genug.
Fachzeitschriften etc.	relativ leicht zu erhalten – Bibliotheken, etc.	Informationen möglicherweise zu allgemein
Branchenverbände	Kennen das jeweilige Geschäft oder die Branche gut.	unterschiedliche Qualität der Informationen und Bereitschaft zur Kooperation
Regierungsbehörden und/oder Statistiken	Fülle von Informationen, relativ leichter Zugang	man muss den Weg durch die Systeme kennen; Gefahr, mit nutzlosen Informationen überflutet zu werden
externe Forschung	findet im Wettbewerb statt – Informationen sind aktuell; verlässliche Basis für Entscheidungen	kann teuer/zeitraubend sein, Stichproben müssen sorgfältig ausgewählt werden – manchmal schwer zu organisieren
Fragebögen, persönlich	Interviewer gewährleistet, dass die Fragen korrekt verstanden werden – Reaktionen können aufgezeichnet werden	zeitaufwendig, Gefahr von Suggestivfragen, schlechte Durchführung kann zu irreführenden Ergebnissen führen, teuer, erfordert erfahrene Interviewer
Fragebögen, per Post	große Reichweite, relativ preiswert	Antworten werden manchmal nicht rechtzeitig (oder gar nicht) zurückgeschickt; Fragebögen werden evtl. von der falschen Person ausgefüllt; Fehlinterpretation
Fragebögen, telefonisch	sofortige Antwort, relativ preiswert; die Zeit des Kunden darf nicht überbeansprucht werden	muss kurz gehalten werden, sodass möglicherweise wichtige Punkte nicht erfragt werden können; Gefahr übereilter, ungenauer Angaben
Tiefeninterviews	können bis in die Gefühlsebene reichende Erkenntnisse über Produkte und Dienstleistungen ergeben; gute qualitative Informationen	geübter Interviewer erforderlich; Ergebnisse möglicherweise schwer zu quantifizieren

Methode	Stärken	Schwächen
Experimente	können Aufschluss über Kundenreaktionen unter Testbedingungen liefern	können teuer sein; die Teilnehmergruppen müssen sorgfältig ausgewählt werden
Handelspanel	gute quantitative Informationen über Bestandsveränderungen	erklärt nicht die Gründe für Bestandsveränderungen
Verbraucherpanel	helfen, Kauf- und Konsummuster über einen bestimmten Zeitraum zu erkennen	Verbraucher müssen immer wieder dazu motiviert werden, ihre Aktivitäten etc. aufzuzeichnen
Beauftragung von Agenturen	die Zeit der eigenen Mitarbeiter wird nicht beansprucht; liefert gut aufbereitete Ergebnisse	kann teuer sein; Auswahl der richtigen Berater schwierig

Übung 11.3 Prognosemethoden

Viele Debatten werden darüber geführt, ob die Prognose eine Kunst oder eine Wissenschaft sei. Die Antwort lautet, dass sie beides in sich vereint.

Wenn Sie vorhersagen sollten, was Sie in zwei Minuten tun werden, könnten Sie vermutlich eine sehr genaue Prognose treffen. Der Grund dafür ist offensichtlich: In so kurzer Zeit ändert sich nicht viel. Erweitern Sie den Zeitraum jedoch auf morgen, nächste Woche, nächsten Monat oder nächstes Jahr, wird die Antwort immer schwieriger.

Unternehmen sind gezwungen, weit nach vorne zu blicken, wenn sie Investitionen planen oder neue Produkte auf den Markt bringen wollen. Deshalb ist es für sie zwangsläufig schwierig, Prognosen zu erstellen, es sei denn, sie sind in einem Bereich tätig, der von den allgemeinen Veränderungen unberührt bleibt.

Manchmal benötigen sie für ihre Prognosen sehr spezifische (quantitative) Informationen, manchmal reichen allgemeine (qualitative) Daten aus. Außerdem müssen sie wissen, was in klar abgrenzbaren Bereichen ihres Geschäfts geschieht (Mikroprognose), und manchmal sind die Entwicklungen auf den Märkten insgesamt wichtig (Makroprognosen). Diese Aspekte der Prognose können kombiniert werden, wie *Abbildung 11.27* zeigt.

Die Färbung verdeutlicht den Grad der Genauigkeit, den man bei den verschiedenen Kombinationen erwarten kann. So sind oben rechts in Quadrant B exakte Angaben und wissenschaftliche Genauigkeit erforderlich, während unten links in Quadrant C Gefühl, Intuition und Erfahrung eine größere Rolle spielen.

Mit der Erhebung von Informationen für Prognosezwecke können hohe Kosten verbunden sein. Deshalb ist es wichtig, sich gleich zu Beginn klarzumachen, was mit der Prognose bezweckt werden soll. Es ist wenig sinnvoll, eine Angabe bis auf drei Dezimalstellen genau zu ermitteln, wenn eine grobe und schnelle Messung völlig ausreichend ist.

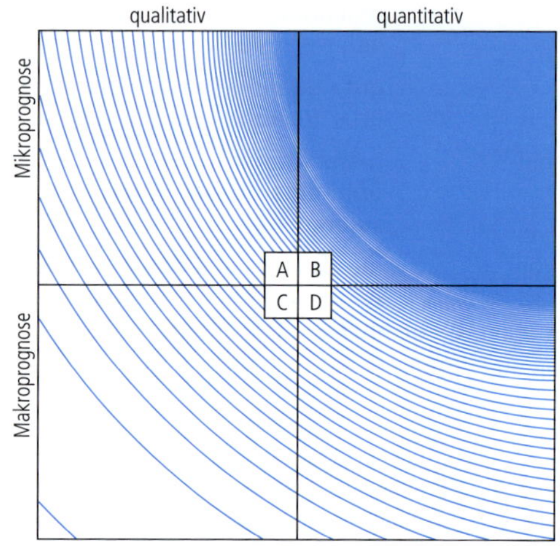

Abbildung 11.27 Kombination der Prognosearten.

Im Folgenden werden verschiedene Beispiele für Prognoseaufgaben vorgestellt. Ziehen Sie *Abbildung 11.27* heran und finden Sie heraus, ob die einzelnen Aufgaben qualitativer oder quantitativer Art sind und ob sie eine Mikroprognose oder eine Makroprognose erfordern, das heißt ob sie in die Quadranten A, B, C oder D fallen. Tragen Sie den entsprechenden Buchstaben neben den Fragen ein.

1. Wie wird sich der prozentuale Marktanteil (gemessen am Absatzvolumen) in zwei Jahren auf dem Eiscrememarkt verändern? ______
2. Wie werden sich die Freizeitaktivitäten in fünf Jahren ändern? ______
3. Welchen prozentualen Anstieg des Gesamtumsatzes können wir in den nächsten zwölf Monaten in unserem Schlüsselmarktsegment erwarten? ______
4. Welche Produktverbesserungen erwarten die Käufer unserer Produktpalette X, wenn wir die Palette im nächsten Jahr neu gestalten? ______
5. Welche Änderungen sind in den nächsten fünf Jahren für unsere Schlüsseltechnologie zu erwarten? ______
6. Inwiefern wird sich in den nächsten drei Jahren das Wählerverhalten in Deutschland ändern? ______
7. Wie viele Autobesitzer werden im nächsten Sommer mit dem Fahrzeug ins Ausland reisen? ______
8. Wie viele Verbraucher werden im nächsten Jahr in unserem Geschäft in Mannheim mehr als 100 Euro ausgeben? ______

Die Antworten lauten wie folgt:

1D
2C
3B
4A
5A
6C
7D
8B

Grundsätzlich wird die Fehlertoleranz in Quadrant B minimal sein, während sie in Quadrant C zumindest erheblich ist. Dies wirkt sich natürlich auf die eingesetzten Techniken und die Kosten für die Zusammenführung der Informationen aus.

Sehen Sie sich noch einmal Übung 11.2 an.

Übung 11.4 Organisationsstruktur

In jedem Geschäftsumfeld kommt es ständig zu Veränderungen. Die Nachfrage ändert sich, neue Technologien erobern den Markt, neue Gesetze und Vorschriften werden verabschiedet, oder es kommt zu einer Rezession.

Da der Schlüssel für ein erfolgreiches Marketing in einer geeigneten Unternehmensstruktur liegt, die sich an solche Veränderungen des Umfelds anpassen kann, überrascht es nicht, dass mit den verschiedenen möglichen Strukturen schon viel experimentiert wurde. Vermutlich hat bisher noch niemand die perfekte Lösung für dieses komplexe Problem der Organisation gefunden. Wie sich jedoch aus Studien ergeben hat, sind manche Organisationsstrukturen unter bestimmten Umständen erfolgreicher als andere.

Die Ergebnisse dieser Studien werden in Arbeitsblatt 4 zumindest auf grobe Weise abgebildet. Das Arbeitsblatt verdeutlicht, dass die Organisationsstruktur in gewissem Ausmaß von der Größe des Unternehmens und der Diversität der Geschäftsbereiche abhängt. Auch der Grad der Formalisierung des Marketingplanungsprozesses hängt von diesen Faktoren ab.

Bitte beantworten Sie die folgenden Fragen:

1. Wo ordnen Sie Ihr Unternehmen auf dem Kontinuum Größe/Komplexität ein?
2. Welcher der dargestellten Organisationsformen entspricht Ihre eigene derzeitige Struktur am ehesten?
3. Klingen die Warnsignale vertraut?
4. Inwiefern sollten Sie die Struktur Ihrer Meinung nach ändern?

Arbeitsblatt 4 Organisationsstruktur (Übung 11.4)

Ordnen Sie Ihr Unternehmen mit einem Kreuz in die vier folgenden Kontinua ein

Unternehmensgröße	klein	——————►	groß
Diversität der Produkte	niedrig	——————►	hoch
Diversität der Märkte	niedrig	——————►	hoch
Ausmaß der Formalisierung der Planung niedrig	niedrig	——————►	hoch

typische Organisationsstruktur

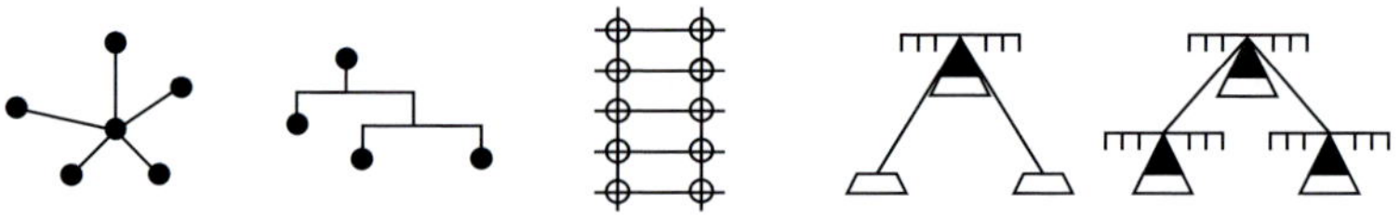

Beschreibung	„monarchisch"	„funktional"	„Matrix"	„zentral"	„dezentral"
Beschreibung	keine umfangreichen Systeme erforderlich für eine Person zu bewältigen häufige, aber informelle Kommunikation sehr flexibel	ein System bildet sich heraus Spezialistenrollen werden geschaffen Kommunikation stärker formalisiert	mehr Flexibilität beim Umgang mit Produkten und Märkten Kommunikation häufig und informell	zentralisiertes Marketing sichert Kontrolle Fachwissen von Spezialisten	Marketingspezialisten in engem Kontakt mit operativen Einheiten
Warnsignale	eine Person allein bewältigt die Aufgaben nicht mehr zunehmende Reaktionszeiten	Zusammenbruch der Kommunikation Rollen der Mitarbeiter werden „zementiert"	mit steigender Größe/Vielfalt verliert das Management die Kontrolle Zusammenbruch der Kommunikation	zu große Distanz zu den Entwicklungen vor Ort lange Reaktionszeiten	Doppelarbeiten hoher Personalaufwand

Persönliche Notizen

12 | Implementierung der Marketingplanung

Zusammenfassung

- Auswirkungen der Unternehmensgröße und Komplexität auf die Marketingplanung
- Zusammenfassung der Hauptschritte der Marketingplanung
- Die Rolle des Topmanagements bei der Marketingplanung
- Die Rolle der Planungsabteilung bei der Marketingplanung
- Der Marketingplanungszyklus
- Zeitpläne und Zeithorizonte in der Marketingplanung
- Übungen zur Umsetzung der Theorie in die Praxis

Einführung

In Kapitel 3 wurde auf einige der zahlreichen Mythen der Marketingplanung eingegangen. Es wurden außerdem die Bedingungen für ein effektives Marketingplanungssystem beschrieben. Folgende Voraussetzungen sollten gegeben sein:

1. Marketingplanungssysteme mit einem geschlossenen Kreislauf (insbesondere Systeme, die im Grunde reine Prognose- und Budgetplanungssysteme sind) lassen das Marketing und die Kreativität letztlich ersticken. Deshalb muss es Mechanismen geben, die verhindern, dass die übermäßige Bürokratisierung des Systems zur Trägheit führt.
2. Eine Marketingplanung auf der funktionalen Marketingebene ist weitgehend unwirksam, solange sie nicht auf der Geschäftsbereichs- oder Unternehmensebene eingebunden wird.
3. Die Trennung der Verantwortung für die operative und strategische Marketingplanung führt dazu, dass die kurzfristigen Ziele auf operativer Ebene nicht mehr mit den langfristigen Unternehmenszielen übereinstimmen. Dies fördert eine Konzentration auf kurzfristige Ergebnisse, was wiederum langfristig die Effektivität beeinträchtigt.
4. Wenn die Geschäftsführung keine aktive Rolle in der Marketingplanung übernimmt, ist ein effektives Planungssystem unmöglich.
5. Für die Einführung eines effektiven Marketingplanungssystems muss (vor allem in größeren Unternehmen) ein Zeitraum von bis zu drei Jahren eingeplant werden.

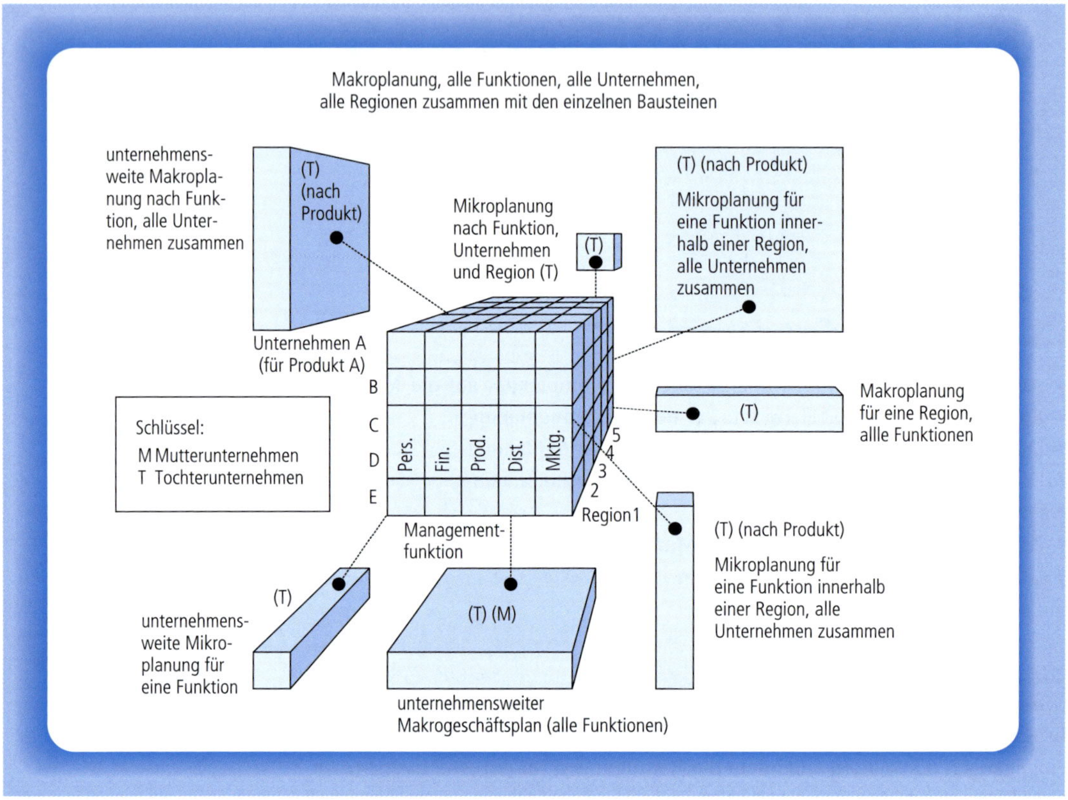

Abbildung 12.1
Einordnung der Marketingplanung in die Unternehmensplanung.

Eine Vorstellung von der Komplexität der Marketingplanung vermittelt *Abbildung 12.1.* Selbst in einem allgemeinen Modell wie diesem wird deutlich, dass in einem großen diversifizierten Konzern, der auf vielen Auslandsmärkten tätig ist, eine komplexe Kombination aus Produkt-, Markt- und funktionalen Plänen möglich ist. Die Anforderungen auf regionaler Ebene unterscheiden sich etwa von jenen auf der Ebene der Zentrale. Gleichzeitig ist klar, dass sich der gesamte Unternehmensplan aus den einzelnen Bausteinen zusammensetzen muss.

Ferner kann die Marketingfunktion selbst für die Zwecke der Planung genutzt werden, wie etwa für die Pläne zu Marktforschung, Werbung, Verkauf, Distribution, Absatzförderung etc., während für verschiedene Kundengruppen möglicherweise eigene Pläne erstellt werden müssen.

Nachfolgend seien einige „Gesetze" der Planung genannt.

1. In einem großen diversifizierten Konzern kann, unabhängig von konkreten organisatorischen Fragen, nur mit einem formalisierten Marketingplanungssystem die Erreichung der Unternehmensziele sichergestellt werden.

2. Eine unzureichende oder zu allgemeine Berücksichtigung der echten Planungsbedürfnisse auf den verschiedenen hierarchischen Ebenen führt zu überflüssigen Planungsaktivitäten.
3. Mit zunehmender Größe und Diversität des Unternehmens muss auch der Grad der Formalisierung des Marketingplanungsprozesses wachsen. Dies kann in Form einer Matrix vereinfacht dargestellt werden (*Abbildung 12.2*). Auch wenn sich der Grad der Formalisierung ändert – die Notwendigkeit eines umfassenden Marketingplanungssystems bleibt bestehen.

Die Probleme der Unternehmen hängen also entweder damit zusammen, inwieweit sie das erforderliche Marketingplanungssystem besitzen, oder damit, inwieweit die Formalisierung ihres Systems mit der situativen Komplexität wächst, die sich aus der Größe und Diversität ihrer Geschäftstätigkeiten ergibt.

Es wurde bereits darauf hingewiesen, dass der Zielsetzungsprozess eine entscheidende Rolle für den Erfolg eines jeden Unternehmens spielt. Damit verbunden ist die Frage der Gestaltung des Planungssystems und insbesondere die Frage, wer auf welche Weise wofür zuständig sein sollte. Wer soll etwa den Status quo ermitteln, die Annahmen formulieren, die Marketingziele und -strategien entwickeln und Fristen und Kosten überwachen, und auf welcher Ebene soll dies geschehen?

Diese komplexen Themen beziehen sich im Wesentlichen auf zwei Dimensionen: die Unternehmensgröße und die Diversität der Geschäftstätigkeit. Es gibt natürlich viele weitere Aspekte, etwa ob ein Unternehmen über Tochterunternehmen oder über Intermediäre tätig ist. Diese können jedoch nur vor dem Hintergrund der beiden genannten Hauptdimensionen betrachtet werden.

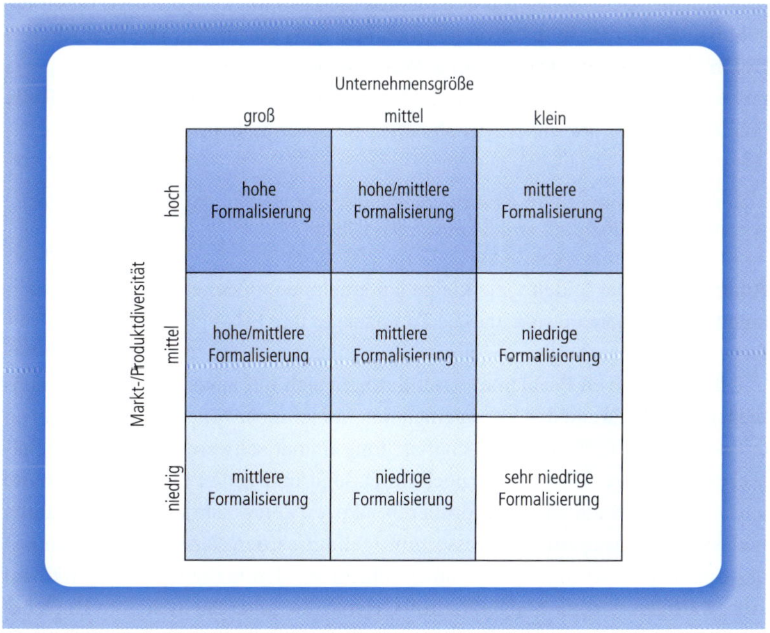

Abbildung 12.2
Grad der Formalisierung in Abhängigkeit von Unternehmensgröße und Diversität.

Größe

Von den beiden Dimensionen ist die Unternehmensgröße zweifellos die wichtigere Determinante für die Auswahl eines geeigneten Marketingplanungssystems.

> In kleinen Unternehmen herrscht selten eine hohe Diversität von Produkten oder Märkten vor. Das Topmanagement hat hier eine genaue Vorstellung von den kritischen Erfolgsfaktoren.

In der Regel sind hervorragende Kenntnisse vorhanden, sowohl im Hinblick auf die technische Entwicklung als auch auf die Märkte. Während in solchen Unternehmen der zentrale Kontrollmechanismus aus der Absatzprognose und der Budgetierung besteht, können die Topmanager auch erklären, was sich hinter den Zahlen verbirgt. Sie sehen ihre relativen Stärken und Schwächen sehr klar und können die Marketingstrategie des Unternehmens ohne Schwierigkeiten erläutern. Dieses Verständnis und die Vertrautheit mit der Strategie werden in persönlichen Gesprächen mit den wichtigsten operativen Mitarbeitern das ganze Jahr hindurch gefördert. Die Mitarbeiter arbeiten also in einem Bezugsrahmen, den sie gut verstehen. Das obere und das mittlere Management haben eine gemeinsame Sichtweise der Branche und der Unternehmenstätigkeit. In solchen Unternehmen muss sich die Geschäftsleitung in weit geringerem Maß auf die Informationen der Mitarbeiter verlassen, als dies in größeren Unternehmen der Fall ist, weil sie selbst aktiv ins Tagesgeschäft eingebunden ist. Folglich ist es nicht zwingend notwendig, schriftliche Verfahrensweisen für die Marketingaudits, SWOT-Analysen, Annahmen und Marketingziele und -strategien festzulegen. Vieles wird dabei inoffiziell in Besprechungen und persönlichen Gesprächen mit den unterstellten Mitarbeitern erledigt, deren Ergebnisse wiederum in die Prognosen und Budgets einfließen. Die schriftlichen Dokumente, die bzgl. Preisbildung, Werbung oder Vertrieb erstellt werden, sind meist sehr kurz. Dennoch wissen die betroffenen Manager genau, welche Rolle ihnen zukommt, um die Unternehmensziele zu erreichen.

> Solche Unternehmen gehen bei der Marketingplanung also durchaus strukturiert vor, jedoch auf relativ informelle Weise.

Andererseits aber leiden viele kleine Unternehmen, in denen kaum Marketingkenntnisse vorhanden sind und die Topmanager ihre Strategien nur implizit verfolgen, unter ernsthaften operativen Problemen.

Diese operativen Probleme verschlimmern sich mit zunehmender Unternehmensgröße. Während das Management um immer mehr Mitarbeiter und Ebenen erweitert wird, fällt es der Geschäftsleitung immer schwerer, sich in informellen, persönlichen Gesprächen noch umfassend und genau über die Geschäfte und das Unternehmen zu informieren. Wo es keine schriftlichen Verfahren und keine strukturierten Prozesse gibt, gelingt es den verschiedenen Ebenen des operativen Managements immer schlechter, den täglichen Druck rational zu bewältigen. Strikte Budgetkontrollsysteme, die ohne die in diesem Buch beschriebenen Methoden angewendet werden, erweisen sich nur unter sehr günstigen Marktbedingungen als erfolgreich. Sie verursachen häufig Frust in der Geschäftsleitung und gelten als der wichtigste Faktor für Misserfolg.

Allgemein gilt deshalb: Je größer das Unternehmen, desto wichtiger sind standardisierte, formalisierte Verfahren für die verschiedenen Schritte des Marketingplanungsprozesses.

Diversität

Unter Kontrollgesichtspunkten ist ein nicht diversifiziertes Unternehmen die am wenigsten komplexe Umgebung, in der man arbeiten kann. Im Sinne der folgenden Ausführungen bedeutet „nicht diversifiziert", dass das Unternehmen nur wenige Produktlinien oder homogene Kundengruppen hat. Ein nicht diversifiziertes Unternehmen könnte etwa Hydraulikschläuche auf vielen verschiedenen Märkten verkaufen, oder es könnte mit einer vielfältigen Produktpalette auf nur einem Markt präsent sein, etwa in der Automobilindustrie.

In solchen Fällen steigt mit der Größe des Unternehmens die Notwendigkeit eines institutionalisierten Marketingplanungssystems. Es besteht ein enger Zusammenhang zwischen der Unternehmensgröße und der Komplexität der Führungsaufgaben, ganz unabhängig von der Diversität.

EINBLICKE

Beispielsweise operiert ein Mineralölunternehmen auf vielen verschiedenen Märkten weltweit, verfügt über zahlreiche verschiedene Marketingplanungssysteme und hat auf verschiedenen Märkten unterschiedliche Wachstumsraten und Marktanteile. In fast jeder Hinsicht ist also die Kontrolle durch die Zentrale ebenso schwierig und komplex, wie es in einem großen, diversifizierten Konglomerat der Fall wäre. Der Hauptunterschied besteht in dem größeren Wissen des Topmanagements, was die Schlüsselerfolgsfaktoren der homogenen Produkte auf den weltweiten Märkten angeht.

Die Homogenität des Produktes oder Marktes macht es normalerweise möglich, dass die Zentrale den operativen Einheiten weltweit Richtlinien vorgibt, etwa zu Themen wie Werbung, Public Relations, Verpackung, Preisbildung, Markenführung und Produktentwicklung. In der Zentrale eines diversifizierten Konglomerats wären derartige allgemeine Richtlinien eher unpraktisch oder sogar sinnlos.

Häufig wird behauptet, dass eine gemeinsame Planung in Unternehmen, die aus vielen heterogenen Einheiten bestehen, eher schadet und das Verständnis zwischen den operativen Einheiten und der Zentrale eher beeinträchtigt als verbessert. Tatsache ist jedoch, dass Konglomerate häufig aus mehreren kleineren multinationalen Unternehmen bestehen, von denen manche diversifiziert sind und andere nicht. Das eigentliche Risiko für das Marketing trägt die niedrigste Ebene mit, auf der noch eine Führungs- und Gewinnverantwortung angesiedelt ist. Prognose- und Budgetierungssysteme an sich fördern auf diesen Ebenen meist nur eine kurzfristige, engstirnige Sichtweise. Wenn keine Marketingplanungsverfahren vorhanden sind, haben die höheren Führungsebenen keine verlässliche Grundlage, um langfristige Marketingziele zu entwickeln und vorzugeben.

Genau dieselben Grundsätze treffen insoweit auf die verschiedenen Kontrollebenen in einem diversifizierten multinationalen Konzerns zu, als es auf der höchsten Kontrollebene eine rationale Basis geben muss, auf der Entscheidungen über das Geschäftsfeldportfolio getroffen werden. Dabei erweisen sich diejenigen Unternehmen als am erfolgreichsten, die diesen Prozess durch standardisierte Marketingplanungsverfahren unterstützten (Homburg/Schenkel 2006). In solchen Unternehmen gibt es eine Hierarchie von Audits, SWOT-Analysen, Annahmen, Strategien und Maßnahmen, wobei mit abnehmender hierarchischer Ebene immer mehr Details erforderlich werden. Die genauen Einzelheiten eines jeden Schritts hängen zwar von den Umständen ab, das Ergebnis des Prozesses aber liegt letztlich in einheitlicher Form vor.

Die Grundlage des ganzen Systems ist der Informationsbedarf auf der höchsten Weisungsebene. Marketingziele und -strategien werden häufig auf der nächsthöheren Führungsebene in einem funktionsübergreifenden Unternehmensplan zusammengefasst, bis dieser Plan schließlich auf der höchsten Weisungsebene hauptsächlich aus Finanzinformationen und Zusammenfassungen der wichtigsten operativen Aktivitäten besteht.

In der Zentrale eines Konzerns gibt es nur selten einen konsolidierten Marketingplan.

Ein solcher Plan ist häufig nur auf der niedrigsten Managementebene mit Gewinnverantwortung vorhanden, und selbst hier ist er manchmal Bestandteil des Unternehmensplans. Das trifft vor allem auf Investitionsgüterunternehmen zu, bei denen Entwicklungs-, Fertigungs- und technische Dienstleistungen wichtige Faktoren des wirtschaftlichen Erfolgs sind.

Hier muss man zwischen kurzfristigen operativen Plänen und langfristigen strategischen Plänen unterscheiden, die beide aus demselben Prozess hervorgehen. Die Zentrale eines Konzerns interessiert sich besonders für den Fortschritt und die Aussichten der wichtigsten operativen Tätigkeiten. Natürlich möchte sie eine zufriedenstellende Rentabilität gewährleisten, ist dabei aber weniger an der detaillierten kurzfristigen Zeit- und Kostenplanung interessiert, mit deren Hilfe diese Ziele erreicht werden. Dies ist jedoch ein wichtiges Thema auf der untersten Führungsebene mit Gewinnverantwortung.

Zusammengefasst lässt sich sagen: Je kleiner das Unternehmen ist, desto informeller und persönlicher sind die Verfahren für die Marketingplanung. Mit zunehmender Unternehmensgröße und Diversität steigt auch die Notwendigkeit institutionalisierter Verfahren.

In jedem System ist die Frage entscheidend, inwieweit es eine Kontrolle über die zentralen Erfolgsfaktoren ermöglicht.

Entscheidend in jedem System ist die Frage, inwieweit eine *Kontrolle* über die kritischen Erfolgsfaktoren ausgeübt werden kann. Die in der einschlägigen Literatur viel diskutierte Frage, wo die Verantwortung für die Festlegung der Marketingziele und -strategien in einem internationalen Unternehmen angesiedelt sein sollte, lenkt nur vom eigentlichen Thema ab. Natürlich dürfen in einem diversifizierten multinationalen Konzern die detaillierten Marketingziele und -strategien für ein weit entferntes Land nicht von einem Mitarbeiter in Berlin festgelegt werden. Genau dieses Thema – das Gleichgewicht zwischen der Flexibilität der operativen Einheiten, die schnell auf veränderte lokale Marktbedingungen reagieren müssen, und der zentralen Kontrolle – soll durch ein formelles System gelöst werden.

Unternehmen müssen ein System implementieren, das durch eine Hierarchie von Bottom-up-/Top-down-Verfahren ein gesundes Gleichgewicht zwischen der Detailkontrolle auf der untersten operativen Ebene und einer zentralen Kontrolle herstellt. Die Hauptrolle der Zentrale besteht darin, die Stärken des Unternehmens auf weltweiter Basis zu fördern und zu gewährleisten, dass die Entscheidungen auf den niedrigeren Ebenen keine Probleme in anderen Bereichen verursachen und zu unnötigen Doppelarbeiten führen.

In *Abbildung 12.3* werden vier zentrale Ergebnisse dargestellt, zu denen die Marketingplanung führen kann. Die Abbildung verdeutlicht, dass die Systeme I, III und IV – in denen sich die Einzelnen vollständig einem formellen System unterwerfen müssen oder in denen die Einzelnen ohne jegliche Vorgaben tun dürfen, was sie wollen, oder in denen weder ein System noch Kreativität vorhanden ist – weniger erfolgreich als System II sind. In diesem dürfen die Einzelnen innerhalb eines Gesamtsystems unternehmerisch handeln. System II stellt also ein effektives Marketingplanungssystem dar, in dem der Formalisierungsgrad von der Größe und Diversität des Unternehmens abhängt.

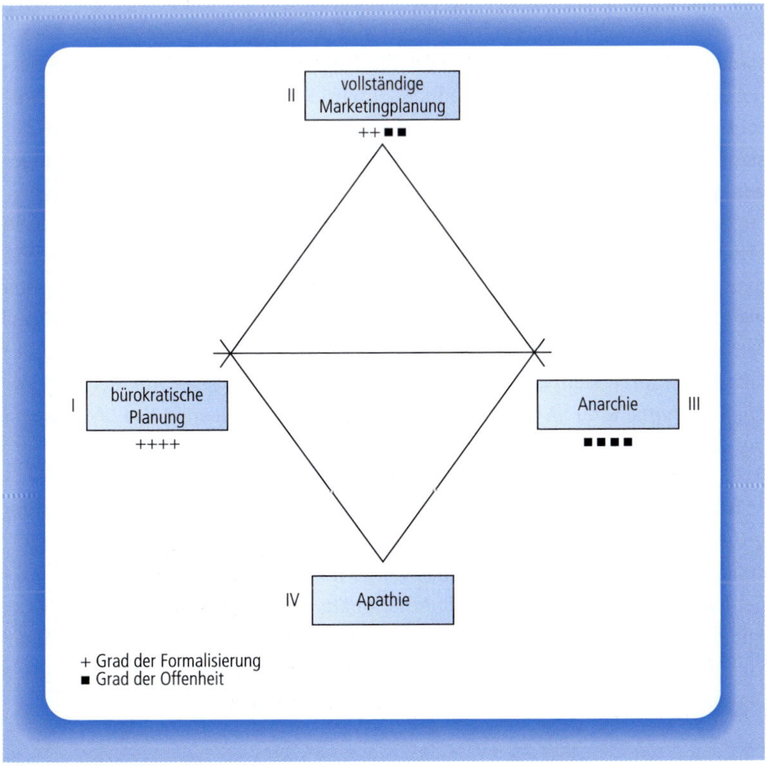

Abbildung 12.3
Arten von Marketingplanungssystemen.

In einem formalisierten System mit geschlossenem Kreislauf kann sich keine Kreativität entfalten. Im heutigen turbulenten und hart umkämpften Wettbewerbsumfeld gewinnen nur diejenigen Unternehmen aus ihren Systemen unternehmerische Ideen und kreative Marketingprogramme, deren Verfahren nur so weit wie nötig formalisiert sind. Innovationskraft und Ideenreichtum werden sonst in den Systemen erstickt.

Gewiss gibt es genügend Beispiele für internationale Unternehmen mit hochgradig formalisierten Systemen, die einfallslose Pläne erstellen, die sich von einem Jahr zum nächsten kaum ändern, und denen es folglich auch nicht gelingt, auf die zentralen strategischen Themen zu reagieren. Die damit verbundene erhebliche Verschwendung geht weitgehend darauf zurück, dass die *wichtigen Manager in den frühen Phasen des Planungszyklus zu wenig persönlich einbezogen waren.*

Es ist also notwendig, einen Weg zu finden, um den Planungslebenszyklus immer wieder zu erneuern. Es darf keine Trägheit entstehen. Wenn es kein Ventil oder kein Mittel gibt, den Kreislauf zu durchbrechen, könnte die Trägheit schon bald den Niedergang einläuten.

Die entscheidende Einbeziehung der Topmanager aller Ebenen findet in der Auditphase statt.

Ein solches Ventil muss frühzeitig während des Audits oder der Überprüfung des Status quo im Planungszyklus berücksichtigt werden. In Unternehmen mit effektiven Marketingplanungssystemen erfolgt, unabhängig vom Grad der Formalisierung, eine Einbeziehung der Topmanager aller Ebenen in der Auditphase. Im Wesentlichen geht es darum, die Auditergebnisse sowie die vorgeschlagenen Marketingziele und -strategien und die Budgetentwürfe für die strategische Planungsperiode persönlich darzustellen. Die Ergebnisse und Vorschläge werden besprochen, erforderlichenfalls ergänzt und in Form von Zusammenfassungen auf den verschiedenen Ebenen des Unternehmens freigegeben, *bevor* eine detaillierte operative Planung stattfindet. In solchen Besprechungen müssen die Manager ihre Ansichten begründen, was sie meist dazu bringt, mutiger und kreativer zu sein, als es der Fall gewesen wäre, wenn man ihnen lediglich erlaubt hätte, ihre Vorschläge nur einzureichen. Natürlich hängt auch hier viel davon ab, inwieweit die Manager bereit sind, einen kritischen Standpunkt einzunehmen. Diese Bereitschaft steigt deutlich, wenn der Geschäftsführer sich aktiv an dem Prozess beteiligt. *Jede Stunde Zeit, die ein Geschäftsführer für diese Phase aufwendet, hat einen Multiplikatoreffekt auf den restlichen Prozess.* An dieser Stelle sei noch einmal darauf hingewiesen, dass bisher ausschließlich über Budget*entwürfe* gesprochen wurde.

Bis vor Kurzem war die Ansicht weit verbreitet, dass es durchaus grundlegende Unterschiede in den Marketingplanungsmethoden geben könnte, etwa abhängig von der Art der Güter und Märkte im B-to-B-Geschäft, von der Unternehmensgröße, vom Grad der Internationalisierung und von den Methoden, mit denen Produkte im Ausland vermarktet werden. Insbesondere wird die viel debattierte Rolle der Zentrale im Marketingplanungsprozess häufig als potenzielle Ursache großer Schwierigkeiten genannt.

Zu den wichtigsten Erkenntnissen zahlreicher Studien gehört es, dass die Theorie der Marketingplanung universal anwendbar ist.

Auch wenn die Planungsaufgabe in kleinen, nicht diversifizierten Unternehmen weniger kompliziert ist und weniger formalisierte Verfahren benötigt werden als in großen, diversifizierten Unternehmen, sollte immer genau dasselbe Rahmenkonzept verwendet werden. Dieser Ansatz ermöglicht allen Beteiligten ähnliche Vorteile.

In einem multinationalen Konglomerat kann die Zentrale wichtige Trends bei Produkten und Märkten weltweit beurteilen und ist damit in der Lage, Investitions-, Expansions-, Diversifizierungs- und Desinvestitionsstrategien auf globaler Basis zu entwickeln. Die Tochterunternehmen wiederum können geeignete Strategien entwickeln, die auf das Erreichen gemeinsamer übergreifender Ziele ausgerichtet sind.

Dies wird durch integrierte Informationsflüsse von unten nach oben erreicht, sodass ein sinnvoller Vergleich der weltweiten Leistung ermöglicht wird, ebenso wie die Weitergabe wertvoller Informationen, Fähigkeiten, Erfahrungen und Systeme von oben nach unten. Die besonderen Vorteile von Unternehmen, die solche Systeme anwenden, können entsprechend den Hauptelementen des Marketing-Mix wie folgt beschrieben werden (Schenkel 2006):

- *Marketinginformationen:* Es finden ein weltweiter Wissens- und Erfahrungstransfer und eine weltweite Optimierung der Aktivitäten statt.
- *Produkt:* Eine effektive Steuerung der Produktpalette wird erleichtert. Dies ist möglich, weil sich das Unternehmen auf bestimmte Produkte in bestimmten Märkten konzentriert, beruhend auf den weltweit gesammelten Erfahrungen.
- *Preis:* Die Richtlinien für die Preisbildung sind so flexibel, dass das lokale Management seine Geschäfte effektiv betreiben kann, während die schädlichen Auswirkungen des Austauschs zwischen den Kunden verschiedener Märkte deutlich gemindert werden.
- *Distribution:* Es werden deutliche Vorteile durch die Rationalisierung des Lieferkettenmanagements erzielt.
- *Absatzförderung:* Überflüssige Doppelarbeiten werden reduziert. Die verschiedenen Erscheinungsbilder und Auftritte des Unternehmens werden vereinheitlicht. Bemühungen in einem Teil der Welt verstärken somit diejenigen in einem anderen.

Die Verfahren, mit denen der Informationsfluss und Wissenstransfer gefördert werden, ermutigen auch das operative Management dazu, strategisch über die eigenen Verantwortungsbereiche nachzudenken anstatt nur kurzfristige Zeiträume im Auge zu haben.

Es ist offensichtlich, dass solche Vorteile einem Marketingplanungssystem zu verdanken sind und dass Diskussionen über den Standardisierungs*prozess* dadurch weitgehend irrelevant werden. Über eine mögliche Standardisierung kann nur entschieden werden, wenn ein Unternehmen ein System zur Identifizierung der Bedürfnisse eines jeden Marktes und zur Organisation der Ressourcen entwickelt.

Zusammenfassung des Marketingplanungsprozesses

An dieser Stelle sollen die früheren Kapitel zusammengefasst werden, um die vielen Konzepte und Ideen, die entwickelt wurden, in die Phasen des Marketingplanungsprozesses einzuordnen.

An Checklisten für die Durchführung der Marketingplanung herrscht kein Mangel. Zahlen und Texte allein, auch wenn ihre Darstellung noch so gut ist, bewirken jedoch nicht viel.

Eine kleine Wirkung haben sie allerdings: Wer einen Plan erstellt, ist gezwungen, sehr genau nachzudenken. Es ist aber unbedingt notwendig, den *erforderlichen Grad der Marketingplanung* festzulegen.

Man sollte sich vor allem auch den *Zweck* der Marketingplanung in Erinnerung rufen, der darin besteht, einen nachhaltigen Wettbewerbsvorteil zu generieren. Im Folgenden sollen die Hauptbarrieren der Marketingplanung aufgedeckt und die Hauptpunkte eines Marketingplanungssystems zusammengefasst werden. Auf diese Weise entsteht das Fundament für ein System, das für jedes Unternehmen geeignet ist.

Der Prozess selbst

„Wie gut sollten wir unter den derzeitigen Marktbedingungen abschneiden?“ Die Antwort auf diese Frage erfordert genaue Analysen innerhalb und außerhalb des Unternehmens. Es reicht nicht aus, sich nur das Ergebnis anzusehen und zu sagen: „Budget eingehalten.“

Es ist durchaus möglich, das Budget einzuhalten und dennoch Marktanteile zu verlieren – wenn das Budget nämlich von Vornherein nicht auf der Grundlage einer korrekten Beurteilung des Markts festgelegt wurde.

Deshalb sollte die Frage eigentlich lauten: *„Welchen Umsatz/Bruttogewinn sollten wir unter den derzeitigen Marktbedingungen erreichen?“* Um dies zu beantworten, benötigt man ein durchdachtes „gemeinsames Format“, also einen Marketingplan.

Marketingplanung zu betreiben, ist vergleichbar damit, „Pudding an die Wand zu nageln“: Es ist eine chaotische Angelegenheit, und dabei wird immer wieder nach neuen Wegen gesucht. Eigentlich wird versucht, „Kontrolle“ über die Zukunft zu gewinnen, indem entschieden wird, *wie mit den möglichen verschiedenen Marktbedingungen umzugehen ist.* Die Einführung von Marketingplanung signalisiert, dass das Marketing im Unternehmen etwas „bewirken“ möchte.

Zum Marketingplanungsprozess gehört es, dass verschiedene Köpfe im Unternehmen beziehungsweise in der Abteilung zusammengebracht werden und ein „Kompromiss“ bei Themen gefunden wird, zu denen es unterschiedliche Meinungen gibt. Der Marketingplanungsprozess beginnt per definitionem in jedem Jahr wieder bei „null“. Das Syndrom, routinemäßig eine „Zehn-Prozent-Steigerung“ festzulegen, muss unbedingt vermieden werden.

Der Marketingplanungsprozess erleichtert die interaktive Kommunikation im Unternehmen sowohl von oben nach unten als auch umgekehrt und hängt sogar davon ab. Wenn die Kommunikation nicht gelingt, hat man letztlich nur auf der Vergangenheit basierende Prognosen erstellt, aber keine echten Ziele entwickelt, die den tatsächlichen Bedingungen innerhalb und außerhalb des Unternehmens entsprechen. Der Planungsprozess soll Unternehmen in erster Linie helfen, sich selbst zu helfen.

Manchmal ist es für die höheren Ebenen des Unternehmens schwierig, die SWOT-Analysen der niedrigeren Ebenen zusammenzufassen und zusammenzuführen. Die Aufgabe wird jedoch einfacher, wenn beispielsweise die Abteilungen so gegliedert werden, dass sie die Struktur des externen Markts widerspiegeln.

Sobald der Marketingplanungsprozess so weit vorangeschritten ist, dass ein detaillierter einjähriger operativer Plan entwickelt und das Budget verabschiedet wurde, ist uneingeschränktes Engagement erforderlich. Wenn jedoch im Verlauf des folgenden Geschäftsjahrs das Budget nicht mehr erfüllt wird, ist es legitim, die Elemente des Marketingplans so zu modifizieren, dass das Defizit beseitigt wird. Die Elemente eines Plans sind also durchaus flexibel – das Budget jedoch bleibt fest.

Das Marketingaudit

Der Marketingplanungsprozess beginnt mit einem *Audit* der Leistung und der Umwelt des Unternehmens. Das Marketingaudit besteht im Wesentlichen aus einer Datenbank zu sämtlichen marktbezogenen Themen, mit denen das Unternehmen befasst ist. Die darauffolgende SWOT-Analyse strukturiert das Audit, um die laufenden Planungstätigkeiten zu erleichtern.

Das Unternehmen muss eine Liste detaillierter Fragen vorlegen, die jeder Manager für seinen eigenen Verantwortungsbereich beantworten muss. Jeder Manager, der ein Audit ausführt, sollte dafür Vertriebsdaten und das Marketinginformationssystem des Unternehmens nutzen. Der Marktforschungsleiter, sofern im Unternehmen vorhanden, sollte allen Managern in dieser Phase einen Marktüberblick geben und dabei die wichtigsten Markt- und Produkttrends und sonstige Entwicklungen beschreiben.

Wahrscheinlich wird es notwendig sein, die Inhalte der Auditcheckliste an die jeweilige Unternehmensebene, an die sie sich richten, anzupassen. Für das Audit müssen zwangsläufig mehr Daten erstellt werden, als letztlich im Marketingplan erscheinen.

Deshalb sollten die Manager versuchen, während des Jahres mit der Erstellung einer „Produkt-/Marktbibel" zu beginnen, die auch als Referenz bei Präsentationen verwendet werden kann.

Das Marketingaudit sollte somit *fortlaufend* (dynamisch) und nicht zu einem bestimmten Zeitpunkt durchgeführt werden. Auf diese Art und Weise wird es zu einer nützlichen Informationsquelle, die sich das ganze Jahr über zur Entscheidungsfindung heranziehen lässt.

Es sollte vermieden werden, beim Audit vage Begriffe wie etwa „ungünstige wirtschaftliche Rahmenbedingungen" zu verwenden. Selbst in insgesamt rückläufigen Märkten wird es „Wachstums"bereiche geben. Diese sind zu identifizieren und es ist zu entscheiden, ob die Bemühungen darauf konzentriert werden sollen.

Produktlebenszyklen und Portfoliomatrizen stellen integrale Bestandteile des Audits dar. Es wird vorgeschlagen, dass der Manager für jedes Hauptprodukt einen Produktlebenszyklus entwickelt und die Auditinformationen zur Prognose des zukünftigen Verlaufs des Lebenszyklus nutzt. Weiterhin wird vorgeschlagen, dass der Marketingmanager diese Produkte in eine Portfoliomatrix einzeichnet und anhand der Auditinformationen die zukünftige gewünschte Position der Produkte bestimmt (z. B. für drei Jahre im Voraus, wenn dies dem Planungshorizont entspricht). Die Matrix enthält deshalb vielleicht einige neue Produkte, die sich bislang noch nicht in der Produktpalette befinden.

Das Audit kann insbesondere ein nützliches Werkzeug für neue Mitarbeiter sein, da sich diese somit schnell einen Überblick über den Geschäftsbereich der Abteilung verschaffen können.

SWOT-Analysen

Es ist wichtig, sich in Erinnerung zu rufen, dass nur die SWOT-Analysen, *nicht* jedoch das Audit tatsächlich im Marketingplan erscheinen.

Diese Zusammenfassung des Audits sollte nach Möglichkeit nicht mehr als ein oder zwei Seiten umfassen, die sich nur auf die *zentralen* Faktoren beziehen. Darin sollte auf die internen Stärken und Schwächen *im Vergleich* zu den Konkurrenten und die wichtigsten externen Gefahren und Chancen eingegangen werden. Eine SWOT-Analyse ist für jedes Segment oder Produkt erforderlich, die für die Zukunft des Unternehmens als wichtig erachtet werden.

Die SWOT-Analysen sollten interessant zu lesen sein, knappe Aussagen sowie nur die relevanten und wichtigen Daten enthalten und dafür der kreativen Analyse größere Bedeutung beimessen.

Eine entscheidende Aufgabe des Marketingmanagements besteht darin, ein Unternehmen von der Konkurrenz zu differenzieren. Die SWOT-Analyse ist ein Mittel hierfür.

Eine gut durchgeführte SWOT-Analyse hilft, die wirklich wichtigen Herausforderungen aufzudecken, die in Zukunft mit Priorität behandelt werden sollten. Zu häufig aber ist die SWOT-Analyse nur ein Sammelsurium von offensichtlich kaum zusammenhängenden Punkten.

Nach der Präsentation einer SWOT-Analyse sollten alle Mitarbeiter genau verstanden haben, welches die Antriebskräfte des Geschäftsbereichs sind.

Eine gute SWOT-Analyse sollte andere in die Lage versetzen, die Ziele zu formulieren, die sich daraus logisch ergeben. Die SWOT-Analyse sollte klare Hinweise auf die Schlüsselfaktoren des Erfolgs in dem fraglichen Segment enthalten, damit die weitere Planung darauf aufbauen kann.

Das Ergebnis der SWOT-Analyse sollte letztlich die Wahrnehmung des Marktes darstellen. Sie sollte zusammenfassen, welche Ziele verfolgt werden, und auf erforderliche künftige Maßnahmen hinweisen. Wenn diese Vorgehensweise konsequent verfolgt wird, können Konkurrenten in Nachfolger verwandelt werden.

Die SWOT-Analyse ergibt sich aus internen Diskussionen und stellt nicht nur die Meinung eines Einzelnen dar. Die SWOT-Analyse sollte Antworten auf Fragen wie die folgenden geben:

- Was brauchen die Kunden?
- Wie kaufen sie es?
- Was tun die Konkurrenten?
- Wie gut werden die Kundenbedürfnisse erfüllt?

Die Stärken und Schwächen (intern) sollten differenziert werden. Die Analyse der Chancen und Gefahren (extern) erfolgt dagegen grundsätzlich global und umfassend, wenn es beispielsweise um eine drohende Erhöhung der Umsatzsteuer geht. Die Auswirkung einer solchen Gefahr (sollte sie eintreten) muss ein Unternehmen früher als seine Konkurrenten beurteilen, und es muss früher darauf reagieren, um über einen Vorsprung zu verfügen.

Wenn die einzelnen Themen in der SWOT-Zusammenfassung formuliert werden, sollten sich Verantwortliche ständig fragen: „Was bedeutet das ...?" Dies zwingt, über die Implikationen der Themen nachzudenken.

Schließlich müssen die vereinbarten Budgets (die am Ende des Prozesses stehen) intern mit den Problemstellungen konsistent sein, die in den ursprünglichen SWOT-Analysen aufgeworfen wurden.

Häufig ist diese interne Konsistenz nicht offensichtlich, weil die Budgets meist am Anfang und nicht am Ende des Prozesses erstellt werden.

Es ist oft schwierig, eine SWOT-Analyse zu bearbeiten, die eine andere Person erstellt hat, außer natürlich in den Fällen, in denen diese an der ursprünglichen Diskussion beteiligt war. Die Qualität einer SWOT-Analyse leidet, wenn

1. die einzelnen Punkte/Themen zu stark verkürzt werden,
2. der Verantwortliche sich auf Detailthemen anstatt auf übergreifende Fragestellungen konzentriert.

Annahmen

Auch diese sollten im Marketingplan erscheinen. Wenn der Plan auch unabhängig von den getroffenen Annahmen umgesetzt werden kann, dann ist die Annahme überflüssig. Es sollten nur wenige wesentliche Annahmen genannt werden.

Marketingziele

Auch diese sollten im Marketingplan erscheinen. Bei den Marketingzielen geht es nur um Produkte und Märkte (*nicht* um Werbung etc.). Die verwendeten *Begriffe* sollten auf das verweisen, was auch im Produktlebenszyklus und in der Portfoliomatrix aufgeführt wird. Dasselbe gilt für eventuell verwendete Zahlen (wie Mengen, Wert etc.). Kapitel 13 enthält hierzu noch genaue Erläuterungen.

Es ist darauf zu achten, dass bei einem angenommenen dreijährigen Planungshorizont der dreijährige Marketingplan die übergreifenden Marketingziele mit umfassenden Umsatz- und Kostenprognosen für die gesamte Dreijahresperiode enthält. Dieser Plan ist für den langfristigen Unternehmensplan erforderlich. Der einjährige Marketingplan sollte dieselben übergreifenden Marketingziele sowie die spezifischen Ziele für das erste Jahr des Planungszyklus enthalten. Auch danach sollte der detaillierte Einjahresmarketingplan wieder nur das nächste Geschäftsjahr umfassen.

> Im Idealfall sind der Einjahres- und der Dreijahresplan getrennte Pläne, aber das ist nicht zwangsläufig so.

In einer frühen Phase des Planungsprozesses ist es wahrscheinlich, dass die Manager ihre Hauptziele mit ihrem Vorgesetzten besprechen müssen, bevor sie endgültig vereinbart werden, da dieser die umfassenderen Unternehmensziele wahrscheinlich besser kennt.

Es müssen Ziele gesetzt werden, um Verpflichtungen zu erreichen. Außerdem zwingt dies, über die entsprechenden Ressourcenimplikationen nachzudenken.

Die Marketingziele ergeben sich aus den SWOT-Analysen und sollten mit den zentralen in der SWOT-Analyse aufgedeckten Fragen vollständig kompatibel sein. Sie sollten für die Zwecke der Leistungsüberwachung quantifizierbar sein. Begriffe, die als Anweisungen missverstanden werden könnten, wie etwa „verbessern", „erhöhen", „erweitern" sind zu vermeiden. Es wird sich eine Hierarchie der Marketingziele ergeben, die sich bis auf die unterste Ebene erstreckt. Es sind Prioritäten für ausgewählte Marketingziele zu setzen.

> Viele sogenannte Marketingziele sind in der Tat eigentlich Marketingstrategien – eine häufige Verwechslung. Marketingziele sind das, *was* erreicht werden soll; Marketingstrategien dagegen beschreiben, *wie* die gesetzten Ziele erreicht werden sollen.

Manchmal werden auch Marketingstrategien und konkrete Marketing*maßnahmen* verwechselt. Maßnahmen sind kurzfristige Aktivitäten, die sich an einem größeren Plan orientieren, der insgesamt eine bestimmte Strategie ergibt.

Marketingstrategien

Auch diese müssen im Marketingplan enthalten sein. Strategien beschreiben, wie die Ziele erreicht werden sollen:

- *Produkt*politik, in Bezug auf technisch/funktionale Eigenschaften, Design, Größe, Verpackung etc.,
- *Preis*politik, die für die Produktgruppen in den Marktsegmenten verfolgt wird,
- *Distributions*politik für Vertriebskanäle und den Kundenservice,
- *Kommunikations*politik für die Kommunikation in den relevanten Bereichen wie Werbung, persönlicher Verkauf, Absatzförderung, Internet etc.

Budget

Im strategischen Dreijahresmarketingplan sind lediglich die finanziellen Implikationen (Budget) der vereinbarten Strategien anzugeben.

Maßnahmen

Detaillierte Maßnahmenprogramme sollten nur im detaillierten einjährigen operativen Marketingplan erscheinen.

In einem detaillierten einjährigen Marketingplan sind spezifische Teilziele für Produkte und Segmente anzugeben, die wiederum durch detaillierte Angaben zur Strategie und zu den Maßnahmen gestützt werden (was, wo, wann, Kosten etc.). Neben den einzelnen *Budgets* und *Prognosen* ist natürlich ein *konsolidiertes Budget* hinzuzufügen. Die Budgets und Absatzprognosen *müssen* die Marketingziele widerspiegeln. Die Ziele, Strategien und Maßnahmen wiederum *müssen* die vereinbarten Budgets und Absatzprognosen widerspiegeln.

Marketingpläne

Aus dem Marketingplanungsprozess gehen ein oder mehrere schriftliche Marketingpläne hervor. Letztlich handelt es sich um einen Vorschlag für Vorgehensweisen, die sich wiederum auf die Ressourcen auswirken.

> Schriftliche Marketingpläne fassen das intuitive Modell der Marktumwelt, in der ein Unternehmen tätig ist, in Worte und formalisieren es. Schriftliche Marketingpläne tragen dazu bei, dass etwas in Bewegung gebracht wird.

Der Prüfstein für jede Präsentation eines Marketingplans besteht in der Frage an sich selbst: „Würde ich meine ganzen Ersparnisse in den Plan investieren?" Lautet die Antwort darauf nein, dann muss weiter daran gearbeitet werden, die Ideen zu verbessern.

Die Rolle des Topmanagements bei der Marketingplanung

Nur wenige Geschäftsführer haben eine klare Vorstellung von folgenden Planungsaspekten:

- Zweck und Methoden der Planung,
- richtige Aufgabenverteilung bei der Planung der Zuständigkeiten,
- geeignete Strukturen und Personalausstattung der Planungsabteilung,

- Kompetenzen und Fähigkeiten, die in einer effektiven Planungsabteilung erforderlich sind.

Die Rolle des Geschäftsführers umfasst im Allgemeinen folgende Aufgaben:

- Definition des organisatorischen Rahmens,
- Sicherstellung, dass die strategische Analyse die entscheidenden Faktoren abdeckt,
- Balance zwischen kurz- und langfristigen Ergebnissen,
- Demonstration seines Engagements für die Planung,
- Einräumung von Flexibilität, um der unternehmerischen Dynamik Raum zu geben und der Bürokratie entgegenzuwirken,
- Bewahrung dieser unternehmerischen Dynamik bei der Umsetzung der Planung (Motivation).

> Bei der Planung lautet die Hauptrolle des Unternehmenschefs, den Planungskreislauf durch persönliches Engagement zu öffnen. Dies dient hauptsächlich dem Zweck, Katalysator für die unternehmerische Dynamik zu sein, weil das Unternehmen sonst allzu leicht von der Bürokratie dominiert wird. Dies wird in der einschlägigen Literatur nicht ausreichend betont.

Betrachtet man die Gründe für den Misserfolg von Marketingplanungssystemen, wird deutlich, dass der Geschäftsführer mit den Planungsmethoden und Modellen vertraut sein muss. Er muss sein Engagement für den Marketingplanungsprozess demonstrieren und sich selbst aktiv daran beteiligen.

Die Rolle der Planungsabteilung bei der Marketingplanung

Die Frage nach der Rolle der Planungsabteilung ist essenziell. Ihre Aufgaben lauten:

- die Planungsstruktur und -systeme bereitzustellen,
- einen schnellen Informationsaustausch zu gewährleisten,
- die Beiträge der Abteilungen einzufordern,
- Schnittstellen für unterschiedliche Abteilungen einzurichten, zum Beispiel Forschung und Entwicklung und Marketing,
- Pläne vor dem Hintergrund der vom Topmanagement formulierten Strategie zu beurteilen,
- die vereinbarten Pläne zu überwachen.

> Der Planer ist der Koordinator, der dafür sorgt, dass die Planung durchgeführt wird – seine Aufgabe ist es nicht, Ziele und Strategien zu formulieren.

Die Zuständigkeiten des Planers erstrecken sich im Wesentlichen auf drei Dimensionen:

1. Anweisung,
2. Unterstützung,
3. Verwaltung.

In der Rolle des *Anweisers* handelt der Planungsmanager im Namen des Topmanagements, um die Planungsvorgänge zu überwachen und eine vorschriftsmäßige und systematische Umsetzung des Planungsprozesses zu fördern. Diese Aufgabe kann nur dann optimal erfüllt werden, wenn die Manager sowohl über die *Fähigkeit* als auch die *Bereitschaft* dazu verfügen. Der Planungsverantwortliche leistet wahrscheinlich effektivere Arbeit, wenn er mehr als *Unterstützer* denn als *Anweiser* handelt.

In der Rolle als *Unterstützer* tritt der Planungsverantwortliche als interner Berater auf. In dieser Rolle übernimmt er folgende Aufgaben:

- Er berät das Linienmanagement zur Anwendung der Planungsgrundsätze.
- Er stellt Hintergrundmaterial zusammen, um Informationen über die wirtschaftlichen Bedingungen, Branchen, Märkte oder Investitionsalternativen zur Verfügung zu stellen, die für die einzelnen Geschäftsfelder relevant sind.
- Er überwacht oder betreut die Erstellung der Prognosen zur Konjunktur, zu den einzelnen relevanten Branchen und zu den Märkten.
- Er leistet Unterstützung bei der Einrichtung von Systemen zur Fortschrittskontrolle und interpretiert ihre Ergebnisse.
- Er unterstützt die Linienmanager bei der Anwendung innovativer Methoden und Verfahren.
- Er unterstützt die Linienmanager auch durch sonstige Beratung, wenn sie ihre Pläne erstellen und die Fortschritte kontrollieren.

In ihrer Rolle als *Verwalter* gewährleisten die Planer, dass die Planungsverfahren fristgemäß umgesetzt werden und die Kommunikation ohne Verzögerungen und reibungslos verläuft. In dieser Rolle unterliegen die Planer allerdings klaren Beschränkungen. Sie können zwar die Koordination und Kommunikation fördern, aber sie können sie nicht erzwingen. Wenn sich das Linienmanagement darauf nicht bereitwillig einlässt, müssen andere Verantwortliche, die mit der entsprechenden Autorität ausgestattet sind, Korrektur- oder Disziplinarmaßnahmen ergreifen.

Auch an dieser Stelle zeigt sich wieder, dass das Verständnis der Rolle der Planungsabteilung ein wichtiger Erfolgsfaktor für Marketingplanungssysteme ist.

Der Marketingplanungszyklus

Der Zeitplan sollte so gestaltet werden, dass die Arbeiten am Plan für das nächste Jahr schon früh genug im laufenden Jahr beginnen, damit ausreichend Zeit für die Marktforschung und für die Analyse von Schlüsselinformationen und Markttrends bleibt. Außerdem sollte die frühzeitige Entwicklung eines strategischen Plans vorgesehen werden, der dann genehmigt oder noch abgeändert werden kann.

Ein Schlüsselfaktor des Planungszyklus ist natürlich die Frage, inwieweit Absatz- und Marktdaten sinnvoll hochgerechnet werden können. Im Allgemeinen aber hat es sich in vielen Unternehmen bewährt, den Planungszyklus formell etwa sechs bis neun Monate vor Beginn des nächsten Geschäftsjahrs zu beginnen.

Dabei ist es nicht notwendig, sich auf den Rahmen des Geschäftsjahrs des Unternehmens zu beschränken. Es ist auch durchaus möglich, nach einem separaten Marketingplanungszeitplan vorzugehen und einfach die Ergebnisse zu dem Zeitpunkt vorzulegen, an dem sie vom Unternehmenscontrolling verlangt werden.

Planungshorizonte

Während in der Vergangenheit ein- und fünfjährige Planungsperioden verbreitet waren, ist heute ein Dreijahreszeitraum für die strategische Planung üblich. Zurückzuführen ist dies auf die sich rasant verändernden Umweltbedingungen. Die am häufigsten genannten Gründe für einen fünfjährigen Planungshorizont sind die lange Vorlaufzeit für Produktinnovationen, der lange Amortisationszeitraum für die Investitionen, die ständige Verfügbarkeit von Rohstoffen sowie Umfang und Nutzungsdauer vorhandener Anlagen und Gebäude. Allerdings ähneln diese Fünfjahrespläne immer mehr „Szenarien" als detaillierten strategischen Plänen, wie sie in diesem Buch beschrieben werden.

Viele Unternehmen widmen der Überlegung, welcher Planungshorizont in ihrem Fall am besten geeignet wäre, jedoch zu wenig Aufmerksamkeit. Für manche Unternehmen ist ein Fünfjahreszeitraum eindeutig zu lang, insbesondere wenn sie schnell reagieren müssen, wie es etwa in der Modebranche der Fall ist. Bei einem zu langen Planungshorizont würden hier die strategischen Pläne den Bezug zur Realität verlieren. Ein fünfjähriger Horizont wird häufig weitgehend wegen seiner Universalität gewählt. Zweitens werden kleine Tochterunternehmen großer Konzerne häufig aufgefordert, für sieben, zehn und manchmal sogar 15 Jahre im Voraus zu planen, mit dem Ergebnis, dass die Planung zu einer sinnlosen Übung wird. Es mag vielleicht seine Berechtigung haben, wenn ein Glashersteller Zwölfjahrespläne (oder Szenarien) erstellt, weil die Inbetriebnahme eines neuen Ofens eine sehr lange Vorlaufzeit erfordert. Aber es ist nicht gerechtfertigt, denselben Planungszeitraum auch bei kleinen Tochterunternehmen anzuwenden, die in völlig anderen Märkten operieren, auch wenn sie zum selben Konzern gehören. Damit wird nur das operative Management unnötig belastet; darüber hinaus leidet die Glaubwürdigkeit des gesamten strategischen Planungsprozesses.

Aus diesen Überlegungen ergibt sich die Schlussfolgerung, dass es für jedes Unternehmen einen natürlichen „Brennpunkt" in der Zukunft gibt, über den hinaus jede Planung sinnlos ist. Dieser Punkt hängt auch von der Unternehmensgröße ab.

Kleine Unternehmen können vergleichsweise flexibel auf Turbulenzen im Umfeld reagieren. Großunternehmen dagegen benötigen eine viel längere Vorlaufzeit für Richtungsänderungen. Folglich müssen diese weiter in die Zukunft blicken und formalisierte Systeme einsetzen, damit die Manager in der gesamten Organisation eine gemeinsame Kommunikationsbasis haben.

Wie funktioniert der Marketingplanungsprozess?

Ein weiterer wichtiger Aspekt ist, wo die Verantwortung für die Marketingplanung in einem Unternehmen angesiedelt werden sollte. Die Antwort ist einfach.

> Die Marketingplanung sollte an einer Stelle angesiedelt sein, die zunächst einmal eine große Nähe zum Markt aufweist. Die Pläne sollten aber auch noch einmal auf einer höheren Unternehmensebene daraufhin überprüft werden, ob wichtige Aspekte übersehen wurden.

Vielfach wurde vorgeschlagen, dass jeder Manager im Unternehmen ein Audit und eine SWOT-Analyse zu seinem eigenen Verantwortungsbereich durchführt. In der Praxis kann dies einzig und allein mittels einer *Hierarchie* von Audits umgesetzt werden, wie in *Abbildung 12.4* veranschaulicht wird.

Hier wird der Grundsatz der Audits auf verschiedenen Unternehmensebenen verdeutlicht. Das Konzept für das Marketingaudit ist universal anwendbar. Nur die *Details* weichen von Ebene zu Ebene und von Unternehmen zu Unternehmen innerhalb eines Konzerns ab. So wird es ermöglicht, dass jedes einzelne Tochterunternehmen bzw. jeder Geschäftsbereich ohne großen Aufwand die genauen Problembereiche spezifizieren kann, zu denen dann Informationen gesammelt werden.

> Bei einem Unternehmen, das Schmierstoffe für die Industrie herstellte, wurde eine Einschätzung des Marktumfelds vorgenommen. Dazu wurden Informationen und Stellungnahmen zu den Investitionsplänen, Auslandsinvestitionen, Wachstumsraten, Gesundheits- und Sicherheitsvorschriften (auf diesem Markt von besonderer Bedeutung), Inflationsraten, Zollvorschriften etc. sowie eine Beurteilung ihrer Auswirkungen auf den Markt für Schmiermittel benötigt.
> Unter dem Themenbereich „Markt" wurden die zentralen Produktgruppen und Marktsektoren definiert (in diesem Fall wurde das British Standard Industrial Classification System verwendet). Es blieb den einzelnen Tochterunternehmen überlassen, sich in ihren Regionen in die jeweiligen Schlüsselbranchen einzuordnen. Zu diesem Zweck wurden Datenblätter bereitgestellt.
> Im Fall des Wettbewerbs- und des internen Audits wurden die einzelnen operativen Einheiten lediglich gebeten, die Stärken und Schwächen jedes Hauptprodukts und der Konkurrenzprodukte anzugeben; das Gleiche galt für die Chancen und Gefahren. Zur Unterstützung wurde eine Checkliste zur Verfügung gestellt, die unter anderem internationale Genehmigungen von Original-Equipment-Herstellern, die Übereinstimmungserklärung mit den Gesundheits- und Sicherheitsvorschriften usw. enthielten. Die Datenblätter zur Analyse des Marktanteils wurden nach Schlüsselindustrien, Preisgestaltung im Vergleich zur Konkurrenz und anderen Aspekten gegliedert.

Solche Informationen können auf jeder operativen Ebene durch die Hierarchie der Audits gewonnen werden, die in *Abbildung 12.4* dargestellt wird. Dabei erstellt jeder Manager ein Audit für seinen Verantwortungsbereich. Ein diversifizierter Großkonzern kann zwar ein einheitliches Konzept verwenden, aber notwendig ist dies nur für Einheiten, die ähnliche Aktivitäten betreiben. Die

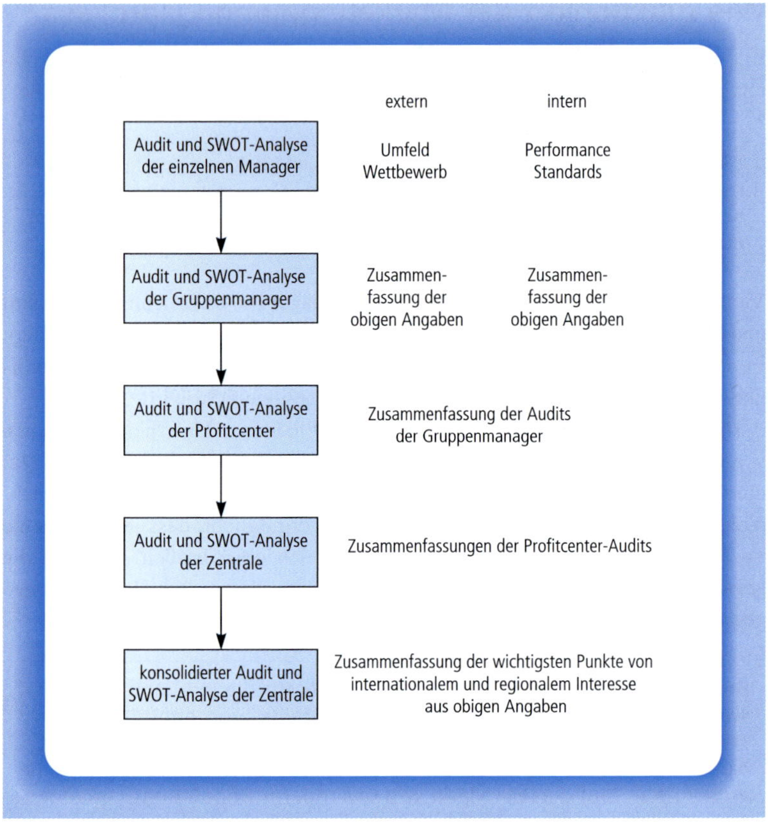

Abbildung 12.4
Hierarchie von Audits.

Vorteile, die den verschiedenen Ebenen entstehen, liegen vor allem darin, das weltweite Potenzial von Produkten und Marktsegmenten exakt erfassen zu können. Ohne ein solches Informationsinstrument ist es schwierig, eine übergreifende strategische Perspektive zu formulieren.

Leider sind Informationen und Daten in einigen Teilen der Welt nicht immer leicht verfügbar und in dem Format zugänglich, in dem sie benötigt werden. Wenn zwischen der Zentrale und den Einheiten das notwendige Wissen über Schulungen vermittelt wird, wenn Ressourcen bereitgestellt werden und Verständnis geweckt wird, dann können Schnittstellen geschaffen werden, die für beide Seiten von unschätzbarem Wert sind. Dasselbe gilt für Intermediäre, die aus Informationen, die aus solchen Schnittstellen resultieren, auch Vorteile für ihr eigenes Geschäft erlangen.

Da es auch im kleinsten undiversifizierten Unternehmen für das Topmanagement nicht möglich ist, den operativen Einheiten Detailziele vorzugeben, wird vorgeschlagen, in dieser Phase des Planungsprozesses strategische Richtlinien zu formulieren. Dies kann beispielsweise in Form eines *strategischen Planungsleitfadens* erfolgen. Eine andere Möglichkeit ist ein persönliches Briefing durch den Unternehmensleiter in einem „Kick-off"-Meeting. Bei der Vorstellung der Richtlinien würde der Unternehmensleiter vom Allgemeinen zum Besonderen gehen und immer detaillierter werden, bis er bei den operativen Einheiten angelangt wäre. *Tabelle 12.1* enthält eine Liste der Punkte, für die strategische Richtlinien vorgegeben werden könnten.

So könnte das Topmanagement etwa bzgl. des Marketing dafür sorgen, dass Fragen wie die technischen Auswirkungen von Innovationsstrategien oder die Verwundbarkeit gegenüber der Produktflut aus Ländern wie Indien, China und Korea besondere Aufmerksamkeit gewidmet wird. Auf operativer Unternehmensebene ist es dann möglich, expliziter auf die Zielmärkte, Produktentwicklung und ähnliche Fragen einzugehen.

An dieser Stelle sei daran erinnert, dass es Aufgabe des Topmanagements ist, die strategische Richtung des Unternehmens festzulegen und Entscheidungen zu treffen wie etwa die, wann Geschäfte hauptsächlich unter dem Gewinnaspekt betrieben werden sollten oder wo verstärkt in die Produktentwicklung oder Markterweiterung mit dem Ziel längerfristiger Gewinne investiert werden sollte. Werden solche Entscheidungen den operativen Managern überlassen, neigen diese zu Maßnahmen, die im Wesentlichen die *heutigen* Produkte und Märkte betreffen, weil sie danach auch hauptsächlich beurteilt werden. Außerdem besteht immer die Gefahr, dass sie das Gesamtbild nicht im Auge haben.

Tabelle 12.1 Strategischer Planungsleitfaden der Unternehmensleitung (mögliche Bereiche, für die Ziele oder strategische Richtlinien vorgegeben werden)

Finanzen	**operatives Geschäft**
– Ausschüttungen	Immobilien
– Lizenzgebühren	Fabrikanlagen
Bruttomarge %	Umrüstung
Betriebsergebnis	Wartung/Unterhaltung
Kapitalrendite	Verfahren
Debitoren	Rohmateriallieferungen
Kreditoren	Einkauf
Bankkredite	Distribution
Investitionen	– Lagerbestand und -kontrolle
Kapitalkosten	– Lagerhaltung
Cashflow	– Transport
Personal und Organisation	**Marketing**
Unternehmensführung	Zielmärkte
Schulungen	Marktsegmente
Handelsbeziehungen	Marken
Organisation	Mengen
Vergütungen und Pensionen	Marktanteile
	Preisbildung
	Image
	Verkaufsförderung
	Marktforschung
	Qualitätskontrolle
	Kundenservice

Dennoch zeigt der oben beschriebene Prozess sehr klar, dass es eine starke gegenseitige Abhängigkeit zwischen dem Topmanagement und der untersten Ebene des operativen Managements gibt, wenn es um die Vorgabe von Zielen und Strategien geht.

Es liegt auf der Hand, dass die Kontrolle in einem sehr großen Unternehmen, das keine Verfahren für das Management dieses Prozesses nutzt, geschwächt wird und die Anfälligkeit gegenüber schnellen Änderungen im Geschäftsumfeld weltweit ansteigt. Diese gegenseitige Abhängigkeit zwischen dem Top-down- und Bottom-up-Prozess wird in *Abbildung 12.5* und *12.6* dargestellt, die eine ähnliche Hierarchie wie die Audits bezüglich der Entwicklung von Zielen und Strategien aufweisen.

Diese Abbildungen veranschaulichen auch die Grundsätze, nach denen der Marketingplanungsprozess in jedem Unternehmen implementiert werden sollte, unabhängig davon, ob es sich um ein kleines Exportunternehmen oder einen großen multinationalen Konzern handelt. Im Wesentlichen wird verdeutlicht, dass es eine *Hierarchie* von Audits, SWOT-Analysen, Zielen, Strategien und Maßnahmenprogrammen gibt.

In *Abbildung 12.7* wird der gesamte Prozess der operativ-taktischen und der strategischen Marketingplanung noch einmal auf andere Weise als in Kapitel 2 dargestellt, wo das zeitliche Element fehlte. Zudem wird hier die Beziehung zwischen strategischen Planungsrichtlinien, langfristigen Unternehmensplänen und kurzfristigen operativen Plänen dargestellt. Wichtig ist, dass es in dieser letzten Abbildung zwei Punkte mit „offenen Feedbackschleifen" gibt. Es handelt sich um die beiden wichtigsten Zeitpunkte im Planungsprozess, zu denen die Analysen und Erkenntnisse der Mitarbeiter einer eingehenden Prüfung durch den Vorgesetzten unterzogen werden.

Wenn die dargestellten Möglichkeiten genutzt werden, kann die Marketingplanung ein kritischer und kreativer Prozess sein. Sie ist dann kein langweiliges und immer wiederkehrendes Ritual, das leider so häufig anzutreffen ist.

Abbildung 12.5
Top-down- und Bottom-up-Planung.

Die letzten beiden Abbildungen sollen veranschaulichen, wie sich der Marketingplanungsprozess in den umfassenden Kontext der Unternehmensplanung einfügt.

Schlussbetrachtung

Abschließend ist zu betonen, dass es kein Marketingplanungssystem von der Stange geben kann.

> Dennoch weisen sowohl Forschungsergebnisse sowie die Erfahrungen vieler Unternehmen darauf hin, dass für viele Manager die Marketingplanung einer der letzten weißen Flecken auf ihrer Wissenslandkarte bleibt. Zurückzuführen ist dies hauptsächlich auf die Komplexität des Prozesses und seine organisatorischen, politischen und kulturellen Implikationen (Homburg/Schenkel 2006).

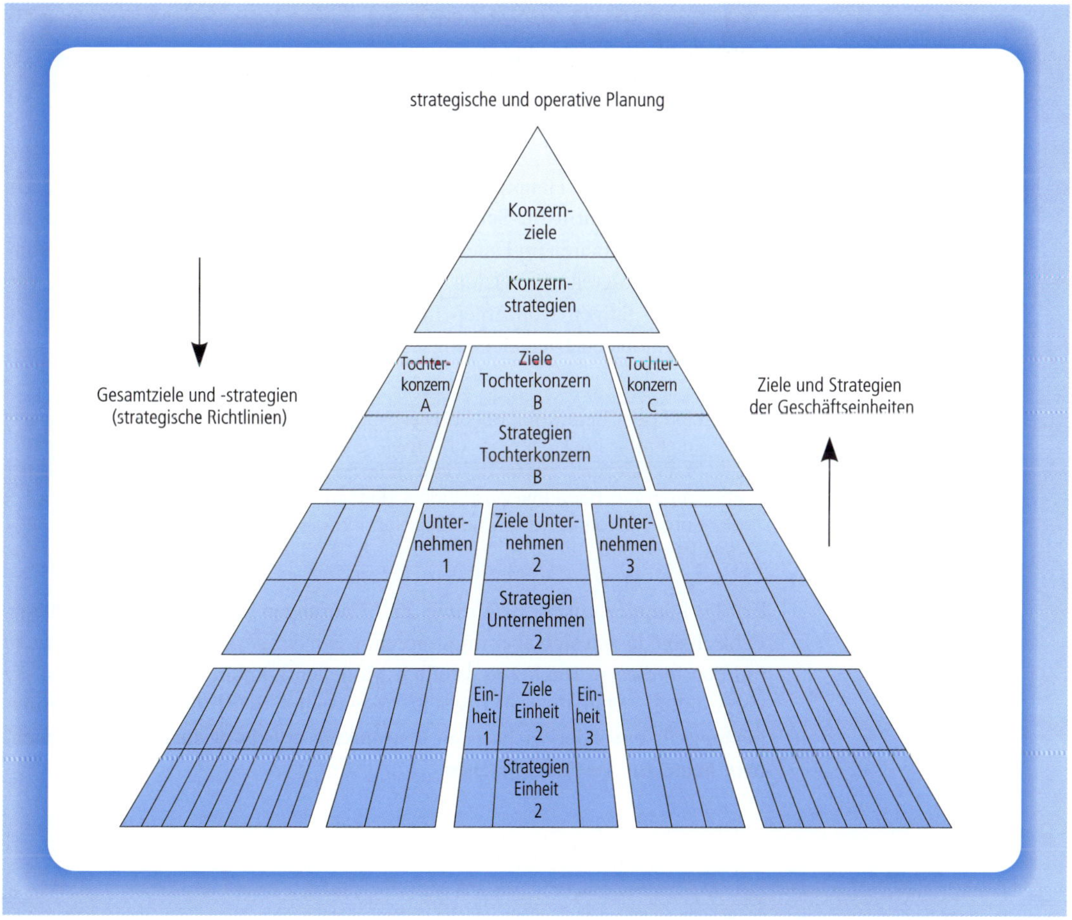

Abbildung 12.6
Hierarchieebenen der Planung.

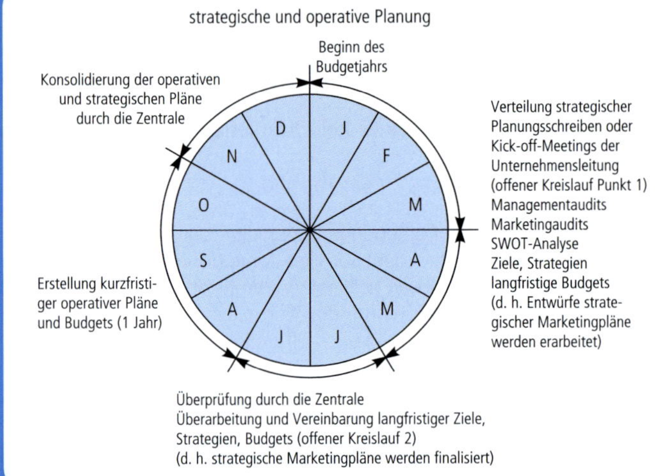

Abbildung 12.7
Abfolge der strategischen und operativen Planung.

Aus diesen Gründen gibt es ein abschließendes Kapitel, das eine knappe Zusammenfassung der Hauptpunkte dieses Buchs enthält. Außerdem wird darin ein einfaches Schritt-für-Schritt-System vorgestellt, das als Grundlage für das Planungsverfahren im Unternehmen genutzt werden kann. Das System wurde bereits erfolgreich in vielen verschiedenen Unternehmen eingesetzt, von international tätigen Konzernen im Business-to-Business-Bereich bis hin zu kleinen, nationalen Dienstleistungsunternehmen.

Letztlich geht eine erfolgreiche Marketingplanung auf die unerschütterliche Bereitschaft zurück, Neues zu lernen und das System an die Mitarbeiter und individuellen Umstände des Unternehmens anzupassen. Wichtig ist aber auch ein genaues Verständnis dessen, worum es bei der Marketingplanung im Grunde geht, und dies kann in der letztlichen Umsetzung nicht gelehrt werden.

Erfolge kommen mit der *Erfahrung*. Zu Erfahrungen gehören auch Fehlschläge. Fehlschläge lassen sich aber minimieren, wenn der *gesunde Menschenverstand* mit den in diesem Buch vorgestellten Modellen kombiniert wird. Werden die vorgestellten Modelle mit Bedacht angewendet, wird sich die Marketingplanung als eines der wichtigsten Instrumente erweisen, die einem Unternehmen heute zur Verfügung stehen.

Anwendungsfragen

1. Wird der Grundsatz der Hierarchien der Audits, SWOT-Analysen, Ziele, Strategien und Maßnahmenprogramme in Ihrem Unternehmen angewandt? Wenn nicht, beschreiben Sie, wie damit umgegangen wird.
2. Wenn er angewandt wird, beschreiben Sie, inwiefern er von den hier beschriebenen Grundsätzen abweicht.
3. Entwerfen Sie ein einfaches Planungssystem für Ihr Unternehmen oder beschreiben Sie, wie Ihr vorhandenes System verbessert werden könnte.

Kapitel 12: Wiederholung

Bedingungen, die erfüllt sein müssen

1. Offene Planungssysteme schaffen: Geschlossene Planungssysteme, insbesondere wenn sie nur auf Prognosen und Budgetierung beruhen, ersticken jede kreative Reaktion im Keim und führen schließlich zum Scheitern.
2. Schnittstellen zu anderen Funktionsbereichen einrichten: Eine Marketingplanung, die nicht auf oberster Führungsebene mit anderen Funktionsbereichen des Unternehmens verknüpft wird, erweist sich größtenteils als ineffizient.
3. Ganzheitliche Planung sicherstellen: Die Trennung von operativer und strategischer Marketingplanung führt zu voneinander abweichenden Plänen, und die kurzfristige Planung setzt sich durch, weil sie schnelle Ergebnisse erzielt.
4. Die Unternehmensleitung muss eine aktive Rolle übernehmen.
5. Für die erfolgreiche Einführung der Marketingplanung muss ausreichend Zeit zur Verfügung gestellt werden (bis zu drei Jahren).

Bearbeiten Sie hierzu Übung 12.1 und 12.2

Zehn Prinzipien der Marketingplanung

1. Zuerst wird der strategische Plan entwickelt, aus dem sich dann der operative Plan ergibt.
2. Das Marketing wird so nah wie möglich am Kunden verankert und die Leitung von Marketing und Vertrieb einer einzigen Person überantwortet.
3. Marketingplanung wird durch eine flexible Einstellung geprägt und nicht durch eine starre Abfolge von Verfahrensschritten.
4. Aktivitäten werden nach Kundengruppen organisiert, nicht nach Funktionen.
5. Das Marketingaudit muss konsequent durchgeführt werden. Er muss klare Formulierungen enthalten und darf keine Informationen unterschlagen. Manager sollten Tools wie Portfolioanalyse und Produktlebenszyklus einsetzen.
6. SWOT-Analysen sollten den Fokus auf Segmente setzen, die für den Unternehmenserfolg entscheidend sind und sich nur auf Schlüsselfaktoren konzentrieren, die mit Zielen verknüpft sind.
7. Die Mitarbeiter müssen umfassend über den Planungsprozess informiert sein.
8. Es muss einen Plan für die Planung geben.
9. Alle Ziele sollten nach ihrer Dringlichkeit und Auswirkung priorisiert werden.
10. Die Marketingplanung benötigt die aktive Unterstützung der Unternehmensleitung und muss zur Unternehmenskultur passen.

Planungshorizont

Es gibt eine natürlichen Grenze, über die hinaus zu planen keinen Sinn macht. Diese Grenze ist von Unternehmen zu Unternehmen verschieden. Im Allgemeinen können kleine Unternehmen kürzere Planungshorizonte ansetzen, da sie schneller und leichter auf Veränderungen reagieren können. Große Unternehmen hingegen müssen mit längeren Planungshorizonten arbeiten.

Planungsparadox

Unternehmen nehmen sich oft vor, das Unmögliche zu erreichen. Häufig formulieren sie Planungsziele der folgenden Art:

- Umsatz maximieren,
- Kosten minimieren,
- Marktanteil steigern,
- Gewinn maximieren.

Frage, die sich für das Unternehmen ergiebt

1. F: Gibt es verschiedene Ansätze für die Marketingplanung?
   A: Ja, wie die nachstehende Abbildung zeigt.

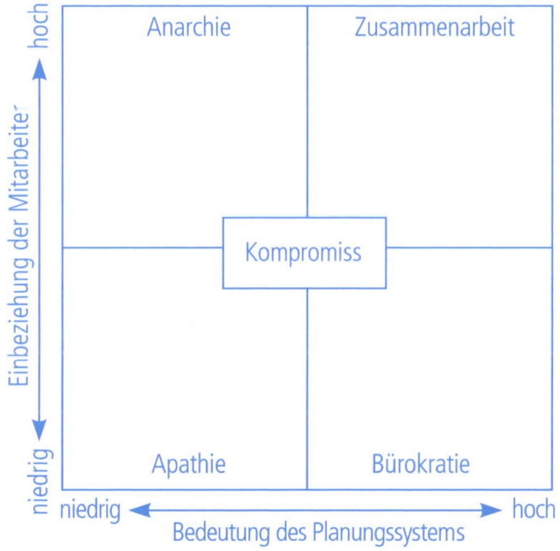

Die erfolgreichsten Marketingpläne beruhen auf dem Grundsatz der Zusammenarbeit. Die Führungskräfte beteiligen sich dabei mit dem erforderlichen Einfühlungsvermögen am Planungsprozess; treiben diesen jedoch gleichzeitig konsequent und streng voran.

Übungen

Einführung in die Übungen zu Kapitel 12

Wie die kurzen Hinweise gezeigt haben, müssen mehrere Bedingungen erfüllt sein, damit der Marketingplanungsprozess kein „steriles“ geschlossenes System ist. Die oben aufgeführten zehn Grundsätze der Marketingplanung verdeutlichen, dass der Prozess nicht zu einem ritualisierten „Zahlenspiel“ degenerieren darf. Es gibt jedoch immer noch einige Problembereiche, die betrachtet werden müssen.

In Übung 12.1 geht es um die theoretische Frage, wie formalisiert der Planungsprozess sein sollte und wie man die richtigen Schritte ergreift, um sich dem idealen System anzunähern.

In Übung 12.2 geht es darum, wie man einen Zeitplan für die Planung aufstellt. Dies ist wichtig, um zu erreichen, dass alle Beteiligten nach gemeinsamen Vorgaben arbeiten und die geforderten Informationen zum richtigen Zeitpunkt bereitstellen.

Bei diesen Übungen konzentrieren Sie sich auf das Marketingplanungssystem, das am besten zu Ihrem Unternehmen passt. Indem Sie sich auf die bisherigen Übungen in diesem Buch stützen, entwickeln Sie ein geeignetes Planungssystem, das auf die Bedürfnisse Ihres Unternehmens abgestimmt ist, und legen die „Grundregeln“ für seine Implementierung fest.

Übung 12.1 Entwurf des Marketingplanungssystems

Auswahl der richtigen Methode

Abbildung 12.8 veranschaulicht den Zusammenhang, der zwischen dem Grad der Formalisierung des Marketingplanungsprozesses und der Größe und Diversität des Unternehmens besteht.

Markt-/Produktdiversität \ Unternehmensgröße	groß	mittel	klein
hoch	hohe Formalisierung	hohe/mittlere Formalisierung	mittlere Formalisierung
mittel	hohe/mittlere Formalisierung	mittlere Formalisierung	niedrige Formalisierung
niedrig	mittlere Formalisierung	niedrige Formalisierung	sehr niedrige Formalisierung

Abbildung 12.8
Grad der Formalisierung in Abhängigkeit von Unternehmensgröße und Diversität.

1. Wählen Sie eine Position in dieser Abbildung, die der Situation Ihres Unternehmens am besten entspricht.
2. Notieren Sie nachstehend einige prägnante Begriffe oder Sätze, um das Marketingplanungssystem zu beschreiben, das am besten zu Ihrem Unternehmen passen würde, zum Beispiel hoher Formalisierungsgrad etc.

Identifizierung der Verbesserungsbereiche

1. Stellen Sie sich vor, dass Sie die Effizienz eines Marketingplanungssystems auf einer Skala von 0 bis 100 bewerten könnten, wobei 100 einer Effizienz von 100 % entspricht, das heißt dass das System gut funktioniert und mit Ihrem Modell übereinstimmt. Wie würden Sie die aktuelle Methode der Marketingplanung in Ihrem Unternehmen bewerten? Inwieweit entspricht sie Ihrem Ideal?
2. Tragen Sie Ihre Punktezahl in *Abbildung 12.9* ein und ziehen Sie eine horizontale Linie.

Abbildung 12.9 Effizienz der Marketingplanung.

Die Abweichung der von Ihnen eingetragenen Linie vom Ideal verdeutlicht, wo es Raum für Verbesserungen gibt.

Übertragen Sie Ihre Punkte in das nachfolgende Diagramm der Planungsfaktoren und vervollständigen Sie dann das Diagramm anhand der nachstehenden Hinweise.

Arbeitsblatt Diagramm der Planungsfaktoren (Übung 12.1)

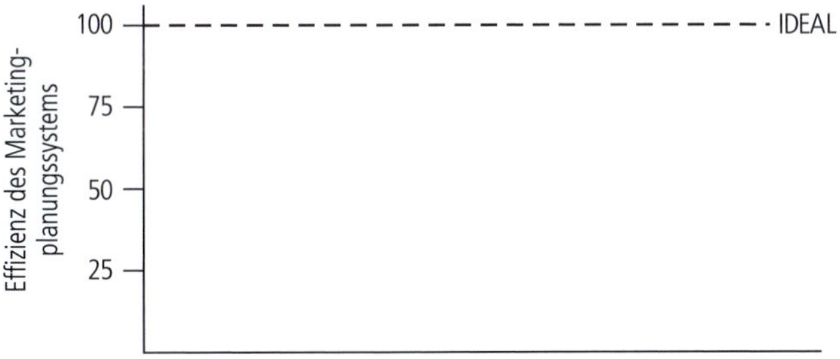

3. Identifizieren Sie alle Faktoren, die dazu beigetragen haben, dass Ihre tatsächliche Effizienzlinie unterhalb des Ideals liegt. Tragen Sie diese ebenfalls in das Diagramm ein. Wenn möglich, verdeutlichen Sie die Bedeutung der Faktoren, die die Effizienz beeinträchtigen, anhand der Länge der Pfeile, wie in *Abbildung 12.10* beispielhaft dargestellt.

Sie werden wahrscheinlich mehr als drei Faktoren finden und sollten auch möglichst viele angeben. Denken Sie aber daran: Notieren Sie nur diejenigen Faktoren, die das *Marketingplanungssystem*, nicht aber den allgemeinen Marke-

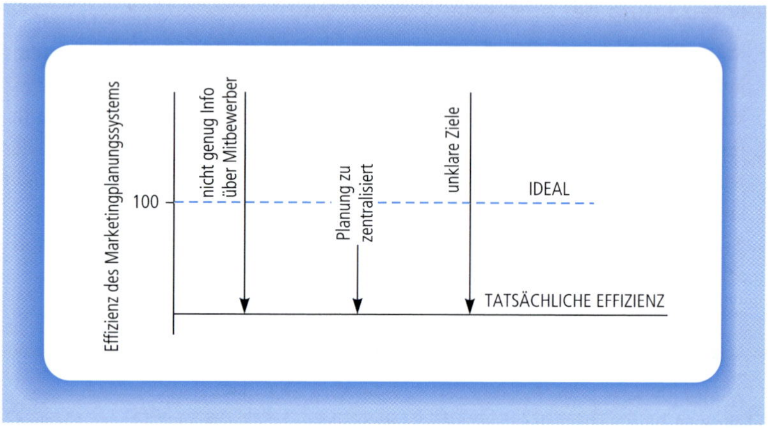

Abbildung 12.10 Bedeutung der Planungsfaktoren.

tingansatz des Unternehmens betreffen. Diese Kräfte, die Verbesserungen behindern und die Effizienz beeinträchtigen, seien „Inhibitoren“ genannt.

4. Fragen Sie sich nun selbst, warum die Linie, die Sie in dem Diagramm gezogen haben, nicht niedriger ist. Der Grund ist natürlich der, dass bestimmte Bestandteile des Systems gut funktionieren oder dass andere Stärken in Ihrem Unternehmen vorhanden sind. Identifizieren Sie diese positiven Kräfte und tragen Sie sie in das Diagramm ein, wie in *Abbildung 12.11* beispielhaft dargestellt. Auch hier sollte die Länge der Pfeile wieder ungefähr dem Einfluss jedes Faktors entsprechen.

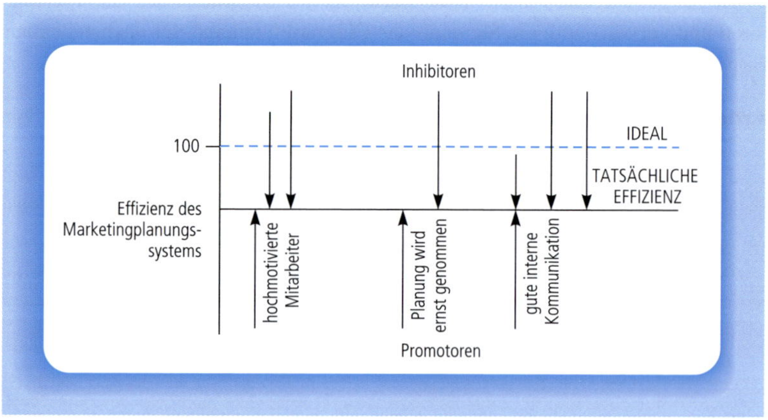

Abbildung 12.11 Promotoren und Inhibitoren.

Die dargestellten Faktoren dienen nur als Beispiele. Sie werden noch viele andere finden. Sie sind die „Promotoren“, weil sie Verbesserungen fördern.

5. Das Arbeitsblatt müsste nun vollständig ausgefüllt sein und zwei Gruppen von entgegengesetzten Kräften darstellen. Was nun? Vielleicht finden Sie den Vergleich mit einem Schiff auf dem Ozean naheliegend. Ihr Schiff (das Marketingplanungssystem) treibt unterhalb seiner idealen Höhe im Wasser, wird aber von Auftriebskräften (den Promotoren) vor dem Untergang bewahrt. Damit das Schiff wieder mit optimaler Höhe im Wasser liegt, wäre es

naheliegend, einen Teil der Fracht (die Inhibitoren) über Bord zu werfen, nicht aber, ins Wasser zu springen und das Schiff von unten nach oben zu drücken. Dieses Beispiel lässt sich auch auf die Marketingplanung übertragen. Daraus ergeben sich die folgenden Empfehlungen:

a) Wählen Sie die wichtigsten Inhibitoren aus und entwickeln Sie Methoden, wie Sie ihre Auswirkungen mindern oder am besten ganz ausschalten können. Daraus werden sich bedeutende Verbesserungen ergeben, allerdings werden diese Maßnahmen mehr Zeit benötigen, um zu wirken.
b) Wählen Sie deshalb gleichzeitig auch weniger wichtige Inhibitoren aus und überlegen Sie, wie Sie diese beseitigen können. Diese Maßnahmen werden zwar wahrscheinlich weniger deutliche, dafür aber schnellere Verbesserungen bewirken.
c) Wählen Sie schließlich die „Promotoren", die derzeit noch geringe Wirkung haben, und überlegen Sie, ob Sie ihre Wirkung verstärken könnten.

6. Fassen Sie Ihre Antworten aus 5a, 5b und 5c in einem umfassenden Verbesserungsplan zusammen, werben Sie für seine Akzeptanz und sorgen Sie dafür, dass er umgesetzt wird.

Konzentrieren Sie Ihre Energie auf die Beseitigung der Inhibitoren. Es ist meist kontraproduktiv, sich auf die stärksten Promotoren zu konzentrieren, indem man etwa versucht, hoch motivierte Mitarbeiter noch mehr zu motivieren.

Der feldtheoretische Ansatz

Die Feldtheorie, auf der die Gestaltung jedes Systems weitgehend beruht, geht auf die Arbeit von Kurt Lewin zurück. Er argumentiert wie folgt (Lewin 1963):

1. Wenn das Marketingplanungssystem eines Unternehmens gut funktioniert, kann man davon ausgehen, dass das Unternehmen keine Probleme hat. Das tatsächliche Effizienzniveau würde bei 100 % (ideal) liegen (siehe *Abbildung 12.12*).

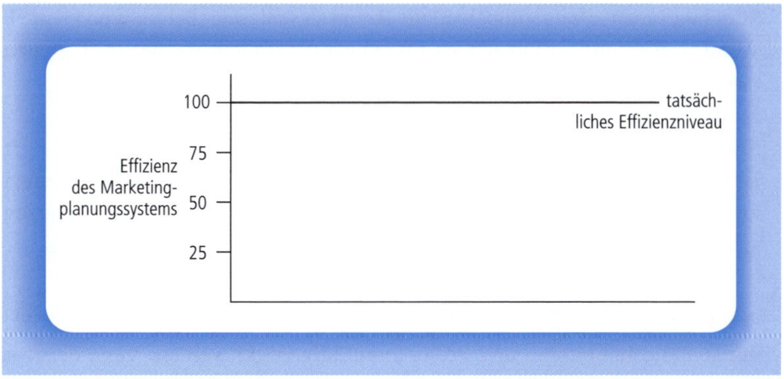

Abbildung 12.12
Effizientes Planungssystem.

2. Aber nur wenige Unternehmen befinden sich in diesem idealen Zustand. Auch ohne eine präzise Beurteilung vorgenommen zu haben (im Allgemeinen ist ein ausreichender Konsens vorhanden), werden die meisten Unternehmen die Effizienz ihres Planungssystems niedriger einstufen, wie in *Abbildung 12.13* dargestellt.

3. Wo auch immer die „tatsächliche“ Linie gezogen wird, stellen sich zwei interessante Fragen, von denen die spätere Analyse abhängt, nämlich:
   a) Warum ist das Leistungsniveau so, wie es ist?
   b) Warum sinkt es nicht auf ein noch niedrigeres Niveau?

4. Die Antwort auf 3a lautet, dass es Schwächen im System gibt und bestimmte Aspekte fehlen oder nicht richtig funktionieren (Inhibitoren). Solange diese Schwachpunkte nicht beseitigt wurden, wird die Effizienz weiter beeinträchtigt.
5. Analog dazu sinkt die Effizienz deshalb nicht noch weiter, weil es Bestandteile des Planungssystems geben muss, die recht gut funktionieren (Promotoren). Das System weist also auch viele Stärken auf.
6. In *Abbildung 12.13* müssen also die Inhibitoren stärker als die Promotoren sein, damit die Effizienz des Planungssystems unterhalb des Idealzustands liegt.

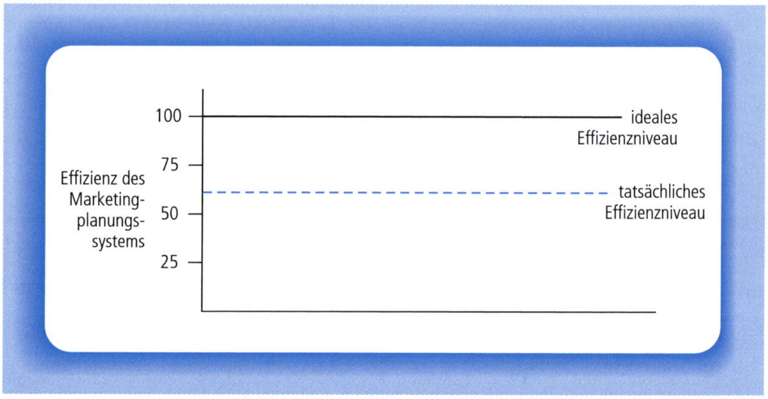

Abbildung 12.13
Ineffizientes Planungssystem.

7. Es sei ein einfaches Beispiel betrachtet. Man fährt im Auto und das Fahrzeug fährt langsamer, als es sollte, weil die Bremsen schleifen (behindernde Kraft). Wenn wieder mit normaler Geschwindigkeit gefahren werden soll, stehen zwei Vorgehensweisen offen:
   a) das Gaspedal stärker durchdrücken (die fördernde Kraft verstärken).
   b) die Bremsen reparieren (die hindernde Kraft beseitigen).
   Es liegt auf der Hand, dass es wahrscheinlich zu allen möglichen Problemen kommt, wenn das Gaspedal stärker durchgedrückt wird. Vielleicht erhitzen sich die Bremsen, sie fangen vielleicht Feuer, oder sie versagen völlig.

8. Zu einer ähnlichen Überhitzung könnte es auch im Marketingplanungssystem des Unternehmens kommen. Um dauerhafte Verbesserungen zu erzielen, müssen alle Inhibitoren und Promotoren aufgedeckt werden. Viele der früheren Übungen dienten genau diesem Zweck. Anhand dieser Informationen muss dann *geplant werden, wie man die behindernden Kräfte reduziert oder beseitigt. Erst dann sollte darüber nachgedacht werden, wie die fördernden Kräfte verstärkt werden können.*

9. *Abbildung 12.14* ist ein Beispiel für ein fertiges Kräftefelddiagramm. Allerdings identifizieren die meisten Menschen mehr Faktoren, als hier dargestellt sind. Viele Faktoren sind auch spezifisch für ein bestimmtes Unternehmen.

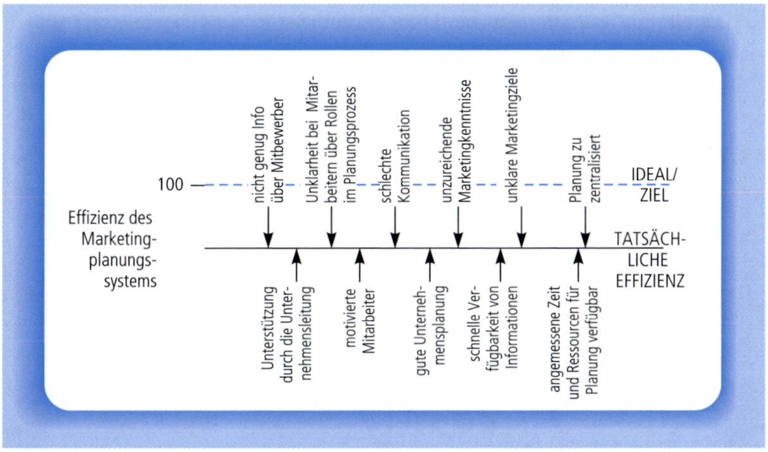

Abbildung 12.14 Kräftefelddiagramm.

Anmerkungen

1. Denken Sie daran, nur diejenigen Faktoren, die den Marketingplanungsprozess beeinflussen, im Kräftefelddiagramm zu berücksichtigen.
2. Die Länge der Kräftepfeile sollte proportional zum Einfluss des zugehörigen Faktors dargestellt werden.

Übung 12.2 Umsetzung des Marketingplanungssystems

Vielleicht kann ein Marketingplanungssystem erst dann umgesetzt werden, wenn anhand des Verbesserungsplans aus Übung 12.1 die größten Inhibitoren beseitigt wurden. Dennoch ist aus der Lektüre dieses Buches bekannt, dass ein erfolgreiches Marketingplanungssystem die Durchführung folgender Schritte voraussetzt.

1. Die Unternehmensziele müssen eine allgemeine Richtung vorgeben.
2. Ein Marketingaudit muss durchgeführt werden.
3. Eine Gap-Analyse muss durchgeführt werden.
4. Eine SWOT-Analyse muss erstellt werden.
5. Annahmen und Restriktionen müssen berücksichtigt werden.
6. Marketingziele und Strategien müssen entwickelt werden.
7. Individuelle Marketingprogramme müssen formuliert werden.
8. Eine Beurteilungs- und Bewertungsphase muss vorgesehen werden.

All dies ist mit Arbeit verbunden und erfordert Zeit. In verschiedenen Phasen des Prozesses sind vielleicht verschiedene Personen beteiligt. Es wird sicherlich mehrere Treffen oder Diskussionen mit anderen funktionalen Abteilungen geben, entweder um Informationen weiterzugeben oder die Zusammenarbeit zu gewährleisten.

Um den „Zug auf die richtige Spur“ zu setzen, ist es im Interesse aller, die Abfolge dieser verschiedenen Tätigkeiten eindeutig festzulegen und sich an einen entsprechenden Zeitplan zu halten.

Je mehr Erfahrungen ein Unternehmen mit der Planung sammelt, desto eher kann es den Zeitplan straffen und den Planungszeitraum verkürzen. Um den Überblick zu behalten, empfiehlt es sich oft jedoch, einen Zeitplan für die Planungsaktivitäten zu erstellen, wie in *Abbildung 12.15* veranschaulicht. Der Kreis stellt ein Kalenderjahr dar. Die Zeiträume sind nur Beispiele und sollten nicht als Empfehlungen verstanden werden.

Im zweiten Planungsjahr könnten die Monate 11 und 12 dafür genutzt werden, den Plan des ersten Jahres zu bewerten und daraus Informationen für die nächste Planungsrunde zu gewinnen.

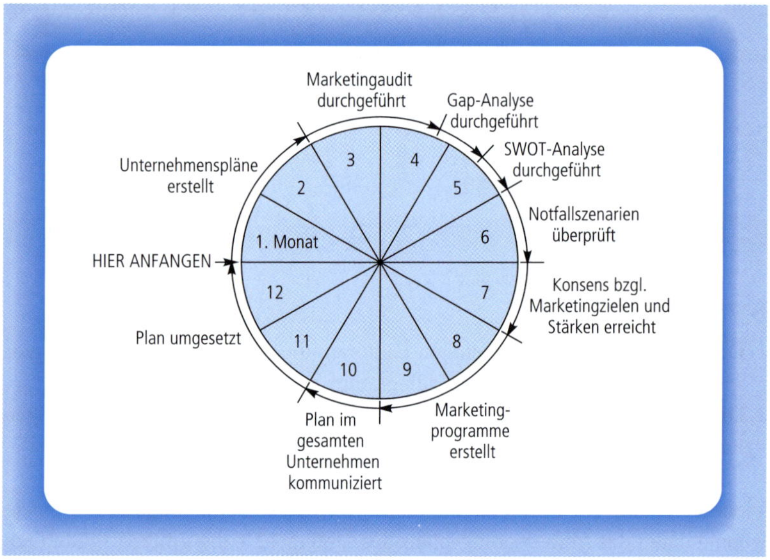

Abbildung 12.15
Beispielhafter Zeitplan für die Marketingplanung.

Dieser schematische Ansatz zeigt deutlich, dass der Planungsprozess ein Unternehmen während des ganzen Jahres begleitet.

Nun versuchen Sie zum Abschluss, den Planungszeitrahmen für Ihr Unternehmen in *Abbildung 12.16* zu erstellen.

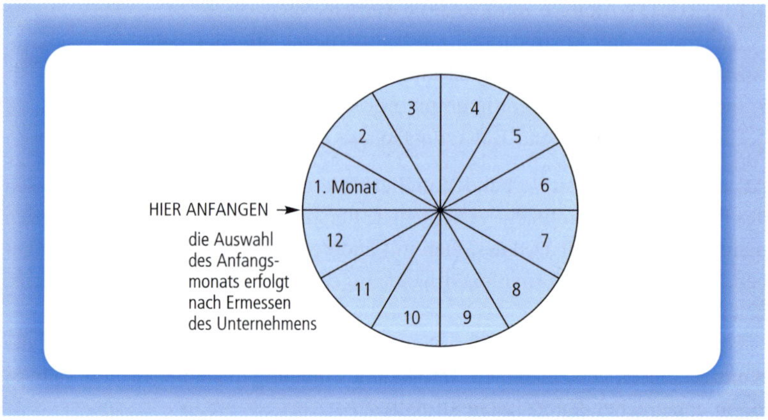

Abbildung 12.16
Zeitplan für die Marketingplanung.

13 | Schritt für Schritt zum Marketingplan – ein Leitfaden

Zusammenfassung

Teil 1

- Die Hauptbarrieren der Marketingplanung
- Die Überwindung der Hauptbarrieren der Marketingplanung
- Zusammenfassung des Inhalts eines strategischen Marketingplans

Teil 2

- Schritt für Schritt zum strategischen Marketingplan
- Schritt für Schritt zum operativen Marketingplan
- Die Zusammenführung verschiedener strategischer Marketingpläne
- Formblätter und Muster für die Umsetzung in die Praxis

Teil 1: Zusammenfassung zur Marketing-planung

Der Zweck der Marketingplanung

Hauptziel des Marketing ist es, Wettbewerbsvorteile zu identifizieren und aufzubauen.

Was ist Marketingplanung?

Die Marketingplanung ist eine logische Abfolge von Aktivitäten, die zur Formulierung von Marketingzielen und zur Entwicklung von Plänen zu deren Erreichung führen.

Warum ist Marketingplanung notwendig?

Folgende Faktoren machen die Marketingplanung erforderlich:

1. Zunehmende Marktdynamik, steigende Komplexität und verschärfter Wettbewerb,
2. zunehmende Technologiedynamik,

3. die Notwendigkeit für *Marketingverantwortliche*,
   - Quellen für Wettbewerbsvorteile zu identifizieren,
   - ein systematisches Vorgehen zu erreichen,
   - spezifische Fähigkeiten zu entwickeln, um nachhaltige Geschäftsbeziehungen sicherzustellen,
4. die Notwendigkeit für *Vorgesetzte*,
   - zu informieren,
5. die Notwendigkeit für *Nichtmarketingfunktionen*,
   - Unterstützung zu erhalten,
6. die Notwendigkeit für *Mitarbeiter*,
   - Ressourcen zu erhalten,
   - Commitment der Vorgesetzten einzufordern,
   - Ziele und Strategien zu formulieren.

Zehn Barrieren der Marketingplanung

In diesem Buch wurden verschiedene Barrieren beschrieben, die einer effektiven Marketingplanung im Weg stehen. Die zehn häufigsten sind die folgenden:

1. Verwechslung von Marketingmaßnahmen und Marketingstrategien,
2. Trennung der Marketingfunktion von den operativen Funktionen,
3. Verwechslung von Marketingfunktion und Marketingkonzeption,
4. organisatorische Hindernisse – eingeengte Sichtweisen, etwa das Unvermögen, strategische Geschäftseinheiten (SGEs) korrekt zu definieren,
5. Mangel an tiefgründiger Analyse,
6. keine klare Trennung zwischen Prozess und Ergebnis,
7. Mangel an Wissen und Fähigkeiten,
8. keine systematische Methode der Marketingplanung,
9. keine Priorisierung der Ziele,
10. feindliche Unternehmenskultur.

Das „Zehn-Punkte"-Programm zur Überwindung dieser Barrieren

In *Abbildung 13.1* wird das „Zehn-Punkte"-Programm zusammengefasst, das diese Barrieren überwinden soll. Nachstehend wird jeder dieser Punkte kurz erläutert; damit werden zugleich die zehn Grundsätze der Marketingplanung beschrieben.

Marketingplanung – Grundsatz 1: Strategie vor Taktik

Zuerst ist der strategische Marketingplan zu entwickeln. Dies bedeutet, mehr Augenmerk auf die externe Umwelt zu richten, die dort wirksamen Kräfte frühzeitig zu identifizieren und die geeigneten strategischen Antworten zu entwickeln. Daran sollten sich alle Führungsebenen beteiligen.

Ein strategischer Plan sollte einen Zeitraum von drei bis fünf Jahren abdecken. Erst wenn der strategische Plan aufgestellt und verabschiedet wurde, sollte der einjährige operative Marketingplan entwickelt werden.

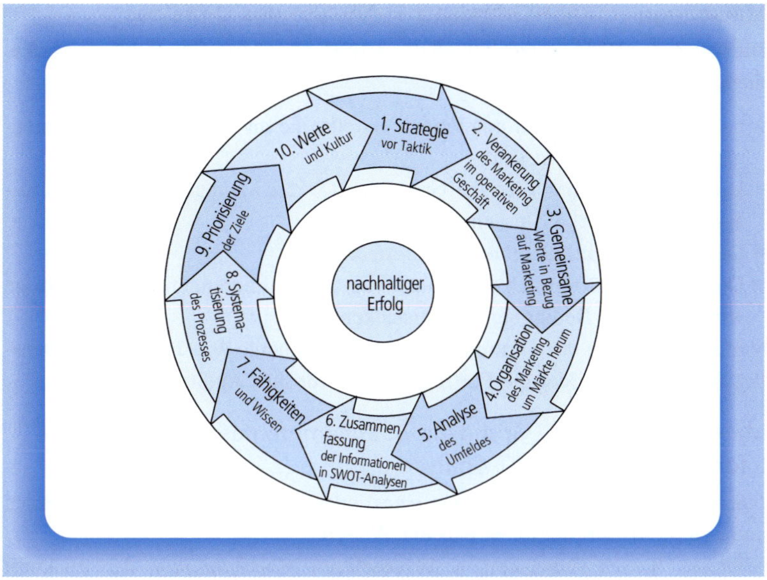

Abbildung 13.1
Zehn-Punkte-Programm der Marketingplanung.

Es darf *niemals* zuerst der Einjahresplan erstellt und dann extrapoliert werden.

Marketingplanung – Grundsatz 2: Verankerung des Marketing im operativen Geschäft

Für den Zweck der Marketingplanung sollte das Marketing so nahe wie möglich beim Kunden angesiedelt sein. Überall dort, wo dies praktikabel ist, sollten Marketing und Vertrieb ein und derselben Person unterstellt sein, nach Möglichkeit jedoch nicht dem Geschäftsführer.

Marketingplanung – Grundsatz 3: Gemeinsame Werte

Das Marketing stellt eine Führungskonzeption dar, mittels derer die Ressourcen des gesamten Unternehmens zur Befriedigung der Bedürfnisse ausgewählter Kundengruppen eingesetzt werden. Dabei sollen die Ziele beider Parteien erreicht werden. Somit ist das Marketing in erster Linie eine geistige Einstellung. Erst in zweiter Linie kommen die funktionalen Aktivitäten der Marketingabteilung. Diese Philosophie wird durch den Ausdruck „marktorientiert“ oder „kundengetrieben“ beschrieben.

Marketingplanung – Grundsatz 4: Organisation des Marketing um die Märkte herum

Unternehmensaktivitäten sollten nach Möglichkeit um Kundengruppen und nicht um die Produkte oder Funktionen herum organisiert sein. Die Marketingplanung sollte dann in solchen strategischen Geschäftseinheiten durchgeführt werden. Ohne eine exzellente Marketingplanung in strategischen Geschäftseinheiten ist die Marketingplanung im Unternehmen nur von begrenztem Nutzen.

Marketingplanung – Grundsatz 5: Analyse des Umfeldes

Die folgenden Voraussetzungen sollten erfüllt sein, damit ein effektives Marketingaudit erfolgen kann:

- Es werden Checklisten mit Fragen erstellt, die an die jeweilige Unternehmensebene angepasst sind.
- Diese Checklisten sollten die Grundlage für das Managementinformationssystem (MIS) des Unternehmens bilden.
- Das Marketingaudit sollte *vorgeschrieben* sein.
- Die Manager dürfen sich nicht hinter vagen Formulierungen wie „ungünstige wirtschaftliche Bedingungen“ verstecken.
- Manager sollten dazu ermutigt werden, Instrumente wie das Produktlebenszyklus-Konzept oder die Portfolioanalyse für ihre Audits zu nutzen.

Marketingplanung – Grundsatz 6: Zusammenfassung der Informationen in SWOT-Analysen

Informationen sind die Grundlage eines jeden Marketingplans. Aus (internen und externen) Informationen entsteht Wissen.

Dieses *Wissen* findet seinen Ausdruck im *Marketingplan*, der Auskunft darüber gibt, wie Manager ihre eigene Marktposition im Verhältnis zu der ihrer Konkurrenten wahrnehmen (wobei die Art des Wettbewerbsvorteils genau definiert wird – etwa Kostenführerschaft, Differenzierung, Nische), welche Ziele sie in einem bestimmten Zeitraum erreichen möchten, wie sie ihre Ziele erreichen möchten (Strategien) und welche Ressourcen dafür erforderlich sind (Budget).

Eine SWOT-Analyse sollte

- für jedes Segment durchgeführt werden, das für die Zukunft des Unternehmens von wesentlicher Bedeutung ist,
- eine Zusammenfassung des Marketingaudits sein,
- kurz, interessant und präzise sein,
- sich ausschließlich auf die *kritischen* Erfolgsfaktoren konzentrieren,
- Stärken und Schwächen im Vergleich zu den Konkurrenten nennen, wobei das Hauptaugenmerk auf dem Wettbewerbsvorteil liegt,
- nur die *wichtigsten* externen Chancen und Gefahren beinhalten,
- die *wirklich relevanten* Problembereiche identifizieren und keine Liste von unzusammenhängenden Punkten sein,
- es dem Leser ermöglichen, die Ausrichtung der Geschäftsaktivitäten sofort zu erfassen, sodass er die Marketingziele sogar selbst formulieren könnte,
- stets die implizite Frage „Was bedeutet das ...?“ berücksichtigen, um tatsächliche Handlungsimplikationen zu liefern,
- nicht zu viele Abkürzungen enthalten.

Marketingplanung – Grundsatz 7: Fähigkeiten und Wissen

Die für das Marketing in den strategischen Geschäftseinheiten zuständigen Mitarbeiter müssen über das notwendige Wissen und die notwendigen Fähigkeiten verfügen. Sie müssen in der Lage sein, die wichtigen Marketinginstrumente anzuwenden:

1. Informationen
   - wie man sie bekommt
   - wie man sie verwendet
2. Positionierung
   - Marktsegmentierung
   - Ansoff-Matrix
   - Porter-Matrix
3. Produktlebenszyklusanalyse
4. Gap-Analyse
5. Portfolioanalyse
   - BCG-Matrix
   - McKinsey-Portfoliomatrix
6. Management der vier P's
   - Produktmanagement (Product)
   - Preismanagement (Price)
   - Distributionsmanagement (Place)
   - Kommunikationsmanagement (Promotion)

Darüber hinaus müssen Marketingmitarbeiter über kommunikative und zwischenmenschliche Fähigkeiten verfügen.

Marketingplanung – Grundsatz 8: Systematisierung des Prozesses

In komplexen Unternehmen sind schriftliche Verfahren und allgemein verbindliche Vorgehensweisen und Methoden für die Marketingplanung von wesentlicher Bedeutung. Dies dient folgenden Zielen:

1. Alle zentralen Problembereiche werden systematisch berücksichtigt.
2. Die wesentlichen Elemente der strategischen Planung jeder strategischen Geschäftseinheit werden auf konsistente Weise zusammengeführt.
3. Das Unternehmensmanagement wird dabei unterstützt, verschiedene Unternehmen bzw. Geschäftseinheiten zu vergleichen und die allgemeine Situation des Unternehmens und seine Aussichten zu verstehen.

Marketingplanung – Grundsatz 9: Priorisierung der Ziele

Ziele sind entsprechend ihren Auswirkungen auf das Unternehmen und ihrer Dringlichkeit nach Prioritäten zu ordnen und Ressourcen entsprechend zuzuteilen.

In *Abbildung 13.2* wird eine Methode zur Priorisierung von Zielen vorgeschlagen.

Marketingplanung – Grundsatz 10: Werte und Kultur

Die Marketingplanung kann nur mit der aktiven Unterstützung und Beteiligung der für die Unternehmenskultur maßgeblichen Personen etwas erreichen. Auch unabhängig davon muss die Marketingplanung so gestaltet werden, dass sie an die jeweilige Phase der Unternehmensentwicklung angepasst ist. Diese Phase sollte identifiziert werden, bevor mit der Marketingplanung begonnen wird.

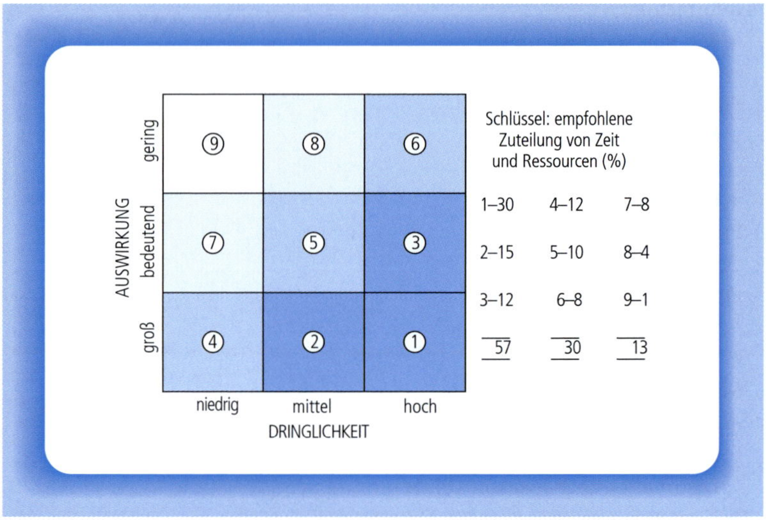

Abbildung 13.2 Zielpriorisierungsmatrix.

Schlussfolgerungen zu Teil 1

Abbildung 13.3 enthält eine Zusammenfassung der Elemente eines strategischen Marketingplans und eine Aufstellung der wichtigsten Instrumente, Konzepte und Modelle, die in jedem Schritt anzuwenden sind.

Wie die obigen Ausführungen zeigen, ist die Marketingplanung nicht als einfacher sequenzieller Prozess zu verstehen, wie er in den meisten Lehrbüchern und Seminaren dargestellt wird. Sobald ein Unternehmen eine Marketingplanung beginnt, muss es mit einer Reihe von komplexen Problemen im Zusammenhang mit der Organisation, den Einstellungen der Mitarbeiter und Prozessen rechnen, die den Fortschritt wahrscheinlich behindern. Unternehmen, die sich dieser Barrieren bewusst sind, haben gute Chancen, das in Teil 2 dieses Kapitels beschriebene System der Marketingplanung Schritt für Schritt erfolgreich anzuwenden und eine exzellente Marketingplanung sicherzustellen. Gut vorbereitete Unternehmen werden von den Vorteilen eines solchen Systems profitieren. Beispielsweise kann eine Ergebnisverbesserung durch Schaffung von Wettbewerbsvorteilen erreicht werden. Werden die Probleme jedoch ignoriert, wird die Marketingplanung weiterhin das Sorgenkind des Unternehmens sein.

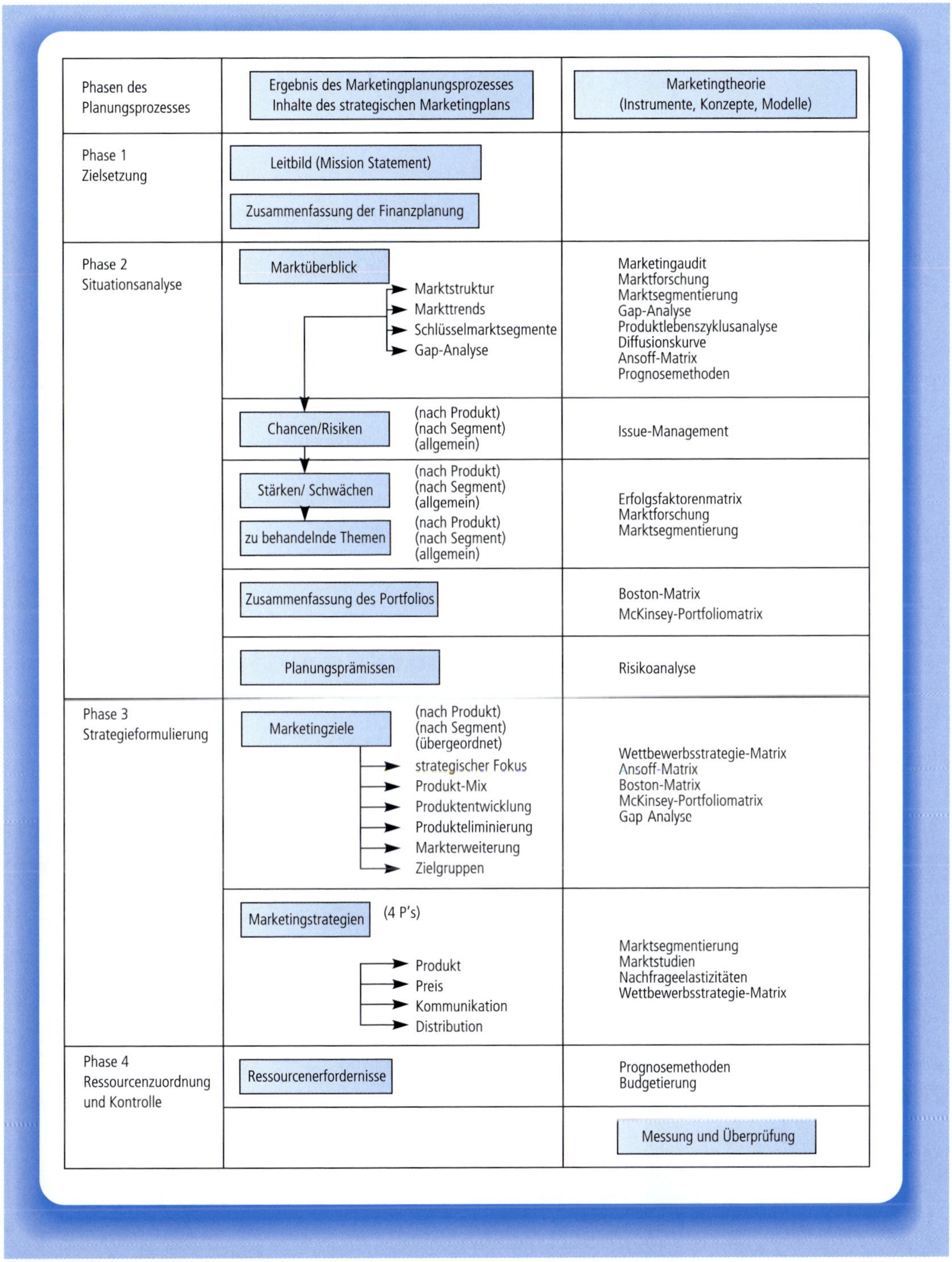

Abbildung 13.3
Phasen des Marketingplanungsprozesses und zugehörige Instrumente und Konzepte.

Teil 2: Ein Marketingplanungssystem

Einführung

Das hier beschriebene Marketingplanungssystem gliedert sich in drei Abschnitte. Abschnitt A beschreibt einen Schritt-für-Schritt-Leitfaden zur Erstellung eines strategischen Marketingplans. Die tatsächlichen Inhalte des strategischen Marketingplans werden im Abschnitt „Materialien zum strategischen Marketingplan" gezeigt, der auf Seite 643 folgt.

Abschnitt B (Seite 658) beschreibt die Erstellung eines Einjahres-Marketingplans. Die konkreten Bestandteile eines Einjahres-Marketingplans werden im Abschnitt „Materialien zum operativen Marketingplan" erläutert. In Abschnitt C (Seite 668) schließlich wird die Notwendigkeit eines zentralisierten Plans erläutert, der sich aus den verschiedenen strategischen Marketingplänen der strategischen Geschäftseinheiten zusammensetzt. Auch hierzu werden Vorlagen bereitgestellt.

Abschnitt A

Schritt-für-Schritt-Leitfaden zur Erstellung eines strategischen Marketingplans

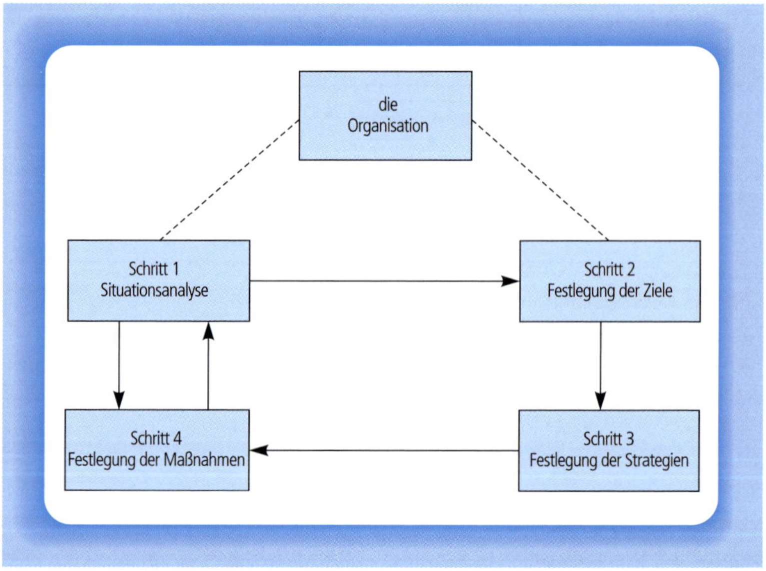

Abbildung 13.4
Vier Phasen der Marketingplanung.

Es gibt vier Hauptphasen im Planungsprozess (dargestellt in *Abbildung 13.4*), die jede strategische Geschäftseinheit durchlaufen muss:

1. *Analyse:* Die Geschäftseinheit muss sowohl ihren Markt als auch ihre Wettbewerbsposition analysieren.
2. *Ziele:* Sie muss aus dieser Analyse realistische quantitative Marketing- und Finanzziele ableiten, die mit denen des Unternehmens konsistent sind.
3. *Strategie:* Sie muss in Übereinstimmung mit der Unternehmensstrategie die grundsätzliche Strategie festlegen, mit der diese Ziele erreicht werden sollen.
4. *Taktik:* Sie muss die Analyse, die Ziele und die Strategie zusammenführen und daraus detaillierte operative Aktionspläne entwickeln, um die Strategie umzusetzen und die vereinbarten Ziele zu erreichen.

Dieser Prozess findet seinen Ausdruck in zwei Marketingplänen: dem strategischen Marketingplan und dem operativen Marketingplan. Der Prozess soll die strategischen Geschäftseinheiten (SGEs) in die Lage versetzen, ihren Erfolg systematisch zu steuern.

Einleitend sollen noch zwei wichtige Punkte zum Marketingplan klargestellt werden:

1. *Die Bedeutung der verschiedenen Pläne:* Letztlich ist ein strategischer Marketingplan ein Aktionsplan. Dies sollte sich auch im fertigen Dokument zeigen. Die Umsetzung des strategischen Plans wird im darauffolgenden Einjahres-Marketingplan dargestellt.
2. *Die Länge des Analyseteils:* Um einen handlungsorientierten strategischen Marketingplan zu erstellen, muss eine beträchtliche Menge an Hintergrundinformationen und statistischem Material gesammelt, aufbereitet und analysiert werden. In den Materialien wird dafür ein Rahmenkonzept vorgeschlagen, unter „Materialien zum strategischen Marketingplan" (Formblätter 1–15) enthalten ist und das jede SGE verwenden sollte. Der strategische Marketingplan sollte die wichtigsten Ergebnisse der Analyse erläutern und nicht nur eine Ansammlung von Daten sein. Er muss das Augenmerk auf die wesentlichen Dinge lenken. Aus diesem Grund sollte der Analyseteil nur einen knappen Hintergrund liefern.

Grundlage des Systems

Jeder Geschäftseinheit im Unternehmen stehen unterschiedliche Chancen offen, je nach der gerade vorherrschenden Marktsituation. Folglich muss jede Geschäftseinheit so geführt werden, wie es ihre individuellen Umstände erfordern. Gleichzeitig jedoch muss der Leiter der strategischen Geschäftseinheit auch die Möglichkeit haben zu erkennen, ob die Führung dieser Geschäftseinheiten mit den übergreifenden strategischen Unternehmenszielen übereinstimmt.

Dieses System beschreibt die Verfahren, die bei entsprechender Anwendung helfen, diese Ziele zu erreichen.

In den Abschnitten A, B und C werden die drei grundlegenden Schritte für die Marketingplanung dargestellt. Es wird erläutert, wie jeder Planungsschritt durchgeführt werden sollte. Es wird auf verständliche Weise dargestellt, was

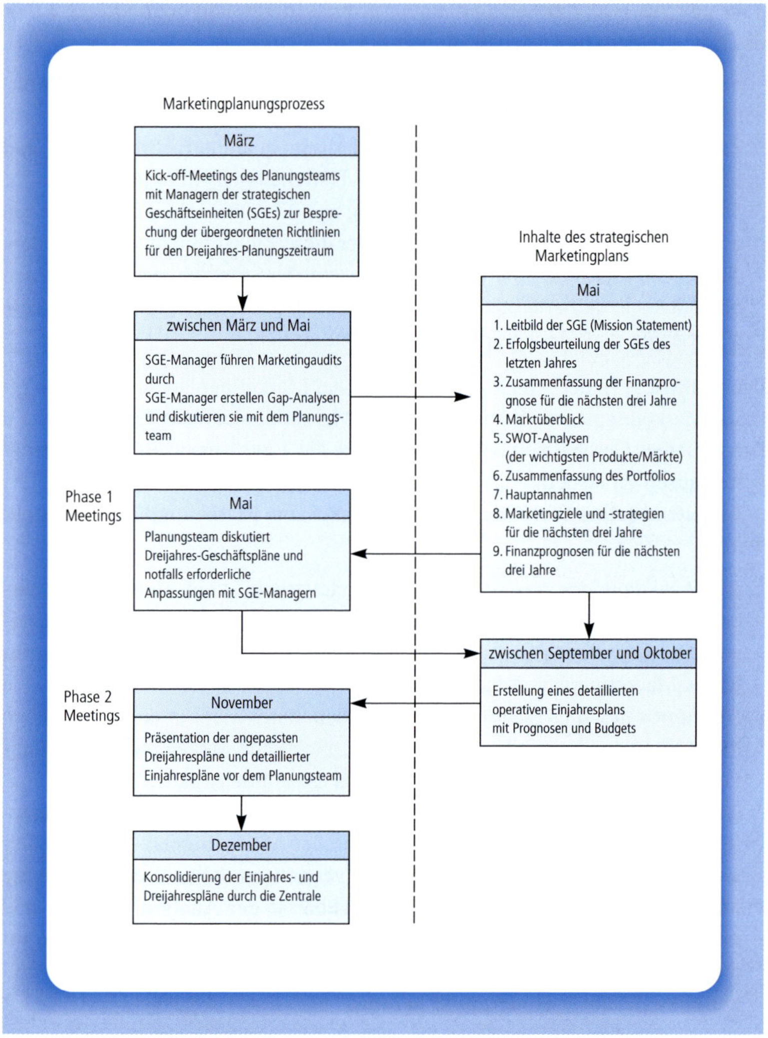

Abbildung 13.5
Zeitliche Abfolge des Marketingplanungsprozesses.

im Dreijahres-Marketingplan, im detaillierten operativen Einjahresplan und im konsolidierten zentralen Marketingplan enthalten sein sollte.

Das übergreifende Schema für die Marketingplanung wird in *Abbildung 13.5* dargestellt. Der Einfachheit halber wurde unterstellt, dass das Geschäftsjahr des Unternehmens im Januar beginnt. Nachstehend wird erläutert, wie jeder Schritt im Planungsprozess durchgeführt werden sollte.

Das Marketingaudit

(Durchführung von Februar bis Mai eines jeden Jahres.)

Hinweis: Das Marketingaudit erscheint nicht im Plan.

Jeder Markt besteht aus einer Vielzahl von Kundengruppen, die nicht alle profitabel für die strategischen Geschäftseinheiten sind.

Um diejenigen Marktbereiche zu untersuchen, die für die strategischen Geschäftseinheiten potenziell am wertvollsten sind, muss der Markt in verschiedene *Marktsegmente* (nachstehend einfach als Segmente bezeichnet) aufgeteilt und das Umsatzpotenzial nach Produkttyp in jedem Segment analysiert werden.

Alle strategischen Geschäftseinheiten müssen deshalb die Schlüsselsegmente auf ihrem Markt sowie weitere, weniger wichtige Segmente analysieren und bewerten.

In manchen Fällen sind die grundlegenden Informationen, die für dieses Marketingaudit benötigt werden, nicht ohne weiteres verfügbar. Dennoch liefern eine Analyse und Bewertung der Situation der strategischen Geschäftseinheiten in jedem ausgewählten Segment – also ein Marketingaudit – die Grundlage, auf der Zielvorgaben entwickelt und Pläne erstellt werden können.

Tab. 13.1 Beispiel für Marktsegmente und Produktgruppen in der Industrie und Marine

Schlüsselmarktsegmente in der Industrie	***Erläuterungen***
Roheisenerzeugung	
Herstellung von Transportausrüstung	
Maschinenbau allgemein/Herstellung von Metallerzeugnissen	
Glasgewerbe und Keramik	Glasgewerbe, Glaserzeugnisse, Feuerfest- und Keramikerzeugnisse
Personen- und Gütertransport auf der Straße (Spezialisten)	
Lkw- und Baumaschinenhändler	
Baugewerbe	
Holz- und Forstwirtschaft	
Bergbau und Natursteingewinnung	
Nahrungsmittel und Getränke, Tabakverarbeitung und -herstellung	
Öl und Gas	Förderung und Verarbeitung von Mineralöl und Erdgas, ohne Offshore-Förderung, die im Bereich Marine enthalten ist
Strom: Energieerzeugung und -weiterleitung	
Baustoffe und Zement	Verarbeitung von Steinen und Erden, ohne Glasgewerbe und Keramik
Textilien	Textilindustrie und Chemiefaserproduktion
Leder	
Zellstoff und Papier	
nationale Verteidigung	ohne nationale Verteidigung
zentrale und lokale Verwaltung	
Luftfahrt	ohne militärische Luftfahrt und Luft- und Raumfahrt
	Großhandel mit Industriemaschinen, Industrieersatzteilen und -werkzeugen etc.
technischer Handel	
Elaste, Chemikalien, Kunststoffe	ohne Kautschukanbau
Kosmetik und Pharmazeutika	

Tab. 13.1 Fortsetzung

Schlüsselmarktsegment in der Marine		
internationale Schiffe über 4000 BRT	*Küsten-/internationale Schiffe unter 4000 BRT*	*Fischerei Offshore-Industrie*
– Öltanker	– Öltanker	– Bohrinseln
– Flüssiggas- und Chemietanker	– Flüssiggas- und Chemietanker	– Tauchfahrzeuge
– Container	– Container	– Arbeitsstationen etc.
– Stückgutfrachter	– Stückgutfrachter	
– Frachtschiffe	– Frachtschiffe	*verschiedenes*
– Fähren und Ro-Ro-Schiffe	– Fähren und Ro-Ro-Schiffe	– Hafenfahrzeuge
– andere Schiffe	– andere Schiffe	– Binnenwasserstraßen
		– Schwimmbagger
		– Militär etc.

Produktgruppen in der Industrie	
Fahrzeugprodukte	*Luftfahrtschmierstoffe*
Motoröle	Motoröle
Getriebeöle	Getriebeöle
Bremsflüssigkeiten	Hydrauliköle
Frostschutz-/Kühlmittel	Fette
Fette	andere
verschiedene andere	
Produkte für die Metallbearbeitung	*sonstige Produkte*
Schneidöle (löslich)	Weißöle
Schneidöle (unverdünnt)	Isolieröle
Walzöle	Prozessöle
Wärmebehandlung	Textilöle
	Lederchemikalien
	Wasch- und chemische Reinigungschemikalien
Produkte zur Oberflächenbehandlung	
Korrosionsschutzmittel, einschließlich wasserabweisende Flüssigkeiten (De-Watering Fluids, DWFs)	Schimmelentferner
Material für zerstörungsfreie Prüfungen	Rohvaseline
Industriereinigungschemikalien	Schaumverhüter
allgemeine Industrieschmierstoffe	
hydraulisch	
– feuerfest	
– andere	
Getriebeöle	
Turbinenöle	
Wärmeträgeröle	
Kompressoröle (einschließlich Kühlschränke)	
Fette	
Umlauföle	
andere (z. B. Drahtseilschmierstoffe)	

Für den Zweck eines Marketingplanungssystems ist es üblich, den Anwendern eine Liste zur Verfügung zu stellen, damit alle strategischen Geschäftseinheiten, die das System verwenden, eine ähnliche Systematik für Produkte und Märkte verwenden. Ein *Beispiel* für eine solche Liste ist in *Tabelle 13.1* enthalten. Hier ist zu beachten, dass gegebenenfalls weitere Kriterien für die Marktsegmentierung verwendet werden sollten. Beispiel: geografischer Standort, Unternehmensorganisation (zentral oder dezentral organisiert), Kaufmuster (z. B. Preissensibilität, festes Jahresbudget, lokale Autonomie etc.), Integrationsgrad, bevorzugter Vertriebskanal, Erwartungen an den Support etc.

Alle Manager, die ein Audit durchführen, sollten dazu interne Absatzzahlen und das Marketinginformationssystem der strategischen Geschäftseinheit heranziehen. Es ist in dieser Phase hilfreich, wenn sie den in das Audit einbezogenen Mitarbeitern einen Marktüberblick geben können, der die wichtigsten Branchen- und Markttrends abdeckt. Für das Audit müssen zwangsläufig deutlich mehr Daten aufbereitet werden, als dann im Marketingplan erscheinen. Deshalb sollten alle Manager eine *laufende Datei* für ihren Verantwortungsbereich im betreffenden Jahr beginnen, die auch als ständige Referenzquelle und für die Präsentation von Entwürfen verwendet werden kann.

Es muss unbedingt darauf hingewiesen werden, dass das auf den laufenden Analysen beruhende Audit *kein Marketingplan ist. Keinesfalls dürfen umfangreiche Dokumente über das Audit in einem Geschäftsplan auftauchen.*

Inhalte eines strategischen Marketingplans

In den folgenden Abschnitten 1 – 9 wird beschrieben, welche Inhalte ein strategischer Marketingplan aufweisen sollte. Die Planung sollte bis Ende Mai jeden Jahres abgeschlossen werden.

Die folgenden Abschnitte enthalten auch konkrete Empfehlungen ebenso wie die Dokumentation des strategischen Marketingplans.

1. Das Leitbild der strategischen Geschäftseinheit: Mission Statement

Dieser Punkt erscheint an erster Stelle im Marketingplan. In einer Aussage über das Leitbild (Selbstverständnis) der strategischen Geschäftseinheit, einem sogenannten Mission Statement, wird der Geschäftszweck formuliert. Darin werden kurze Angaben zu den folgenden Punkten gemacht:

1. *Rolle oder Beitrag der Einheit:* z. B. Gewinngenerierung, Erbringung von internen Dienstleistungen, Geschäftsentwicklung (Business Development).
2. *Definition der Geschäftstätigkeit:* Welche Bedürfnisse werden befriedigt, welcher Nutzen wird gestiftet? Die Aktivitäten sollten weder zu spezifisch (z. B. „Wir verkaufen Melkmaschinen“) noch zu allgemein (z. B. „Wir sind im technischen Bereich tätig“) formuliert werden.
3. *Besondere Fähigkeiten:* Hier ist auf Kompetenzen hinzuweisen, über die nur die spezifische strategische Geschäftseinheit verfügt. Eine Aussage, die auch auf jeden Konkurrenten zutreffen könnte, erfüllt ihren Zweck nicht.

4. *Zukünftige Ausrichtung:* Dies ist eine Zusammenfassung der wesentlichen Aspekte (etwa den Eintritt in ein neues Segment). Es kann sehr nützlich sein, darauf hinzuweisen, welche Schritte in Betracht gezogen *werden*, in Betracht gezogen werden *könnten* und *niemals* in Betracht gezogen werden.

Hinweis: Siehe hierzu Formblatt 1 im Abschnitt „Materialien zum strategischen Marketingplan", Seite 643.

2. Zusammenfassung der Performance der strategischen Geschäftseinheit

In diesem einleitenden Teil sollen die Marketingaktivitäten der strategischen Geschäftseinheit aus der Vogelperspektive dargestellt werden.

Zusätzlich zu einer quantitativen Zusammenfassung, wie in *Tabelle 13.2* dargestellt, sollten die Manager der strategischen Geschäftseinheit eine Zusammenfassung der Gründe dafür geben, warum die Ergebnisse erfreulich oder unerfreulich waren.

Damit die Vergleiche aussagekräftig sind, ist darauf zu achten, dass bei allen Umsatzprognosen, die an späterer Stelle im Plan erscheinen, dieselbe Basisperiode zugrunde gelegt wird.

Tab. 13.2 Performanceentwicklung

	vor drei Jahren	vor zwei Jahren	im vergangenen Jahr
Menge/Umsatz			
Bruttogewinn (%)			
Bruttomarge (1 000 Euro)			

Hinweis: Siehe hierzu Formblatt 2 im Abschnitt „Materialien zum strategischen Marketingplan", Seite 644.

3. Zusammenfassung der Finanzprognosen

In diesem Teil werden die finanziellen Konsequenzen des Plans über die gesamte dreijährige Planungsperiode zusammengefasst. Diese Zusammenfassung sollte in einem einfachen Diagramm wie in *Abbildung 13.6* dargestellt werden. Eine knappe Erläuterung dazu ist sinnvoll, etwa in folgender Form: „Aus diesem Dreijahres-Geschäftsplan ergeben sich eine Umsatzsteigerung von 700 000 Euro auf 900 000 Euro und eine Steigerung des Deckungsbeitrags von 100 000 Euro auf 400 000 Euro. Zweck dieses strategischen Plans ist es zu zeigen, wie diese Steigerungen erreicht werden."

Hinweis: Siehe hierzu Formblatt 3 im Abschnitt „Materialien zum strategischen Marketingplan", Seite 645.

Um dieses Formblatt richtig auszufüllen, wird dringend empfohlen, zuerst die Formblätter für die strategische Planung (Gap-Analyse) auszufüllen, die nachstehend als Formblatt 4 und 5 in den Materialien zum strategischen Marketingplan folgen. Unter dem Punkt „Ziel" sind (mindestens) die Ziele anzugeben, mit denen die für die strategische Geschäftseinheit vorgegebenen Unternehmens-

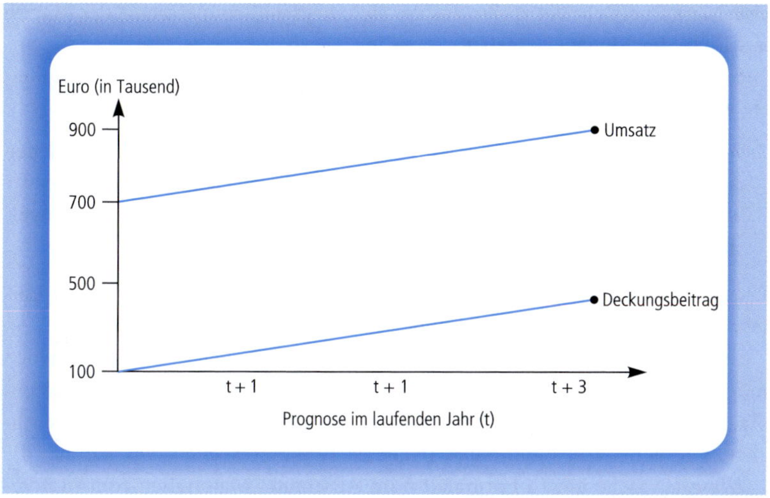

Abbildung 13.6
Finanzprognosen.

ziele erreichbar sind. *Im Idealfall sollten die Zielvorgaben so hoch sein, dass die strategische Geschäftseinheit damit an der Spitze innerhalb der vergleichbaren konkurrierenden Geschäftseinheiten stehen würde.* Zuerst ist das Formblatt für die Umsätze und dann das Formblatt für den Gewinn auszufüllen.

Formblatt 4 und 5 ermöglichen es, mittels Ansoff-Matrix die Quellen von Umsatz und Gewinn aufzuzeigen (z. B. welcher Anteil stammt von den Produkten aus den Märkten in Kästchen 1, also vorhandenen Produkten in vorhandenen Märkten, aufgeschlüsselt nach Produktivitätswachstum, Marktwachstum und Marktanteilswachstum). Analog kann für neue Produkte auf vorhandenen Märkten (Kästchen 2), für vorhandene Produkte auf neuen Märkten (Kästchen 3) und schließlich für das Wachstum von neuen Produkten auf neuen Märkten (Kästchen 4) vorgegangen werden.

4. Marktübersicht

In diesem Abschnitt soll ein kurzer Überblick über den Markt gegeben werden. Darauf folgen die Details der einzelnen Marktsegmente, die das Herz des Marketingplans darstellen.

Dieses System beruht auf der *Segmentierung* von Märkten. Dazu werden diese in homogene Kundengruppen eingeteilt, denen bestimmte Charakteristika gemeinsam sind, die für Marketingzwecke genutzt werden können. *Dieser Ansatz ist in vielen Fällen der zweckmäßigste, um Märkte zu entwickeln.* Der alternative, produktorientierte Ansatz kommt dagegen aufgrund der Unterschiede zwischen den verschiedenen Kundengruppen innerhalb eines bestimmten Produktmarkts nur selten in Betracht.

Die Methode der Marktsegmentierung eignet sich besser als ein rein produktorientierter Ansatz dazu, sowohl die Schwächen als auch die Entwicklungschancen aufzuzeigen.

Es ist zwar schwierig, genaue Vorgaben zur Darstellung dieses Abschnitts des Marketingplans zu machen, jedoch sollte (nach Abschluss des Marketingaudits) eine Marktübersicht vorliegen, aus der sich die Schlüsselmerkmale der Märkte aus Sicht der Manager ergeben.

In diesem Abschnitt sollten die Manager der strategischen Geschäftseinheiten folgende Fragen berücksichtigen:

1. Welches sind die wichtigsten Produkte, Märkte (oder Segmente), bei denen die für das Unternehmen interessanten Geschäftschancen liegen werden?
2. Inwiefern verändern sie sich? Welche werden an Bedeutung zunehmen, welche an Bedeutung verlieren?

Dieser Teil sollte knapp formuliert sein und eine kurze Stellungnahme des Leiters der strategischen Geschäftseinheit zur Marktentwicklung enthalten.

Es ist sehr hilfreich, wenn der Leiter der strategischen Geschäftseinheiten möglichst viele Informationen visuell darstellt (etwa in Balken- oder Kuchendiagrammen, Produktlebenszyklen etc.). Ein „Marktmodell" kann verdeutlichen, wie der Markt funktioniert (Näheres zu dieser Technik vgl. Kapitel 4).

Hinweis: Siehe hierzu Formblatt 6 im Abschnitt „Materialien zum strategischen Marketingplan", Seite 648.

5. SWOT-Analysen zu den wichtigsten Produkten/Märkten

Erstellung der SWOT-Analysen

Um eine Entscheidung über die Marketingziele und die künftige Strategie zu treffen, ist es zunächst notwendig, die *derzeitige* Position der strategischen Geschäftseinheit auf ihrem Markt oder ihren Märkten zusammenzufassen. Dieser Schritt wurde im vorangegangenen Abschnitt behandelt.

Nun muss das Marketingaudit für die wichtigsten Produkte und Märkte (Segmente), die im vorangegangenen Abschnitt hervorgehoben wurden, in Form von *SWOT*-Analysen zusammengefasst werden.

- Mit welchen besonderen Stärken und Schwächen kann sich die Geschäftseinheit gegenüber ihren Konkurrenten differenzieren? Anders gesagt: Warum sollten potenzielle Kunden auf den Zielmärkten lieber bei einem bestimmten Unternehmen kaufen statt von dessen Konkurrenten?
- Welche Chancen gibt es?
- Wo liegen derzeit und in absehbarer Zukunft die Gefahren für die strategische Geschäftseinheit in jedem der als wichtig identifizierten Segmente?

Leitfaden zur Durchführung der SWOT-Analyse

Aus dem Marktüberblick unter Punkt 4 hat sich das wichtigste Produkt oder der wichtigste Markt (Segmente) ergeben, auf das oder den sich ein Unternehmen konzentrieren will. Zum Zweck der Darstellung ist es hilfreich, wenn für jedes dieser Schlüsselprodukte oder jeden Schlüsselmarkt eine kurze SWOT-Analyse präsentiert wird. Eine solche SWOT-Analyse muss kurz gehalten sein und dem Leser neue, interessante Informationen bieten. SWOT-Analysen sind nur für die Schlüsselsegmente erforderlich.

Abschnitt I betrifft die *Stärken* und *Schwächen*. In Abschnitt II wird angegeben, wie die Kategorien *Chancen* und *Gefahren* der SWOT-Analyse ausgefüllt werden sollten. In Abschnitt III wird zusammengefasst, welche *Schlüsselthemen angesprochen werden sollten.* Abschnitt IV betrifft die Formulierung von Annahmen, Marketingzielen und Strategien für jedes Produkt-/Marktsegment. Abschnitt V schließlich fasst die Wettbewerbssituation zusammen.

I. Kritische Erfolgsfaktoren

Welche Faktoren bestimmen den Erfolg eines Unternehmens, das Produkte in diesem Segment anbieten möchte? Über den Erfolg entscheiden meist relativ wenige Faktoren. Am häufigsten werden hier etwa die Produktleistung, der Serviceumfang, die Schnelligkeit des Service, niedrige Kosten usw. genannt.

Es sollte eine kurze Aussage darüber gemacht werden, wo die *Stärken und Schwächen* des Unternehmens, bezogen auf die wichtigsten Erfolgsfaktoren, liegen. Dazu sollten auch andere Unternehmen im gleichen Segment betrachtet werden, um die Gründe des Erfolgs zu identifizieren und Schwächen in der Dreijahresplanung aufzudecken.

Diese Faktoren werden kritische Erfolgsfaktoren (KEFs) genannt. Sinnvoll ist eine Darstellung, wie sie etwa in *Abbildung 13.7* veranschaulicht wird. Jeder Faktor ist prozentual zu gewichten (z.B. KEF1 = 60; KEF2 = 25; KEF3 = 10; KEF4 = 5). Anhand einer Skala von 1 bis 10 sind das Unternehmen und die Konkurrenten bzüglich jedes kritischen Erfolgsfaktors zu bewerten. Dann werden die einzelnen Punktzahlen mit der Gewichtung multipliziert. Daraus ergibt sich eine genaue Beschreibung der Position in jedem Segment gegenüber den Konkurrenten. Gleichzeitig ergibt sich daraus auch, welche *zentralen Punkte (Schlüsselthemen) in der Dreijahresplanung* behandelt werden sollten.

Die Gefahr der Selbsttäuschung ist hier sehr groß. Natürlich ist es für diese Bewertung von Vorteil, über objektive Daten aus der Marktforschung zu verfügen. Aber auch ohne derartige Daten lohnt es sich, eine SWOT-Analyse

Wettbewerber / kritische Erfolgsfaktoren	Gewichtungsfaktor	eigenes Unternehmen	Wettbewerber A	Wettbewerber B	Wettbewerber C
KEF1					
KEF2					
KEF3					
KEF4					
gewichteter Gesamtwert	100				

Abbildung 13.7 Übersicht der kritischen Erfolgsfaktoren.

durchzuführen, weil sich daraus zumindest Hinweise darauf ergeben, welche Informationen noch fehlen. Nützlich ist es auch, wenn sich mehrere Manager unabhängig voneinander an der Analyse beteiligen, denn daraus ergeben sich häufig interessante Rückschlüsse auf ihre Sichtweise der Erfolgsfaktoren.

II. Zusammenfassung der Chancen und Gefahren und ihrer Bedeutung

An dieser Stelle sollte eine kurze Aussage darüber getroffen werden, inwiefern wichtige externe Einflüsse wie die technologische Entwicklung, gesetzliche Richtlinien und Vorschriften oder die Wirtschaftslage dieses Segment beeinflussen. Manche dieser Einflüsse stellen Chancen dar, andere bergen Gefahren.

III. Schlüsselthemen, die bearbeitet werden müssen

Aus Abschnitt I und II ergeben sich verschiedene Schlüsselthemen, die bearbeitet werden müssen.

IV. Annahmen, Marketingziele, Marketingstrategien

Nun können Annahmen getroffen und Ziele und Strategien festgelegt werden. An diesem Punkt ist der Hinweis wichtig, dass sich solche Annahmen, Ziele und Strategien nur auf das jeweils betrachtete Produkt- oder Marktsegment beziehen. Diese spielen eine maßgebliche Rolle, wenn später die übergreifenden Annahmen, Marketingziele und Strategien festzulegen sind (siehe Abschnitt unten).

Hinweis: Die Materialien zum strategischen Marketingplan enthält Formblatt 7 (Seite 649), das sich auf alle unter Abschnitt I, II, III und IV erwähnten Punkte bezieht und für alle betrachteten Produkt- oder Marktsegmente ausgefüllt werden sollte.

Wettbewerbsanalyse					
wichtigster Wettbewerber	Produkte/ Märkte	strategische Stoßrichtung und derzeitige Ziele und Strategien	Stärken	Schwächen	Wettbewerbsposition

Abbildung 13.8
Schema zur Wettbewerbsanalyse.

V. Wettbewerbsanalyse

Hier sind nur die Ergebnisse der Analyse der *Hauptkonkurrenten* zusammenzufassen. Für jeden Konkurrenten ist der Umsatz innerhalb des jeweils betrachteten Produkt- oder Marktsegments, der jetzige Marktanteil und der *erwartete Marktanteil in drei Jahren* anzugeben. Je größer der Einfluss eines Konkurrenten auf andere ist, desto besser kann dieser seine eigenen Strategien umsetzen und desto erfolgreicher ist er. Es wird empfohlen, dass auch die Wettbewerbsposition jedes Hauptkonkurrenten in eine der im untenstehenden Leitfaden genannten Kategorien eingeordnet wird (z.B. führend, stark, günstig, verteidigungsfähig, schwach).

Zu nennen sind auch die wichtigsten Produkte sowie die strategische Stoßrichtung und die aktuellen Strategien jedes Hauptkonkurrenten. Als Anhaltspunkte werden nachstehend Beispiele für mögliche Ausrichtungen und Strategien gegeben. *Diese sind jedoch nicht wörtlich zu verwenden,* da sie nur Anhaltspunkte sein sollen. Als Nächstes sind deren wichtigsten Stärken und Schwächen festzuhalten.

Dafür dürfte sich das in *Abbildung 13.8* dargestellte Schema als nützlich erweisen.

Hinweis: Siehe hierzu Formblatt 8 im Abschnitt „Materialien zum strategischen Marketingplan", Seite 650.

Leitfaden für die Bestimmung der Wettbewerbsposition

führend	• hat einen maßgeblichen Einfluss auf die Leistungsfähigkeit oder das Verhalten anderer
stark	• hat zahlreiche strategische Optionen • kann eine eigenständige Strategie verfolgen, ohne die kurzfristige Position zu gefährden • ist gegenüber den Aktivitäten der Konkurrenten relativ immun
günstig	• nutzt spezifische Wettbewerbsstärken, häufig in einer Produkt- oder Marktnische • verfügt über überdurchschnittliche Chancen, um seine Position zu verbessern; hat mehrere strategische Optionen
verteidigungsfähig	• die gegenwärtige Performance ermöglicht es ihm, weiter im Markt zu bleiben
schwach	• erzielt nur unbefriedigende Ergebnisse und zeigt deutliche Wettbewerbsschwächen • muss sich entweder verbessern oder aus dem Markt austreten.

In der folgenden Auflistung werden fünf grundlegende strategische Stoßrichtungen genannt, die für fast jedes Unternehmen relevant sind. Es ist zu entscheiden, welche Richtung die Strategie des Konkurrenten am besten zusammenfasst.

Strategische Stoßrichtungen

1. *Markteintritt:* Verwendung von Ressourcen für einen neuen Geschäftsbereich. Dabei sollte berücksichtigt werden, ob man sich auf die vorhandenen Stärken des Unternehmens oder der Geschäftseinheit stützt, ob verwandte Chancen genutzt werden und ob man sich gegen wahrgenommene Bedrohungen verteidigt. Dazu kann es auch gehören, eine ganz neue Branche zu schaffen.
2. *Verbesserung:* Anwendung von Strategien, mit denen die Wettbewerbsposition des Unternehmens deutlich verbessert wird. Häufig erfordert dies eine sorgfältige Produkt- oder Marktsegmentierung.
3. *Halten:* Aufrechterhaltung der eigenen Wettbewerbsposition. Möglicherweise sind dazu aggressive Strategien erforderlich, aber auch eine defensive Haltung ist möglich. Die Produkt- oder Marktposition wird aufrechterhalten, häufig in einer Nische.
4. *Ernten:* Geplante Aufgabe der Wettbewerbsposition, wobei das Augenmerk auf der kurzfristigen Gewinnerzielung und dem kurzfristigen Cashflow liegt; damit ist nicht zwangsläufig die Gefahr verbunden, das Geschäft kurzfristig zu verlieren. Häufig bedeutet es, bestimmte Bereiche der Geschäftseinheit zu konsolidieren und mit den übrigen Aktivitäten eine höhere Performance zu erzielen.
5. *Marktaustritt:* Ausgliederung einer geschäftlichen Aktivität, weil ihre Wettbewerbsposition zu schwach ist, weil sie unangemessen hohe Kosten verursacht oder weil das mit einer Verbesserung ihrer Position verbundene Risiko zu hoch ist.

6. Portfolioanalyse (Zusammenfassung der SWOT-Analysen)

Nun muss jede SWOT-Analyse in einem Schema zusammengefasst werden, das es ermöglicht, die Gesamtposition und relative Bedeutung jedes Segments auf einen Blick zu erfassen. Dazu empfiehlt es sich, eine *Matrix* mit vier Feldern anzufertigen, die jedes der zuvor beschriebenen wichtigen Produkt- oder Marktsegmente darstellt. Eine solche Portfoliomatrix wird in *Abbildung 13.9** veranschaulicht. Nachstehend finden sich einige einfache Empfehlungen zur Erstellung einer solchen Matrix. Genauere Hinweise dazu finden sich in Kapitel 5.

Anhand der *Portfoliomatrix* lässt sich beurteilen, welche Produkte oder welche Gruppen von Kunden/Segmenten die größten Erfolgschancen bieten. Die Portfoliomatrix unterstützt bei der Entscheidung darüber, in welche Produkte (oder Marktsegmente) investiert werden sollte, sowohl bezüglich der finanziellen als auch der Managementressourcen. In diesem Beispiel werden Marktsegmente verwendet, wenngleich es auch möglich ist, Produkte zu verwenden.

---

* Es ist zu beachten, dass „hoch“ auf der linken Seite der horizontalen Achse angesiedelt ist, weil dies sowohl bei der Porter- als auch bei der BCG-Matrix so gehandhabt wird. Die Einstufung „hoch“ kann aber genauso auch auf der rechten Seite der Horizontale erscheinen.

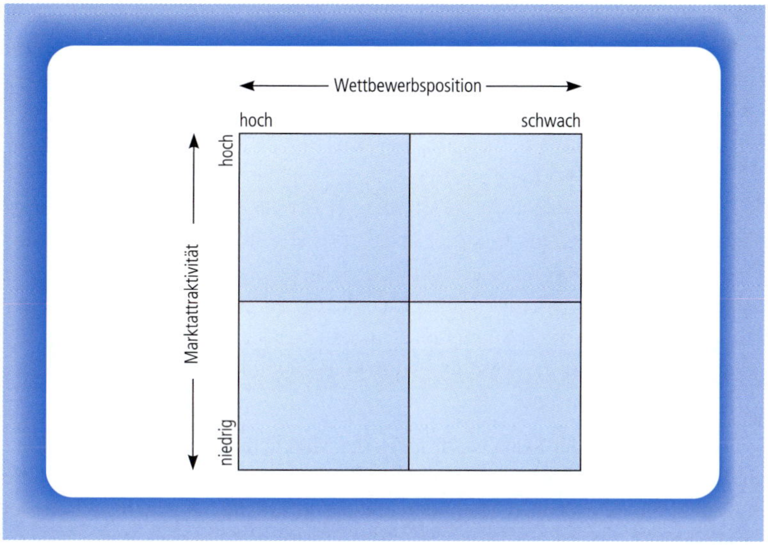

Abbildung 13.9
Portfoliomatrix.

1. Alle Marktsegmente sind auf einem separaten Blatt aufzuführen, und es ist zu entscheiden, welches die attraktivsten sind. Bei diesen „Segmenten" kann es sich um Länder, Sparten, Märkte, Kunden etc. handeln. Für diese Entscheidungen sind in jedem Fall die folgenden Faktoren zu berücksichtigen:
   - Größe der Märkte,
   - ihr tatsächliches oder voraussichtliches Wachstum,
   - die Gewinnspannen der Konkurrenten auf dem Markt,
   - die Komplexität der Bedürfnisse,
   - die Intensität des Wettbewerbs im Sinne von Qualität und Quantität,
   - die Situation des geschäftlichen Umfelds,
   - technische Entwicklung etc.

Man kann sich ein mit einem Thermometer vergleichbares Messgerät vorstellen, das die Marktattraktivität misst. Je höher der Wert, desto attraktiver ist der Markt. Das Instrument wird in *Abbildung 13.10* dargestellt.

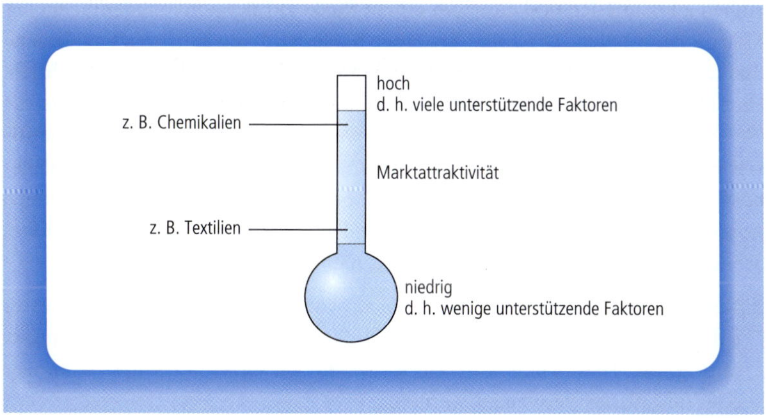

Abbildung 13.10
Skala der Marktattraktivität.

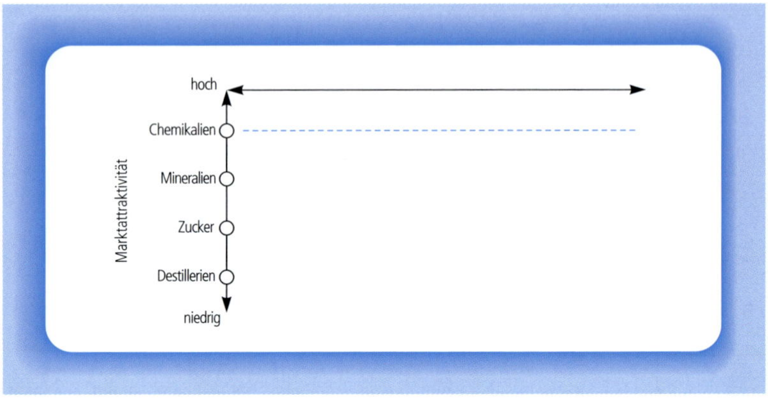

Abbildung 13.11
Rangfolge von Branchen nach Marktattraktivität.

Die Position auf der Skala ist für *jeden* der Märkte festzulegen, und es ist kurz die Position zu beschreiben, wie im obigen Beispiel dargestellt. Dabei sind die in Kapitel 5 beschriebenen Methoden und das in *Tabelle 5.5* gegebene Beispiel zu nutzen.

2. Diese Angaben sind in die Matrix in *Abbildung 13.9* zu übertragen und die Märkte am linken Rand der Matrix einzutragen.
3. In der Matrix kann nun eine gepunktete Linie horizontal vom Markt oben links ausgehend gezogen werden, wie in *Abbildung 13.11* dargestellt.
4. Nun ist zu eruieren, wie gut die strategische Geschäftseinheit für die Bearbeitung des attraktivsten Marktes gerüstet ist. Für die Ermittlung der Wettbewerbsposition (Stärken) des Unternehmens müssen viele Fragen gestellt werden, etwa:
   - Haben wir die richtigen Produkte?
   - Wie gut sind wir in diesem Markt bekannt?
   - Welches Image haben wir?
   - Verfügen wir über die geeigneten technischen Fähigkeiten?
   - Wie nah sind wir am Markt?
   - Wie schneiden wir im Vergleich zu den Konkurrenten ab?

Das Ergebnis einer solchen Analyse ermöglicht es, die „Fitness" der Geschäftseinheit zu beurteilen und diese auf einem Punkt auf der horizontalen Skala der Matrix darzustellen. Die linke Seite der Skala wird gewählt, wenn zahlreiche Stärken vorhanden sind, die rechte, wenn nur wenige Stärken ermittelt wurden. Hier ist die im vorangegangenen Abschnitt durchgeführte Wettbewerbsanalyse (Abschnitt 5 der SWOT-Analysen) zu verwenden, da die notwendige Quantifizierung dort bereits vorgenommen wurde. Von diesem Punkt der Skala ausgehend kann eine vertikale Linie, wie in *Abbildung 13.12* dargestellt, gezogen werden, sodass sie sich mit der horizontalen Linie schneidet. Die in Kapitel 5 beschriebene quantitative Methode ist hier anzuwenden.

5. Nun sind die Kreise erneut zu *zeichnen*, wobei dieses Mal der Durchmesser jedes Kreises proportional zum Anteil des Segments am gesamten Umsatz sein sollte. Hier sollte korrekterweise die Quadratwurzel des Volumens oder des Wertes verwendet werden.

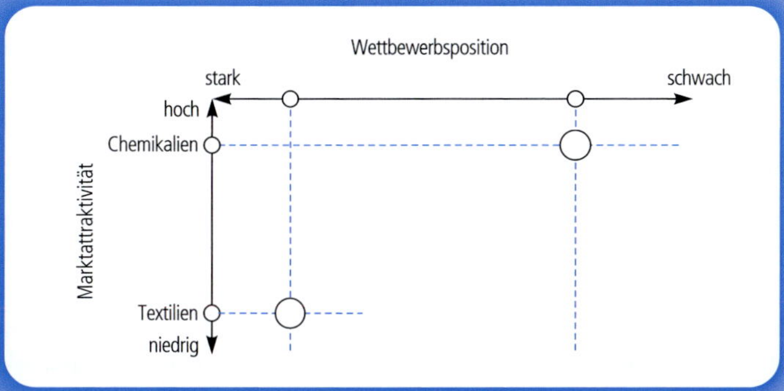

Abbildung 13.12
Marktattraktivität und Wettbewerbsposition.

6. Nun ist anzugeben, wo sich diese Kreise in drei Jahren befinden und wie groß sie voraussichtlich sein werden. Die Matrix wird deshalb unter Umständen auch Segmente aufweisen, die bisher noch nicht bearbeitet wurden. Dafür gibt es zwei Methoden. Die erste Methode besteht darin, bei der Entscheidung über die Attraktivität des Marktes oder Segments anzunehmen, dass man sich bei t0 befindet (also in der Gegenwart) und die Prognose die nächsten drei Jahre betrifft (also t+3). Bei dieser Methode *kann sich der Kreis nur horizontal bewegen,* da sich nur die Wettbewerbsposition ändern wird. Bei der zweiten Methode wird die aktuelle Attraktivität, basierend auf den vergangenen drei Jahren (also t–3 bis t0), auf der vertikalen Achse dargestellt. Dann wird prognostiziert, wie sich die Attraktivität in den nächsten drei Jahren ändern wird (also t0 bis t+3). In diesem Fall können die Kreise ihre vertikale ebenso wie ihre horizontale Lage ändern. Diese Methode wird im angegebenen Beispiel angewandt (*Abbildung 13.13*). Wichtig ist, bei der Verwendung

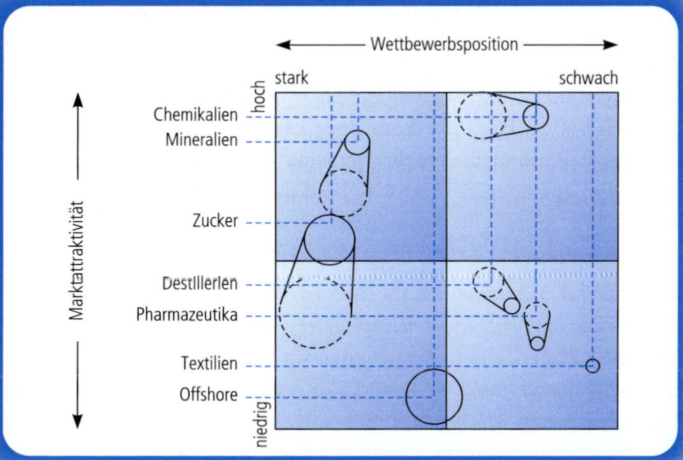

Abbildung 13.13
Dynamische Betrachtung von Marktattraktivität und Wettbewerbsposition.

der Matrix kreativ zu sein. Die Bezeichnung der Achsen kann geändert und mit Produkten und Märkten kann experimentiert werden.

Hinweis: siehe hierzu Formblatt 9 im Abschnitt „Materialien zum strategischen Marketingplan", Seite 651.

7. Übergreifende Annahmen

Jede strategische Geschäftseinheit muss die Annahmen besonders hervorheben, die für die geplanten Marketingziele und Strategien von entscheidender Bedeutung sind.

Die zentralen Planungsannahmen betreffen im Wesentlichen die externen Einflüsse und erwarteten Änderungen, die einen wesentlichen Einfluss auf das Erreichen der Marketingziele haben dürften. Dazu gehören etwa die Geschwindigkeit des Marktwachstums, die Kosten des Unternehmens, Kapitalinvestitionen und anderes mehr.

Die Zahl der Annahmen sollte begrenzt sein, und die Annahmen sollten sich auf zentrale Punkte wie etwa diejenigen beschränken, die in der SWOT-Analyse identifiziert wurden. Wenn ein Plan unabhängig von den getroffenen Annahmen umgesetzt werden kann, sind diese Annahmen nicht notwendig und sollten entfernt werden.

Die detaillierten Annahmen, die in der SWOT-Analyse für jedes wichtige Produkt oder Marktsegment festgelegt wurden, werden sich bei der Entscheidung über die übergreifenden „Makroannahmen" als nützlich erweisen.

Hinweis: Siehe hierzu Formblatt 10 im Abschnitt „Materialien zum strategischen Marketingplan", Seite 652.

8. Übergreifende Marketingziele und Strategien

Marketingziele

Nach der Ermittlung der zentralen Stärken, Schwächen, Chancen und Gefahren und der Festlegung der Annahmen bezüglich der Unternehmensumwelt wird der Prozess der Erstellung von Marketingzielen einfacher, weil sie eine realistische Aussage darüber erlauben, was die strategische Geschäftseinheit aufgrund der marktorientierten Analyse erreichen möchte.

Wie bei der Zielformulierung für andere funktionale Unternehmensbereiche handelt es sich auch hier um den wichtigsten Schritt im gesamten Prozess. Schließlich wird hier eine Verpflichtung auf der Ebene der strategischen Geschäftseinheit eingegangen, einen bestimmten Weg zu verfolgen, der über die Zeitplanung und Kosten der späteren Maßnahmen entscheidet.

Ein *Ziel* stellt das dar, was die Einheit erreichen möchte. Eine *Strategie* verdeutlicht, wie sie dies erreichen möchte. Deshalb gibt es auf allen Ebenen des Marketing Ziele und Strategien. Beispielsweise kann es Ziele und Strategien für die Werbung geben, Ziele und Strategien für die Preisgestaltung usw.

Der entscheidende Punkt bei den Marketingzielen besteht jedoch darin, dass sie nur Produkte und Märkte betreffen sollten. Schließlich werden die finanziellen Ziele der strategischen Geschäftseinheit nur erreicht, wenn etwas verkauft wird. Werbung, Preisbildung und andere Elemente des Marketing-Mix sind die Mittel (die Strategien), mit denen die strategische Geschäftseinheit dabei erfolgreich sein kann. Deshalb sollten die Ziele für die Preisgestaltung, Verkaufsförderung oder Werbung *nicht* mit den Marketingzielen verwechselt werden.

Um Gewinne und Cashflows zu maximieren, muss jede strategische Geschäftseinheit genau überlegen, wie sich die aktuellen Kundenbedürfnisse ändern und inwiefern die angebotenen Produkte geändert werden müssen. Da solche Veränderungen unweigerlich stattfinden, müssen die strategischen Geschäftseinheiten die beiden Hauptdimensionen des wirtschaftlichen Wachstums berücksichtigen, das heißt Produktentwicklung und Marktentwicklung. Bei den Marketingzielen geht es um folgende Gesichtspunkte:

- vorhandene Produkte an vorhandene Segmente verkaufen,
- neue Produkte für vorhandene Segmente entwickeln,
- vorhandene Produkte auf neue Segmente ausdehnen,
- neue Produkte für neue Segmente entwickeln.

Die Marketingziele sollten *quantitativer* Natur sein und daher nach Möglichkeit als *Wert*, *Menge*, *Marktanteil* und wenn möglich *Rentabilität* angegeben werden. Allgemeine Angaben wie „maximieren", „minimieren", „durchdringen" sind zu vermeiden, außer wenn damit auch eine Quantifizierung verbunden ist.

Die Marketingziele sollten den gesamten dreijährigen Planungshorizont abdecken und umfassende Strategien sowie umfassende Umsatz- und Kostenprognosen für den gesamten Dreijahreszeitraum enthalten.

Der Einjahresplan sollte konkrete Ziele für das erste Jahr des dreijährigen Planungszyklus sowie die Strategien nennen, die zu deren Erreichung verfolgt werden. *Der Einjahres- und der Dreijahresplan sind getrennte Dokumente. In dieser Phase ist kein detaillierter Einjahresplan erforderlich.*

An dieser Stelle sollte betont werden, dass das zentrale Dokument in der jährlichen Planungsrunde der strategische Dreijahres-Marketingplan ist. Der Einjahresplan enthält die einzelnen Maßnahmen, die im ersten Jahr des strategischen Plans durchgeführt werden sollen.

Marketingstrategien

Die Marketingstrategien sollten eine grobe Beschreibung dessen enthalten, *wie* die Marketingziele erreicht werden sollen:

- die konkrete Produktpolitik (Breite des Angebots, technische Spezifikationen der Produkte, Positionierung, Sortimentserweiterungen, Produkteliminationen etc.),
- die Preispolitik, die für Produktgruppen in bestimmten Marktsegmenten gelten sollte,
- das Serviceniveau für die jeweiligen Marktsegmente (etwa Wartungsdienstleistungen),
- die Strategien für die Kommunikation mit den Kunden in den einzelnen Teilbereichen, etwa Vertrieb, Werbung oder Verkaufsförderung.

Im Folgenden werden einige Marketingziele und Strategien zusammengefasst, die strategischen Geschäftseinheiten prinzipiell zur Verfügung stehen.

Ziele

1. Marktdurchdringung,
2. neue Produkte auf vorhandenen Märkten einführen,
3. vorhandene Produkte auf neuen Märkten einführen (Inland),
4. vorhandene Produkte auf neuen Märkten einführen (international),
5. neue Produkte auf neuen Märkten einführen.

Strategien

1. Produktdesign, Leistungsfähigkeit, Qualität oder Merkmale ändern,
2. Werbung oder Verkaufsförderung ändern,
3. Stückpreis ändern,
4. Lieferung oder Distribution ändern,
5. Serviceniveaus ändern,
6. Produktivität des Marketing verbessern (z. B. den Verkaufsmix verbessern),
7. Produktlinie konsolidieren,
8. Rückzug aus Märkten,
9. Distribution konsolidieren,
10. Design standardisieren.

Richtlinien für die Formulierung von Marketingzielen und Strategien

Aus der Portfoliomatrix (wie in Kapitel 6 durchgeführt) ergeben sich für jede Position eines Produkt- oder Marktsegments in der Matrix allgemeine Ziele, die normalerweise für ein Unternehmen in dieser Position angemessen sind, wenngleich die Manager der Geschäftseinheiten aufgrund besonderer Umstände zum jeweiligen Zeitpunkt möglicherweise auch alternative Ziele berücksichtigen sollten.

Die vier Zielkategorien in der Matrix lauten:

- Investieren,
- Halten,
- Ernten,
- Selektieren.

Es ist allerdings nicht erforderlich, jedem Quadranten eine Bezeichnung zu geben. Nachstehend werden sie der Reihe nach erläutert.

Investieren

Produkte in dieser Kategorie verfügen über eine Wettbewerbsposition in Märkten oder Segmenten, in denen hohe Wachstumsraten erzielt werden und die eine anhaltende Attraktivität versprechen. Das Ziel für solche Produkte liegt auf der Hand: Es lautet, die Wachstumsraten zumindest in Höhe der Wachstumsrate des Marktes beizubehalten und dadurch den Marktanteil zu verteidigen oder schneller als der Markt zu wachsen und dadurch den Marktanteil auszubauen.

Dabei sollten drei Hauptfaktoren in Betracht gezogen werden:

1. mögliche geografische Expansion,
2. mögliche Expansion der Produktlinie,
3. mögliche Differenzierung der Produktlinie.

Solche Investitionen in Produkte können auf dem Wege der internen Entwicklung, durch Kauf oder über Joint Ventures erreicht werden.

Entscheidend ist, dass in einer derartigen attraktiven Marktsituation eine *aggressive Haltung* eingenommen wird, gestützt durch strikte Budgets und Kontrollprozesse, um einen effizienten Einsatz der Ressourcen zu gewährleisten.

Halten

Produkte in dieser Kategorie verfügen über eine Wettbewerbsposition in Märkten oder Segmenten, die längerfristig nicht attraktiv sind. Hier liegt das Hauptaugenmerk darauf, die Rentabilität zu gewährleisten, wobei die aktuellen Gewinne eine wichtigere Rolle als aggressives Wachstum spielen.

Die erfolgreichsten Produktlinien sollten weitergeführt werden, und bei den weniger erfolgreichen sollten Überlegungen zu einem möglichen Rückzug angestellt werden. Das Marketing sollte sich auf die Differenzierung von Produkten konzentrieren, um den Marktanteil der Schlüsselsegmente zu halten. Die Marketingausgaben sollten beschränkt werden, vor allem, wenn die Konkurrenzsituation dies zulässt oder wenn die Produkte ausgereift sind. Der Preis in Relation zur Konkurrenz sollte stabilisiert werden, außer wenn eine vorübergehende aggressive Strategie erforderlich ist, um den Marktanteil zu verteidigen.

Ernten

Die Produkte in dieser Kategorie verfügen über eine schlechte Position auf wenig attraktiven Märkten. Diese Produkte sind aber nur dann „schlecht", wenn die Zielerreichungen nicht der Position des Unternehmens in dem Marktsegment entsprechen. Grundsätzlich sollten diese Produkte auf Gewinnerzielung ausgerichtet werden, wenn keine unmittelbare Eliminierung notwendig ist.

Die Produktlinien sollten konsequent zurückgeführt werden. Gleichzeitig werden die Marketingausgaben auf ein Minimum beschränkt und die Preise aufrechterhalten oder nach Möglichkeit sogar erhöht.

Allerdings muss zwischen zwei Produkttypen unterschieden werden:

- Produkten, die auf unattraktiven Märkten eindeutig nicht wettbewerbsfähig sind,
- Produkten, die sich recht nah an der Trennlinie befinden.

Produkte in der ersten Kategorie sollten grundsätzlich wie oben beschrieben behandelt werden. Die anderen Produkte müssen anders behandelt werden. Beispielsweise sollte man sich der Tatsache des schwachen Wachstums stellen und der Versuchung widerstehen, das Produkt aufgrund der bisherigen hohen Wachstumsraten auszubauen. Es sollte nicht als „Marketing"-Problem betrachtet werden, da dies nur zu hohen Kosten für Werbung, Verkaufsförderung und Lagerhaltung und zu einer niedrigeren Rentabilität führen würde. Wo dies möglich ist, sollten Wachstumssegmente identifiziert und genutzt werden. Besonderes Augenmerk sollte auf die Produktqualität gerichtet sein, um einen Preiswettbewerb durch austauschbare Produkte zu verhindern. Die Produktivität sollte systematisch verbessert werden. Schließlich sollten sich kompetente Manager auf solche Produkte konzentrieren.

Selektieren

Hier muss entschieden werden, ob man in diesen attraktiven Märkten oder Segmenten in die künftige Marktführerschaft investiert oder das Augenmerk auf die aktuellen Gewinne richtet. Beide Ziele sind denkbar. Es muss allerdings berücksichtigt werden, dass die Konzentration auf kurzfristige Gewinne für gewöhnlich nicht mit dem Ausbau von Marktanteilen vereinbar ist. Meist ist es notwendig, die vielversprechendsten Märkte zu selektieren und dann nur in diese zu investieren.

Weitere Richtlinien für das Marketing und sonstige Funktionen, die von den Managern der operativen Einheiten berücksichtigt werden sollten, wenn sie Marketingziele und Strategien entwickeln, sind in Kapitel 6 enthalten.

Es sollte jedoch betont werden, dass es keine *automatisch* richtige Politik für ein bestimmtes Produkt oder einen Markt gibt. Manager der strategischen Geschäftseinheiten sollten drei oder mehr Optionen in Betracht ziehen, bevor sie eine Empfehlung über die „bestmögliche" Option abgeben. Vor allem müssen sie die attraktivsten Chancen identifizieren und die Erfolgschancen auf möglichst realistische Weise beurteilen. Dies gilt insbesondere für neue Geschäftsfelder. Von neuen Geschäftsfeldern würde man normalerweise erwarten, dass sie auf vorhandenen Stärken aufbauen, vor allem im Marketing, die daraufhin weiter ausgebaut oder ergänzt werden.

Die in den Materialien zur strategischen Marketingplanung im Anschluss enthaltenen Formblätter bieten sowohl einen Analyserahmen als auch eine Zusammenfassung der Marketingziele, die für alle Manager strategischer Geschäftseinheiten grundsätzlich relevant sind. Diese Zusammenfassung enthält wesentliche Informationen, die dem Marketingplan zugrunde liegen.

Formblätter

Die folgenden Formblätter finden sich in Abschnitt „Materialien zum strategischen Marketingplan" ab S. 653.

Formblatt 11	*Umsätze der Marktsegmente*, aus denen über einen Zeitraum von fünf Jahren der gesamte Umsatz des Segments, die eigenen Umsätze der Geschäftseinheit und die Marktanteile für die verschiedenen Marktsegmente hervorgehen.
Formblatt 12	*Bruttogewinne der Marktsegmente*, aus denen über einen Zeitraum von fünf Jahren der Umsatz der Geschäftseinheit, der Bruttogewinn und die Bruttomarge für die verschiedenen Marktsegmente hervorgehen.
Formblatt 13	*Produktgruppenanalyse*, aus der über einen Zeitraum von fünf Jahren der Umsatz, der Bruttogewinn und die Bruttomarge für verschiedene Produktgruppen hervorgehen.
Formblatt 14	Verbale Zusammenfassung der wichtigsten Marketingziele und Strategien.

9. Finanzprognosen für drei Jahre

Schließlich sollten die Manager der strategischen Geschäftseinheiten über die gesamte dreijährige Planungsperiode Prognosen für alle wichtigen Umsatz- und Kostenkategorien in Ihrem Unternehmen vorlegen.

Hinweis: siehe hierzu Formblatt 15 im Abschnitt „Materialien zum strategischen Marketingplan", Seite 657.

Materialien zum strategischen Marketingplan

Formblatt 1

Leitbild

Dieser Punkt erscheint an erster Stelle im Marketingplan.
In einer Aussage über das Leitbild der strategischen Geschäftseinheit, das sogenannte Mission Statement, wird die Daseinsberechtigung der Geschäftseinheit formuliert. Darin werden kurze Angaben zu den folgenden Punkten gemacht:

1. *Rolle oder Beitrag der Einheit*
   z. B. Gewinnbringer, Serviceabteilung, Geschäftsentwicklung
2. *Definition der Geschäftstätigkeit*
   Welche Bedürfnisse befriedigen Sie, welche Nutzenstiftungen bieten Sie?
3. *Spezifische Kompetenzen*
   Weisen Sie hier auf Kompetenzen hin, über die nur Ihre spezifische Geschäftseinheit verfügt.
4. *Informationen zur zukünftigen Ausrichtung*
   Fassen Sie hier die wesentlichen Aspekte zusammen, die Sie für wichtig halten (etwa den Eintritt in ein neues Segment). Es kann sehr nützlich sein, wenn diese Aspekte den folgenden Kategorien zugeordnet werden:

   GEPLANTE Schritte
   MÖGLICHE Schritte
   AUSGESCHLOSSENE Schritte

Formblatt 2

Zusammenfassung der Performance der SGEs

Zusätzlich zu einer quantitativen Zusammenfassung, wie nachstehend dargestellt, sollten die Manager der strategischen Geschäftseinheit eine Zusammenfassung der Gründe dafür geben, warum die Performance gut oder schlecht war.

	vor drei Jahren	*vor zwei Jahren*	*im vergangenen Jahr*
Menge/Umsatz			
Bruttogewinn (%)			
Bruttomarge in Tausend Euro			

Zusammenfassung der Gründe für gute oder schlechte Performance

Formblatt 3

Zusammenfassung der Finanzprognosen

Dies ist der dritte Punkt, der im Marketingplan erscheint.

An dieser Stelle werden die finanziellen Konsequenzen des Plans für die gesamte dreijährige Planungsperiode zusammengefasst.

Formblatt 4

Strategische Planungsübung (Gap-Analyse) 1. Umsätze

1. Ziel
   a) Beginnen Sie, indem Sie die Umsatz- beziehungsweise Absatzposition aufzeichnen, die Sie am Ende der Planungsperiode erreichen möchten (Punkt E).
   b) Zeichnen Sie als Nächstes die prognostizierte Position ein (Punkt A).

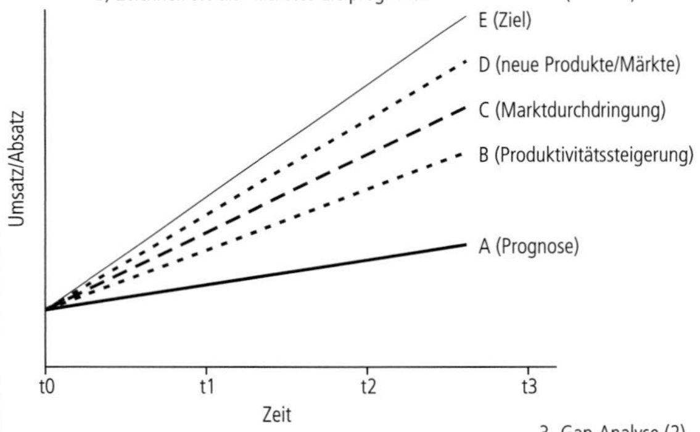

2. Gap-Analyse (1)
   Gibt es Maßnahmen, die Sie innerhalb der folgenden Kategorien ergreifen können, um die Lücke zu schließen? Diese Maßnahmen konzentrieren sich auf Cashflows. Zeichnen Sie den nach diesen Maßnahmen erreichbaren Gesamtumsatz beziehungsweise -absatz in der Gap-Analyse-Abbildung bei Punkt B ein. Fahren Sie nun mit 3 fort

(Produktivität)	(Wert/Menge)
besserer Produktmix	
besserer Kundenmix	
mehr Verkaufsbesuche	
bessere Verkaufsbesuche	
höhere Preise	
weniger Nachlässe	
Berechnung von Lieferungen	
sonstige	
GESAMT	

3. Gap-Analyse (2)
   a) Nennen Sie die wichtigsten Produkte auf der horizontalen Achse und die wichtigsten Märkte auf der vertikalen Achse
   Tragen Sie in jedem kleineren Quadrat den aktuellen Umsatz und den erreichbaren Umsatz in der Planungsperiode ein.
   b) Zeichnen Sie als Nächstes die Umsatz-/Absatzposition nach Marktdurchdringung ein (Punkt C).
   Dieser Punkt ergibt sich aus der Summe aller Werte in der rechten Hälfte der kleinen Kästchen in der Ansoff-Matrix.
   Wenn weiterhin eine Lücke besteht, fahren Sie mit 4 fort.

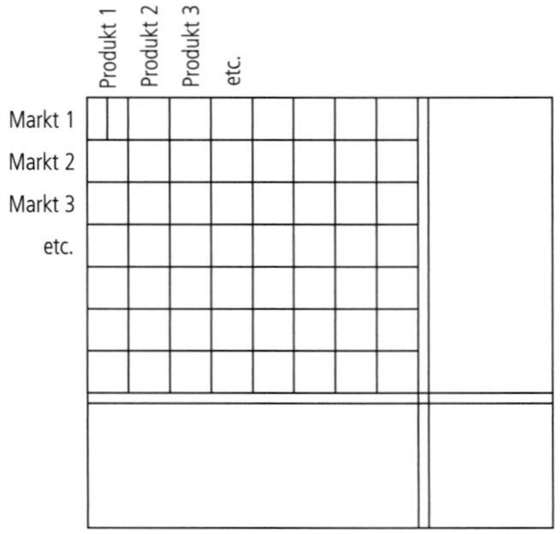

4. Gap-Analyse (3)
   Bestimmen Sie den Wert neuer Produkte, die Sie möglicherweise entwickeln und auf vorhandenen Märkten verkaufen können. Führen Sie dazu die konkreten Produkte auf, die Sie auf neuen Märkten verkaufen möchten. Zeichnen Sie deren Gesamtumsatz beziehungsweise -absatz in die obige Gap-Analyse-Abbildung ein (Punkt D).
   Wenn immer noch eine Lücke besteht, fahren Sie mit 5 fort.

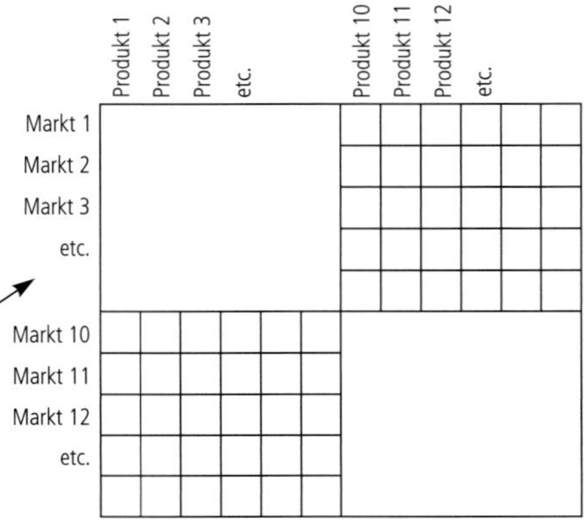

5. Gap-Analyse (4)
   Bestimmen Sie nun den Umsatz beziehungsweise Absatz durch neue Produkte, die Sie für neue Märkte entwickeln könnten, bis Punkt E erreicht wird (Schritte 3, 4 und 5 stellen eine Konzentration auf das Umsatzwachstum dar).
6. Gap-Analyse (5)
   Wenn keine der bisherigen Maßnahmen zum erwünschten Ergebnis führt, sollten Sie überlegen, ob Sie das Geschäftsportfolio verändern. Mögliche Maßnahmen:
   a) Investition,
   b) Desinvestition.
   (Schritt 6 stellt eine Konzentration auf die Kapitalnutzung dar).

Formblatt 5

Strategische Planungsübung (Gap-Analyse) 2. Gewinn

1. Ziel
   (a) Beginnen Sie, indem Sie die Gewinnposition aufzeichnen, die Sie am Ende der Planungsperiode erreichen möchten (Punkt E).
   b) Zeichnen Sie als Nächstes die prognostizierte Gewinnposition ein (Punkt A).

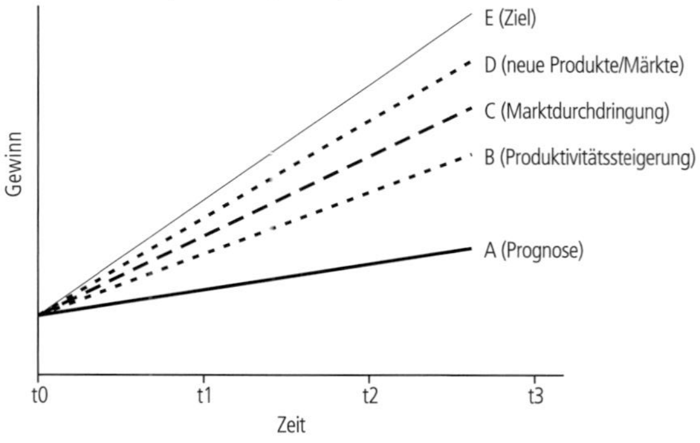

2. Gap Analyse (1)
   Gibt es Maßnahmen unter den folgenden Kategorien, die Sie ergreifen können, um die Lücke zu schließen? Zeichen Sie den daraus folgenden Gesamtgewinn an Punkt B ein. (Diese Maßnahmen konzentrieren sich auf Cashflows und Gewinnmargen).
   Fahren Sie nun mit 3 fort.

(Produktivität)	Wert/Menge
besserer Produktmix	
besserer Kundenmix	
mehr Verkaufsbesuche	
bessere Verkaufsbesuche	
höhere Preise	
weniger Nachlässe	
Berechnung von Lieferungen	
Kostensenkungen	
sonstige (bitte angeben)	
GESAMT	

3. Gap-Analyse (2)
   a) Nennen Sie die wichtigsten Produkte auf der horizontalen Achse und die wichtigsten Märkte auf der vertikalen Achse. Tragen Sie in jedem kleineren Quadrat den aktuellen Gewinn und den erreichbaren Gewinn in der Planungsperiode ein.
   b) Zeichnen Sie als Nächstes den nach der Marktdurchdringung erreichbaren Gewinn ein (Punkt C).
   Dieser Punkt stellt die Summe aller Gewinne in der rechten Hälfte der kleinen Kästchen in der Ansoff-Matrix dar.
   Wenn weiterhin eine Lücke besteht, fahren Sie mit 4 fort.

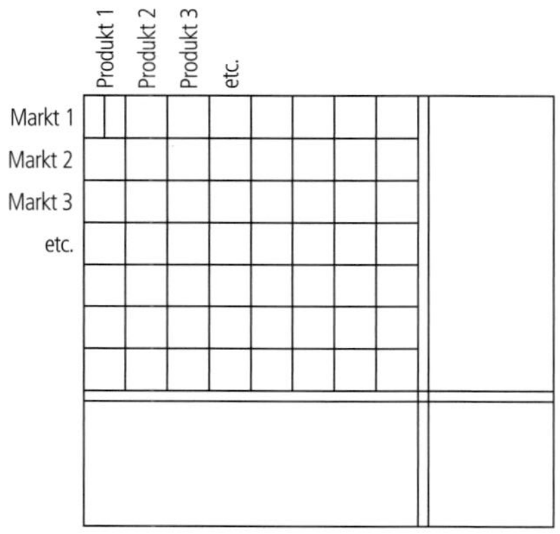

4. Gap-Analyse (3)
   Tragen Sie den Gewinn durch neue Produkte ein, die Sie möglicherweise entwickeln und auf vorhandenen Märkten verkaufen können. Führen Sie dazu die Produkte auf, die Sie auf neuen Märkten verkaufen möchten.
   Zeichnen Sie ihren Gesamtgewinn in die obige Abbildung ein (Punkt D).
   Wenn immer noch eine Lücke besteht, fahren Sie mit 5 fort.

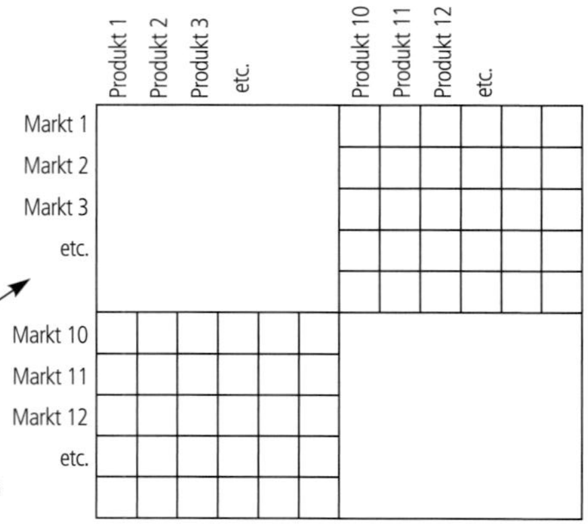

5. Gap-Analyse (Diversifikation)
   Tragen Sie nun den Gewinn neuer Produkte ein, die Sie für neue Märkte entwickeln könnten (Diversifikation), bis Punkt E erreicht wird (Schritte 3, 4 und 5 stellen eine Konzentration auf das Gewinnwachstum dar).

6. Gap-Analyse (Kapitalverwendung)
   Wenn dies nicht zum erwünschten Gewinn führt, sollten Sie überlegen, ob Sie die Vermögensbasis verändern.
   Mögliche Maßnahmen:
   a) Investition,
   b) Joint Venture.
   (Schritt 6 stellt eine Konzentration auf die Kapitalnutzung dar).

Formblatt 6

Marktübersicht (gegebenenfalls inklusive „Marktmodell", gemeinsam mit den Implikationen für das Unternehmen)

Formblatt 7

Übung zur strategischen Planung (SWOT-Analyse)

(*Hinweis*: Dieses Formblatt sollte für jedes betrachtete Produkt-/Marktsegment ausgefüllt werden.

1. Beschreibung der strategischen Geschäftseinheit
   Beschreiben Sie hier den Markt, für den die SWOT-Analyse durchgeführt wird.

2. Kritische Erfolgsfaktoren
   Welches sind die wenigen zentralen Aspekte aus Kundensicht, die von jedem Konkurrenten erfüllt werden müssen, um erfolgreich zu sein?

3. Gewichtung
   Wie wichtig ist jeder dieser KEF? Gewichtung in Prozent

	2. Kritische Erfolgsfaktoren	3. Gewichtung
1.		
2.		
3.		
4.		
5.		Summe 100 %

4. Analyse der Stärken/Schwächen
   Bewerten Sie sich selbst und jeden Ihrer Hauptkonkurrenten bezüglich jedes KEF auf einer Skala von 1 bis 10 Punkten. Anschließend multiplizieren Sie die Punktezahl mit der Gewichtung.

Konkurrent / KEF	eigenes Unternehmen	Konkurrent A	Konkurrent B	Konkurrent C	Konkurrent D
1					
2					
3					
4					
5					
GESAMT (Punktzahl x Gewichtung)					

5. Chancen/Gefahren
   Welches sind die wenigen zentralen Aspekte außerhalb Ihrer direkten Kontrolle, die Auswirkung auf Ihren Geschäftserfolg hatten und weiterhin haben?

	Chancen	Gefahren
1.		
2.		
3.		
4.		
5.		

6. Zentrale Themen („Issues“), die behandelt werden müssen

7. Schlüsselannahmen für die Planungsperiode

8. Schlüsselziele

9. Schlüsselstrategien

Finanzielle Konsequenzen

	7. Schlüsselannahmen für die Planungsperiode	8. Schlüsselziele	9. Schlüsselstrategien
1.			
2.			
3.			
4.			
5.			
6.			
7.			

Formblatt 8

***Hinweis:* Dieses Formblatt sollte für jedes berücksichtigte Produkt-/Marktsegment ausgefüllt werden.**

Hauptkonkurrent	*Produkte/Märkte*	*strategische Stoßrichtung und aktuelle Ziele und Strategien*	*Stärken*	*Schwächen*	*Wettbewerbssituation*

Formblatt 9

Portfoliozusammenfassung

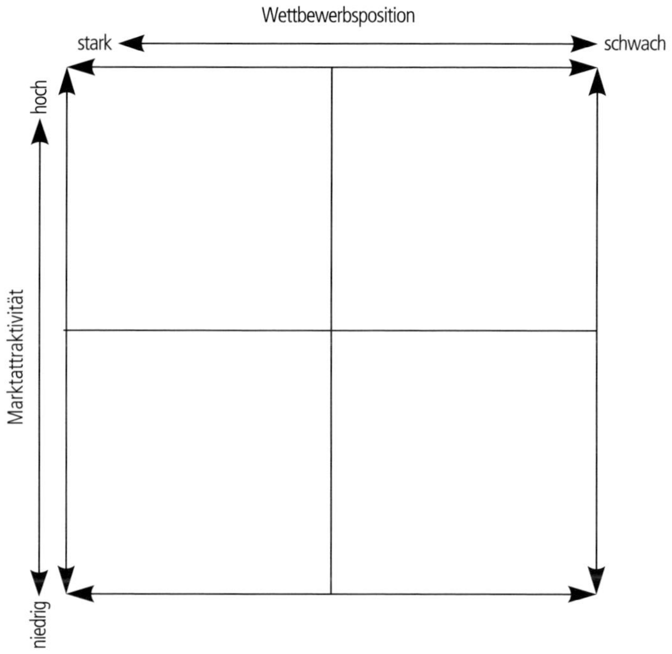

Formblatt 10

Annahmen

Formblatt 11

Umsätze der Marktsegmente					
	Vorjahr (t–1)	*laufendes Jahr (t0)*	*Folgejahr (t+1)*	*(t+2)*	*(t+3)*
Schlüsselmarktsegmente (Liste)	Anteil des Unternehmens am Gesamtumsatz des Marktsegments	Anteil des Unternehmens am Gesamtumsatz des Marktsegments	Anteil des Unternehmens am Gesamtumsatz des Marktsegments	Anteil des Unternehmens am Gesamtumsatz des Marktsegments	Anteil des Unternehmens am Gesamtumsatz des Marktsegments
GESAMT					

Formblatt 12

Bruttogewinne und Bruttomargen der Marktsegmente

	Vorjahr (t–1)			*laufendes Jahr (t0)*			*Folgejahr (t+1)*			*(t+2)*			*(t+3)*		
Schlüssel-marktseg-mente (Liste)	Umsatz	Brutto-gewinn (%)	Brutto-marge (1000 €)	Umsatz	Brutto-gewinn (%)	Brutto-marge (1000 €)	Umsatz	Brutto-gewinn (%)	Brutto-marge (1000 €)	Umsatz	Brutto-gewinn (%)	Brutto-marge (1000 €)	Umsatz	Brutto-gewinn (%)	Brutto-marge (1000 €)
GESAMT															

Formblatt 13

Bruttogewinne und Bruttomargen der Produktgruppen

	Vorjahr (t–1)			*laufendes Jahr (t0)*			*Folgejahr (t+1)*			*(t+2)*			*(t+3)*		
Produkt-gruppen	Umsatz	Brutto-gewinn (%)	Brutto-marge (1 000 €)	Umsatz	Brutto-gewinn (%)	Brutto-marge (1 000 €)	Umsatz	Brutto-gewinn (%)	Brutto-marge (1 000 €)	Umsatz	Brutto-gewinn (%)	Brutto-marge (1 000 €)	Umsatz	Brutto-gewinn (%)	Brutto-marge (1 000 €)
GESAMT															

Formblatt 14

Zusammenfassung (verbal und zahlenmäßig) der wichtigsten Marketingziele und -strategien

Formblatt 15

Finanzprognosen für drei Jahre

Abschnitt B

Der Einjahres-Marketingplan

(Dieser Teil sollte vom strategischen Dreijahres-Marketingplan getrennt bleiben und erst dann abgeschlossen werden, wenn das Planungsteam den strategischen Plan im Mai eines jeden Jahres genehmigt hat.)

Nun sollten spezifische Unterziele für Produkte und Segmente, gestützt durch detaillierte Aussagen zur Strategie und den Maßnahmen, entwickelt werden. Der Plan sollte Budgets und Prognosen und ein konsolidiertes Budget enthalten. Er muss die Marketingziele und -strategien widerspiegeln, während die Ziele, Strategien und Maßnahmen wiederum die vereinbarten Budgets und Umsatzprognosen wiedergeben müssen. Ihr Hauptzweck ist es, die wesentlichen Schritte bei der Umsetzung zu beschreiben, die Zuständigkeiten festzulegen, sich auf die wichtigsten Entscheidungstatbestände zu konzentrieren und die erforderliche Zuteilung der Ressourcen und ihre zeitliche Planung festzulegen.

Daraus ergibt sich schließlich eine Hierarchie von Zielen, sodass jeder im Budget vorgesehene Ausgabenposten direkt mit den ursprünglichen Finanzzielen verknüpft werden kann.

Wenn also beispielsweise die Werbung als ein Mittel identifiziert wurde, um ein Ziel auf einem bestimmten Markt zu erreichen (wenn also die Werbung in diesem Fall eine Strategie ist), kann jeder Aufwand für eine bestimmte Werbebudgetposition diesem Hauptziel zugeordnet werden. Entscheidend dabei ist, dass die Budgets für jedes Marketing-Mix-Element anhand der übergreifenden Marketingziele ebenso wie anhand der Unterziele festgesetzt werden.

Der Hauptvorteil besteht darin, dass diese Methode es den operativen Einheiten erlaubt, ihre Märkte immer besser kennenzulernen und zu beurteilen. Diese Methode der Budgetplanung erlaubt es ferner, jeden Aufwandsposten als Teil eines Zielsystems zu behandeln. Schließlich sorgt sie dafür, dass eventuell erforderliche Veränderungen in der entsprechenden Planungsperiode so erfolgen, dass die langfristigen Ziele der strategischen Geschäftseinheit möglichst wenig beeinträchtigt werden.

Notfallplan

Es ist wichtig, einen *Notfallplan in den einjährigen Marketingplan* aufzunehmen (Näheres dazu im Folgenden).

Richtlinien für die Erstellung eines Einjahres-Marketingplans

Aufgrund der Unterschiedlichkeit der strategischen Geschäftseinheiten ist es unmöglich, ein Standardschema für sie vorzugeben. Bestimmte Mindestangaben sollten jedoch begleitend zu den Finanzinformationen zwischen September und Oktober immer bereitgestellt werden. Hintergrundinformationen zum Markt sind nicht erforderlich, da diese im dreijährigen strategischen Plan enthalten sind.

Vorgeschlagenes Schema für den Einjahres-Marketingplan

1. a) Übergreifende Ziele (siehe Formblatt 1 und 2 im Abschnitt „Materialien zum Einjahres-Marketingplan") – sie sollten Folgendes enthalten:

Absatz oder Umsatz	Vorjahr	Schätzung laufendes Jahr	Budget Folgejahr
Bruttomarge	Vorjahr	Schätzung laufendes Jahr	Budget Folgejahr

   Zu jedem Punkt folgen einige kurze Erläuterungen.

   b) Übergreifende Strategien – beispielsweise neue Kunden, neue Produkte, Werbung, Verkaufsförderung, Vertrieb, Kundenservice, Preisgestaltung. Eine Liste der Marketingstrategien ist in Kapitel 6 enthalten.

2. a) Unterziele (siehe Formblatt 3 in den „Materialien zum Einjahres-Marketingplan) – detaillierte Ziele sollten gegebenenfalls für Produkte, Märkte, Segmente oder Großkunden angegeben werden.

   b) Strategien – Die Mittel, mit denen Teilziele erreicht werden, sollten aufgeführt werden.

   c) Maßnahmen/Taktiken – die Einzelheiten, das Timing, die Zuständigkeiten und die Kosten sollten angegeben werden.

3. Zusammenfassung der Marketingaktivitäten und Kosten (siehe Formblatt 4 in Abschnitt „Materialien zum Einjahres-Marketingplan").

4. Notfallplan (siehe Formblatt 5 in den „Materialien zum Einjahres-Marketingplan") – Es ist wichtig, auch einen Notfallplan zu erstellen, der die folgenden Fragen berücksichtigen sollte:

   a) Auf welchen entscheidenden Annahmen beruht der Einjahresplan?

   b) Welches wären die finanziellen Konsequenzen (d. h. die Auswirkung auf das Betriebsergebnis), wenn diese Annahmen nicht zuträfen? Was würde beispielsweise geschehen, wenn eine Umsatzprognose auf der Annahme beruht, dass ein Großkunde sich für den Kauf neuer Anlagen entscheidet, er dann aber den Kauf nicht tätigt?

   c) Wie werden diese Annahmen gemessen?

   d) Mit welchen Maßnahmen wird gewährleist, dass die nachteiligen finanziellen Folgen einer nicht eingetretenen Annahme aufgefangen werden, sodass am Jahresende trotzdem der prognostizierte Gewinn erreicht wird?

   Bei der Einschätzung des Risikos sind die negativen Aspekte oder Nachteile zu beurteilen und zu fragen, was bei jeder für das Ergebnis relevanten Annahme schiefgehen kann. Man nehme beispielsweise an, dass ein Marktwachstum von 5 % eine zentrale Annahme wäre. Wie niedrig müsste die Wachstumsrate sein, damit eine grundlegend andere Managemententscheidung getroffen würde? Bei einem Investitionsprojekt wäre das der Punkt, an dem das Projekt nicht mehr wirtschaftlich wäre.

5. Betriebsergebnis und Finanzkennzahlen (siehe Formblatt 6 in den „Materialien zum Einjahres-Marketingplan“).
   Hinweis: Dieses Formblatt dient nur als Beispiel, denn natürlich hat jedes Unternehmen seine eigenen Schemata – dazu sollten aber gehören
   - Nettoumsätze,
   - Bruttomarge,
   - Wertberichtigungen,
   - Marketingaufwand,
   - Verwaltungsaufwand,
   - Zinsen,
   - Betriebsergebnis,
   - Umsatzrendite (ROS),
   - Kapitalrendite (ROI).
6. Aktivitätenplaner (siehe Formblatt 7 in den „Materialien zum Einjahres-Marketingplan“). – schließlich sollten die wichtigsten Aktivitäten zusammengefasst und ihr Beginn und Abschluss angegeben werden. Dies erleichtert es, die Fortschritte bei der Umsetzung des Jahresplans zu überwachen.
7. Sonstiges: Vielleicht sind noch weitere Angaben zu machen, etwa zu geplanten Verkaufsbesuchen.

Materialien zum Einjahres-Marketingplan

Formblatt 1

Übergreifende Ziele										
Produkt/Markt/Segment/ Kunde	*Absatz*			*Umsatz*			*Bruttomarge*			*Anmerkungen*
	(t–1)	(t0)	(t+1)	(t–1)	(t0)	(t+1)	(t–1)	(t0)	(t+1)	

Formblatt 2

Übergreifende Strategien		
	Strategien	*Kosten*
1.		
2.		
3.		
4.		
5.		
6.		
7.		
8.		
9.		
10.		
Anmerkungen		

Formblatt 3

Unterziele, Strategien, Maßnahmen, Zuständigkeiten, Timing, Kosten						
Produkt/ Markt/ Segment/ Kunde	*Ziel*	*Strategien*	*Maßnahmen*	*Zuständigkeit*	*Timing*	*Kosten*

GESAMT ____________

Formblatt 4

	t–1	*t0*	*t+1*	*Anmerkungen*
Abschreibung				
Gehälter				
Porto/Telefon/Büromaterial				
Rechts- und Beratungskosten				
Schulungen				
Datenverarbeitung				
Werbung				
Verkaufsförderung				
Reisekosten und Spesen				
Messen				
Druckkosten				
Besprechungen/Konferenzen				
Marktforschung				
interne Kosten				
sonstige (bitte angeben)				
GESAMT				

Formblatt 5

Schema für die Risikoanalyse

Schlüsselannahmen	Grundlage der Annahme	Welches Ereignis müsste eintreten, damit diese Strategie unattraktiv würde?	Risiko des Eintritts eines solchen Ereignisses	Auswirkung, falls das Ereignis eintritt	Indikator, dass die Maßnahme ergriffen werden muss	vorgeschlagene Notfallmaßnahme

Formblatt 6

	(t–1)	(t0)	(t+1)
Nettoumsätze Bruttomarge Wertberichtigungen Marketingaufwand Verwaltungsaufwand Zinsen			
Betriebsergebnis			
sonstige Zinsen und Finanzkosten			
Ergebnis nach Finanzkosten			
Nettoergebnis			

Formblatt 7

Aktivitätenplaner

Datum/Aktivität	*Jan.*				*Feb.*				*März*				*April*				*Mai*				*Juni*				*Juli*				*Aug.*				*Sept.*				*Okt.*				*Nov.*				*Dez.*			
	1	2	3	4	1	2	3	4	1	2	3	4	1	2	3	4	1	2	3	4	1	2	3	4	1	2	3	4	1	2	3	4	1	2	3	4	1	2	3	4	1	2	3	4	1	2	3	4

Abschnitt C Zusammenführung der strategischen Marketingpläne der Geschäftseinheiten

Häufig wird gefragt, wie die verantwortlichen Marketingmitarbeiter in der Zentrale die verschiedenen strategischen Marketingpläne strategischer Geschäftseinheiten zusammenführen könnten. Im Folgenden wird hierfür ein geeignetes Schema vorgestellt.

Unternehmensleitbild

1. *Rolle des Unternehmens/Unternehmenszweck:* Hier sollte eine kurze Aussage über die Rolle oder den Zweck des Unternehmens gemacht werden. In der Regel wird eine Mindestwachstumsrate für Umsatz und Gewinn angegeben.
2. *Definition der Geschäftstätigkeit:* Diese Aussage sollte beschreiben, welche Bedürfnisse das Unternehmen erfüllt oder welche Nutzenstiftungen es seinen Märkten bietet, zum Beispiel „Bereitstellung von Informationen für Unternehmen, um Kreditentscheidungen zu unterstützen". Normalerweise gibt es auf Konzernebene eine Reihe von Definitionen für die einzelnen strategischen Geschäftseinheiten. Es ist wichtig, dass diese Aussagen weder zu allgemein (z. B. könnte „Kommunikation" vieles bedeuten – von Satelliten bis Kugelschreibern) noch zu speziell sind (z. B. „Bohrer", da diese überflüssig werden könnten, wenn eine bessere Methode für die Erstellung von Löchern gefunden wird).
3. *Spezifische Kompetenz:* Alle Unternehmen sollten eine spezifische Kompetenz haben. Diese muss nicht einmalig sein, aber sie sollte Substanz haben und nachhaltig sein. Eine eigene Kompetenz kann etwa im Hinblick auf Spezialwissen, Technologie, Vertrieb, internationale Präsenz oder Reputation vorhanden sein.
4. *Hinweise auf zukünftige Ausrichtung:* Dieser Abschnitt sollte die grobe Richtung des künftigen Wachstums angeben. Möchte das Unternehmen etwa international expandieren oder möchte es neue Fähigkeiten und Ressourcen erwerben? Der Zweck dieses Abschnitts ist es, die Grenzen der künftigen Geschäftsaktivitäten zu umreißen.

Zusammenfassung der Hauptmerkmale des Plans

1. Erstellen Sie hier eine Portfoliomatrix, in der Sie die aktuelle und voraussichtliche Position jeder einzelnen strategischen Geschäftseinheit eintragen. Alternativ kann dies auch später im Plan noch erfolgen.
2. Fassen Sie das Wachstum von Umsatz, Gewinn, Margen etc. in einigen kurzen Anmerkungen zusammen.

3. Zeichnen Sie ein Diagramm, in dem lediglich der langfristige Gesamtplan dargestellt wird. Es sind mindestens zwei Kurven erforderlich – Umsatz und Gewinn.

Finanzielle Entwicklung (in den vergangenen fünf Jahren)

Hier sollten Sie ein Balkendiagramm einfügen, das die relevante Finanzhistorie, zumindest jedoch den Umsatz und Gewinn der vergangenen fünf Jahre enthält.

Wichtige Veränderungen und Ereignisse seit dem vorangegangenen Plan

Beschreiben Sie hier kurz wichtige Veränderungen und Ereignisse des Vorjahres (etwa der Verkauf eines Tochterunternehmens).

Wichtige Themen („Issues") nach strategischen Geschäftseinheiten geordnet

Marktcharakteristika

Hier könnte es sinnvoll sein, eine Tabelle einzufügen, in der die strategischen Geschäftseinheiten mit ihren relevanten Marktmerkmalen aufgeführt werden. Beispiel:

	SGE1	SGE2	SGE3	SGE4
Größe des Marktes				
Marktwachstum				
Wettbewerbsintensität				
relativer Marktanteil				
etc.				

Konkurrenten

Hier könnte es sinnvoll sein, die kritischen Erfolgsfaktoren nach strategischen Geschäftseinheiten geordnet anzugeben und jede Einheit mit den wichtigen Konkurrenten zu vergleichen. Beispiel:

kritische Erfolgsfaktoren	eigenes Unternehmen	Konkurrent 1	Konkurrent 2
KEF 1			
KEF 2			
KEF 3			
KEF 4			
KEF 5			

Wichtige strategische Themen

Dies ist ein äußerst wichtiger Abschnitt, da hier aufgeführt wird (wenn möglich nach strategischen Geschäftseinheiten gegliedert), vor welchen zentralen Herausforderungen das Unternehmen steht. Im Wesentlichen geht es darum, die wichtigsten Stärken, Schwächen, Chancen und Gefahren anzugeben und zu erläutern, wie darauf aufgebaut beziehungsweise damit umgegangen werden soll.

Wichtige strategische Themen könnten die Technologie, staatliche Regulierung, die Aktionen der Wettbewerber oder institutionelle Veränderungen sein.

Nach strategischen Geschäftseinheiten aufgeschlüsselte strategische Ziele und Schlüsselkennzahlen

Hier werden die Ziele jeder strategischen Geschäftseinheit zusammengefasst. Diese Zusammenfassung sollte natürlich an die jeweilige Situation des Unternehmens angepasst sein. Sie könnte beispielsweise wie folgt aussehen:

Ziele / *strategische Geschäftseinheit*	*Marktanteil*		*relativer Marktanteil*		*reales Wachstum*		*Schlüsselkennzahlen*				
							Umsatz je Mitarbeiter		*Deckungsbeitrag je Mitarbeiter*		*etc.*
	jetzt	*+5 Jahre*	*jetzt*	*+5 Jahre*	*+5 Jahre*	*p.a.*	*jetzt*	*+5 Jahre*	*jetzt*	*+5 Jahre*	
SGE 1											
SGE 2											
SGE 3											
SGE 4											
SGE 5											

Alternativ oder zusätzlich erstellen Sie eine Portfoliomatrix, die die derzeitige und erwartete Position jeder strategischen Geschäftseinheit angibt.

Finanzziele (für die nächsten fünf Jahre)

Zeichnen Sie hier ein Balkendiagramm (oder eine Reihe von Balkendiagrammen), die die relevanten Finanzziele darstellen. Geben Sie zumindest den Umsatz und Gewinn für jede strategische Geschäftseinheit in den nächsten fünf Jahren an.

Anhänge

Fügen Sie Anhänge mit weiteren Einzelheiten bei, wenn dies erforderlich ist. Achten Sie aber darauf, sich nicht zu verzetteln, weil Sie zu viele Details berücksichtigen.

Zeitplan

Auf den folgenden Seiten werden die wichtigen Schritte und die Zeitplanung für die jährliche Runde der strategischen und operativen Planung beschrieben. Der Planungsprozess erfolgt in zwei getrennten Phasen, die miteinander verknüpft sind, sodass vor der detaillierten Quantifizierung der Pläne noch ein Prüfungsschritt durchgeführt werden kann. „Phase 1" dient der Festlegung der zentralen Ziele für die gesamte dreijährige Planungsperiode. Diese Ziele sind vor der detaillierten Quantifizierung im operativen Einjahresplan in „Phase 2" bis zum 30. November zu überprüfen, damit sie später in die Unternehmenspläne aufgenommen werden können.

„Kick-off"-Meetings der Planungsteams (abzuschließen bis zum 31. März)

Bei diesen Meetings bespricht das Planungsteam seine Erwartungen für den bevorstehenden Planungszyklus. Hierbei hat das Planungsteam die Gelegenheit, die Unternehmenspolitik zu erklären, über Fortschritte im vorangegangenen Planungszyklus zu berichten und einen Überblick darüber zu geben, was im bevorstehenden Zyklus von jeder strategischen Geschäftseinheit erwartet wird. Die Überprüfung durch das Planungsteam enthält eine allgemeine Bewertung der tatsächlich erzielten Leistung im Vergleich zum Plan sowie eine Abweichungsanalyse. Allgemein werden Anhaltspunkte zu den folgenden Punkten gegeben (soweit zutreffend).

1. *Finanzen*
   - Bruttomargen
   - Gewinn aus der Geschäftstätigkeit
   - Debitoren
   - Kreditoren
   - Cashflow

2. *Personal und Organisation*
   - Organisation
   - Nachfolge
   - Schulungen
   - Vergütung
3. *Exportstrategie*
4. *Marketing*
   - Produktentwicklung
   - Zielmärkte
   - Marktsegmente
   - Mengen
   - Marktanteile
   - Preisfestlegung
   - Verkaufsförderung
   - Marktforschung
   - Qualitätskontrolle
   - Kundenservice

Dies ist ein wichtiges Meeting vor der eigentlichen Planungstätigkeit, mit der sich die strategischen Geschäftseinheiten dann befassen. Es ist das wichtigste Mittel, um zu verhindern, dass die Pläne aufgrund der zu starken Bürokratie langweilig sind und immer gleich aussehen. Das Leitmotiv dieses Meetings ist die Kreativität.

Top-down- und Bottom-up-Planung

Der Philosophie der Marketingplanung zufolge sollte auf allen Unternehmensebenen ein gemeinsames Verständnis der zentralen Ziele und der zentralen Mittel herrschen, um diese Ziele zu erreichen. Wenn diese Voraussetzung gegeben ist, müssen sich die Manager in ihren Handlungen und Entscheidungen an klaren Zielen orientieren, die einem rationalen, übergreifenden Unternehmenszweck folgen. Voraussetzung dafür ist, dass die Planung auf marktorientierten Analysen beruht, die in den strategischen Geschäftseinheiten erfolgen. Deshalb sollten nach den „Kick-off"-Meetings des Planungsteams Überprüfungen durch alle Manager in den strategischen Geschäftseinheiten bis hinunter auf eine von ihnen festgelegte Ebene durchgeführt werden. Jeder Manager wird auch SWOT-Analysen durchführen und ungefähre Dreijahresziele und Strategien festlegen. Gleichzeitig erstellen sie auch Budgetentwürfe und legen diese ihren vorgesetzten Managern vor. Auf diese Art und Weise ist jeder Vorgesetzte für die Zusammenfassung der Arbeit der ihm unterstellten Manager verantwortlich. Die Hauptschritte des jährlichen Planungszyklus sind im Folgenden aufgeführt und schematisch in *Abbildung 13.14* beschrieben.

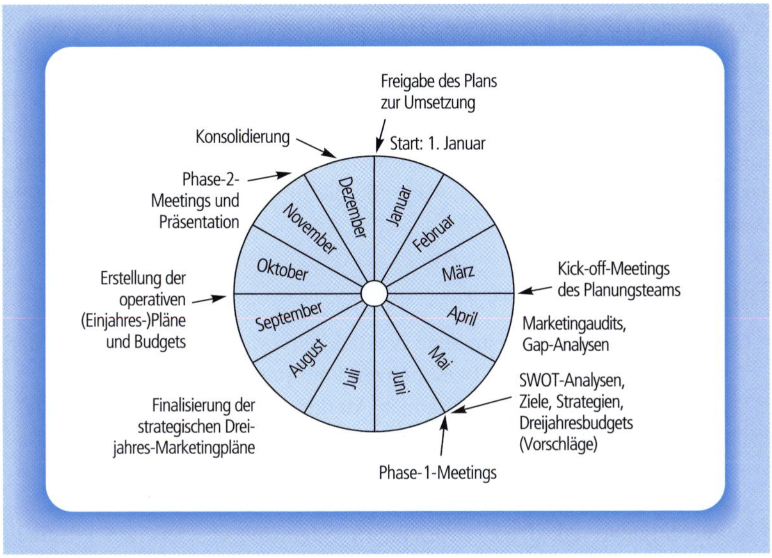

Abbildung 13.14
Strategischer und operativer Planungszyklus.

Aktivität	*Frist*
• „Kick-off"-Meetings des Planungsteams mit den Managern der strategischen Geschäftseinheiten, um die allgemeinen Richtlinien für die dreijährige Planungsperiode zu besprechen	31. März
• Erstellung von Marketingaudits, SWOT-Analysen, Entwürfen für Marketingziele, Strategien und Budgets (Abdeckung des gesamten Dreijahres-Planungshorizonts)	31. Mai
• Meetings in „Phase 1": Präsentation vor dem Planungsteam zwecks Überprüfung	31. Mai
• Erstellung kurzfristiger (einjähriger) Pläne und Budgets und konsolidierter Dreijahres-Marketingpläne durch die Manager der strategischen Geschäftseinheiten	31. Oktober
• Meetings „Phase 2": Präsentation vor dem Planungsteam	30. November
• Endgültige Konsolidierung der Marketingpläne	31. Dezember

Test zur Überprüfung der Qualität des strategischen Marketingplans

Wenn Sie eine hohe Punktzahl erzielen, gratulieren wir Ihnen. Sollten Sie nur eine niedrige Punktezahl erzielen, haben Sie viel Arbeit vor sich – aber nichts, das Sie nicht erreichen könnten, wenn Sie die in diesem Buch beschriebenen Vorschläge umsetzen.

Testfrage 1

- Geht aus Ihrer Marketingstrategie deutlich hervor, auf welche Märkte oder Teile des Marktes sich die Bemühungen konzentrieren?
  - Ihre Strategie deckt den gesamten Marktsektor ab (z.B. Lebensmitteleinzelhandel, supraleitende Magnete) = 0.
  - Ihre Strategie orientiert sich an „Unternehmensgrößenklassen" (z.B. ABCs, Großunternehmen, kleine und mittlere Unternehmen etc.) = 1.
  - Ihre Strategie deckt bedarfsorientierte Segmente ab (z.B. auf Prestigekunden mit starkem Egobedürfnis) = 2.
  - Sie wissen es nicht = –1.

Testfrage 2

- Geht aus Ihrer Marketingstrategie deutlich hervor, welche Maßnahmen zur Marketingstrategie passen und welche nicht?
  - Ihre Strategie lässt Ihnen völlige Handlungsfreiheit = 0.
  - Ihre Strategie lässt Ihnen einen hohen Grad an Handlungsfreiheit = 1.
  - Aus Ihrer Strategie ergeben sich automatisch die meisten Entscheidungen über notwendige Maßnahmen = 2.
  - Sie wissen es nicht = –1.

Testfrage 3

- Definiert die Marketingstrategie den gewünschten Wettbewerbsvorteil auf den Zielmärkten genau?
  - Es gibt keinen guten Grund dafür, dass sich der Kunde für Sie entscheiden sollte = 0.
  - Es gibt zwar einen Grund dafür, dass der Kunde sich für Sie entscheiden sollte, aber keinen überzeugenden Beweis = 1.
  - Sie können den Grund dafür genau nennen, dass der Kunde sich für Sie und nicht für Ihren Konkurrenten entscheiden sollte, und können diesen Grund belegen = 2.
  - Sie wissen es nicht = –1.

Testfrage 4

- Ermöglicht es Ihre Marketingstrategie, Synergieeffekte zwischen den Aktivitäten der verschiedenen Unternehmensbereiche zu nutzen?
  - Die Strategie stellt einen Kompromiss zwischen den Möglichkeiten jeder Abteilung dar = 0.
  - Die Strategie nutzt lediglich die Stärken von einer oder zwei Abteilungen = 1.
  - Die Strategie nutzt die größten Stärken aller Abteilungen = 2.
  - Sie wissen es nicht = –1.

Testfrage 5

- Unterscheidet sich Ihre Marketingstrategie deutlich von der Ihrer Konkurrenten in den Schlüsselmarktsegmenten?
  - Sie sprechen alle Kunden mit demselben Nutzenangebot an = 0.
  - Sie sprechen alle Kunden an **oder** verwenden dasselbe Nutzenangebot = 1.
  - Sie sprechen ausgewählte Kunden mit einem unterschiedlichen Nutzenangebot an = 2.
  - Sie wissen es nicht = –1.

Testfrage 6

- Berücksichtigt Ihre Marketingstrategie in vollem Umfang die Bedürfnisse und Wünsche Ihrer Zielkunden?
  - Sie befriedigen nur die grundlegenden funktionalen Bedürfnisse (Sicherheit, Wirksamkeit) = 0.
  - Sie befriedigen auch die höheren funktionalen Bedürfnisse (Effizienz, Service, Preis) = 1.
  - Sie befriedigen auch die emotionalen und persönlichen Bedürfnisse (Marke, Vertrauen) = 2.
  - Sie wissen es nicht = –1.

Testfrage 7

- Berücksichtigt Ihre Marketingstrategie in vollem Ausmaß die Strategien Ihrer Wettbewerber?
  - Sie ignorieren die Strategie der Wettbewerber = 0.
  - Sie berücksichtigen die Strategie der Wettbewerber teilweise = 1.
  - Sie berücksichtigen die Strategie der Wettbewerber insgesamt = 2.
  - Sie wissen es nicht = –1.

Testfrage 8

- Berücksichtigt Ihre Marketingstrategie in vollem Ausmaß die Veränderungen des Geschäftsumfelds, die sich Ihrer Kontrolle entziehen, etwa technische, gesetzliche oder gesellschaftliche Änderungen?
  - Ihre Strategie ist auf die heutigen Bedingungen ausgelegt = 0.
  - Ihre Strategie berücksichtigt eine oder zwei mögliche Änderungen (z.B. technische oder demografische) = 1.
  - Ihre Strategie berücksichtigt die kombinierten Auswirkungen aller externen Faktoren = 2.
  - Sie wissen es nicht = –1.

Testfrage 9

- Vermeidet oder kompensiert Ihre Marketingstrategie diejenigen Bereiche, in denen Sie im Vergleich zu den Konkurrenten relativ schwach sind?
  - Sie haben Ihre relativen Schwächen wenig oder gar nicht berücksichtigt = 0.
  - Sie versuchen, Ihre relativen Schwächen zu beheben = 1.
  - Ihre Strategie führt dazu, dass Ihre relativen Schwächen keine Rolle spielen = 2.
  - Sie wissen es nicht = –1.

Testfrage 10

- Nutzt Ihre Marketingstrategie diejenigen Bereiche voll aus, in denen Sie gegenüber der Konkurrenz relativ stark sind?
  - Sie haben Ihre relativen Stärken wenig oder gar nicht berücksichtigt = 0.
  - Sie versuchen, Ihre relativen Stärken zu nutzen = 1.
  - Ihre Strategie führt dazu, dass Ihre relativen Stärken immer wichtiger werden = 2.
  - Sie wissen es nicht = –1.

Testfrage 11

- Wenn Ihre Marketingstrategie erfolgreich umgesetzt wird, werden alle Unternehmensziele erreicht?
  - Auch wenn Sie Ihre Strategie vollständig umsetzen, erreichen Sie Ihre finanziellen oder nichtfinanziellen Ziele nicht = 0.
  - Wenn Sie Ihre Strategie vollständig umsetzen, erreichen Sie nur Ihre finanziellen Ziele = 1.
  - Wenn Sie Ihre Strategie vollständig umsetzen, erreichen Sie Ihre finanziellen und nichtfinanziellen Ziele = 2.
  - Sie wissen es nicht = –1.

Testfrage 12

- Stehen dem Unternehmen ausreichende Ressourcen zur Verfügung, um die Marketingstrategie erfolgreich umzusetzen?
  - Sie verfügen weder über die materiellen noch die immateriellen Ressourcen, um die Strategie umzusetzen = 0.
  - Sie verfügen nur über die materiellen oder die immateriellen Ressourcen, aber nicht über beides = 1.
  - Sie verfügen über die materiellen und die immateriellen Ressourcen, die notwendig sind, um die Strategie umzusetzen = 2.
  - Sie wissen es nicht = –1.

Auswertung

- 18 – 24: Herzlichen Glückwunsch! (Sind Sie sicher?)
  – Können wir ein paar Aktien kaufen?
- 12 – 17: Sie werden Erfolg haben
  – wenn Ihre Konkurrenz schwach ist!
- 6 – 11: Sie werden überleben
  – wenn Ihre Konkurrenz schwach ist!
- Weniger als 6:
  Es war nett, Sie kennengelernt zu haben.

Literatur

Aaker, D. A. / Jacobson, R. (1994): The Financial Information Content of Perceived Quality, Journal of Marketing Research, 31, 191 – 201.

Ahlert, D. / Schröder, H. (2002): Rechtliche Grundlagen des Marketing, Stuttgart.

Ailawadi, K. / Farris, P. / Parry, M. (1999): Market Share and ROI: Observing the Effect of Unobserved Variables, International Journal of Research in Marketing, 16, 1, 17-33.

Albers, S. / Skiera, B. (2002): Einsatzplanung eines Verkaufsaußendienstes auf der Basis von Umsatzreaktionsfunktionen, Zeitschrift für Betriebswirtschaft, 72, 1105-1131.

Ansoff, H. I. (1977): The state and practice of planning systems, Sloan Management Review, 18(20), 1 – 24.

Ansoff, H. I. (2007): The new corporate strategy, New York u. a.

Backhaus, K. / Schneider, H. (2007): Strategisches Marketing, Stuttgart.

Backhaus, K. / Voeth, M. (2007): Industriegütermarketing, 8. Aufl., München.

Bailey, A. / Johnson, G. / Daniels, K. (2000): Validation of a Multi-Dimensional Measure of Strategy Development Processes, British Journal of Management, 11, 2, 151-162.

Balasubramanian, S. / Raghunathan, R. / Mahajan, V. (2005): Consumers in a Multichannel Environment: Product Utility, Process Utility, and Channel Choice, Journal of Interactive Marketing, 19, 2, 12-30.

Bauer, H. H. (1986): Das Erfahrungskurvenkonzept – Möglichkeiten und Problematik der Ableitung strategischer Handlungsalternativen, WiSt, 15, 1, 1-10.

Bauer, H. H. (1989): Marktabgrenzung: Konzeption und Problematik von Ansätzen und Methoden zur Abgrenzung und Strukturierung von Märkten unter besonderer Berücksichtigung von marketingtheoretischen Verfahren, Berlin.

Bauer, H. H. / Donnevert, T. / Hammerschmidt, M. (2008): Markenrelevanz – Ist sie wirklich relevant?, in: Bauer, H. H. / Huber, F./ Albrecht, C.-M. (Hrsg.): Erfolgsfaktoren der Markenführung – Know-how aus Forschung und Management, München, 27-43.

Bauer, H. H. / Exler, S. / Bronk, L. (2007): Consumers' Perceptions and Evaluations of Global Brands, AMA Winter Educators' Conference Proceedings, 18, 307-309.

Bauer, H. H. / Falk, T. / Hammerschmidt, M. (2006): eTransQual: A Transaction Process-Based Approach for Capturing Service Quality in Online Shopping, Journal of Business Research, 59, 7, 866-875.

Bauer, H. H. / Görtz, G. (2003): Die Integration von Marketing- und Logistik-Kooperationen durch Collaborative Planning, Forecasting and Replenishment (CPFR), in: Ahlert, D. / Olbrich, R. / Schröder, H. (Hrsg.): Jahrbuch Handels- und Vertriebsmanagement, Frankfurt/M., 353-366.

Bauer, H. H. / Görtz, G. / Haber, T. (2004): Der gezielte Einsatz von Sales Promotions im Handel, in: Trommsdorff, V. (Hrsg.): Handelsforschung 2004 – Neue Erkenntnisse für Praxis und Wissenschaft des Handels, Köln, 417-433.

Bauer, H. H. / Große-Leege, D. / Rösger, J. (2007) (Hrsg.): Interactive Marketing im Web 2.0+ – Konzepte und Anwendungen für ein erfolgreiches Marketingmanagement im Internet, München.

Bauer, H. H. / Hammerschmidt, M. (2004): Beziehungsmarketing für elektronische Business-to-Business-Marktplätze, Der Markt – Zeitschrift für Absatzwirtschaft und Marketing, 43, 3/4, 91-105.

Bauer, H. H. / Hammerschmidt, M. / Donnevert, T. (2007): Effektivität und Effizienz im interaktiven Marketing, Zeitschrift für Betriebswirtschaft, 77, 55-81.

Bauer, H. H. / Hammerschmidt, M. / Garde, U. (2004): Messung der Werbeeffizienz, Wissenschaftliches Arbeitspapier Nr. W 78, Institut für Marktorientierte Unternehmensführung, Universität Mannheim.

Bauer, H. H. / Hammerschmidt, M. / Garde, U. (2006): Return on Sales – Analyse der Effizienz von Vertriebsteams, in: Bauer, H. H: / Staat, M. / Hammerschmidt, M. (Hrsg.): Marketingeffizienz: Messung und Steuerung mit der DEA – Konzept und Einsatz in der Praxis, München, 125-138.

Bauer, H. H. / Huber, F. / Albrecht, C.-M. (Hrsg.) (2008): Erfolgsfaktoren der Markenführung – Know-how aus Forschung und Management, München.

Bauer, H. H: / Staat, M. / Hammerschmidt, M. (Hrsg.) (2006): Marketingeffizienz: Messung und Steuerung mit der DEA – Konzept und Einsatz in der Praxis, München.

Bauer, H. H. / Stokburger, G. / Hammerschmidt, M. (2006): Marketing Performance: Messen – Analysieren – Optimieren, Wiesbaden.

Becker, J. (2006): Marketing-Konzeption: Grundlagen des zielstrategischen und operativen Marketing-Managements, 8. Aufl., München.

Bekmeier-Feuerhahn, S. (1998): Marktorientierte Markenbewertung – Eine konsumenten- und unternehmensbezogene Betrachtung, Wiesbaden.

Berndt, R. (1996): Marketing 1: Käuferverhalten, Marktforschung und Marketing-Prognosen, 3. Aufl., Berlin u. a.

Beutin, N. (2000): Kundennutzen in industriellen Geschäftsbeziehungen, Wiesbaden.

Boulding, W. / Staelin, R. / Ehret, M. / Johnston, W. J. (2005): A Customer Relationship Management Roadmap: What Is Known, Potential Pitfalls, and Where to Go, Journal of Marketing, 69, 4, 155-166.

Bruhn, M. / Stauss, B. (Hrsg.) (2006): Dienstleistungscontrolling – Forum Dienstleistungsmanagement, Wiesbaden.

Buchenau, M.-W. (2006): Eine Marke und ihre Bremsspur, Handelsblatt, 17. Februar 2006.

Burmann, Ch. / Freiling, J. / Hülsmann, M. (Hrsg.) (2006): Neue Perspektiven des strategischen Kompetenz-Managements, Wiesbaden.

Buzzell, R. D. / Gale, B. T. (1987): The PIMS principles – Linking Strategy to Performance, New York.

Caulkin, S. (2005): Escape from the budget straitjacket, Management Today, January, 46-49.

Chartered Institute of Marketing (1994): Marketing – The Challenge of Change. A Major Study into the Future of Marketing in Key British Enterprises, London.

Churchill, G. A. / Ford, N. M. / Hartley, S. W. / Walker, O. (1985): The Determinants of Salesperson Performance: A Meta-Analysis, Journal of Marketing Research, 22, 5, 103-118.

Cooper, R. G. (2005): Product Leadership: Pathways to Profitable Innovation, 2. Aufl., Cambridge.

Creditreform Experian GmbH (2007): Mikrogeografie, http://www.creditreform-hannover.de/creditreform_hannover/documents/ConsumerUmfelddaten.pdf

De Chernatony, L. / McDonald, M. (2003): Creating Powerful Brands, 3. Aufl., Oxford.

Dibb, S. / Simkin, L. / Wilson, D. (2008): Diagnosing and treating operational and implementation barriers in synoptic marketing planning, Industrial Marketing Management, 37, 5, 539-553.

Diller, H. (Hrsg.) (1998): Marketingplanung, 2. Aufl., München.

Diller, H. (2000): Preispolitik, 3. Aufl., Stuttgart.

Doyle, P. (1992): What are the Excellent Companies?, Journal of Marketing Management, 8, 2, 101-116.

Doyle, P. (1998): Radical strategies for profitable growth, European Management Journal, 16, 3, 252-262.

Doyle, P. (2002): Marketing Management and Strategy, 3. Aufl., London.

Erikson, R. / Goldthorpe, J. H. (1992): The Constant Flux, Oxford.

Falk, T. (2007): Elektronische Dienstleistungsqualität – Konzeption, Messung und Identifikation asymmetrischer Effekte auf die Kundenzufriedenheit, Wiesbaden.

Falk, T. / Schepers, J. J. L. / Hammerschmidt. M. / Bauer, H. H. (2007): Identifying Cross-Channel Dissynergies for Multi-Channel Service Providers, Journal of Service Research, 10, 2, 143-160.

Fischer, M. (2001): Produktlebenszyklus und Wettbewerbsdynamik, Wiesbaden.

Foscht, T. / Swoboda, B. (2004): Käuferverhalten: Grundlagen – Perspektiven – Anwendungen, Wiesbaden.

Freter, H. / Obermeier, O. (2000): Marktsegmentierung, in: Herrmann, A. / Homburg, Ch. (Hrsg.): Marktforschung. Methoden, Anwendungen, Praxisbeispiele, 2. Aufl., Wiesbaden, 739-761.

Friedman, L. G. / Furey, T. R. (2003): The Channel Advantage. Going to market with multiple sales channels to reach more customers, sell more products, make more profit, 6. Aufl., Oxford.

Fritz, W. (1997): Produktqualität, Marktanteil und Unternehmenserfolg, Betriebswirtschaftliche Forschung und Praxis, 49, 455-469.

Gatignon, H. / Kuester, S. / Robertson, Th. S. (2000): Firm strategy and diffusion speed, in: Mahajan, V. / Mueller, E. / Wind, Y. (Hrsg.): New-Product Diffusion Models, Dordrecht, 25-47.

Germelmann, C. Ch. / Gröppel-Klein, A. (2007): Wenn doppelt (nicht) besser hält: Kann die Wirkung von positiven Medienberichten über eine Marke durch Werbung verstärkt werden?, Marketing – Zeitschrift für Forschung und Praxis, 29, 4, 217-232.

Görtz, G. (2006): Verbraucherspezifische Promotionwirkungen, Wiesbaden.

Gohr, S. (2007): Integriertes Marketing – Im Netz der Kommunikation, Versio, 5, 46-52.

Greenley, G. (1984): An exposition into empirical research into marketing planning, Journal of Marketing Management, 3(1), 83 – 102.

Gruca, T. S. / Rego, L. L. (2005): Customer Satisfaction, Cash Flow, and Shareholder Value, Journal of Marketing, 69, 115 – 130.

Haley, R. I. (1995): Benefit segmentation: a decision-oriented research tool, Marketing Management, 4, 1, 59-62.

Hammerschmidt, M. (2006): Effizienzanalyse im Marketing, Wiesbaden.

Hammerschmidt, M. / Donnevert, T. / Bauer, H. H. (2008): Brand Efficiency and Brand Relevance – Introducing and Linking both Concepts, AMA Winter Educators' Conference Proceedings, 20, 48-57.

Hausen, C. / Jungblut, J. M. / Müller, W. / Pollak, R. / Wirth, H. (2005): Validation of ESeC: The Effect of Coding Procedures and Occupational Aggregation Level, Deutsche ESeC-Validierungsstudie, http://www.iser.essex.ac.uk/esec/validation/.

Henderson, B. D. (1984): Die Erfahrungskurve in der Unternehmensstrategie, 2. Aufl., Frankfurt/M.

Hendricks, K. B. / Singhal, V. R. (1997): Does Implementing and Effective TQM Program Actually Improve Operating Performance? Empirical Evidence from Firms that Have Won Quality Awards, Management Science, 43, 1258 – 1274.

Herrmann, A. (1996): Wertorientierte Produkt- und Werbegestaltung, Marketing – Zeitschrift für Forschung und Praxis, 18, 153-163.

Herrmann, A. / Homburg, Ch. / Klarmann, M. (2007): Handbuch Marktforschung: Methoden – Anwendungen – Praxisbeispiele, 3. Aufl., Wiesbaden.

Herrmann, A. / Huber, F. (2008): Produktmanagement: Grundlagen – Methoden – Beispiele, 2. Aufl., Wiesbaden.

Hippner, H. / Küsters, U. L. / Meyer, M. / Wilde, K. (Hrsg.) (2001): Handbuch Data Mining im Marketing: Knowledge discovery in marketing databases, Braunschweig/Wiesbaden.

Hogan, J. E. / Lemon, K. N. / Rust, R. T. (2002): Customer Equity Management – Charting New Directions for the Future of Marketing, Journal of Service Research, 5, 1, 4-12.

Holzmüller, H. H. / Schlüchter, J. (2003): Prognose der Relevanz, Erfolgsfaktoren und Konsequenzen von elektronischen Business-to-Business Marktplätzen, Marketing – Zeitschrift für Forschung und Praxis, 25, 1, 35-50.

Homburg, Ch. / Bucerius, M. (2006): Kundenzufriedenheit als Managementherausforderung, in: Homburg, Ch. (Hrsg.): Kundenzufriedenheit: Konzepte – Methoden – Erfahrungen, 6. Aufl., Wiesbaden, 53-89.

Homburg, Ch. / Droll, M. / Totzek, D. (2008): Customer Prioritization: Does it pay off and how should it be implemented?, erscheint in: Journal of Marketing, 72, 5.

Homburg, Ch. / Grozdanovic, M. / Klarmann, M. (2007): Responsiveness to Customers and Competitors: The Role of Affective and Cognitive Organizational Systems, Journal of Marketing, 71, 3, 18 – 38.

Homburg, Ch. / Jensen, O. (2007): The Thought Worlds of Marketing and Sales: Which Differences Make a Difference?, Journal of Marketing, 71, 3, 124 – 142.

Homburg, Ch. / Koschate, N. (2005): Behavioral Pricing-Forschung im Überblick – Teil 1: Grundlagen, Preisinformationsaufnahme und Preisinformationsbeurteilung, Zeitschrift für Betriebswirtschaft, 75, 383-423.

Homburg, Ch. / Krohmer, H. (2006): Marketingmanagement: Strategie – Instrumente – Umsetzung – Unternehmensführung, 2. Aufl., Wiesbaden.

Homburg, Ch. / Pflesser, Ch. (2000): A Multiple Layer Model of Market-Oriented Organizational Culture: Measurement Issues and Performance Outcomes, Journal of Marketing Research, 37, 4, 449-462.

Homburg, Ch. / Schenkel, B. (2006): Gute Planung steigert den Firmenerfolg, Sales Business, 1/2, 20 – 23

Homburg, Ch. / Schneider, J. / Schäfer, H. (2003): Sales Excellence: Vertriebsmanagement mit System, 3. Aufl., Wiesbaden.

Homburg, Ch. / Weber, J. / Karlshaus, J. T. / Aust, R. (2000): Interne Kundenorientierung der Kostenrechnung? Ergebnisse einer empirischen Untersuchung in deutschen Industrieunternehmen, Die Betriebswirtschaft, 60, 2, 241-256.

Homburg, Ch. / Workman, J. P. / Jensen, O. (2002): A Configurational Perspective on Key Account Management, Journal of Marketing, 66, 38-61.

Homburg, Ch. / Workman, Jr., J. P. / Krohmer, H. (1999): Marketing's Influence Within the Firm, Journal of Marketing, 63, 1-17.

Huber, F. (2008): Protektionsverhalten am Point of Sale – Messung und Steuerung der Unterstützung des Einzelhandelsverkäufers für ausgewählte Artikel im Verkaufsgespräch, Wiesbaden.

Jenner, T. (2003): Marketing-Planung, Stuttgart u. a.

Jensen, O. (2008): Clusteranalyse, in: Herrmann, A. / Homburg, Ch. / Klarmann, M. (Hrsg.): Handbuch Marktforschung, 3. Aufl., Wiesbaden, 335 – 372.

Johnson, J. L. / Lee, R. P.-W. / Saini, A. / Grohmann, B. (2003): Market-Focused Strategic Flexibility, Journal of the Academy of Marketing Science, 31, 74-89.

Kaplan, R. S. / Norton, D. P. (2007): Using the Balanced Scorecard as a Strategic Management System, Harvard Business Review, 85, 7/8, 150-161.

Kelly, S. (2005): The Information Wars, London.

Kieser, A. (1996): Moden und Mythen des Organisierens, Die Betriebswirtschaft, 56, 1, 21-31.

Kirca, A. H. / Jayachandran, S. / Bearden, W. O. (2005): Market Orientation: A Meta-Analytic Review and Assessment of Its Antecedents and Impact on Performance, Journal of Marketing, 69, 24-41.

König, T. (2001): Nutzensegmentierung und alternative Segmentierungsansätze, Wiesbaden.

Kolah, A. (2008): Improving the Performance of Sponsorship, Amsterdam.

Kollat, D.J. / Blackwell, R.D. / Robeson, J.F. (1972): Strategie Marketing, Hold, Rinehart and Winston, New York.

Krafft, M. (2000): Vertriebscontrolling – Status quo und Anforderungen an moderne Systeme, in: Weber, J. / Homburg, Ch. (Hrsg.): Marketing-Controlling, krp – Kostenrechnungspraxis, Sonderheft 3/2000, 55-65.

Krafft, M. (2002): Kundenbindung und Kundenwert, Heidelberg.

Küchler, P. (2004): IT-Outsourcing Teil 1: Technische und wirtschaftliche Grundlagen, in: Bräutigam, P. (Hrsg.): IT-Outsourcing, Berlin, 51-159.

Kuß, A. / Tomczak, T. / Reinecke, S. (2007): Marketingplanung: Einführung in die marktorientierte Unternehmens- und Geschäftsfeldplanung, 5. Aufl., Wiesbaden.

Larréché, J.-C. / Gatignon, H. / Triolet, R. (2003): MARKSTRAT Online: The Strategic Marketing Simulation, Cambridge.

Leeflang, P. S. H. / Wittink, D. R. / Wedel, M. / Naert, P. A. (2000): Building Models for Marketing Decisions, Boston u. a.

Leppard, J. W. / McDonald, M. (1991): Marketing Planning and Corporate Culture: a Conceptual Framework which Examines Management Attitudes in the Context of Marketing Planning, Journal of Marketing Management, 7, 3, 213-235.

Levitt, Th. (1960): Marketing myopia, Harvard Business Review, 38, 4, 45-56.

Leighton, D.S.R. (1966): International Marketing Text and Cases, McGraw Hill, New York.

Lewin, K. (1963): Feldtheorie in den Sozialwissenschaften, Bern.

Link, J. / Grandjot, T. (2006): Die Bedeutung des Database Marketing im CRM und Marketing-Controlling, in: Wirtz, B. W. / Burmann, Ch. (Hrsg.): Ganzheitliches Direktmarketing, Wiesbaden, 343-374.

Lovell, C. A. K. / Pastor, J. T. (1997): Target setting: An application to a bank branch network, European Journal of Operational Research, 98, 290-299.

Lubatkin, M. / Pitts, M. (1985): The PIMS and the Policy Perspective: A Rebuttal, Journal of Business Strategy, 6, 1, 88-92.

Lysonski, S. / Pecotich, A. (1992): Strategic marketing planning, environmental uncertainty and performance, International Journal of Research in Marketing, 9, 3, 247-255.

Mäder, R. (2005): Messung und Steuerung von Markenpersönlichkeit, Wiesbaden.

Mahajan, V. / Srinivasan, R. / Wind, J. (2002): The dot.com retail failures of 2000: were there any winners?, Journal of the Academy of Marketing Science, 30, 474-486.

McDonald, M. (1982a): The theory and practice of marketing planning for industrial goods in international markets, Cranfield Institute of Technology, Dissertation.

McDonald, M. (1982b): International Marketing Planning, European Journal of Marketing, 16, 2, 3-32.

McDonald, M. (2006a): Key Account Management: The definitive guide, Oxford.

McDonald, M. (2006b): Strategic Marketing Planning: Theory and Practice, Marketing Review, 6, 4, 375-418.

McDonald, M. / Dunbar, I. (2004): Market Segmentation: How to do it; How to profit from it, Oxford.

McDonald, M. / Smith, B. (2002): Strategic Marketing Planning: a domain review, Cranfield Universtity School of Management Research Series.

McDonald, M. / Smith, B. C. / Ward, K. (2007): Marketing Due Diligence – Reconnecting Strategy to Share Price, 2. Aufl., Oxford.

McGovern, G. J. / Court, D. / Quelch, J. A. / Crawford, B. (2004): Bringing Customers into the Boardroom, Harvard Business Review, 82, 11, 70 – 80.

Meffert, H. (2007). Marketing: Grundlagen marktorientierter Unternehmensführung – Konzepte, Instrumente, Praxisbeispiele, 10. Aufl., Wiesbaden.

Menon, A. / Bharadwaj, S. G. / Adidam, P. T. / Edison, S. W. (1999): Antecedents and Consequences of Marketing Strategy Making, Journal of Marketing, 63, April, 18-40.

Meuter, M. L. / Bitner, M. J. / Ostrom, A. L. / Brown, S. W. (2005): Choosing among Alternative Service Delivery Modes: An Investigation of Customer Trial of Self-Service Technologies, Journal of Marketing, 69, 2, 64 – 84.

Migalk, F. / Ganter, R. / Hammerschmidt, M. / Größler, A. / Liehr, M. (2004): Elektronische Handelsplattformen – Möglichkeiten für den Mittelstand, Karlsruhe.

Miller, C. C. / Cardinal, L. B. (1994): Strategic planning and firm performance: A synthesis of more than two decades of research, Academy of Management Journal, 37, 6, 1649-1666.

Mizik, N. / Jacobson, R. (2008): The Financial Value Impact of Perceptual Brand Attributes, Journal of Marketing Research, 45, 1, 15-32.

Morgan, N. A. / Rego, L. L. (2006): The Value of Different Customer Satisfaction and Loyalty Metrics in Predicting Business Performance, Marketing Science, 25, 5, 426 – 439.

Müller, W. / Wirth, H. / Bauer, G. / Pollak, R. / Weiss, F. (2007): Entwicklung einer Europäischen Sozioökonomischen Klassifikation, Statistisches Bundesamt · Wirtschaft und Statistik, 5/2007, 527-530.

Neslin, S. A. / Grewal, D. / Leghorn, R. / Shankar, V. / Teerling, M. L. / Thomas, J. S. / Verhoef, P. C. (2006): Opportunities and Challenges in Multichannel Customer Management, Journal of Service Research, 9, 2, 95 – 112.

New, P. / Davies, M. / Court, S. (2002): Why Value Based Management Goes Wrong, Market Leader, 16, Spring.

Palmatier, R. W. / Gopalakrishna, S. / Houston, M. B. (2006): Returns on Business-to-Business Relationship Marketing Investments: Strategies for Leveraging Profits, Marketing Science, 25, 5, 477-493.

Pascale, R. T. (1990): Managing on the Edge – how successful companies use conflict to stay ahead, London.

Pauwels, K. / Silva-Risso, J. / Srinivasan, S. / Hanssens, D. M. (2004): New Products, Sales Promotions, and Firm Value: The Case of the Automobile Industry, Journal of Marketing, 68, 142-157.

Pepels, W. (2001): Kommunikations-Management: Marketing-Kommunikation vom Briefing bis zur Realisation, 4. Aufl., Stuttgart.

Peppers, D. / Rogers, M. (1999): Enterprise one to one: tools for competing in the interactive age, New York u. a.

Perlitz, M. (2004): Internationales Management, 5. Aufl., Stuttgart.

Peters, T. J. / Waterman, R. H. (1982): In search of excellence – lessons from America's best-run companies, New York u. a.

Piercy, N.F. (2000): Market-led Strategie Change – Transforming the Process of Going to Market, 3. Aufl., Butterwork-Heinemann, Oxford.

Porter, M. E. (1999): Wettbewerbsstrategie: Methoden zur Analyse von Branchen und Konkurrenten, 10. Aufl., Frankfurt/M. u. a.

Pulendran, S. / Speed, R. / Widing, R. E. (2003): Marketing planning, market orientation and business performance, European Journal of Marketing, 37, 3/4, 476-497.

PWC (2003): Pricewaterhouse Coopers' Value Reporting Review 2003 – Transparency in Corporate Reporting, London.

Reichheld, F. R. (1994): Loyalty and the Renaissance of Marketing, Marketing Management, 2, 4, 10-21.

Reinartz, W. / Krafft, M. / Hoyer, W. D. (2004): The Customer Relationship Management Process: Its Measurement and Impact on Performance, Journal of Marketing Research, 41, 3, 293-305.

Reinartz, W. J. / Kumar, V. (2000): On the profitability of long-life customers in a noncontractual setting: an empirical investigation and implications for marketing, Journal of Marketing, 64, 4, 17 – 35.

Rogers, E. (1976): Diffusions and Innovations, New York.

Rogers, E. (2003): Diffusion of Innovations, 5. Aufl., New York.

Rudolf-Sipötz, E. / Tomczak, T. (2001): Kundenwert in Forschung und Praxis, Thexis-Fachbericht für Marketing, St. Gallen.

Rust, R. T. / Lemon, K. N. / Zeithaml, V. A. (2004): Return on Marketing: Using Customer Equity to Focus Marketing Strategy, Journal of Marketing, 68, 1, 109-127.

Sauer, N. (2003): Consumer Sophistication: Messung, Determinanten und Wirkungen auf Kundenzufriedenheit und Kundenloyalität, Wiesbaden.

Sawhney, M. S. (2006): Roadmap für das Marketing, Absatzwirtschaft, 49, 7, 98-99.

Schenkel, B. (2006): Die Qualität der marktbezogenen Planung: Konzeptualisierung, Erfolgsauswirkungen, Determinanten, Wahrnehmungsunterschiede, Wiesbaden.

Schneider, N. C. (2007): Kundenwertbasierte Effizienzmessung – Der Beitrag von Marketingmaßnahmen zur Unternehmenswerterhöhung in der Automobilindustrie, Wiesbaden.

Schweiger, G. / Schrattenecker, G. (2001): Werbung: Eine Einführung, 5. Aufl., Stuttgart.

Seiwert, M. (2006): Vitamin C, Absatzwirtschaft, 49, 7, 12-18.

Sharma, A. / Levy, M. / Kumar, A. (2000): Knowledge Structures and Retail Sales Performance: An empirical Examination, Journal of Retailing, 76, 53-69.

Sheth, J. / Sisodia, R. (2002): Marketing productivity – Issues and Analysis, Journal of Business Research, 55, 349-362.

Simkin, L. (2002): Barriers impeding effective implementation of marketing plans – a training agenda, Journal of Business & Industrial Marketing, 17, 1, 17-25.

Sinus Sociovision (2007): Die Sinus-Milieus in Deutschland 2007, http://www.sinus-sociovision.de

Smith, B.D. (2003): The Effectiveness of Marketing Strategy Making in Medical Markets, Cranfield University School of Management, Dissertation.

Smith, B. D. (2005): Making marketing happen: how great companies make strategic marketing planning work for them, Oxford.

Slotegraaf, R. J. / Dickson, P. R. (2004): The Paradox of a Marketing Planning Capability, Journal of the Academy of Marketing Science, 32, 4, 371-385.

Srivastava, R. K. / Shervani, T. A. / Fahey, L. (1999): Marketing, Business Processes, and Shareholder Value, Journal of Marketing, 63, Special Issue, 168-179.

Stokburger, G. / Pufahl, M. (2002): Kosten senken mit CRM – Strategien, Methoden und Kennzahlen, Wiesbaden.

Stokburger-Sauer, N. / Wetzels, M. (2007): Museum Management and Art Sponsorship: Empirical Findings about Visitor's Involvement and a Sponsor's Corporate Image Enhancement, EMAC 2007 Conference Proceedings, Reykjavik, Iceland.

Szymanski, D. M. / Hise, R. T. (2000): E-Satisfaction: An Initial Examination, Journal of Retailing, 76, 309-322.

Thompson, S (1962): How Companies Plan, AMA Research Study No. 54, Chicago.

Thornton, J. (1993): Market segmentation from Bottoms Up, Research Plus, December.

United Internet Media (2007): WEB.Milieu – Lebenswelt-orientierte Zielgruppen perfekt erreichen, http://www2.webmilieu.de/webMilieu/

Valtin, A. (2005): Der Wert von Luxusmarken – Determinanten des konsumentenorientierten Markenwerts und Implikationen für das Luxusmarkenmanagement, Wiesbaden.

Vargo, S. L. / Lusch, R. F. (2004): Evolving to a New Dominant Logic for Marketing, Journal of Marketing, 68, 1-17.

Weber, J. / Schäffer, U. (1999): Sicherstellung der Rationalität von Führung als Funktion des Controlling, Die Betriebswirtschaft, 59, 731-746.

Wilken, R. (2007): Dynamisches Benchmarking: ein Verfahren auf Basis der Data Envelopment Analysis, Wiesbaden.

Wirtz, B. W. (2001): Electronic Business, Wiesbaden.

Wong, V. / Saunders, J. (1993): Business Orientations and Corporate Success, Journal of Strategic Marketing, 1, 1, 20-40.

Zheng Zhou, K. / Yim, C. K. / Tse, D. K. (2005): The Effects of Strategic Orientations on Technology- and Market-Based Breakthrough Innovations, Journal of Marketing, 69, 42-60.

Index

A

B

C

D

E

F

G

I

K

L

M

N

O

P

Q

R

S

T

U

V

W

Y

Z